有 机 化 学

（修 订 版）

伍越寰　李伟昶　沈晓明　编

中国科学技术大学出版社

2002·合肥

内 容 简 介

本书是在 1994 年出版的《有机化学》的基础上修订而成的。全书共分二十二章,以官能团为主线,按脂肪族和芳香族化合物混合体系进行介绍。内容包括各类有机化合物的结构、反应及其有关机理、合成、用途、测定有机化合物结构的物理方法(UV, IR, ^{1}H-NMR, ^{13}C-NMR 等)、杂环化合物(生物碱)、周环反应、有机合成以及天然产物——碳水化合物、蛋白质和核酸、类脂化合物、萜类和甾族化合物等。在阐述每一章内容时,着重突出每类化合物的结构与其性质的关系,并结合各类重要有机反应的机理及有关的立体化学进行介绍,尽量联系到有机物或有机反应与生物体的关系,以使读者感兴趣和易于理解接受。全书内容适量,每章书后都附有习题,可供读者练习。

本书可作为综合性大学化学系的教材,也可供其他院校有关专业选用。

图书在版编目(CIP)数据

有机化学/伍越寰等编 . —2 版 . —合肥:中国科学技术大学出版社,2002.9(2019.8 重印)
ISBN 978-7-312-01429-1

Ⅰ. 有… Ⅱ. 伍… Ⅲ. 有机化学—高等学校—教材 Ⅳ. O62

中国版本图书馆 CIP 数据核字(2002)第 063630 号

出版	中国科学技术大学出版社
	安徽省合肥市金寨路 96 号,230026
	http://press. ustc. edu. cn
	https://zgkxjsdxcbs. tmall. com
发行	中国科学技术大学出版社
印刷	合肥华苑印刷包装有限公司
经销	全国新华书店
开本	787mm×1092mm/16
印张	41.5
字数	1060 千
版次	2002 年 9 月第 2 版
印次	2019 年 8 月第 12 次印刷
定价	68.00 元

第二版前言

本书自 1994 年出版后，在我校化学院各系和生物系作为本科生教材及研究生准备入学考试的参考书，已使用了八年之久。在此期间，有机化学在理论、方法上都取得新的进展，对教材内容的要求亦有较大的变化，为了适应当前形势的要求，有必要对本书进行修订再版。本书编者是在听取我校有机化学教研室尤田耙、王中夏等多位主讲教授意见的基础上，参考了一些国内外新近出版的有机化学教材与有关杂志报导的相关内容进行修订的。

本书修订的指导思想是：删去一些陈旧和重复的内容，补充必要的新理论和新反应。这次修订仍保持第一版以官能团为主线，按脂肪族和芳香族化合物混合体系编写的精神，在阐述每一章内容时，着重突出每类化合物的结构与其性质的关系，并结合各类重要有机反应的反应机理及有关的立体化学进行介绍，尽量联系到有机物或有机反应与生物体的关系以及在合成上的应用。这样会使学生阅读或听课时感到生动有趣，易于理解接受。

本书在以下几方面作了修订和补充：有机合成是有机化学的重要组成部分，但在有机化学的学习中，有机合成往往是学生感到头痛的难题。为此，修订版新增设专章"有机合成"，以加深学生了解有机合成的基本要求、合成路线的设计方法以及在合成设计中应注意的一些问题，使学生能正确地解决一些合成方面的问题；金属与元素有机化学已有了很大的发展，它们尤其在有机反应与合成中有着十分广泛的重要用途。修订版在卤代烃和含硫、磷有机化合物两章中，分别补充介绍了有机过渡金属络合物、有机硅化合物的反应及它们在有机合成中的应用；富勒烯(fullerenes)是具有芳香性的新的一类碳原子簇合物，它具有奇特的结构、化学特性和功能；寡糖——环糊精在研究有机反应与作为研究酶作用的模型等方面也日趋重要，修订版在有关章节中对它们也作了一定的介绍；杂环化合物是有机化合物中数量最多的一类化合物，它与人类生存密切相关，修订版对与核酸有关的嘧啶、嘌呤环系等的合成方法作了补充；波谱分析的进步对有机化学的研究及化合物的结构鉴定起着极为重要的作用，修订版加强了解析有机化合物紫外、红外、核磁和质谱图谱方面的知识，核磁共振中增加了二维核磁共振谱的内容；为了提高学生查阅手册及阅读有关专业英语书籍的能力，修订版对各类有机化合物、典型有机反应与有机化学中常用术语都附有英文名称。修订版每章后都附有比第一版略有增加的适当数量习题，目的在于帮助学生对有机化学内容的更深入理解和掌握。

有机化学的内容非常丰富，如何根据学生的需要确定取舍，做到"少而精"，是至关重要的问题。修订版是根据 1999 年教育部理科化学教学指导委员会关于"理科化学专业和应用化学专业化学教学基本内容"的文件精神,结合我校学生的具体情况进行修订的。力求做到内容有一定的广度、深度和新颖性。由于编者水平有限,时间仓促,书中不妥之处和错误在所难免,请读者批评指正。

本书在修订过程中得到了中国科学技术大学化学系有机教研室各位老师的支持和帮助,他们提出了许多宝贵修改意见,对本书的修改是十分有益的,在此,向他们表示衷心的感谢。

编 者

2002 年 5 月 29 日于中国科技大学

目　　次

第一章　绪　论

1.1　有机化学及其重要性

"有机"这个名称是历史上遗留下来的。当时,人们根据化合物的来源把它们划分为无机物和有机物两大类:从矿物中得到的化合物称为无机物,而从动、植物有机体中得到的化合物称有机物。远在几千年前,人类就知道利用和加工制造许多有机物质,例如酿酒,制醋,造纸,使用中草药医治多种疾病,等等。但这些有机物都是不纯的。直到 18 世纪末期,随着工业生产的发展和科学技术的进步,人类才从动、植物中取得一系列较纯的有机物质。如 1773 年罗勒(Roulle)首次从哺乳动物的尿中取得纯的尿素。随后人们又从葡萄汁内取得酒石酸,从柠檬汁内取得柠檬酸。从尿中取得尿酸,从酸牛奶中取得乳酸,从鸦片中取得吗啡,等等。当时人们还不能从本质上认识有机物,对于有机物在有机体中如何形成尚缺乏认识。有些学者认为有机物只能在生物体中神秘的"生命力"的影响下才能制造,无论如何不能用人工的方法由无机物合成,这就是所谓的"生命力"论,它严重地阻碍了有机化学的发展。但是通过生产实践和科学实验,人们终于用人工方法由无机物合成了一些有机物。例如,1828 年德国 Göttingen 大学的化学教授乌勒(F. Wöhler)在实验室里从无机物氰酸铵制得了有机物尿素。他进行的反应如下:

$$KOCN+NH_4Cl \longrightarrow NH_4OCN+KCl$$

氰酸钾　　　　　　　　　　氰酸铵

$$NH_4OCN \xrightarrow{\Delta} [NH_3 + HO-C\equiv N \underset{重排}{\rightleftharpoons} NH_2-H+O=C=NH \xrightarrow{加成}] \longrightarrow \overset{\overset{\textstyle O}{\|}}{H_2NCNH_2}$$

尿素

1845 年柯尔柏(H. Kolbe)合成了醋酸,1854 年柏赛罗(M. Berthelot)合成了油脂等,证明人工合成有机物是完全可能的,"生命力"论彻底被否定了。这在有机化学发展史上是一个重大突破,消除了无机物与有机物之间的界限,从而开辟了人工合成有机物的时代。1850~1900 年,成千上万的药品、染料从煤焦油中合成出来。近年来每年出现的新的有机化合物为 10~15 万种。据统计,目前已知的有机物数目已达 1100 万种以上,而无机物大约只有几十万种。

如此包罗万象的有机物,其本质上的特点是:它们都含有碳(多数含有氢,其次是氧、氮、卤素、硫、磷等)。所以,有机化合物就是含碳化合物,有机化学现代的定义就是含碳化合物的化学。(有的书中则把有机化合物看作是碳氢化合物及其衍生物,因此有机化学被称为碳氢化合物及其衍生物的化学。)有机化学就是研究含碳化合物的结构、性质、合成方法,有机化合物之间的相互转变以及根据这些事实资料归纳出一般的规律和理论,从而更好地为生产实践服务。

我们把有机化合物作为一门独立的学科来研究,其主要原因之一是碳化合物的数目非常

1

庞大。追究其原因,首先是由于构成有机化合物的碳原子相互结合的能力特别强,一个有机化合物分子中的碳原子数目可以很大。其次是其连接的方式(可以是碳与碳,也可以是碳与别的元素)又是多种多样的,可以是直链的、带支链的或者成环状的。例如:

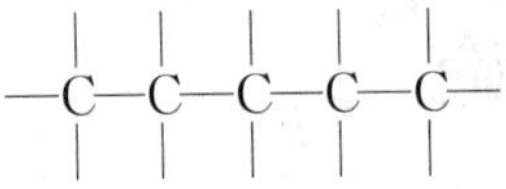

以上每个式子代表不同的化合物。但是 a 和 b(e 和 f)是具有相同的分子式的不同化合物,我们称它们是同分异构体,这种现象叫同分异构现象,它的普遍存在也是有机化合物数目特别多的原因之一。

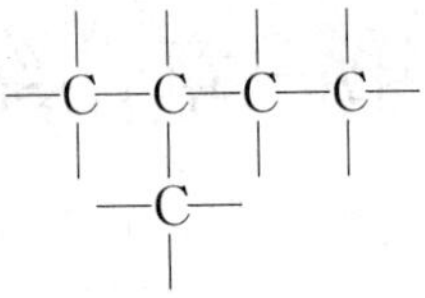

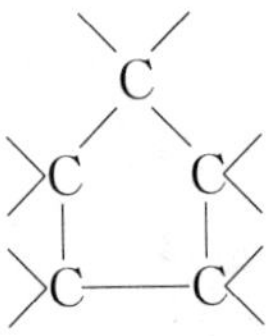

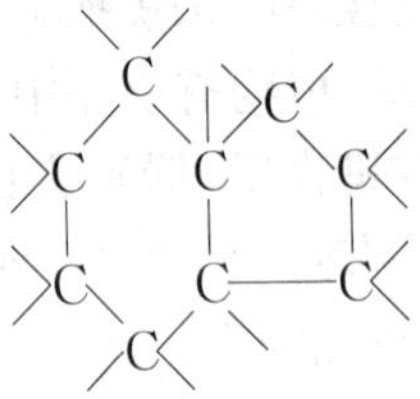

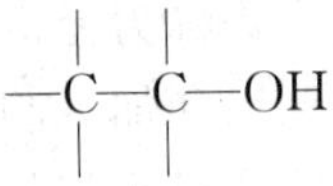

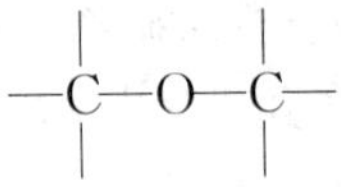

再一个原因是典型的有机化合物同典型的无机化合物在性质上有显著的差异,研究有机化合物需要使用一些特殊的研究方法。

有机化学是一门非常重要的学科。正如前面我们所提到过的,有机化学涉及到的物质(包括天然的和合成的)数目之多是任何一门学科所不能比拟的。这些有机物质无论是对人类的生活、国民经济,还是对其他学科的发展,都起着非常重要的作用。

首先,我们看看有机化学和人类生活的密切关系,可以讲有机物质直接影响我们日常生活所需的各个方面。例如我们穿的衣服、棉花、合成纤维;吃的东西:大米、面粉、葡萄糖、肉、蔬菜、水果、维生素……治病的药物:治疗肺结核用的雷米丰(学名叫异烟酰肼),消炎用的青霉素、磺胺类药,抗癌用的喜树碱,避孕用的己酸孕酮等;洗衣服用的肥皂、洗衣粉……不胜枚举。因此人类的衣、食、住、行都离不开有机物质。

其次有机化学与国民经济的各个行业的关系也是十分密切的。诸如国防、石油化工、医药、染料、农药、日用化工等工业都依赖于有机化学的成就。

最后,我们谈谈有机化学与生物学科的关系。有机化学是一门基础理论课程,它对于无论从事化学中哪一个领域工作的人都是不可缺少的一门基础知识。因此,也是生物学的一门重要基础课。我们知道,生物体的组成除了水和一些无机盐外,绝大多数是有机化合物。它们在生物体中起着各种不同的作用。生物体内的新陈代谢、遗传都涉及到有机化合物的转变。所以,生命过程说到底是一个有机化学的问题。早在一百年前恩格斯就已指出:"生命是蛋白体的存在形式及其化学组成部分的不断的自我更新。"其中说的蛋白体主要就是蛋白质和核酸,它们是生命活动的主要物质承担者(蛋白质)和遗传性状的控制者(核酸),而蛋白质和核酸都是有机高分子化合物。1965 年我国成功地在世界上首次合成了具有生命活力的蛋白质——由 51 个氨基酸组成的牛胰岛素,为人工合成蛋白质迈出了极为重要的一步。随后国外又合成了 124 个氨基酸组成的核糖核酸酶,188 个氨基酸组成的生长激素……人们把无生命活力的有机小分子用化学方法合成了有生命活力的有机大分子:蛋白质、核酸。彻底揭开蛋白质、核酸结构的奥秘将对生物学的研究有着极为重要的意义。特别值得提出的是在生物体内细胞中制造的碳化合物和在实验室中制备的那些碳化合物以及它们的变化都受相同的化学规律的支配。只是生物化合物常常更大,结构更复杂。因此,可以说有机化学和生物化学之间没有严格的分界线。可见有机化学是生物化学、分子生物学或一些别的生物学科的一门十分重要的基础课。

1.2　有机化合物的特性

我们之所以把有机化学作为一门独立的学科来研究,其原因之一是典型的有机化合物和无机化合物在性质上存在着显著的差异。有机化合物与无机化合物比较,一般有如下几个特性:

1. 可燃性

一般有机物都可以燃烧(这与它含碳和氢有关)。如酒精、汽油等都容易燃烧,燃烧时放出大量的热,最后碳变成二氧化碳,氢则生成水。燃烧后不留残渣(含金属的有机物例外)。而大多数无机物如 NaCl 等不能燃烧,因此灼烧试验可用来区别有机物与无机物。

2. 熔点低

有机物的挥发性大,在常温下通常以气体、液体或低熔点固体的形式存在。大多数固体有机物的熔点在室温至 300℃ 之间,一般不高于 400℃。而一般无机物的熔点都比较高,如 NaCl 的熔点为 808℃。这是由于有机化合物的晶格质点是分子,它们之间的结合是靠范德华力(Van der Waals forces)来维持的,而无机化合物的晶格质点是正、负离子,它们之间的结合是靠静电吸引来维持的。又因为范德华力的键合力比化学键的键能小 1~2 个数量级,所以,当它们熔化时,破坏有机化合物的晶格所需的能量要小于破坏无机化合物的晶格所需要的能量。因此,有机物的熔点比无机物要低。

3. 难溶于水,易溶于有机溶剂

大多数有机物难溶于水,而易溶于乙醇、乙醚、丙酮等有机溶剂中。这些物质在溶解性能方面有一个经验规则——"相似相溶"。其实质是结构相似的分子之间的作用力比结构上完全不同的分子间的作用力强。正因为如此,有机反应常在有机溶剂中进行。

4. 反应速度慢

无机反应一般进行的速度很快。例如酸碱中和反应,Ag^+ 与 Cl^- 离子生成 AgCl 沉淀的反应都是在瞬间完成的。这是因为无机反应是离子反应,反应的发生靠离子间的静电引力,故结合比较迅速。而有机反应一般来说都是分子间的反应。反应时必须使分子具有一定的能量,以引起某个键的破裂,才能起反应。所以比较慢,需要较长的时间,几十分钟,几小时或更多的时间才能完成。为了加速有机反应,常采用加热、振摇(或搅拌)或加催化剂等措施。

5. 反应产物复杂,常有副反应发生,因而收率低

在有机反应进行时,除主要反应外,还常伴随副反应发生。这是由于有机物分子大都是由多个原子结合而成的复杂分子,所以当它和某一试剂作用时,分子中易受试剂影响的部位较多,而不是只局限于分子的某一特定部位发生反应。因此,在反应后得到的产物常为一较复杂的混合物,使主要反应的产量大大降低。所以,一个有机反应若能达到$80\%\sim90\%$的理论产量已经是很满意的反应了。这与无机反应一般能按反应式定量地进行不同,为了提高有机反应的产率,控制反应条件是一个重要手段,当然也可以使用不同的试剂等方法。由于有机反应得到的产物往往是一种混合物,故需要经分离、提纯的手续。通常是用重结晶、蒸馏、升华、抽提及层析法、离子交换等,这些可以参考有关的实验书籍,在此不作详细讨论。

6. 异构现象普遍存在

分子式相同的不同化合物叫异构体,这种现象叫异构现象。有机化合物中普遍存在着多种异构现象,如构造异构、顺反异构、对映异构、构象异构等。这是有机化合物的一个重要特点,也是造成有机物数目特别多的重要原因之一,而无机化合物很少有这现象。

以上所述的有机化合物的特点都是相对的,并不是有机物特性的绝对标志。例如,一般有机物都可燃烧,但也有一些不能燃烧的,如CCl_4不但不燃烧,而且可作为灭火剂。又如糖、酒精、醋酸等也是非常易溶于水的。有的有机反应速度可以很快,甚至以爆炸的形式进行。因此,在认识有机化合物的共性时,也要注意它们的个性。

造成以上有机物和无机物性质上差异的原因在于,有机物中把碳原子和其他原子连结起来的化学键的本质。

1.3 有机化合物中的化学键——共价键

物质的化学性质主要决定于分子的性质,而分子的性质又由分子的内部结构所决定。所谓分子的结构,通常包括两方面的内容:一是分子的空间构型问题(分子在空间里呈现的一定的几何形状叫构型);二是化学键问题(分子中将原子结合在一起的力叫化学键)。而化学键的键型是决定物质性质的一个关键因素。因此这里我们着重讨论有机化合物分子中原子间的相互作用,即化学键问题。这个问题在无机化学中已讲过,所以在此只作简单的回顾。

在1916年柯塞尔(Walther Kossel)和路易士(G. N. Lewis)就分别提出了两种化学键的概念——离子键和共价键。这两种键都是从原子要达到一个稳定的(惰性气体的)电子构型这一趋向而形成的。典型的无机物分子中的化学键是离子键。当活泼的金属原子(Na)和非金属原子(Cl)相互作用,由于彼此的电负性相差较大,于是发生了彼此间的电子转移,其结果Na的价电子转给了Cl原子而成为带正电荷的Na^+离子,Cl原子获得电子成为带负电荷的Cl^-离子。这时正、负离子之间的吸引和排斥(包括正、负离子的静电相互吸引,电子与电子、原子核之间的相互排斥)达到暂时平衡时,整个体系的能量会降低到最低点,于是正、负离子之间就形成了稳定的化学键——离子键。

$$Na\cdot + \cdot \overset{\cdot\cdot}{\underset{\cdot\cdot}{Cl}} : \longrightarrow Na^+ Cl^-$$

有机化合物是含碳化合物,但对于碳来说它外层有四个价电子,必须失去或接受四个电子才能达到惰性气体的电子构型,这显然很困难。因此,当碳原子和其他元素形成化合物时,为了要达到稳定的电子构型,它是采取和别的元素共用电子对的方式来把它们结合在一起,这就是共价键。共价键也是一种静电吸引力,是成键电子和两个核之间的吸引力,例如一个 C 和四个 H 形成四个共价键。这样就使 C 和 H 分别达到氖和氦的电子构型:

$$H\overset{\times}{\underset{\times}{\overset{\times}{C}}}\times\ +4H\cdot\ \longrightarrow\ H\overset{H}{\underset{H}{\overset{\cdot\cdot}{\underset{\cdot\cdot}{C}}}}H$$

也可简写为 CH_4,甲烷。

如果两个原子间共用两对、三对电子,便形成了双键和叁键。如:

$$H\overset{H\quad H}{\underset{}{\overset{}{C::C}}}H \qquad 即\ CH_2{=\!\!=}CH_2 \qquad 乙烯$$

$$H\overset{}{\underset{}{C:::C}}H \qquad 即\ CH{\equiv}CH \qquad 乙炔$$

这就是 1916 年路易士(Lewis)提出的共价键理论。共价键是有机化合物分子中最普遍的一种典型键。Lewis 的共价键理论比较正确地反映了离子键和共价键的区别,但它并没有揭示共价键的真正本质,无法解释为什么共享一对电子就可以促使两个原子结合在一起,以及有机化合物结构中的许多具体问题,如 C—C 单键、双键和叁键的差别,以及分子的立体形象。例如:甲烷分子为什么不是平面的,而是呈正四面体的结构等等。直到 1927 年海特勒(W. Heitlar)和伦敦(F. London)应用量子力学处理氢分子的结构,才开始近代的共价键理论。它揭示了共价键的本质问题。但是用量子力学来处理分子时,所用的微分方程比较复杂,经作一些不同的合理的假设进行简化计算,因而形成了共价键的两个稍有区别的理论:价键理论和分子轨道理论。两者最根本的区别是:价键理论把形成化学键的电子只限于成键的两个原子之间的区域,这与 Lewis 的价键概念很相似,不过有了量子力学的理论根据,提出了一些成键的条件。分子轨道理论则认为原子形成分子时,原子的全部电子都对成键有贡献,只是其中有些电子起主要作用,并且形成化学键的电子是在整个分子中运动的。这两种理论各有其优点,下面对它们分别作一简单介绍。

1.3.1 价键理论(Valence Bond Theory,简称 VB 法),又叫电子配对理论

它是量子力学对氢分子处理的结果推广到其他分子体系而发展成为量子化学中的一个重要近似方法,其要点如下:

(1) 自旋方向相反的未成对电子互相接近时才能形成稳定的共价键。假如原子 A 和原子 B 各有一个未成对电子,则可互相配对构成共价键。例如 $H\cdot +H\cdot \longrightarrow H{-}H$。如果原子 A 和原子 B 各有两个或三个未成对的电子,则能两两配对构成共价双键或叁键。例如,N 原子有三个未成对的 p 电子,可以形成叁键 $N{\equiv}N$。如果原子 A 有两个未成对的电子,而原子 B 只有一个未成对电子,则一个 A 原子与两个 B 原子结合,例如 H_2O。He 没有未成对电子,因此两个 He 原子接近时,不能形成共价键。

(2) 如果一个原子的未成对电子已经配对,它就不能再与其他原子的未成对电子配对。例如 H 原子的 $1s$ 电子已彼此配对成 H_2 分子后,就不能与第三个 H 原子的 $1s$ 电子配对成"H_3"分子。这是共价键的饱和性。

(3) 形成共价键实质上是电子云重叠。成键时,两个电子的电子云重叠的越多,所形成的共价键越强。因此要尽可能在电子云密度最大的地方重叠。这就是共价键的方向性,例如,氢原子的 $1s$ 电子云与 Cl 原子的 $3p_x$ 电子云的三种重叠情况如图 1.1 所示。

① H 沿 x 轴向 Cl 靠近,电子云重叠最大,形成稳定的共价键。

② H 沿另一方向向 Cl 靠近,电子云重叠较少,形成的共价键不牢固,H 有向 x 轴方向移动的倾向。

③ H 沿 y 轴向 Cl 靠近,电子云没有重叠,因而 H 与 Cl 不能在这个方向成键。

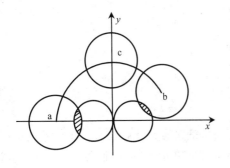

图 1.1　H 的 $1s$ 和 Cl 的 $3p_x$ 电子云重叠的方向性

像 a 那样沿键轴方向电子云重叠而形成的键叫 σ (Sigma)键,σ 键的电子云是围绕键轴对称分布的。

按照价键法,当两个原子互相接近时,它们间的相互作用就逐渐增强。如果它们所带的两个电子是自旋反平行的,那么两个原子间的作用是互相吸引的,而且能量降低。当两个原子核间的距离缩小到一定距离,即吸引力与排斥力达到平衡时,体系的能量达到最低。此时两个原子核之间具有较大的电子云密度,从而形成一个由两个原子核和两个电子相互吸引的较稳定状态。这时,两个原子成键而形成稳定的分子,如图 1.2 中能量曲线 E_1 所示。

如果两个原子所带的电子是自旋平行的,那么它们相互接近时的作用是相互排斥的,且核间距离越小,体系能量越高,故不能形成稳定的分子,如图 1.2 中能量曲线 E_2 所示。这就是价键法对成键本质的解释,图中假设核间距离 r 很远时体系能量为零。

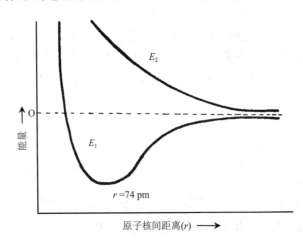

图 1.2　两个氢原子相互作用的能量曲线

可见,价键法较好地阐明了共价键的本性。它解释了经典的 Lewis 共价键理论所无法说明的问题,如为什么互相排斥的电子在形成键时反而会集中在两个原子核之间,同时价键法对问题的说明比较形象,容易明了并易于接受。但价键法有其局限性。例如,按价键法,电子配对后应呈反磁性,而氧分子却具有顺磁性。又如对有机共轭分子的许多问题也不能解释:1,3-丁二烯有两个双键,乙烯有一个双键,为什么 1,3-丁二烯的氢化热($-236.6\ \text{kJ} \cdot \text{mol}^{-1}$)不是乙烯的氢化热($-136.7\ \text{kJ} \cdot \text{mol}^{-1}$)的二倍,等等。在克服 VB 法的不足之后,现代发展起来的一种近似理论——分子轨道理论对上述问题有比较满意的解释。

1.3.2 分子轨道理论(Molecular Orbital Theory,简称 MO 法)

根据量子力学的观点,认为共价键可以用原子轨道的重叠形成的分子轨道来描述。原子中电子的运动状态叫原子轨道,用薛定谔(Schrödinger)波动方程式的解——波函数 ψ 表示。同样,所谓分子轨道,就是分子中电子的运动状态,也可用波函数 ψ 来表示。分子轨道与原子轨道相似,也有不同的能层。在基态下,分子中电子的排列从能量最低的轨道排起,按能量的增高依次排上去(最低能量原理);电子将尽量占据最多的能级相同的分子轨道,且自旋方向相同(洪特规则),每个分子轨道最多只能容纳两个电子,而且自旋必须相反(鲍林原理)。两者不同的是,原子轨道是单中心的,而分子轨道是多中心的,原子轨道符号用 $s,p,d,f,\cdots$ 来表示,分子轨道符号用 σ,π 来表示。按照分子轨道理论,有 n 个原子轨道可以组成 n 个分子轨道。例如氢分子轨道的波函数 ψ 可用两个 H 原子的 $1s$ 轨道线性组合得到:

$$\psi_1 = \phi_1 + \phi_2 \qquad \psi_2 = \phi_1 - \phi_2$$

ψ_1,ψ_2 分别表示两个氢分子轨道的波函数,ϕ_1,ϕ_2 分别表示组成氢分子的两个氢原子的波函数。电子波和光波、声波一样,在分子轨道 ψ_1 中两个波函数 ϕ_1,ϕ_2 符号相同,即位相相同,它们将相互作用而加强,如图 1.3 所示。

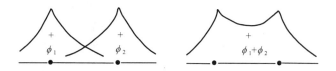

图 1.3 符号相同的波函数因相互作用而加强

波函数加强说明两个原子核间的电子云密度增大,起着促使两个原子核结合成键的作用。其结果是形成的分子轨道的能量较原来的原子轨道低。这样形成的分子轨道,其形状像橄榄(如图 1.5 所示),没有节面,称为成键轨道,以 σ 表示。

而在分子轨道 ψ_2 中,两个波函数 ϕ_1,ϕ_2 符号不同,即它们的位相不同,它们将相互作用而减弱,如图 1.4 所示。

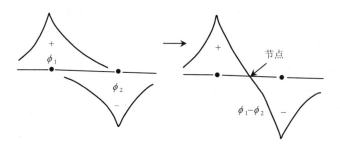

图 1.4 符号相反的波函数因相互作用而减弱

波函数减弱说明两个原子核间的电子云密度将减小。电子云集中在两个核的外侧,把两个核向外吸引,再加上两个原子核之间的排斥力,促使两核分离,其结果是能量较高。这样形成的分子轨道,其形状像两个鸡蛋(两个"鸡蛋"是一个轨道),称为反键轨道,以 σ^* 表示,在反键轨道中,有一个通过两原子核间的对称面,它把分子轨道分割为符号相反的两半,这种对称面,称为分子轨道的节面。在节面上电子云密度为零,例如,两个氢原子 $1s$ 轨道结合形成氢分子轨道,如图1.5所示。

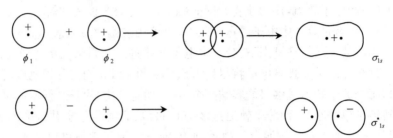

图1.5　氢分子的 σ 轨道示意图

根据鲍林原理及能量最低原理,在基态下氢分子的两个 $1s$ 电子都在成键轨道上且自旋反平行,而反键轨道是空的,如图1.6所示。

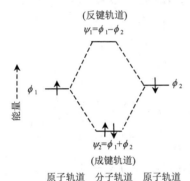

图1.6　两个氢原子 $1s$ 轨道形成氢分子轨道的能级图

从图1.6中可见,当电子从原子轨道进入成键的分子轨道 ψ_1 时形成化学键,因而体系的能量大大降低。成键轨道 ψ_1 的能量低于原子轨道的能量,形成了稳定的分子。反之,当电子进入反键轨道 ψ_2 时,反键轨道的能量高于原子轨道,则体系不稳定,氢分子自动离解为两个氢原子。

虽然分子轨道是由原子轨道组成,但并非所有原子轨道都能组成分子轨道。由原子轨道组成分子轨道时,必须符合三个条件,这就是成键三原则:

1. 能量相近原则

组成分子轨道的两个原子轨道的能量要比较接近,能量差愈小愈好,这样才能最有效地成键。因为根据量子力学计算,若组成分子轨道的两个原子轨道能量相差很大(如图1.7所示),在成键轨道中含有能量较低的原子轨道成分较多,因此成键轨道 $\phi_1 + \phi_2$ 的能量与原子轨道 ϕ_1 的能量很接近,也就是在成键过程中能量降低很少,故不能形成稳定的分子轨道。根据这个原则,便能解释不同原子轨道所形成的共价键的相对稳定性。

2. 最大交叠原则

原子轨道相互重叠(交盖)的部分要最大,重叠最大,所形成的键最强。这要求两个原子轨道在重叠时必须按一定的方向进行重叠。例如,一个原子的 $1s$ 与另一原子的 $2p_x$ 如果能量相近,可以在 x 键轴方向有最大的重叠,形成稳定的键,而在其他方向就不能有效地成键。

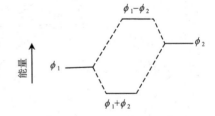

图1.7　两个能量不同的原子轨道组成分子轨道

3. 对称性匹配的原则

原子轨道在不同的区域具有不同的符号(即位相)。只有位相相同的重叠能有效地成键,位相不同的重叠不能有效地成键。例如 s 轨道和 p_x 轨道能成键,与 p_y 虽有部分重叠,但因上下两部分位相不同,正好互相抵消,因此就不能成键。如图1.8所示。

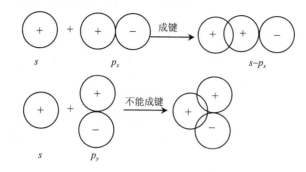

图 1.8 s 与 p 轨道的两种相互重叠情况

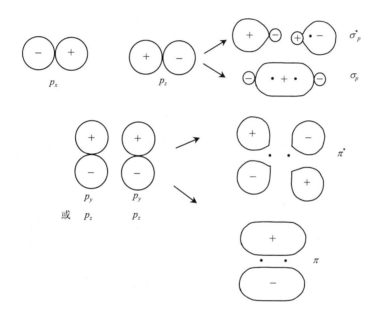

图 1.9 列举几种典型的分子轨道

两个 p 原子轨道彼此平行地(肩并肩)重叠组成的分子轨道叫 π 分子轨道,生成的键叫 π 键。π 键的特点是:电子云集中在键轴的上面和下面,通过键轴的轨道对称平面(节面)把电子云分成两半,如图1.9所示。

利用分子轨道理论可以解释氧分子为什么是顺磁性的。根据分子光谱的测定,分子轨道能量大小顺序为:$\sigma_{1s} < \sigma_{1s}^* < \sigma_{2s} < \sigma_{2s}^* < \sigma_{2p_x} < \pi_{2p_y} = \pi_{2p_z} < \pi_{2p_y}^* = \pi_{2p_z}^* < \sigma_{2p_x}^*$。

根据轨道能量的大小,氧分子中 16 个电子首先占据能量低的轨道,依次排上去,根据洪特规则,必然有两个自旋平行的电子充填到 $\pi_{2p_y}^*$,$\pi_{2p_z}^*$ 反键轨道上去,用分子轨道式表示为 $O_2 : [(\sigma_{1s})^2 (\sigma_{1s}^*)^2 (\sigma_{2s})^2 (\sigma_{2s}^*)^2 (\sigma_{2p_x})^2 (\pi_{2p_y})^2 (\pi_{2p_z})^2 (\pi_{2p_y}^*)^1 (\pi_{2p_z}^*)^1]$。由于在 $\pi_{2p_y}^*$ 及 $\pi_{2p_z}^*$ 轨道中有两个自旋平行的单电子,故氧分子具有顺磁性。

近代的有机化学键理论已经开始破除有机化学只是一门经验学科的传统观念,它解释了许多过去不能解释的有机反应,如环化反应、热重排反应等,从而加速了有机化学发展的步伐。

1.3.3 共振论简介

共振论是 1930 年代由美国加州理工学院鲍林(L. Pauling)提出来的一个化学理论。根据 Pauling 本人说,共振论和价键法并不完全相同,它是一个经验学说,大部分是从化学实验的结果诱导而得出的化学理论……决非是量子力学的同一领域。

现将共振论的要点叙述如下:

(1) 凡是一个分子(或离子)不能用单一的路易士(Lewis)结构来适当地描述分子(或离子)的电子结构时,则可用两个或多个仅在电子排列上有差别,而原子核的排列是完全相同的结构来表示时,就存在共振。例如:

甲酸离子:
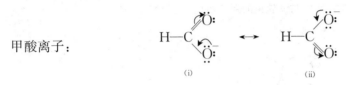

(↔是共振符号,不是平衡符号)

上面两个交替的式(i),(ii)叫共振结构(resonance structure)。从中可以看出(i)与(ii)的不同仅在于电子位置不同,而原子核的相对位置保持不变。

$HCOO^-$ 离子的真实结构是(i),(ii)两种共振结构的共振杂化体(resonance hybrid)。它仅仅在理论上存在,因此不能离析出来。那么共振杂化体的含义是什么呢? 虽然(i),(ii)中的任何一个结构都不能很好地用来代表 $HCOO^-$ 离子,但(i),(ii)两种结构都是参与杂化体的,即对杂化体都有贡献。故共振结构也可以称作贡献结构(contributing structure)。

有人比喻:把共振杂化体当作骡子(它是马与驴杂交生下的),骡子具有双亲的特性,但它也有不同于双亲的自己的特性。因此,一个共振杂化体既有每一个共振结构式的一些特性,但是实际的杂化体又有它自己的性质。

共振杂化体常常用虚线表示部分键,即把共振杂化体想象为用实线与虚线相结合的表示式:$H-C\begin{smallmatrix}O^{-1/2}\\\\O^{-1/2}\end{smallmatrix}$,这表示 HCOO—中的 C—O 不是个别的单键和双键,而是在一个单键和一

个双键之间、即每一个 C—O 键都具有 $1\frac{1}{2}$ 的键级(bond order),同时又是等价的。

共振论的预言得到实验的证实。用 X 射线衍射证实 $HCOO^-$ 离子的两个 C—O 键等长 (127 pm),介于 CH_3OH 中的 C—O 单链(143 pm)和 $H_2C=O$ 中 C=O 双键(120 pm)之间。 $HCOO^-$ 离子的氧都容纳同等的一个负电荷的 $\frac{1}{2}$,可见,共振论对于解释能够写出不止一个等价的 Lewis 结构的分子或离子是特别有帮助的。

(2) 哪一个共振结构对共振杂化体的贡献大? 上面举的例子:$HCOO^-$ 的两个共振结构是等价的,因此它们对杂化体的贡献是相同的,也就是说,当这些参与的各个共振结构有大约相同的稳定性时(即具有大约相同的内能时),共振是同等重要的。每个共振结构对杂化体的参与程度(即贡献),取决于那个共振结构的相对稳定性。共振结构越稳定,参与程度(即贡献)就越大。

例如,CO_2 可用下列共振结构式表示:

$$:\ddot{O}=C=\ddot{O}: \longleftrightarrow O\overset{+}{=}C-\overset{-}{\underset{..}{\ddot{O}}}: \longleftrightarrow :\overset{-}{\underset{..}{\ddot{O}}}-C\overset{+}{=}\ddot{O}: \longleftrightarrow :\overset{-}{\underset{..}{\ddot{O}}}-C\equiv O\overset{+}{=} \longleftrightarrow \overset{+}{=}O\equiv C-\overset{-}{\underset{..}{\ddot{O}}}:$$

a   b   c   d   e

上面哪个共振结构最稳定呢？哪个最合理就最稳定。那么判断合理性的标准是什么？

① 每个原子外层都具有八隅体的共振结构是更稳定的。a,d,e 都有八隅体,而 b,c 中碳外层只有六个电子,所以 b,c 是最不稳定的。

② 电荷分离要最小。d,e(当然 b,c 也是)的极化结构上的电荷都是分离的(这需要能量才能完成),所以稳定性 a 大于 d,e。

③ 具有电荷分离的共振结构中,那些在电负性元素上有负电荷,电正性元素上有正电荷的共振结构比那些在电负性元素上有正电荷,电正性元素上有负电荷的共振结构要稳定。

例如,甲基异氰酸酯:

$$CH_3-\overset{+}{N}=C-\overset{-}{\underset{..}{\ddot{O}}}: \longleftrightarrow CH_3-\overset{..}{\ddot{N}}-C\overset{+}{\equiv}O$$

a   b

共振结构 a 比 b 稳定,因为电负性氧大于氮。当然,最稳定的是 $CH_3-N=C=O$ 的共振结构,因为它没有电荷的分离。

然而似乎 CO_2 的共振结构中, $O\overset{+}{=}C-\overset{-}{O}$ 比 $\overset{+}{O}\equiv C-\overset{-}{O}$ 来得稳定,但事实正相反。这是因为即使后者的正电荷分配在更加电负性的氧上,但它的结构中所有原子都具有八隅体的电子结构是更重要的。

（3）共振结构的数目越多,因为电子电荷离域作用越大,分子或离子就越稳定。共振杂化体比任何一个参与的共振结构都要稳定。这种稳定性的增加,称为共振能。即共振结构的数目越多,共振能越大。例如 CO_2 有五个共振结构式,它的共振能约为 150.5 kJ·mol^{-1},故 CO_2 很稳定。

（4）参与共振结构的稳定性越接近,则共振能也越大。

例如苯的结构大致可看作 a 和 b 的共振杂化体: 。因为式 a,b 非常相像,稳定性相同,所以苯的共振能也大(150.5 kJ·mol^{-1}),苯分子是比较稳定的,常作为溶剂。

虽然在许多场合下,共振论是与事实符合的,但在某些方面也不令人满意。例如下列化合物如同苯那样有两个完全相同的共振结构式,但它却非常活泼,以致在一般情况下无法把它制备出来:

目前国外教科书与文献中大量使用共振论,主要是因为它采用经典的结构式,比起分子轨道的表示方法较为清楚简便,容易为有机化学家所接受。

1.3.4 共价键的属性

为了研究有机分子的性质,除了知道有机分子的化学键是共价键外,还必须研究共价键的一些重要性质——键能、键长、键角和键的极性。这些物理量总称为共价键的"键参数"。根据键参数可以说明分子的一些重要性质。

1. 键 能

它表示化学键牢固的程度。当 A 和 B 两个原子(气态)结合生成气态的 A—B 分子时,要放出能量。显然要使双原子分子 A—B(气态)的键破坏,就要吸收同样的能量。使 1 摩尔双原子分子 A—B(气态)离解成原子(气态)所需吸收的能量,称为键能,单位为 $kJ \cdot mol^{-1}$。例如,$H:H \longrightarrow H \cdot + H \cdot$,$\Delta H = +434.7 \ kJ \cdot mol^{-1}$。对双原子分子来说,离解能就是键能($E$)。但对多原子分子中共价键的键能一般是指共价键的平均离解能。例如甲烷四个 C—H 键的离解能不全是相同的:

$$CH_4 \longrightarrow CH_3 \cdot + H \cdot \qquad D = 434.7 \ kJ \cdot mol^{-1}$$

$$CH_3 \cdot \longrightarrow \cdot CH_2 \cdot + H \cdot \qquad D = 443.1 \ kJ \cdot mol^{-1}$$

$$\cdot CH_2 \cdot \longrightarrow \cdot \overset{..}{C}H + H \cdot \qquad D = 443.1 \ kJ \cdot mol^{-1}$$

$$\cdot \overset{..}{C}H \longrightarrow \cdot \overset{..}{C} \cdot + H \cdot \qquad D = 338.6 \ kJ \cdot mol^{-1}$$

而甲烷的 C—H 键的离解能总数是 $1659.5 \ kJ \cdot mol^{-1}$,故平均键能为 $1659.5/4 = 414.9 \ kJ \cdot mol^{-1}$。所以对多原子分子来说,决不能把键离解能($D$)和衡量键强度的键能($E$)相混淆。一般来讲,键离解能对我们更为有用。

键能越大,说明两个原子结合越牢固,即键越稳定。通常键能是通过热化学方法(或光谱数据)而测定的。一些常见的共价键与键能见表 1.1。

表 1.1　一些常见共价键的键能

键	键能($kJ \cdot mol^{-1}$)	键	键能($kJ \cdot mol^{-1}$)
C—H	413.8	C—N	305.1
C—C	346.9	C—O	359.5
C=C	610.3	C—F	484.9
C≡C	836.8	C—Cl	338.6
H—H	434.7	C—Br	284.2
O—H	464.0	C—I	217.4

在室温下分子热运动的能量约为 $63 \ kJ \cdot mol^{-1} \sim 84 \ kJ \cdot mol^{-1}$,比一般共价键的键能小得多,因此共价键在室温下是稳定的。

利用共价键的键能可以计算反应中的热效应。例如:

$$H_2C=CH_2 + H_2 \longrightarrow CH_3—CH_3$$

反应热 ΔH = 反应物分子中键能的总和 - 产物分子中键能的总和

$$= (4 \times 413.8_{C-H} + 610.3_{C=C} + 434.7_{H-H}) - (6 \times 413.8_{C-H} + 346.9_{C-C})$$

$$= -129.6 \ kJ \cdot mol^{-1}$$

ΔH 为负值,表示反应是放热的。若 ΔH 为正值,则是吸热反应。因此根据反应前后键能的变化,可以预测反应是吸热还是放热的。

2. 键　长

分子中两原子核间的平衡距离叫键长,单位为 pm。一般说来,两个原子之间所形成的键越短,表示键越强、越牢固。键长往往是通过光谱或衍射等实验方法加以测定。一些常见的共价键键长见表 1.2。

表 1.2　一些常见的共价键键长

键	键长(pm)	键	键长(pm)
C—H	109	C—N	147
C—C	154	C—O	143
C=C	134	C—F	141
C≡C	120	C—Cl(Br,I)	176(194,214)

3. 键　角

共价键之间的夹角称键角。在甲烷分子中碳原子的键角为 $109°28'$,但在不同的分子中也有差异,这是由于分子中原子或基团相互影响所致。例如,丙烷中的 C—CH_2—C 键角不是 $109°28'$,而是 $112°$。

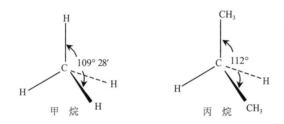

键长和键角决定着分子的立体形状,从而可探讨分子的一些性质。

4. 键的极性

键的极性是由于成键的两原子之间的电负性差异而产生的。当成键的两个原子相同时,原子双方吸引电子的本领(即电负性)相同,所以共用电子对均匀出现在两个原子之间,也就是说,电子对恰好在键的中央出现的几率最大。由于两个原子核正电荷所形成的正电荷重心和分子中负电荷的重心恰好重合,这种键是没有极性的,叫做非极性共价键。例如氢分子中的 H—H 键,H_3C—CH_3 中的 C—C 键。当成键的两个原子不相同时,电子对则靠近其中电负性较强的原子一方,正、负电荷重心不重合,这种键叫极性共价键,例如氯甲烷中的 —C^{δ^+}—Cl^{δ^-} 键。

共价键的极性大小可用偶极矩 μ 来表示,其大小为 $\mu = q \cdot d$,q 为正、负电荷中心所带的电荷值(静电单位),d 为正、负电荷中心之间的距离(厘米)。因为一个电子带的电荷是 4.8×10^{-10} 静电单位,原子间距离的数量级是 10^{-8} cm,所以偶极矩 μ 的数量级应是 10^{-18}(厘米·静电单位)。习惯上把 10^{-18} 厘米·静电单位作为偶极矩 μ 的单位,叫"德拜"(Debye)。即 1D= 10^{-18} 厘米·静电单位。μ 是有方向性的,用 ↦ 表示。箭头所示的方向是从正电荷到负电荷的方向。例如：

$$H^{\delta+}\!\!-\!\!Cl^{\delta-} \qquad \mu=1.03\ D$$
$$\xrightarrow{\quad}$$

一些共价键的偶极矩见表1.3。

表 1.3　一些常见共价键的偶极矩

键	偶极矩(D)	键	偶极矩(D)
C—H	0.4	N—H	1.31
C—O	1.5	O—H	1.50
C—Cl	2.3	C—N	1.15
C—Br	2.2	C=O	2.3
C—I	2.0		

在双原子分子中,键的极性就是分子的极性。但对于多原子分子来说,分子的极性取决于分子的组成和结构。多原子分子的偶极矩是多个键的偶极矩的向量和。例如 CH_4 分子中 C—H 键的 $\mu=0.4\ D$,而 CH_4 的 $\mu=0$。这是因为 CH_4 具有对称结构,四个键的极性互相抵消,因而是非极性分子。可是 CH_3Cl 分子却是一个极性分子。

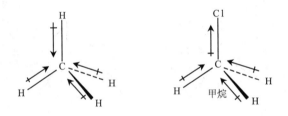

甲烷($\mu=0$) 非极性分子　　　　氯甲烷($\mu=1.86\ D$) 极性分子

键的极性和分子的物理化学性质密切相关。键的极性能导致分子的极性。因此对熔点、沸点和溶解度都有深刻的影响。键的极性也能决定发生在这个键上的反应类型,甚至还影响到附近一些键的反应活性。

1.4　研究有机化合物的一般方法

自然界存在的或通过化学反应合成的有机化合物,一般都含有杂质。在研究有机化合物时,首先要把它分离提纯。分离提纯的方法很多,根据不同的需要可选择重结晶、蒸馏、升华、层析等方法。

经过分离提纯的有机化合物还需要进一步鉴定它的纯度,纯的有机物都有一定的物理常数。如熔点、沸点、折射率等。因此,一般测定有机物的熔点、沸点等即可确定其纯度。然后进行元素分析,可以确定由哪些元素组成以及各种元素的重量百分比,通过计算就能得出它的实验式。进一步测定有机物的分子量就得到有机物的分子式。因为有机物中普遍存在同分异构现象,分子式相同的有机物不止一个。因此,还必须根据化合物的化学性质和应用现代物理分析方法如 X 射线分析、电子衍射法、紫外吸收光谱(UV)、红外吸收光谱(IR)、核磁共振谱(NMR)和质谱(MS)等来测定有机化合物的分子结构。现代物理分析方法能够准确、快速地确定有机物的结构,因此在近二三十年来得到广泛应用。

我们可以把研究有机化合物的一般方法归纳如下:

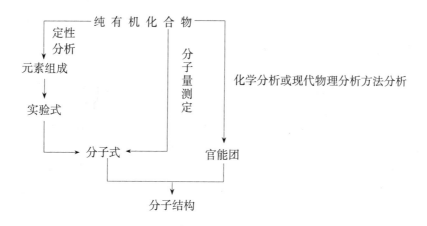

1.5 有机反应的类型

有机反应总的说来可以分为自由基反应(free radical reaction)、离子反应(ionic reaction)和协同反应(concerted reaction)。有机化合物分子中各原子之间的键几乎都是共价键,有机反应的发生必然包含着键的断裂和新键的形成。键的断裂有两种方式:一种方式是成键的一对电子平均分给两个原子或原子团。例如, $-\overset{|}{\underset{|}{C}}\!\overset{\Vert}{\rceil}A \xrightarrow{\text{能量}} -\overset{|}{\underset{|}{C}}\cdot + \cdot A$ 。这种断裂方式称为均裂(homolysis)。均裂生成的带单电子的原子或原子团称为自由基(或游离基),按此方式进行的反应叫自由基反应。很少的自由基能稳定存在,一般在反应中是作为中间体而出现。另一种方式是成键的一对电子为某一原子或原子团所占有。例如:

$$-\overset{|}{\underset{|}{C}}\!\!\Big\{:A \xrightarrow{\text{能量}} -\overset{|}{\underset{|}{C}}{}^{+} + A^{-}$$

$$\text{或}\ -\overset{|}{\underset{|}{C}}:\!\!\Big\{A \xrightarrow{\text{能量}} -\overset{|}{\underset{|}{C}}{}^{-} + A^{+}$$

这种断裂方式称为异裂(heterolysis),按此方式进行的反应叫离子型反应。异裂生成的带正电荷的离子或带负电荷的离子分别叫碳正离子(carbocation)和碳负离子(carboanion)。它们是非常活泼的,在某些反应中仅以中间体形式出现。

键的断裂究竟按哪一种方式进行则决定于分子结构和反应条件。一个中性分子异裂为正、负离子所需的能量较大,比均裂成中性的自由基多 400 kJ·mol^{-1}左右。因此,在气相中(或在非极性溶剂中的液相反应),在光或高温作用下,键的离解一般按较容易的途径——均裂进行。可是在极性溶剂中,或在酸、碱的催化下,反应一般按异裂的方式进行。从中可以看出反应条件的重要性。自 1958 年以来,在各类反应中都报道有显著的溶剂效应。不同的溶剂往往可使反应速度发生百万倍的变化。因此溶剂并不单单是供给溶质分子活动和偶尔发生碰撞的场所,而是密切地参加到它里面所发生的反应中去。例如,偶极非质子性溶剂——二甲亚砜

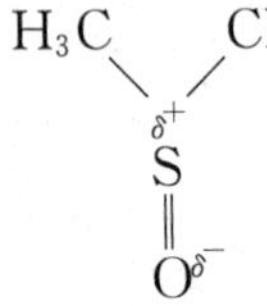

$$\overset{H_3C}{\underset{\underset{O^{\delta^-}}{\overset{\|}{S}}}{\diagdown}}\overset{CH_3}{\underset{}{\diagup}}$$

,它的负端可以与正离子形成离子—偶极键,正端藏于分子内部,不能与负离子作用,故在用负离子作为试剂进行反应时,由于负离子不被偶极溶剂分子所包围,可以很容易地进行反应。

碳正离子、碳负离子和碳自由基是有机反应中最重要的活性中间体。它们常在不是一步的有机反应历程中涉及到,它们的生成、结构和稳定性的关系及其反应,将在以后相应的章节中阐述。在有机化学中,还有一些反应的历程中不产生离子或自由基中间体,它不受溶剂极性的影响,也不被酸或碱所催化。这类反应似乎表明化学键的断裂和生成是同时发生的,它们都对过渡态作出贡献,这种反应叫做协同反应。由于反应过渡态是一种环状结构,所以又称周环反应,详见本书第十七章。

1.6　有机化合物的分类

有机化合物的数目有上千万种,为了便于学习和研究,对有机化合物进行分类是十分必要的。一般有两种分类方法,一种是按碳的骨架分类,一种是按官能团分类。

1.6.1　根据碳的骨架分类

根据碳的骨架可以把有机化合物分成以下三类:

1. 开链化合物

这类化合物中的碳原子互相接成链状的碳架。例如:

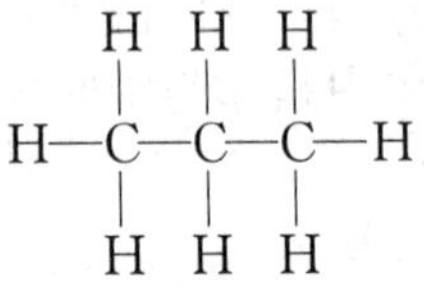

丙烷 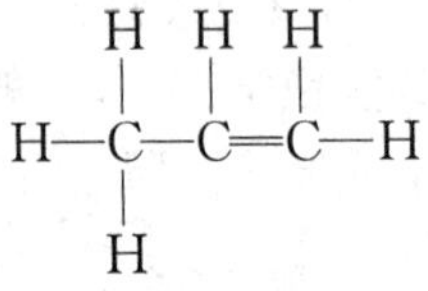　　　　　　　　丙烯 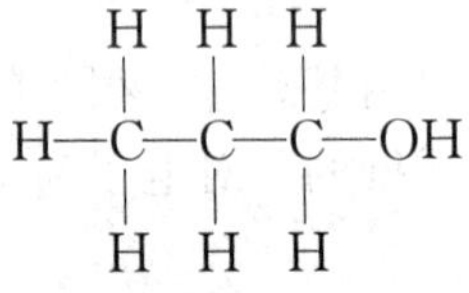　　　　　　　　丙醇

由于长链状化合物最初是在油脂中发现的,所以这类化合物又叫脂肪族化合物。

2. 碳环化合物

这类化合物分子中含有完全由碳原子组成的环。它们又可以分为以下两类:

(1) 脂环化合物。它们的性质与脂肪族化合物相似,因此叫脂环族化合物。例如:

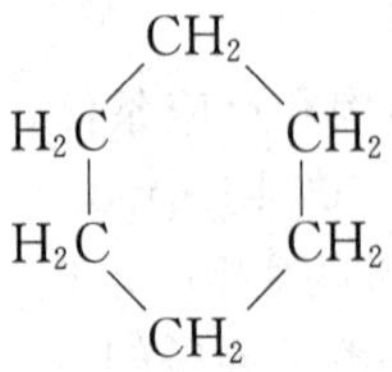

环己烷 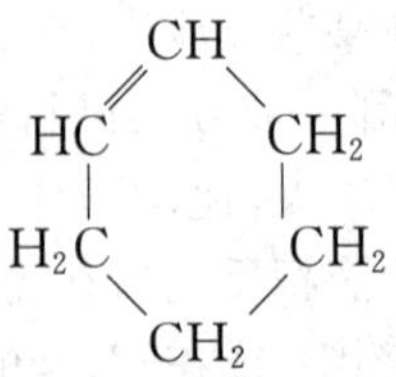　　　　　　　　　　　环己烯

（2）芳香族化合物。这类化合物大多数含有苯环，它们具有与脂肪族和脂环族不同的性质。例如：

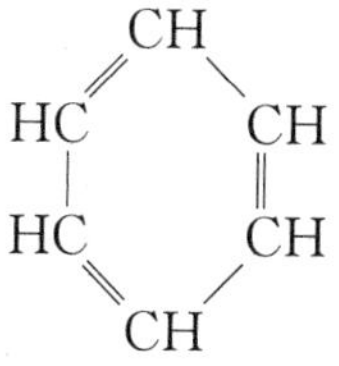

苯 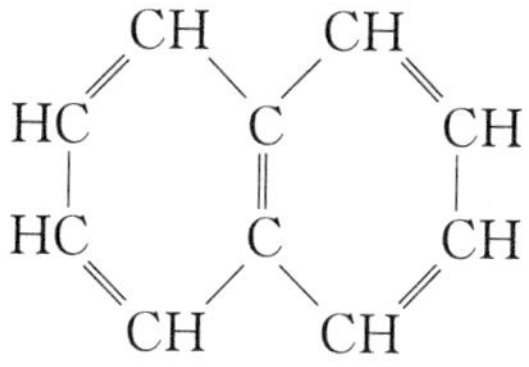　　　　　　　　　　　萘

3. 杂环化合物

这类化合物分子中除含碳原子外，环上尚有其他杂原子（如 O，N，S 等）存在，所以叫杂环化合物。例如：

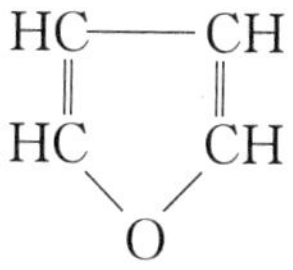

呋喃 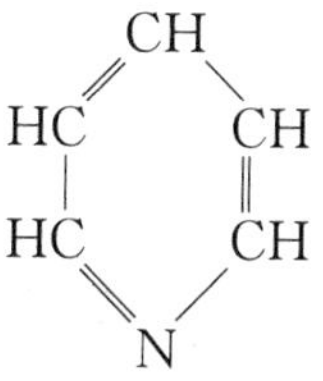　　　　　　吡啶 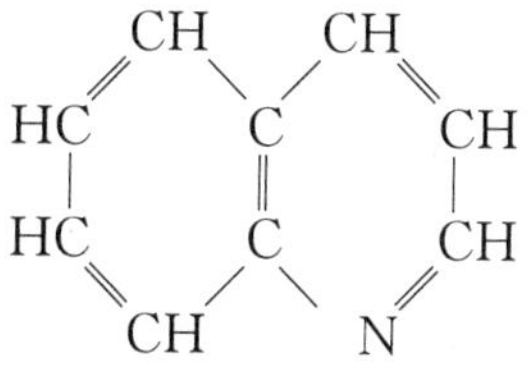　　　　　　　　喹啉

1.6.2 按官能团分类

官能团是分子中比较活泼而易于起反应的原子或原子团，它决定了化合物的主要性质。含有相同官能团的化合物在化学性质上是基本相似的，因此把含有同样官能团的化合物归为一类进行学习是比较方便的。

表 1.4 是按官能团分类的一些常见类别。

表 1.4　按官能团分类的一些常见类别

化合物类别	官能团	举例
烷		CH_4（甲烷）
烯	$\diagup C=C \diagdown$（碳碳双键）	$CH_2=CH_2$（乙烯）
炔	$-C\equiv C-$（碳碳叁键）	$CH\equiv CH$（乙炔）
卤代烃	$-X$（卤素）	C_2H_5-X（卤乙烷） $X=F,Cl,Br,I$
醇与酚	$-OH$（羟基）	C_2H_5OH（乙醇），（苯酚） 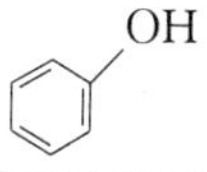
醚	$-C-O-C-$（醚键）	$C_2H_5-O-C_2H_5$（乙醚）

化合物类别	官能团	举 例
醛	$\overset{\text{H}}{\underset{\|}{-\text{C}}}=\text{O}$（醛 基）	$\text{CH}_3\overset{\text{H}}{\underset{\|}{-\text{C}}}=\text{O}$（乙 醛）
酮	$\underset{\|}{-\text{C}}=\text{O}$（酮 基）	$\text{CH}_3\overset{\text{O}}{\underset{\|}{-\text{C}}}-\text{CH}_3$（丙 酮）
羧酸	$\overset{\text{O}}{\underset{\|}{-\text{C}}}-\text{OH}$（羧 基）	$\text{CH}_3\overset{\text{O}}{\underset{\|}{-\text{C}}}-\text{OH}$（乙 酸）
胺	$-\text{NH}_2$（氨 基）	CH_3NH_2（甲 胺）
硝基化合物	$-\text{NO}_2$（硝 基）	CH_3NO_2（硝基甲烷）
腈	$-\text{CN}$（氰 基）	CH_3CN（乙 腈）
磺酸	$-\text{SO}_3\text{H}$（磺酸基）	（苯磺酸）
硫醇硫酚	$-\text{SH}$（巯 基）	CH_3-SH（甲硫醇）

本书是按官能团分类,把脂肪族化合物和芳香族化合物混合起来编写的,这样可使书的篇幅小,节省时间。

习　　题

1. 什么是有机物？它有哪些特性？

2. 什么叫 σ 键,π 键？

3. 画出下列分子按原子轨道交叠成键和形成的分子轨道图：

 （1）HF　　（2）F_2

4. 计算 1mol 乙醇脱水成乙烯的热变化,是吸热反应还是放热反应？

5. 把下列共价键按照它们的极性排成次序：

 （1）H—N, H—F, H—O, H—C

 （2）C—Cl, C—F, C—O, C—N

6. 下列化合物有无偶极矩？如有,用箭头指出负极方向：

 （1）

 （2）

 （3）$\text{CH}_3\text{CH}_2\text{Cl}$ （4）$\text{CH}_3\text{CH}_2\text{NH}_2$

 （5）$\text{CH}_3\text{C}\equiv\text{N}$ （6）CH_3OCH_3

 （7）CH_3OH （8）ICl

 （9）CCl_4

7. 某一有机物进行元素定量分析,表明含有 92.1％ 的碳,7.9％ 的氢,又测得其分子量为 78。问它的分子式是什么？

8. 胰岛素含硫 3.4%,分子量为 5734,问每一分子中含有多少个硫原子?

9. 指出下列化合物所含的官能团的名字和所属类别:

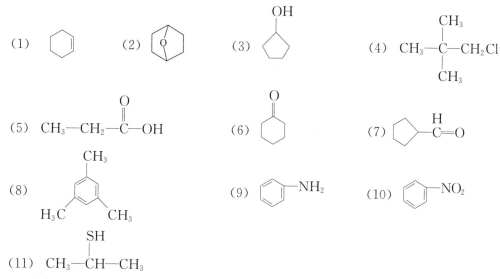

(1) 　　(2) 　　(3) 　　(4) $CH_3-\overset{\underset{\displaystyle CH_3}{|}}{\underset{\underset{\displaystyle CH_3}{|}}{C}}-CH_2Cl$

(5) $CH_3-CH_2-\overset{\displaystyle O}{\overset{\|}{C}}-OH$ 　　(6) 　　(7)

(8) 　　(9) 　　(10)

(11) $CH_3-\overset{\underset{\displaystyle |}{SH}}{CH}-CH_3$

10. 下列各对 Lewis 结构中,哪一对不能构成共振结构?

(1) $CH_3-\overset{\displaystyle O}{\overset{\|}{C}}-O^-$ 　与　 $CH_3-\overset{\displaystyle O^-}{\overset{\|}{C}}O$

(2) $CH_3-\overset{\displaystyle O}{\overset{\|}{C}}-OH$ 　与　 $CH_3-\overset{\displaystyle OH}{\overset{\|}{C}}O$

(3) $CH_3-\overset{\displaystyle O}{\overset{\|}{C}}-CH_3$ 　与　 $CH_3-\overset{\displaystyle OH}{\overset{\|}{C}}=CH_2$

(4) $\overset{+}{C}H_2-CH=CH_2$ 　与　 $CH_2=CH-\overset{+}{C}H_2$

(5) $CH_2=CH-\overset{\displaystyle O}{\overset{\|}{C}}-H$ 　与　 $\overset{+}{C}H_2-CH=\overset{\displaystyle O^-}{CH}$

(6) $CH_3CH=CHCH_3$ 　与　 $CH_2=CHCH_2CH_3$

(7) $CH_2=C=CH_2$ 　与　 $CH_3C\equiv CH$

(8) $CH_3-\overset{\displaystyle O}{\underset{+}{N}}-O^-$ 　与　 $CH_3-\overset{\displaystyle O^-}{\underset{+}{N}}=O$

(9) $CH_3-\overset{\underset{\displaystyle OH}{|}}{CH}-CH_3$ 　与　 $CH_3-CH_2-\overset{\underset{\displaystyle OH}{|}}{CH_2}$

(10) $CH_3N=C=O$ 　与　 $CH_3-O-C\equiv N$

11. 排出下列各组共振结构对该共振杂化体的相对重要性的顺序:

(1) $H-\overset{\displaystyle :O:}{\overset{\|}{C}}-\overset{..}{N}H_2$ 　$\longleftrightarrow$　 $H-\overset{\displaystyle :\overset{..}{O}:^-}{\overset{\|}{C}}=\overset{+}{N}H_2$

(2)
$$H-\overset{\displaystyle :\!O\!:}{\overset{\|}{C}}-\overset{-}{\ddot{C}}H_2 \quad \longleftrightarrow \quad H-\overset{\displaystyle :\!\ddot{O}\!:^-}{C}=CH_2$$

(3) 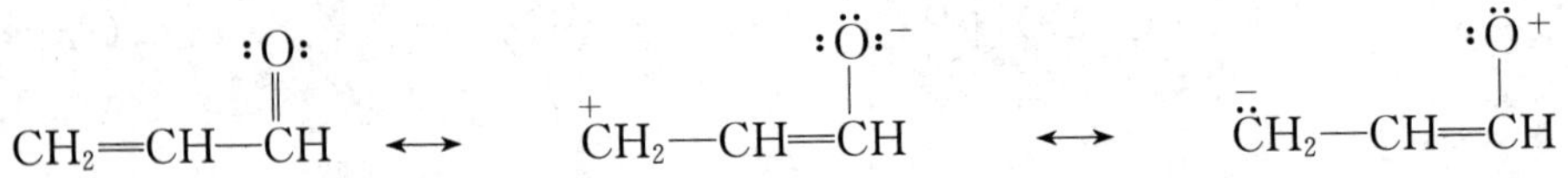
$$CH_2=CH-\overset{\displaystyle :\!O\!:}{\overset{\|}{C}}H \quad \longleftrightarrow \quad \overset{+}{C}H_2-CH=\overset{\displaystyle :\!\ddot{O}\!:^-}{C}H \quad \longleftrightarrow \quad \overset{-}{\ddot{C}}H_2-CH=\overset{\displaystyle :\!\ddot{O}\!:^+}{C}H$$

(4) 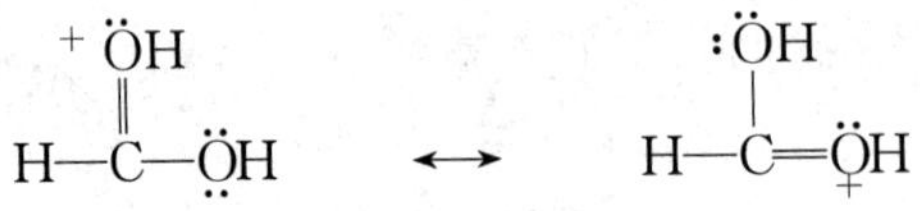
$$H-\overset{\displaystyle {}^+\ddot{O}H}{\overset{\|}{C}}-\ddot{O}H \quad \longleftrightarrow \quad H-\overset{\displaystyle :\!\ddot{O}H}{C}=\underset{+}{\ddot{O}}H$$

第二章 烷 烃

只由碳和氢两种元素组成的有机化合物叫做碳氢化合物,简称为烃(hydrocarbon)。"烃"字是取"碳"字中的"火"和"氢"字中的"坙"合并而成的。我们首先讨论烃类,不仅是因为烃是最简单的有机化合物,更主要的是因为烃是各种有机物的母体,其他各类的有机物都可以看作是烃的衍生物。

烃的种类很多,根据烃分子中碳原子连接的方式,烃可以分为三类:

1. 脂肪烃

又叫开链烃。根据分子中碳和氢的比例,又可分为饱和烃(saturated hydrocarbon)和不饱和烃(unsaturated hydrocarbon)。凡分子中与碳结合的氢原子数已达到饱和程度的烃叫做饱和烃,开链的饱和烃也称为烷烃(alkane)。在链烃分子中所含的氢原子数比相应的烷烃为少的叫不饱和烃,如烯烃(alkene)、炔烃(alkyne)等。

2. 脂环烃

分子中碳原子联结成闭合的碳环。脂环烃也有饱和和不饱和之分。

3. 芳香烃

一类特殊结构的烃,分子中大多含有六个碳原子组成的苯环,可以看作一类"特殊"的不饱和环烯烃。

本章主要讨论饱和的脂肪烃——烷烃。不饱和脂肪烃,脂环烃和芳香烃将在以后的章节中讨论。

2.1 烷烃的同系列、通式和同分异构现象

最简单的烷烃是甲烷(CH_4),其次是乙烷(C_2H_6)、丙烷(C_3H_8)、丁烷(C_4H_{10})……比较它们的分子式,可看出任何两个相邻的烷烃在组成上都相差CH_2。这样的一系列化合物叫做同系列(homologous series)。同系列中的化合物互称为同系物(homologs)。相邻的同系物在组成上相差的CH_2叫同系差。在同系列中还可以看到在每个烷烃中的氢原子数是碳原子数的两倍多两个,所以烷烃的通式是C_nH_{2n+2}。我们以后将看到有机物除了烷烃同系列以外,还有其他同系列。同系列是有机化学的普遍现象。我们了解这一概念很重要,因为一般讲来,各同系列中的同系物的性质(特别是高级系物)很相似。因此在每一个系列里,只要研究几个化合物的性质就可以推论出同系物中其他成员的性质,为我们学习和研究有机化合物带来很多的方便。当然,要注意同系列的共性,也要注意它们的个性(特别是同系物中的头一个化合物往往有较突出的特性),从分子结构上的差异来理解性质上的异同,这是我们学习有机化学的基本方法之一。

在烷烃的同系列中,从丁烷起就有同分异构现象。丁烷有两个同分异构体,它们的构造式

如下：

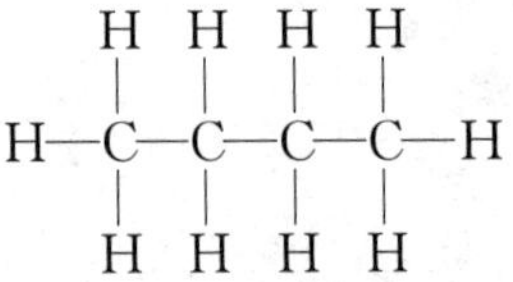

正丁烷(b.p. −0.5℃) 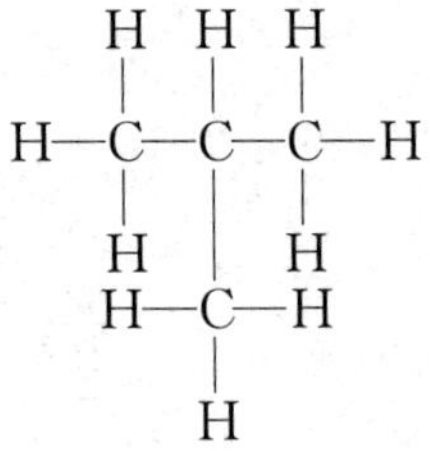　　　　　　　　　　异丁烷(b.p. −10.2℃)

很明显，正丁烷和异丁烷是由于分子中碳原子排列方式不同而产生的。我们把分子式相同而构造式不同的异构体叫做构造异构体(constitutional isomers)。烷烃的构造异构体实质上是因为分子中碳架不同而产生的。所以往往又叫碳架异构体。

戊烷有 3 个同分异构体，它们的构造式如下：

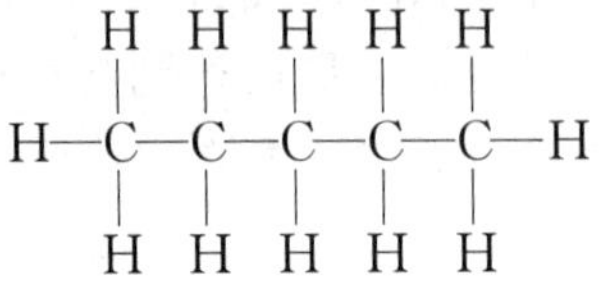

正戊烷(b.p. ＝36.1℃) 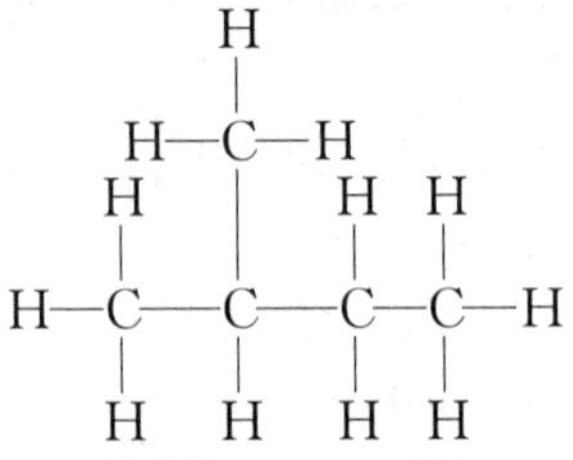　　　　　　　　　　异戊烷(b.p. ＝28℃)

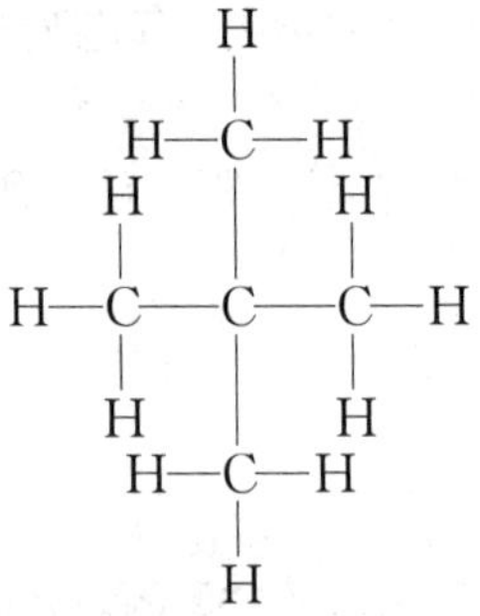

新戊烷(b.p. ＝9.5℃)

"正"表示直链，"异"表示链端第二个碳上有一个甲基侧链的结构（ C—C— ），"新"表示链端第二个碳上连有两个甲基侧链的结构（ C—C— ）。

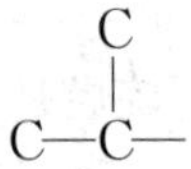

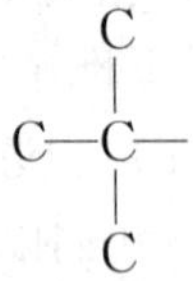

显然，烷烃分子含碳数目越多，则连接方式也就越多。因此，随着碳原子数目的增加，异构体的数目也增加得很快。己烷有 5 个同分异构体，庚烷有 9 个，而癸烷有 75 个，二十碳烷有 336 319 个，三十碳烷有 4 111 647 763 个。没有计算烷烃异构体数目的通式，但人们在 1930 年代初即可用数学方法推算出来*。目前，含 10 个碳原子以上的高级烷烃的异构体还未全部合成出来。

---

　* 1931 年，Henze 和 Blair 找到了甲醇同系列异构体数目的推算方法，同年也解决了甲烷同系列的碳链异构体的数目的推算法。原文载于《The Journal of American Chemical Society》1931 年 8 月. Vol. 53. 3042 页和 3077 页的两篇文章。

一个分子式究竟有多少个异构体,其书写的基本步骤是:

(1) 先写出这个烷烃的最长直链式。例如,己烷 C_6H_{14} 的最长直链式为:

$$CH_3—CH_2—CH_2—CH_2—CH_2—CH_3 \qquad\qquad (i)$$

(2) 写出少一个碳原子的直链式,把余下的一个碳原子(即甲基)当作支链加在主链上,并依次变动支链的位置。例如,己烷少一个碳原子的直链用甲基接上去的可能性有两种:

$$CH_3—\underset{\underset{CH_3}{|}}{CH}—CH_2—CH_2—CH_3 \qquad\qquad (ii)$$

和

$$CH_3—CH_2—\underset{\underset{CH_3}{|}}{CH}—CH_2—CH_3 \qquad\qquad (iii)$$

(3) 再写少两个碳原子的直链式,把剩余的两个碳原子当作一个支链(即乙基)或两个支链(即两个甲基)加在主链上。例如,己烷照此办法加上去的可能性有:

$$CH_3—\underset{\underset{CH_3}{|}}{CH}—\underset{\underset{CH_3}{|}}{CH}—CH_3 \qquad\qquad (iv)$$

$$CH_3—\overset{\overset{CH_3}{|}}{\underset{\underset{CH_3}{|}}{C}}—CH_2—CH_3 \qquad\qquad (v)$$

$$CH_3—\underset{\underset{\underset{\underset{CH_3}{|}}{CH_2}}{|}}{CH}—CH_2—CH_3 \qquad\qquad (vi)$$

其中(vi)和(iii)相同,故己烷的同分异构体只有 5 个:即(i)～(v)。

从上面我们已经清楚地看到构造式不仅能代表化合物分子的组成,而且还能表明分子中各原子的结合次序。书写构造式时,为了方便起见,可以用简式表示,如:

$$CH_3CH_2CH_2CH_2CH_2CH_3;\quad CH_3CH(CH_3)CH_2CH_2CH_3$$

分析下面烷烃分子链上碳原子和氢原子的连接情况,可以将它们分为几种不同的类型:

$$CH_3—\underset{\underset{CH_3\ CH_3}{|}}{\overset{\overset{CH_3}{|}}{\underset{4°}{C}}}—\underset{3°}{CH}—\underset{2°}{CH_2}—\underset{1°}{CH_3}$$

其中有的碳与一个碳原子相连的,我们把它叫做一级碳原子,或叫第一(伯)碳原子,可用 1° 表示。直接与两个碳原子相连的,叫做二级碳原子,或叫第二(仲)碳原子,可用 2° 表示。直接与三个碳原子相连的,叫做三级碳原子,或叫第三(叔)碳原子,可用 3° 表示。直接与四个碳原子相连的,叫做四级碳原子,或叫第四(季)碳原子,可用 4° 表示。

氢原子则按其与一级、二级或三级碳原子结合而分别称为第一、第二、第三氢原子。不同类型的氢原子的活泼性不同。在研究烷烃分子中各部分的相对反应活性时,将经常用到这些名称。

烷烃分子中去掉一个氢原子形成的一价基叫烷基,通式为 C_nH_{2n+1}。通常烷基可用 R— 表示，所以烷烃也可用 RH 表示。烷基的名称由相应的烷烃命名。一些常用烷基的名称见表 2.1。

表 2.1　烷基的名称

烷　基	中文名	英文名	常用符号
$-CH_3$	甲基	methyl	Me
$-CH_2CH_3$	乙基	ethyl	Et
$-CH_2CH_2CH_3$	正丙基	n-propyl	n-Pr
$\begin{array}{ll}-&CHCH_3\\&\mid\\&CH_3\end{array}$	异丙基	i-propyl	i-Pr
$-CH_2(CH_2)_2CH_3$	正丁基	n-butyl	n-Bu
$\begin{array}{ccccc}-CH_2&-&CH&-&CH_3\\&&\mid&&\\&&CH_3&&\end{array}$	异丁基	i-butyl	i-Bu
$\begin{array}{cc}CH_3CH_2&CHCH_3\\&\mid\end{array}$	仲丁基	s-butyl	s-Bu
$\begin{array}{ccc}&CH_3&\\&\mid&\\-&C&-CH_3\\&\mid&\\&CH_3&\end{array}$	叔丁基	t-butyl	t-Bu
$\begin{array}{cccc}&&CH_3&\\&&\mid&\\-CH_2&-&C&-CH_3\\&&\mid&\\&&CH_3&\end{array}$	新戊基	neopentyl	

2.2　烷 烃 的 命 名

有机化合物的数目很多，结构复杂，所以必须有一个合理的命名法来识别它们，使我们看到一个有机物的名称就能够写出它的结构式，反之亦然。因此认真学习每一类化合物的命名法是有机化学的一项重要内容。烷烃的命名法又是有机化合物命名法的基础，所以要求特别注意。书写名称时一定要严格和标准化。

烷烃常用的命名法有两种：普通命名法和系统命名法。

2.2.1　普通命名法（习惯命名法）

根据分子中含碳原子的数目用天干字命名（甲、乙、丙、丁、戊、己、庚、辛、壬、癸）。十个碳原子以上的，则用数字表示，例如，CH_4 叫甲烷；$CH_3CH_2CH_3$ 叫丙烷；$C_{11}H_{24}$ 叫十一烷。用正、异、新等字区别同分异构体，例如，$CH_3CH_2CH_2CH_2CH_3$ 叫正戊烷；$\begin{array}{ccccc}CH_3-&CH&-CH_2-CH_3\\&\mid&\\&CH_3&\end{array}$ 叫异戊烷；$\begin{array}{ccc}&CH_3&\\&\mid&\\CH_3-&C&-CH_3\\&\mid&\\&CH_3&\end{array}$ 叫新戊烷。

显然,普通命名法对于较复杂的烷烃不能适用,例如普通命名法就无法区别己烷的五个异构体。所以,对于比较复杂的烷烃必须使用系统命名法。

2.2.2 系统命名法

为了解决有机化合物命名的困难,求得名词的统一,1892 年许多国家的化学家在日内瓦召开了国际化学会议,拟定了一种系统的有机化合物命名法,叫做日内瓦命名法。其基本精神是体现化合物的系列和结构的特点。后来又经国际理论和应用化学联合会(International Union of Pure and Applied Chemistry,简称 IUPAC)作了几次修改,最后一次修订是 1979 年进行的。IUPAC 命名法的原则已普遍为各国所采用。我国所用的系统命名法也是根据 IUPAC 系统的原则,结合我国文字的特点制定的。其要点如下:

(1) 对于直链烷烃和普通命名法基本相同,仅不写"正"字。例如:

$$CH_3—CH_2—CH_2—CH_2—CH_3$$

普通命名法: 正戊烷

系统命名法: 戊烷

(2) 对于支链烷烃,选择最长的直链烷烃导出其名称,支链作为取代基。其命名步骤如下:

① 选择最长的碳链作主链。按主链所含碳原子数称为某烷,并以它作母体。例如:

$$CH_3—CH_2—CH—CH_2—CH_2—CH_3 \leftarrow 母体$$
$$| $$
$$CH_3 \ 取代基$$

②主链碳原子编号。从靠近取代基一头开始,依次用 1,2,3……编号。使取代基的位次最小。将取代基的位置(用阿拉伯数字表示)和名称放在母体名称的前面,二者之间加一对开线。例如:

$$\overset{6}{C}H_3—\overset{5}{C}H_2—\overset{4}{C}H_2—\overset{3}{C}H_2—\overset{2}{C}H—\overset{1}{C}H_3 \qquad 叫 2\text{-}甲基己烷$$
$$| $$
$$CH_3$$

③如果含有几个相同的取代基,则把它们合并起来。取代基的数目用二,三,四……表示,写在取代基的前面,其位次必须逐个注明。位次的数字之间要用逗号隔开。如果含有几个不同的取代基时,应按"次序规则"(详见 8.4 节)将优先的基团排在后面,这里只列出几种烷基的次序:甲基,乙基,丙基,丁基,戊基,异戊基,异丁基,新戊基,异丙基,仲丁基,叔丁基。

例如:

$$CH_3—CH—\overset{\displaystyle CH_3}{\overset{|}{C}}—CH_2—CH_2—CH_3 \qquad 叫 2,3,3\text{-}三甲基己烷$$
$$\quad\ |\quad\ |$$
$$\quad\ CH_3\ CH_3$$

$$CH_3—CH—CH—CH_2—CH—CH_3 \qquad 叫 2,3,5\text{-}三甲基己烷$$
$$\quad\ |\quad\ |\qquad\qquad\ |$$
$$\quad\ CH_3\ CH_3\qquad\quad CH_3 \qquad (按照取代基编号依次最小规则,不叫 2,4,5\text{-}三甲基己烷)$$

25

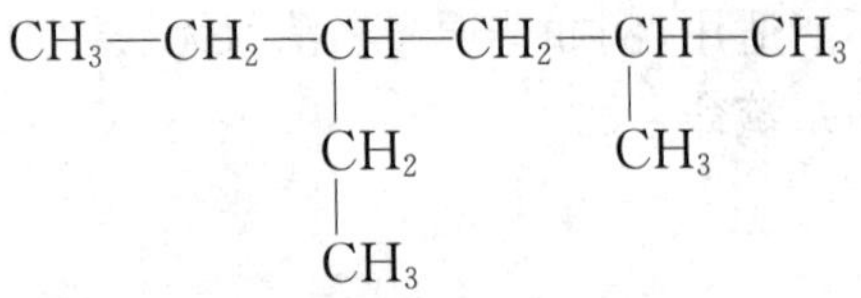

$$CH_3-CH_2-CH-CH_2-CH-CH_3 \qquad \text{叫 2-甲基-4-乙基己烷}$$

（主链第一个取代基为 CH_2-CH_3，第二个为 CH_3）

这里值得指出，在英文命名中是按照取代基英文名称的第一个字母的顺序来命名的。甲基(methyl)的第一个字母是 m，乙基(ethyl)的第一个字母是 e，所以乙基应在甲基前面，故上例就叫 4-ethyl-2-methylhexane。

④ 如有等长的碳链均可作为主链时，应选择取代基最多的为主链。例如：

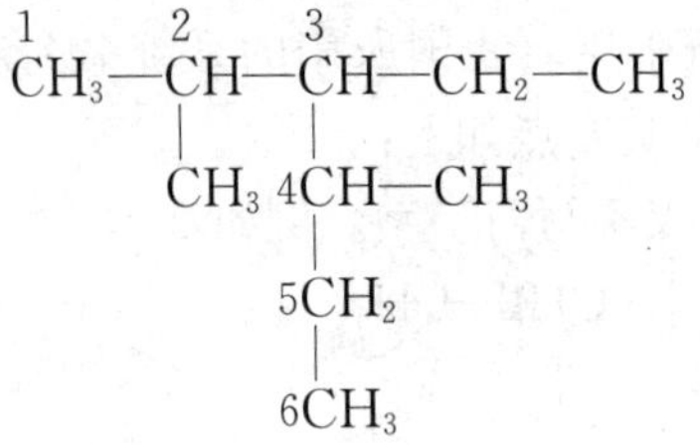

$$\overset{1}{CH_3}-\overset{2}{CH}-\overset{3}{CH}-CH_2-CH_3 \qquad \text{叫 2,4-二甲基-3-乙基己烷}$$

复杂取代基的编号由与主链相连的碳原子开始。例如：

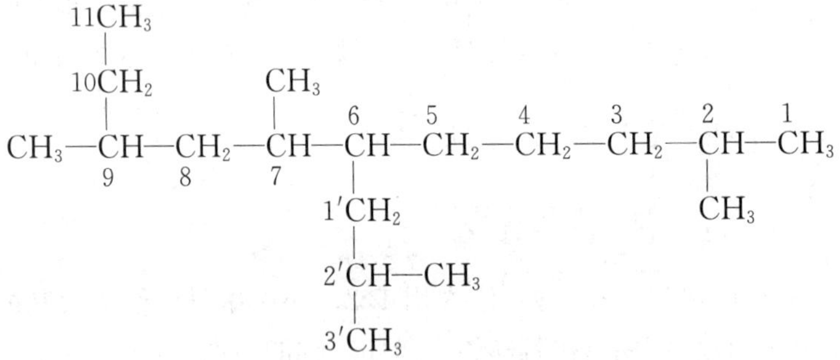

叫 2,7,9-三甲基-6-(2′-甲基丙基)十一烷，或叫 2,7,9-三甲基-6-异丁基十一烷

2.3 烷烃的结构

2.3.1 碳原子的正四面体构型和 sp^3 杂化

前面所写的化合物的构造式只能告诉我们分子中原子之间的连接方式或次序。例如甲烷的构造式只能说明分子中有四个氢与碳直接相连，而没有表示出氢原子与碳原子在空间的排列方式，也就是不能说明分子的立体形状。1874 年范特荷夫(Van't Hoff)根据大量的实验事实，提出碳原子的正四面体的概念。他认为与碳原子相连的四个原子或原子团在正四面体的四个顶点上。由中心碳原子向四个顶点所作的连线就是碳的四个价键的分布方向。甲烷分子的构型是正四面体。现代物理方法如电子衍射也证明了这一点。四个 C—H 键完全相同，键长是 109 pm，键角为 $109°28′$。

为了帮助人们更好地了解分子的立体形状，通常用克库勒(Kekul′e)模型(或叫球棒模型)和斯陶特(Stuart)模型(或叫比例模型)来表示，如图 2.1 所示。

克库勒模型是用不同颜色的小球代表各种原子，用短棒表示化学键。克库勒分子模型有立体形象，易于观察，使用方便，只是不能准确地表示出原子的大小和键长。斯陶特模型是根据分子中各原子的大小和键长的真实比例放大(2亿∶1)制成的分子模型,它比较符合分子的形状。

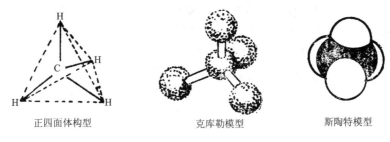

正四面体构型　　　　　　　克库勒模型　　　　　　　斯陶特模型

图 2.1　甲烷的分子模型

有机化合物都可以用分子模型来表示分子中各原子的空间排列状况,即所谓构型(Configuration)是指具有一定构造的分子中原子在空间的排列状况。我们学习有机化学时应该十分注意有机化合物的立体概念。

前面我们提到甲烷中碳原子是 4 价的,而且四个 C—H 键完全等同,甲烷分子是正四面体构型,那么我们应如何来解释这些实验事实呢?

碳原子在基态的电子构型是 $1s^2, 2s^2, 2p_x^1, 2p_y^1$,有两个未成对的电子。所以碳原子应该表现为 2 价,然而实际上碳在几乎所有的有机化合物中都是 4 价,而不是 2 价的。这说明在碳原子与其他原子结合时必然有一个 $2s$ 电子获得一定能量"提升"到 $2p$ 轨道上去,即从碳原子的基态跃迁到激发态,所形成的碳原子可以说是处于激发的(或活化的)状态。这样碳原子就形成 4 价。键的形成是一个释放能量的过程,现在碳多形成两个键所释放出来的能量足以补偿激发一个电子所需的能量而有余。所以在成键时碳原子是 4 价的,形成的分子更稳定,如图 2.2 所示。可是在这四个单电子分别所处的四个原子轨道中有一个是 s 轨道,三个是 p 轨道,它们不仅在空间伸展方向不同,而且能量也有差别。这样它们与四个氢的 $1s$ 轨道所形成的共

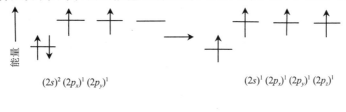

$(2s)^2 (2p_x)^1 (2p_y)^1$　　　　　　　$(2s)^1 (2p_x)^1 (2p_y)^1 (2p_z)^1$

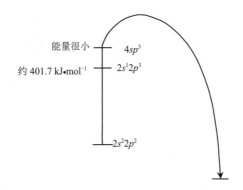

能量很小　——　$4sp^3$

约 401.7 kJ·mol^{-1}　——　$2s^1 2p^3$

——　$2s^2 2p^2$

图 2.2　碳原子激发为 sp^3 再形成正四面体产物的能量变化示意图

价键将是不等同的。然而经各种实验证明,在甲烷分子中碳的 4 价是等同的[*](例如四个键长都是 109 pm,CH_3Cl 没有异构体存在就是证明)。为了解决这一新的矛盾,根据量子力学原理,鲍林(L. Pauling)和斯莱脱(Slater)于 1931 年提出了杂化轨道理论。所谓"杂化",就是把四个激发状态的轨道(一个 s 轨道和三个 p 轨道)"混杂在一起"重新组合成能量相等的四个新轨道的过程。形成的新轨道叫做 sp^3 杂化轨道。这种杂化方式叫 sp^3 杂化。每一个 sp^3 轨道的形状都不同于 s 轨道和 p 轨道,而是葫芦形状,如图 2.3 所示。

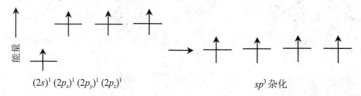

$$(2s)^1(2p_x)^1(2p_y)^1(2p_z)^1 \qquad sp^3\text{杂化}$$

　　杂化轨道之所以为葫芦形,是因为 $2p$ 轨道的两瓣位相不同。当与 $2s$ 轨道杂化时,位相与 $2s$ 轨道相同的一瓣增大了,位相与 $2s$ 轨道不同的一瓣缩小了,于是形成一头大一头小的葫芦形。因此,每一个 sp^3 轨道在对称轴的一个方向上集中,即轨道的方向性更强了。这样可以更有效地与别的原子轨道重叠,形成更稳定的化学键。据计算,令 s 轨道成键能力为 1,p 轨道为 1.732,则 sp^3 轨道的成键能力为 2,如图 2.4 所示。

图 2.3　一个 sp^3 轨道　　　　图 2.4　s 轨道、p 轨道及 sp^3
　　　　　　　　　　　　　　　　　　　轨道成键能力示意图

　　图 2.5 是表示一个 sp^3 轨道与另一个 s 轨道重叠以及两个 sp^3 轨道重叠的情况。

图 2.5　原子轨道的交叠

---

　　[*] 光电子能谱的实验结果指出:甲烷分子中的电子能级具有高低不同的两个能级。一个是较高的三重简并的能级($-12.7\text{eV} \sim -16\text{eV}$),另一个是较低的非简并的能级($-23\text{eV}$)。由此可见,实际上原子轨道并未真正杂化,$CH_4$ 分子中的价电子并不是真正定域在 C 和 H 原子之间形成四个能量均等的 C—H 键。

由一个 $2s$ 和三个 $2p$ 轨道杂化形成的每一个 sp^3 轨道相当于 $\frac{1}{4}s$ 成分和 $\frac{3}{4}p$ 成分,它们的空间取向是指向正四面体的顶点,各 sp^3 轨道的对称轴之间互成 $109°28'$,如图 2.6 所示。这样形成的碳原子的四个 sp^3 轨道彼此尽可能地远离,斥力最小,同时它们和四个氢原子于 1s 轨道重叠最有效,因此形成强的化学键。所以甲烷分子也很稳定,如图 2.7 所示。

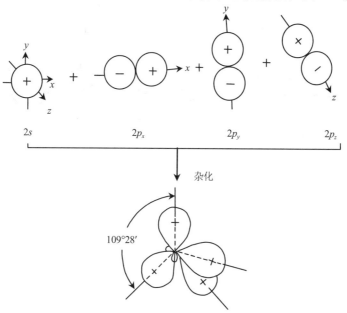

图 2.6 碳的四个 sp^3 杂化轨道示意图

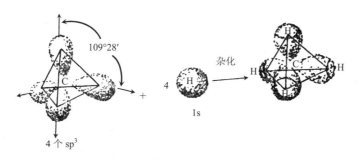

图 2.7 甲烷分子形成的示意图

乙烷分子中的碳原子也是以 sp^3 杂化的。两个碳原子各以一个 sp^3 轨道重叠形成 C—C 键,两个碳原子又各以三个 sp^3 杂化轨道分别与氢原子的 1s 轨道重叠形成 C—H 键。这样乙烷中的六个 C—H 键都是等同的,如图 2.8 所示。

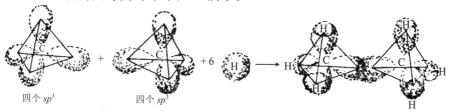

图 2.8 乙烷分子形成的示意图

可见乙烷分子的形状是由两个四面体共用一个顶角组成的。丙烷、丁烷等分子的形状类似。

在烷烃分子中，碳原子都是采取 sp^3 杂化的。C—C 键为 sp^3—sp^3，C—H 键为 sp^3—s。它们成键原子的电子云都是沿键轴近似于圆柱形对称分布，成键的两个原子通常可以围绕着键轴自由旋转，我们把这样的键称为 σ-键。

由于碳的价键分布呈正四面体型，键角为 109°28′，再加上 C—C 键可以自由旋转，因此烷烃分子中的碳键并不是直线型的，可以形成多种曲折形式，如图 2.9 所示。

图 2.9　正戊烷碳链运动的几种形式　　　　图 2.10　戊烷分子模型

但是在固态时，烷烃的碳链排列整齐，呈锯齿状。戊烷分子模型如图 2.10 所示。为方便起见，一般用构造式和简式表示分子结构。戊烷的构造式为：

$$
\begin{array}{c}
\text{H} \quad \text{H} \quad \text{H} \quad \text{H} \quad \text{H} \\
| \quad | \quad | \quad | \quad | \\
\text{H—C—C—C—C—C—H} \\
| \quad | \quad | \quad | \quad | \\
\text{H} \quad \text{H} \quad \text{H} \quad \text{H} \quad \text{H}
\end{array}
$$

简式为：$CH_3CH_2CH_2CH_2CH_3$ 或 ⌇⌇⌇ 。

2.3.2　烷烃的构象

刚才我们讨论过烷烃分子中的碳原子可以绕 C—C 键进行自由旋转，这就使得一个碳原子上的三个氢原子与另一个碳上的氢原子在空间的相对位置发生变化，产生不同形象的分子。

1. 乙烷的构象

乙烷分子的形状可以用"双三脚架"来比喻。六个 H 是六个脚底，C—C 键连着两个三脚。由于 C—C 单键可以自由旋转，所以这三个脚像电风扇一样可以自由转动。为了便于观察，使一个甲基固定不动，另一个甲基绕 C—C 键轴旋转，则分子中氢原子在空间的排列形式将不断改变而有无数种。这种由于原子或原子团绕单键旋转而产生的分子中各原子或原子团的不同的空间排布，叫做构象(conformation)。乙烷分子最典型的两种构象是交叉式(staggered)和重叠式(eclipsed)。可用三种最常使用的投影式表示如下：

(i) 交叉式构象

伞形式　　　　　　　锯架式　　　　　　　纽曼式

(ii) 重叠式构象

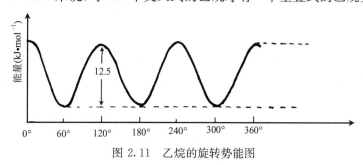

伞形式   锯架式   纽曼式

纽曼(Newman)投影式在讨论构象上非常有用。它的画法是，把乙烷分子平放，我们把眼睛对准 C—C 键轴的延长线，圆圈表示远离眼睛的碳原子，其上连接的三个氢原子画在圆外。而圆圈上的三个氢原子表示离眼睛较近的甲基。

从上面投影式可以看出：(i)式中两组氢原子处于交错的位置，这种构象叫做交叉式。在交叉式构象中，两个碳原子上的非键合氢原子相距最远，相互间的排斥力最小，因而分子的内能最低，是较稳定的构象。(ii)式中两组氢原子相互重叠，这种构象叫做重叠式。在重叠式构象中两个碳原子上的氢原子两两相对，距离最近，由于它们的空间相互作用，因而使分子的内能最高，也就是最不稳定。交叉式与重叠式是乙烷的两种极端构象。介于这两者之间，还可以有无数种构象，称为扭曲式(skewed)。

当绕 C—C 单键旋转时，乙烷分子各种构象的能量关系如图 2.11 所示。图中曲线上任何一点代表一种构象及其能量。位于曲线中最低的一点，即谷处，能量最低，它所代表的构象最稳定(即交叉式)。只要稍离开谷底一点，就意味着能量的升高，分子的构象就变得不稳定一些。这种不稳定性使分子中产生一种"张力"，这种张力是由于键的扭转要恢复最稳定的交叉式构象而引起的。这种张力通常叫做扭转张力(torsional strain)。与交叉式排列的任何偏差都会引起扭转张力。交叉式与重叠式的能量虽然不同，但能量差不太大。推测只有 12 kJ·mol^{-1}，也就是说，由交叉式转变为重叠式只需吸收 12 kJ·mol^{-1}的能量即可完成。而室温时分子的热运动即可产生 83.6 kJ·mol^{-1}的能量，所以在常温下乙烷的各种构象之间迅速互变。分子在某一构象停留的时间(即寿命)很短($<10^{-6}$ s)，因此，不能把某一构象"分离"出来。当然，从统计的观点来看，在某一瞬间，乙烷分子中交叉式构象比重叠式构象所占的比例要大得多(对 $T=25$℃来说，每 160 个交叉式的乙烷才有一个重叠式的乙烷分子)。

图 2.11　乙烷的旋转势能图

从乙烷分子构象的分析中知道，由于不同构象的内能不同，要想彼此互变，必须越过一定的能垒才能完成。因此，所谓单键的自由旋转并不是完全自由的。

2. 正丁烷的构象

丁烷分子可以看作是乙烷的二甲基衍生物。当绕 C_2—C_{3} 键轴旋转时，情况较乙烷要复

杂,有四个典型构象,用 Newman 投影式表示如下:

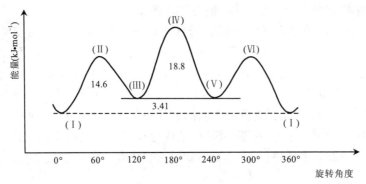

反交叉式　　　　邻位交叉式　　　　部分重叠式　　　　全重叠式

现在我们看看丁烷分子中随着绕 C_2—C_3 键轴旋转时,它的构象变化情况:

转 60° →　　　　120° →　　　　180° →

（Ⅰ）反交叉式　　　　（Ⅱ）部分重叠式　　　　（Ⅲ）邻位交叉式

240° →　　　　300° →

（Ⅳ）全重叠式　　　　（Ⅴ）邻位交叉式　　　　（Ⅵ）部分重叠式

上述六种构象的能量关系如图 2.12 所示。

图 2.12　正丁烷 C_2—C_3 键旋转势能图

从能量曲线中可以看出,能量最低的构象为（Ⅰ）反交叉式,能量最高的构象为（Ⅳ）全重叠式。从能量上看,（Ⅱ）与（Ⅵ）相同,（Ⅲ）与（Ⅴ）相同。所以,四种典型的构象能量高低顺序为:反交叉式＜邻位交叉＜部分重叠式＜全重叠式。它们的稳定性顺序正好相反。从图中还可以看到构象为（Ⅰ）、（Ⅲ）、（Ⅴ）的分子能量最低。一般说来,相当于最低能量的各构象叫做构象异构体。所以正丁烷有两种不同的稳定构象,三个稳定的构象异构体:一个反交叉式,两个邻位交叉式。邻位交叉式构象异构体（Ⅲ）和（Ⅴ）互为镜影和实物的关系,因此是（构象）对映体,它们是两个不相同的不对称分子(参看第八章立体化学部分)。所以正丁烷实际上是一个构象异构体的平衡混合物。该混合物的组成决定于不同构象异构体之间的能量差别。在室温下约68%为反交叉式,约32%为邻位交叉式,部分重叠式和全重叠式极少。由于正丁烷各构象之间能量差(能垒)不大,最大不超过 25.1 kJ·mol^{-1},所以分子的热运动就可使各种构象迅速互

32

变,这些异构体也不能分离出来。易于相互转换几乎是构象异构体的特性(当然也有一些构象异构体不易互换的),也是这种异构体与我们今后要学习的其他立体异构体最不相同的性质。

脂肪族化合物的构象都与正丁烷的构象相似,占优势的构象通常是全交叉式,即分子中两个最大的基团处于对位成 180°角的排布。

此外 IUPAC 规定的表示构象的方法,可用图 2.13 来说明。

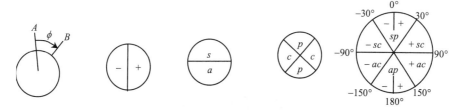

图 2.13　IUPAC 表示构象方法

(ⅰ) B 顺时针转为＋,逆时针转为－。
(ⅱ) B 在上半圆为顺(s),在下半圆为反(a)。
(ⅲ) B 在＋30°～－30°和＋150°～－150°内为叠(p)。
(ⅳ) B 在＋30°～＋150°和－30°～－150°内为错(c)。

所以,

ϕ	0°～±30°	＋30°～＋90°	＋90°～150°	＋150°～＋180°	－30°～－90°	－90°～－150°	－150°～－180°
	±顺叠(±sp)	＋顺错(＋sc)	＋反错(＋ac)	＋反叠(＋ap)	－顺错(－sc)	－反错(－ac)	－反叠(－ap)

2.4　烷烃的物理性质

通常包括化合物的状态、熔点(m. p.)、沸点(b. p.)、比重、溶解度、折光率等。纯物质的物理性质在一定条件下都有固定的数值,故常把这些数值称作物理常数。通过物理常数的测定,可以鉴定物质的纯度。

2.4.1　物质的状态

在室温和一个大气压下,C_1～C_4 的烷烃为气体,C_5～C_{16} 是液体,C_{17} 以上是固体。

2.4.2　熔点和沸点

一般说来,烷烃的 m. p. 和 b. p. 都很低,例如甲烷的 m. p. 为－185℃,b. p. 为－161.5℃。这是因为烷烃是非极性分子,它们之间的吸引力是范德华力,主要是色散力。这种吸引力很弱,容易被热能克服,所以 m. p. 和 b. p. 都很低。烷烃的 m. p. 和 b. p. 都随分子量的增加而升高,这是因为分子量越大,电子个数也越多,色散力也就越大之故。不过,从 m. p. 来看,有两点值得注意:

(1) 对同数碳的烃来说,结构对称的分子熔点高。例如:

$CH_3-CH_2-CH_2-CH_2-CH_2-CH_2-CH_2-CH_3$　(辛烷)　　　m. p. 为－56.8℃

$$CH_3-\underset{\underset{CH_3}{|}}{\overset{\overset{CH_3}{|}}{C}}-\underset{\underset{CH_3}{|}}{\overset{\overset{CH_3}{|}}{C}}-CH_3$$　(2,2,3,3-四甲基丁烷)　　　　　　　m. p. 为 100.6℃

又如戊烷的 m. p. 为－129.7℃,异戊烷的 m. p. 为－159.9℃,而新戊烷的 m. p. 为－16.6℃(接近球状,有助于在晶格中紧密堆集),这是因为结构对称的分子在固体晶格中可紧密排列,分子间的色散力作用也就大些,使之熔融就必须提供较多的能量,因此熔点较高。

(2) 含偶数碳原子的正烷烃比奇数碳原子的 m. p. 高,如图 2.14 所示。

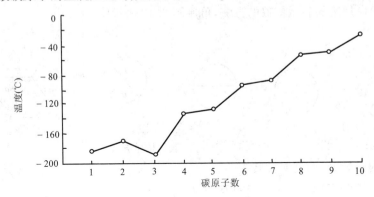

图 2.14　烷烃的熔点曲线

分子量较小的乙烷的熔点(m. p. 为－183.3℃)反而比分子量大的丙烷(m. p. 为－189.7℃)高,这是因为在晶体中分子间的作用力不仅取决于分子的大小,而且取决于晶体中碳链的空间排布情况。X 光结构分析证明,固体正烷烃的碳链在晶体中伸长为锯齿形,奇数碳原子的链中两端的甲基处在同一边,而偶数碳原子的链中两端的甲基处于相反的位置,从而使这种碳链比奇数碳链的烷烃可以彼此更为靠近,于是它们之间的色散力也就大些,因此含偶数碳的烷烃 m. p. 比奇数碳的 m. p. 要高一些。

从 b. p. 来看,上升比较有规则,每增加一个 CH_2 基,上升 20℃～30℃,越到高级系列上升越慢。这一事实不仅适用于烷烃,而且也适用于以后要研究的各种同系列,如图 2.15 所示。

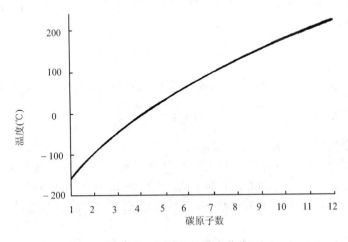

图 2.15　正烷烃的沸点曲线

在相同碳数的烷烃的异构体中,直链烷烃的 b. p. 比带支链结构的 b. p. 高,例如 $CH_3-(CH_2)_3CH_3$(正戊烷)的 b. p. 为 36℃, $CH_3-CH-CH_2-CH_3$(异戊烷)的 b. p. 为
　　　　　　　　　　　　　　　　　　　　　　　　　　　|
　　　　　　　　　　　　　　　　　　　　　　　　　　CH_3

$$28℃，CH_3-\overset{\overset{\displaystyle CH_3}{|}}{\underset{\underset{\displaystyle CH_3}{|}}{C}}-CH_3（新戊烷）的 b. p. 为 9.5℃。$$

这是因为在液态下直链的烃分子易于互相接近,而有侧链的烃分子空间阻碍较大,不易靠近,使分子间相距较远。因此直链分子间存在着较大的色散力,b. p. 较高。

这里值得强调一下,带支链的异构体因为接触面较直链小,所以范德华力也减小,因而 m. p. 和 b. p. 都较低。但当分子有足够的对称,它形成晶格更容易,所以有较高的 m. p. 和相应低的 b. p.。例如,戊烷、异戊烷和新戊烷的 m. p. 分别为 $-129.8℃$、$-159.9℃$ 和 $-16.8℃$, b. p. 数据见上。

2.4.3　比重、溶解度和折光率

烷烃的比重也是随分子量的增大而增高,最后接近于 0.79。比重的大小也与分子间的引力有关,分子量越大,分子间引力也越大,故比重随分子量增高而有微量增加。

烷烃不溶于水,能溶于有机溶剂中,这是因为烷烃是非极性分子,所以它和有机溶剂分子间的引力也相似,故能很好溶解。这是"相似相溶"经验规律的实例之一。

折光现象是由于光照射物质时使分子中的电子发生振动而阻碍光波的前进,因而减低光波在物质中进行的速度而产生的。

$$折光率 \ n=\frac{v_0}{v}$$

式中:v_0 为光在真空中传播的速度;v 为光在物质中传播的速度。

测定液体烷烃的折光率往往比测定沸点的方法在鉴定上更为可靠。

从表 2.2 中,我们清楚地看出正烷烃的物理性质是随着分子量的增加而显示出一定递变规律。

表 2.2　正烷烃的物理性质

状态	名称	英文名称	熔点(℃)	沸点(℃)	比重 d_4^{20}	折光率 n_D^{20}
气体	甲　烷	methane	-182.6	-161.7	$0.4660^{-164℃}$	
	乙　烷	ethane	-172.0	-88.6	$0.5720^{-103℃}$	
	丙　烷	propane	-187.1	-42.2	0.5005	
	丁　烷	butane	-135.0	-0.5	0.6012	1.3326
液体	戊　烷	pentane	-129.7	36.1	0.6262	1.3575
	己　烷	hexane	-94.0	68.7	0.6603	1.3742
	庚　烷	heptane	-90.5	98.4	0.6838	1.3876
	辛　烷	octane	-56.8	125.6	0.7025	1.3974
	壬　烷	nonane	-53.7	150.7	0.7176	1.4054
	癸　烷	decane	-29.7	174.0	0.7298	1.4119
	十一烷	undecane	-25.6	195.8	0.7402	1.4176
	十二烷	dodecane	-9.6	216.3	0.7487	1.4216
	十三烷	tridecane	-6	235.4	0.7564	1.4319
	十四烷	tetradecane	5.5	251	0.7628	1.4409(过冷)
	十五烷	pentadecane	10	260	0.7685	1.4536(过冷)
	十六烷	hexadecane	18.1	280	0.7733	

状态	名称	英文名称	熔点（℃）	沸点（℃）	比重 d_4^{20}	折光率 n_0^{20}
固 体	十七烷	heptadecane	22.0	303	0.7780	—
	十八烷	octadecane	28	308	0.7768	—
	十九烷	nondecane	32	330	0.7774	—
	二十烷	eicosane	36.4	—	0.7886	—
	三十烷	triacontane	66	—	—	—
	四十烷	tetracontane	81	—	—	—

2.5　烷 烃 的 反 应

烷烃的化学性质很不活泼。在常温常压下,烷烃与强酸、强碱、强氧化剂、强还原剂等都不易起反应,所以烷烃在有机反应中常用来做溶剂。烷烃的稳定性是由于碳原子的化合价完全被氢原子所饱和,分子中 C—C 和 C—H σ 键比较牢固的缘故。此外,碳(电负性为 2.5)和氢(电负性为 2.1)原子的电负性差别很小,因而烷烃的 σ 键电子不易偏向某一原子,分子中没有局部的电子密度较大或较小的情况,故不论对亲核或亲电试剂,它都没有特殊的亲合力。但烷烃的这种稳定性也是相对的,在一定条件下,如在适当的温度、压力或催化剂存在的条件下,烷烃也可以与一些试剂起反应。烷烃的主要反应如下:

2.5.1　卤代反应

烷烃在紫外光、热或催化剂(碘、铁粉等)的作用下,它的氢原子容易被卤素取代,这种反应叫卤代反应(chlorination)。卤代反应往往释放出大量的热。例如:

$$CH_4+Cl_2 \xrightarrow[\text{或光}]{\text{热}} CH_3Cl+HCl \quad \Delta H=-103.2 \text{ kJ} \cdot \text{mol}^{-1}$$

烷烃的卤代反应一般是指氯代和溴代。因为氟代反应非常激烈,发生爆炸性的反应:

$$CH_4+2F_2 \longrightarrow C+4HF$$

因此往往用惰性气体稀释,并在低压下进行。而碘代反应却很难直接发生,一方面是 C—I 键能低,碘原子的活性低,另一方面是因为反应中产生的 HI 属强还原剂,可把生成的 RI 还原成原来的烷烃:

$$RH+I_2 \Longleftrightarrow RI+HI$$

因此,卤素的反应活性顺序是:$F_2>Cl_2>Br_2>I_2$。此反应活性顺序也适用于卤素对大多数其他有机物的反应,甲烷的氯代反应是工业上制备氯甲烷的重要反应。但作为实验室中的制备方法就受到限制。这是因为反应不停留在一氯代阶段。随着 CH_3Cl 的浓度加大,它可以继续氯代下去:

$$CH_3Cl+Cl_2 \longrightarrow CH_2Cl_2+HCl$$
$$CH_2Cl_2+Cl_2 \longrightarrow CHCl_3+HCl$$
$$CHCl_3+Cl_2 \longrightarrow CCl_4+HCl$$

因此,CH_4 和 Cl_2 反应的实际产物是氯甲烷、二氯甲烷、三氯甲烷(氯仿)和四氯化碳的混合物。混合物的组成取决于使用原料的配料比和反应条件。如果我们使用大过量的甲烷,则反应可以几乎完全控制在一氯代反应。如果在 400℃ 左右,使原料比 $CH_4 : Cl_2 = 0.263 : 1$,则反应产物主要是 CCl_4。

对于乙烷的卤代反应和 CH_4 一样,只能生成一种一氯乙烷,而丙烷氯代由于取代位置不同,却能生成两种一氯代产物。如:

$$CH_3—CH_2—CH_3 \xrightarrow[\text{光,25℃}]{Cl_2} \begin{array}{l} \xrightarrow{\text{夺取 1°H}} CH_3—CH_2—CH_2Cl \quad 45\% \quad 1\text{-氯丙烷} \\ \xrightarrow{\text{夺取 2°H}} \underset{\underset{Cl}{|}}{CH_3—CH—CH_3} \quad 55\% \quad 2\text{-氯丙烷} \end{array}$$

如果进行溴代,也生成相应的溴化物,但产物的比例不同:

$$CH_3—CH_2—CH_3 \xrightarrow[\text{光,127℃}]{Br_2} \begin{array}{l} \xrightarrow{\text{夺取 1°H}} CH_3—CH_2—CH_2Br \quad 3\% \quad 1\text{-溴丙烷} \\ \xrightarrow{\text{夺取 2°H}} \underset{\underset{Br}{|}}{CH_3—CH—CH_3} \quad 97\% \quad 2\text{-溴丙烷} \end{array}$$

如何解释上述现象呢? 一般说来,烷烃卤代时决定烷烃一卤代异构体产物的相对产率的因素有三:

(1) 机率因数。例如丙烷中的一级氢和二级氢被取代的机率因数之比为 3:1,一级氢占先。

(2) 氢的活泼性。三级氢>二级氢>一级氢。这可以从不同类型的 C—H 键的离解能不同得到解释。实验结果表明:

$$—\underset{|}{\overset{|}{C}}—H(三级氢) \quad 380.4 \text{ kJ·mol}^{-1}; \quad —CH_2—H(一级氢) \quad 409.6 \text{ kJ·mol}^{-1}$$

即各级氢与碳分离时所需的能量:三级氢<二级氢<一级氢<CH_3—H。这就是说,游离基容易形成的程度也必定遵循同样的顺序:$3° > 2° > 1° > \overset{.}{C}H_3$。同样,越是稳定的游离基,越容易形成[*]。所以游离基的稳定性顺序也是 $3° > 2° > 1° > \overset{.}{C}H_3$。这是一个非常有用的通则,可以认为,在许多有游离基形成的反应中,游离基的稳定性支配着反应方向和反应活性。这就解释了 $CH_3CH_2CH_3$ 无论是氯代还是溴代,2-卤代丙烷的产率是主要的。

---

[*] 关于烷基自由基的形状,即 $R_3C·$ 中的单电子在一个 p 轨道中 (平面形 ⟨图⟩) 还是在 sp^3 杂化轨道中 (角锥形 ⟨图⟩)? 电子自旋谱(ESR)由于不成对电子与顺磁性的 ^{13}C 核之间相互作用引起的谱线分析表明,s 轨道的程度极少或简直没有。因此,$R_3C·$ 是平面的 (或偏离平面不超出 5°~15° ⟨图⟩)。

（3）卤素的活泼性。氯的活泼性较大，但选择性则较差，因此受机率因素的影响较大。溴的活泼性较小，但选择性较强，因此受机率因素的影响较小，因而在进行丙烷卤代时，2-溴丙烷的产率比 2-氯丙烷的产率要高得多。这可从卤原子对不同氢原子的选择性看出，见表 2.3。

表 2.3　卤原子对不同氢原子的选择性

	Cl ·	Br ·
$CH_3—H$	0.004	0.0007
$CH_3CH_2—H$	1.00	1.00
$(CH_3)_2CH—H$	4.3	220
$(CH_3)_3C—H$	6.0	19400

说明溴原子的反应更受 H 的活性的影响。

如果丙烷的卤代反应在很高温度下进行，则所得的异构体的产量与各种氢原子数目成正比，即卤原子和进攻位置变得有很少的选择性，只与卤原子和不同的氢相碰撞的几率有关。

1. 卤代反应的历程

我们不仅要知道发生了什么化学反应，而且要知道它是怎样发生的。所谓反应历程（也叫反应机理）（reaction mechanism），就是反应所经历的过程。如果人们对某一反应过程有了认识，就可以进一步了解各种因素（试剂、温度、压力、催化剂等）对反应所引起的作用，掌握反应的规律，从而能更好地达到控制和利用反应的目的。

实验证明：①甲烷与氯在室温和暗处不发生反应。②在紫外光照射或温度高于 250℃时，反应立即发生。③当反应由光引发时，体系每吸收一个光子，可以产生许多（几千个）氯甲烷分子。④有少量氧存在时会使反应推迟一段时间，这段时间过后，反应又正常进行。这段时间的长短取决于存在着多少氧。因此一个能令人满意地说明这些事实的反应历程被认为是：

甲烷的氯代是游离基的链反应（free radical chain reaction）。首先是氯分子吸收一个光子而均裂成具有高能量的氯原子 Cl·（游离基），这叫做链引发步骤（chain initiation step）：

$$Cl:Cl \xrightarrow{h\nu} Cl \cdot + Cl \cdot \qquad\qquad (i)$$

Cl·游离基非常活泼，它有强烈地获得一个电子而成为完整的八隅体的倾向，于是 Cl·和甲烷分子碰撞，使甲烷分子中的一个 C—H 键均裂，Cl·和 H·结合生成 HCl，并生成一个新的甲基游离基：

$$CH_4 + Cl \cdot \longrightarrow \cdot CH_3 + HCl \qquad\qquad (ii)$$

活泼的甲基游离基与氯原子一样，为了满足它的碳原子周围的八隅体结构，它很快地与氯分子作用，生成氯甲烷，同时又产生一个新的氯原子：

$$\cdot CH_3 + Cl_2 \longrightarrow CH_3Cl + Cl \cdot \qquad\qquad (iii)$$

Cl·原子再继续重复反应（ii）到（iii），再（ii）、（iii）……（大约一个引发出来的氯原子 Cl·可以使这个链的增长平均进行 5 000 次循环，一个光子的能量可分解一个氯分子为两个氯原子，因此一个光子可使链的增长进行 10 000 次循环）。这个过程我们称为链锁反应的链增长步骤（chain propagation step）。它将无限地继续传递下去，直到反应物之一完全消耗或游离基相互结合而失去活性时，这个链增长的过程便不能继续下去了，我们称它为链的终止步骤（chain termination step）。例如：

$$Cl \cdot + Cl \cdot \longrightarrow Cl_2 \tag{iv}$$

$$CH_3 \cdot + CH_3 \cdot \longrightarrow CH_3CH_3 \tag{v}$$

$$CH_3 \cdot + Cl \cdot \longrightarrow CH_3Cl \tag{vi}$$

观察各种不同的链锁反应,虽然在细节上可以有很大的变化,但所有的链锁反应都有其共同的特征——通过游离基进行,而且它通常包括三个阶段:链的引发阶段(i),链的增长阶段(ii)(iii)和链的终止阶段(iv)、(v)、(vi)。

如果体系中存在少量的氧,则氧与甲基游离基生成了新的游离基:

$$CH_3 \cdot + O_2 \longrightarrow CH_3-O-O \cdot$$

$CH_3OO \cdot$游离基的活性远小于$CH_3 \cdot$游离基,几乎不能使链反应继续下去。因此,只要发生一个这样的反应,就中断了一条链反应,不再形成几千个氯甲烷分子,这就使反应大大减慢。待氧分子完全消耗,反应又能继续在正常速度下进行。

一种物质,即使只有少量存在,就能使反应减慢或停止的称为抑制剂(inhibitor)。只加很少量抑制剂对反应即可起到抑制作用是各类链反应的一个特征。因此,人们常以此为依据确定反应是否游离基历程。目前人们可方便地用电子顺磁共振(ESR)谱仪来检测游离基的存在与确定其反应历程。常用游离基抑制剂有对苯二酚 HO—⟨ ⟩—OH,硝基甲烷 CH_3NO_2 等。

氯原子除了可与甲烷作用外,还可以与一氯甲烷作用生成二氯甲烷,再继续反应下去可生成三氯甲烷、四氯甲烷:

$$CH_3Cl + Cl \cdot \longrightarrow \cdot CH_2Cl + HCl$$

$$\cdot CH_2Cl + Cl_2 \longrightarrow CH_2Cl_2 + Cl \cdot$$

因此,甲烷的氯代物是几种氯代物的混合物。

下面我们进一步来考虑甲烷进行氯代反应时能量上的变化情况。从键的离解能数值,我们可以计算出它的能量变化:

$$\underset{434.7}{CH_3-H} + \underset{242.4}{Cl-Cl} \longrightarrow \underset{351.1}{CH_3-Cl} + \underset{430.5}{H-Cl}$$

结果反应热 $\Delta H = (434.7 + 242.4) - (351.1 + 430.5) = -104.5 \text{ kJ} \cdot \text{mol}^{-1}$,负号表示反应是放热的。这是总反应的净 ΔH。如果用各步的 ΔH 来描述反应,可计算如下:

(i) $Cl-Cl \longrightarrow 2Cl \cdot$ $\Delta H_1 = +242.4 \text{ kJ} \cdot \text{mol}^{-1}$
     242.4

(ii) $Cl \cdot + \underset{434.7}{CH_3-H} \longrightarrow \cdot CH_3 + \underset{430.5}{H-Cl}$ $\Delta H_2 = 434.7 - 430.5 = +4.2 \text{ kJ} \cdot \text{mol}^{-1}$

(iii) $CH_3 \cdot + \underset{242.4}{Cl-Cl} \longrightarrow \underset{351.1}{CH_3-Cl} + Cl \cdot$ $\Delta H_3 = 242.4 - 351.1 = -108.7 \text{ kJ} \cdot \text{mol}^{-1}$

从上述数据可以看出,为什么这个反应尽管是放热的,也必须在高温时(如275℃)才能发生。这是因为没有链的引发,反应就不能发生,而链的引发(Cl—Cl 链的断裂)要吸收大量的热,所以只有在高温时反应才能发生。

甲烷和氯原子(Cl·)进行反应的势能变化如图 2.16 所示。

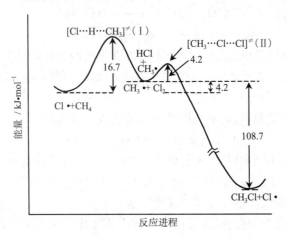

图 2.16 甲烷的氯代反应能量变化

为了便于理解,作一些简单的说明。

根据分子运动论我们知道,要使两种分离的分子(或离子)之间发生反应,分子间一定要发生碰撞,但只有具有足够能量(并有适当取向)的分子碰撞才能有效地发生反应,这种分子叫做活化分子。活化分子所具有的最低能量与反应物分子平均能量的差值,称为活化能(activation energy)。如图 2.16 中的 $E_{(1)活化} = 16.7 \text{ kJ} \cdot \text{mol}^{-1}$ 是过渡态(transition state)(Ⅰ)与反应物的内能差。不同反应的活化能不同(如 $E_{(1)活化} > E_{(2)活化}$)。活化能高,反应难于进行,反之亦然。

在图 2.16 中,反应物的能谷比反应中间体 $CH_3·$(它是非常活泼但是真实存在的化合物,可以直接测得其存在)低,说明这一步反应是吸热的($\Delta H = 4.18 \text{ kJ} \cdot \text{mol}^{-1}$)。而反应产物的能谷比中间体低,说明中间体 $CH_3·$ 和 Cl_2 反应转变为产物($CH_3Cl + Cl·$)这一步是放热的($\Delta H = -108.7 \text{ kJ} \cdot \text{mol}^{-1}$)。因此,总的反应是放热的($\Delta H = -104.5 \text{ kJ} \cdot \text{mol}^{-1}$)。

从图中也可以看出,形成过渡态(Ⅰ)所需的活化能($E_{(1)} = 16.72 \text{ kJ} \cdot \text{mol}^{-1}$)比形成过渡态(Ⅱ)所需的活化能 $E_{(2)活化} = 4.18 \text{ kJ} \cdot \text{mol}^{-1}$ 高,所以,甲烷与 Cl· 反应生成中间体($CH_3·$)的反应是慢的,是决定反应速度的一步。所谓"过渡态",就是反应物过渡到产物的中间状态,它和中间体不同,它不是一个独立存在的化合物,极不稳定,目前还不能分离出来加以研究。一般认为过渡态的结构是处于反应物和产物之间的某种中间状态,形成了类似络合物的构型,如 $[Cl \cdots H \cdots CH_3]$。所以,过渡状态又称为活化络合物(activation complex)。

通过在两个相似反应产物的相对稳定性的比较可得出:如果反应是吸热的,则过渡状态与产物比较相似,而如果反应是放热的,则与反应物比较相似。在此基础上我们可以假定:在过渡态中,在与反应方程(1)中的对应键相比,反应方程(2)中的 H—Y 键的形成较为完全,C—H 键更容易破裂,见图 2.17 和图 2.18。

$$CH_4 + X· \longrightarrow CH_3· + H:X \qquad \Delta H = -20.9 \text{ kJ} \cdot \text{mol}^{-1} \qquad (1)$$
$$E_a = 12.5 \text{ kJ} \cdot \text{mol}^{-1}$$

$$CH_4 + Y· \longrightarrow CH_3· + H:Y \qquad \Delta H = 12.5 \text{ kJ} \cdot \text{mol}^{-1} \qquad (2)$$
$$E_a = 16.7 \text{ kJ} \cdot \text{mol}^{-1}$$

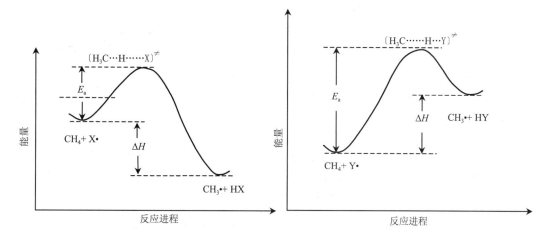

图 2.17 反应进程中的势能变化:过渡态早
到达,过渡态像反应物——易反应

图 2.18 反应进程中的势能变化:过渡态
迟到达,过渡态像产物——难反应

这里要注意活化能 E 和反应热(ΔH)之间没有直接联系,我们不能从 ΔH 预测形成过渡态的活化能 E 的大小。反应热(ΔH)是产物(中间产物)与反应物的热焓差,在一般情况下,近似等于内能差,所以它可以从反应中键能的改变近似地计算出来。而活化能则是过渡态与反应物的内能差,一般只能通过温度和反应速度的关系由实验测得。决定反应速度的是活化能 E 的大小(即能垒的高度),而不是两个能谷的高度差 ΔH。即使反应是放热的,反应仍需爬越过渡态的能垒(即有一定的活化能)。只有在特殊情况下,例如两个氯游离基结合时,反应非常容易发生,且不需要活化能。这是因为反应时没有键的断裂,不需要爬越能垒,因此 $E_{活化}=0$,如图 2.19 所示。

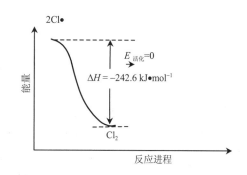

图 2.19 $2Cl\cdot \longrightarrow Cl_2$ 反应进程中的势能变化

$$Cl\cdot +Cl\cdot \longrightarrow Cl—Cl \quad \Delta H=-242.6\ kJ\cdot mol^{-1} \quad E_{活化}=0$$

2. 卤素对甲烷的相对反应活性

反应(ii)和(iii)是链的增长步骤,它们对卤代反应的进行起着关键性作用。对于氯原子和溴原子来讲,反应(ii)是吸热的,其活化能为

$$Cl\cdot +CH_4 \longrightarrow \cdot CH_3+HCl \quad \Delta H=4.18\ kJ\cdot mol^{-1} \quad E_a=15.9\ kJ\cdot mol^{-1}$$

$$Br\cdot +CH_4 \longrightarrow \cdot CH_3+HBr \quad \Delta H=69.0\ kJ\cdot mol^{-1} \quad E_a=77.7\ kJ\cdot mol^{-1}$$

但反应(iii)都是放热反应,活化能都很小。

$$\cdot CH_3+Cl_2 \longrightarrow CH_3Cl+Cl\cdot \qquad \Delta H=-106.6\ kJ\cdot mol^{-1}$$

$$\cdot CH_3+Br_2 \longrightarrow CH_3Br+Br\cdot \qquad \Delta H=-100.3\ kJ\cdot mol^{-1}$$

据计算,在 300℃时 $Cl\cdot$ 与 CH_4 在 1 亿次碰撞中有 350 万次的能量超过活化能,而在同样条件下,$Br\cdot$ 只有 8 次能量超过活化能,所以氯代速度大大超过溴代速度。

对氟原子来讲,反应(ii)和(iii)的活化能都很小,且又都放热,反应爆炸式进行,难于控制,需在低温、惰性气体稀释条件下进行。

而对碘原子来说,反应(ii)的活化能高达 140.0 kJ·mol^{-1},ΔH 为 129.6 kJ·mol^{-1},同时碘原子易于重新结合为碘分子。计算表明 $300℃$ 时碘原子与甲烷分子在 1 万亿次碰撞中只有 2 次能量是超过活化能的,所以甲烷的碘代已无实际意义。

游离基反应通常在气相或非极性溶剂中进行。

2.5.2 烷烃的燃烧——氧化

无机化学中已经学过,原子或离子失去电子叫氧化(oxidation)。有机化学中的氧化一般是指在分子中加入氧或从分子中去掉氢的反应。烷烃的燃烧就是它和空气中的氧所发生的剧烈氧化反应,生成 CO_2 和 H_2O,同时放出大量的热。[*]

$$C_nH_{2n+2}+\left(\frac{3n+1}{2}\right)O_2\longrightarrow nCO_2+(n+1)H_2O+热能$$

这就是内燃机中进行的主要反应,故有其实用意义。但气体烷烃与空气或氧气混合,会形成爆炸性混合物,尤其是甲烷和氧气的比例接近下面反应式中的比例时,遇火花即爆炸而且极为剧烈:

$$CH_4+2O_2\longrightarrow CO_2+2H_2O+889.8 \text{ kJ·mol}^{-1}$$

这就是矿井瓦斯爆炸的原因。

不同烷烃的燃烧效果不同。汽油在汽缸中燃烧经常会发生爆震,所谓"爆震",就是烷烃在汽车汽缸内燃烧时发生爆炸性反应而出现声响。一般支链烷烃倾向于抑制爆震,因此人们用"辛烷值"来定量地表示汽油的爆震性质。所谓"辛烷值",是指某燃料在标准发动机中燃烧时,该燃料相对于人为指定的标准燃料 2,2,4-三甲基戊烷(异辛烷)的效率。人们指定燃烧最好的标准燃料异辛烷的辛烷值为 100,最差的燃料正庚烷的辛烷值为 0,某汽油的辛烷值为 80,则表示它相当于含 80% 异辛烷和 20% 正庚烷的爆震程度。

燃烧反应的机制非常复杂,尚未完全了解,但它无疑是一个包含游离基的链反应。反应由火花或火焰引发(正如在氯代反应中那样)。反应一旦开始便能自发地进行下去,并释放出大量热量。现有的大多数证据都指出,氧化还原反应倾向于通过单电子过程进行。所以与离子反应相比,它更加类似于自由基反应。例如烷烃的燃烧有许多部分氧化的中间体存在:

① $RH+O_2 \xrightarrow{\text{火焰,高温}} R\cdot+HOO\cdot$ （链引发）

② $R\cdot+O_2\longrightarrow R-O-O\cdot$

③ $R-O-O\cdot+RH\longrightarrow R-O-O-H+R\cdot$ （链传播）

④ $2R\cdot\longrightarrow R-R$

⑤ $R-O-O\cdot+R\cdot\longrightarrow R-O-O-R$ （链终止）

烷烃的不完全燃烧产生有毒的 CO 和黑烟(C)。如汽油在汽车的发动机中常常是不完全燃烧,这样就造成空气污染。这也就是开汽车时把全部窗户关闭起来可能发生危险的道理。甲烷的不完全燃烧反应如下:

$$2CH_4+3O_2\longrightarrow 2CO+4H_2O$$

或

$$CH_4+O_2\longrightarrow C_{(黑烟)}+2H_2O$$

---

[*] 燃烧热(heat of combustion)的定义是指完全燃烧 1 mol 化合物生成 CO_2 和 H_2O 时所放出的热量。

烷烃如果控制在适当的条件下,可以与氧发生部分氧化,生成各种含氧化合物——醇、醛、酮和羧酸。例如:

$$CH_3-CH_2-CH_3 \xrightarrow[\Delta]{O_2,氧化剂(MnO_2)} HCOOH+CH_3COOH+CH_3-\overset{O}{\overset{\|}{C}}-CH_3$$

$$\qquad\qquad\qquad\qquad\qquad\quad 甲酸\qquad\quad 乙酸\qquad\quad 丙酮$$

这个过程是很复杂的,氧化位置可能在碳链中部,也可能在碳链末端,因此氧化产物常是一个混合物。

又如,将高级烷烃(如石蜡 $C_{20}\sim C_{30}$)在 110℃～120℃时用少量 $KMnO_4$,MnO_2 或脂肪酸锰盐作催化剂,可被空气氧化生成多种脂肪酸(尚有醇、醛、酮等)。其中,$C_{12}\sim C_{18}$ 的脂肪酸可代替天然油脂,用来制肥皂,从而可节省大量的食用油脂。

$$R-CH_2-CH_2-R' \xrightarrow[110℃\sim120℃]{O_2+MnO_2} RCOOH+R'COOH$$

$$\qquad\qquad 石蜡 \qquad\qquad\qquad\qquad\qquad\qquad\quad \downarrow NaOH$$

$$\qquad\qquad\qquad\qquad\qquad\qquad\qquad\qquad\qquad 肥皂$$

生物体内的氧化反应是有控制的,它可以把其产生的能量用来进行其他的一些生物反应,逐步地氧化,最后导致生成 CO_2 和 H_2O。显然,其中可以形成许多产品。身体活动的能量(如通过有机化合物反应产生的肌肉收缩和脑功能)就是由这些高度控制的氧化反应来供给的。

2.5.3 热解反应

把烷烃在没有氧气的条件下加热到 400℃以上,使 C—C 键和 C—H 键断裂,生成较小的分子的过程叫热解(pyrolysis)。当烷烃裂解时,便产生较小的游离基。例如:

$$CH_3\vdots CH-CH_2 \longrightarrow \cdot CH_3+\cdot CH_2CH_3$$
$$\qquad\quad | \quad |$$
$$\qquad\quad H \quad H$$

这些游离基又可以互相结合为烷烃:

$$\cdot CH_3+\cdot CH_3 \longrightarrow CH_3-CH_3$$

同时也可以发生这样的反应,就是一个游离基转移一个氢原子给另一个游离基,产生 1 个烷烃和烯烃:

$$\cdot CH_3+\dot{CH_2}CH_2 \longrightarrow CH_4+CH_2=CH_2 \qquad (箭头\curvearrowright 表示单电子转移)$$

由于 C—C 键能(346.9 kJ)小于 C—H 键能(413.8 kJ),因此一般 C—C 键较 C—H 键易断裂,较高级烷烃断裂的趋势是在碳链的一端,短的碎片成为烷烃,而较长的碎片成为烯烃。增加压力则有利于碳链中间断裂。例如:

$$C_{16}H_{34} \longrightarrow C_8H_{18}+C_8H_{16}$$
$$煤油的一个组分\quad 辛烷\quad 辛烯$$

这个反应是石油工业中一个非常重要的工业方法。把石油裂解便可得到大量的有用燃料(如汽油)以及重要的化工原料(如乙烯、丙烯、丁烯等)。实际上,在石油工业中是使用各种催化剂(如铂、硅酸铝、三氧化二铝)来促使裂解反应在较低的温度和压力下进行。这种过程叫"催化重整"(catalytic reforming)。铂是使用较多的催化剂,因此又称为"铂重整"。催化重整可使裂解成汽油的产率高,质量好(即汽油中含有高度支化结构的烷烃多)。例如,一般石油中汽油($C_7 \sim C_9$)只含 20%,经催化重整,可使汽油产率提高到 60%。

从上面的讨论我们可以看到,烷烃的卤化反应、氧化燃烧和裂解反应都是通过游离基的链反应机制来进行的,而不是发生离子型反应。这是为什么呢?因为烷烃分子中的 C—C 键和 C—H 键是非极性或极性甚小的 σ 键,很难异裂成两个"离子"。据测定,烷烃分子异裂成两个"离子"所需的能量比均裂成两个"游离基"所需的能量大 2 倍。所以,烷烃的反应大多按游离基反应历程进行。

2.6　烷烃的来源和用途

烷烃的天然来源主要是天然气、石油和煤。

天然气是蕴藏在地层内的可燃气体,它是多种气体的混合物,主要是甲烷,还有少量的乙烷、丙烷、丁烷和戊烷。甲烷是动植物在没有空气的条件下腐烂分解的最终产物,即一些有生命的有机体的非常复杂的分子断裂的最终产物。因此有一种学说认为,生命的起源可追溯到甲烷、水、氨的大气层所包围的原始期的地球。来自太阳和闪电的辐射将这些简单分子断裂成活泼的碎片(游离基),这些碎片又结合成较大的分子,最后得到组成生物体的非常复杂的有机化合物。1953 年,芝加哥大学的诺贝尔奖金获得者 Harold C. Urey 和他的学生 Stanley Miller 找到了能发生这种变化的证据。他们证明:一个电火花能将甲烷、水、氨和氢的混合物转变成许多有机化合物,包括氨基酸(它是组成"生命的材料"——蛋白质的基础)和腺嘌呤(它是核酸的重要碱基之一)。

一度有生命的有机体经过分解产生甲烷,而甲烷归根到底又是生成有机体的原始物质,因此周而复始,循环不息。

石油是烷烃最主要的来源,它的组成主要是烃类(烷烃、环烷烃和芳香烃)。石油主要用作燃料,是最重要的能源,又是有机化工的基本原料。所以,石油是工业的命脉。

石油的分馏产品和用途见表 2.4。

表 2.4　石油各馏分的组成和用途

名　称	主要成分	沸点范围(℃)	用　途	备　注
石油气	$C_1 \sim C_4$	常温以下	燃　料	
石油醚	$C_5 \sim C_6$	30~60		
	$C_7 \sim C_8$	70~120	溶　剂	
汽　油	$C_6 \sim C_{12}$	70~200	飞机、汽车燃料	
煤　油	$C_{12} \sim C_{16}$	200~270	灯火燃料	总称轻油
柴　油	$C_{15} \sim C_{18}$	270~340	发动机燃料	
润滑油	$C_{16} \sim C_{20}$	300 以上	润滑机器、防锈	重　油
液体石蜡	$C_{18} \sim C_{24}$		缓泻剂	
凡士林		半固体	软膏基质	液体和固体石蜡混合物
固体石蜡	$C_{25} \sim C_{34}$	固　体	制造蜡烛	
沥　青	$C_{30} \sim C_{40}$	残　渣	铺马路、漆屋顶	

煤在高温、高压和催化剂存在下,加氢可以得到烃类的复杂混合物,又叫人造石油。

$$n\text{C}+(n+1)\text{H}_2 \xrightarrow[450^\circ\text{C},20\text{MPa}]{\text{FeO}} \text{C}_n\text{H}_{2n+2}+\text{H}_2\text{O}$$

现在,随着燃料要求增加和来源减少,世界面临一个严重的能源危机。为了解决这一问题,人们在寻找各种解决办法,如发展核能、太阳能、水电等等。一个有趣的新的发展是使用动物的废料作为开始的原料来生产石油。每年世界各国产生的鸡、猪、牛粪量相当惊人,它们是环境的污染剂。如果将肥料和 CO 加热到 380℃(在一定压力下),则可得到和天然获得的石油相类似的原油。可是这种方法本身就消耗了大量的能量,因此不是解决能源危机的方法。但是当有足够便宜的核能和太阳能可利用时,它可以提供一个未来的石油产品的来源。

另外,在一些生物体中也发现一些少量的烷烃,如长链的烷烃存在于冬青的蜡质的叶子中,也许这可以减少水分的蒸发。烷烃的另一个奇异的用途是作为性吸引剂,例如,从一种雌性的蘑菇蝇中分泌的一种液体,发现它是一种不带支链的 $C_{15}\sim C_{30}$ 烷烃的混合物,其中 $C_{17}H_{36}$ 是活性最大的。这样的化学物质用作个别昆虫之间传递信息的叫性激素(pheromones)。又如,由雌虎蛾的腹部提取的 2-甲基十七烷也是一种引诱雄蛾的性激素。这样人们便可以合成这些激素,将雄性动物引至捕集器中,将它们杀死。这在农业上具有重大意义。

习　　题

1. 写出下列每个烷烃的结构式:
   (1) 新戊烷
   (2) 异丁烷
   (3) 异戊烷
   (4) 3,4,5-三甲基-4-丙基庚烷
   (5) 6-(3-甲基丁基)十一烷
   (6) 4-叔丁基庚烷
   (7) 2-甲基十七烷

2. 用 IUPAC 法命名下列化合物:
   (1) $(CH_3)_2CHCH_2CH_2CH(CH_3)_2$
   (2) 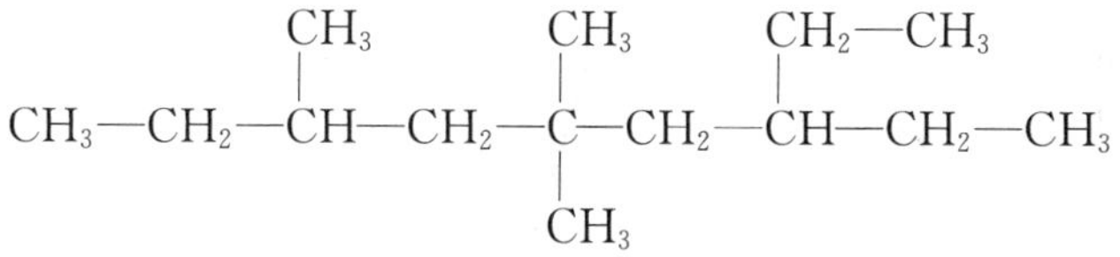
   (3) 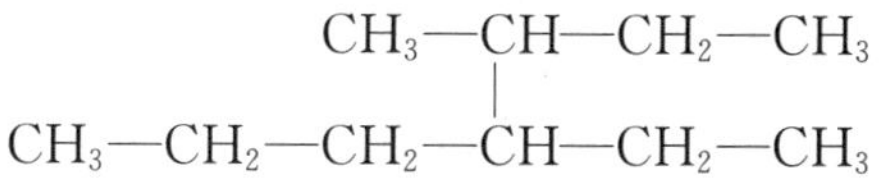
   (4) 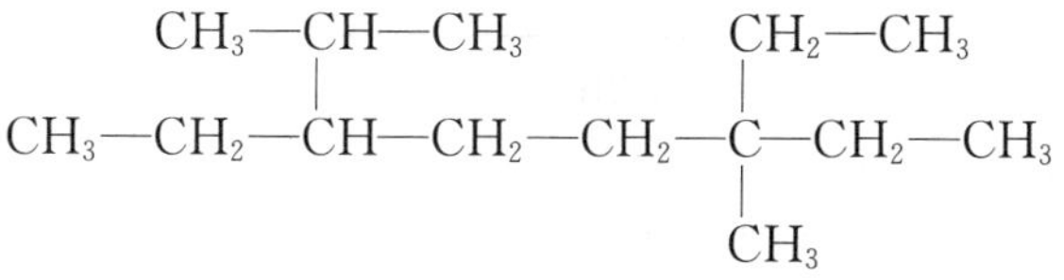
   (5) 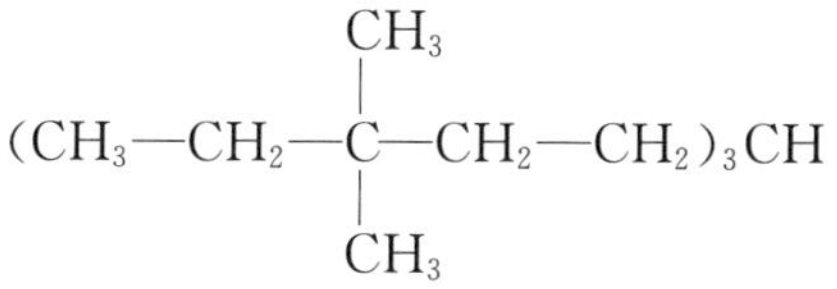 $(CH_3\text{—}CH_2\text{—}C\text{—}CH_2\text{—}CH_2)_3CH$

(6) $(CH_3CH_2)_4C$

(7) 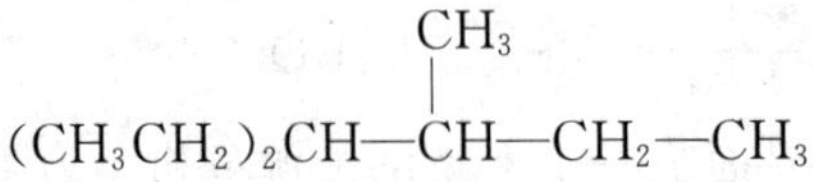 $(CH_3CH_2)_2CH-\overset{\overset{\displaystyle CH_3}{|}}{CH}-CH_2-CH_3$

(8) 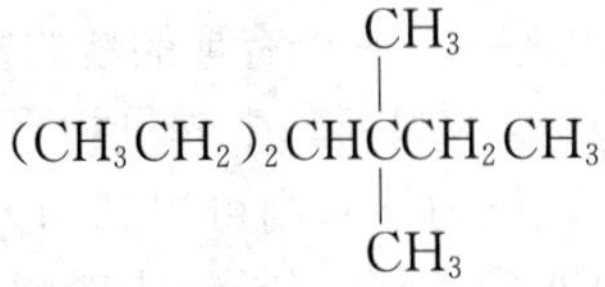 $(CH_3CH_2)_2CH\overset{\overset{\displaystyle CH_3}{|}}{\underset{\underset{\displaystyle CH_3}{|}}{C}}CH_2CH_3$

3. 写出庚烷的各种异构体,并用 IUPAC 法命名。

4. 写出丙烷的结构式和结构投影式(伞形式、锯架式、纽曼投影式),并定性地画出其构象能量图。

5. 将下列化合物按沸点由高至低的顺序排列(不要查表):

(1) 3,3-二甲基戊烷　　　　(2) 正庚烷

(3) 2-甲基庚烷　　　　　　(4) 正戊烷

(5) 2-甲基己烷

6. 100 mL 甲烷、乙烷混合气体完全燃烧后得 150 mL 的 CO_2(两种气体在相同温度,压力下测量),请计算原混合气体中甲烷、乙烷分别所占的体积。

7. 异戊烷氯代时产生四种可能的异构体,它们的相对含量如下:

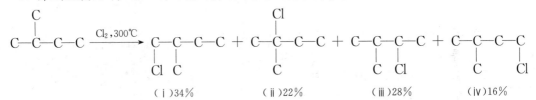

（ⅰ)34%　　　　　　（ⅱ)22%　　　　　　（ⅲ)28%　　　　　　（ⅳ)16%

上述的反应结果与游离基的稳定性为 $3°>2°>1°>\cdot CH_3$ 是否矛盾? 解释之。

8. 考虑假设的两步反应:$A \underset{K_2}{\overset{K_1}{\rightleftharpoons}} B \underset{K_4}{\overset{K_3}{\rightleftharpoons}} C$,它是用下面的能量轮廓图来描述的,请回答:

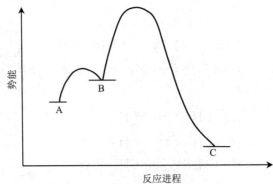

(1) 总的反应(A→C)是放热还是吸热?

(2) 标出过渡状态。哪个过渡状态是决定速度的?

(3) 正确的速度常数的大小次序是什么?

(ⅰ) $K_1>K_2>K_3>K_4$　　　　(ⅱ) $K_2>K_3>K_1>K_4$

(ⅲ) $K_4>K_1>K_3>K_2$　　　　(ⅳ) $K_3>K_2>K_4>K_1$

(4) 哪一个是最稳定的化合物?

(5) 哪一个是最不稳定的化合物？

9. 利用键能数据计算下面 A 和 B 两种甲烷氯化反应历程中，每一种链扩展反应的 ΔH。估计这两种历程，哪一种在能量上更为有利？

$$Cl_2 \longrightarrow 2Cl \cdot$$

A. $CH_4 + Cl \cdot \longrightarrow CH_3Cl + H \cdot$

$H \cdot + Cl_2 \longrightarrow HCl + Cl \cdot$

B. $CH_4 + Cl \cdot \longrightarrow HCl + CH_3 \cdot$

$\cdot CH_3 + Cl_2 \longrightarrow CH_3Cl + Cl \cdot$

10. 下列结构式，哪些代表同一化合物的相同构象，哪些代表同一化合物的不同构象，哪些彼此是构造异构体？

(1)

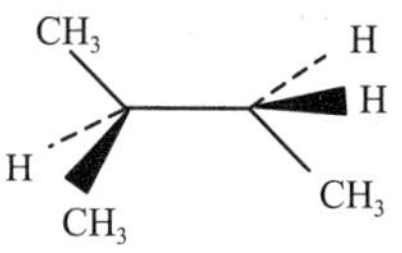

(2)

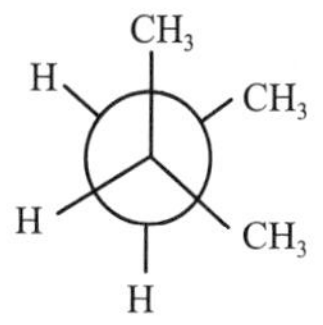

(3)

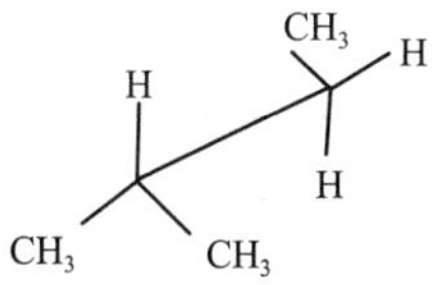

(4)

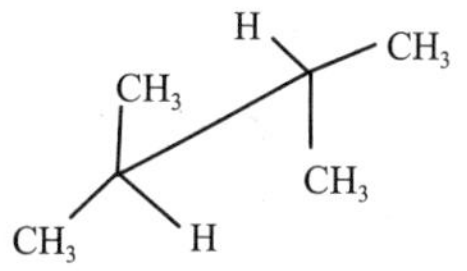

(5)

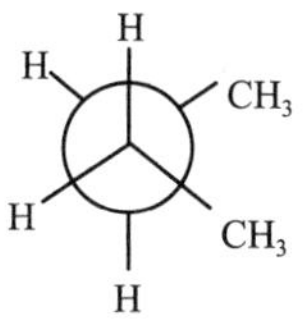

(6)

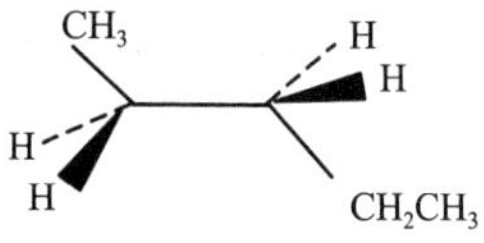

(7)

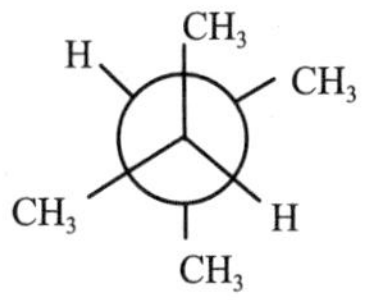

(8)

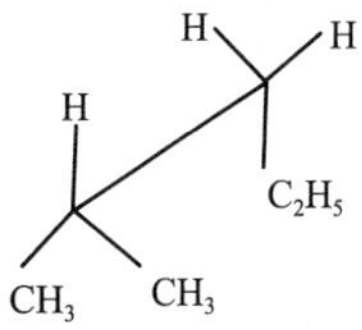

11. 1,2-二氯乙烷(在己烷溶剂中)在不同温度下的偶极矩如下：

$T(K)$	223	248	273	298	323
偶极矩(D)	1.13	1.21	1.30	1.36	1.42

即偶极矩随温度降低而减少，为什么？

12. 某烷烃的分子量为 72，只有一种一氯化产物，此烷烃的结构式如何？

第三章 烯 烃

烯烃分子中含有 C═C 双键,它比相应的烷烃少两个氢原子,故称为烯烃(alkene),也叫不饱和烃(unsaturated hydrocarbon),其通式为 C_nH_{2n}。C═C 双键是烯烃发生反应的地方,所以它是烯烃的官能团。可以说,有机化学的大部分是各种官能团的化学。因此,在遇到一种化合物时,要学会把它的许多性质和它的官能团联系起来。

根据烯烃分子中含有双键的数目,烯烃又可分为单烯烃(分子中只含有一个 C═C 双键)、双烯烃(分子中含有两个 C═C 双键)和多烯烃(分子中含有两个以上 C═C 双键)。本章着重介绍单烯烃。

3.1 烯 烃 的 结 构

烯烃的结构特征是含有 C═C 双键(如最简单的乙烯构造式为 CH_2═CH_2)。实验结果表明,C═C 双键的键能为 610.3 kJ·mol^{-1},比烷烃中 C—C σ 单键的键能(346.9 kJ·mol^{-1})大,但不是两个 C—C 单键键能的和。C═C 键的键长为 134 pm,比 C—C 单键的键长(154 pm)短,但不是单键键长的1/2。尽管如此,C═C 双键还是比 C—C 单键活泼得多,那么,应如何来解释这些实验事实呢?

杂化轨道理论根据这些事实认为,组成 C═C 双键的碳原子是以另外一种原子轨道杂化方式进行杂化的:

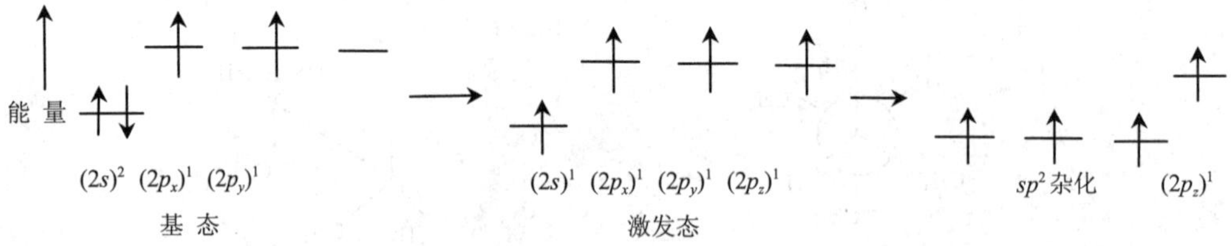

即由一个 $2s$ 轨道和两个 $2p$ 轨道进行杂化,形成三个能量均等的 sp^2 杂化轨道 $\left(每个 sp^2 杂化轨道相当于 \frac{1}{3} s 和 \frac{2}{3} p 的成分\right)$,三个 sp^2 杂化轨道的对称轴在同一平面上,彼此成120°夹角,组成一个正三角形(这使我们再次看到了使轨道之间尽可能远离的几何排列)。因此,sp^2 杂化又称为平面三角杂化。sp^2 杂化轨道形状与 sp^3 杂化轨道相似,是葫芦形,但其比 sp^3 轨道的有效大小要小些,这些因为 sp^2 轨道含 s 成分比 sp^3 多。p 轨道向外伸展离原子核较远,而 s 轨道则紧处于原子核的周围,故当杂化轨道增加 s 成分时,轨道的有效大小就减小,如图 3.1 所示。

还剩下一个未参与杂化的 $2p_z$ 轨道保持原来的形状,其对称轴垂直于 sp^2 轨道所在的平面,如图 3.2 所示。

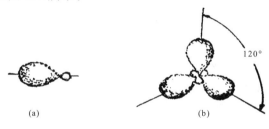
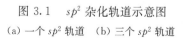
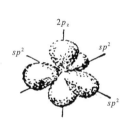

图 3.1　sp^2 杂化轨道示意图　　　　　图 3.2　三个 sp^2 轨道和未参加
(a) 一个 sp^2 轨道　(b) 三个 sp^2 轨道　　　　　杂化的 p_z 轨道

　　当形成乙烯分子时,两个碳原子彼此各以一个 sp^2 杂化轨道重叠形成一个 C—C σ 键外,各又以两个 sp^2 轨道和四个氢原子的 $1s$ 轨道重叠,形成四个 C—H σ 键。(乙烯中的 C—C σ键和 C—H σ 键都比相应的乙烷中的 σ 键来得短而强一些。如乙烯中的 C—H 键的离解能(434.7 kJ·mol^{-1})比乙烷中的(409.6 kJ·mol^{-1})大,这也是因为 sp^2 轨道比 sp^3 轨道要小些,因而乙烯中的 sp^2—s C—H 键应该比乙烷中的 sp^3—s C—H 键短,而较短的键较牢固)。这样形成的五个 σ 键都在同一平面上,每个碳原子还剩下一个 $2p_z$ 轨道,当它们的对称轴垂直于这五个 σ 键所在的平面,且互相平行,则它们可进行侧面(肩并肩)重叠。这样形成的新的 C—C键叫 π 键,π 键垂直于 σ 键所在的平面,π 键电子云对称地分布在这个平面的上下,形状如冬瓜。如图 3.3 所示。

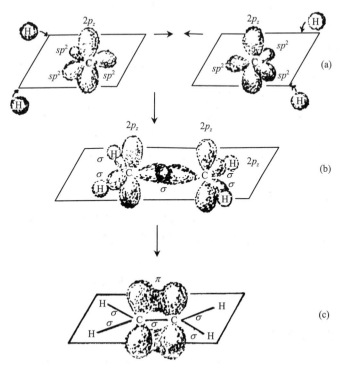

图 3.3　乙烯分子的成键
(a) 两个 sp^2 杂化碳原子　(b) 乙烯分子中 σ 键的形成　(c) 乙烯分子中 π 键的形成

49

近代物理分析方法——电子衍射和光谱研究证实了乙烯分子所有的原子均分布在同一平面内,键角接近 $120°$(C—C—H 键角是 $121.7°$,H—C—H 键角是 $116.6°$):

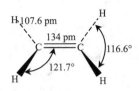

乙烯分子中键角之间的这种差别是由于键的不等同性(每个碳的两个 sp^2 轨道与氢的 $1s$ 轨道成键,另一个 sp^2 轨道与碳的 sp^2 轨道成键)而引起的。乙烯的立体模型如图 3.4 所示。

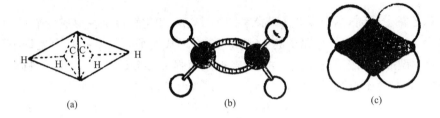

图 3.4　乙烯的立体模型
(a) 正四面体模型;(b) 球棍模型;(c) 斯陶特模型

由此可见,乙烯分子中的双键是由一个 σ 键和一个 π 键所组成的。而且:

(1) π 键与 σ 键不同,它没有对称轴,只有当两个 p 轨道彼此平行时,彼此的侧面重叠才能最大,否则就会使 π 键削弱以致破坏。因此,以双键相连的两个碳原子之间不能自由旋转(破坏 π 键需要 $263.3\ \text{kJ} \cdot \text{mol}^{-1}$ 的能量,室温下分子热运动的能量没有那么大)。

(2) 由于 π 键是两个轨道侧面重叠而成的,重叠程度比较小,因而 π 键不如 σ 键牢固,容易破裂(C=C 双键的键能为 $610.3\ \text{kJ} \cdot \text{mol}^{-1}$,$\pi$ 键的键能为 $610.3-346.9=263.4\ \text{kJ} \cdot \text{mol}^{-1}$),同时,由于 π 键电子云不像 σ 键电子云那样集中在两个原子核连线上,而是分散在 σ 键面的上下两方,故原子核对 π 电子的束缚就较小,所以 π 电子云具有较大的流动性,容易受外界电场(如试剂进攻时)的影响而极化。因而 π 键的存在,使烯烃具有(比烷烃)较大的反应活泼性。

(3) 两个碳原子间由于增加了一个 π 键,两对电子对核的束缚力比一对电子大,因而使碳原子间靠得更近,C=C 双键的键长($134\ \text{pm}$)比 C—C 单键($154\ \text{pm}$)短。因为核对 π 电子的束缚力不如 σ 键的强,故 C=C 键长不是 C—C 键长的 1/2。

3.2　烯烃的同分异构和命名

3.2.1　烯烃的同分异构现象

由于烯烃分子中含有双键,使烯烃的同分异构现象较为复杂。除了像烷烃中的碳架异构以外,还有由于双键位置不同而引起的位置异构,以及由于双键不能自由旋转而引起分子中基团在空间的位置不同产生顺反异构。所以,烯烃的异构体数目比同碳数的烷烃为多。例如丁烯有四个同分异构体：

(1)　$H_2C{=}CH{-}CH_2{-}CH_3$

(2)　$H_2C{=}C{-}CH_3$
　　　　　　　　|
　　　　　　　CH_3

(3)　$CH_3{-}CH{=}CH{-}CH_3$

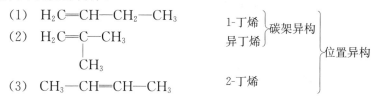

2-丁烯又有两个顺反异构体：

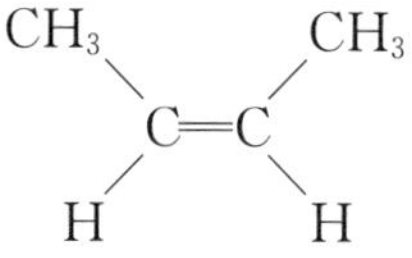

　　　　顺-2-丁烯　　　　　　　　　　反-2-丁烯
（两个相同的基团在双键的同一侧叫顺式）　（两个相同的基团在双键的反侧叫反式）

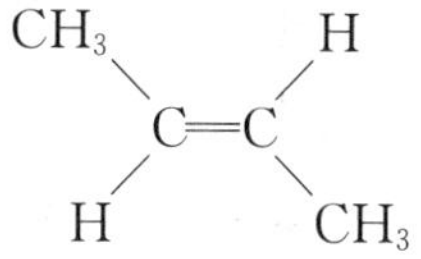

这样，丁烯共有四个同分异构体。如果烯烃双键中的任何一个碳原子与两个相同的原子或基团连接，就不可能有顺反异构现象。例如前面的 1-丁烯和异丁烯就属于这种情况，它们没有顺反异构体。

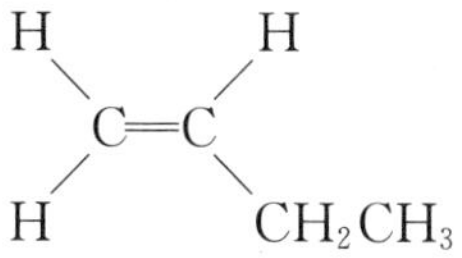

　　　　1-丁烯 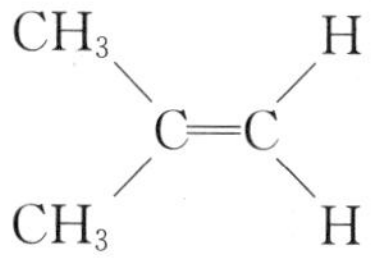　　　　　　　　　　异丁烯

因此，化合物产生顺反异构现象，必须在结构上具备两个条件：
(1) 原子之间有限制自由旋转的因素（如 $C{=}C$ 双键或环的存在）。
(2) 每个双键（或环上）碳原子必须和两个不相同的原子或基团相连。

顺反异构现象很普遍，在任何一类含 $C{=}C$ 双键（或其他类型双键）的化合物中都有可能碰到。顺反异构体含有相同的官能团，因此化学性质相似，但是它们的结构又不是全同，所以彼此化学性质又不完全相同。往往一个较活泼，另一个较稳定。它们能和同样的试剂作用，不过速度不同。顺反异构体的物理性质不同，据此可以将两者区分开来或分离开。

3.2.2　烯烃的命名

烯烃很少用普通名称。简单的烯烃常用普通名，如：

　　　$CH_2{=}CH_2$　　　　$CH_3CH{=}CH_2$　　　$CH_3{-}C{=}CH_2$
　　　　　　　　　　　　　　　　　　　　　　　　　|
　　　　　　　　　　　　　　　　　　　　　　　　CH_3

　　　　乙烯　　　　　　　丙烯　　　　　　　　异丁烯

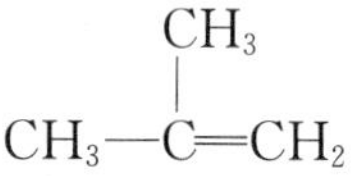

烯烃的系统命名法基本上和烷烃相似。其原则是：
(1) 选择含双键的最长碳链为主链，按主链所含碳原子数命名为"某烯"。
(2) 从靠近双键一端开始将主链编号，以使双键的号数较小，把双键的较小数字以及取代基的位次、数目和名称均写在某烯之前。例如：

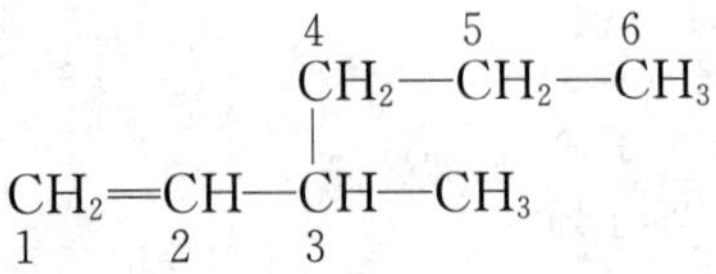

$$\underset{1}{CH_2}=\underset{2}{CH}-\underset{3}{CH}-\underset{4}{CH_2}-\underset{5}{CH_2}-\underset{6}{CH_3}$$

3-甲基-1-己烯

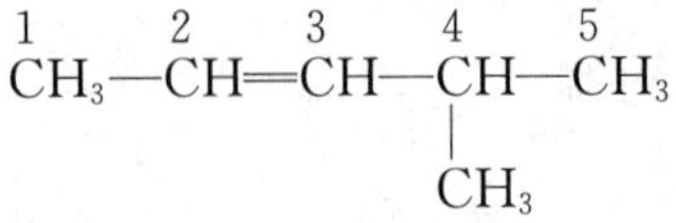

$$\underset{1}{CH_3}-\underset{2}{CH}=\underset{3}{CH}-\underset{4}{CH}-\underset{5}{CH_3}$$

4-甲基-2-戊烯

$$CH_3(CH_2)_9CH=CH_2$$

1-十二碳烯

（3）顺、反异构体的顺、反字样写在全名的最前面。例如：

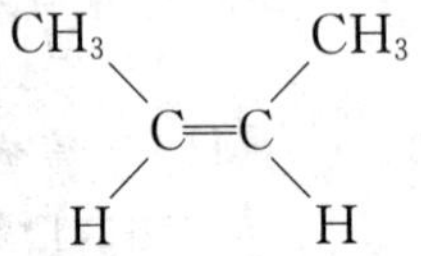

顺-2-丁烯（cis-2-丁烯） 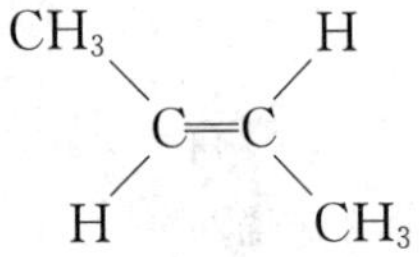   反-2-丁烯（trans-2-丁烯）

对于较复杂的顺反异构体，国际上用 Z、E 来命名。两个双键碳原子上的两个原子序数大的原子（或基团）同在双键一边的，叫做 Z 型（Z 是德文 Zusammen 的字头，指"在一边"的意思）。在双键两边的，叫做 E 型（E 是德文 Entgegen 的字头，指"相反"的意思）（有关原子或基团的原子序数大小的规定，即所谓的"顺位规则"，详见立体化学一章）。

例如：

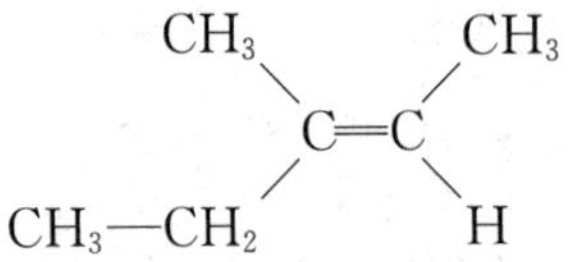

(E)-3-甲基-2-戊烯 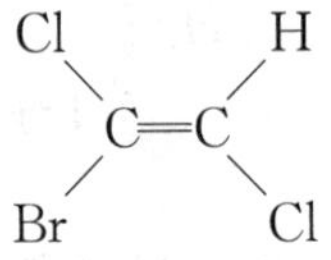   (Z)-1,2-二氯-1-溴乙烯

注意：用（Z）和（E）、顺和反是两种不同的表示烯烃构型的命名方法，不能简单地把（Z）和顺或（E）和反等同看待。一般在二取代乙烯中（Z）、顺或（E）、反是一致的，在许多情况下则不同。

当烯烃去掉一个氢原子后剩下的基团叫烯基。烯基的编号从含有自由键的碳原子开始。例如：

$$H_2C=CH-$$ 乙烯基（ethenyl） $$\underset{2}{CH_3}-\underset{3}{CH}=\underset{1}{CH}-$$ 丙烯基（1-丙烯基）（1-propenyl）

$$\underset{3}{CH_2}=\underset{2}{CH}-\underset{1}{CH_2}-$$ 烯丙基（2-丙烯基）（allyl）

带有两个自由键的基称为"亚某基"。例如：

$$H_2C=$$ 亚甲基（methylene）

$$CH_3-CH=$$ 亚乙基（ethylidene）

$$(CH_3)_2C=$$ 亚异丙基（isopropylidene）

3.3　烯烃的物理性质

与烷烃相似，熔点、沸点和比重也都是随分子量的增大而上升；比重都小于1；如表 3.1 所示。像烷烃一样，烯烃的极性非常小，但由于双键上结合的 π 电子很容易被拉过去和推过来，

因此，烯烃的偶极矩比烷烃大。顺-2-丁烯

的 极 性（偶极矩 $\mu=0.33$ D）比

反-2-丁烯 （偶极矩 $\mu=0$）大。所以，沸点是顺式比反式的高。由于顺式的对称性比反式的差，所以，熔点则是反式比顺式高。但构型与沸点、熔点之间的关系只是经验规律，存在很多例外。例如，

$\mu=0.75$，b. p. 188℃，m. p. -14℃，而

$\mu=0$，b. p. 192℃，m. p. 72℃。

表 3.1 一些常见烯烃的物理性质

名　称	英文名称	熔　点（℃）	沸　点（℃）	比　重($d_{4^{\circ}}^{20}$)
乙　烯	ethene	-169	-102	
丙烯	propene	-185	-48	
1-丁烯	1-butene	-185.4	-6.5	
1-戊烯	1-pentene	-138	-30	0.643
1-己烯	1-hexene	-98.5	63.5	0.675
1-庚烯	1-heptene	-119	93	0.698
1-辛烯	1-octene	-101.7	122.5	0.716
1-壬烯	1-nonene	-81.7	146	0.731
1-癸烯	1-decene	-66.3	171	0.743
顺-2-丁烯	(Z)-或 cis-2-butene	-139	3.7	0.621
反-2-丁烯	(E)-或 trans-2-butene	-106	1	0.640
异丁烯	isobutene	-141	-7	
顺-2-戊烯	(Z)-或 cis-2-pentene	-151	37	0.655
反-2-戊烯	(E)-或 trans-2-pentene		36	0.647

另外，烯烃中偶极矩的产生是由于烯键的碳原子是 sp^2 杂化，而烷基碳是 sp^3 杂化，杂化轨道中 s 的比例越高，吸引电子的能力越强，所以 C_{sp^3}—C_{sp^2} 键的电子云是不均匀分布的，而是由 C_{sp^3} 指向 C_{sp^2} 的。

3.4　烯 烃 的 反 应

烯烃都含有 C═C 双键，除了乙烯以外，也含有饱和的烷基，所以烯烃的反应可以分成两类：（Ⅰ）C═C 双键的加成反应；（Ⅱ）饱和烷基链上的取代反应。让我们首先讨论一下烯烃的各种加成反应。

3.4.1 烯烃的加成反应

加成反应是烯烃的典型反应。反应结果是 π 键打开,两个一价的原子或原子团加到双键的碳原子上,形成两个新的 σ 键,从而生成饱和的化合物。一般表示式如下:

$$\begin{array}{c} \diagup \\ \diagdown \end{array}C{=}C\begin{array}{c} \diagup \\ \diagdown \end{array}\ +A{-}B\ \longrightarrow\ \begin{array}{c} {\rm A} \\ | \\ -C{-}C{-} \\ | \\ {\rm B} \end{array}$$

A—B 代表试剂,A 和 B 可以相同或不同。这样两个分子结合成为一个产物分子的反应,叫做加成反应(addition reaction)。那么,什么类型的试剂能加到双键上去呢? 我们从前面烯烃的结构讨论中知道,在双键的结构中,原子平面的上下都有 π 电子云,这些结合松散的 π 电子可以提供给寻求电子的试剂。因此,在许多反应中,C═C 双键是供给电子的来源,即它起着一个碱的作用。与它反应的化合物就是缺电子的试剂,也就是酸。这些寻找一对电子的酸性试剂叫亲电试剂(electrophilic reagent),烯烃的典型反应就是亲电加成反应(electrophilic addition reaction),另一类试剂——游离基,也要寻求一个电子,所以烯烃也会发生游离基加成反应。

1. 催化加氢

烯烃和氢混合通常不起加成反应,但有催化剂存在下,则可进行加氢,因此叫做催化加氢。

$$R{-}CH{=}CH_2\ \xrightarrow[\text{催化剂}]{H_2}\ R{-}CH_2{-}CH_3$$

催化剂的作用是可以降低反应的活化能,因而使反应容易进行,如图 3.5 所示。

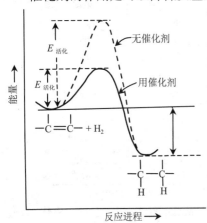

图 3.5 烯烃的氢化能量图

反应条件与使用的催化剂有关。用 Pt 或 Pd 催化时,室温下即可进行加氢。若用 Ni 催化剂,则需要较高的温度(200℃～300℃)。现在工业上常用高度活性的兰尼(Raney)Ni,也可以在室温下进行加氢(兰尼镍的制法是用烧碱(NaOH)溶液处理镍铝合金,溶去铝后得到活性较高的灰黑色细粒状多孔性 Ni 粉)。近几年来发展了一些可溶于有机溶剂中的催化剂,叫均相催化剂,如氯化铑与三苯基膦的络合物$[(C_6H_5)_3P]_3RhCl$。均相催化剂的发现是有机合成中的一大进展。

催化加氢反应的历程尚不十分清楚,但一般公认属于游离基的顺式加成反应。氢和烯吸附在催化剂的表面上,使氢离解成 H·,同时烯烃离解成双游离基 $\begin{array}{c}\diagup\\\end{array}\dot{C}{-}\dot{C}\begin{array}{c}\diagdown\\\end{array}$,然后氢原子(H·)和烯烃双自由基结合,

就还原成烷烃:

$$2H\cdot\ +\ \begin{array}{c}\diagup\\\end{array}\dot{C}{-}\dot{C}\begin{array}{c}\diagdown\\\end{array}\ \longrightarrow\ \begin{array}{c} -C{-}C{-} \\ | \quad | \\ H \ H \end{array}$$

烷烃马上从催化剂表面解脱下来,如图 3.6 所示。

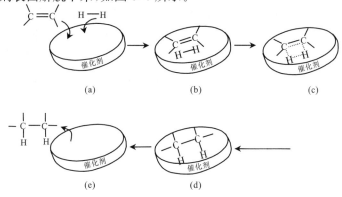

图 3.6　催化氢化过程图解

(a) 反应物吸附在催化剂的表面上;(b) 反应物被吸附着,因此氢分子只能在一侧靠近烯烃;(c) 烯的 π 键和氢的 σ 键开始断裂与新的 C—H 键开始形成;(d) 形成了两个新的 C—H 键得到烷烃;(e) 烷烃从催化剂解吸出来,以便催化剂能吸附新的反应物

　　催化加氢无论在研究上和工业上都很重要。由于烯烃的加氢反应是定量进行的,因此实验室中可以通过测量氢体积的办法来确定烯烃中的双键数目,1 mol 烯烃催化加氢时所放出的热量叫氢化热。每一个双键被饱和时,约放出 125.4 kJ·mol^{-1} 的热量,这说明烷烃是更为稳定的化合物。但不同烯烃氢化时所放出的热量是不同的,一般顺式异构体的氢化热都比反式大一些,例如 2-丁烯,顺式为 119.6 kJ·mol^{-1},反式为 115.4 kJ·mol^{-1},而且双键碳原子上烃基的体积越大,两种异构体氢化热之差也越大。从分子模型可以看出,顺式两个取代基紧靠在一起,张力大,因此顺式不如反式稳定(反式比顺式多稳定 4.18 kJ·mol^{-1}),如图 3.7 所示。所以,我们可以从氢化热的数据来确定烯烃的相对稳定性。

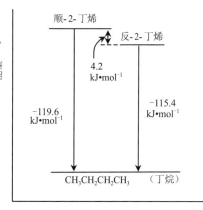

图 3.7　顺和反-2-丁烯的氢化热和稳定性

　　在油脂工业中,植物油经催化加氢,可使含有不饱和双键的液态油脂制成固态的脂肪,成为奶油的代用品。这样可以改良油脂的性能,提高利用的价值。

　　2. 与卤素的加成

　　烯烃易与氯、溴加成,与氟的反应太激烈,反应所放出的热可使键裂解,故氟不能对烯烃直接加成,与碘的反应难于进行。卤素的活泼性次序如前章所述,为 $F_2 > Cl_2 > Br_2 > I_2$。在室温下,乙烯通入溴的四氯化碳溶液中,溴的红棕色褪去,生成无色的 1,2-二溴乙烷:

$$H_2C{=}CH_2 + Br_2 \xrightarrow[\text{CCl}_4]{\text{室温}} \underset{\underset{Br}{|}}{\overset{\overset{Br}{|}}{CH_2{-}CH_2}}$$

　　烯烃与卤素的加成反应是制备邻-二卤代物的一个好方法,同时,反应易发生,现象明显,

55

操作方便,因此常用溴来检验化合物中不饱和键的存在。

　　卤素与烯烃怎样进行加成反应? 实验证明:反应用光照,对反应速度没有影响,显然不是自由基反应。我们把乙烯通入置于涂有石蜡(非极性物质)的玻璃容器中的溴和四氯化碳的溶液,难于发生加成反应。若在不涂石蜡的玻璃容器中或有水存在时,则反应很容易进行。这说明溴与乙烯的加成反应受极性物质(玻璃、水)的影响。乙烯的双键受极性物质的诱导,使 π 电子云发生极化,引起电子分布的变化,$H_2\overset{\delta^+}{C}\!\!=\!\!\overset{\delta^-}{C}H_2$($\delta^+$、$\delta^-$ 表明微量的正、负电荷),同样,溴在 π 电子的影响下也发生极化,$\overset{\delta^+}{Br}\!\!-\!\!\overset{\delta^-}{Br}$。同时,实验证明,若将乙烯通入溴水及 NaCl 溶液中,所得产物是 1,2-二溴乙烷、1-氯-2-溴乙烷和 2-溴乙醇的混合物,但没有 1,2-二氯乙烷。

$$H_2C\!\!=\!\!CH_2 + Br_2 \xrightarrow{NaCl} \underset{Br}{\overset{Br}{H_2C\!-\!CH_2}} + \underset{Br}{\overset{Cl}{H_2C\!-\!CH_2}} + \underset{Br}{\overset{OH}{H_2C\!-\!CH_2}}$$

这个事实说明了乙烯与溴加成时,两个溴原子不是同时加到双键上去的,而是分两步进行的。那么是 Br^{δ^+} 还是 Br^{δ^-} 先加上去呢? 从理论上讲,带微量正电荷的 Br^{δ^+} 比带微量负电荷的 Br^{δ^-} 较不稳定,同时双键又具有供电子的性能;其次就是产物中没有 1,2-二氯乙烷的生成,这些都说明是带微量正电荷的溴原子 Br^{δ^+} 先向烯烃双键进攻,形成 π 络合物,再进一步形成环状的溴鎓离子。然后溴负离子 Br^- 进攻溴鎓离子,但进攻的方向和环桥相反,因 C—C 键的一侧已成环桥,Br^- 离子(当然也能是 Cl^- 离子)只能从另一侧进攻碳原子,结果生成反式加成物,如下式所示:

反应的势能变化如图 3.8 所示。

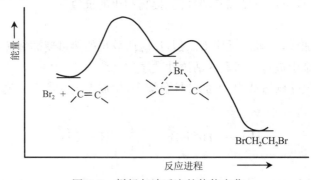

图 3.8　烯烃与溴反应的势能变化

56

由于上述的加成反应首先是亲电子试剂(即缺电子的溴正离子)的进攻引起的,所以叫做(离子型的)亲电加成反应。如果双键的电子云密度越大,反应就越容易进行,反之亦然。例如下列各化合物加 Br_2 的相对速度如下:

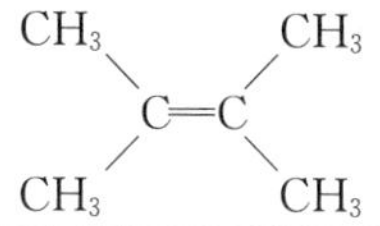 $\begin{matrix} CH_3 & & CH_3 \\ & C=C & \\ CH_3 & & CH_3 \end{matrix}$	$CH_3—CH=CH_2$	$CH_2=CH_2$	$H_2C=CH—COOH$
相对速度 74	2.03	1	0.03

由于中间体溴鎓离子的生成是控制反应速率的步骤,推电子的基团可使其稳定,即可加速亲

电加成的速率 $\left[\begin{matrix} & \overset{+}{Br} & \\ & \diagup \ \diagdown & \\ \diagdown C & — & C \diagup \\ \overset{\curvearrowright}{G} & & \end{matrix} \right]$。吸电子基团则使溴鎓离子不稳定,因而减低亲电加成的速

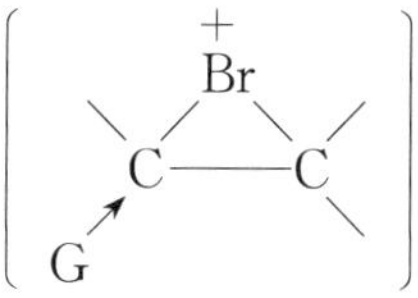

率。当吸电子基团是 $—\overset{H}{\underset{}{C}}=O$ 、$—\overset{O}{\overset{\|}{C}}—R$ 、$—CN$ 、$—NO_2$ 等时,烯烃可能进行亲核加成反应(nucleophilic addition reaction)。用通式表示如下:

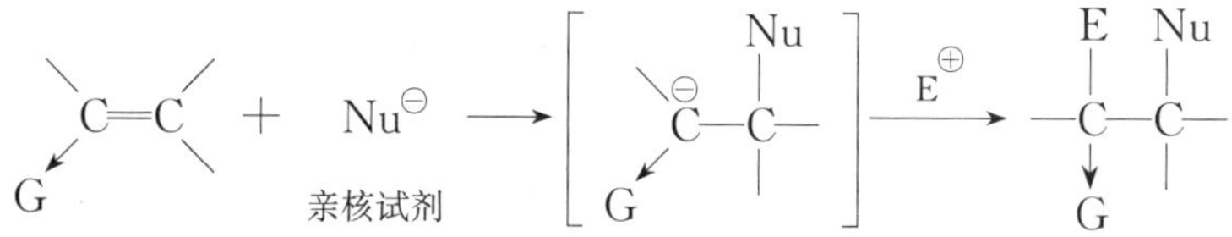

$$C=C \ + \ Nu^{\ominus} \longrightarrow \left[\begin{matrix} Nu \\ \ominus \ | \\ C—C \\ | \\ G \end{matrix} \right] \xrightarrow{E^{\oplus}} \begin{matrix} E & Nu \\ | & | \\ C—C \\ | \\ G \end{matrix}$$

亲核试剂

碳负离子中间体(carboanion intermediate)

实验事实说明:甲基与氢原子比较,具有供电子的性能(推电子),而羧基(—COOH)与氢比较,则具有吸电子的性能。这种由于分子中电负性不同的原子或基团的影响而引起分子中电子云沿着原子链向某一方向移动的效应,称为诱导效应。以 I 表示(inductive effect)。丙烯分子中的诱导效应表示如下:

$$CH_3 \rightarrow \overset{\delta^+}{CH} \overset{\delta^-}{=\!=} CH_2 \quad (\rightarrow 表示 \ \sigma \ 电子云的移动方向; \ \curvearrowright \ 表示 \ \pi \ 电子云移动方向)$$

诱导效应是一种静电作用,是一种永久性的效应。共用电子并不完全转移到另一原子上,只是电子云密度分布发生变化,亦即键的极性发生变化。诱导效应的大小和取代基的电负性大小有关,而且随着取代基的距离不断增加而减弱很快(相隔三个碳原子以上则几乎消失)。由于在有机分子中,大多数可以代替氢的元素,它们的电负性都比氢大,因此,大多数取代基产生吸电子的诱导效应。烷基在一定条件下有给电子的诱导效应[*]。诱导效应按基团的电负性大小排列如下:

$—NO_2$ 、$—F$ 、$—Cl$ 、$—Br$ 、$—I$ 、$—OH$ 、$—COOH$ 、$—NH_2$ 、$—OCH_3$ 、$—C_6H_5$ 、$—H$ 、$—R$ [*]

3. 与酸的加成

无机酸和强的有机酸都较容易地和烯烃发生加成反应,而弱的有机酸如醋酸以及水,只有在强酸催化下才能发生加成反应。酸与烯烃的加成反应机制与上述卤素与烯烃的加成基本相同。由于卤化氢(HX)、硫酸(H—OSO$_3$H)、醋酸($H—O—\overset{O}{\overset{\|}{C}}—CH_3$)或水(HO—H)都含有

---

[*] 当甲基连到烷烃体系中的饱和碳上时,则为吸电子基(《化学通报》,1979,3. 1984,4)。

氢离子(H^+)，而 H^+ 是缺电子的亲电试剂，因此 H^+ 首先进攻烯烃的双键，形成 C—H σ 键和碳正离子(carbocation)。然后酸的负电荷基团进攻碳正离子，形成加成产物。一般式表示如下：

(1)

$$\overset{|}{C}=\overset{|}{C} \xrightarrow[H-A]{\text{慢}} -\overset{|}{\underset{H}{C}}-\overset{\oplus}{\underset{}{C}} + A\colon^{\ominus}$$

$$A\colon^{\ominus}=X\colon^{\ominus}, \quad -\overset{\ominus}{O}SO_3H, \quad \colon\overset{O}{\overset{\|}{O}}-\overset{\|}{C}-CH_3, \quad \colon\overset{\ominus}{O}H$$

(2)

$$-\overset{|}{\underset{H}{C}}-\overset{\oplus}{\underset{}{C}} + \colon A^{\ominus} \xrightarrow{\text{快}} -\overset{|}{\underset{H}{C}}-\overset{\overset{A}{|}}{\underset{}{C}}-$$

具体反应如下：

$$CH_2=CH_2$$

$$\xrightarrow{HX} \quad \underset{H}{H_2}\overset{H\ X}{C}-CH_2 \quad \text{卤代烷}$$

HX 的活性：
HI＞HBr＞HCl＞HF
极性催化剂如 $AlCl_3$ 存在时反应大大加快

$$\xrightarrow{H-OSO_3H} \quad H_2C-CH_2 \quad \text{硫酸氢乙酯}$$
$$\overset{|}{H}\quad\overset{|}{OSO_3H}$$

$$\xrightarrow{H_2O,H^+} \quad H_2C-CH_2 \quad \text{乙醇}$$
$$\overset{|}{H}\quad\overset{|}{OH}$$

$$\xrightarrow{CH_3\overset{O}{\overset{\|}{C}}-OH} \quad H_2C-CH_2 \quad \text{乙酸乙酯}$$
$$\overset{|}{H}\quad\overset{|}{O-C-CH_3}$$
$$\overset{\|}{O}$$

上述各反应在生产中都很重要，特别是由烯烃制醇的反应更为突出，过去用粮食来生产乙醇和其他低级醇，现在可以从石油裂解气中得到的低级烯烃来合成，这样就可以大大节约粮食。不过，由不同烯烃制醇的反应条件有所不同，活泼的烯烃在稀酸或磷酸的催化下即可发生反应，不活泼的烯烃则先和浓硫酸生成硫酸烷基酯，然后加热水解制得醇。例如：

$$H_2C=CH_2 \xrightarrow[0℃\sim15℃]{98\%H_2SO_4} CH_3CH_2-OSO_3H \xrightarrow[90℃]{H_2O} CH_3CH_2OH+H_2SO_4$$

$$CH_3-CH=CH_2 \xrightarrow[\Delta]{80\%H_2SO_4} CH_3\underset{OSO_3H}{\overset{|}{C}}H-CH_3 \xrightarrow[\Delta]{H_2O} CH_3-\underset{OH}{\overset{|}{C}}H-CH_3 +H_2SO_4$$

$$CH_3-\overset{\overset{CH_3}{|}}{C}=CH_2 \xrightarrow[25℃]{H_2O,稀 H^+} CH_3-\overset{\overset{CH_3}{|}}{\underset{OH}{C}}-CH_3$$

58

从上列反应还可以看出,不对称的烯烃(丙烯、异丁烯)和不对称的酸性试剂进行加成时,不对称试剂的带正电部分(如 H_2SO_4 中的 H^+,H_2O 中的 H^+),同样氢卤酸的 H^+ 总是与烯烃中双键含氢较多的碳原子结合,这就叫马尔可夫尼可夫规律(Markovnikov rule),简称马氏规则。从取向的观点来看,在几个可能的异构产物中,只生成或差不多只生成一个产物的反应称方向专一的反应(regiospecific reaction)。应用马氏规律可以正确地预测许多不对称烯烃的加成产物。

对于马氏经验规律的解释有两种,一种认为,双键含氢原子少的碳原子连结着较多的烷基,由于烷基的 $+I$ 效应,使双键上 π 电子云向双键的另一个碳原子偏移,$\overset{\delta^+}{\underset{3}{CH_3}} \rightarrow \overset{}{\underset{2}{CH}} \underset{1}{=\!\!\!=} \overset{\delta^-}{CH_2}$,从而使 C_1 上带有微量的负电荷,C_2 上带微量的正电荷。因此加成时,酸的 H^+ 首先加到含氢较多而带微量负电荷的 C_1 上,然后酸的负性基 $^-OSO_3H$(或 X^-)才加到含氢原子较少而此时已成为碳正离子的 C_2 上。

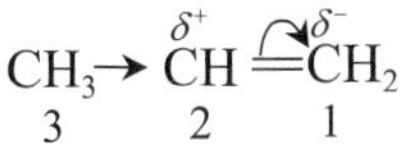

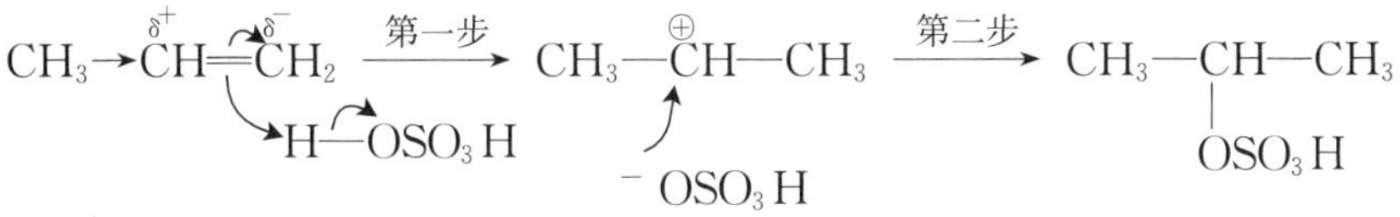

$$\overset{\delta^+}{CH_3}\rightarrow CH = \overset{\delta^-}{CH_2} \xrightarrow{\text{第一步}} CH_3—\overset{\oplus}{CH}—CH_3 \xrightarrow{\text{第二步}} CH_3—CH—CH_3$$
$$H—OSO_3H \qquad\qquad ^-OSO_3H \qquad\qquad\qquad OSO_3H$$

另一种是从形成碳正离子的难易程度来解释的。烯烃在亲电加成反应的两步历程中,第一步即形成碳正离子是困难的一步,因而是反应历程中最慢的一步,它是决定反应速度快慢的步骤。实验证明,各种碳正离子形成的难易程度和稳定性与前面讨论的游离基的稳定性相似,也是有如下的顺序:

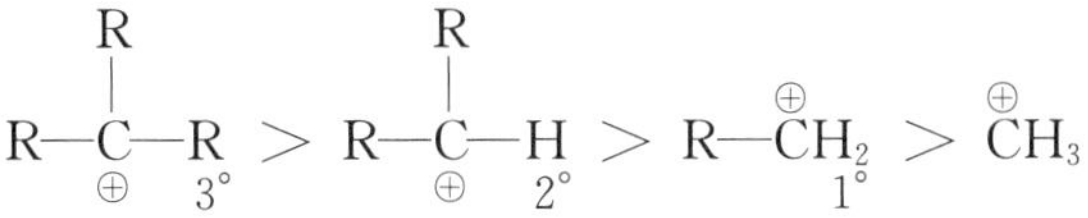

$$\underset{3°}{R—\overset{R}{\underset{\oplus}{C}}—R} > \underset{2°}{R—\overset{R}{\underset{\oplus}{C}}—H} > \underset{1°}{R—\overset{\oplus}{C}H_2} > \overset{\oplus}{C}H_3$$

碳正离子形成的容易程度和稳定性

测定游离基转变成碳正离子的电离势($R\cdot \longrightarrow R^+ +e$)$\Delta H$ 如下:

$$CH_3\cdot \longrightarrow \overset{\oplus}{C}H_3 +e \qquad\qquad \Delta H = 957.2 \text{ kJ·mol}^{-1}$$

$$CH_3CH_2\cdot \longrightarrow CH_3\overset{\oplus}{C}H_2 +e \qquad\qquad \Delta H = 844.4 \text{ kJ·mol}^{-1}$$

$$CH_3\overset{\cdot}{C}HCH_3 \longrightarrow CH_3\overset{\oplus}{C}HCH_3 \qquad\qquad \Delta H = 760.8 \text{ kJ·mol}^{-1}$$

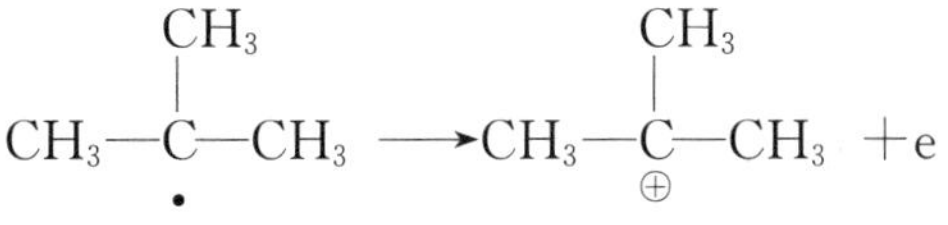

$$CH_3—\overset{CH_3}{\underset{\cdot}{C}}—CH_3 \longrightarrow CH_3—\overset{CH_3}{\underset{\oplus}{C}}—CH_3 +e \qquad \Delta H = 714.8 \text{ kJ·mol}^{-1}$$

因此,从电离势递降次序可以看出各种烷基碳正离子的稳定次序为:三级＞二级＞一级＞$\overset{\oplus}{C}H_3$,如图 3.9 所示。

从结构上看,当中心碳原子连接的烷基越多,碳正离子就越稳定。这是因为烷基供电子的结果,有助于分散缺电子碳上的正电荷,因此使碳正离子稳定(按照静电学的定律,带电体系的稳定性随着电荷的分散而增大)。

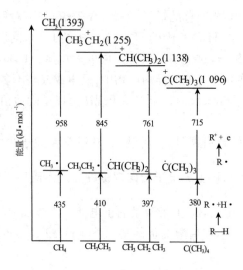

图 3.9 烷基碳正离子的相对稳定性

下列反应均可用上述原理进行解释：

(1) $(CH_3)_2C\!=\!CH_2$ + $\overset{\delta^-}{H}\overset{\delta^+}{OCl}$ ——→ $(CH_3)_2\overset{\overset{\oplus}{\underset{|}{Cl}}}{C}$——$CH_2$ ——→ $(CH_3)_2\overset{\oplus}{C}$—$CH_2Cl$

异丁烯

          $\times\!\downarrow$ 3°

                   $OH^{\ominus}\!\downarrow$

      $(CH_3)_2C$——$\overset{\oplus}{CH_2}$ $(CH_3)_2C$—CH_2Cl

           $|$ $|$

           Cl OH

           1°

(2)

                     CH_3 CH_3

                       $|$ $|$

        →CH_3—$\overset{\oplus}{\underset{3°}{C}}$—$CH_3$ $\overset{X^-}{——→}$ CH_3—C—CH_3

(2) $(CH_3)_2C\!=\!CH_2$ + HX——| $|$

异丁烯 X

                             CH_3

                              $|$

              →$\times$$CH_3$—$C$——$\overset{\oplus}{CH_2}$

                          $|$

                          H

                          1°

(3)

                               CH_3

                               $|$

(3) $(CH_3)_3C$—$CH\!=\!CH_2$ + HCl ——→ CH_3—C——$\overset{\oplus}{CH}$—CH_3

3,3-二甲基-1-丁烯 $|$

                               CH_3

                 CH_3 CH_3

                  $|$ $|$

$\overset{Cl^-}{——→}$ CH_3—C——CH—CH_3 + CH_3—C——CH—CH_3

                 $|$ $|$ $|$ $|$

               CH_3 Cl Cl CH_3

      2,2-二甲基-3-氯丁烷,17%   2,3-二甲基-2-氯丁烷,83%

从反应(1)、(2)、(3)中发现加成主产物的骨架与反应物不同,这是由于生成的中间体碳正离子发生了所谓的重排,凡是涉及到碳正离子为中间体的反应都会如此,这是一个普遍规律。

$$CH_3-\overset{\overset{\displaystyle CH_3}{|}}{\underset{\underset{\displaystyle CH_3}{|}}{C}}-\overset{\oplus}{C}H-CH_3 \xrightarrow[\text{带着一对电子转移}]{\text{相邻碳上的甲基}} CH_3-\overset{\overset{\displaystyle CH_3}{|}}{\underset{\underset{\displaystyle CH_3}{|}}{\overset{\oplus}{C}}}-CH-CH_3$$

其内在推动力是碳正离子有趋于更稳定结构的倾向,经重排后,由原来二级碳正离子转变为更稳定的三级碳正离子,有利于反应的进行。这种邻近原子之间的迁移称为 1,2 迁移。通常把基团的迁移称为重排(rearrangement)。除了甲基迁移外,还有 1,2-负氢迁移。

(4) $(CH_3)_2CHCH=CH_2 + HCl \longrightarrow CH_3-\overset{\overset{\displaystyle H}{|}}{\underset{\underset{\displaystyle CH_3}{|}}{\overset{\oplus}{C}}}-CH-CH_3 \quad 2° \xrightarrow{Cl^{\ominus}} (CH_3)_2CH-\overset{\overset{\displaystyle Cl}{|}}{C}H-CH_3$

3-甲基-1-丁烯   2-甲基-3-氯丁烷

氢带着一对电子迁移(重排)

$(CH_3)_2\overset{\overset{\displaystyle Cl}{|}}{C}-CH_2-CH_3 \xleftarrow{Cl^{\ominus}} CH_3-\overset{\overset{\displaystyle \oplus}{}}{\underset{\underset{\displaystyle CH_3}{|}}{C}}-CH_2-CH_3 \quad 3°$

2-甲基-2-氯丁烷

从反应(4)可以看出,所以有 2-甲基-2-氯丁烷生成,乃是因为一部分二级碳正离子能转变为更稳定的三级碳正离子后,再进一步与 $Cl^{\ominus}$ 结合所致。

又如反应:

$$CH_2=CH-CF_3 + HX \longrightarrow \overset{\overset{\displaystyle X}{|}}{C}H_2-CH_2-CF_3$$

表面看是违背了马氏规则,事实上是遵循马氏规则的真正内涵的,该反应作为中间体生成的是更为稳定的 $\overset{\oplus}{C}H_2-CH_2-CF_3$ 碳正离子,这是由于 CF_3 具有强的 $-I$ 效应之故。

由此可得出结论,即不对称烯烃的加成反应,总是趋向于向生成最稳定的正离子中间体(环状卤鎓离子或碳正离子*)的方向进行。以丙烯加酸为例,可以用图 3.10 表示。

图 3.10 表明,形成二级碳正离子比一级所需的活化能低。所以,加成反应中首先形成二

---

* 加卤素和 HOX 是通过环状卤鎓离子中间体,(而加酸是通过开环的碳正离子中间体),这是因为中间体碳正离子含有一个缺电子的碳和具有未共享电子对的卤原子,因此,卤原子的 p 轨道与 sp^2 碳原子的 p 轨道有一个交叠的倾向,而产生环状的卤鎓离子,如下图所示:

通常是指氯和溴,而氟由于原子半径(64 pm)太小,形成的三元环张力过大不稳定,易破裂为碳正离子。

级而不是一级碳正离子。二级比一级的能量低,所以二级也比一级稳定。

进一步的实验发现(1933 年,卡拉西(Kharasch)),丙烯与 HBr 在光照或过氧化物的作用下,生成 1-溴丙烷(不是 2-溴丙烷),加成的方向与马氏规律相反,这种现象叫过氧化物效应(peroxide effect)。

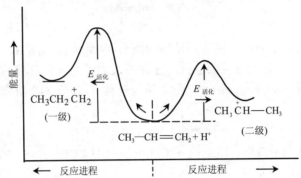

图 3.10　碳正离子结构的稳定性与反应的取向

$$H_3C-CH=CH_2 + HBr \xrightarrow{\text{过氧化物}} CH_3-CH_2-CH_2-Br$$

其原因是因为反应历程是游离基加成反应:

链引发 {
(1) 过氧化物分解：　R—O—O—R ⟶ 2RO·(游离基)
(2) RO· 夺取 HBr 中的 H：　RO·＋HBr ⟶ Br·＋ROH
}

链增长 {
(3)　
$$\underset{\overset{|}{H}}{H_3C-C=CH_2} + Br\cdot \longrightarrow \underset{2°}{H_3C-\overset{\cdot}{C}H-CH_2Br}$$
$$\xcancel{\longrightarrow} \underset{1°}{H_3C-\underset{\overset{|}{Br}}{CH}-\overset{\cdot}{C}H_2}$$

(4)　$H_3C-\overset{\cdot}{C}H-CH_2Br + HBr \longrightarrow CH_3-CH_2-CH_2Br + Br\cdot$
}

再(3)、(4)、(3)、(4)……

链终止 {
(5)　$2Br\cdot \longrightarrow Br_2$

(6)　$2CH_3-\underset{\cdot}{C}H-CH_2Br \longrightarrow CH_3-\underset{\overset{\overset{\displaystyle CH_2Br}{|}}{\underset{|}{CH_2Br}}}{CH}-CH-CH_3$

(7)　$Br\cdot + CH_3-\overset{\cdot}{C}H-CH_2Br \longrightarrow CH_3-\underset{\overset{|}{Br}}{CH}-CH_2Br$
}

过氧化物效应只限于 HBr。HF、HCl 和 HI 都没有这种效应,这与键能有关。

烯烃进行自由基加成时,在键增长阶段有两步:

(i)　$X\cdot + \diagdown C=C \diagup \longrightarrow -\overset{\cdot}{C}-\underset{\overset{|}{X}}{C}-$

62

(ii)

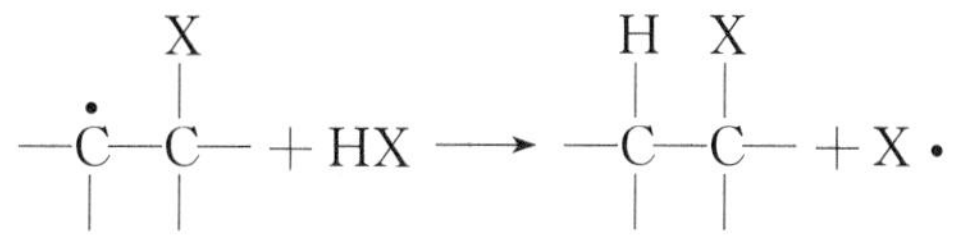

第一步断裂一个 C≕Cπ键,生成一个 C—X 键。第二步断裂一个 H—X 键,生成一个 C—H 键。只有当这两步都放热时,自由基反应才能进行。如果一步是放热的,另一步是吸热的,即使两步的总和是放热的,反应也不能实现。根据有关的键能数据计算出各种 HX 对烯烃加成时,在链增长中的能量变化如下表:

	第一步(kJ·mol⁻¹)	第二步(kJ·mol⁻¹)	总和(kJ·mol⁻¹)
HF	−221.5	+150.5	−71.0
HCl	−75.2	+16.7	−58.5
HBr	−20.9	−50.16	−71.1
HI	+50.2	−117.0	−66.8

由上表可知,对各种 HX 来说,两步的总和都是放热的,但只有 HBr 是两步分别都放热,而其余的则是两步中有一步是吸热的。H—F 键能(564.3 kJ·mol⁻¹)和 H—Cl 键能(430.5 kJ·mol⁻¹)较大,所以第二步是吸热的。H—I 键能不太大(296.8 kJ·mol⁻¹),所以第二步是放热的。但 C—I 键能较小(213.2 kJ·mol⁻¹),生成 C—I 键所放出的热不足以补偿断裂 C≕Cπ键所消耗的热,故其第一步是吸热的,而 HBr 两步都放热,所以只有它在过氧化物作用下能顺利地进行自由基反应,因而有过氧化物效应。

过氧化物这种作用的发现,是游离基化学的一项重要发现。目前许多高分子化合物的制备,借助过氧化物作引发剂,常用的有过氧化二苯甲酰(Ph—C(=O)—O—O—C(=O)—Ph),其作用机制如下:

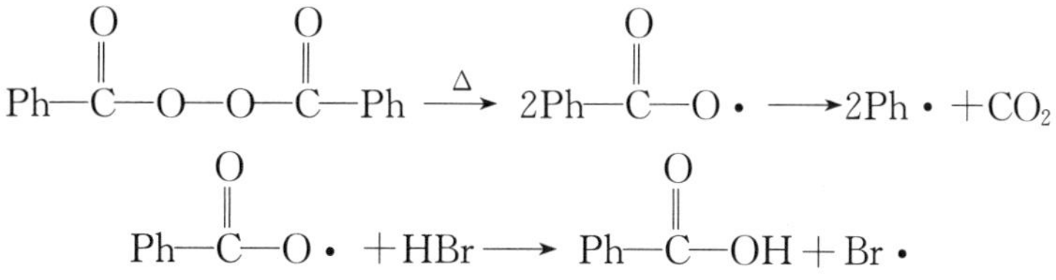

4. 硼氢化—氧化反应

硼氢化反应是甲硼烷 BH₃(或以后步骤中的 BH₂R、BHR₂)对烯烃的加成生成烷基硼,后者与碱性过氧化氢反应,硼原子被羟基取代,最终得到醇。

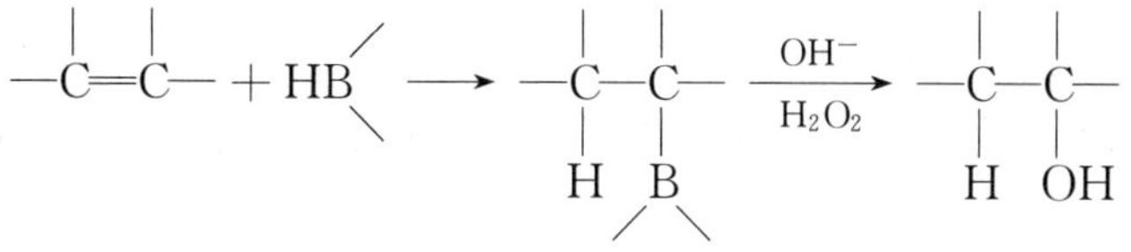

上述反应的试剂是缺电子的甲硼烷(由它的二聚体在溶剂中离解得到),因此能与烯烃的 π 键生成 π-络合物,两个碳原子和一个硼原子间的成键电子只有两个,碳原子带部分正电,硼原子带部分负电,因而硼原子上的一个氢经过四中心过程带一对电子转移到碳原子上,生成中

间体烷基硼：

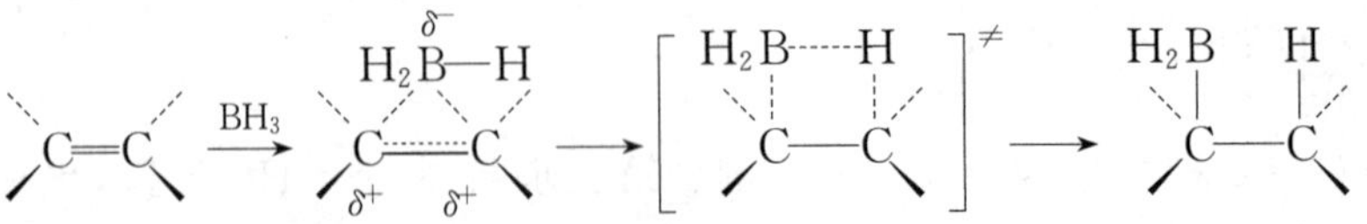

过氧化氢有弱酸性,它在碱性中转变为它的共轭碱：

$$HO-OH + \overset{\ominus}{O}H \rightleftharpoons HOO^- + H_2O$$

在三烷基硼的氧化反应中,过氧化氢的共轭碱进攻缺电子的硼原子,产物中有弱的 O—O 键,因而为碳原子从硼转移到氧创造了前提,碳原子带一对电子转移,因而其构型不变。

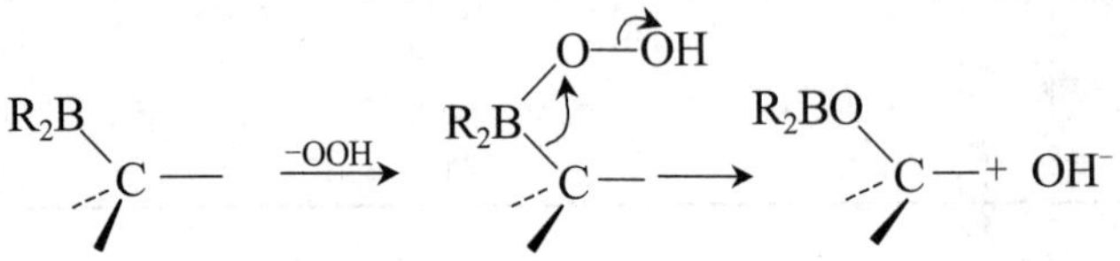

由于硼的电负性为 2.0,氢的电负性在 2.1,因而与不对称烯烃加成中,硼原子是与带部分负电的双键碳原子相连结,得到的是反马氏加成产物。即硼原子加到含氢较多的双键碳原子上,由于是经过四中心过渡态,故得到的是顺式加成产物。

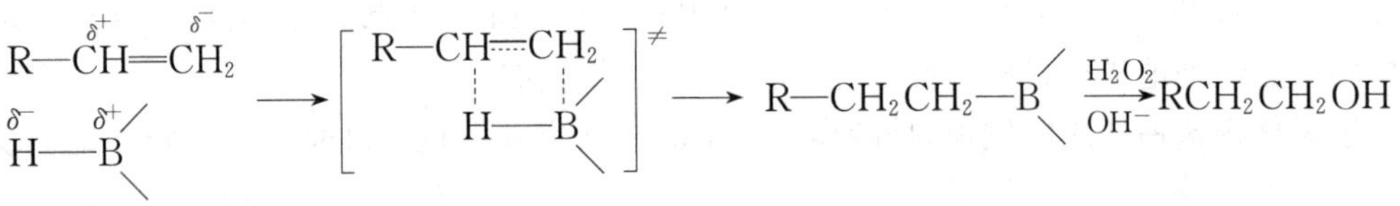

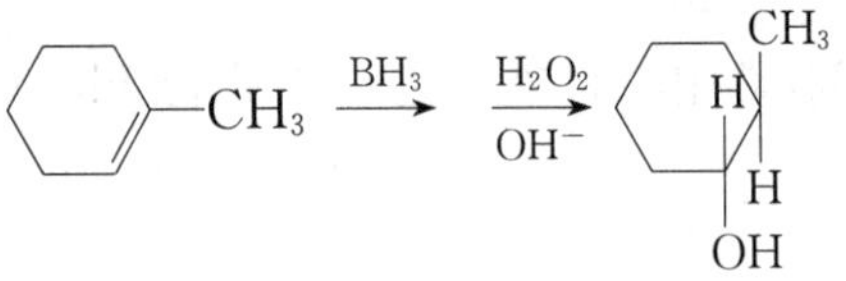

（顺式加成产物）

高度支化的烯烃在硼氢化反应中也不发生重排：

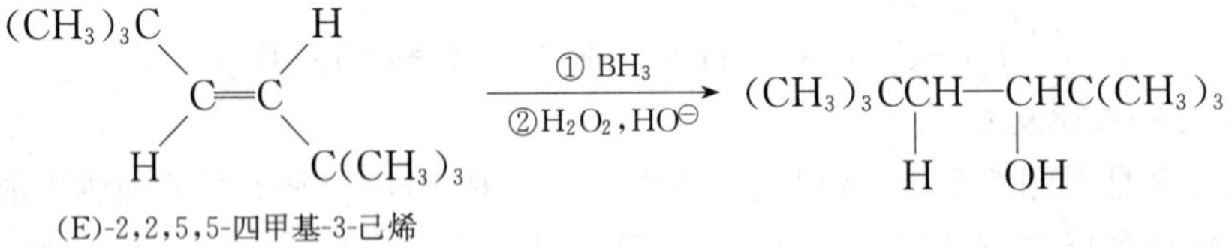

(E)-2,2,5,5-四甲基-3-己烯

5. 羟汞化—还原脱汞反应

烯烃与醋酸汞水溶液反应,生成羟汞化合物,然后用硼氢化钠还原,得到醇。

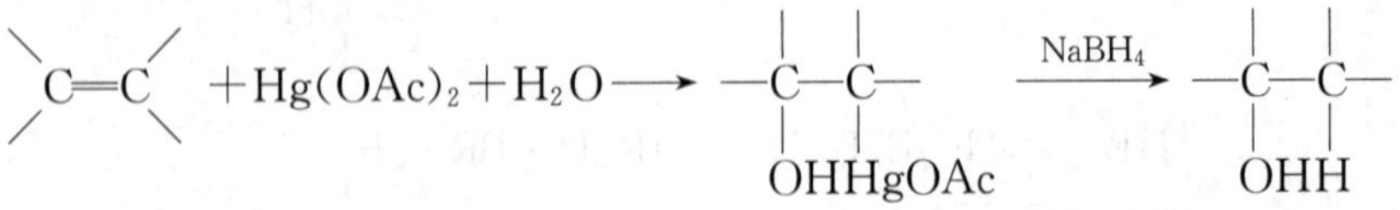

整个反应相当于烯烃与 H_2O 的加成,但其适应性比烯烃酸性催化下的水合要广泛得多。

羟汞化—还原脱汞有高度的方向专一性,所生成的醇相当于水对 C ═ C 双键的马氏加成产物,在极大多数情况下没有重排产物。例如：

$$CH_3(CH_2)_3CH{=}CH_2 \xrightarrow[\text{H}_2\text{O}]{\text{Hg(OAc)}_2} \xrightarrow{\text{NaBH}_4} CH_3(CH_2)_3\overset{\displaystyle \overset{\text{OH}}{|}}{C}HCH_3$$

$$CH_3CH_2{-}\underset{\underset{\displaystyle CH_3}{|}}{CH}{-}CH{=}CH_2 \xrightarrow[\text{H}_2\text{O}]{\text{Hg(OAc)}_2} \xrightarrow{\text{NaBH}_4} CH_3CH_2\overset{\overset{\displaystyle CH_3}{|}}{\underset{\underset{\displaystyle OH}{|}}{C}}{-}CH_3$$

羟汞化反应是 C=C 双键的亲电加成,反应中汞离子是亲电试剂,由于不发生重排反应,且反应有高度的立体专一性,得到的是反式加成产物。所以认为中间体是环状的正汞离子中间体 $\left[\begin{array}{c} -\underset{\diagdown}{C}{-}\underset{\diagup}{C}{-} \\ \text{Hg} \end{array}\right]^{+}$,结构类似前述的溴鎓离子。汞化反应在不同溶剂中进行时,得到不同的产物。例如:

$$Ph{-}CH{=}CH_2 + Hg(OAc)_2 \xrightarrow{CH_3OH} \xrightarrow{\text{NaBH}_4} Ph{-}\overset{\overset{\displaystyle O{-}CH_3}{|}}{C}H{-}CH_3$$

由于脱汞反应一般是没有立体专一性的,因此,羟汞化—脱汞反应的整个过程一般是没有立体专一性的。

6. 氧化反应

烯烃与 O_2 和 O_3 的加成:

烯烃很容易氧化。例如在室温下,将乙烯通入中性(或碱性)高锰酸钾水溶液,则 $KMnO_4$ 的紫色立即褪去,生成棕色的 MnO_2 沉淀,烯烃则被氧化为邻二醇:

$$3CH_3{-}CH{=}CH_2 + 2KMnO_4 + 4H_2O \xrightarrow[\text{中性介质}]{\text{室温}} 3CH_3{-}\underset{\underset{\displaystyle OH}{|}}{CH}{-}\underset{\underset{\displaystyle OH}{|}}{CH}_2 + 2MnO_2 + 2KOH$$

此反应是合成邻二醇的重要方法,同时可用来定性鉴定不饱和键的存在。

从立体化学上说,$KMnO_4$ 把烯烃氧化成邻二醇的反应是顺式加成,形成的中间体是环状的高锰酸酯:

$$\underset{\underset{\displaystyle CH_2}{\|}}{\overset{\overset{\displaystyle CH_3}{|}}{CH}} + KMnO_4 \xrightarrow{5\,℃} \left\{ \begin{array}{c} \overset{\displaystyle CH_3}{|} \\ CH{-}O \\ | \qquad \diagdown Mn \diagup^{O}_{O} \\ CH_2{-}O \end{array} \right\}^{\ominus} \xrightarrow{\text{H}_2\text{O}} \overset{\overset{\displaystyle CH_3}{|}}{\underset{\underset{\displaystyle CH_2OH}{|}}{CHOH}}$$

这一中间体经水解就生成顺式邻二醇。四氧化锇 OsO_4 也有同样的作用,可提高收率,但 OsO_4 很贵,且毒性大。

如果在酸性 $KMnO_4$ 溶液中氧化,则生成的邻二醇可进一步氧化,得到碳链断裂的氧化产物:

$$CH_3{-}\underset{\underset{\displaystyle OH}{|}}{CH}{-}\underset{\underset{\displaystyle OH}{|}}{CH}_2 \xrightarrow{[O]} CH_3COOH + \underset{\qquad\downarrow^{[O]}}{HCOOH} \\ \qquad\qquad\qquad\qquad\qquad\qquad\qquad\quad CO_2 + H_2O$$

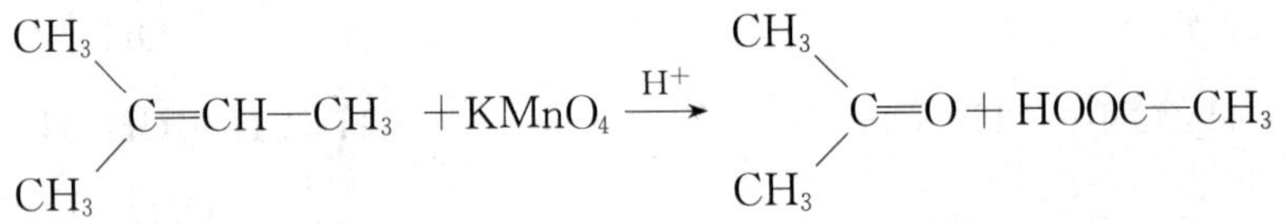

$$\underset{CH_3}{\overset{CH_3}{>}}C=CH-CH_3 \ +KMnO_4 \xrightarrow{H^+} \underset{CH_3}{\overset{CH_3}{>}}C=O+HOOC-CH_3$$

可见，氧化后 CH_2＝基变成 CO_2，RCH＝基变为羧酸 $R-\overset{\overset{O}{\|}}{C}-OH$，$R_2C$＝基变为酮 $R_2C=O$。因氧化产物由双键处断裂而成，因此，分析氧化产物的结构，可推知原来烯烃的结构和双键的位置。用 $KMnO_4$ 氧化时能使分子中其他功能基有同时被氧化的可能，所以它缺乏选择性。如用臭氧（O_3）作氧化剂，由于它仅使 $C=C$ 双键断裂，生成醛酮，而对大多数其他功能基不起作用，因此常用于烯烃双键位置的测定。

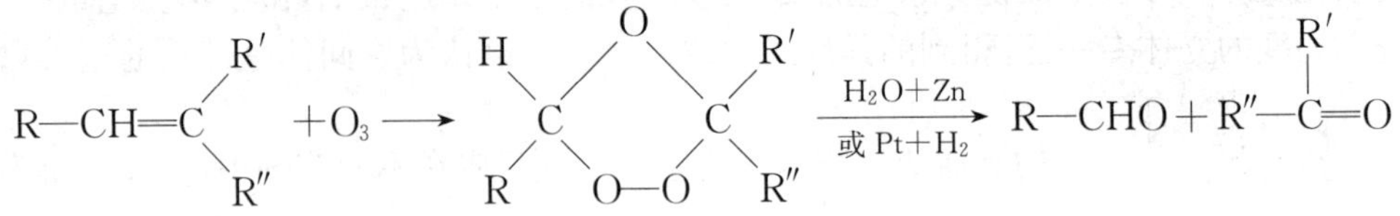

$$R-CH=\underset{R''}{\overset{R'}{C}} \ +O_3 \longrightarrow \underset{R}{\overset{H}{C}}\underset{O-O}{\overset{O}{\diamond}}\underset{R''}{\overset{R'}{C}} \xrightarrow[\text{或 } Pt+H_2]{H_2O+Zn} R-CHO+R''-\overset{R'}{C}=O$$

臭氧化物

上述反应中臭氧化物可能是通过下述过程生成的：

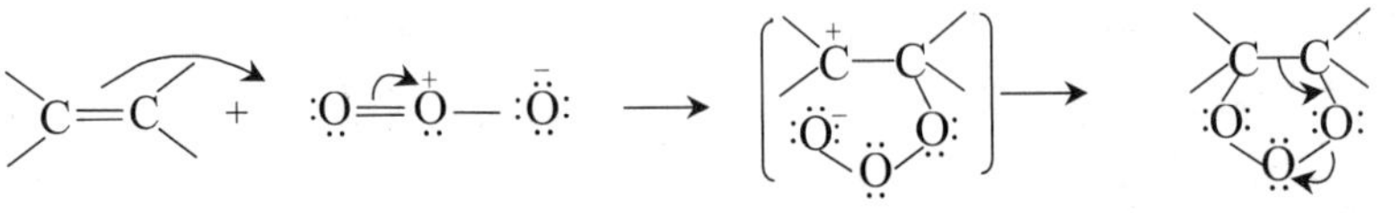

臭氧化物用 $LiAlH_4$ 或 $NaBH_4$ 还原则得到醇。

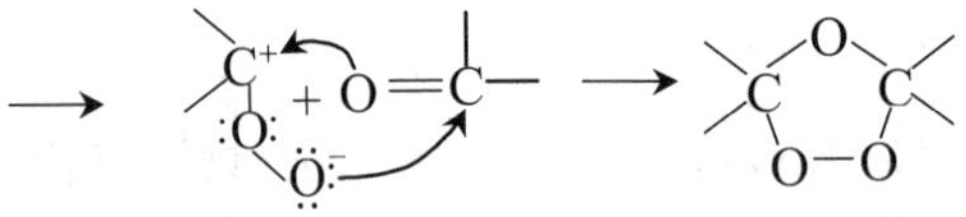

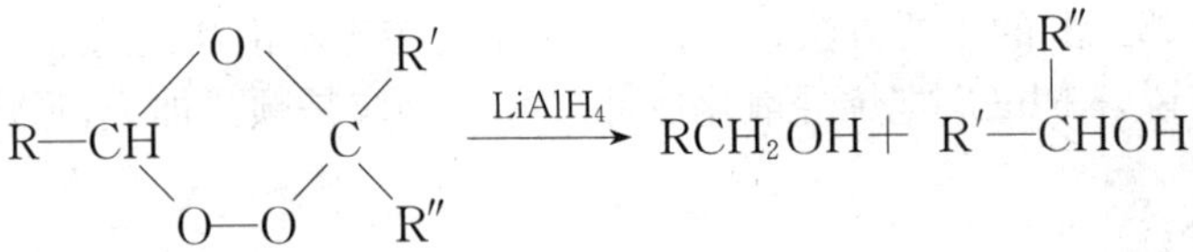

$$R-CH\underset{O-O}{\overset{O}{\diamond}}\underset{R''}{\overset{R'}{C}} \xrightarrow{LiAlH_4} RCH_2OH+ R'-\overset{R''}{C}HOH$$

烯烃与有机过酸（过酸是含有过羧基 $-\overset{\overset{O}{\|}}{C}-O-OH$ 的化合物）可以进行亲电加成，得到环氧化合物，如：

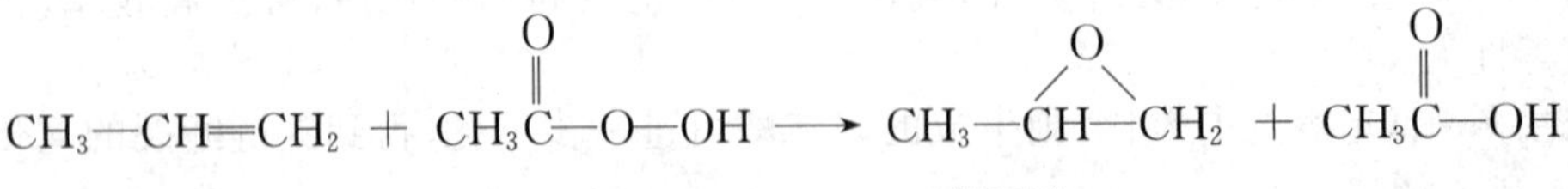

$$CH_3-CH=CH_2 + CH_3\overset{\overset{O}{\|}}{C}-O-OH \longrightarrow CH_3-\overset{O}{CH-CH_2} + CH_3\overset{\overset{O}{\|}}{C}-OH$$

环氧丙烷

氧原子和 $C=C$ 双键的两个碳原子在同一边键合上去，所以产物仍保留原来烯烃的构型（即原来烯烃是顺式的，得到的环氧化合物也是顺式的）。然后环氧丙烷用稀酸处理时，则开环而得到反式——邻二醇：

$$CH_3—\overset{\displaystyle O}{\overset{\displaystyle \diagdown\diagup}{CH—CH_2}} \xrightarrow{H_2O,稀\ H^+} CH_3—\underset{\displaystyle |}{\underset{\displaystyle OH}{CH}}—\underset{\displaystyle |}{\underset{\displaystyle OH}{CH_2}}$$

因此,通过适当地选择试剂,可以按照我们的愿望使烯烃进行顺式或反式的立体选择羟基化。

乙烯在银催化剂的存在下,可被空气中的 O_2 直接氧化为环氧乙烷,这是工业上生产环氧乙烷的方法:

$$2CH_2=CH_2 + O_2 \xrightarrow[\sim 250℃]{[Ag]} 2CH_2\overset{\displaystyle O}{\overset{\displaystyle \diagdown\diagup}{—CH_2}}$$
环氧乙烷

如使用的催化剂不同,产物也不同:

$$H_2C=CH_2 + \frac{1}{2}O_2 \xrightarrow[100℃\sim 125℃]{PdCl_2-CuCl_2} CH_3—CHO$$

$$CH_3—CH=CH_2 + \frac{1}{2}O_2 \xrightarrow[100℃\sim 125℃]{PdCl_2-CuCl_2} CH_3—\overset{\displaystyle O}{\overset{\displaystyle \|}{C}}—CH_3$$

它们都是重要的化工原料。

7. 聚合反应

在一定条件下,烯烃分子可以彼此相互加成,由多个小分子结合成大分子,这叫聚合反应(polymerization)。聚合后所得的产物称聚合物(polymer),参加聚合的小分子叫单体(monomer)。例如:

$$nCH_2=CH_2 \xrightarrow[100MPa\sim 150MPa]{100℃\sim 300℃} \left\{\!\!\left\{ CH_2—CH_2 \right\}\!\!\right\}_n \quad n>1000$$
聚乙烯(高分子化合物)

n 称聚合度。

烯烃的这种聚合反应也是游离基历程*,一般需要少量引发剂(过氧化物)存在。其过程如下:

链引发 $\begin{cases}(1)\ 过氧化物分解:R—O—O—R \longrightarrow 2RO·\\ (2)\ RO· + H_2C=CH_2 \longrightarrow RO:CH_2—CH·\end{cases}$

链增长:(3) $RO:CH_2—CH_2· + H_2C=CH_2 \longrightarrow RO:CH_2—CH_2—CH_2—CH_2·$

过程(3)反复进行,得到高分子的聚合物。

链终止:(4) $2RO:CH_2—CH_2· \longrightarrow RO:CH_2—CH_2—CH_2—CH_2:OR$

这种类型的聚合反应,其中每一步消耗一个活泼质点,并产生另一个活泼质点。

双键的碳上也可连有别的基团,如 CN、Ph、X,有些取代烯聚合比乙烯还容易。例如:

---

* 烯烃的聚合反应也可以是离子型的。如异丁烯在路易斯酸催化下的聚合反应是阳离子的聚合机理。

$$(CH_3)_2C=CH_2 \xrightarrow{H^+} (CH_3)_3\overset{\oplus}{C} \xrightarrow{CH_2=C(CH_3)_2} (CH_3)_3C—CH_2—\overset{\oplus}{C}(CH_3)_2 \xrightarrow{CH_2=C(CH_3)_2} (CH_3)_3C\,CH_2\underset{\underset{\displaystyle CH_3}{\displaystyle |}}{\overset{\overset{\displaystyle CH_3}{\displaystyle |}}{C}}—CH_2—\overset{\oplus}{C}(CH_3)_2$$

$$\xrightarrow{CH_2=C(CH_3)_2} ......$$

$$n\mathrm{CF_2}\!=\!\mathrm{CF_2} \longrightarrow -\mathrm{CF_2CF_2(CF_2CF_2)}_{n-2}\mathrm{CF_2CF_2}-$$

四氟乙烯

20世纪50年代德国化学家齐格勒(K. Ziegler)和意大利化学家纳塔(G. Natta)分别独立发展了由四氯化钛(TiCl$_4$)和三乙基铝(Et$_3$Al)组成的配位络合催化剂,又称为齐格勒-纳塔催化剂。在这种催化剂存在下,乙烯可在较低压力和温度下聚合成低压聚乙烯,其性能与高压聚乙烯不同。配位络合聚合反应机理大致如下:

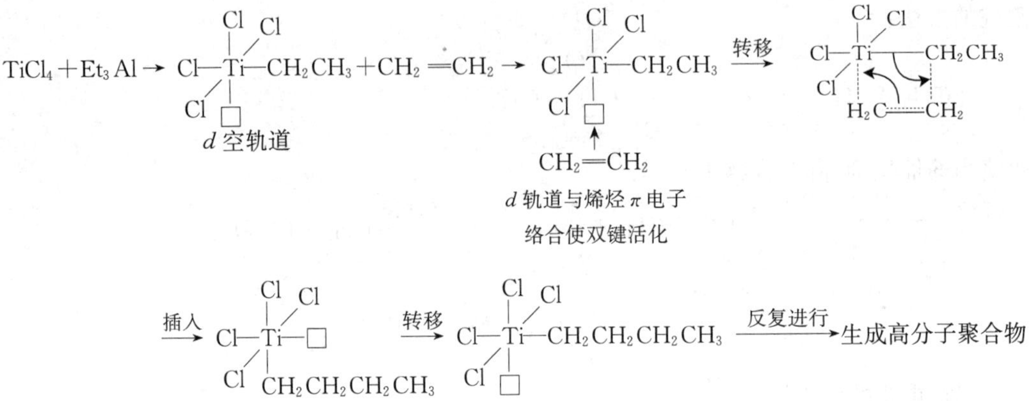

高分子化合物是指分子量高达数千至数百万的物质,一般都具有弹性、可塑性和较高的机械强度,同时又具有不同程度的绝缘性、耐热性和化学稳定性。塑料、合成纤维和橡胶等都是高分子化合物,它们在国民经济中占有重要地位。

3.4.2　烯烃的取代反应——α-氢原子的卤代

前面主要讨论了烯烃中 C＝C 双键的加成反应,现在转入讨论烯烃分子中的烷基上的反应。我们能期待在烷基上发生什么类型的反应呢? 因为烷基是饱和的,因此我们能期待它们发生典型的烷烃反应——游离基取代反应,例如能被卤素所取代。但在烯烃分子中有两个可以被卤素进攻的地方:双键和烷基,能不能使卤素的进攻只发生在其中的一个位置上呢? 回答是肯定的。依靠对实验条件的选择,可以做到这一点。已知烷烃的卤代反应要在高温或紫外光照下并在气相中进行,这是有利于形成游离基的条件。也已经知道,烯烃比烷烃活泼,它与卤素的加成反应是在低温或在黑暗中,并且一般在液相中进行,这是有利于离子型反应的条件。

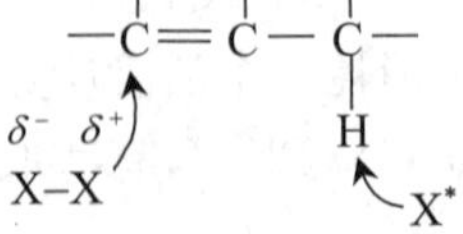

离子型进攻——加成反应　　游离基型进攻——取代反应

因此希望卤素进攻烯烃中的烷基,就要选择有利于游离基取代反应的条件(高温、气相)。例如:

$$\underset{\underset{\alpha\text{-H 原子}}{\overset{|}{\text{H}}}}{\overset{}{\text{CH}_2\text{—CH}=\text{CH}_2}} \xrightarrow[\text{Br}_2]{\text{Cl}_2 \text{ 或}} \begin{array}{l} \xrightarrow{\quad\text{低 温}\quad} \underset{\overset{|}{\text{Cl}}}{\text{CH}_3\text{—CH—CH}_2} \underset{\overset{|}{\text{Cl}}}{} \text{ 或 } \underset{\overset{|}{\text{Br}}}{\text{CH}_3\text{—CH—CH}_2} \underset{\overset{|}{\text{Br}}}{} \\ \qquad\qquad\qquad\qquad \text{离子型加成反应} \\ \xrightarrow[\text{气 相}]{500^{\circ}\text{C}\sim600^{\circ}\text{C}} \underset{\overset{|}{\text{Cl}}}{\text{CH}_2\text{—CH}=\text{CH}_2} \text{ 或 } \underset{\overset{|}{\text{Br}}}{\text{CH}_2\text{—CH}=\text{CH}_2} \\ \qquad\qquad\qquad\qquad \text{游离基取代反应} \end{array}$$

烯烃中的游离基取代反应和烷烃中的取代反应有相同的机理:

$$\text{CH}_2=\text{CH—CH}_2\text{—H} \xrightarrow{\text{Cl} \cdot} \underset{\text{烯丙基游离基}}{\text{CH}_2=\text{CH—CH}_2 \cdot} \xrightarrow{\text{Cl}_2} \underset{\text{烯丙基氯}}{\text{CH}_2=\text{CH—CH}_2\text{Cl}}$$

如希望在较低温下进行取代反应,常用 N-溴代丁二酰亚胺(简称 NBS)做溴化剂,NBS 与取代中生成的溴化氢反应,提供恒定的低浓度的溴(如果溴浓度高,则主要发生加成反应):

$$\underset{\text{N-溴代丁二酰亚胺}}{\text{N—Br}} + \text{HBr} \longrightarrow \underset{\text{丁二酰亚胺}}{\text{N—H}} + \text{Br}_2$$

产生的溴在光或引发剂如过氧化苯甲酰作用下,产生起始的 Br · 来使反应开始:

(i) $\text{Br}_2 + \text{引发剂} \longrightarrow \text{Br} \cdot$

(ii) $\text{Br} \cdot + \text{R—CH}_2\text{—CH}=\text{CH}_2 \longrightarrow \text{HBr} + \text{R—}\overset{\cdot}{\text{C}}\text{H—CH}=\text{CH}_2$

$\text{R—}\overset{\cdot}{\text{C}}\text{H—CH}=\text{CH}_2 + \text{Br}_2 \longrightarrow \underset{\overset{|}{\text{Br}}}{\text{R—CH—CH}=\text{CH}_2} + \text{Br} \cdot$

这个反应叫瓦尔-齐格勒(Wohl-Ziegler)反应。

Brown 认为,低浓度的卤素(代替高温)可使取代比(游离基)加成有利。卤原子的加成产生自由基(Ⅰ),如果温度很高,或不立即遇到卤素分子而完成加成反应,则游离基(Ⅰ)会分解(再生为原料)。相反,如形成了烯丙基自由基,不管温度高低,也不论卤素浓度低到什么程度,除了等卤素分子来进行反应外,很少有其他选择的余地。

$$\begin{array}{c} \underset{(\text{Ⅰ})}{\text{CH}_3\overset{\cdot}{\text{C}}\text{H—CH}_2\text{X}} \xrightarrow{\text{X}_2} \underset{\overset{|}{\text{X}}}{\text{CH}_3\text{CH—CH}_2\text{X}} + \text{X} \cdot \\ \text{游离基型加成} \end{array}$$

$$\text{Cl} \cdot + \text{CH}_3\text{—CH}=\text{CH}_2 \nearrow$$

$$\searrow \text{HX} + \overset{\cdot}{\text{C}}\text{H}_2\text{—CH}=\text{CH}_2 \xrightarrow{\text{X}_2} \text{XCH}_2\text{—CH}=\text{CH}_2 + \text{X} \cdot$$
$$\text{游离基型取代——在高温或低浓度卤素时产物}$$

许多烯烃的卤代反应表明,连在和双键相邻的碳上的氢(所谓烯丙基型氢也叫 α-氢)特别容易被卤原子取代,而连在双键上的氢(所谓乙烯型氢)却很难被取代。键的离解能各为:

$$\text{CH}_2=\text{CH}_2 \longrightarrow \text{CH}_2=\text{CH} \cdot + \text{H} \cdot \quad 434.7 \text{ kJ} \cdot \text{mol}^{-1}$$

$$\begin{array}{c} \underset{\underset{\text{H}}{|}}{\overset{\overset{\text{CH}_3}{|}}{\text{CH}_3\text{—C—CH}_3}} \longrightarrow \overset{\overset{\text{CH}_3}{|}}{\underset{\cdot}{\text{CH}_3\text{—C—CH}_3}} + \text{H} \cdot \quad 380.4 \ \text{kJ} \cdot \text{mol}^{-1} \end{array}$$

$$\text{CH}_2\text{=CH—CH}_2\text{—H} \longrightarrow \text{CH}_2\text{=CH—CH}_2 \cdot + \text{H} \cdot \quad 367.8 \ \text{kJ} \cdot \text{mol}^{-1}$$

可见,氢原子被卤原子夺取的容易程度是:烯丙基氢＞三级氢＞二级氢＞一级氢＞CH$_4$,乙烯型氢。因此,烯烃的卤代总是发生在烯丙基型氢(即 α-氢)上。由于烯丙基游离基含有较少的能量,比叔丁基游离基稳定,所以游离基的稳定性也遵循上述顺序。

3.5　烯烃的来源

工业上大量的烯烃主要靠石油裂解得到。低级烯烃(少于五个碳原子的)能用分馏的方法得到纯品。在实验室中制备烯烃主要用以下三个方法:

(1) 醇脱水: $\text{R—}\underset{\boxed{\text{H}}}{\overset{}{\text{CH}}}\text{—}\underset{\boxed{\text{OH}}}{\overset{}{\text{CH}_2}} \xrightarrow[\triangle]{\text{H}^+} \text{R—CH=CH}_2$

(2) 卤代烷脱 HX: $\text{R—}\underset{\boxed{\text{H}}}{\overset{}{\text{CH}}}\text{—}\underset{\boxed{\text{X}}}{\overset{}{\text{CH}_2}} \xrightarrow[\substack{\text{乙醇}\\ \triangle}]{\text{KOH}} \text{R—CH=CH}_2 + \text{KX} + \text{H}_2\text{O}$

(3) 连二卤代烷脱 X$_2$: $\text{R—}\underset{\boxed{\text{X}}}{\overset{}{\text{CH}}}\text{—}\underset{\boxed{\text{X}}}{\overset{}{\text{CH}_2}} \xrightarrow{\text{Zn}} \text{R—CH=CH}_2 + \text{ZnX}_2$

上面三种方法都是从相邻的碳原子上消去原子(H 或 X)或基团(OH),从而使分子中生成 C=C 双键。这些反应叫做消除反应(elimination reaction)。

上面三种方法中的(1)、(2)常用来制备烯烃,而方法(3)常用来分离沸点相近的烷烃和烯烃(它们往往用一般的分离方法难于分开)的混合物。其过程是首先在黑暗中加溴,烯烃首先被转化为高沸点的连二溴代烷,而烷烃不反应。然后,利用分馏法把二溴代烷从较低沸点的烷烃中分开,再将分开的二溴代物用 Zn 粉处理再产生烯烃。如:

$$\text{CH}_3(\text{CH}_2)_4\text{CH}_3 \text{ 和 } \text{CH}_3(\text{CH}_2)_3\text{CH=CH}_2$$

己烷　　　　　　　1-己烯

b. p. =69℃　　　　b. p. =63℃

$+\text{Br}_2$(黑暗中)

$$\text{CH}_3(\text{CH}_2)_4\text{CH}_3 \qquad \text{CH}_3(\text{CH}_2)_3\underset{\underset{\text{Br}}{|}}{\overset{\overset{\text{Br}}{|}}{\text{CH—CH}_2}}$$

1,2-二溴己烷

用分馏法分开　　　b. p. =204℃

$\downarrow +\text{Zn}$

$\text{CH}_3(\text{CH}_2)_3\text{CH=CH}_2 + \text{ZnBr}_2$

1-己烯

乙烯是不饱和烃中的最重要品种。目前乙烯用量最大的是制造聚乙烯,其次是制环氧乙烷、苯乙烯、乙醇、氯乙烯等乙烯系列产品,在国际上占全部石油化工产品产值的一半左右。因此,国外往往以乙烯生产动向来衡量石油化学工业的发展水平。

自然界不少植物器官都含有微量乙烯。水果在成熟之前,内含乙烯浓度高达 0.1 ppm～1 ppm 时就足以"发动"成熟过程。因此可以利用人工方法提高青的果实中乙烯的含量,以加速果实的成熟。同时还发现乙烯对植物的各个发育阶段,如种子发芽、茎根生长、花芽形成以及落叶、落果等都有调节作用。因此,乙烯是一种"内源植物激素"。

自然界还存在许多结构较为复杂的烯烃,如植物中的某些色素,香精油的某些组分等,这些将在以后介绍。

习　　　题

1. 用系统命名法命名下列化合物,对顺反异构体用 Z,E 命名:

(1) 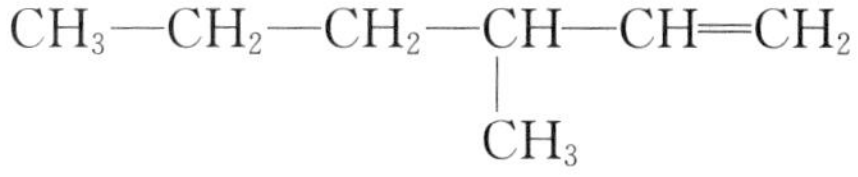 $CH_3-CH_2-CH_2-\underset{\underset{CH_3}{|}}{CH}-CH=CH_2$

(2) $\underset{CH_3}{\overset{CH_3CH_2CH_2}{}}C=\underset{CH_2CH_3}{\overset{CH_3}{}}$

(3) $\underset{(CH_3)_2CH}{\overset{CH_3CH_2CH_2}{}}C=\underset{CH_2CH_3}{\overset{CH_3}{}}$

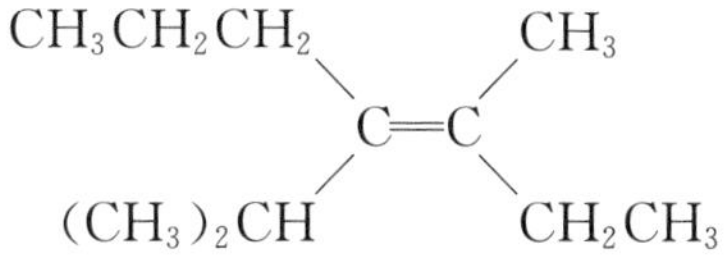

(4) 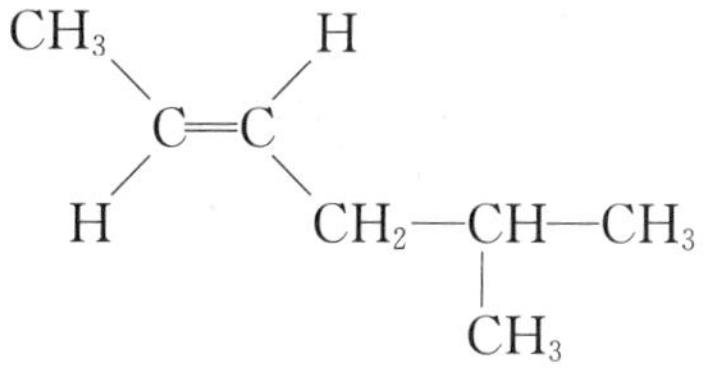 $\underset{H}{\overset{CH_3}{}}C=\underset{CH_2-\underset{\underset{CH_3}{|}}{CH}-CH_3}{\overset{H}{}}$

(5) 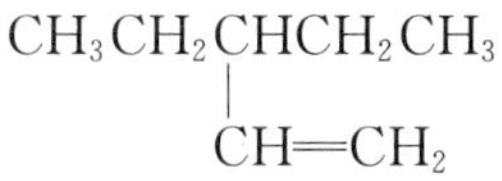 $CH_3CH_2\underset{\underset{CH=CH_2}{|}}{CH}CH_2CH_3$

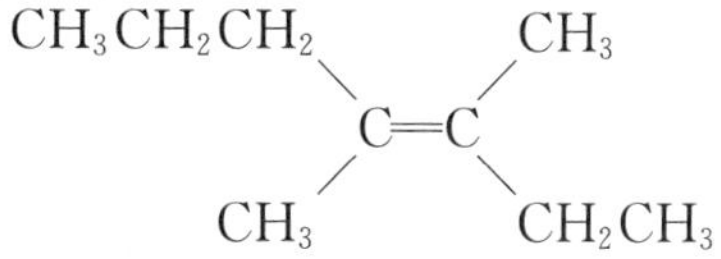

(6) 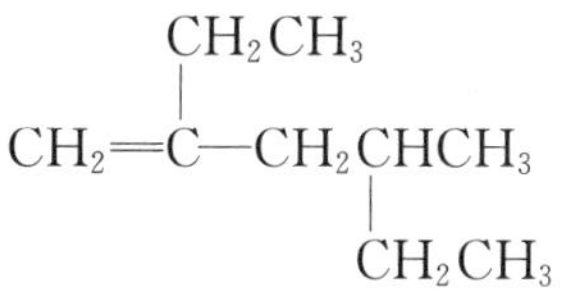 $CH_2=\underset{\underset{CH_2CH_3}{|}}{C}-CH_2\underset{\underset{CH_2CH_3}{|}}{CH}CH_3$

2. 写出下列化合物的结构式,如命名有错误,予以更正:

(1) 2,4-二甲基-2-戊烯

(2) 3-丁烯

(3) 3,3,5-三甲基-1-庚烯

(4) 2-乙基-1-戊烯

(5) 异丁烯

(6) 3,4-二甲基-4-戊烯

(7) 反-3,4-二甲基-3-己烯

(8) 2-甲基-3-丙基-2-戊烯

3. 指出下列化合物中哪个有顺反异构体,写出异构体的构型(Z,E):

(1) 1-丁烯　　　　　　　　　　　(2) 2-丁烯

(3) 2-甲基-2-戊烯　　　　　　　(4) 4-甲基-2-戊烯

4. 完成下列反应式：

(1) $CH_3CH_2CH=CH_2 + 浓 H_2SO_4 \longrightarrow \xrightarrow[\Delta]{H_2O}$

(2) $CH_3-CH=C-CH_3 + HBr \xrightarrow{\quad} \atop \underset{过氧化物}{\longrightarrow}$
   位于 CH_3 下方

$$CH_3-CH=\underset{\underset{CH_3}{|}}{C}-CH_3 + HBr \begin{array}{c} \longrightarrow \\ \xrightarrow{\text{过氧化物}} \end{array}$$

(3)
$$\begin{array}{l} + 2HBr(干) \longrightarrow \\ + 2CH_3CO_2OH \longrightarrow \end{array}$$

(4)
$$\underset{H}{\overset{CH_3CH_2}{>}}C=C\underset{H}{\overset{CH_3}{<}} \xrightarrow[0℃]{Cl_2}$$

5. 写出 3-乙基-2-戊烯与下列试剂作用的主要产物的结构：

    (1) HOBr   (2) 冷、稀 $KMnO_4$

    (3) (i)O_3(ii) Zn 粉, H_2O (4) $CH_3\overset{\overset{\textstyle O}{\|}}{C}-O-OH$

6. 如何实现下列转变：

(1) $CH_3CHBrCH_3 \longrightarrow CH_3CH_2CH_2Br$

(2) $CH_3CH_2CH_2CH_2OH \longrightarrow CH_3CH_2\underset{\underset{Br}{|}}{C}HCH_3$

(3) $CH_3CH_2CH_2CH_3 \longrightarrow CH_3-\underset{\underset{OH}{|}}{CH}-\underset{\underset{OH}{|}}{CH}-CH_3$

(4) $CH_3CH_2CH_2CH_2CH_2-Br \longrightarrow CH_3CH_2\underset{\underset{Br}{|}}{C}HCH_2CH_3$

(5)
(6)

7. 下表左栏为烃类分子式，右栏为烃类臭氧化—还原水解产物，试推测烃类的结构。

烃　类	产　　物
C_5H_8	$O=CH-(CH_2)_3-CH=O$
$C_{12}H_{20}$	$CH_3CHO + OCH(CH_2)_2CHO$
$C_{10}H_{16}$	$CH_3-\overset{\overset{\textstyle O}{\|}}{C}-CH_2-\overset{\overset{\textstyle O}{\|}}{C}-CH_3$
$C_{13}H_{24}$	$CH_3-\overset{\overset{\textstyle O}{\|}}{C}-CH_3 + CH_3-\overset{\overset{\textstyle O}{\|}}{C}-\overset{\overset{\textstyle C_2H_5}{\|}}{C}H-\overset{\overset{\textstyle O}{\|}}{C}-CH_3$

8. 用共价键的键能计算下列反应的 ΔH：$CH_2 =\!\!= CH_2 + X_2 \longrightarrow CH_2XCH_2X$，$X = F$、$Cl$、$Br$、$I$，并与 $C-C$ 键的键能比较，说明为什么不能用此反应制备氟代烃。

9. 试提出四种区别烯烃和烷烃的化学方法，并指出区别时出现的现象。

10. (a) 两瓶没有标签的无色液体，一瓶是正己烷，另一瓶是 1-己烯，用什么简单方法可以给它们贴上正确的标签？(b) 若正己烷中有 1-己烯存在，如何用简单的化学方法去除 1-己烯。

11. 有 A、B 两个化合物，其分子式都是 C_6H_{12}，A 经臭氧氧化并与 Zn 粉和水反应后得乙醛和甲乙酮，B 经 $KMnO_4$ 氧化只得丙酸，推测 A 和 B 的构造式。

12. 化合物(A) + Zn $\longrightarrow$ 化合物(B) + $ZnBr_2$，化合物(B) + $KMnO_4$ $\xrightarrow{H^+}$ CH_3CH_2COOH + CO_2 + H_2O。写出化合物 A、B 的结构式。

13. 2-丁烯通过不同的反应生成下列化合物，请写出产生各化合物的 2-丁烯的几何构型及其进行的反应：

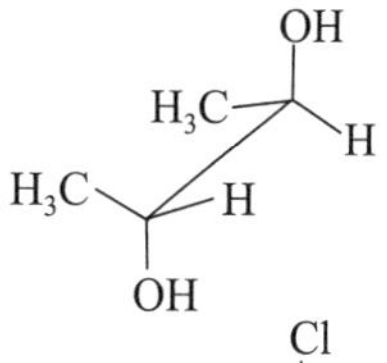

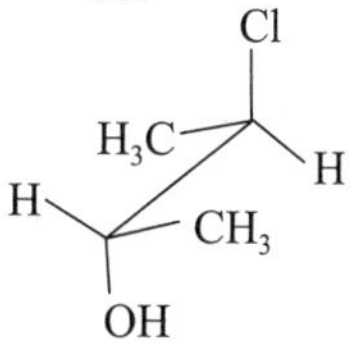

14. 解释下列反应中如何产生(i)，(ii)两个化合物，而不生成(iii)：

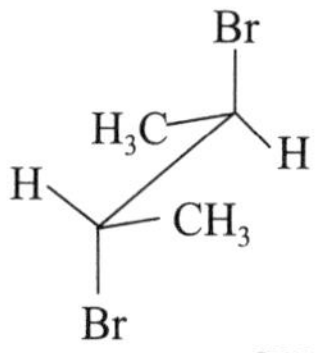

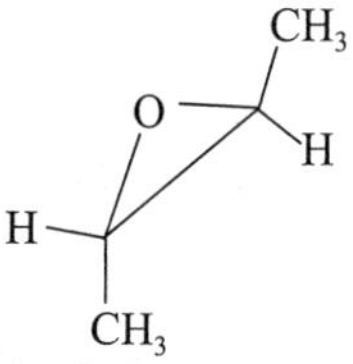

$$(CH_3)_3CCH =\!\!= CH_2 \xrightarrow{H^+ \ H_2O} \underset{(i)}{(CH_3)_2 \overset{\overset{\displaystyle OH}{|}}{C}-CH(CH_3)_2} \ + \ \underset{(ii)}{(CH_3)_3\overset{\overset{\displaystyle OH}{|}}{C}CHCH_3}$$

$$\underset{(iii)}{[(CH_3)_3C(CH_2)_2OH]}$$

15. 1-丁烯和 2-丁烯与 HCl 反应得到相同的产物 2-氯丁烷，经过相同的碳正离子——2-丁基正离子。但 1-丁烯与 HCl 的反应比 2-丁烯更快，试用简单的能量图说明其原因。

第四章　二烯烃和炔烃

前一章我们对烯烃作了介绍,在这一章里我们对两类比简单烯烃更加不饱和的碳氢化合物——二烯烃和炔烃进行讨论。它们的通式都是 C_nH_{2n-2},但因为彼此的官能团不同,因此性质不同。

4.1　二烯烃的分类和命名

分子中含有两个 $C=C$ 双键的不饱和烃叫二烯烃,也叫双烯烃(alkadiene)。根据双键的相对位置可以把二烯烃分为三类:

(1) 聚集二烯烃(累积二烯)(cumulative diene):即含有 $\diagdown C=C=C \diagdown$ 体系的二烯烃。如丙二烯 $H_2C=C=CH_2$ 。

(2) 隔离二烯烃(isolated diene):即含有 $\diagdown C=CH—(CH_2)_n—CH=C \diagdown$ $(n \geq 1)$ 体系的二烯烃。如 1,4-戊二烯 $CH_2=CH—CH_2—CH=CH_2$ 。

(3) 共轭二烯烃(conjugated diene):即含有 $\diagdown C=CH—CH=C \diagdown$ 体系的二烯烃。两个双键只被一个单键隔开,也就是双键和单键是交替的,叫共轭二烯烃。例如 1,3-丁二烯 $CH_2=CH—CH=CH_2$ 。

聚集二烯的化合物为数不多,主要用于立体化学上的研究,隔离二烯的性质基本上和单烯烃相同,而共轭二烯的结构和性质较为特殊。这类化合物在天然化合物中较为常见,如 β-胡萝卜素的结构就是具有多个共轭双键的化合物;

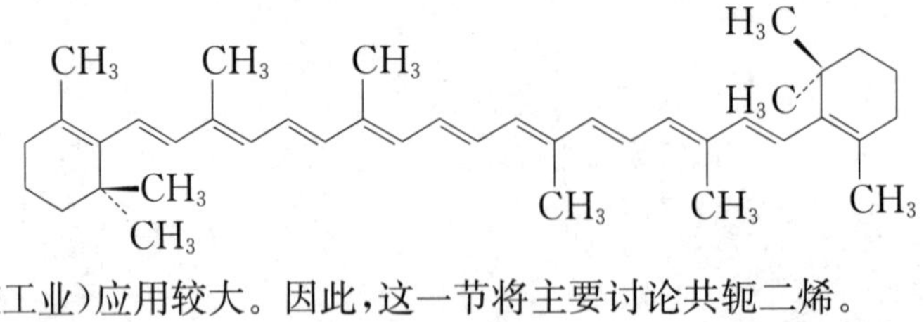

工业上(比如橡胶工业)应用较大。因此,这一节将主要讨论共轭二烯。

共轭二烯的命名和烯烃相似,只是在"烯"前加"二"字,并于全名前用阿拉伯数字分别注明两个双键的位置。例如:

$CH_2=CH—CH=CH_2$　叫 1,3-丁二烯。简写: （其中 s 表示两个双键间的单键）。

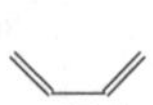

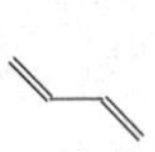

s-顺式　　s-反式

$$CH_2=\overset{\overset{\displaystyle CH_3}{|}}{C}-CH=CH_2 \quad \text{叫 2-甲基-1,3-丁二烯,(也叫异戊二烯)}$$

$$H_2C=CH-CH=CH-CH=CH_2 \quad \text{叫 1,3,5-己三烯}$$

多烯烃的顺反异构体用顺、反或 Z、E 来表示:

(2Z,4Z)-2,4-己二烯　　简写: ⌇

(2E,4Z)-2-溴-2,4-己二烯

4.2　共轭二烯烃的结构——共轭效应

实验事实表明,共轭二烯烃与简单烯烃的不同在于:

① 它们与亲电试剂不但起 1,2-加成反应,而且也起 1,4-加成反应,例如:

$$CH_2=CH-CH=CH_2 + Br_2 \longrightarrow$$
$$\underset{\text{1,3-丁二烯}}{}$$

$$\left\{ \begin{array}{l} \overset{\overset{\displaystyle CH_2}{|}}{} \ \overset{\overset{\displaystyle CH}{|}}{}-CH=CH_2 \quad \text{1,2-加成产物} \\ \ \ Br \quad Br \\ \overset{\overset{\displaystyle CH_2}{|}}{}-CH=CH-\overset{\overset{\displaystyle CH_2}{|}}{} \quad \text{1,4-加成产物} \\ \ \ Br \qquad\qquad\qquad Br \end{array} \right.$$

② 据测定,1,3-丁二烯分子中的双键键长(137 pm)比乙烯的(134 pm)稍长,而 C_2—C_3 单键(147 pm)比乙烷的 C—C 单键(154 pm)短,而且围绕 C_2—C_3 键的旋转起很大的限制作用,实际上确已观察到 s-反式 1,3-丁二烯(⌇)是一个很占优势的构象。

③氢化热数据如图 4.1 所示:

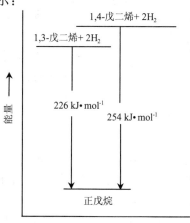

图 4.1　二烯烃及其氢化产物的能级

1,3-戊二烯 $CH_3—CH=CH—CH=CH_2 + 2H_2 \longrightarrow CH_3—CH_2—CH_2—CH_2—CH_3$
$$\Delta H = -226.1 \text{ kJ} \cdot \text{mol}^{-1}$$
1,4-戊二烯 $CH_2=CH—CH_2—CH=CH_2 + 2H_2 \longrightarrow CH_3—CH_2—CH_2—CH_2—CH_3$
$$\Delta H = -254.1 \text{ kJ} \cdot \text{mol}^{-1}$$

1,3-戊二烯与1,4-戊二烯都吸收2摩尔氢产生同一产物——正戊烷,而1,3-戊二烯放出的热能小于1,4-戊二烯,这说明共轭的1,3-戊二烯比非共轭的1,4-戊二烯更稳定。

产生上述现象的原因可从两方面来考虑:

(1) 在1,3-丁二烯分子中,形成C—C单键的碳原子是 sp^2 杂化的,在乙烷分子中的碳原子是 sp^3 杂化的,当成键杂化轨道的 s 成分增加时,轨道的尺寸就缩小,与第二个原子结合时的键长也会减小。因此 $C_{sp^2}—C_{sp^2}$ 键的键长就必然要比 $C_{sp^3}—C_{sp^3}$ 键的键长要短。

(2) 1,3-丁二烯是由四个 sp^2 杂化的碳原子和六个氢原子组成,如把它看作是由两个乙烯分子各除去一个氢原子而拼合起来,则所有的 σ 键(共九个 σ 键)都在一个平面内,每个碳原子各剩下一个 p 电子,它们都垂直于 σ 键所在的平面,而且互相平行地重叠,即四个 p 电子不仅在 C_1 与 C_2 之间,C_3 与 C_4 之间重叠,而且在 C_2 与 C_3 间也可以发生重叠,从而使电子云密度增大,键长缩短,而具有部分双键的性质。其结果是使四个 p 电子云连接起来,形成一个整体。这样形成的 π 键不再局限在两个碳原子间(即不是两个 π 电子分布在 $C_1 \sim C_2$ 之间,另外两个 π 电子分布在 $C_3 \sim C_4$ 间),而是包括四个碳原子的大 π 键。如图4.2所示。

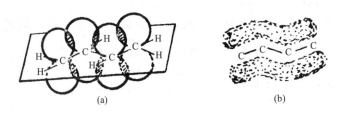

图 4.2 (a) 1,3-丁二烯分子中 p 电子云的重叠　图 4.2 (b) 1,3-丁二烯分子中的大 π 键

这种现象叫做电子的离域作用(delocalization)。由于电子的离域作用而形成的键叫离域键。因此在1,3-丁二烯分子中,碳碳之间不再是普通的双键和单键,而是在一定程度上发生了键的平均化。上面由物理方法所测得的键长数据就明显地反映了这种现象。同时,由于 π 电子的离域结果,分子的内能降低,体系稳定,这就说明了 1 mol 共轭 1,3-戊二烯的能量比非共轭的1,4-戊二烯的能量低(254.1-226.1=28.0 kJ)的道理。28.0 kJ · mol^{-1} 称为共轭能(conjugation energy)或离域能。它的数值越大,体系能量越低,也就越稳定。

1,3-丁二烯分子中键的离域现象是由于共轭双键的存在而产生的原子间相互影响的结果,这种影响称为共轭效应(conjugation effect)。由于共轭效应所引起的键长平均化,是分子的一种永久内在的性质,是在没有参加反应时就已在分子内存在的一种原子之间的相互影响。这种共轭效应叫做静态的共轭效应。

在静止状态时,1,3-丁二烯分子中电子云密度的分布是完全对称的。但当发生反应时,由于受到外界试剂进攻的影响,就发生 π 电子云的转移,使原分子中 π 电子云的对称分布遭到破坏。π 电子云转移时,能沿着共轭双键分子的一端转移到另一端。例如1,3-丁二烯与溴加成时,由于受溴的进攻使1,3-丁二烯分子中的 π 电子云发生转移:

$$\overset{\delta^-}{Br} - \overset{\delta^+}{Br} + \overset{\delta^-}{CH_2} = CH - \overset{\delta^-}{CH} = \overset{\delta^+}{CH_2}$$

这样溴就可以加在带负电荷的一端上:

$$\underset{Br}{\overset{|}{CH_2}} - \overset{\oplus}{\underset{2}{CH}} \overset{\frown}{\underset{3}{CH}} = \underset{4}{CH_2}$$

在生成的 1,3-丁二烯的碳正离子中,正电荷并不局限于 C_2 上,在 C_4 上也带有部分正电荷。所以,$Br^{\ominus}$ 离子既可进攻 C_2,也可进攻 C_4:

$$\underset{Br}{\overset{|}{CH_2}} - \overset{\delta^+}{\underset{2}{CH}} = \overset{\delta^-}{\underset{3}{CH}} = \overset{\delta^+}{\underset{4}{CH_2}} \xrightarrow{Br^{\ominus}} \underset{Br}{\overset{|}{CH_2}} - CH = CH - \underset{Br}{\overset{|}{CH_2}} (1,4-\text{加成})$$

1,4-二溴-2-丁烯

$$\underset{Br}{\overset{|}{CH_2}} - \underset{Br}{\overset{|}{CH}} - CH = CH_2 (1,2-\text{加成})$$

3,4-二溴-1-丁烯

因此,既可得 1,2-加成产物,也可以得到 1,4-加成产物。

以上这种由于受到外界进攻试剂的影响,在发生反应的瞬息间,π 电子云被极化而发生转移,这种转移可沿着共轭链传递下去,其效应并不因距离的增加而减弱。但这是一种暂时的效应,只有在分子进行化学反应的瞬间才表现出来的,这种共轭效应叫做动态共轭效应。

按分子轨道法,在 1,3-丁二烯分子中,四个碳原子的 p 轨道通过原子轨道的线性组合形成四个分子轨道,其中有两个成键轨道和两个反键轨道,分别以 π_1、π_2、π_3^* 和 π_4^* 来代表。如图 4.3 所示。

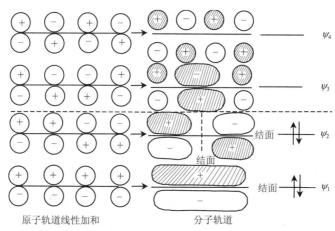

图 4.3 1,3-丁二烯的 π 分子轨道

从图 4.3 中可以看出:π_2、π_3^*、π_4^* 在键轴上各有一个、两个、三个节点,节点反映了在该区域内电子云密度很小,不起成键作用。节点的数目越多,能量就越高。所以,在基态时,1,3-丁二烯分子中和 π 体系有关的四个电子占据能量低的 π_1 和 π_2 两个成键轨道中,而 π_3^* 和 π_4^* 两个反键轨道则空着。

从图 4.3 中还可以看出:π_1 没有节点,是一个完全成键的分子轨道,尤其是这个分子轨道中 $C_2 \sim C_3$ 之间有 π 键的特性。在 π_2 中 $C_1 \sim C_2$,$C_3 \sim C_4$ 之间都是成键区,$C_2 \sim C_3$ 之间是反键区(有一个节点),成键区多于反键区,所以 π_2 也属于成键轨道。但由于 π_2 在 $C_2 \sim C_3$ 之间有一个节点,它的贡献是反键,它部分地抵消了 π_1 产生的 $C_2 \sim C_3$ 之间的 π 键性质,结果虽然所有的键都具有 π 键的性质,但 $C_2—C_3$ 键所具有的 π 键性质小些。由此可见,用经典式表示 1,3-丁二烯这类分子受到一定的局限时,用分子轨道法来处理它便显示出其优越性。

1,3-丁二烯的真正结构也可用共振结构表示如下:

$$CH_2{=}CH{-}CH{=}CH_2 \underset{\text{(i)}}{} \longleftrightarrow CH_2{-}\overset{-}{CH}{=}CH{-}\overset{+}{CH_2} \underset{\text{(ii)}}{} \longleftrightarrow \overset{+}{CH_2}{-}CH{=}CH{-}\overset{-}{CH_2} \underset{\text{(iii)}}{}$$

$$\longleftrightarrow \overset{+}{CH_2}{-}\overset{-}{CH}{-}CH{=}CH_2 \underset{\text{(iv)}}{} \longleftrightarrow \overset{-}{CH_2}{-}\overset{+}{CH}{-}CH{=}CH_2 \underset{\text{(v)}}{}$$

$$\longleftrightarrow CH_2{=}CH{-}\overset{-}{CH}{-}\overset{+}{CH_2} \underset{\text{(vi)}}{} \longleftrightarrow CH_2{=}CH{-}\overset{+}{CH}{-}\overset{-}{CH_2} \underset{\text{(vii)}}{}$$

1,3-丁二烯的七个共振结构中,(i)最稳定。因而(i)对共振杂化体 $CH_2{=\!=}CH{=\!=}CH{=\!=}CH_2$ 的贡献最大,通常用它表示 1,3-丁二烯的结构。但其他共振结构也有贡献。因此,丁二烯中 $C_2 \sim C_3$ 之间的键比一般的 C—C 单键短而具有某些双键的性质。而 $C_1—C_2$,$C_3—C_4$ 键也不是典型的双键,而含有一定成分的单键性质。

在 1,3-丁二烯分子中,共轭体系是由两个 π 键组成的,故又叫 $\pi{-}\pi$ 共轭。由于键的离域而产生的共轭效应不仅存在于含有共轭双键的体系中,在某些情况下,也能产生类似的键的离域现象。例如,在氯乙烯分子中,若从双键中 π 键较 σ 键易于极化来考虑,氯原子的-I 效应应该使它的偶极矩大于相应的氯乙烷,$\underset{2}{\overset{\delta^+}{CH_2}}{=\!=}\underset{1}{\overset{\delta^-}{CH}}{\to}Cl$ 进行 HCl 的亲电加成反应应该生成 $\overset{\displaystyle CH_2—CH_2—Cl}{\underset{|}{Cl}}$,但事实上恰恰相反,氯乙烯的偶极矩(1.40 D)比氯乙烷(2.05 D)的小,而

且加成产物是 $CH_3—CHCl_2$。这是由于氯原子的未共用电子对也和双键中的 π 键相似,能与双键上的 π 电子云交盖,而形成一个整体,使四个电子分布在三个原子(两个碳原子和一个氯原子)周围,产生键的离域。如图 4.4 所示。

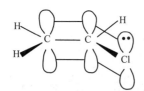

图 4.4 氯乙烯分子的 $p{-}\pi$ 共轭

在氯乙烯分子中的共轭体系是由 π 键和 p 轨道组成的,我们叫它为 $p{-}\pi$ 共轭。

离域的结果使氯原子上的未共用电子对向碳原子转移:$\overset{\delta^-}{CH_2}{=\!=}\overset{\delta^+}{CH}{\overset{\curvearrowleft}{}}\overset{..}{Cl}$,使 C—Cl 键具有部分双键的性质,所以氯乙烯的偶极矩比氯乙烷的偶极矩要小些。当 HCl 进行亲电加成时,产物是 $H_3C—CHCl_2$,而不是 $CH_2Cl—CH_2Cl$。但由于氯原子的-I 效应,使双键的电子密度降低,因此氯乙烯与 HCl 的加成反应速度比乙烯要慢。

前面已学习了两种效应。诱导效应是分子中原子或原子团的电负性差异,由静电的极性所引起的,是沿饱和的碳链传递的,这种作用是短程的,在极大多数情况下,只在与中心直接相连的原子中表现得最大,相隔一个原子后的作用就衰减得很小了。诱导效应用 I 表示,+I 表示推电子,-I 表示吸电子作用。

而共轭效应是由于 π 电子在整个分子轨道中的离域作用所产生的,理论上讲它可以沿共轭链无限地传递下去。但在共轭链中插入一个饱和碳原子后,π 电子的离域就被阻断。共轭效应用 C 表示,+C 表示推电子的效应,-C 代表吸电子的效应。

还有,当 C—H 键和双键相连时,α-C—H 键也能与 p 轨道交盖而产生键的离域现象,这

可从丙烯的氢化热比乙烯低 $11.3\ kJ\cdot mol^{-1}$ 反映出来。因为在丙烯分子中有三个 α-C—H 键

产生离域,而乙烯中没有 α-C—H 键,所以它的能量就较高:,这种离域

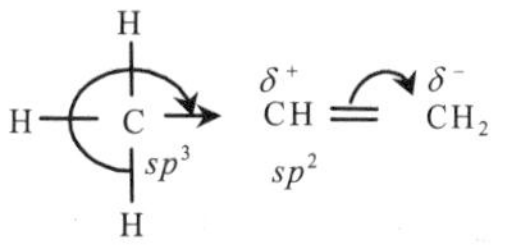

现象与前面两种共轭效应(π-π 共轭,p-π 共轭)相比较,程度较小。我们把这类涉及到 σ 键轨道的离域作用称为(σ-π)超共轭效应(hyperconjugation)。在丙烯分子中,由于甲基的 $+I$ 效应和超共轭效应的作用[*],而且作用的方向相同,所以使双键上的电子密度增加,分子的极性加强,有利于亲电加成反应。同样可以类推,与双键连接的烷基数目越多,则电子的离域作用就越大,烯烃也就越稳定。如在四甲基乙烯分子中,有 12 个 α-C—H 键产生离域,所以它的氢化热比乙烯要低 $25.9\ kJ\cdot mol^{-1}$。

同样,在烷基碳正离子中,它们的稳定性次序是:三级>二级>一级>$CH_3^{\oplus}$,也可以认为是因为与带正电荷碳原子相连的 C—H 键进行部分离域到碳正离子的 p 空轨道上而使正电荷分散的缘故,这也是(σ-p)超共轭效应。显然,在整个碳正离子中,能进行离域的 C—H 键越多,越有利于碳正离子的稳定。因此

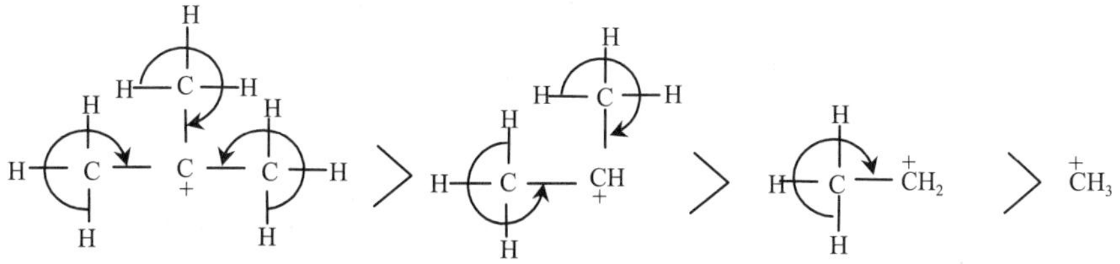

游离基的稳定性主要也可以认为是由 C—H 键与未共用的 p 电子间所起的超共轭效应所决定的。

超共轭效应最初是由巴克尔-纳山(Baker-Nathan)在实验的基础上提出来的一种假设,称为巴克尔-纳山效应,目前已由近代的物理方法证实。

4.3　二烯烃的物理性质

丙二烯、丁二烯在室温下为气体,异戊二烯为液体,它们的比重都小于1。共轭二烯分子的折光率都比隔离二烯高一些,这说明共轭体系的电子体系是很容易极化的。共轭二烯的体系比非共轭二烯的体系要稳定些,这可以从前面所述的氢化热数据看出。

---

[*]　这里超共轭效应是主要的。例如,2-戊烯与 HCl 的加成取向:

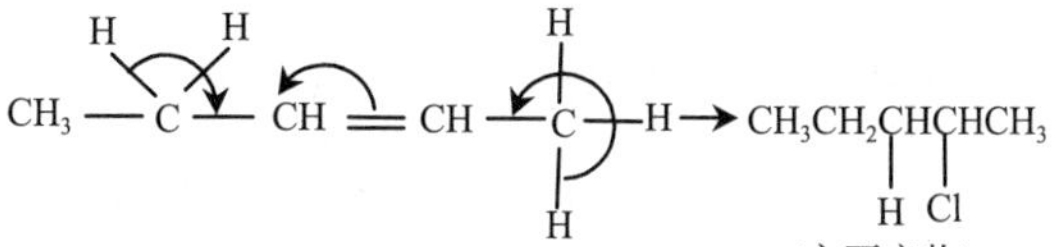

(主要产物)

可见甲基的影响大于乙基,超共轭效应起主要作用的。

4.4　二烯烃的反应

4.4.1　亲电加成反应(1,4-和 1,2-加成)

前面已述及共轭二烯烃由于其结构的特殊性,与亲电试剂——卤素、卤化氢等能进行 1,2-和 1,4-加成反应,例如:

$$\underset{1}{CH_2}=\underset{2}{CH}-\underset{3}{CH}=\underset{4}{CH_2} \xrightarrow{HBr}$$

1,2-加成 → $CH_3-CH-CH=CH_2$
　　　　　　　　　　$|$
　　　　　　　　　　Br

　　　3-溴-1-丁烯

1,4-加成 → $CH_3-CH=CH-CH_2$
　　　　　　　　　　　　　　　$|$
　　　　　　　　　　　　　　　Br

　　　1-溴-2-丁烯

反应的历程表示如下:

$$\underset{4}{CH_2}=\underset{3}{CH}-\underset{2}{CH}=\underset{1}{CH_2}+H^+ \longrightarrow \overset{\delta^+}{CH_2}\cdots CH\cdots\overset{\delta^+}{CH}-CH_3$$

$$\underset{4}{\overset{\delta^+}{CH_2}}\cdots CH\cdots\underset{2}{\overset{\delta^+}{CH}}-\underset{1}{CH_3}+Br^{\ominus}$$

1,2-加成

1,4-加成

$$CH_2=CH-\underset{\underset{Br}{|}}{CH}-CH_3$$

$$CH_2=CH-CH-CH_3$$
$$\qquad\qquad\quad|$$
$$\qquad\qquad\;\; Br$$

在上述反应中,H^+ 与 C_1 结合而不与 C_2 结合。因为 H^+ 与 C_1 结合生成的碳正离子 $CH_2=CH-\overset{\oplus}{CH}-CH_3$ 是 $2°$ 的,而且因 p-π 共轭及 σ-p 超共轭效应,正电荷得到了分散,故能量较低较稳定。而 H^+ 与 C_2 结合生成的碳正离子 $CH_2=CH-CH_2-\overset{\oplus}{CH_2}$ 是 $1°$ 的,且只存在两个 $C-H$ 键的超共轭效应。因此该碳正离子的正电荷分散较少,能量较高而较不稳定。

根据同样的理由,我们可以预料到共轭二烯烃的加成反应活性比简单烯烃快得多。这是由于当它们受亲电试剂进攻后所生成的中间体(a)(更重要的是先于中间体的过渡态)是烯丙型的,而比起原来的二烯来,由于离域其稳定的程度要大得多。它与相对简单的烯烃的类似加成所生成的相应中间体(b)也更为稳定(见图 4.5):

$$CH_2=CH-CH=CH_2+Br_2 \longrightarrow \underset{(a)}{CH_2-\overset{\underset{|}{Br}}{\overset{\oplus}{CH}}-CH=CH_2} \leftrightarrow CH_2-CH=CH-\overset{\underset{|}{Br}}{\overset{\oplus}{CH_2}}$$

$$CH_2=CH_2+Br_2 \longrightarrow \underset{(b)}{CH_2-\overset{\oplus}{CH_2}}$$
$$\qquad\qquad\qquad\qquad\quad|$$
$$\qquad\qquad\qquad\qquad Br$$

1,2-加成和 1,4-加成是同时发生的,两种产物的比例主要取决于试剂的性质、溶剂的性质、温度和产物的稳定性等因素。例如 1,3-丁二烯加溴,低温有利于 1,2-加成,温度较高则有

利于1,4-加成:

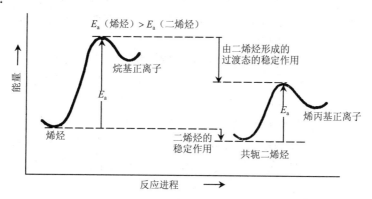

图 4.5　分子结构及反应速度
（来自二烯烃的过渡态比二烯烃本身稳定得更多;E_a 降低了）

$$CH_2=CH-CH=CH_2 + Br_2 \longrightarrow$$

40℃

$$\underset{Br}{\overset{Br\ \ \ \ \ Br}{CH_2-CH-CH=CH_2}}\quad 20\%$$

$$CH_2-CH=CH-CH_2\quad 80\%$$
（Br，Br）

$-80℃$

$$CH_2-CH-CH=CH_2\quad 80\%$$
（Br，Br）

$$CH_2-CH=CH-CH_2\quad 20\%$$
（Br，Br）

这说明1,2-加成的活化能比1,4-加成的活化能小,所以低温时1,2-加成反应快,产率高。随着温度升高,1,4-产物占优势,说明它是比较稳定的。温度升高时,1,2-加成产物形成得较快,但离解得也较快,而1,4-产物形成得较慢,但其离解甚至更慢。1,4-产物一旦生成,就会保存下来。因此温度高到有相当快地离解时,此平衡混合物中较稳定的1,4-产物就占优势了。

在反应中比较热力学控制与动力学控制的能量图如图4.6所示。

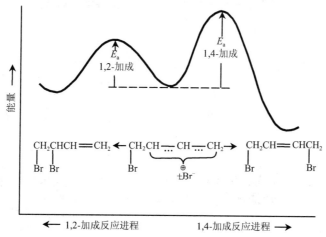

图 4.6　反应进程中的势能变化;1,2-对1,4-加成反应

81

有机反应很少进行到平衡状态,因而在讨论竞争反应的相对反应活性时,一般只要从反应速度的角度来说明产物的组成、判断竞争反应的取向,而不需要考虑反应的可逆性,以及一产物生成后再转变为另一产物的问题。

但是有机反应中也有不少是较易达到平衡的,例如共轭二烯的1,2-、1,4-加成反应以及以后要学习的芳烃的烷基化、磺化反应等,对这类反应必须从化学平衡和反应速度两个着眼点来考虑,在了解历程的基础上应用化学平衡和反应速度的有关理论来加以控制,以达到预期的结果。

一种反应物能向多种产物方向转变,在反应未达平衡前,利用反应快速的特点来控制产物叫速度控制或动力学控制,而利用达到平衡时出现的反应来进行控制叫平衡控制或热力学控制。速度控制可以通过缩短反应时间或降低温度来控制,而平衡控制一般通过延长反应时间或提高反应温度,使它达到平衡点来达到目的。

加成反应如在极性溶剂中进行,主要是1,4-加成,而在非极性溶剂中则主要是1,2-加成产物,如:

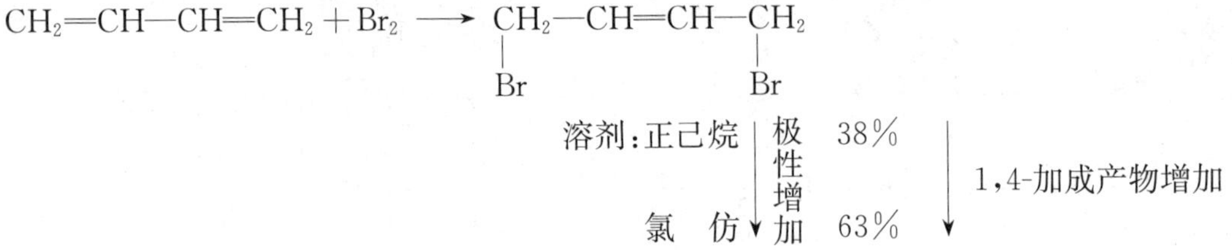

$$CH_2{=}CH{-}CH{=}CH_2 + Br_2 \longrightarrow CH_2{-}CH{=}CH{-}CH_2$$
$$\underset{Br}{|} \qquad\qquad \underset{Br}{|}$$

溶剂:正己烷　极性增加　38%
　　　氯　仿↓　　　　63%　　→1,4-加成产物增加

加成产物的稳定性在共轭烯烃的加成方式上也起着作用,例如2-甲基-1,3-丁二烯与卤素的加成,基本上都是1,4-加成产物。

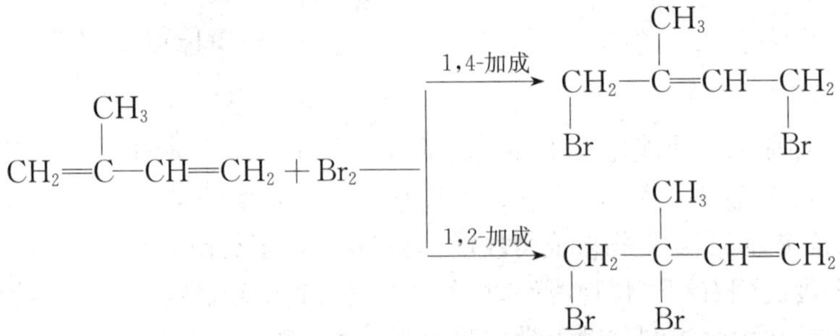

这是因为1,4-加成产物中—CH_3和$C{=}C$键可以发生超共轭而较稳定。

4.4.2　狄尔斯-阿德尔(Diels-Alder)反应

1,3-丁二烯与顺丁烯二酸酐(马来酐)作用生成环状化合物:

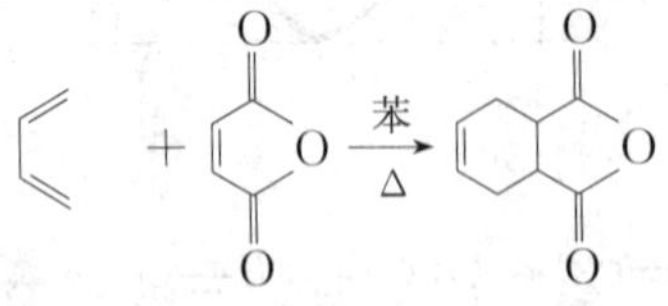

(90%)

Diels-Alder 反应又叫双烯合成(diene synthesis)。进行这类反应是由一个共轭二烯烃(叫双烯体)和一个含有所谓"活化"了的烯类化合物(如双键的碳原子上带有吸电子基团

$$\underset{}{\overset{H}{\underset{|}{{-}C}}}{=}O \ , \ {-}CN, \ \overset{O}{\overset{\|}{{-}C}}{-}R \ , \ {-}NO_2, \ {-}COOR等)即亲双烯体(dienophile)作用,由于双烯体$

中的 π 电子的离域现象,当它与亲双烯体反应时,双键上的 π 电子同时发生转变。当 C_1, C_4 上的电子与亲双烯体协同作用生成两个新的 σ 键时,在 C_2, C_3 上的电子轨道仍保持成键状态,所以在加合物中 C_2, C_3 之间形成了一个双键。如下式所示:

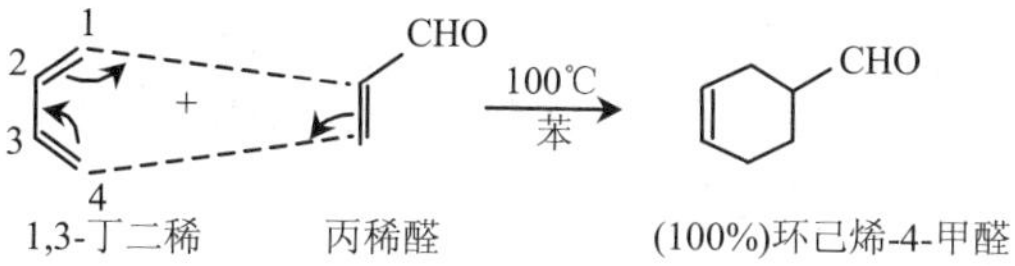

1,3-丁二烯　　　　丙烯醛　　　　　　　(100%)环己烯-4-甲醛

由于通过双烯合成可以从链状化合物合成一个六元环的环状化合物,因此,又叫环化加成反应。这个反应的应用范围很广(凡是双键或叁键上有吸电子取代基的化合物都容易与共轭二烯起加成反应),产量高,是立体定向性很强的顺式加成反应,因此是合成环状化合物的一个重要方法。例如:

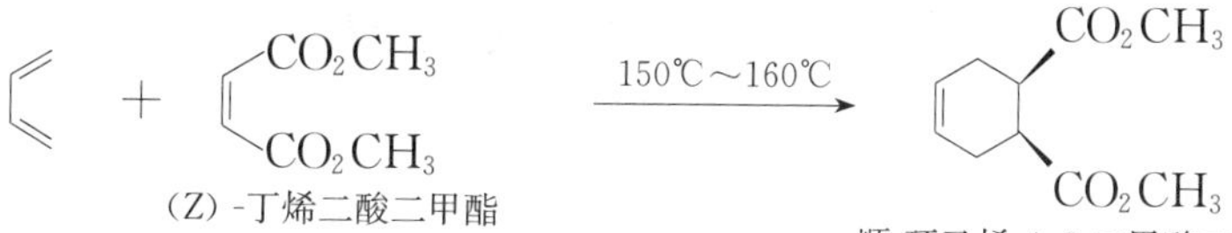

(Z)-丁烯二酸二甲酯　　　　　　　　　顺-环己烯-4,5-二甲酸二甲酯

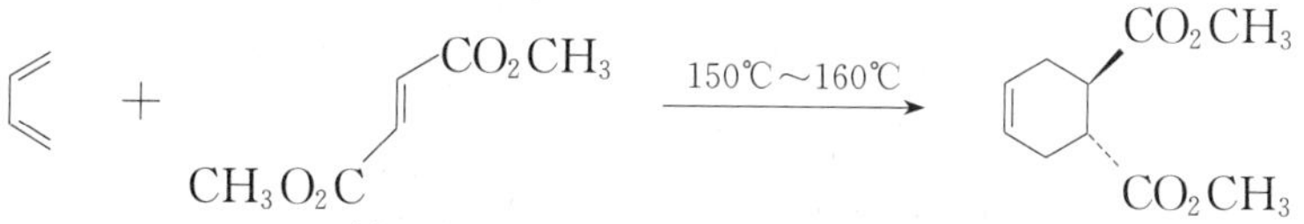

(E)-丁烯二酸二甲酯　　　　　　　　　反-环己烯-4,5-二甲酸二甲酯

反应中的 1,3-丁二烯以 s-顺式构象参加反应,如果二烯的构型固定为 s-反式,如 ,

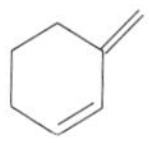

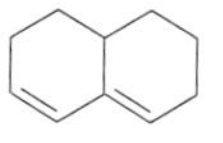

,双烯烃不能进行双烯加成反应。而两个双键固定在顺位的共轭二烯烃在双烯加成中的反应活性特别高。例如,环戊二烯与马来酐起反应的速度为 1,3-丁二烯的 1000 倍:

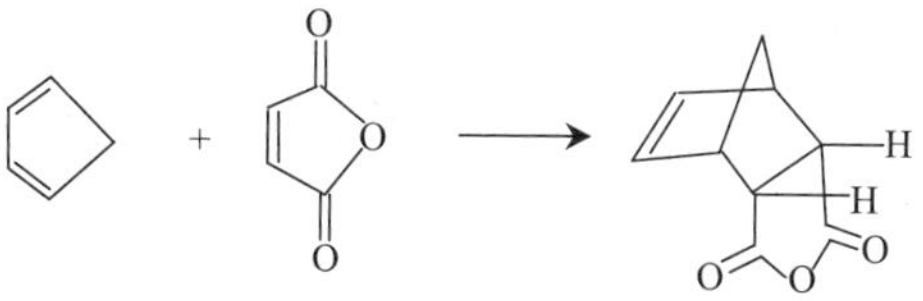

狄尔斯-阿德尔反应于 1928 年发现,他们于 1950 年获得诺贝尔化学奖。

4.4.3　聚合反应

如同乙烯或取代乙烯一样,共轭二烯能发生游离基聚合反应。例如:

$$n\ CH_2{=}CH{-}CH{=}CH_2 \xrightarrow{\text{聚合}} \underset{\text{聚丁二烯}}{\left[\!\!\left[\ CH_2{-}CH{=}CH{-}CH_2\ \right]\!\!\right]_n}$$

这一反应是制造合成橡胶的基础,因此共轭二烯烃的聚合在工业上是十分重要的。

天然橡胶是共轭二烯——2-甲基-1,3-丁二烯(或叫异戊二烯)的聚合物:

$$n\ CH_2{=}\!\!\underset{\substack{|\\CH_3}}{C}\!\!{-}CH{=}CH_2 \xrightarrow{\text{聚合}} \left[\!\!\left[\ CH_2{-}\!\!\underset{\substack{|\\CH_3}}{C}\!\!{=}CH{-}CH_2\ \right]\!\!\right]_n$$

天然橡胶太粘,以致在工业上不能很好地应用。为了改进它的硬度和强度,可以把橡胶硫化。

聚合物中的每一个单元中仍包含一个双键,这样可以提供活泼的烯丙基氢,使硫化反应能够进行。当橡胶和硫一起处理时,则在橡胶分子各个不同链之间形成硫桥,这些交链使橡胶变得更硬和强度大些,并消除了未经处理的橡胶的胶粘性。因此硫化过程使得汽车工业制造较硬的汽车轮胎成为可能。

按游离基历程聚合制成的聚异戊二烯是顺式和反式的混合物,而通常天然橡胶的每个异

戊二烯链节中,其双键处的构型是全顺式结构,即 $\left[\begin{array}{c} CH_3 \quad\quad H \\ C=C \\ CH_2 \quad\quad CH_2 \end{array}\right]_n$,故在性质上远不如天

然橡胶(因反式结构没有橡胶的弹性)。而异戊二烯在齐格勒-纳塔催化剂($TiCl_4/AlEt_3$)作用下,通过定向聚合可得到顺-1,4-聚异戊二烯。从此合成橡胶工业迅速崛起。齐格勒-纳塔因这一卓越贡献而获得 1963 年诺贝尔化学奖。

合成橡胶的性质,部分地决定于取代基的性质,如聚氯代丁二烯 $\left[\!\!\begin{array}{c} C-C=C-C \\ \quad\quad\quad Cl \end{array}\!\!\right]_n$ 的

耐油、耐有机溶剂、耐酸等化学试剂方面的性能都优于天然橡胶。又如丁基橡胶,它是异丁烯和少量异戊二烯共聚而得的。它的特点是气密性好,比天然橡胶好 7~8 倍,适于作内胎。又如丁苯橡胶,它是由丁二烯和苯乙烯共聚成的,其特点是耐磨和绝缘性比天然橡胶好,主要用于制造各种轮胎。丁苯橡胶的产量目前居合成橡胶的首位。

橡胶的老化——失去柔韧性、变硬和脆,甚至裂成小缝,这是因为橡胶遭受空气中的臭氧和湿气而发生臭氧解(类似简单的烯烃),于是聚合物的长链断裂成较小的链:

$$\left[\!\!\begin{array}{c} CH_3 \\ CH_2-C=CH-CH_2 \end{array}\!\!\right]_n \xrightarrow[H_2O]{O_3} \left[\!\!\begin{array}{c} CH_3 \\ CH_2-C=O \quad O=CH-CH_2 \end{array}\!\!\right]_n$$

天然橡胶   被臭氧分解的橡胶

异戊二烯单元不仅存在于橡胶,也存在于从植物和动物取得的多种化合物中,例如,存在于许多植物的香精油中的几乎所有萜烯都是异戊二烯单元以头尾方式相连而成的碳架。再如维生素 A(是一个脂溶性的维生素,它对于人体抵抗各种传染病和保护正常的视力是不可缺少的)的结构如下:

还有存在于西红柿、胡萝卜和其他水果、蔬菜中的红、黄色素叫胡萝卜素,它的结构如下:

β-胡萝卜素

因此,认识到上述事实——称为异戊二烯规律——对于推出萜烯类的结构有很大帮助。关于萜类化合物,我们将在第二十二章加以讨论。

4.5 炔烃的结构

分子中含有 C≡C 叁键的不饱和烃叫炔烃(alkyne)。 C≡C 叁键是它的官能团。像烷烃和烯烃一样,炔烃随着碳原子数目的增加,也可组成同系列。由通式 C_nH_{2n-2} 可看出炔烃比烯烃是更加不饱和的,它与同碳数的二烯烃互为同分异构体。

最简单的炔烃是乙炔,分子式为 C_2H_2。它的结构可表示为 H—C≡C—H (或 HC≡CH)。实验结果表明:C≡C 叁键的键长是 120 pm(比 C≡C 双键键长 134 pm 短,但不是 C—C σ 键键长 154 pm 的 1/3)。键能是 836 kJ·mol^{-1}(比双键键能 610.3 kJ·mol^{-1} 大,但不是 C—C σ 键键能 346 kJ·mol^{-1} 的 3 倍)。杂化轨道理论认为:乙炔分子中碳原子的杂化方式与乙烯不同,是由一个 $2s$ 轨道与一个 $2p$ 轨道进行杂化——叫做 sp 杂化:

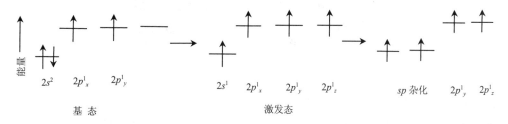

形成两个能量相等,方向相反的 sp 杂化轨道(每个 sp 杂化轨道具有 $\frac{1}{2}s$ 和 $\frac{1}{2}p$ 性质)。两个杂化轨道的对称轴在一条直线上(夹角 180°),这种线形排列使两个杂化轨道尽可能地分开。因此,sp 杂化又称直线型杂化。sp 杂化轨道形状与 sp^2,sp^3 杂化轨道相似,也是葫芦形,但比 sp^2 轨道又要小些。如图 4.7 所示。

图 4.7 sp 杂化轨道示意图

(a) 一个 sp 轨道;(b) 两个 sp 轨道

余下两个未参加杂化的 $2p_y$,$2p_z$,它们的对称轴互相垂直,且又都垂直于 sp 杂化轨道。如图 4.8 所示。

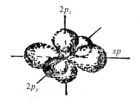

图 4.8 两个 sp 轨道和两个未参加杂化的 p_y、p_z 轨道

在形成乙炔分子时,两个 sp 杂化的碳原子各以一个 sp 杂化轨道重叠形成一个 C—C σ 键。每个碳原子又以余下的一个 sp 杂化轨道与氢原子的 $1s$ 轨道重叠形成 C—H σ 键,两个碳原子上未参加杂化的 $2p_y$ 和 $2p_z$ 轨道两两对应平行重叠(侧面重叠)而形成两个 π 键。如

图 4.9 所示：

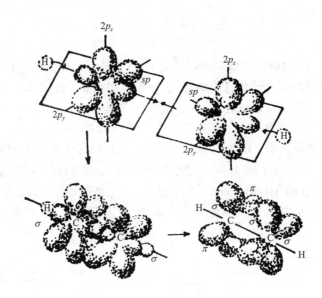

图 4.9 乙炔分子中叁键的形成

由此可见,叁键是由一个 σ 键和两个互相垂直的 π 键组成的。实际上两个互相垂直的 π 键电子云进一步互相作用,形成了围绕连接两个碳原子核的直线成圆筒形的 π 电子云。如图4.10 所示。

图 4.10 乙炔的 π 电子云

现代物理方法(X 射线衍射等)也证明了乙炔中所有的原子都在一条直线上。由于三对电子对核的束缚力要比两对电子的大,因而使两个碳原子间靠得更近,如下式所示：

$$H-\overset{120\ pm}{C}\overset{108\ pm}{\equiv}C-H$$
$$180°$$

由此看出,乙炔中的 π 键一定比乙烯中的 π 键强些,乙炔中 π 电子要被结合得更紧。从实验观察到的电离势支持这种看法(乙炔的电离势为 1099.9 kJ；乙烯为 1013.1 kJ)。

而同一 sp 杂化使 C—H 键均裂为自由基较困难,而异裂为离子则较容易。

$$H-C\equiv C-H \longrightarrow H-C\equiv C\cdot + H\cdot \quad (难)$$

$$H-C\equiv C-H \longrightarrow H-C\equiv C^{\ominus} + H^+ \quad (易)$$

乙炔分子的立体模型如图 4.11 所示。

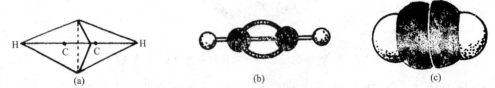

图 4.11 几种不同的分子模型
(a) 正四面体模型；(b) 棍球模型；(c) 斯陶特模型

4.6　炔烃的同分异构和命名

根据炔烃的结构知道,它没有顺反异构体,因此炔烃的同分异构体要比相应的烯烃少。例如,戊烯有六个异构体,而戊炔只有三个:

$$CH_3CH_2CH_2C{\equiv}CH$$
$$CH_3CH_2C{\equiv}C-CH_3$$
$$\underset{\underset{CH_3}{|}}{CH_3-CH}-C{\equiv}CH$$

位置异构
碳架异构

炔烃的普通命名法是把乙炔作为母体,其他炔烃作为乙炔的衍生物来命名。例如:

$$CH_3-C{\equiv}C-CH_3 \qquad\qquad CH_3-C{\equiv}C-CH(CH_3)_2$$
二甲基乙炔　　　　　　　　　甲基异丙基乙炔

炔烃的系统命名法与烯烃相似,只需将"烯"字改为"炔"字,如 $\underset{\underset{CH_3}{|}}{CH_3-CH}-C{\equiv}CH$ 叫

3-甲基-1-丁炔。当分子中双键和叁键同时存在时,它的命名是选取含双键和叁键最长的链为主链,碳链编号要使烯、炔两个数字的和数值最小,在有选择的情况下,双键的号数要较小。如:

$$\overset{5}{C}H_3-\overset{4}{C}H{=}\overset{3}{C}H-\overset{2}{C}{\equiv}\overset{1}{C}H \qquad 3\text{-戊烯-}1\text{-炔}$$

$$\overset{1}{H_2}C{=}\overset{2}{C}H-\overset{3}{C}H_2-\overset{4}{C}{\equiv}\overset{5}{C}H \qquad 1\text{-戊烯-}4\text{-炔}$$

4.7　炔烃的物理性质

炔烃具有与烷烃和烯烃基本相似的物理性质,但熔点、沸点、比重和在水中的溶解度都比相应的烷烃大一些(见表 4.1)。这是由于炔烃分子较短而细,在液态和固态中,分子可以彼此靠得近些,因而分子间的范氏力较强。炔烃的偶极矩也比相应的烯烃大一些。例如:

$$CH_3-CH_2-C{\equiv}CH \qquad\qquad CH_3-CH_2-CH{=}CH_2$$
$$\mu{=}0.80\ D \qquad\qquad\qquad \mu{=}0.30\ D$$

这是由于炔烃中 $-CH_2-C{\equiv}$ 键是 $C_{sp^3}-C_{sp}$ 键。由于 sp 轨道比 sp^3 轨道有更多的 s 性质,因此 C_{sp} 的电负性较 C_{sp^3} 大,所以生成的 $C_{sp^3}-C_{sp}$ 键的电子密度是不对称的,因而有偶极矩。显然 $C_{sp^3}-C_{sp}$ 键的偶极矩要比 $C_{sp^3}-C_{sp^2}$ 键要大些。由于碳原子的杂化轨道的电负性次序是:$sp{>}sp^2{>}sp^3$,因此,它们的杂化轨道的有效大小次序为:$sp{<}sp^2{<}sp^3$,因而与第二个原子结合时的键长也遵循同样的顺序,即 $sp{-}s$ C—H 键比 $sp^2{-}s$ C—H 键短,而 $sp^2{-}s$ C—H键又比 $sp^3{-}s$ C—H 键短些。乙烷、乙烯、乙炔物理方法测定结果如下:

(111.2 pm)　　　　　　(110.3 pm)　　　　　　(107.9 pm)

可见,键长和参与形成键的碳原子的杂化方式有关。这也可以从丙烷、丙烯、丙炔中的
C—C 单键键长的缩短进一步加以证实。

152.6 pm   150.1 pm   146.0 pm
↓   ↓   ↓

$CH_3—CH_2—CH_3$ $CH_3—CH=CH_2$ $CH_3—C\equiv CH$

↑   ↑   ↑

$sp^3—sp^3$ $sp^3—sp^2$ $sp^3—sp$

表 4.1   一些常见炔烃的物理性质

名　称	英文名称	熔　点(℃)	沸　点(℃)	比　重(d_4^{20})
乙　炔	ethyne (acetylene)	−80.8	−84$^{760}_{(升华)}$	
丙　炔	propyne	−101.5	−23.2	
1-丁炔	1-butyne	−125.7	8.1	
2-丁炔	2-butyne	−32.3	27	0.691
1-戊炔	1-pentyne	−90	39.3	0.695
2-戊炔	2-pentyne	−101	55.5	0.714
1-己炔	1-hexyne	−132	71	0.715
2-己炔	2-hexyne	−88	84	0.730
3-己炔	3-hexyne	−101	81.8	0.724

4.8　炔烃的反应

4.8.1　末端炔烃的酸性和炔化物的生成

由于炔烃中 sp 杂化碳原子的电负性较大,故在 $\equiv C—H$ 键中的 σ 电子云是靠近碳原子
而远离氢原子的,这样便容易形成氢离子而使炔烃显有酸性。如乙炔的酸性 $pK_a=25$,它比水
($pK_a=15.7$)或醇(pK_a 在 16～19 之间)弱得多,但比 NH_3 的酸性($pK_a=35$)、乙烯的酸性
($pK_a=44$)、乙烷的酸性($pK_a=50$)强得多。乙烷、乙烯和乙炔的共轭碱强弱次序为:
$H_3C—\overset{..}{C}H_2 > H_2C=\overset{..}{C}H > HC\equiv \overset{..}{C}:$,因带负电的碳,其轨道的 s 成分越小,吸电子能力
越弱,则相应的碱性强,或换句话说,对应的酸的酸性就弱。由于炔烃有弱酸性,所以与强碱反
应可形成金属炔化物,或称为炔淦(音甘)。

$$2Na+2NH_3(液)\xrightarrow{Fe^{3+}}2NaNH_2+H_2$$

$$H—C\equiv C—H +NaNH_2\xrightarrow{-NH_3} HC\equiv C^-Na^+\xrightarrow{NaNH_2} Na^+ {}^-C\equiv C^-Na^+$$
$$\underset{乙炔二钠}{}$$
$$\downarrow R—X$$
$$CH\equiv C—R+NaX$$

生成的炔化物与卤代烷作用,可以得到高级炔烃。炔化钠遇水,立即分解为炔烃。
炔化物对于鉴定具有 $—C\equiv C—H$ 结构的炔烃是很重要的。例如,将乙炔通入 Ag 盐或

Cu^+ 盐的氨溶液中,则分别析出白色的乙炔银和砖红色的乙炔亚铜沉淀,反应非常灵敏:

$$H\text{—}C\equiv C\text{—}H + 2Ag(NH_3)_2^+ \longrightarrow AgC\equiv CAg\downarrow \text{（白色）}$$

$$H\text{—}C\equiv C\text{—}H + 2Cu(NH_3)_2^+ \longrightarrow CuC\equiv CCu\downarrow \text{（砖红色）}$$

同样
$$R\text{—}C\equiv C\text{—}H + Cu(NH_3)_2^+ \longrightarrow R\text{—}C\equiv CCu\downarrow \text{（砖红色）}$$

由于反应在水溶液中进行,生成 $R\text{—}C\equiv C^{\ominus}$ 的可能性几乎没有,有人认为是金属离子作为亲电试剂与炔生成络合物,后者脱去质子生成炔化物:

$$RC\equiv CH + M^+ \longrightarrow RC\overset{+}{\equiv}\underset{H}{\overset{M}{C}} \longrightarrow RC\equiv CM + H^+$$

金属炔化物在干燥状态下受热或撞击会发生强烈爆炸,故在反应完了时,应加入稀硝酸使其分解:

$$H\text{—}C\equiv C^-Ag^+ \xrightarrow[\text{温 热}]{HNO_3} H\text{—}C\equiv C\text{—}H + Ag^+$$

硝酸的作用是把弱酸($HC\equiv CH$)置换出来。

由于炔烃的酸性,它和格氏试剂(Grignard reagent)很容易发生反应,生成炔基格氏试剂和烷烃:

$$R\text{—}C\equiv C\text{—}H + R'MgX \longrightarrow R\text{—}C\equiv CMgX + R'H$$
$$\text{炔基格氏试剂}$$

炔基格氏试剂和卤代烷作用,也可以得到高级炔烃,它是一个亲核取代反应(将在卤代烷一章中讨论):

$$R\text{—}C\equiv CMgX + R'X \longrightarrow R\text{—}C\equiv C\text{—}R' + MgX_2$$

4.8.2 加成反应

炔烃的化学性质和烯烃相似,能与 H_2、X_2 和 HX 发生亲电加成反应。但由于炔键中的 π 电子与 sp 碳原子结合更紧,它不易给出电子与亲电试剂结合,因而使叁键的亲电加成反应比双键的加成反应慢。例如,炔烯加卤素时,首先在双键上进行加成:

$$CH_2\text{=}CH\text{—}CH_2\text{—}C\equiv CH + Br_2 \longrightarrow \underset{Br}{\overset{Br}{CH_2\text{—}CH\text{—}CH_2\text{—}C\equiv CH}}$$
$$90\%$$

炔烃也可以发生氧化、聚合等反应。

炔烃和烯烃明显的区别是,炔烃可以发生亲核加成反应。现分别讨论如下:

1. 催化加氢

在烯烃中常用的催化剂 Pt、Pd 或 Ni 的催化下,炔烃也容易加氢得到烷烃。

$$R\text{—}C\equiv C\text{—}R' + 2H_2 \xrightarrow[\text{或 Ni}]{Pt\text{、}Pd} R\text{—}CH_2\text{—}CH_2\text{—}R'$$

但由活性较低的催化剂 Pd—$BaSO_4$(并用喹啉处理),或 Pd 用 $CaCO_3$ 作载体(用醋酸铅处理),通称为林德拉(Lindlar's)催化剂,可使氢化停留在烯的阶段:

$$CH_3-(CH_2)_7-C \underset{\underset{HOOC-(CH_2)_7-C}{\|\|}}{} \xrightarrow[\text{喹啉}]{\underset{Pd-BaSO_4}{H_2}} \begin{array}{c} H \quad (CH_2)_7COOH \\ C \\ \| \\ C \\ H \quad (CH_2)_7-CH_3 \end{array}$$

硬脂炔酸   油酸(顺式)

炔烃也可以用硼化镍(Ni_2B)作催化剂加氢,生成顺式烯烃:

$$CH_3CH_2C{\equiv}CCH_2CH_3 \xrightarrow{H_2/Ni_2B} \begin{array}{c} CH_3CH_2 \quad CH_2CH_3 \\ C{=}C \\ H \qquad H \end{array}$$

3-已炔   (Z)-3-已烯(97%)

硼化镍催化剂是由醋酸镍用硼氢化钠还原制得:

$$(CH_3COO)_2Ni \xrightarrow[\text{乙醇}]{NaBH_4} Ni_2B$$

若用在液氨中的 Na 还原,则得到惟一的反式烯烃。

$$C_4H_9C{\equiv}CC_4H_9 \xrightarrow[\text{液 氨}]{Na, NH_3} \begin{array}{c} C_4H_9 \qquad H \\ C{=}C \\ H \qquad C_4H_9 \end{array} + NaNH_2$$

(E)-5-癸烯

其反应机理包括如下几个步骤:

(i) $R-C{\equiv}C-R + \cdot Na \longrightarrow Na^+ + [R-\ddot{C}{=}\dot{C}-R]^-$

游离基负离子(Radical anion)

(ii) $[R-\ddot{C}{=}\dot{C}-R]^-$ $H-\ddot{N}H_2 \longrightarrow NH_2^- +$

$$\begin{array}{c} R \\ C{=}C \\ H \qquad R \end{array} \rightleftharpoons \begin{array}{c} R \qquad R \\ C{=}C \\ H \end{array}$$

游离基负离子   反式乙烯型游离基   顺式乙烯型游离基
(Radical anion)   (E)-Vinylic radical   (Z)-Vinylic radical

(iii) $\begin{array}{c} R \\ C{=}C \\ H \qquad R \end{array} + \cdot Na \longrightarrow Na^+ + \begin{array}{c} R \\ C{=}C \\ H \qquad R \end{array}$

反式乙烯型负离子
(E)-Vinylic anion

(iv) $\begin{array}{c} R \\ C{=}C \\ H \qquad H \end{array} + H-\ddot{N}H_2 \longrightarrow NH_2^- + \begin{array}{c} R \qquad H \\ C{=}C \\ H \qquad R \end{array}$

反式烯

炔烃也可以用氢化铝锂还原为反式烯烃:

$$CH_3CH_2C{\equiv}CCH_2CH_3 \xrightarrow[THF, \Delta]{LiAlH_4} \begin{array}{c} CH_3CH_2 \qquad H \\ C{=}C \\ H \qquad CH_2CH_3 \end{array}$$

3-已炔   (E)-3-已烯

故炔烃还原成烯烃阶段是顺式还是反式,则取决于还原剂的选择。

2. 亲电加成

炔烃对亲电试剂(HX、X$_2$)的加成反应活性比烯烃小,两者速度相差 $5\times10^2\sim5\times10^4$ 倍,但加成方式和烯烃相同,也遵循马氏规律,也是反式加成。例如:

$$RC\equiv CR' + X_2(Cl、Br) \longrightarrow \underset{\underset{X}{|}}{\overset{\overset{R}{|}}{C}}=\underset{\underset{R'}{|}}{\overset{\overset{X}{|}}{C}} \xrightarrow{X_2} RCX_2CX_2R'$$

若加溴的 CCl$_4$ 溶液,则溴的红棕色也可慢慢褪去,借此可定性鉴定炔烃。

$$R-C\equiv CH + HX \longrightarrow R-\overset{\overset{X}{|}}{C}=CH_2 \xrightarrow{HX} R-\underset{\underset{X}{|}}{\overset{\overset{X}{|}}{C}}-CH_3$$

HX 与炔烃加成的难易程度和烯烃一样,也是 HI>HBr>HCl。因此 HCl 与炔烃的加成困难,需在催化剂存在下才成:

$$HC\equiv CH + HCl \xrightarrow[120℃\sim180℃]{HgCl_2/活性碳} \underset{氯乙烯}{H_2C=CHCl}$$

此反应是工业上制造聚氯乙烯单体的重要化学反应。

炔烃与 HBr 的加成也可因过氧化物的存在产生过氧化物效应,得到反马氏加成产物。

表面上看 C≡C 更具有不饱和性,但对亲电试剂却比烯表现惰性,前已述及,可能是由于烯和炔的杂化状态不同。从亲电试剂进攻烯、炔得到中间体的稳定性来看:

$$R-C\equiv CH +E^+ \longrightarrow R-\overset{+}{C}=C\overset{\overset{H}{|}}{\underset{\underset{E}{|}}{}}$$
烯基碳正离子

$$R-CH=CH_2 +E^+ \longrightarrow R-\overset{+}{CH}-CH_2E$$
烷基碳正离子

炔加成形成的烯基碳正离子的稳定性较差,因为这种碳正离子的空 p 轨道与 π 键的 p 轨道相互垂直,得不到 π 键的共轭,也得不到叁键上另一个碳的 σ 键的超共轭,只能和取代烷基上的 σ 键超共轭,如图 4.12 所示。所以与相应烯加成形成的烷基碳正离子中间体相比,稳定性较差,如图 4.13 所示。

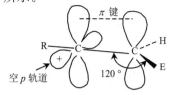

图 4.12 炔烃亲电加成形成的碳正离子中间体（稳定性较小）

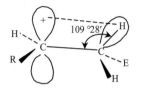

图 4.13 烯烃亲电加成形成的碳正离子中间体（稳定性较大）

由此得出碳正离子的稳定性顺序为:$R_3C^+>R_2\overset{+}{CH}>R\overset{+}{CH_2}>R\overset{+}{C}=CH_2>RCH=\overset{+}{CH}$,这与电离得出的碳正离子的稳定性顺序一致。

3. 硼氢化反应

炔烃的硼氢化反应停留在含烯键产物。例如：

$$CH_3CH_2-C\equiv C-CH_2-CH_3 \xrightarrow{BH_3-THF} \left[\begin{array}{c} C_2H_5 \quad\quad C_2H_5 \\ C=C \\ H \quad\quad\quad \end{array}\right]_3 B$$

产物用酸处理得到(Z)-烯，氧化得醛、酮：

$$\left[\begin{array}{c} C_2H_5 \quad\quad C_2H_5 \\ C=C \\ H \end{array}\right]_3 B \xrightarrow{HOAc} \begin{array}{c} C_2H_5 \quad\quad C_2H_5 \\ C=C \\ H \quad\quad\quad H \end{array}$$

(Z)-3-己烯

$$\downarrow H_2O_2 \ HO^{\ominus}$$

$$\begin{array}{c} C_2H_5 \quad\quad C_2H_5 \\ C=C \\ H \quad\quad\quad OH \end{array} \rightleftharpoons C_2H_5-CH_2-\overset{O}{\overset{\|}{C}}-C_2H_5$$

如采用位阻大的二取代硼烷作试剂，可以使末端炔只与 1 mol 硼烷反应再氧化水解，可以制备醛，而炔的直接水合，只能得酮：

$$C_6H_{13}-C\equiv CH \xrightarrow{R_2BH} \begin{array}{c} C_6H_{13} \quad\quad H \\ C=C \\ H \quad\quad\quad BR_2 \end{array} \xrightarrow[HO^{\ominus}]{H_2O_2} C_6H_{13}CH_2CHO$$

$$R= CH-CH-CH- $$
$$\quad\quad | \quad | $$
$$\quad\quad CH_3 \ CH_3$$

而

$$C_6H_{13}-C\equiv CH \xrightarrow[H_2O]{HgSO_4} C_6H_{13}-\overset{OH}{\overset{|}{C}}=CH_2 \longrightarrow C_6H_{13}-\overset{O}{\overset{\|}{C}}-CH_3$$

4. 亲核加成

炔烃可以发生亲核加成，而烯烃则困难，这是炔与烯不同的地方。由亲核试剂进攻而引起的加成反应叫亲核加成反应(nucleophilic addition reaction)。亲核试剂有 HCN，ROH，CH_3CO_2H，H_2O 等。它们与炔烃进行反应时，首先是由试剂带负电部分 CN^-、RO^-、CH_3COO^-、HO^- 进攻炔烃的叁键。这可解释为 sp 杂化轨道的电负性比 sp^2 杂化轨道要大，因而易受亲核试剂的进攻，当然还需要在催化剂的协助下，而大多数催化剂为 ds 区的元素化合物，如 $HgSO_4$、$Zn(OAc)_2$，它们可能与乙炔的 π 电子形成络合物，使 π 电子向金属的空轨道转移，在一定程度上使乙炔的电子密度降低，从而有利于亲核试剂的进攻。

（1）加氢氰酸。

$$HC\equiv CH + HCN \xrightarrow[80℃～90℃]{[Cu_2Cl_2-NH_4Cl]} CH_2=CH-CN （丙烯腈）$$

$$\xrightarrow{聚合} \left[\begin{array}{c} CH_2-CH-CH_2-CH \\ | \qquad\qquad | \\ CN \qquad\quad CN \end{array}\right]_n$$

反应历程是：

$$HC\equiv CH + CN^- \longrightarrow HC^{\ominus}=CH-CN \xrightarrow{H^+} H_2C=CH-CN$$

上述反应是工业上较早生产丙烯腈的方法之一。

（2）加水。炔烃在汞盐和少量酸的催化下,与水发生加成,首先形成一个中间体——烯醇 $R-\underset{\underset{OH}{|}}{C}=CH_2$,它很不稳定,立刻进行分子内重排,羟基上的氢原子转移到另一个双键碳原子

上,碳氧之间变成 C=O 双键,生成酮或乙醛(在乙炔的情况下)：

$$R-C\equiv CH + HOH \xrightarrow[稀 H_2SO_4]{HgSO_4} \left[R-\underset{\underset{94℃～97℃\quad 烯醇式}{}}{C}=CH_2\right] \rightleftharpoons R-\underset{\underset{酮}{}}{\overset{\overset{O}{||}}{C}}-CH_3$$

炔烃加水的取向服从马氏规律,但并非简单地与 H_2O 进行加成反应,其反应历程可能是：首先是 Hg^{2+} 与炔烃生成络合物,然后水进攻络合物的不饱和碳原子,并失去一个质子,生成烯醇式金属化合物,再与 H^+ 离子反应形成烯醇,最后重排成产物：

$$R-C\equiv C-H + Hg^{2+} \longrightarrow R-\underset{\underset{Hg^{2+}}{}}{C}\!\!=\!\!CH \xrightarrow{\ddot{O}H_2} R-\underset{\underset{Hg^+}{}}{\overset{\overset{+}{O}H_2}{C}}=CH \rightleftharpoons \xrightarrow{-H^+} R-\underset{\underset{Hg^+}{}}{\overset{\overset{OH}{}}{C}}=CH$$

$$\xrightarrow{H^+} R-\underset{\underset{Hg^+}{}}{\overset{\overset{+}{O}H\ H}{C}}\!\!-\!\!CH \longrightarrow R-\underset{}{\overset{\overset{OH}{}}{C}}=CH_2 + Hg^{2+} \longrightarrow R-\overset{\overset{O}{||}}{C}-CH_3$$

这个反应是工业上用来制醛、酮和醋酸(乙醛氧化得到)的一个极重要的工业方法。

在类似加水的条件下,炔烃也可与醋酸进行加成反应,得到醋酸乙烯酯：

$$HC\equiv CH + HO-\overset{\overset{O}{||}}{C}-CH_3 \xrightarrow[或 Zn(OAc)_2]{HgSO_4} CH_3-\overset{\overset{O}{||}}{C}-O-CH=CH_2$$

醋酸乙烯酯可聚合成聚醋酸乙烯酯,市售的乳胶粘合剂主要就是由它制得的。聚醋酸乙烯酯醇解成聚乙烯醇就是日常用的胶水。聚乙烯醇与甲醛缩合成聚乙烯醇缩甲醛,即为合成纤维——维尼纶。

$$CH_2=CH \xrightarrow[\text{聚合}]{\text{引发}} \left(CH_2-CH\right)_n \xrightarrow{CH_3OH} \left(CH_2-CH\right)_n \xrightarrow[H^+]{HCHO} \left(CH_2-CH-CH_2-CH\right)_{n/2}$$

聚乙烯醇　　　　　　　　　　　聚乙烯醇缩甲醛

（3）加醇。在碱（如醇钠 RONa 或 NaOH）催化下，炔烃与醇进行加成反应，生成乙烯基醚类：

$$H-C\equiv C-H + RO^- \xrightarrow[150℃,压力]{ROH} RO-CH=CH^- \xrightarrow{ROH} RO-CH=CH_2 + RO^-$$

乙烯基醚类也是合成高聚物的有用原料。

4.8.3　氧化反应

炔烃对氧化剂的敏感性比烯烃稍差，但仍能被 $KMnO_4$ 氧化，使叁键断裂，生成羧酸或 CO_2。例如：

$$R-C\equiv CH + KMnO_4 \xrightarrow{100℃} R-\overset{O}{\overset{\|}{C}}-OH + CO_2 + MnO_2$$

根据 $KMnO_4$ 颜色的褪去，此反应可作为炔烃的定性鉴定。另外，通过对羧酸结构的鉴定，可以确定炔烃的结构，故也是测定炔烃结构的方法之一。

若二取代乙炔在较缓和的条件下氧化，可得到 1,2-二酮：

$$CH_3(CH_2)_7C\equiv C(CH_2)_7COOH \xrightarrow[H_2O,pH=7.5]{KMnO_4} CH_3(CH_2)_7-\overset{O}{\overset{\|}{C}}-\overset{O}{\overset{\|}{C}}(CH_2)_7COOH$$

$$92\%\sim96\%$$

因此，这个反应对于制备特殊的 1,2-二酮是一个有用的方法。

炔烃用臭氧裂解时，产物是羧酸（这与烯烃生成醛、酮不同）：

$$CH_3-CH_2-C\equiv C-CH_3 \xrightarrow{O_3} \xrightarrow{H_2O} CH_3-CH_2-\overset{O}{\overset{\|}{C}}-OH + HOOC-CH_3$$

4.8.4　聚合反应

乙炔在不同催化剂的作用下，可有选择地聚合成链状或环状化合物，与烯烃不同，它一般不能聚合成高聚物：

$$HC\equiv CH + HC\equiv CH \xrightarrow[80℃\sim90℃]{Cu_2Cl_2-NH_4Cl} H_2C=CH-C\equiv CH$$

乙烯基乙炔

$$\xrightarrow{HC\equiv CH} H_2C=CH-C\equiv C-CH=CH_2$$

二乙烯基乙炔

乙烯基乙炔是合成氯丁橡胶单体的重要原料。当它与浓盐酸在催化剂（$Cu_2Cl_2-NH_4Cl$）作用下，即得 2-氯-1,3-丁二烯：

$$CH_2=CH-C\equiv CH + 浓\ HCl \xrightarrow[50℃]{Cu_2Cl_2-NH_4Cl} CH_2=CH-\underset{\underset{Cl}{|}}{C}=CH_2$$

其反应历程可能是：

$$\overset{\delta^+}{CH_2}=\overset{\delta^-}{CH}-\overset{\delta^+}{C}\equiv\overset{\delta^-}{CH} + \overset{\delta^+}{H}-\overset{\delta^-}{Cl} \longrightarrow CH_2=CH-\underset{\underset{Cl}{|}}{\overset{\delta^+}{C}}=CH_2 \xrightarrow{重排} CH_2=CH-\underset{\underset{Cl}{|}}{C}=CH_2$$

乙炔在三苯基膦羰基镍[Ph₃PNi(CO)₂]催化下,则可发生三分子聚合成环状化合物——苯：

$$\xrightarrow[60℃\sim70℃,1.5MPa]{[Ph_3PNi(CO)_2]}$$

苯

苯是化学工业最重要的基本原料。

1940 年 Reppe 将乙炔在 Ni 催化剂[Ni(CN)₂]存在下,在四氢呋喃溶液中发生四分子聚合,生成环辛四烯：

$$\xrightarrow[80℃\sim120℃,1.5MPa]{Ni(CN)_2\ THF}$$

环辛四烯

环辛四烯在认识芳香族化合物的过程中,起着很大作用,有了 Reppe 方法后,环辛四烯从实验室珍品成为可大量生产的化合物。

那么乙炔能否像乙烯那样聚合为高聚物呢？回答是肯定的。1971 年日本科学家发现聚乙炔(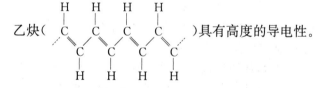)具有高度的导电性。

4.8.5 炔丙氢的性质

(1) 在碱的作用下,发生质子移变重排,而使叁键位置发生移动。

$$R-CH_2-C\equiv CH \xrightarrow[-H^+]{OH^-} RCH_2-C\equiv\overset{\ominus}{C} \xrightarrow{重排} R-\overset{\ominus}{CH}-C\equiv CH$$

$$\Longrightarrow \underset{\underset{H}{|}}{\overset{R}{|}}{C}=C=\overset{\ominus}{CH} \xrightarrow{+H^+} \underset{\underset{H}{|}}{\overset{R}{|}}{C}=C=CH_2$$

$$R-\overset{\ominus}{C}-C=CH_2 \longrightarrow R-C\equiv C-\overset{\ominus}{CH_2} \xrightarrow{+H^+} R-C\equiv C-CH_3$$

(2) 叁键有共轭时,可将其中的一个叁键分成二个双键。如:

$$CH_3-(CH_2)_3-C\equiv C-HC\equiv CH_2 \xrightarrow[\text{DMSO}]{(CH_3)_3CO^-Na^+} CH_3-(CH=CH)_3-CH_3$$

2,4,6-辛三烯(87%)

这个反应是由强碱$(CH_3)_3CO^\ominus$夺取炔丙氢引起的。

4.9 炔烃的来源

乙炔是工业上惟一重要的炔烃,它的制法主要有两种:

4.9.1 电石法

在电炉中将生石灰和焦碳熔融,生成碳化钙(电石),然后水解生成乙炔:

$$CaCO_3 \xrightarrow{\Delta} CaO+CO_2\uparrow$$

石灰石　　　生石灰

$$\xrightarrow[2\,000℃]{C(焦碳)} CaC_2 \xrightarrow{H_2O} HC\equiv CH$$

碳化钙

4.9.2 烃类裂解法

在德国首先使用甲烷或其他的烷烃在电弧中裂解或通过甲烷在高温下部分氧化而制得,后一方法表示如下:

$$6CH_4+O_2 \xrightarrow{1\,500℃} 2HC\equiv CH+2CO\uparrow+10H_2\uparrow$$

随着石油工业的发展,此类方法是重要的发展方向。

乙炔最早用作照明,燃烧时产生白光。当乙炔和氧气燃烧时的氧炔焰温度可达$2\,700℃$。因此,目前乙炔的主要用途之一是用氧炔焰来焊接和切割铁和钢。乙炔由于价格低和化学活性大,它的另一主要用途便是广泛用作各种重要有机化合物的原料。正如上所述,乙炔可以在不同催化剂存在下,制备乙醛、乙酸、酮类及塑料、合成纤维和橡胶等高分子化合物。

乙炔是十分活泼的物质,这与它的高内能有关:$2C(s)+H_2 \longrightarrow C_2H_2+229.1$ kJ·mol^{-1},因此,当在加压液化时(b. p. 为$-84℃$),如遇热或撞击时很容易引起激烈的爆炸,使运输不便。但由于乙炔很容易溶解在丙酮溶液中(1体积丙酮可以溶解25体积的乙炔),因此在运输中,一般在1 MPa~1.2 MPa压力下将乙炔压入盛有丙酮饱和的多孔性物质(硅藻土、石棉、木屑)的钢瓶中,这样便可安全储存和运输。

炔烃一般也可以用合成烯烃的方法来制得:

(1) 二卤代烷脱卤化氢:

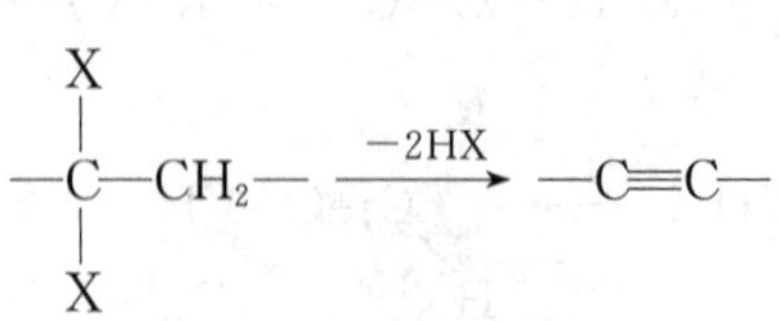

$$\begin{array}{c} X \\ | \\ -C-CH_2- \\ | \\ X \end{array} \xrightarrow{-2HX} -C\equiv C-$$

或

$$\begin{array}{c} -CH-CH- \\ |\quad\ | \\ X\quad\ X \end{array} \xrightarrow{-2HX} -C\equiv C-$$

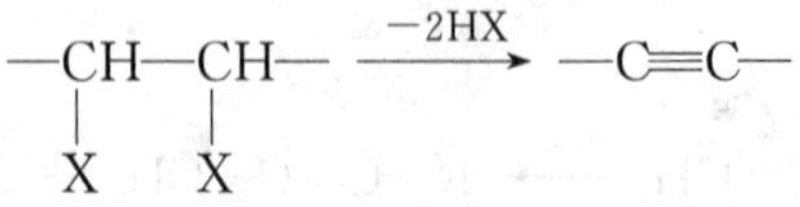

但脱 HX 时,第二步比第一步困难:

$$\left.\begin{array}{l} -CX_2-CH_2- \\ -CH-CH- \\ \quad\ |\quad\ | \\ \quad X\quad X \end{array}\right\} \xrightarrow[\substack{KOH,醇 \\ \triangle}]{较\ \ 快} -CX=CH- \xrightarrow[NaNH_2]{较\ \ 慢} -C\equiv C-$$

这是因为第一步脱 HX 后生成卤乙烯,乙烯型卤非常不活泼,因此,第一步用 KOH-醇即可消除 HX,而第二步必须用较强的碱 $NaNH_2$ 才能消去 HX 而得到炔烃。

（2）四卤代烷脱卤素:

$$R-\underset{\underset{X}{|}}{\overset{\overset{X}{|}}{C}}-\underset{\underset{X}{|}}{\overset{\overset{X}{|}}{C}}-R+2Zn \longrightarrow R-C\equiv C-R+2ZnX_2$$

这个反应一般不是用来制备炔烃,因为四卤代烷本身是通过炔烃加卤素来制得的。但这个方法(与在二卤代物中去卤素的反应一样)也可以用来分离,纯化炔烃或用来保护叁键(先通过转化炔为四卤代物,然后用 Zn 处理,再产生炔烃)。

4.9.3　炔化钠和一级卤代烷反应

前已述及乙炔或一取代乙炔含有活泼氢,可与强碱 $NaNH_2$ 形成炔化物,它与一级卤代烷作用形成更高级的炔烃:

$$H-C\equiv C-H +NaNH_2 \xrightarrow{液氨} HC\equiv C^- Na^+ \xrightarrow{R-X(1°)} HC\equiv C-R$$

$$\xrightarrow[液氨]{NaNH_2} R-C\equiv C^- Na^+ + R'-X \longrightarrow R-C\equiv C-R'$$

反应是由于高度亲核的炔化物负离子把 R—X 中的 X 置换下来,所以这个合成方法是一个亲核取代反应(将在卤代烃一章中详细讨论)。反应中所以用一级而不用二级或三级卤代烷,是因为二级、三级卤代烷在碱性很强的炔化物负离子作用下会发生消除反应,产物为烯烃而得不到所期待的炔烃产物:

$$-\overset{X}{\underset{|}{C}}-\overset{}{\underset{\underset{\underset{\ominus}{C}\equiv CH}{H}}{C}} \longrightarrow -C=C- \underset{烯}{} + X^{\ominus} + HC\equiv CH$$

习　　　题

1. 用系统命名法命名下列化合物:

（1）　$CH_3-\underset{\underset{CH_2CH_3}{|}}{CH}-C\equiv C-CH_3$

（2）　$(CH_3)_3C-C\equiv C-C\equiv C-C(CH_3)_3$

(3) $HC\equiv C-C\equiv C-CH=CH_2$

(4) 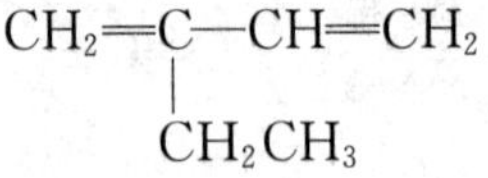 $CH_2=C-CH=CH_2$
           |
         CH_2CH_3

(5)

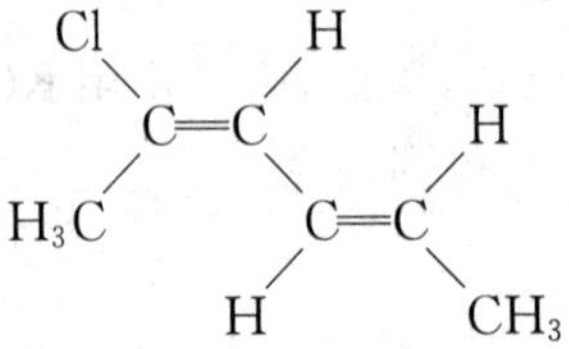

2. 用简便的化学方法鉴别：

    (1) 2-甲基丁烷　(2) 3-甲基-1-丁烯　(3) 3-甲基-1-丁炔

3. 写出 C_5H_8 的所有开链烃的异构体并命名。

4. 完成下列反应：

(1) $2CH_3C\equiv C^- Na^+ + BrCH_2CH_2Br \xrightarrow{\text{液氨}}$

(2) $CH_3C\equiv CCH_3 + H_2 \xrightarrow[\text{喹啉}]{Pd-BaSO_4}$

(3) $CH_3C\equiv CCH_2CH_2CH_2C\equiv CCH_3 \xrightarrow[\text{液氨}]{Na}$

(4) 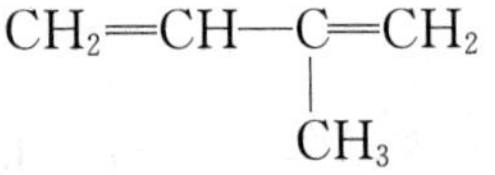 $CH_2=CH-C=CH_2 + HBr \longrightarrow$
                |
              CH_3

(5) $CH_3CH=CH-CH=CH-CH_3 + HCl \longrightarrow$

(6)

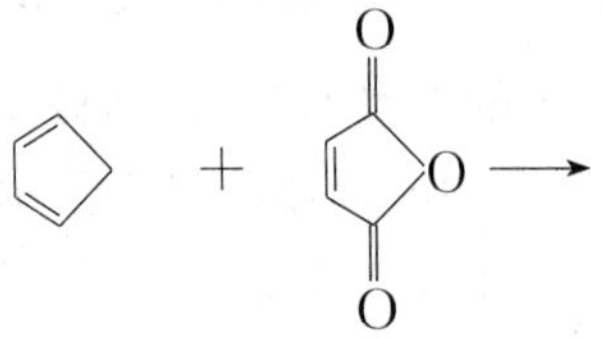

(7)

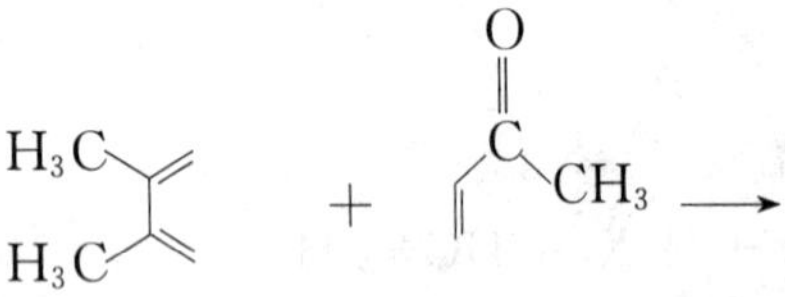

(8)

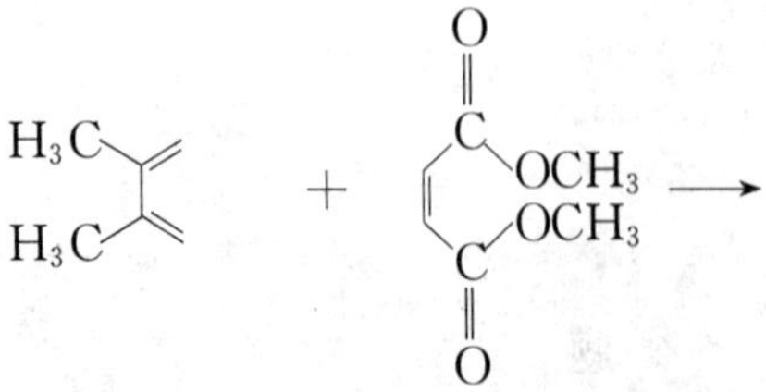

5. 以乙炔、丙炔为原料，合成下列化合物：

    (1) $CH_3-CHBr-CH_3$　　　　　(2) $CH_3-CBr_2-CH_3$

    (3) 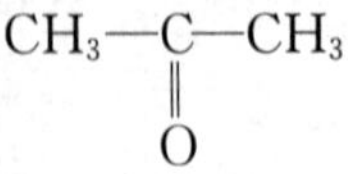 $CH_3-\underset{\underset{O}{\|}}{C}-CH_3$　　　　　　(4) 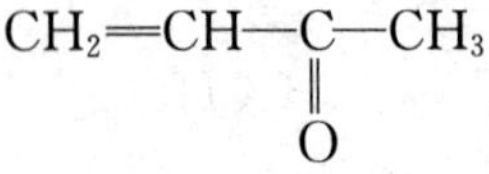 $CH_2=CH-\underset{\underset{O}{\|}}{C}-CH_3$

    (5) 己烷

$$\underset{(6)}{}\quad \overset{CH_3CH_2CH_2}{\underset{H}{}} C = C \overset{H}{\underset{CH_3}{}} \qquad\qquad \overset{CH_3CH_2}{\underset{H}{}} C = C \overset{CH_2CH_3}{\underset{H}{}}\quad(7)$$

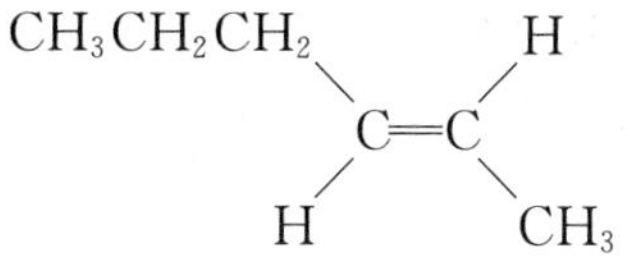

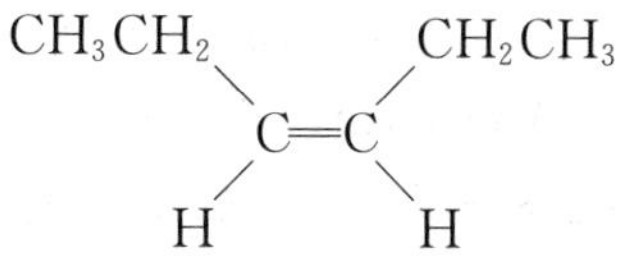

6. 用什么二烯和亲二烯体以合成下列化合物：

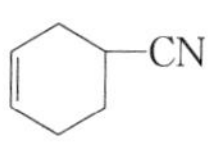

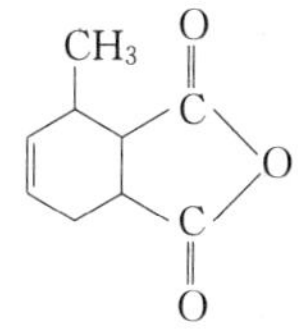

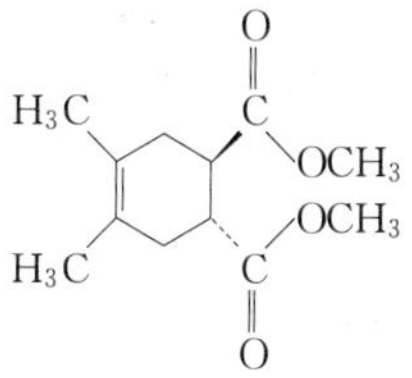

7. 请通过适当的反应完成下面的变化。

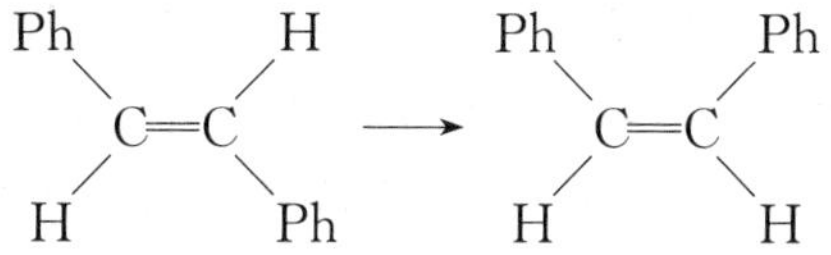

$$\overset{Ph}{\underset{H}{}} C = C \overset{H}{\underset{Ph}{}} \longrightarrow \overset{Ph}{\underset{H}{}} C = C \overset{Ph}{\underset{H}{}}$$

8. 下图是环戊二烯分子轨道示意图，请用（＋），（－）号标明不同能量状态时，p 电子原子轨道的波相：

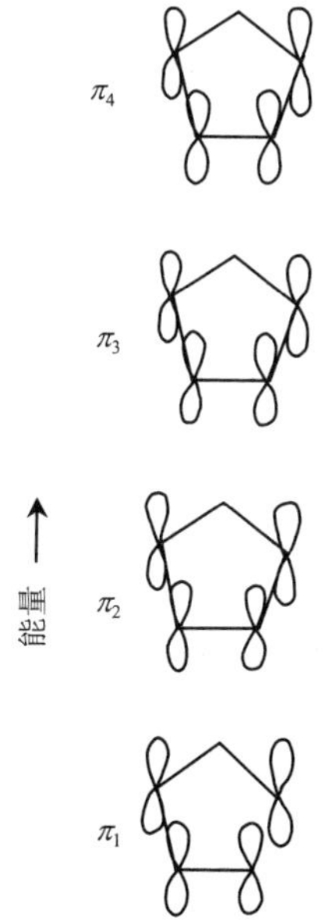

能量

π_4

π_3

π_2

π_1

9. 写出下式中 A，B，C，D 各化合物的结构式：

$$A + Br_2 \longrightarrow B$$

$$B + 2KOH \longrightarrow C + 2KBr + 2H_2O$$

$$C + H_2 \xrightarrow{Pd-BaSO_4} D$$

$$D + H_2O \xrightarrow{H^+} CH_3 - \underset{CH_3}{\overset{}{C}H} - \underset{OH}{\overset{}{C}H} - CH_3$$

10. 一个碳氢化合物 C_5H_8 能使高锰酸钾水溶液和溴的四氯化碳溶液褪色,与银氨溶液生成白色沉淀,和硫酸汞的稀硫酸溶液反应,生成一个含氧的化合物,请写出该碳氢化合物所有可能的结构式。

11. 某化合物 A 和 B 含碳 88.89%,氢 11.11%。这两种化合物都能使溴的 CCl_4 溶液褪色。A 与 $AgNO_3$ 的氨溶液作用生成沉淀,氧化 A 得 CO_2 及丙酸 CH_3CH_2COOH。B 不与 $AgNO_3$ 的氨溶液作用,氧化时得 CO_2 及草酸 $HOOC—COOH$。试写出化合物 A 和 B 的结构式。

12. 化合物 C 的分子式为 C_5H_8,与金属钠作用后再与 1-溴丙烷作用,生成分子式为 C_8H_{14} 的化合物 D。用 $KMnO_4$ 氧化 D 得到两种分子式均为 $C_4H_8O_2$ 的酸(E,F),后者彼此互为同分异构体。C 在 $HgSO_4$ 的存在下与稀 H_2SO_4 作用时可得到酮 G。试写出化合物 C,D,E,F,G 的结构式,并用反应式表示上述转变过程。

13. 具有分子式相同的两种化合物,氢化后都可生成 2-甲基丁烷。它们也都可与两分子溴加成,但其中一种可与 $AgNO_3$ 的氨水溶液作用产生白色沉淀,另一种则不能。试推测这两个异构体的结构式,并以反应式表示上述反应。

第五章 脂环烃

脂环烃(alicyclic hydrocarbons)是指碳架具有环状而性质和开链脂肪烃(烷、烯)相似的烃类。它们在自然界中广泛存在。例如在石油中含有环己烷、环戊烷、甲基环戊烷等。植物香精油如松节油、樟脑等也是复杂的脂环化合物,它们大都具有生理活性。

5.1 脂环烃的分类和命名

脂环烃可以分为饱和烃和不饱和烃两类。饱和脂环烃叫环烷烃(cycloalkane),不饱和脂环烃有环烯烃(cycloalkene)和环炔烃(cycloalkyne)。单环环烷烃的通式为 C_nH_{2n},可看作是单烯烃的同分异构体。

脂环烃的命名与脂烃类似,只要在名称前面加一个“环”字即可,环上碳原子编号时,要使双键或取代基的位次最小,例如:

环丙烷

甲基环戊烷

1-甲基-3-乙基环戊烷

顺-1,4-二甲基环己烷

反-1,4-二甲基环己烷

1-甲基环戊烯

3-甲基-1-环戊烯

2,5-二甲基-1,3-环己二烯

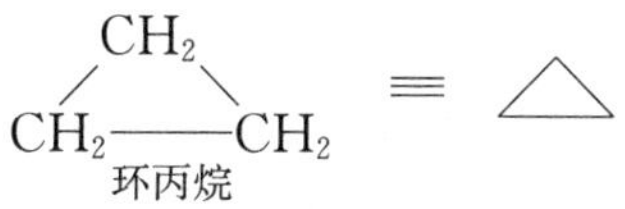

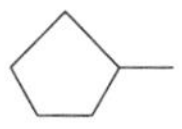

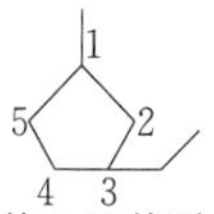

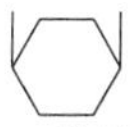

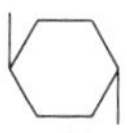

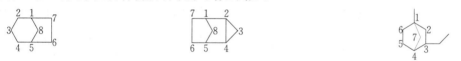

在命名时,也可把环烷基作为取代基来命名。例如:

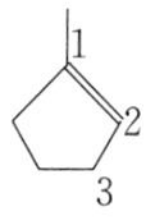

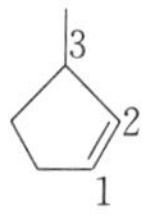

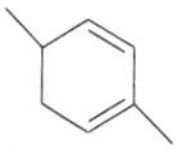

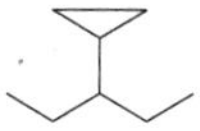

3- 环丙基戊烷

多脂环化合物命名应遵循下列原则:

1. 桥环化合物

共用两个以上碳原子的多环烃叫桥环烃(bridged hydrocarbon)。简单桥环常用的命名法是以二环(bicyclo)、三环(tricyclo)等做词头,母体中碳原子的总数称某烷,在环字后面的方括号中由多到少的次序注明各桥所含碳原子数,例如:

二环[3.2.1]辛烷

三环[3.2.1.0.^{2,4}]辛烷(0 的指数 2,4 表示此一无原子的键桥在整个环编号中桥接的位次)

1-甲基-3-乙基二环[2.2.1]庚烷

注意环碳原子的编号是:自桥的一端开始,先沿最长的环节编到桥的另一端,然后再沿次长的环节编,最短的环节最后编号。如:

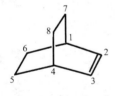 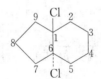

二环〔2.2.2〕-2-辛烯　　　二环〔4.1.0^{1,6}〕庚烷　　　反-1,6-二氯二环　　　三环〔2.2.1.0^{2,6}〕庚烷
　　　　　　　　　　　　　　　　　　　　　　　　　　　　〔4.3.0^{1,6}〕壬烷

2. 螺环化合物

仅共用一个碳原子的多环脂环烃叫螺环烃(spiro hydrocarbon)。共用的碳原子叫螺原子。与桥环的命名类似,以螺、二螺等做词头,用方括号注明螺原子所夹的碳原子数目。编号时从邻近于螺原子的一个碳原子开始,由较小环编到较大环(这与桥环相反)。例如:

 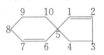 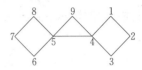

螺〔3.4〕辛烷　　　　　　螺〔4.5〕-1,6-癸二烯　　　　　二螺〔3.0.3.1〕壬烷

对于一些结构复杂的化合物,常用俗名。例如:

立方烷　　　　　　　　　金刚烷
cubane　　　　　　　　　adamantane

5.2　脂环化合物的结构

在 1880 年以前只知道五节环和六节环的碳化合物,当时认为小于五个碳原子或大于六个碳原子的环不可能存在或极不稳定。1883 年 Perkin 合成了三节环和四节环的碳环化合物,并且发现含三节环的化合物反应性小于含烯键的化合物,而大于含四节环的化合物。为了说明这些实验事实,1885 年拜尔(A. Von Baeyer)提出了张力学说(strain theory)。他假定成环的碳原子在同一平面上,排成正多边形。Baeyer 假定,环中 C—C 键键角的变形会产生张力,称做角张力(angle strain)。例如,三元环变形 $24°44'$,即环丙烷分子中碳原子上的两个价键必须向内偏转 $\frac{1}{2}(109°28'-60°)=24°44'$。四元环变形 $9°44'$,五元环变形 $0°44'$,而烯键的 C=C(可视为二元环)变形 $54°44'$。环的角张力越大,越不稳定,因此根据环的角张力大小可以说明环的反应活性顺序为:C=C $>$ △ $>$ □ $>$ ⬠。

事实上,除三元环外,四元环以上的脂环化合物的环碳原子并不在一个平面上,而且六元环以上的大环(多至三十多个碳原子的碳环)都比较稳定,这些是 Baeyer 张力学说无法解释的。根据量子力学计算,认为在环丙烷的环中,碳环键角为 105.5°,H—C—H 键角为 114°,碳原子之间是弯曲的键,外形如"香蕉",如图 5.1 所示。这种弯曲键的概念,得到了现代物理实验——利用 X 射线分析得出的电子密度图的支持。在环丙烷分子中,碳原子在 C—H 键中是用 sp^2 杂化轨道成键,而 C—C 键中则以 sp^4 到 sp^5 的杂化轨道成键。

可见,环丙烷分子之所以不稳定,是由于相邻两个碳原子的 sp^{4-5} 杂化轨道的交叠形成了弯曲键,其杂化电子云的重叠程度较小,因而很不稳定,容易断裂而开环。其次是环丙烷的 C—C—C 键角为 105.5°,碳原子的每个价键产生一定的角张力,其大小为 $\frac{1}{2}(109°98'-105°28')\approx 2°$。再次是由于环丙烷中 C—C 键的 p 电子成分很高,键的极化度相应增大,从而说明环丙烷 C—C 键比较不稳定,容易断裂。

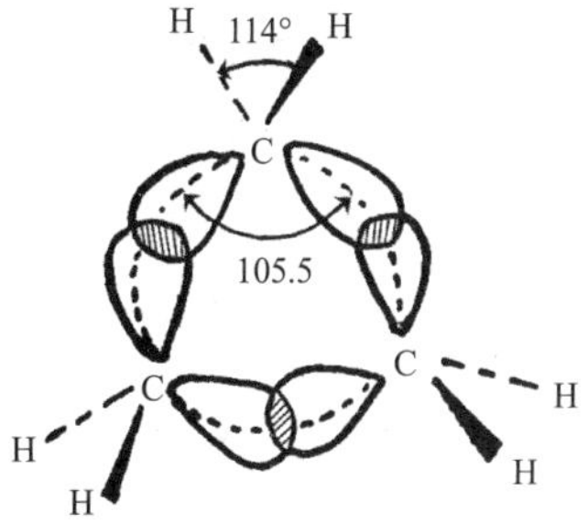

图 5.1 环丙烷的弯曲键

环丁烷的结构与环丙烷类似,分子中的原子轨道也是弯曲重叠,但弯曲程度不及环丙烷,其 C—C—C 键角约为 111.5°,这样其角张力比环丙烷稍小些,所以,环丁烷比环丙烷稍稳定些。电子衍射证明,环丁烷的四个碳原子并不在同一平面上,而主要以"蝴蝶式"存在,两翼上下摆动,一个碳原子稍稍翘离其他三个碳原子所在的平面(约与平面成 30°角),如图 5.2 所示。

自环戊烷开始,电子衍射等研究表明,由于成环的碳原子不在一个平面内,C—C 键间的夹角基本上可以保持正常的键角 109°28'(因而角张力很小)和最大程度的重叠。所以,五元环以上的大环都是稳定的。

环戊烷可以有"信封式"和"半椅式"两种构象存在。前者有一个碳原子(它和平面的距离约 50 pm),后者有两个碳原子位于环碳原子平面的外面,如图 5.3 所示。"信封式"的构象比"半椅式"的稳定。

蝴蝶式

图 5.2 环丁烷的构象

(a) 信封式 (b)半椅式

图 5.3 环戊烷的构象

环己烷有三种不同的空间排列形式,分别叫做"椅式"、"船式"和"扭船式"。如图 5.4 所示。它们的稳定性是:椅式>扭船式>船式,细节将在 5.3.2 节中进一步讨论。

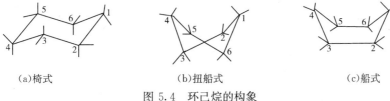

(a)椅式 (b)扭船式 (c)船式

图 5.4 环己烷的构象

1930 年左右，用热力学方法研究张力，精确地测量环烷烃的燃烧热，也证明从量子力学计算出不同大小环的稳定性不同是正确的。现将实验结果列于表 5.1。

表 5.1　环烷烃的燃烧热和环张力

名　称	英 文 名 称	环大小	每个 CH_2 的燃烧热($kJ \cdot mol^{-1}$)	环张力($kJ \cdot mol^{-1}$)
环 丙 烷	cyclopropane	3	697.5	115
环 丁 烷	cyclobutane	4	686.2	110
环 戊 烷	cyclopentane	5	664.0	27
环 己 烷	cyclohextane	6	658.6	0
环 庚 烷	cycloheptane	7	662.3	27
环 辛 烷	cyclooctane	8	663.6	42
环 壬 烷	cyclononane	9	664.4	54
环 癸 烷	cyclodecane	10	663.6	50
环十四烷	cyclotetradecane	14	658.6	0
环十五烷	cyclopentadecane	15	659.0	6
正 烷 烃			658.6	

我们在烷烃一章中已叙述所谓燃烧热就是指 1 mol 化合物完全燃烧时生成 CO_2 和 H_2O 时所放出的热量，它的大小反映出分子内能的高低。根据燃烧热的数据可以看出，环丙烷、环丁烷中每一个—CH_2—释放的燃烧热大于开链化合物的燃烧热（$658.6\ kJ \cdot mol^{-1}$），说明它的内能较高，环张力大，故不稳定。从环戊烷开始，直到中级环和大环，每一个—CH_2—的燃烧热差不多接近 $658.6\ kJ \cdot mol^{-1}$，说明它们的内能与开链的烷烃相近，环张力小是稳定的。不过，中级环（7～11 个碳的环）由于分子内氢原子较为拥挤（如图 5.5 所示），因此彼此间斥力较大，体系能量较高，环张力较大，稳定性比大环略差一些，因而合成这类化合物也就相当困难。现在的问题是，既然大环化合物稳定，为什么也难于合成呢？一个化合物难于合成并不意味着它是不稳定的。开链化合物闭合成环要求链的两端彼此接近到足以成键。环越大，合成它的链必须越长，链两端基因碰在一起的几率就越小，往往得到分子间结合的产物。设想溶液浓度越低，分子间成键的机会越少。因此，人们往往在高度稀释的溶液中便可成功合成大环化合物。

近年来制备的许多大环化合物经 X 射线分析，分子呈皱折形，碳原子不在同一平面上，碳原子之间的键角接近正常键角（$109°28'$），由两条平行碳链组成的无张力环。例如环二十二碳烷的结构如图 5.6 所示。

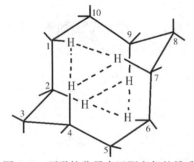
图 5.5　环癸烷分子中远距离氢的排斥

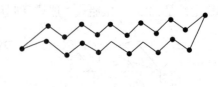
图 5.6　环二十二碳烷的结构

104

5.3 脂环化合物的立体异构现象

5.3.1 脂环化合物的顺反异构

环烷烃由于碳环的存在,使环上 C—C 键的自由旋转受到限制。因此,当两个碳原子连接不同的基团时,它们在空间的排列就有两种可能。例如,1,2-二甲基环丙烷,两个甲基可以在环的同一侧(顺式),也可以在环的不同侧(反式),因此就存在顺反异构现象,如图 5.7 所示。

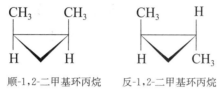

顺-1,2-二甲基环丙烷　　反-1,2-二甲基环丙烷

图 5.7　1,2-二甲基环丙烷的顺反异构体

随着环上取代基数目的增加,顺反异构体的数目也相应增多。

5.3.2 环己烷及其衍生物的构象

由于六元环在自然界存在最普遍,它和它的衍生物也是最稳定的,因而对环己烷的构象研究得较为彻底。

在环己烷分子中,碳原子以 sp^3 杂化的。六个碳原子不在同一平面内[*],C—C 键之间的夹角可以保持 109°28′,因此环很稳定,环中 C—C 键虽不像烷烃中的单键在 360° 内自由旋转,但可在环不破裂的范围内旋转,这个模型是僵硬的,只要一个键角改变,其他的角也同时改变。环己烷的构象可以有椅式、船式、扭船式三种,如图 5.4 所示。

在椅式构象中,其中 2,3,5,6 四个碳原子在同一平面内,碳原子 1,4 分别在这一平面的上面和下面。整个分子像一把椅子,所以叫做椅式(chair form)。

在船式构象中,2,3,5,6 四个碳原子也是在同一平面内,但 1,4 两个碳原子都在这一平面的上面,整个分子像一条小船,所以叫它为船式(boat form)。

如果我们把船式构象的分子模型,用右手握住 C_2 及 C_3,用左手握住 C_5 及 C_6,扭一下这个分子,则 C_3 及 C_6 向下,C_2 及 C_5 向上,于是便得到扭船式(twist boat from)。如图 5.8 所示。

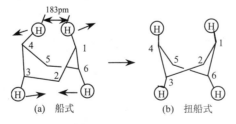

(a) 船式　　　　　　　(b) 扭船式

图 5.8　环己烷

---

[*] 非平面型环己烷的概念是 1890 年由 Sachse 首先提出来的。他注意到椅式和船式构型是没有角张力的。Hassel(物理学家,1969 年获 Nobel 奖金)利用 X 射线与电子衍射对各种环己烷进行的实验表明它的稳定形式是椅式。

在环己烷的三种构象体中,椅式是最稳定的,其次是扭船式,船式的稳定性最差。这是为什么呢?

首先我们看到,在船式构象中,C_1 和 C_4 上的两个"旗杆"氢相距很近,它们间隔只有 183 pm(比它们的范德华半径之和 240 pm 小得多)。由于"旗杆"氢之间的拥挤而产生互相排斥,这种斥力称为范德华张力。而在扭船式中,C_1 和 C_4 上的两个"旗杆"氢已远离,因此它们之间的范氏张力已经减到最小,而在椅式的构象中则不存在这种情况。

其次,在椅式构象中,每一个相邻的碳原子上的 C—H 键都处于邻位交叉式的情况,而在船式构象中,C_2—C_3 和 C_5—C_6 上的 C—H 键都是全重叠式,它们互相排斥而产生相当大的扭转张力,而在扭船式中 C_2,C_3,C_5,C_6 不在同一平面上,所以彼此的 C—H 键也不是全重叠式,因而 C_2—C_3 和 C_5—C_6 键的扭转张力也相应地减少,如图 5.9 所示。

椅式环己烷　　　　交叉式乙烷　　　　　　船式环己烷　　　　重叠式乙烷

图 5.9　环己烷的椅式和船式构象(纽曼式)

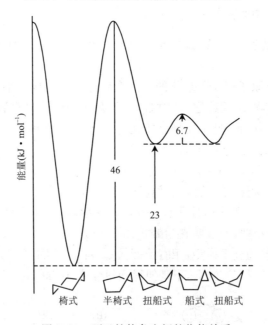

图 5.10　环己烷构象之间的位能关系

图 5.10 列出了环己烷各种构象之间的能量关系,可见椅式的构象比扭船式稳定(后者的能量比前者的高 23 kJ · mol^{-1})。而扭船式又比船式稳定(后者比前者的能量高 6.7 kJ · mol^{-1})。其中过渡态构象半椅式的能量最高,比椅式大 46.0 kJ · mol^{-1}。所以,在一般情况下,环己烷主要以椅式构象存在(在室温下,椅式∶扭船式=10000∶1)。它的衍生物也是几乎以椅式构象存在的。

下面我们对环己烷的椅式构象作进一步的仔细考察,可以看出:

(1) C_1,C_3,C_5 形成一个平面,它位于 C_2,C_4,C_6 形成的平面之上,这两个平面相互平行,距离为 50 pm。

（2）12 个 C—H 键可以分为两类：有六个 C—H 键与分子的三重对称轴（中心轴）平行，叫直立键或 a 键（axial 的缩写），另外六个 C—H 键与直立键成 $109°28'$ 的角，叫做平伏键或 e 键（equatorial 的缩写），而且 a 键和 e 键可以通过环的扭动翻转而互换。因为只需要克服扭转的能垒约为 $46\ kJ\cdot mol^{-1}$，而且逆转的证据可用 NMR 显示环己烷中 12 个质子的信号来加以证实。一般温度下，12 个质子只给出一个信号（$\delta=1.44\ ppm$）。若从 $-66.7℃$ 开始分裂，如果继续降低温度至 $-110℃$，我们可以完全冻结构象的逆转。那时，六个直立质子就出现在 $\delta=1.1\ ppm$ 处，而六个平伏质子在 $\delta=1.6\ ppm$ 处，见图 5.11。

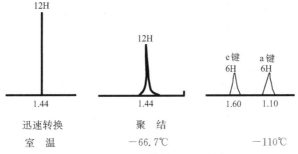

图 5.11　环己烷的 NMR 研究

如图 5.12 所示，翻转以后，C_1，C_3，C_5 形成的平面转至 C_2，C_4，C_6 形成的平面之下，因此，a 键变为 e 键，而 e 键则变为 a 键，反之亦然。

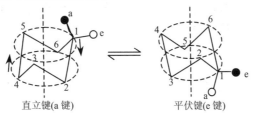

图 5.12　两个椅式相互转变

Barton（1969 年 Nobel 奖金获得者）用一种非常简单的假设把环己烷系列的构象与反应性联系在一起。他的想法的出发点是 a 键取代基比 e 键取代基受阻更大（因为 a 键上的取代基受到两个处于 1,3 位上直立 H 原子的影响）。这一假想又是根据环状系列与非环系列之间的充分相似性提出来的。每个原子对于不与之成键的原子——不论它在另一分子中或在同一分子的另一部分中——都有一个有效的大小，称为该原子的范德华半径。当两个不成键的原子靠拢时，它们之间的吸引力逐渐增大，当它们核间距离等于两者的范德华半径之和时，吸引力达最大；如果迫使原子进一步靠拢，范德华吸力即被范德华斥力所替代，所以不成键的原子愿意互相接触，但又非常不愿挤在一起。

下面考察甲基环己烷：

甲基环己烷可以有两个椅式构象，一个是甲基在 a 键上，另一个在 e 键上，处于 a 键上的甲基与 C_3、C_5 上的 a 氢距离小于范德华半径，存在强烈的范氏张力。甲基转变为 e 键，与 C_3、C_5 位上的氢距离增大，不存在范氏张力。因此，比较稳定，如图 5.13 中箭头所示。

从扭转张力看，甲基处于 e 键有最稳定的反式交叉构象。而甲基处于 a 键，相邻碳为较不

107

稳定的邻位交叉构象。

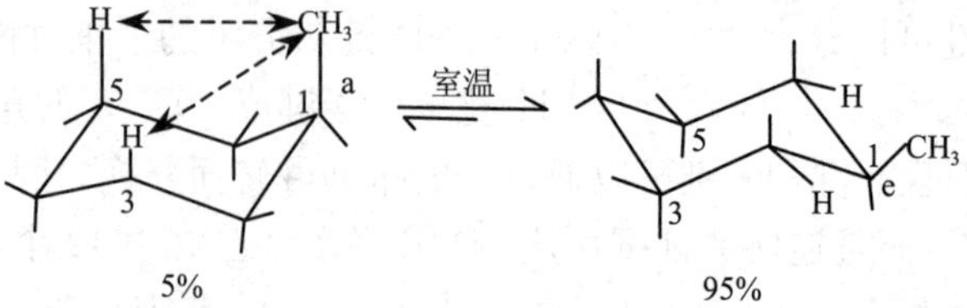

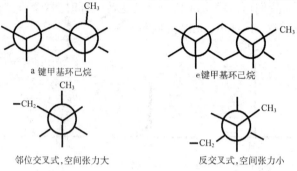

图 5.13　甲基环己烷中的 1,3-二竖键相互作用。a 键的—CH$_3$ 较 e 键的—CH$_3$ 拥挤

a 键甲基环己烷　　　　　　　e 键甲基环己烷

邻位交叉式,空间张力大　　　　反交叉式,空间张力小

图 5.14　甲基环己烷的椅式构象

从范氏张力与扭转张力看,都是甲基处于 e 键时稳定。因此,在室温下平衡混合物中,e-甲基构象占 95%,占有很大的优势。因此稳定构象也称为优势构象。但由于这两种构象的能差一般不大(约 7.1 kJ·mol^{-1}),环的扭转使两者容易互相转变,如图 5.13 所示。

但若是带有大的基团,如引入叔丁基(1955 年 Weistern 提出的方法),则如图 5.15 所示,此取代的环己烷将不会逆转而得到刚性环己烷。

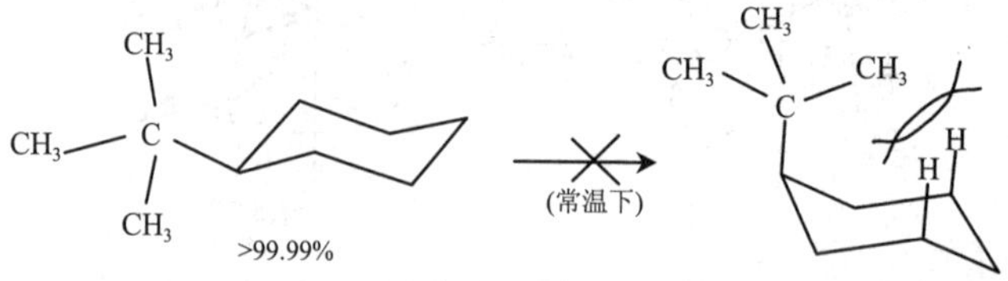

$>$99.99%　　　　　　(常温下)

图 5.15　叔丁基环己烷的椅式构象,叔丁基只能在 e 键上

我们再看看椅式环己烷二元取代物的稳定性。例如反-1,2-二甲基环己烷有两种构象:一是两个—CH$_3$ 都在 e 键上,为 ee 型,一个是两个—CH$_3$ 都在 a 键上,为 aa 型,如图 5.16 所示。

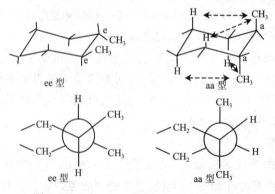

ee 型　　　　　　　　　　aa 型

ee 型　　　　　　　　　　aa 型

图 5.16　反-1,2-二甲基环己烷的椅式构象

由于两个甲基处于 a 键上时与环上的 a 键上的氢之间的距离较近,因而拥挤程度大,所以

排斥力较大,内能较高。而当两个甲基处于 e 键上时,则不存在这种情况。虽然从纽曼投影式看,ee 型的两个甲基有邻位交叉的相互作用使能量有所升高。但总的结果是反-ee 比反-aa 稳定。

顺-1,2-二甲基环己烷也可以有两种构象,彼此具有相同的稳定性(它们是镜像体),如图 5.17 所示。

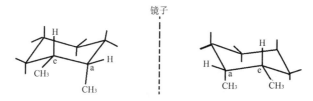

图 5.17　顺-1,2-二甲基环己烷的椅式构象

在两个顺-1,2-二甲基环己烷的构象中,只有一个甲基在 e 键上,另一个甲基在 a 键上,而在 a 键上的—CH₃ 与 C₃、C₅ 位上的 a 氢原子排斥力较大,所以,顺-1,2-二甲基环己烷没有反-ee 稳定,但却比反-aa 稳定(彼此的能差约 7.1 kJ·mol⁻¹),因为反-aa 中两个甲基在 a 键上与环上 a 氢原子的斥力更大。

因此,椅式 1,2-二甲基环己烷构象的稳定性是:反-ee＞顺-ae＞反-aa。

根据许多实验事实可总结出以下的规律:

(1) 环己烷的多元取代物最稳定的构象是 e-取代基最多的构象。

(2) 环上有不同取代基时,大的取代基在 e 键上的构象最稳定。

例如,杀虫剂六六六(1,2,3,4,5,6-六氯环己烷)有八种异构体,而杀虫效能最强的是 γ-异构体。但当用苯在紫外光催化下与氯加成而产生六六六时,γ-异构体产量较少(8%～15%),而杀虫效能差的 β-异构体产量较多(50%～80%)。这是因为 γ-异构体中有三个氯原子处于 a 键,能量较高,不易生成,而 β-异构体中六个氯原子都在 e 键上,能量较低,易于形成的缘故,如图 5.18 所示。

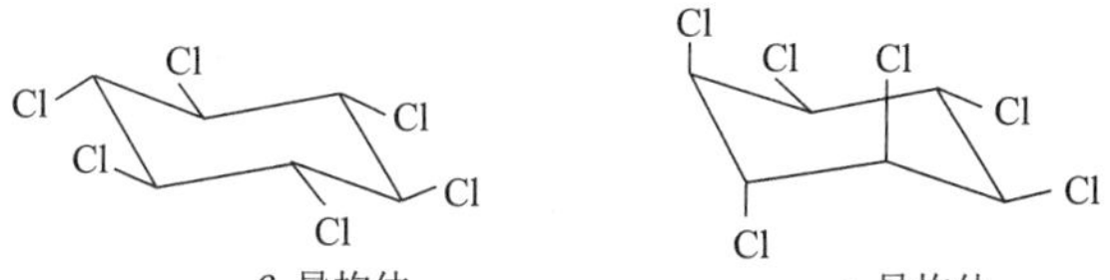

图 5.18　六六六的椅式构象——β-和 γ-异构体

综上所述,通常所讲的环张力,实际上包括三种力:① 键的角张力;② 相邻碳原子上的氢原子互相重叠构象时产生的扭转张力;③ 在环己烷中由于 1,3;1,5 等非相邻碳原子上的氢在靠得比它们范德华半径之和还要近时产生的范德华张力,即空间张力。因此,在脂环化合物的研究中,要综合全面地考虑。

5.3.3　多脂环化合物

是指含两个以上碳环的脂环化合物。这类化合物广泛存在于自然界中,如樟脑、冰片及甾醇。这里只简单介绍这类化合物的母体烃。

1. 十氢萘的构象

十氢萘有两种顺反异构体,其中两个环己烷分别以顺式及反式相稠合。电子衍射研究证明这两个环都以椅式存在,如图 5.19 所示。

反十氢萘

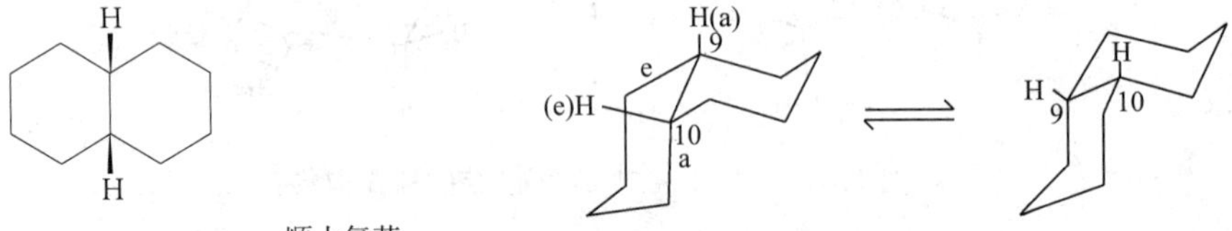

顺十氢萘

图 5.19　十氢萘的顺式和反式构象

在十氢萘分子中一个环可以当作另一个环上的两个取代基。在反式中这两个取代基都是 e 型,而在顺式中,一个是 e 型,另一个是 a 型。因此,反式比顺式稳定(顺式的燃烧热比反式高 $8.8\,\mathrm{kJ \cdot mol^{-1}}$)。将顺-十氢萘用 $AlCl_3$ 处理时,它定量地异构化为反式,与理论推测相符合。

顺式十氢萘仍然存在着类似环己烷的转环作用,这与顺式十氢萘是 e、a 稠合有关,e、a 转环后成 a、e,不会导致环的破裂。

在反式十氢萘中,因为 e、e 稠合,其中一个环己烷若发生转环作用,e 键变成 a 键。由于相邻两个碳原子上的 a 键空间取向相反并互成 180°,这必然导致另一环己烷的破坏,而环的破裂需较高的能量,在一般情况下不能实现,因此,反式十氢萘的 a 键和 e 键是相对固定的,没有转环现象。

与十氢萘的情况相似,在多环化合物中,椅式环数目最多的构象也是最稳定的,根据椅式比船式稳定,e 取代基最多的构象最稳定这两个规律,可以推测多环化合物的稳定性。如在很多天然产物中可以找到高氢化菲体系。图 5.20 表明了反,反,反(trans,anti,trans)-异构体和顺,反,反(cis,anti,trans)-异构体。

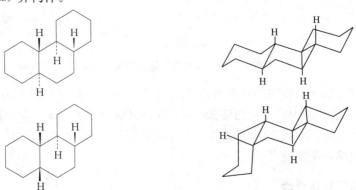

图 5.20　全氢化菲的反,反,反-和顺,反,反-异构体的构象

一般来讲,在多环化合物中以椅式最多的构象较为稳定,但也不是绝对的,如二环[2,2,1]庚烷,其中的环己烷以船式构象存在:

又如菲烷分子内有三个环己烷环,有多种异构体,其中一种由于几何的原因,有一环为船式。

2. 金刚烷

金刚烷最早是在石油中发现的,现在很容易从四氢化双环戊二烯在 AlX₃ 催化下重排得到:

金刚烷是由四个椅式六元环形成的一个立体笼形结构的烃。其中四个圈出的碳原子各为三个环所共用,其余六个碳原子各为两个六元环所共用。四个六元环形成一个对称的笼形。

金刚烷是一个特别稳定的分子,它与金刚石在结构上有些相似,并因此得名。金刚石是碳元素的一种存在形式,碳原子都以 sp^3 杂化状态互相连接,形成像蜂窝一样结构的物质,就好像是把金刚烷中每一个六元环当作另一个笼形的一个面,继续扩大下去而形成的物质,如图 5.21 所示。

从发现金刚烷的氨基衍生物具有抗病毒性能后,对它的研究迅速开展,几乎成为一独立的科学分支——金刚烷化学。

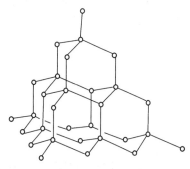

图 5.21 金刚石的结构

5.4 脂环烃的性质

由于环烷烃比相应的开链烃的对称性高(因而排列得紧密些)和较大限制的旋转,使它们比开链的正烷烃有更高的熔点,沸点和密度。例如:

	m. p. (℃)	b. p. (℃)	密度(d^{20})
环戊烷	−93.9	49.3	0.7457
正戊烷	−129.8	36.1	0.5572
环己烷	6.6	80.7	0.7786
正己烷	−95.3	68.7	0.6603

脂环烃的化学性质与开链烃类似,但也有某些重要的例外。

例如,环烷烃与开链烃一样,主要起游离基取代反应:

$$\triangle + Cl_2 \xrightarrow{h\nu} \triangle\!-\!Cl + HCl$$

氯代环丙烷

111

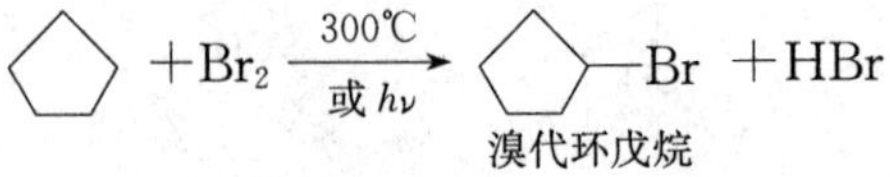

溴代环戊烷

环烯烃与开链烯烃一样，主要起亲电加成反应：

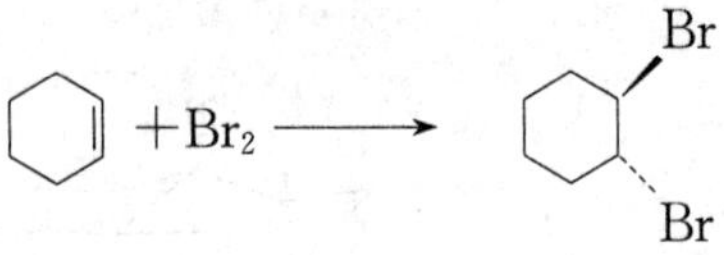

(E)-1,2-二溴环己烷

臭氧氧化也得到醛：

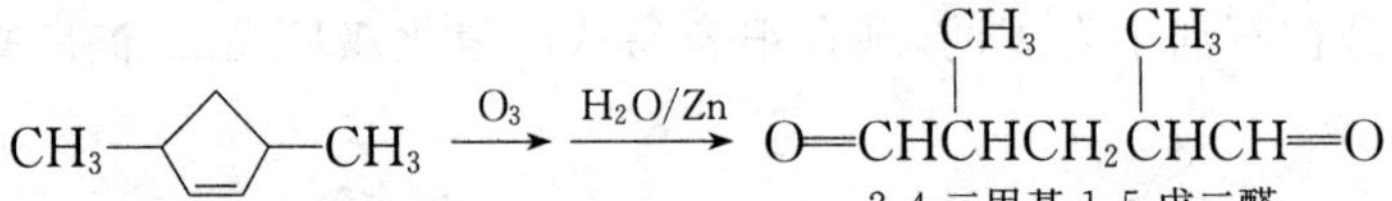

3,5-二甲基环戊烯　　2,4-二甲基-1,5-戊二醛

因此，环烷烃就是烷，环烯烃就是烯，环炔烃就是炔，在化学性质上没有什么本质的区别。但是小环烷烃——环丙烷及环丁烷却表现出与烯烃相似。这是可以理解的。由于它们的分子中存在着张力的关系，分子不稳定，容易开环起加成反应。例如，催化加氢：

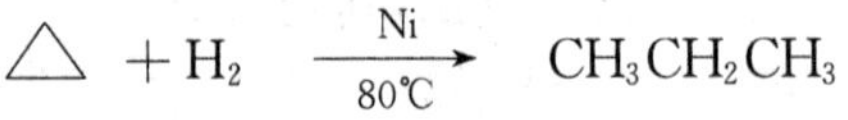

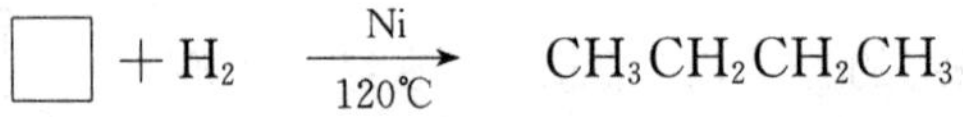

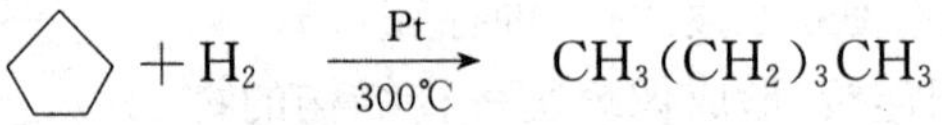

从反应的难易程度不同，说明环的稳定性是：五元环＞四元环＞三元环。

又如加卤素及卤化氢：

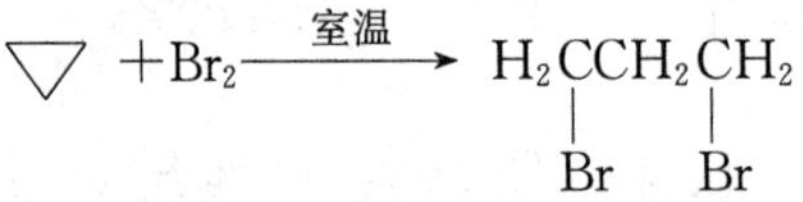

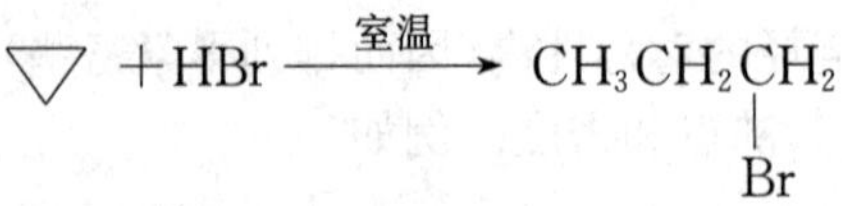

若是环丙烷的烷基衍生物与氢卤酸加成时，符合马尔可夫尼可夫规则。如：

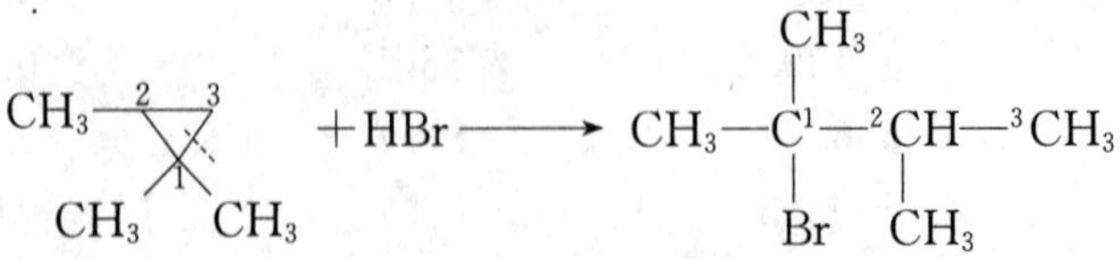

环丁烷在常温下和 X_2 或 HX 不起加成反应。

另外，环丙烷也不同于烯烃。环丙烷不易氧化，如不与 $KMnO_4$ 稀溶液或臭氧作用，故可用 $KMnO_4$ 溶液来区别环烷烃和烯烃。例如：

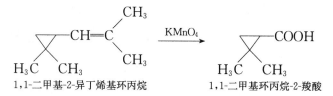

1,1-二甲基-2-异丁烯基环丙烷　　　　　1,1-二甲基环丙烷-2-羧酸

当环丙烷中含有微量丙烯时,可用此试剂除去。

二环化合物的性质更特别。例如在二环[1,1,0]丁烷 中,两个 C—H 键具有

乙炔 C—H 键的性质,其中 C—C 键又具有烯烃双键的性质。

尽管三元环、四元环不稳定,但它们也在自然界中存在,例如在松油(pine oil)中发现环丁烷结构。环丙烷也存在各种天然产物中,其中有些可用作医药、香料和调味剂。例如由白雪松

的叶子中得到的莳油(thuja oil) 有医药和调味的性质,同时,cyclopregrol

(3,5-环-6-羟基-17-醛基雄甾烷)可用来治疗精神病。环丙烷本身早在 1929

年就用作一般的吸入性麻醉剂。

5.5　脂环烃的来源

五元、六元环烷烃的衍生物可从石油中获得,三元环、四元环在自然界含量不多,一般通过合成来制取。

环丙烷及其衍生物的制法有二。

(1) 亚甲基(CH$_2$)插入法(Simmons-Smith reaction):

$$CH_2=CH_2 + CH_2I_2 \xrightarrow[\Delta]{Zn(Cu)} \triangle + ZnI_2$$

$$CH_2=CH(CH_2)_3CH_3 + CH_2I_2 \xrightarrow[\Delta]{Zn(Cu)} \triangle-(CH_2)_3CH_3 + ZnI_2$$
$$80\%$$

(2) Baeyer 闭环法:用金属锌或钠和 1,3-二卤代物反应

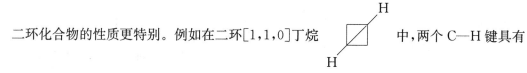

$$\xrightarrow{125℃} \triangle + ZnI_2$$
$$80\%$$

$$C(CH_2Br)_4 + 2Zn \longrightarrow \boxtimes + 2ZnBr_2$$
$$20\%$$

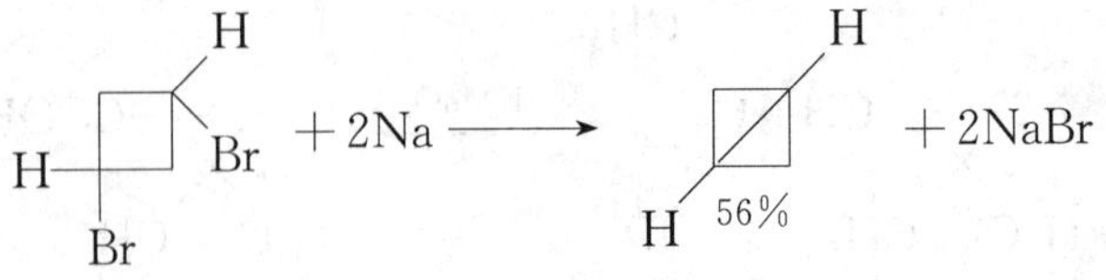

而环丁烷和环己烷则可用环加成方法制备（详见周环反应），如：

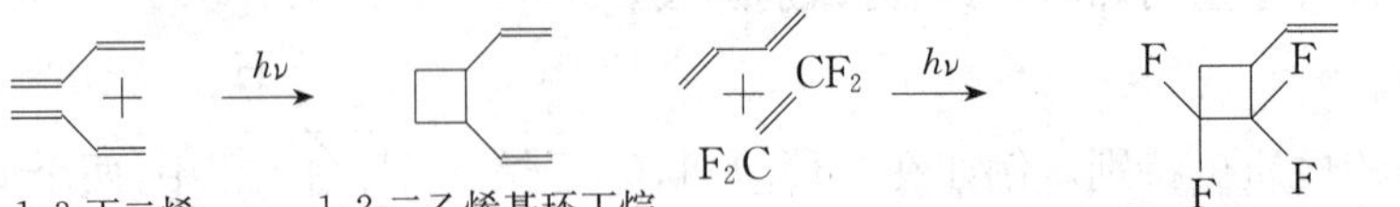

1,3-丁二烯　　1,2-二乙烯基环丁烷　　　　　　　　2,2,3,3-四氟-1-乙烯基环丁烷

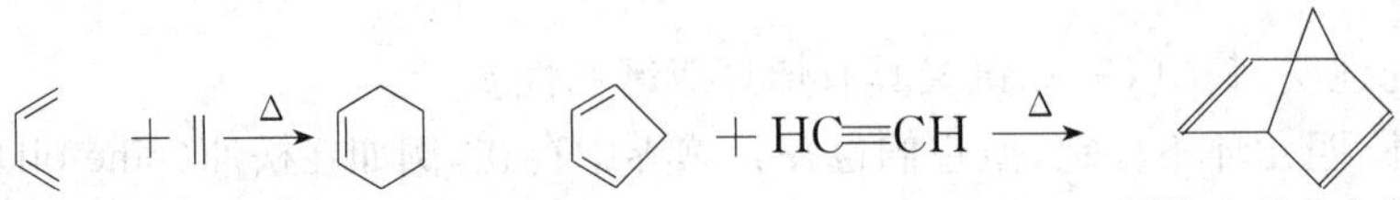

二环〔2.2.1〕-2,5-庚二烯

环己烷及其衍生物也可由相应的芳烃经催化氢化还原制得。例如，现在工业上就用这种方法大规模生产环己烷和环己醇：

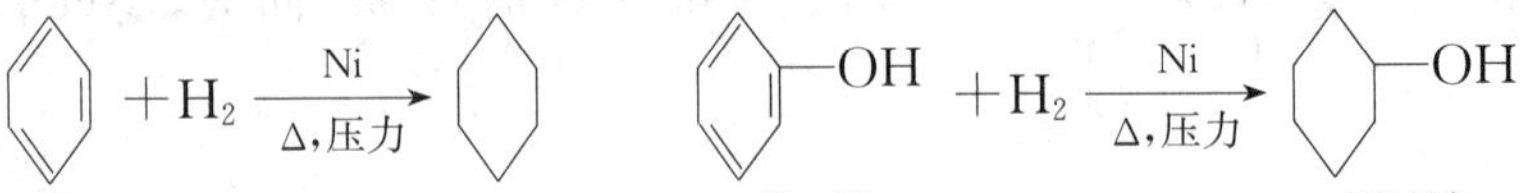

苯　　　　　　　　　　　　苯　酚　　　　　　　　　　　环己醇

5.6　构象分析

根据构象来分析一个化合物的物理性质和化学性质（稳定性、反应速度、历程等）叫做构象分析。现将某些理化性质与构象的关系简单介绍如下。

5.6.1　偶极矩

偶极矩是一个向量，一个分子的偶极矩是各个键的偶极矩的向量和，故与分子结构的对称性有关。例如1,2-二溴乙烷的对位交叉式中，因为有对称中心，其偶极矩为零，而邻位交叉式应有一定的偶极矩。实际测得1,2-二溴乙烷的偶极矩为 $1.14\,D$（$25℃$）。这证明该分子并非完全以对位交叉式存在，这两种构象的能量差约为 $2.7\,kJ\cdot mol^{-1} \sim 2.9\,kJ\cdot mol^{-1}$。所以在室温下它们是很容易互相转变的，如图5.22所示。

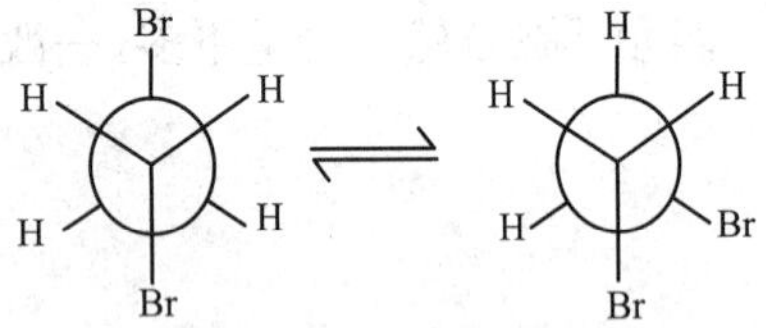

对位交叉式　　　　　邻位交叉式

图 5.22　1,2-二溴乙烷对位和邻位交叉式的互变

偶极矩与温度有关，温度越高，偶极矩越大。如1,2-二氯乙烷（气体）在 $30℃$ 时的偶极矩为 $1.13\,D$，$270℃$ 时则为 $1.55\,D$。这证明随着体系能量的增加，对位交叉式在平衡体系中所占的比例就相应地减少。

分子内氢键的存在往往以可影响一种特殊构象的比例。例如，乙二醇的邻位交叉式由于有两个相邻的—OH，可以形成分子内氢键，因此较为稳定，如图5.23所示。

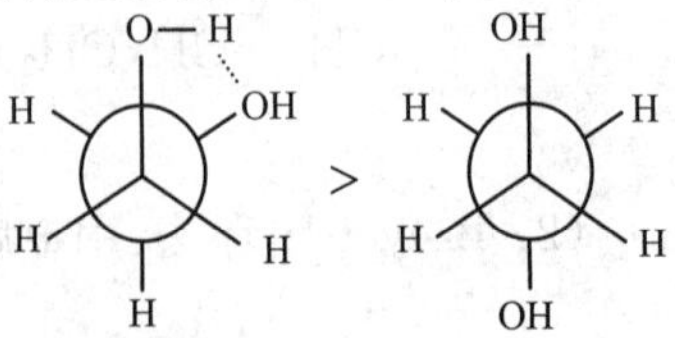

邻位交叉式　　　　　　对位交叉式

图 5.23　乙二醇的邻位交叉式比对位交叉式稳定

实际测得乙二醇在环氧乙烷中的偶极矩为 2.30 D(30℃)，这说明对位交叉式不是唯一最稳定的构象。综上所述，我们可看出影响构象稳定性的因素有：角张力、扭转张力、范德华张力，非键合的原子（或基团）的倾向处于能量最有利的偶极—偶极（包括氢键）之间的相互作用。

5.6.2 电离度

影响羧酸电离度的因素较多，如温度、电子效应、溶剂化作用、空间效应等。这些因素往往是相互影响的，要孤立地讨论较为困难，但对同一类型的化合物在同一条件下进行比较，也可对某一因素所起的作用加以分析。

例如，十氢萘-9-羧酸有顺反两种异构体，顺式（$pK_a = 8.1$）比反式（$pK_a = 8.58$）的酸性略大一些。这是因为在顺式异构体中，C-9 上的羧基只有两个“1,3-干扰”，而在反式异构体中有四个“1,3-干扰”，其羧基所受的空间位阻较大，与水作用的阻力也较大，故酸性较小。如图 5.24 所示。

顺式 pK_a=8.17　　反式 pK_a=8.58

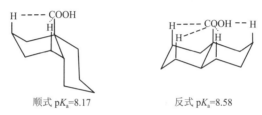

图 5.24　十氢萘-9-羧酸的顺、反异构体，顺式的酸性比反式大

5.6.3 反应速度

构象对反应速度的关系相当密切，不同构象的反应速度可有很大差别。例如，醇脱水的反应，当两个离去基团—H 和羟基处于全交叉构象时，对反应才是有利的。如图 5.25 所示。也就是说，当醇失水时，两个碳原子和将要失去的 H、OH 都处于同一平面上，且是反式时才最有利。因为这样—OH 带有一对电子以负离子形式离去，而 H 失去电子作为正离子离去，一对电子从羟基的反面过来，有利于羟基带一对电子离去，形成双键，这两个步骤是同时进行的。这就说明了在发生消除反应时，为什么一般总是发生反式消除（反式 1,2-消除）。假若进行顺式消除反应，则必须采取重叠式的构象，H 和—OH 是顺式的，电子对在离去羟基的同一面进攻，这显然是不利于羟基带着一对电子离去。

，因

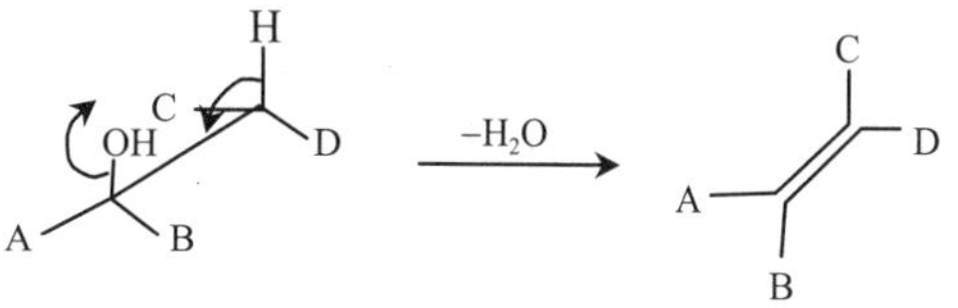

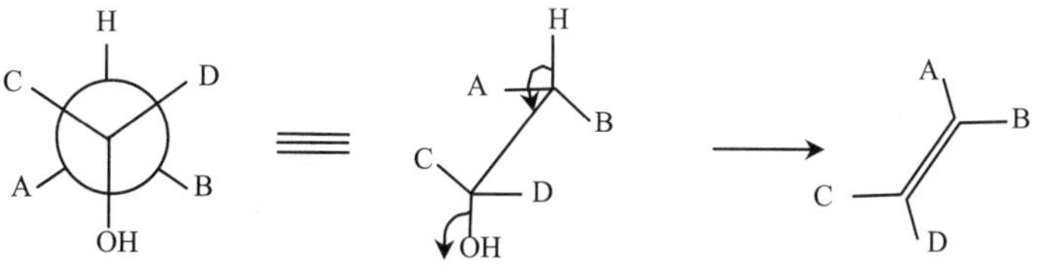

图 5.25　醇的脱水反应

反式消除，氢和离去基团—OH 尽可能地远离，呈对位交叉式构象

而反应速度必然减慢。

　　同样,1,2-二甲基-1-溴环己烷的两种构象异构体在氢氧化钠的乙醇(98%)溶液中脱溴化氢的速度是不同的。反式异构体比顺式的快 12 倍,这是因为反式异构体 1 位上的溴原子(在 a 键上)接近反式排列,这样四个原子才能处在同一平面上,而顺式异构体则不符合上述条件。

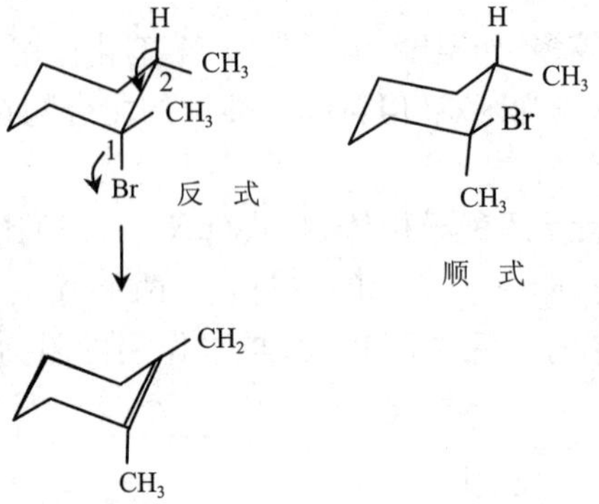

　　又如,如果环己烷反应部位是直立型的,则对空间阻碍敏感的反应就会变慢。如乙酸酯的水解:

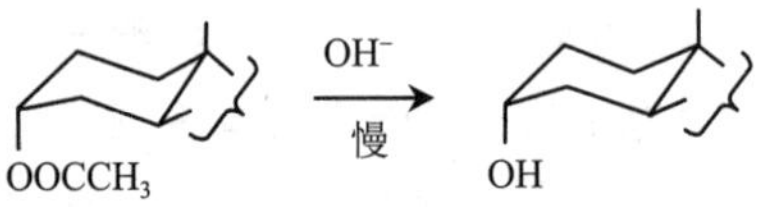

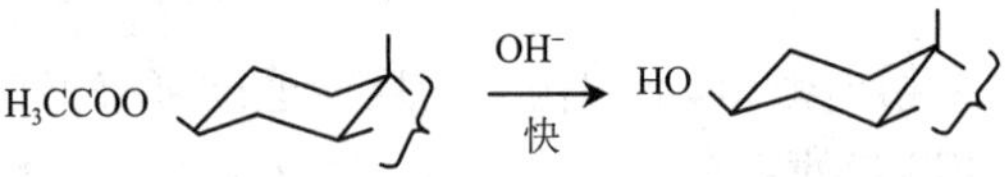

　　相反,因空间障碍而加速的反应就会被直立位的反应部位所促进。如果氧化剂是铬酸,则直立的羟基基团就要比平伏的氧化快些。

习　　　　题

1. 写出分子式符合 C_5H_{10} 的所有异构体并命名。

2. 写出下列反应式:

(1) 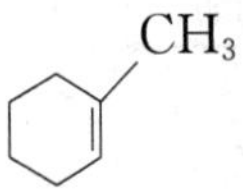 +HBr ⟶

(2)  +Cl_2 ⟶

(3) 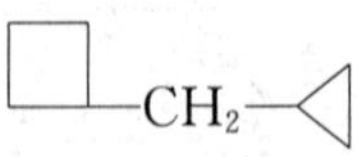 +H_2 $\xrightarrow[80℃]{Ni}$

(4) 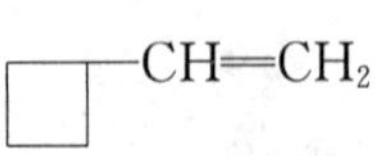 $\xrightarrow{KMnO_4}$

116

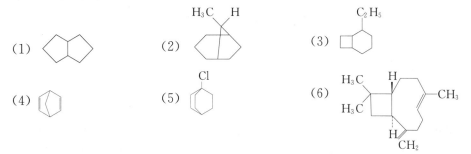

(5) 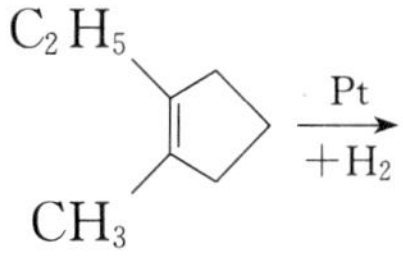
$$\xrightarrow[\text{+H}_2]{\text{Pt}}$$

3. 命名下列化合物:

(1) (2) (3)

(4) (5) (6)

4. 把下列的平面式改为构象式:

5. (1)写出正丙基环己烷的最稳定的构象式。

(2) 写出六六六所有异构体的稳定构象,并指出其中哪一个异构体最稳定(共八种)。

6. 画出下列化合物的顺反式的平面式及构象式:

(1) 1-氯-3-溴环己烷

(2) 1-甲基-4-异丙基环己烷

7. 顺和反-十氢萘之间的稳定性之差为 8.36 kJ·mol^{-1},只有在非常激烈的条件下,才能从一个转变成另一个,环己烷的椅式和扭船式之间的稳定性之差约为 25.1 kJ·mol^{-1},但是在室温下能很快地互相转变,怎样解释这个差别?

8. 试描述能区别下列化合物的简单化学试验:环丙烷、丙烷和丙烯。

9. (1) 一个分子式为 $C_{10}H_{16}$ 的烃,氢化时只吸收 1 mol 氢,它包含多少个环?

(2)臭氧分解时,它产生 1,6-环癸二酮,试问这是个什么烃?

10. 化合物 A 的分子式为 C_7H_{12},它与 KMnO$_4$ 溶液迥流后在反应液中只得到环己酮。A 经酸处理可得到 B,B 可使溴褪色生成 C,C 与 NaOH 乙醇溶液反应生成 D,D 氧化得到丁二酸和丙酮酸,B 氧化得 6-羧基庚酸,请写出化合物 A 的结构式,并用反应式说明推断的结构是正确的。

11. (顺)-1,4-二叔丁基环己烷通常以扭船式的构象存在,为什么?

第六章 有机化合物的波谱分析

6.1 结构式与波谱

有机化学是用结构式来描述的一门学科,从结构式就可以推测出该化合物的性质,化学反应及合成方法也都能用结构式来描述。用化学方法测定有机化合物的结构式,所需的样品量较多,手续较麻烦,用的时间也较长。然而使用波谱分析则具有微量、快速、准确等特点。例如,从昆虫体内分离出来的昆虫激素(样品非常少)以及一些不稳定分子和反应中间体等都只能用波谱分析测定它们的结构。因此,波谱分析近三四十年来已成为测定有机化合物结构的一种重要手段,它推动了有机化学迅速发展。

我们知道,光是一种电磁波,电磁波谱包括了一个极广阔的区域,见表6.1。

表 6.1 电磁波与光谱

电 磁 波	光 谱	波 长	激发能(kJ·mol^{-1})	激发的种类
远紫外线	真空紫外光谱	100~200 nm	1196~598	σ 电子跃迁
近紫外线	近紫外光谱	200~400 nm	598~301	n 及 π 电子跃迁
可见光线	可见光谱	400~800 nm	301~150	n 及 π 电子跃迁
近红外线	近红外光谱	0.8~2.5 μm	150~46	
中红外线	中红外光谱	2.5~15 μm	46~0.84	振动键的变形
		(4000~650 cm^{-1})		
远红外线	远红外光谱	15~100 μm	0.84~0.12	分子振动与转动
		(650~100 cm^{-1})		
微 波		cm	4.2×10^{-3}	
无线电波	顺磁共振谱	m	4.2×10^{-5}	电子自旋及核
	核磁共振谱	(~10^{-6} Hz)		自旋

以上这些电磁波都具有相同的速度,它们的频率与波长的关系为:

$$\nu = \frac{c}{\lambda}$$

ν 为频率(frequency),以赫兹(Hertz, Hz)或周/秒(c/s)为单位,λ 为波长(wavelength),以厘米(cm)为单位。c 为光速,即 3×10^{10} 厘米/秒(cm/s),波长越短,频率越高。

表示光波波长的单位很多,在紫外和可见区常用纳米(nanometer, nm),在红外区常用微米(micrometer, μm)作单位。

$1nm$(纳米)$=10^{-3} \mu m=10^{-7} cm=10^{-9} m$

频率的另一表示方法用波数(wave number,$\bar{\nu}$),它表示在 1 厘米长度内波的数目,单位为 cm^{-1}。波数与波长之间存在如下的关系:

$$\bar{\nu} = \frac{1}{\lambda} = \frac{\nu}{c} (cm^{-1})$$

每一种波长的电磁波具有一定的能量,当一束电磁波通过一物质时,它是被吸收或透过由其频率及其所遇的分子结构而定。分子获得能量可促使各原子的振动或转动的加速,或把电子提升到较高的能级,但它们是量子化的。因此,只有光子的能量恰等于两个能级之间的能量差时才能被吸收,即:

$$\Delta E = h\nu$$

ΔE 为分子获得的能量,用尔格表示。h 为普朗克(Planck)常数,为 6.62×10^{-27} 尔格/秒。

对某一分子来说,它只能吸收一定波长的电磁波供激发某一特殊能态之用,这样就得到各种不同的吸收光谱而用来鉴别有机分子的结构。

本章介绍的吸收光谱有紫外光谱(ultraviolet spectrum)、红外光谱(infrared spectrum)及核磁共振谱(nuclear magnetic resonance spectrum)三种。可见光谱在看到颜色的情况下包括在紫外光谱内。

质谱(mass spectrum)是由高能电子冲击分子生成的离子按质量数的顺序表现的谱线,它不是吸收光谱。

以上波谱是以横轴记录与分子结构有关的数值,纵轴是记录纸上表现的强度。

6.2　紫外光谱(UV)

6.2.1　电子跃迁与紫外光谱的基本原理

有机化合物分子经可见光或紫外光照射时,电子从能量较低的基态跃迁到能量较高的激发态,此时,电子就吸收了与激发能相应波长的光,这样产生的吸收光谱叫紫外光谱。

原子之间的键有 σ 键与 π 键,σ 键在键轴方向互相连接的,电子云重叠程度大,故键结合较强,而 π 键是在键轴垂直方向互相连接的,电子云侧面重叠程度小,故键合较弱。此外,在氧、氮、卤素原子中有两个电子不与其他原子结合,而在原子内配对成非键电子。非键电子(n 电子)比成键电子受原子核束缚小,一般活动性大。

虽然各种电子在基态时都处于稳定态,但一经可见光或紫外光从外部照射,各种电子不再停留在基态,而是发生激发。当分子中的电子在向较高电子能级跃迁的过程中,同时发生振动或转动能级的变化,因此,产生的谱线不是一条,而是无数条,即一个典型的紫外光谱显示出的是一些宽的谱带(峰)。这种光谱很容易用峰顶的位置($\lambda_{最大}$)及其吸收强度($\varepsilon_{最大}$,消光系数)来描述。例如,对甲苯乙酮,$\lambda_{max}^{CH_3OH} = 252$ nm,$\varepsilon_{max} = 12\,300$。

紫外光谱的吸收位置决定于电子跃迁的能量大小,可以跃迁的电子有:σ 电子、π 电子或 n 电子。在由活动性大的 π 电子形成共轭体系的化合物中,由于电子跃迁容易,故可用较小的能量从基态跃迁到激发态,相当于波长较长的紫外光能量。相反,σ 键的电子难以被激发,需要较大的能量才能激发。这相当于波长较短的紫外光能量。

电子跃迁的种类有 $\sigma \rightarrow \sigma^*$ 跃迁、$n \rightarrow \sigma^*$ 跃迁、$\pi \rightarrow \pi^*$ 跃迁和 $n \rightarrow \pi^*$ 跃迁,如图 6.1 所示。

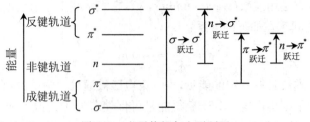

图 6.1　电子能级与电子跃迁

它们与吸收峰的波长关系如表 6.2 所示。

表 6.2　电子跃迁种类与吸收峰波长的关系

跃　迁　类　型	吸收峰波长(nm)
$\sigma \rightarrow \sigma^*$	~ 150
$n \rightarrow \sigma^*$	< 200
(孤立双键)$\pi \rightarrow \pi^*$	~ 200
$n \rightarrow \pi^*$	$200 \sim 400$

可见电子跃迁的种类不同,实现跃迁所需的能量是不同的。跃迁能量(ΔE)越大,则吸收光的波长(λ_{max})越短。

一般常用的紫外光分光光度计的测定范围在 200 nm～400 nm 的近紫外区,所以只能观察到跃迁能小的 $\pi \rightarrow \pi^*$ 及 $n \rightarrow \pi^*$ 吸收带。即紫外光谱只适用于分析分子中具有不饱和结构的化合物。例如,CH_3—CH=CH—CH=O 的 UV 谱,$\pi \rightarrow \pi^*$ 吸收带在短波长一端观察到强吸收,$n \rightarrow \pi^*$ 吸收带在长波长一端观察到的是弱吸收,如图 6.2 所示。

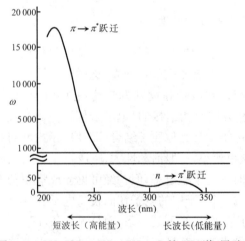

图 6.2　CH_3CH=CH—CH=O 的 UV 谱(甲醇)

记录纸上记录的光谱横轴为波长(nm),纵轴为吸光度 A 或透光度 T,根据兰伯特-比尔(Lambert-Beer)定律:

$$A = -\log \frac{I}{I_0} = \varepsilon \cdot c \cdot l$$

其中,c 为溶液的摩尔浓度(mol/L);l 为样品池长度(cm)。

由于吸光度 A 与溶液浓度和样品池长度成正比。所以,可将 A 换算成化合物固有的比例常数,即消光系数 ε。UV 谱采用这种重新换算过的 ε 或 $\lg\varepsilon$ 为纵轴。

紫外可见分光光度计如图 6.3 所示。

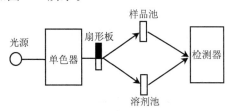

图 6.3　紫外可见分光光度计示意图

6.2.2　发色团与助色团

在第十四章中将谈到 $C=C$、$C=O$、$C=N$ 和 $N=O$ 等不饱和基团均称为发色团,含有这些键的分子可以吸收紫外光和可见光。当发色基团的共轭程度增加,或者 $—\overset{\cdot\cdot}{N}H_2$、$—\overset{\cdot\cdot}{O}H$ 和 $—\overset{\cdot\cdot}{C}l$、$—\overset{\cdot\cdot}{B}r$ 等助色团与发色团发生共轭时,则吸收带向长波长一端移动(这种现象叫做向红移动),并且消光系数也增大。例如:

$CH_2=CH_2$　　　　　　$\lambda_{max}=162$ nm　　　$\varepsilon_{max}=15\,000$

$H_2C=H—CH=CH_2$　$\lambda_{max}=217$ nm　　　$\varepsilon_{max}=20\,900$

维生素 A　　　　　　　$\lambda_{max}=325$ nm

　　　　　　　　　　　$\lambda_{max}=255$ nm　　　$\varepsilon_{max}=230$

—OH　　　　　　　　　$\lambda_{max}=270$ nm　　　$\varepsilon_{max}=1\,450$

孤立存在的发色团分子几乎不受周围影响,而以一定的消光系数吸收那些由发色团所特定了的波长的光。

简单有机分子的紫外光谱如表 6.3 所示。

表 6.3　简单有机分子的紫外光谱

发　色　团	化　合　物	吸收位置 λ_{max} nm(ε)		溶　剂
		$\pi\rightarrow\pi^*$	$n\rightarrow\pi^*$	
$C=C$	乙　烯	162(15 000)		蒸　气
$C=O$	乙　醛		292.4(11.8)	己　烷
	丙　酮	188(900)	279(14.8)	己　烷
—COOH	乙　酸		204(41)	醇
—COOR	乙酸乙酯		214	水
—COONH₂	乙　酰胺		214	水
$C=C—C=C$	1,3-丁二烯	217(20 900)		己　烷
$C=C—C=O$	丙烯醛	210(25 500)	315(13.8)	水,醇
芳　　基	苯	255(215)		醇
	苯乙烯	282(450)		醇

121

发 色 团	化 合 物	吸收位置 λ_{max} nm(ε)		溶 剂
		$\pi \rightarrow \pi^*$	$n \rightarrow \pi^*$	
	酚	244(12 000) 270(1 450) 210(6 200)		水
	硝 基 苯	280(1 000) 252(10 000)		己 烷

6.2.3 溶剂效应

UV 谱受溶剂的影响,与非极性溶剂相比,在极性溶剂中 $n \rightarrow \pi^*$ 吸收带向短波长一端移动,叫紫(蓝)移(blue shift)。反之,$\pi \rightarrow \pi^*$ 吸收带向长波长一端移动,叫红移(red shift)。

例如,羰基的 n 轨道电子虽然在基态时氧原子处于定域状态,但激发变成 π^* 轨道时电子向碳原子一方发生跃迁,即对 $n \rightarrow \pi^*$ 跃迁来说,与激发态相比基态为极性结构,如图 6.4 所示。

图 6.4　C=O 键的电子云

在极性溶剂中,化合物与溶剂静电的相互作用或氢键作用都可使基态或激发态趋于稳定化,然而因溶剂影响而稳定化的能量则基态比激发态大,致使 n 及 π^* 间能量差值变大,这样在实现 $n \rightarrow \pi^*$ 跃迁所需的能量也相应增加,故使 UV 谱向短波长一端移动。丙酮 $n \rightarrow \pi^*$ 跃迁时的溶剂效应如表 6.4 所示。

表 6.4　丙酮 $n \rightarrow \pi^*$ 跃迁时的溶剂效应

溶　　　剂	吸 收 位 置 （nm）
H_2O	265
CH_3OH, C_2H_5OH	270
1,4-二氧六环	277
$CHCl_3$	278
环己烷	280

与此相反,$\pi \rightarrow \pi^*$ 跃迁是 π 电子从电子云密集的 C—O 键之间的基态向着电子云充分分开的激发态进行的跃迁。在这种情况下,激发态的极性比基态的大,致使 $\pi \rightarrow \pi^*$ 跃迁所需的能量相应减少。因此,吸收波长向长波长一端移动,如图 6.5 所示。

由于溶剂对基态、激发态与 n 态的作用不同,对吸收波长的影响亦不同。因此在记录吸收波长时,需写明所用的溶剂。

紫外光谱主要用来揭示共轭体系分子。如两个以上 C=C 间的共轭,C=C 与 C=O 间的共轭,双键和一个芳香环间的共轭,芳香环本身的共轭等。例如,某化合物的分子式为 C_4H_6O,其构造式可能有多种,如果它的紫外光谱波长在 230nm 左右,并有较强的吸收强度(ε

在 5 000 以上），就可以推测它是一个共轭体系的分子——一个共轭醛或共轭酮：

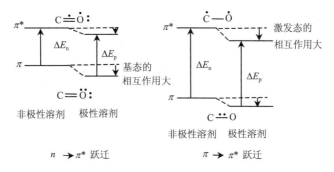

图 6.5　电子跃迁与溶剂效应

$$CH_3-CH=CH-\overset{\overset{\displaystyle H}{|}}{C}=O \quad 或 \quad CH_2=CH-\overset{\overset{\displaystyle O}{\|}}{C}-CH_3$$

至于它究竟是这两种结构中的哪一个，还需要进一步用红外和核磁共振谱来测定。

在用紫外光谱揭示共轭二烯及共轭烯酮类化合物的结构中，武德华（Woodward）和费塞尔（Fieser）规则有助于判断取代基的数量和位置。表 6.5 列出了 Woodward-Fieser 规则中使用的一些数据。

表 6.5　共轭二烯类与共轭烯酮类紫外吸收的 Woodward-Fieser 经验规则

	下列类型的母体二烯	$\lambda_{max}^{己烷}$ (nm)	$\overset{\delta\quad\gamma\quad\beta\quad\alpha}{C=C-C-C-C-C=O}\overset{R}{}$	$\lambda_{max}^{乙醇}$ (nm)
化合物		214	母体为 α,β-不饱和酮	215
	同环共轭二烯	253	α,β-不饱和醛	207
			五元环 α,β-不饱和酮	202
	每增加一个：共轭双键	30		30
	环外双键	5		5
	烷基	5		$\alpha,10;\beta,12;\gamma,\delta,18$
	助色团：			
	—Cl	5		$\alpha,15;\beta,12$
	—Br	5		$\alpha,25;\beta,30$
	—OR	6		$\alpha,35;\beta,30;\gamma,17;\delta,31$
	—SR	30		$\beta,85$
	—NR₂	60		$\beta,95$
	—OCOR	0		$\alpha,\beta,\gamma,\delta,6$

一般计算值与实验值之间的误差约为±5 nm。

下面举例说明：

例 1　　计算值 λ_{max} = 214 nm ＋ 5 nm ＋3×5 nm=234 nm（实验值 235 nm）
　　　　　　　母体二烯烃　环外双键　取代烷基

123

例2　计算值 λ_{max} ＝253 nm＋5×5 nm＋3×5 nm＋30 nm
　　　同环母体二烯　取代烷基　　环外双键　延伸双健
　　　　＝323 nm(实验值 320 nm)

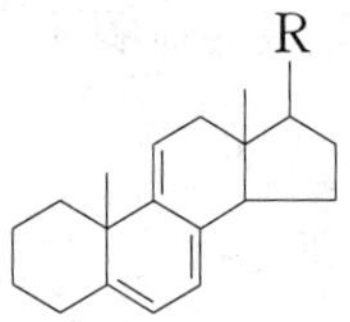

例3　计算值 λ_{max} ＝215 nm＋30 nm＋3×18 nm＝299 nm(实验值 296 nm)
　　　α,β-不饱和酮　延伸双键　γ,δ-取代烷基

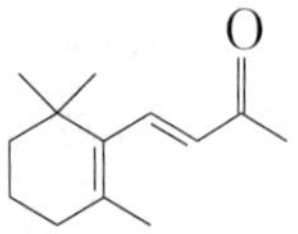

例4　计算值 λ_{max} ＝215 nm　＋　12 nm　＝227 nm(实验值 228 nm)
　　　α,β-不饱和酮　　β-取代烷基

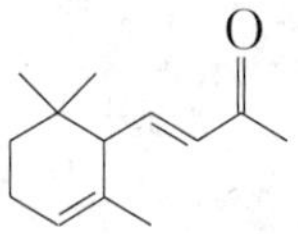

在某些情况下,根据紫外光谱有可能较易区别顺反异构体的构型。有机分子的构型不同,其紫外光谱的 λ_{max} 及 ε_{max} 也不同。通常反式大于顺式。例如:

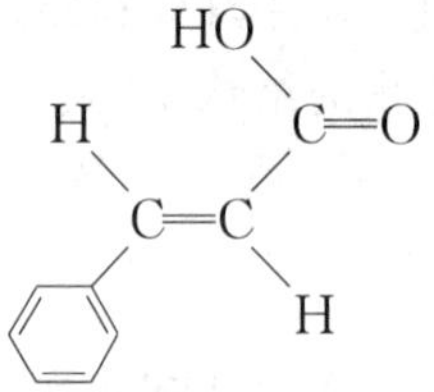

反式肉桂酸
λ_{max} ＝273 nm(ε＝21 000)

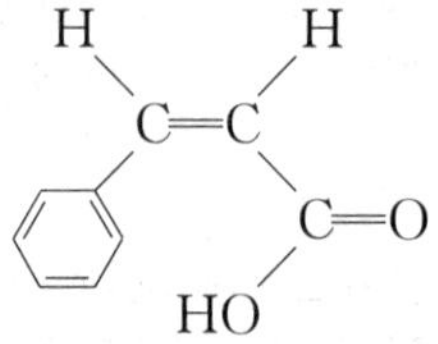

顺式肉桂酸
λ_{max} ＝264 nm(ε＝1 400)

这是因为在顺式肉桂酸中,环和—COOH 的空间位阻影响,致使环和双键不能较好共平面,因而共轭程度较反式异构体要差,所以激发所需的能量较大,即吸收带紫移。

6.3　红外光谱(IR)

分子运动的方式除了吸收紫外线产生的分子中价电子跃迁之外,还有分子中化学键的振动和分子本身的转动,这些运动方式也需吸收一定的辐射能,但这些能量远低于电子跃迁所需的能量,因此,所吸收的波长较长,落在红外区,所以红外光谱又称为振转光谱。

红外光谱应用最广的是化合物结构的鉴定。根据红外吸收曲线的峰位、峰强以及峰形判断化合物中是否存在某些官能团,与标准图谱对照可推断未知物的结构。

6.3.1　分子振动与红外光谱的基本原理

分子中原子与原子之间的化学键键长、键角不是固定不变的,如同弹簧连接起来的一组球。整个分子一直在不断地振动着,当一定频率的红外光经过分子时,就被分子中相同频率振动的键所吸收,如果分子中没有相同振动频率的键,红外光就不会被吸收。因此,用连续改变频率的红外光照射样品时,则通过样品槽的红外光有些区域较弱,有些区域较强。如用频率(ν)或波长为横坐标,用透光率(Transmittance,$T\%$)为纵坐标作图,就得到了红外吸收光谱。现在应用十分广泛的傅里叶变换红外光谱仪(Fourien Transform Infrared Spectrometer,简称FTIR)是由迈克逊干涉仪(Michelson Interferometer)和数据处理系统组成的。干涉仪将信号

以干涉图的形式送往计算机进行 Fourier 变换成红外光谱。FTIR 具有光谱范围宽,分辨率、精确度高等优点。

FTIR 的工作原理及红外光谱见图 6.6 和图 6.7。

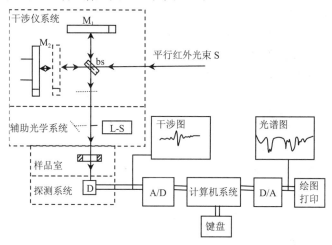

图 6.6　FTIR 工作原理示意图

S——平行红外光束;M₁——固定镜;M₂——动镜;b_s——分束器;L-S——激光(干涉仪)系统;
D——探测器系统;A/D(D/A)——模/数(数/模)转换器

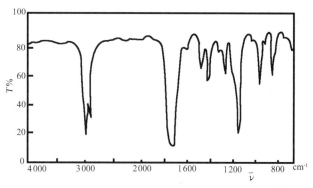

图 6.7　环戊酮的 IR 谱

可以设想分子中的键与弹簧相似,因此,化学键的振动可按谐振动处理,不同的是化学键的振动能是量子化的。双原子分子振动的机械模型如图 6.8 所示。

图 6.8　双原子分子的振动

根据虎克(Hooke)定律,其振动频率(ν)是化学键的力常数(k)与原子质量(m_1 与 m_2)的函数:

$$\nu_{振动} = \frac{1}{2\pi} \sqrt{\frac{k}{\dfrac{m_1 \cdot m_2}{m_1 + m_2}}} = \frac{1}{2\pi} \sqrt{\frac{k}{\mu}}$$

振动频率如以波数表示,则

$$\bar{\nu} = \frac{1}{2\pi c}\sqrt{\frac{k}{\mu}}$$

其中 c 是光速,μ 为原子的折合质量,k 为键的力常数,其含义是两个原子由平衡位置伸长 100 pm 后的回复力,它反映了键对伸缩或弯曲的阻力,即 k 的大小与键能键长有关,键能越大,键长越短,k 值就越大。单键的 k 值约为 5.2 N/cm,双键的 k 值约为 10.6 N/cm,叁键约为 16.2 N/cm,单键、双键、叁键力常数之比约为 1∶2∶3。力常数相当于键的弹簧强度,故随着弹簧结合牢固程度的增加,可使 IR 谱在高波数(高能)一端具有吸收带。从上式中可见,IR 谱的吸收位置除与键的力常数 k 有关外,也与键上的原子质量(m_1、m_2)有关,与质量大的原子结合在一起,IR 谱吸收位置处于低波数一端。

6.3.2 分子的振动自由度与峰数

分子中键的振动大致可分为伸缩振动(stretching vibration,原子间沿键轴方向伸长和缩短)与弯曲振动(bending vibration,组成化学键的两原子之一与键轴垂直方向作上下弯曲或左右弯曲)两种,分别以 ν 和 δ 表示,如图 6.9 所示。

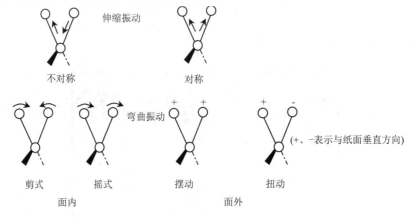

图 6.9 分子的振动方式

伸缩振动引起键长的变化,它们所产生的吸收带在高波数一端,伸缩振动有不对称伸缩与对称伸缩之分,前者在高波数一端。弯曲振动引起键角的变化,它们的力常数较小,因此它们所产生的吸收带在低波数一端,弯曲振动有面内弯曲与面外弯曲之分,前者也在高波数一端。

IR 谱的吸收峰数目取决于分子振动自由度。一个原子在空间的运动有三个自由度,即向 x、y、z 三个坐标方向运动。在含有 n 个原子的分子中,由于当原子结合成分子时,自由度数不损失,所以,分子自由度的总数为 $3n$ 个。分子作为一个整体,其运动状态可分为平动(移动)、转动及振动三类。

分子自由度数($3n$)＝平动自由度数＋转动自由度数＋振动自由度数

分子的振动自由度数＝$3n$－(平动＋转动)自由度数

无论是线性分子(如 CO_2)还是非线性分子(如 H_2O),平动自由为 3,这是因为分子的重力中心可以向三个方向平移,而转动自由度则不然,因为转动自由度是分子通过其重心绕轴旋转而产生的,故只有当转动时原子在空间的位置发生变化时,才产生自由度。所以,线性分子

126

的转动自由度为2,非线性分子的转动自由度为3,如图6.10所示。

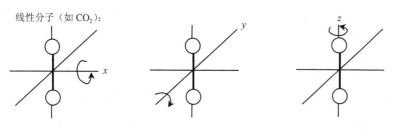

线性分子（如 CO_2）：

（绕z轴旋转时，不产生自由度）

非线性分子（如 H_2O）：

图 6.10　线性分子(CO_2)和非线性分子(H_2O)的转动自由度

因此,线性分子振动自由度$=3n-(3+2)=3n-5$,非线性分子振动自由度$=3n-(3+3)$ $=3n-6$。

理论上讲,每个振动自由度在红外光谱区均将产生一个吸收峰。但实际上,峰数往往比这个振动自由度数少,其原因是多方面的。如当振动过程中分子不发生瞬间偶极矩变化时,不引起红外吸收,而频率完全相同的振动彼此发生简并,强宽峰往往要覆盖与它频率相近的弱而窄的吸收峰等等。

下面举两个例子来说明分子振动自由度与IR谱吸收峰数目的关系。

例1　水是非线性分子,振动自由度数$=3n-6=3\times3-6=3$。即水分子有三种振动形式：

H_2O 的 IR 谱有三个吸收峰。

例2　CO_2 是线性分子,振动自由度数$=3n-5=3\times3-5=4$。即有四种振动形式：

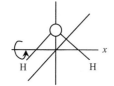 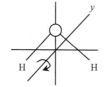 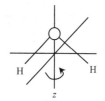

ν_s　　　　　　　ν_{as}　　　　　　$\delta(x$—y 平面$)$　　　　$\delta(y$—z 平面$)$

但 CO_2 实际上只在 667 cm^{-1} 和 2 349 cm^{-1} 处有两个吸收峰。这是由于其中对称伸缩振动不引起偶极矩发生改变,因此无吸收峰。而面内、面外弯曲振动的频率又完全相同(667 cm^{-1}),峰发生简并。

6.3.3　分子的偶极矩与峰强

红外光谱吸收峰强是指每一峰的相对强度,用透光率($T\%$)表示。"谷"越深,透光度越强,强弱符号的表示：vs(很强)、s(强)、m(中)、w(弱)、v(可变的)、b(宽的)。

谱带的强度会因操作条件及仪器而异。但一般来说,主要取决于化合物的吸收特征。如果化合物分子吸收红外光的振动过程中偶极矩变化越大,则峰越强。同样,如果样品浓度加大,峰强也随之加大,这主要是由于跃迁几率增加的缘故。

6.3.4　键与吸收峰位置

一般 IR 谱的吸收位置在 $4\,000\ \mathrm{cm}^{-1}\sim650\ \mathrm{cm}^{-1}$ 之间,波数大的能量高。IR 谱的整个范围又可分为 $4\,000\ \mathrm{cm}^{-1}\sim1\,500\ \mathrm{cm}^{-1}$ 和 $1\,500\ \mathrm{cm}^{-1}\sim650\ \mathrm{cm}^{-1}$ 两个区域。

$4\,000\ \mathrm{cm}^{-1}\sim1\,500\ \mathrm{cm}^{-1}$ 区域是由 X—H,X=Y,X≡Y(X、Y 可以是 O、N、C)等键的伸缩振动产生的吸收带。因为吸收峰位于高频区,故受分子中其他结构的影响较小,彼此间很少重叠,容易辨认,故为简单光谱,通常把它叫特征谱带区(官能团区)。根据未知物红外光谱图中在这一区域有无官能团的吸收带,可以推测化合物中所含的官能团。例如,醛酮分子中的羰基在 $1\,750\ \mathrm{cm}^{-1}\sim1\,690\ \mathrm{cm}^{-1}$ 处有一强的吸收峰,如未知物的 IR 谱图中在这一范围内没有吸收带,可以肯定它不是羰基化合物。如有吸收带,它可能含有羰基。因此,在 $4\,000\ \mathrm{cm}^{-1}\sim1\,500\ \mathrm{cm}^{-1}$ 这一区域称为官能团区。在这个区域内的高波数一端有与折合质量小的氢原子相结合的官能团,即表现出 O—H,N—H,C—H 键伸缩振动的吸收带,在低波数一端出现力常数大的叁键,累积双键(C=C=C)以及双键伸缩振动的吸收带。

在 $1\,500\ \mathrm{cm}^{-1}\sim650\ \mathrm{cm}^{-1}$ 区域,主要是单键 C—X(X、C、N、O)的伸缩振动和各种弯曲振动产生的吸收带。由于这些单键的键强(k 值)差别不大,原子质量又近似,所以出现的峰位也相近,互相影响较大,加上各种弯曲振动能级差小,所以这一区域谱带特别密集、复杂,分子的结构稍有不同,吸收带的位置和强度就有细微的差异,就如人的指纹,故称为指纹区。每一个化合物在这一区域都有它自己的特征光谱,因此,这一区域对于鉴别未知物尤为重要。如在未知物的 IR 谱图中的指纹区与某一标准样品相同,就可以断定它和标准样品是同一化合物。

各种键的振动所产生的谱带的频率归纳如图 6.11 所示。

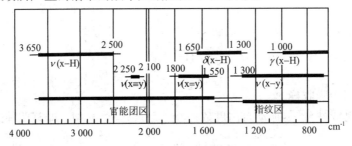

图 6.11　一些键的振动频率

(X=C,N,O　ν 表示伸缩振动　δ 表示面内弯曲振动　γ 表示面外弯曲振动　细线表示吸收峰在此出现的情况较少)

6.3.5　影响峰位变化的因素

分子内各基团的振动不是孤立的,而是受邻近基团以及整个分子其他部分的影响,有时还会因测定条件以及样品的物理状态等不同而改变。所以同一基团的特征吸收并不总固定在一个频率上,而是在一定范围内波动。例如,$\bar{\nu}_{C=O}$ 一般在 $1\,750\ \mathrm{cm}^{-1}\sim1\,690\ \mathrm{cm}^{-1}$,有时还超出此范围。了解影响峰位变化的因素将有助于推断分子中相邻部分的结构。

1. 内部因素

（1）电子效应——诱导效应和共轭效应。以羰基为例，若有一强吸电子基团和羰基碳原子邻接，它就要和羰基的氧原子争夺电子，从而使 C═O 键的力常数增加，可用共振式表示

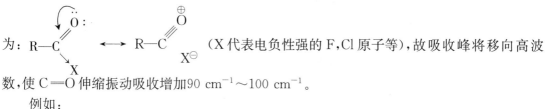

为：（X 代表电负性强的 F,Cl 原子等），故吸收峰将移向高波数，使 C═O 伸缩振动吸收增加 90 cm^{-1}～100 cm^{-1}。

例如：

$$R-\overset{\overset{\displaystyle O}{\|}}{C}-R \qquad \bar{\nu}_{C=O}=1\,715 \text{ cm}^{-1}$$

$$R-\overset{\overset{\displaystyle O}{\|}}{C}-H \qquad \bar{\nu}_{C=O}=1\,730 \text{ cm}^{-1}$$

$$R-\overset{\overset{\displaystyle O}{\|}}{C}-Cl \qquad \bar{\nu}_{C=O}=1\,800 \text{ cm}^{-1}$$

$$R-\overset{\overset{\displaystyle O}{\|}}{C}-F \qquad \bar{\nu}_{C=O}=1\,920 \text{ cm}^{-1}$$

又如 $R-\overset{\overset{\displaystyle O}{\|}}{C}-NH_2 \longleftrightarrow R-\overset{\overset{\displaystyle \ominus O}{\|}}{C}=\overset{\oplus}{N}H_2$，分子中同时存在诱导效应和共轭效应，而且 p-π

共轭效应超过诱导效应，结果，由于电子密度平均化，使 C═O 的双键性质降低，使键的力常数减小，故吸收峰反而移向低波数区：$R-\overset{\overset{\displaystyle O}{\|}}{C}-NH_2$ $\bar{\nu}_{C=O}$ 在 1 690 cm^{-1}～1 650 cm^{-1} 之间。

由此可见，在同一化合物中，同时存在诱导效应和共轭效应时，吸收峰的位移方向由影响较大的那个效应所决定。

（2）空间效应。包括场效应，空间位阻效应，它们也使分子中电子密度分布发生变化而影响吸收峰位置的改变。例如：

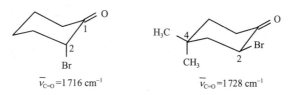

$$\bar{\nu}_{C=O}=1\,716 \text{ cm}^{-1} \qquad\qquad \bar{\nu}_{C=O}=1\,728 \text{ cm}^{-1}$$

环己酮和 4,4-二甲基环己酮 $\bar{\nu}_{C=O}$ 都是 1 712 cm^{-1}，但它们的 2-溴化物却不同，前者为 1 716 cm^{-1}，后者为 1 728 cm^{-1}，这种差别在于它们 C—Br 与 C═O 键虽然均可形成 $\overset{\delta^+}{C}-\overset{\delta^-}{Br}$ 及 $\overset{\delta^+}{C}-\overset{\delta^-}{O}$ 两个偶极，但后者的 $\overset{\delta^+}{C}-\overset{\delta^-}{Br}$ 键为平伏键，与 C═O 比较接近，经过空间的静电相互作用

而使 $\diagup\!\!\!\!\diagdown\!\!\!\!C\!\!=\!\!O$ 的双键性增加,结果 $\bar{\nu}$ 值增加。

又如:

$$\bar{\nu}_{C=O}=1\,663\ \text{cm}^{-1} \qquad \bar{\nu}_{C=O}=1\,693\ \text{cm}^{-1}$$

在上面两个化合物中,后者的立体障碍比较大, $-\overset{\text{O}}{\overset{\|}{C}}-CH_3$ 与环上的双键不能很好地共平面,使环上双键与羰基共轭受到限制,故其 $C\!=\!O$ 的双键特性强于前者,吸收峰出现在高波数处。

(3) 氢键效应。氢键的形成通常使伸缩振动频率向低波数方向移动。例如,羟基与羰基形成分子内氢键时, $\bar{\nu}_{C=O}$ 及 $\bar{\nu}_{O-H}$ 都向低波数方向移动。

(形成分子内氢键)

$\bar{\nu}_{C=O}$(缔合)$=1\,622\ \text{cm}^{-1}$

$\bar{\nu}_{C=O}$(游离)$=1\,675\ \text{cm}^{-1}$

$\bar{\nu}_{O-H}$(缔合)$=2\,843\ \text{cm}^{-1}$

(未形成分子内氢键)

$\bar{\nu}_{C=O}$(游离)$=1\,676\ \text{cm}^{-1},1\,673\ \text{cm}^{-1}$

$\bar{\nu}_{O-H}$(游离)$=3\,615\ \text{cm}^{-1}\sim3\,605\ \text{cm}^{-1}$

(4) 互变异构。分子发生互变异构,吸收峰也将发生位移,在红外光谱上能够出现各异构体的峰带。例如:

$$CH_3-\overset{\text{O}}{\overset{\|}{C}}-CH_2-\overset{\text{O}}{\overset{\|}{C}}-OC_2H_5 \Longleftrightarrow CH_3-\overset{\text{OH}}{\overset{\|}{C}}=CH-\overset{\text{O}}{\overset{\|}{C}}-OC_2H_5$$

酮 式 $\qquad\qquad\qquad$ 烯醇式

$\bar{\nu}_{C=O}=1\,738\ \text{cm}^{-1},1\,717\ \text{cm}^{-1}$ $\qquad$ $\bar{\nu}_{C=O}=1\,650\ \text{cm}^{-1}$

$\bar{\nu}_{O-H}=3\,000\ \text{cm}^{-1}$

(5) 样品物理状态的影响。样品在气态(用气体槽测定)、液态(可用液膜法测定)及固态(KBr 压片法)下测定,在气态下测定可以提供游离分子的情况,液态与固态样品由于分子间缔合和氢键的产生,常对峰位有一定的影响。例如,丙酮的 $\bar{\nu}_{C=O}$ 在气态测定为 $1\,738\ \text{cm}^{-1}$,而在液态测定为 $1\,715\ \text{cm}^{-1}$。

2. 外部因素

主要指溶剂的影响及仪器色散元件的影响,极性基团的伸缩频率常常随溶剂的极性增大而降低。例如,羧酸中的羰基伸缩频率($\bar{\nu}_{C=O}$)如下:

气体: $-\overset{\text{O}}{\overset{\|}{C}}-OH$ $\bar{\nu}_{C=O}=1\,780\ \text{cm}^{-1}$

非极性溶剂中：

$$\overset{\text{O}}{\underset{\parallel}{}}$$

非极性溶剂中：$-\overset{\overset{\text{O}}{\parallel}}{\text{C}}-\text{OH}$　　$\bar{\nu}_{C=O}=1\,760\ cm^{-1}$

乙醇中：$-\overset{\overset{\text{O}}{\parallel}}{\text{C}}-\text{OH}$　　$\bar{\nu}_{C=O}=1\,720\ cm^{-1}$

仪器的色散元件棱镜、光栅与傅里叶变换红外光谱仪的分辨率不同，前两者分辨率低，后者分辨率高，故它们彼此的光谱有所不同。

6.3.6　红外光谱的解析

对不同官能团引起的特征吸收峰的鉴定是红外光谱解析的基础。例如，—OH（或 $\diagdown\text{N—H}$ ）伸缩振动在 $3\,350\ cm^{-1}$ 处产生一个吸收峰。故一化合物的红外光谱，如在 $3\,350\ cm^{-1}$ 处给出一个吸收峰，则显然意味着该化合物分子中含有—OH（或 $\diagdown\text{N—H}$ ）基。但正如前面所说的那样，一个基团的吸收谱带可受各种因素影响而发生位移，因此，解析红外光谱不是一件简单的事情。

要解析红外图谱，首先必须熟悉各个特征吸收峰，了解它们在哪些区域出现，通常可将红外光谱划为八个重要区段，见表 6.6。参考表 6.6 可以推测化合物的红外光谱吸收特征，或根据红外光谱特征，初步推测化合物中可能存在什么官能团。对结构比较简单的未知物，可依靠红外光谱提供的信息和所给出的分子式，把它的结构推出来。对结构比较复杂的未知物，尚需查阅标准图谱核对或配合 UV、NMR、MS，以确认其结构。

表 6.6　红外光谱的八个峰区

	波　长（μm）	波　　数（cm⁻¹）	键　的　振　动　类　型
①	2.7～3.3	3 750～3 000	$\bar{\nu}_{O-H}$, $\bar{\nu}_{N-H}$
②	3.0～3.3	3 300～3 000	$\bar{\nu}_{C-H}$（$-\text{C}\equiv\text{C—H}$，$\diagup\!\!\!\diagdown\text{C}=\text{C—H}$，Ar—H ）
③	3.3～3.7	3 000～2 700	$\bar{\nu}_{C-H}$（$-\text{CH}_3$，$-\text{CH}_2-$，$\diagdown\text{C—H}$，$-\overset{\overset{}{}}{\underset{\text{H}}{\text{C}}}=\text{O}$ ）
④	4.2～4.9	2 400～2 100	$\bar{\nu}_{C\equiv C}$，$\bar{\nu}_{C\equiv N}$
⑤	5.3～6.1	1 900～1 650	$\bar{\nu}_{C=O}$（酸、醛、酮、酰胺、酯、酸酐）
⑥	5.9～6.2	1 675～1 500	$\bar{\nu}_{C=C}$（脂肪族及芳香族，$\bar{\nu}_{C=H}$）
⑦	6.8～7.7	1 450～1 300	(C=N) $\delta-\overset{\diagup}{\text{C}}-\text{H H（面内）}$
⑧	10.0～15.4	1 000～650	$\delta_{C=C-H}$，Ar—H（面外）

红外光谱的解析方法没有固定的程序。一般可按如下顺序进行：

（1）了解样品的来源及测试方法。了解样品来源可以缩小结构的推测范围。谱图测试方法不同，谱带的位置、形状也会有所不同。

（2）求分子式与不饱和度。由元素分析和质谱数据，确定化合物的分子式，由分子式计算不饱和度(unsaturation number, UN)。UN 的计算通式：$UN = (n_4 + 1) - \dfrac{n_1 - n_3}{2}$。式中 n_4、n_1、n_3 分别为化合物中四价原子(如 C)、一价原子(如 H)和三价原子(如 N)的 数目。UN$\geqslant$4 的化合物可能含有苯环。

(3) 分析高波数范围(1 500 cm^{-1} 以上)基团特征吸收峰的位置、强度和峰形，并兼顾 1 350 cm^{-1}～1 000 cm^{-1} 的 $\bar{\nu}_{C-O}$ 和 $\bar{\nu}_{C-O-C}$ 谱带，以确认某种基团的存在和估计分子类型。这时应特别注意把描述各官能团的相关峰联系起来，以准确判定官能团的存在。如是—CH$_3$，在 2 960 cm^{-1}～2 870 cm^{-1}($\bar{\nu}_{C-H}$)和 1 450 cm^{-1}，1 380 cm^{-1}(δ_{C-H})有吸收峰的存在；若是烯烃，则应在 3 100 cm^{-1}～3 040 cm^{-1}($\bar{\nu}_{=C-H}$)，1 680 cm^{-1}～1 640 cm^{-1}($\bar{\nu}_{C=C}$)和 1 000 cm^{-1}～650 cm^{-1}(δ_{C-H}面外)有吸收峰存在。

(4) 分析指纹区(1 000 cm^{-1}～650 cm^{-1})的 C—H 面外弯曲振动，以确定烯烃和芳烃的取代类型。如苯环的一取代在～750 cm^{-1}，～700 cm^{-1} 有两个强峰；苯环的二元取代：邻二取代在 770 cm^{-1}～735 cm^{-1} 有一强峰，间二取代在 810 cm^{-1}～750 cm^{-1}，710 cm^{-1}～690 cm^{-1} 有两个强峰，对二取代，在～860 cm^{-1} 有一强峰。

(5) 综合以上分析提出化合物的合理结构。对难以确认的结构，可与其他谱相配合或查阅标准图谱。

例 化合物分子式为 C_8H_8O，它的红外光谱如图 6.12 所示，推导其结构。

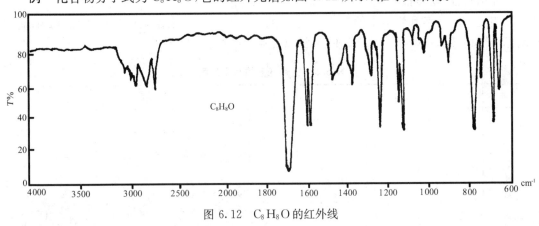

图 6.12　C_8H_8O 的红外线

解 分子式 C_8H_8O 的不饱和度 $UN = (8 + 1) - \dfrac{8}{2} = 5$，UN$>$4，化合物可能含有苯环。图中 3 030 cm^{-1}，1 600 cm^{-1}，1 580 cm^{-1} 吸收峰说明苯环的存在，在 780 cm^{-1} 和 690 cm^{-1} 两个强吸收峰表明是间位二取代苯。在 1 710 cm^{-1} 处的强吸收峰是羰基化合物的特征，而 2 820 cm^{-1} 和 2 720 cm^{-1} 两吸收峰说明是醛基。根据分子式 C_8H_8O 减去—C_6H_4—和—CHO，只余下—CH$_3$，谱图中有 2 920 cm^{-1}，2 870 cm^{-1}($\bar{\nu}_{C-H}$)和 1 380 cm^{-1}(δ_{C-H})吸收峰也表明—CH$_3$ 的存在。故可判定化合物的结构是间甲基苯甲醛。

6.3.7　烃类(烷、烯、炔)化合物的 IR 谱

在初次遇到红外光谱时，我们要看由 C—H 和 C—C 键振动而产生的吸收谱带，此谱带将经常地重现于我们所遇到的所有光谱中，因为在各类化合物中除官能团外，都含有碳和氢。

首先我们看 C—C 键伸缩振动所引起的谱带:烷烃的 C—C 单键伸缩振动($\bar{\nu}_{C-C}$)在 1 400 cm^{-1}～700 cm^{-1}区域有很弱的吸收,吸收峰不明显,在结构分析中用处不大。烯烃的 C=C 双键伸缩振动($\bar{\nu}_{C=C}$)在 1680 cm^{-1}～1640 cm^{-1},炔烃的 $\bar{\nu}_{C\equiv C}$在 2200 cm^{-1}～2100 cm^{-1}。但是这些谱带常常是不可靠的,这是因为相当对称的取代烯烃和炔烃,振动不会引起偶极矩的改变,而这对红外吸收是必要的。因而它们可以完全不出现。通常更有用的是由于各种 C—H 键振动而产生的谱带。

C—H 伸缩振动所引起的吸收发生在光谱的高频端,它代表带氢原子的碳的杂化特征:对于烷烃,$\bar{\nu}_{C_{sp^3}-H}$在 2960 cm^{-1}～2800 cm^{-1},对于烯烃 $\bar{\nu}_{C_{sp^2}-H}$在 3100 cm^{-1}～3000 cm^{-1},对于炔烃 $\bar{\nu}_{C_{sp}-H}$在 3300 cm^{-1}。各种 C—H 弯曲振动所引起的吸收发生在光谱的低频区,也代表着结构的特征。烷烃的碳—氢弯曲振动($\delta_{C_{sp^3}-H}$)在 1475 cm^{-1}～1300 cm^{-1},对于甲基还有一个相当特征的谱带在 1380 cm^{-1}～1370 cm^{-1}(强),亚甲基在 1 465±20 cm^{-1}(中),异丙基的"分裂"是特征性的:在 1370 cm^{-1}和 1380 cm^{-1}处有两个等强度的双峰,叔丁基给出一个不对称的双峰:1370 cm^{-1}(强)和 1395 cm^{-1}(中)。

烯烃中的碳氢弯曲振动($\delta_{C_{sp^2}-H}$有面内和面外,面外弯曲振动=C—H 振动垂直于烯烃分子的平面)较为有用,吸收在 1000 cm^{-1}～800 cm^{-1}区域内有一些强谱带,正确的位置取决于取代基的性质,数目以及立体化学等。故对于鉴定各种类型的烯烃非常有用:

$$\underset{H}{\overset{R}{>}}C=C\underset{H}{\overset{H}{<}}\quad 920\text{ cm}^{-1}\sim910\text{ cm}^{-1},1000\text{ cm}^{-1}\sim990\text{ cm}^{-1}$$

$$\underset{R}{\overset{R}{>}}C=C\underset{H}{\overset{H}{<}}\quad 900\text{ cm}^{-1}\sim880\text{ cm}^{-1}$$

$$\underset{H}{\overset{R}{>}}C=C\underset{H}{\overset{R}{<}}\quad 730\text{ cm}^{-1}\sim675\text{ cm}^{-1}$$

$$\underset{H}{\overset{R}{>}}C=C\underset{R}{\overset{H}{<}}\quad 975\text{ cm}^{-1}\sim965\text{ cm}^{-1}$$

$$\underset{R}{\overset{R}{>}}C=C\underset{H}{\overset{R}{<}}\quad 840\text{ cm}^{-1}\sim790\text{ cm}^{-1}$$

炔烃的碳氢弯曲振动($\delta_{C_{sp}-H}$)在 700 cm^{-1}～600 cm^{-1}。

下面是直链烷烃、烯烃和炔烃的红外光谱,见图 6.13、图 6.14 和图 6.15。

现在我们再回到前面提及的 C_4H_6O 的结构鉴定问题:$CH_2=CH-\underset{\underset{CH_3}{|}}{C}=O$ 与

$CH_3—CH=CH—\overset{H}{\underset{}{C}}=O$ 。具有分子式为 C_4H_6O 的化合物在紫外区 230 nm 附近显示强吸收带,在红外区 1 010 cm^{-1} 和 900 cm^{-1} 附近有吸收谱带,这与具有 $H_2C=C\overset{H}{\underset{}{}}$ 部分结构的碳—氢弯曲振动吸收相符合。因此,通过紫外与红外光谱的结合使用,就可以明确地指定它的结构为 $H_2C=CH—\underset{CH_3}{C}=O$ 。

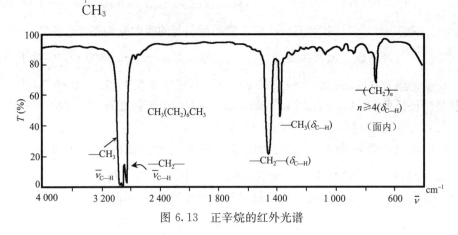

图 6.13　正辛烷的红外光谱

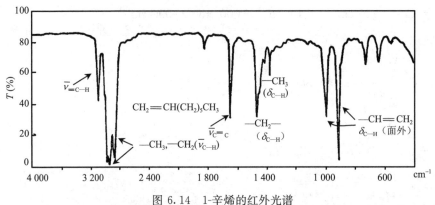

图 6.14　1-辛烯的红外光谱

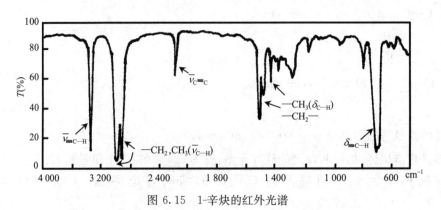

图 6.15　1-辛炔的红外光谱

134

6.4 核磁共振谱(NMR)

除了红外光谱作为探测有机化合物结构特点的例行方法外,核磁共振谱是测定有机分子结构最有用和最有力的工具之一。红外光谱可以指出未知物是什么类型的化合物,而核磁共振谱却有助于指出它是什么化合物。目前最常用的是^1H和^{13}C核磁共振谱。

6.4.1 核磁共振的基本原理

在某些分子内发生与核本身有关的跃迁,但这种跃迁所需的能量要比实现电子跃迁(418 $kJ \cdot mol^{-1}$)和振动跃迁(41.8 $kJ \cdot mol^{-1}$)所需的能量低几个数量级。原子核除有质量、电荷外,还具有像电子一样自旋这一重要特性。实践证明,那些奇原子序数或奇质量数(或两者都为奇数)的原子核,例^1H、^{13}C、^{19}F、^{31}P等具有自旋角动量,显示磁性质。

按照量子理论,磁性核在外加磁场中自旋取向不是任意的,自旋取向数$=2I+1$($I=$自旋量子数,可以是0、$\frac{1}{2}$、1、$1\frac{1}{2}$、$\cdots$)。我们感兴趣的首先是质子(^1H)——普通氢核,其自旋量子数I为$\frac{1}{2}$,因此,在外加磁场(H_0)中自旋取向有两种,一种与外加磁场一致,另一取向与外加磁场相反,这两种自旋取向分别代表不同的某一特定的能量状态。与H_0一致的,氢核处于低能态(稳定能级),与H_0相反时,氢核处于高能态(不稳定能级),如图6.16所示。

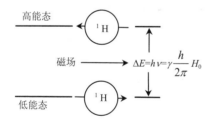

图 6.16 质子在外磁场(H_0)中的取向

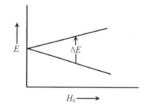

图 6.17 ΔE与H_0的关系

量子力学的计算结果表明:两种取向间的能级差$\Delta E = \gamma \dfrac{h}{2\pi} H_0$,其中$h$是普朗克常数,$\gamma$是一个比例常数,称为磁旋比(magnetogyric ratio)。因原子核不同而异,质子的γ值为26.750,^{13}C的γ值为6.728 $rad \cdot s^{-1} \cdot Tesla^{-1}$。$H_0$为外加磁场强度。

上式表明,氢核由自旋的低能态向高能态跃迁时所需的能量ΔE与外加磁场强度(H_0)成正比,如图6.17所示。

如果用能量为$\Delta E = h\nu_0$的电磁波作用样品,氢核吸收该电磁波的能量,从稳定能级跃迁到不稳定能级,即发生核磁共振。其频率与磁场之间存在以下关系:

$$\Delta E = h\nu_0 = \gamma \frac{h}{2\pi} H_0, \quad \nu_0 = \frac{\gamma}{2\pi} H_0$$

这表明,发生共振的电磁波频率(ν_0)与外加磁场的强度成正比,如表6.7所示:

表 6.7　ν_0 与 H_0 的关系

外加磁场强度(T)	氢核发生共振吸收时的电磁波的频率 （MHz）
1.4	60
2.114	90
2.35	100

核磁共振谱是在磁场中的吸收谱，所以核磁共振装置应备有磁场及电磁波装置，如图 6.18 所示。

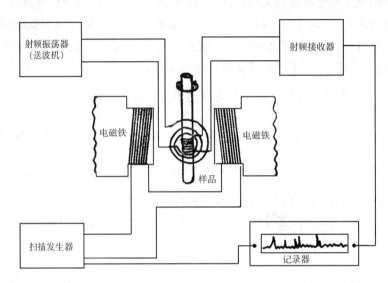

图 6.18　核磁共振装置示意图

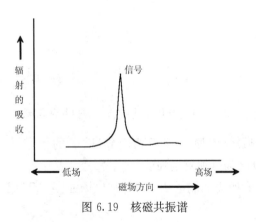

图 6.19　核磁共振谱

样品管放在磁场强度很大（如 1.4 T）的电磁铁两极之间，用固定频率［如 60 MHz（兆赫）］的无线电波照射，在扫描发生器的线圈中通直流电，产生一个微小的磁场，使总磁场强度逐渐增加，当磁场强度达到一定值 H_0 时，$\left(\text{使 } \nu_0 = \dfrac{\gamma}{2\pi} H_0\right)$ 样品中某一类型的质子发生能级的跃迁，接受器就会收到信号，经放大由记录器记录下来，如图 6.19 所示。目前最常用的仪器为 60 MHz，90 MHz，100 MHz。一般兆赫数越大，分辨率越高。

6.4.2　化学位移

所有的质子 γ 值都是相同的，在一个有机分子中的全部质子似乎应当在同一磁场强度 $H_0 = \dfrac{2\pi}{\gamma} \nu_0$ 下产生一个信号。但实际上却不是这样。例如，对乙醇样品进行磁场强度由低至高的扫描，首先出现 OH 基中的 H 的信号。其次是 CH_2 中的 H 的信号，最后是 CH_3 基中 H

的信号,如图 6.20 所示。这是由于有机化合物分子中的质子周围还有电子,当质子周围的电子经外加磁场作用时,电子对于所加的外部磁场在垂直的平面内发生循环,产生与外加磁场方向相反的感应磁场,如图 6.21 所示。

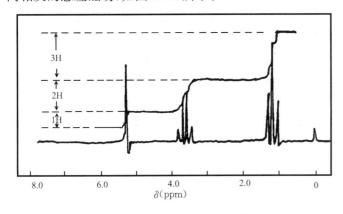

图 6.20 乙醇的 ^{1}H-NMR 谱

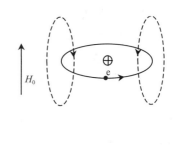

图 6.21 σ 电子产生的感应磁场

由于感应磁场的存在,实际上作用于质子的磁场强度比外加磁场强度 H_0 要小一些(百万分之几), $H_{有效} = H_0(1-\sigma) = H_0 - H_{感应}$。核外电子对核产生的这种作用称为屏蔽效应(shielding effect),σ 称为屏蔽常数。因此,外加磁场的强度还要略为增加(以补偿感应磁场)才能使质子的能级发生跃迁。σ 电子所产生的屏蔽效应的大小与质子周围的电子云密度有关。密度越大,屏蔽效应越大,即在更高的磁场强度下才发生共振。在乙醇的例子中,O—H 键与 C—H 键相比较,由于氧原子的电负性比碳原子大,O—H 键上的质子周围的电子云密度比 C—H 键上的质子小,电子云的屏蔽效应也比较小,因此 O—H 键上的质子在磁场强度较低处就可发生能级的跃迁。而 CH_2 和 CH_3 相比较,由于 CH_2 与—OH 直接相连,羟基的吸电子效应使 CH_2 上质子周围电子云密度比 CH_3 的质子小,屏蔽效应也小,因此 CH_2 上的质子可在磁场强度较低处发生能级的跃迁。

芳环中的 π 电子在外加磁场作用下产生(π 电子)环流,如图 6.22 所示。

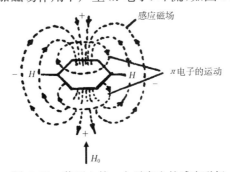

图 6.22 芳环上的 π 电子产生的感应磁场

可以看出,在环上的质子周围,感应磁场的方向与外加磁场相同。因此芳环上质子实际感受到的有效场应是外磁场强度加上感应磁场强度。这时质子在较低外磁场强度作用下即可发生能级的跃迁。因此,π 电子对芳环上的质子不是屏蔽,而是去屏蔽(deshielding)。

由上述可以看出,一个屏蔽的质子在一个较高的外加磁场强度下发生共振。因此,屏蔽使吸收峰位置移向高场,而去屏蔽使吸收峰移向低场。这样由电子的屏蔽和去屏蔽引起的核磁共振吸收位置的移动叫做化学位移(chemical shift)。因此,一个质子的化学位移是由质子的电子环境所决定的。在一个分子中,不同环境的质子有不同的化学位移,环境相同的质子有相同的化学位移。

化学位移的单位可以方便地用总的外加磁场的百万分之几(ppm)来表示。化学位移的大小,可采用一个标准化合物为原点,测出峰与原点的距离,就是该峰的化学位移(用 ΔH 或 $\Delta\nu$ 表示)。现在一般都采用四甲基硅$(CH_3)_4Si(TMS)$为标准化合物。选 TMS 为标准物是因为:①TMS 的 12 个质子化学环境相同,只有一个峰;②TMS 氢核的屏蔽程度高,所以它的共振吸收峰位于高场端,对一般有机化合物的吸收峰不产生干扰。

化学位移依赖于磁场,磁场越大,位移也越大。为了在表示化学位移时其数值不受测量条件的影响,可将相对的频率差数除以核磁共振仪所用的频率,这样化学位移参数(δ 值)规定为:

$$\delta = \frac{(\nu_{样品} - \nu_{TMS})(Hz)}{\nu_{共振仪频率}(MHz)} = \frac{\Delta\nu(Hz)}{\nu_{共振仪频率}(MHz)} \times 10^6$$

因为在上式中 $\Delta\nu$ 以赫兹(Hz)表示,而分母以兆赫(MHz)表示,为使化学位移便于记录和运用,故上式乘以 10^6,单位为 ppm。对 ^{1}H-NMR,δ 值范围为 $0\sim20$ ppm,60 MHz 的仪器,1 ppm=60 Hz;100 MHz 的仪器,1 ppm=100 Hz。

分子中处于各种结构环境的质子,都有特征的 δ 值,见表 6.8。

表 6.8 有机化合物中不同类型质子的 δ 值

质 子 的 类 型	化 学 位 移 δ(ppm)
四甲基硅烷$(CH_3)_4Si$	0.0
环丙烷的 $\begin{matrix} CH_2—CH_2 \\ CH_2 \end{matrix}$	0.2
伯 $R—CH_3$	0.9
仲 $R—CH_2$	1.3
叔 $R—CH$	1.5
乙烯型的 $C=C$ H	4.6~5.9
乙炔型的 $—C\equiv C—H$	2~3
芳环型的 Ar—H	6~8.5
苄基型的 Ar—C—H	2~3
烯丙基型的 $C=C—CH$	1.7~1.8
氟代物的 H—C—F	4~4.5

138

续表 6.8

质子的类型		化学位移 δ(ppm)
氯代物的	H—C—Cl	3～4
溴代物的	H—C—Br	2.5～4
碘代物的	H—C—I	2～4
醇的	H—C—OH	3.4～4
醚的	R—O—C—H	3.3～4
醛基中的	R—CHO	9～10
酮(羰基化合物的)	H—C—C=O	2～2.7
酸的	H—C—COOH	2～2.6
酯的	RCOO—C—H	3.7～4.1
酯的	H—C—COOR	2～2.2
羟基中的	R—OH	1～5.5
酚的	ArOH	4～12
烯醇的	C=C—OH	15～17
羧基的	RCOOH	10.5～12
氨基的	$R—NH_2$	1～5(峰不尖)

从表中可知多数化学位移的 δ 值在 0～10 之间。1970 年 IUPAC 建议化学位移采用 δ 值，规定 TMS 的 δ 为 0 ppm。在核磁共振谱图上，磁场强度增加的方向是 δ 值减小的方向，容易引起混乱。因此早期也有用 τ 来表示化学位移，$\tau = 10 - \delta$，例如，δ 为 1.0，则 $\tau=9.0$，τ 值增加的方向与磁场强度增加的方向一致，这里把 TMS 的信号当作 10.0 ppm。

影响化学位移的因素：

化学位移取决于核外电子云密度，因此影响电子云密度的各种因素都对化学位移有影响。影响最大的是电负性和各向异性效应。

(1) 电负性(electronegativity)。由于诱导效应，电负性取代基降低氢核外围电子云密度，其共振吸收峰向低场位移，δ 值增大，如

	CH_3F	CH_3OH	CH_3Cl	CH_3Br	CH_3I	CH_4	TMS
X 电负性	4.0	3.5	3.0	2.8	2.5	2.1(H)	1.8(Si)
δ(ppm)	4.06	3.4	3.05	2.68	2.16	0.23	0

(2)各向异性效应。当分子中某些基团的电子云排布不呈球形对称时,它对邻近的 ^{1}H 核产生一个各向异性的磁场,从而使某些空间位置的 ^{1}H 核受屏蔽,而另一些空间位置上的 ^{1}H 核去屏蔽。这种现象称为各向异性效应(anisotropic effect)。

双键和叁键化合物的各向异性效应:乙烷 ^{1}H 的 $\delta=0.96$ 而乙烯质子的 $\delta=5.84$,主要是因为乙烯受到与双键平面垂直的外磁场作用时,双键上的 π 电子环流产生一个与外磁场方向相反的感应磁场,如图 6.23(a)所示,质子恰好在去屏蔽区。乙炔的圆筒形 π 电子环流产生的感应磁场沿键轴方向为屏蔽区。炔氢正好处在屏蔽区,故 $\delta=2.8$(较烯氢高场),如图 6.23(b)所示。

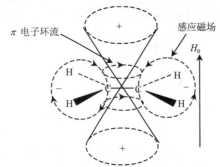

图 6.23(a) 乙烯的各向异性效应

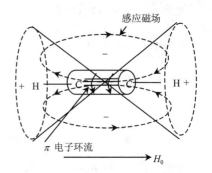

图 6.23(b) 乙炔的各向异性效应

同理,苯在受到与苯环平面垂直的外磁场作用时,苯环 π 电子环流产生的感应磁场也使苯分子的整个空间划分为屏蔽区和去屏蔽区,苯环上的六个氢恰好都处在去屏蔽区(见图 6.22),所以化学位移在低场,$\delta=7.26$。

许多分子,例如醛、酮、酯、羧基等都会产生各向异性效应,C—C 单键和 C—H 单键亦有各向异性效应,它是远程屏蔽效应。

除电负性和各向异性的影响外,氢键、溶剂效应、范德华效应也对化学位移有影响。由于氢键的形成可以削弱对氢键质子的屏蔽,使共振吸收移向低场。而氢键形成的程度与样品浓度、温度等有直接关系,因此在不同条件下—OH 和—NH$_2$ 质子的化学位移变化范围较大。如醇—OH 的质子 δ 在 0.5~5 之间。

常见化合物的 δ 大致范围如下:

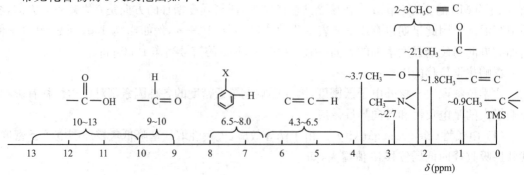

140

更细致地考察图 6.20 中的图谱,还可以发现另一特点,即乙醇的三个共振吸收峰下面的面积是不相等的。测量的结果表明面积比为 3:2:1(这一般由自动积分仪对峰面积进行自动积分得到)恰好相当于 CH_3 基,CH_2 基和 OH 基中氢原子的个数之比。因此,^{1}H-NMR 谱不仅显示各种氢原子的化学位移,而且也表明各种环境的氢原子的数目。

6.4.3 自旋—自旋偶合

在 ^{1}H-NMR 谱图中,每一种质子都显示一个信号,例如,乙醇分子中包含三种不同的质子,故显示出三个共振吸收峰。但实际情况比这复杂,乙醇分子中的三类质子在使用高分辨率的 NMR 谱仪中,分别表现出相当于三个质子的一组三重峰(—CH_3)及相当于两个质子的一组四重峰(—CH_2—),如图 6.20 所示。图中与 CH_3 氢原子和 CH_2 氢原子相联系的各共振单峰分别裂为 n 个小峰,这种裂分图形是由于自旋—自旋偶合现象造成的,即可归因于邻近的氢原子对进行 NMR 跃迁的氢原子的磁影响。正如电子的磁性质影响邻近氢核的磁场一样,邻近的氢原子也影响磁场。但是,影响的大小随邻近氢原子的自旋态而变化,氢原子的自旋态为 $+\frac{1}{2}$ 和 $-\frac{1}{2}$ 时的磁影响是不同的。例如,在乙醇分子中甲基(CH_3—)上的质子(用 H_a 代表)附近有亚甲基(—CH_2—)上的两个质子(用 H_b 代表)。那么两个 H_b 对 H_a 有什么影响呢?每个 H_b 的自旋态可有两种取向 $\left(+\frac{1}{2}, -\frac{1}{2}\right)$,因此两个 H_b 的自旋态可有三种不同的组合方式:

(1) 两个 H_b 的自旋态都是 $+\frac{1}{2}$(总自旋为 1);

(2) 一个 H_b 的自旋态为 $+\frac{1}{2}$,另一个为 $-\frac{1}{2}$(总自旋为 0);

(3) 两个 H_b 的自旋态都是 $-\frac{1}{2}$(总自旋为 -1)。

第一种组合等于在 H_a 周围增加两个小磁场,其方向与外加磁场相同。假定在没有 H_b 存在的情况下,H_a 应在外加磁场强度 H_0 时发生能级跃迁,由于 H_b 的存在,使 H_a 的实受磁场略大于外加磁场(H_0),因此,在扫描时,当外加磁场比 H_0 略小时,H_a 即可发生能级的跃迁,这时,H_a 的共振峰出现在强度较低的外加磁场区。第二种组合相当于增加两个方向相反、强度相等的小磁场,对 H_a 周围的磁场强度等于没有影响。因此,H_a 能级的跃迁仍在外加磁场达到 H_0 时发生。第三种组合与第一种组合正好相反,相当于增加两个方向与外磁场相反的小磁场,这样 H_a 周围的磁场强度略小于外加磁场,因此要在外加磁场强度比 H_0 略大时,H_a 才能发生能级的跃迁——共振出现在强度较高的外加磁场区。因此,在任何瞬间,H_a 感受到三个不同磁场强

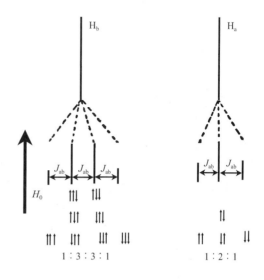

图 6.24 自旋—自旋偶合引起共振峰裂分

度中的任一个。因此 H_a 的共振峰分裂为相等间距的三重峰,相对强度为 1∶2∶1(峰面积比)。这反映概率的结果。根据同样的推理,亚甲基的两个质子在甲基上三个质子 H_a 的影响下,其共振峰分裂成四重峰,相对强度为 1∶3∶3∶1,如图 6.24 所示。

一般说来,n 个等性质子使邻近质子的核磁共振信号分裂成 $n+1$ 重峰,这称为 $n+1$ 规律。相邻两峰之间的距离,称为偶合常数,用符号 J 表示。单位为赫兹(Hz),自旋与自旋的相互作用越大,自旋偶合常数(J)也越大。因此,J 用以表示两个质子之间相互偶合的效力。乙醇分子中甲基与亚甲基上的质子之间的偶合常数为 6.2 Hz。偶合常数与依赖于场的化学位移不同,它是不依赖于场的,即不管外磁场的强度如何,它都是相同的。

各类质子之间的自旋偶合常数见表 6.9。

表 6.9　自旋偶合常数(Hz)

结构	J_{ab}	结构	J_{ab}
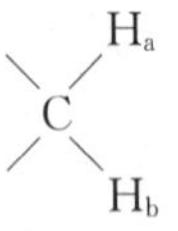 $\overset{H_a}{\underset{H_b}{C}}$ (同碳)	12~15	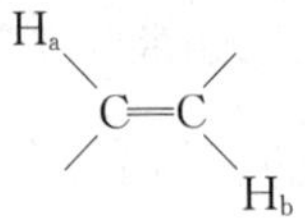 $\overset{H_a}{\underset{H_b}{C{=}C}}$	11~18
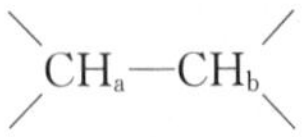 $CH_a{-}CH_b$	2~9	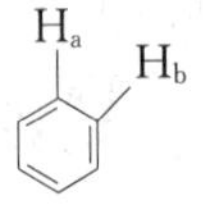 邻位苯环 H_a H_b	7~8
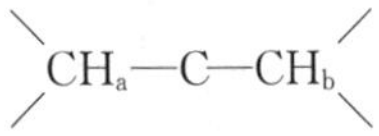 $CH_a{-}C{-}CH_b$	0~1	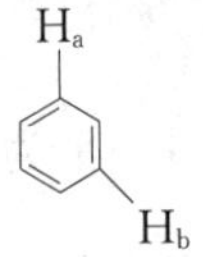 间位苯环 H_a H_b	2~3
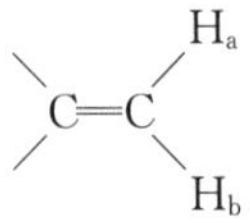 $C{=}C\overset{H_a}{\underset{H_b}{}}$	0.5~3	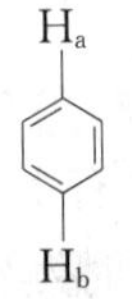 对位苯环 H_a H_b	0~1
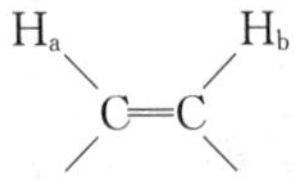 $\overset{H_a\quad H_b}{C{=}C}$	6~14		

应当强调指出:

(1) 自旋偶合作用所引起峰的裂分现象仅有限地发生在不等同的氢核之间。例如,上例中的 H_a 对 H_b 的自旋偶合引起 H_b 的信号分裂为四重峰。处于相同地位的氢核,例如上例中的 CH_3 中的三个 H_a,彼此尽管相邻,但相互偶合时并不发生峰的裂分现象。

可见,质子是否等性对识谱是十分重要的。什么样的质子是等性的呢?所谓等性质子(或等价质子),是指化学等价(即化学位移相同)同时也必须是磁等价的质子。所谓磁等价,是指化学位移相同的两个(组)核对分子中任何一个核的偶合作用都相同(即偶合常数 J 相同),则称它们是磁等价的核。显然,磁等价的核一定是化学等价的,而化学等价的核不一定是磁等价的。例如,$\overset{H_a}{\underset{H_b}{C}}\overset{F_1}{\underset{F_2}{}}$,H_a 与 H_b 不但化学位移相同(即是化学等价的),而且 H_a,H_b 与 F_1 或

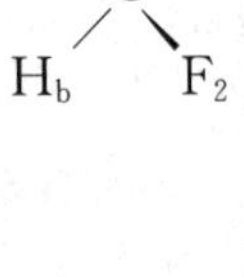

F_2 的偶合常数也相同,(即分子中只有一个 J_{HF})。因此,H_a,H_b 是磁等价的。又如化合物

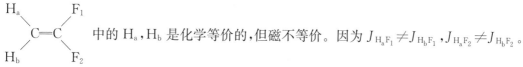

中的 H_a,H_b 是化学等价的,但磁不等价。因为 $J_{H_aF_1} \neq J_{H_bF_1}$,$J_{H_aF_2} \neq J_{H_bF_2}$。

在判断分子中的质子是否等价时,一般有如下几点要予以注意:

① 与不对称碳原子相连的—CH_2 上的两个质子是不等价的。例如,化合物

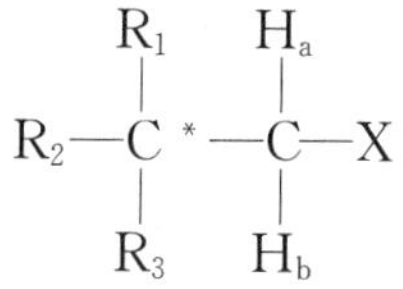

$$R_2 - \overset{\overset{\displaystyle R_1}{|}}{\underset{\underset{\displaystyle R_3}{|}}{C}} {}^* - \overset{\overset{\displaystyle H_a}{|}}{\underset{\underset{\displaystyle H_b}{|}}{C}} - X$$ 中,H_a 与 H_b 不等价。

② 非对称取代的烯烃,由于取代基的影响,烯氢是不等价的。例如在

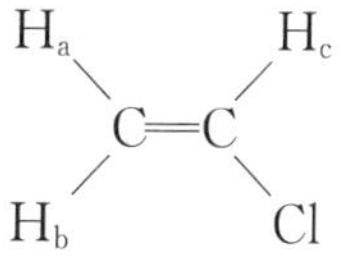

$$\underset{H_b}{\overset{H_a}{C}} = \underset{Cl}{\overset{H_c}{C}}$$ 中,

H_a、H_b、H_c 是不等价的。

③ 单键带有双键性质时,不能自由旋转,产生不等价质子。例如,化合物

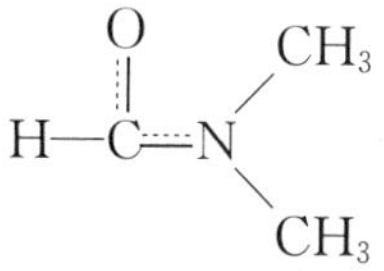

$$H - \overset{\overset{\displaystyle O}{\|}}{C} - \underset{\underset{\displaystyle CH_3}{|}}{\overset{\overset{\displaystyle CH_3}{|}}{N}}$$ 中,因 C—N 键具有部分双键的性质,两个—CH_3 是不等价的,当升温至

170℃左右时,使 C—N 键能比较自由旋转时,两个甲基又是等价的。

④ 环己烷当构象固定时,环上 CH_2 的两个氢是不等价的。当构象迅速转换时,两个质子是等价的。

(2) 如果氢原子与"易变的"键相连,常观察不到自旋—自旋偶合作用。例如,除非在特殊条件下,CH_3CH_2OH 中 OH 氢原子和 CH_2 氢原子之间的偶合一般是观察不到的,这是由于在少量无机酸存在下分子间发生"交换"过程。即:

$$C_2H_5OH(\uparrow) + C_2H_5OH(\downarrow) \Longleftrightarrow C_2H_5(OH)(\downarrow) + C_2H_5OH(\uparrow)$$

在一般条件下,这种交换相对于 NMR 跃迁所需的时间来说是快速的,这就消除了自旋—自旋相互作用。但在高纯度的醇中,交换缓慢到可以观察自旋—自旋相互作用的程度,于是 OH 上质子的信号确裂分为三重峰,CH_2 上的质子为八重峰——受 CH_3 上三个质子的影响分裂为四重峰,每个峰在 OH 上质子的影响下再分裂为二重峰。

(3) 自旋偶合主要发生在同一碳上或相邻接碳上的质子,被三个以上共价键隔开的两个

质子之间,如:$$-\overset{|}{C} - \underset{\underset{\displaystyle H_a}{|}}{\overset{|}{C}} - \underset{\underset{\displaystyle H_b}{|}}{\overset{|}{C}} -$$ 基本上没有自旋偶合作用(共轭体系中的质子除外)。

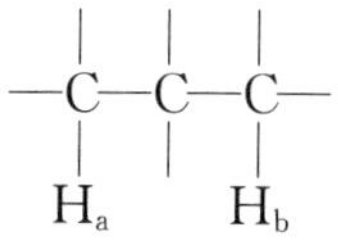

(4) 两个相互偶合的峰组都是相互靠着,即相应的"内侧"峰偏高,而"外侧"峰偏低,好像"相互吸引"一样,如图 6.25 所示。

这个特点对于图谱上寻找两组彼此偶合的质子是很有帮助的。

(5) 两个质子 H_a 和 H_b 化学位移之差($\Delta\nu$)与偶合常数(J_{ab})之比($\Delta\nu/J_{ab}$)大于 6 时,可用上面叙述的简化方法分析它们信号的自旋裂分。当 $\Delta\nu$ 接近或小于 J_{ab} 时,出现复杂的多重峰,

$n+1$ 规律不再适用。

图 6.25　相互偶合的二组峰的峰形

　　总的来说，从 ^{1}H-NMR 谱图中得到的信号有化学位移，自旋偶合常数和吸收峰面积（从积分曲线高度看出）三种，这样核磁共振谱中最常用的氢谱（^{1}H-NMR），可给我们提供有关有机化合物中有几类质子，每类质子的个数以及每类质子相邻的基团的结构等信息。

6.4.4　^{1}H-NMR 图谱的解析

　　^{1}H-NMR 图谱解析的一般步骤为：

　　（1）识别干扰峰。在 ^{1}H-NMR 谱中，经常会出现与化合物无关的杂质峰、溶剂峰的干扰。在解析图谱前，应先将它们识别。^{1}H-NMR 谱中积分比不足一个氢的峰可作杂质峰处理。测定样品用的氘代溶剂中夹杂的未氘代的溶剂会产生溶剂峰，如最常用的溶剂 $CDCl_3$ 中的微量 $CHCl_3$ 在 $\delta=7.25$ ppm 处出峰。

　　（2）对全未知的有机化合物，应先求分子式和不饱和度（见红外谱解析部分）。

　　（3）根据峰的化学位移进行分析，确定它们的归属。如 δ 在 6.5 ppm～8.0 ppm 范围内有峰，则表明有芳氢存在。对于化学位移较宽的—OH、—NH$_2$ 和—COOH 上的活泼氢，可将它们与重水（D_2O）发生交换而使活泼氢的信号消失。因此对比重水交换前后的图谱，可以判别分子中是否有活泼氢。

　　（4）根据积分曲线计算各组峰的相应质子数。积分曲线的高度与它们代表的质子数目是按比例变化的。因此，从积分曲线的各相邻水平台阶的高度比可求出各组峰所含质子数之比。若总质子数已知，则可求出各组峰所含的具体质子数。若不知道总质子数，但谱图中若有能判断氢数目的峰（组）（如—CH$_3$，—C$_6$H$_5$ 等），以此为基准也可以找到化合物中各种含氢官能团的氢原子数目。

　　（5）根据峰的形状和偶合常数大小的分析，确定基团之间的相互关系。一般来讲，单峰是没有偶合作用的峰，双峰及多重峰是有偶合作用的峰。根据裂分峰的形状、J 值及 $n+1$ 规律，判断哪些峰之间有偶合关系，确定它们的相互位置及各组化学等价质子的数目。

　　（6）根据对各峰组化学位移和偶合关系的分析，推出若干结构单元，组合成可能的结构式，并进行综合分析，对推出的可能结构式进行"指认"（assignment），以确定其正确性。

　　现举例说明如下：

　　例　某化合物分子式为 $C_3H_7NO_2$，其核磁共振氢谱如图 6.26 所示，试推出其结构。

　　解　首先由分子式计算该化合物的不饱和度 $UN=C+1-\dfrac{H-N}{2}=3+1-\dfrac{7-1}{2}=1$，即该化合物具有一个双键或一个环。

　　δ 值在 1.50 ppm 和 1.59 ppm 处的两个信号太弱，可认为是杂质引起的吸收峰。除此以外，可知有三种质子，从低场开始的各峰的积分曲线台阶的高度求出三种质子数之比为 2：2：3，其数之和正好与分子式中氢的数目相符，由此可知分子无对称性。

144

下面对各个峰组进行分析。各分裂峰的裂距(J),在低场($\delta=4.25$ ppm)的三重峰 $J\approx7$ Hz,在高场($\delta=1.0$ ppm)的三重峰 $J\approx8$ Hz,因为彼此的 J 不等同,故这两组峰相互间没有自

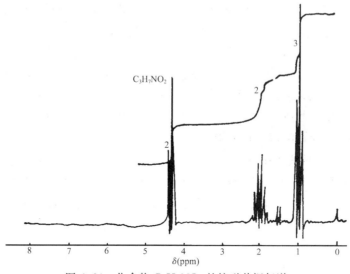

图 6.26 化合物 $C_3H_7NO_2$ 的核磁共振氢谱

旋偶合作用。因此,可推测它们分别与中间的六重峰有相互作用。此六重峰的质子为二个,如果再考虑两边的信号各分裂为三重峰,则该化合物具有 $CH_3-CH_2-CH_2-X$ 部分结构,再参考所给的分子式,则可推定该化合物是 $CH_3CH_2CH_2-N\overset{\displaystyle O}{\underset{\displaystyle O}{}}$ 其不饱和度是 1。$\delta=1.0$ ppm 是甲基的三重峰,应和$-CH_2-$相连。$\delta=4.25$ ppm 的三重峰为与$-CH_2-$相连的另一个 $-CH_2-$,因它与 $-N\overset{\displaystyle O}{\underset{\displaystyle O}{}}$ 直接相连,故其 δ 增大(与$-NO_2$ 相连的$-CH_2$的 $\delta\approx4.3$ ppm)。

$\delta=1.98$ ppm 是中间$-CH_2-$的六重峰,它的信号预期能看到$(3+1)\cdot(2+1)$即十二重峰,但实际上 $J_{CH_3-CH_2}$ 和 $J_{CH_2-CH_2}$ 的值几乎是相等的,所以作为一级近似,可认为具有五个等价的相邻质子,并观察到积分强度比 1:5:10:10:5:1 的六重峰。$\delta=1.5$ ppm 附近的双峰很可能是杂质 $CH_3\overset{\displaystyle NO_2}{\underset{}{\overset{|}{C}}}HCH_3$ 中的甲基峰,而 CH 应为多重峰,强度很弱。根据甲基在 1-硝基丙烷和 2-硝基丙烷中峰面积的比,可以判断杂质(2-硝基丙烷)的含量为 6% 左右。

6.4.5 ^{13}C 核磁共振谱

^{13}C-NMR 的原理与 ^{1}H 核是相同的。^{13}C 的自旋 $I=1/2$,但其磁矩小($\mu=0.702$),只有 ^{1}H 的约 1/4,且 ^{13}C 的天然丰度只有 1.1%。因此 ^{13}C-NMR 的灵敏度很低,只有 ^{1}H 核的1/5800,实验困难。直到 1970 年代,核磁共振中采用了同去偶方法相结合的脉冲 Fourier 变换(PFT)技术,提高了灵敏度,^{13}C-NMR 才得到了迅速发展,使 ^{13}C-NMR 谱在有机结构分析上占有了重要地位。

1. PFT 实验方法

将一个很强的、时间短暂的(10 μs～50 μs)的脉冲射频(射频的频率包括了^{13}C 整个频带范围)作用于样品,使样品中所有^{13}C 核同时发生共振。当脉冲停止时,^{13}C 核共振的信号被射频接收器收到,信号的强度随时间而作幂函数方式衰减,这信号称为"自由感应衰减"(free induction decay,简称 FID)。它是时间的函数 $f(t)$,经 Fourier 变换成频率的函数 $f(\nu)$,这样就得到了通常的^{13}C-NMR 谱。由于^{13}C 的灵敏度很低,一个脉冲后的信号太弱,于是当 FID 衰减至接近零时,仪器指令射频振荡器再发出一个新的脉冲(一般相隔 1 s～5 s)。这样由数百数千以至数万个脉冲引起的 FID 信号都存入计算机内累加起来,再用计算机把 FID 进行 Frourier 变换。因此 PFT 法快速且灵敏度高。

2. ^{13}C 核磁共振中的质子去偶

在观察^{1}H-NMR 谱时,由于^{13}C 含量太少,可以不必考虑^{13}C 与^{1}H 核的自旋偶合,但反过来,^{13}C 核却会被相连的^{1}H 核以及邻碳以致更远的碳原子上的^{1}H 核偶合,降低了^{13}C 峰的峰高,而且使谱图复杂化。为了解决这个问题,通常采用双共振方法照射质子,观察^{13}C 核磁共振谱,以去掉^{1}H 对^{13}C 的偶合。

^{13}C 核磁共振谱中质子去偶,主要采用以下两种方法:

(1) ^{1}H 宽带去偶(broad band decoupling)。同时发射含多个频率的射频,以去掉全部^{1}H 核对^{13}C 核的偶合,于是^{13}C—^{1}H 的偶合裂分全部重合,^{13}C 信号就成为单峰,谱图得到简化。同时,去偶时伴随有核 Overhauser 效应(NOE)。两者都使^{13}C 信号增强。如图 6.27(b)所示。用这种宽带去偶法测得的谱图用^{13}C{^{1}H}标志。这种去偶方法的缺点是完全没有^{13}C 与^{1}H 的偶合信息,对分析图谱不利。为此,又发展了其他去偶方法,如质子偏共振去偶等。

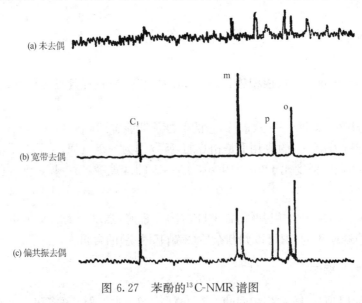

图 6.27　苯酚的^{13}C-NMR 谱图

(2) ^{1}H 偏共振去偶(off-resonance decoupling)。将质子去偶频率放在略偏离所有^{1}H 核共振吸收位置约几百到一千赫兹处,在这样得到的谱中,减弱了直接与^{13}C 连接的^{1}H 核的偶合,而长距离偶合则消失了,从而可以避免谱峰的交叉重叠现象,便于识别。因此,利用偏共振去偶仍然可以看到 CH$_3$ 四重峰、CH$_2$ 三重峰及 CH 二重峰,而且仍然保留 NOE,使信号增强。

不与^{1}H直接键合的季碳仍是单峰,如图 6.27(c)所示。

通过比较宽带去偶与偏共振去偶的谱可以得出各组峰的峰形,从而可分辨各种 C—H 基团,如图 6.27 所示。

质子去偶可以简化^{13}C-NMR 谱,但通常^{13}C 谱的峰面积并不与碳的数目成正比,而只能由峰的个数来判断最少有几种不同的碳。因此^{1}H-NMR 谱的三个有用参数(化学位移、偶合常数及积分曲线),在^{13}C-NMR 谱中主要是化学位移最有用。

3. ^{13}C 谱的化学位移

^{13}C 谱用宽带去偶可以测得精确的化学位移 δ 值。^{13}C 的化学位移也常采用 TMS 作标准,规定 $\delta_{TMS}=0$ ppm。^{13}C 谱的化学位移范围较宽,不同的^{13}C 化学位移为 0～400 ppm,最大可达 600 ppm,大多数有机化合物在 0～230 ppm,如图 6.28 所示。

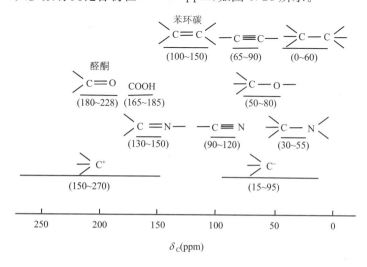

图 6.28　普通有机分子中^{13}C 的化学位移范围

影响^{13}C 谱化学位移的因素很多,但结构因素对^{13}C 谱化学位移的影响规律与^{1}H 谱类似。碳上缺电子使碳核去屏蔽,处于低场。化学位移和碳原子的杂化类型有关,sp^3 杂化的碳在高场共振,sp^2 杂化的碳在低场共振,这可从图 6.28 的化学位移值看出来。

取代基的电负性及空间障碍对^{13}C 谱的化学位移影响使 α-C 的化学位移向低场移动,β-C 的化学位移变化不大,γ-C 的化学位移稍移向高场。例如,对于这种影响如表 6.10 所示。

$$X—\overset{\alpha}{CH_2}—\overset{\beta}{CH_2}—\overset{\gamma}{CH_2}—CH_2—\cdots$$

表 6.10　取代基的电负性及空间障碍对^{13}C 谱的化学位移影响

取 代 基 X	电 负 性	$\Delta\delta$		
		α-C	β-C	γ-C
H	2.1	0	0	0
CH_3	2.5	+9	+10	−2
SH	2.5	+11	+12	−6
NH_2	3.0	+29	+11	−5
Cl	3.1	+31	+11	−4

取 代 基 X	电 负 性	$\Delta\delta$		
		α-C	β-C	γ-C
OH	3.5	$+48$	$+10$	-6
F	3.9	$+68$	$+9$	-4

γ-位的^{13}C 化学位移移向高场,是由于取代基 X 与 γ-位质子间的范德华相斥的结果。^{13}C 谱的化学位移还受溶剂、pH 值、温度等影响。

4. ^{13}C-NMR 的应用

解析^{13}C-NMR 谱,主要利用质子宽带去偶谱和偏共振去偶谱。

前已述及从质子宽带去偶可得到每个^{13}C 精确的化学位移值,从偏共振去偶谱中的分裂峰数可以得到与各碳原子直接相连的氢原子数,从而可知分子中一级、二级、三级和四级碳的信息。

例 某未知化合物分子式为 C_5H_8O,其^{13}C 核磁共振谱如图 6.29 所示,试推测其结构。

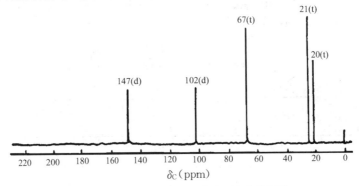

图 6.29 未知物 C_5H_8O 的^{13}C 核磁共振谱

解 由分子式可算出该化合物的不饱和度为 2。^{1}H 宽带去偶谱显示五条谱线,与分子式中 C 原子数相同,说明该分子不具有对称性,即每条谱线代表一个碳原子。

从偏共振谱中各谱线与分裂数知道有三个—CH_2,二个—CH═,共有八个 H,与分子式相符,其中一个 $\delta=67$ ppm 的—CH_2—应与 O 原子相连(—CH_2—O—),二个—CH═的化学位移 102 ppm 和 147 ppm 落在芳、烯区,可能是烯烃—CH═CH—(但不可能是芳烃,因为不饱和度不够),故应有 X—CH═CH—Y(X≠Y)的不对称结构。

上述部分结构单元(—CH═CH—,—CH_2—,—CH_2—,—CH_2O—)符合分子式中的 C、H、O 原子数,但不饱和度只有 1,故必有一个环,将上述结构单元组成可能的结构是(a)

或(b) 。

从两个烯碳的化学位移相差较大,可推知结构(a)是合理的。而进一步的确认,可通过计算烯键碳原子化学位移的经验式的计算结果来验证,这里不再赘述。

总之,由于^{13}C-NMR 谱的分辨本领大,对分子量 300~500 的化合物,目前^{13}C-NMR 谱仪可分辨每一个^{13}C 峰,这在^{1}H-NMR 中绝对不可能,同时还可得到分子骨架结构、羰基、氰基和季碳原子的信息。^{13}C 的弛豫时间(relaxation time)比 ^1H 慢,比较容易测定。弛豫时间在识别谱线、了解分子结构、解释分子动态、研究生物大分子的生物活性等方面有十分重要的应用(见有关专著),因此 ^{13}C-NMR 往往比 ^1H-NMR 更为优越。

6.4.6 二维核磁共振谱

近十几年来,由于各种脉冲序列技术的应用,许多 NMR 技术使 NMR 图谱的解析大大地简化。化学家现在可利用多维核磁共振谱(multidimensional NMR spectroscopy)技术很容易地获得分子中各原子的自旋—自旋偶合与正确连接的信息,其中最常用的是二维核磁共振谱(two-dimensional NMR spectra,简称 2DNMR)。

什么是二维 NMR 谱?前已述及,自由感应衰减(FID)信号通过傅里叶变换,从时畴谱转换成频畴谱——谱线强度与频率的关系,这是一维谱,因为变量只有一个频率。二维谱是有两个时间变量,经两次傅里叶变换得到的两个独立的频率变量的谱图,记作 $S(\omega_1, \omega_2)$。共振吸收分布在由两个频率轴组成的平面上,即化学位移、偶合常数等核磁共振参数在二维平面上展开,构成二维核磁共振平面图,从而减少了谱线的拥挤和重叠,提供了自旋核之间相互关系的新信息。2DNMR 最早是由 Jeener 1971 年提出来的,经过 Ernst 等人的努力,发展了多种2DNMR 实验方法,并在蛋白质、核酸等生物大分子结构的研究方面,取得了很大的成功。

二维 NMR 谱的表现形式主要有两种。一是堆积图(stacked trace plot),它是由很多条"一维"谱线紧密排列构成。谱图直观,有立体感,但难找出吸收峰的频率,作图耗时较多。二是等高线图(contour plot),它类似于等高线地图。最中心的圆圈表示峰的位置,圆圈的数目表示峰的强度。这种图的优点是易于找出峰的频率,作图快,因此较常采用。位移相关谱均采用等高线图。

下面介绍常用的几种二维 NMR 谱。

1. 二维 J 分辨谱(2D J resolved spectra)

二维J分辨谱亦称J谱或称为δ—J谱,以横轴[$F_2(\omega_2)$,频率轴]为化学位移,纵轴 F_1(即ω_1)为偶合常数展开,得到相应于某化学位移的核间的偶合情况。J 谱包括同核 J 谱和异核 J 谱。

①同核 J 谱。例如,以堆积图形式表现的吡啶的同核(^1H—^1H)J 谱,如图 6.30 所示。

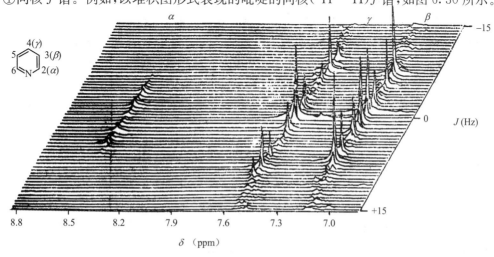

图 6.30　吡啶的同核 J 谱

从图 6.30 中可以看到吡啶环上 α-、β-、γ-氢的化学位移和峰形。α-H 的 δ 约为 8.5 ppm,峰形为 d×d(四重峰),相应的偶合常数为 $^3J_{23}$、$^4J_{24}$。β-H 的 $\delta\approx7.1$ ppm,峰形为 d×d×d(八重峰),相应的三个偶合常数为 $^3J_{34}$、$^3J_{32}$、$^4J_{35}$。γ-H 的 $\delta\approx7.5$ ppm,峰形为 t×t(九重峰),相应的偶合常数为 $^3J_{43}(=^3J_{45})$、$^4J_{46}(=^4J_{42})$。

②异核 J 谱。例如,5α-雄甾烷的异核 2DJ 谱如图 6.31 所示:

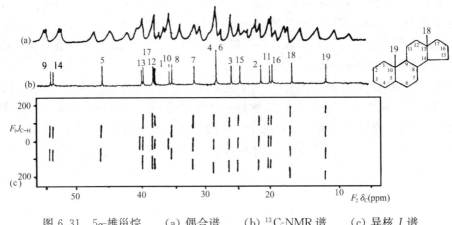

图 6.31　5α-雄甾烷　　(a) 偶合谱　　(b) ^{13}C-NMR 谱　　(c) 异核 J 谱

一维质子偶合谱(a)在 $\Delta\delta$ 约 40 ppm 范围内,呈多重峰,谱峰相互交错重叠,难以解析;质子宽带去偶谱(b)出现 18 条峰,其中 4,6-位碳 δ 值相等,谱峰重叠,且无偶合信息;(c) 谱为异核(^{13}C—^{1}H)J 谱,频率轴 F_2 为 δ_C,频率轴 F_1 为 J_{CH}。该图既可读出每种化学环境不同的碳的 δ 值,又可以清晰地看到 C—H 之间的偶合情况及 $^1J_{CH}$ 值。如:—CH$_3$ 显示四重峰,

—CH$_2$— 显示三重峰,—CH— 显示双重峰,—C— (季碳)显示单峰。

2. 化学位移相关谱(chemical shift correlation spectroscopy)

化学位移相关谱也称 δ—δ 谱。即它的两个频率轴均表示化学位移。

①同核位移相关谱(^{1}H—^{1}H 2D correlation spectroscopy,简称 COSY)。同核位移相关谱中两个频率轴 F_1、F_2 都表示该化合物一维氢谱的化学位移,对角线上的信号与一维谱相同。从它们相应的 δ 值作垂线和水平线,构成一个矩形的截面群,说明对应于对角线上的两个质子之间存在着偶合。一张同核位移相关谱显示了所有同核的偶合关系。以等高线图形式表现的 $C_7H_{14}O$ 的 ^{1}H—^{1}H COSY 谱如图 6.32 所示。

从图 6.32 可知,$C_7H_{14}O$ 的一维氢谱共出现六组峰(14H),由高场至低场依次标记为 a、b、c、d、e、f。括号内为各峰的相关峰,分析如下:a(c)、b(f)、c(a,d)、d(c,e)、e(d)、f(b)。因此 $C_7H_{14}O$ 的结构为 CH$_3$CH$_2$COCH$_2$CH$_2$CH$_2$CH$_3$(3-庚酮)。
（对应标记：b　f　e　d　c　a）

②异核位移相关谱(^{13}C—^{1}H heteronuclear correlation spectroscopy,简称 ^{13}C—^{1}H HETCOR)。

^{13}C—^{1}H HETCOR 谱中 F_1 轴为一维 ^{1}H-NMR 谱,F_2 轴为质子宽带去偶 ^{13}C-NMR 谱。把 δ_H 与该氢相连的碳的 δ_C 值联系起来,如图 6.33 所示。

因此,一张异核位移相关谱全面地反映了相互偶合的 ^{13}C 与 ^{1}H 的相关性。

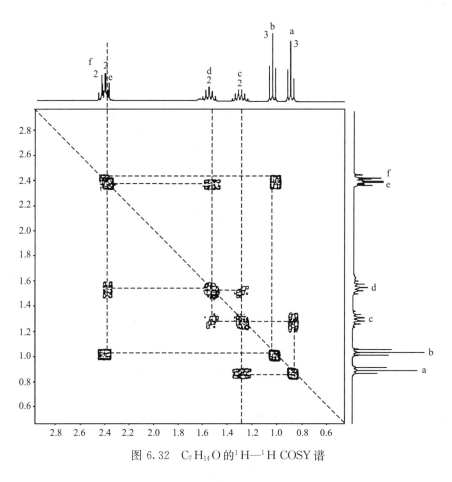

图 6.32 C₇H₁₄O 的 ^{1}H—^{1}H COSY 谱

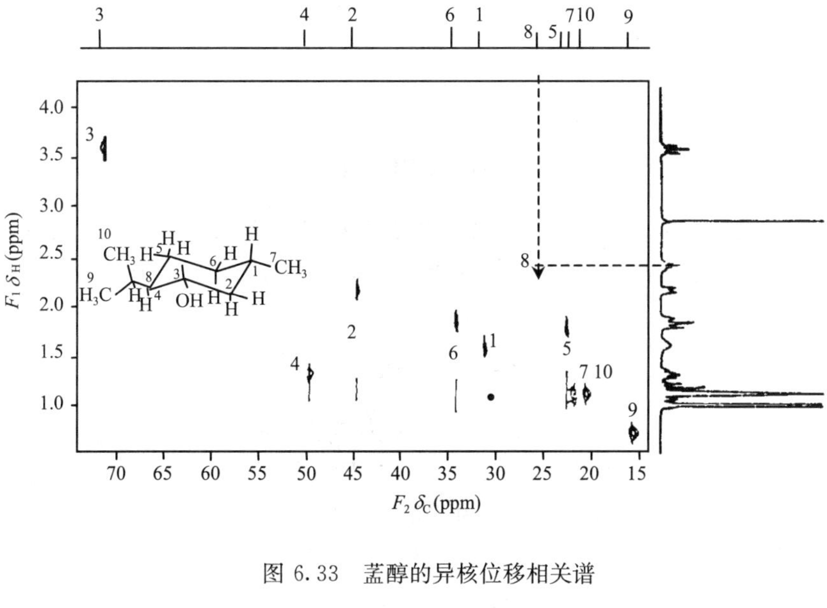

图 6.33 蒄醇的异核位移相关谱

6.5 质 谱(MS)

6.5.1 质谱的基本原理

在质谱仪中,有机化合物分子受高能电子束的冲击而电离成分子离子(M^+),进而断裂成很多碎片——离子、游离基离子、中性分子及中性游离基,如图6.34所示。

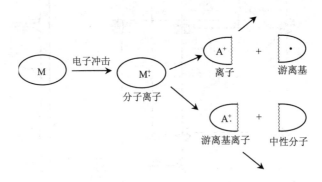

图6.34 分子离子分裂示意图

形成的正电荷离子——分子离子及碎片离子(包括离子 A^+ 和游离基离子 A^+)——可用质谱仪进行检测。

质谱仪是由离子源、磁分析器、离子收集检测器三部分组成的,如图6.35所示。

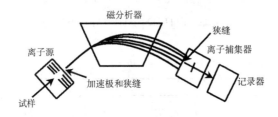

图6.35 质谱仪示意图

离子源是使分子在电子轰击下生成离子,离子再经电场(电位差为几百至几千伏)加速,而与同时生成的中性分子或游离基分开进入磁分析器中。离子在电场中经加速后,其动能与位能相等,即:

$$\frac{1}{2}mv^2 = zV \tag{1}$$

式中:z 为离子电荷;V 为离子的加速电压;m 为离子的质量;v 为离子速度。

当加速的正离子进入磁分析器时,在磁场的作用下,每个离子按一定的弯曲轨道继续前进。其行进轨道的曲率半径决定于各离子的质量和所带电荷的比值 m/z(即质荷比)。这时,由离子动能产生的离心力(mv^2/R)和由磁场产生的向心力(Hzv)是相等的,即:

$$Hzv = \frac{mv^2}{R} \tag{2}$$

152

式中,H 为磁场强度;R 为曲率半径;z、m、v 分别为电荷、离子的质量及速度。

由式(2)得 $v = \dfrac{RHz}{m}$,将 v 代入式(1)导出:

$$m/z = \dfrac{H^2 R^2}{2V} \tag{3}$$

式(3)就是质谱的基本方程。一般质谱仪保持加速电压(V)和离子在磁场中作弧形轨道运动的半径(R)不变,因此,离子的质荷比(m/z)和磁场的强度成正比。这样在实验时通过改变磁场强度(磁扫描),便可将离子按质荷比大小分离,按 m/z 的顺序,相继通过离子收集器、检测器而在那里产生信号,其强度和离子数成正比,用照相或电子方法记录所产生的信号,即得待测物的质谱图。不带电荷或负电荷的质点不能到达收集器。丁酮的质谱如图 6.36所示。

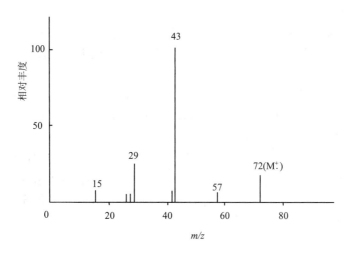

图 6.36　丁酮的质谱图

质谱中横坐标为质荷比,纵坐标为离子的相对强度,即将峰值最强的峰为基峰(标准峰),其值为 100,其他峰的强度则用它和标准峰的相对值来表示。

6.5.2　质谱在有机化合物结构测定中的应用

一张质谱图有许多峰:分子离子峰、同位素离子峰、碎片离子峰等等,识别它们便可推定有机化合物的分子量、分子式及其分子结构。

1. 确定分子量和分子式

分子离子是指分子失去一个电子而生成带正电荷的离子,它的质量与化合物的分子量相同。因此,分子离子峰所在处的质量数即为待测化合物的分子量。例如,丁酮的分子离子 $m/z = 72$。即丁酮的分子量为 72,如图 6.36 所示。

有机化合物分子在电子流轰击下失去电子的难易是不同的。分子中束缚得最弱的电子最易失去。例如杂原子上的非键电子以及双键、叁键的 π 电子。σ 键上的电子则较难失去。失去电子而形成的分子离子可表示如下：

$$
R\!-\!CH_2\!-\!\overset{+}{N}H_2 \quad CH_3\!-\!\overset{\overset{O^+}{\|}}{C}\!-\!CH_3 \quad \overset{+}{C}\!-\!\overset{\cdot}{C} \quad \left[\bigcirc\right]^{+} \quad R\!-\!CH_2\,\overset{+\cdot}{CH_2}R_1
$$

分子离子越稳定,则其峰值越强。环状化合物和双键化合物的分子离子比较稳定。因此,分子离子的峰值表现较强。相反,脂肪族醇或胺不太稳定,分子离子峰值很弱。分子离子的稳定性有如下的次序：

芳香族化合物＞共轭烯烃＞烯＞脂环化合物＞羰基化合物＞饱和烃(不分支的)＞醚＞酯＞胺＞酸＞醇＞高度分支的烃类。

通常判断分子离子峰的方法如下:一般最大的质荷比,就是分子离子峰。但要注意,m/z 最高值可能是同位素离子峰,但它是弱的;分子离子如果不稳定,在质谱上就不出现分子离子峰。这时往往会把碎片离子峰误认为分子离子峰;有时分子离子一产生就与其他离子或气体相碰撞而成为质量更高的离子……,因此,在下结论前应根据以下几点加以辨认：

(1) N 规律。凡化合物中含偶数氮或不含氮,M^{+} 峰的 m/z 一定是偶数。凡含有奇数氮,M^{+} 峰的值一定是奇数。

(2) 分子中存在同位素时,有利辨认分子离子峰。如含 1 个 Cl 或 Br 原子的化合物,由于 Cl^{35} 和 Cl^{37} 的含量(丰度)比约为 3:1,Br^{79} 和 Br^{81} 的含量比约为 1:1(见表 6.11),则其分子离子峰的 m/z 值加 2 处的丰度应分别为分子离子峰丰度的 1/3 或几乎相等,因而分子离子含有 Cl 或 Br 时,其丰度如图 6.37 所示,极易辨认。

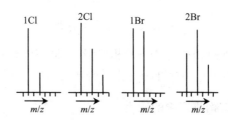

图 6.37　含氯或溴分子离子的同位素丰度示意图

(3) 注意最高质量峰与其他碎片离子峰之间的质量差是否合理。通常在分子离子峰的左侧 3～14 质量单位处不应有其他碎片离子峰的出现。这是因为分子离子不可能裂解出两个以上的氢原子和小于一个甲基的(15)质量单位。如有其他峰出现,则该峰就不是分子离子峰。

(4) 可以通过降低冲击电子流的电压或者改用场致电离或化学电离的方法进行测定。有些化合物容易裂解,所以分子离子峰一出现就被冲击为质量较小的碎片,如果把电子流的电压降低,分子离子所得到的能量较少,进一步断裂的可能性就会减少。这样可以使分子离子峰的相对强度增加,从中识别分子离子峰。

一般由质谱图可以看出:在分子离子峰的右边还出现质荷比大于分子离子、丰度较小的 $M+1$,$M+2$ 峰等,这是由于自然存在少量较重同位素所引起的,叫同位素峰。例如,丁酮的分子离子中若有一个碳原子为^{13}C,它的质荷比为73,即在M+1处出现。自然存在的同位素以一定的比例存在,其中含量最多的同位素如为100,换算其他同位素的丰度比,可得出表6.11所示的结果。

表 6.11　自然同位素丰度比(以轻的同位素为 100 的换算值)

元　　素	同　位　素　丰　度　比　(%)					
碳	^{12}C	100	^{13}C	1.08		
氢	^{1}H	100	^{2}H	0.016		
氮	^{14}N	100	^{15}N	0.38		
氧	^{16}O	100	^{17}O	0.04	^{18}O	0.20
硫	^{32}S	100	^{33}S	0.78	^{34}S	4.40
氯	^{35}Cl	100			^{37}Cl	32.5
溴	^{79}Br	100			^{81}Br	98.0

可以根据各种同位素的丰度计算出具有某一分子式的化合物 M,M+1 和 M+2 峰的相对丰度。例如,分子式为 $C_wH_xN_yO_z$ 时,M+1 峰及 M+2 峰对 M 峰的相对丰度可用下式计算:

$$(M+1)\% = (1.08w + 0.016x + 0.38y + 0.04z)\%$$

$$(M+2)\% = \left[\frac{(1.1w)^2}{200} + 0.20z\right]\%$$

即同位素的丰度理论上等于离子中存在该元素的原子数目与该同位素的相对含量的乘积。已经有C、H、O、N 四种元素各种组合的 M,M+1,M+2 相对丰度表发表,叫贝农(Beynon)表。在实际工作中,可根据化合物的分子量及分子式,利用贝农表直接查出 M+1 及 M+2峰的相对强度。这样我们就可利用同位素离子峰来确定化合物的分子式——准确地测定 M,M+1,M+2峰的相对强度,然后根据 M+1/M 和 M+2/M 的百分比,查贝农表来决定分子式。

例如,某一化合物质谱实验测定其 M,M+1,M+2 的相对丰度比如下表:

m/z	丰　度　比　(%)
150(M)	100
151(M+1)	10.2
152(M+2)	0.88

根据 M+2/M=0.88% 可知分子中不含 S 和卤素,因为 ^{34}S/^{32}S=4.40%,^{37}Cl/^{35}Cl=32.5%,^{81}Br/^{79}Br=98.0%,以上各值均大于 0.88%。

在贝农表中,分子量为 150 的式子共 29 个,其中 M+1/M 的百分比在 9~11 之间的式子中有 7 个。

分　子　式	M+1	M+2
$C_7H_{10}N_4$	9.25	0.38
$C_8H_8NO_2$	9.23	0.78
$C_8H_{10}N_2O$	9.61	0.61
$C_8H_{12}N_3$	9.98	0.45
$C_9H_{10}O_2$	9.96	0.84
$C_9H_{12}NO$	10.34	0.68
$C_9H_{14}N_2$	10.71	0.52

　　根据离子质量的奇偶数与含氮原子个数之间的关系,$C_8H_8NO_2$,$C_8H_{12}N_3$ 和 $C_9H_{12}NO$ 三个化合物可以直接排除,因为它们都含有奇数个 N 原子,故分子量也必为奇数,这与给出条件 M=150 不符,剩下四个式子只有 $C_9H_{10}O_2$ 的 M+1 与 M+2 的相对丰度比与实验值相近。所以该化合物的分子式应是 $C_9H_{10}O_2$。

　　目前,高分辨质谱仪(high resolution spectrometer)与计算机联用,通过电子计算机给出所测精确分子量(数据可精确到万分之一)的元素组成,以确定惟一的分子式。

　　2. 推测有机化合物的结构

　　在质谱断裂过程中,除了生成分子离子外,最大量的还是断裂分子离子结构中不稳定键生成的碎片离子,有些碎片离子还能进一步发生键的断裂,不同碎片离子的相对丰度与分子结构有密切关系。高丰度的碎片离子峰代表分子离子中易于裂解的部分,反之亦然。这显示分子离子断裂成碎片离子或碎片离子进一步断裂成碎片离子是按照一定规律进行的。因此,掌握这些碎片离子及其断裂规律,对确定分子结构具有重要意义。如果有 n 个主要的碎片峰,并且代表着分子中不同的部分,则由这些碎片峰就可以粗略地把分子骨架拼凑起来。形象地说,就如同一个器皿被外界射来的一块小石子打碎,若把大小不一的各个碎片收集起来,可用之拼对成原来器皿的形状。

　　(1) 分子离子(M^{+})的裂解类型、机理和规律。

　　分子离子的断裂方式主要有简单开裂与重排开裂两大类。

　　①分子离子的简单开裂。从电子转移的角度、化学键断裂的方式分,可以有下列三种类型的开裂方式:

　　均裂:两个电子构成的 σ 键开裂后,每个碎片各留一个电子,即

$$X\!\!\frown\!\!Y^{*}\longrightarrow X\cdot + Y\cdot$$

　　异裂:两个电子构成的 σ 键开裂后,两个电子都留在其中一个碎片上,即

$$X\!\!\frown\!\!Y^{**}\longrightarrow X^{+} + Y^{-}$$

　　半异裂:已电离的 σ 键的开裂,即

---

　　* 质谱中单箭头 ⌢ 和双箭头 ⌢ 分别表示一个电子转移和两个电子转移,使键发生裂解,这与有机化学中电子理论的箭头含义是不同的。

　　** "⁺·"表示离子中含奇数个电子,而"⁺"表示偶数个电子,正电荷位置不清楚时,可用 ⌐⁺· 或 ⌐⁺ 来表示。

$$X + \cdot\overset{\frown}{Y} \longrightarrow X^+ + Y\cdot$$

简单开裂有以下两种重要的裂解机制：

（a）α-开裂（α-cleavage）。这是最重要的裂解机制。所谓 α-开裂，就是因为分子离子中的游离基有强烈的电子配对倾向而使反应发生，这时单电子与其邻近原子形成一个新键，同时伴随着邻近原子的另一个键开裂。例如：

$$C\vdots C\overset{\curvearrowright}{}\overset{+}{\dot{C}} \xrightarrow{\alpha\text{-开裂}} C\cdot + C\!=\!\overset{+}{C}$$

$$R\!-\!CH_2CH\!=\!CH_2 \xrightarrow{-e} R\!-\!CH_2\overset{\cdot}{\curvearrowright}CH\!-\!\overset{+}{CH} \xrightarrow{\alpha} R\cdot + CH_2\!=\!CH\overset{\frown}{-}\overset{+}{CH}_2 \longleftrightarrow \overset{+}{CH}_2\!-\!CH\!=\!CH$$

$$R\!-\!CH_2\overset{\frown}{-}CH_2\overset{\cdot+}{\frown}OH \xrightarrow{\alpha} R\!-\!CH_2\cdot + CH_2\!=\!\overset{+}{O}H \longleftrightarrow \overset{+}{CH}_2\!-\!\overset{\cdot\cdot}{O}H$$

$$R\overset{\frown}{-}\overset{\overset{+}{O}}{\underset{\parallel}{C}}\!-\!R^1 \xrightarrow{\alpha} R\cdot + \overset{\overset{+}{O}}{\underset{\parallel}{C}}\!-\!R^1$$

$$CH_3\overset{\frown}{-}CH_2\overset{\cdot+}{-}N\!\!<\ \xrightarrow{\alpha} CH_3\cdot + H_2C\!=\!\overset{+}{N}\!\!<$$

（b）正电荷诱导裂解（inductive cleavage）。这是指由正电荷吸引一对电子而引起的裂解反应。

例如：

$$R\overset{\frown}{-}\overset{+\cdot}{C}\overset{+}{-}C \xrightarrow{i-} R^+ + C\!=\!C$$

$$H_3C\!-\!CH_2\overset{\curvearrowleft}{-}\overset{\cdot+}{O}\!-\!CH_3 \xrightarrow{i-} H_3C\!-\!\overset{+}{CH}_2 + \cdot OCH_3$$

$$H_3C\!-\!CH_2\overset{\frown}{-}\overset{\cdot+}{X} \xrightarrow{i-} H_3C\!-\!\overset{+}{CH}_2 + X\cdot$$

$$\underset{\text{Ph}}{\overset{\overset{O}{\parallel}}{C}}\!-\!R \xrightarrow{-e} \underset{\text{Ph}}{\overset{\overset{\overset{\cdot+}{O}}{\parallel}}{C}}\!-\!R \xrightarrow{\alpha} \underset{\text{Ph}}{\overset{\overset{\overset{+}{O}}{\parallel}}{C}}\!\equiv + \cdot R$$

$$\xrightarrow{i-} \text{Ph}^+ + CO$$

分子离子简单开裂形成碎片离子与分子离子的结构有着密切关系，大致可归纳为以下几点：

（a）有利于稳定碳正离子的形成。在脂肪族化合物中，分子离子的稳定性随分子量和碳链支化程度的增加而降低，支链越多，越易裂解。正电荷保留在碳链分支多的碎片上。这是因为在碳正离子中，3°最稳定。通常分支处的长碳链最易以游离基形式首先脱去。例如：

$$C_{12}H_{26}\quad m/z\!=\!170 \longrightarrow m/z\!=\!57 \ + \ \cdot$$
$$\cdot CH_3 \ + \ m/z\!=\!155$$

$m/z\!=\!57$ 及 $m/z\!=\!155$ 均为 3°碳正离子，较稳定，故丰度较大，尤其以 $m/z\!=\!57$ 的离子丰度更大，因为失去 $\cdot C_8H_{17}$ 比 $\cdot CH_3$ 更容易。

(b) 有利于共轭体系的形成。当分子离子中的一个键与双键或芳香环相隔一个碳原子时,容易发生 α-裂解,烯烃生成具有共振稳定结构的烯丙基碳正离子,此称"烯丙裂解"(allylic cleavage)。

$$CH_2{=}CH{-}CH_2{-}R \xrightarrow{-e} H_2\overset{+}{C}{-}\overset{\cdot}{C}H{\frown}CH_2{-}R \xrightarrow[\alpha\text{-裂解}]{-R\cdot} \overset{+}{C}H_2{-}CH{=}CH_2$$

$$\updownarrow$$

$$CH_2{=}CH{-}\overset{+}{C}H_2$$

烷基取代的芳烃,生成具有多种共振形式稳定的苄基正离子,此称苄基裂解(benzyl cleavage)。或更可能是直接生成 $m/z=91$ 的䓬鎓离子,后者具有 6π 电子体系,非常稳定。

䓬鎓离子
$m/z=91$

(c) 当分子中存在杂原子时,裂解常发生于邻近杂原子的 C—C 键上(α-开裂),这样得到的碎片离子较稳定,正电荷一般仍由含杂原子的碎片保持。

$$CH_3{\frown}CH_2{\curvearrowright}\overset{+\cdot}{Y}{-}R \xrightarrow[\alpha\text{-开裂}]{-CH_3\cdot} CH_2{=}\overset{+}{Y}{-}R \longleftrightarrow \overset{+}{C}H_2{-}\overset{\cdot\cdot}{Y}{-}R$$
$$\scriptstyle Y=O,S,N$$

(d) 有利于小分子的开裂,即在断裂时,经常伴随着失去稳定的小的中性分子,如 CO、H_2O、ROH、H_2S、NH_3 等。如丙酮的分子离子经 α-裂解失去 $\cdot CH_3$ 后,即得氧鎓离子,再经失去中性分子 CO 而得含偶数电子的离子 $^+CH_3$。

$$\begin{array}{c} CH_3 \\ \diagup \\ C{=}O \\ \diagdown \\ CH_3 \end{array} \xrightarrow[\alpha\text{-开裂}]{-CH_3\cdot} \underset{m/z=43}{CH_3{-}\overset{+}{C}{\equiv}O} \xrightarrow[i\text{-开裂}]{-CO} CH_3^+ \quad m/z=15$$

这一开裂规律,可以帮助推测羰基化合物(醛、酮、酯)的结构。

② 分子离子的重排开裂。当分子离子裂解为碎片离子时,有些碎片的结构形式在原来的结构中并不存在,换言之,这些碎片离子的形成,不仅是通过简单的键的断裂,同时伴随着分子内原子或基团的重排,这种特殊的碎片离子称为重排离子。

常见的重排开裂有两种:麦克拉夫蒂重排(Mcla-ffrty rearrangement)开裂和逆狄尔斯-阿尔德(Retro Diels-Alder)开裂。

(a) 麦氏重排。烯烃及其有下列结构的其他的不饱和化合物,重排时经过六元环状过渡态使 γ 氢转移到带有正电荷的原子上,同时在 α,β 原子间发生开裂,生成一个不饱和的中性碎片和一个游离基正离子,这种重排开裂称为麦氏重排开裂。

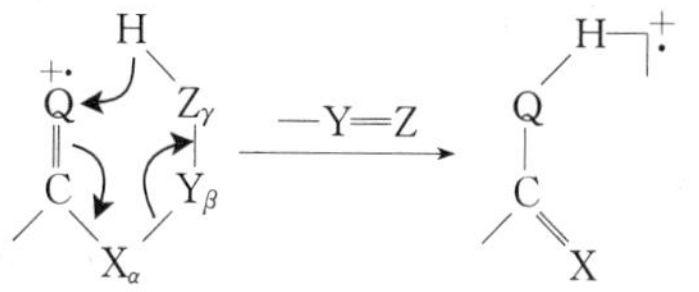

式中,Q、X、Y、Z 可以是 C、N、O、S 等原子。

麦氏重排在结构鉴定上十分有用。在醛、酮、链烯、酰胺、酯(乙酯以上)等的质谱中,都可以找到由这种重排开裂而产生的离子峰。

(b) 逆狄尔斯-阿尔德开裂(Retro-Diels-Alder,RDA)。具有环己烯结构类型的化合物可发生 RDA 开裂,一般都形成一个共轭二烯游离基正离子及一个烯烃中性碎片:

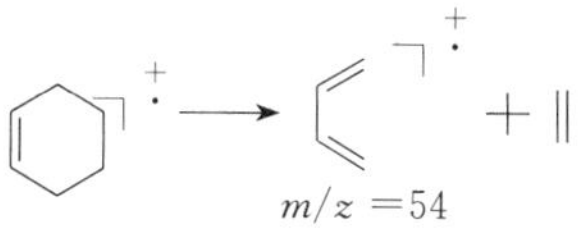

在脂环化合物、生物碱、萜类、甾体和黄酮等质谱上经常可看到由这种重排开裂所产生的碎片离子峰。例如:

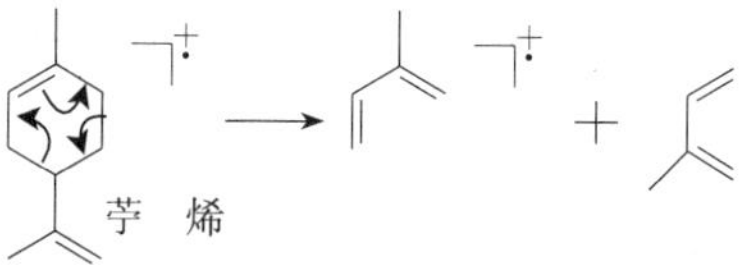

总之,有利于稳定碳正离子,有利于芳香共轭体系的生成,有利于形成偶数电子碎片离子;有利于解除环的张力或位阻,有利于六元环过渡态及以上典型重排反应的进行,这些就是裂解反应的推动力。

(2) 质谱解析的一般步骤。一般情况下,对分子量较大、结构较复杂的化合物,必须依靠几种谱图的综合分析才能推出其结构。对分子量较小、结构较简单的化合物,靠质谱数据有可能推出其结构。解析的一般步骤如下:

①分子离子峰的确定。一般在高质荷比区假定的 $M^{\ddot{+}}$ 峰与相邻碎片离子峰关系合理,且符合氮规律,可认为是分子离子峰。由 $M^{\ddot{+}}$ 峰的相对强度可了解分子结构的信息:$M^{\ddot{+}}$ 峰强度大,化合物可能是芳烃;$M^{\ddot{+}}$ 峰弱或不出现,化合物可能是多支链的烃类、醇类等。

②推导分子式,计算不饱和度。由高分辨质谱仪测出未知物精确分子量从而得到分子式。当无高分辨质谱数据,分子量小于 250 时,可利用同位素丰度与贝农(Beynon)表推出分子式。进而计算出该化合物的不饱和度。

③碎片离子分析。

(a) 高质量端的碎片离子峰反映该化合物的一些结构特征,所以要特别注意。例如,高质量端有 M—18 峰,则表示分子离子失去一分子水,该化合物可能是醇类。

(b) 低质量端碎片离子系列峰,也可反映出化合物的类型。例如,低质量端有 $m/z=39$,51,65,77 系列弱峰,表明化合物含有苯基。低质量端有 $m/z=29,43,57,71$ 系列碎片峰,表明化合物是烷烃。

(c) 分析重要的特征离子。如 $m/z=91$ 或 105 为基峰或强峰,表明化合物含有苄基($C_6H_5CH_2$—)或有苯甲酰基(C_6H_5CO—)。

④综合分析以上得到的全部信息,结合分子式及不饱和度,推出结构单元和分子结构。

⑤对质谱的校核、指认。用各种裂解机理对质谱中的主要峰应得到合理解析,方能说明所推结构是正确的。

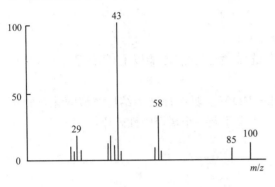

图 6.38　化合物 $C_6H_{12}O$ 的质谱

现举例说明如下:

例 1　化合物的分子式为 $C_6H_{12}O$,试由其质谱(图 6.38)推出其结构。

解　图中 $m/z=100$ 的峰可能为分子离子峰,那么它的分子量为 100,与分子式 $C_6H_{12}O$ 相符合。不饱和度 $UN=6+1-\dfrac{12-0}{2}=1$,可能有一双键或环。

高质量端碎片离子。$m/z=85=M-15$,说明有甲基。

低质量端碎片离子。$m/z=43$ 为基峰,可能是 $CH_3\overset{+}{-}C\equiv O$ 或 $CH_3CH_2\overset{+}{C}H_2$,前者比后者稳定,所以该化合物应有甲基酮的结构,环的可能性已不存在。又剩余的碎片为 $C_6H_{12}O-CH_3CO=C_4H_9$,所以化合物初步断定为甲基丁基酮。它的分裂方式为:

$$C_4H_9\underset{①}{+}\overset{\overset{+\cdot}{O}}{\underset{}{C}}\underset{②}{+}CH_3 \xrightarrow[①]{\alpha-} \cdot C_4H_9 + \overset{\overset{+}{O}}{\underset{}{C}}-CH_3 \underset{m/z=43}{} \xrightarrow[-CO]{i-} \overset{+}{CH_3} \underset{m/z=15}{}$$

$$\xrightarrow{②} \cdot CH_3 + \underset{m/z=85}{C_4H_9-\overset{\overset{O^+}{\|}}{C}} \xrightarrow[-CO]{i-} \underset{m/z=57}{C_4H_9}$$

以上结构中 C_4H_9—可以是伯、仲、叔丁基,哪一个是正确的呢? 图中 $m/z=58$ 的峰给我们提供了信息。它是经麦氏重排后得到的碎片,只有 C_4H_9—为伯丁基才能得到 $m/z=58$ 的碎片。仲丁基时虽可进行麦氏重排,但不能得到 58 的碎片,叔丁基时不能进行麦氏重排。所以化合物为 2-己酮。

例 2　某有机物经测定分子中只含有 C、H、O 三种元素,IR 在 $3100\ cm^{-1}\sim 3700\ cm^{-1}$ 间无吸收,其质谱图如图 6.39 所示,试推测其结构。

解　质谱图中最大的质荷比(m/z)为 136,偶数,所以符合只含 C、H、O 的实验事实。因此,它是分子离子峰,136 即为分子量。同时,分子离子峰较强,说明该化合物结构稳定,可能具有芳环或共轭体系。

查贝农表,分子量为 136 的各化合物中,含 C、H、O 的只有下列四个式子:

160

$C_9H_{12}O$　　（不饱和度 UN＝4）

$C_8H_8O_2$　　（UN＝5）

$C_7H_4O_3$　　（UN＝6）

$C_5H_{12}O_4$　　（UN＝0）

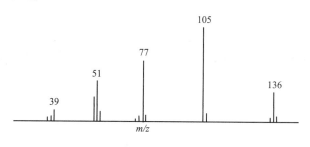

图 6.39　例 2 的质谱

碎片离子的 m/z＝105 为基峰,表示可能有苯甲酰基 结构,m/z 为 39,51 及 77 各峰为芳香环开裂的特征峰,这进一步肯定了苯环的存在,它们的开裂过程可表示如下:

$$PhCO \rceil^+ \quad \xrightarrow{-CO} \quad Ph\rceil^+ \quad \xrightarrow{-C_2H_2} \quad C_4H_3 \rceil^+$$
$$\quad m/z=105 \qquad\qquad m/z=77 \qquad\qquad m/z=51$$

由于存在 结构单位 UN＝5,因此排除分子式 $C_9H_{12}O$（不饱和度不够）、$C_5H_{12}O_4$（缺不饱和度）和 $C_7H_4O_3$（氢原子数不够）,所以惟一可能的分子式为 $C_8H_8O_2$,因此推出剩余单位为 CH_3O,可能的结构为—OCH_3 或—CH_2OH。因此,化合物可能为

　　　　　　—C—OCH₃　或　　　　　　—C—CH₂OH　　。

根据 IR 在 $3\,100\ cm^{-1}\sim 3\,700\ cm^{-1}$ 处无吸收,故无—OH 基团。所以该化合物的结构应为

　　　　　　—C—OCH₃　。

3. 质谱技术的一些进展

（1）软电离技术。前已述及,用高能电子轰击样品分子使其电离成分子离子和碎片离子而得到的质谱,通常称为电子撞击质谱（electron impact mass spectrum,简称 EIMS）,也叫硬电离（"hard" ionization）。它是最常用的电离技术。但对有些挥发性低和热稳定性差的有机化合物,用 EI 法测定时 M^+ 峰很低,难于检测到。这时可用软电离（"solf" ionization）技术解决。软电离技术包括化学电离（chemical ionization,简称 CI）、场致电离（field ionization,简称 FI）、场解吸电离（field desorption,简称 FD）和快原子轰击（Fast Atom Bombardment,简称 FAB）等（详见有关专著）。

（2）GC/MS 联机。气相色谱（gas chromatograph 简称 GC）和质谱相连接的技术对分析混合物是十分有效的分析方法,称作 GC/MS。混合物首先通过气相色谱,把混合物的各组份分离开,然后每一个分开的组份再进入质谱仪内,从而得到每个组份的质谱。从质谱可知它们的结构。许多用人工无法分离的微量混合物,都可用 GC/MS 技术得到分析,且简便快速。尤

其在天然产物混合物的结构确定上有很大的应用。

（3）串联质谱。一个更有效的技术是把两个质谱计连接起来,叫串联质谱(tandem mass spectrometry,简称 MS/MS)。第一个质谱计把混合物的分子离子分开(它比在气相色谱中的分离速度快),接着第二个质谱计对每个分子离子进行分析。这样,MS/MS 对混合物的结构分析更有效。

软电离技术对分析不挥发的生物大分子如蛋白质、核酸等是有效的。近年来出现一些有效的方法,如电喷雾电离(electrospray ionization,简称 ESI)等,可用于 DNA 低聚核苷酸顺序的测定。

习　题

1. 一氯甲烷(CH_3Cl)分子中有几种类型的价电子？ 在紫外光照射下,可发生何种电子跃迁？

2. 指出下列化合物能量低的跃迁是什么？ 其波长最长的吸收峰约在何处？

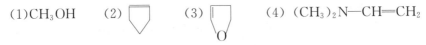

(1)CH_3OH　　(2)　　(3)　　(4) $(CH_3)_2N—CH=CH_2$

(5)　$CH_3—CH_2—C≡CH$　　(6)　$CH_3—CH_2—CHO$

3. 指出下述各对化合物中,哪一个化合物能吸收波长较长的光线(只考虑 $\pi\to\pi^*$ 跃迁)

(1)　$CH_3—CH=CH_2$ 及 $CH_3CH=CH—O—CH_3$

(2) 　及 　—NHR

(3)　$CH_2=CH—CH_2—CH=CHNH_2$ 及 $CH_3—CH=CH—CH=CHNH_2$

4. 某化合物的 λ_{max} 为 235 nm,现用 235 nm 的入射光通过浓度为 2.0×10^{-4} M 的样品溶液(样品池厚度＝1 cm)时,其透光率为 20%,求其摩尔吸收系数 ε。

5. 某共轭二烯的 $\lambda_{max}^{己烷}=219$ nm,如果乙醇中测定,其 $\lambda_{max}^{C_2H_5OH}$ 将如何？ 为什么？

6. 图 6.40 香芹酮在乙醇中的紫外吸收光谱,请指出两个吸收峰属什么类型？

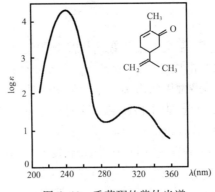

图 6.40　香芹酮的紫外光谱

7. 某化合物结构不是Ⅰ就是Ⅱ,试根据图6.41加以判断。

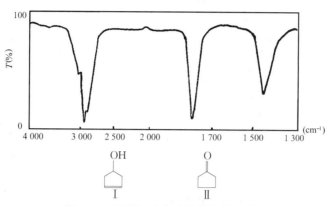

图 6.41　习题 7 中化合物的红外光谱

8. 一个化合物的部分 IR 谱图如图 6.42 所示,其结构可能为 Ⅰ、Ⅱ、Ⅲ,试问哪一个结构可能给出此光谱?

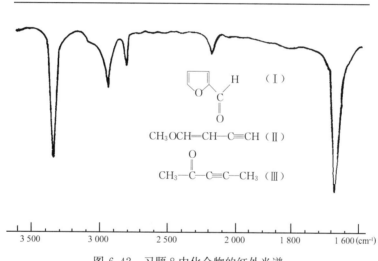

图 6.42　习题 8 中化合物的红外光谱

9. 根据化合物的 IR 谱图(图 6.43(i)、(ii))中,用阿拉伯数字所标明的吸收位置,推测化合物可能的构造式。

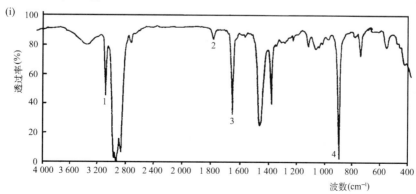

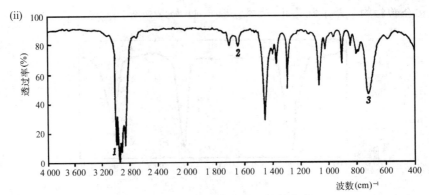

图 6.43 习题 9 中化合物的红外光谱

10. 在下列化合物中,有多少组不等同的质子:

(1) $CH_3CH_2OCH_2CH_3$

(2) $\underset{CH_3}{\overset{CH_3}{\big|}}CH-CH_2OH$

(3)

(4)

(5)

(6) $ClCH_2CH_2Br$

(7) $CH_3-\underset{\underset{OH}{|}}{CH}-CH_2-Ph$

(8) CH_3CH_2Cl

11. 粗略地画出下列化合物的核磁共振氢谱,并指出每组峰的偶合情况和 δ 的大致位置:

(1) $CH_3CH_2CH_3$

(2)

(3)

(4) $ClCH_2CH_2CH_2Br$

(5) CH_3CHO

(6) CH_3COOH

(7) $CH_3CH_2-O-\overset{\overset{\displaystyle O}{\|}}{C}-CH_3$

(8)

12. 写出具有图 6.44(1)→(4)分子式及核磁共振氢谱的化合物的结构式。

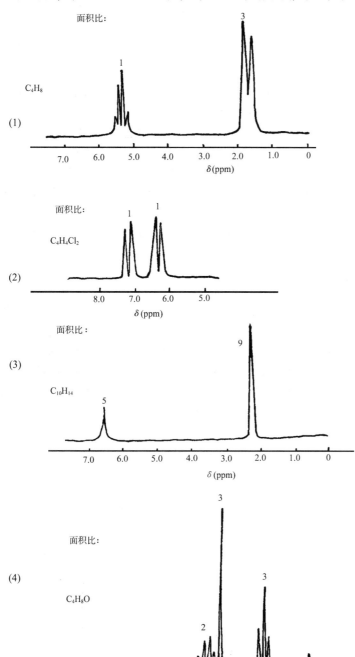

图 6.44　习题 12 中化合物的核磁共振氢谱

13. 解释图 6.45 的质谱。

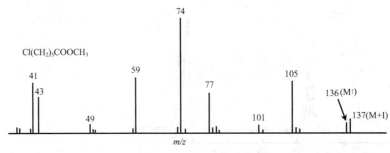

Cl(CH$_2$)$_3$COOCH$_3$

图 6.45 习题 13 的质谱

14. 某羰基化合物 M＝44,质谱图上给出两个强峰,m/z 分别为 29 及 43,试推定此化合物的结构。

15. 某一酯类化合物,其初步推测为 A 或 B,但质谱图上 $m/z＝74$ 处给出一个强峰,试推定其结构如何?

  A. CH$_3$CH$_2$CH$_2$COOCH$_3$ B. (CH$_3$)$_2$CHCOOCH$_3$

16. 两种互为异构体的烃类化合物 A 和 B,分子式为 C$_6$H$_8$,A 和 B 经催化氢化后都得到 C,C 的 ^{1}H-NMR 谱只在 $\delta＝1.4$ ppm 处有一信号,而 A 和 B 的 ^{1}H-NMR 谱在 δ 在 1.5 ppm～2.0 ppm 之间及 δ 在 5 ppm～5.7 ppm 范围有两个强度相同的吸收信号,紫外光谱测定表明:C 在 200 nm 以上无吸收,B 虽然在 200nm 以上无吸收,但吸收峰接近200 nm,A 在 250 nm～260 nm 处有较强的吸收,试确定 A、B、C 的结构。

17. 从一种毛状蒿中分离出一种茵陈烯,分子式为 C$_{12}$H$_{10}$,该化合物的 UV 谱最大吸收为 $\lambda_{max}＝239$ nm($\varepsilon＝5\,000$),IR 谱在 2 210 cm^{-1},2 160 cm^{-1} 处有吸收。其 ^{1}H-NMR 谱如下:

  $\delta_{7.1}$(多重峰 5H),2.3(单峰 2H),1.7(单峰 3H),试确定其结构。

18. 化合物分子式为 C$_5$H$_8$O,红外光谱在 1745 cm^{-1} 有一强吸收峰,其核磁共振碳谱如图 6.46 所示,试推出它的结构。

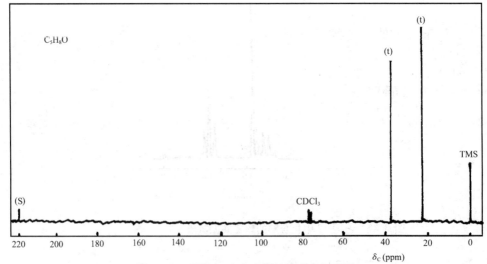

图 6.46 习题 18 中化合物的核磁共振碳谱

19. 化合物 A 的分子式为 C_7H_8，催化加氢可得到化合物 $B(C_7H_{12})$。A 的 ^{13}C-NMR 谱如图 6.47 所示。试推出 A 的结构。

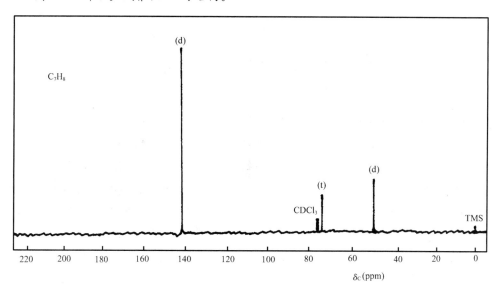

图 6.47　习题 19 中化合物的 ^{13}C-NMR 谱

第七章　芳　香　烃

化学家将有机化合物划分为脂肪族化合物（aliphatic compounds）和芳香族化合物（aromatic compounds）两大类。前者包括开链的化合物（烷、烯、炔）和类似于开链化合物的环状化合物（脂环化合物），后者是包括苯和化学性质类似于苯的化合物，芳香族化合物历史上是指从植物的香树脂和香精油中获得的那些具有香味或芳香味的化合物。它们往往含有各种基团，如：—OCH_3、—$CH=CH—COOH$、—CHO 连到苯环上，是苯的衍生物。但也发现有些含有苯环的化合物不但不香，而且嗅起来令人讨厌和作呕。因此，以气味来给芳香族化合物下定义显然是不科学的，应抛弃。今天人们所说的芳香族化合物的含义是指含有苯环（包括苯和苯的衍生物）或结构上看来和苯的结构很不相同，然而在性质上却似苯的一大类所谓的非苯芳香族化合物。从这个定义看，显然我们必须从苯本身来作为我们学习芳香族化合物的开始。

7.1　苯　的　结　构

19 世纪初人们开始将煤气作路灯照明，有一次在储运煤气的桶中发现一种油状的液体，1825 年经法拉第（M. Faraday）测定，苯的经验式为 CH。接着在 1833 年通过 Mitsherlich 确定苯的分子式为 C_6H_6。此后，人们对苯的化学性质和物理性质开始有较充分的认识，但直到 1931 年左右才提出合适的苯的结构。又过了十到十五年这个结构才普遍地为有机化学家所采用。困难不在于苯分子的复杂性，而在于当时结构理论的局限性。一百多年来人们对苯的结构的认识允满了唯心论和唯物论、形而上学和辩证法的斗争，争论仍未止息。

让我们先看实验事实，苯的分子式为 C_6H_6，碳氢比例为 $1:1$，相应地符合通式 C_nH_{2n-6}，那么苯应是一个高度不饱和烃。如果是这样，苯就应该是一个高度活泼的化合物，同时也应表现出不饱和烃的典型反应——加成反应。但实验事实正相反，化学家发现苯是一个显著稳定的化合物，它的行为更像烷烃（与炔、烯相比）。例如苯在黑暗中既不使溴溶液褪色，也不被冷稀的 $KMnO_4$ 所氧化。此外，苯在室温下也不发生催化加氢反应，而烯、炔在同样的条件下很容易吸收氢。大量事实表明，苯进行反应时，主要发生取代反应（这是饱和烃的特性）。当苯在 $FeBr_3$（催化剂）存在时和溴反应，只得到一种一元溴取代产物——溴苯：

$$C_6H_6 + Br_2 \xrightarrow{FeBr_3} \underset{溴\ 苯}{C_6H_5Br} + HBr$$

这说明苯分子中的六个氢原子是等同的。如果溴苯进一步溴化，可以得到三种二溴苯（邻、间、对位）：

$$C_6H_5Br + Br_2 \xrightarrow{\text{FeBr}_3} \underset{\substack{\text{二溴苯}\\\text{(三个异构体)}}}{C_6H_4Br_2} + HBr$$

此外,苯虽然通常不发生加成反应,但在特殊的条件下,苯也能发生加成反应。如在太阳光(或紫外光)照射下,一分子苯与三分子溴加成产生六溴苯;在压力下苯也可催化加氢生成环己烷:

$$C_6H_6 + 3Br_2 \xrightarrow[\text{或 UV 光}]{\text{日光}} C_6H_6Br_6$$

$$C_6H_6 + 3H_2 \xrightarrow[\text{加压}]{\text{Ni 催化剂}} \bigcirc$$

这两个反应清楚地表明苯实际上是一个不饱和分子。而环己烷的生成意味苯的碳架是一个六元环的结构。

根据上面的实验事实,1865 年德国化学家凯库勒(F. A. Kekulé)首先提出了苯的结构为正六角形的,六个碳原子具有交替的单键和双键的平面结构,每个碳原子和一个氢相连,他提出的结构如下:

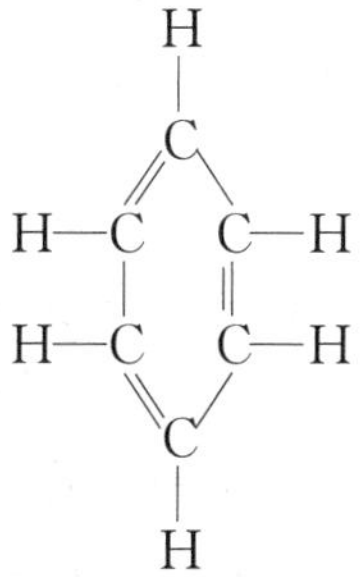

可简写为

它解释了上述实验事实,但却解释不了下面的一些现象:按照 Kekulé 的结构,苯完全是一个环己三烯,但为什么容易发生取代反应,而难于发生加成和氧化反应? 按 Kekulé 式,苯的邻位二取代物(二溴苯)应有两种,即

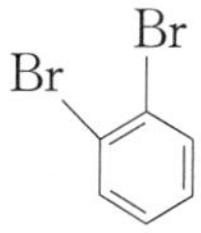

和

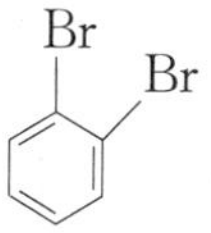

(不同之处是双键和溴的相对位置),而实际上只有一种。为了克服后者的异议,Kekulé 把苯分子看作一个能动的东西:

这种单双键的"更迭作用"使得两个 1,2-二溴苯处于快速平衡中,所以不能分离开来。

也有人认为 Kekulé 当时已直觉地预感到了现代的离域电子概念。尽管如此,Kekulé 结构对苯分子的稳定性——难于发生加成反应和氧化反应则无法予以解释。

近代化学键的电子理论指出:苯分子中的六个碳原子都是 sp^2 杂化,每个碳原子都是以三个 sp^2 杂化轨道分别与两个碳和一个氢形成三个 σ 键。苯环上所有原子都处在同一平面上,余下的六个 p 轨道的对称轴由于都垂直于这个平面而相互平行。因此,p 轨道彼此侧面交叠形成一个封闭的大 π 键,这样使 π 电子云高度离域,达到完全平均化,致使苯分子中的六个 C—C 键长完全相等,没有单、双键的区别,如图 7.1 所示。

近代物理方法也证明:苯分子的六个碳和六个氢在同一平面上,每个 C—C 键等长,均为 140 pm,所有的 C—C 键的键角都是 120°。因此,苯的结构应表示为 ⬡ 。由于历史的原

因，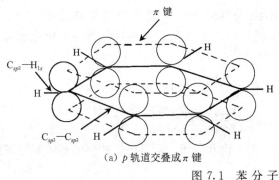 的表示式仍然采用。

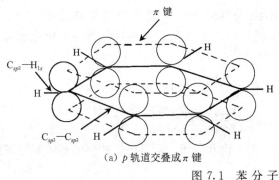

图 7.1 苯 分 子

(a) p 轨道交叠成 π 键 (b) π 电子云在环平面上下

苯分子的这种结构表达式 解释了 Kekulé 结构式所不能解释的实验事实。由于苯分子中形成了一个闭合的大 π 键，π 电子云高度离域，体系能量降低而稳定。因此，苯分子不易起加成和氧化反应，而发生取代反应。苯的氢化热(吸收三分子 H_2)数据给苯分子的稳定性提供了有力的证据：环己烯 $+H_2 \longrightarrow +119.5$ kJ·mol^{-1}。据此，每个苯分子吸收三分子 H_2，其氢化热应是：$119.5 \times 3 = 358.5$ kJ·mol^{-1}，但实际上苯的氢化热仅是 208.2 kJ·mol^{-1}，可见，苯分子的能量是低的。也可以说苯分子要比设想的 1,3,5-环己三烯要多稳定 150.5 kJ·mol^{-1}，我们把 150.5 kJ·mol^{-1} 称为苯分子的离域能(共轭能)。

按分子轨道理论，苯分子中六个碳原子的 $2p_z$ 轨道组成六个 π 分子轨道，可表示为：

$$\Psi_1 = 0.408\phi_1 + 0.408\phi_2 + 0.408\phi_3 + 0.408\phi_4 + 0.408\phi_5 + 0.408\phi_6$$
$$\Psi_2 = +0.500\phi_2 + 0.500\phi_3 - 0.500\phi_5 - 0.500\phi_6$$
$$\Psi_3 = 0.577\phi_1 + 0.289\phi_2 - 0.289\phi_3 - 0.577\phi_4 - 0.289\phi_5 + 0.289\phi_6$$
$$\Psi_4 = -0.577\phi_1 + 0.289\phi_2 + 0.289\phi_3 - 0.577\phi_4 + 0.289\phi_5 + 0.289\phi_6$$
$$\Psi_5 = 0.500\phi_2 - 0.500\phi_3 + 0.500\phi_5 - 0.500\phi_6$$
$$\Psi_6 = -0.408\phi_1 + 0.408\phi_2 - 0.408\phi_3 + 0.408\phi_4 - 0.408\phi_5 + 0.408\phi_6$$

它们的相应的能级如图 7.2 所示。其中有一个能量最低的轨道 Ψ_1(没有节面)，两个能量较高的轨道 Ψ_2 和 Ψ_3(各有一个节面)，它们都是成键轨道。此外，还有能量更高的轨道 Ψ_4 和 Ψ_5(各有两个节面)，以及一个能量最高的轨道 Ψ_6(有三个节面)，它们都是反键轨道。如图 7.2 所示，当苯分子处于基态时，六个电子分成三对分别充满 Ψ_1、Ψ_2 和 Ψ_3 三个成键轨道，这和由电子充满原子轨道的惰性气体元素情况极为相似，因而使苯分子的性质稳定。

从图 7.2 可见，Ψ_2 和 Ψ_3 两个轨道叠合在一起就使六个碳具有同样的电子云密度，同 Ψ_1 一样。结果是造成一个高度对称的分子，其 π 电子有相当大的离域作用，形状如图 7.1(b) 所示。

苯的真正结构同样可方便地用共振结构表示如下：<->。

这表明苯的真正结构是两个 Kekulé 结构的共振杂化体。它与 Kekulé 说法不同的是：两

170

个 Kekulé 结构均为假设而不是真实的,同时每对碳原子之间不是双键或单键,而均为 $1\frac{1}{2}$ 键。

共振杂化体可书写为: ⬡ 或 ⬡ 。

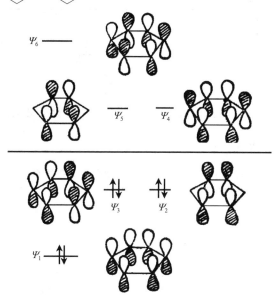

图 7.2 苯的 π 分子轨道和能级

目前常用的苯的结构式有: ⬡ , ⬡ , ⬡ , ⬡ ,其中前两个较常用。

那么,以苯为代表的芳香性化合物在结构上有哪些共同特性呢?从我们上面对苯的结构的讨论中可以看出,芳香化合物应该是环状的,π 电子是高度离域的,为此就要求分子必须是平面的。最后一点,还必须使 π 电子总数满足 $4n+2$ 个($n=0,1,2,\cdots$),这种必要条件叫做 $4n+2$ 规则或休克尔(Hückel)规则。这是 1931 年休克尔用分子轨道法计算了单环多烯的 π 电子的能级,从而提出的一个判断芳香体系的规则。

当时 Kekulé 就预计除了苯外,可能还存在具有芳香性的环状多烯烃,其中环丁二烯、环辛四烯最引人兴趣,并估计是最有可能的非苯芳烃。但是很快发现环丁二烯和环辛四烯等的有关键长都接近于定域的单键和双键,是高度不饱和化合物,都没有芳香性。深入研究发现它们的 π 电子数目为 4 和 8(概括为 $4n$)[*]。在环丁二烯中有两个电子分别处在未成键的两个分子轨道上,故体系能量较高。环辛四烯的分子轨道如图 7.3 所示,也有两个电子分别处在未成键的两个分子轨道上,且其分子还不是平面的。至于苯有 6 个 π 电子,它们全部进入能量最低的成键分子轨道上,使体系稳定,有芳香性。

---

[*] 某些含有 $4n$ 个 π 电子的平面环形共轭体系的稳定性较其相应的无环的不饱和体系还小,这种分子被称为反芳香性的。例如,1,3-环丁二烯不稳定,而某些角张力非常大的小环化合物(如 ⬛)则相当稳定,看来环丁二烯事实上存在着一种共轭的去稳定作用,叫做反芳香性。

171

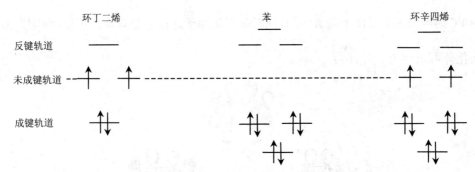

图 7.3 环丁二烯、苯和环辛四烯的 π 分子轨道能级图

含有 $4n+2$ 个 π 电子的芳香性化合物的一些例子如下:

表 7.1 一些符合 Hückel 规则的芳香体系

n	$4n+2$	芳 香 性 化 合 物 的 结 构 和 名 称
0	2	环丙烯正离子
1	6	苯　　吡啶　　吡咯　　呋喃　　噻吩　　环戊二烯负离子　　环庚三烯正离子
2	10	萘　　　喹啉　　　吲哚　　　䓬(azulene)
3	14	蒽　　　菲　　　[14]-轮烯　　反-15,16-二甲基二氢芘
4	18	[18]-轮烯(Annulene)

从表 7.1 可以看出,除了苯以外,杂环化合物、稠环化合物(萘、蒽、菲)以及非苯芳烃(如环戊二烯负离子、䓬、18-轮烯)的分子都几乎在一个平面上,且 π 电子数符合 Hückel 规则,因此都具有芳香性。但 π 电子数为 2,14 时,虽具有芳香性,但与苯相比要差一些,因为这些环不是

172

太小就是太大。因此任何由芳香性而来的稳定作用将大大地被角张力或 p 轨道交叠的不好所抵消。

[10]-轮烯的 π 电子数符合 $4n+2$，本应有芳香性，但由于分子中环内空间太小，环内氢原子的阻碍致使环不能在一个平面上，故没有芳香性。因此实际上判断有无芳香性，必须符合其为环状共轭体系，平面结构和 $4n+2$ 个 π 电子的条件。

对于大环轮烯，一般当 $n\geqslant 5$ 时，Hückel 规则就不适用了。而对于双环和稠环，只要桥键碳原子不为三个环共有，Hückel 规则即可适用。例如薁，1,2-苯并蒽等。

近年来用 NMR 的实验方法，对决定一化合物是否具有芳香性起着重要的作用。如在核磁共振中能产生 π 电子的环电流效应就可以认为它具有芳香性。例如，[18]-轮烯的环内六个氢 $\delta=-3.0$ ppm(在屏蔽区)，环外 12 个氢 $\delta=9.3$ ppm(处在去屏蔽区)。因此，π 电子环电流的存在可作为化合物芳香性的一个判据。

7.2 苯衍生物的命名和异构现象

苯的同系物可以看作苯环上的氢被烃基取代而成的化合物。如 ⬡ ，⬡—CH₃ ，

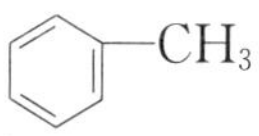

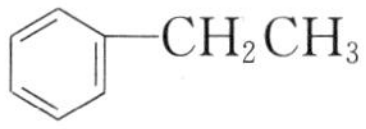

⬡—CH₂CH₃ ，同系差为—CH₂。

(1) 一元取代物命名时，以苯环为母体，烷基作为取代基：

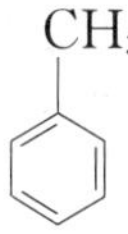

CH₃   CH₂CH₃
甲 苯 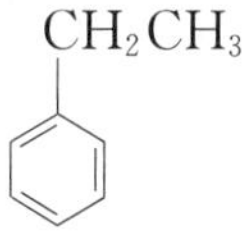   乙 苯

在英文名称中保留一些专门名称。如甲苯不称 methylbenzene，而称 toluene。当取代基含有三个碳原子以上，则与烷烃相似，由于碳链结构不同，可产生同分异构体：

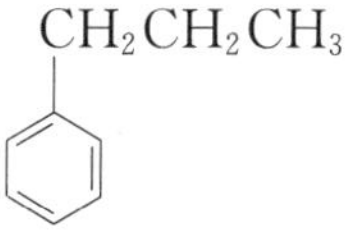

CH₂CH₂CH₃   CH₃—CH—CH₃
正丙苯 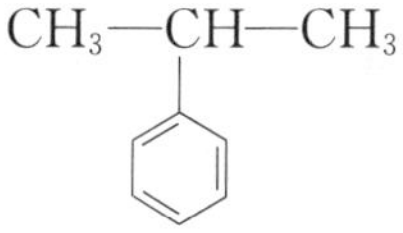   异丙苯

(2) 二取代物由于两个取代基的位置不同可以产生三种异构体，通常用邻或 o(ortho)、间或 m(meta)、对或 p(para)表示，也可用编号表示。例如：

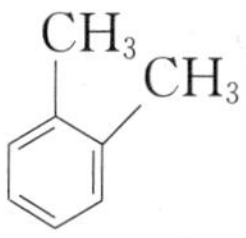

1,2-二甲苯   1,3-二甲苯   1,4-二甲苯
邻-二甲苯   间-二甲苯   对-二甲苯
o-二甲苯   m-二甲苯   p-二甲苯

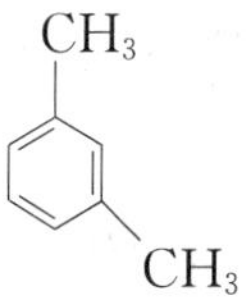

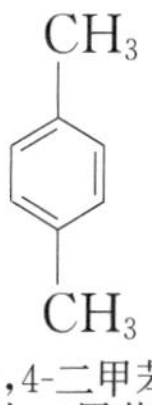

若两个取代基不同时，按下面列出的顺序，先出现的官能团为主官能团，与苯环一起作母体，母体官能团的位置编号为 1；另一个作为取代基。常见官能团优先顺序如下：

$$-COOH > -SO_3H > -COOR > -CONH_2 > -CN > \overset{H}{\underset{O}{-C=O}} > -\underset{\parallel}{C}-R > -OH$$

（羧基）　（磺酸基）　（酯基）　（酰氨基）　（氰基）　（醛基）　　（酮基）

$$> -NH_2 > -OR > -R \quad -X > -NO_2$$

（卤素）（硝基）

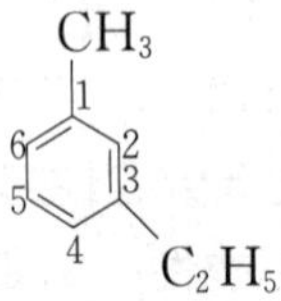

3-乙基甲苯
或间乙基甲苯

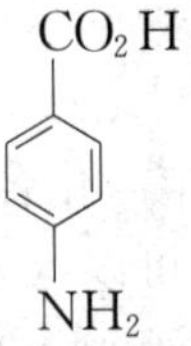

对氨基苯甲酸

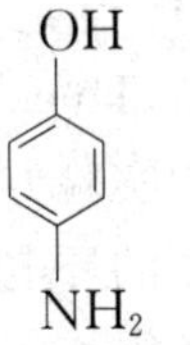

对氨基苯酚

（3）三元取代物也有三个异构体,常用连或 1,2,3,偏或 1,2,4 及均或 1,3,5 来表示三个烃基的相对位置:

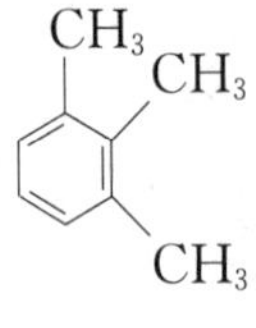

1,2,3-三甲苯
连-三甲苯

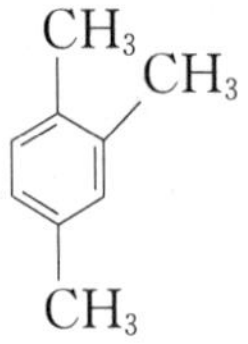

1,2,4-三甲苯
偏-三甲苯

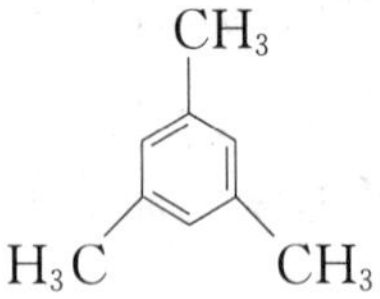

1,3,5-三甲苯
均-三甲苯

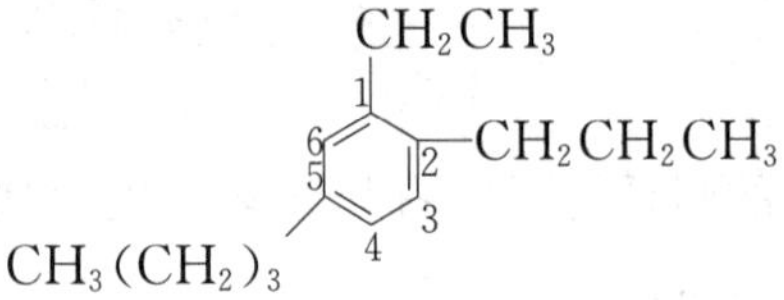

1-乙基-2-丙基-5-丁基苯
5-butyl-1-ethyl-2-propyl-benzene

（4）含有复杂侧链或不饱和基团时,则把它们当作母体,苯环当作取代基:

苯乙烯
（styrene）

苯乙炔

2-苯基戊烷

二苯甲烷

苯分子失掉一个氢原子剩下来的原子团叫苯基,常用 Ph-(Phenyl)或 φ-来表示。同样,芳烃(arene)分子中失去一个氢原子剩下的原子团叫芳基,常用 Ar-(Aryl)来表示:

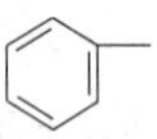

苯基
（phenyl）

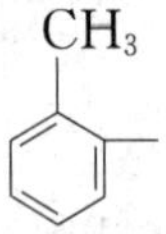

邻甲苯基
（o-tolyl）

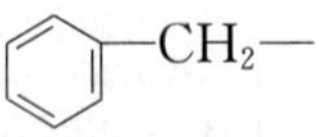

苯甲基（苄基）
（benzyl）

7.3　苯及其衍生物的物理性质

苯及其低级同系物都是无色有芳香气味的液体,不溶于水,易溶于乙醚、四氯化碳、石油醚等有机溶剂中。比重一般在 0.86～0.88 之间,容易燃烧,冒黑烟。它们的蒸气有一定毒性。它们的熔点和结构之间有一个重要的普遍关系,即二元取代苯的异构体中,对位异构体的熔点通常比另外两个异构体的熔点高得多。例如 p-二甲苯的 m.p. 是＋13℃,而 o-位是－25℃,m-位是－45℃,这是因为对位异构体的分子对称性高而使结晶内分子间的色散力较大之故。表7.2 列出苯及其衍生物的物理性质。

174

表 7.2 苯及其衍生物的物理性质

化　合　物	英　文　名　称	熔点(℃)	沸点(℃)	密度 d_{20}^4
苯（  ）	benzene	5.5	80	0.879
甲　苯（ 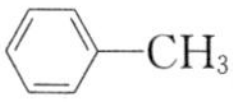 —CH₃ ）	toluene	−95	111	0.866
乙　苯（ 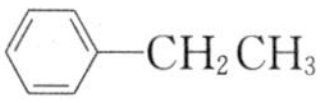 —CH₂CH₃ ）	ethylbenzene	−95	136	0.867
丙　苯（  —CH₂CH₂CH₃ ）	propylbenzene	−99	159	0.862
异丙苯（ 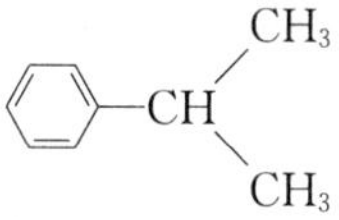 —CH〈CH₃/CH₃ ）	isopropylbenzene	−96	152	0.862
邻二甲苯（ 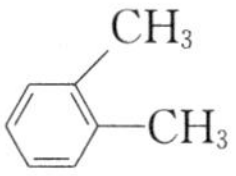 —CH₃ —CH₃ ）	o-xylene	−25	144	0.880
间二甲苯（ 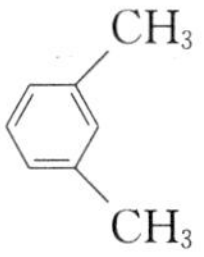 ）	m-xylene	−48	139	0.864
对二甲苯（ 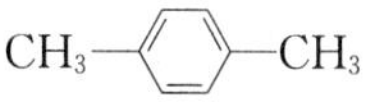 CH₃— —CH₃ ）	p-xylene	13	138	0.861
1,2,3-三甲苯（ 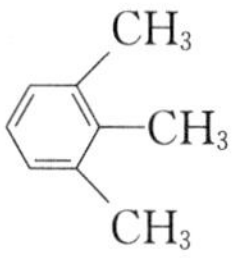 ）	1,2,3-trimethylbenzene	−25.4	176.1	0.894
1,2,4-三甲苯（ 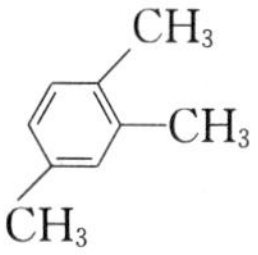 ）	1,2,4-trimethylbenzene	−43.8	169.4	0.876
1,3,5-三甲苯（ 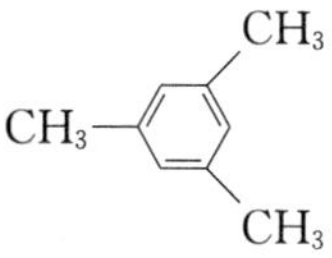 ）	1,3,5-trimethylbenzene	−44.7	164.7	0.865
苯乙烯（ 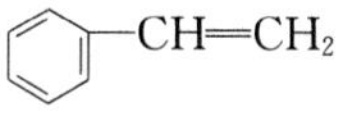 —CH=CH₂ ）	styrene	−31	145	0.907
苯乙炔（ 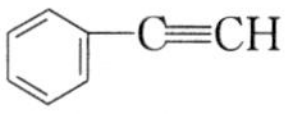 —C≡CH ）	phenylacetylene	−45	142	0.930

从表 7.2 可见,从苯的同系物中每增加一个 CH_2,沸点增加 20℃~30℃,碳原子数相同的异构体,其沸点相差不大,如二甲苯的三种异构体,它们的沸点分别为 144℃、139℃、138℃,仅相差 1℃~6℃,很难用蒸馏方法分开,所以二甲苯(工业品)通常是混合物。

芳香烃的光谱性质:

苯的紫外光谱具有三个吸收峰:184 nm、203 nm 及 254 nm,它们均为 $\pi \rightarrow \pi^*$ 跃迁所致,苯

175

的第三个吸收峰为一宽峰,并出现若干小峰,在 230 nm～270 nm 之间,中心在 254 nm,ε 约为204 左右,常用它来识别芳香化合物。

芳环的红外光谱:芳香环的 C—H 伸缩振动所引起的吸收发生在光谱的高频端,3 000 cm^{-1}～3 100 cm^{-1}(中),芳环骨架的碳—碳伸缩振动吸收发生在 1 500 cm^{-1} 和 1 600 cm^{-1} 处。这两个吸收峰对于鉴别芳环来说具有重要意义。

芳环中的 C—H 弯曲振动可以在面内或面外,而以后者较为有用。芳环的 C—H 面外弯曲振动在 650 cm^{-1}～900 cm^{-1} 区域内有强吸收,对识别芳环的取代情况有重要的意义,如表7.3 所示。

表 7.3　取代苯环上的 C—H 面外弯曲振动

化　合　物	吸　收　位　置（cm^{-1}）
苯	670(强)
一取代的	690～710,730～770(强)
邻-二取代的	735～770(强)
间-二取代的	690～710,750～810(中,强)
对-二取代的	810～840(强)

芳香烃的[1]H-NMR 和[13]C-NMR 谱:

芳香烃上环外的质子处在去屏蔽区,其化学位移移向低场,δ_H 在 6.5 ppm～8.0 ppm 范围内。

苯环碳的 δ_C＝128.5 ppm,取代苯的 δ_C 在 100 ppm～150 ppm 范围。

7.4　苯及其衍生物的反应

从苯的结构我们知道,由于苯环上电子云密度比较大,而且 π 电子的高度离域,使苯分子具有异常的稳定性,它们一般不易发生亲电加成反应,而发生亲电取代反应(electrophilic substitution reaction)。这是苯的典型反应,因为这样可以保留苯环离域的 π 体系。

7.4.1　亲电取代反应

由于苯环具有离域的 π 电子,它是一个富电子体系,所以我们可以预期缺电子试剂(即亲电试剂)可以进攻芳环而发生各种亲电取代反应,主要以卤代、硝化、磺化和付-克(Friedel-Crafts)反应最为重要。通过这些取代反应可以合成各种芳香族化合物。

1. 卤　代

由于芳环的异常稳定性,它要求高度活性的试剂才能与它起反应。如苯与氯、溴在一般情况下不发生反应,但在铁或铁盐的催化作用下,苯环上的氢原子可以被氯或溴取代,生成卤代苯。显然催化剂的作用是帮助产生强的亲电试剂(Br^+):

$$\text{苯} + Br_2 \xrightarrow{FeBr_3} \text{溴苯}—Br + HBr, \qquad \Delta H° = -45.1 \text{ kJ} \cdot \text{mol}^{-1}$$

而氟苯与碘苯不用此法制备,而是通过氨基化合物间接制备(见第十四章)。

卤代反应的历程:

① 首先溴分子和 $FeBr_3$ 作用生成溴正离子和四溴化铁络离子：

$$Br∶Br + FeBr_3 \longrightarrow Br^+ + [FeBr_4]^-$$

② Br^+ 离子进攻苯环，生成一个不稳定的碳正离子中间体（σ-络合物）：

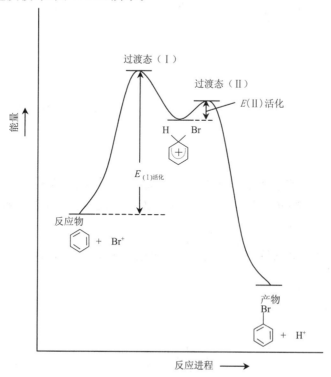

碳正离子中间体（σ-络合物）

这是速度较慢的决定整个取代反应速度的一步反应。

③ 不稳定的中间体 σ 络合物很快消去一个质子，使产物恢复原来稳定的苯环共轭体系，产生取代产物。

因此，亲电取代反应像亲电加成反应一样，是一个分步进行的过程，其中包括一个碳正离子中间体。然而碳正离子所起的反应，二者是不同的。

苯的亲电取代历程中，在中间体、反应物和产物之间存在着两个过渡态，即 Br^+ 离子进攻芳环 Br⋯Ar⋯H 过渡态（Ⅰ）和质子离开芳环 Br⋯Ar⋯H 的过渡态（Ⅱ），它们在历程中能量较高。但要完成取代反应，必须克服这两个"能障"，像其他反应一样，"能障"低则反应速度快，"能障"高则反应速度慢，如图 7.4(a)所示。

图 7.4(a)　苯的亲电取代反应能量轮廓图

那么苯为什么发生亲电取代而不发生亲电加成？这是因为苯若发生加成反应将使苯变成稳定性较小的产物：，$\Delta H^{\circ}=8.36\ \text{kJ}\cdot\text{mol}^{-1}$，反应是吸热的。这样的一个加成反应破坏了苯环的 π 电子体系。相反，烯烃却和溴甚至在低温下迅速地作用产生加成产物，因为反应是高度放热的。 $H_2C{=}CH_2 + Br_2 \longrightarrow BrCH_2CH_2Br$，$\Delta H^{\circ}=-122.1\ \text{kJ}\cdot\text{mol}^{-1}$。烯烃加成反应得到的是更加稳定的化合物。因此，苯的反应也易于发生使环的 π 体系保留的反应即亲电取代反应。

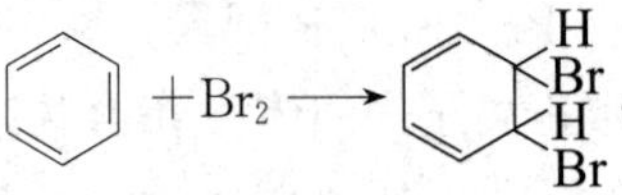

当没有催化剂存在时，在光照下或将氯气通入沸腾的甲苯中，苯环侧链甲基的氢原子能逐个被氯取代。如果是烷基苯，此时卤原子优先取代侧链上的 α-H，又称之侧链卤代反应。

$$Ph{-}CH_3 + Cl_2 \xrightarrow{h\nu} Ph{-}CH_2{-}Cl \xrightarrow[h\nu]{Cl_2} Ph{-}CHCl_2 \xrightarrow[h\nu]{Cl_2} Ph{-}CCl_3$$

由此可见，反应条件是重要的，这是因为光照下反应历程是游离基取代反应，而不是离子型的取代反应。

2. 硝 化

苯与浓 HNO_3 和浓 H_2SO_4 混合物反应，苯环上的氢原子被硝基取代，生成硝基苯。

$$\text{苯} + HNO_3 \xrightarrow[50℃]{H_2SO_4} Ph{-}NO_2 + H_2O$$

在硝化反应中进攻的亲电试剂是硝基正离子 $\overset{+}{N}O_2$。由于 H_2SO_4（催化剂）的存在而使 $\overset{+}{N}O_2$ 的形成更加有利，如下所示：

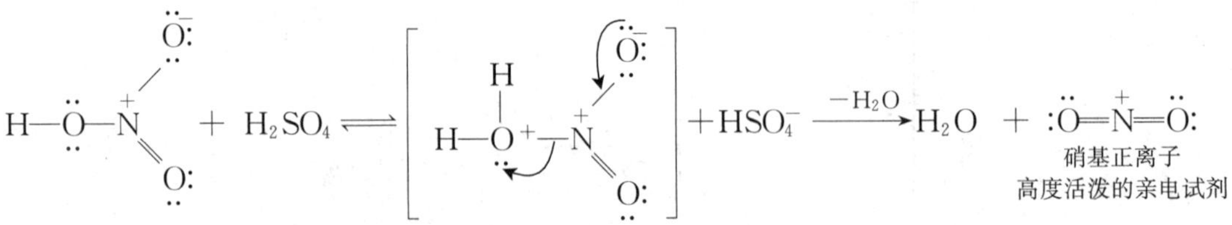

这是一个酸碱平衡，其中强酸 H_2SO_4 作为酸而稍弱的硝酸作为碱。

常用的硝化剂除混酸（浓 HNO_3＋浓 H_2SO_4）外，还可选用浓 HNO_3、稀 HNO_3 或硝酸盐＋硫酸。

硝基正离子通过光谱法鉴定它是存在的，如存在过氯酸硝鎓 $\overset{+}{N}O_2ClO_4^-$ 和氟硼酸硝鎓 $\overset{+}{N}O_2BF_4^-$ 之类的盐中。

$\overset{+}{N}O_2$ 和苯作用的过程如下：

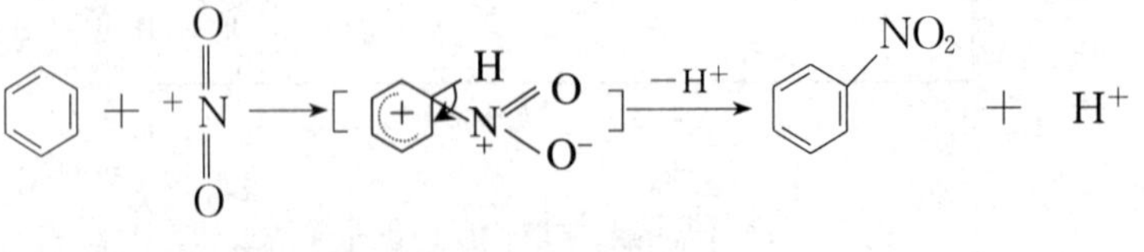

得到的硝基苯在较强烈的条件下仍可继续地被硝化，生成间-二硝基苯：

178

$$\underset{\text{NO}_2}{\bigcirc} \xrightarrow[95℃]{\text{发烟 HNO}_3 \ \text{浓 H}_2\text{SO}_4} \underset{\text{NO}_2}{\bigcirc}\text{NO}_2$$

　　烷基苯比苯容易硝化,如甲苯低于 50℃ 下硝化就能进行,主要生成邻-和对-硝基甲苯。硝基甲苯进一步硝化可以得到 2,4,6-三硝基甲苯,即炸药 TNT。

$$\underset{}{\bigcirc}\text{CH}_3 + \text{HNO}_3 \xrightarrow[30℃]{\text{H}_2\text{SO}_4} \underset{}{\bigcirc}\overset{\text{CH}_3}{}\text{NO}_2 \ + \ \underset{\text{NO}_2}{\bigcirc}\text{CH}_3$$

$$\downarrow$$

$$\text{O}_2\text{N}\underset{\text{NO}_2}{\bigcirc}\overset{\text{CH}_3}{}\text{NO}_2$$
（TNT）

　　硝化反应是一个很重要的反应,它提供了一个合成多种取代芳香化合物的路线。

3. 磺　化

　　苯环上的氢被磺酸基(—SO$_3$H)取代的反应叫磺化反应。苯的磺化通常是在发烟硫酸 (100%) 中进行的:

$$\bigcirc + \text{H}_2\text{SO}_{4(\text{发烟})} \rightleftharpoons \underset{\text{苯磺酸}}{\bigcirc}\text{SO}_3\text{H} + \text{H}_2\text{O}$$

　　磺化反应与卤代、硝化反应不同,它是一个可逆反应。如图 7.4(b) 所示,在碳正离子两侧的能垒基本上差不多高,因此磺化反应是可逆的。

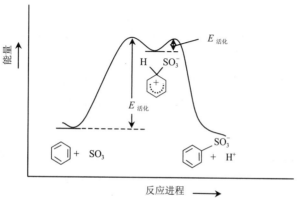

图 7.4(b)　苯的磺化反应能量轮廓图

179

如果苯磺酸和 50% 的硫酸水溶液加热,磺酸基可以被除去。在合成上—SO_3H 常用作阻塞基,待其他取代基上环后,再把它除去。例如:

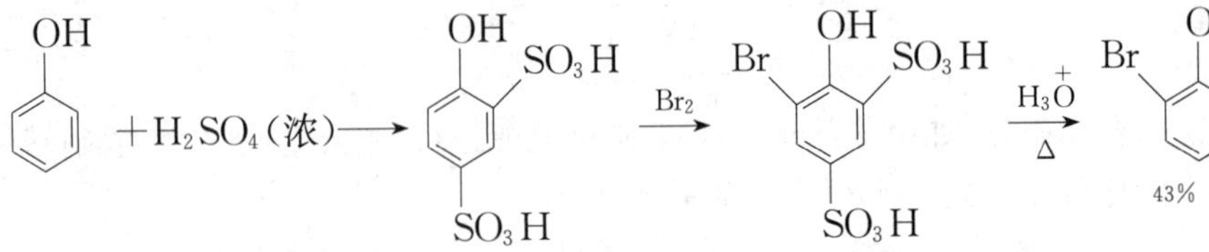

目前认为磺化剂可能是 SO_3,其反应历程可能是:

在浓硫酸中 $2H_2SO_4(浓) \rightleftharpoons H_3^+O + HSO_4^- + SO_3$,而发烟硫酸本身就是 SO_3 的硫酸溶液。

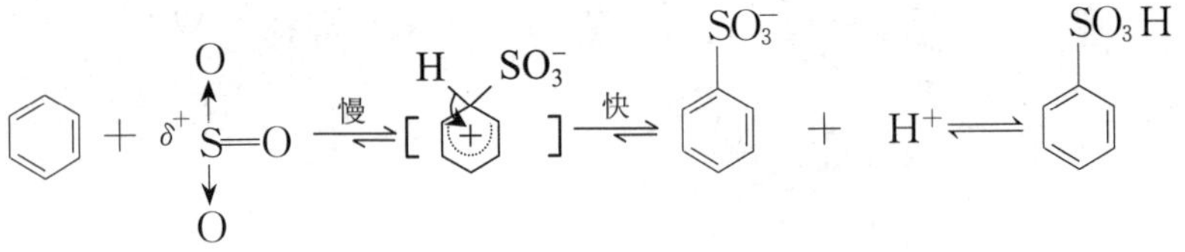

但也有人认为,磺化剂是磺酸基正离子($\overset{+}{S}O_3H$),它是如下产生的:

在发烟硫酸中:

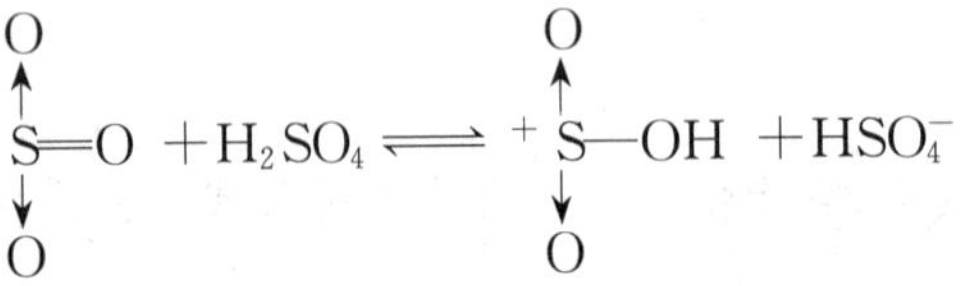

在浓硫酸中:$HO—SO_3H + H_2SO_4 \rightleftharpoons H—\overset{+}{\underset{H}{O}}—SO_3H + HSO_4^-$

$H—\overset{+}{\underset{H}{O}}—SO_3H \rightleftharpoons \overset{+}{S}O_3H + H_2O$

生成的 $\overset{+}{S}O_3H$ 与苯作用,生成苯磺酸,与硝化反应历程相似。

4. 付氏(Friedel-Crafts)反应

1877 年,巴黎大学法-美化学家小组的 Friedel 和 Crafts 发现在无水 $AlCl_3$ 的催化下,苯环上的氢原子分别可被烷基(R—)或酰基($R—\overset{\overset{O}{\|}}{C}—$)取代而形成烷基苯 Ph—R 或芳酮 $Ph—\overset{\overset{O}{\|}}{C}—R$ 的反应,叫付氏反应(烷基化反应和酰基化反应)。现分别讨论如下:

(1) 付氏烷基化反应。在无水三氯化铝的作用下,芳烃与卤代烷反应,生成烷基苯:

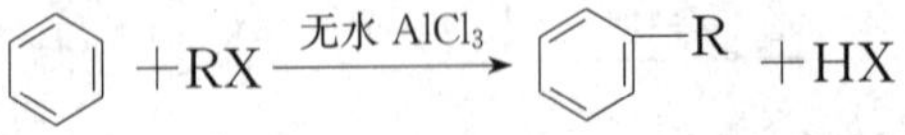

这是在芳环上接上侧链烷基的最重要方法。在反应物中,芳烃除了苯以外,也可以是取代苯(如烷基苯、卤代苯、羟基苯)或更复杂的芳环体系(萘、菲等)及某些杂环化合物,但当苯环上连有强的吸电子基的化合物(如,硝基苯 Ph—NO_2,芳酮 $Ph—\overset{\overset{O}{\|}}{C}—R$ 等)时,一般不发生此反应。

180

烷基化试剂除卤代烃外,烯、醇等都可以作为烷基化试剂。但卤代芳烃不能替代 R—X。催化剂除了三氯化铝外,还可用 $SnCl_4$、BF_3、$ZnCl_2$、H_2SO_4、HF、磷酸等。它们都是路易士(Lewis)酸,即缺电子的试剂。但最常用的是 $AlCl_3$,也是最有效的。

在付氏烷基化反应中需注意的是:付氏烷基化反应在芳环上引入烷基时,往往不能停留在一元取代阶段,通常不易得到单一产物,而是一元、二元、三元取代产物的混合物,这是由于生成的烷基苯比苯更活泼之故:

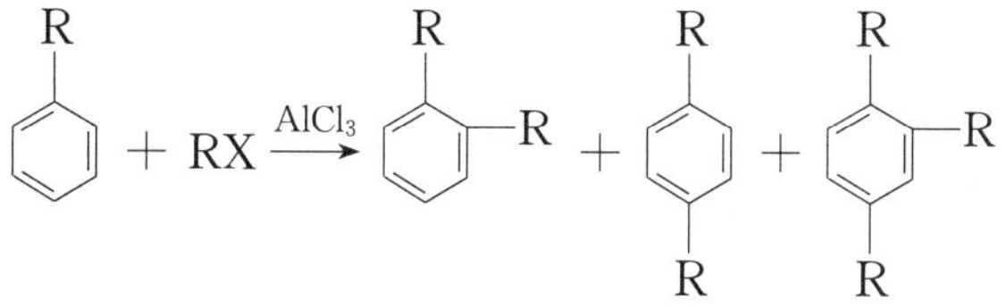

付氏烷基化反应的历程和卤代、硝化相似,首先是卤代烷在无水 $AlCl_3$ 作用下,产生烷基碳正离子(R^+),然后 R^+ 进攻苯环:

$$RCl + AlCl_3 \Longrightarrow R^+[AlCl_4]^-$$

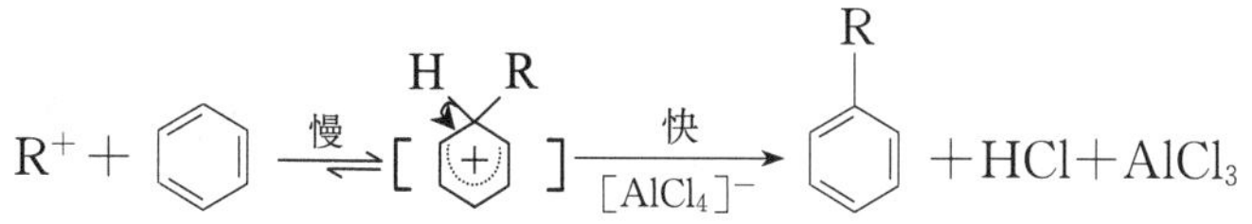

R^+ 进攻苯环是慢的一步,因此 R^+ 可以有机会发生异构化,例如:

其原因是,生成的 $\underset{1°不稳定}{CH_3CH_2\overset{+}{C}H_2} \xrightarrow{重排} \underset{2°不稳定}{CH_3—\overset{+}{C}H—CH_3}$

因此,烷基化通常只限于甲基、乙基、异丙基和叔丁基。同时芳卤、乙烯卤,由于卤素不活泼,不易生成碳正离子,因而不起付氏反应。此外我们还可预料,若从其他途径产生碳正离子,则也可与苯起类似的反应,如用酸作用于醇,或酸作用于烯烃:

$$R—\overset{..}{O}H + H^+ \Longrightarrow R—\overset{\oplus}{O}H_2 \Longrightarrow R^+ + H_2O$$

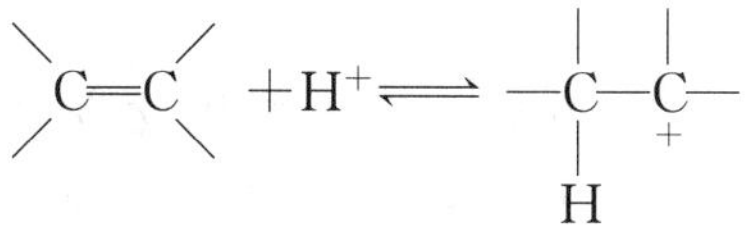

所以在酸存在下,醇和烯也可作为烷基化试剂。

付氏反应是一个可逆反应,所以引入的烷基又可以从芳环上失去。如:

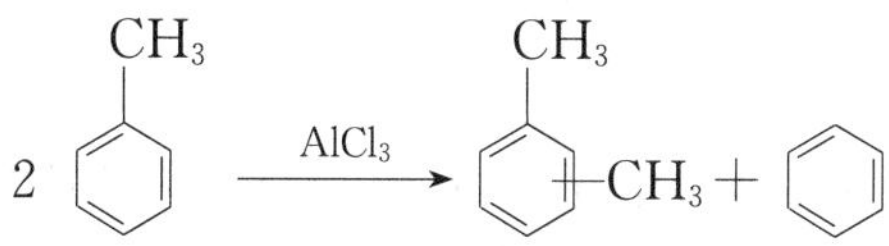

这是一个歧化反应,当然这一反应是在分子间进行的。但重排也涉及分子内的。例如:

181

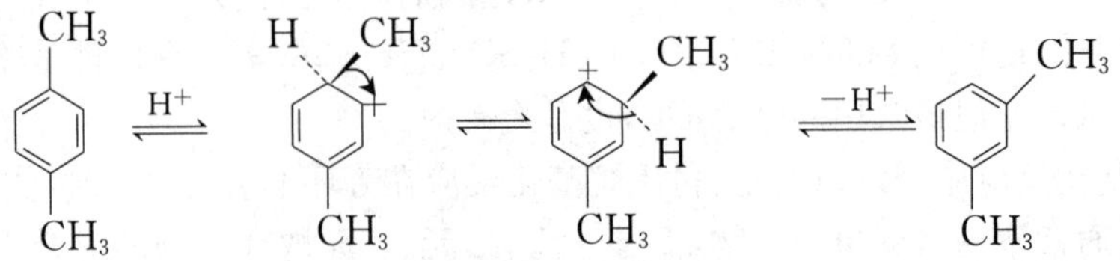

如果用多卤代烷作为烷基化试剂，就可以制得含有一个以上芳香环的化合物：

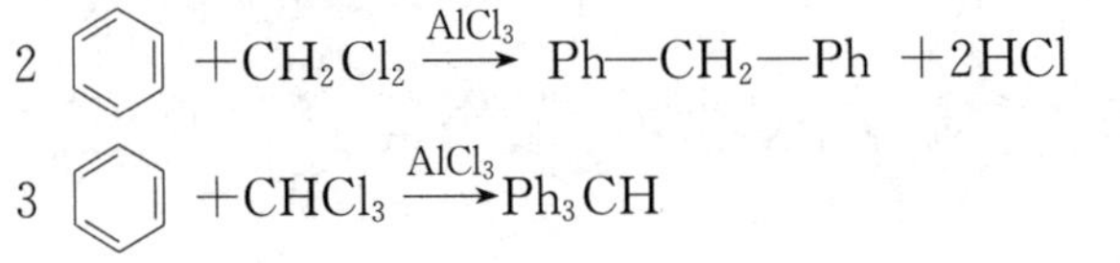

$$2\ \bigcirc\ +CH_2Cl_2\ \xrightarrow{AlCl_3}\ Ph{-}CH_2{-}Ph\ +2HCl$$

$$3\ \bigcirc\ +CHCl_3\ \xrightarrow{AlCl_3}\ Ph_3CH$$

（2）付氏酰基化反应。在无水三氯化铝作用下，芳烃与酰卤反应生成芳酮：

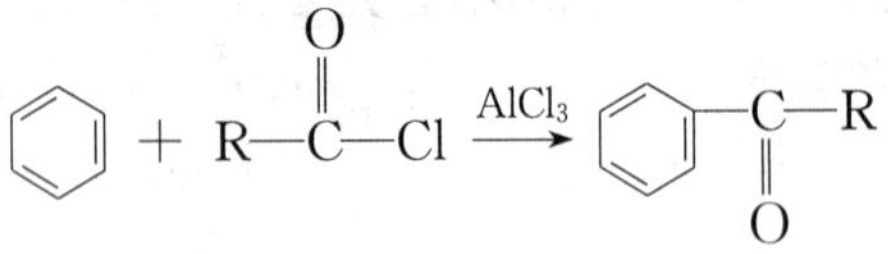

芳烃的酰基化反应是合成芳香酮的重要方法，应用范围广。例如，可利用分子内的酰基化反应来合成环酮：

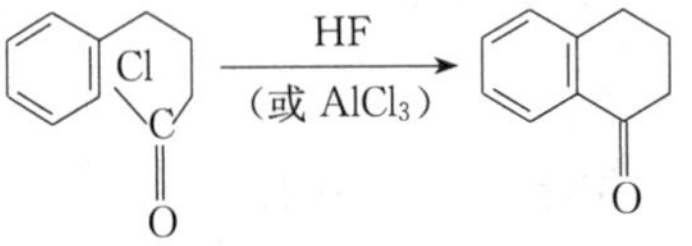

。与烷基化试剂相似，酰基化试剂也不仅限于酰卤，常用的酰基化剂还有酸酐。羧酸、烯酮、酯等也可用作酰基化剂。芳烃的酰卤也可作为酰基化剂。如：

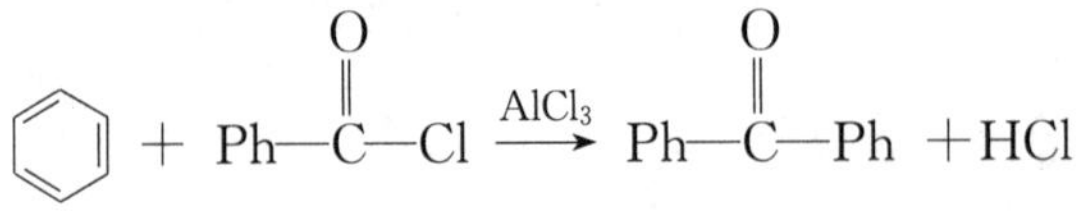

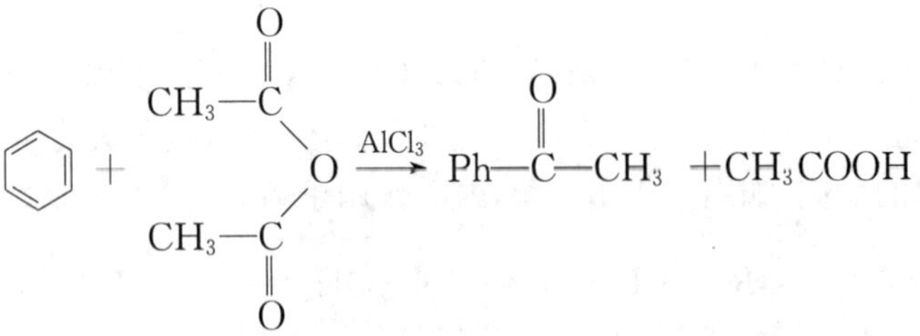

酰基化反应的历程与烷基化相似，都属于亲电取代反应。首先是酰卤或酸酐在无水 $AlCl_3$ 催化作用下，生成酰基正离子，然后进攻苯环，再失去一个质子而生成芳酮：

丁酰基正离子

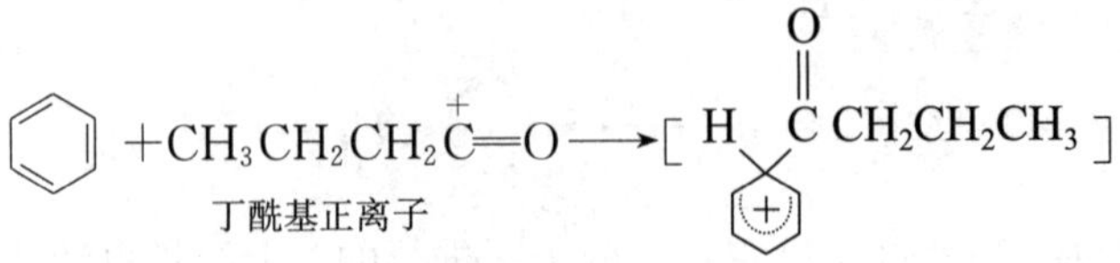

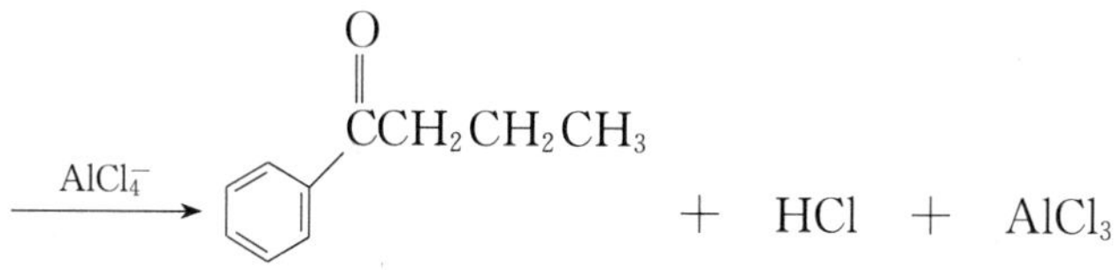

$$\xrightarrow{\text{AlCl}_4^-}$$

1-苯基-1-丁酮

$+$ HCl $+$ AlCl$_3$

酰基化反应和烷基化反应有一些不同之处:

① 酰基化反应没有二元取代物生成。这是因为当一个酰基取代苯环后,由于酰基的吸电子性,使苯环上电子密度降低,导致反应停留在一元取代阶段。

② 酰基化试剂分子中的烷基部分在反应中不发生异构化(重排)反应。因此,烷基化反应不能获得长的直链烷基苯,可以通过酰基化间接制得,首先生成芳酮,然后利用克莱门森(Clemmenson)还原法(Zn—Hg,HCl)将羰基还原成亚甲基。如上例:

$$\text{Ph—C—CH}_2\text{CH}_2\text{CH}_3 \xrightarrow[\text{HCl}]{\text{Zn—Hg}} \text{Ph—CH}_2\text{—CH}_2\text{CH}_2\text{CH}_3$$

正丁苯

③ 酰基化反应所需的催化剂 AlCl$_3$ 比烷基化反应要多。当用酰氯为酰基化试剂时,1 摩尔原料至少要 1 摩尔的催化剂。酰氯和 AlCl$_3$ 先生成下列的络合物:

$$\text{R—C—Cl} + \text{AlCl}_3 \longrightarrow \text{R—}\overset{+}{\text{C}}\text{=O AlCl}_4^-$$

少量的过量 AlCl$_3$ 再发生催化作用使反应进行。如用酸酐作为酰基化试剂,至少要用 2 摩尔AlCl$_3$,形成如下的分子络合物:

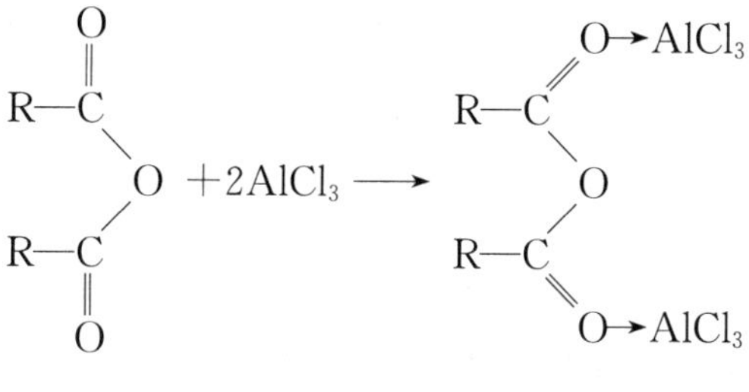

5. 其他亲电取代反应

随着反应条件和试剂的改变,可以发生与上述重要的亲电取代反应类似的反应。

(1) 氯甲基化反应。在无水氯化锌的存在下,芳烃与甲醛及氯化氢作用,芳环上的氢原子即被氯甲基(—CH$_2$Cl)取代,此反应叫氯甲基化。

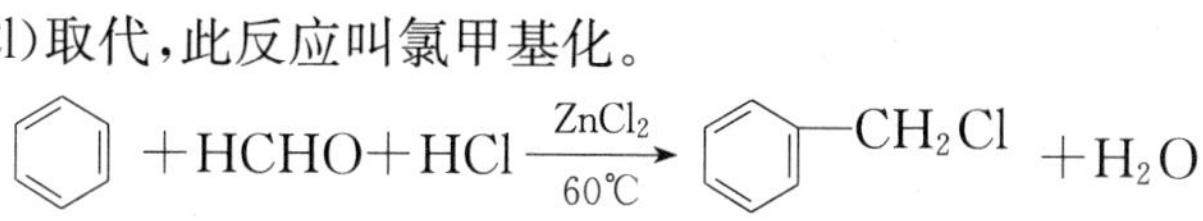

若用其他脂肪醛代替甲醛,则叫卤烷基化反应。如用乙醛和溴化氢与苯作用,则发生溴乙基化,得到 PhCHBrCH$_3$。

这个反应是和付氏反应有关的,反应无疑地包括在 ZnCl$_2$ 催化下产生的碳正离子中间体:

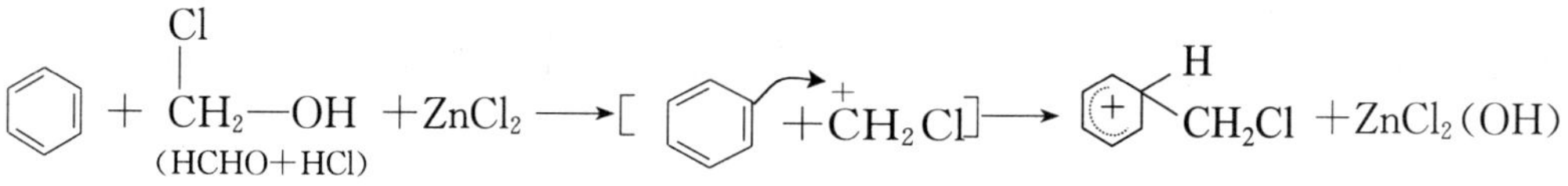

$$\xrightarrow{-H^+} \underset{}{\bigcirc}\!\!-CH_2Cl \quad +ZnCl_2+H_2O$$

催化剂除常用的 $ZnCl_2$ 外,也可使用付氏催化剂:$AlCl_3$、$SnCl_4$ 和 H_2SO_4 等。

由于—CH_2Cl 可以顺利地转变成—CH_3、—CH_2OH、—CH_2CN、—CH_2CHO、—CH_2COOH、—$CH_2N(CH_3)_2$ 等,因此,可以通过氯甲基化反应,在苯环上引入这些基团。可见,氯甲基化反应的应用广泛。

(2) 盖特曼-科希(Gatterman-Koch)反应。这是与付氏反应有关的合成醛的一个反应。

$$\bigcirc +CO+HCl \xrightarrow[\text{压力}]{AlCl_3} \underset{\text{苯甲醛}}{\bigcirc\!\!-CHO} +HCl$$

这个反应可以认为是通过亲电的中间体 $HCO^+ AlCl_4^-$ 而发生的。

从上面各种芳香烃的亲电取代反应的讨论,我们可以知道,不管用的是什么亲电试剂,芳烃亲电取代反应大致都按同一历程进行,概括如下:

σ-络合物   取代苯

这里包括两个主要步骤:①亲电试剂 E^+ 进攻苯环,生成碳正离子叫 σ-络合物(在苯的亲电反应中,也和烯烃与亲电试剂反应一样,可以首先形成 π-络合物,但是 E^+ 与苯环的 π 电子之间只有微弱的作用,并没有生成新的共价键 $\bigcirc\!\!\to E$,因此,它紧接着转变为 σ-络合物),这一步是吸热的,速度较慢。②碱从 σ-络合物夺取一个 H^+,而得到取代苯。

那么怎么知道芳烃亲电取代反应包含上述两个步骤而不是一步进行的呢?而且怎样知道这两步中第一步比第二步慢得多?这可从反应中同位素效应的不存在来得到解释。所谓同位素效应,就是由于在反应体系中所存在的同位素不同而造成反应速率上的不同。由于氢同位素的质量差别最大,氘(D)比氢(H)重一倍,因此氢的同位素效应最大,最易测量。许多实验表明,断裂与 H 相连的键比断裂与氘(D)相连接的键快 5~8 倍,也就是说,普通氢的反应速率是氘的 5~8 倍。

对芳烃亲电取代反应的考察,即把许多用氘标记的芳烃进行硝化、溴化等反应发现,在这些反应中取代氘的速率与取代氢(H)一样,即不存在明显的同位素效应。这就意味着决定反应速度的一步并不涉及到碳—氢键的断裂。这就解释了上述的反应机理是正确的。整个亲电取代反应的速率是由第一步决定的,也就是说亲电试剂和苯环碳原子的连接形成碳正离子是困难的一步,不管碳原子带有氢或是氘,其困难程度是相同的。第二步失去氢离子是容易的,虽然失去氘比氢要慢些,但实际上关系不大,稍微快些或慢些对总的反应速率没有影响。氢同位素效应的不明显也同样证明亲电取代反应历程不是一步进行的。如果取代反应只有一步,

例如:$ArH+E^+ \longrightarrow \left[Ar\underset{E}{\overset{H}{\diagdown}} \right]^+ \longrightarrow Ar\!-\!E +H^+$,由于它涉及到碳—氢键的断裂,应观

察到同位素效应。

7.4.2 氧化反应

苯环不易氧化。烷基苯氧化时,总是侧链被氧化,氧化时,不论烷基长短,最后都生成羧基。例如:

$$Ph{-}CH_3 \xrightarrow[\Delta]{KMnO_4} Ph{-}COOH \xleftarrow[\Delta]{KMnO_4} Ph{-}CH_2CH_2{-}CH_3$$

氧化反应可能的历程如下:

$$Ph{-}CH_3 \xrightarrow{[O]} Ph{-}\overset{+}{C}H_2 \xrightarrow{H_2O} Ph{-}CH_2OH \xrightarrow{[O]} Ph{-}COOH$$

$$Ph{-}CH_2CH_2R \xrightarrow{[O]} Ph{-}\overset{+}{C}HCH_2R \xrightarrow{-H^+} Ph{-}CH{=}CHR \xrightarrow{[O]} Ph{-}COOH$$

可见氧化发生在与苯环直接相连的 C—H 键上,如果与苯环直接相连的碳上没有氢,不能氧化。如 $Ph{-}C(CH_3)_3$ 不能氧化。

常用的氧化剂有:$K_2Cr_2O_7 + H_2SO_4$,$KMnO_4$,HNO_3,$CrO_3 + HOAc$ 等。

这个反应的实际应用有二:

(1)合成羧酸:

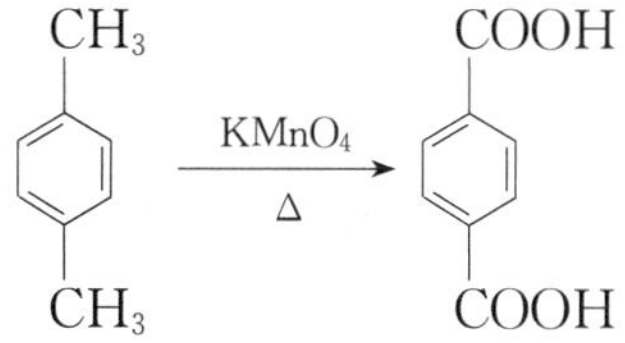

(2)鉴定烷基苯。芳香羧酸具有准确的熔点,在烷基苯氧化时,侧链即相当于羧基的位置,芳环上位置不同的烷基,经氧化后,即得到不同的羧酸,测定其熔点,即可鉴别烷基苯的结构。

稀硝酸在温度不高的条件下可以首先使一个烷基氧化,若两个烷基长度不等时,通常是长的带有支链的烷基首先被氧化。如:

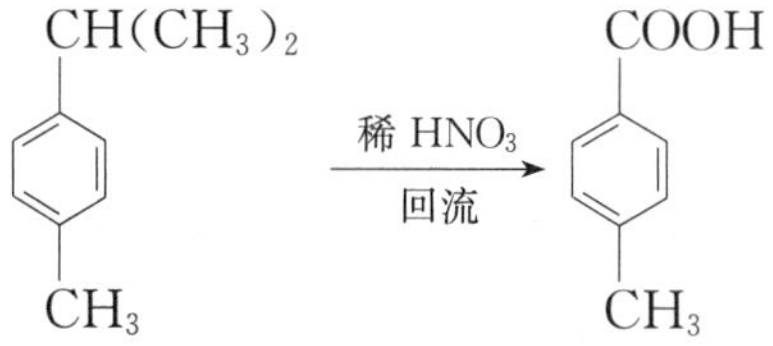

若用较缓和的氧化剂或用空气氧化,侧链可氧化为醇、醛或酮。例如:

$$Ph{-}CH_3 \xrightarrow[40℃]{MnO_2, H_2SO_4 65\%} Ph{-}CHO$$

$$Ph{-}CH_2CH_3 \xrightarrow[120℃\sim130℃, O_2]{硬脂酸钴} Ph{-}\overset{\overset{O}{\|}}{C}{-}CH_3 \quad (工业法)$$

在较高的温度及特殊催化剂下,苯可被空气中的氧氧化开环,生成顺丁烯二酸酐:

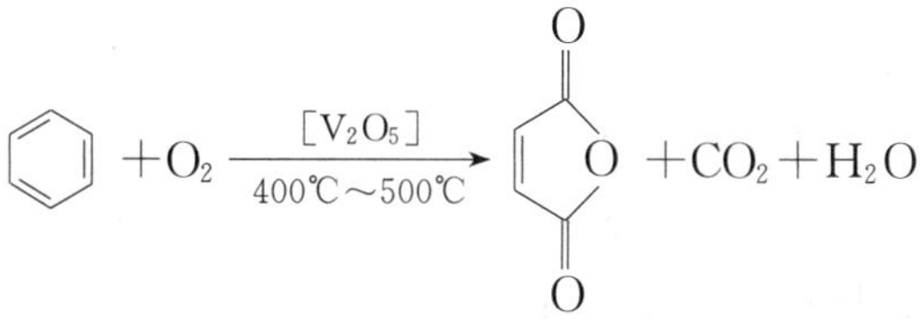

这也是工业上制备顺丁烯二酸酐的方法之一。

生物也能使苯环氧化破裂。例如,苯在狗身体中酶的作用下氧化为己二烯二酸。

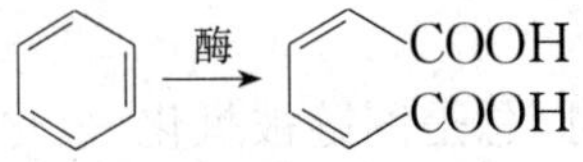

7.4.3 加成反应

苯虽然较一般不饱和烃(烯炔)稳定,但在特殊条件下,仍可与氢、卤素发生加成反应。例如:

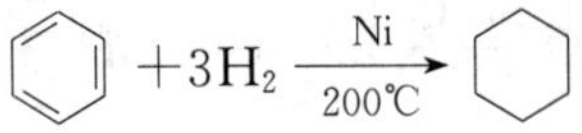

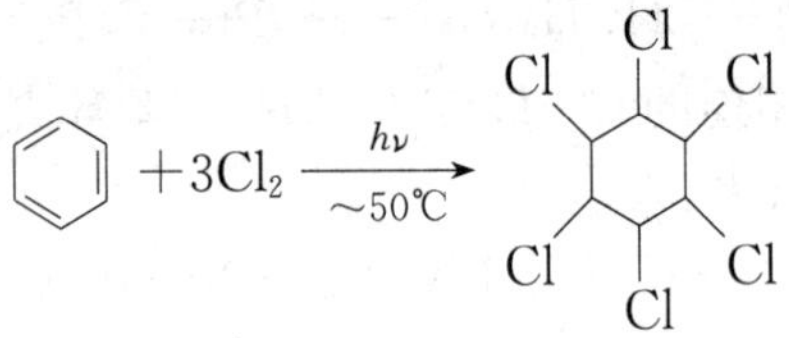

自由基历程如下:

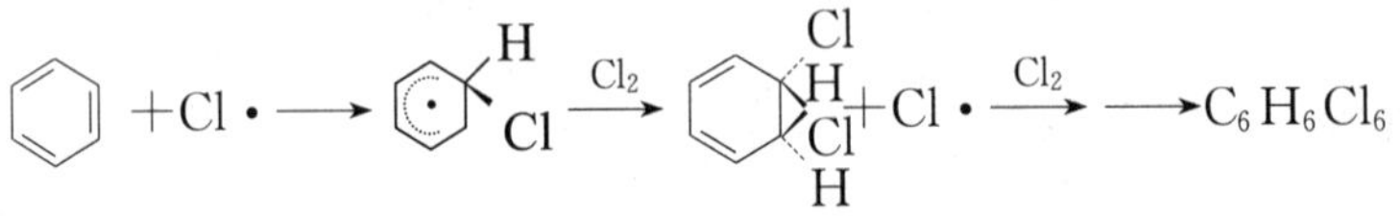

7.4.4 伯奇(Birch)还原反应

苯在液氨中,用碱金属(Li、Na)和乙醇还原,通过 1,4-加成生成不共轭的 1,4-环己二烯类化合物,称为 Birch 还原反应。

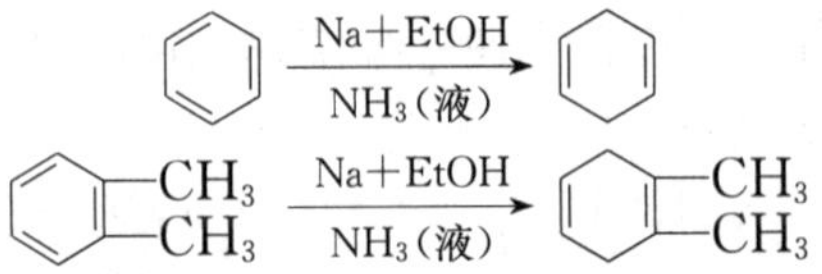

伯奇还原的反应机制如下所示:

$$Na + NH_3 \longrightarrow Na^+ + (e^-)NH_3 \text{(溶剂化电子)}$$

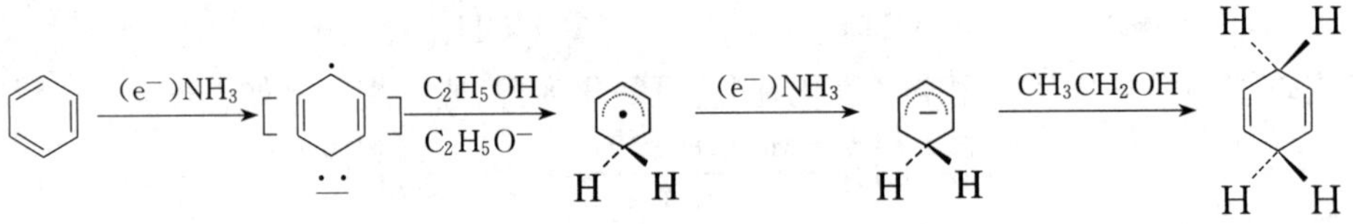

7.5 苯环上取代基的定位效应和规律

7.5.1 两类定位基

前面我们集中讨论了在苯环上引进一个取代基的方法——亲电试剂的取代。当苯环上已连有一个基团(Y)时,若发生进一步的取代反应,那么第二个基团(G)可能进入它的邻位、间位或对位。从统计上看,它们的平均机会如下:

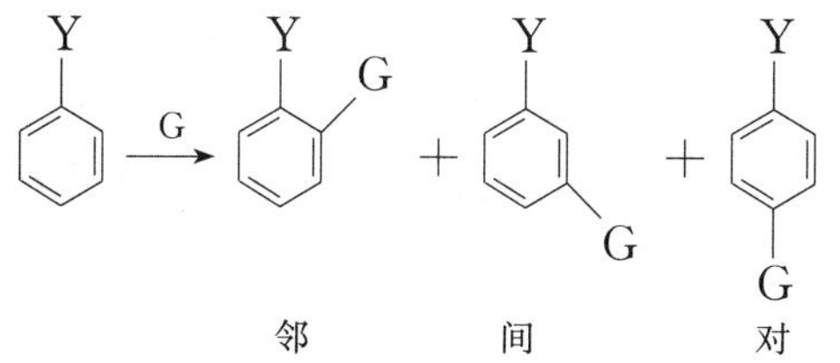

进入邻位的机会 为 40%；　进入间位的机会 为 40%；　进入对位的机会 为 20%。

但事实上,这样的二元取代反应从未观察到。大量的实验事实表明:① 第二个取代基 G 进入苯环的位置取决于苯环上原有基团 Y 的性质。把原有的取代基称为定位基。② 常见的定位基可以分为两类:第一类是邻对位定位基,第二类是间位定位基。第一类主要使第二个取代基(不管第二个取代基的性质如何)进入它的邻位和对位,并使取代反应比苯更容易进行。而第二类主要使第二个取代基进入它的间位,并使取代反应比苯要难以进行。

对比下列苯、酚、硝基苯的硝化条件和反应产物可以看出:酚比苯容易硝化,硝基主要进入邻、对位。而硝基苯比苯难硝化,硝基进入间位。

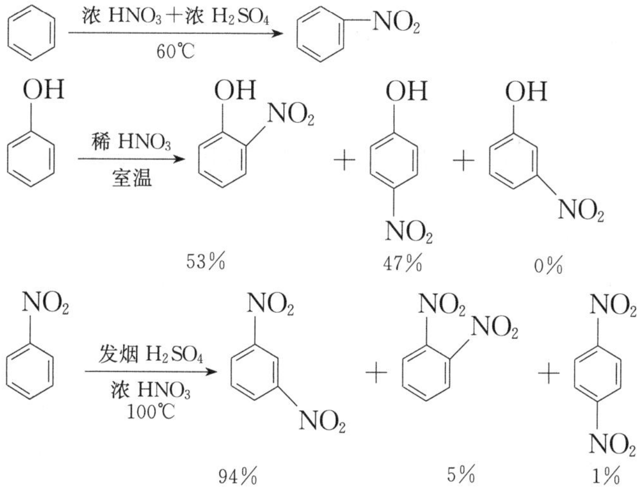

因此,我们说羟基(—OH)是邻、对位定位基,而硝基(—NO₂)是间位定位基。邻位加对位产物的产量大于 60%者属邻、对位定位基。间位产量大于 40%者属间位定位基。根据这个标准,可将常见的邻、对位和间位定位基归纳如下(按强弱次序排列):

邻、对位定位基有：—O⁻、—NR₂、—NHR、—NH₂、—OH、—OCH₃、—NHCCH₃、

—O—C—CH₃ 、—R 、—Ph 、—CH₂COOH 、—F 、—Cl 、—Br 、—I 等。

间位定位基有:—NH₃⁺、—NR₃⁺、—NO₂、—CF₃、—CCl₃、—CN、—SO₃H、—C—H 、

—C—R 、—C—OH 、—C—OR 、—C—NH₂ 等。

187

上面所列的两类定位基使我们看到 o-、p-位定位基在结构上的特征是:定位基中直接与苯环相连的原子不含双键或叁键,带有负电荷或多数都有未共用电子对。而 m-位定位基在结构上的特征是:定位基中与苯环直接相连的原子一般都含有双键或叁键,或带有正电荷。

7.5.2　苯环上取代反应定位规律的解释

为什么第一类定位基是 o-、p-位定位,且使苯环致活,而第二类定位基是 m 位定位,且使苯环致钝呢? 这里首先要强调的是:苯环上的取代反应是亲电取代反应,因此,苯环上电子云密度越大,取代反应越易进行,反之则不利于取代反应的进行。

1. 邻、对位定位基

一般来说,它们是供电子基(卤素除外),使苯环上的电子云密度增加(即使苯环活化),尤其是邻、对位上的电子云密度增加较大。所以,亲电取代主要发生在邻、对位上。现以 —CH₃、—OH、—Cl 原子为代表来说明。

(1) 甲基(—CH₃)。在烯烃中我们已讲到 $CH_3 \rightarrow CH = CH_2$,甲基具有正的诱导效应(+I),是供电子基,通过诱导效应使苯环上的电子云密度增大,也有人认为甲基的 C—H 键的 σ 电子和苯环上的 π 电子形成了 σ—π 共轭体系,这个 σ—π 共轭效应(超共轭效应)也使苯环上的电子云密度增加 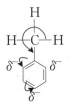,所以,诱导效应和超共轭效应都使苯环活化。由于甲基的影响,苯环上电子云密度的分布也发生变化,它使邻、对位上电子云密度增加较多。根据量子力学的计算结果,甲基各碳原子上的电荷密度为 ,(—)号表示电子云密度比苯大 (以苯分子的各碳原子的电荷度密为)。这些都表明甲苯的甲基邻、对位碳原子的电荷密度大于苯。因此,甲苯比苯易发生亲电取代反应,而且主要发生在邻、对位上。同时,根据前面讨论亲电取代反应的机理,反应的第一步是亲电试剂(E⁺)进攻苯环,E⁺ 可以进攻甲基的邻、对位或间位上,而形成三种不同的碳正离子中间体(σ-络合物),看它的存在对取代反应中间体的稳定性所产生的影响:

(a)能量低,较稳定(电荷分散)　　(b)能量高　　　　　　(c)能量低

它们的部分正电荷主要分布在苯环上的三个碳原子上,如上面所述,反应生成的邻、间、对位三种异构体的产量的比例,取决于三个碳正离子的稳定性(即亲电取代反应中慢的一步)。哪一种最稳定(即能量最低)也就最容易生成,相应生成的产物所占的比例也就越大。在碳正离子(a)和(c)中,甲基直接与带部分正电荷的碳相连,使(a)和(c)正电荷中和得多一些,亦即更分散一些,这种体系就较稳定。而(b)的这种稳定作用就相应地减少,因为(b)的甲基不是直接与带部分正电荷的碳原子相连,故(a)、(c)要比(b)稳定。所以反应中容易生成(a)和(c),反应产物主要是邻、对位异构体。即生成邻、对位碳正离子所需的活化能要比生成间位碳正离子低,如图7.5所示。

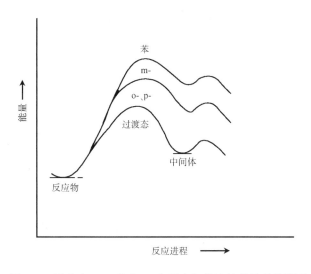

图 7.5　甲苯在 o-、p-位和 m-位反应与苯比较的能量轮廓图

　　(2) 酚羟基。当—OH基与苯环相连时,它是一个较强的邻、对位定位基。从诱导效应来看,氧的电负性强于碳,本应是吸电子的,使苯环上电子云密度下降,但氧上的未共用电子对可与苯环上的 π 电子形成 p—π 共轭体系,氧上一对未共用电子向苯环转移,产生给电子的共轭效应。在反应时,动态的共轭效应占了主导地位,总的结果是使电子云不是离开苯环,而是向苯环移动,邻、对位增加的较多,使苯酚的亲电取代反应比苯容易进行。反应时生成三个碳正离子(σ-络合物),像甲苯那样,邻、对位较为稳定。所以,反应产物主要是邻、对位异构体:

　　(3) 卤素。卤原子的电负性大,是强的吸电子基,由卤原子未共用电子对与苯环形成 p—π 共轭的给电子效应不足以抵消其吸电子的诱导效应所引起的影响(这是与酚羟基不同的),所以总的结果是使苯环钝化,亲电取代反应比苯难于进行,但主要在邻、对位上发生取代:

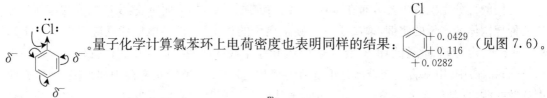

。量子化学计算氯苯环上电荷密度也表明同样的结果：（见图 7.6）。

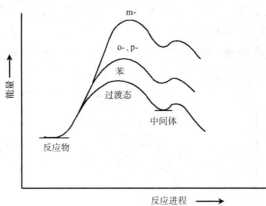

图 7.6　氯苯在 o-、p-和 m-位反应与苯比较的能量轮廓图

所以，在氯苯中，活泼性是受较强的诱导效应控制的，而定位效应则受共轭效应所控制，后者虽较弱，但似乎更有选择性。

2. 间位定位基

当苯环上连有间位定位基时，由于它们的吸电子的诱导效应和共轭效应，使苯环的电子云密度降低，尤其是邻、对位上电子云密度降低更为显著（用 δ^+ 表示）。因此，亲电取代反应比苯难于进行，且取代主要发生在间位。

(1) 三甲铵基。带正电荷的—$\overset{+}{N}(CH_3)_3$ 是一个强的间位定位基。其氮原子上的正电荷对苯环产生强烈的吸电子诱导效应，使苯环电子云密度降低，特别在邻、对位上降低更为显著：

。因此，当三甲苯胺盐进行亲电取代反应时，比苯要困难，而且取代主要发生在间位上。从亲电试剂(E^+)进攻邻、对或间位上形成三种不同碳正离子中间体的稳定性也可以看出：

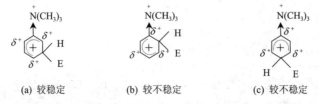

(a) 较稳定　　　　(b) 较不稳定　　　　(c) 较不稳定

在碳正离子(b)和(c)中，三甲铵基直接与带部分正电荷的碳相连。由于—$\overset{+}{N}(CH_3)_3$ 的存在，使(b)和(c)中的正电荷更加集中，所以较不稳定。而在(a)中，—$\overset{+}{N}(CH_3)_3$ 与共轭体系中不带正电荷的碳原子相连，因此，电荷分散较(b)、(c)为好，所以碳正离子(a)较稳定，相应于碳

190

正离子(a)的产物(即间位取代产物)也最多,如图 7.7 所示。

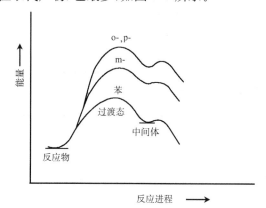

图 7.7　三甲苯胺盐在 m-位和 o-、p-位反应与苯比较的能量图

（2）硝基。—NO_2 也是较强的吸电子基,这是因为硝基的 π 轨道和苯环形成 π—π 共轭体系。由于共轭体系一端的氮、氧电负性都大于碳,是吸电子的。因此,诱导效应与共轭效应都是使苯环的电子云密度下降,其中以邻、对位降低更多,间位相对降低较少,量子化学计算硝基苯环上电荷密度表明相同的结果。

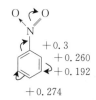

（＋）表示电子云密度比苯小

当亲电试剂 E^+ 进攻硝基苯时,在邻、对和间位形成三个不同碳正离子中间体:

像三甲苯铵盐那样,碳正离子(a)比(b),(c)稳定,所以,产物主要是间位的。

7.5.3　定位效应的其他影响因素

上面我们讨论了苯环上原有取代基的性质对于引入第二个基团进入苯环的位置的影响。除了原有取代基的电子效应是主要因素外,还与原有取代基的空间效应,新引入基团的性质和大小以及温度、催化剂等有关。例如吸电子的取代基与苯环之间的距离增加时,其钝化作用逐渐减弱。—$\overset{+}{N}(CH_3)_3$ 是一个强钝化作用的取代基,但当与苯环被两个以上碳原子的链隔开时,钝化作用就很小了,实际上已成为第一类定位基了。从下面的硝化反应速度及间位产物的产率支持了上述论点:

191

	Ph—$\overset{+}{N}(CH_3)_3$	Ph—CH_2—$\overset{+}{N}(CH_3)_3$	Ph—$CH_2CH_2\overset{+}{N}(CH_3)_3$	Ph—$CH_2CH_2CH_2\overset{+}{N}(CH_3)_3$	Ph—CH_3
硝化速度	1	3.6×10^2	4.63×10^6	5×10^7	4.69×10^8
间位产物(%)	100	88	19	5	3.5

又例如,一烷基苯硝化时异构体的分布

	邻位(%)	对位(%)	间位(%)
Ph—CH_3	58.45	37.15	4.40
Ph—$CH(CH_3)_2$	30.0	62.3	7.7
Ph—$C(CH_3)_3$	15.8	72.7	11.5

从中可以看出,从甲基到叔丁基,由于空间所占的体积依次加大,邻位异构体依次减少,而对位异构体依次增多,即苯环上原有取代基的空间效应越大,引入第二个基团时,其邻位异构体越少。

又如,甲苯在不同的反应中得到的二元取代产物异构体的比例也不同:

反应	反应条件	邻位(%)	对位(%)	间位(%)
溴化	Br_2+FeBr_3	39.7	60.3	
硝化	HNO_3+浓 H_2SO_4	58.8	36.8	4.4

这说明了一取代苯在引入第二个基团时,所引入基团进入苯环的位置还与其性质有关,特别值得一提的是铊化反应。

用溶解在三氟乙酸中的三氟醋酸铊 $Tl(OOCCF_3)_3$ 处理芳香族化合物时,很快生成高产率的芳基二(三氟乙酸)铊。它是稳定的结晶化合物。此反应可以认为是 Lewis 酸性的铊向芳环作亲电进攻:

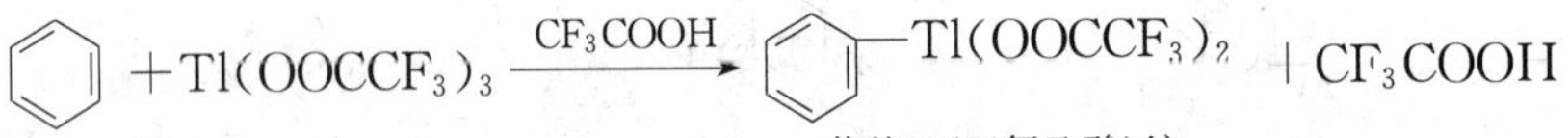

芳基二(三氟乙酸)铊

由于三氟乙酸铊的体积较大,因此,铊化反应几乎全部进入芳环已有取代基—R、—Cl 或—OCH_3 的对位(因在对位较不拥挤)。但对某些取代基如—COOH,—$COOCH_3$ 和 —CH_2OCH_3。(即使它们中有些在正常时是间位定位基),铊化反应几乎完全发生在邻位。这是归因于亲电试剂先与取代基形成络合物,铊的距离正好处于对邻位易起分子内部转移的恰当位置上。例如:

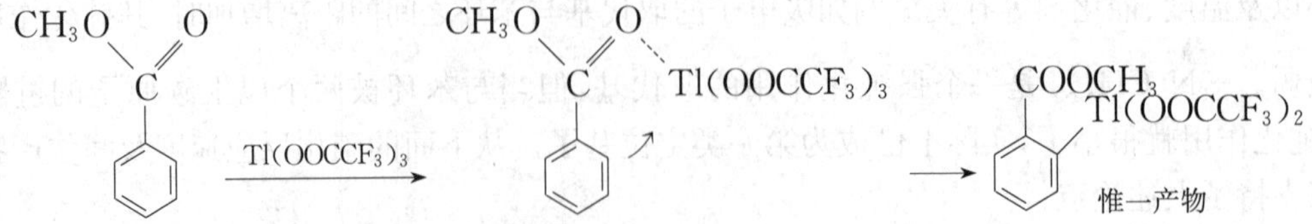

惟一产物

铊化反应是可逆的。当在较高温度时,生成更为稳定的异构体,通常是间位异构体:

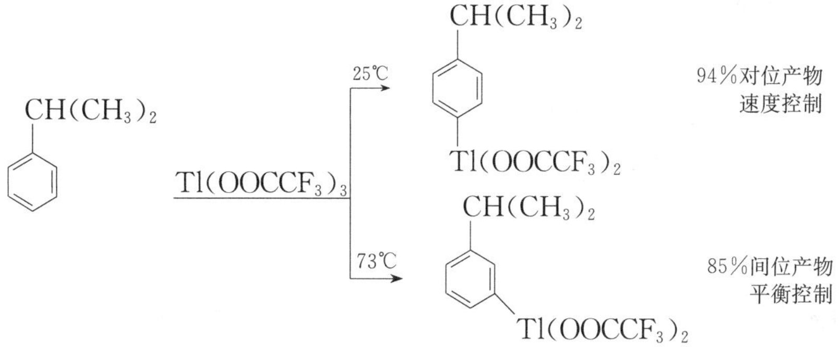

铊化反应的主要用处并不是反应本身,而是由它生成的芳香族铊化物很有用,可作为合成其他许多芳香族化合物的中间体。铊可被别的原子或基团所取代,而这些原子或基团本身是不能直接导入芳环的,或者至少没有同样的方向专一性。例如,可用此法来制备酚类和芳基碘。多数芳香环的直接碘代是不能很好进行的,但通过铊化反应,再用碘离子处理就可得到高产率的芳基碘:

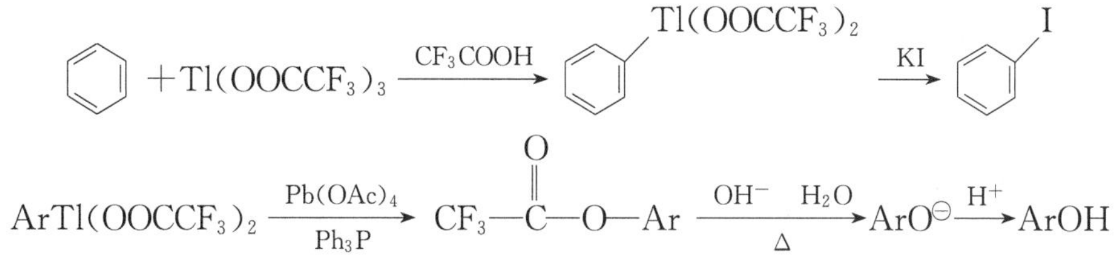

7.5.4 引入第三个取代基的定位规律

苯环上有两个取代基时,第三个取代基进入苯环的位置将由原来的两个取代基来决定。一般有两种情况:

(1) 苯环上原有的两个取代基的定位作用一致时,仍由上述的定位规则来决定。例如下列化合物引入第三个取代基时,主要进入箭头所表示的位置:

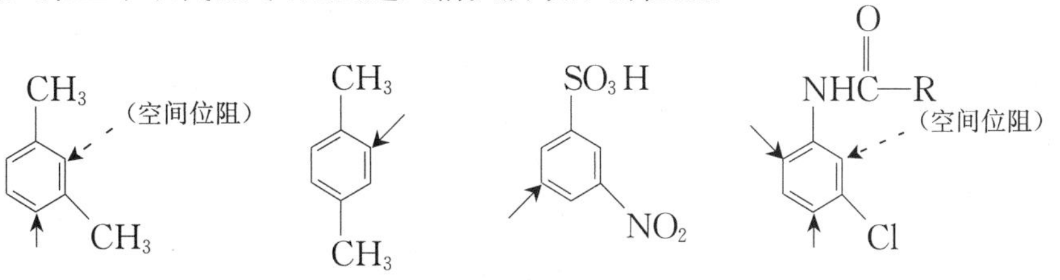

(2) 环上原有的两个取代基的定位作用不一致时,又有两种情况:

(a) 环上原有取代基属于同一类时,第三个取代基进入苯环的位置主要由较强的定位基决定。例如下列化合物引入第三个取代基时,将主要进入箭头所表示的位置:

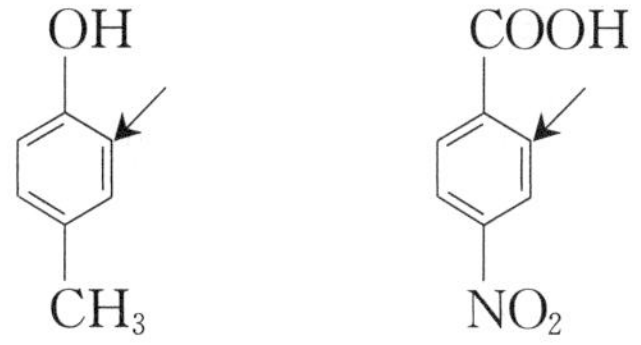

(b) 环上原有的两个取代基属于不同类时,第三取代基进入苯环的位置由邻、对位定位基

起主要定位作用。因为邻、对位基使苯环致活之故。例如下列化合物引入第三个基团时其进入的位置如箭头所示：

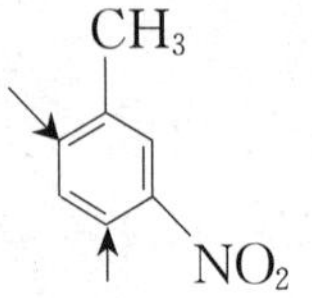

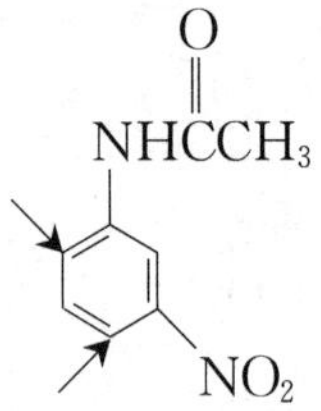

7.5.5　定位规律的应用

苯环上取代反应的定位规律不仅可以用来解释某些现象，而且可以用来为科学研究和生产服务。其主要应用有两个方面：一是可以相当准确地预测芳香取代反应的主要产物。这只要根据定位基的性质，就可以判断所引入取代基的位置。二是选择适当的合成路线。在合成一个特定的芳香化合物时，必须记住两点，首先是特定取代基引入苯环的各种方法，其次是必须知道苯环上原有取代基的定位效应。否则，难以达到预期的目的。

例如，如何由甲苯为原料合成对硝基苯甲酸：

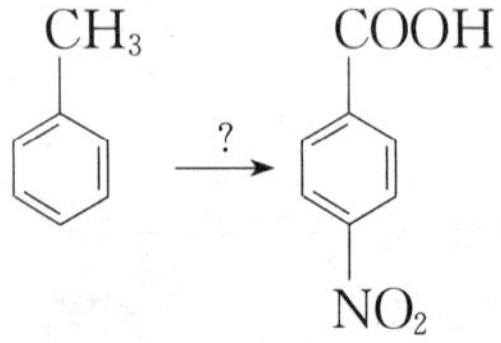

显然，有两种变化发生：甲基被氧化成羧基（—COOH）和硝基被引入苯环。所以，两步是必须的——甲基氧化和硝化。但合成路线有两种可能：先氧化后硝化；先硝化再氧化。究竟选择哪一种合成路线呢？考虑到硝基苯甲酸是对位异构体，所以，要求甲苯必须首先硝化（因为甲基是邻、对位定位基），然后再将甲基氧化成羧基，即得到对硝基苯甲酸：

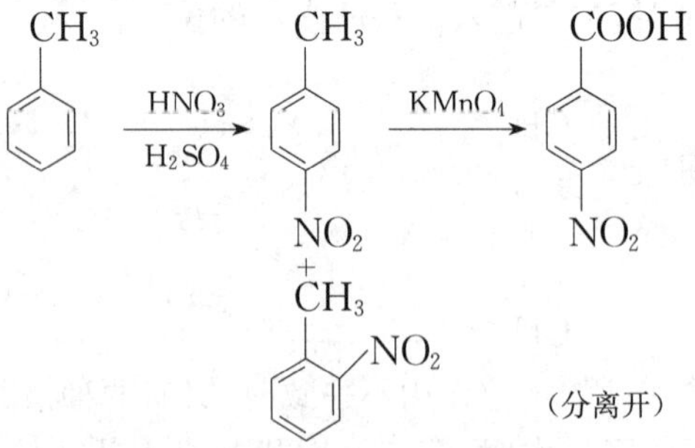

如果先将甲苯氧化再硝化，则得不到预期的产物而是间硝基苯甲酸：

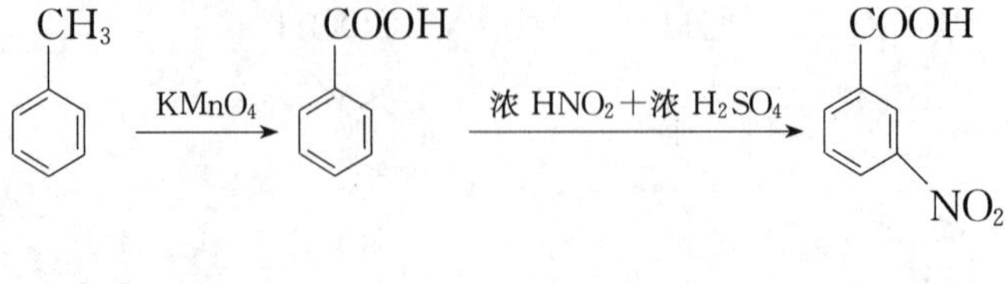

值得注意的是：很强的活化基团（如—NH₂、—OH），往往产生不希望的反应。例如用

HNO_3 硝化苯胺时,结果苯环被 HNO_3 氧化而破坏。因此必须把—NH_2 转化成中等活性的基团,使苯环不至于被氧化。如下式所示:

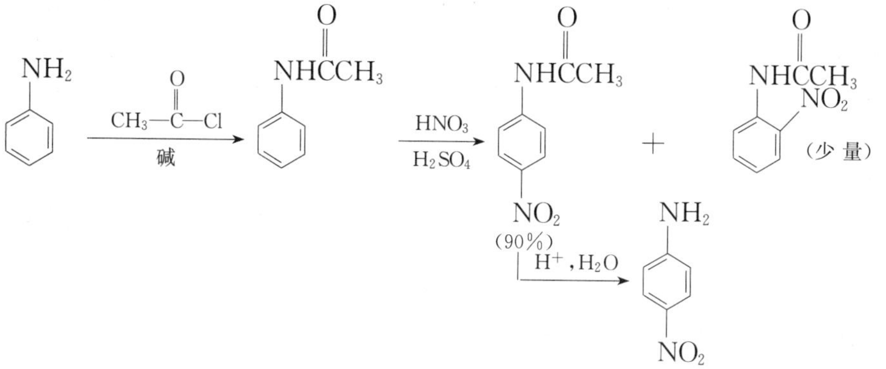

如果我们需要邻-硝酸苯胺,则可用下列反应来实现:

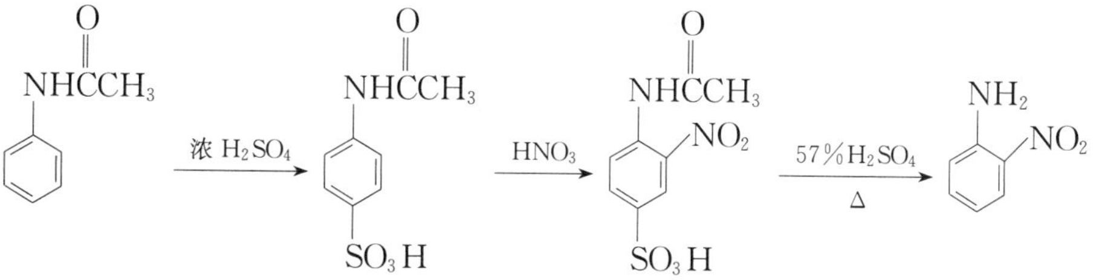

7.6 芳烃的来源

芳香烃主要来源于煤焦油和石油。

煤和石油都是由动、植物埋藏在地下,在隔绝空气的情况下,受长期地质应力和细菌的作用,经复杂的化学变化而形成的。

将煤隔绝空气加热到 $1000℃\sim1300℃$,使煤分解,得到固体、液体和气体三种产物。固体部分是焦炭,主要用于炼钢,气体部分是焦炉煤气,其中含有很多氨和苯,经过水吸收,制成氨水。再经重油吸收,苯溶于重油中,将此重油进行蒸馏,得粗苯,其中含苯($50\%\sim70\%$)、甲苯($15\%\sim22\%$)、二甲苯($4\%\sim8\%$)。

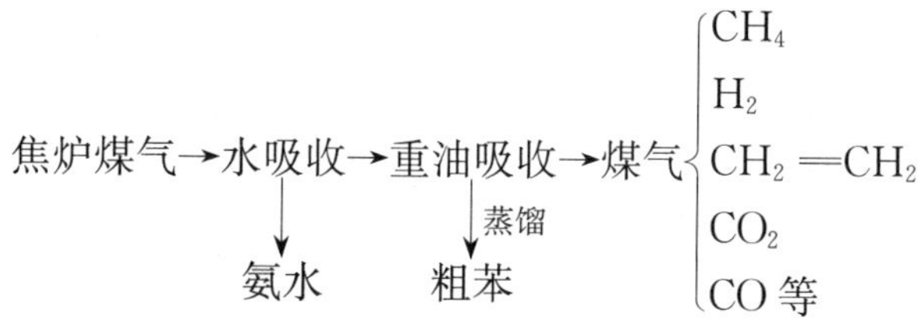

煤气可直接用作燃料,液体部分是煤焦油。它是一种具有特臭,黑褐色粘稠液体,组成十分复杂,目前已能分离出来的有机物有几百种,其中大部分是芳烃及其他芳香族化合物。可以根据它们的沸点不同,用分馏法把它们分开。各段馏分的温度及其主要的成分如表 7.4 所示。

表7.4 煤焦油各馏分的主要成分

成　　　分	沸点范围(℃)	主　　要　　成　　分	百分含量
轻油	80～170	苯、甲苯、二甲苯、苯酚	0.2～2
中油	170～240	苯酚、甲酚、萘蒽等	10～12
重油	240～270	蒽、菲、少量的多环芳烃	8～18
绿油(蒽油)	270～360	沥青、碳等	18～23
沥青(柏油)	＞360		58～60

这些成分都是合成药物、染料、炸药等的主要原料。沥青可供铺路或制毛毡等建筑材料用。

直到1940年前,芳烃的主要来源还是从煤焦油中获取。近三四十年来,随着有机合成化学工业的发展,芳烃的需要量也日益增多,分馏煤焦油得到的芳烃已供不应求。因此,重要的芳烃(苯、甲苯、二甲苯)的来源现主要来自石油工业。

我们知道石油是由一至四十多个碳原子烷烃组成的混合物,将轻汽油馏分中含6～8个碳原子的烷烃和环烷烃,在Pt或Pd的催化下,在450℃～500℃进行脱氢,环化或异构化反应即转变为芳烃。这一过程叫Pt重整。在Pt重整中所发生的由烷烃和环烷烃转变为芳烃的化学变化,叫芳构化。例如:

二甲苯在工业上也同样以石油中存在的二甲基环己烷或适当的辛烷来制取的。

苯、甲苯、二甲苯是合成大多数芳香族化合物的基本原料,它们在工业上有重要用途。

苯乙烯是生产聚苯乙烯、丁苯橡胶等重要化工原料的单体。它可由乙苯的催化脱氢生产,也可用乙苯和丙烯一起氧化的方法生产。后一方法是乙苯先氧化生成过氧化物,后者使丙烯氧化成环氧乙烷,同时生成1-苯乙醇,1-苯乙醇脱水生成苯乙烯:

7.7 萘

两个或两个以上苯环通过单键相连的多环化合物,如,联苯(biphenyl) 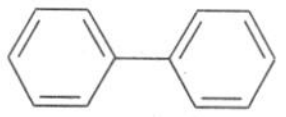 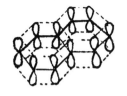 等,它们每一环上的化学行为大致上是和单独的苯环类似,在这我们不再详细讨论。当两个或两个以上的苯环以两个邻位碳原子相稠合在一起而成的化合物,叫稠环芳烃(fused ring aromatic hydrocarbons)。重要的有萘、蒽、菲。它们是合成染料、药物等的重要原料。

7.7.1 萘的结构

物理方法证明:稠环芳烃和苯相似,也是平面型的分子(sp^2 杂化),所有的碳原子上的 p 轨道彼此侧面重叠形成一个闭合的共轭体系。例如萘分子的 p 轨道交叠如图 7.8 所示。在萘环平面的上下都有一个由 p 轨道交叠而形成的 π 电子云,其形状如数字"8",可以认为这个电子云是共享一对 π 电子的两个部分交叠的六隅体。但又与苯不同,稠环芳烃中各个 p 轨道的重叠程度不是完全相同的。如萘分子中 9 和 10 两个碳原子的 p 轨道除了彼此重叠之外,并分别与 1、8 及 4、5 碳原子的 p 轨道重叠。这样,萘分子中的 π 电子云不是均匀分布在十个碳原子上,即电子云没有完全平均化,分子中各个 C—C 键键长不完全相等。

图 7.8 萘分子的 p 轨道交叠成 π 键

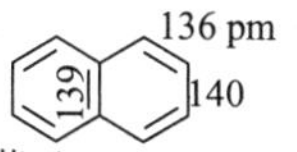

萘的结构式也可以表示为:

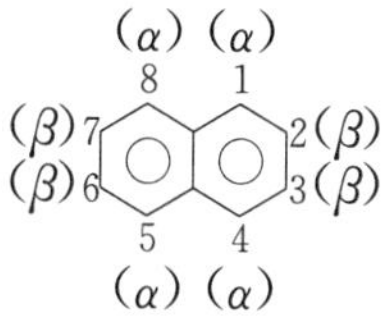

为了便于萘取代物的命名,萘分子中碳原子的位置可按上列次序标志。其中 C_1、C_4、C_5 和 C_8 的碳原子的地位是等同的,称为 α-位。C_2、C_3、C_6 和 C_7 四个碳原子也是等同的,称 β-位。因此萘的一元取代物有 α- 和 β- 两种异构体。例如,萘酚只有 α- 和 β-萘酚两种:

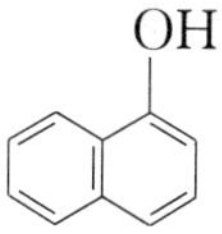

α-萘酚　　　　　　　β-萘酚

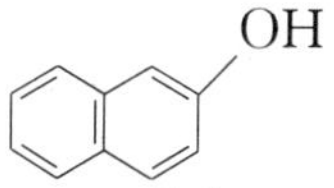

7.7.2 萘的性质

萘是无色片状结晶,熔点 80℃,沸点 218℃,有特殊的气味,易升华,不溶于水。萘是重要化工原料,也常用作防蛀剂,市售卫生球就是用萘压制成的。

由于萘的结构与苯相似,所以萘环上也主要发生亲电取代反应。量子化学计算结果表明,各碳原子上的电子云密度是：α-位＞β-位＞γ-位。因此，亲电取代一般发生在 α-位上[*]。由于萘的芳香性比苯差，因此萘比苯容易发生加成反应。

1. 亲电取代反应

萘也和苯一样，可以发生卤代、硝化、磺化等亲电取代反应，但一般都比苯易于取代，因此反应条件也相应比苯要温和一些。

(1) 卤　代

萘氯代用苯作溶剂，碘作催化剂：

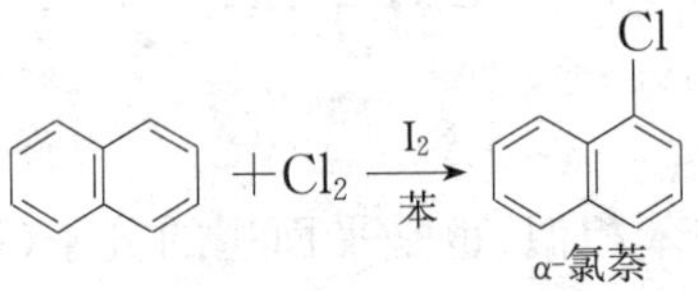

α-氯萘

溴代时可不用催化剂：

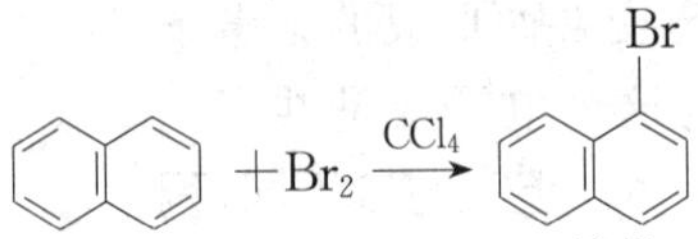

α-溴萘

(2) 硝　化

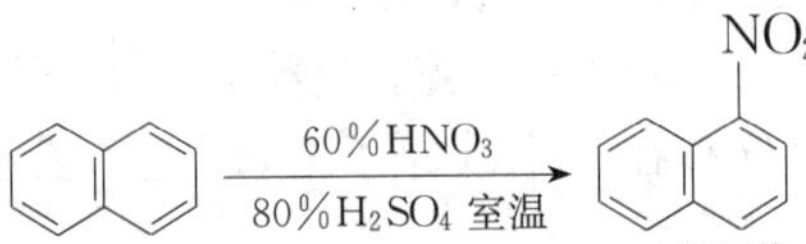

α-硝基萘

对比苯的硝化条件（浓 HNO_3＋浓 H_2SO_4）可以看出，萘比苯易于硝化。

(3) 磺　化

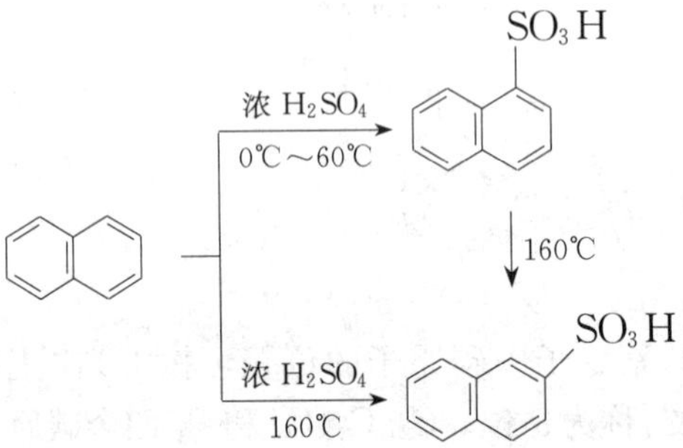

α-萘磺酸

β-萘磺酸

可见磺化反应所得的产物与反应温度有关。这是因为磺化反应是可逆的。萘的 α-位比 β-位易磺化，但 α-位的去磺化作用也容易发生。在低温时，β-萘磺酸比较难于形成，所以在产物中主要是 α-萘磺酸，这是动力学控制产物。在较高温度时，α-萘磺酸逐渐转变为较稳定的 β-萘磺酸，这是热力学控制产物。因此，产物中主要是 β-萘磺酸。

2. 氧化反应

萘比苯容易氧化。说明萘有一定的不饱和性。萘的共轭能为 $255.0\ kJ \cdot mol^{-1}$，而苯的共轭能为 $150.5\ kJ \cdot mol^{-1}$。因此当萘中一个环的芳香性被破坏时，只需 $104.5\ kJ \cdot mol^{-1}$。所以，当萘的蒸气在 V_2O_5 催化下，可被完全氧化生成邻苯二甲酸酐：

---

[*] α-位碳原子活性大的真正原因是由于它们的自由价较大所造成的（王玉珠编著，有机化学现代电子理论，172 页）。

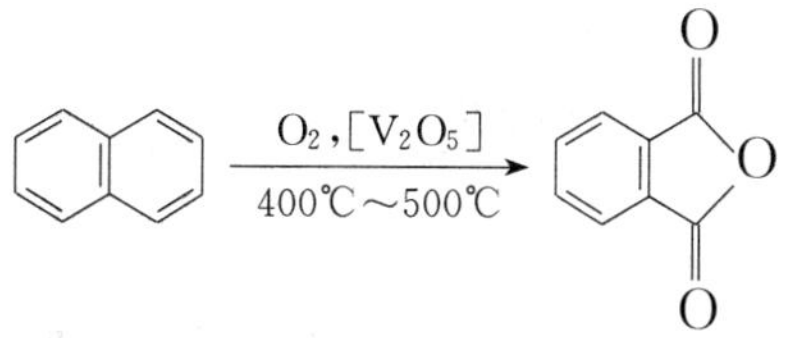

这是工业上制备邻苯二甲酸酐的方法之一。邻苯二甲酸酐主要用于合成涤纶、增塑剂、染料等,是重要的有机化工原料。

使用不同的氧化条件,可以得到不同的产物:

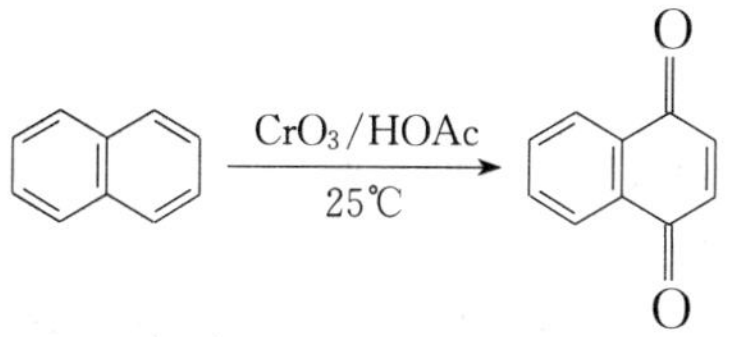

1,4-萘醌(α-萘醌)

由于萘环容易氧化,一般不能用氧化侧链的方法(像苯那样)来制备萘甲酸:

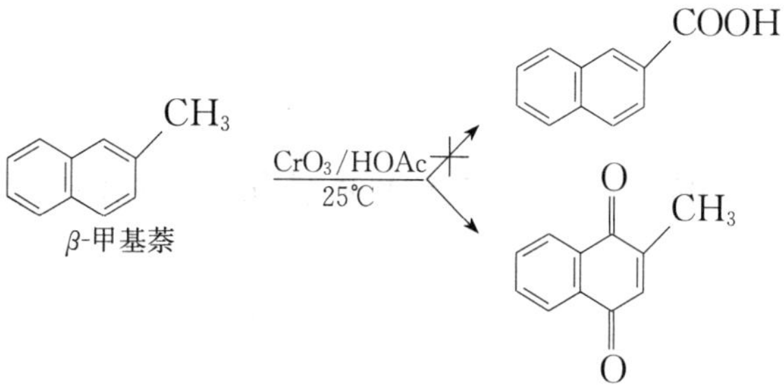

β-甲基萘

2-甲基-1,4-萘醌

3. 加成反应

萘也比苯容易加成,在不同条件下可以发生部分的加氢或全部加氢。例如在沸腾的萘的乙醇溶液中加金属钠,可还原成1,4-二氢萘(苯在同样条件下则不被还原)。

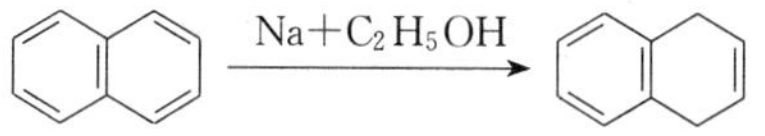

1,4-二氢萘

用催化加氢法可使萘还原成四氢萘或十氢萘:

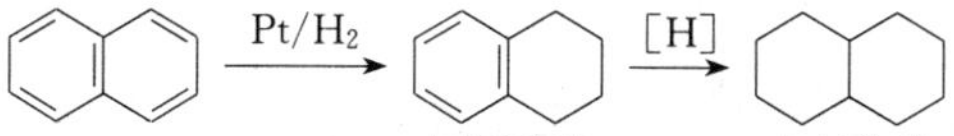

四氢化萘
(tetralin)

十氢化萘
(decalin)

从上面的反应中可以看出,四氢萘也可芳构化成萘,芳构化反应无论在合成和分析上都很重要。许多天然产物是氢化芳香族化合物,将它们转变成易于鉴定的芳香族化合物,就能得到关于它们结构的重要线索。例如,以前人们研究了几十年认为胆固醇具有如下的结构:

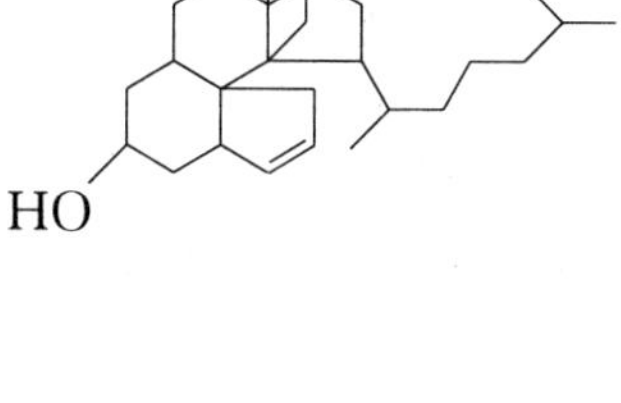

芳构化实验指出:

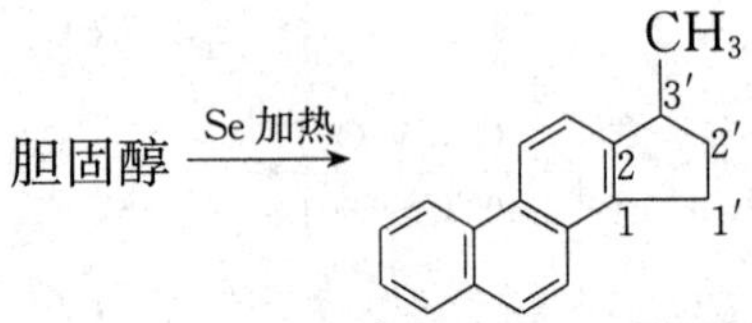
胆固醇
Se 加热
CH3
3′
2′
2
1
1′

3′-甲基-1,2-环戊烯并菲

进一步确定胆固醇的结构是：

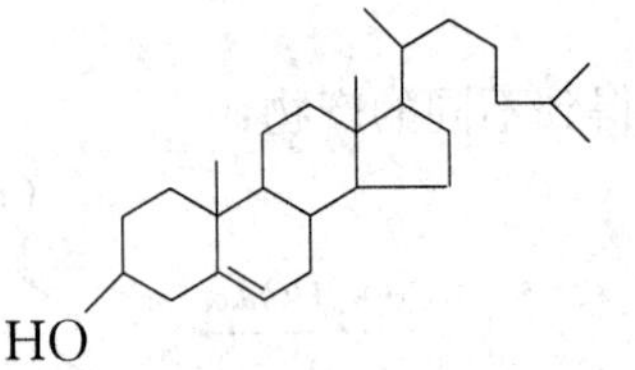
HO

萘和苯一样，也有其定位规律：

① 萘环在 α-位上有第一类定位基时，则第二个基团进行同环取代，主要进入 4-位，如箭头所示：

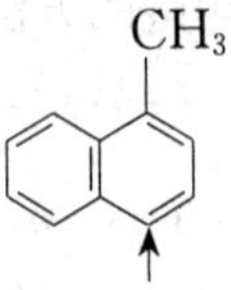
CH3

② 萘环在 β-位上有第一类定位基时，则第二个基团进行同环取代，主要进入 1 位，如箭头所示：

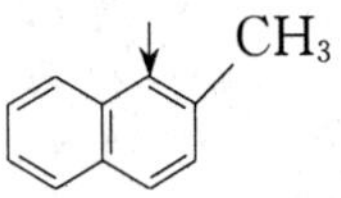
CH3

③ 在 α-或 β-位有第二类定位基时，则第二个基团进行异环取代，进入 5 位或 8 位（进行磺化或付氏酰基化反应，可在异环的 α-或 β-上取代，取决于反应时的温度），如箭头所示：

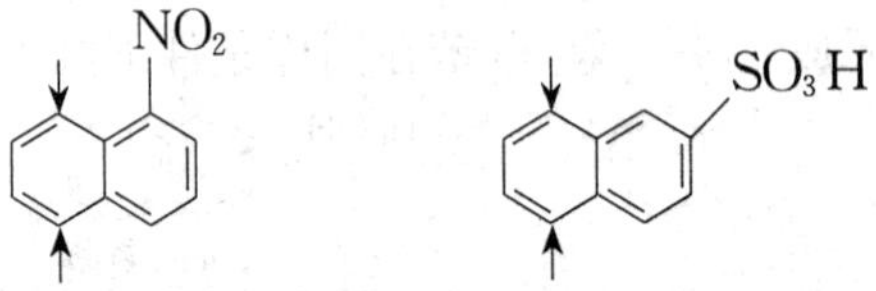
NO2
SO3H

萘主要从煤焦油中取得，萘及其衍生物可通过哈武斯（Haworth）合成法得到，反应如下：

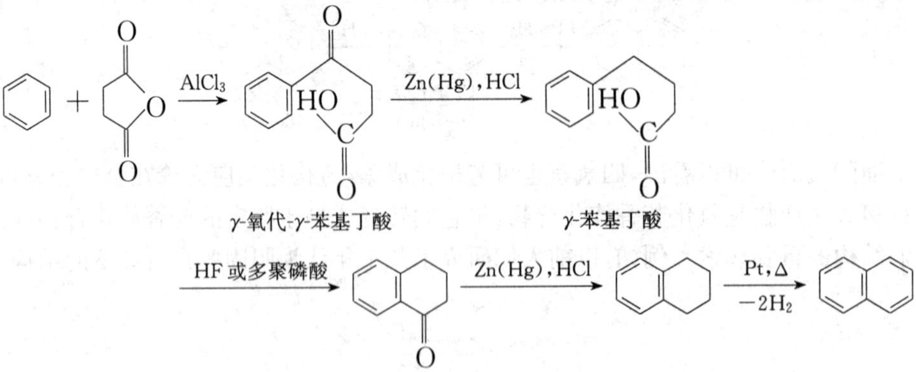
AlCl3
Zn(Hg), HCl
γ-氧代-γ-苯基丁酸
γ-苯基丁酸
HF 或多聚磷酸
Zn(Hg), HCl
Pt, Δ
−2H2

若开始原料是 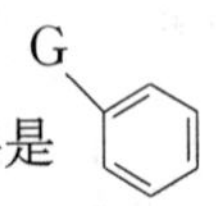 ，则最后产物是 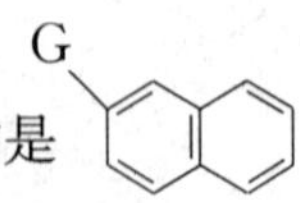 （β-取代萘）。G＝—R、—X、—OCH_3 等。

7.8 蒽 和 菲

蒽和菲的分子式都是 $C_{14}H_{20}$，它们互为异构体，均由三个苯环稠合而成。蒽为直线稠合，菲为角式稠合。它们的结构式如下：

蒽
(anthracene)

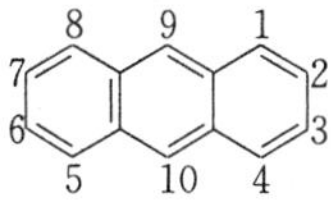

8
9
1
7
2
6
3
5
10
4

或

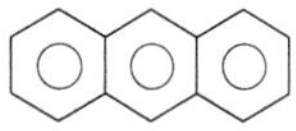

菲
(phenanthrene)

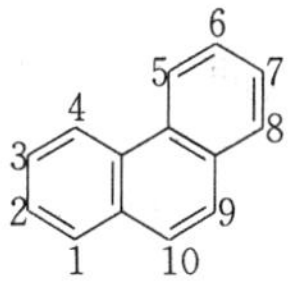

6
5
7
4
8
3
2
9
1
10

或

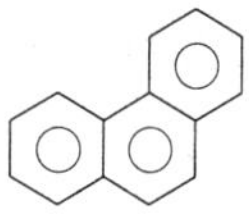

在蒽分子中 1，4，5，8 位是等同的，叫 α-位。2，3，6，7 位是等同的，叫 β-位。9，10 位等同，叫 γ-位。

因此，蒽的一元取代物有三种异构体。

在菲分子中，1，8；2，7；3，6；4，5；9，10 位是等同的，因此，菲的一元取代物应有五种异构体。

近代物理方法证明，蒽（菲）分子中的三个苯环都在一个平面上，各个 C—C 键的键长并不相同。

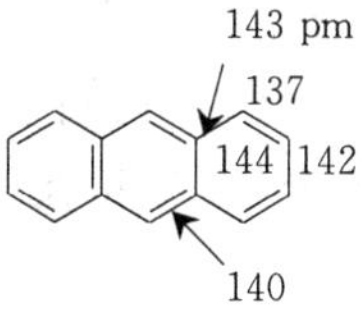

143 pm
137
144
142
140

蒽和菲虽然都具有一定的芳香性。但它们都比萘差，因此它们比萘更易发生氧化，加成和取代反应。反应主要发生在 9，10 位上，因这两处氢原子受到两个苯环的影响，变得活泼，表现出显著的不饱和性。

例 氧化还原反应都首先在 9，10 位上发生。

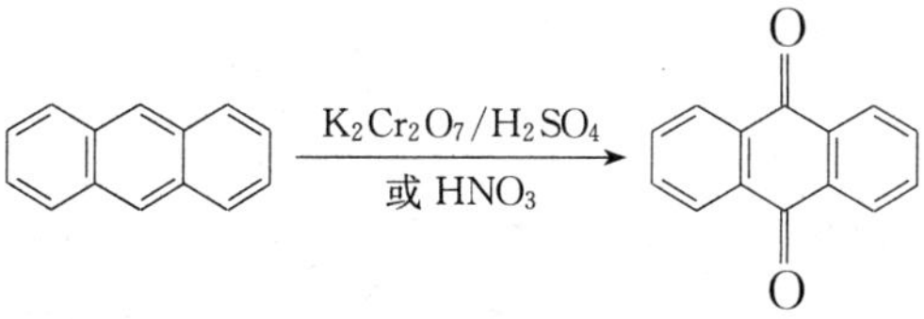

K2Cr2O7/H2SO4
或 HNO3
O
O

9，10-蒽醌

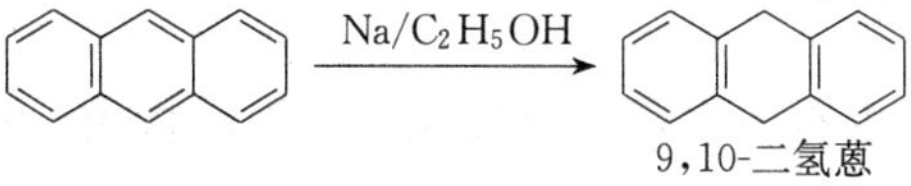

Na/C2H5OH

9，10-二氢蒽

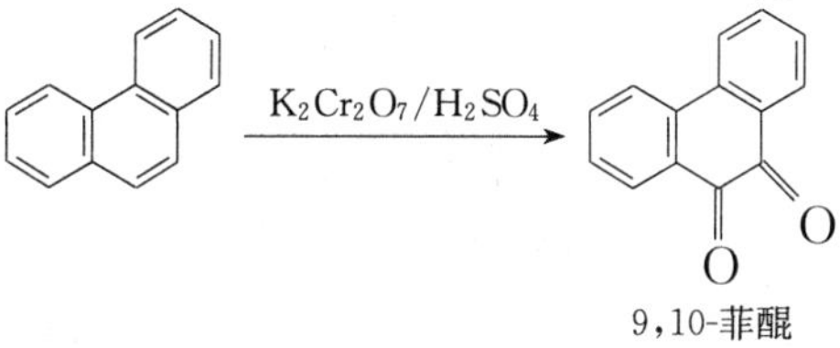

K2Cr2O7/H2SO4
O
O

9，10-菲醌

9，10-菲醌是一种农药，可防止小麦莠病红薯黑斑病等，其毒性比六六六、滴滴涕低。

由于蒽的共轭能（$349.0\ kJ\cdot mol^{-1}$）比菲（$381.6\ kJ\cdot mol^{-1}$）小，蒽的芳香性比菲差，因此蒽能够在 9,10-位上起 Diels-Alder 反应，这是蒽与菲不同的地方。

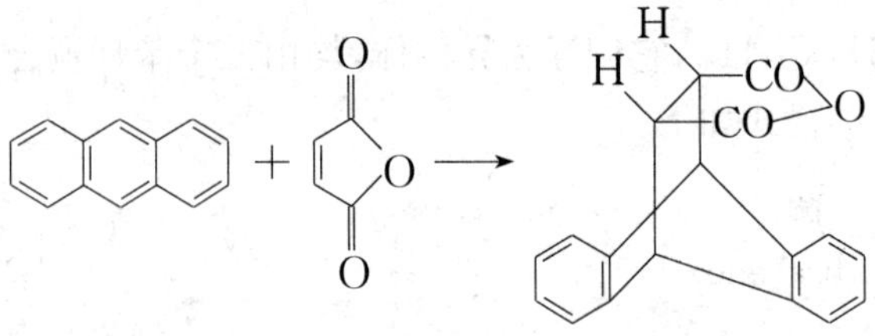

蒽和菲都是无色的结晶，都存在于煤焦油中，它们的衍生物都可以通过闭环法而得到：

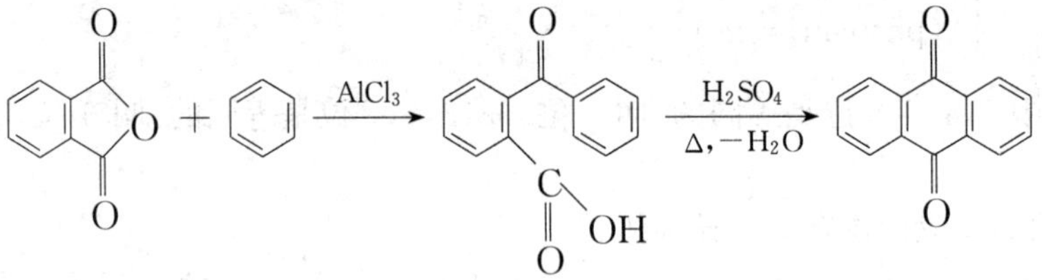

邻苯二甲酸酐　　　　　　　　　　邻苯甲酰苯甲酸　　　　　　　　9,10-蒽醌

染料工业上即用此法生产蒽醌。

同样，菲的衍生物也可用萘为原料和丁二酸酐进行反应，通过 Haworth 合成法而制得。

对于菲结构的了解，在生物化学方面具有重要意义。因为对生物肌体有重要作用的不少天然化合物如甾醇、胆酸、生物碱、性激素等，它们分子中都含有一个环戊烷并全氢菲的结构。含有这类碳骨架的化合物称为甾族化合物，这将在第二十二章中详细讨论。

7.9　致　癌　烃

很早以前人们就发现从事煤焦油工作的人员中皮肤易生癌，经研究某些有四个或四个以上苯环的稠环烃是致癌烃，人工合成的 1,2,5,6-二苯并蒽具有致癌性质。

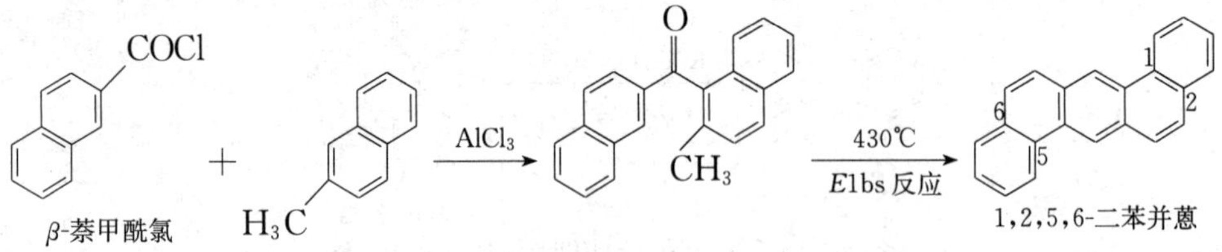

β-萘甲酰氯　　　　　　　　　　　　　　　　　　　　　　　1,2,5,6-二苯并蒽

后来又从煤焦油中和烟草的烟雾中发现含有较强致癌性的物质，叫 3,4-苯并芘：

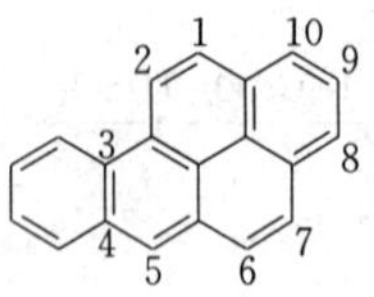

致癌性较强的烃还有：

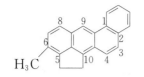

6-甲基-1,2-苯并-5,10-次乙基蒽
（甲基苯并芘）

10-甲基-1,2-苯并蒽

2-甲基-3,4-苯并菲

多核芳烃的致癌性和结构的关系,现在只取得一些经验规律,如 1,2-苯并蒽的环系和 C_{10} 上的取代基的存在是致癌必要的因素,至于致癌机理及结构与性能的关系,还很不清楚。

现已发现在香烟的烟雾中,在汽车排放的废气、石油、煤等未完全燃烧的烟气中,以及柏油马路散发出的蒸气中往往含有 3,4-苯并芘等物质。因此,如何防治工业烟筒的烟与汽车尾气对环境的污染是保护环境的一个重要方面。

7.10 富 勒 烯

富勒烯(fullerenes)是单纯由碳元素结合形成的具有芳香性的新的一类碳原子簇合物。1985 年英国 Sussex 大学的 H. W. Kroto 和美国 Rice 大学的 R. E. Smalley,R. F. Curl 等人发现了 C_{60} 和 C_{70}。他们用大功率的激光束轰击石墨使其气化,在一定的惰性气体(He)存在下冷却而形成的。它们的存在已为质谱所证明。通过 C_{60} 单晶 X 射线分析,确认 C_{60} 分子为中空的截头二十面体稳定构型。分子中含有 60 个顶点,32 个面(其中 12 个五角形,20 个六角形)整个分子形似足球,因此称为足球烯(foot-ballene),如图 7.9 所示。但后来发现存在这种球体表面的短程张力分布(geoclesic strain distribution)与早年建筑学家 Buckminster Fuller 提出的球形圆顶建筑(geodesic domes)相似,这样 C_{60} 就广泛地被人们叫做巴基球烯(buckminster-fullerene),类似的其他碳原子簇则叫做富勒烯(fullerenes)。

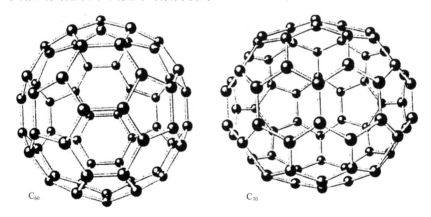

图 7.9 C_{60} 和 C_{70} 的结构(C_{70} 有 25 个六角形的面)

巴基球烯的分子式为 C_{60},60 个碳原子占据 60 个顶点,每个碳原子都以 sp^2 杂化轨道与相邻碳原子形成 σ 键,每个碳原子的三个 σ 键分别为一个五角形的边和两个六角形的边。碳原子的三个 σ 键不是共平面的,键角约为 108° 或 120°,因此整个分子为球状。每个碳原子用剩下的一个 p 轨道互相重叠形成一个含 60 个 π 电子的闭壳层电子结构。因此在近似球形的笼内和笼外都围绕着 π 电子云。分子轨道计算表明:巴基球烯具有较大的离域能(它的共振结构

数高达 12 500 个)。因此,它是一个具有芳香性的稳定体系。

从 1990 年以来化学家已合成了许多大小不同的富勒烯,并已开始探索它们有趣的化学特性。人们发现 C_{60} 分子表现出许多奇特的功能。如,C_{60} 分子特别稳定,可以抗辐射、抗化学腐蚀,特别容易接受和放出电子。美国贝尔实验室的 A. F. Hebard 等人发现将固态 C_{60} 和金属 K 蒸气按一定计量比混合形成的 K_3C_{60} 是一个稳定的金属晶体,具有面心立方结构。当把它冷却在 18K 以下成为超导体。富勒烯的发现为有机化学开辟了一个新的研究领域,这种奇特的碳原子结构在今后一二十年内将激发人们更大的兴趣。

习　　题

1. 写出下列化合物的结构式或名称:

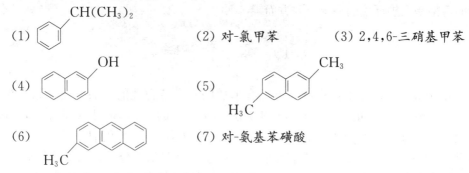

(1)　　　　　　　　　　　(2) 对-氯甲苯　　　　(3) 2,4,6-三硝基甲苯

(4)　　　　　　　　　　　(5)

(6)　　　　　　　　　　　(7) 对-氨基苯磺酸

2. 下列化合物中,哪个可能有芳香性?

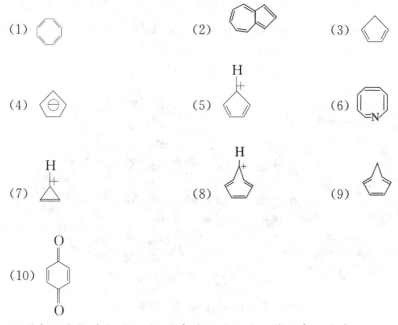

(1)　　　　　　(2)　　　　　　(3)

(4)　　　　　　(5)　　　　　　(6)

(7)　　　　　　(8)　　　　　　(9)

(10)

3. 下列各化合物进行硝化时,硝基进入的位置用箭头表示出来:

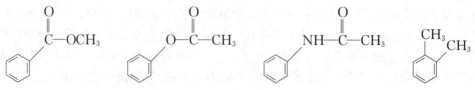

CH₃
OH
Cl
Cl
NH₂
NO₂
OCH₃
OH
NO₂
CH₃
NO₂
COOH
OH
CH₂
COOH

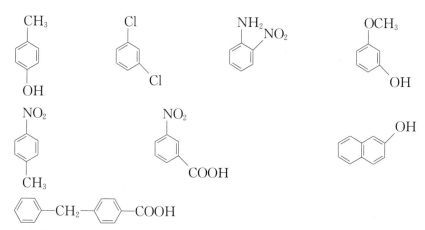

4. 排列出下列化合物对于溴化的反应活性：

(1)
Cl
CH₃
H
OH
NO₂

(2)
Br
COOH
H
NH₂
CH₃
COOH
NO₂

5. 完成下列反应：

(1)
CH₃CH₂CH₂Cl
?
KMnO₄
?
浓 HNO₃+H₂SO₄
?

(2)
CH₃
+ Br₂
hν
?
FeBr₃
?

(3)
+
AlCl₃
?

(4)
浓 H₂SO₄
60℃
?
HNO₃
H₂SO₄
?

(5)
+CH₃Cl
AlCl₃
?
H₂SO₄
?

(6)
CH₃
CH(CH₃)₂
+ KMnO₄
?

(7)
O
O
O
+
AlCl₃
?

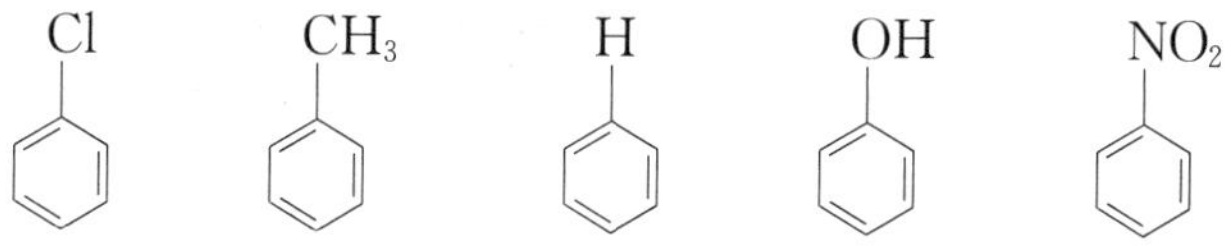

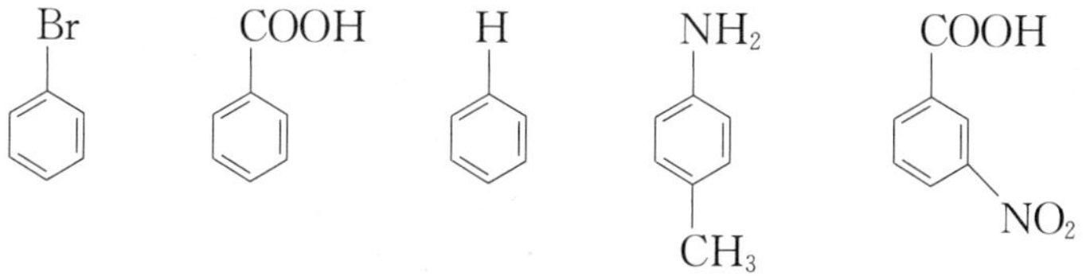

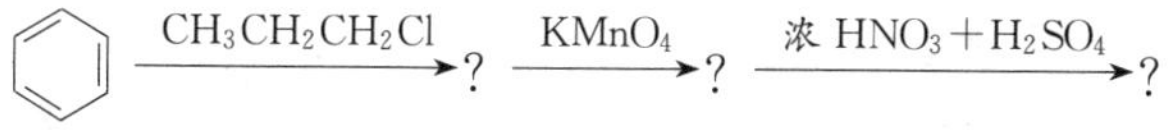

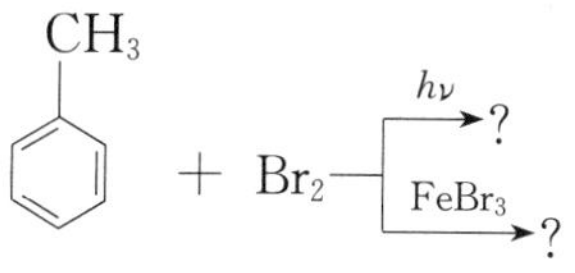

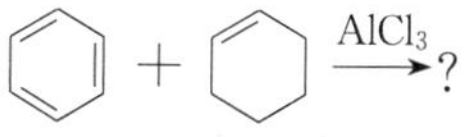

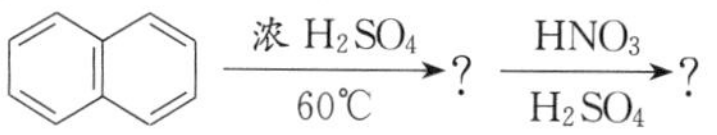

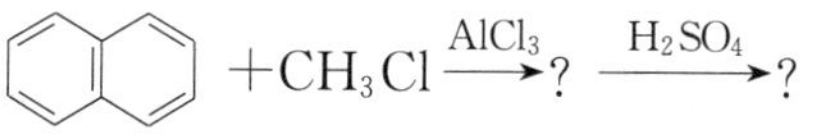

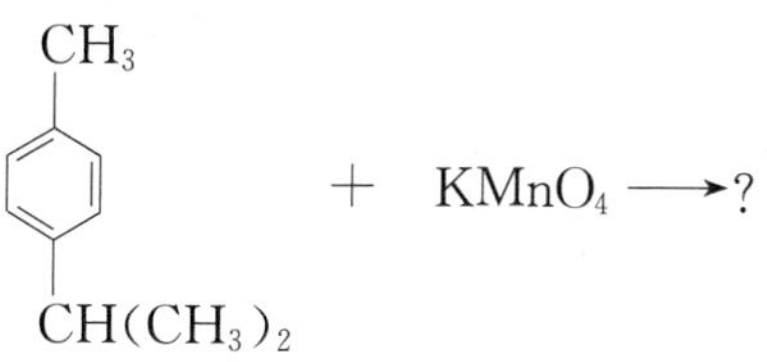

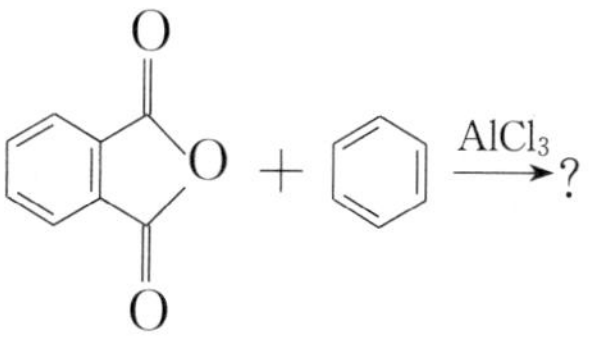

(8) 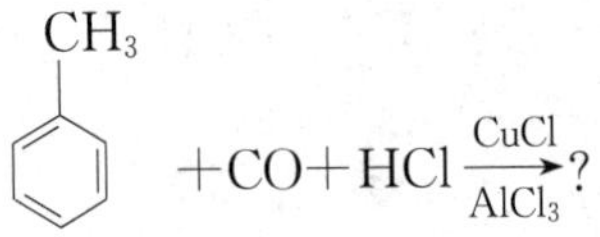 +CO+HCl $\xrightarrow[AlCl_3]{CuCl}$?

(9) 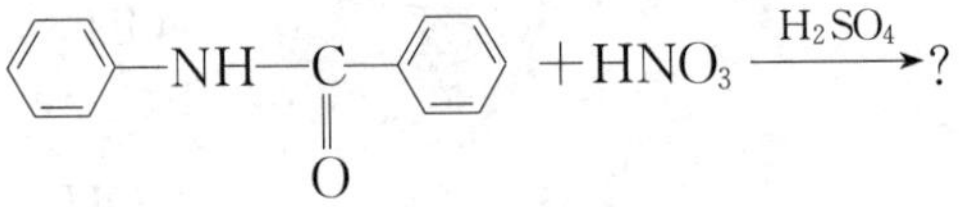 +HNO$_3$ $\xrightarrow{H_2SO_4}$?

(10) 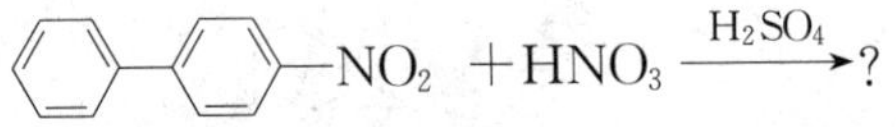 +HNO$_3$ $\xrightarrow{H_2SO_4}$?

6. 写出正丙苯与下列试剂反应的主要产物(如果有的话):

(1) H$_2$/Ni,200℃,10 MPa　　　　(2) KMnO$_4$ 溶液,加热

(3) HNO$_3$,H$_2$SO$_4$　　　　　　　　(4) Cl$_2$,Fe

(5) I$_2$,Fe　　　　　　　　　　　　(6) Br$_2$,加热或光照

(7) 沸腾的 NaOH 溶液　　　　　　(8) CH$_3$Cl,AlCl$_3$

(9) 异丁烯,HF　　　　　　　　　(10) 叔丁醇,HF

7. 写出 1-苯丙烯与下列试剂反应的主要产物:

(1) H$_2$,Ni,室温　　　　　　　　　(2) H$_2$/Ni,200℃,10 MPa

(3) Br$_2$(CCl$_4$ 溶液)　　　　　　　(4) (3)的产物+KOH 醇溶液,△

(5) HBr,FeBr$_3$　　　　　　　　　(6) HBr,过氧化物

(7) KMnO$_4$ 溶液,△　　　　　　　(8) KMnO$_4$(冷,稀)

(9) O$_3$,H$_2$O/Zn 粉　　　　　　　(10) Br$_2$,H$_2$O

8. 解释下列实验结果:

(1) 当苯用异丁烯和浓硫酸处理,只得到叔丁基苯。

(2) 苯胺在室温下用稀硝酸处理,得到 o-和 p-硝基苯胺。在较浓硝酸情况下,m-位异构体占优势。

(3) 当苯用 1 mol CH$_3$Cl 和 AlCl$_3$ 处理时,生成苯、甲苯、二甲苯的混合物。而当用

　　CH$_3$C̈—Cl 和 AlCl$_3$ 处理时,只生成苯乙酮。

(4) 叔丁基苯溴化不生成 o-位取代,而主要得到 p-位和少量 m-位取代产物。

9. 用简单化学方法鉴别环己二烯,苯和1-己炔。

10. 以苯为原料合成下列化合物:

(1) 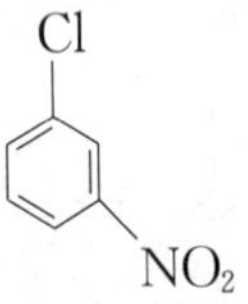 　(2) 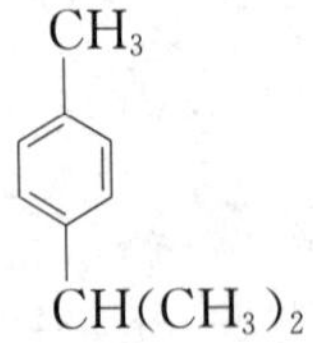 　(3) 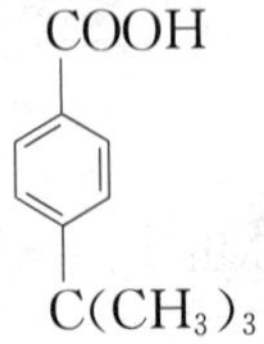 　(4)

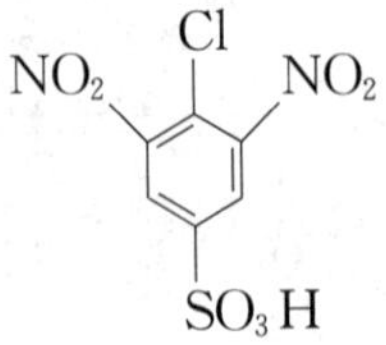

(5) 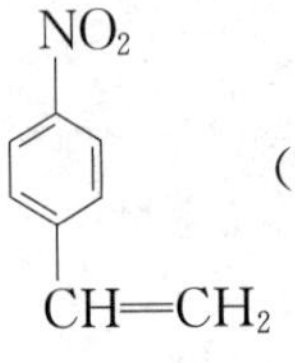 　(6) 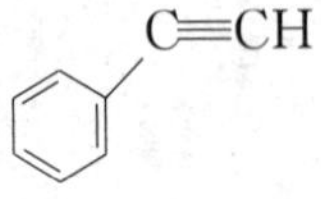 　(7) 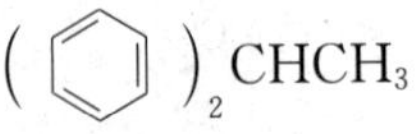 　(8)

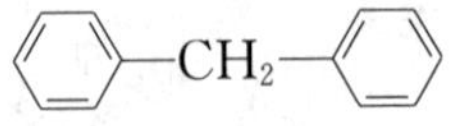

11. 用哈武斯闭环法合成 9-甲基菲。

12. 有机化学早期某化学家手中有三个二溴苯异构体。他通过溴化反应使它们各形成三溴苯数目的多少来鉴别它们。问 o-,m-,p-二溴苯各生成三溴苯的数目是多少?

13. 某芳烃其分子式为 C_8H_{10},用 $K_2Cr_2O_7$ 硫酸溶液氧化后得一种二元酸,将原来芳烃进行硝化,所得的一元硝基化合物主要有两种,问该芳烃的构造式如何? 并写出各步反应式。

14. 某烃 A 分子式为 $C_{16}H_{16}$,氧化得苯甲酸,臭氧分解仅得 $Ph—CH_2CHO$(苯乙醛),推测 A 的结构。

15. 葵子麝香是一种人造麝香,其香味与天然麝香近似,是天然麝香的代用品,化学名称叫 2,6-二硝基-1-甲基-3-甲氧基-4-叔丁基苯,结构式为 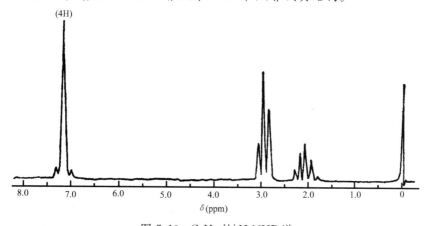 。工业上是以间甲酚为原料经一系列合成制得。若以间甲基苯甲醚为原料则有两种可能的合成路线:①先叔丁基化,然后硝化;②先硝化,然后进行叔丁基化,你认为应选择哪一条合成路线? 为什么?

16. 分子式为 C_9H_{10} 的 ^{1}H-NHR 谱如图 7.10 所示,推测其结构。

图 7.10 C_9H_{10} 的 ^{1}H-NHR 谱

17. 根据图 7.11 光谱图,推测化合物 $C_{10}H_{14}$ 可能的结构。

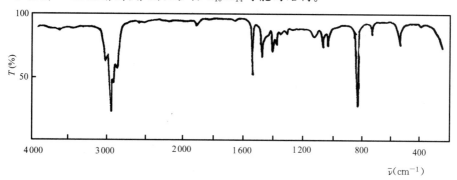

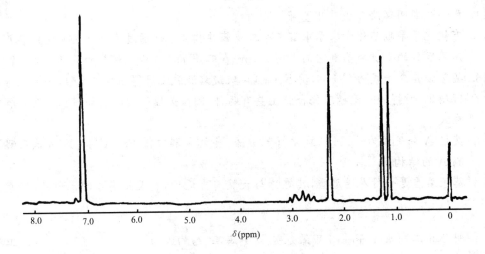

图 7.11 化合物 $C_{10}H_{14}$ 的光谱

第八章 立体化学

立体化学(stereochemistry)是从三维空间来研究分子的结构和性质的科学。因此,立体化学是近代有机化学中一个极重要的组成部分。

我们已经知道,所谓"异构体"就是具有相同的分子式的不同化合物,这种现象叫做异构现象。有机化合物的异构现象可以分为两大类:结构异构(structuralisomers)和立体异构(stereoisomers)。

结构异构也叫构造异构(constitutional isomers),其产生的原因是由于它们的原子相互联结的次序不同而引起的,结构异构又分为:

(1) 碳链异构。如 $CH_3CH_2CH_2CH_3$ 和 $CH_3—\underset{\underset{CH_3}{|}}{C}H—CH_3$

(2) 位置异构。如 $CH_3CH_2CH_2OH$(丙醇)和 $CH_3—\underset{\underset{OH}{|}}{C}H—CH_3$(异丙醇)

(3) 官能团异构。如 CH_3CH_2OH 和 $CH_3—O—CH_3$ (甲醚)

立体异构不是结构异构体,它们彼此的原子互相联结的方式或次序相同,仅仅是它们的原子在空间的排列方式不同,即构型(configulation)不同。立体异构又分为①顺反异构;②对映异构;③构象异构。

顺反异构产生的原因是由于双键(或环)的存在使分子中某些原子在空间的位置不同而引起的。顺-2-丁烯中两个甲基在分子中双键的同一边,而反-2-丁烯的两个甲基不在同一边。顺反异构又叫几何异构体。它们具有不同物理性质,即不同的熔点、沸点、折射率、溶解度、密度等。由于顺式的偶极矩(μ)大于反式的。因此,与偶极矩有关的物理性质(b. p.,溶解度等)也是顺式大于反式的,而与分子对称性有关的物理性质(如 m. p.),则反式大于顺式的。例如:

1,2-二氯乙烯

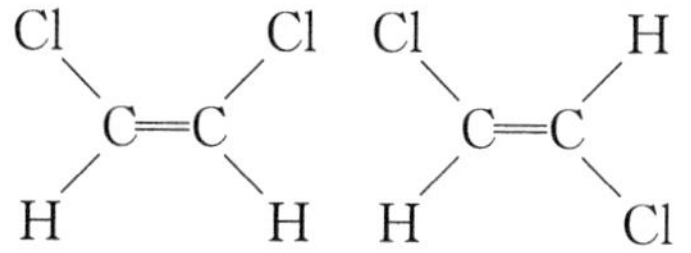

	顺-	反-
偶极矩 μ	1.89D	0
b. p.	60℃	48℃
m. p.	−80℃	−50℃

顺反异构体的化学性质相似,但不尽相同。例如:

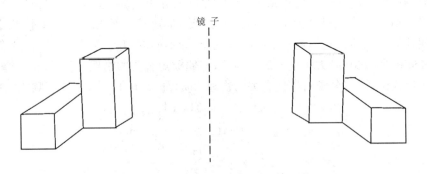

顺-丁烯二酸　　　　　　　　　　　　　　　　　　反-丁烯二酸

此外,顺反异构体在生理活性上表现也不同。如,有降血脂作用的亚油酸,只有在9,12两个双键处是顺式构型的才有生理活性,反式的则没有:

亚油酸,(9Z,12Z)-十八碳二烯酸

一般说来,反式异构体比顺式稳定,故从顺式→反式较易发生。热、光、酸等催化剂都可以催化顺、反异构体的互相转变。

关于顺反异构体和构象异构的有关内容已在前面几章中讨论过,故在此不作讨论。本章主要讨论对映异构。

8.1 对映异构体(enantiomers)和手性分子(chiral molecules)

两个多面体(如图 8.1 所示),它们彼此相对应的每一边、面、角都是一样的,似乎它们是同一东西,但是它们彼此是不能重叠的。所以,它们是不同的物体,彼此的关系像是人的左、右手,右手和左手看起来似乎没有什么区别,但是将左手套戴到右手上去是不合适的,可见左右手并不一样,彼此的关系是实物与镜像的关系。

镜 子

图 8.1　两个不能重叠的镜影体

实物与镜像不能重叠的现象,同样存在于微观世界的分子中。两个异构的 2-氯丁烷它们的结构是镜像关系,而且很容易用模型来证明两个结构彼此不重叠,这种互为镜像又不能重叠的异构体,我们称它们为对映异构体(简称对映体)。

对映异构体的发现是在 1848 年,巴黎师范大学的化学家 Lowis Pasteur 从一个化学工厂获得一个酒石酸钠铵的样品,无旋光性(旋光性是法国物理学家 Jean-Baptiste Biot 在 1815 年

发现的,有关旋光性的叙述见下):

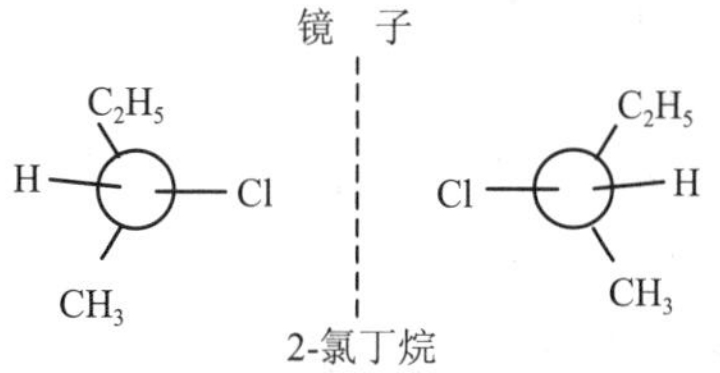

当他进一步研究时发现,无旋光性的酒石酸钠铵是两种不同结晶的混合物。这两种结晶互为镜像,他用一只放大镜和一把镊子,细心地把混合物分成两堆,一小堆的晶体能使平面偏振光的偏振面向右旋,另一小堆的晶体却使偏振面向左旋。Pasteur 作进一步研究,将左旋和右旋晶体分别溶于水中,都有旋光性,而且两个溶液的旋光度相等,但方向相反,即一个溶液使平面偏振光右旋,而另一个溶液以相同的度数使平面偏振光向左旋。晶体溶于水后,其本身的特性消失了,而且由于旋光度的差异是在溶液中观察到的,于是 Pasteur 推断这不是晶体的特性而是分子本身所固有的特性。他说:"右旋酸中的原子是排列在一个右螺旋上或排列在一个不规则的四面体的顶点上,或者还有其他的不对称的排列?我们尚不能回答这些问题,但是存在一种不对称的排列,这种排列方法不能与它的镜像相叠合,这是没有疑问的。"

现在人们不禁要问,2-氯丁烷的两种异构体分子式相同,分子中原子联结的顺序也完全相同,为什么存在两种异构体?这两种异构体在结构上有什么不同?

Pasteur 上述的发现和推断,导致了 1874 年范霍夫(Van't Hoff)提出了碳的正四面体学说。因而从理论上解释了对映异构现象的存在。按照这个学说,当分子中一个碳原子和最多的四个其他原子相连时,这四个原子占有一个四面体的四个角,而碳原子则在中央。换句话讲,四个原子彼此尽可能保持远离,并与中心碳原子保持固定的距离。如果中心碳原子和四个不相同的原子或原子团相连接时,那么,四个基团在空间的不同排列方式就有两种,即存在两种构型。2-氯丁烷分子的中心碳原子连接四个不同基团($—C_2H_5$、$—Cl$、$—CH_3$、H),故存在有两种不同的构型,彼此是对映体的关系。若中心碳原子连接的四个基团中有两个相同的话,则围绕中心碳原子只可能有一种排列,即不存在对映体。例如,丁烷的中心碳原子连接两个相同的氢,就不存在对映体。

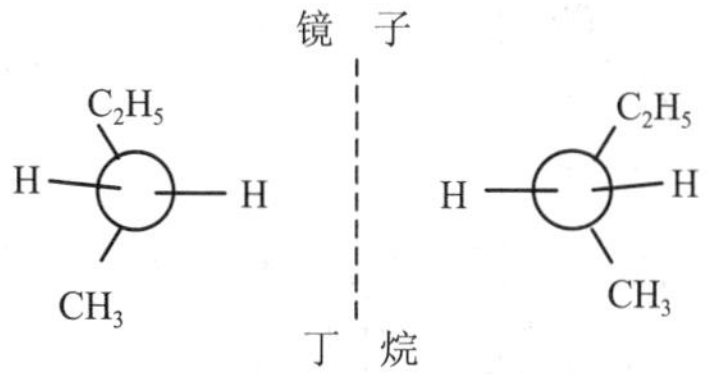

像 2-氯丁烷与自己镜像不能重合的现象称为手性(chirality),具有手性的分子称为手性分子(chiral molecule)。其中心碳原子连接有四个不同的基团,我们把它叫做手性碳原子,以 C^* 表示(以前又称不对称碳原子)。大多数传递生命过程的分子都有 C^* 和光学活性。像丁烷分子和自己镜像可以重叠的分子,叫非手性分子(achiral molecules)。只有具有手性的分子才存在对映体。采用手性这个名词是因为一对对映体之间的关系就如左手和右手的关系一样。

既然分子的手性与对映体的存在是紧密相关的,那么我们如何判断分子有无手性呢?当然最好的办法是看分子的结构模型和它的镜像能否重叠,如不能重叠则是手性的;能重叠,则它们所代表的分子是非手性分子。这是物质具有旋光性和产生对映异构现象的必要条件。此外,还有其他办法帮助我们识别手性分子。首先看分子中是否存在手性碳原子,当一个化合物只含有一个手性碳原子时,分子就有手性(如 2-氯丁烷)。但手性碳的存在不是分子具有手性的必要条件。假如分子中含有 2 个 C^* 时,它也可以是非手性的。而且我们常能遇到的手性分子也不一定含有 C^* 的。这些在本章后面进行讨论。判断分子是否有手性除了检查分子是否包含一个手性碳外,还可以看分子是否有对称因素,若存在对称因素,这样的分子往往能与自己的镜像相重叠,因此就不是手性分子;若不存在对称因素,则是手性分子。

每个对称因素都有相对应的对称操作,对称操作是根据对称因素来规定的,而对称因素可以通过相应的对称操作显示其存在。

对称因素包括对称面、对称中心及对称轴。其中应用较多的是对称面。下面简单介绍一下什么叫对称面,对称中心和对称轴。

(1) 对称面。假如一个分子的所有原子都在同一平面里,或者一个平面能把一个分子切成两半,而这两半彼此又互为镜像关系,那么这个平面就是这个分子的对称面。从上面论述可知对称面的对称操作是反映,也就是所谓的照镜子。例如,2-氯丙烷有一个对称面,所以它不是手性分子,而 2-氯丁烷则没有对称面,它是手性分子:

$$
\begin{array}{ccc}
& H & \\
& | & \\
H_3C - & C & - CH_3 \\
& | & \\
& Cl &
\end{array}
\qquad
\begin{array}{ccc}
& H & \\
& | & \\
H_3C - & C & - C_2H_5 \\
& | & \\
& Cl &
\end{array}
$$

对称面　　　　　　无对称面
(非手性分子)　　　(手性分子)

又如(E)-1,2-二溴乙烯,分子中所有的原子都在一个平面内,故存在对称面,它也不是手性分子:

$$
\begin{array}{ccc}
Br & & H \\
& C = C & \\
H & & Br
\end{array}
$$

——对称面,非手性分子

(2) 对称中心。假如分子中有一点,它与分子中任何原子(或基团)相连成线,在此直线的反方向延长线上等距离处有相同的原子(或基团),此点为该分子的对称中心。如图 8.2 所示。其对称操作是反演,就是假定对称中心是直角坐标的原点,分子中某一原子的坐标为(x, y, z),经过反演操作变为$(-x, -y, -z)$,每个原子都经过反演操作,得到的新构型为原来构型的等价构型。而有对称中心的分子就不是手性分子,也就不存在对映体。

化合物(Ⅰ)有一个对称中心,能与它的镜像重叠,所以是非手性分子,不存在对映体。事实上,若在(Ⅰ)的环平面下放一面镜子,则得(Ⅰ)的镜像(Ⅱ),但如果以通过(Ⅰ)的对称中心垂直于环平面的直线为轴旋转 180°,得到的构型(Ⅲ)正好是它的镜像。由此可见,有对称中心的分子能与其镜像相重叠,即无手性。

(3) 对称轴。当分子环绕通过该分子中心的轴旋转一定角度后得到的构型与原来的分子

212

相叠合,则该分子就有对称轴存在。如(E)-1,2-二氯乙烯有一个二重对称轴,因为绕轴旋转

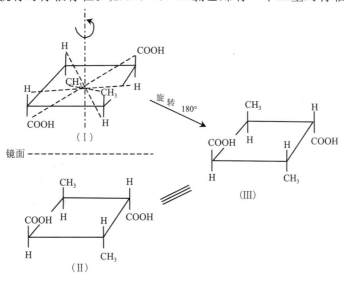

图 8.2　有对称中心的分子和它的镜像

$180°$后,与原来分子形象(构型)一致,故有二重对称轴 C_2 $\left(因为\dfrac{360}{180}=2\right)$。(E)-1,2-二氯乙烯同时也有一对称面存在,所以无手性。

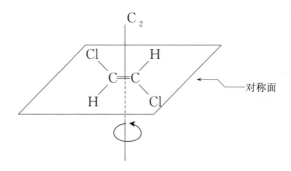

又如,右旋或左旋酒石酸分子中也有一个二重对称轴:

$$\begin{array}{c} _1COOH \\ _2 \\ HO-C-H \\ _3 \\ H-C-OH \\ _4 \\ COOH \end{array}$$

通过 C_2—C_3 键中点与纸面垂直的轴即为 C_2。但无对称面或对称中心,故是手性分子,有一对对映体存在。

因此,有对称轴的化合物,也可以有手性。所以,有无对称轴不能作为判断分子有无手性的标准。而转动则是它的对称操作。

总的说来,判断一个分子有无手性,主要看它与其镜像能否重叠,不能重叠则是手性分子。同时,所有分子它只含有单一的手性碳原子,它就是手性分子。整个分子具有手性是存在对映异构体的必要而又充分的条件。

8.2　对映异构体的物理性质——光学活性

对映异构体彼此不能重叠，根据这一点可知：它们是不同的化合物。那么，它们有什么不同的物理性质呢？由于两个对映异构体的分子构造式相同，只是分子中原子在空间的排列方式不同，而原子或原子团在空间的相对关系是相同的，所以，每种分子与分子间的相互作用应该是相同的。正因为这样，对映异构体的物理性质——熔点、溶解度（在普通溶剂中）、折光率和光谱等都相同，但它们对偏振光平面的旋转方向不同。例如，从肌肉中得到的乳酸（lactic acid）能使偏振光平面向右旋（dextrorotation），符号为（＋），称为右旋乳酸（m. p. 26℃）。从乳糖在特种细菌作用下发酵得到的乳酸，能使偏振光平面向左旋（levorotation），符号为（－），称为左旋乳酸（m. p. 26℃）。由于对映异构体具有以相反方向转动偏振光平面的物理性质，故也把它们叫"旋光异构体"（optical isomer）。又因为它们对偏振光平面有旋转作用，我们叫它们为光活性（optical activity）物质。生物体内大部分有机分子都是光活的，并具有重要的生理意义。某些生物体只能利用其中某一个光活性异构体。

为了明白对映体对偏振光平面的作用，因此我们需要了解平面偏振光的性质。

什么叫平面偏振光？我们知道，光是一种电磁波，光波振动的方向与其前进的方向垂直。普通光的光线里，光波在一切可能的平面上振动。若使普通光通过一种由冰晶石制成的尼科尔（Nicol）棱镜，则通过棱镜的光线只在一个平面上振动，这样的光叫平面偏振光（plane-polarized light），简称为偏振光，如见图 8.3 所示。

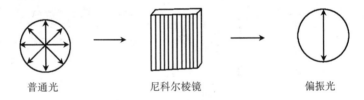

普通光　　　　　　尼科尔棱镜　　　　　　偏振光

图 8.3　普通光通过尼科尔棱镜能产生偏振光
（双箭头表示一个与纸面垂直的平面）

如果使通过尼科尔棱镜的偏振光射到第二个尼科尔棱镜，只有当两个棱镜的轴平行时，偏振光才能完全通过。这可粗略地把偏振光和尼科尔棱镜分别比喻作一把刀和一本书，假如刀碰到一本合上的书，只有刀口和书页平行时，刀才能从书页中通过，若互相垂直，则不能通过。

如果在晶轴平行的两个尼科尔棱镜之间，放一个玻璃管，管里装的是旋光性物质，则偏振光不能通过第二个棱镜，必须把第二个棱镜旋转一个角度后才能完全通过，如图 8.4 所示。

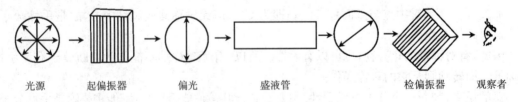

光源　　　起偏振器　　　偏光　　　盛液管　　　　检偏振器　　观察者

图 8.4　旋光仪原理示意图

使用旋光仪可以测定旋光物质使偏振光平面旋转的角度(α)和旋转的方向:左旋或右旋。

旋转角(α)的大小除了与物质本身的特性有关外,由于旋光度 α 是比例于光通过旋光管时碰到的光活分子的数目多少,因此 α 还与测定时的条件,溶液的浓度,盛液管的长度、温度及所用光的波长等因素有关。因此,当旋光管的长度和溶液的浓度固定后,旋光度的大小及其方向就是旋光性化合物的特性了。通常用比旋光度(specific rotation)$[\alpha]_\lambda^t$ 来表示:

$$[\alpha]_\lambda^t = \frac{\alpha}{c \times L}$$

式中:α 是测定的旋光度,c 是浓度,以每毫升溶液中所含溶质的克数来表示(g/mL);L 是盛液管的长度,单位为 dm,t 是测定时的温度;λ 是光源的波长。

如果所测的物质为纯液体,则

$$[\alpha]_t^\lambda = \frac{\alpha}{d \times L}$$

式中:d 是液体的密度。当 $c = 1 g/mL$,$L = 1\ dm$ 时,$[\alpha] = \alpha$。

因此,所谓比旋光度即当被测物质浓度为每毫升含 1 克,放在 1 分米长的盛液管中测出的旋光度。

在测定旋光度时,有些物质使偏振面向右旋转(顺时针方向旋转),可用(+)表示。有些物质使偏振面向左旋转(逆时针方向旋转),可用(-)表示。例如:由肌肉中得到的乳酸的比旋光度为$[\alpha]_D^{20} = +3.8°$,则表示测定该乳酸的旋光度时,是在 20℃,以钠光灯作光源,D 为光谱中的 D 线,波长相当于 589 000 pm,然后通过公式计算出比旋光度是 3.8°,"(+)"表示这个乳酸是右旋的。

可见在一定温度,一定波长下测得的比旋光度是旋光性物质的一个物理常数,比旋光和熔点、沸点、密度或折光率一样,也是化合物的一种性质。

但是,由于上式中浓度(c)是以重量浓度(g/mL)来表示的,因此,当两个分子量不同的物质,具有相同的比旋光度时,其每个分子的旋光能力是不相等的(因为分子量不同的两个物质的重量相等时,其所含的分子数不等)。为了更明确地表示某物质的特性,有时采用摩尔比旋光度$[M]_\lambda^t$ 来表示(即将比旋光度乘以化合物的分子量)。

$$[M]_\lambda^t = [\alpha]_\lambda^t \times M(分子量)/100(因为数值太大,通常除以 100)$$

通过旋光度的测定,不仅可以按上述公式计算物质的比旋光度。如果已知一物质的比旋光度,还能计算被测物质溶液的浓度$\left[c = \dfrac{\alpha}{[\alpha] \times L}\right]$。制糖工业经常利用旋光度来控制糖液的浓度。

现在人们不禁要问,为什么当一束平面偏振光通过乳酸分子的溶液,可使偏振面发生旋转?而偏振光通过乙醇溶液则不能使偏振面发生旋转?从理论上讲,当一束偏振光通过所有手性和非手性的个别分子时,由于光与这个分子的带电粒子(电子)的相互作用,偏振光的平面是能够发生极微小的偏转,旋转方向和程度的大小则随这个分子在光束中的取向而定。在大量乙醇分子的情况下,由于分子的任意分布,取向也就不同,因此,当光碰到任一乙醇分子时,(假定使偏振面向右旋转一点点)也会碰到取向是它镜像的另一相同的乙醇分子(它对偏振面产生相同但方向相反的旋转——左旋),于是,第二个分子对偏振面的旋转正好抵消了第一分子的旋转,所以净结果偏振面就没有旋转。因此,从统计角度上看,乙醇分子是无旋光的,也就是说,无旋光不是个别分子的性质,而是一些任意分布的能够互为镜像分子的性质,如图 8.5 所示。

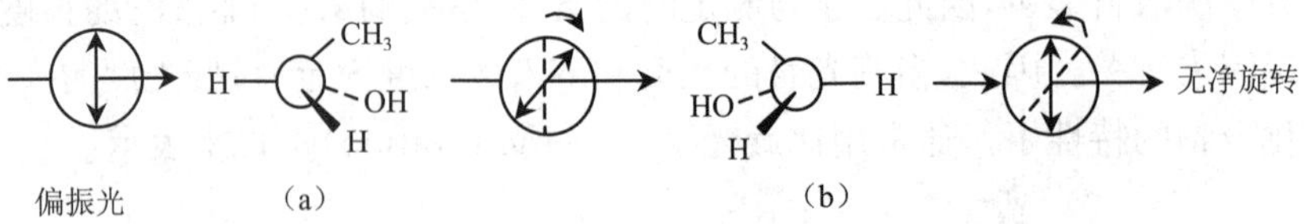

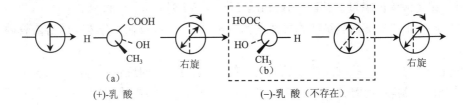

偏振光　　　　（a）　　　　　　　　　　　　（b）

图 8.5　乙醇分子对平面偏振光无净旋转——无旋光性

那么当一束平面偏振光通过手性化合物的单一对映体(+)-乳酸或(-)-乳酸的溶液时情况如何呢？我们考虑偏振光通过从肌肉中得到的(+)-纯的乳酸溶液时,使偏振光平面向右旋一点点。可是偏振光却碰不到取向是它的镜像的另一相同的乳酸分子,所以不能抵消(+)-乳酸所产生的旋光,结果可观察到(+)-乳酸使平面偏振光向右旋,如图 8.6 所示。

（a）
(+)-乳　酸

（b）
(-)-乳　酸（不存在）

图 8.6　（+）-乳酸分子对平面偏振光有净旋转——有旋光性

同样,可解释偏振光通过从糖发酵得到(-)-乳酸溶液为什么会使偏振光向左旋以及解释从酸牛奶中得到的乳酸为什么没有旋光性。后者是因为当偏振光碰到一分子(a)(+)-乳酸使偏振光向右旋,同时也会碰到取向是它的镜像的(b)(-)-乳酸分子使偏振光向左旋,(a)、(b)旋转的程度相等方向相反,所以酸牛奶中得到的乳酸无旋光,它是等摩尔(+)-乳酸和(-)-乳酸的混合物。如图 8.7 所示。我们把它叫做外消旋体(racemic form),以(±)表示之。

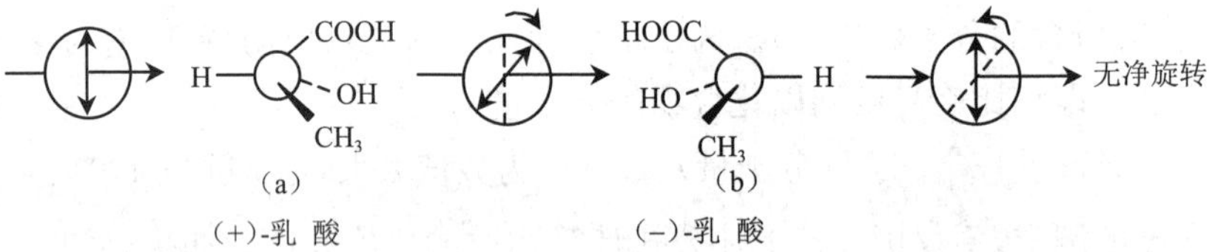

（a）
(+)-乳　酸

（b）
(-)-乳　酸

图 8.7　（±）-乳酸分子对平面偏振光无净旋转——无旋光性

如果不是等分子数的左、右旋体组成的样品,当然$[\alpha] \neq 0$。由单一的对映体组成的光活性样品,我们说它是 100% 光学纯的,或称它的对映体过量(enantiomeric excess,简称 e. e.)是 100%。

对映体过量的定义为：　$\% e. e. = \dfrac{\text{一个对映体的摩尔数} - \text{另一对映体的摩尔数}}{\text{两个对映体的总摩尔数}} \times 100\%$

对映体过量可从比旋光度计算：　$\% e. e. = \dfrac{\text{观察的比旋光} [\alpha]}{\text{一种纯对映体的比旋光} [\alpha]} \times 100\%$

例如,(+)-乳酸的 $[\alpha]_D^{20}$ 应为 +3.82℃,如果样品的 $[\alpha]_D^{20} = +1.91°$。我们说(+)-乳酸的对映体过量是 50%。即(+)-乳酸的 $\% e. e. = \dfrac{+1.91°}{+3.82°} \times 100\% = 50\%$。

当我们说这一样品(混合物)的对映体过量是 50%,就是说它是由 50%右旋对映体(过量的)和 50%外消旋体组成的。或者说这一混合物中有 75%右旋体和 25%的左旋体。判断一个不对称合成反应的价值,需要知道产物中一种对映体对另一种对映体的过量程度。因此,对%e. e.的测定是立体化学研究的重要问题。

8.3　含有一个手性碳原子的化合物

乳酸（α-羟基丙酸（α-hydroxypropanoic acid））CH_3—$\overset{\displaystyle OH}{\underset{}{CH}}$—COOH，2-氯丁烷 CH_3—$\overset{}{\underset{\displaystyle Cl}{CH}}$—$C_2H_5$，3-甲基己烷 CH_3—$\overset{}{\underset{\displaystyle C_2H_5}{CH}}$—$CH_2CH_2CH_3$ 等均属于此类化合物。乳酸是较早发现含一个手性碳原子的化合物,因此,我们以它来讨论。

刚才我们提到乳酸分子中,连接在手性碳原子上的四个不同基团的空间的排列方式有两种,即有两种不同的构型,彼此互为镜像体。那么怎样来表示两种不同构型的结构式呢?对映异构体最好用立体图式表示,但画起来很不方便,如图 8.8 所示。

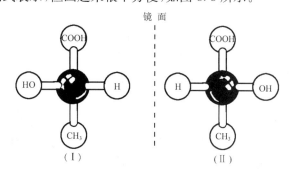

图 8.8　乳酸的对映体模型

在大多数情况下都采用费歇尔(E. Fischer)投影式来表示,所谓 Fischer 投影式,就是将一个立体模型放在黑板前,用光照射模型在纸面上得出的平面影像。其方法是:规定手性碳原子在纸面上,将碳链拉直,竖的虚线相连的两个原子团(在这里是—COOH 和—CH_3)在纸平面的后方,横的实线相连的原子团(—OH 和 H)在纸平面的前方,并且总是把含有碳原子的基团放在竖线相连的位置上。例如(±)-乳酸按照投影规则,图 8.8 的立体图式(Ⅰ)和(Ⅱ)可写成下列形式:

$$\begin{array}{ccc} & COOH & \\ HO— & C & —H \\ & CH_3 & \end{array} \qquad \begin{array}{ccc} & COOH & \\ H— & C & —OH \\ & CH_3 & \end{array}$$

（Ⅰ）　　　　　　（Ⅱ）

亦可简写为:

$$
\begin{array}{ccc}
\text{COOH} & \quad & \text{COOH} \\
\text{HO}-\text{C}-\text{H} & \quad & \text{H}-\text{C}-\text{OH} \\
\text{CH}_3 & \quad & \text{CH}_3 \\
(\text{I}) & \quad & (\text{II})
\end{array}
$$

使用投影式时必须注意:一对对映体的模型可以任意翻转而不会重叠,但使用投影式时,只能在纸上平移或旋转 $180°$,而不能离开纸平面翻转。因为这样会改变手性碳原子周围各原子或原子团的前后关系。如上面两式,若将(I)翻转得到与(II)似乎能重叠的(III)

$$
\begin{array}{c}
\text{COOH} \\
\text{H}\cdots\text{C}\cdots\text{OH} \\
\text{CH}_3
\end{array}
$$
,但(II)与(III)彼此手性碳上连的四个基团的前后方向是不同的,实际上它们

的立体模型是不能重叠的一对对映体。如将(I)在纸面上旋转 $180°$(而不是 $90°$),得到(IV)

$$
\begin{array}{c}
\text{CH}_3 \\
\text{H}-\text{C}-\text{OH} \\
\text{COOH}
\end{array}
$$
是允许的。它并不改变各原子团的前后关系,实际上(I)=(IV)。

在投影式中,如果一个基团保持不变,而把另外三个基团顺次改变位置,则不改变原来化合物的构型:

$$
\begin{array}{ccccc}
\text{COOH} & & \text{COOH} & & \text{H} \\
\text{HO}—\!\!|—\text{H} & \equiv & \text{CH}_3—\!\!|—\text{OH} & \equiv & \text{HO}—\!\!|—\text{CH}_3 \\
\text{CH}_3 & & \text{H} & & \text{COOH}
\end{array}
$$

若将手性碳上连的任何两个基团相互交换,将会使构型变为它的对映体。

Fischer 投影式的缺点是,两个以上手性碳原子的分子中仅表示重叠式构象,因此,不代表分子的真实情况。

8.4　对映异构体构型的表示法(D/L 法、R/S 法)

假若在两个瓶子里分别装有单一的乳酸对映体,我们不能简单地在两个瓶子上贴上乳酸(或 2-羟基丙酸)的标签,因为它们装的是不同的化合物。我们可以在瓶子上分别贴上"(+)-乳酸"和"(−)-乳酸"的标签,这样就可以明确告诉人们,两个瓶子分别装的是使偏振光右旋和左旋的两个不同的乳酸。现在的问题是乳酸有两个不同的构型,但哪一个代表左旋乳酸,哪一个代表右旋乳酸呢? 在 1951 年以前一直未能用实验或其他合适的方法来测定其绝对构型(即分子中各原子在空间的真实排列情况),为了表示各种对映体构型之间的关系,Fischer 选择甘油醛为标准,它们的投影式表示如下:

$$
\begin{array}{ccc}
\text{CHO} & \quad & \text{CHO} \\
\text{H}—\!\!|—\text{OH} & \quad & \text{HO}—\!\!|—\text{H} \\
\text{CH}_2\text{OH} & \quad & \text{CH}_2\text{OH} \\
(\text{I}) & \quad & (\text{II}) \\
\text{D-(+)-甘油醛} & \quad & \text{L-(−)-甘油醛}
\end{array}
$$

人为地规定:右旋甘油醛的构型以(Ⅰ)式表示,其他凡是可以由 D-(+)-甘油醛通过化学反应衍生得到的化合物,或者通过化学反应可以变为 D-(+)-甘油醛的化合物,只要在变化过程中不涉及到手性碳原子的构型,则它们与 D-(+)甘油醛具有相同的构型,即都属于 D 型的。反之,与 L-(−)-甘油醛具有相同构型化合物,就属于 L-型的。而(Ⅰ)的结构是—OH 在手性碳原子的右侧,叫 D-型。而左旋甘油醛以(Ⅱ)式表示,其中—OH 在手性碳原子的左边,叫做 L-型。用 D、L 表示构型,(+)、(−)表示旋光方向,这样甘油醛的一对对映体的全名就应为 D-(+)-甘油醛和 L-(−)-甘油醛。例如:

CHO   COOH   COOH   COOH   COOH

H—OH <u>[O]</u>→ H—OH <u>HNO₂</u>← H—OH <u>NaNO₂ / 2HBr</u>→ H—OH <u>Zn+HCl</u>→ H—OH

CH₂OH   CH₂OH   CH₂NH₂   CH₂Br   CH₃

D-(+)-甘油醛   D-(−)-甘油酸   D-(+)-异丝氨酸   D-(−)-3-溴-2-羟基丙酸   D-(−)-乳酸

从上述化合物变化的过程说明了一个重要问题:对映体的构型和它们对偏振光的旋转方向之间没有明显的对应关系存在。D 型的化合物不一定是右旋的,也可以是左旋的。如 D-(+)-甘油醛和 D-(−)-乳酸就有相同的构型,但它们对平面偏光的旋转方向相反。D 型只是说明上述化合物分子中手性碳原子的空间排列与 D-(+)-甘油醛是同一类型的,至于它的旋光方向是(+)或(−),是用旋光仪测定的。这里有一个经验规则值得我们注意,它叫 Brewster 规则:设手性中心周围的四个不同基团的可极化度有 a>b>c>d 的顺序,则分子的旋光方向有以下规律:

(Ⅰ)右旋的   (Ⅱ)左旋的

可见分子的旋光方向与分子结构大有关系的。不过只是与人为规定的构型表示法没有对应的关系而已。左旋乳酸是 D 型的,那么右旋乳酸即为 L 型的,分别表示为:

COOH   COOH

H—OH   HO—H

CH₃   CH₃

D-(−)-乳酸   L-(+)-乳酸

由于这种构型是以人为规定的甘油醛构型比较而得出的,并不是实际测出的,所以叫相对构型。

1951 年毕育特(J. M. Bijroet)使用 X 射线衍射的特殊技术——反常散射法——确定了(+)-酒石酸分子中原子在空间的实际排列(绝对构型)是 L 型的:

COOH

H—OH   (L-(+)-酒石酸)

HO—H

COOH

它正好与甘油醛为标准确定的相对构型相同,这样就意味着以甘油醛为标准定出来的相对构型实际上就是绝对构型了。例如从 L-(−)-甘油醛同样可以推出 L-(+)-酒石酸:

$$\underset{\text{L-}(-)\text{-甘油醛}}{\overset{\displaystyle CHO}{HO-\!\!\!\mid\!\!\!-H}}\quad\xrightarrow{HCN}\quad\underset{CH_2OH}{\overset{\displaystyle CN}{\underset{HO-\!\!\!\mid\!\!\!-H}{H-\!\!\!\mid\!\!\!-OH}}}\quad\xrightarrow{H_2O}\quad\underset{CH_2OH}{\overset{\displaystyle COOH}{\underset{HO-\!\!\!\mid\!\!\!-H}{H-\!\!\!\mid\!\!\!-OH}}}\quad\xrightarrow{[O]}\quad\underset{\text{L-}(+)\text{-酒石酸}}{\overset{\displaystyle COOH}{\underset{COOH}{\underset{HO-\!\!\!\mid\!\!\!-H}{H-\!\!\!\mid\!\!\!-OH}}}}$$

上述的 D/L 构型命名法有其局限性,它只适用于 $H-\overset{\displaystyle R}{\underset{\displaystyle R'}{C}}-Y$ 结构的化合物,如对 2,3-二

羟基-2-甲基丙醛 $CH_3-\overset{\displaystyle CHO}{\underset{\displaystyle CH_2OH}{\mid}-OH}$ 则不适合,同时对于含多个手性碳原子的化合物,用这种方

法确定构型时,如果选择的手性碳原子不同,则往往得出相反的结果。为了克服这些困难,英
戈德(C. K. Ingold),凯恩(R. S. Cahn)和普雷洛格(V. Prelog)等人又提出 R/S 命名法。R 和
S 是拉丁文 Rectus 和 Sinister 的简写,分别表示"右"和"左"。R/S 命名法原则如下:

① 找出和手性碳原子相连的四个不同基团的原子序数,按其大小排出先后次序,原子序
数大的在前,小的在后。假定 a>b>c>d。

② 将原子序数最小的原子 d 放在远离我们的方向。再从优先的基团 a 开始,沿着 a、b、c
的顺序画圈。若是顺时针方向,则称为 R 构型,若是反时针方向,则称 S 构型。

例如,D-(-)-乳酸又可称为 R-(-)-乳酸,L-(+)-乳酸又可称为 S-(+)-乳酸。因为乳酸
分子中手性碳上基团的先后顺序为:—OH>—COOH>—CH₃>—H。

因此,旋光性化合物的全名应说明它的构型和旋光方向。例如,R-(-)-乳酸,外消旋体则
表示为(RS)-(±)-乳酸。

下面我们再将定序规则说明如下:

① 如果和手性碳原子相连的基团的原子是相同的,则要比较基团中的第二个原子,如
—CH₃ 和—CH₂CH₃,在—CH₃ 中第二个原子是三个氢(H、H、H),而在—CH₂CH₃ 中是 C、
H、H。由于碳原子序数比氢大,所以—CH₂CH₃ 应比—CH₃ 优先。或者沿碳链向外延伸进行
比较。如 CH₃—CH₂—CH₂—CH₂— ＞ CH₃—CH₂—CH₂— ＞ CH₃—CH₂— 。又如

220

$(CH_3)_3C—>(CH_3)_2CH—>CH_3CH_2>CH_3—$。

② 对于基团含有重键的,把它看成有两个或三个相同的原子。如
$$—\overset{C}{\underset{}{C}}=Y$$
可看成

$$—\overset{C}{\underset{(Y)(C)}{C}}—Y$$

,而 $—C\equiv Y$ 可看成
$$—\overset{(Y)(C)}{\underset{(Y)(C)}{C}}—Y$$

。如乙烯基 $—CH=CH_2$ 比异丙基优先,因为

$$—\overset{H}{\underset{(C)}{C}}—\overset{H}{\underset{(C)}{C}}—H$$
比
$$—\overset{H}{\underset{H-C-H}{C}}—\overset{H}{\underset{H}{C}}—H$$
优先。

③ 遇有同位素的时候,则质量数较大的原子优先。

根据上述规则,可将常见基团的优先顺序排列如下:

$$I、Br、Cl、—SO_3H、F、—O—\overset{O}{\underset{}{C}}—R、—OR、—OH、—NO_2、—NR_2、—NH\overset{O}{\underset{}{C}}—R、—NHR、$$

$$—NH_2、—CCl_3、—CHCl_2、—\overset{O}{\underset{}{C}}—Cl、—CH_2Cl、—\overset{O}{\underset{}{C}}—OR、—COOH、—\overset{O}{\underset{}{C}}—NH_2、—\overset{O}{\underset{}{C}}—R、$$

$$—\overset{O}{\underset{}{C}}—H、—\overset{R}{\underset{R}{C}}—OH、—\overset{R}{\underset{}{C}}H—OH、—CH_2OH、—Ph、—CR_3、—CHR_2、—CH_2R、—CH_3、D、H。$$

R/S 构型命名法用来表示手性碳原子的构型比较明确,符合系统命名的要求,缺点是不能反映对映异构体之间的联系,同时在有些情况下,即使在保持手性碳构型不变的情况下进行反应所得的产物,但其 R 和 S 名称可以改变。如:

$$\begin{array}{ccc}
\overset{CH_2—Br}{H—\!\!-\!\!—OH} & \xrightarrow[\ ]{Zn\ \ H^+} & \overset{CH_3}{H—\!\!-\!\!—OH}\ +ZnBr_2 \\
C_2H_5 & & C_2H_5 \\
\text{(R)-1-溴-2-丁醇} & & \text{(S)-2-丁醇}
\end{array}$$

在这个例子中,R—S 名称改变是因为反应物的—CH_2Br 基(—CH_2Br 比—CH_2CH_3 优先)在产物中变为甲基(—CH_3)(—CH_3 的顺序比—C_2H_5 低)。

故 R/S 命名法虽然已被广泛采用,但还没有完全代替 D/L 命名法。在糖类、氨基酸类等化合物中仍沿用 D/L 命名法。

8.5　含一个以上手性碳原子的化合物

前面我们主要讨论了含一个手性碳原子的手性分子,它可以有一对对映体,可以简单表示为+A∶-A(这里"+"与"-"只表示两个相反的构型)。

可是许多有机分子,尤其是那些在生物体内有重要作用的有机分子,它们往往包含一个以上的手性碳原子。例如胆固醇有八个手性碳原子。分子中手性碳原子越多,对映异构体的数

目也越多。现在我们从较简单的分子开始讨论。

8.5.1 含两个不相同手性碳原子的化合物

假若在含有一个手性碳原子 A 的分子中引入第二个手性碳原子 B,它也有＋B 和－B 两种构型,因此可以按下列方式组合:

$$
\begin{array}{cc}
+\mathrm{A} & -\mathrm{A} \\
+\mathrm{B} \quad -\mathrm{B} & +\mathrm{B} \quad -\mathrm{B}
\end{array}
$$

共组成下列四种异构体:

$$
\begin{array}{cccc}
+\mathrm{A} & +\mathrm{A} & -\mathrm{A} & -\mathrm{A} \\
+\mathrm{B} & -\mathrm{B} & +\mathrm{B} & -\mathrm{B} \\
(\text{I}) & (\text{II}) & (\text{III}) & (\text{IV})
\end{array}
$$

其中(Ⅰ)与(Ⅳ),(Ⅱ)与(Ⅲ)互为对映体,共有两对对映体。

例如 2,3,4-三羟基丁酸 $\text{HOOC}—\overset{*}{\text{CH}}—\overset{*}{\text{CH}}—\text{CH}_2\text{OH}$（下 OH、OH）有两个不相同的手性碳原子:$\text{C}_2$
（与 —H、—OH、—COOH、—CH—CH$_2$OH 相连）和 C_3（与 —H、—OH、—CH—COOH、CH$_2$OH 相连),因此有两对对映体,两个不同手性碳原子的构型可根据上面讨论的 R/S 命名法原则加以确定。

$$
\begin{array}{cccc}
\text{COOH} & \text{COOH} & \text{COOH} & \text{COOH} \\
\text{H}-\overset{*}{2}-\text{OH} & \text{HO}-\overset{*}{2}-\text{H} & \text{H}-\overset{*}{2}-\text{OH} & \text{HO}-\overset{*}{2}-\text{H} \\
\text{HO}-\overset{*}{3}-\text{H} & \text{H}-\overset{*}{3}-\text{OH} & \text{H}-\overset{*}{3}-\text{OH} & \text{HO}-\overset{*}{3}-\text{H} \\
\text{CH}_2\text{OH} & \text{CH}_2\text{OH} & \text{CH}_2\text{OH} & \text{CH}_2\text{OH} \\
(\text{I}) & (\text{II}) & (\text{III}) & (\text{IV}) \\
(2R,3S) & (2S,3R) & (2R,3R) & (2S,3S)
\end{array}
$$

在上面四个异构体中,(Ⅰ)和(Ⅱ),(Ⅲ)和(Ⅳ)互为对映体。等摩尔的(Ⅰ)和(Ⅱ)或(Ⅲ)和(Ⅳ)组成两个外消旋体。而(Ⅰ)和(Ⅲ),(Ⅰ)和(Ⅳ),(Ⅱ)和(Ⅲ),(Ⅱ)和(Ⅳ),它们之间不是实物和镜像的关系,称为非对映体(diasteroisomer)。非对映体的物理性质如 m. p.、b. p.、溶解度、密度、折光率等都不相同,它们的旋光度也不相同。

含有两个不相同的手性碳原子的化合物的立体异构关系,可用下列图解表示:

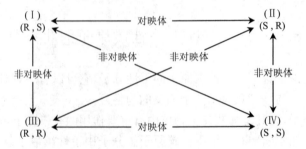

222

凡含有两个和两个以上不相同的手性碳原子的对映异构体,其中只有一个手性碳原子构型相反,其他手性碳原子构型相同时,叫差向异构体(epimer)。如(Ⅰ)和(Ⅳ)为 C_2 差向异构体,(Ⅰ)和(Ⅲ)为 C_3 差向异构体。这种异构体是非对映体的一种,在糖化学中有用。

8.5.2 含有两个相同手性碳原子的化合物

酒石酸(HOOC—CH—CH—COOH)的分子里含有两个相同的手性碳原子,也就是说
                                   | |
                                  OH OH

这两个手性碳原子都连有同样的四个彼此不同的基团,即均为 —H 、—OH 、—COOH 、

—CH—COOH 。那么酒石酸也有四个对映异构体吗?
 |
OH

按照每一手性碳原子有两种不同的构型,则可以写出以下四个投影式:

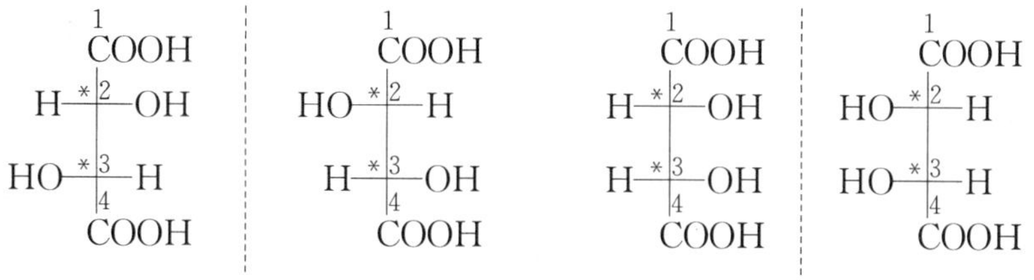

（Ⅰ）   （Ⅱ）   （Ⅲ）   （Ⅳ）
(2R,3R)-(+)-酒石酸   (2S,3S)-(−)-酒石酸   (2R,3S)-m-酒石酸

（Ⅰ）和（Ⅱ）互为对映体。（Ⅲ）和（Ⅳ）看起来似乎也是对映异构体(因为Ⅳ是Ⅲ的镜像),但如将（Ⅳ）在纸面上旋转 180°后,即可与（Ⅲ）重叠。所以,它们不是对映体,而是同一构型,即（Ⅲ）和（Ⅳ）代表同一个化合物。在（Ⅲ）和（Ⅳ）中有一个对称面,上面一半恰好和下面一半互成镜像关系,这两部分使偏振光的偏振面旋转的度数相等,方向相反,它是一个对称分子,所以没有旋光性。这种虽含有两个手性碳原子但不是手性分子(因而没有光学活性)的异构体叫内消旋体,以 meso 表示。

因此,酒石酸只有三个立体异构体,包括一对对映体和一个内消旋体。

内消旋体和外消旋体虽都没有旋光性,却有着本质的不同。内消旋体是一个纯化合物。而外消旋体是一个混合物,由等摩尔的对映体组成,可以设法把它们分离成左旋体和右旋体。前面已提到,巴斯德(Pasteur)在 1848 年已首次成功地把一个外消旋的酒石酸钠铵盐分成右旋体和左旋体。此外,外消旋体也不同于任意两种物质的混合物,它具有固定的熔点,且熔点范围很窄,如酒石酸的三个异构体的物理性质见表 8.1:

表 8.1　酒石酸的三个异构体的物理常数

酒石酸	m. p. (℃)	$[\alpha]_D^{25}$ H$_2$O	溶解度	pK_{a_1}	pK_{a_2}
右　　旋	170	+12°	139	2.96	4.16
左　　旋	170	−12°	139	2.96	4.16
外消旋	204	0°	20.6	2.96	4.16
内消旋	140	0°	125	3.11	4.80

223

8.5.3 含三个手性碳原子的化合物

含有三个不相同的手性碳原子的化合物有八个异构体(2^3)。如果三个手性碳原子中有两个相同,则只有四种异构体。

我们看一看 2,3,4-三羟基戊二酸这个例子:

$$\underset{1}{HOOC}—\underset{2}{CHOH}—\underset{3}{CHOH}—\underset{4}{CHOH}—\underset{5}{COOH}$$

式中,C_2 和 C_4 是两个相同的手性碳原子,C_3 在某些(但不是所有的)立体异构中是手性的。C_2 和 C_4 是同一构型时,C_3 是非手性的。而当 C_2 和 C_4 的构型不同时,C_3 是手性的。像 C_3 这种手性碳原子叫假手性碳原子。因此这个分子可以有四种不同的立体异构体。它们之间的关系可用下式说明:

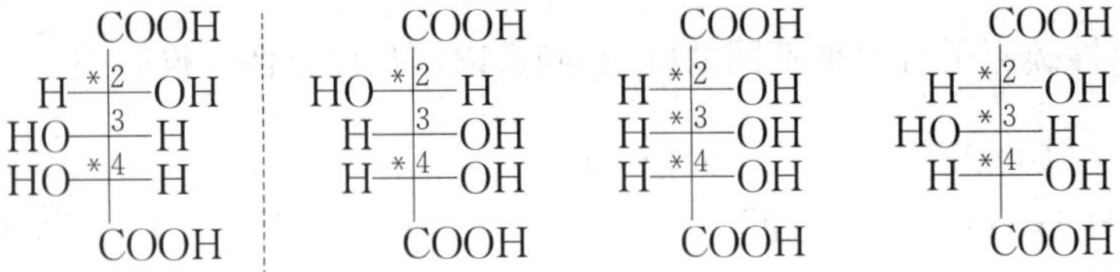

(1)	(2)	(3)	(4)
(2R,4R)	(2S,4S)	(2R,3R,4S)	(2R,3S,4S)
m.p.(℃) 127	127	170	190

(1)和(2)成镜像和实物的关系,代表一对不能重叠的对映体。它们分子中的 C_3 上连有两个相同的基团(2R,4R)和(2S,4S),C_3 无手性,但 C_2,C_4 两个手性碳不是镜像关系,整个分子无对称面也无对称中心,(1),(2)为手性分子。在(3),(4)分子中 C_3 上连有两个构型不同的基团(2R,4S),C_3 为手性碳(定序时 R>S),但 C_2(R)及 C_4(S)成镜像关系,整个分子有对称面,(3),(4)都是内消旋化合物,为非手性分子。

在旋光性化合物中,随着手性碳原子个数的增多,其立体异构体的数目也增多,当分子中有 n 个不相同的手性碳时,就有 2^n 个立体异构体。而分子中含有相同的手性碳原子时,其立体异构体数目少于 2^n 个。

8.6 含有其他(除了碳以外)手性原子的化合物

任何原子,只要它和四个不同的基团形成四面体,均是手性的。这样的化合物也就有光学活性异构体。例如四个不同基团取代的季铵盐,其对映体如下:

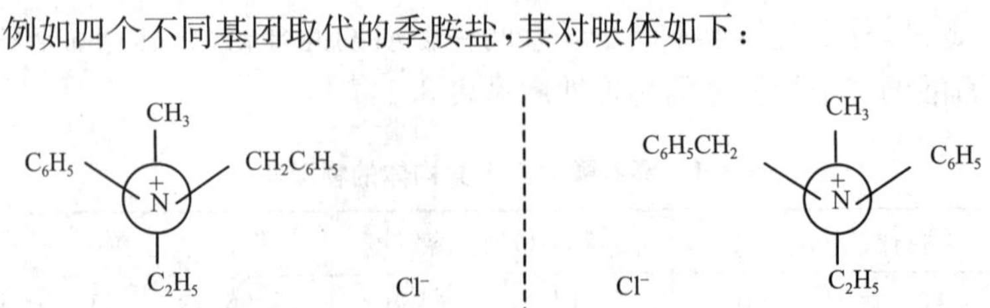

三级胺的氮原子也是四面体的,氮的一对未共享电子对占据四面体的一个顶角。由于氮原子的不对称性,因此应有对映异构体存在。但迄今为止还没有分离出来这类对映体,这是由于氮中的三个基团以很快的速度($10^3/s \sim 10^5/s$)来回翻转。因此目前还没有方法拆分互变这

样快的对映异构体。异构体翻转时，可能经过一平面的过渡态：

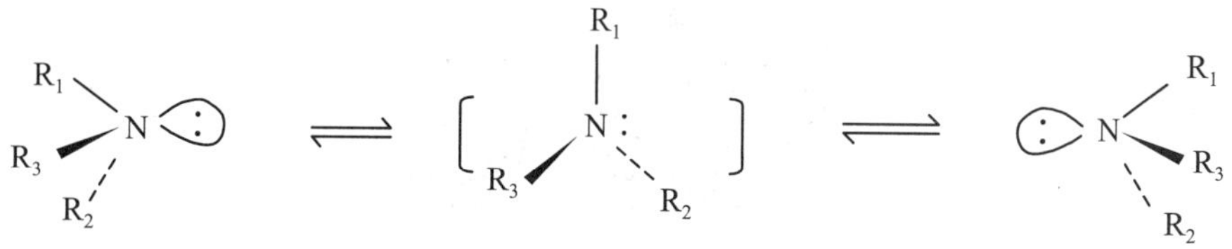

当把氮的三个不同基团固定在环上，环阻止了它的构型的翻转，这样就可能拆分成单一的有光学活性的异构体。特勒格(J. Tröger)碱就是这样的一个分子，它的结构如下：

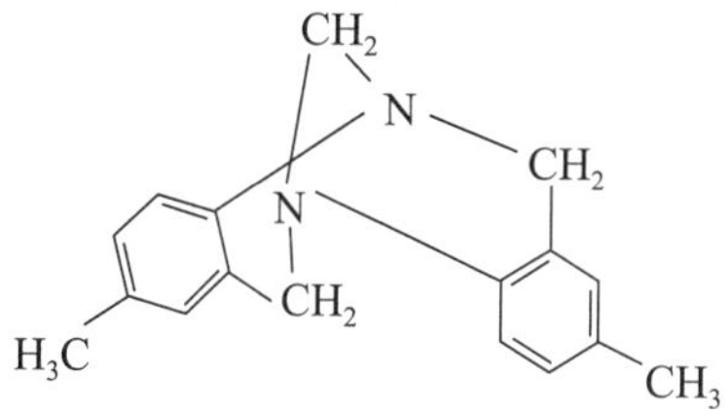

分子中的两个氮原子为一个亚甲基桥固定，因此不能来回翻转。在(＋)-乳糖柱上，可以将它拆分为在室温下稳定的有光学活性的异构体。

其他原子如 p、s 等也有类似胺，但它们的构型转化要慢得多，在室温下常保留它们的构型。如：

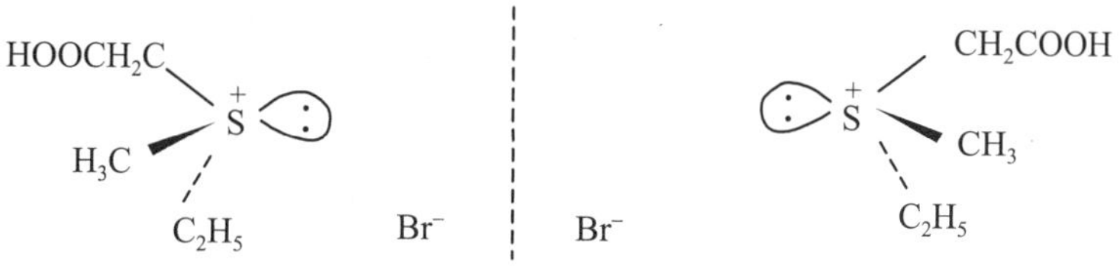

8.7　不含手性碳原子的化合物

上面我们着重讨论了含有手性碳原子化合物的对映体问题。现在人们已经知道许多不含手性碳原子的化合物也是手性分子，因而有对映异构体存在。可见分子存在手性碳仅仅是使分子具有手性的一个特例。

不含手性碳的手性分子主要有如下几种：

(1) 丙二烯型化合物 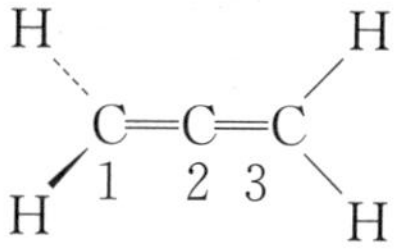　。在丙二烯分子中，C_1 和 C_3 为 sp^2 杂化碳原子，C_2 为 sp 杂化碳原子，所以两个 π 键是互相垂直的。而两端两个 sp^2 杂化碳上所连的氢所在的平面又垂直于各自相邻的 π 键，而且 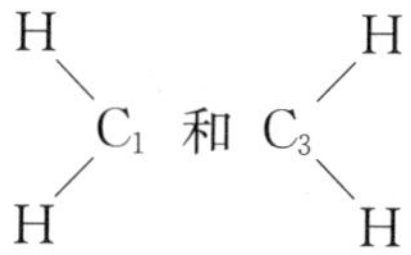 平面也彼此垂直。因此丙二烯分子

的立体形象如图 8.9 所示：

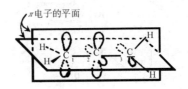

图 8.9　丙二烯分子中 σ 键和 π 键分布图

丙二烯分子中有对称面，是非手性分子，不存在对映体。但当 C_1 和 C_3 带有不同的取代基时，整个分子为不对称分子，因此存在对映体。例如，人们在 1935 年就已合成出第一个旋光的丙二烯型化合物：1,3-二苯基-1,3-二-α-萘基丙二烯。

$$
\begin{array}{ccc}
C_6H_5 & & C_6H_5 \\
\diagdown & & \diagup \\
C = C = C & \\
\diagup & & \diagdown \\
C_{10}H_7 & & C_{10}H_7
\end{array}
\qquad
\begin{array}{ccc}
C_6H_5 & & C_6H_5 \\
\diagdown & & \diagup \\
C = C = C & \\
\diagup & & \diagdown \\
C_{10}H_7 & & C_{10}H_7
\end{array}
$$

如果把丙二烯型化合物中的两个双键用两个环来代替，则所得到的螺环化合物也应当是旋光的，如图 8.10 所示。

图 8.10　2,6-二羧基-螺-[3,3]-庚烷

（2）联苯型化合物。联苯 的单键是可以自由旋转的。分子在连接键中心有对称面和对称中心。当联苯分子中邻位($2,6,2',6'$)的氢原子被体积相当大的原子或基团取代（如—NO_2、—$COOH$、—Br 等）时，由于两个苯环上的取代基不能容纳在同一平面内，使苯环围绕中心单键的旋转受到了阻碍，两个苯环所在的平面之间有一定的角度，如图 8.11 所示。

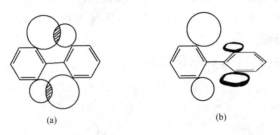

(a)　　　　　　(b)

图 8.11　联苯型化合物的构象
(a) 两个苯环不能在同一平面内；(b) 两个苯环成一定的角度

当 $2,6,2',6'$ 位上的取代基不相同时，则整个分子没有对称面，也没有对称中心，就可能有手性而存在对映体。例如 $2,2'$-二硝基-$6,6'$-二羧基联苯就有一对对映体存在：

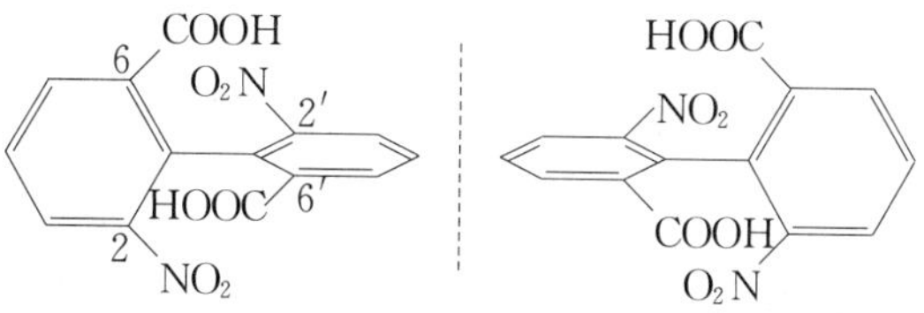

但 2,6-二硝基-2′,6′-二羧基联苯分子中,因为有对称面,是非手性分子,不存在对映体:

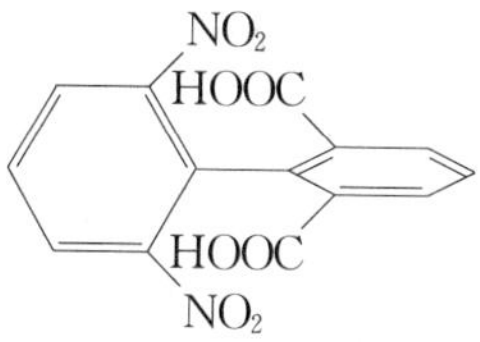

少数情况,在联苯邻位上各有一个大的取代基,也可以使单键旋转受到阻碍而成为手性分子,有一对对映体。例如:

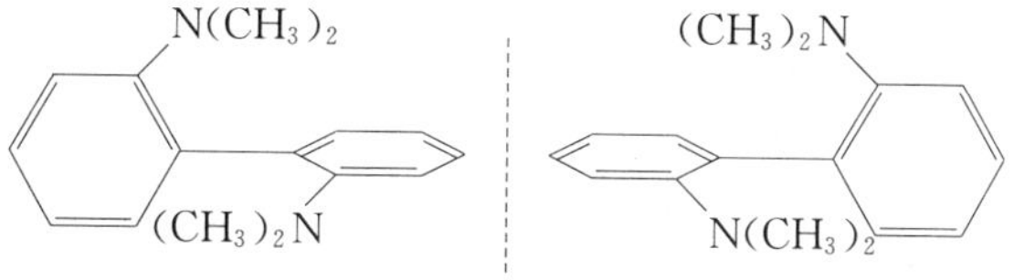

(3) 把手化合物。对苯二酚与长链二醇生成的环醚 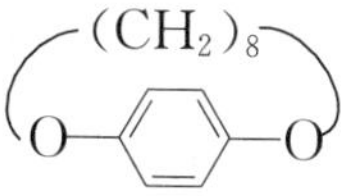 ,由于它像提篮的把手,故称为把手化合物,它在一定条件下有手性。当苯环上有足够大的取代基就被醚环挡住转不过去,因而也有对映体存在。例如:

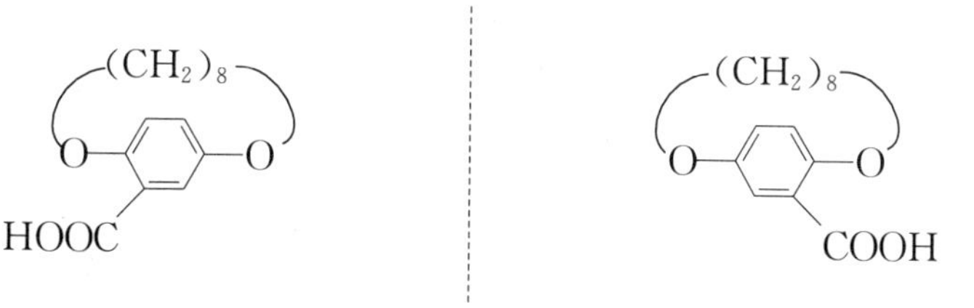

(4) 具有螺旋型结构的化合物。螺环烃也是一类不含手性碳原子的手性分子,它可以被看作是由苯环彼此以两个邻位并合的螺旋结构。最简单的是由六个苯环合并而成,因此叫六螺环烃。六螺环烃分子的末端的两个苯环不在一平面上,它不呈环形而呈螺旋形,这种分子没有对称面也没有对称中心。因此,它可以形成左和右螺旋的一对对映体:

六螺环烃

227

8.8 环状化合物的立体异构

8.8.1 环状化合物的顺反异构

在第五章中我们已经提到如果环状化合物在环上有两个或两个以上碳原子连有两个不同的原子或基团，便产生顺反异构。例如1,4-环己烷二羧酸分子中两个羧基可以在环的同一边，叫顺式，不在同一边的叫反式。

顺 式

反 式

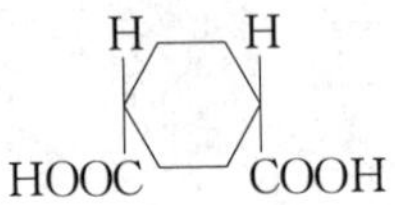

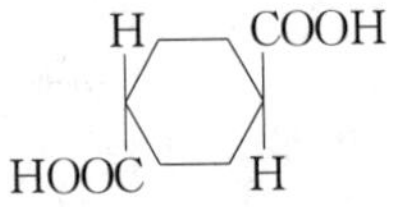

8.8.2 环状化合物的对映异构

环状化合物往往同时存在顺反异构和对映异构。可以先判断是否存在顺反异构，再根据它是不是手性分子（常常是由于手性碳引起的）来判断它是否存在对映体。

例如1,2-环丙烷二羧酸存在顺、反异构体，同时它含有两个相同的手性碳原子。所以它的对映异构现象与酒石酸很相似。

顺式分子内有一对称面，因此没有手性，为内消旋体；反式无对称因素存在，有手性，有一对对映体。反式一对对映体的比旋光度是±84.4°。

对于具有手性的环状化合物，仅用顺、反标记不能表达其构型，必须采用R,S标记。

1,2-环丁烷二羧酸的立体异构现象与1,2-环丙烷二羧酸相似，但1,3-环丁烷二羧酸则不同。无论顺、反式异构体都没有光活性对映体存在。因为镜像与实物可以重叠，是相同的：

顺式（m. p. =139℃）（1R,2S）无手性（内消旋）　反式（m. p. =175℃）（1R,2R）（1S,2S）

顺 式

反 式

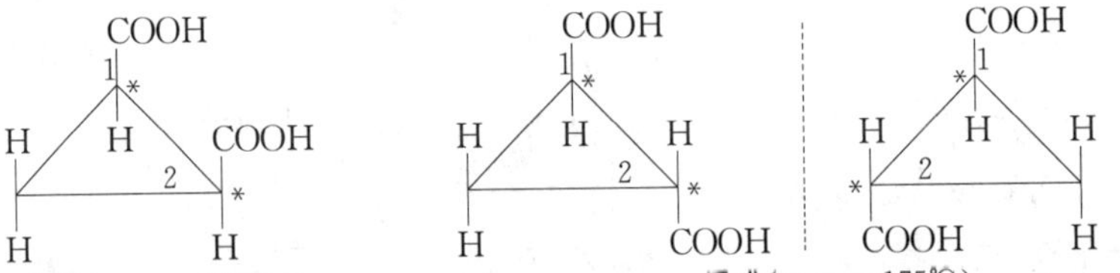

上面的式子都具有一个对称面，所以是非手性分子，不存在对映异构体。

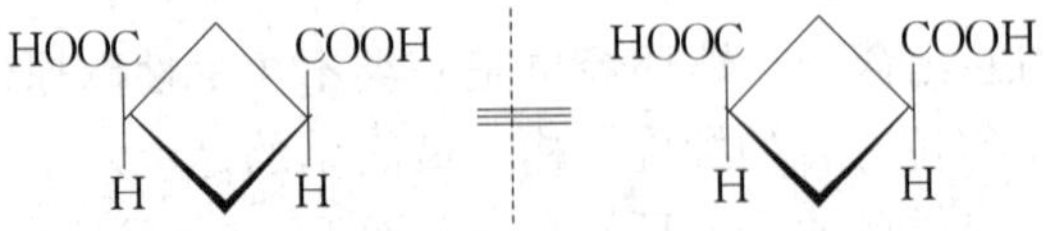

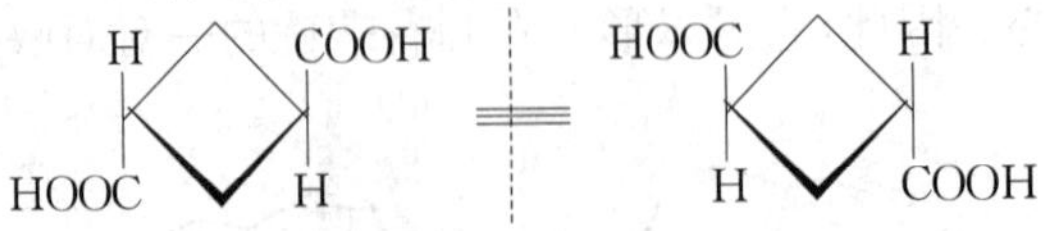

1,2-环戊烷二羧酸的立体异构现象也与1,2-环丙烷二羧酸相似。但1,3-环戊烷二羧酸则有三个立体异构体：

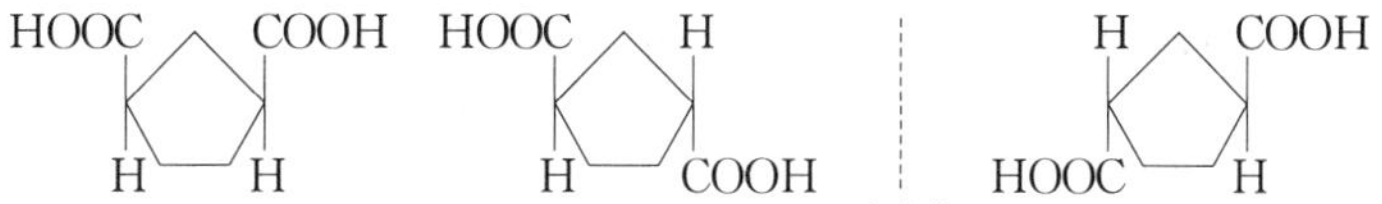

内消旋   对映体

1,2-环己烷二羧酸和1,3-环己烷二羧酸,顺式均有一对称面,故无手性;反式无对称因素存在,有手性,均存在一对对映体:

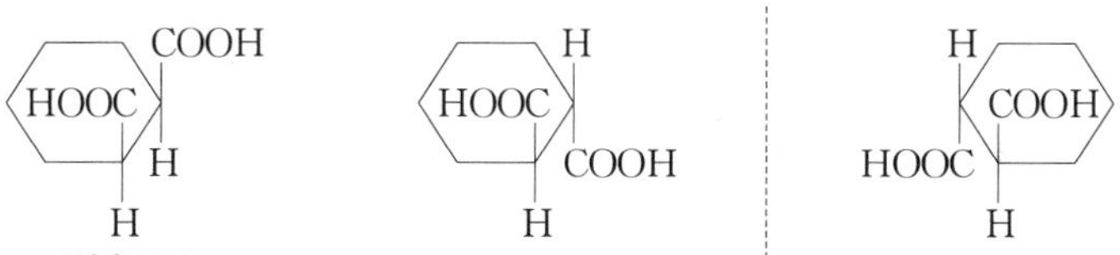

顺式-1,2-   反式-1,2-

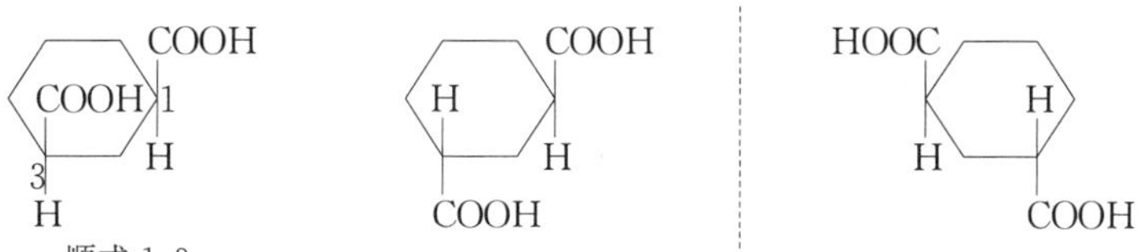

顺式-1,3-   反式-1,3-

反式-1,2-环己烷二羧酸分中两个羧基可以在 a-键,也可以在 e-键,由于分子的热运动,在常温下就可以互相转变

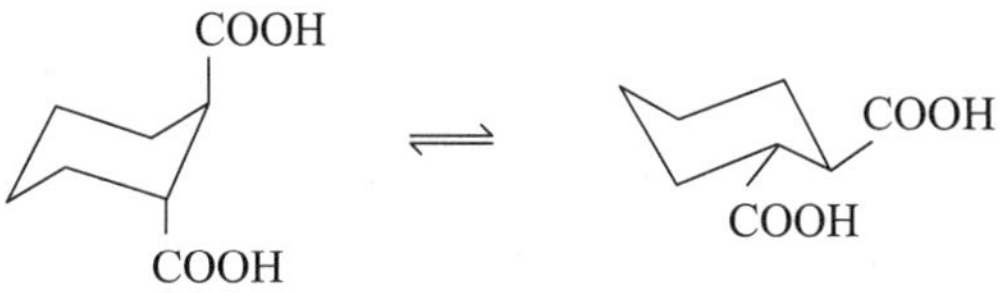

不论是 ee 型还是 aa 型,转换时都未涉及到键的断裂,因此反式属于同一构型,仅是 ee 型占优势。然而 ee 型的反式化合物与其镜像是不能重叠的,因而反式存在一对对映体。

而对顺式 1,2-环己烷二羧酸来讲,构象转变,二个羧基连在 a、e 键上:

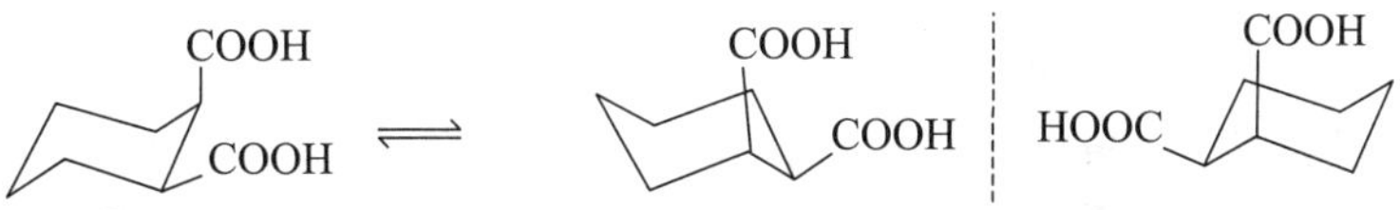

（Ⅰ）   （Ⅱ）   （Ⅲ）

如将Ⅱ用镜子反映,得其镜像Ⅲ,而Ⅲ＝Ⅰ,即（Ⅰ）和（Ⅱ）这两种不同的构象互为物体和镜像关系,而由于分子的热运动,两者又可以迅速转换因而无法将其分开。这样的平衡混合物就不能观察到旋光性,所以顺式的 1,2-环己烷二羧酸不具有旋光性。但它并非真的是一个内消旋化合物,而是一个不可拆分的外消旋体。因此在研究环己烷衍生物的立体异构时,对构象引起的手性现象可不予考虑,而只需考虑顺反异构和对映体,并可直接用平面六角形来观察。

对于 1,4-环己烷二羧酸又与 1,3-环丁烷二羧酸相同,无论顺式和反式都有对称面,所以都没有对映异构体:

顺式-1,4-   反式-1,4-

229

当环上取代基增多时,立体异构的数目也增多,例如 3,5-二甲基环己醇有两个内消旋体及一对对映体:

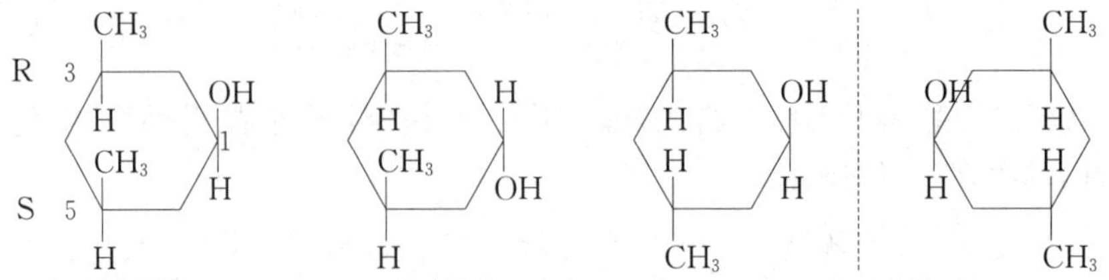

内消旋体	内消旋体	一对对映体
顺-3,5-二甲基-1-环己醇	反-3,5-二甲基-1-环己醇	顺-3-反-5-二甲基-1-环己醇

上面各异构体中的顺反都以"1"位上的羟基为准的,选择羟基为标准是根据顺位规则,—OH 比—CH₃ 优先而确定的。环上的—CH₃ 与—OH 在环的同一边称为"顺",分别在环的两边称为"反"。

8.9 对映体的化学性质

前面已经提到对映体的物理性质除了对偏振光平面的旋转方向不同外,对映体的其他物理性质(m. p. 、b. p. 、溶解度、折射率等)都相同。那么对映体的化学性质是否完全相同呢? 这要看它们和什么试剂起反应来决定。若它们和无旋光性的试剂反应,则它们的化学反应速度是相同的。例如,两个对映体 2-甲基-1-丁醇($CH_3—CH_2—\overset{\overset{\displaystyle CH_3}{|}}{CH}—CH_2OH$)用热硫酸处理时都产生 2-甲基-1-丁烯。用 HBr 处理时都产生 2-甲基-1-溴丁烷。不仅如此,而且它们形成烯和溴化物的速率也完全一样。这些是颇为合理的,因为在每种情况中,受进攻原子的反应活性受到完全同样的取代基组的影响,无旋光性的试剂(H_2SO_4 或 HBr)靠近其中任一分子时,环境是一样的,当然一种环境是另一种环境的镜像。可是,当有旋光性的试剂进攻两个对映体时,反应速率就会不同,在有些情况下其差别如此之大,以致和异构体中的一个起反应,和异构体中的另一个完全不起反应。特别在生物体系中,这种立体化学的专一性是规律而不是例外。这也是对映异构体之间极为重要的区别——即它们对生物体的作用不同。例如(+)-葡萄糖在动物代谢作用中起着独特的作用,是人体不可缺少的营养物质,而( )-葡萄糖却不能被动物代谢,对人一点营养价值都没有。当青霉素菌用酒石酸对映体混合物培养时,它只消耗(+)-酒石酸,而把(—)-酒石酸剩下。氯霉素有四个对映异构体,而有抗菌作用的只是其中的一个。即 D-(—)-苏型氯霉素(所谓苏型即两个手性碳原子上的氢在反侧的。)(氯霉素的化学名称为 D-(—)-苏型-1-对硝基苯基-2-二氯乙酰胺基-1,3-丙二醇)。还有谷氨酸单钠盐只有 L-(—)-谷氨酸单钠盐可以增强食物的鲜味……这是为什么? 这是由于在生物体中起生化反应的各种各样的酶催化剂以及大多数受酶作用的化合物都是旋光的。

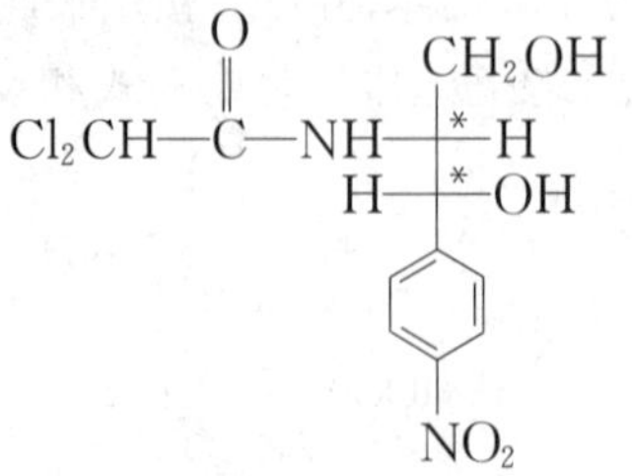

D-(—)-苏型氯霉素

230

我们可以打个粗略的比喻:用相等力量的右手和左手(对映体)敲一枚钉子(一种无旋光性试剂),能以相同的速度敲钉。但当用相同力量的右手和左手旋入一枚右螺纹的螺丝钉(一种旋光性试剂)时,旋入螺钉的速度会不同。

现在我们再用以前学过的过渡态方法来考虑反应活性。

如果两个对映体分别和一个无旋光性试剂发生反应,开始时这两组反应物的能量是完全相等的,当反应到达过渡态,由于两个过渡态互为镜像(它们是对映异构的关系),因此能量也完全相等。这样,两者的反应物和过渡态之间的能量差——$E_{活化}$——是相同的,所以两者的反应速率也相同。可用图 8.12 简单表示如下:

假如两个对映体和一个旋光性试剂发生反应,反应物的能量仍是相同的,但是两个过渡态不是互为镜像(它们是非对映异构体),因此具有不同的能量,两者的 $E_{活化}$ 是不同的,于是反应速率也不相同。可用图 8.13 简单表示如下:

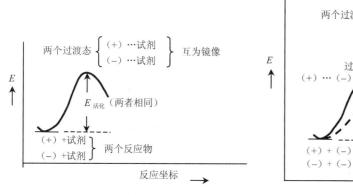

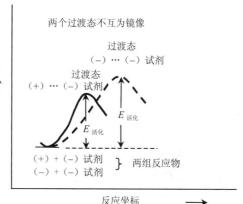

图 8.12 两个对映体和无旋光性
试剂反应(反应速率相同)

图 8.13 两个对映体和旋光性试剂
反应(反应速率不相同)

下面我们进一步讨论单一的对映体(手性分子)的化学反应情况。手性分子的反应可以分为两大类:一类是这些反应不涉及手性碳原子键的断裂。这类反应较简单,同时手性分子的有关构型可以保持不变。另一类反应是涉及手性碳原子键发生断裂的反应,这类反应较复杂,它包括下列三种情况:①构型转化;②外消旋化;③构型保持。构型转化和构型保持的反应将在第九章中详细讨论。

(1) 外消旋化反应。前面我们已经提到乳酸对映体的左旋体和右旋体等量混合后,它们的旋光性相互抵消,不再显示旋光性,这样的混合物称为外消旋体。如果某一光活性物质(左旋体或右旋体)在一定的条件下被转化(50%的构型转化)成外消旋体的过程,叫做外消旋化(racemization)。

一个光活性物质能否发生外消旋化,决定于它的结构和一些外界因素(如热,光或化学试剂)的影响。

一般说来,在手性碳原子上同时连有氢和吸电子基(如羰基,羧基等)的光活性化合物比较容易发生外消旋化。

因为与羰基(或羧基)相连的 α-H 比较活泼,因此可以通过酮式—烯醇式互变过程来实现外消旋化。这是因为当酮式变为烯醇式时,手性分子变为非手性分子(烯醇式存在对称面而

231

当烯醇式再变成酮式时,氢可以在双键的平面的上方或下方以相同的机率与 C_2 相连,因此可生成等量的不同构型的手性酮分子对映体,达到外消旋化。

$$\overset{*}{C}-C=O \rightleftharpoons \underset{\text{(烯醇式)}}{C=C} \rightleftharpoons \overset{*}{C}-C=O$$

例如乳酸在酸、碱催化下极易外消旋化,其过程可能是:

$$\underset{\text{(R)-(－)-乳酸}}{\overset{\text{COOH}}{\underset{\text{CH}_3}{H—OH}}} \rightleftharpoons \left[\underset{\text{HO}\quad\text{CH}_3}{\overset{\text{HO}\quad\text{OH}}{C=C}}\right] \rightleftharpoons \underset{\text{(S)-(＋)-乳酸}}{\overset{\text{COOH}}{\underset{\text{CH}_3}{HO—H}}}$$

外消旋化的结果得到不旋光的外消旋体。

(2) 外消旋体的拆分。在实际应用中常常需要通过一定的方法和手续把外消旋体分开成左旋体和右旋体,这种手续叫做外消旋体的拆分(resolution)。例如化学方法合成的氯霉素得到的是左旋氯霉素(1R、2R 型)和右旋氯霉素(1S、2S 型)的混合物。但只有左旋体有疗效右旋体无疗效,所以外消旋体的合霉素的疗效只有左旋氯霉素的一半。目前大多数旋光性化合物是通过拆分外消旋体来得到的。

由于组成外消旋体的对映体除了旋光方向相反外,它们的物理性质相同,因此不能用分离有机物的一般方法,如分馏、重结晶来分离它们。目前用于外消旋体拆分的方法主要有下列几种:

(a) 化学拆分法

这是用得较多的一种方法。其原理是通过旋光的试剂与外消旋体进行化学反应,使它们变成非对映体。非对映体有不同的物理性质,因此就可以利用一般的分离方法把它们分开。例如:

$$\left\{\begin{array}{c}(＋)\text{-R—COOH}\\[2em](－)\text{-R—COOH}\end{array}\right.\underset{\text{外消旋体}}{} +(－)\text{-R—NH}_2 \longrightarrow \left\{\begin{array}{c}(＋)\text{R—}\overset{O}{\overset{\|}{C}}\text{—}\overset{-}{O}(－)\text{R}\overset{+}{N}\text{H}_3\\[2em](－)\text{R—}\overset{O}{\overset{\|}{C}}\text{—}\overset{-}{O}(－)\text{R}\overset{+}{N}\text{H}_3\end{array}\right.\underset{\text{非对映体混合物}}{}$$

$$\xrightarrow[\substack{\text{因为彼此溶}\\\text{解度不同可}\\\text{分开}}]{\text{重结晶}}\begin{array}{c}(＋)\text{RCO}\overset{-}{O}(－)\overset{+}{R}\text{NH}_3 \xrightarrow{\text{HCl}} (＋)\text{-R—}\overset{O}{\overset{\|}{C}}\text{—OH}\downarrow +(－)\overset{+}{R}\text{NH}_3\text{Cl}^-\\[2em](－)\text{RCO}\overset{-}{O}(－)\overset{+}{R}\text{NH}_3 \xrightarrow{\text{HCl}} (－)\text{-R—}\overset{O}{\overset{\|}{C}}\text{—OH}\downarrow +(－)\overset{+}{R}\text{NH}_3\text{Cl}^-\end{array}$$

同样碱的外消旋体可用旋光性的酸与它作用,将所得到的非对映体盐分离后,再分别用无机碱处理,便得到游离的碱的左旋体和右旋体。一些用作拆分的旋光性试剂可容易地从自然

232

界中得到。因为自然界有生命的组织往往只产生对映体中的一个。如在淀粉的酵母发酵中只形成(—)-2-甲基-1-丁醇，肌肉收缩时只产生(＋)-乳酸；从水果汁中只得到(—)-苹果酸($HOOCCH_2CHOHCOOH$)，从金鸡纳树皮中只得到(—)-奎宁。自然界中存在的化合物是旋光的，那是因为形成它们的催化剂—酶本身是旋光的，同时制成它们的原料也常常有旋光性的。常用作外消旋酸的拆分试剂在自然界存在的旋光性碱有(—)-奎宁，(—)-马钱子碱，(—)-番木鳖碱。常用于分离外消旋碱的酸有(＋)或(—)-酒石酸。

既非酸又非碱的外消旋体，可以设法在分子中引入酸性原子团。例如醇的外消旋体可以使它与二元酸酐(如丁二酸酐，邻苯二甲酸酐)反应生成酸性单酯(作为酸)，然后按上述分离外消旋酸的方法分离开，最后分别水解，即可得到醇的左旋体和右旋体。

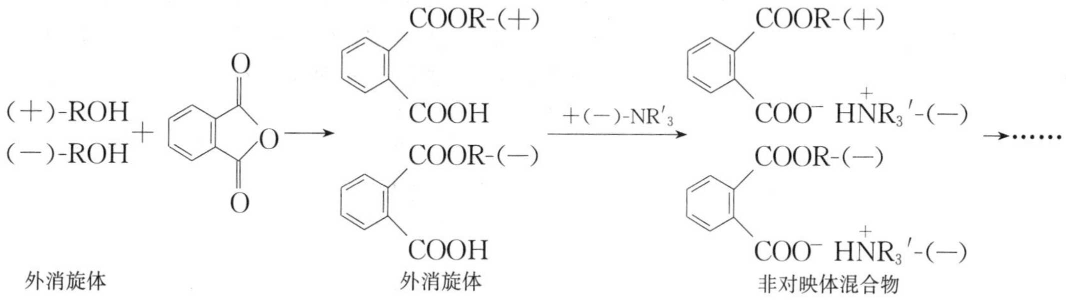

又如外消旋氨基酸的拆分一般是将氨基乙酰化，作为酸，用旋光性的碱来拆分。

可见，化学拆分有广泛的用途。

(b) 生物拆分法

酶是有旋光性的物质，而且由于它对化学反应的专一性，所以可选择适当的酶作为外消旋体的拆分试剂。但往往在酶的作用下，对映体之一被消耗掉，这是这种方法的缺点。例如以L-氨基酸氧化酶拆分(±)-丙氨酸时，L-氨基酸氧化酶能将 L-(＋)-丙氨酸氧化为丙酮酸而消耗掉，而留下 D-(—)-丙氨酸：

$$(\pm)\text{-}CH_3-\underset{NH_2}{\underset{|}{CH}}-COOH \xrightarrow{\text{L-氨基酸氧化酶}} CH_3-\underset{O}{\underset{\|}{C}}-COOH + D\text{-}(-)\text{-}CH_3-\underset{NH_2}{\underset{|}{CH}}-CO_2H$$

另外，利用某些微生物也可以达到上述目的。因为生物在生长过程中总是只利用对映异构体中的一个作为它生长的营养物质。例如，青霉素在含有外消旋酒石酸的培养液中生长时，消耗掉右旋体，留下左旋体。

生物拆分法在生物学上有意义，而在一般情况下很少应用。因为除了在分离过程中会损失一种异构体外，要寻找一个合适的微生物，而且只能用较稀的溶液来进行分离，还需加入其他微生物饲料，使提纯产品困难。

(c) 晶种结晶法

这种方法是在外消旋体的过饱和溶液中有意识地加入一定量的左旋体或右旋体晶种，则与晶种相同的异构体便优先析出。例如向某一外消旋体(±)A 的过饱和溶液中加入(＋)A 晶种，则(＋)A 优先析出一部分，立即过滤析出的(＋)A，再向滤液中加入(—)A 晶体，又可析出一部分(—)A 结晶，过滤，如此反复处理就可以得到相当数量的左旋体(—)A 和右旋体

（＋）A。这一方法适用于纯对映体的溶解度小于外消旋混合物溶解度的情况。例如我国已成功地将此法应用于制药工业上，从合霉素分离出左旋的氯霉素。

外消旋混合物的物理性质未必和纯对映体相同，一个只由右旋体组成的样品，分子间的相互作用和由相同数目的右旋和左旋分子组成的样品不同，可用简单的方法证明这点：用你的右手去和另一个人握手，相互作用的不同明显地取决于他伸出右手或左手。具体例子如，（＋）和（－）酒石酸形成（±）外消旋酒石酸，它的晶体结构和纯的对映体是不同的，因此它们的熔点、溶解度、比重都不相同。

近几年来用液相色谱法分离对映异构体取得很大成绩。例如用这种方法制得氨基酸和胺的纯对映体。

（3）不对称合成。纯对映异构体的合成，仍是今天有机化学中主要研究的目标之一。

一般从实验室里由不旋光的非手性分子合成手性分子，产物总是等量的对映异构体组成的外消旋体。例如由丙酮酸催化氢化还原制备乳酸时，产生一个外消旋体：

$$CH_3-\overset{O}{\overset{\|}{C}}-COOH + H-H \xrightarrow{Ni} (\pm)CH_3-\overset{OH}{\overset{|}{CH}}-COOH$$

非手性分子　　　　非手性分子　　　　手性分子，但是50％：50％（＋）（－）乳酸的混合物

其过程表示如下：

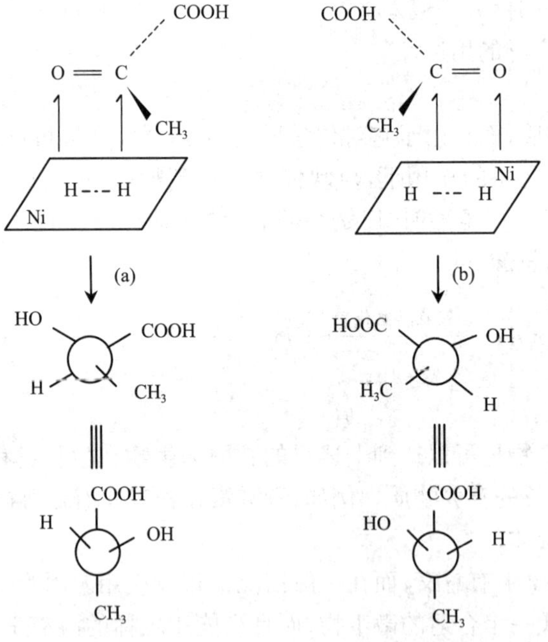

R-(–)-乳酸　　　　　　S-(+)-乳酸

由于氢原子进攻羰基的双键时，可以通过(a)、(b)两个相反的途径进行，而且反应速度相等，结果产生等量的左旋和右旋的乳酸，形成一个外消旋体。

从上例可以看出，合成产物是外消旋体，这无论从研究工作或实际需要（因为往往只需要其中一个异构体），经济核算都是不利的。如果能采取一定的方法，只合成所需的某一对映体，或使其产量较高（而不是外消旋体）则将是非常有意义的。这就是"不对称合成"（asymmetric synthesis)所要解决的问题。

　　所谓"不对称合成"就是只合成或较多地合成对映异构体其中之一的反应。假如由丙酮酸还原制备乳酸时,不直接采用催化加氢还原,而是先把丙酮酸和一个有旋光活性的天然的薄荷醇酯化,然后再进行还原,则会产生不等量的(＋)和(－)-乳酸酯,其中(－)-乳酸酯较多,经水解后,把光活性的薄荷醇除去,产物就具有旋光性,因为左旋乳酸比右旋乳酸多。这是首次由麦克肯塞(Mekenzie)实现的(1904 年),反应如下:

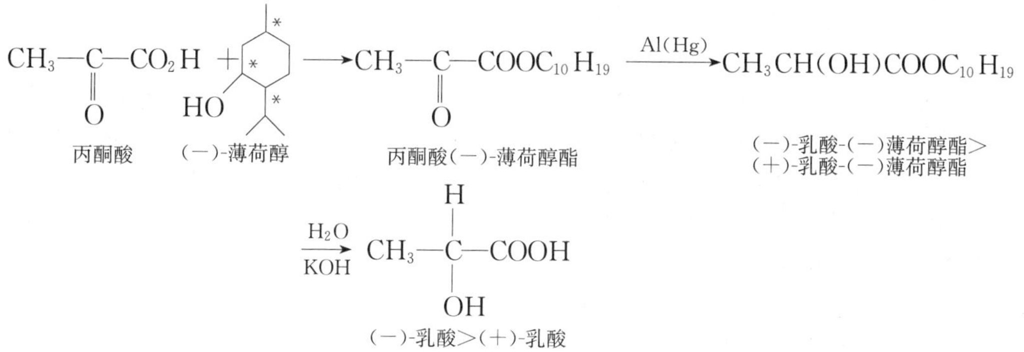

丙酮酸　　(－)-薄荷醇　　　　丙酮酸(－)-薄荷醇酯

(－)-乳酸-(－)-薄荷醇酯＞
(＋)-乳酸-(－)-薄荷醇酯

(－)-乳酸＞(＋)-乳酸

　　在这样一种不对称合成反应中,关键的一步是丙酮酸经薄荷醇的酯化,后者的手性对产生第二个手性中心具有指导作用,这叫光活感应作用,它使反应总是朝某一空间有利的方向进行,结果产生不等量的对映体。普霍洛格(Prelog. V.)从分子的构象考虑,来解释产生过量的某一光活对映体的原因。在丙酮酸薄荷醇酯分子中,几个有关的单键,如 $\overset{O}{\overset{\|}{C}}-C$,$\overset{O}{\overset{\|}{C}}-O$,$\overset{O}{\overset{\|}{O}}-C$ 都可以"自由"旋转,但是有一个张力最小的取向。此时,两个羰基放在反向平行的位置,醇这一部分和氧相连碳原子上的三个基团具有一定取向。现在考虑薄荷醇的三个基团的大小次序。OH 所连接的碳上最小的是 H,其次是亚甲基 $-CH_2$,最大的是 $-CHCH(CH_3)_2$ 分别用 S(小)、M(中)、L(大)代表,丙酮酸薄荷醇酯可以写成下列透视式,这是最有利的构象:

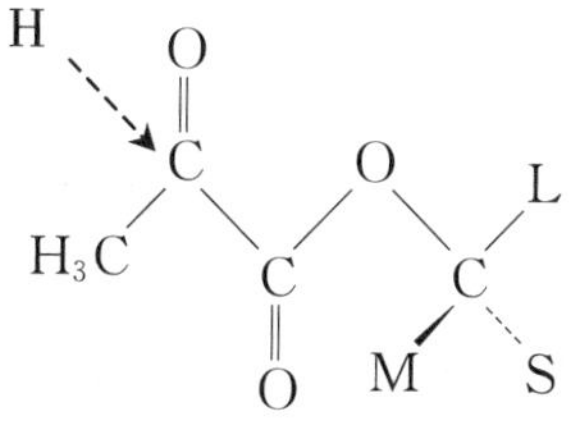

　　当羰基还原时,由于空间阻碍的关系,试剂总是躲开醇中的最大的基团,而从小的基团一面接近分子,也有小部分从中等基团一边进攻,因此两种对映体的产生不是等量的。一个分子的构象决定了某一试剂接近分子的方向,这两者的关联叫普霍洛格规则。

　　上面的不对称合成过程中,首先必须有一个光活性物质参加,故这种合成法叫做部分不对称合成。

　　在 2,4,6-三硝基二苯乙烯加溴时,若用右旋圆偏光照射(旋转的轨迹为圆形的偏光,叫圆

235

偏光),则得到产物为右旋的。在全部过程中没有别的光活性物质参加,这种方法叫绝对不对称合成:

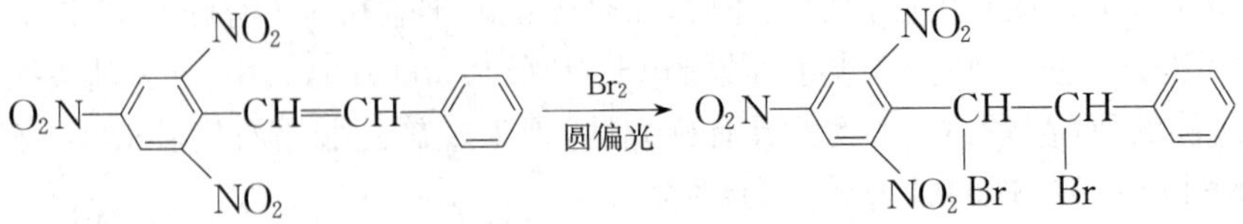

这种方法在理论上甚为重要,但实际上所得的化合物旋光性很小,这表明两种对映体产生的比例虽然不等于 1,但也很接近 1,所以此法实际意义不大。

生物体中含有大量的旋光性物质。且仅都是某一特定构型的分子,而不是外消旋体。例如植物由 CO_2 通过光合作用合成的大量糖类物质都是 D 型的,生物体中的氨基酸都是 L 型的……因此,生物体在新陈代谢过程中进行着大量的不对称合成。生物体之所以能进行不对称合成,是由于这些合成反应多是在一定酶的催化下进行的。酶本身就是有旋光的物质,而且分子中含的手性中心很多,酶通过其分子表面的特异位置和反应物分子(底物)的结合来催化化学反应。因此有高度的立体选择性,早在 1894 年,Emil Fischer 就说,酶与底物的作用一定要像锁与钥匙一样相互吻合才行。如果锁没有对称性,钥匙插进锁内就要有一个特定的立体方向,还要以特定的方式转动才能把锁打开(参阅第二十章图 20.7)。于是人们在化学合成中就有可能选择适当的酶作为不对称合成的催化剂来得到某一旋光物质。

例如,苯甲醛与 HCN 的加成,一般得到外消旋体,而在苦杏仁酶的作用下,则可得到右旋的加成产物:

由于从生物体内分离出酶也是很困难的,因此,这种方法的应用也有一定的限制。

克拉姆(Cram)从酶—底物的相互关系发展出主体—客体概念。他认为酶的催化作用是酶为主体,底物为客体,合适的主—客关系才能起催化作用。类似的主体—客体关系催化反应的例子很多(如用冠醚、环糊精作催化剂使有机反应速率和产率大大提高),它解释了酶的催化特异性,也推动了立体化学的发展。

8.10 立体化学的重要应用举例

上面我们讨论了对映体的化学性质,它们对无手性试剂具有相同的化学性质,但对手性试剂有区别。反应经过的中间体是非对映体,因此我们可以将外消旋体拆分。同时我们还指出单一对映体的反应,尤其是涉及到手性碳相连的键断裂的反应比较复杂—原有的手性分子的构型可以保持、翻转和外消旋化,它的立体化学结果往往和反应机理有密切的关系。换句话说,立体化学往往能给出一个反应机理的有关信息。

8.10.1 应用立体化学确立烷烃卤代的机理

烷烃卤代的机理链增长步骤是:

$$①\begin{cases} \text{a.} & X\cdot + RH \longrightarrow HX + R\cdot \\ \text{b.} & R\cdot + X_2 \longrightarrow RX + X\cdot \end{cases}$$

而在 1940 年以前认为是

$$②\begin{cases} \text{a.} & X\cdot + R{-}H \longrightarrow RX + H\cdot \\ \text{b.} & H\cdot + X_2 \longrightarrow HX + X\cdot \end{cases}$$

上面两种机理的不同,在于有无烷基游离基作为中间体。为了区别这两种不同的机理哪一个是正确的,芝加哥大学的 H. C. Brown 等进行了下面的光卤代反应。结果如下:

$$\begin{array}{ccc} & & CH_3 \\ & & | \\ CH_3CH_2{-}CH{-}CH_2Cl & \xrightarrow{\text{Cl}_2\ \text{光}} & CH_3CH_2{-}C{-}CH_2Cl \\ & | & & | \\ & * & & Cl \end{array}$$

(S)-(+)-2-甲基-1-氯丁烷　　　　(±)-2-甲基-1,2-二氯丁烷(无旋光性的)

如果按历程①,有烷基游离基作为中间体,则

经过 a 或 b,Cl$_2$ 可接在游离基两边中的任何一边,给出数量相等的对映体(组成外消旋体),这与实验结果相符合,因此历程①是正确的。

对于历程②,其中氯在取代氢时就已接到分子上去,不会形成无旋光的外消旋体。因为没有理由相信 Cl· 从 H 的反面和正面进攻的机会会完全相同(在离子型取代反应中,一般是从后面进攻的)。

从这个例子我们可看到立体化学为探明有机反应机理提供了一个有力的工具。

8.10.2　应用立体化学论证卤素对烯烃的加成反应机理

溴与 2-丁烯加成:

$$\begin{array}{ccc} & & Br \\ & & | \\ CH_3CH{=}CHCH_3 + Br_2 \longrightarrow & CH_3{-}\overset{*}{CH}{-}\overset{}{CH}{-}CH_3 \\ & | & \\ & Br & \end{array}$$

反应产物中有两个相同的手性中心,因此应该有三个异构体——内消旋化合物和一对对映体。

2-丁烯有顺、反异构体存在。如果我们从顺-2-丁烯出发,和溴的加成将得到哪些立体异构体呢? 实验的结果是得到外消旋的 2,3-二溴丁烷,没有得到内消旋产物。一个反应有产生几种立体异构体的可能时,如只惟一的(或主要的)产生一种立体异构体,叫做立体选择性反应(stereoselectire reaction)。若我们从反-2-丁烯出发,和溴的加成产物是否也得到外消旋的二

溴化合物呢？不，反-2-丁烯加溴只产生内消旋的 2,3-二溴丁烷。从立体化学上有差别的反应物给出立体化学上有差别的产物的反应，叫立体专一性的反应(stereospecific reaction)。

溴对烯烃的加成反应，是立体选择性和立体专一性的反应。我们说它是立体选择性，是因为从一个烯烃只能得到一个立体异构体(或一对对映体)。我们说它是立体专一性反应，是因为究竟得到哪一个异构体要取决于它是从哪一个立体异构的烯烃开始的。这里应当注意：所有立体专一性的反应必定是立体选择的，但不是所有立体选择反应都是立体专一的。在有些反应中，其主要产物可以是一个与反应物的立体化学无关的特殊的立体异构体。(例如 2-溴-2-丁烯的顺式和反式，在高温时和 HBr 反应都形成 75% 的($\pm$)消旋体和 25% 的内消旋体，所以是有立体选择的，但它不是立体专一的，因为不同的烯却得出相同的混合物。外消旋体及内消旋体)。在有些反应中，反应物不是立体异构体，但它的主要产物却是一个立体异构体。(例如，丙酮酸是非手性分子，不存在立体异构，它用酶还原时，却得到一个单一的乳酸对映体：(S)-($+$)-乳酸)。这些反应是立体选择的，而不是立体专一的。

那么应如何来说明溴对顺、反-2-丁烯加成的实验结果呢？

在烯烃一章中我们知道，卤素对烯烃的加成反应被认为是按两步进行的。首先是 Br^+ 向烯烃双键进攻，形成 π 络合物，再进一步形成环状的溴鎓离子，然后溴负离子 Br^- 进攻溴鎓离子。因而 Br^- 只能从环桥的另一侧进攻碳原子，结果生成反式加成产物，即：溴对顺-2-丁烯的加成，得到的产物是外消旋体，而溴与反-2-丁烯加成得到的产物是内消旋体。

这与实验事实完全相符合。因此，说明卤素对烯烃的加成经过溴鎓离子的机理是正确的。

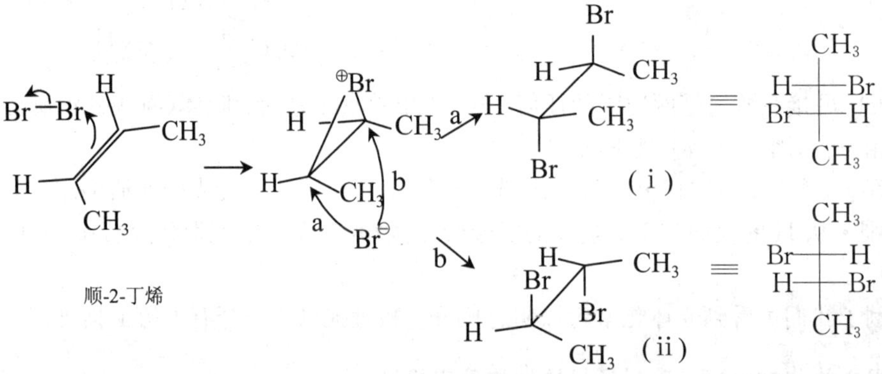

(i)、(ii)两者是对映体，因为 $Br^{\ominus}$ 按 a 和 b 进攻溴鎓离子的机会相等，因此得到外消旋体。

把透视式改写成费歇尔投影式时，需把交叉式构象旋转成重叠式构象，并使碳碳键在一个平面，然后按投影要求写出相应的费歇尔投影式：

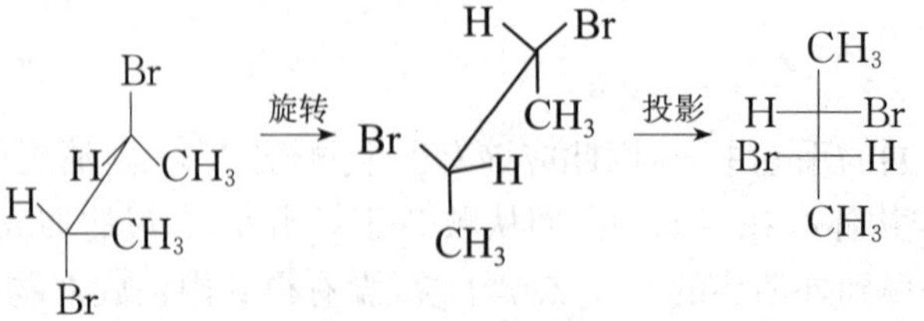

238

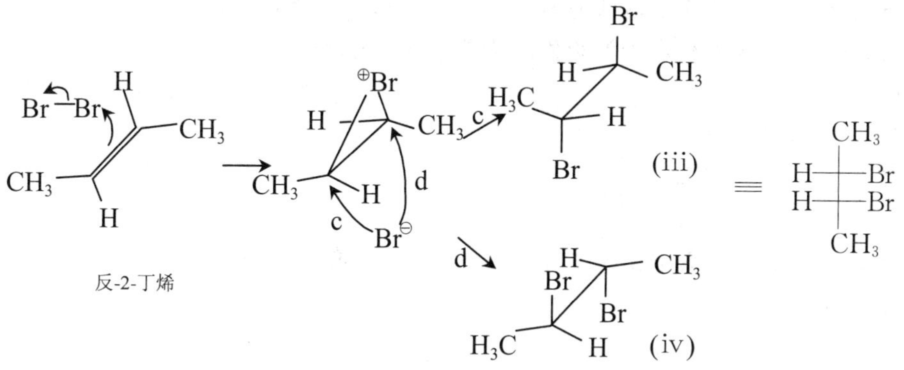

反-2-丁烯

(iii)、(iv)两者是等同的——内消旋体。

环状卤鎓离子最初是作为立体化学现象的一种合理解释而提出来的,但随后就发现了确切的证据。在 1967 年 Olah 制得了一些正离子,其核磁共振谱说明它们的确是环状的卤鎓离子。NMR 只出现一个信号,说明四个甲基完全等同(参阅 J. Am. Chem. Soc.,94,808.1972):

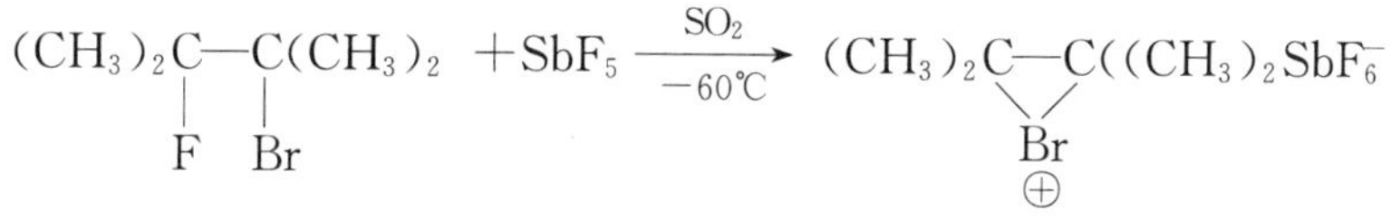

8.10.3 立体化学在生物过程中的重要性

立体化学在生物过程中的重要性是怎么强调也不会过分的。因为存在于生物体内的许多化合物都是手性的,而且在每种情况下,生物体都只利用某化合物对映体中的一个。除了在前面所引用的例子外,我们进一步介绍一两个例子。赖氨酸是人体内必需的氨基酸,常加入面粉食品中以改善蛋白质含量。但只有 L-(+)赖氨酸才能被人体利用,(一)赖氨酸则不行。又如(一)多巴(二羟基苯丙氨酸)近年来用于治疗巴金森氏病,但(+)多巴则无疗效。

多年来,科学家都未能解决这样一个问题。当雌蚊需要吸血进餐时它怎样会找到人体呢?近来已阐明,(+)乳酸和 CO_2 结合吸引雌的黄热蚊,而(一)乳酸和 CO_2 结合只有 1/5 的效力。因此人们可以利用(+)乳酸和 CO_2 结合来杀灭黄热蚊害虫。

习　　题

1. 解释下列各名词,举例说明:

    (1) 旋光活性物质   (2) 右旋

    (3) 手性原子   (4) 手性分子和非手性分子

    (5) 对映异构体   (6) 非对映异构体

    (7) 外消旋体   (8) 内消旋体

2. 回答问题:

    (1) 对映异构现象产生的必要条件是什么?

    (2) 含手性碳原子的化合物是否都有旋光性? 举例说明。

    (3) 有旋光活性的化合物是否必须含手性碳原子? 举例说明。

3. 一个酸的分子式是 $C_5H_{10}O_2$,有旋光性,写出它的一对对映异构体,并标明 R. S.。

4. 下列化合物中,哪个有对映异构体? 标出手性碳原子,写出可能的对映异构体的投影式,并说明内消旋体和外消旋体以及哪个有旋光活性。

(1) 2-溴-1-丁醇   (2) α,β-二溴丁二酸

(3) α,β-二溴丁酸   (4) α-甲基-2-丁烯酸

(5) 2,3,4-三氯己烷   (6) 1,2-二甲基环戊烷

(7) 1,1-二甲基环戊烷

5. 樟脑、薄荷醇以及蓖麻酸具有下列结构,分子中有几个手性碳原子? 有几个光活异构体存在?

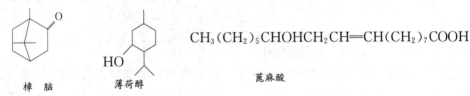

$CH_3(CH_2)_5CHOHCH_2CH=CH(CH_2)_7COOH$

樟 脑   薄荷醇   蓖麻酸

6. 下列各对化合物是对映体还是非对映体或是同一化合物?

(1)
$$\begin{array}{c} CH_3 \\ H{-}\!\!{-}Br \\ Cl \end{array} \qquad \begin{array}{c} CH_3 \\ H{-}\!\!{-}Cl \\ Br \end{array}$$

(2)
$$\begin{array}{c} CH_3 \\ H{-}\!\!{-}Br \\ Cl \end{array} \qquad \begin{array}{c} CH_3 \\ Cl{-}\!\!{-}H \\ Br \end{array}$$

(3)
$$\begin{array}{c} CH_3 \\ H{-}\!\!{-}Br \\ H{-}\!\!{-}Cl \\ CH_3 \end{array} \qquad \begin{array}{c} CH_3 \\ H{-}\!\!{-}Cl \\ H{-}\!\!{-}Br \\ CH_3 \end{array}$$

(4)
$$\begin{array}{c} CH_3 \\ H{-}\!\!{-}Br \\ H{-}\!\!{-}Cl \\ CH_3 \end{array} \qquad \begin{array}{c} Cl \\ H{-}\!\!{-}CH_3 \\ H{-}\!\!{-}Br \\ CH_3 \end{array}$$

(5)
$$\begin{array}{c} CH_3 \\ H{-}\!\!{-}Br \\ H{-}\!\!{-}Cl \\ CH_3 \end{array} \qquad \begin{array}{c} Cl \\ H{-}\!\!{-}CH_3 \\ H{-}\!\!{-}CH_3 \\ Br \end{array}$$

(6)

(7)

(8)

7. (1) 有比旋光度$+3.82°$的乳酸转化成乳酸甲酯 $CH_3CHOHCOOCH_3$,$[\alpha]_D^{20}=-8.25°$,$(-)$-乳酸甲酯的绝对构型是什么?

(2) 下列反应中,构型有无变化? 试为原料及产物指定 D/L 和 R/S。

(a)
$$CH_3CH_2{-}\overset{\overset{\displaystyle Cl}{|}}{\underset{\underset{\displaystyle H}{|}}{C}}{-}CH_3 \xrightarrow{Cl_2,h\nu} CH_3CH_2{-}\overset{\overset{\displaystyle Cl}{|}}{\underset{\underset{\displaystyle H}{|}}{C}}{-}CH_2Cl$$

(b)
$$CH_3CH_2{-}\overset{\overset{\displaystyle Cl}{|}}{\underset{\underset{\displaystyle H}{|}}{C}}{-}CH_3 \xrightarrow{I^-,丙酮} CH_3CH_2{-}\overset{\overset{\displaystyle H}{|}}{\underset{\underset{\displaystyle I}{|}}{C}}{-}CH_3$$

(c)
$$CH_3{-}\overset{\overset{\displaystyle Cl}{|}}{\underset{\underset{\displaystyle H}{|}}{C}}{-}COOCH_3 \xrightarrow{CN^-} CH_3{-}\overset{\overset{\displaystyle H}{|}}{\underset{\underset{\displaystyle CN}{|}}{C}}{-}COOCH_3$$

8. 下列化合物能否拆分为光活对映体?

(1)

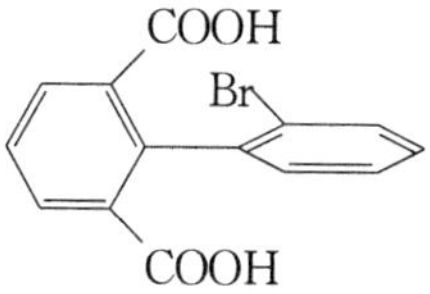

(2)

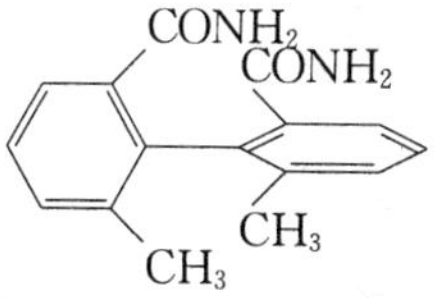

(3)

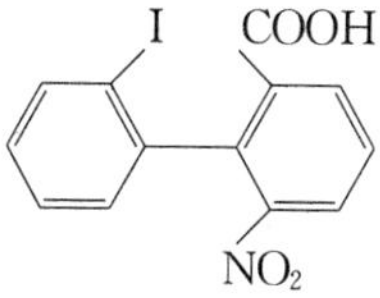

(4)

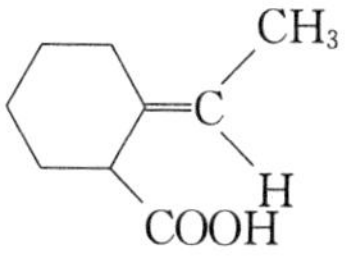

(5)

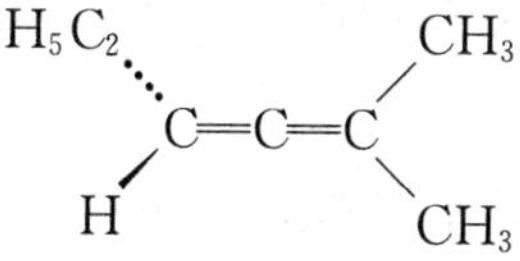

(6)

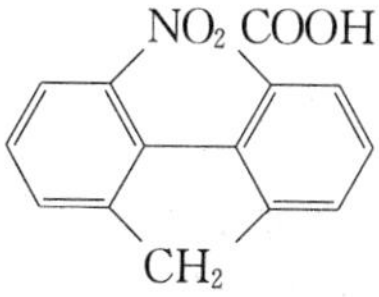

9. (1) 化合物 A 的分子式是 C_5H_8,有光学活性,在催化氢化 A 时产生 B,B 的分子式是 C_5H_{10},无光学活性,同时不能拆分。

(2) 化合物 C 的分子式为 C_6H_{10},有光学活性,C 不含三重键,催化氢化 C 产生 D,D 的分子式是 C_6H_{14},无光学活性,同时不能拆分,推测 A→D 的结构。

10. 1,3-二-仲丁基环己烷的一个立体异构体的结构是无光学活性,写出这个异构体的构象结构式。

11. 一个光学活性的化合物 A(假定它是右旋的)的分子式为 $C_7H_{11}Br$。A 和 HBr 作用产生异构体 B 和 C,其分子式为 $C_7H_{12}Br_2$,B 是有光学活性的,C 则没有光学活性。用 1 mol 的叔丁醇钾处理 B 产生(+)A。用 1 mol 的叔丁醇钾处理 C 产生(±)A。用一摩尔的叔丁醇钾处理 A 产生 D(C_7H_{10}),1 mol D 进行臭氧解接着用 Zn 和水处理,产生两分子的甲醛和一分子的 1,3-环戊二酮,提出 A、B、C、D 的立体化学式,并写出各步演变的反应。

第九章 卤代烃

烃类分子中的氢原子被卤原子取代所生成的化合物总称为卤代烃,一般表示为 RX。其中卤原子(X)就是卤代烃的官能团。

自然界中很少有卤代烃存在,仅极少数卤代烃可由较低等的微生物产生。例如,霉菌和放

线菌含有卤原子连到芳环上的化合物 名叫灰黄霉素(griseofulvin)

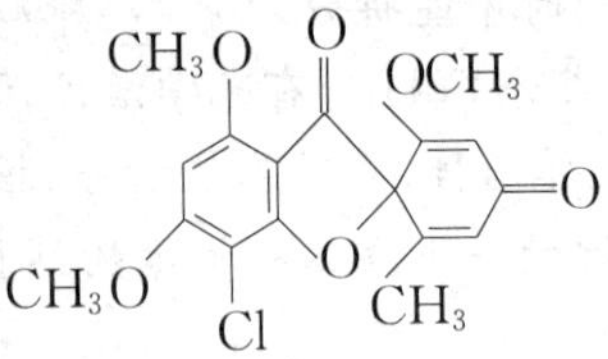

是一个有用的杀真菌剂。个别霉菌所含的抗菌素也含有类似的卤原子。据发现,微生物以放出卤代烃作为生物武器来保护自己不受其他微生物的伤害。由于卤代烃可用作农药、医药、防腐剂、麻醉剂、致冷剂等等,因此它与工、农业生产和日常生活关系密切,所以卤代烃是一类重要的有机化合物。

9.1 卤代烃的分类、命名及同分异构

9.1.1 分 类

(1) 根据卤代烃分子中烃基的不同结构,可分为饱和卤代烃、不饱和卤代烃和芳香卤代烃。

$$R—CH_2—X \qquad R—CH=CH—X \qquad \text{（苯环）}—X$$

饱和卤代烃　　　　不饱和卤代烃　　　　卤代芳烃
（卤代烷）　　　　（卤代烯）

(2) 根据与卤素相连的碳原子级数不同,分为一级卤代烃、二级卤代烃和三级卤代烃。

$$\overset{1°}{R\,CH_2X} \qquad \overset{2°}{R_2\,CHX} \qquad \overset{3°}{R_3\,C—X}$$

一级卤代烃　　　　二级卤代烃　　　　三级卤代烃

一级、二级、三级卤代烃也相应称为伯、仲、叔卤代烃。

(3) 按分子中所含卤原子数目的多少,分为一卤代烃、二卤代烃和多卤代烃。

9.1.2 命 名

1. 普通命名法

普通命名法是按与卤素相连的烃基名称来命名的,称为"某基卤"。例如:

$$CH_3CH_2CH_2CH_2Cl \qquad H_2C=CH—CH_2—Br \qquad \text{（苯环）}—CH_2Cl$$

正丁基氯　　　　　　烯丙基溴　　　　　　　苯基氯

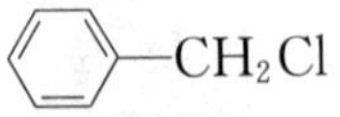

242

也可以看作是烃基的卤代物。例如：

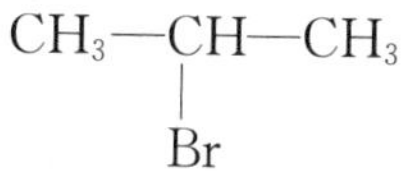

$$CH_3-CH-CH_3$$
$$\quad\quad\ \ |$$
$$\quad\quad\ \ Br$$
溴异丙烷

$$CH_2\!=\!CH-Cl$$
氯乙烯

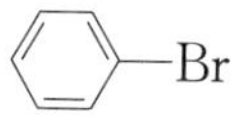

〈苯〉—Br
溴　苯

2. 系统命名法

对于较复杂的卤代烃,必须采用系统命名法。它是以相应烃为母体,把卤原子作为取代基,基团列出顺序按顺序规则。命名的基本原则、方法与一般烃类的相同。例如：

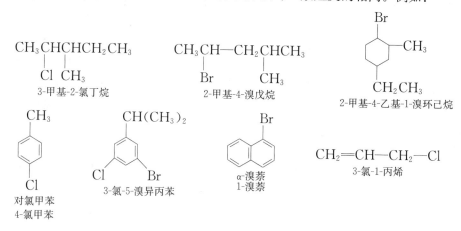

$CH_3CHCHCH_2CH_3$
3-甲基-2-氯丁烷

$CH_3CH-CH_2CHCH_3$
2-甲基-4-溴戊烷

2-甲基-4-乙基-1-溴环己烷

对氯甲苯
4-氯甲苯

3-氯-5-溴异丙苯

α-溴萘
1-溴萘

$CH_2\!=\!CH-CH_2-Cl$
3-氯-1-丙烯

有些多卤代烃常给以特别的名称。如 $CHCl_3$ 称氯仿(chloroform),CHI_3 称碘仿。

9.1.3　异构现象

饱和卤代烃可因其结构不同和卤原子在碳链上的位置不同而产生同分异构现象,因此,它比相应的烷烃的异构体为多,例如：

一氯代丙烷有两种异构体：

$$CH_3CH_2CH_2Cl \quad\quad 和 \quad\quad CH_3-CH-CH_3$$
$$\quad\quad\quad\quad\quad\quad\quad\quad\quad\quad\quad\quad\quad\quad\ |$$
$$\quad\quad\quad\quad\quad\quad\quad\quad\quad\quad\quad\quad\quad\quad\ Cl$$

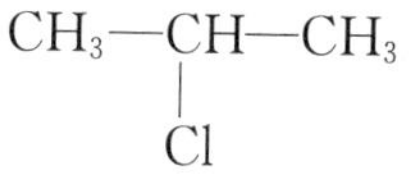

一氯代丁烷有四种异构体：

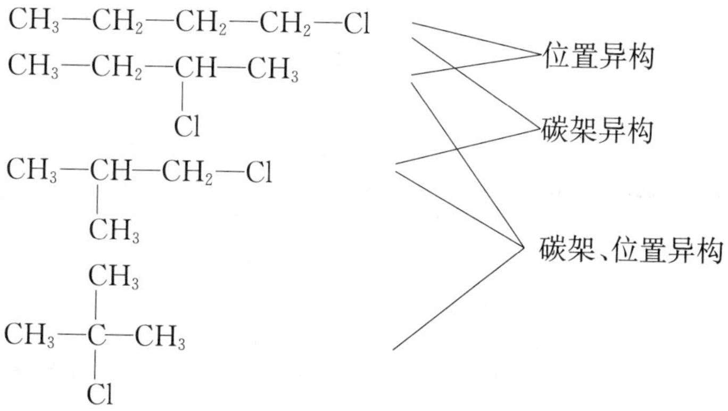

$CH_3-CH_2-CH_2-CH_2-Cl$　——位置异构
$CH_3-CH_2-CH-CH_3$　——碳架异构
　　　　　　　|
　　　　　　　Cl

$CH_3-CH-CH_2-Cl$　——碳架、位置异构
　　　　|
　　　　CH_3

　　　　CH_3
　　　　|
CH_3-C-CH_3
　　　　|
　　　　Cl

不饱和卤代烃可能有碳架、位置和顺反异构体,因此也比相应的烯烃异构体为多。

243

9.2 卤代烃的物理性质

低级卤代烃(如氯甲烷,溴甲烷,氯乙烷)为气体,一般卤代烃为液体,高级的为固体。

卤代烃均不溶于水,能溶于大多数有机溶剂中,一氟或一氯代烃的比重小于1,一溴或一碘代烃的比重大于1。卤代烃的沸点随分子量的增加而升高,较相应的烷烃高。这是由于C—X键具有极性,因而增加了分子间的引力。如烃基相同,则它们的沸点顺序为 RI>RBr>RCl>RF。同分异构体中,一般也是直链分子的沸点较高,支链越多,沸点越低,即伯卤代烃>仲卤代烃>叔卤代烃。

由于卤代烷是极性化合物,在外界电场作用下,分子中的电荷分布可产生相应的变化,这种变化能力称为可极化性。在同一卤族中,由于 F→I 的原子半径越来越大、原子核对电子的控制越来越差,因此可极化性越来越大,即可极化性有如下的顺序:RI>RBr>RCl>RF。而分子的可极化性与分子的折光率有关,可极化性大,折光率高,因此折光率也遵循 RI>RBr>RCl>RF 的顺序。

卤代烃的光谱性质:

红外光谱:C—X键伸缩振动的吸收峰位置随着卤素原子量的增加而减小的,分别为

$$\bar{\nu}_{\text{C—F}} \qquad 1\,000 \text{ cm}^{-1} \sim 1\,350 \text{ cm}^{-1}(强)$$

$$\bar{\nu}_{\text{C—Cl}} \qquad 700 \text{ cm}^{-1} \sim 750 \text{ cm}^{-1}(中)$$

$$\bar{\nu}_{\text{C—Br}} \qquad 500 \text{ cm}^{-1} \sim 700 \text{ cm}^{-1}(中)$$

$$\bar{\nu}_{\text{C—I}} \qquad 485 \text{ cm}^{-1} \sim 610 \text{ cm}^{-1}(中)$$

^{1}H-NMR谱:由于卤素的电负性较强,使与卤素相连的碳上的质子屏蔽降低,质子的化学位移 δ 向低场位移,与卤素直接相连的碳上的质子化学位移一般 δ 在 2.16 ppm~4.4 ppm 之间,相邻碳上质子的 δ 在 1.24 ppm~1.55 ppm 之间,相隔一个碳的质子 δ 在 1.03 ppm~1.08 ppm之间。下面是 1-氯丙烷的[1]H-NMR谱,如图 9.1 所示。

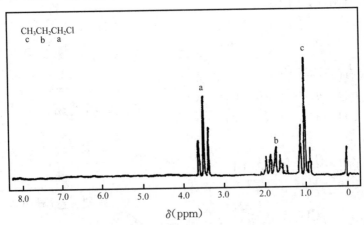

图 9.1 1-氯丙烷的[1]H-NMR谱

^{13}C-NMR谱:在 C—X 键中,随X电负性的增加,δ_C 值增加。X 由 I→F,δ_C 为 −20 ppm~75 ppm。

质谱:脂族卤代烃的 $M^{\cdot+}$ 峰弱,芳族卤代烃的 $M^{\cdot+}$ 峰强。$M^{\cdot+}$ 峰的相对强度随 F→I 的顺序

依次增大,常可见$(M-X)^+$、$(M-HX)^+$峰。卤代烃$(Cl、Br)$的 MS 图常可由同位素的丰度比率加以识别。

9.3 卤代烃的反应

卤代烃的化学活性与它们的结构有密切关系。在 $R-X$ 中的碳原子基本上是四面体的。$C-X$ 键可近似地看成 C_{sp^3} 轨道和 X 的杂化轨道叠的结果。分了轨道的计算提出杂化的卤原子轨道主要是 p,仅有少量的 s 特性。例如在 CH_3F 中,来自 $C-F$ 键中的氟的杂化轨道经计算大约是 $15\%s$ 和 $85\%p$。

不同 X 原子时,对外界电场有不同的感受能力,表现出不同的化学活性。虽然 $R-X$ 中的 $C-X$ 键是共价键,但由于 X 原子的电负性比碳大,所以 $C-X$ 键是极性共价键 $\overset{\delta^+}{C}-\overset{\delta^-}{X}$,$C-X$ 键的一对电子偏向卤原子,使碳上带部分正电荷,容易受到带有一对电子的亲核试剂(较强的碱)进攻,而卤素(较弱的碱)则带着一对电子离开。这种由亲核试剂的进攻而引起的取代反应,称为亲核取代反应(nucleophilic substitution reaction)。用符号 S_N 表示(其中 S 代表取代,N 代表亲核)。$R-X$ 的典型反应是亲核取代反应,反应的通式表示如下。

$$R-X+Nu:^{\ominus} \longrightarrow R-Nu+X:^{\ominus}$$

$Nu:^{\ominus}$ 代表亲核试剂(nucleophiles)。

卤代烷不仅起取代反应,也起消除反应:

而且这两种反应总是相互竞争的。因此我们要注意反应物的结构,所用的亲核试剂或溶剂等因素的影响。下面详细讨论卤代烷的亲核取代反应和消除反应。

9.3.1 脂肪族卤代烃的亲核取代反应

卤代烷能和很多无机和有机的亲核试剂反应,生成各种重要产物。例如:

$$RX + \begin{cases} NaOH \xrightarrow{水溶液} R-OH+NaX \\ NaOR' \longrightarrow R-O-R'+NaX \\ NaCN \xrightarrow{醇溶液} R-CN+NaX \\ NH_3 \longrightarrow R-NH_2+HX \\ AgNO_3 \longrightarrow R-ONO_2+AgX\downarrow \end{cases}$$

前四个反应可分别作为醇类、醚类、腈类和胺类的制备方法,而卤代烷与硝酸银作用生成卤化银沉淀,常用作鉴别卤代烃的一个简便方法。

上面反应的共同特点都是由具有一对未共享电子对的亲核试剂—$:OH^-$、$RO:^-$、$:CN^-$、$:ONO_2^-$、$:NH_3$ 进攻卤代烃中电子云密度较少的碳原子而引起的反应,所以它们属于亲核取代反应。但从另一个角度来看,以上这些反应都是把烷基引入到试剂分子中,所以卤代烷的取代反应又叫烷基化反应,卤代烷叫烷基化试剂。

亲核取代反应历程:卤代烷在碱性水溶液中,X 原子被—OH 基取代生成醇的反应叫水解反应,卤代烷的水解研究较多,因而也较清楚。现以它为例来讨论亲核取代反应的历程。

在 20 世纪初期,对饱和碳原子的取代反应的历程提出三种可能的过程。

(1) 作用物与试剂先结合成分子化合物,然后离去基团脱离分子。

(2) 试剂的进攻和离去基团的脱离是协同进行的。

(3) 作用物先电离,生成碳正离子然后同试剂结合。

大量的实验事实表明:大多数按(2)、(3)进行。

1. 双分子亲核取代反应(S_N2)

当溴甲烷在碱性溶液中进行水解时,反应进行得很容易,而且发现它的水解速度与卤代烷的浓度以及碱的浓度成正比,在动力学上称为二级反应。

$$OH^- + CH_3Br \longrightarrow CH_3OH + Br^-$$
$$v = k[CH_3Br][HO^-]$$

同时通过有关它们的立体化学研究,表明其历程是按下述方式进行的:

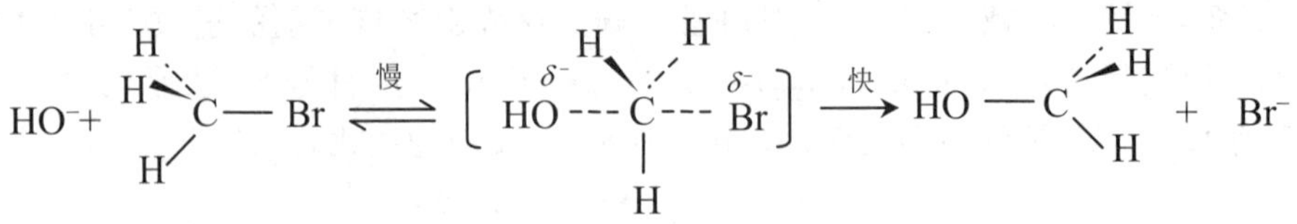

过渡态

其特点是反应过程中 C—Br 键的断裂与 C—O 键的形成是同时进行的。当进攻试剂 HO$^-$ 从离去基团 Br 的背后进攻中心碳原子时(这是比较有利的进攻方式)。因为这样亲核试剂的电子云可以同中心碳原子的 sp^3 杂化轨道的成键轨道背后的一瓣重叠:

有证据表明亲核试剂从背面进攻不是由于 HO$^-$ 和 Br$^-$ 的电荷排斥作用小,而是 O—C 之间逐渐形成一个微弱的键(用虚线表示),与此同时 C—X 键逐渐伸长和变弱,但并没有完全断裂,即中心碳原子同时和 HO$^-$ 及 Br$^-$ 部分地结合,形成一个“过渡状态”。此时,进攻试剂 HO$^-$ 和中心碳、离去基团 Br 几乎在一直线上,而中心碳上连接的三个氢原子在垂直于这条线的平面上,原来 sp^3 杂化的中心碳原子在过渡态时转变为 sp^2 杂化。当 HO$^-$ 与中心碳原子进一步接近,最终形成一个稳定的 C—O 键,而 C—Br 键也彻底断裂,生成 Br$^-$ 离子,同时中心碳上的三个氢原子也向后翻转,使碳原子又恢复成原来的 sp^3 杂化状态。整个过程好像一把伞在大风中被吹得向外翻转一样,使得产物与原来反应物的构型正好相反,即在反应过程中发生了构型的转化,又叫瓦尔登(Walden)转化(1893 年发现)。从立体化学上说:取代反应中发生构型转化,可以作为 S_N2 反应的重要标志。

如果反应底物是旋光性的卤代烷,在卤素交换反应中:

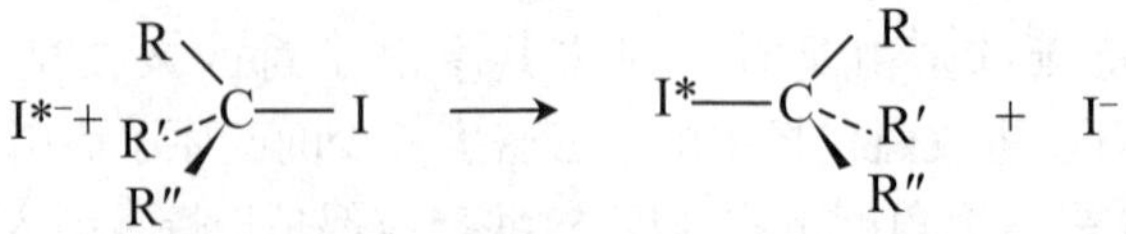

如果 I^{*-} 从正面进攻,那么反应前后碳原子仍保持原来构型,旋光性保持不变。如果反应前后、旋光性有所降低,说明交换反应中 I^{*-} 是从碳原子背面进攻,使原来中心碳原子构型发

246

生翻转。

另外此反应还可以提供一个很有用的信息,根据旋光度随时间的变化,可以测出外消旋化的速度,一个 R 构型的分子转变为一个 S 构型的分子,不但在反应体系中减少了一个 R 分子,同时还要抵消另一个 R 分子对旋光的作用,如果每次卤素交换都发生构型反转,则外消旋化的速度应为同位素交换速度的两倍。而如果 I^{*-} 从两面进攻的机会均等的话,则外消旋化速度与同位素交换速度相等。

实验告知这两者速度之比为 2∶1,说明 I^{*-} 是从离去 I^- 的背面进攻的。

整个反应速度的快慢取决于形成过渡态络合物的速度。由于在过渡态时卤代烃的中心碳原子上同时连有五个基团,因此,这一步是整个反应中能量最高的一步。由于控制反应速度这一步有两种分子参与了过渡态,所以其反应速度必然与 HO^- 和 CH_3Br 的浓度有关,即 $v=k[HO^-][CH_3Br]$。因此这个反应是双分子的亲核取代反应(即 S_N2),大多数 S_N2 反应是一个二级反应。

溴甲烷水解反应的能量变化如图 9.2 所示。

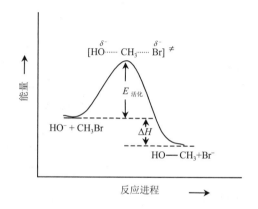

图 9.2 溴甲烷水解反应的能量曲线

但是如果试剂大幅度过量(如溶剂分解反应),反应过程中试剂的浓度变化很小,可以视为一个常数,此时动力学上反映出来的是一级反应。(溶剂解:底物与溶剂反应,此时进攻试剂即为溶剂)。

2. 单分子亲核取代反应(S_N1)

刚刚我们讨论溴甲烷的水解反应历程时,指出亲核试剂 HO^- 是从离去基团 Br 的背面进攻中心碳原子的。如果从空间位阻来考虑,势必当溴甲烷的氢原子被取代的程度越大(空间位阻越大),它的反应速度也应该越慢,即

$$CH_3Br > CH_3CH_2Br > \underset{CH_3}{\overset{CH_3}{C}}HBr > (CH_3)_3CBr$$

但观察到的实验事实并非如此,例如在 35℃ 时,用 0.1 N 的 NaOH 在 80% 的乙醇水溶液中进行水解,它们水解速度是:

$$CH_3Br > CH_3 \overset{CH_3}{\underset{CH_3}{-C-}} Br > CH_3CH_2Br > \overset{CH_3}{\underset{CH_3}{\diagdown}}CHBr$$

这是为什么？同时实验还发现 2-甲基-2-溴丙烷的水解速度仅取决于 2-甲基-2-溴丙烷的浓度，而与 NaOH 的浓度无关，即 $v=k[(CH_3)_3CBr]$。这说明 2-甲基-2-溴丙烷的水解反应不是按 S_N2 历程进行的，而是按另一种反应机理进行的。这种历程是分两步进行的。第一步是反应物在溶剂中首先离解成叔丁基正离子和溴负离子：

$$(CH_3)_3C—Br \xrightarrow{\text{慢}} (CH_3)_3C^+ + Br^-$$
$$\text{碳正离子中间体}$$

C—X 键的离解需要能量，当能量达到最高点时，即相当于过渡态(I) $[(CH_3)_3\overset{\delta+}{C}\cdots\overset{\delta-}{Br}]$，而碳卤键的进一步离解生成中间体碳正离子，能量降低。第二步则是生成的叔丁基碳正离子再与 HO^- 作用，生成叔丁醇：

$$(CH_3)_3C^+ + HO^- \xrightarrow{\text{快}} [(CH_3)_3\overset{\delta+}{C}\cdots\overset{\delta-}{OH}] \longrightarrow (CH_3)_3COH$$

当碳正离子与亲核试剂 HO^- 接触形成新的键时，需要一些能量形成过渡态(II)，当键一旦形成就放出能量得到产物——叔丁醇。第一步 C—X 键的离解是慢的，而第二步生成的碳正离子与 HO^- 反应的速度是快的。因此，整个反应的速度由 2-甲基-2-溴丙烷的浓度来决定的。而与 HO^- 浓度无关。因为决定反应速度的一步（即反应能量最高点 C—X 键的断裂）只涉及一个分子，因此这个反应是单分子的亲核取代反应(S_N1)，从动力学上讲，是一级反应。

2-甲基-2-溴丙烷水解反应的能量变化如图 9.3 所示。$E_{(1)\text{活化}}$ 是第一步的活化能，$E_{(2)\text{活化}}$ 是第二步的活化能。从图中可以看出 $E_{(1)\text{活化}} > E_{(2)\text{活化}}$，所以第一步的反应速度较慢，是决定反应速度的一步。

当 2-甲基-2-溴丙烷离解为碳正离子时，碳原子由 sp^3 四面体结构转变为 sp^2 三角形平面结构，三个甲基在一个平面上成 $120°$ 角，这样可以尽可能减少拥挤，有利于碳正离子的形成，在中心碳上还有一个 $2p$ 的空轨道，用于成键，如图 9.4 所示。

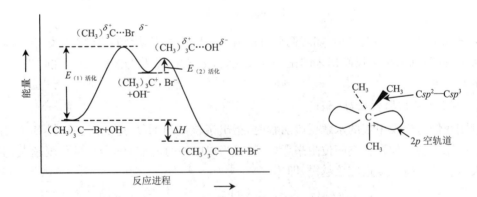

图 9.3 2-甲基-2-溴丙烷水解反应的能量曲线　　　　图 9.4 碳正离子

一旦成键，碳的结构又从 sp^2 三角平面形结构转为四面体的 sp^3 杂化结构。

由于 S_N1 反应历程中形成碳正离子，它具有对称的平面结构。如果碳正离子是自由的（即较稳定），那么亲核试剂（HO^-）可以从两面进攻，而且机率相等，结果得到外消旋产物（构型保持和构型转化各为 50%）：

理论上讲,产物外消旋化可以作为 S_N1 反应立体化学的特征。但在大多数情况下,消旋的同时,还出现一部分构型的转化,使产物具有旋光性。

例如 α-氯乙苯在水中进行水解反应时,得到 83% 外消旋化,17% 构型发生转化。

此反应以 S_N1 机理进行,中间体是碳正离子,它存在的时间取决于本身的稳定性及所用亲核试剂的浓度。如果碳正离子本身不稳定、它生成后极易立即同亲核试剂反应,这时由于卤原子还来不及离开得充分远,卤离子在一定程度上产生了屏蔽作用,阻碍了亲核试剂从卤素这一面进攻的机会,因而试剂从离去基团背面进攻的机会较多,因此在得到外消旋化产物的同时,还有相当数量的构型转化。

除了得到外消旋产物外,在有些情况下,还可以得到重排产物,这也可以证明 S_N1 历程是经过中间体碳正离子的过程。因为碳正离子的一个特征是能够发生重排,以产生更为稳定的碳正离子。这点我们在芳烃的付氏烷基化反应中已提到过。

近年来研究工作倾向于用离子对的概念统一说明亲核取代反应的历程:

$$RX \rightleftharpoons R^+X^- \rightleftharpoons R^+ \parallel X^- \rightleftharpoons R^+ + X^-$$
$$\text{(i)} \qquad\qquad \text{(ii)} \qquad\qquad \text{(iii)}$$

式(i)叫紧密离子对,这是由于 RX 电离生成的碳正离子和 X^- 离子的电荷相反而紧靠在一起形成的。式(ii)叫溶剂分隔离子对,即有少数溶剂分子进入两个离子之间,把它们分隔开来,式(iii)叫自由离子,它们周围分别被溶剂分子所包围。亲核试剂只能从背面进攻作用物(R—X)分子或紧密离子对,得到的是构型转化的产物。若亲核试剂进攻溶剂分隔离子对,由于溶剂分隔离子对间的结合不如紧密离子对密切,亲核试剂从溶剂分隔离子对的中间与碳正离子结合则使构型保持不变。亲核试剂如从背面进攻,则引起构型转化。一般说来,后者多于前者,取代结果是部分消旋化。自由离子则因为碳正离子具有平面结构,亲核试剂的两边进攻机会均等,只能得到完全外消旋化的产物。每一种离子对在反应中的比例取决于卤代烷的结构和溶剂的性质。

3. 影响亲核取代反应历程的因素

上面我们讨论了亲核取代反应的 S_N1 和 S_N2 两种历程。这两种历程往往在反应中互相竞争。哪一种历程为主呢?其影响因素是多方面的,和卤代烷中烷基(R)的结构、进攻试剂的亲核性大小、溶剂的极性大小、离去基团(X)的性质等有关。

(1) 烷基的影响。考虑烷基的影响主要有两个因素:电子效应和空间效应。

烃基结构对 S_N1 反应的影响:在 S_N1 反应中决定反应速度的步骤是作用物离解成碳正离子,电子效应使叔卤代烃易离解而得到稳定 3° 碳正离子,因而反应容易进行,而伯卤代烷的离解相对于叔卤代烷来讲要难些,故 S_N1 反应就慢。同时如果碳正离子中间体中 α-位上取代基具有 +C 效应的话,可使碳正离子趋于稳定,相应的卤代烃起 S_N1 反应速度也要加快。

例如:$CH_3{-}O{-}\overset{+}{C}H_2$, $CH_3{-}O{-}\langle\!\bigcirc\!\rangle{-}\overset{+}{C}H_2$ 碳正离子都稳定。

叔卤代烷易离解的另一个原因是空间效应在起作用。叔卤代烃离解后,其中心碳原子由原来的 sp^3 杂化变为 sp^2 杂化的平面结构,减少了空间张力,此种效应亦称为空助效应。

基于上述原因,苄基型和烯丙型卤代物,由于 π 电子可以与碳正离子的空轨道发生 $p{-}\pi$ 共轭而趋于稳定,所以苄基和烯丙型卤代物按 S_N1 历程进行反应速度也快。而相应的芳卤,乙烯卤,由于 π 电子与卤素的非键电子可以 $p{-}\pi$ 共轭而难于离解,对取代反应表现出惰性。

烃基结构对 S_N2 反应的影响:在 S_N2 反应中,卤代烷与亲核试剂要形成一个过渡态,当 α-C 原子周围取代的烃基越多,拥挤程度将越大,对反应表现的立体障碍也将加大,进攻试剂必须克服越来越大的阻力才能接近中心碳而形成过渡态。例如按 S_N2 历程进行的溴甲烷在 80% 乙醇的水溶液中水解速度随甲基上的氢逐步被甲基取代,反应速度明显下降,如图 9.5 所示。

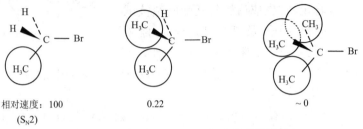

相对速度: 100   0.22   ~0

(S_N2)

图 9.5 α-碳上支化对 S_N2 反应速率的影响

但烯丙基卤和苄卤起 S_N2 反应也是有利的,这是由于在过渡态时,双键上的 π 电子云可以与正在形成和断裂的键上的电子云交盖,使过渡态能量下降,有利于 S_N2 反应的进行,如图 9.6 所示。

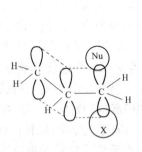

图 9.6   烯丙基卤在 S_N2 反应中的过渡态   图 9.7   溴代烷的烷基对水解速度的影响

综合电子效应和空间效应的结果,伯卤代烷容易按 S_N2 历程进行反应,叔代卤烷容易按 S_N1 历程进行反应,仲卤代烷介于两者之间,故可以按 S_N2 也可按 S_N1 历程反应(见图 9.7),取决于具体的反应条件:

$$\text{RX} \xrightleftharpoons[\underset{S_N2\text{ 增大}}{}]{\overset{S_N1\text{ 增大}}{}} CH_3X, 1°, 2°, 3°$$

各种溴代烷在 0.1 N NaOH 的 80% 乙醇水溶液中水解速度如下:

250

		S_N1	S_N2	S_N1+S_N2
一级卤代烷	CH_3Br	0.0349	2140	2140
	CH_3CH_2Br	0.0139	171	171
二级卤代烷	$(CH_3)_2CHBr$	4.75	0.237	5
三级卤代烷	$(CH_3)_3CBr$	1010	/	1010

如果被取代的卤原子连接在桥环化合物的桥头上进行亲核取代反应,不论是按 S_N1 还是 S_N2 反应都十分困难。

例如 7,7-二甲基-1-氯双环[2,2,1]庚烷与 $AgNO_3$ 的醇溶液回流 48 小时或与 30％KOH 醇溶液回流 21 小时,都未见 AgCl 生成。

这是由于按 S_N2 进行时,亲核试剂从背面进攻中心碳的可能性几乎不存在,所以不容易进行 S_N2 反应。而按 S_N1 进行就首先要离解为碳正离子,但由于桥环体系的牵制,桥头碳难于伸展为平面构型,因此很难形成碳正离子,即很难发生 S_N1 反应。

(2) 离去基团的影响。在亲核取代反应中,C—X 键断裂,X 带着一对电子离去,叫做离去基团。C—X 键弱 X^- 容易离去,卤离子离去倾向大小次序是 $I^->Br^->Cl^->F^-$,与卤原子的电负性大小次序相反。这是因为在异裂中起关键作用的是 C—X 键的键能,而 C—X 键的键能次序为:

$$C—I < C—Br < C—Cl < C—F$$
$$217.4 \quad 284.2 \quad 338.6 \quad 484.9 \quad (kJ \cdot mol^{-1})$$

在 S_N1 反应中,R—X 电离为碳正离子是决定反应速度的步骤,因此离去基团离去倾向越大,反应速度越快。所以卤代烷中卤素的反应活性是:

$$碘代烷>溴代烷>氯代烷>氟代烷$$

在 S_N2 反应中,形成过渡态也要求把 C—X 键拉长,因此离去基团离去的倾向越大,S_N2 反应的速度也应该越快。

一般强离去基团的化合物(如 R—I)倾向于按 S_N1 历程进行反应。反之,有弱离去基团的化合物(如 R—F)倾向于按 S_N2 的历程进行反应。

烯丙型卤代物和苄基型卤代物中的 X 活泼,易于离去,因此有利于 S_N1 历程进行,而乙烯型卤化物和芳卤中的 X 不活泼,难于发生反应。

可将卤代烃中卤原子的离去倾向次序排列如下:

$(CH_3)_3C—X$　　　　　　　　$CH_2=CH—(CH_2)_n—X$　　　　　　　$CH_2=CHX$
$Ph—CH_2—X$　　　　　>　　　　　　　　　　　　　>
$H_2C=CH—CH_2—X$　　　　$R—CH_2—X$　　　　　　　　　　$Ar—X$

利用卤代烃中卤素离去速度的不同,在实验中可用 $AgNO_3$/醇液鉴别它们属于哪一类的卤代烃。三级卤代烃、烯丙型卤代烃在室温下即可与 $AgNO_3$ 作用产生 AgX 沉淀,而 R—X 型则需要温热几分钟后才慢慢发生沉淀。至于乙烯卤,即使加热也不发生沉淀。

(3) 亲核试剂的影响。在 S_N1 反应中,因为反应速度只决定 R—X 的离解,因而与亲核试剂的亲核性大小无关。但在 S_N2 反应中,亲核试剂参与了过渡态的形成,因此,试剂的亲核性越大,越有利于 S_N2 反应的进行。

试剂亲核性的大小,决定于它所带的电荷、碱性、体积和可极化性大小有关。

亲核试剂都属于路易斯碱,其亲核能力的大小大致与其碱性的强弱相对应,即碱性越强它

的亲核性也越大。例如同属第二周期中的元素所组成的一些试剂,它们的亲核性是:

$$R_3C^- > R_2N^- > RO^- > F^-$$

它们的碱性强弱也是同样的次序。这里要注意,亲核性与碱性是两个不同的概念,亲核性是代表试剂与带正电荷碳原子结合的能力,碱性是代表试剂与质子结合的能力。它们的强弱次序有时并不完全一致。例如对同一族元素来说,情况比较复杂。以第七族为例,在质子性溶剂(水、醇等)中,卤离子的亲核能力次序为 $I^- > Br^- > Cl^- > F^-$,而碱性强弱次序正相反:$I^- < Br^- < Cl^- < F^-$。这是由于卤离子与质子溶剂之间存在着氢键,可以使卤离子的亲核性减弱。而 F^- 与质子溶剂之间形成的氢键最强(因为 F^- 的体积小,电荷集中),因此与其他卤离子相比,它的亲核性就相应地最弱。然而在非质子溶剂(如二甲亚砜,N,N-二甲基甲酰胺等)中,卤离子的碱性和亲核性次序是一致的,即 $I^- < Br^- < Cl^- < F^-$。

凡带有负电荷的试剂要比中性试剂的亲核性强,如 HO^- 的亲核性比 H_2O 大。

亲核试剂的体积对其亲核性也有较大的影响。体积越大,空间阻碍越大,它在反应中往往进攻质子而不进攻中心碳原子。如烷氧基负离子的碱性强弱次序为:

$$(CH_3)_3CO^- > (CH_3)_2CHO^- > CH_3CH_2O^- > CH_3O^-$$

但它们在 S_N2 反应中的亲核性强弱次序则正好相反。

亲核试剂的可极化性是指它的电子云在外界电场影响下变形难易的程度。易变形者可极化性就大,它进攻中心碳原子时,其外层电子云就越容易变形而伸向中心碳原子,从而降低了形成过渡态时所需的活化能,因此试剂的可极化性越大,其亲核性也越强。如卤离子的可极化性和亲核性次序为 $I^- > Br^- > Cl^- > F^-$。CH_3S^- 和 CH_3O^- 的可极化性和亲核性为 $CH_3S^- > CH_3O^-$(因为 S 原子半径 > O 的原子半径),但碱性则为 $CH_3S^- < CH_3O^-$(共轭酸 $CH_3SH > CH_3OH$)。

(4) 溶剂的影响。溶剂的极性对卤代烷的取代反应历程有较大的影响,溶剂的极性大(如质子性溶剂)有利于 R—X 离解为碳正离子,对 S_N1 反应有利。这是因为 S_N1 反应物 R—X 在转化为过渡态时,电荷有所增加,极性大的溶剂使过渡态溶剂化而更稳定:

$$R-X \longrightarrow [\overset{\delta+}{R}\cdots\cdots\overset{\delta-}{X}] \longrightarrow R^+ + X^- \qquad \text{(速度加快)}$$
反应物　　　过渡态电荷增加　　　产　物

而在 S_N2 反应中,增加溶剂的极性,对反应不利。因为 S_N2 历程在形成过渡态时,由原来电荷比较集中的亲核试剂变成电荷比较分散的过渡态:

$$HO^- + R-X \longrightarrow [\overset{\delta-}{HO}\cdots R\cdots\overset{\delta-}{X}] \longrightarrow HO-R + X^- \qquad \text{(速度减慢)}$$
过渡态电荷分散

故增加溶剂的极性,反而使电荷集中的亲核试剂溶剂化,而不利于 S_N2 过渡态的形成。然而,卤代烷与 NH_3 按 S_N2 进行反应却和水解不同,它是从无电荷的反应物转变为有分散电荷的过渡态,所以,这个反应在强极性的溶剂中进行较为有利:

$$NH_3 + R-X \longrightarrow [\overset{\delta+}{H_3N}\cdots R\cdots\overset{\delta-}{X}] \longrightarrow \overset{+}{H_3N}-R + X^- \qquad \text{(速度加快)}$$
过渡态电荷增加

同一反应物在不同的溶剂中,其历程可以不同,例 $PhCH_2Cl$ 的水解反应,在水中时按 S_N1 历程进行,而在丙酮中则按 S_N2 历程进行。

在水中
S_N1

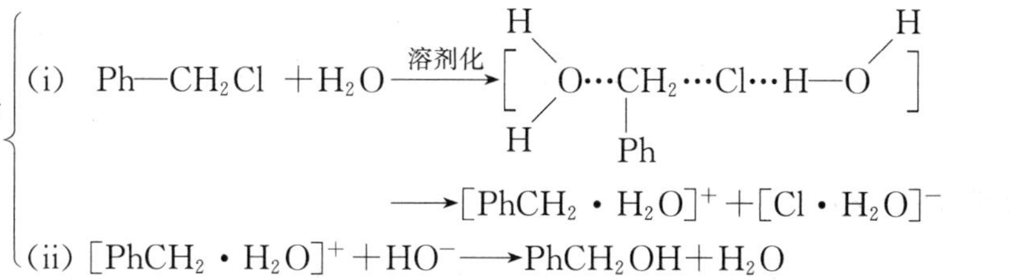

(i) $Ph-CH_2Cl + H_2O \xrightarrow{\text{溶剂化}} \left[\begin{array}{c} H \\ O\cdots CH_2\cdots Cl\cdots H-O \\ H \quad Ph \quad\quad H \end{array} \right]$

$\longrightarrow [PhCH_2\cdot H_2O]^+ + [Cl\cdot H_2O]^-$

(ii) $[PhCH_2\cdot H_2O]^+ + HO^- \longrightarrow PhCH_2OH + H_2O$

在丙酮中 $HO^- + \underset{\underset{Ph}{|}}{CH_2}Cl \longrightarrow [\overset{\delta^-}{HO}\cdots \underset{\underset{Ph}{|}}{CH_2}\cdots \overset{\delta^-}{Cl}] \longrightarrow Ph-CH_2OH + Cl^-$

S_N2

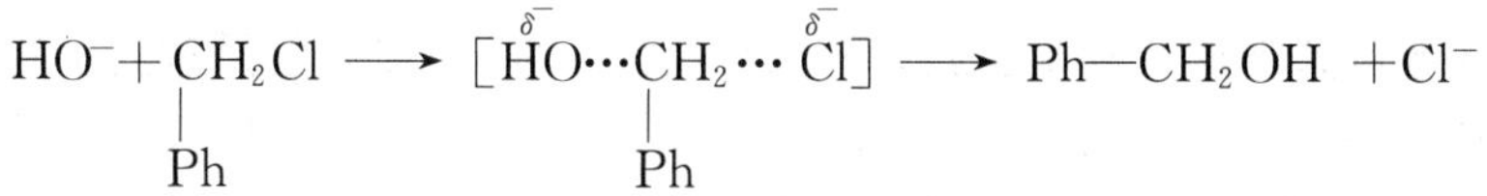

可见溶剂极性大小对亲核取代反应历程的影响是重要的。对溶剂化效应的重要证明,是在气相反应中,极少遇到 S_N1。

通过上述影响因素的讨论,可以人为地控制亲核取代反应按 S_N1 或 S_N2 历程进行,以得到我们预期的产物。

一般说来,R—X 的 α-碳上的取代基具有 +I 效应和 +C 效应,离去基团容易离开,溶剂的极性大,则有利于 S_N1 反应,若 R—X 的 α-碳(或 β 碳)上没有体积大的取代基,试剂的亲核性强,离去基团离去倾向较小,溶剂的极性较小,则对 S_N2 反应有利。

4. 邻基参与

(S)-2-溴丙酸用稀的 NaOH 作试剂,在 Ag_2O 存在下反应,得到构型保持的产物 S-乳酸。这一反应结果被称为邻基参与(neighboring group participation)。

在反应中手性碳邻近的—COO^-基团参与反应,它首先从溴原子的反面进攻,生成内酯中间产物,此时手性碳的构型变化一次:

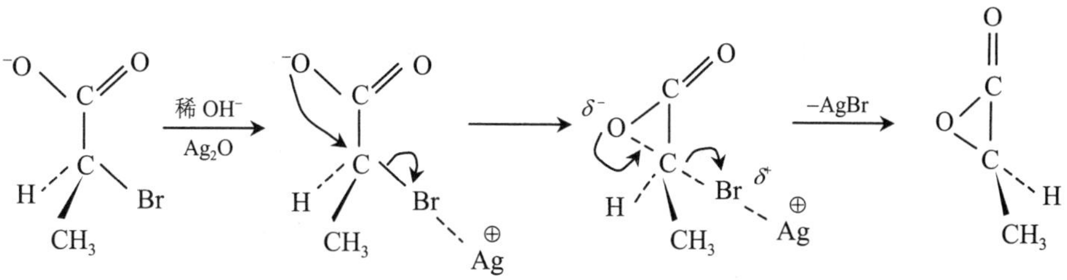

接着 HO^-从内酯环的反面进攻得到乳酸,手性碳又发生了一次构型转化,其净结果是构型保持:

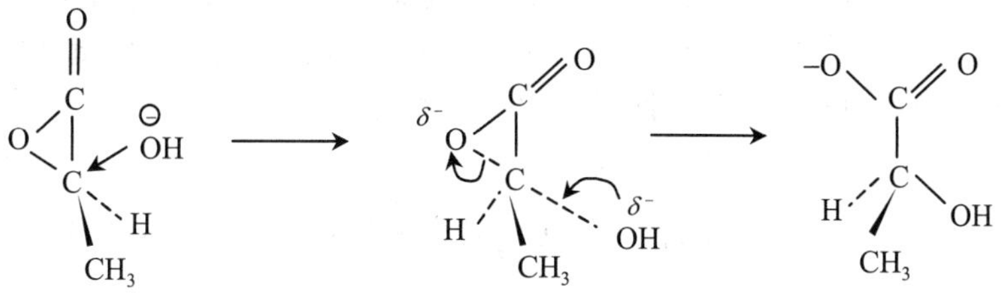

(S)-乳酸（盐)

除羧基外,如存在 —O^- 、—OH 、—OR 、—$\overset{\overset{O}{\|}}{N}HCR$ 、—NHR 、—X 等基团时,且空间距离合适时,都可以借助它们的电荷或未共用电子对来参加分子内的亲核取代反应,如在决定反应速度的步骤中有邻基参加,则可大大提高该反应的速度,因此邻基参与又称邻基促进

253

(anchimeric assistance)。

邻基参与在有机化学中是一种很普遍的现象,它能解释许多用一般 S_N1、S_N2 机理说明不了的实验事实。

9.3.2 芳香族卤代烃的亲核取代反应

芳环上电子云密度大,亲核试剂难于接近,同时因直接连在芳环上的卤原子不活泼,因此在合成上没有芳香族的亲电取代和脂肪族亲核取代反应重要,所以我们只作简单的讨论。

卤代芳烃的特征是它对 HO^-、RO^-、NH_2^- 和 CN^- 等亲核试剂的活性很低(而它们对卤代烷来讲是典型的亲核试剂),例如氯苯在碱性溶液中水解,需要较高的温度:

$$Ph—Cl + NaOH \xrightarrow{>350℃} Ph—OH$$

但是,在氯的邻位或对位有硝基等吸电子基团存在时,就大大增加了它的活性,如下反应式所示:

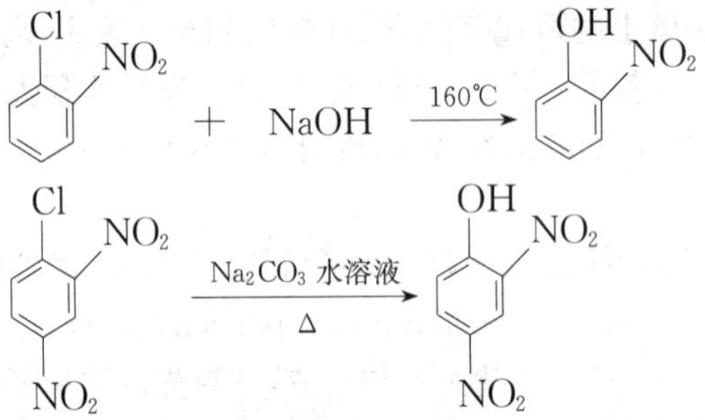

当用其他亲核试剂时,也观察到类似的效应,如下反应式所示:

$$Ph—Cl + NH_3 \xrightarrow[压力]{Cu_2O,200℃} Ph—NH_2$$

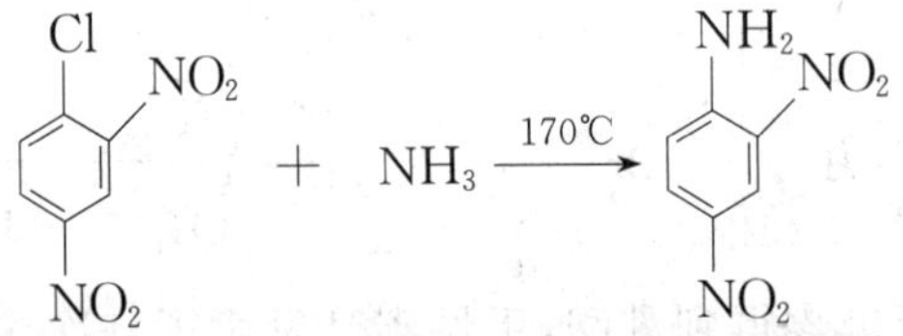

由此可见,在芳香亲核取代反应中,环上有吸电子基团引起活化,推电子基团引起钝化。

对生物化学家特别重要的是使用 2,4-二硝基氟苯作为反应物,以标记蛋白质和肽的氨基酸的端基。肽是由蛋白质部分水解产生的。标定这些片段就给蛋白质中氨基酸的排列顺序提供线索,从而为认识蛋白质在新陈代谢过程中的作用提供资料。

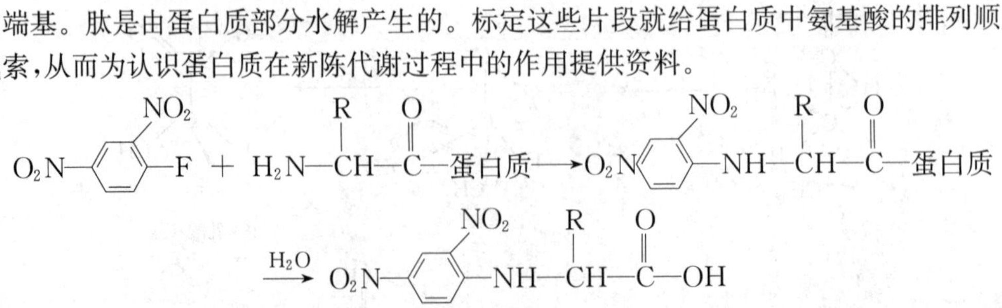

芳香族亲核取代的机理:实验表明,这类反应的速度与作用物的浓度和亲核试剂的浓度成正比,$v=k[Ar—X][HO^-]$。因此是双分子反应。它与 R—X 的 S_N2 的反应又不同,它是分两步进行的。作用物与亲核试剂先进行加成反应,然后离去基团再带着一对电子离开,即是加

成—消除历程,与芳环上亲电取代历程有相似之处。

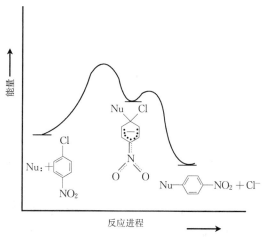

碳负离子(中间体)
(Meisenheimer complex)

在大多数情况下加成反应形成碳负离子的一步是决定反应速度的步骤,因此离去基团的性质对反应速度的影响较小。且中间体 Meisenheimer 络合物也已分离得到。

这可用下列实验得到证明:在脂肪族的 S_N1 和 S_N2 取代反应中,卤代烷的活性次序为 R—I>R—Br>R—Cl>R—F。由于 C—X 键的强度的不同而造成反应速率上的差异是非常大的。但在芳香族亲核取代反应中,各种卤代物间的活性差别通常很小,假如活性与 C—X 键的强度无关,只能得出这样的结论,即我们研究的亲核取代反应的速率并不牵涉到 C—X 键的断裂。在芳香族亲核取代反应中,正像芳香族亲电取代一样,反应的速率取决于进攻试剂与芳环连接的速率,如图 9.8 所示,碳负离子的形成是控制速率的一步,C—X 键的强度不影响总速率。

图 9.8 芳族 S_N 取代反应能量曲线

氯苯在没有吸电子基团活化的情况下,就必须用强的碱(如 KNH_2)才能发生亲核取代反应,而且氨基除了占据氯原子原来的位置外,还可以占据与氯原子相邻的位置。为了便于识别,苯环上碳原子 1 用同位素 C^{14} 标记:

显然不是按照刚讨论过的所谓"双分子机理"进行的,而是按照"消除—加成"机理进行的。即卤代苯在强碱 KNH_2 作用下,可能先起消除反应生成苯炔,然后苯炔与 NH_3 起加成反应生

255

成苯胺：

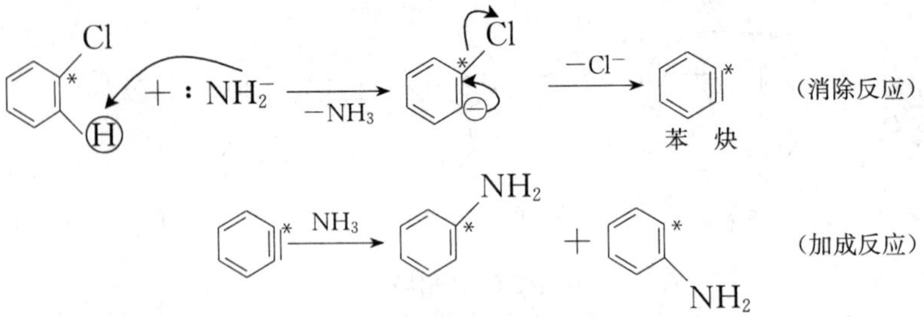

苯炔具有下式所示的结构：

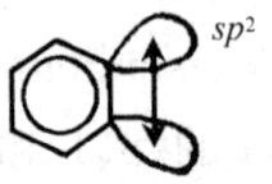

其中在两个碳原子(一个原来接有卤素，一个原来接有氢)之间通过轨道的侧面重叠又形成了一个 π 键。这个新键轨道处于环的旁边，和位于环上下的 π 电子云几乎没作用。由于是侧面重叠程度很小，所以这根新键很弱，因此苯炔的稳定性很小，反应性很强。这样高度活泼的分子只能在低温下(8 K)观察其光谱或用活性试剂截获。例如在碘苯与 $NaNH_2$ 反应时，加入呋喃：

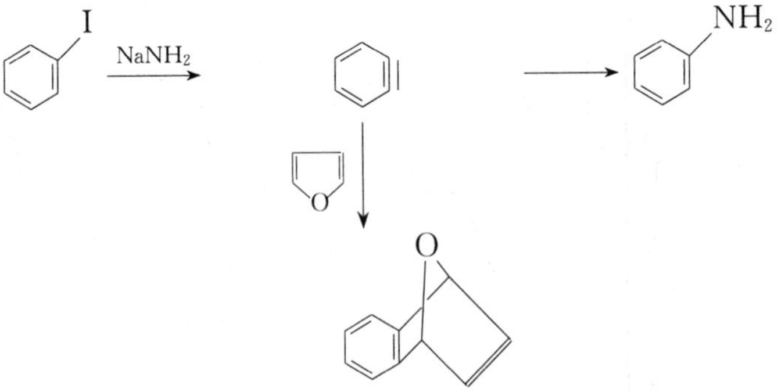

消除—加成机理的实验证据是：当卤素邻位含有两个基团时，如(3-甲基-2-溴茴香醚)则完全不起反应。

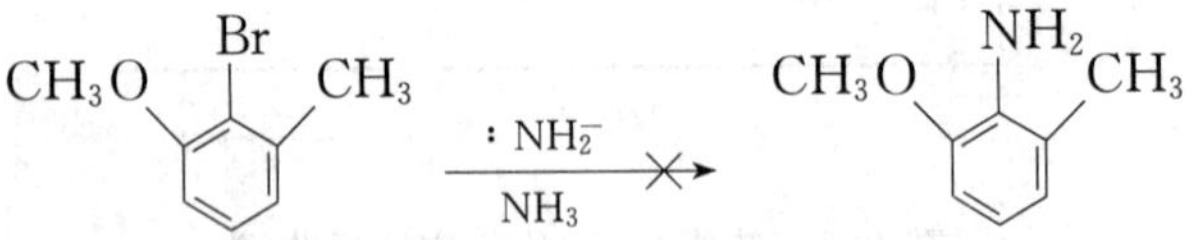

这是由于没有可以失去的邻位氢，因此，不能生成苯炔中间体。

9.3.3 消除反应

卤代烷在强碱的水溶液中进行水解，发生取代反应得到醇。如果卤代烷在碱的醇溶液中加热，则卤素和 β-碳上的氢失去一分子卤化氢而生成烯烃。我们称它为 β-消除反应(β-elimination reaction)。

$$R-\underset{\underset{H}{|}}{\overset{\beta}{C}H}-\underset{\underset{X}{|}}{\overset{\alpha}{C}H_2} \xrightarrow[\text{醇}]{NaOH} R-CH{=}CH_2 + NaX + H_2O$$

通过消除反应可以在分子中引入双键,因此是制备烯烃的一种方法。

从实验结果表明,消去 HX 的速率是:

$$(CH_3)_3\underset{3°}{C}-X > (CH_3)_2\underset{2°}{CH}-X > CH_3\underset{1°}{CH_2}-X$$

实际上,卤代烷的消除反应往往是和取代反应同时发生的。

1. 消除反应的历程

消除反应比较复杂,根据反应中共价键破裂和生成的次序可能有三种反应历程:

(a) 单分子消除反应(E1)。叔丁基溴在碱性溶液中发生消除分两步进行:

第一步:$(CH_3)_3C-Br \underset{慢}{\Longrightarrow} [(CH_3)_3\overset{\delta+}{C}\cdots\cdots\overset{\delta-}{Br}] \Longrightarrow (CH_3)_3\overset{+}{C} + Br^-$

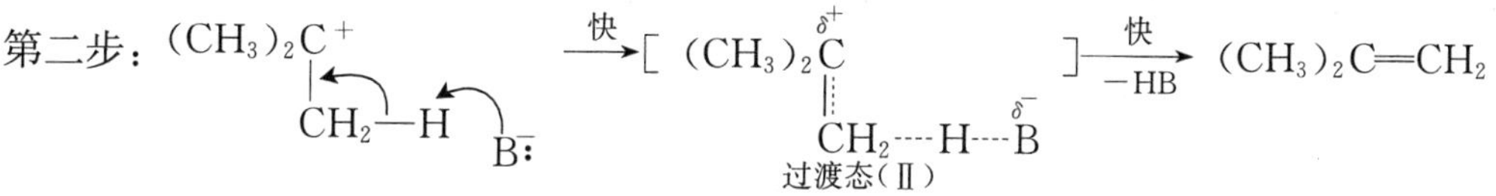

过渡态(Ⅰ)

第二步:

过渡态(Ⅱ)

第一步速度慢,是决定整个反应速度的步骤。在这一步中,只有卤代烷分子参加,即只与 RX 的浓度有关,$v = k[R-X]$。因此叫单分子消除反应,以 E1 表示(E 是 Elimination 的缩写)。E1 和 S_N1 反应相似,分两步进行的,中间产物是碳正离子。不过在 E1 中生成的碳正离子不像在 S_N1 那样和亲核试剂结合,而是 β-碳原子上的氢原子以质子的形式离去而生成烯键。因此,E1 和 S_N1 往往同时发生。

如果反应物结构适宜的话,同样有重排反应发生。例如:

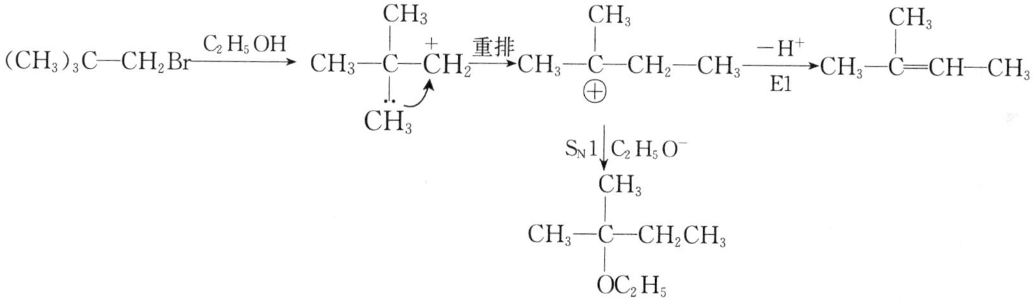

三级碳正离子与醇反应得醚,进行消除反应得烯,重排和消除均是碳正离子的典型性质。

(b) 双分子消除反应(E2)。其反应过程与 S_N2 相似,是一步完成的。碱试剂(B^-:)进攻卤代烷分子中 β-碳原子上的氢原子,X 带着一对电子离开,同时在两个碳原子之间生成 π 键,例如,溴乙烷在碱(NaOH 乙醇溶液)的作用下发生消除是按如下过程进行的:

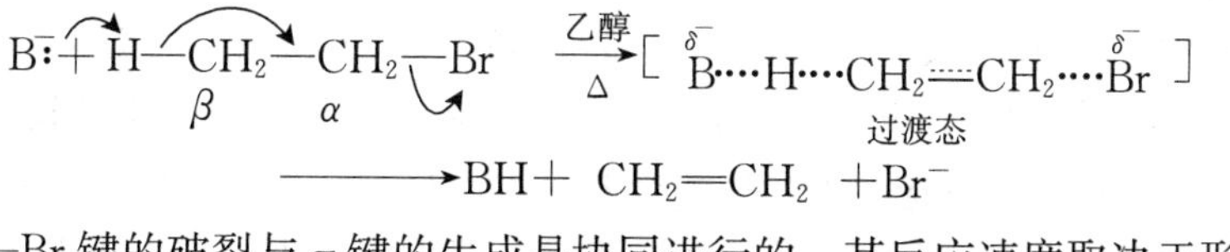

过渡态

$$\longrightarrow BH + CH_2=CH_2 + Br^-$$

H—C 键和 C—Br 键的破裂与 π 键的生成是协同进行的。其反应速度取决于形成过渡态络合物的速度,在这个决定反应速度的步骤中有两种分子参加,即与 R—X 和碱的浓度有关,$v = k[RX][B^-:]$。因此叫双分子消除反应,以 E2 表示。

E2 和 S_N2 反应历程也很相似,在动力学上为二级反应,不发生重排。其不同点是 S_N2 反应中,碱试剂 B$^-$ 进攻的是 α-碳原子,而在 E2 反应中,进攻的则是 β-碳原子上的氢。

在 E2 反应中由于决定反应速度的一步中涉及到 C—H 键的断裂,则会显示较大的同位素效应(isotope effect)。实验结果表明的确如此。例如 $(CH_3)_2CHBr$ 和 $(CD_3)_2CHBr$ 与 C_2H_5ONa 作用脱 HBr(DBr),前者的速度为后者的七倍,显示出明显的同位素效应。

由于 E2 和 S_N2 反应历程也很相似,E1 和 S_N1 历程相似,因此有利于 E1 的反应条件,也有利于 S_N1 的进行;而有利于 E2 的反应条件,也有利于 S_N2 的进行。所以,当一个卤代烷受到亲核试剂的进攻时,在一般情况下,S_N1、E1、S_N2、E2 四种反应可以同时发生。究竟哪一种反应占优势,则与 R—X 的分子结构和反应条件有关。

(c) 单分子共轭碱消除反应($E1_{cb}$)。在强碱作用下,反应物可以很快先失去一个 β-氢原子形成一个碳负离子,而后再失去卤负离子,生成 π 键:

$$\overset{H}{\underset{}{\underset{|\beta}{-C}}}\overset{}{\underset{|\alpha}{-C}}-X \underset{\text{快}}{\overset{C_2H_5O^-}{\rightleftharpoons}} -\overset{\ominus}{\underset{}{\ddot{C}}}-\overset{}{\underset{}{C}}-X \underset{\text{慢}}{\overset{-X^-}{\longrightarrow}} -C=C-$$

反应物的共轭碱

由于这种反应过程是通过反应物的共轭碱(conjugate base)进行的,故通常把这种反应叫做单分子共轭碱消除反应,以 $E1_{cb}$ 表示。$E1_{cb}$ 历程与 E1 相似,为两步反应,但中间产物为碳负离子。$E1_{cb}$ 反应与 E2 一样,反应物和试剂(碱)都与反应直接有关,但决定反应速度的只是失去卤离子一步。因此,按这种历程进行的反应也是单分子反应,但在反应过程中,它是与 E2 相竞争的,只是由于大部分碳负离子一般不很稳定,故 $E1_{cb}$ 远远不如 E2 反应普遍。简单的 RX 不起 $E1_{cb}$ 反应,只有在 β-碳原子上有 —NO_2 、$\overset{|}{-C}=O$ 、—CN 等吸电子取代基时,反应才能按照 $E1_{cb}$ 历程进行。因此,这里只作简单介绍。

2. 消除反应的方向

当含有两种 β-氢原子的卤代烷进行消除反应时,则得到的产物不止一种,哪一种产物占优势呢? 1875 年扎依采夫(Saytzeff)发现:仲和叔卤代烷在消除卤化氢时,氢原子主要从含氢较少的碳原子上脱去,或者说,生成的主要产物为双键上连烃基最多的烯烃。这叫扎依采夫规律。例如:

$$CH_3-CH_2-\underset{\underset{Br}{|}}{CH}-CH_3 \overset{E_tO^-}{\underset{\text{乙醇}}{\longrightarrow}} \underset{81\%}{CH_3CH=CHCH_3} + \underset{19\%}{CH_3CH_2CH=CH_2}$$

这说明生成 2-丁烯的倾向是生成 1-丁烯的倾向的四倍。

E2 反应的定向与其过渡状态有关。在完全协同进行的 E2 反应中,过渡状态已有双键的性质,烯烃的稳定性反映在过渡态的位能上。烯烃的稳定性大,过渡状态的位能低,反应所需的活化能小,反应速度快,在产物中所占的比例也大。由于 2-丁烯比 1-丁烯稳定(前者有六个 C—H 键与双键发生超共轭效应,而后者只有两个 C—H 键与双键发生超共轭效应),所以 2-丁烯反应中形成的过渡态较 1-丁烯的过渡态稳定。即生成 2-丁烯较生成 1-丁烯所需的活化能要小。所以产物以 2-丁烯为主,如图 9.9 所示。

因此,E2 反应的定向符合扎依采夫规律。

在 E1 反应中离去基团(Br)完全离开后,碳正离子中的 C—H 键才断裂生成烯烃。例如:

258

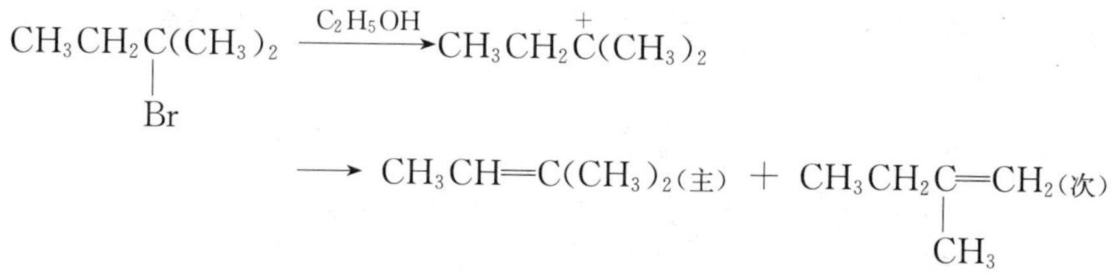

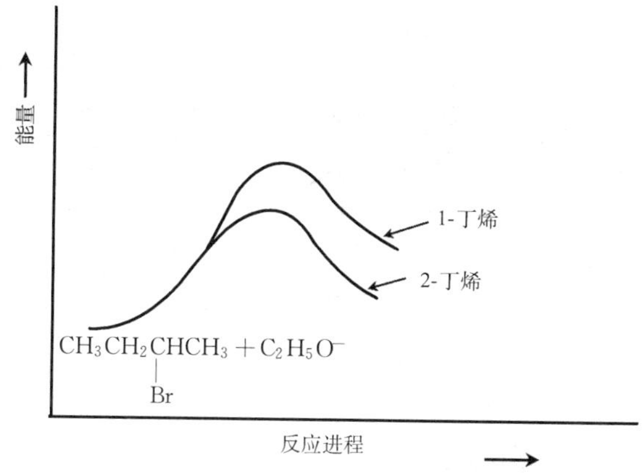

$$CH_3CH_2C(CH_3)_2 \xrightarrow{C_2H_5OH} CH_3CH_2\overset{+}{C}(CH_3)_2$$

（with Br below the first carbon）

$$\longrightarrow CH_3CH\!\!=\!\!C(CH_3)_2(主) + CH_3CH_2C\!\!=\!\!CH_2(次)$$

（with CH_3 below）

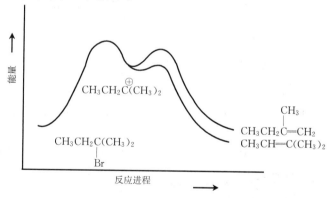

图 9.9　2-溴丁烷在消除 HBr 反应中的过渡态和产物的能量变化

　　第一步是决定反应速度的步骤,第二步是决定产物——烯烃结构的步骤。同样,由于超共轭效应,2-甲基-2-丁烯比2-甲基-1-丁烯稳定,因此生成 2-甲基-2-丁烯的过渡态的位能也比较低,反应所需的活化能较少,反应速度较快,它在产物中所占的比例也较大,所以,E1 反应的定向也符合扎依采夫规律,如图 9.10 所示。

图 9.10　E1 反应的能量曲线

3. 消除反应的立体化学

在 E2 反应中 C—X 键和 C—H 键逐渐破裂,两个碳原子与 H 和 X 成键的 sp^3 轨道逐渐变成 p 轨道(碳原子上与其他原子成键的轨道由 sp^3 变成 sp^2),并且互相重叠成 π 键,两个碳原子上的 p 轨道的对称轴必须平行才能最大限度地重叠。因此,在起消除反应时,H、C、C 和 X 应在同一平面上,如图 9.11 所示。

　　H 与 X 可以在 C—C 的两边或同一边,这样进行的消除反应分别称为反式(anti)消除或顺式(syn)消除。许多实验事实表明,卤代烷的双分子消除反应在多数情况下是反式消除,这样在过渡态中，氢和离去基团才尽可能地远离，呈对位交叉关系，而不是重叠式(顺式消除正是这样)，如图 9.12 所示。

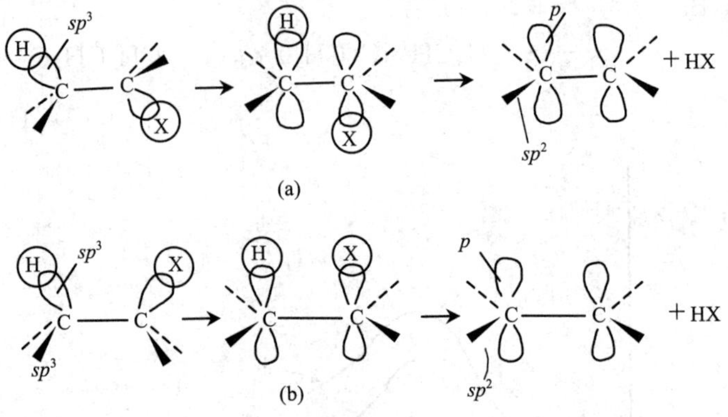

图 9.11 (a)反式消除 (b)顺式消除

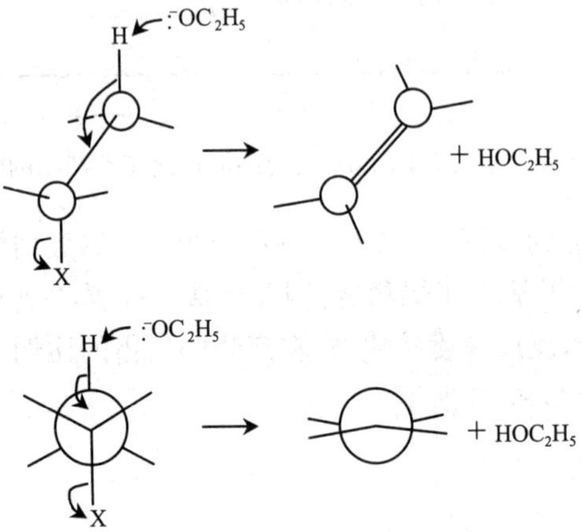

图 9.12 卤代烷的 E2 反应——反式消除

例如，1，2-二苯基-1-溴丙烷的两种异构体在 NaOH 醇溶液中消除脱溴化氢反应完全是立体专一的。它的一对对映体只产生顺式烯烃，而另一对只产生反式烯烃，因为均属反式消除。

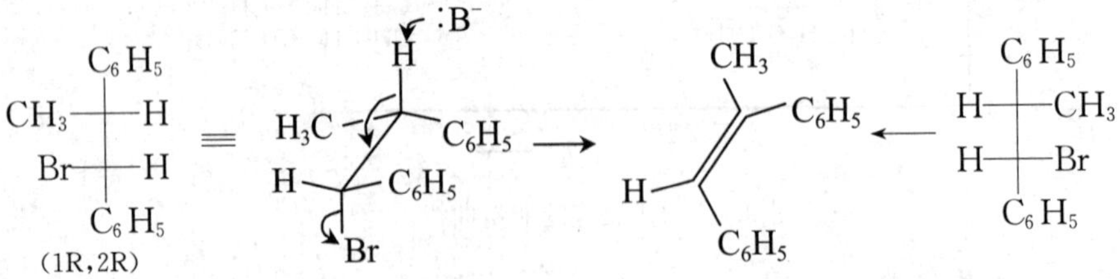

(1R,2R)

顺-1,2-二苯基-1-丙烯

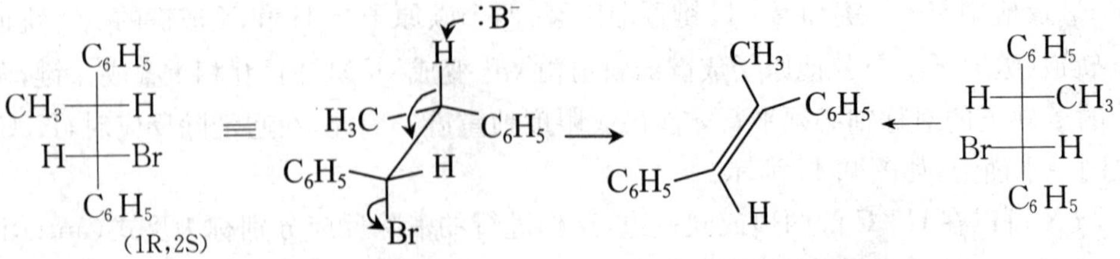

(1R,2S)

反-1,2-二苯基-1-丙烯

在环己烷的环中,1,2-取代基只有在竖键的位置时,才能取得对位交叉式构象,这只有当它们彼此是反式时才有可能,如图9.13所示。

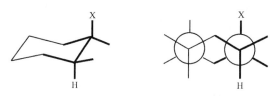

图 9.13 只有反式-1,2-取代基才能取得反式关系

一个有说服力的例子是,顺和反-1,2-二甲基-1-溴环己烷同 NaOH 在 98% 乙醇中脱 HBr 反应,反式异构体的反应速率为顺式的 12 倍。这是因为反式异构体的质子在 1 位和溴在 2 位几乎处于反式排列:

又例如,化合物(1)进行消除反应时主要得到化合物(2):

生成两种烯烃的比例符合扎依采夫规律。

但新的实验事实又表明,虽然在大多数情况下 E2 是反式消除,但顺式消除也是可能的,在某些特定的结构时,顺式消除是惟一可能的途径:

产物烯烃中没有发现 D,说明是顺式消除,由于环的刚性,使其不能形成反式共平面消除所要求的构象。

与 E2 不同,E1 消除在立体化学上没有空间定向性,反式消除和顺式消除产物都有,两者的比例随反应物而有所不同,没有明显的规律。

4. 消除反应和取代反应的竞争

消除反应与亲核取代反应同时进行和互相竞争,如何控制 E 和 S_N 反应产物的比例,这在合成上具有重要意义。因此,就要研究影响 E 和 S_N 反应相对优势的各种因素。

(1)结构因素的影响。消除反应和亲核取代反应都是由同一亲核试剂的进攻而引起的,进攻 α-碳就引起取代,进攻 β-氢就引起消除反应。

卤代烷对 S_N1、E1 和 E2 的活性次序相同的:三级＞二级＞一级。

这个次序对 S_N1、E1 来说,反映在第一步(慢)中所形成的碳正离子的稳定性上。对 E2 来讲,则反映在所形成的烯烃的相对稳定性上。由于三级卤代烷消除 HX 生成的产物为双键碳原子上带有最多烷基的烯烃,最稳定,所以三级卤代烷进行消除反应最快。然而三级 RX 对 S_N2 反应是不利的,正如前面所述的原因,三级 RX 的 R 体积大,亲核试剂从离去基团的背面进攻的空间位阻大,不利于形成过渡态,即反应的活化能高。

卤代烷结构的影响可以归纳如下:

$$
\begin{array}{ccc}
S_N1 & E1 & E2 \\
\hline
1° & 2° & 3° \\
\hline
& S_N2 &
\end{array}
$$

也就是说,当消除反应和取代反应竞争时,消除的比例随 RX 的结构从一级→二级→三级次序增加,所以,当用 RX 制备烯烃时,用三级 RX 产率最好,当用 RX 制备醇时,用一级 RX 产率最好。

而在 β-碳上有吸电子基团时(如 $-NO_2$ 、 $-\overset{|}{\underset{}{C}}=O$ 、 $-CN$ 等)将易按 $E1_{cb}$ 机理反应,此时可使 β-碳上的负电荷得以分散,使中间体碳负离子趋于稳定。

(2) 进攻试剂的影响。由于亲核性是指亲 α-碳,与碳结合,而碱性是指亲 β-碳上的氢,与 H^+ 相结合,因此,进攻试剂的碱性强,亲核性弱,则有利于消除反应的进行。反之,有利于亲核取代反应。例如下列试剂的亲核性和碱性大小次序为:

亲核性: $CH_3O^- > (CH_3)_2CHO^- > (CH_3)_3CO^-$

碱 性: $CH_3O^- < (CH_3)_2CHO^- < (CH_3)_3CO^-$

因此,选择亲核性较强的 CH_3O^-,对取代反应有利,而选择碱性较强的试剂 $(CH_3)_3CO^-$,对消除反应有利。当一级、二级 RX 用 NaOH 水解时,则取代消除一起发生,因为 HO^- 既是亲核试剂,又是强碱。而用 I^-、CH_3COO^- 往往不发生消除反应,而发生亲核取代,因为它们碱性比 HO^- 弱得多。

(3) 溶剂的影响。一般说来,溶剂的极性增加,有利于取代反应,不利于消除反应,因为对 S_N1、E1 反应,第一步都形成碳正离子:

$$
R-X \longrightarrow [\overset{\delta+}{R}\cdots\cdots\overset{\delta-}{X}] \longrightarrow R^+ + X^-
$$
过渡态

溶剂极性大,有利于过渡态的生成(因为电荷增加),而对于 S_N2 和 E2 的过渡态来说:

$$
\left[HO\overset{\delta-}{\cdots}\overset{|}{\underset{|}{C}}\cdots\overset{\delta-}{X} \right] \qquad \left[\overset{\delta-}{HO}\cdots H\cdots\overset{|}{C}=\overset{|}{C}\cdots\overset{\delta-}{X} \right]
$$
$$
\quad S_N2 \qquad\qquad\qquad\qquad E2
$$

E2 过渡态的电荷分散比 S_N2 的过渡态大,因此,当溶剂的极性增加时,对 S_N2 过渡态的稳

262

定作用比 E2 大,相对来说对 S_N2 较为有利,对 E2 较不利。溶剂极性的影响可归纳如下:

$$S_N1 \qquad E1 \qquad S_N2$$
$$\xrightarrow{\text{溶剂极性小} \longrightarrow \text{大}}$$
$$\overleftarrow{\hspace{4cm}}$$
$$E2$$

也就是说,当取代与消除反应竞争时,溶剂极性大有利于取代而不利于消除反应的进行。因此,卤代烷用 KOH 水溶液水解时,主要产物是醇。如用 KOH 醇溶液水解则生成烯,这是因为醇的极性比水弱。

(4)温度的影响。由于消除反应的活化过程中需拉长 C—H 键,而在亲核取代中则没有这种情况,所以消除反应的活化能比取代反应大,提高反应温度有利于消除反应的进行。

综上所述,用 RX 制备烯烃,最好用 $3°RX$,强碱性试剂,极性小的溶剂和在较高的温度下进行反应较为有利。

9.3.4 与金属反应

卤代烷能与一些金属直接化合,生成一种由碳原子与金属原子直接相连的化合物。这类化合物称有机金属化合物。在有机金属化合物分子中 C—M 键的性质随 M(金属)的电负性不同而不相同。例如:

离子键 ──── 极性共价键 ──── 共价键
$(M=Na^+ 或 K^+)$ ── $(M=Mg 或 Li)$ ── $(M=Pb,Sn,Hg 或 Tl)$

有机金属化合物的反应活性是随 C—M 键的离子特性百分数的增加而增加。烷基钠和钾化合物是非常活泼的,同时也属于最强的碱。它们与水的反应是爆炸性的,暴露在空气中则立刻起火。而有机汞和有机铅化合物却非常不活泼。他们常常是易挥发的,同时在空气中是稳定的。有机金属化合物都是有毒的。他们常溶于非极性溶剂中。例如,$Pb(C_2H_5)_4$ 在汽油中可作为抗爆剂。

有机金属化合物中最重要的是有机镁和有机锂化合物。它们都是强碱,也是强亲核试剂,在有机合成上占有很重要的地位。

(1)与镁的作用。将卤代烷与镁在无水乙醚(diethyl ether)中进行反应,所生成的溶液——烷基卤化镁称为格林雅试剂(Grignard reagent),简称格氏试剂。它是法国著名化学家 V. Grignard 首先发现并成功地应用于有机合成中,1912 年为此获 Nobel 化学奖。

$$R{-}X + Mg \xrightarrow{\text{无水乙醚}} RMgX$$

这是卤代烷的一个重要反应。格氏试剂在乙醚溶液中和乙醚形成含有二分子乙醚的络合物,这样可使 RMgX 易于生成和稳定,同时也可增加格氏试剂在乙醚溶液中的溶解度,因此,有人认为溶剂是格氏试剂的组成部分——RMgX 与二分子乙醚配位络合:

$$H_5C_2{-}O{-}C_2H_5$$
$$\Big\uparrow$$
$$R{-}Mg{-}X$$
$$\Big\uparrow$$
$$H_5C_2{-}O{-}C_2H_5$$

固体溴化苯基镁的 X 射线衍射研究也支持其结构为 $PhMgBr[O(C_2H_5)_2]_2$。

如果制备格氏试剂需在较高的温度下进行,可用其他沸点较高的醚,如丁醚、戊醚或四氢呋喃(Tetrahydrofuran,简称 THF,)来代替乙醚。例如:

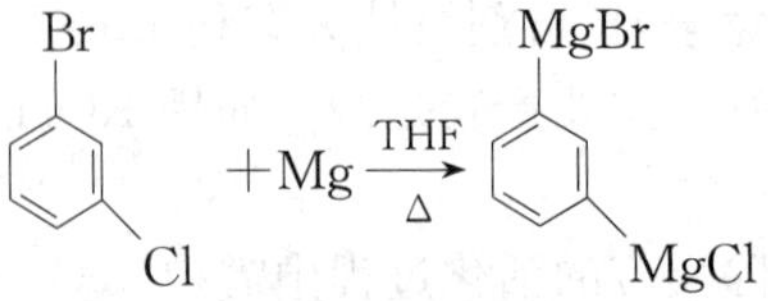

核磁共振光谱的结果显示,格氏试剂是一个双分子化合物,它的结构可能是:

因此,一般认为它是烃基卤化镁、二烃基镁和卤化镁的平衡混合物:

$$2RMgX \rightleftharpoons R_2Mg + MgX_2$$

不过,格氏试剂的通式仍以 RMgX 表示之。

格氏试剂形成的机理,可能是二步的自由基历程:

$$R—X + : Mg \longrightarrow R \cdot + \cdot MgX$$

$$R \cdot + \cdot MgX \longrightarrow RMgX$$

由于格氏试剂中的 $\overset{\delta-}{C}—\overset{\delta+}{Mg}$ 键是强极性键,可以与许多无机化合物(如水、CO_2 等)以及多种有机化合物反应,得到各种有机化合物——烷烃、醇、醛、酮、羧酸等,有关内容将在后面章节陆续介绍。

格氏试剂可以看作一个很弱的酸(R—H)的镁盐(R—MgX),因此,凡是酸性比 R—H 强的化合物都能和它作用,生成烷烃。例如:

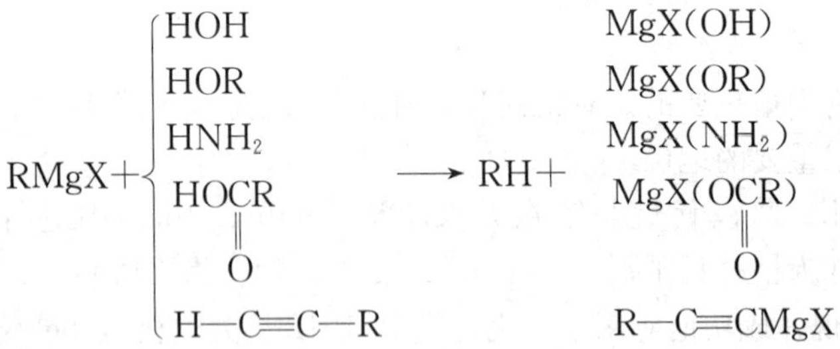

(用一般方法不易得到的炔基格氏试剂可用上法制得。)

这些反应都是由较强的酸(H_2O)把较弱的酸(R—H)从它的盐中取代出来的反应。

它与 H_2O 的反应机理可表示如下:

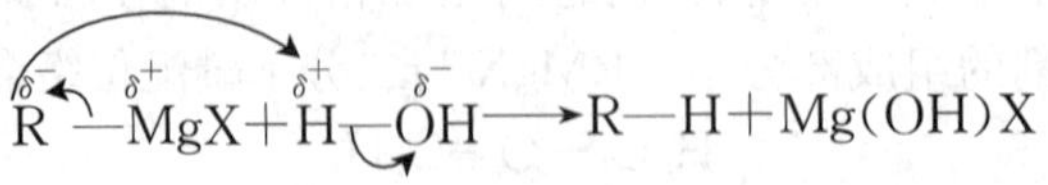

格氏试剂与活泼卤代烃(R_3CX,$RCH=CHCH_2X$,)可以发生偶联反应。例如:

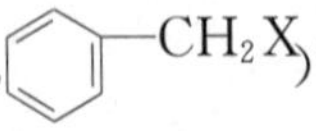

$$RCH=CHCH_2X + RCH=CHCH_2MgX$$

$$\longrightarrow RCH=CH—CH_2CH_2CH=CH—R + MgX_2$$

因此,在用活泼卤代烃制备格氏试剂时,需要控制低温,以避免发生偶联副反应。一级、二级卤代烃不发生此反应。

上述反应不仅说明通过格氏试剂可制得烷烃,同时格氏试剂与含有"活泼"氢的化合物的反应是定量的。在有机分析中,把含活泼氢的化合物与 CH_3MgI 作用,然后从反应中生成的甲烷的体积来计算出活泼氢的个数(一个甲烷分子相当于一个活泼氢)。

格氏试剂是一个亲核试剂,分子中的烷基可进攻卤代烷分子中的烷基碳原子而生成分子量大的烷烃:

$$\overset{\delta^+}{R}-\overset{\delta^-}{X}+\overset{\delta^-}{R}-\overset{\delta^+}{Mg}X \longrightarrow R-R+MgX_2$$

格氏试剂生成的难易和烷基的结构与卤素的种类有关。一般说来,一级 RX 产率最好,二级 RX 次之,三级 RX 最差。对于同一烷基来说,RI 最容易发生反应,氯的活性最小。实验室最常用的是溴化物,因为它的反应速度比氯化物快,而价格比碘化物便宜。

由于格氏试剂很活泼,在制备和使用过程中,往往带来限制。例如不能从含有羟基的卤化物($HO-CH_2CH_2Br$)来制备格氏试剂,在制备芳基卤化镁(ArMgX)时,不能使用苯环上含有活泼氢基团的芳卤($-COOH$、$-OH$、$-NH_2$、$-SO_3H$ 等)。即使在正常情况下,也必须要求仪器和试剂干燥,否则会破坏格氏试剂而使制备失败。

(2) 与锂作用。卤代烷与金属锂作用,生成有机锂化合物:

$$CH_3CH_2CH_2CH_2Cl+2Li \xrightarrow{\text{乙醚}} C_4H_9Li+LiCl$$

同样

$$Ph-Cl+2Li \xrightarrow{\text{乙醚}} Ph-Li+LiCl$$

其作用与有机镁化合物相似,不过锂化合物更为活泼,且溶解性比格氏试剂好,除能溶于醚外,还可以溶于苯、石油醚等溶剂中。

烷基锂与碘化亚铜作用,生成二烷基铜锂:

$$2RLi+CuI \xrightarrow{\text{乙醚}} R_2CuLi+LiI$$

二烷基铜锂是一个很好的烷基化试剂,它与卤代烃作用,生成烷烃、烯烃或芳烃:

$$CH_3(CH_2)_3CH_2I+(CH_3)_2CuLi \longrightarrow CH_3(CH_2)_4CH_3+CH_3Cu+LiI$$

$$Ph-I+(CH_3)_2CuLi \xrightarrow[0℃]{\text{乙醚}} Ph-CH_3+CH_3Cu+LiI$$

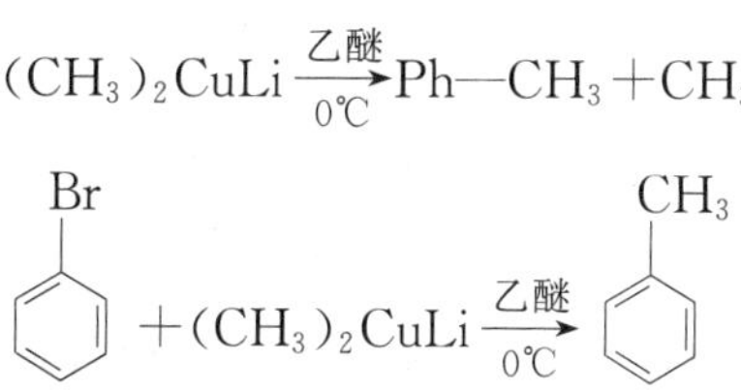

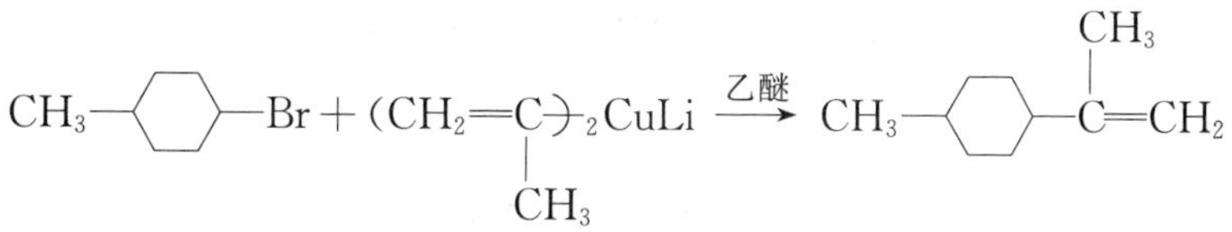

所以可把二烷基铜锂看作是由不同的卤代烷制备烷烃的桥梁。它和卤代烷的反应叫科瑞(E. J. Corey)-郝思(H. House)反应。

使用二烷基铜锂的优点是:反应物上带有 —C=O、—COOH、—COOR、—CONR₂ 等基团可不受影响,产率均很好。故可广泛用于合成,特别是乙烯型卤代烃与 R_2CuLi 反应,R 取代卤素位置而保持原来的几何构型不变。例如:

$$\begin{array}{c}
C_8H_{17} \quad\quad H \\
\diagdown\quad\diagup \\
C=C \\
\diagup\quad\diagdown \\
H \quad\quad I
\end{array} + (C_4H_9)_2CuLi \xrightarrow[Et_2O]{-95℃} \begin{array}{c}
C_8H_{17} \quad\quad H \\
\diagdown\quad\diagup \\
C=C \\
\diagup\quad\diagdown \\
H \quad\quad C_4H_9
\end{array} \quad 74\%$$

(E)-1-碘-1-癸烯　　　　　　　　　　　　　　　(E)-5-十四烯

(3) 卤代烷与金属钠作用,生成烷烃:

$$R—I + 2Na \longrightarrow R—R + 2NaI$$

这个反应是德国化学家武慈(A. Wurtz)首先发现的,因此又叫武慈反应。该反应的过程是经过一个中间体——烷基钠的过程。即:

$$RI + 2Na \longrightarrow R^- Na^+ + NaI$$

$$R^- Na^+ + IR \longrightarrow R—R + NaI$$

利用武慈反应可以制备高级烷烃(40~60 个碳),产率高。若用两种烷基不同的卤代烷反应,则可得三种烷烃的混合物,分离困难,无制备价值。若用 Ar—X 和 R—X 的混合物与 Na作用,则可用来制备芳烃。例如:

$$Ph—Br + C_4H_9Br \xrightarrow[20℃]{Na} Ph—CH_2CH_2CH_2CH_3$$

反应的副产物 C_8H_{18} 沸点低,易分离开。

(4) 与铝的作用。卤代烷与金属铝作用,生成等量的二卤一烷基铝和一卤二烷基铝的混合物。它们是合成橡胶催化剂的组成部分。

$$2Al + 3RX \longrightarrow RAlX_2 + R_2AlX$$

(5) 与锌反应。卤代烷与锌反应得到卤代烷基锌,可用于制备环丙烷类化合物。

$$\begin{array}{c}
C_2H_5 \quad\quad CH_2Br \\
\diagdown\quad\diagup \\
C \\
\diagup\quad\diagdown \\
C_2H_5 \quad\quad CH_2Br
\end{array} + Zn \xrightarrow{HOAc} \begin{array}{c}
H_5C_2 \quad C_2H_5 \\
\diagup\!\!\diagdown \\
\triangle
\end{array}$$

它也是合成中常用的试剂。如在瑞佛马斯基(Reformatsky)反应中由 α-溴代酯合成 β-羟基酯的应用(见第十三章)。

9.3.5 还原反应

卤代烷可被多种试剂还原,生成烷烃。例如:

$$R—X \xrightarrow{LiAlH_4} R—H$$

其他化学试剂如 $Zn + HCl$,HI,H_2/Pd,$Na + NH_3$(液)等均可将卤代烷还原。目前使用较为普遍的是氢化锂铝($LiAlH_4$),它是个很强的还原剂,所有类型的卤代烃,包括乙烯型卤代烃均可被还原。

9.4　卤代烃的制法

卤代烃在自然界极少存在,只能用合成的方法来制备。

1. 由醇制备

醇分子中的羟基用卤原子置换可制得相应的卤代烃。这是一元卤代烃最常用的合成方法。常用的卤化剂有 HX、PX_3、PX_5、$SOCl_2$（亚硫酰氯）等。例如：

$$CH_3CH_2CH_2CH_2OH + HBr \longrightarrow CH_3CH_2CH_2CH_2Br + H_2O$$

1-溴丁烷

2. 由烯、炔烃与 HX 或 X_2 的加成制备

例如：

R—CH=CH₂ + HX ⟶ R—CH—CH₃
 |
 X

R—CH=CH₂ + X₂ ⟶ R—CH—CH₂
 | |
 X X

R—C≡CH + HX $\xrightarrow{Hg^{2+}}$ R—CH=CH₂ $\xrightarrow[Hg^{2+}]{+HX}$ RCX₂CH₃
 |
 X

HC≡CH + Cl₂ $\xrightarrow{活性碳}$ HC=CH
 | |
 Cl Cl

3. 由烃卤代制备

烷烃卤代一般都生成复杂的混合物,只有在少数情况下可用卤代方法制得较纯的一卤代物。例如：

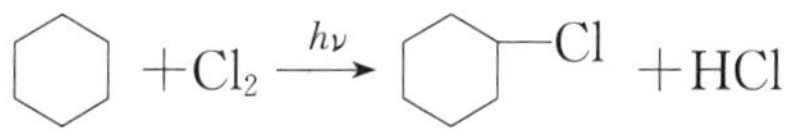

+ Cl₂ $\xrightarrow{h\nu}$ —Cl + HCl

若用烯烃为原料,在高温或光照的条件下进行 α-H 的卤代。例如：

CH₃CH₂CH=CH₂ + Cl₂ $\xrightarrow{500℃}$ CH₃CH—CH=CH₂
 |
 Cl

Ph—CH₂CH₃ + Cl₂ $\xrightarrow{h\nu}$ Ph—CHCH₃
 |
 Cl

芳环上的卤代,例如：

+ Cl₂ $\xrightarrow{Fe}$ —Cl

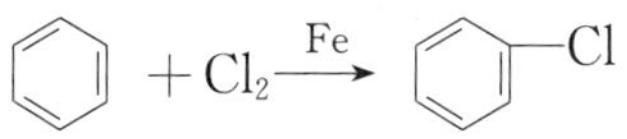

4. 由卤代烃与卤原子置换制备

$$RCl(Br) + NaI \xrightarrow{丙酮} RI + NaCl(Br)\downarrow$$

这是由氯代烃或溴代烃制备碘代烃的一个方便的方法,产率很高。

9.5 卤代烃的一些重要应用举例

在高等动物的代谢中有重要作用的卤代烃是不多的,虽然氯离子对于生命是必需的,但它在有机体内并不转化为氯代烃。只有碘,当由摄取的食物进入人体内后,便在甲状腺中积存下来,并通过一系列化学反应形成甲状腺素,它是控制许多代谢速度的一种激素：

$$\underset{\underset{I}{|}}{\overset{\overset{I}{|}}{HO-}}\!\bigcirc\!-O-\!\!\!\!\!\!\!\!\!\!\!\!\!\!\bigcirc\!-CH_2-\overset{}{\underset{NH_2}{CH}}-\overset{O}{\overset{\|}{C}}-OH$$

虽然在有机体中含的卤代烃不多,但有机卤化物的用途是很广泛的,而且有很多是具有重要生理作用的。现举例说明如下:

(1) 氯乙烷。它是一种局部麻醉剂。在常温下为气体。沸点 12.2℃,常装在压缩瓶中保存,使用时将它喷在皮肤上,迅速气化而引起骤冷,使皮肤局部麻木。

(2) 氯仿。$CHCl_3$,b. p. 61℃,是无色具有甜味的液体。由于氯仿能溶解脂肪和许多有机物,它在化学工业上被广泛用作溶剂。氯仿也曾用作外科手术的麻醉剂,但由于它的毒性,现在已放弃使用。氯仿在光照下可被空气中的氧氧化成剧毒的光气:

$$CHCl_3 + \frac{1}{2}O_2 \xrightarrow{\text{日光}} COCl_2 + HCl$$

所以氯仿应保存在密封的棕色瓶中。

(3) 四氯化碳。CCl_4,b. p. 76.8℃,无色液体,是常用的溶剂,又可作灭火剂。因为四氯化碳不易燃烧,遇热易挥发,它的蒸气比空气重,使火焰与空气隔绝而使火熄灭,对扑灭油类的燃烧更为适宜。CCl_4 曾广泛用作干洗剂,但它的毒性对肝脏有严重的破坏作用,因此应拒绝使用。

(4) 氯乙烯。它是无色液体,工业上由 1,2-二氯乙烷去 HCl 或乙炔加 HCl 来制备:

$$\underset{\underset{Cl}{|}}{CH_2}-\underset{\underset{Cl}{|}}{CH_2} \xrightarrow[-HCl]{\text{NaOH 醇}} CH_2\!\!=\!\!CHCl$$

$$CH\!\!\equiv\!\!CH + HCl \xrightarrow{HgCl_2} CH_2\!\!=\!\!CHCl$$

它的主要用途是制备聚氯乙烯:

$$nCH_2\!\!=\!\!CHCl \xrightarrow{\text{过氧化物}} \underset{\underset{Cl}{|}}{\left[CH_2-CH\right]}_n$$

聚氯乙烯是目前我国产量最大的一种塑料,加入增塑剂可制成耐碱的人造纤素,薄膜制品,它的溶液可做喷漆。

(5) 六六六(1,2,3,4,5,6-六氯环己烷,$C_6H_6Cl_6$)。工业上是由苯和氯气在紫外光照射下合成的:

$$\bigcirc + 3Cl_2 \xrightarrow{h\nu} \underset{\underset{Cl}{}}{\overset{\overset{Cl}{}}{\bigcirc}}$$

六六六是我国曾经使用的杀虫剂,对昆虫有触杀、熏杀和胃杀作用。六六六属高残留农药,我国已于 1983 年停止生产使用。合成六六六是多种立体异构的混合物(应有 8 个可分离的立体异构),而有杀虫效力的只是其中的一个,叫 γ-体或丙-体,它的含量约占 8%～15%,其构象式为:

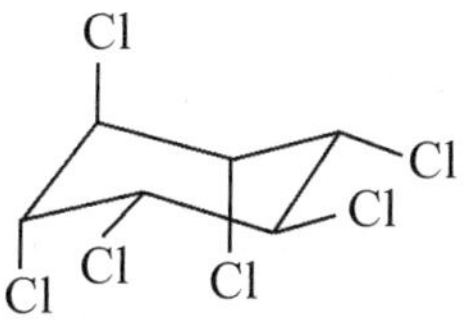

即为 a,a,a,e,e,e 型

(6) DDT。化学名称叫 1,1-双(4-氯苯基)-2,2,2-三氯乙烷:

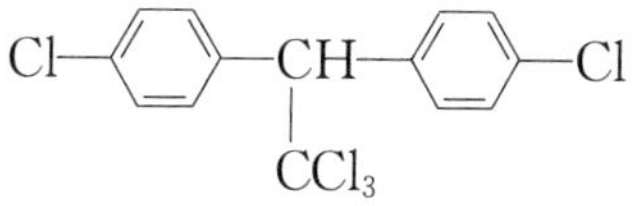

也是我国曾经广泛使用的杀虫剂,对虱、蚊、蝇、蚤均有杀灭作用。DDT 的一个缺点是:它不能很快分解为无毒的物质,因此它的残余物积存于环境中,虽然它对哺乳动物不是特别有毒的(成人致死量为 35 g 左右),但它可被低等有机物(例如浮游生物)浓缩,当鱼类或鸟类摄取了这些食物后便积存在它们的脂肪组织中,以致带来生态学方面的影响。

DDT 的毒性首先在 1949 年被提出,但未引起人们的重视,仍继续作农药使用,而且有增无减。接着在 1962 年生物学家 Rachel Carson 出版一本“沉默的春天”一书,开始了集中反对把 DDT 作为农药使用的运动,并在 1972 年被美国环境保护机构禁止使用。我国也已于 1983 年停止生产使用。目前研究的是转向发展新型的农用杀虫剂——专一的、能被生物降解的农药,它将不会积存于环境中。

(7) 含氟化合物。氟利昂(Freon)是一类含氟及氯的烷烃。如 CF_2Cl_2、$CFCl_3$、$CF_2ClCFCl_2$ 等,其中 CF_2Cl_2 为无毒、不燃烧、无腐蚀的物质,b. p. 28℃,是常用的冷冻剂。

商品名常表示为 Fxxx ⟶ 氟原子个数

↙ ↓

碳原子个数 − 1 氯原子个数 − 1

所以 CCl_2F_2 商品名为 F_{012} 或 F_{12}。

三氟氯溴乙烷 $CF_3CHClBr$ 是目前广泛用来代替乙醚的吸入性麻醉剂、无毒、效果好。

聚四氟乙烯是由四氟乙烯在氧的催化下聚合而成的:

$$nCF_2{=}CF_2 \longrightarrow \left[CF_2{-}CF_2 \right]_n$$

它是一种非常稳定的塑料,耐化学试剂和耐温性极好,故有塑料王之称,用途很广。

二氟二溴甲烷是一个高效灭火剂,适用于扑灭由汽油引起的燃烧。

9.6 有机过渡金属络合物在有机合成中的应用

过渡元素是指周期表中 4、5、6 周期中由ⅢB 的钪族元素开始到ⅠB 的铜族元素为止,共 26 个元素。这些元素的共同特征是具有未占满的 d 轨道——$3d$、$4d$ 或 $5d$ 轨道。这些空着的 d 轨道与带电子对的分子或负离子容易形成配位化合物(络合物)。例如:

铁难于生成一般的烷基衍生物,但通过下面的反应,它却能生成一种具有特殊结构的二环戊二烯铁(二茂铁 Ferrocene):

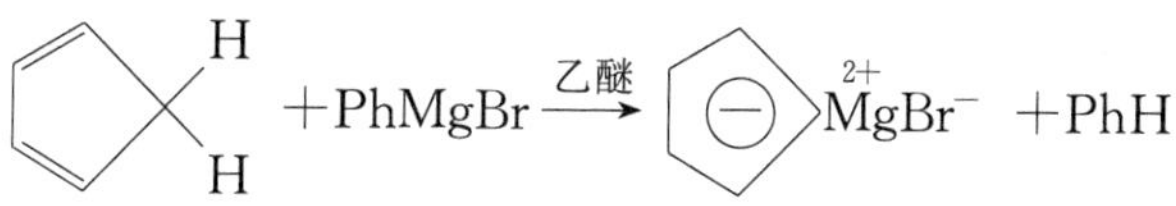

$$2 \; \text{[环戊二烯]}^{2+} MgBr^- + FeCl_2 \longrightarrow (C_5H_5)_2Fe + 2MgBrCl$$

二茂铁

二茂铁虽然具有双键,但却非常稳定。室温下是橙色结晶固体,m. p. 174 ℃,加热到 100℃开始升华,直到400℃也不分解。从光谱性质看,它的红外光谱只出现一个 C—H 伸缩振动频率 3 085 cm^{-1},^{1}H-NMR 谱也只在 $\delta_H = 4.04$ ppm 处有一个峰,可见二茂铁中所有的氢都是等性的。X 射线分析表明二茂铁分子中,Fe^{2+} 对称地夹在两个环戊二烯的环中间,如图 9.14 所示。

图 9.14　二茂铁　　　　　图 9.15　二茂铁的交叉式和重叠式构象

分子中所有的 C—C 键等长都是 140 pm,C—Fe 键长都是 204 pm。像二茂铁这样结构的分子称为"夹心"化合物。如用两个极限构象描述,如图 9.15 所示,一个重叠式构象,一个交叉式构象,两个环可以围绕通过铁原子垂直于环平面的轴自由旋转。

在二茂铁分子中的 C—Fe 键是由于环戊二烯负离子的 p 轨道和 Fe 原子的 $3d$ 轨道交叠形成的,Fe^{2+} 有六个价电子,每个环戊二烯配体(ligand)提供六个电子给 Fe^{2+}。这样结构符合二价铁外层 18 个电子的结构。同时两个环戊二烯负离子具有六个 π 电子($4n+2$,$n=1$)。因此,二茂铁是高度离域的,具有芳香性的稳定体系。在环戊二烯环上可以发生一系列的亲电取代反应(如烷基化、酰基化和磺化等),而且其一元取代物只有一种。

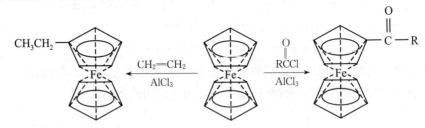

二茂铁自 1951 年首次合成、分离和应用以来,人们又发现了许多许多过渡金属都可以生成稳定的有机金属络合物。例如二环戊二烯钴、镍等,还有些半夹心结构化合物也是稳定的。例如:

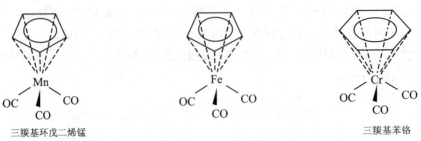

三羰基环戊二烯锰　　　　　　　　　　　　　　　三羰基苯铬

随着络合物中与金属配位的电子给予体的数目（即配位数）不同,也可以生成各种各样的过渡金属络合物。例如:

配位数为 4 的络合物 Ni(CO)$_4$,IrCl(CO)(PPh$_3$)$_2$ 都具有平面四边形的几何构型:

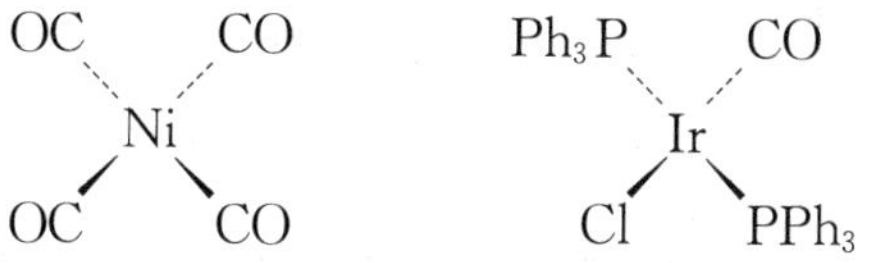

五配位的络合物,五羰基铁[Fe(CO)$_5$]通常具有双三角锥形的几何构型:

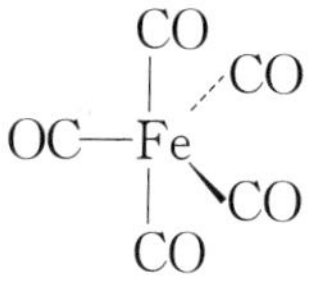

最常见的六配位络合物,它们具有正八面体的几何构型。例如 W(CO)$_6$:

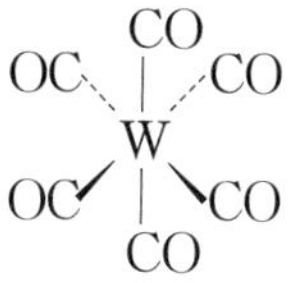

。因此有机过渡金属化学得到了迅速发展。近五十年来,有机过渡金属化学已经成为一个新的研究领域,发展成有机化学中一个重要的新兴分支。

由于过渡金属络合物可以通过离解而失去一个配位体和通过缔合而结合其他的配位体,不饱和配体(如烯烃)可以插入到络合物中的 M—H 键或 M—C 键之中以及配位不饱和的过渡金属络合物可以与各种反应物发生氧化加成等反应,因此,在有机合成中有着广泛的应用。许多过渡金属络合物是非常重要的催化剂,有许多则是非常有效的有机合成试剂,可以使碳原子与多种其他原子结合成键。现举例说明如下:

(1) 均相催化氢化反应。如使用三(三苯基膦)氯化铑 Rh(Ph$_3$P)$_3$Cl,称为 Wilkinson 催化剂,可以在溶液中(一相)常温、常压下使烯烃发生氢化反应,得到顺式加成产物。

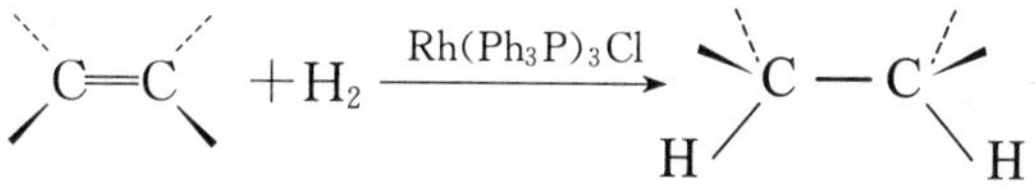

此外,这个氢化反应可以选择性地还原分子中的不饱和基团。例如,当分子中含有C═C双键与其他不饱和基团,如 —NO$_2$,—CHO,—C≡N 等时,Wilkinson 催化剂只催化还原C═C双键,而不涉及其他不饱和基团:

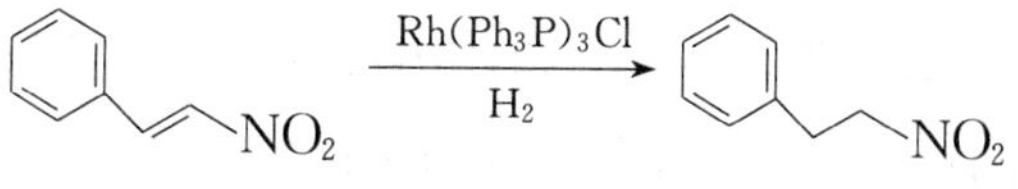

当分子中含有 α,β-不饱和羰基化合物的 C═C 键时,反应只催化还原孤立双键,不还原共轭双键,例如:

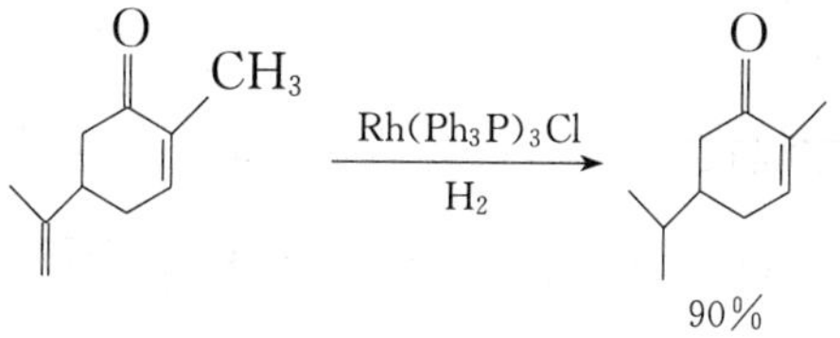

如果利用过渡金属和具有手性的膦配体生成的催化剂进行氢化反应。这就是不对称氢化

反应,可以得到具有光学活性的产物。例如:

$$\underset{\substack{\\ H}}{\overset{\substack{Ph\qquad NHCOCH_3}}{C=C}}\underset{COOH}{} \xrightarrow[H_2]{Rh(P^*)_3Cl} Ph-CH_2-\overset{*}{\underset{COOH}{CH}}-NHCOCH_3 \qquad (P^* = \underset{CH_3}{\overset{\overset{\displaystyle\ddot{P}}{}}{Ph}}\diagdown OCH_3 \quad)$$

$$88\%$$

（2）氢甲酰化反应。烯烃、一氧化碳、氢在催化剂如 Co、Rh、Ru 等作用下转变为多一个碳的醛。例如，$R-CH=CH_2 + CO + H_2 \xrightarrow{HCo(CO)_4} RCH_2CH_2CHO$，这是一个重要的工业反应。

（3）羰基化反应。烯、炔在羰基镍 $Ni(CO)_4$ 催化剂作用下生成酸或酯。例如:

$$HC\equiv CH + CO + H_2O \xrightarrow[\Delta,压力]{Ni(CO)_4} H_2C=CH-CO_2H$$

$$CH_3-C\equiv CH + CO + CH_3OH \xrightarrow{Ni(CO)_4} \underset{CH_3}{CH_2=C}-\overset{\overset{\displaystyle O}{\|}}{C}-OCH_3$$

（4）生成 C—C 键的反应。例如,三（三苯基膦）氯化铑可以用来催化烃基锂和卤代烃之间的反应:

$$Rh(Ph_3P)_3Cl + CH_3Li \xrightarrow{\;(1)\;} (Ph_3P)_3RhCH_3 + LiCl$$

$$\Big\downarrow (2)\ \text{⚬}I$$

$$(Ph_3P)_3RhI + \text{⚬}CH_3 \xleftarrow{\;(3)\;} (Ph_3P)_3Rh(CH_3)I$$

在这个反应中,第一步是配位体的交换反应,第二步是碘苯对铑络合物的氧化加成反应,最后第三步为还原消除反应,生成甲苯。

（5）烯烃的氧化反应。乙烯在 Pd 催化剂的作用下被氧化为乙醛:

$$H_2C=CH_2 + H_2O \xrightarrow{PdCl_4^{2-}} CH_3CHO + Pd + 2HCl + 2Cl^-$$

而 $PdCl_4^{2-}$ 可以用 $CuCl_2$ 将反应所生成的零价 Pd 氧化制得:

$$Pd + 2CuCl_2 + 2Cl^- \longrightarrow PdCl_4^{2-} + \;2CuCl$$
$$\Big\downarrow \xrightarrow[2HCl]{\frac{1}{2}O_2} 2CuCl_2 + H_2O$$

因此,由上面三个反应方程式加起来,最终结果就是空气中的氧将乙烯氧化为乙醛:

$$H_2C=CH_2 + \frac{1}{2}O_2 \longrightarrow CH_3CHO$$

这个反应称为 Wacker 反应。目前工业上利用这个方法由乙烯大量生产乙醛。

272

Wacker 反应具有很强的选择性，它只氧化末端烯烃(链中烯键不被氧化)并不受其他不饱和基团(酮基、酯基等)的影响。例如：

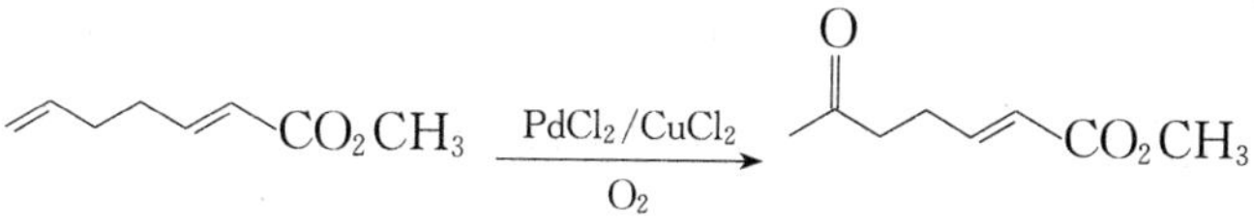

因此，在有机合成上很有用，常用在一些天然产物的合成反应中。

习　　题

1. 写出下列各化合物的所有异构体的结构式和 IUPAC 名称，并指出是一级、二级还是三级卤代烷。

(1) C_3H_7Cl　　(2) C_4H_9Br　　(3) $C_5H_{11}I$

2. 用系统命名法命名下列各化合物：

(1) $CH_3-\overset{\displaystyle CH_3}{\underset{\displaystyle CH_3}{C}}-CH_2Br$　　(2) $CH_3-\overset{\displaystyle CH_3}{CH}-\overset{\displaystyle Cl}{CH}-CH_3$

(3) $CH_3-\overset{\displaystyle Br}{CH}-\overset{\displaystyle CH_2Cl}{CH}-CH_2CH_2CH_3$　　(4) $CH_3CH_2-\overset{\displaystyle CH_3}{\underset{\displaystyle CH_3}{C}}-\overset{\displaystyle Cl}{\underset{\displaystyle Cl}{C}}-CH_3$

(5) 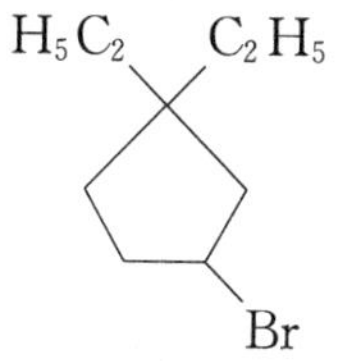　　(6) 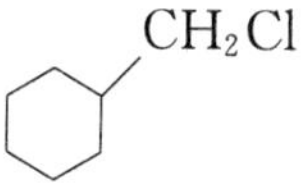

(7) 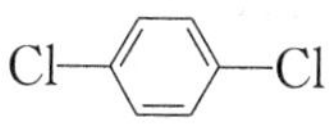　　(8) $CH_3-\underset{\displaystyle Br}{CH}-CH{=}CH-CH_3$

3. 怎样鉴别下列各组化合物：

(1) 1-溴-1-戊烯，3-溴-1-戊烯和 4-溴-1-戊烯

(2) 对-氯甲苯，苄氯和 β-氯乙苯

4. 写出 1-溴丁烷与下列试剂反应主要产物的结构式：

(1) NaOH(水溶液)　　(2) KOH，乙醇，Δ

(3) Mg，无水乙醚　　(4) (3)的产物$+D_2O$

(5) NaCN(醇-水)　　(6) $NaOC_2H_5$

(7) 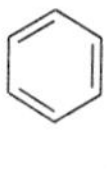 /$AlCl_3$　　(8) $CH_3C{\equiv}C^- Na^+$

(9) $CH_3\overset{\displaystyle O}{\overset{\|}{C}}-OAg$　　(10) $AgNO_3$，醇，Δ

(11) Na，Δ　　(12) NaI 在丙酮中

5. 写出下列反应的产物：

(1) $C_2H_5MgBr + CH_3C \equiv CH \longrightarrow$

(2) $PhCH_2MgCl +$ $(CH_3)_2\overset{\displaystyle Cl}{\underset{}{C}}-\overset{\displaystyle CH_3}{\underset{}{CH}}CH_2CH_3 \longrightarrow$

(3)

$\begin{array}{c} CH=CHBr \\ \\ CH_2Cl \end{array}$ $+KCN \overset{醇}{\longrightarrow}$

(4) $\begin{array}{c} CH_3 \\ \\ Br \end{array}$ $+KOH \overset{醇}{\longrightarrow}$

(5) $PhMgBr(3\ mol) + PCl_3 \longrightarrow$

(6) $(CH_3)_3CBr + NaCN \overset{醇-水}{\longrightarrow}$

6. 请按进行 S_N1 反应活性下降次序排列下列化合物：

$O_2N \!-\!\!\!\!\! - \!\!\!\!\! -CH_2Cl$ $Cl\!-\!\!\!\!\! - \!\!\!\!\! -CH_2Cl$ $\!-\!\!\!\!\! - \!\!\!\!\! -CH_2Cl$

(a)   (b)   (c)

7. 请按进行 S_N2 反应活性下降次序排列下列化合物：

(1)

$\begin{array}{c} Br \\ | \\ CH-CH_3 \end{array}$ CH_2Br $\begin{array}{c} CH_3 \\ | \\ C-Br \\ | \\ CH_3 \end{array}$

(a)   (b)   (c)

(2) $CH_3CH_2CH_2CH_2Br$ $\begin{array}{c} CH_3CH_2CH-CH_2Br \\ | \\ CH_3 \end{array}$ $\begin{array}{c} CH_3 \\ | \\ CH_3CH_2-C-CH_2Br \\ | \\ CH_3 \end{array}$

(a)   (b)   (c)

(3)

$\begin{array}{c} I \end{array}$ $\begin{array}{c} Cl \end{array}$ $\begin{array}{c} Br \end{array}$

(a)   (b)   (c)

8. (1) 用 1-碘丙烷制备下列化合物：

① 异丙醇   ②1,1,2,2-四溴丙烷

③ α-溴丙烯   ④ 二丙醚

⑤ 1,3-二氯-2-丙醇   ⑥ 2,3-二氯丙醇

(2) 用苯或甲苯制备：

① 1-苯基-1,2-二氯乙烷   ②1,2-二苯乙烷

③ $\begin{array}{c} \!-\!\!\!\!\! - \!\!\!\!\! -CCl_3 \\ NO_2 \end{array}$

9. 下面所列的每对亲核取代反应中,哪一个反应更快,为什么?

$$(1)\ (CH_3)_3CBr + H_2O \xrightarrow{\Delta} (CH_3)_3C-OH + HBr$$

$$CH_3-CH_2-\underset{\underset{}{\overset{\overset{CH_3}{|}}{}}}{CH}-Br + H_2O \xrightarrow{\Delta} CH_3CH_2-\underset{\underset{OH}{|}}{\overset{\overset{CH_3}{|}}{CH}} + HBr$$

$$(2)\ CH_3CH_2CH_2Br + NaOH \xrightarrow{H_2O} CH_3CH_2CH_2OH + NaBr$$

$$CH_3-CH_2-\underset{\overset{\overset{CH_3}{|}}{}}{CH}-Br + NaOH \xrightarrow{H_2O} CH_3CH_2\underset{\overset{\overset{CH_3}{|}}{}}{C}HOH + NaBr$$

$$(3)\ CH_3CH_2Cl + NaI \xrightarrow{丙酮} CH_3CH_2I + NaCl$$

$$\underset{CH_3}{\overset{CH_3}{>}}CHCl + NaI \xrightarrow{丙酮} \underset{CH_3}{\overset{CH_3}{>}}CHI + NaCl$$

10. 下列化合物在浓 KOH 醇溶液中脱 HX,试比较反应速度:

(1) $CH_3CH_2CH_2Br$ 　　　$CH_3CH_2\underset{\overset{|}{\overset{Br}{}}}{C}HCH_3$ 　　　$CH_3CH_2-\underset{\underset{CH_3}{|}}{\overset{\overset{CH_3}{|}}{C}}-Br$

(2)

11. 用五个碳以下的醇以及氯苯合成下列化合物:

(1) $CH_2{=}CH-CH_2CH_2CH(CH_3)_2$

(2)

12. 2,3-二氯戊烷在叔丁醇钠的叔丁醇溶液中进行消除反应,得到两对几何异构体,请说明原因及其反应过程。

13. 2-甲基-2-氯,2-溴和2-碘丁烷和甲醇反应的速度不同,可得到的产物都是 2-甲基-2-甲氧基丁烷,2-甲基-1-丁烯和 2-甲基-2-丁烯的混合物,用反应机理来解释这些结果。

14. 考虑 2-碘-丙烷和下列各对亲核试剂反应、预测每一对中的哪一个产生的 S_N/E 比例更大?

(1) SCN^- 或 OCN^- 　　　　　　(2) I^- 或 Cl^-

(3) $N(CH_3)_3$ 或 $P(CH_3)_3$ 　　　　　(4) CH_3S^- 或 CH_3O^-

15. 根据所列化合物的 ^{1}H-NMR 数据,写出其结构。

(1) C_4H_9Br 　　　　$\delta=1.04\ ppm\ (6H)$　双峰

　　　　　　　　　　$\delta=1.95\ ppm\ (1H)$　多重峰

　　　　　　　　　　$\delta=3.33\ ppm\ (2H)$　双峰

(2) $C_9H_{11}Br$ $\delta=2.15$ ppm (2H)   五重峰

$\delta=2.75$ ppm (2H)   三重峰

$\delta=3.38$ ppm (2H)   三重峰

$\delta=7.22$ ppm (5H)   单峰

16. 化合物分子式 $C_5H_{11}Br$ 的 ^{13}C-NMR 谱如图 9.16 所示,推出它的结构式。

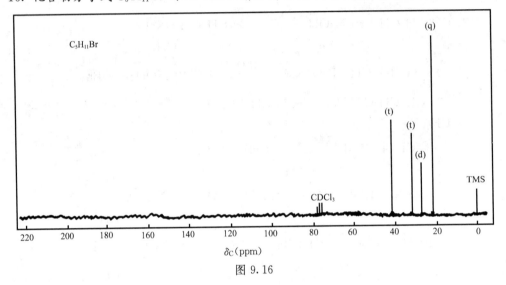

图 9.16

17. 化合物 C_3H_5Br 的 ^{13}C-NMR 谱如图 9.17 所示,写出它的结构式。

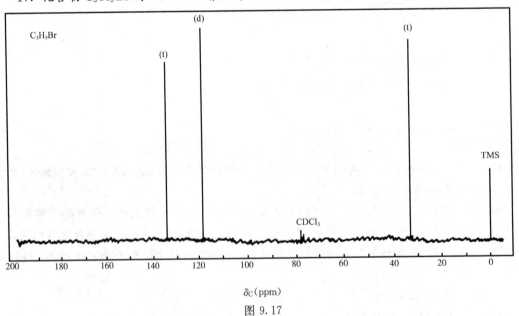

图 9.17

276

第十章　醇　酚　醚

醇、酚、醚在结构上可以看作是水分子中的氢被烃基取代的衍生物。水分子中的一个氢被脂肪烃基取代是醇，被芳基取代是酚，如果二个氢都被烃基取代叫醚：

H—O—H	R—OH	Ph—OH	R—O—R′	或 Ar—O—R
水	醇	酚	醚	Ar—O—Ar

10.1　醇的结构、分类和命名

10.1.1　醇的结构

醇的羟基（ —OH ）是醇的官能团。水分子中 H—O—H 键角为 104.5°，氧原子外层电子为不等性 sp^3 杂化状态。醇分子中的氧原子也是近乎 sp^3 杂化，它以两个 sp^3 杂化轨道分别和碳及氢结合，余下两个 sp^3 杂化轨道被两个未共用电子对所占据，甲醇的分子结构通过微波光谱测定表示如下：

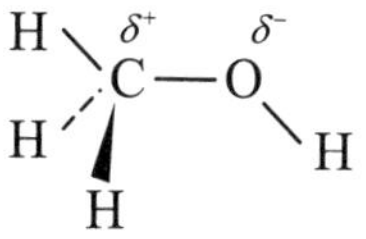

	键长(pm)		键角
C—H	101	H—C—H	109°
O—H	96	H—C—O	110°
C—O	143	C—O—H	108.9°

由于氧的电负性较强，所以在醇分子中的 C—O 和 O—H 键有较强的极性（在和氧相连的氢及碳上都有部分正电荷），醇羟基和醇分子本身的极性对醇的物理性质和化学性质有较大的影响。

10.1.2　醇的分类

(1) 根据羟基所连接碳原子的类型不同可以分为伯（一级）醇、仲（二级）醇、叔（三级）醇。例如：

RCH_2OH，羟基连在伯碳上，所以叫伯醇；

R_2CHOH，羟基连在仲碳上，所以叫仲醇；

R_3COH，　羟基连在叔碳上，所以叫叔醇。

(2) 根据羟基所连接的烷基不同，可分为饱和醇，不饱和醇和芳香醇。例如：

$CH_3CH_2CH_2OH$　　CH_2═CH—CH_2OH　　Ph—CH_2OH

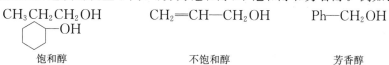

饱和醇　　不饱和醇　　芳香醇

根据醇分子中含羟基数目的多少，又可分为一元醇，二元醇和多元醇。例如：

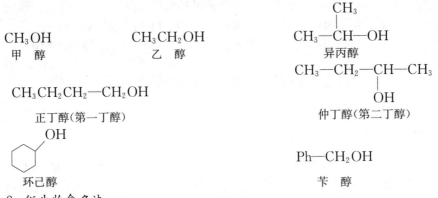

$$CH_3CH_2OH \qquad \begin{matrix} CH_2—CH_2 \\ | \qquad | \\ OH \quad OH \end{matrix} \qquad \begin{matrix} CH_2—CH—CH_2 \\ | \qquad | \qquad | \\ OH \quad OH \quad OH \end{matrix}$$

一元醇　　　　　　二元醇　　　　　　　三元醇

10.1.3 醇的命名

1. 普通命名法

根据和羟基相连的烃基来命名。例如：

$$CH_3OH \qquad\qquad CH_3CH_2OH$$
　　甲　醇　　　　　　　　乙　醇

$$\begin{matrix} CH_3 \\ | \\ CH_3—CH—OH \end{matrix}$$
异丙醇

$$CH_3CH_2CH_2—CH_2OH$$
　　　正丁醇（第一丁醇）

$$\begin{matrix} CH_3—CH_2—CH—CH_3 \\ | \\ OH \end{matrix}$$
仲丁醇（第二丁醇）

环己醇

$$Ph—CH_2OH$$
苄　醇

2. 衍生物命名法

把醇看成是甲醇的衍生物来命名，例如：

$$\begin{matrix} CH_3 \\ | \\ CH_3CH_2CH—OH \end{matrix} \qquad Ph_3C—OH$$
　　甲基乙基甲醇　　　　　三苯基甲醇

3. IUPAC 命名法

选择含—OH 的最长链为主链，从靠近—OH 基一端开始编号，按照主链所含的碳原子数目称为某醇，并在"醇"字前面标出羟基的位次。例如：

$$\begin{matrix} CH_3CH_2—CH—CH_3 \\ | \\ OH \end{matrix}$$
2-丁醇

$$\begin{matrix} CH_3 \qquad\qquad OH \\ | \qquad\qquad | \\ CH_3—CH—CH_2—CH—CH_3 \end{matrix}$$
4-甲基-2-戊醇

$$\begin{matrix} CH_3 \\ | \\ CH_2 \qquad\qquad Cl \\ | \qquad\qquad | \\ CH_3—CH—CH—CH—CH—CH_2OH \\ \quad | \qquad\qquad | \\ \quad CH_3 \qquad\quad CH_3 \end{matrix}$$
2,4,5-三甲基-3-氯-1-庚醇

$$CH_3CH=CHCH_2CH_2OH$$
3-戊烯-1-醇

$$\begin{matrix} CH_3—CH_2—CH—CH_2—CH—CH_3 \\ \qquad\qquad | \qquad\qquad | \\ \qquad\qquad OH \qquad\qquad OH \end{matrix}$$
2,4-己二醇

278

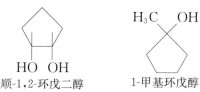

顺-1,2-环戊二醇　　　1-甲基环戊醇

对具有特定构型的醇还需用 R/S 法标记它们的构型。例如：

$$\begin{array}{c} CH_2CH_3 \\ H \!-\!\!\!\!\!\!-\!\!\!\!\!\!-\!\! OH \\ C_6H_5 \end{array}$$ （S）-1-苯基-1-丙醇

10.2　醇的物理性质

较低级的一元醇为无色液体,具有特殊的气味和辛辣的味道。它们都溶于水。但从丁醇开始,在水中溶解度随分子量的增加而降低。这是因为低级醇能与水形成氢键,故能与水互溶。随着烷基增大,醇羟基与水形成氢键的能力就越弱,因而在水中的溶解度也就降低以致不溶。高级醇基本上与烷烃一样,不溶于水,而溶于有机溶剂中。这就是在第一章中的关于溶解度经验规则"相似相溶"。低级醇能溶于水是因为它们含有—OH,其结构与水相似,因此,醇分子间,水分子间及醇与水分子间的吸引力也相似,彼此都形成强的氢键,而高级醇不溶于水,这是因为水分子间能形成强的氢键,而水与高级醇分子间几乎只有微弱的色散力。所以高级醇和水不能互溶,各成一相。

低级醇的沸点比分子量相近的烷烃高得多,甚至比其他有一定极性的化合物的 b.p. 还高。例如:

化合物	分子量	b. p. (℃)
$CH_3CH_2CH_2CH_2CH_3$	72	36
$CH_3CH_2CH_2\!-\!Cl$	79	47
$CH_3CH_2CH_2CH_2OH$	74	118

这是因为醇在液态下和水一样,分子间能通过氢键而缔合:

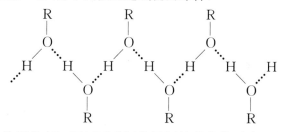

要使醇变蒸气(单分子状态),不仅要破坏分子间的范德华引力,而且还必须消耗一定的能量破坏氢键(键能为 25.1 kJ·mol^{-1}),因此醇的沸点比相应的烷烃、卤代烃要高得多。

低级醇与水类似,能和一些无机盐类($MgCl_2$、$CaCl_2$、$CuSO_4$ 等)形成晶体状的分子化合物,称为结晶醇:$CaCl_2 \cdot 4CH_3OH$、$CaCl_2 \cdot 4CH_3CH_2OH$、$MgCl_2 \cdot 6CH_3OH$。因此不能用无水 $CaCl_2$ 来除去醇中所含的水分。如在乙醚中夹杂少量乙醇,便可利用醇的这一性质将其除去。醇的物理性质见表 10.1。

醇的光谱性质如下:

279

红外光谱:醇的游离羟基的吸收峰($\bar{\nu}_{OH}$)出现在 3 500 cm^{-1}～3 650 cm^{-1} 区域,分子间缔合的羟基其吸收峰移向 3 200 cm^{-1}～3 400 cm^{-1} 区域,产生宽峰。分子内缔合羟基约位于 3 000 cm^{-1}～3 500 cm^{-1}。

表 10.1 醇的物理性质

化　合　物		英文名称	m. p. (℃)	b. p. (℃)	密　度 d^{20}	在水中溶解度 (g/100mL)
CH₃OH	甲醇	methanol	−97.8	65.0	0.7914	∞
C₂H₅OH	乙醇	ethanol	−114.7	78.5	0.7893	∞
CH₃CH₂CH₂OH	正丙醇	n-propyl alcohol	−126.5	97.4	0.8035	∞
CH₃CHOHCH₃	异丙醇	iso-propyl alcohol	−89.5	82.4	0.7855	∞
CH₃CH₂CH₂CH₂OH	正丁醇	n-butyl alcohol	−89.5	117.3	0.8098	8.0
CH₃CH₂CHOHCH₃	仲丁醇	sec-butyl alcohol	−114.7	99.5	0.8063	12.5
(CH₃)₂CHCH₂OH	异丁醇	iso-butyl alcohol		107.9	0.8021	11.1
(CH₃)₃C—OH	叔丁醇	tert-butyl alcohol	25.5	82.2	0.7887	∞
CH₃(CH₂)₄OH	正戊醇	n-pentyl alcohol	−79	138	0.8144	2.2
C₂H₅(CH₃)₂COH	叔戊醇	tert-pentyl alcohol	−8.4	102	0.8059	∞
CH₃CH₂CH₂CHOHCH₃	2-戊醇	2-pentanol		119.3	0.809	4.9
CH₃CH₂CHOHCH₂CH₃	3-戊醇	3-pentanol		115.6	0.815	5.6
(CH₃)₃CCH₂OH	新戊醇	neo-pentanol	53	114	0.812	∞
CH₃(CH₂)₅OH	正己醇	n-hexyl alcohol	−46.7	158	0.136	0.7
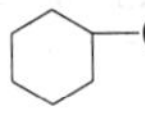 ⬡—OH	环己醇	cyclohexyl alcohol	2.3	161	0.9624	3.6
CH₂=CH—CH₂OH	烯丙醇	allyl alcohol	−129	97	0.8555	∞
(C₆H₅)₃C—OH	三苯甲醇	triphenyl carbinol	164.2	380	1.1994	—
CH₂OHCH₂OH	乙二醇	ethylene glycol	−11.5	198	1.1088	∞
CH₂OHCHOHCH₂OH	丙三醇	glycerol	20	290	1.2613	∞

除了羟基的伸缩振动吸收峰外,还有一个醇的碳氧伸缩振动吸收峰 $\bar{\nu}_{C-O}$ 在 1 100 cm^{-1}～1 200 cm^{-1} 处,其中:

一级醇　$\bar{\nu}_{C-O}$=1 050 cm^{-1}～1 085 cm^{-1}

二级醇　$\bar{\nu}_{C-O}$=1 085 cm^{-1}～1 125 cm^{-1}

三级醇　$\bar{\nu}_{C-O}$=1 125 cm^{-1}～1 200 cm^{-1}

^{1}H-NMR 谱:醇羟基质子 R—OH 的 ^{1}H-NMR 谱中的吸收由于氢键而移向低场,而氢键的数量又取决于浓度、温度和溶剂的性质。因此 δ_H 在 1 ppm～5.5 ppm 之间,而醇中亚甲基质子 —C—OH 的吸收在 δ_H 在 3.4 ppm～4 ppm 之间。

^{13}C-NMR 谱:与醇羟基相连的碳 —C—OH , δ_C 在 50 ppm～80 ppm 之间。

质谱:在电子轰击质谱图中,醇的 M$^{\dot{+}}$ 峰丰度很小,伯醇和支链多的醇常观察不到 M$^{\dot{+}}$ 峰,这时最大的峰为 M—18 或 M—15。

10.3 醇 的 反 应

醇的化学性质主要由羟基官能团所决定。由醇的结构知道,由于氧的电负性较大,所以醇中 C—O 键和 O—H 键都有较大的极性,容易受到外来试剂的进攻。因此醇的反应基本上包括两类:一类是 RO┼H 键的断裂,另一类是 R┼OH 键断裂。在反应中究竟是哪一个键断裂则取决于烃基的结构和反应条件。现分别介绍如下:

10.3.1 醇的酸性和碱性

与水相似,醇既可作为酸又可作为碱。当醇与无机酸作用时,它可以接受质子,所以表现为碱的性质,结果得到𬬭盐(质子化的醇)。例如:

$$H_2SO_4 + CH_3\overset{\cdot\cdot}{O}H \longrightarrow CH_3 - \overset{\overset{\displaystyle H}{|}}{\underset{+}{O}} - H + HSO_4^-$$

𬬭 盐

当醇和较强的碱作用,它能给出一个质子表现出它的酸性。例如:

$$CH_3CH_2CH_2OH + NaNH_2 \longrightarrow CH_3CH_2CH_2O^-Na^+ + NH_3$$

丙醇钠

醇的酸性也表现在它能与活泼金属进行反应。例如醇与金属钠反应可以生成醇钠和氢气:

$$2C_2H_5OH + 2Na \longrightarrow 2C_2H_5O^-Na^+ + H_2\uparrow$$

乙醇钠

此反应比水与金属钠的反应要缓和得多,说明醇中—OH 的氢没有水分子中的氢来得活泼,醇的酸性比水弱,(水的 $pK_a=15.7$,而乙醇的 $pK_a=17$)。

随着醇烃基的加大,和金属钠反应的速度减慢,即醇的反应活性是:

CH_3OH＞一级醇＞二级醇＞三级醇

这与醇的酸性次序是一致的。这里溶剂化作用是重要的。三级醇和二级醇烷氧负离子由于 R 基团的空间阻碍比一级醇烷氧负离子大,因此阻碍了使 RO^- 稳定的离子—偶极相互作用,而难于溶剂化,故容易和质子结合。所以,三级烷氧负离子是比甲氧负离子强得多的碱,而三级醇则是比甲醇弱得多的酸(甲醇的 $pK_a=15.5$,叔丁醇的 $pK_a=19$)。

醇钠可以作为有机合成反应中的碱性催化剂,其碱性比氢氧化钠强,醇钠也常用作分子中引入烷氧基(RO—)的试剂,这在卤代烃一章中已讨论过。

醇钠是白色固体,能溶于过量的醇中,遇水迅速分解为醇和 NaOH。所以使用醇钠时必须采用无水操作。

$$RONa + H_2O \Longrightarrow ROH + NaOH$$

上述反应为可逆反应,除去水则平衡向左移动。工业上大规模制备醇钠时,多采用醇(通常是甲醇或乙醇)和固体 NaOH 作用,加入苯进行共沸蒸馏以不断除去 H_2O,使平衡向生成醇钠方向移动,这样可避免使用价格昂贵的金属钠,而且生产安全。

此外,醇也可以与镁、铝等活泼金属作用,生成醇镁、醇铝等。反应式如下:

$$2C_2H_5OH + Mg \overset{\Delta}{\longrightarrow} (C_2H_5O)_2Mg + H_2\uparrow$$

这反应的重要性在于乙醇镁在实验室可用来制备绝对无水乙醇(99.95%乙醇)。

$$6(CH_3)_2CHOH + 2Al \xrightarrow{\triangle} 2\left[(CH_3)_2CHO\right]_3Al$$
异丙醇铝

异丙醇铝是一个很好的选择性还原剂,在有机合成中有重要应用(见第十一章)。

醇金属既是强碱又是亲核试剂,如 CH_3ONa、C_2H_5ONa 等都是常用的试剂,而叔丁醇钾碱性强而亲核性弱,故常用于卤代烃脱 HX 的反应。

10.3.2 醇的氧化

在醇分子中,由于羟基的影响,使得 α-H 较活泼,容易被氧化。不同结构的醇氧化,生成不同的产物。一级醇生成醛(或羧酸),例如当一级醇用温和的氧化剂(如 Cu 或 CrO_3 在吡啶中)处理得到醛。CrO_3 和吡啶的络合物 $CrO_3 \cdot (C_5H_5N)_2$ 称为沙瑞特(Sarrett)试剂。

$$R-CH_2-OH \xrightarrow[\text{或 } CrO_3 \text{ 吡啶}]{Cu,300℃} R-\overset{\overset{\displaystyle O}{\|}}{C}-H$$
一级醇   醛

若在较强的氧化剂(如 $H_2Cr_2O_7$ 或中性 $KMnO_4$)下进行反应,先生成中间产物醛,再进一步氧化为羧酸

$$R-CH_2-OH \xrightarrow[\text{或中性 } KMnO_4]{H_2Cr_2O_7,25℃} R-CHO \xrightarrow{[O]} R-\overset{\overset{\displaystyle O}{\|}}{C}-OH$$
一级醇   醛   羧酸

二级醇氧化生成酮:

$$R-\underset{\underset{\displaystyle OH}{|}}{C}H-R' \xrightarrow[25℃]{H_2Cr_2O_7} R-\overset{\overset{\displaystyle O}{\|}}{C}-R'$$
二级醇   酮

三级醇分子中不含 α-H,故在一般情况下不被氧化。若在强氧化剂作用下,则发生键的断裂。例如:

$$CH_3-\underset{\underset{\displaystyle CH_3}{|}}{\overset{\overset{\displaystyle CH_3}{|}}{C}}-OH \xrightarrow[\triangle]{KMnO_4 H^+} CH_3-\overset{\overset{\displaystyle O}{\|}}{C}-CH_3 + H-\overset{\overset{\displaystyle H}{|}}{C}=O$$

$$\downarrow[O] \qquad\qquad \downarrow[O]$$

$$CH_3COOH + CO_2 \qquad CO_2 + H_2O$$

由上可见,$K_2Cr_2O_7$ 的酸性溶液可用于区分一级(二级)和三级醇,因为一级、二级醇在氧化时,由于 Cr^{6+}(橙红色)被还原为 Cr^{3+}(绿色),而有明显的颜色变化,三级醇在同样条件下不被氧化,所以颜色不变。

醇的氧化机理:

重铬酸与铬酸存在动态平衡:

$$\underset{\underset{\displaystyle O}{\|}}{\overset{\overset{\displaystyle O}{\|}}{^-O-Cr}}-O-\underset{\underset{\displaystyle O}{\|}}{\overset{\overset{\displaystyle O}{\|}}{Cr}}-O^- + H_2O \Longrightarrow 2HO-\underset{\underset{\displaystyle O}{\|}}{\overset{\overset{\displaystyle O}{\|}}{Cr}}-O^-$$

然后生成铬酸酯：

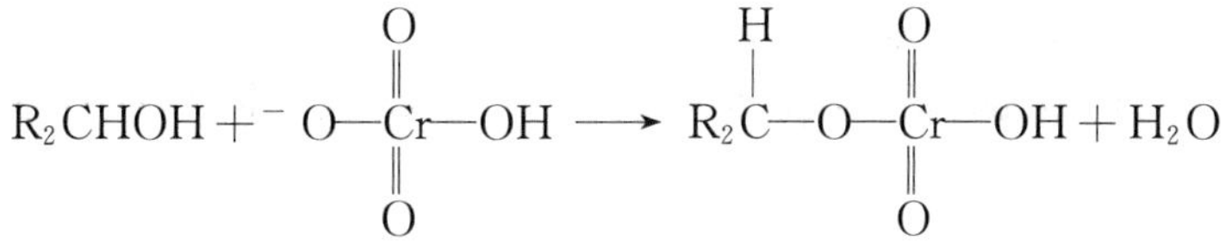

$$R_2CHOH + {}^-O-\overset{\overset{\displaystyle O}{\|}}{\underset{\underset{\displaystyle O}{\|}}{Cr}}-OH \longrightarrow R_2\overset{\overset{\displaystyle H}{|}}{C}-O-\overset{\overset{\displaystyle O}{\|}}{Cr}-OH + H_2O$$

铬酸酯失去一个质子和一个 $HCrO_3^-$ 离子，形成酮：

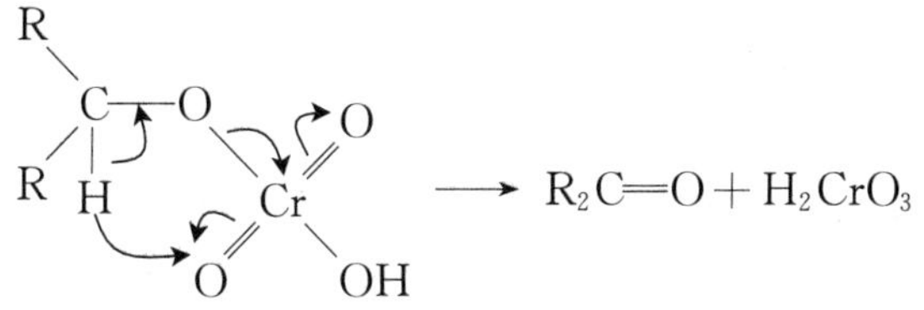

$$\longrightarrow R_2C{=}O + H_2CrO_3$$

这一步实际上是一种 E2 消除反应，生成 C=O 双键。

如是一级醇，则氧化为醛，而醛易进一步氧化为酸：

$$RCH_2OH + HCrO_4^- \longrightarrow R-CHO + H_2CrO_3$$

$$R-CHO + HCrO_4^- \longrightarrow R-\overset{\overset{\displaystyle O}{\|}}{C}-OH + H_2CrO_3$$

若醇分子中含有双键，要选择地氧化羟基不氧化双键，则可用欧朋脑尔(R. V. Oppenauer)氧化法，即在碱(如叔丁醇铝或异丙醇铝)的存在下，二级醇和丙酮一起反应，醇把两个氢原子转移给丙酮，变成酮，而丙酮被还原为异丙醇。反应如下：

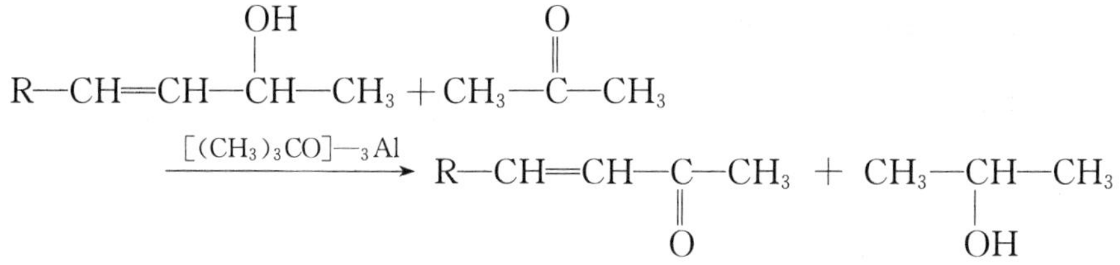

$$R-CH{=}CH-\overset{\overset{\displaystyle OH}{|}}{CH}-CH_3 + CH_3-\overset{\overset{\displaystyle O}{\|}}{C}-CH_3$$

$$\xrightarrow{[(CH_3)_3CO]_3Al} R-CH{=}CH-\underset{\underset{\displaystyle O}{\|}}{C}-CH_3 + CH_3-\underset{\underset{\displaystyle OH}{|}}{CH}-CH_3$$

该反应通过一个环状中间体进行：

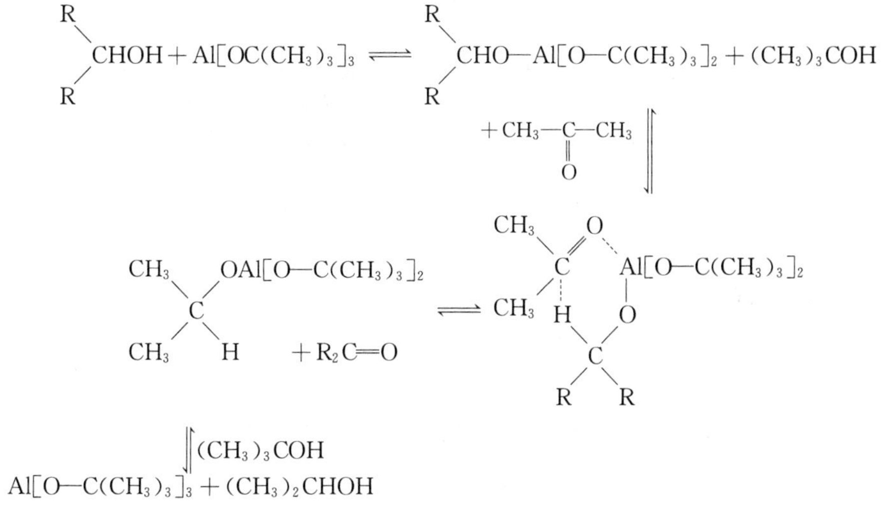

这是一个可逆反应,故也可用酮制醇。使用这一氧化法一级醇虽也可氧化为相应的醛,但效果不好。因为在碱存在下,生成的醛易进行醇醛缩合反应(见第十一章)。

不饱和仲醇也可用沙瑞特试剂或琼斯(Jones)试剂(CrO$_3$·稀 H$_2$SO$_4$)氧化,得到高产率的酮。例如:

$$\text{HO}-\overset{}{\bigcirc\hspace{-0.3em}\bigcirc} \xrightarrow[\text{丙酮}]{\text{CrO}_3 \cdot \text{稀 H}_2\text{SO}_4} \text{O}=\overset{}{\bigcirc\hspace{-0.3em}\bigcirc}$$

醇的氧化是合成醛、酮和羧酸的一条重要路线。

醇在生物体内的氧化过程(主要在肝脏),是比实验室中醇的氧化要复杂得多,而且由酶催化下分步传递进行的。其原理和实验室中进行的反应原理相同。乙醇首先被肝脏转化为乙醛,此后立即转化为乙酸,产生的乙酸可供身体中每个细胞所利用。如果人体中含有过量乙醇,以至肝脏都不能转化时,则继续在血液中循环,最终会引起中毒,其氧化过程如下:

$$\text{CH}_3\text{CH}_2\text{OH} \xrightarrow{\text{酶(1)}} \text{CH}_3\overset{\text{O}}{\underset{\text{H}}{\text{C}}} + \text{酶(1)}-2\text{H}$$

$$\downarrow \text{酶(2)}$$

$$\text{CH}_3\overset{\text{O}}{\overset{\|}{\text{C}}}-\text{OH} + \text{酶(2)}-\text{H}$$

$$\downarrow$$

为人体细胞所利用

10.3.3 醇和无机含氧酸作用——氢氧键断裂生成酯的反应

醇和含氧无机酸作用,失去一分子水得到的化合物叫酯。这样的反应叫酯化反应。表示如下:

$$\underset{\text{一级、二级醇}}{\text{R}-\text{O}-\boxed{\text{H}+\text{HO}}-\text{X}} \longrightarrow \underset{\text{酯}}{\text{R}-\text{OX}}+\text{HOH}$$

三级醇主要产生烯。具体例子如:

$$\text{R}-\text{OH}+\text{HONO}_2 \longrightarrow \underset{\text{硝酸酯}}{\text{R}-\text{O}-\text{NO}_2} + \text{H}_2\text{O}$$

$$\text{R}-\text{OH}+\text{HO}-\text{NO} \longrightarrow \underset{\text{亚硝酸酯}}{\text{R}-\text{O}-\text{NO}} + \text{H}_2\text{O}$$

$$\text{R}-\text{OH}+\text{HO}-\text{SO}_3\text{H} \longrightarrow \underset{\text{酸性硫酸酯}}{\text{R}-\text{O}-\text{SO}_3\text{H}} + \text{H}_2\text{O}$$

$$\text{R}-\text{OH}+\text{HO}-\text{SO}_3\text{H} \longrightarrow \underset{\text{中性硫酸酯}}{(\text{RO})_2\text{SO}_2}$$

$$\text{R}-\text{OH} + \underset{\text{对甲苯磺酰氯(TsCl)}}{\text{ClSO}_2-\bigcirc-\text{CH}_3} \xrightarrow{\text{吡啶}} \underset{\text{对甲苯磺酸酯}}{\text{CH}_3-\bigcirc-\text{SO}_2\text{OR}}$$

$$\text{R}-\text{OH}+\text{HO}-\overset{\text{O}}{\overset{\|}{\text{P}}}-\text{OH} \longrightarrow \underset{\text{单磷酸酯}}{\text{R}-\text{O}-\overset{\text{O}}{\overset{\|}{\text{P}}}(\text{OH})_2}$$
$$\hspace{3em}\underset{}{\text{OH}}$$

$$R-OH + HO-\overset{\displaystyle O}{\underset{\displaystyle OH}{P}}-O-\overset{\displaystyle O}{\underset{\displaystyle OH}{P}}-OH \longrightarrow R-O-\overset{\displaystyle O}{\underset{\displaystyle OH}{P}}-O-\overset{\displaystyle O}{\underset{\displaystyle OH}{P}}-OH$$

焦磷酸酯

在这类反应中,醇分子是作为亲核试剂进攻酸或其衍生物中带正电部分,然后醇分子中的氢氧键断裂。例如:

当浓硝酸在硫酸催化下和甘油作用,则得到三硝酸甘油酯,通称为硝化甘油。

$$\underset{\underset{\displaystyle OH}{|}}{CH_2}-\underset{\underset{\displaystyle OH}{|}}{CH}-\underset{\underset{\displaystyle OH}{|}}{CH_2} + 3HO-NO_2 \xrightarrow{H_2SO_4} \underset{\underset{\displaystyle ONO_2}{|}}{CH_2}-\underset{\underset{\displaystyle ONO_2}{|}}{CH}-\underset{\underset{\displaystyle ONO_2}{|}}{CH_2} \qquad 硝化甘油$$

硝化甘油是浅黄色油状液体,是一种烈性炸药,稍稍碰撞就会引起爆炸,它的爆炸性可由下面反应得到解释:

$$4C_3H_5(ONO_2)_3 \xrightarrow{爆炸} 6N_2 + 12CO_2 + 10H_2O + O_2 + 热量$$

如反应式所示,小体积的液体被转化为许多体积的热的气体。历史上,硝化甘油的商品化生产引起许多死亡事故。直到 1866 年诺贝尔(A. Nobel)发现安全炸药——硝化甘油和细粉状的硅藻土或锯屑的混合物——才使问题得到解决。

硝化甘油也是一种药物,它在生理学上的功能是扩张微血管和放松平滑肌肉,因而可以减低高血压和解除心绞痛的剧烈痛苦。

亚硝酸乙酯和亚硝酸异戊酯也是药物,其生理功能类似硝化甘油。

硫酸二甲酯和硫酸二乙酯是很好的烷基化试剂,即可用它们向有机分子中导入甲基或乙基。但要注意:硫酸二甲酯有剧毒,使用时应注意安全!

对甲苯磺酸烷基酯的磺酸根负离子为弱碱(因其共轭酸是强酸),它是一个很好的离去基团,它和卤代烃一样,容易进行亲核取代和消除反应。

$$Nu^- + R-OTs \xrightarrow{S_N2} NuR + {}^-OTs$$

(Ts= $-SO_2-$⟨苯环⟩$-CH_3$,英文名为 Tosyl,对甲苯磺酰基)

$$\underset{\underset{\displaystyle H}{|}}{-C}-C-OTs \xrightarrow{E2} \diagup C=C \diagdown + HB + {}^-OTs$$

B

285

磷酸酯在许多生物的体系中都可以找到,例如葡萄糖的代谢作用中首先生成的化合物是葡萄糖-6-磷酸酯。磷酸氢二烷基酯是核酸的组成部分,三磷酸腺苷(ATP)的结构中有三磷酸酯键:

$$\begin{array}{c} OR \\ | \\ O=\!\!\!\!P\!-\!OH \quad \text{磷酸氢二烷基酯} \\ | \\ OR \end{array}$$

$$\begin{array}{ccccccc} & O & & O & & O & \\ & \| & & \| & & \| & \\ R\!-\!O\!-\!P\!-\!O\!-\!P\!-\!O\!-\!P\!-\!OH & & \text{三磷酸酯} \\ & | & & | & & | & \\ & OH & & OH & & OH & \end{array}$$

醇和羧酸作用,生成有机酸酯,反应是在酸催化下进行的:

$$\begin{array}{ccc} & O & & & O \\ & \| & & & \| \\ R\!-\!OH + HO\!-\!C\!-\!R & \underset{}{\overset{H^+}{\rightleftharpoons}} & R\!-\!O\!-\!C\!-\!R & +H_2O \\ & & & \underset{\text{有机酸酯}}{} \end{array}$$

有机酸酯我们在第十一章中讨论。

10.3.4 卤化作用(C—O 键断裂)

醇的羟基可以与 HX、PX_3 或氯化亚砜等反应而被卤素取代,生成卤代烷。

$$R\!-\!\overline{OH + H}\,X \rightleftharpoons R\!-\!X + H_2O$$
$$R\!-\!OH + SOCl_2 \longrightarrow R\!-\!Cl + SO_2\uparrow + HCl\uparrow$$
$$R\!-\!OH + PX_3 \longrightarrow R\!-\!X + H_3PO_3$$

我们着重讨论醇羟基与 HX 的反应。醇与 HX 的反应速度与 HX 的性质和醇的结构有关。HX 的活性次序为:HI>HBr>HCl,醇的活性次序是:烯丙型醇>三级醇>二级醇>一级醇。如果同样是一级醇,与浓 HI 作用,加热即可生成碘代烷;与浓 HBr 作用必须在 H_2SO_4 存在下加热才能生成溴代烷;与浓 HCl 作用必须有 $ZnCl_2$ 存在并加热才能产生氯代烷。烯丙型醇和三级醇在室温下和浓 HCl 一起振荡就有氯代烷生成。

$$CH_3CH_2CH_2CH_2OH \xrightarrow[\triangle]{\text{浓 HI}} CH_3CH_2CH_2CH_2I$$
$$CH_3CH_2CH_2CH_2OH \xrightarrow[\triangle]{\text{浓 HBr},H_2SO_4} CH_3CH_2CH_2CH_2Br$$
$$CH_3CH_2CH_2CH_2OH \xrightarrow[\triangle]{\text{浓 HCl}+ZnCl_2} CH_3CH_2CH_2CH_2Cl$$

浓盐酸的 $ZnCl_2$ 溶液叫卢卡氏(Lucas)试剂。在实验室中常用它来区别低级的一级、二级、三级醇。低级醇可以溶解在这个试剂中,而生成氯代烷则因不溶而呈现浑浊,当此试剂与三级醇作用时,立即出现浑浊,二级醇则较慢,5 分钟左右才变浑浊,一级醇则不反应,溶液保持澄清。

醇与 HX 的反应是酸催化下的亲核取代反应。其历程是:首先是酸中的氢离子和醇(作为碱)的氧原子结合成𬭩盐,使 C—O 键的极性增加而更加活泼,然后卤素负离子取代𬭩盐中的水,不同结构的醇可按 S_N1 或 S_N2 历程进行:

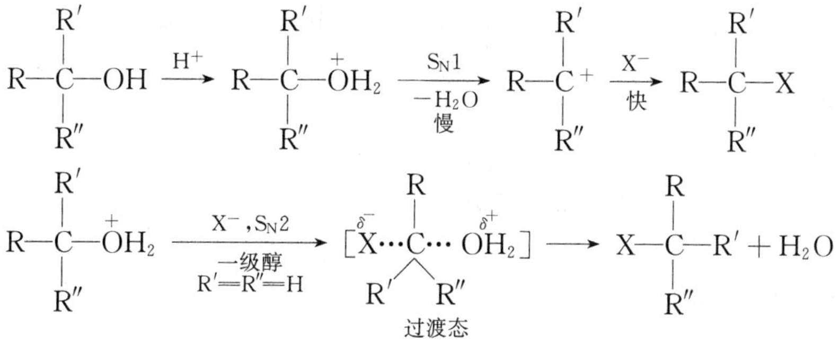

一般烯丙型醇和三级醇按 S_N1 历程进行,一级醇按 S_N2 历程进行。这与卤代烷的水解反应类似。$ZnCl_2$(缺电子的 Lewis 酸)的作用和硫酸的作用一样,同样都使醇变为𬭩盐,使C—O 键容易断裂:

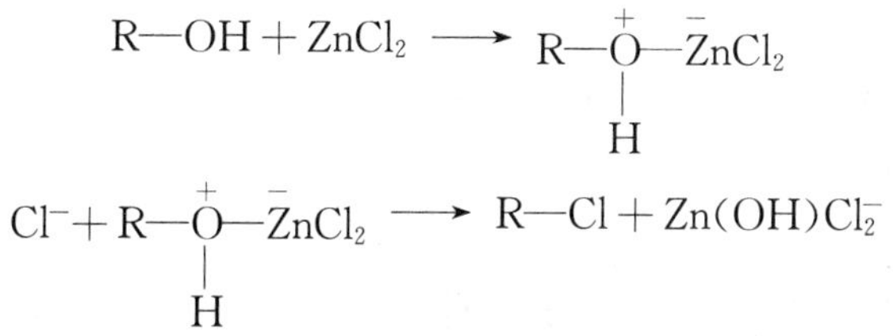

$$Zn(OH)Cl_2^- + H^+ \longrightarrow ZnCl_2 + H_2O$$

醇与 HX 反应,由于 S_N1 反应过程中生成碳正离子,因此,同样会发生重排,生成混合产物。例如:

(1)

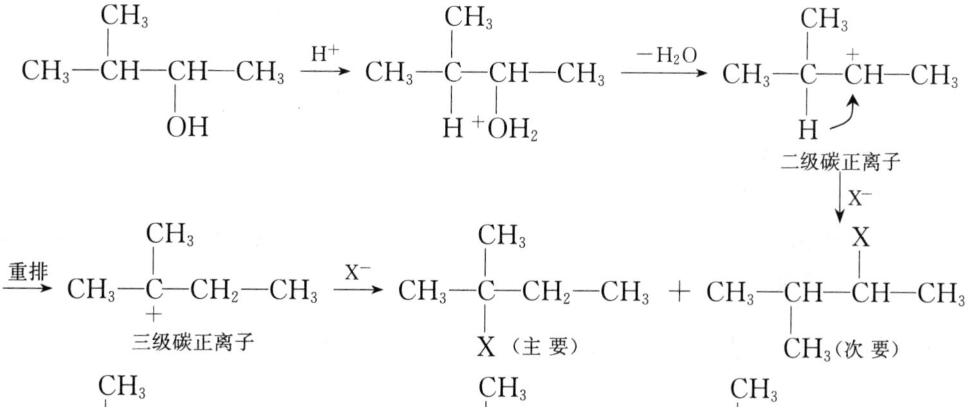

(2)

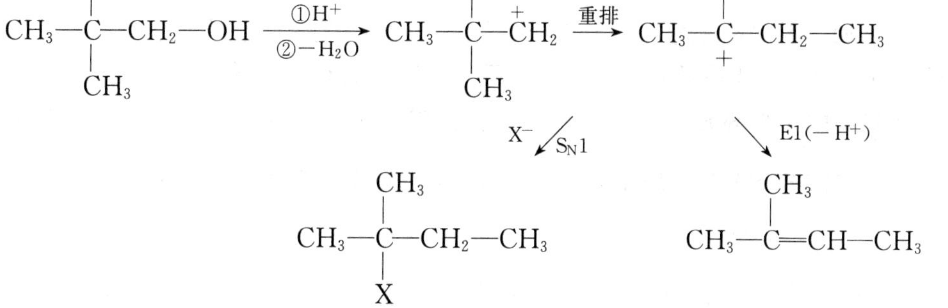

在第一个反应中,二级碳正离子中通过氢转移到邻近碳上生成三级碳正离子。在第二个反应中则是一级碳正离子通过甲基的转移生成三级碳正离子,产物的碳架发生了变化。这种重排反应叫瓦格纳尔-梅尔外英(Wagner-Meerwein)重排。从上面两个例子我们再次看到,产生的碳正离子会发生重排,至于什么原子或基团进行转移,其内在推动力为转移后能生成更稳定的碳正离子。

醇与 HX 的反应生成卤代烷,从合成观点看并不理想,一方面是因为在反应(S_N1)时,常常会发生重排,而且从一定构型的醇制备卤代烷要涉及 C—O 键断裂,所得卤代烷或是构型转化(S_N2)或是发生外消旋化(S_N1)。另一方面,此反应是可逆反应。

如果使用氯化亚砜从醇制备氯代烷,其好处是这个反应不可逆,因为副产物 HCl 和 SO_2 都是气体。反应式如下:

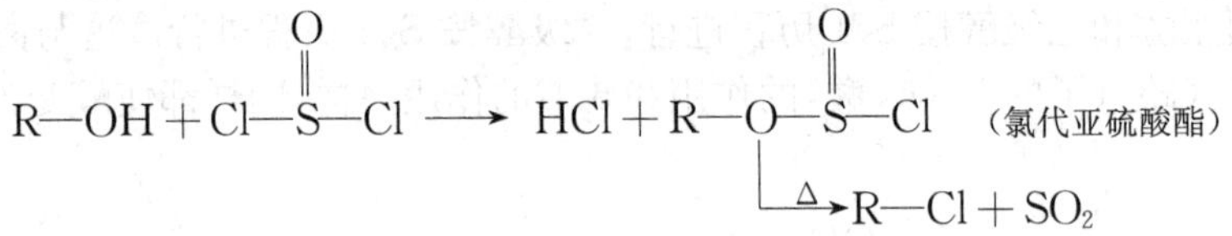

中间产物氯代亚硫酸酯加热自动分解为 SO_2 和 RCl,可见氯化亚砜是合成氯代烷的有用试剂。其反应机理如下:

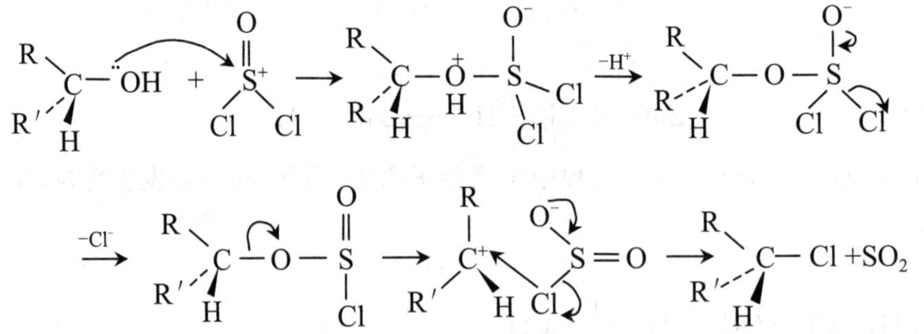

从上式中可以看出:反应符合 $v=k[\text{ROH}][\text{SOCl}_2]$。但显然不是按 S_N2 方式进行的。因为没有观察到发生构型的反转。这个取代反应犹如在分子内进行的,所以叫它分子内的亲核取代反应(substitution nucleophilic internal)以 S_Ni 表示。实验表明,当中间体(氯代亚硫酸酯)分解成产物 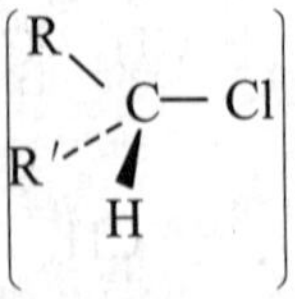 时,速率既随溶剂的极性增加而增加,也随碳正离子 R^+ 稳定性的增加而增加。因此紧密离子对 $R^{+-}\text{OSOCl}$ 几乎肯定是存在的。它被包围在一个溶剂壳中,这样从 $^-\text{OSOCl}$ 分解出来的 Cl^- 向碳正离子正面进攻而得到构型保持的产物。

但有趣的是当 $SOCl_2$ 对醇的反应在吡啶存在下进行时,生成的产物则发生构型的反转。这是因为当醇和 $SOCl_2$ 反应生成中间体时,形成的 HCl 被吡啶转化为 ,而自由 Cl^- 离子是一个高效的亲核体,因而以正常的 S_N2 的反应方式从中间体的背面进攻而反转了

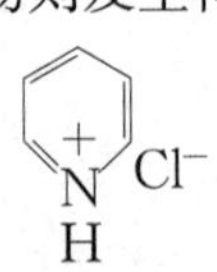

构型：

$$Cl^- + \overset{R}{\underset{R'}{\underset{|}{C}}}\cdots O - \overset{O}{\overset{\|}{S}} - Cl \xrightarrow{S_N2} \left[\delta^- Cl\cdots\overset{R}{\underset{R'}{\underset{|}{C}}}\cdots\overset{\delta^-}{O} - \overset{O}{\overset{\|}{S}} - Cl \right] \longrightarrow Cl - \overset{R}{\underset{H}{\underset{|}{C}}}R' + SO_2 + Cl^-$$

溴化亚砜因其不稳定而难得到,故不用于进行这种反应,所以此反应主要用于制备氯代烷。

醇与无机酸酰卤可以起两类反应,生成无机酸酯或生成卤代烃,这取决于醇的结构、试剂和反应条件：

$$ROH + PCl_3 \longrightarrow HCl + P(OR)_3 \quad \text{(亚膦酸酯)}$$
$$ROH + PCl_3 \longrightarrow RCl + P(OH)_3 \quad \text{(亚膦酸)}$$

一级醇在室温下与 PCl_3 反应,生成亚膦酸酯,而在 $0\,℃$ 与 PBr_3 反应得溴代烃。

三级醇反应总得到卤代烃。

二级醇反应时同时生成卤代烃和亚膦酸酯。

10.3.5 醇的脱水反应(C—O 键断裂)

醇的脱水反应有两种方式：

1. 分子内脱水成烯

醇在强酸催化下,脱去一分子水生成烯的反应也叫 β-消除反应。

$$-\overset{|}{\underset{H}{C}}-\overset{|}{\underset{OH}{C}}- \xrightarrow{H^+} -C=C- + H_2O$$

醇发生消除反应的温度比发生取代反应的温度要高。但不同的醇失水的难易程度也不相同。三级醇脱水最容易,甚至在室温下即可与浓 H_2SO_4 反应：

$$CH_3 - \overset{CH_3}{\underset{OH}{\overset{|}{\underset{|}{C}}}} - CH_3 \xrightarrow[\text{室温}]{\text{浓 } H_2SO_4} CH_3 - \overset{CH_3}{\overset{|}{C}}=CH_2 + H_2O$$

二级醇脱水则要求较高的温度,而一级醇要求更加激烈的条件。例如：

$$CH_3CH_2OH \xrightarrow[180℃]{\text{浓 } H_2SO_4} CH_2=CH_2 + H_2O$$

可见,醇脱水程度是：三级醇＞二级醇＞一级醇。这也与碳正离子生成的容易程度及稳定性顺序是一致的。

醇在强酸作用下的脱水反应机理如下：

$$CH_3CH_2 - OH + H_2SO_4 \underset{}{\overset{\text{快}}{\rightleftharpoons}} CH_3CH_2 - \overset{+}{O}H_2 + HSO_4{}^-$$

$$CH_3CH_2 - \overset{+}{O}H_2 \underset{}{\overset{\text{慢}}{\rightleftharpoons}} CH_3\overset{+}{C}H_2 + H_2O$$

$$HSO_4^- \, H - CH_2 - \overset{+}{C}H_2 \longrightarrow CH_2=CH_2 + H_2SO_4$$

这种机理可以认为是以质子化的醇(锌盐)为作用物的 E1 消除反应。因为醇必须先质子化才能形成一个较好的离去基团(H_2O)。这也是凡断裂醇的 C—O 键的反应都必需要有酸性催化剂的原因。

二级醇、三级醇的脱水反应,可能有两种方向,实验证明,反应主要趋向于生成 C═C 双键上烃基最多的比较稳定的烯烃,即与 RX 脱 HX 一样,服从扎依采夫规律。

例如 2-甲基-2-丁醇的脱水可以产生两种烯烃:

$$CH_3-CH-\underset{\underset{OH}{|}}{\overset{\overset{CH_3}{|}}{C}}-CH_3 \xrightarrow{H^+} CH_3-CH=\overset{\overset{CH_3}{|}}{C}-CH_3 + CH_3-CH_2-\overset{\overset{CH_3}{|}}{C}=CH_2$$

主要产物　　　　　　　少　量

有的醇在脱水时发生瓦格纳尔-梅尔外英重排。例如 3,3-二甲基-2-丁醇在酸性条件下脱水时,生成 2,3-二甲基-2-丁烯和 2,3-二甲基-1-丁烯:

$$CH_3-\overset{\overset{CH_3}{|}}{\underset{\underset{CH_3}{|}}{C}}-\underset{\underset{OH}{|}}{CH}-CH_3 \xrightarrow[②-H_2O]{①H^+} CH_3-\overset{\overset{CH_3}{|}}{C}=\underset{\underset{CH_3}{|}}{C}-CH_3 + \overset{\overset{CH_3}{|}}{CH_3-CH}-\underset{\underset{CH_3}{|}}{C}=CH_2$$

2,3-二甲基-2-丁烯　　　2,3-二甲基-1-丁烯
主要产物　　　　　　　次要产物

醇也可以在 Al_2O_3 催化下进行脱水。反应如下:

$$RCH_2CH_2OH \xrightarrow[200℃～250℃]{Al_2O_3} R-CH=CH_2 + H_2O$$

相信这个反应按 Lewis 酸和碱的相互作用方式进行的。在此反应中,带有空轨道的 Al 原子起酸的作用,醇起碱的作用,形成的 $RCH_2CH_2\overset{|}{\underset{H}{O}}:\overset{+}{Al}$,产生碳正离子中间体 $RCH_2\overset{+}{CH_2}$。它不稳定进而消去质子生成烯烃。

$$R-\overset{}{\underset{\underset{H}{|}}{CH}}-\overset{+}{CH_2} \longrightarrow R-CH=CH_2 + H^+$$

2. 醇分子间脱水成醚

例如乙醇在 140℃ 时和浓硫酸一起反应,则发生分子间的脱水成醚。

$$C_2H_5-OH + HO-C_2H_5 \xrightarrow[140℃]{H_2SO_4} C_2H_4-O-C_2H_5 + H_2O$$

醚的形成过程是:首先生成锌盐,然后由另一分子醇中带部分负电荷的氧进行亲核取代生成醚:

$$CH_3CH_2OH + H_2SO_4 \longrightarrow CH_3CH_2\overset{}{\underset{\underset{+}{\overset{|}{OH_2}}}{}} \xrightarrow[S_N2]{H\overset{..}{O}C_2H_5} CH_3CH_2-\overset{\overset{}{\underset{H}{|}}}{\overset{+}{O}}-CH_2CH_3 + H_2O$$

$$\downarrow HSO_4{}^-$$

$$C_2H_5-O-C_2H_5 + H_2SO_4$$

如果是二级醇或三级醇,反应可按 S_N1 历程进行。

290

由此可见,醇的脱水方式和反应温度有关,温度高发生分子内失水,温度低是分子间失水。实际上是亲核取代和消除反应之间的竞争。而叔醇脱水只生成烯,不会生成醚,因为叔醇消除倾向大。

10.3.6 多元醇的特性

多元醇的沸点比相应的一元醇高得多,如乙二醇的沸点为 $197℃$,比乙醇高 $120℃$。随羟基数目的增加,在水中溶解度也增加。醇分子中羟基的增多,甜味也增加。例如乙醇没有甜味,丙三醇则有甜度,而己六醇则很甜。

多元醇具有一元醇的一般化学性质,但由于羟基之间相互影响,又有其特殊性。

1. 氧化裂解反应

1,2-二醇可被高碘酸或四乙酸铅在缓和的条件下氧化,并在两个羟基连接的碳原子间发生断裂,生成二分子醛或酮。

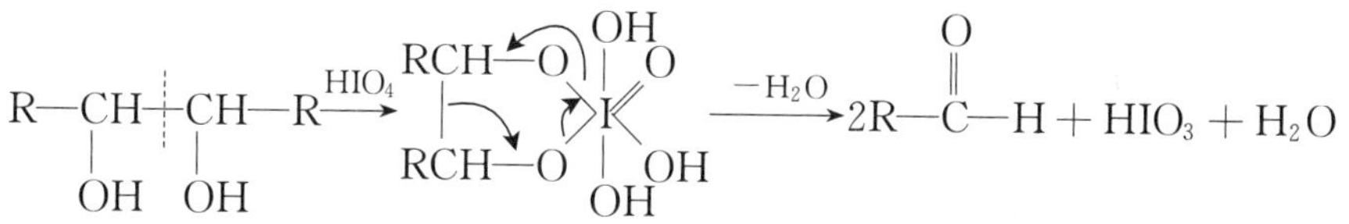

$$R-CH-CH-R \xrightarrow{HIO_4} \begin{array}{c} RCH-O \\ \\ RCH-O \end{array} \begin{array}{c} OH \\ I \\ OH \end{array} \xrightarrow{-H_2O} 2R-C-H + HIO_3 + H_2O$$

同样:

$$R-CH-CH-CH-R' + 2HIO_4 \longrightarrow \underset{醛}{R-CHO} + \underset{酸}{HCOOH} + \underset{醛}{R'CHO}$$

此反应对测定糖的结构特别有用,因为反应是定量的,故可从反应的产物,数量以及 HIO_4 的消耗量得出有价值的信息。在定性分析时,加入 $AgNO_3$ 会生成白色的 $AgIO_3$ 沉淀,就表明发生了 HIO_4 的氧化作用。而 1,3-二醇(如 $R-CH-CH_2-CH-R$)则和 HIO_4 不起反应。

对于含多个羰基的化合物也可进行反应,例如:

$$R-C-C-R' + HIO_4 \longrightarrow R-C-OH + R'-C-OH$$

$$R-CH-C-R' + HIO_4 \longrightarrow R-CHO + R'COOH$$

但有些二元醇不能被 HIO_4 氧化。例如:

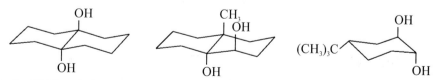

2. 与 $Cu(OH)_2$ 的反应

与 $Cu(OH)_2$ 能反应,由于多元醇具有较大的酸性,所以 $Cu(OH)_2$ 能溶于乙二醇中,生成

鲜蓝色的溶液,实验室中常利用这个反应来鉴别具有两个相邻羟基的多元醇:

$$
\begin{array}{c}
\mathrm{CH_2-OH} \\
| \\
\mathrm{CH_2-OH}
\end{array}
+\mathrm{Cu(OH)_2} \longrightarrow
\begin{array}{c}
\mathrm{CH_2-O} \\
| \qquad\quad \diagdown\mathrm{Cu} \\
\mathrm{CH_2-O} \diagup
\end{array}
$$

乙二醇铜

3. 脱水反应

它与两个羟基的相对位置有关。

两个羟基与同一碳原子相连的二元醇,称偕二醇,很不稳定,容易脱水。

$$
\diagup\!\!\!\!\underset{\mathrm{OH}}{\overset{\mathrm{OH}}{\mathrm{C}}}\!\!\!\!\diagup
\xrightarrow{-\mathrm{H_2O}}
\diagup\!\!\!\mathrm{C=O}
$$

邻二醇脱水,如乙二醇脱水,生成乙醛:

$$
\begin{array}{cc}
\mathrm{CH_2-CH_2} \\
| \qquad\;\; | \\
\mathrm{OH} \quad\; \mathrm{OH}
\end{array}
\xrightarrow[-\mathrm{H_2O}]{\overset{\mathrm{H^+}}{\Delta}}
\left[\begin{array}{c}
\mathrm{CH_2=CH} \\
| \\
\mathrm{O-H}
\end{array}\right]
\xrightarrow{\text{重排}} \mathrm{CH_3-CHO}
$$

1,4 或 1,5-二醇脱水生成环醚:

$$
\begin{array}{cc}
\mathrm{CH_2-CH_2} \\
| \qquad\;\; | \\
\mathrm{CH_2} \;\; \mathrm{CH_2} \\
| \qquad\;\; | \\
\mathrm{OH} \quad\; \mathrm{OH}
\end{array}
\xrightarrow{-\mathrm{H_2O}}
$$

四氢呋喃(THF)

片呐醇(四烃基乙二醇)在硫酸存在下,脱水生成片呐酮。

$$
\begin{array}{c}
\;\; \mathrm{R} \;\; \mathrm{R} \\
\;\; | \quad\; | \\
\mathrm{R-C-C-R} \\
\;\; | \quad\; | \\
\;\; \mathrm{OH\,OH}
\end{array}
\xrightarrow{\mathrm{H_2SO_4}}
\begin{array}{c}
\;\; \mathrm{R} \;\; \mathrm{O} \\
\;\; | \quad\; \| \\
\mathrm{R-C-C-R} \\
\;\; | \\
\;\; \mathrm{R}
\end{array}
+\mathrm{H_2O}
$$

片呐醇(pinacol)   片呐酮(pinacolone)

在反应中烃基转移,碳链发生变化,故又称片呐醇重排。其可能的机理为:

$$
\begin{array}{c}
\;\; \mathrm{CH_3\,CH_3} \\
\;\; | \quad\;\; | \\
\mathrm{CH_3-C-C-CH_3} \\
\;\; | \quad\;\; | \\
\;\; \mathrm{OH\;OH}
\end{array}
\rightleftharpoons
\begin{array}{c}
\;\; \mathrm{CH_3\,CH_3} \\
\;\; | \quad\;\; | \\
\mathrm{CH_3-C-C-CH_3} \\
\;\; | \quad\;\; | \\
\;\; \mathrm{^+OH_2\;OH}
\end{array}
\xrightarrow{-\mathrm{H_2O}}
\begin{array}{c}
\;\; \mathrm{CH_3\,CH_3} \\
\;\; | \quad\;\; | \\
\mathrm{CH_3-C-C-CH_3} \\
\;\; \qquad | \\
\;\; \quad \mathrm{^+ \;:OH}
\end{array}
$$

$$
\longrightarrow
\begin{array}{c}
\;\; \mathrm{CH_3} \\
\;\; | \\
\mathrm{CH_3-C-CH_3} \\
\;\; | \\
\;\; \mathrm{CH_3^+OH}
\end{array}
\xrightarrow{-\mathrm{H^+}}
\begin{array}{c}
\;\; \mathrm{CH_3\;O} \\
\;\; | \quad\;\; \| \\
\mathrm{CH_3-C-C-CH_3} \\
\;\; | \\
\;\; \mathrm{CH_3}
\end{array}
$$

瓦格纳尔-梅尔外英重排是从一个碳正离子重排为另一个更稳定的碳正离子,而片呐醇重排是从一个碳正离子重排为另一个更加稳定的锌盐离子。

结构不对称的邻二醇的重排应先判定哪个羟基为离去基团,这与羟基离去后形成碳正离子的稳定性有关,一般形成比较稳定的碳正离子的碳上的羟基被质子化。例如:

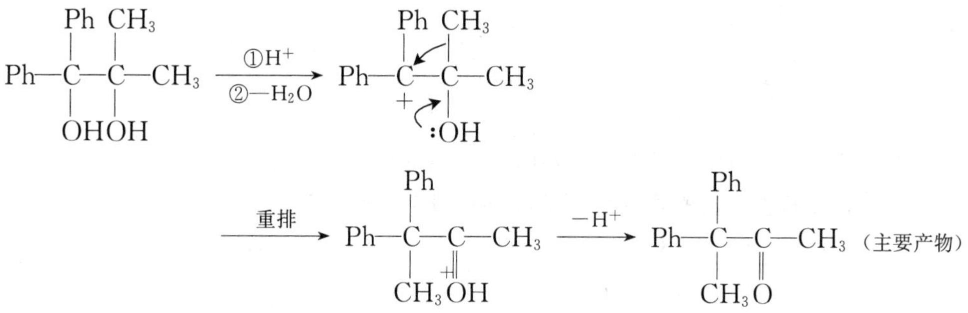

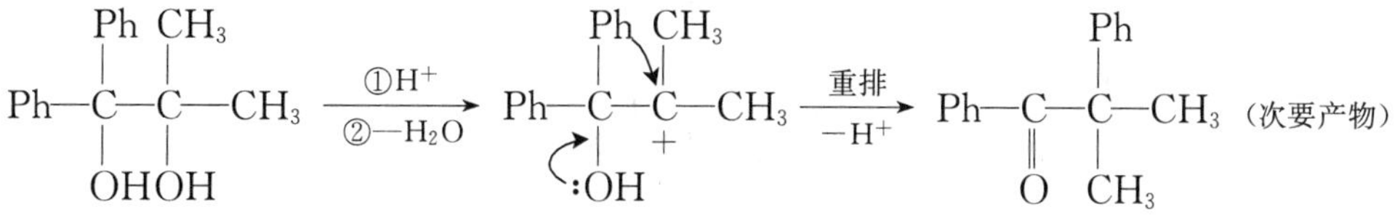

重排时,通常能提供电子稳定电荷较多的基团优先迁移,因此芳基比烷基更易迁移。例如:

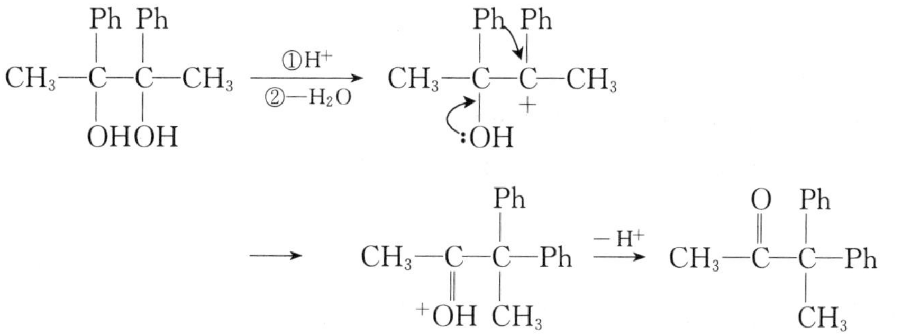

10.3.7 热消除反应

前面我们讨论了卤代烃脱 HX 和醇脱水的消除反应,它们都是卤素或羟基与 β-碳原子上的氢原子一起消除的,这类反应称为 1,2-消除反应或称为 β-消除反应。β-消除反应的另一种类型是不需要试剂的进攻,而是由热引发产生的,称为热消除反应。例如乙酸酯热解生成烯烃和乙酸:

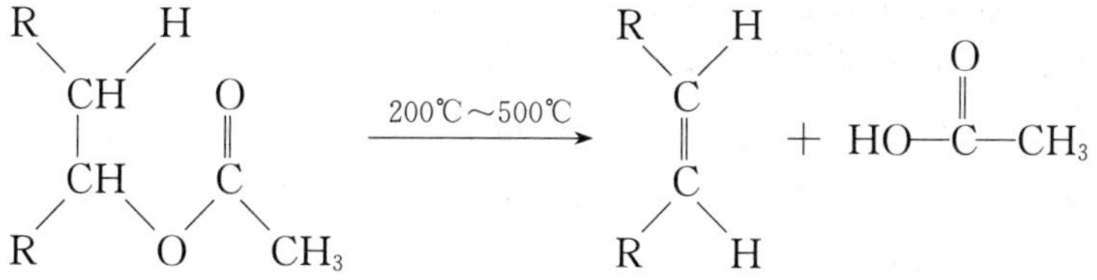

热消除反应是由离去基团充当碱,以协同方式(不经由离子中间体)经过六元环的过渡态而产生的反应,为了使断键和成键的轨道得以最大重叠,这些基团必须呈顺式,并处在一个平面上,产生了顺式消除:

反应很少有重排或其他副反应,因此产率较好,常用于烯烃的合成。

热消除反应以顺式消除方式进行可从甲基环戊基乙酸酯的热解反应得到证实:

475℃ 优势产品 + 没有生成

475℃ 优势产品 + 次要产品

1. α-消除反应

在同一碳原子上,消除两个原子或基团产生活性中间体"卡宾"(Carbenes)的过程,叫做 α-消除反应。卡宾为次甲基(CH$_2$)及其衍生物的总称,卡宾又叫碳烯。如:

:CH$_2$　　　　　　　:CCl$_2$

卡宾(碳烯)　　　二氯卡宾(二氯碳烯)

氯仿在非质子性溶剂中用强碱处理,失去 HCl 形成二氯碳烯:

$$HCCl_3 + (CH_3)_3COK \longrightarrow :CCl_2 + (CH_3)_3C—OH + HCl$$

叔丁醇钾　　　　　　　叔丁醇

在氯仿分子中同一碳原子上消除氢和氯。故叫 α-消除反应,也叫 1,1-消除反应。

(1) 碳烯的电子结构:碳烯(R—C:—R 中的碳原子最外层仅有六个电子,除与两个 R 结合外,还剩下两个未成键的电子,经光谱研究表明,这两个未成键的电子可以占据同一轨道,彼此自旋方向相反(↑↓),总的自旋数为零,故称为单线态(singlet)。两个未成键电子也可以分别占据两个互相垂直的 p 轨道中,它们的自旋方向可以相反(↑↓),也可以相同(↓↓和↑↑)。它们的总自旋数为三,故称为三线态(triplet)。它们的结构如图 10.1 所示。

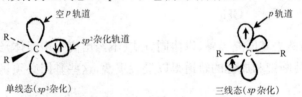

图 10.1　碳烯的单线态和三线态

294

单线态的碳原子以 sp^2 杂化轨道和两个 R 结合,两个未成键电子占据一个 sp^2 杂化轨道。三线态上的碳原子是以 sp 杂化轨道与两个 R 结合,两个未成键的电子各占据一个 $2p$ 轨道。由于三线态比单线态稳定,一般说来,在液相中,单线态首先生成,在它失去能量以前,就迅速和大量的溶剂分子反应。在气相中,特别在惰性气体如氮、氩气体中,单线态由于通过和惰性气体的碰撞失去能量,转变为三线态,然后再起反应。

碳烯是一种极活泼的反应中间体,可以发生多种类型的反应。

2. 碳烯的反应可以分为两类

(1) 和烯烃及炔烃的加成反应。碳烯是一个缺电子的基团,可和烯烃的双键或炔烃的三键发生亲电加成反应,得到环丙烷的衍生物。单线态、三线态和烯烃的加成方式是不同的。单线态与烯烃加成是一步过程,因此,如果与顺式烯烃作用,生成环丙烷衍生物也是顺式的。例如:

$$
\begin{array}{c}
\underset{H}{\overset{H_3C}{\diagdown}}C=\underset{H}{\overset{CH_3}{\diagup}} + :CH_2 \longrightarrow \left[\begin{array}{c} H_3C \quad CH_3 \\ C = C \\ H \quad CH_2 \quad H \\ TS \end{array} \right] \longrightarrow \begin{array}{c} CH_3 \quad CH_3 \\ \triangle \\ H \quad H \end{array}
\end{array}
$$

$$
\bigcirc\!\!=\; + :CCl_2 \longrightarrow \text{(双环结构,含 Cl、Cl)}
$$

如果顺-2-丁烯与三线态亚甲基作用,由于三线态亚甲基是一个双自由基,按自由基加成分两步进行,生成的中间体有足够的时间沿着 C—C 键旋转,所以生成顺-和反-1,2-二甲基环丙烷两种异构体。

$$
\overset{H}{\underset{H}{\cdot}}C\cdot + \underset{H}{\overset{H_3C}{\diagdown}}C=\underset{H}{\overset{CH_3}{\diagup}} \longrightarrow \underset{H}{\overset{H_3C}{\diagdown}}C-\underset{H}{\overset{CH_2}{\underset{\cdot}{C}}}H \longrightarrow \begin{array}{c} CH_3 \quad CH_3 \\ \triangle \\ H \quad H \end{array} + \begin{array}{c} H \quad CH_3 \\ \triangle \\ H_3C \quad H \end{array}
$$

(2) 插入反应。碳烯可插入 C—H 键中间:

$$
{-}\overset{|}{\underset{|}{C}}{-}H + :CH_2 \longrightarrow {-}\overset{|}{\underset{|}{C}}{-}CH_2{-}H
$$

碳烯的这些性质在有机合成和有机反应机理研究方面都很重要。目前,碳烯已逐渐形成有机化学的一个分支——碳烯化学(carbene chemistry)。

10.4 一些重要醇的来源和应用

自然界含羟基的化合物很多,如乙醇、乳酸、糖等,它们是动、植物代谢过程中不可缺少的物质。这里着重介绍一些简单的醇。

1. 甲醇(CH_3OH)

最初是从木材干馏得到的,故也称木醇。现代工业上用水煤气为原料来合成:

$$
C + H_2O \longrightarrow CO + H_2 \quad CO + H_2 \xrightarrow[\text{0.2 MPa 大气压}]{CuCrO_2,400\,^{\circ}\!C} CH_3OH
$$

295

甲醇为无色透明的液体，沸点为 $64.7℃$，毒性很大，它的作用是破坏视神经，进一步中毒最终会引起死亡。所以不能作饮料用，一般的乙醇中加一点甲醇叫变性酒精。

甲醇除作溶剂外，也是重要的化工原料，如甲醇氧化为甲醛，制酚醛树脂。20%甲醇和汽油的混合物是很好的发动机燃料，这是值得研究的问题。

2. 乙 醇

俗名酒精，为无色透明易燃的液体，沸点为 $78.3℃$。我国两千多年前就知道用谷物、野果等发酵来制取乙醇。发酵就是在酶催化剂存在下将碳水化合物（淀粉、糖）降解为较小的化合物。如：葡萄糖 $\xrightarrow{酶}$ 乙醇$+CO_2\uparrow$，用葡萄糖进行发酵得到的酒含乙醇的浓度约为 12%。此外还含有许多其他产品，如醛、酮、正丙醇、异丁醇和戊醇。这些醇的混合物通称为杂醇油（fusel-oil）。乙醇是从醛、酮和杂醇油中通过分馏法将其分离开。从蒸馏液中获得的乙醇纯度是 95.5%，还含 4.5% 的水，它不能用直接蒸馏法进一步将水去掉，因为它是一个恒沸液。为了制取无水乙醇，可将乙醇—水的恒沸液用生石灰（CaO）去掉少量的水，然后再用 Mg 除去微量水分，可得到 99.95% 的无水乙醇。反应式如下：

$$\underset{95.5\%}{CH_3CH_2OH} + \underset{4.5\%}{H_2O} + CaO \longrightarrow \underset{99.5\%}{CH_3CH_2OH} + Ca(OH)_2$$

$$2C_2H_5OH + Mg \longrightarrow (C_2H_5O)_2Mg + H_2\uparrow$$

$$(C_2H_5O)_2Mg + H_2O \longrightarrow \underset{99.95\%}{2C_2H_5OH} + MgO$$

乙醇毒性小，是最常用的溶剂，如中草药中有效成分、香料的提取，药剂中各种酊剂，浸膏的制备，都要用到乙醇，70%的乙醇是一个有效的杀菌剂。

乙醇又是有机合成工业的重要原料，尽管发酵法很重要，但已不能满足需要，因此，工业上已广泛采用乙烯水合法制备乙醇：

$$CH_2{=}CH_2 + HOH \xrightarrow{H^+} CH_3CH_2OH$$

其他小分子的醇都可以从石油的烯烃中获得。如：

$$CH_3{-}\underset{\underset{CH_3}{|}}{C}{=}CH_2 + H_2O \xrightarrow{H^+} CH_3{-}\underset{\underset{OH}{|}}{\overset{\overset{CH_3}{|}}{C}}{-}CH_3$$

由于烯烃的直接加水（除乙醇外）都得到二级醇或三级醇，故合成其他的一级醇需要采用特殊的合成方法。例如烯烃的硼氢化—氧化反应：

$$RCH{=}CH_2 + (BH_3)_2 \longrightarrow RCH_2CH_2BH_2 \xrightarrow{RCH=CH_2} (RCH_2CH_2)_2BH$$

$$\xrightarrow{RCH=CH_2} (RCH_2CH_2)_3B \xrightarrow{H_2O_2,OH^-} R{-}CH_2{-}CH_2OH$$

（顺式加成）

以烯烃为原料制备醇的另一个较好的方法是羟汞化—还原脱汞反应（Oxymercuration-demercuration）。例如：

$$CH_3CH_2-\overset{\overset{\displaystyle CH_3}{|}}{C}=CH_2 + Hg(OAc)_2 \xrightarrow{\text{羟汞化}} CH_3-CH_2-\overset{\overset{\displaystyle CH_3}{|}}{\underset{\underset{\displaystyle OHHgOAc}{|}}{C}}-CH_2 + HOAc$$

$$\downarrow \overset{NaBH_4,OH^-}{\underset{\text{脱汞}}{}}$$

$$CH_3CH_2-\overset{\overset{\displaystyle CH_3}{|}}{\underset{\underset{\displaystyle OH}{|}}{C}}-CH_3 + Hg$$

90%

反应的第一步是 $Hg(OAc)_2$ 对双键的加成,生成羟基和 C—Hg 键化合物,第二步是 $NaBH_4$ 将 C—Hg 键还原为 C—H 键(参见 3.4.1 节)。

3. 乙二醇

乙二醇为具有甜味的粘稠液体,俗称甘醇。可与水混溶,不溶于乙醚。60%乙二醇水溶液的凝固点为-49℃,是较好的防冻剂。乙二醇可作为高沸点溶剂(b. p. 为197℃),也是合成涤纶的主要原料。

乙二醇一般都由乙烯制备,有两种主要的方法:乙烯次氯酸化法和乙烯氧化法。

$$H_2C=CH_2 \begin{cases} \xrightarrow[\Delta]{Cl_2+H_2O} \overset{\displaystyle CH_2-CH_2}{\underset{\underset{\displaystyle Cl \quad OH}{|\quad\ |}}{}} \\ \xrightarrow[250℃,压]{O_2,Ag} \overset{\displaystyle CH_2-CH_2}{\underset{\underset{\displaystyle O}{\diagdown\diagup}}{}} \end{cases} \begin{matrix} \xrightarrow[\Delta]{H_2O,Na_2CO_3} \\ \xrightarrow[\Delta]{H_2O} \end{matrix} \overset{\displaystyle CH_2-CH_2}{\underset{\underset{\displaystyle OH \quad OH}{|\quad\ \ |}}{}}$$

4. 丙三醇

俗称甘油。是无色粘稠的液体,b. p. 为290℃,甘油是酯、脂肪和植物油的组成成分,甘油的吸湿性很强,因此被广泛用作"吸湿剂"(其原因是因为甘油和水之间的强的氢键)。

甘油过去是从肥皂工业的副产品得到,近代工业则用石油裂解气中的丙烯来合成的。

$$CH_2=CH-CH_3 \xrightarrow[\text{高温}]{Cl_2} CH_2=CH-CH_2Cl \xrightarrow{HO^-} CH_2=CH-CH_2OH$$

$$\xrightarrow{HOCl} \overset{\displaystyle CH_2-CH-CH_2}{\underset{\underset{\displaystyle Cl \quad OH \quad OH}{|\quad\ \ |\quad\ \ |}}{}} \xrightarrow{HO^-} \overset{\displaystyle CH_2-CH-CH_2}{\underset{\underset{\displaystyle OH \quad OH \quad OH}{|\quad\ \ |\quad\ \ \ |}}{}}$$

5. 环己六醇

又名肌醇,（环己六醇结构式），存在于动物的心脏、肌肉和未成熟的豌豆中。由于它能促进肝和其他组织中的脂肪代谢,可用于治疗肝炎、胆固醇过高等病。

6. 苯甲醇

$Ph-CH_2OH$,又叫苄醇。它以酯的形式存在于许多植物精油中。苯甲醇有素馨香味,多用于香料工业。另外,因为它有微弱的麻醉作用,常用作注射剂中的止痛剂。如青霉素稀释液

297

就是含有 2%的苯甲醇水溶液。

许多存在于天然界的较复杂的醇，也已被人工合成，如：

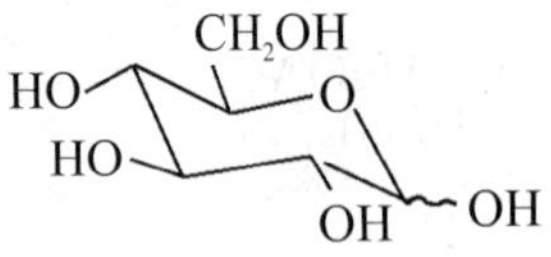

葡萄糖

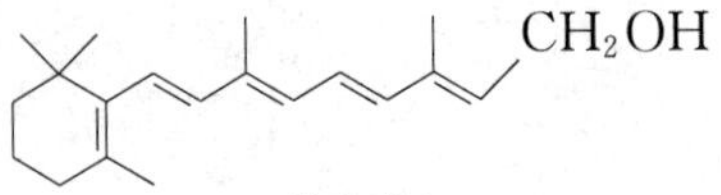

维生素A

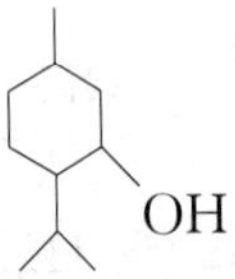

薄荷醇

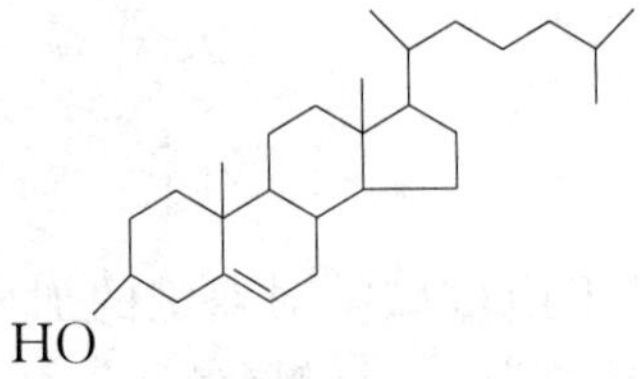

胆固醇

它们都具有重要的生理作用。

7. 一元醇的制法

醇是非常重要的化工原料，可以用多种方法制备。这里只列举两种主要的方法。

(1) 通过格氏试剂合成醇

醛、酮、酯、酰氯、环氧化合物等都可以和格氏试剂发生加成反应。加成产物水解后得到醇。例如：

$$\rangle C{=}O + \overset{\delta^-}{R}-\overset{\delta^+}{Mg}X \longrightarrow -\underset{R}{\overset{|}{C}}-OMgX \xrightarrow{H_3\overset{+}{O}} R-\underset{|}{\overset{|}{C}}-OH + Mg^{2+} + X^- + H_2O$$

不同的羰基化合物，可以得到不同类型的醇——格氏试剂与甲醛反应得到伯醇，与其他醛反应得到仲醇，与酮反应，产物与叔醇(详见 11.3.1 节(2))。

(2) 由醛酮的还原制备

$$\begin{matrix} R \\ & C{=}O \\ R' \end{matrix} \xrightarrow{[H]} \begin{matrix} R \\ & CH-OH \\ R' \end{matrix}$$

——醛还原得到伯醇，酮还原得到仲醇。

还原剂可以用催化加氢(H_2/Pt)、$LiAlH_4$、$NaBH_4$ 等(详见 11.3.4 节 2 段)。

10.5 酚的结构、分类和命名

10.5.1 酚的结构

酚类可看作是芳环上的一个氢原子被羟基取代的化合物，一般表示为 Ar—OH。可见酚与醇在结构上的区别在于它所含的羟基是直接与芳环相连。例如 Ph—OH 是酚，$PhCH_2OH$ 是芳醇。

醇中的羟基是与 sp^3 杂化碳原子相连的。如果羟基与 sp^2 杂化碳原子相连，就是烯醇，一般的烯醇是不稳定的，它们异构化成羰基化合物。但在酚中，酚羟基中的氧原子上的未共用电子对所在的 p 轨道与苯环大 π 键的 π 电子轨道相互交盖而形成一共轭体系，这种形式的"烯醇"是稳定的,如图 10.2 所示。

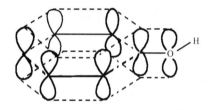

图 10.2　苯酚中 p—π 共轭示意图

因此,酚类的许多性质和前一节所讨论的醇的性质有很大的不同,它们属于两类不同的化合物。

10.5.2　酚的分类

根据芳环上所连的羟基数目多少,可分为一元酚、二元酚和多元酚。

一元酚:

二元酚:

多元酚:

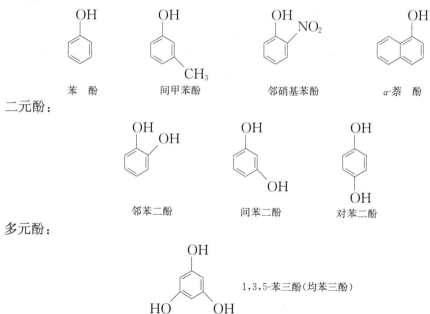

10.5.3　酚的命名

酚的命名可以把芳烃为母体,也可以酚为母体。如分子中只含酚羟基,则以酚为母体,如分子中含有多个羟基和烃基的,则可以芳烃为母体,酚羟基为取代基。如:

对氯苯酚　　2,4-二硝基苯酚　　α-萘酚　　2,3-二羟基甲苯　　5-羟基-1-萘磺酸

10.6 酚的物理性质

除了少数烷基酚（如 $\underset{\text{OH}}{\overset{\text{CH}_3}{\bigodot}}$，m.p. 为 11℃）是液体外，多数都是固体。酚由于有氢键，具有相当高的沸点，酚中的氢键如下式所示：

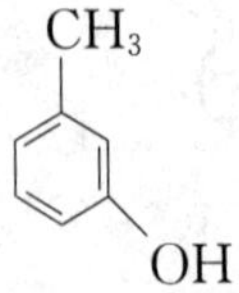

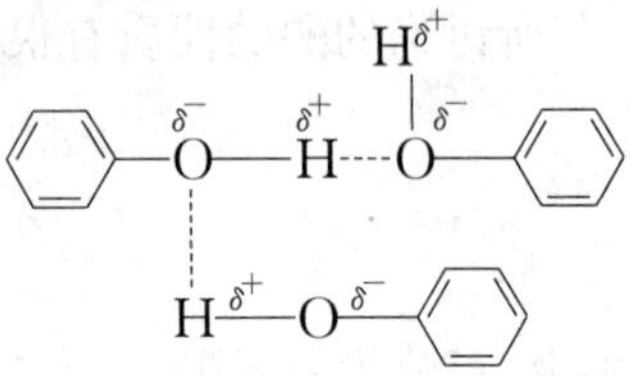

苯酚在水中溶解度不大（9 g/100 mL H_2O），其他酚的溶解度更小，常见的酚的物理性质如表 10.2 所示。

表 10.2 一些酚的物理性质

化 合 物	m.p.（℃）	b.p.（℃）	溶 解 度 (g/100 g 水,25℃)	pK_a
苯 酚 phenol	41	182	9	9.96
邻-甲苯酚 o-cresol	31	191	2.5	9.92
间-甲苯酚 m-cresol	11	201	2.6	9.90
对-甲苯酚 p-cresol	35	202	2.3	9.92
邻-硝基苯酚 o-nitrophenol	45	217	0.2	7.21
间-硝基苯酚 m-nitrophenol	96	分解	1.4	8.30
对-硝基苯酚 p-nitrophenol	114	分解	1.7	7.16
2,4-二硝基苯酚 2,4-dinitrophenol	113	分解	0.6	4.00
2,4,6-三硝基苯酚 2,4,6-trinitrophenol	122	分解	1.4	0.71

从表中所列的数据，我们发现甲苯酚的三种异构体在水中的溶解度基本相同，而硝基苯酚的三个异构体在水中的溶解度却有较大的差别。o-硝基苯酚的溶解度比 m-和 p-位异构体小 7

～8 倍,这是因为 o-硝基苯酚在分子内形成氢键:

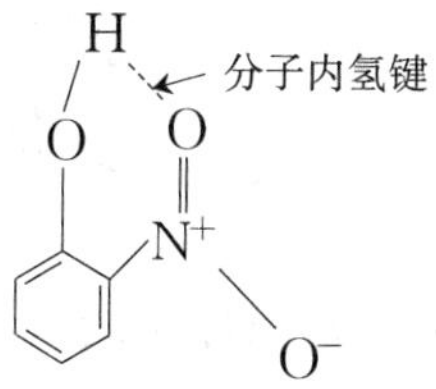

减少了和水分子之间的氢键。而 m-、p-位异构体和水分子之间形成氢键:

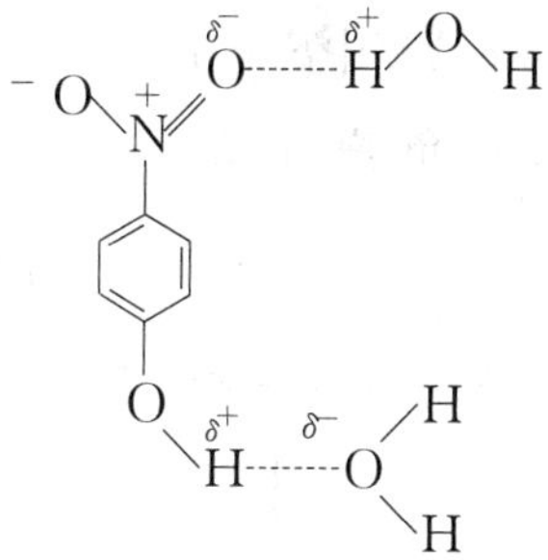

因此,o-硝基苯酚在水中溶解度较小,而 m-、p-位异构体在水中的溶解度相应的较大。对于甲苯酚的三种异构体来说,分子间氢键不能发生,因而三种异构体的溶解度基本相同。

从表 10.2 中看出的另一个有趣的特性是酚类的酸性。

酚的光谱性质如下:

红外光谱:酚和醇一样,羟基的吸收峰 $\bar{\nu}_{OH}$ 出现在 3 200 cm^{-1}～3 600 cm^{-1} 区域(强、宽)。但酚和醇的碳氧伸缩振动吸收峰($\bar{\nu}_{C-O}$)的位置各不相同,酚的 $\bar{\nu}_{C-O}$ 大约在 1 230 cm^{-1} 处,而醇的 $\bar{\nu}_{C-O}$ 在 1 050 cm^{-1}～1 200 cm^{-1} 处。

^{1}H-NMR 谱:酚羟基质子 Ar—OH 的化学位移 δ_H 在 4 ppm～8 ppm 之间,随温度、浓度、溶剂的性质而不同,若分子内存在氢键,则移向低场 δ_H 在 6 ppm～12 ppm 之间。

^{13}C-NMR 谱。苯酚的羟基对苯环的电子效应是 +C>−I,因此,羟基直接相连的苯环碳的化学位移向低场移,δ_C=154.7 ppm,羟基邻、对位碳的化学位移向高场移,分别为115.5ppm和 121.2 ppm,间位碳的化学位移变化不大。δ_C=129.8 ppm。

10.7 酚 的 反 应

10.7.1 酚的酸性

酚的酸性比醇强得多,例如:

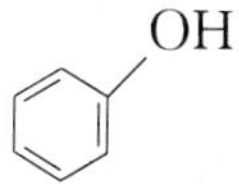

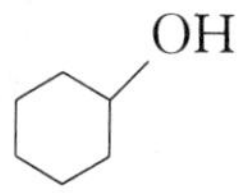

也就是说,苯酚的酸性比类似它的结构的环己醇的酸性大 10^6 倍。这是为什么呢? 正如前所述,由于酚羟基中氧原子上的未共用电子对所在的 p 轨道与苯环 π 电子上的轨道形成 p—π 共轭体系,氧上电子云密度向苯环转移(离域)而降低,导致 O—H 之间成键的电子更偏向于

氧,有利于氢原子离解为质子:

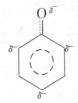

离解后的苯氧负离子由于共轭效应的结果,氧原子的负电荷分散到整个共轭体系中,使苯氧负离子稳定。如图 10.3 所示:

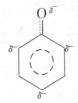

图 10.3 苯氧基负离子的结构

这就有利于上述平衡向右进行,所以苯酚呈弱酸性。而在环己醇中离解后的氧负离子不发生电荷的离域,稳定性比苯 氧 负 离 子 差,也 就 不 利 于 $\langle\;\rangle\!-\!OH+H_2O\;\rightleftharpoons$

$\langle\;\rangle\!-\!O^-+H_3\overset{+}{O}$ 平衡向右。因此环己醇的酸性比苯酚弱得多,这也可从图 10.4 来说明。

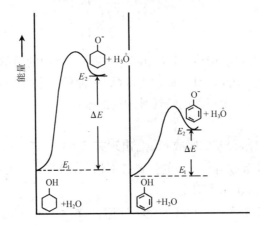

图 10.4 苯酚和环己醇离解的能量变化

E_1 代表苯酚和环己醇的内能,E_2 表示氧负离子的内能。由于苯酚的 $\Delta E = E_2 - E_1$,比环己醇的 ΔE 更小,即表示由苯酚离解为苯氧负离子所需要的能量低于环己醇离解为烷氧负离子所需的能量,(即 $Ph\!-\!O^-$ 比 $\overset{O^-}{\langle\;\rangle}$ 稳定),也就是苯酚比环己醇容易离解,因而苯酚的酸性比环己醇大。

大多数酚的 $pK_a = 10$ 左右,因此它们的酸性比碳酸($pK_a = 7$)弱。所以苯酚只能溶于氢氧化钠溶液,而不能溶于碳酸钠或碳酸氢钠中:

$$Ph\!-\!OH + NaOH \longrightarrow PhO^-Na^+ + H_2O$$

如果将 CO_2 通入酚盐的水溶液中,苯酚即游离析出:

$$PhO^-Na^+ + CO_2 + H_2O \longrightarrow PhOH + NaHCO_3$$

煤焦油中含有大量的苯酚,利用这一性质可从煤焦油中把苯酚分离出来。

不过,苯酚的酸性与苯环上取代基的性质,数目和位置有关。若环上有吸电子取代基($-NO_2$)时,酸性大大地增加,反之,环上有推电子取代基($-CH_3$),则酸性减弱。例如苯环上引入一个—NO_2，可使苯酚的酸性增加 100～1 000 倍，若引入两个—NO_2，如 2，4-二硝基苯酚，$pK_a=4$ 和有机羧酸一样强。若引入三个硝基，如苦味酸（2，4，6-三硝基苯酚）的酸性 $pK_a=0.25$，和盐酸一样强。这是由于苦味酸负离子的负电荷能得以很好分散而趋于稳定：

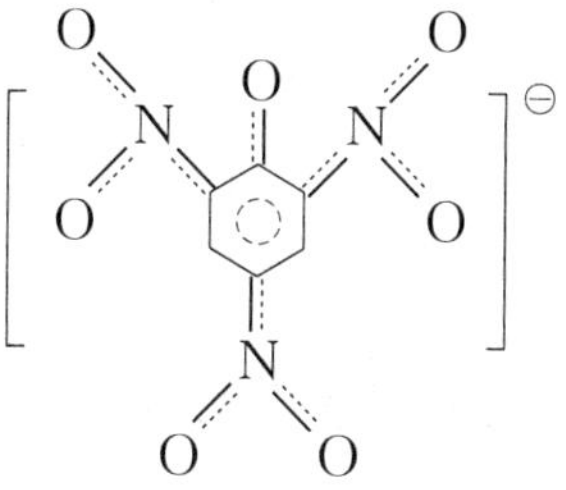

10.7.2 成醚及成酯

酚与醇相似，也可以形成醚，因为酚羟基的 C—O 键比醇羟基中的 C—O 键牢固，一般不能通过酚分子间脱水成醚，而是由酚钠与卤代烷或硫酸二烷基酯作用生成的。例如：

$$Ph—\overset{-}{O}Na^{+} + CH_3—I \longrightarrow Ph—O—CH_3 + NaI$$

$$Ph\overset{-}{O}Na^{+} + CH_3—O—SO_3CH_3 \longrightarrow Ph—O—CH_3 + {}^{-}OSO_3CH_3$$

以上反应都亲核取代，PhO^- 为亲核试剂，I^-、${}^{-}OSO_3CH_3$ 为离去基团。

如果在高温催化剂作用下，则苯酚也可以脱水生成二苯醚：

$$2PhOH \xrightarrow[450℃]{ThO_2} Ph—O—Ph + H_2O$$

酚与醇不同，它不能直接与羧酸作用生成酯，一般需用更活泼的酰氯或酸酐作用才能形成酯，这是因为酚的亲核性比醇弱。

$$Ph—OH + \underset{\substack{\text{乙酸酐}\\ \text{或}CH_3COCl\text{（乙酰氯）}}}{(CH_3\overset{\overset{O}{\|}}{C})_2O} \longrightarrow \underset{\text{乙酸苯酯}}{Ph—O—\overset{\overset{O}{\|}}{C}—CH_3} + CH_3COOH$$

乙酸苯酯在一定条件下加热，乙酰基（ $CH_3—\overset{\overset{O}{\|}}{C}—$ ）发生重排到—OH 的邻或对位：

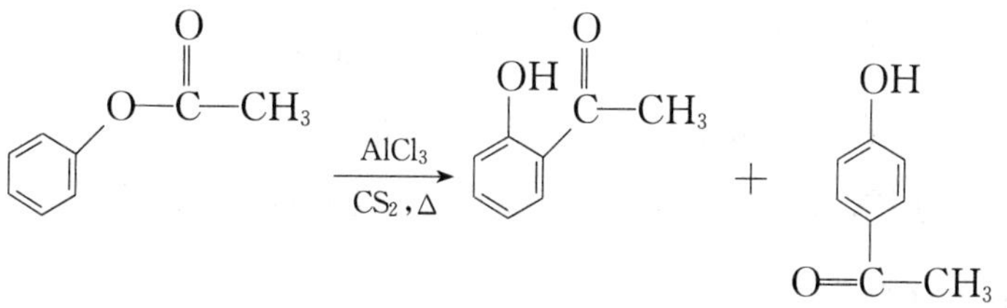

这种重排反应叫付瑞斯（Fries）重排，是制备酚酮的一个好方法，因为苯酚与 $AlCl_3$ 作用成盐，故一般不能用付氏酰基化反应来制备酚酮。

其反应过程为：$AlCl_3$ 先与酯形成络合物，使酰基与氧之间的键变弱，发生异裂，生成苯氧负离子和酰基碳正离子：

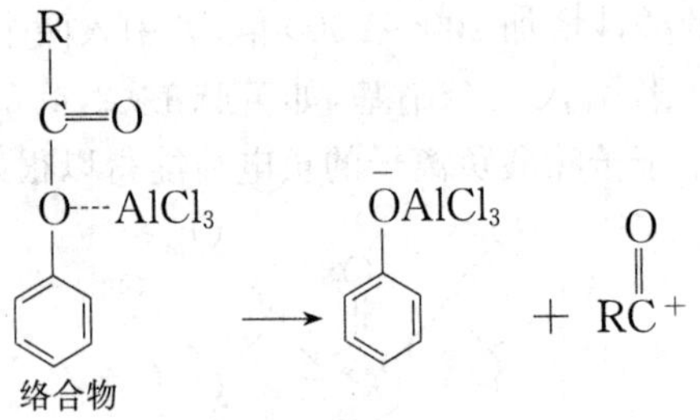

$$R—\overset{\displaystyle O}{\overset{\displaystyle \|}{C}}{}^+$$ 是一个亲电试剂,可与芳环发生亲电取代,反应后水解,得到 Fries 重排产物酚酮:

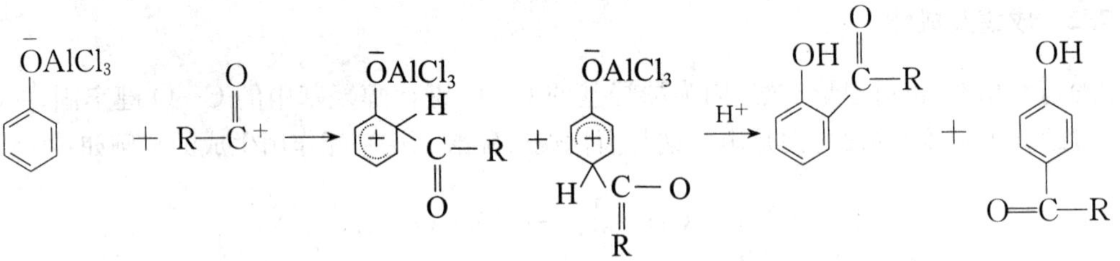

上述机理可用两个不同的酚酯混合,最后得到交叉的四个重排产物而得到支持。同时,如果芳烃上带有间位定位基的酯则不发生 Fries 重排,也间接支持了上述机理。Fries 重排的一个应用是合成肾上腺素,它是一种强心剂。

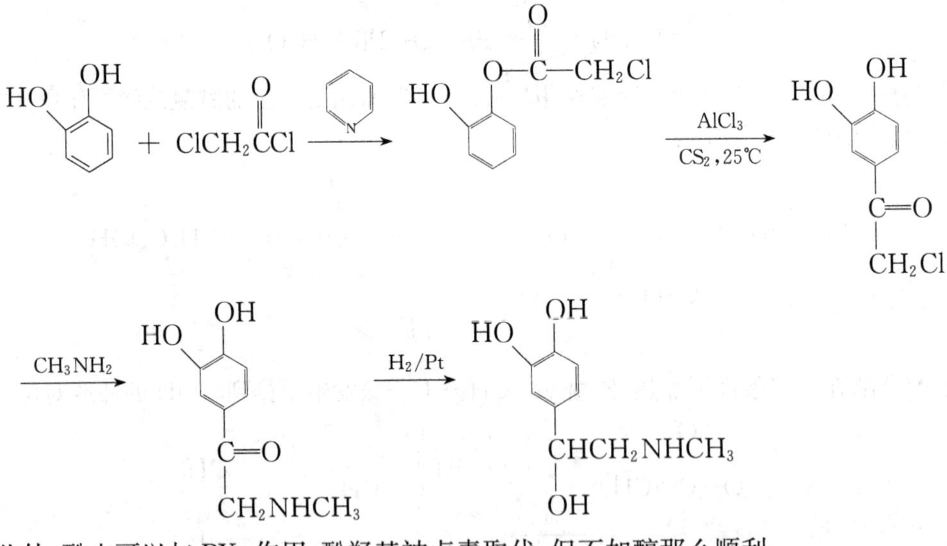

此外,酚也可以与 PX_5 作用,酚羟基被卤素取代,但不如醇那么顺利。

10.7.3　与 $FeCl_3$ 的颜色反应

大多数酚与 $FeCl_3$ 溶液作用生成带颜色的络离子。不同的酚所产生的颜色也不同。例如苯酚,间苯二酚和 1,3,5-苯三酚与 $FeCl_3$ 都显蓝紫色,对苯二酚显暗绿色、1,2,3-苯三酚显红棕色等。

$$6Ph—OH + FeCl_3 \longrightarrow H_3[Fe(OPh)_6] + 3HCl$$
蓝紫色

醇与 $FeCl_3$ 不显色,故在有机分析中常利用这种显色反应来鉴定酚,但具有烯醇结构

—C=C—OH 的化合物,也能与 $FeCl_3$ 发生显色反应。以上都是酚羟基的反应。

10.7.4 芳环上的反应

酚羟基使芳环活化,因此酚比苯容易发生亲电取代,取代基主要进入—OH 的邻、对位上。

1. 卤化反应

苯酚与溴在 CS_2 或 CCl_4 中反应,得到邻位或对位溴苯酚。如:

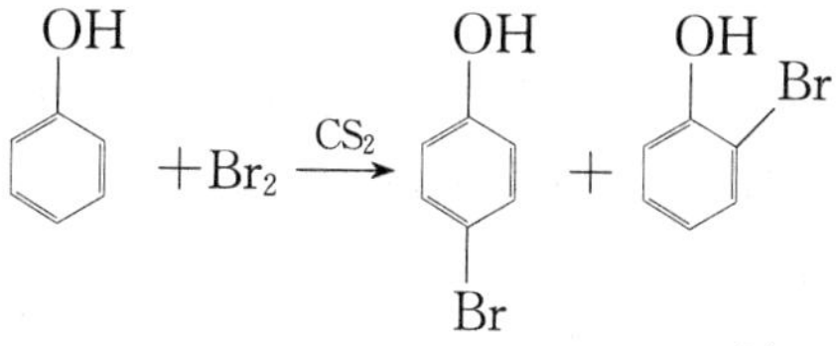

若苯酚的水溶液与溴水作用,立即生成 2,4,6-三溴苯酚的白色沉淀,反应不会停留在一元取代阶段。

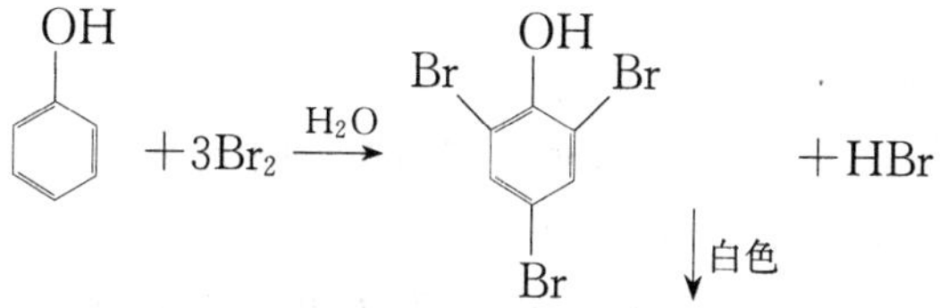

这是因为苯酚在水中电离为酚氧负离子,而 O⁻ 是一个强活化剂和邻、对位定位基。反应极为灵敏,而且定量完成,可用于苯酚定性鉴别和定量测定。

2. 硝化反应

苯酚在室温下就可以被稀 HNO_3 硝化,生成邻-和对-硝基苯酚的混合物:

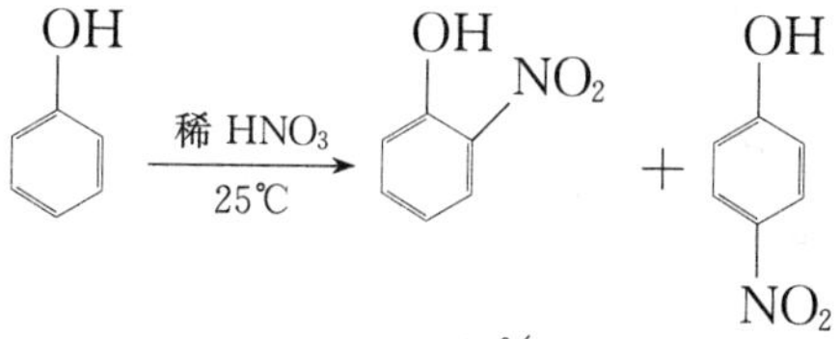

正如前面所述,由于邻硝基苯酚的沸点比对-硝基苯酚低,因此可用水蒸气蒸馏把它们分开。邻和对硝基苯酚在浓硝酸的条件下,可以进一步硝化生成 2,4,6-三硝基苯酚:

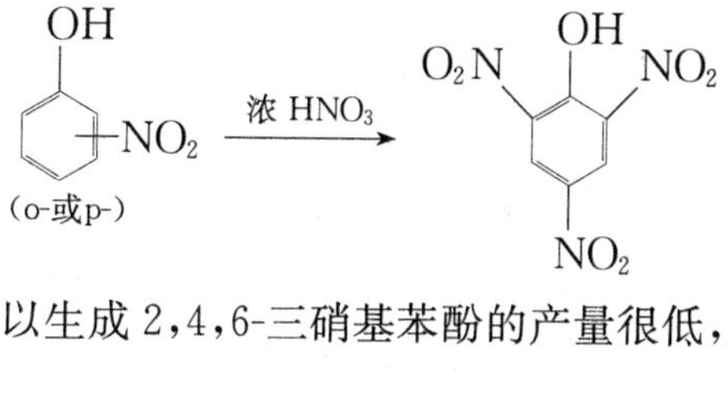

由于苯酚易被氧化,所以生成 2,4,6-三硝基苯酚的产量很低,无制备价值,需用间接方法制备。

3. 磺化反应

浓硫酸在室温下就容易地使苯酚磺化,产物主要为邻-羟基苯磺酸。在 100℃下进行磺

化,则主要产品为对-羟基苯磺酸,进一步磺化可得二磺酸:

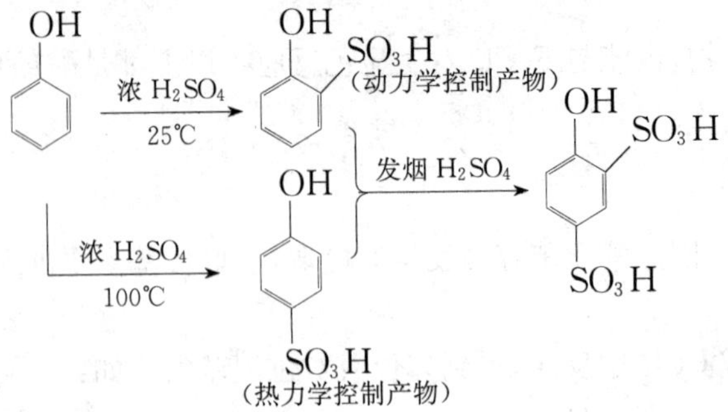

苯酚分子中引入两个磺酸基后,使苯环钝化,与浓 HNO_3 作用时,不易再被氧化,同时两个磺酸基也被硝基置换而生成 2,4,6-三硝基苯酚:

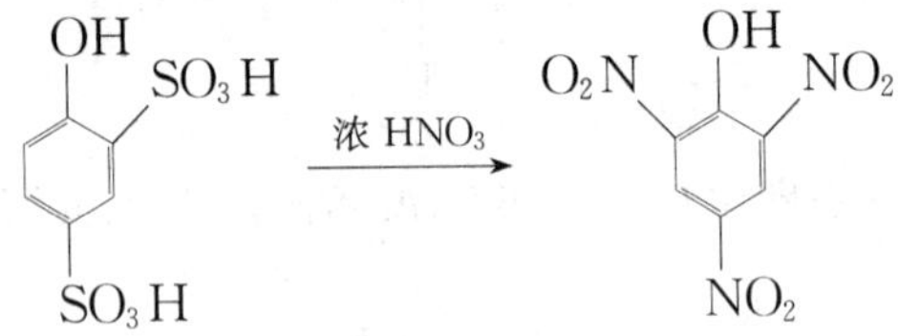

4. 苯酚与甲醛的缩合反应——酚醛树脂

酚的邻位及对位上氢原子特别活泼,在酸或碱的作用下,易与羰基化合物(醛或酮)发生缩合,例如苯酚和甲醛作用,生成邻-或对-羟基苯甲醇。

在碱性条件下的缩合,酚盐负离子的电荷离域,可使原羟基邻、对位带有负电荷,而与 HCHO 作用:

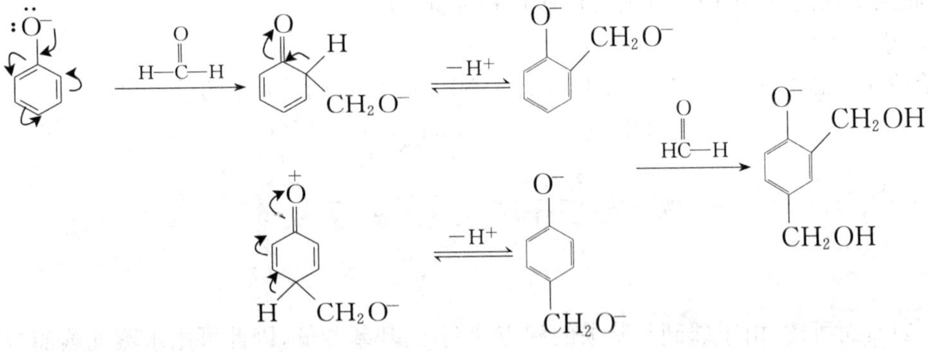

酚盐还与所生成的羟甲基酚盐进一步反应:

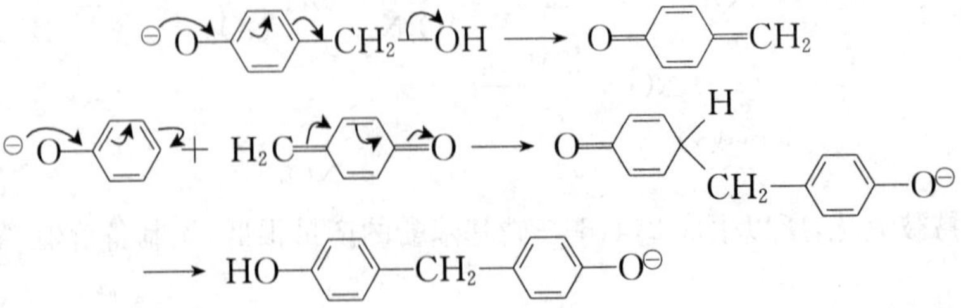

而在酸性条件下缩合:

306

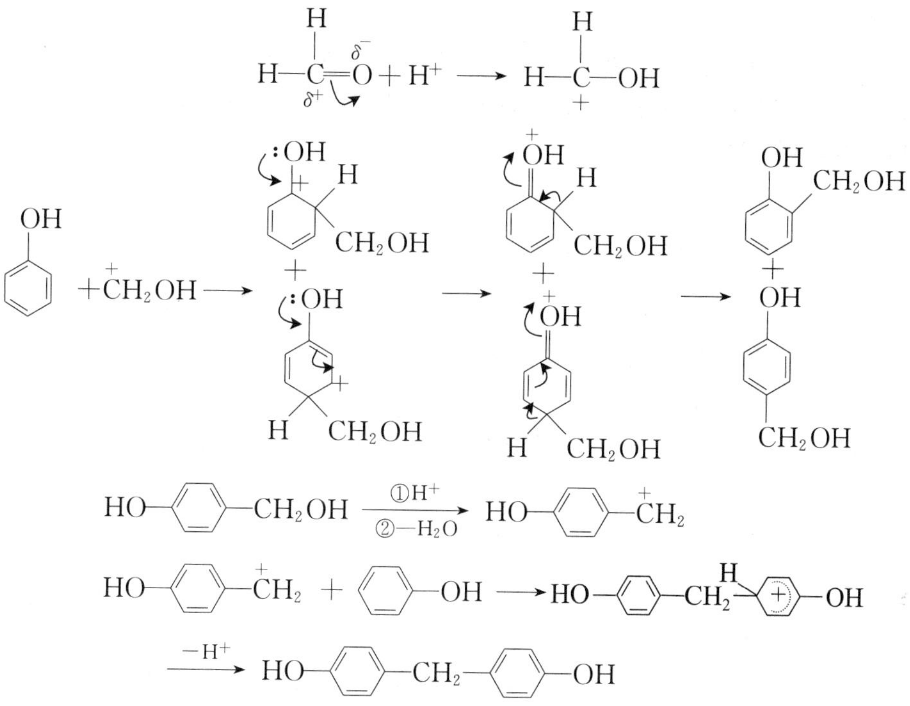

因此，在过量甲醛和苯酚情况下，可进一步不断缩合成酚醛树脂，其部分结果可表示如下：

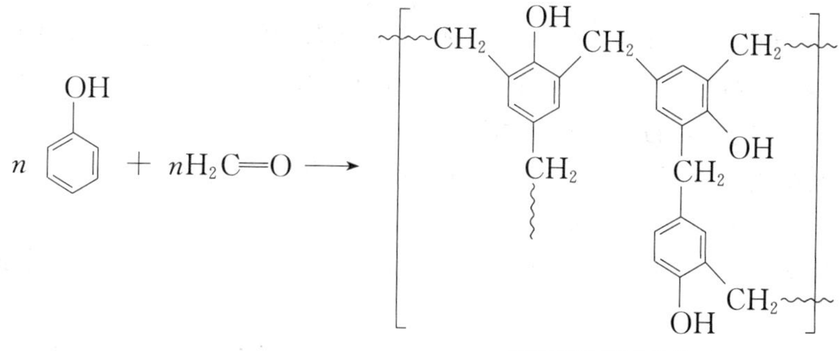

酚醛树脂(部分结构)

酚醛树脂的形成是在酸(或碱)的作用下，苯酚和甲醛之间进行亲电芳香取代的结果。

酚醛树脂具有良好的绝缘、耐温、耐老化、耐化学腐蚀等性能，广泛用于电子、电气、塑料、木材、纤维等工业，由它制成的增强塑料还是空间技术中使用的重要高分子材料。

5. 亚硝化

苯酚和亚硝酸作用，生成对-亚硝基苯酚：

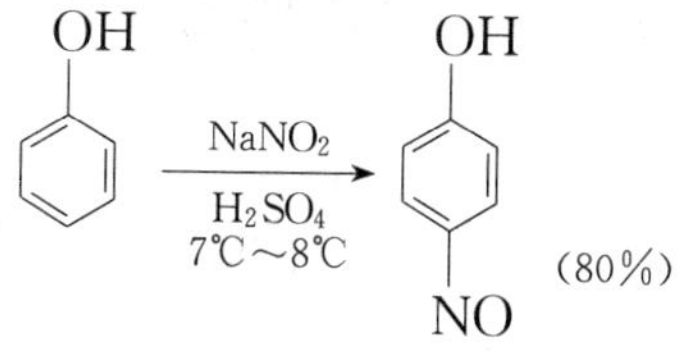

反应由弱亲电试剂亚硝基正离子 $\overset{+}{N}O$ 进攻苯环而引起的，这也说明了苯酚邻、对位的活泼性。

307

6. 付氏反应

酚很容易进行付氏反应，一般不用 $AlCl_3$ 催化剂，因为 $AlCl_3$ 可与酚羟基形成铝的络盐（$PhOAlCl_2$），从而使它失去催化活性，影响产率。因此，酚的付氏反应常在较弱的催化剂 HF、BF_3、H_3PO_4 等作用下进行。例如：

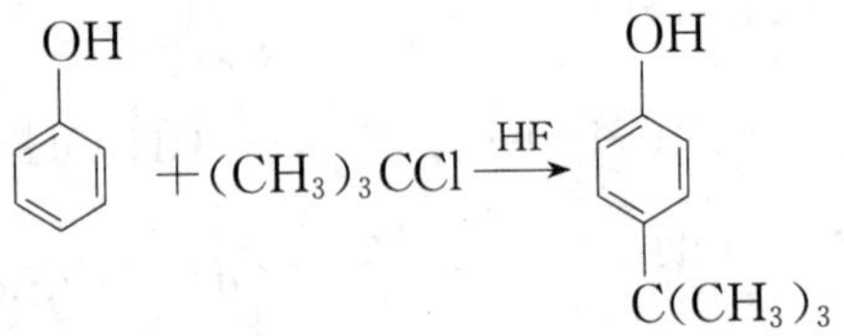

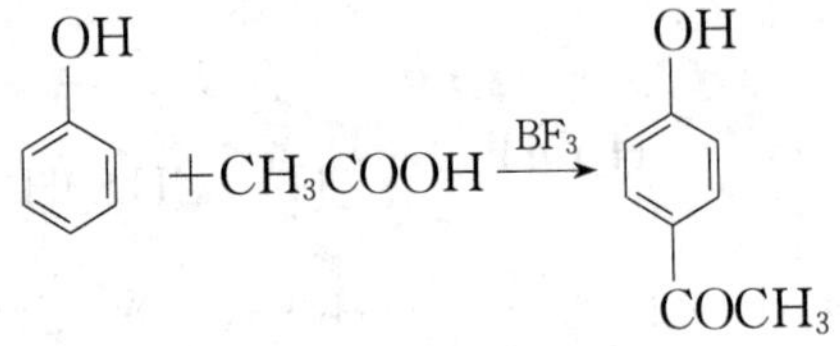

7. 羧基化

苯酚的碱性溶液和 CO_2 在一定温度和压力下反应，可以在苯环上引入羧基。例如：

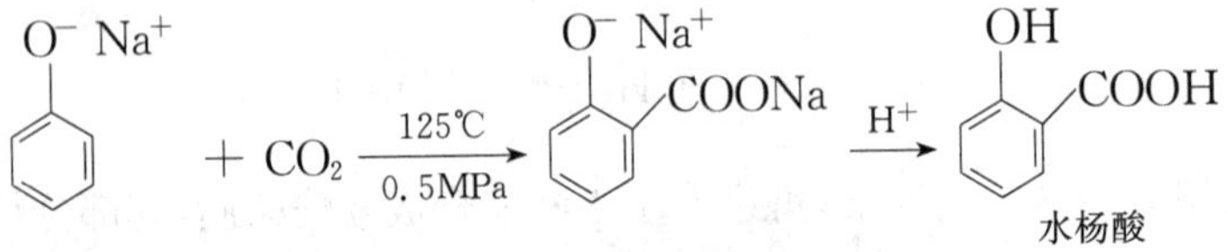

这叫柯尔柏-施密特(Kolbe-Schmidt)合成法，是制备酚酸，特别是水杨酸的重要方法。在这个反应中，羧基主要进入邻位，得到邻羟基苯甲酸(水杨酸)，虽然也会有部分对羟基苯甲酸生成，但容易用水蒸气蒸馏的方法将 o-和 p-异构体分开。

上述反应是缺电子的 CO_2 中的碳对苯环进攻而引起的亲电取代反应。

8. 瑞穆尔-蒂曼(Reimer-Tiemann)反应

这是一个酚和 $CHCl_3$ 在碱性溶液中加热生成羟基苯甲醛的反应，醛基主要进入酚羟基的邻位：

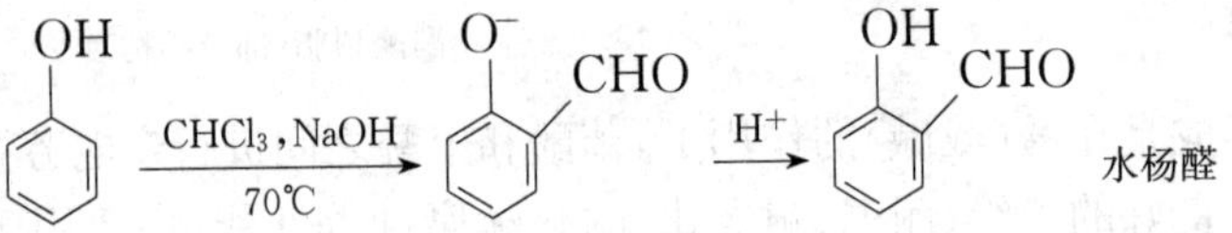

其反应机理是：首先氯仿在碱性溶液中生成二氯卡宾

$$CHCl_3 + HO^- \longrightarrow H_2O + {}^-CCl_3 \longrightarrow Cl^- + :CCl_2$$

二氯卡宾含有缺电子的碳，因此是强亲电性的，它与酚盐负离子反应生成二氯甲基化合物，它迅速水解产生醛基：

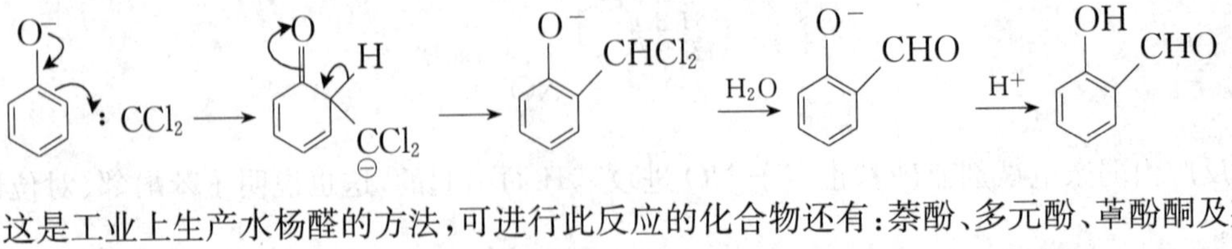

这是工业上生产水杨醛的方法，可进行此反应的化合物还有：萘酚、多元酚、莩酚酮及某些

芳香杂环化合物。

10.7.5 氧化反应

酚比醇易氧化,空气中的氧就能将其氧化成苯醌,这就是本来是无色酚却常带有颜色的原因:

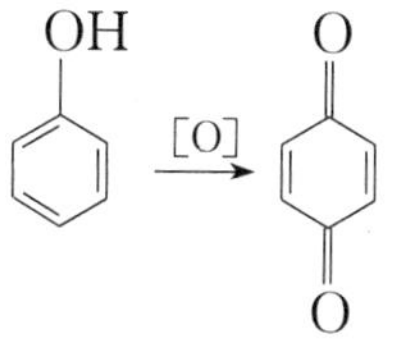

对苯醌(黄色)

此反应叫酚的自氧化反应,利用酚的这种性质在食品、橡胶、塑料等工业上可用作抗氧剂,即苯酚首先自动氧化,从而使食品等因为氧化而变质的反应得以减慢或延缓。

多元酚更易被氧化,例如邻-苯二酚和对-苯二酚在室温下即可被弱氧化剂 AgBr 氧化为邻苯醌和对苯醌:

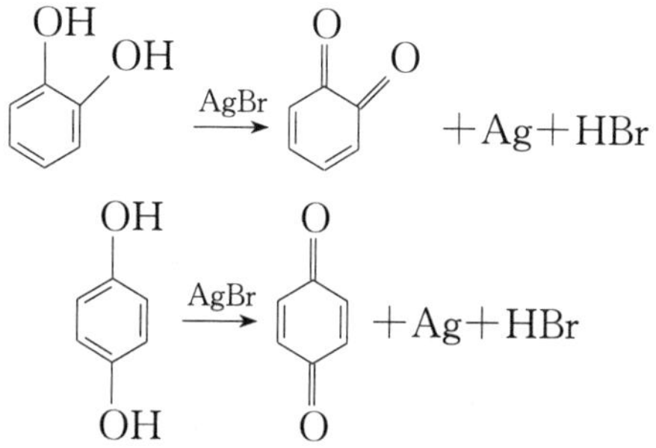

由于对苯二酚的强还原性,在照相术中用作显影剂。还可用作高分子单体的阻聚剂。例如在储存苯乙烯时,仅加入 0.0001 % 对苯二酚,便可阻止苯乙烯聚合。

取代的对苯醌常常是真菌和霉菌的色素。在生物体内发现的辅酶 Q 是与生命的呼吸循环有关:

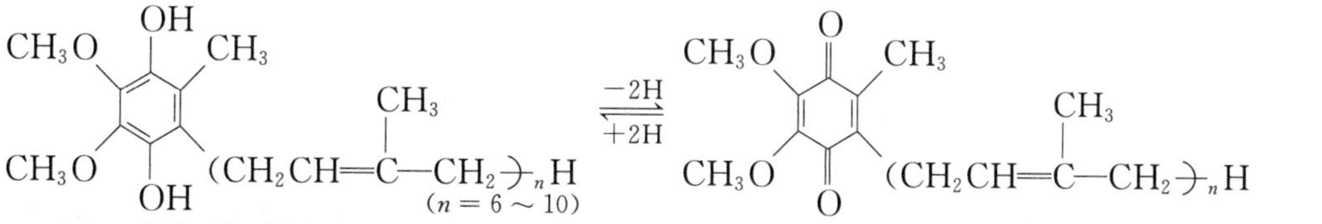

辅酶Q的还原型   辅酶Q的氧化型

在人体的代谢作用的中间产物中,如从蛋白质获得的某些物质发现其中有邻苯二酚,它们被氧化为黑色素,给予皮肤、头发和眼睛以颜色。例如:

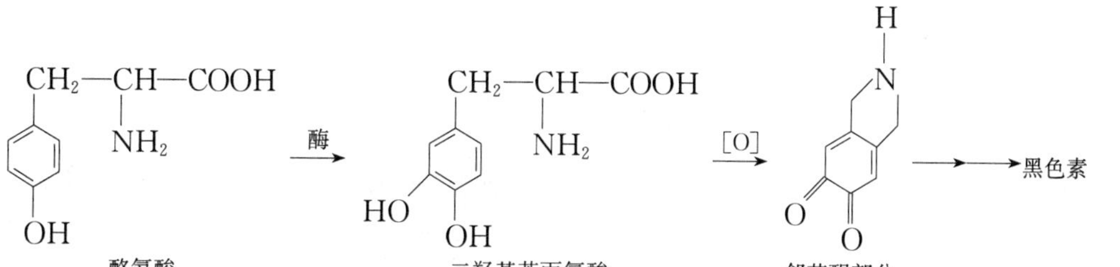

酪氨酸   二羟基苯丙氨酸   邻苯醌部分   黑色素

黑色素的结构是复杂的,至今其确切结构仍不清楚。

10.8　酚的来源及其重要应用

苯酚俗称石碳酸,纯苯酚是无色结晶体。m. p. 为 40.8℃, b. p. 为 181.8℃。苯酚是一个有广泛应用的工业原料,可用来合成苯酚的树酯(如酚醛树脂、环氧树脂,聚碳酸酯等)。这些树脂有多种用途,如用作层压塑料、保护涂料、木板粘合剂、电绝缘材料等。以苯酚为原料还可

以合成药物(如阿斯匹林),合成纤维(如尼龙-6),炸药(苦味酸),除莠剂

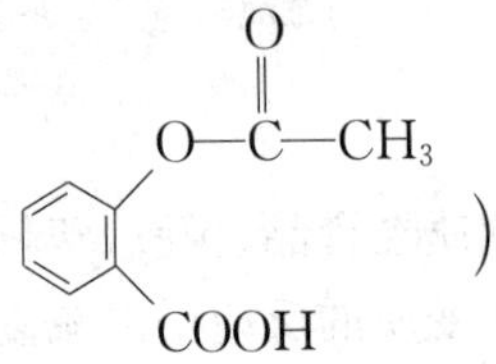

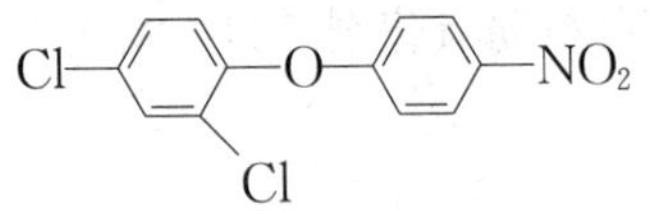

(除草醚),杀菌剂(如五氯苯酚),木材防腐剂,激素等。

苯酚可从煤焦油中提出,由于它的用途日益增加,因此已不能满足工业上的需要。目前大部分苯酚用下列合成方法生产:

1. 异丙苯氧化法

用石油厂中的丙烯和苯为原料,在 AlCl₃ 催化下,通过付氏烷基化反应生成异丙苯,再用空气氧化成过氧化氢异丙苯,后者在酸催化下即分解为苯酚和丙酮:

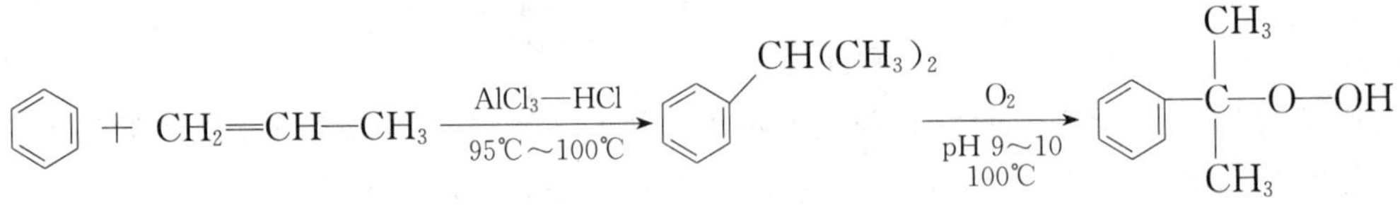

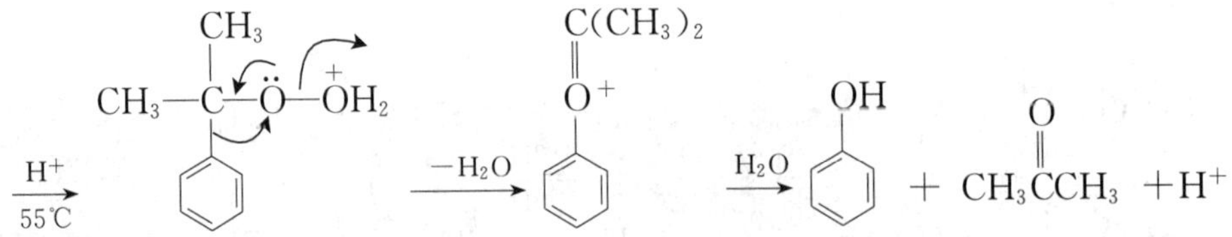

此法不但能得到较高产率的苯酚,而且还得到另一产物——丙酮,也是很有价值的工业原料。因此该方法特别经济,是目前大量制备苯酚的较新方法(美国大约 70% 的苯酚是按此法生产的)。

2. 氯苯碱融法

氯苯和氢氧化钠在高温高压和铜催化剂存在下反应制得:

$$Ph—Cl + NaOH \xrightarrow[300℃,15MPa]{Cu} Ph—O^- Na^+ \xrightarrow{H^+} Ph—OH$$

此法的经济价值是原料(苯、氯、NaOH)价格便宜,同时副产物——二苯醚也可以应用,(美国按此法生产的苯酚占 30%)。

3. 磺酸盐碱熔法

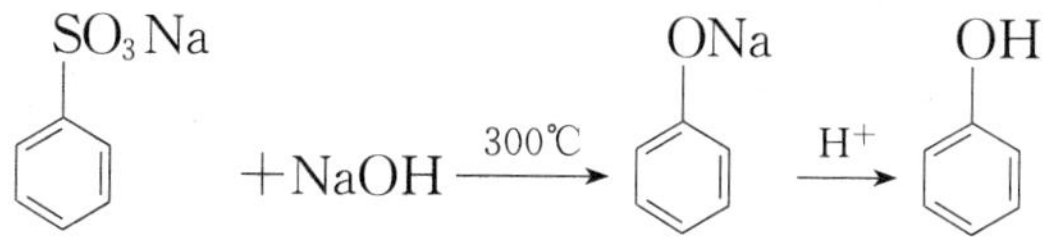

这是一个芳香亲核取代反应。

苯酚在工业上除可用来合成多种有用的产品外,它本身是较早使用的杀菌剂。但由于苯酚对皮肤的毒性(能凝固蛋白质),现已很少使用,不过至今消毒剂的杀菌效力仍以苯酚系数(phenol coefficient)来衡量。如某一消毒剂的苯酚系数(p. c.)等于 5,则表示在同一时间内它的浓度为苯酚的 1/5 时,就有与苯酚同等的杀菌效力,许多取代的苯酚是有效的杀菌剂。如:

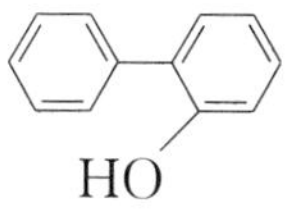

2-苯基苯酚
(在煤酚皂溶液中的消毒剂)

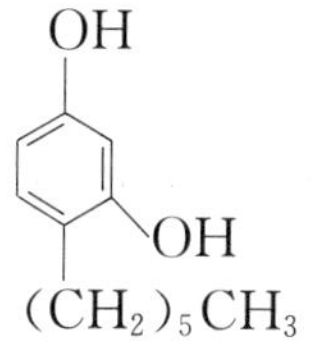

4-正己基间苯二酚(p. c. =50)
(是最先使用的杀菌剂和驱虫剂)

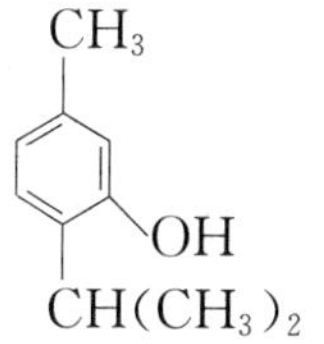

百里酚(麝香草酚)

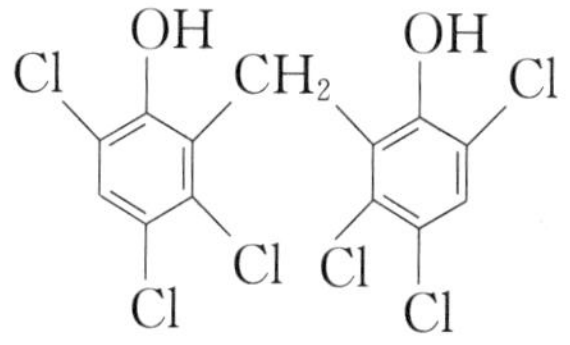

Hexachlorophene   p. c. =125
广泛用作制造解臭剂,牙膏和消毒皂,对婴儿腹泻也很有效

甲苯酚的邻、间、对三种异构体含量达 47%～53% 的肥皂水溶液是目前医药上使用的消毒剂——煤酚皂溶液,其杀菌力比苯酚强。

肾上腺素是邻苯二酚的一个重要衍生物 ,它是肾上腺髓质的主要激素,为无色或淡黄色结晶,m. p. 为 205℃。它有加速心脏跳动,收缩血管、增高血压、放大瞳孔等功能,也有使肝糖分解增加血糖的含量以及使支气管平滑肌松弛的作用,故一般用于支气管哮喘、过敏性休克及其他过敏性反应的急救。

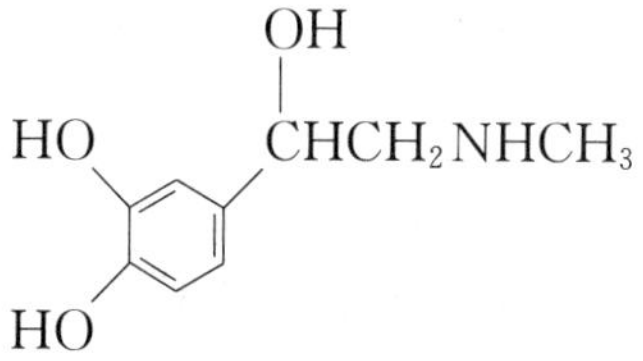

10.9 醚的结构、分类和命名

醚类的结构特征是:它们是由氧原子通过单键和两个烃基结合的分子,它们的一般式可表示为 R—O—R′、Ar—O—R 或 Ar—O—Ar。其中 R 代表烷基,Ar 代表芳基。我们可以把醚看作水分子中的二个氢被烃基取代所得到的化合物。事实上,醚分子的结构类似水,如下式所示:

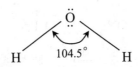　　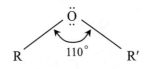

R 和 R′相同者，称为简单醚或者叫对称醚。R 和 R′不相同者称为混合醚或者叫不对称醚。氧和碳可形成环状结构，称为环醚。

简单醚常用普通命名法即根据烃基来命名，表示相同烷基的"二"字习惯上常省略。例如：

$$CH_3—O—CH_3 \qquad CH_3CH_2—O—CH_2CH_3 \qquad CH_2{=}CH—O—CH{=}CH_2 \qquad Ph—O—Ph$$
　　(二)甲醚 　　　　　　　　　(二)乙醚 　　　　　　　　　　　(二)乙烯基醚 　　　　　　　　(二)苯醚

混合醚命名时，将较小的烃基或苯基写在前面：

$$CH_3—O—C_2H_5 \qquad CH_3—O—C(CH_3)_3 \qquad Ph—O—CH_3$$
　　　甲乙醚 　　　　　　　　　甲基叔丁醚 　　　　　　　　苯甲醚(茴香醚)

结构较复杂的醚，则用 IUPAC 系统命名，将较大的烃基作为母体，而将烷氧基(RO—)作为取代基：

$$CH_3—CH_2—CH_2—\underset{\overset{|}{O—CH_3}}{CH}—CH_3 \qquad\qquad CH_3—O—CH_2—CH_2—OH$$
　　　　　　　　　2-甲氧基戊烷 　　　　　　　　　　　　　　2-甲氧基乙醇

$$Cl{-}\!\!\bigcirc\!\!{-}O—C_2H_5 \qquad\qquad CH_3—O—CH_2—CH_2—O—CH_3$$
　　　1-氯-4-乙氧基苯 　　　　　　　　　　　　　1,2-二甲氧基乙烷
　　　　　　　　　　　　　　　　　　　　　　　　　（乙二醇二甲醚）

环醚大多用俗称

　　环氧乙烷 　　　　　　　环氧丙烷 　　　　　四氢呋喃(THF) 　　1,4-二氧六环(二噁烷)

含有多个氧的大环醚，因其结构似王冠，一般称为冠醚。例如：

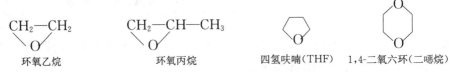

12-冠-4(12-crown-4)

前面的数字 12 代表环中原子的总数，后面的 4 表示氧原子个数。

10.10　醚的物理性质

多数醚是易挥发、易燃的液体，醚的沸点和它的分子量相同的醇相比要低得多，却与烷烃相近。例如：

甲醚　　　　$CH_3—O—CH_3$　　　　　分子量　　46　　b. p. 　$-24.9\,℃$

乙醇　　　　C_2H_5OH　　　　　　　分子量　　46　　b. p. 　　$78\,℃$

丙烷　　　　$CH_3CH_2CH_3$　　　　　分子量　　44　　b. p. 　$-42\,℃$

这是因为醚分子间不能形成氢键。但醚分子中的氧原子仍能与水分子的羟基上氢生成氢

键 $\begin{matrix} C_2H_5 \\ :O \\ C_2H_5 \end{matrix}$ ···· $H-O$ H ，因此，醚在水中的溶解度比烷烃大，与含同数碳的醇相近。例如，

乙醚和正丁醇在水中溶解度相近，每 100 份中溶解 8 份。而四氢呋喃和 1,4-二氧六环却能和 H_2O 完全互溶。这是由于这两者的氧原子突出在外面，易和水生成氢键。

在醚分子中 $\angle COC$ 为 110°，与 H_2O 相似，所以醚分子有一定偶极矩，分子有弱的极性，如乙醚为 1.18D。常见醚的物理性质见表 10.3。

表 10.3　一些常见醚的物理性质

化　合　物		英 文 名 称	m. p. (℃)	b. p. (℃)	d_4^{20} (g·mL^{-1})
CH_3OCH_3	甲醚	dimethyl ether	−138.5	−23	/
$(CH_3CH_2)_2O$	乙醚	diethyl ether	−116.6	34.5	0.7137
$(CH_3CH_2CH_2)_2O$	正丙醚	n-propyl ether	−12.2	90.1	0.7360
$[(CH_3)_2CH]_2O$	异丙醚	iso-propyl ether	−85.9	68	0.7241
$[CH_3(CH_2)_3]_2O$	正丁醚	n-butyl ether	−95.3	142	0.7689
⬡—O—CH₃	苯甲醚	methyl phenyl ether	−37.5	155	0.9961
⬡—O—⬡	二苯醚	diphenyl ether	26.8	257.9	1.0748
四氢呋喃结构	四氢呋喃	tetrahydrofuran	−65	67	0.8892
1,4-二氧六环结构	1,4-二氧六环	1,4-dioxane	11.8	101	1.0337

醚的光谱特性如下：

红外光谱：一个简单的醚，惟一可供鉴定的是在 $1\,050\ \mathrm{cm^{-1}} \sim 1\,150\ \mathrm{cm^{-1}}$ 区域中有强的 $\bar{\nu}_{as(C-O-C)}$ 吸收峰，而不对称的醚则有两个吸收峰。

^{1}H-NMR 谱：醚的 α-质子化学位移为

$$CH_3-O-R \qquad CH_3CH_2-O-R \qquad (CH_3)_2CH-O-R$$

$$\delta_H = 3.30\ \mathrm{ppm} \qquad \delta_H = 3.36\ \mathrm{ppm} \qquad \delta_H = 3.55\ \mathrm{ppm}$$

^{13}C-NMR 谱：

$$CH_3-O-CH_3$$
$$\delta_C = 55.4\ \mathrm{ppm}$$

CH_3-O- 苯环，129.5 ppm，120.7 ppm，159.9 ppm，114.1 ppm

313

10.11 醚 的 反 应

醚是相当不活泼的一类化合物(环醚除外),在常温下不和碱、氧化剂、还原剂等发生反应,因此,有机反应中常用醚作溶剂,乙醚、四氢呋喃、1,4-二氧六环是较常用的溶剂。

10.11.1 钅羊盐的生成

醚由于氧原子上带有孤电子对,作为一个碱和热的浓硫酸或路易斯酸(如 BF_3、$AlCl_3$ 等)可形成钅羊盐(oxonium salt)。例如:

$$R-O-R + H_2SO_4 \rightleftharpoons R-\overset{+}{\underset{H}{O}}-R + HSO_4^-$$

$$R-O-R + BF_3 \longrightarrow R-\overset{+}{\underset{-BF_3}{O}}-R$$

实验室中可利用醚形成钅羊盐后溶于冷的浓硫酸这一特性来分离醚和卤代烷或烷烃的混合物。

钅羊盐的形成使 C—O 键变弱。因此醚键发生破裂的一些反应是通过钅羊盐进行的。

10.11.2 醚键的断裂

醚用浓酸(如氢碘酸)加热处理,醚键发生断裂,生成碘代烷和醇:

$$R-O-R' + HI \longrightarrow R-OH + R'-I$$

用氢溴酸和盐酸也可以进行反应,但因两者没有氢碘酸活泼,需用浓酸和较高的反应温度。

其过程是醚先与酸生成钅羊盐,然后 I^- 离子对钅羊盐进行亲核进攻:

$$R-O-R' + H^+ \longrightarrow R-\overset{+}{\underset{H}{O}}-R' \xrightarrow{I^-} R-OH + R'-I$$

钅羊盐的断裂可以通过 S_N1 或 S_N2 机理进行,这取决于醚的结构。一级烷基发生 S_N2 反应,三级烷基按 S_N1 反应进行。

例如,甲乙醚与 HI 反应,以 S_N2 为主。此时反应活性 $CH_3 > C_2H_5$,这是由于当亲核试剂 I^- 进攻时,乙基的位阻较甲基大,不易形成过渡态络合物,所以分解时,乙基仍与氧相连。

$$CH_3-O-C_2H_5 + HI \longrightarrow CH_3-\overset{+}{\underset{H}{O}}-C_2H_5$$

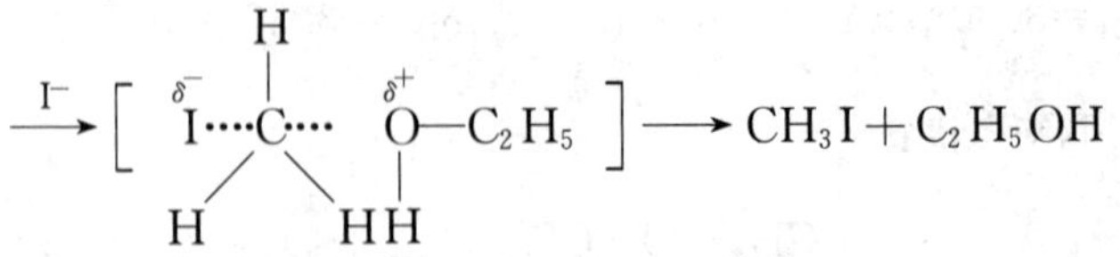

$$\xrightarrow{I^-} \left[\overset{\delta^-}{I} \cdots \overset{H}{\underset{H\ HH}{C}} \cdots \overset{\delta^+}{O}-C_2H_5 \right] \longrightarrow CH_3I + C_2H_5OH$$

如果有叔烷基存在,因为叔丁基正离子很稳定,反应以 S_N1 机理进行,这时产物为叔丁基碘。

314

$$CH_3-O-C(CH_3)_3 + H^+ \longrightarrow CH_3-\overset{+}{\underset{H}{O}}-C(CH_3)_3 \longrightarrow CH_3OH + (CH_3)_3C^+$$

$$\underset{\downarrow I^-}{\quad}$$

$$(CH_3)_3C-I$$

而二芳基醚与 HI 不反应。

在过量酸存在下,生成的醇也转变为碘代烷:

$$R-OH + HI \longrightarrow R-I + H_2O$$

醚键的断裂有两种方式:$R\overset{|}{}O\overset{|}{}R'$。一般是较小的烃基与碘结合为碘代烷。例如:

$$R-CH_2-O-CH_3 + HI \longrightarrow RCH_2OH + CH_3I$$

对于含有芳基的混合醚与 HX 反应,醚键总是优先在脂肪烃基一边断裂,是因为芳基与氧的孤电子对共轭,具有某些双键性质,因此难于断裂。例如:

$$Ph-O-CH_3 + HI \longrightarrow Ph-OH + CH_3I$$

上述反应是定量完成的,将生成的 CH_3I 用 $AgNO_3$—乙醇溶液吸收,再称量 AgI 的量,即可推算分子中甲氧基的含量。这个方法叫蔡塞尔(S. Zeisel)的甲氧基定量测定法,在测定某些含甲氧基的天然产物的结构时很有用的。

10.11.3 过氧化物的形成

醚类在空气中放置,慢慢被氧化生成过氧化物。氧化通常发生在 α-C—H 键上,其自动氧化过程可表示如下:

$$CH_3CH_2-O-C_2H_5 \xrightarrow{O_2} CH_3-\underset{\underset{O-O-H}{|}}{CH}-O-C_2H_5$$

氢过氧化乙醚

$$n CH_3-\underset{\underset{OOH}{|}}{CH}-O-C_2H_5 \xrightarrow{-nC_2H_5OH} n CH_3-\underset{\underset{OO\cdot}{|}}{\overset{\cdot}{CH}} \longrightarrow \left[\underset{\underset{CH_3}{|}}{\overset{\overset{H}{|}}{C}}-O-O \right]_n$$

过氧化醚

过氧化醚的沸点比较高,受热易分解爆炸。因此,蒸馏乙醚时往往不能蒸干。为了避免意外,在蒸馏贮藏过久的乙醚前应进行检查,如果含有过氧化物,加入 KI 醋酸溶液,会游离出碘,使淀粉溶液变蓝色。加入 $FeSO_4$ 溶液,并剧烈振荡,可破坏过氧化物。

10.11.4 克莱森(Claisen)重排

苯酚的烯丙醚加热时,烯丙基从氧迁移到邻位碳原子上,生成邻-烯丙基苯酚:

这个反应叫克莱森重排。由于酚的烯丙醚很容易从 $Ph-ONa + BrCH_2-CH=CH_2$ 得到,因此该方法是在酚的苯环上导入烯丙基的好方法。如邻位已被占领,则烯丙基重排到对位上:

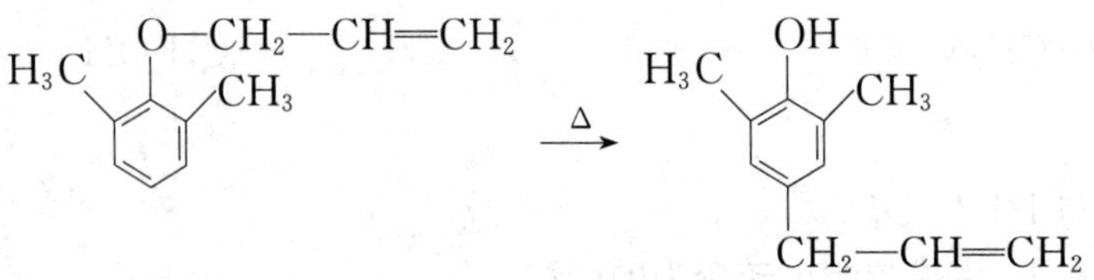

许多实验事实表明,重排是一个分子内的反应,是通过环状过渡态进行的:

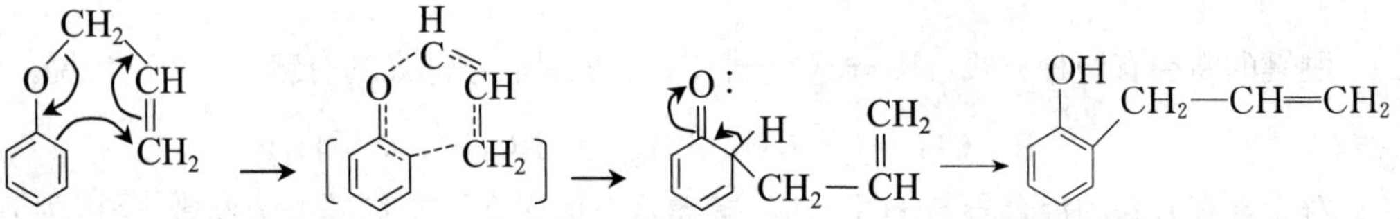

克莱森重排在有机合成中还可方便地用来合成邻位带有某种烃基的酚类化合物。例如:

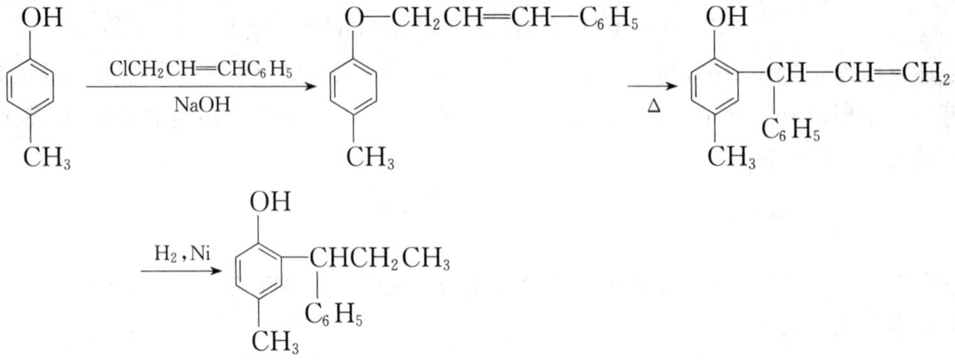

10.11.5　环氧化合物的反应

环氧化合物发生许多一般醚所没有的反应。它们的反应活性是由于分子中存在三元环的张力(这与环丙烷相似,环丙烷因为环的张力,比其他烷烃活泼得多),因此极易和多种试剂反应,氧环发生破裂。例如:

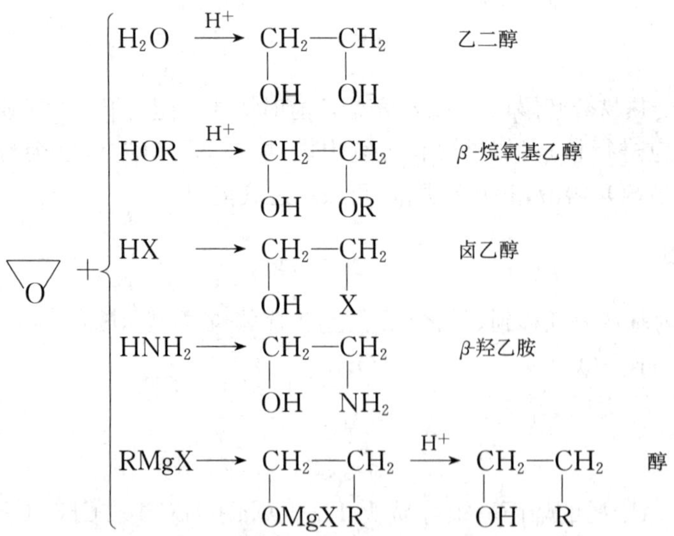

以上这些反应可以在酸或碱催化下进行开环,而环氧化物的开环反应的取向,主要取决于酸催化还是碱催化。例如,氧化异丁烯的酸和碱催化反应如下:

316

$$\underset{\substack{\text{H}_3\text{C} \\ \text{H}_3\text{C}}}{\text{C}}\underset{\text{O}}{\times}\text{CH}_2 + \text{H}_2\text{O}^{18} \xrightarrow{\text{H}^+} \text{CH}_3\underset{\underset{^{18}\text{OH}}{|}}{\overset{\overset{\text{CH}_3}{|}}{\text{C}}}\underset{\text{OH}}{\text{CH}_2}$$

$$\underset{\substack{\text{H}_3\text{C} \\ \text{H}_3\text{C}}}{\text{C}}\underset{\text{O}}{\times}\text{CH}_2 + \text{CH}_3\overset{..}{\underset{..}{\text{O}}}\text{H} \xrightarrow{\text{CH}_3\text{ONa}} \text{CH}_3\underset{\underset{\text{OH}}{|}}{\overset{\overset{\text{CH}_3}{|}}{\text{C}}}\underset{\text{OCH}_3}{\text{CH}_2}$$

由此可见,酸催化的开环反应中,亲核试剂(H_2O^{18})进攻取代较多的碳,而碱催化的开环反应则正好相反。亲核试剂(CH_3O^-)进攻取代较少的碳。实验证明上两个反应都是 S_N2 类型的,那么应如何来解释它们呢?

在酸催化的反应中,由于氧原子被质子化而使 C—O 键进一步削弱,所以这里的离去基团(弱碱性的醇羟基)是一个很好的离去基团,而进攻的亲核试剂(水)则是一个弱的亲核试剂,因此键的断裂比键的形成要快一些,离去基团所带走的电子要比亲核试剂所带来的大得多。这就使碳获得相当的正电荷,这样的一个反应便具有相当程度的 S_N1 性质,过渡态的稳定性主要是由电子因素(而不是立体因素)所决定的,因此亲核试剂进攻的是最能容纳正电荷的碳原子(而不是发生在位阻较小的碳上),即:

过渡态(键的断裂超过键的形成)

在碱催化的开环中,亲核试剂较强(CH_3O^-)(这里环氧化合物没被质子化),键的断裂和生成差不多同步进行,这样的过渡态和通常的 S_N2 一样,是由立体因素所控制,因此进攻发生在位阻较小的碳上:

过渡态

上列环氧化物的开环反应在工业上和有机合成上均非常重要。例如环氧乙烷与水反应生成乙二醇是良好的溶剂,它是汽车防冻剂的主要成分((60%)乙二醇+(40%)H_2O 的溶液,在

317

－49℃才凝冻）。乙二醇也是制造合成纤维涤纶的原料之一。

$$n\text{HOOC}-\boxed{}-\text{COOH} + n\overset{\text{OH}}{\underset{}{\text{CH}_2}}-\overset{\text{OH}}{\underset{}{\text{CH}_2}} \xrightarrow{\Delta} \left[\text{OCH}_2\text{CH}_2\text{OC}-\boxed{}-\overset{\text{O}}{\underset{}{\text{C}}}\text{OCH}_2\text{CH}_2\right]_n$$

涤纶（聚对苯二甲酸二乙酯）

当环氧乙烷在催化剂 SrCO_3 存在下加热，则发生聚合，生成聚乙二醇：

$$n\ \overset{\displaystyle \text{CH}_2-\text{CH}_2}{\underset{\displaystyle \text{O}}{\diagdown\diagup}} \xrightarrow{\text{SrCO}_3} \left[\text{OCH}_2-\text{CH}_2\right]_n$$

聚合物的分子量可高达几百万（$n=100\,000$），它有很多用途，可用作纺织和硝化纤维喷漆的助剂，在消防部门被用作所谓"快速水"（rapid-water）的添加剂。显然，加入少量的聚乙二醇到水中，可以减少水分子之间的摩擦力，因此甚至当水压减小时也可以把火焰熄灭。

10.12 醚 的 合 成 法

有两个重要的合成醚的方法：

（1）在酸催化下，醇分子间脱水生成对称醚：

$$\text{R}-\boxed{\text{OH} + \text{H}}-\text{OR} \xrightarrow[\Delta]{\text{浓 H}_2\text{SO}_4} \text{R}-\text{O}-\text{R} + \text{H}_2\text{O}$$

（2）威廉森（A. W. Williamson）合成法：这是醇钠或酚钠和卤代烷的反应。

$$\text{R}-\text{ONa} + \text{R}'-\text{X} \longrightarrow \text{R}-\text{O}-\text{R}' + \text{NaX}$$
$$\text{Ar}-\text{ONa} + \text{R}'-\text{X} \longrightarrow \text{Ar}-\text{O}-\text{R}' + \text{NaX}$$

这个方法既可制对称醚，也可以制混合醚。由于它的应用性广，因此威廉森合成法是在实验室中用来制醚的更可取的方法。反应是按 $\text{S}_\text{N}2$ 历程进行的，烷氧（或酚氧）离子作为强的亲核试剂从卤代烷中把卤离子置换下来。

$$\text{RO}^{\frown}+\text{R}'^{\frown}\text{X} \xrightarrow{\text{S}_\text{N}2} \text{R}-\text{O}-\text{R}' + \text{X}^-$$

回顾一下按 $\text{S}_\text{N}2$ 机理进行的条件。如果是三级 RX，由于空间位阻较大，不利于亲核试剂的进攻，或者卤素直接连在苯环上，也不利于反应。因此，我们要使威廉森合成法得到成功。选择合适的试剂之间的结合是十分重要的。

例如，要想合成甲基叔丁基醚，理论上可以通过下面两个反应中的任何一个来实现：

318

$$\text{(b)}\quad CH_3-\underset{\underset{CH_3}{|}}{\overset{\overset{CH_3}{|}}{C}}-O^- \quad + \quad H-\underset{\underset{H}{|}}{\overset{\overset{H}{|}}{C}}-Cl \xrightarrow{S_N2} CH_3-\underset{\underset{CH_3}{|}}{\overset{\overset{CH_3}{|}}{C}}-O-CH_3 + NaCl$$

进攻容易

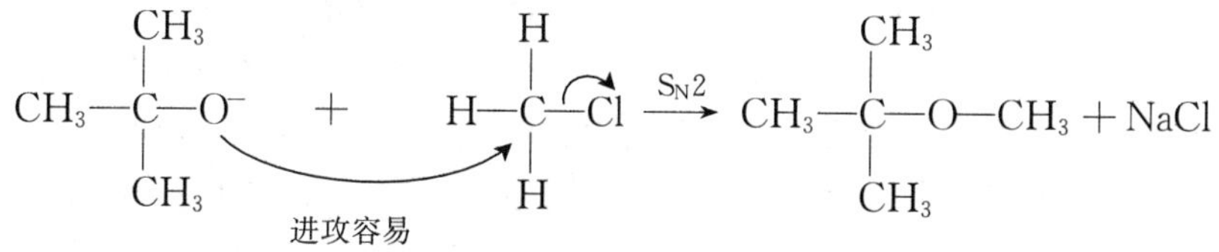

实际上,只有反应(b)是可行的,因在反应(a)中,首先导致脱 HCl 得到烯烃,因此不能得到醚。同样要合成苯甲醚 Ph—O—CH₃ ,必须选择:

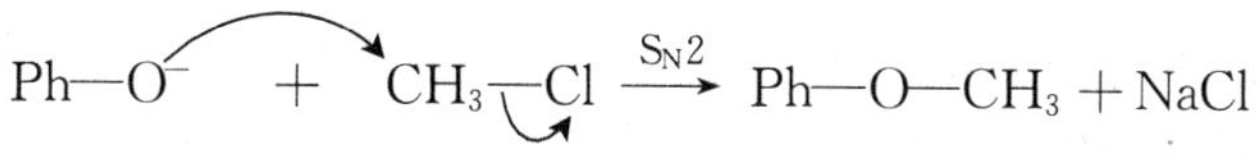

$$Ph-O^- \quad + \quad CH_3-Cl \xrightarrow{S_N2} Ph-O-CH_3 + NaCl$$

而不能用反应:

$$CH_3O^- + Cl-Ph \longrightarrow 不反应$$

实际上,苯甲醚的制备常常用硫酸二甲酯$(CH_3O)_2SO_2$ 和酚钠反应。

$$Ph-O^- + CH_3O-\overset{\overset{O}{\|}}{\underset{\underset{O}{\|}}{S}}-OCH_3 \xrightarrow{S_N2} Ph-O-CH_3 + O^- -\overset{\overset{O}{\|}}{\underset{\underset{O}{\|}}{S}}-OCH_3$$

冠醚的一个常用制法也是通过威廉森反应。如:

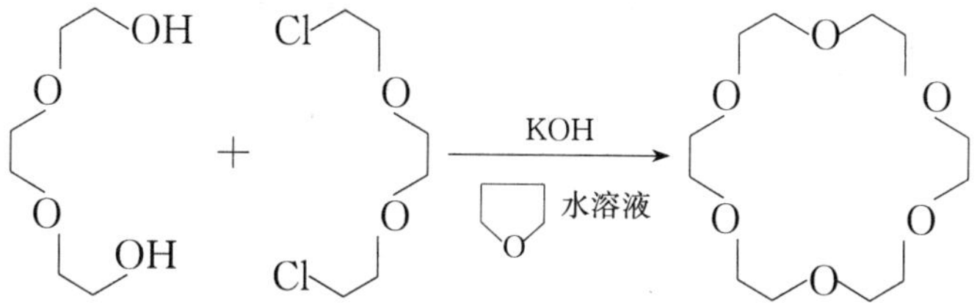

18-冠-6

五元、六元环醚则可通过 1,4-或 1,5-二醇在酸催化下加热而制得。这在二元醇的脱水反应中已提到过。其反应过程也是一个羟基被质子化和被另一个羟基进行亲核取代而产生环醚,所以反应机理和乙醚的形成机理相同。例如:

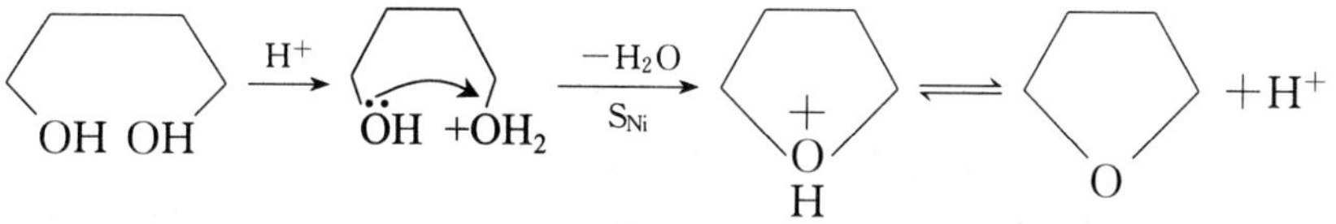

三元环醚(如环氧乙烷)在工业上将氯醇与$Ca(OH)_2$ 共热制得:

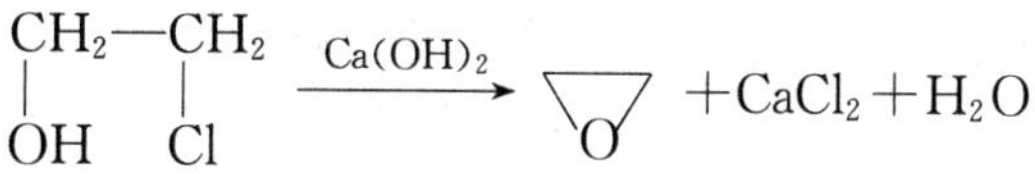

$$\underset{\underset{OH}{|}}{CH_2}-\underset{\underset{Cl}{|}}{CH_2} \xrightarrow{Ca(OH)_2} \triangle\!O +CaCl_2+H_2O$$

这是威廉森反应的一个推广,得到环醚是因为醇和卤代物两者都在同一分子中,在分子内进行亲核取代反应的结果。

工业上也可用空气或过氧酸氧化乙烯而得到(参阅第三章烯烃的氧化)。

10.13 一些醚的重要应用

乙醚是常用的溶剂,b.p. 为 34.5℃,极易挥发、着火。乙醚气体和空气可形成爆炸性混合气体,因此使用时必须特别小心。乙醚也是一个重要的吸入麻醉剂,在外科手术中常使用它。在生物化学的应用中,可把类脂化合物(见第二十一章,它溶解于乙醚中)从碳水化合物和蛋白质中分离出来。无水乙醚是格氏反应中有用的溶剂。无水乙醚是由普通乙醚用 $CaCl_2$ 处理(或用浓 H_2SO_4 处理),然后将蒸馏出来的乙醚压入钠丝进一步除去少量的水即可。

乙烯基醚 $CH_2{=}CH{-}O{-}CH{=}CH_2$,b. p. 为 31℃,也是快速吸入麻醉剂,其麻醉性能比乙醚强约七倍,而且有一定的使用价值。

1,1-二氟-2,2-二氯-乙基甲基醚 $(CHCl_2{-}CF_2{-}O{-}CH_3)$ 是在 1959 年才引进的麻醉剂,它是最有效的吸入麻醉剂,同时不易燃烧,适用于产科麻醉,现在美国广泛使用。

茴香籽、香草豆和丁香树的香味都来自一些含有苯甲醚母体的化合物。丁子香酚(含于丁香油中) $CH_2{=}CH{-}CH_2{-}$ (含 OCH₃ 和 OH 的苯环) 和氧化锌混合形成的粘合剂,被牙科医生用作暂时的补牙材料。

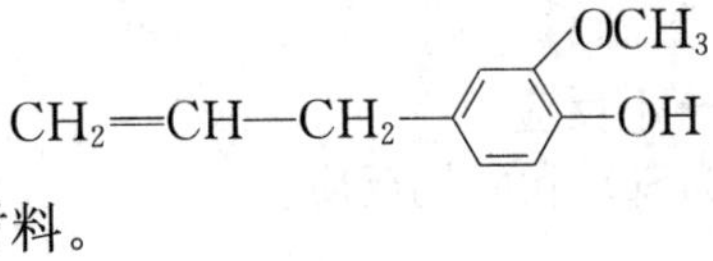

二苯醚 $(Ph{-}O{-}Ph)$,由于它的高沸点(257.9℃),可用作热传导体。

对苄氧苯酚((苯环)$-CH_2{-}O{-}$(苯环)$-OH$)是一个橡胶制造中的抗氧剂,它也被用作去色剂。

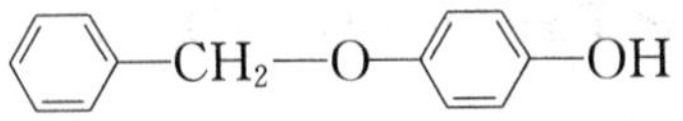

2,4-D 和 2,4,5-T 是广泛使用的除草剂,在草地和较多的农作物(如大麦、小麦和甘蔗)中能有选择地杀死阔叶杂草:

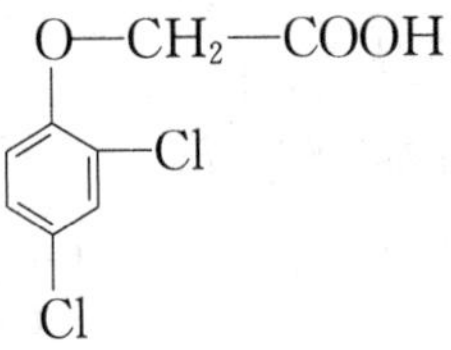

2,4-D 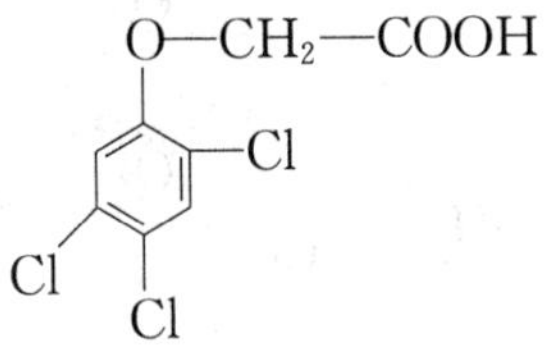   2,4,5-T

冠醚近十几年来在各方面都获广泛的应用。在有机合成中可用作相转移催化剂。例如,卤代烷与 KCN 水溶液不相溶,成为二相,因而难于反应。如加入冠醚,KCN 即可由水相进入有机相中,与 RX 相遇而迅速反应:

$$R{-}X + KCN \xrightarrow{[冠醚]} R{-}CN + KCl$$

这是因为冠醚(如 18-冠-6)的结构是 6 个氧原子伸向环内,形成一个能与金属离子络合的亲水内层,而乙撑单元向外,形成一个亲脂的外层,因而能增加离子型化合物在有机相中的溶解度,同时 K^+ 离子被络合后,CN^- 变成完全自由的负离子,因此,CN^- 的活泼性(亲核性)增加,而使反应速度加快。因而冠醚在有机合成中是很有用的。冠醚在分析化学中可用来分离各种金属离子的混合物,特别是稀土元素的分离有着重要意义。这是因为冠醚和金属离子形成络合物的稳定性,随冠醚环大小不同而能与不同的金属离子络合。例如,18-冠醚-6 的空穴半径为 260 pm~320 pm,与 K^+ 离子的半径(266 pm)相适应,因此它能络合 K^+ 离子:

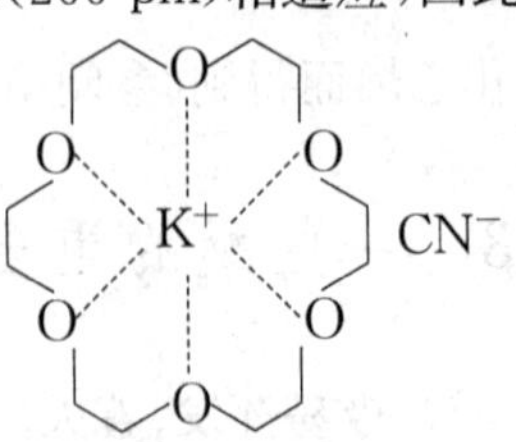

在自然界中也发现两个环氧化物有完全不同的作用,一个是 2,3-环氧角鲨烯,它是在生物合成胆固醇和其他类固醇化合物中,由非环状化合物——角鲨烯氧化形成的:

2,3-环氧角鲨烯

另一个是顺-7,8-环氧-2-甲基-十八烷

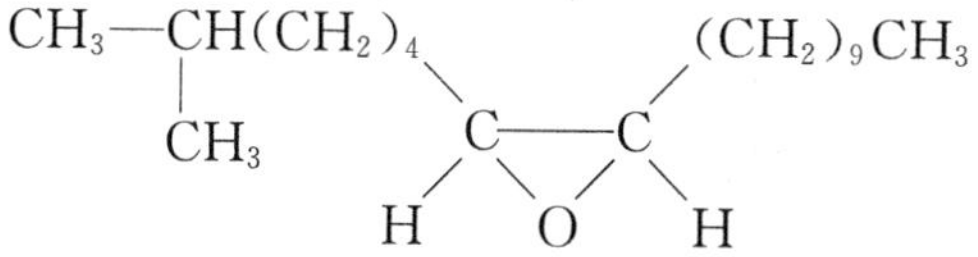

它是雌舞毒蛾的性诱惑剂。虽然在分子中没有其他官能团,但雄舞毒蛾对化合物中在一定位置上有甲基和环醚作出反应。因此,在昆虫的控制实验中,这个化合物和毒药搅在一起可用来吸引雄舞毒蛾,以达到捕杀它们的目的。

习　　　题

1. 用 IUPAC 法命名下列化合物:

(1) 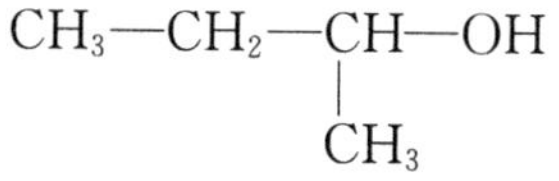 $CH_3—CH_2—\underset{\underset{CH_3}{|}}{CH}—OH$

(2) $ClCH_2CH_2\underset{\underset{CH_3}{|}}{CH}CH_2\underset{\underset{CH_2CH_3}{|}}{CH}CH_2OH$

(3) $HC≡C—\underset{\underset{OH}{|}}{CH}—CH_3$

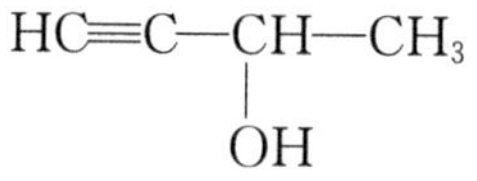

(4) 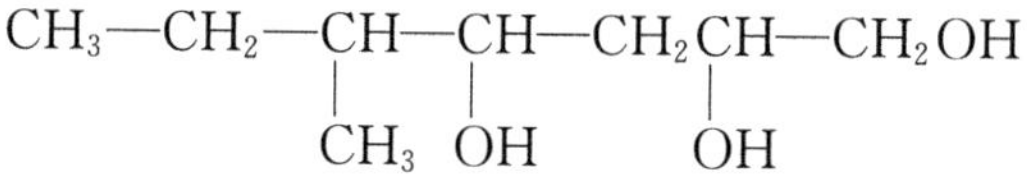 $CH_3—CH_2—\underset{\underset{CH_3}{|}}{CH}—\underset{\underset{OH}{|}}{CH}—CH_2\underset{\underset{OH}{|}}{CH}—CH_2OH$

(5)

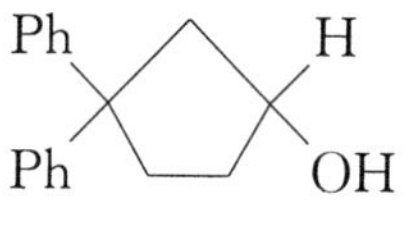

(6)

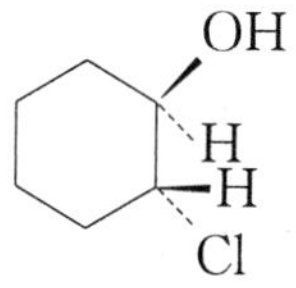

(7)

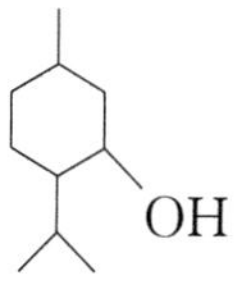

(8)

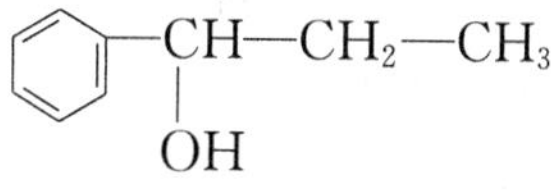

(9) 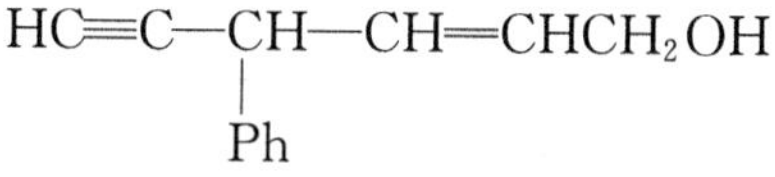 $HC≡C—\underset{\underset{Ph}{|}}{CH}—CH=CHCH_2OH$

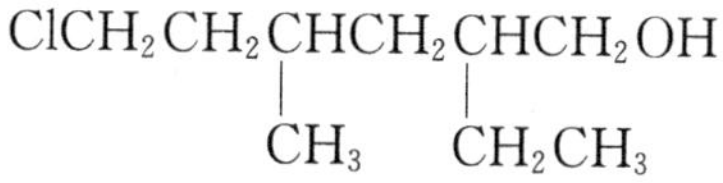

(10)

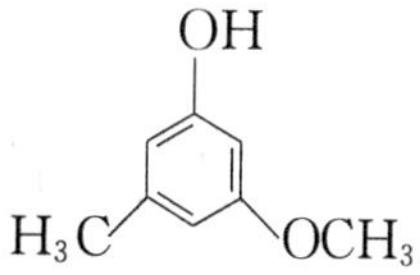

(11)

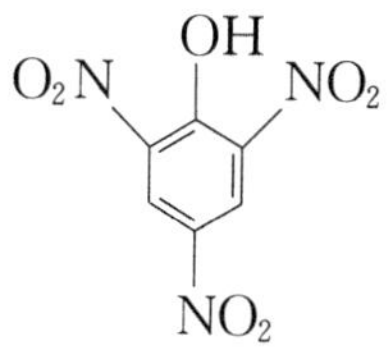

(12)

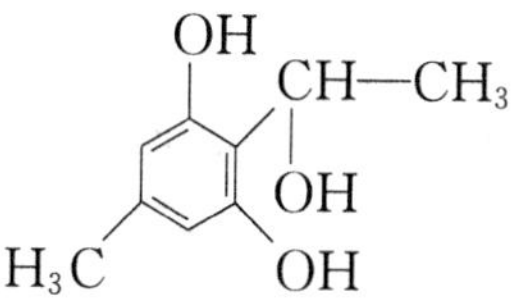

(13)

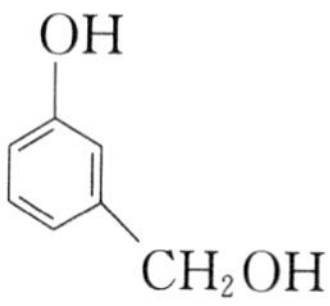

(14) $CH_3-\underset{\underset{Ph}{|}}{CH}-\underset{\underset{CH_3}{|}}{CH}-O-CH_3$ (15) $CH_3-\underset{\underset{O-CH_3}{|}}{CH}-\underset{\underset{O-CH_3}{|}}{CH}-CH_3$

(16) $PhCH_2OCH_2CH=CH_2$ (17) 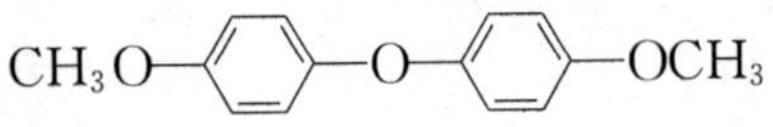 $CH_3O-\langle\!\!\bigcirc\!\!\rangle-O-\langle\!\!\bigcirc\!\!\rangle-OCH_3$

2. 写出分子式为 C_4H_8O 的六个饱和醇的异构体结构式。

3. 写出分子式为 $C_5H_{12}O$ 的醚的各种异构体,并给出普通名称和 IUPAC 名称。

4. 写出下列各反应的主要产物:

(1) $CH_3CH_2CH_2OH \xrightarrow[140℃]{H_2SO_4}$

(2) $CH_3CH_2CH_2O^-Na^+ + (CH_3)_3CCl \longrightarrow$

(3) 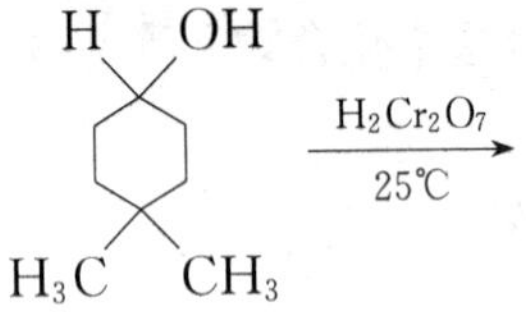 $\xrightarrow[25℃]{H_2Cr_2O_7}$

(4) $(CH_3)_3CO^-K^+ + CH_3CH_2CH_2Br \longrightarrow$

(5) $(CH_3CH_2)_3CCH_2OH \xrightarrow[\substack{H_2SO_4 \\ \Delta}]{HBr}$

(6) $(S)\text{-}CH_3-\underset{\underset{OH}{|}}{CH}-CH_2CH_3 + SOCl_2 \xrightarrow{\text{吡啶}}$

(7) $CH_3-\underset{\underset{OH}{\overset{CH_3}{|}}}{C}-CH_2OH + HIO_4 \longrightarrow$

(8) 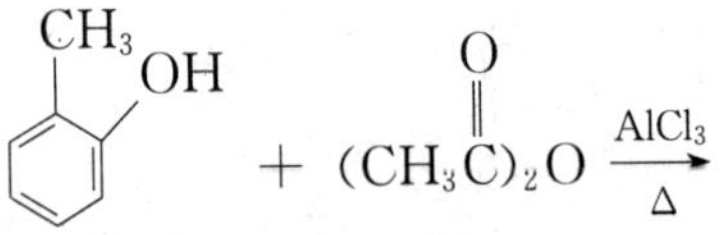 $+ (CH_3C)_2O \xrightarrow[\Delta]{AlCl_3}$

(9) 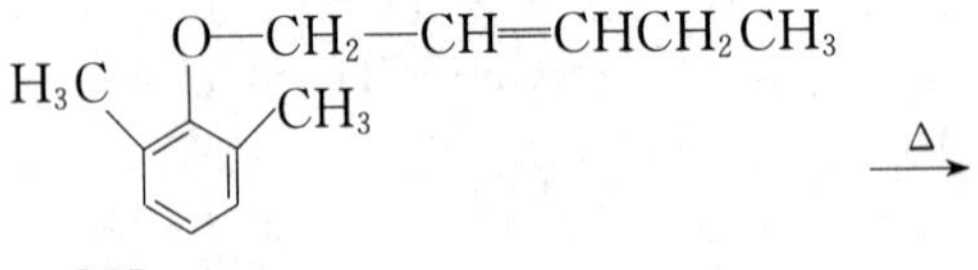 $\xrightarrow{\Delta}$

(10) 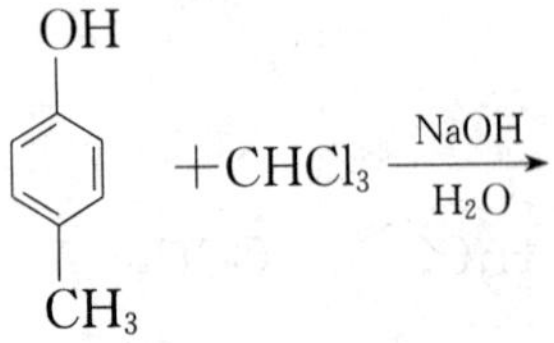 $+CHCl_3 \xrightarrow[H_2O]{NaOH}$

(11) 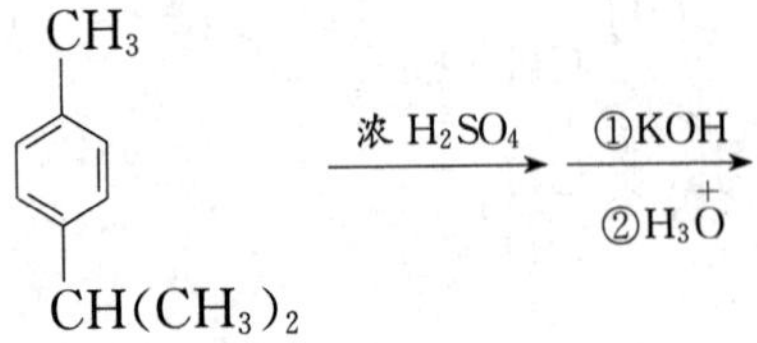 $\xrightarrow{\text{浓 } H_2SO_4} \xrightarrow[②H_3\overset{+}{O}]{①KOH}$

(12) $(CH_3CH_2CH_2)_2O + HI$(过量)$\longrightarrow$

(13) 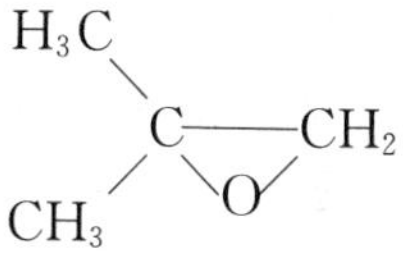 $+CH_3OH \xrightarrow{H^+}$

(14) $(CH_3)_3COCH_3 + HI$(水溶液)$\longrightarrow$

(15) $(CH_3)_3COCH_3 + HI$(醚溶液)$\longrightarrow$

5. 写出下列烯烃和乙硼烷，H_2O_2 和 NaOH 一系列反应后所生成的醇的结构式：

(1) 3-甲基-3-己烯　　(2) 3-苯基-1-丁烯　　(3) 1-甲基环戊烯

6. 写出下列反应产物 A→G 的结构式：

(1) $CH_3CH_2CH_2CH{=}CH_2 \xrightarrow{H_2O,H_2SO_4} A \xrightarrow{HBr} B$

(2) $CH_3CH_2CH_2CH{=}CH_2 \xrightarrow[\text{②}H_2O_2,OH^-]{\text{①}B_2H_6} C \xrightarrow{SOCl_2} D$

(3) $CH_3(CH_2)_3CH{=}CH_2 \xrightarrow{CH_3C(=O)-O-OH} E \xrightarrow{\text{稀 } H_2SO_4} F$

(4) 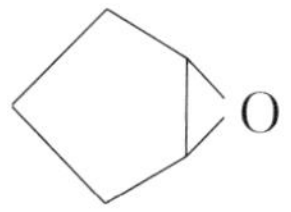 $\xrightarrow{CH_3NH_2} G$

7. 写出下列反应产物的结构：

(1) 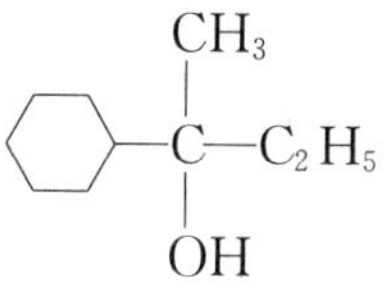 $+ HBr \longrightarrow$

(2) 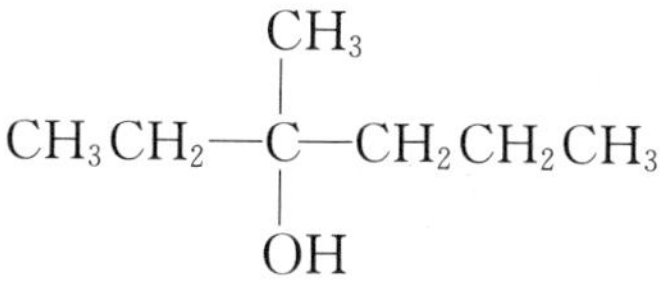 $+ H_2SO_4 \xrightarrow{\Delta}$

(3) 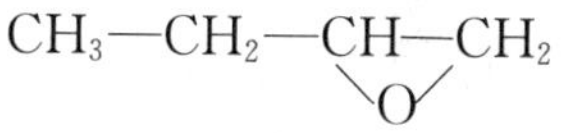 $+HCl \longrightarrow$

(4) 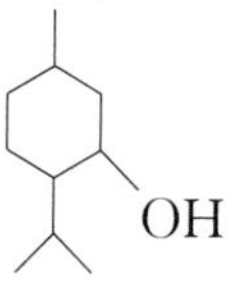 $+H_2SO_4 \xrightarrow{\Delta}$

(5) 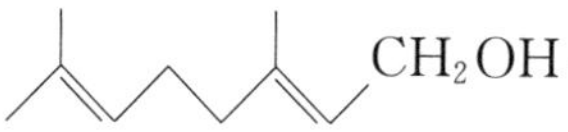 $+ PCl_3 \longrightarrow$

(6) 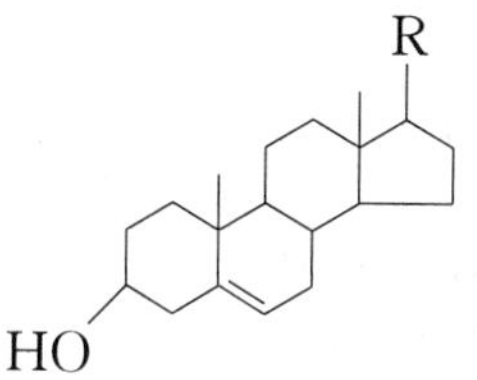 $+SOCl_2 \longrightarrow$

8. (1) 异丁醇与 HBr 和 H_2SO_4 反应得到溴代异丁烷,而 3-甲基-2-丁醇和浓 HBr 一起加热,反应得 2-甲基-2-溴丁烷。用反应机理解释其差别。

(2) 不对称的醚通常不能用硫酸催化下加热使两种醇脱水来制备。而叔丁醇在含硫酸的甲醇中加热,能生成很好产率的甲基叔丁基醚,用反应机理来解释。

(3) 乙醚与 HI 反应得碘乙烷,写出反应历程。

9. A) 选择烯烃和合适的试剂制备下列醇:

$$\overset{\quad\ \ CH_3}{(1)\ \ CH_3CH_2\overset{|}{C}HCH_2OH}$$

$$(2)\ \ CH_3CH_2\overset{CH_3}{\underset{OH}{\overset{|}{\underset{|}{C}}}}CH_3$$

$$(3)\ \ \underset{}{\bigcirc}\!-\!\overset{OH}{\underset{CH_3}{\overset{|}{\underset{|}{C}}}}\!-\!CH_3$$

B) 用乙烯为原料合成下列化合物:

(1) $CH_3CH_2CH_2CH_2OH$

$$(2)\ \ CH_3(CH_2)_3\underset{CH_3}{\overset{|}{C}H}\!-\!O\!-\!C_2H_5$$

$$(3)\ \ CH_3CH_2\overset{}{\underset{O}{\overset{}{C}H\!-\!CH_2}}$$

C) 由苯为原料合成下列化合物:

$$(1)$$

$$(2)$$

10. 写出下列反应的反应机理,并说明为何能得到所列的产物:

$$(1)\ \ (CH_3)_2\overset{I}{\underset{OH}{\overset{|}{\underset{|}{C}}}}\!-\!C(CH_3)_2\ \xrightarrow{Ag^+}\ CH_3\!-\!\overset{CH_3}{\underset{CH_3}{\overset{|}{\underset{|}{C}}}}\!-\!\overset{O}{\overset{\|}{C}}\!-\!CH_3$$

$$(2)\ \ \underset{Cl\ \ OH}{\overset{H\ \ H}{\bigcirc}}\ +HO^-\ \longrightarrow\ \overset{O}{\bigcirc}$$

$$(3)\ \ CH_3\!-\!\overset{OH}{\underset{CH_3}{\overset{|}{\underset{|}{C}}}}\!-\!CH_2OH\ \xrightarrow{H^+}\ CH_3\!-\!\overset{}{\underset{CH_3}{\overset{|}{\underset{|}{C}H}}}\!-\!CHO$$

(4)

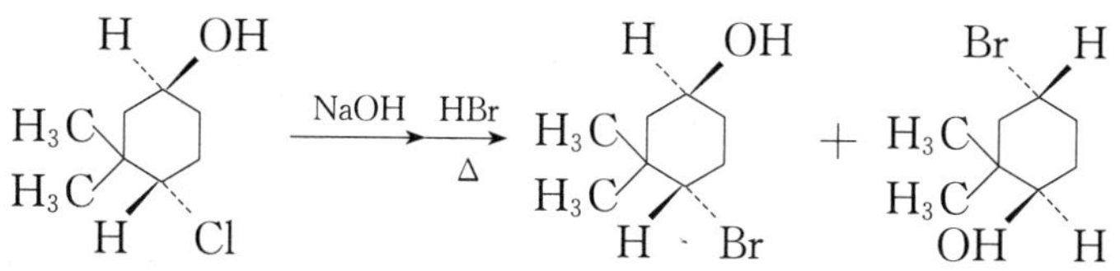

(5)

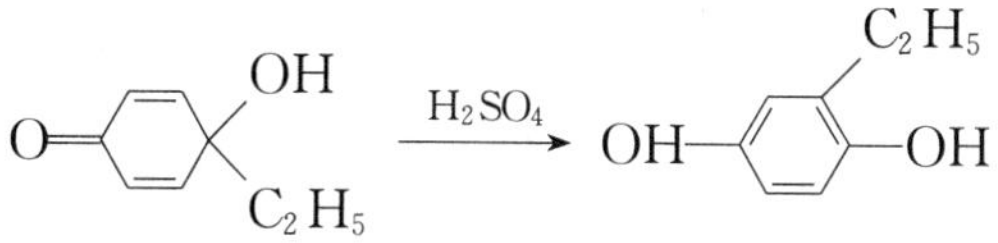

11. 下一反应可能得到什么样结构的化合物？用锯架式表示之。

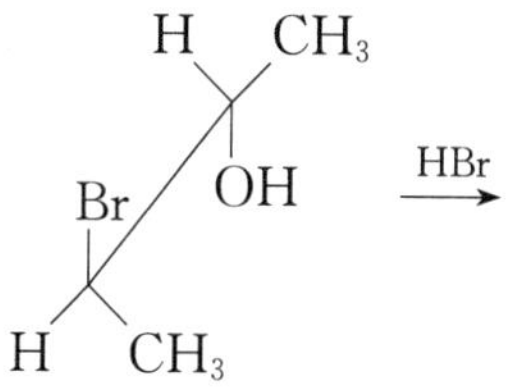

12. 用高碘酸分别氧化(1)、(2)、(3)、(4)四个邻二醇：

（1）只得到一个化合物 $CH_3\overset{\displaystyle O}{\overset{\|}{C}}CH_2CH_3$

（2）得到二个醛 CH_3CHO 和 CH_3CH_2CHO

（3）得到一个甲醛 CH_2O 和一个丙酮 $CH_3\overset{\displaystyle O}{\overset{\|}{C}}CH_3$

（4）只得到一个含有二个羰基的化合物（任举一例）

请写出各邻二醇的结构。

13. 鉴别下列各组化合物：

（1）苯甲醇、对-甲苯酚和苯甲醚

（2）苯甲醚和甲基环己基醚

（3）1-戊醇、2-戊醇和 2-甲基-2-丁醇

14. 两种液体化合物，分子式都是 $C_4H_{10}O$，其中之一在 100℃时不与 PCl_3 反应，但能同浓 HI 反应生成一种碘代烷。另一化合物与 PCl_3 共热生成 2-氯丁烷，写出这两种化合物的结构式。

15. 某化合物 $C_5H_{12}O(A)$ 很易失水成 B，B 用冷稀 $KMnO_4$ 氧化得 $C_5H_{12}O_2(C)$，C 与高碘酸作用得一分子乙醛和另一化合物，试写出 A 的可能结构和各步反应。

16. 中性化合物 A($C_{10}H_{12}O$)加热至 200℃时容易异构化得到化合物 B。用 O_3 分解时，A 产生甲醛，没有乙醛。相反。在类似条件下，B 得到乙醛但没有甲醛。B 可溶于稀 NaOH 中（同时可被 CO_2 再沉淀）。此溶液用 $Ph-\overset{\displaystyle O}{\overset{\|}{C}}-Cl$ 处理时得 C($C_{17}H_{16}O_2$)、$KMnO_4$ 氧化 B 得水杨酸(o-羟基苯甲酸)。确定化合物 A，B 和 C 的结构，并指出如何合成 A。

17. 化合物 A 是液体，b. p. 为 220℃，分子式为 $C_8H_{10}O$，IR 在 3 400 cm^{-1} 和 1 050 cm^{-1} 有

强吸收,在 1 600 cm^{-1}、1 495 cm^{-1}和 1 450 cm^{-1}有中等强度的吸收峰,^{1}H-NMR：δ7.1(单峰)、δ4.1(单峰)、δ 3.7(三重峰)、δ2.65(三重峰),峰面积之比 5∶1∶2∶2。推测 A 的结构。

18. 某化合物 A C$_{10}$H$_{14}$O,溶于 NaOH 水溶液但不溶于 NaHCO$_3$ 水溶液,用溴水与 A 反应得到二溴衍生物 C$_{10}$H$_{12}$Br$_2$O,IR 在 3 250 cm^{-1} 处有一宽峰,在 830 cm^{-1} 处也有一吸收峰,A 的 ^{1}H-NMR 数据如下：δ1.3(单峰、9H)、δ4.9(单峰、1H)、δ7.0(多重峰、4H),试推测 A 的结构。

19. 化合物 C$_6$H$_{14}$O 的^{13}C-NMR 谱图如图 10.5 所示,试推出它的结构式。

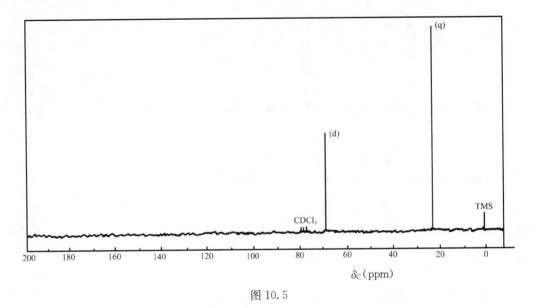

图 10.5

20. 化合物 C$_7$H$_8$O 的^{13}C-NMR 谱图如图 10.6 所示,试推出它的结构式。

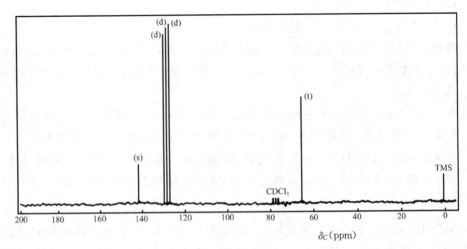

图 10.6

21. 化合物 $C_5H_{12}O$ 的 MS 谱图如图 10.7 所示,试推出其结构式。

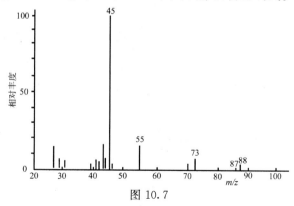

图 10.7

22. 化合物 $C_4H_{10}O$ 的 MS 谱图如图 10.8 所示。试推出其结构式。

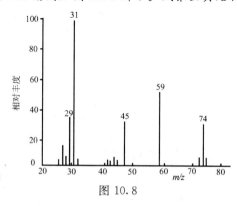

图 10.8

第十一章　醛　酮　醌

醛、酮和醌的分子结构中都含有羰基（＞C＝O），总称为羰基化合物。羰基至少和一个氢原子结合的化合物叫醛，$R-\overset{O}{\underset{\|}{C}}-H$（$-\overset{O}{\underset{\|}{C}}-H$ 又叫醛基）。羰基和两个烃基结合的化合物叫酮 $\overset{R}{\underset{R}{\Big\rangle}}C=O$。醌是一类不饱和环二酮，在分子中含有两个双键和两个羰基。例如，（对苯醌）。

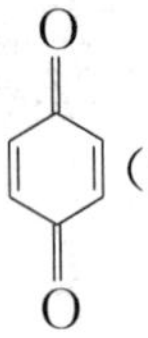

11.1　醛和酮的结构、分类和命名

醛和酮广泛分布在自然界。开花植物所以能吸引昆虫、蜜蜂、蝴蝶等帮助它们传递花粉就是因为花中含有一些酯、酮和醛（一般是芳香醛）类化合物所起的作用。酒的甜味、香味等也都与羰基化合物有关。更重要的是它们在有机合成中是极为重要的原料或中间体，也是动、植物代谢过程中十分重要的中间体，例如甘油醛 $(CH_2-CH-CHO)$ 和丙酮酸
　　　　　　　　　　　　　　　　　　　　　　　　　　　　　　　$\overset{|}{OH}\ \ \overset{|}{OH}$

$(HOOC-\overset{O}{\underset{\|}{C}}-CH_3)$ 是在细胞中糖代谢作用的基本成分；已知的最有用的辅酶之一是吡多醛（pyridoxal），它参与许多氨基酸的代谢反应。醛和酮的许多性质是由于存在羰基的结果，所以羰基是醛、酮的官能团。

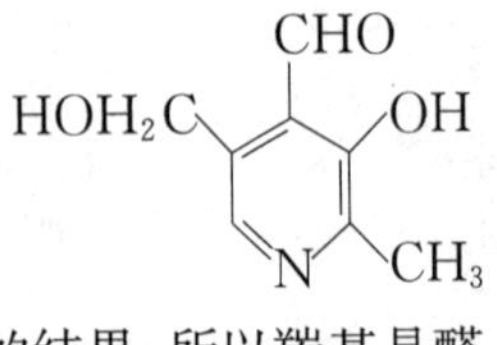

羰基中的碳原子和烯烃 C＝C 双键一样，也是 sp^2 杂化的，它的三个 sp^2 杂化轨道形成的三个 σ 键在同一平面上，键角 120°，碳原子还余下一个 p 轨道和氧的一个 p 轨道与 σ 键所在的平面垂直，相互交盖形成 π 键。因此 C＝O 双键也是由一个 σ 键和一个 π 键组成的，如图 11.1 所示。

由于氧原子的电负性大于碳，因此羰基的 π 键一旦形成，即是极性的，电子云密度偏向氧，如图 11.1 所示。经近代物理方法实测丙酮的 $C\overset{C}{\underset{121.5°}{\longleftrightarrow}}O$ 之间的键角为 121.5°，偶极矩 μ 为 2.85D。

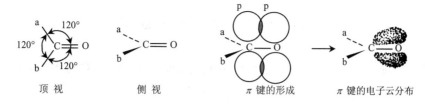

图 11.1　羰基的结构

　　醛酮根据与羰基相连的烃基不同,分为脂肪族醛、酮;脂环族醛、酮和芳香醛、酮。又根据烃基的饱和或不饱和,分为饱和醛、酮和不饱和醛、酮。还可以根据分子中羰基的数目分为一元、二元或多元醛、酮。

　　醛、酮命名时,简单的采用习惯命名法,结构比较复杂的醛、酮则用系统命名法。

11.1.1　习惯命名法

　　醛类按分子中碳原子数称某醛(与醇相似)。包含支链的醛,支链的位次用希腊字母 α,β,γ……表明。紧接着醛基的碳原子为 α-碳原子,其次的为 β-碳原子……例如:

$$
\underset{\text{乙 醛}}{CH_3-\overset{\overset{O}{\|}}{C}-H}
\qquad
\underset{\text{丙烯醛}}{CH_2=CH-\overset{\overset{O}{\|}}{C}-H}
\qquad
\underset{\alpha\text{-氯丙醛}}{CH_3-\overset{\overset{Cl}{|}}{CH}-CHO}
\qquad
\underset{\beta\text{-溴丁醛}}{CH_3-\overset{\overset{Br}{|}}{CH}CH_2CHO}
$$

　　酮类按羰基所连的两个烃基来命名(与醚相似)。例如:

$$
\underset{\text{甲(基)乙(基)酮}}{CH_3-\overset{\overset{O}{\|}}{C}-CH_2-CH_3}
\qquad
\underset{\text{甲基乙烯基酮}}{CH_3-\overset{\overset{O}{\|}}{C}-CH=CH_2}
\qquad
\underset{\text{甲基}\beta\text{-氯乙基酮}}{ClCH_2CH_2-\overset{\overset{O}{\|}}{C}-CH_3}
$$

11.1.2　IUPAC 命名法

　　醛、酮的系统命名法与醇相似。选择含羰基的最长碳链为主链,从靠近羰基的一端开始编号。醛基总是位于链端,不需要用数字标明它的位次。例如:

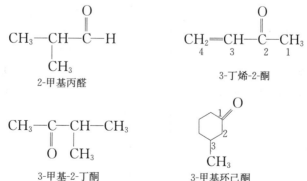

　　芳香族醛酮命名时,是把芳香烃基作为取代基,以脂肪醛、酮为母体。例如:

$$
\underset{\text{苯甲醛}}{PhCHO}
\qquad
\underset{\text{苯乙酮}}{Ph-\overset{\overset{O}{\|}}{C}-CH_3}
\qquad
\underset{\text{二苯(甲)酮}}{Ph-\overset{\overset{O}{\|}}{C}-Ph}
\qquad
\underset{\text{4-苯基-2-丁酮}}{Ph-CH_2-CH_2-\overset{\overset{O}{\|}}{C}-CH_2}
$$

329

11.2 醛、酮的物理性质

因为羰基的极性,醛和酮是极性化合物,因此分子间产生偶极—偶极吸引力:

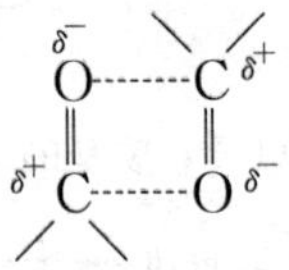

所以醛酮的沸点比相应分子量的非极性烷烃要高。由于偶极—偶极的静电吸引力没有氢键强,所以醛、酮的沸点比相应分子量的醇要低。

例如:

	CH$_3$CH$_2$CH$_2$CH$_3$	CH$_3$CH$_2$CHO	CH$_3$COCH$_3$	CH$_3$CH$_2$CH$_2$OH
分子量	58	58	58	60
b. p.(℃)	−0.5	48.8	56.1	97.2

较低级的醛和酮可溶于水,这一方面是由于醛、酮是极性化合物,但主要是因为醛和酮与水分子之间形成氢键。

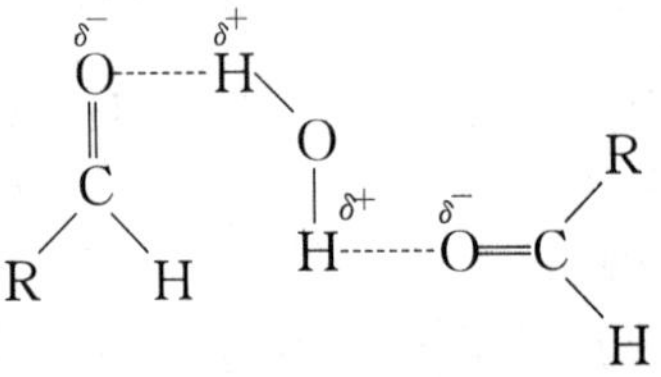

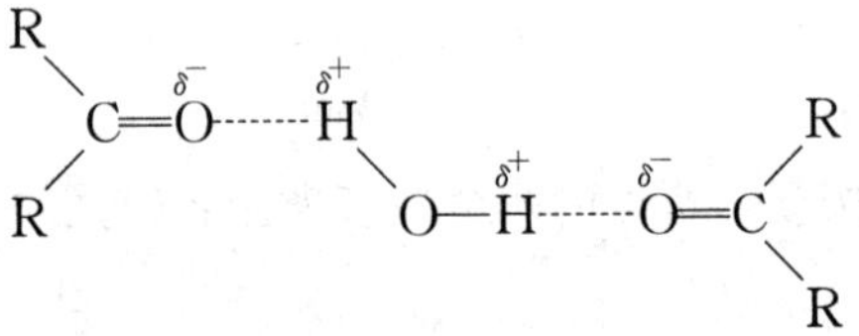

随着分子中烃基部分增大,在水中溶解度迅速减小。但醛、酮都易溶于有机溶剂中,例如苯、醚、四氯化碳等。一些常见的一元醛、酮的物理常数见表 11.1。

表 11.1　一些醛和酮的物理性质

名　　称	英文名称	熔　点 (℃)	沸　点 (℃)	比重 d_4^{20}	溶解度 (g/100g 水)
甲　醛	formaldehyde	−92	−21	0.815	55
乙　醛	acetaldehyde	−123	20.8	0.781	∞
丙　醛	propionaldehyde(propanal)	−81	49	0.807	20
丁　醛	n-butyraladehyde(butanal)	−97	75	0.817	7
戊　醛	n-valeraldehyde(pentanal)	−91	103	0.819(11℃)	微溶
苯 甲 醛	benzaldehyde	−26	178	1.046	0.3
水杨醛 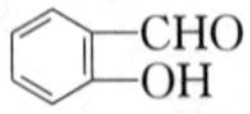 [⌬—CHO OH]	Salicylaldehyde	−7	197	1.167	1.7
丙　酮	acetone	−94	56	0.792	∞
丁　酮	butanone	−86	80	0.805	26
2-戊　酮	2-pentanone	−77.8	102	0.812	微溶
3-戊　酮	3-pentanone	−39	102	0.814	5

名　　称	英文名称	熔　点（℃）	沸　点（℃）	比重 d_4^{20}	溶解度（g/100g 水）
环己酮	cyclohexanone	−45	157	0.942	2
苯乙酮	acetophenone	21	202	1.026	微溶
二苯酮	diphenyl ketone (benzophenone)	48	306	1.098	不溶

醛和酮的光谱性质：

红外光谱：羰基的伸缩振动 $\bar{\nu}_{C=O}$ 在 1 680 cm^{-1}～1 740 cm^{-1} 之间有一强吸收峰，这是鉴别羰基最迅速的一个方法。一般情况下，醛（RCHO）吸收频率约为 1 730 cm^{-1}，稍高于酮（R$_2$C＝O）约为 1 715 cm^{-1}。同样芳醛（ArCHO）的吸收频率约为 1 705 cm^{-1}，也稍高于芳酮（Ar—C＝O）约为 1 690 cm^{-1}。这是因为酮 $\diagdown$C＝O 键的力常数比醛小，故吸收位置比醛低。但一般彼此不易区别，而 —C＝O 的 $\bar{\nu}_{C-H}$ 在 2 720 cm^{-1}，2 820 cm^{-1} 附近有两个吸收峰，可以证明分子中醛基的存在（连同 $\diagdown$C＝O 的谱带一起）。

^{1}H-NMR 谱：羰基在 ^{1}H-NMR 上的效应是减低邻近质子的屏蔽效应而使化学位移远移向低场。醛基（—C＝O）质子的 δ_H 在 9 ppm～10 ppm 之间，而醛、酮分子中的 α-氢（HC—C＝O），其 δ_H 在 2 ppm～2.7 ppm 之间。因此，用 ^{1}H-NMR 谱鉴别醛、酮是非常方便的。

乙醛与苯乙酮的红外光谱和核磁共振氢谱见图 11.2 和图 11.3。

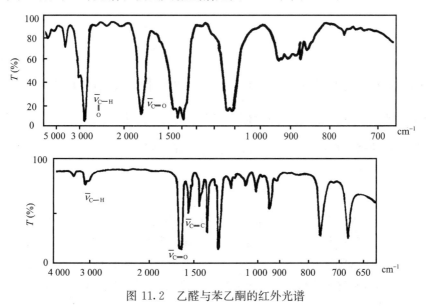

图 11.2　乙醛与苯乙酮的红外光谱

^{13}C-NMR 谱:醛羰基碳的化学位移 δ_C 在 190 ppm～208 ppm 之间,在偏共振去偶谱中为双峰;酮羰基碳的 δ_C 在 200 ppm～228 ppm 之间。

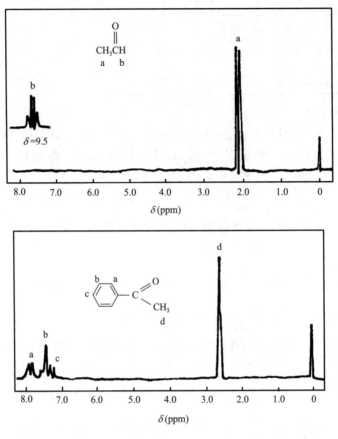

图 11.3　乙醛与苯乙酮的核磁共振氢谱

11.3　醛、酮的反应

醛、酮与烯烃在结构上有相似之处,它们都含有双键,因此我们可以预期醛、酮能像烯烃一样,发生一系列加成反应。这是十分正确的。但羰基($\diagdown$ C=O)不像 C=C 双键,它是高度极性的基团,在它的碳上带有部分正电荷,在氧上带有部分负电荷:

$$\diagup \!\!\! C \overset{\curvearrowleft}{=\!\!=} O \qquad 或 \qquad \diagup \!\!\! \overset{\delta^+}{C} \!\!=\!\! \overset{\delta^-}{O}$$

由于带正电荷的碳比带负电荷的氧更不稳定,换句话讲,由于前者具有较大的化学活泼性,因此发生加成反应时,首先是富电子试剂或亲核试剂(Nu:)进攻带正电荷的羰基碳,然后,缺电子试剂或亲电试剂(常是 H$^+$)很快加成到羰基的氧原子上。决定反应速度是亲核试剂进攻的一步,因此,按这种加成方式进行的反应叫亲核加成反应(nucleophilic addition)。它是醛、酮的典型反应。反应过程表示如下:

332

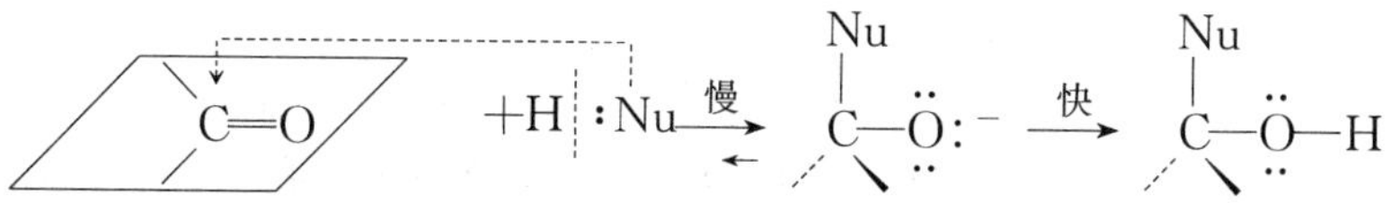

这与烯烃 C=C 双键亲电加成不同。因此,一些与烯烃容易发生亲电加成的亲电试剂(Br_2、HX、HOCl、H_2SO_4)与醛、酮不能加成。醛、酮的加成反应大多数是可逆的(除与最强的亲核试剂如 AlH_4^-、RMgX 发生反应外),而烯烃的亲电加成反应一般是不可逆的。

烯烃的 α-氢原子由于 σ-π 超共轭而引起 α-氢较活泼 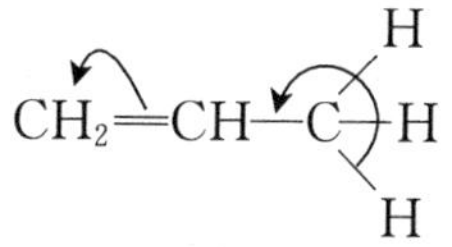 。醛、酮与烯烃

相似,含有 α-氢原子的醛、酮也存在超共轭效应: 。但由于氧的电负性比碳大得多,因此,醛、酮的超共轭效应比烯烃强得多,有促使 α-氢原子变为质子的趋势。醛、酮虽然具有多种化学反应,但总的说来,可以归纳为两点,即羰基的亲核加成反应和 α-氢的反应。这是本章要讨论的主要内容。

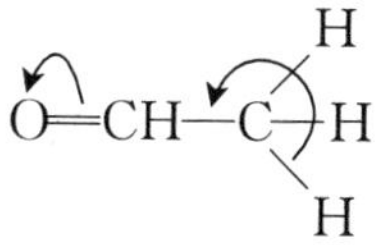

11.3.1 羰基化合物的亲核加成反应

1. 与含碳亲核试剂的加成

这些亲核试剂包括氢氰酸、格氏试剂、金属炔化物。它们与羰基官能团加成,形成新的 C—C 键。

(1) 加氢氰酸。醛类和一些甲基酮与氢氰酸加成,形成氰醇(Cyanohydrin)(或称 α-羟基腈):

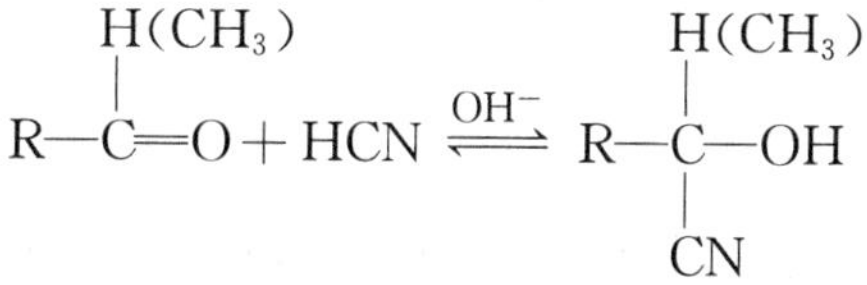

$$R-\overset{H(CH_3)}{\underset{}{C}}=O + HCN \underset{}{\overset{OH^-}{\rightleftharpoons}} R-\overset{H(CH_3)}{\underset{CN}{\overset{|}{\underset{|}{C}}}}-OH \qquad 氰醇$$

实验表明,反应中加入少量的碱,能大大加速反应,加酸则抑制反应的进行。由平衡式 $HCN \underset{H^+}{\overset{HO^-}{\rightleftharpoons}} H^+ + CN^-$ 可以看出,加碱促使平衡向右移动,增加 CN^- 的浓度,加酸则使平衡向左移动,CN^- 离子浓度降低。这清楚地表明,CN^- 离子浓度对反应速度起决定作用。反应是由亲核试剂 CN^- 首先进攻 $C=O$ 的碳原子而引起的。因此亲核加成反应历程可表示如下:

$$HO^- + HCN \longrightarrow H_2O + CN^-$$

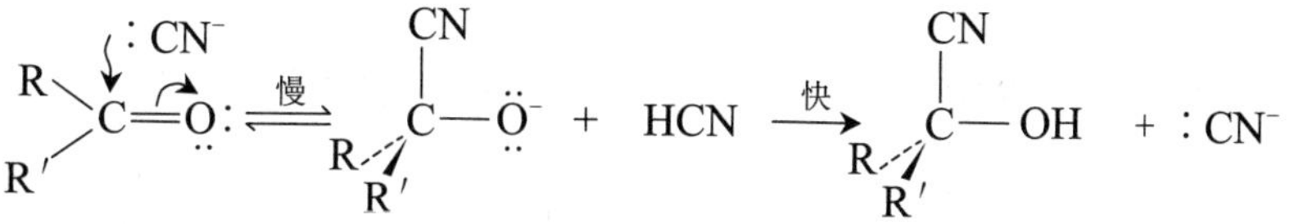

反应中间体——氧负离子是不稳定的,它一旦形成便立即与 HCN 形成氰醇和产生新的 CN^-

333

离子。

由于反应的起始步骤是 CN⁻ 向羰基碳原子的进攻,因此加成的难易与羰基的正电性大小有密切关系。当与羰基相连的是供电子的烷基,则使羰基碳原子的正电性减小,不利于 CN⁻ 的进攻,反之亦然。此外,羰基碳上连接的基团大小,对反应也有影响。如果基团的体积较大,则对 CN⁻ 进攻羰基的碳原子有阻碍作用,同时,形成的中间体的稳定性也减少,所以加成反应难于进行。综合电子效应和空间效应,醛、酮进行加成反应的难易顺序可排列如下:

$$\underset{H}{\overset{H}{C}}{=}O > \underset{CH_3}{\overset{H}{C}}{=}O > \underset{Ph}{\overset{H}{C}}{=}O > \underset{CH_3}{\overset{CH_3}{C}}{=}O > \underset{}{\overset{}{\bigcirc}}{=}O$$

$$> \underset{Ph}{\overset{CH_3}{C}}{=}O > \underset{Ph}{\overset{Ph}{C}}{=}O$$

所以只有醛、脂肪族甲基酮和八个碳以下的环酮才能与 HCN 加成。

氢氰酸与羰基化合物的反应在合成上是一个很有用的反应。产物(氰醇)比原来的醛、酮增加一个碳原子,所以是有机合成中增长碳链的方法之一。同时,氰基能水解成羧酸,还原为胺,因此氰醇是一个重要的有机中间体,例如丙酮与 HCN 作用得到丙酮氰醇,在硫酸存在下与甲醇作用,即发生水解、酯化、脱水反应,生成甲基丙烯酸甲酯,是制备有机玻璃的原料。

$$\underset{CH_3}{\overset{CH_3}{C}}{=}O \xrightarrow{HCN} \underset{CH_3}{\overset{CH_3}{\underset{OH}{C}}}{-}CN \xrightarrow{CH_3OH,\ H_2SO_4} CH_2{=}\overset{CH_3}{\underset{}{C}}{-}COOCH_3$$
甲基丙烯酸甲酯

$$\xrightarrow[\text{聚\ 合}]{\text{催化剂}} \left[CH_2{-}\overset{CH_3}{\underset{CH_3O{-}C{=}O}{C}} \right]_n$$
有机玻璃

又例如,乙醛和 HCN 作用生成的氰醇再水解得到乳酸,它在人体内有重要的生理作用:

$$CH_3{-}\overset{H}{C}{=}O + HCN \rightleftharpoons CH_3{-}\underset{OH}{\overset{H}{C}}{-}CN \xrightarrow[H_2O]{H^+} CH_3{-}\underset{OH}{CH}{-}\overset{O}{C}{-}OH$$
乳 酸

如果使用 NH₄CN 与乙醛作用,水解后的产物是氨基酸,而氨基酸是组成蛋白质的基本结构单元,丙氨酸的制备如下:

$$CH_3{-}\overset{H}{C}{=}O + NH_4CN \rightleftharpoons CH_3{-}\underset{NH_2}{CH}{-}CN \xrightarrow[H_2O]{H^+} CH_3{-}\underset{NH_2}{CH}{-}COOH$$
氨基腈(中间体)　　　　丙氨酸

这个水解反应可以看作是醛首先转化为氰醇,接着—OH 被 NH₃ 取代得到氨基腈,然后

腈基水解产生氨基酸:

$$CH_3\overset{\overset{\displaystyle H}{|}}{C}\!=\!O + NH_4CN \rightleftharpoons CH_3\!-\!\overset{\overset{\displaystyle OH}{|}}{C}H\!-\!CN + NH_3$$

$$CH_3\!-\!\overset{\overset{\displaystyle OH}{|}}{C}H\!-\!CN + NH_3 \rightleftharpoons CH_3\!-\!\overset{\overset{\displaystyle NH_2}{|}}{C}H\!-\!CN + H_2O$$

$$CH_3\!-\!\underset{\underset{\displaystyle NH_2}{|}}{C}H\!-\!CN + H_2O \xrightarrow{H^+} CH_3\!-\!\underset{\underset{\displaystyle NH_2}{|}}{C}H\!-\!COOH$$

（2）与格氏试剂的加成。格氏试剂 RMgX 与醛、酮的反应是制备各种醇类重要的方法之一。反应也是通过碳亲核试剂 R^- 进攻羰基带正电荷的碳原子,而羰基氧和正电性基团 ^+MgX 结合,加成产物在酸性水溶液中水解即得到醇:

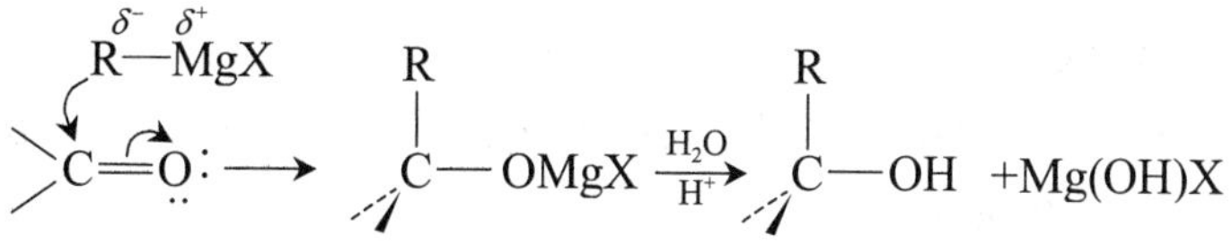

格氏试剂与羰基化合物的加成反应之所以重要,是有几方面的原因。首先,这个方法允许我们从较简单的反应物去合成各种复杂的醇。这是因为产生的醇分子中含有新形成的 C—C 键:（ $\overset{\overset{\displaystyle R}{|}}{C}\!-\!OH$ ）,也就是说,通过此反应可以接长反应物的碳链。其次此反应可用来制备一级、二级或三级醇,这取决于什么类型的羰基化合物与格氏试剂发生加成反应。例如甲醛与格氏试剂加成,总是生成一级醇,其他的醛则得到二级醇,而酮与格氏试剂则生成三级醇。一般反应表示如下:

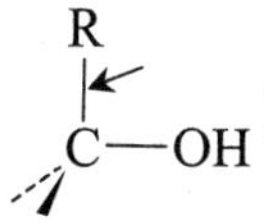

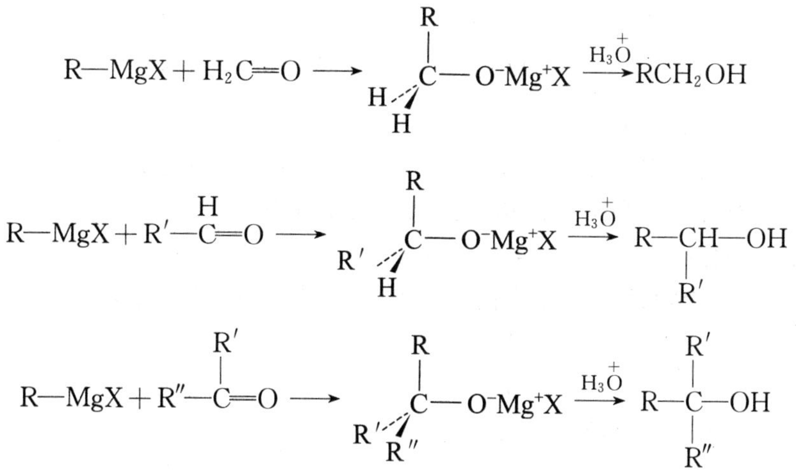

但是要注意,利用格氏试剂进行合成时,不要忘记在试剂或羰基化合物中不能含有活泼氢的基团(如 H_2O、—OH、—SH、N—H 等基团),否则格氏试剂被它们破坏。

格氏试剂与 $\diagdown\!C\!=\!O$ 的加成反应机理尚缺乏详细的了解,但有证据表明格氏试剂中的镁原子与 $\diagdown\!C\!=\!O$ 上的氧原子是络合的,如(a)所示,而且在加成反应中往往涉及两分子的 R—MgX,可能是通过(b)那样的环型过渡态:

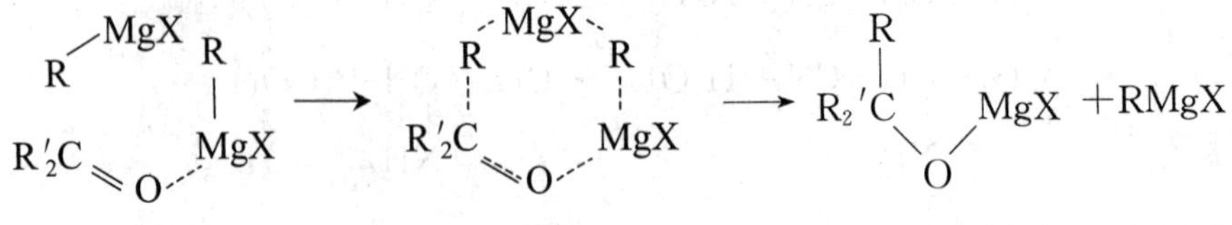

$$\text{(a)} \qquad\qquad \text{(b)}$$

第二个 R—MgX 分子可以看作是一个路易士酸催化剂,通过与氧的络合而增加羰基碳原子的正极化性。实际上的确发现加入路易士酸,例如 $MgBr_2$,能提高格氏加成反应的速率。

与上述的环型过渡状态相似的历程可以用来解释两种"不正常"的反应。一种是当羰基上两个基团的空间阻碍大,且它们的 α-碳上具有 H 原子,则在反应过程中酮趋向于转化为烯醇类,而格氏试剂 RMgX 则成为 RH:

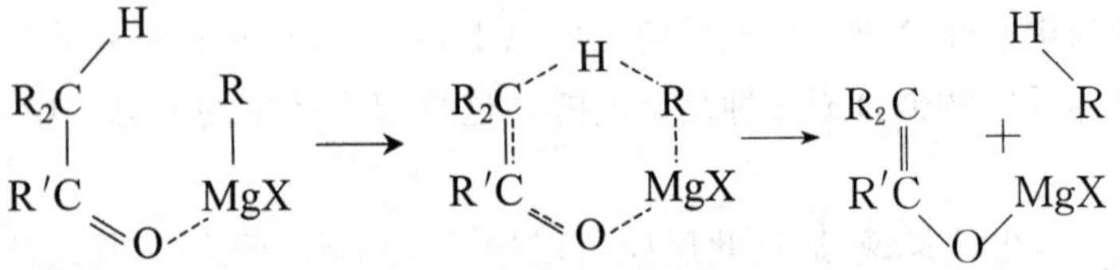

另一种反应是当格氏试剂的 β-碳原子上具有氢原子(RCH_2CH_2MgX),则趋向于将 $C\!=\!O$ 还原为 CHOH,而格氏试剂本身则变为烯,发生负 H 离子的转移而不是 $RCH_2CH_2^-$ 的转移:

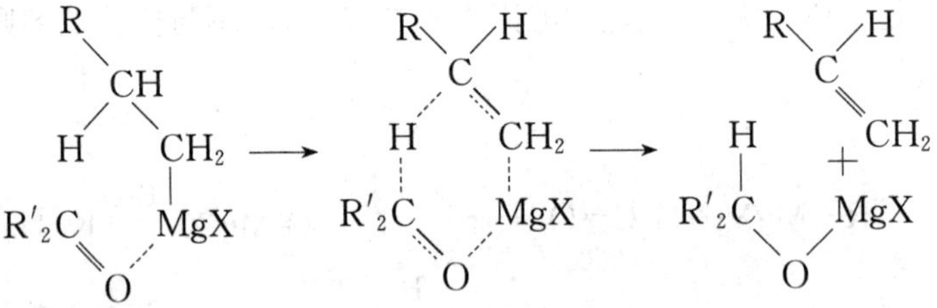

今后格氏试剂有分别被烷基锂(RLi)及芳基锂(ArLi)代替的趋势。因为有机锂化合物与受空间阻碍的酮作用比与格氏试剂作用可给出较多的正常产物。

（3）与金属炔化物的加成。金属炔化物（$R\!-\!C\!\equiv\!C^- M^+$）也是一个很强的碳亲核试剂,它对羰基化合物的加成与格氏试剂类似,炔化钠较常用,其加成过程表示如下:

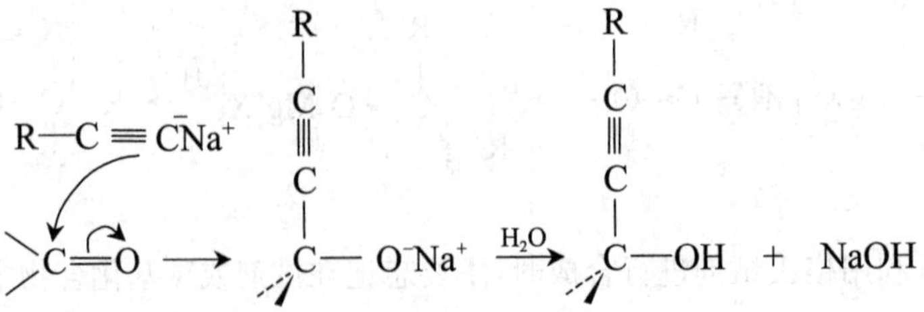

336

例如,乙炔化钠和环戊酮加成,然后水解,则在羰基碳上引入一个 CH≡C—基团。

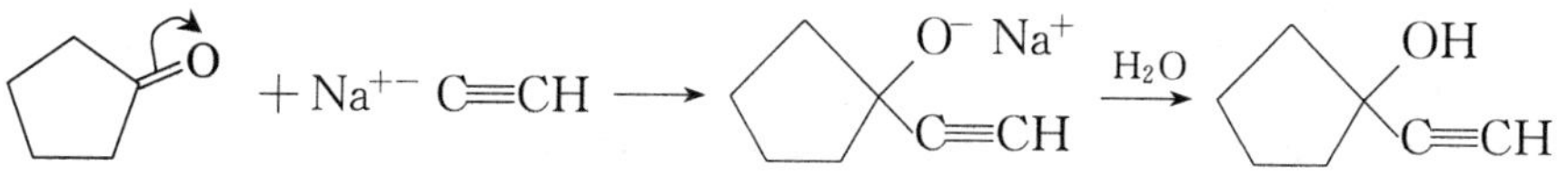

例如,乙炔化钠和环戊酮加成,然后水解,则在羰基碳上引入一个 $CH{\equiv}C{-}$ 基团的反应式,产物为 1-乙炔基环戊醇。

它是目前使用的许多避孕药的化学结构中的一部分。例如:

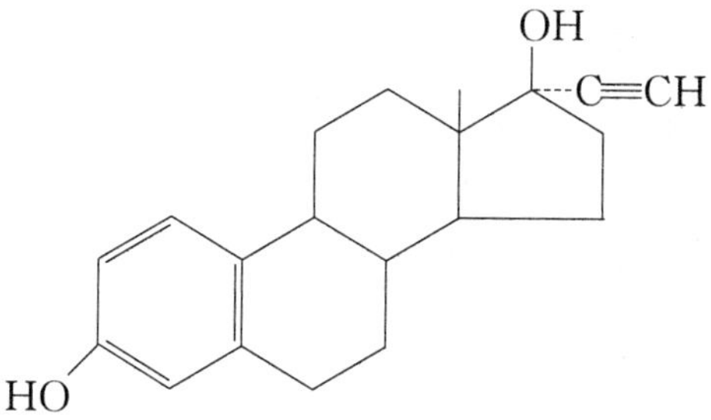

炔雌醇(口服避孕药)

2. 与含氮亲核试剂的加成

氮亲核试剂对羰基加成的效率比碳亲核试剂低得多。

含氮的亲核试剂例如氨 NH_3 和取代氨 $NH_2{-}Y$ 都能和醛、酮的羰基发生亲核加成反应。反应是在酸催化下进行,并且是可逆的。加成的一般机理表示如下:

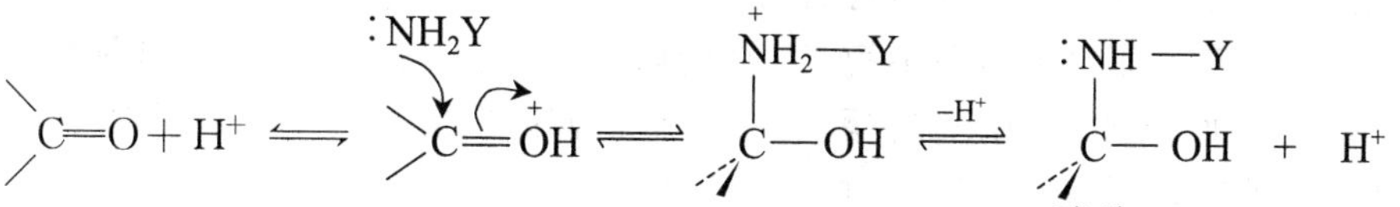

醇胺

这个最初的加成物——醇胺一般很不稳定(同一碳上连接两个官能团),很容易失去一分子水,最后产物含有 $C{=}N$ 双键。可表示如下:

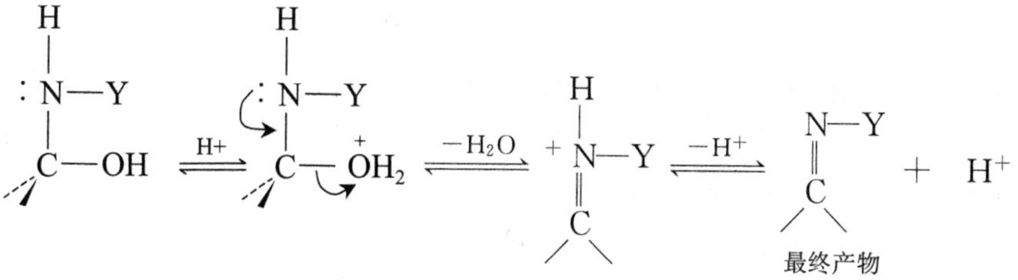

最终产物

所以,总的反应是先加成接着脱水,可表示为:

$$\text{C}{=}\boxed{\text{O}{+}\text{H}_2}\text{N}{-}\text{Y} \underset{}{\overset{H^+}{\rightleftharpoons}} \text{C}{=}\text{N}{-}\text{Y}{+}\text{H}_2\text{O}$$

最终结果是 $C{=}O$ 键转化为 $C{=}N{-}Y$ 键。反应中使用的弱酸催化剂一般是乙酸,若使用酸性太强的酸,会把亲核的氨基变为不活泼的铵离子,而不利于反应的进行。

例如,羟胺与丙酮的反应,实验告知我们,在 pH＝5 时,反应速度最快。

337

$$
\underset{R'}{\overset{R}{\diagdown}}C=O\ +
\begin{cases}
:NH_2-H \longrightarrow \underset{R'}{\overset{R}{\diagdown}}C=NH \\
\text{氨} \qquad\qquad \text{亚胺} \\[4pt]
NH_2-R(Ar) \longrightarrow \underset{R'}{\overset{R}{\diagdown}}C=N-R(Ar) \\
\text{1°氨} \qquad\qquad\qquad \text{亚胺} \\[4pt]
NH_2-OH \longrightarrow \underset{R'}{\overset{R}{\diagdown}}C=N-OH \\
\text{羟胺} \qquad\qquad \text{肟(oxime)} \\[4pt]
NH_2NH_2 \longrightarrow \underset{R'}{\overset{R}{\diagdown}}C=N-NH_2 \\
\text{肼} \qquad\qquad \text{腙(hydrazone)} \\[4pt]
H_2N-NHPh \longrightarrow \underset{R'}{\overset{R}{\diagdown}}C=N-NHPh \\
\text{苯肼} \qquad\qquad \text{苯腙} \\[4pt]
H_2N-NH-\overset{O}{\overset{\|}{C}}-NH_2 \longrightarrow \underset{R'}{\overset{R}{\diagdown}}C=N-NH-\overset{O}{\overset{\|}{C}}-NH_2 \\
\text{氨基脲} \qquad\qquad\qquad \text{缩氨基脲}
\end{cases}
$$

醛、酮和一级胺[$NH_2-R(Ar)$]的加成物——亚胺,又叫西佛碱(Schiff's base)。一般芳香族亚胺比较稳定,而脂肪族亚胺不稳定。西佛碱是一个有用的试剂,极易被稀酸水解,重新生成醛、酮及一级胺,所以常用来保护醛基。此外,西佛碱也是一个有用的中间体,将西佛碱还原,则可得二级胺。因此,是制备二级胺的好方法:

$$
\underset{R'}{\overset{R}{\diagdown}}C=N-R(Ar) \xrightarrow{Pt,H_2} R-\overset{H}{\underset{R'}{\overset{|}{\underset{|}{C}}}}-NH-R(Ar) \quad 2°\text{胺}
$$

醛、酮和氨(NH_3)本身反应,很难得到稳定的产物。但是,甲醛和 NH_3 的反应是一个例外,它首先生成极不稳定的甲醛氨,然后再失去水聚合,生成一个特殊的笼状化合物,叫做六亚甲基四胺,或称乌洛托品(urotropine):

$$
CH_2O+NH_3 \rightleftharpoons \left[H-\overset{OH}{\underset{H}{\overset{|}{\underset{|}{C}}}}-NH_2\right] \xrightarrow{-H_2O} H_2C=NH
$$

$$
3H_2C=NH \rightleftharpoons
\begin{array}{c} CH_2 \\ HN\quad NH \\ H_2C\quad CH_2 \\ NH \end{array}
\xrightarrow[NH_3]{3HCHO}
\underset{\text{六亚甲基四胺}}{\begin{array}{c} CH_2\quad CH_2 \\ N\quad N \\ N\ CH_2 \\ H_2C \\ CH_2\quad CH_2 \\ N \end{array}}
$$

六亚甲基四胺是一结晶状固体,它可用作尿的防腐剂,同时也是合成树脂及炸药的中间体,如果六亚甲基四胺用硝酸氧化,产生爆炸力极强的旋风炸药——黑索今(Hexogen),简称RDX。

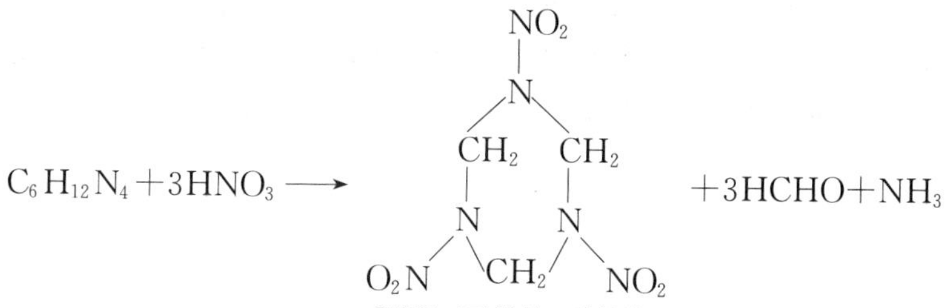

$$C_6H_{12}N_4 + 3HNO_3 \longrightarrow \text{RDX} + 3HCHO + NH_3$$

RDX(三亚甲基三硝基胺)

在生物体内的一连串反应中,辅酶吡哆醛和氨基酸形成亚胺。这些亚胺是比较稳定的,因而关于辅酶的功用也研究得比较清楚。例如,吡哆醛和丙氨酸乙硫酯生成亚胺的反应如下式所示:

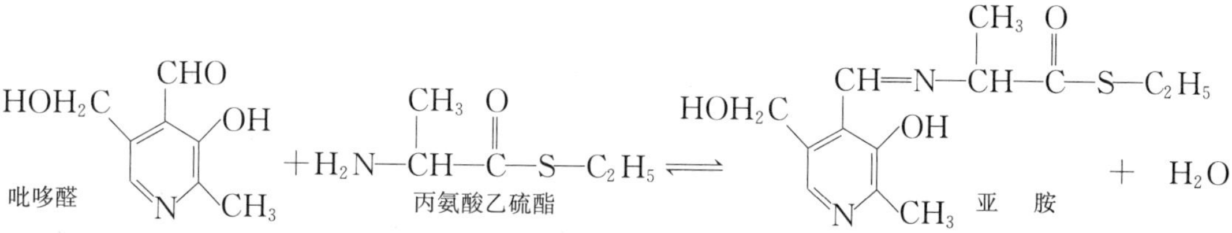

吡哆醛 　　丙氨酸乙硫酯　　　亚　胺　　　+ H_2O

这种亚胺对人体内生物合成氨基酸以及氨基酸的转化中是一个有用的中间体。

醛、酮和羟胺、肼、苯肼、2,4-二硝基苯肼、氨基脲形成氮衍生物,主要用来鉴别醛和酮。这是因为这些衍生物多半是固体,很容易结晶,并具有一定的熔点。尤其是2,4-二硝基苯腙,是特别有用的衍生物,它是橙黄色或红色固体,不仅可用来区别不同的羰基化合物(见表11.2),而且还可用来区别羰基化合物和其他官能团的化合物(烷、烯、炔、醇、醚等),因为醛、酮和2,4-二硝基苯肼产生橙黄色或红色沉淀,而其他官能团化合物与2,4-二硝基苯肼不发生反应。

表 11.2　不同羰基化合物的衍生物的熔、沸点

名　　　称	b. p. (℃)	2,4-二硝基苯腙 m. p. (℃)
丁　　醛	75	123
2,2-二甲基丙醛	75	209
己　　醛	131	104
环戊酮	131	146

酮与羟胺作用生成酮肟在硫酸作用下,发生重排,生成取代的酰胺。这种由肟变为酰胺的重排,叫贝克曼(Backmann)重排。其特点是,在不对称的酮肟中,与羟基处于反位的基团重排到氮上。反应历程如下:

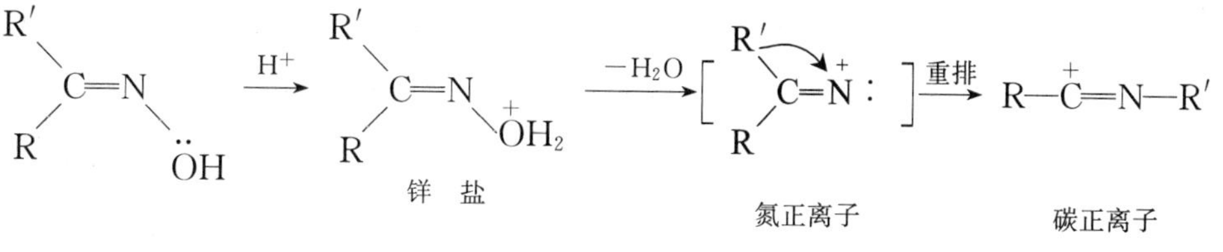

锌　盐　　　　　　　氮正离子　　　　　　　碳正离子

339

$$\xrightarrow{H_2O} \underset{\overset{|}{\overset{+}{O}H_2}}{R-C=N-R'} \xrightarrow{-H^+} \underset{\overset{|}{OH}}{R-C=N-R'} \longrightarrow \underset{\overset{\|}{O}}{R-C-NHR'}$$

酮肟在酸性催化剂的作用下,形成锌盐,锌盐失去一分子水形成氮正离子。实验证明是由与羟基反位的 R' 基团带着一对电子转移到氮原子上形成碳正离子,它马上与水结合为锌盐,后者失去质子,变成酰胺的烯醇式衍生物,再异构化为取代的酰胺:

$$\underset{\substack{m.\,p.\,=147℃}}{\underset{\substack{\|\\ N\\ \|\\ OH}}{Ph-C}} \xrightarrow[-10℃]{PCl_5} \underset{\substack{NHPh}}{O=C-\langle\rangle-O-CH_2}$$

$$\underset{\substack{\|\\ N\\ \|\\ HO}}{Ph-C} \underset{m.\,p.\,=117℃}{} \xrightarrow[-10℃]{PCl_5} \underset{\substack{\|\\ O}}{Ph-C}-NH-\langle\rangle-OCH_3$$

通过贝克曼重排反应,可从环己酮肟得到己内酰胺,后者经聚合后,即得尼龙-6,这是一个很好的合成纤维:

$$\underset{\substack{}}{\bigcirc=O} \xrightarrow[H^+]{NH_2OH} \underset{}{\bigcirc=NOH} \xrightarrow{H^+} \underset{己内酰胺}{\overset{\substack{H\\ \|\\ N-C}}{\overset{\|}{O}}} \longrightarrow \underset{尼龙\text{-}6}{-\!\!\left[\!\!\overset{O}{\overset{\|}{C}}-(CH_2)_5-NH\right]\!\!-_n}$$

3. 与含氧亲核试剂的加成

氧亲核试剂(水和醇)对羰基的加成效率远不如碳亲核试剂和氮亲核试剂。

(1) 与水的加成。即使水是相当弱的亲核试剂,也可与羰基化合物加成生成二羟基化合物。在这些化合物中有两个羟基连在同一碳原子上,故叫胞(积)二醇(gem-diols)。

$$\underset{}{\overset{H\quad H}{\overset{\ddot{\underset{\cdot\cdot}{O}}}{}}}\,\underset{}{\overset{}{\diagdown C=O}} \rightleftharpoons \underset{}{\overset{H\,\overset{+}{O}\,H}{\diagdown C-O^-}} \rightleftharpoons \underset{胞二醇}{\overset{O-H}{\diagdown C-OH}}$$

反应是可逆的,在大多数情况下平衡远远移向左边。这是因为胞二醇不稳定,然而甲醛、乙醛和 α-多卤代醛酮的积二醇在水溶液中是稳定的。

$$\underset{}{\overset{H}{\underset{}{H-C=O}}} +H_2O \rightleftharpoons \underset{\substack{H\\ >99\%}}{\overset{OH}{\underset{\|}{H-C-OH}}}$$

甲醛的 40% 水溶液(福尔马林,formalin,可用来保存生物标本)几乎全部是以水合物形式存在(不能检出 C=O 的存在),但要从溶液中析出时也只能是甲醛。

要想析出稳定的胞二醇,必须在羰基上连有强的吸电子基团。例如从三氯乙醛形成的水合物是稳定的结晶体:

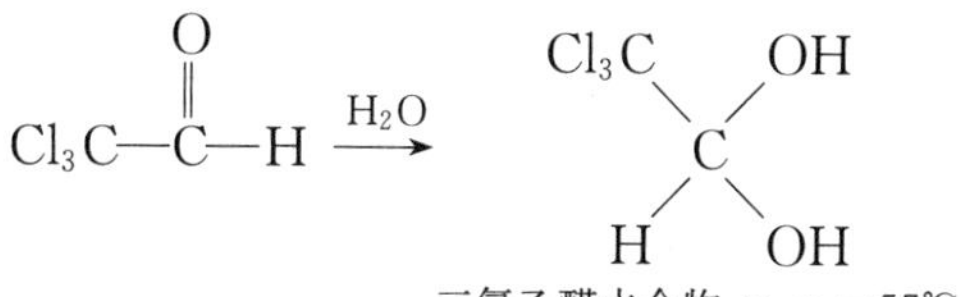

三氯乙醛水合物,m. p. =57℃
(快速镇静催眠剂)

茚三酮的水合物也是稳定的:

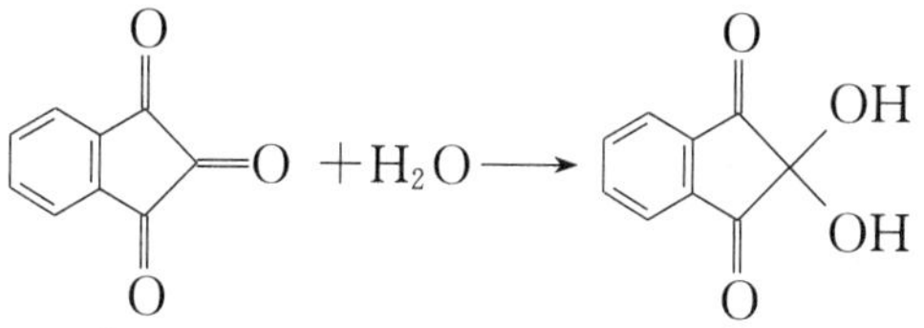

茚三酮　　　　　　　　　茚三酮水合物
红色,m. p. =255℃　　　白色,125℃分解

茚三酮水合物广泛用作鉴别氨基酸和蛋白质(见第二十章)。

(2) 与醇的加成——半缩醛和缩醛。醛在酸催化下,与等摩尔的醇反应可形成一种加成产物,叫半缩醛(hemiacetals),其反应机理表示如下:

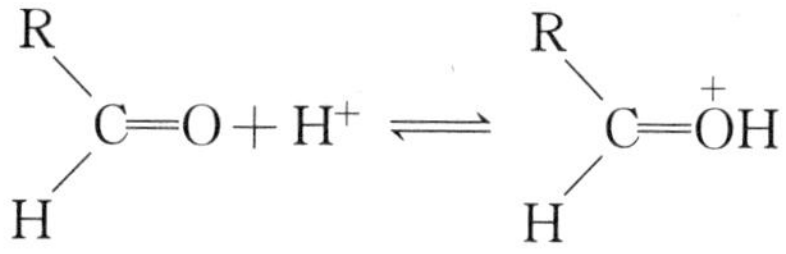

(活化的羰基碳有助于醇的进攻)

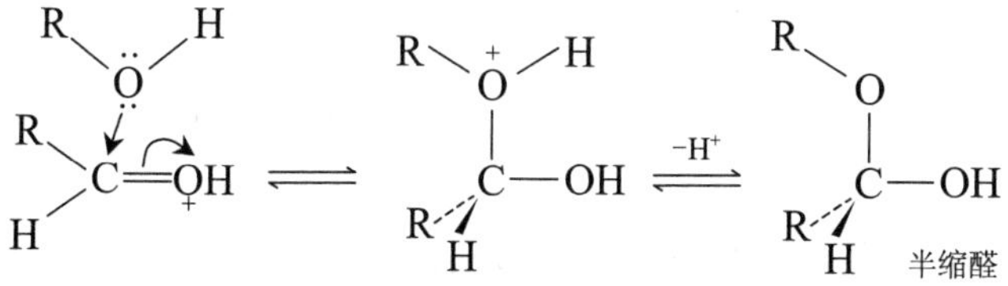

总的反应式是:

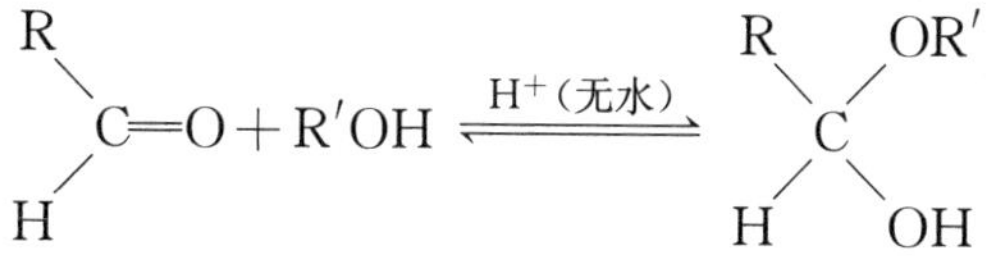

一般半缩醛是不太稳定的(不能分离出来),像加水一样,上述反应也是可逆的,平衡移向左方。半缩醛有两个官能团连接在同一碳原子上,因此它既是醚又是醇。

虽然开链的半缩醛不太稳定,但通过分子内醇对醛的加成所形成的环状半缩醛是稳定的,足以把它们离析出来。例如,5-羟基戊醛的环状半缩醛表示如下:

341

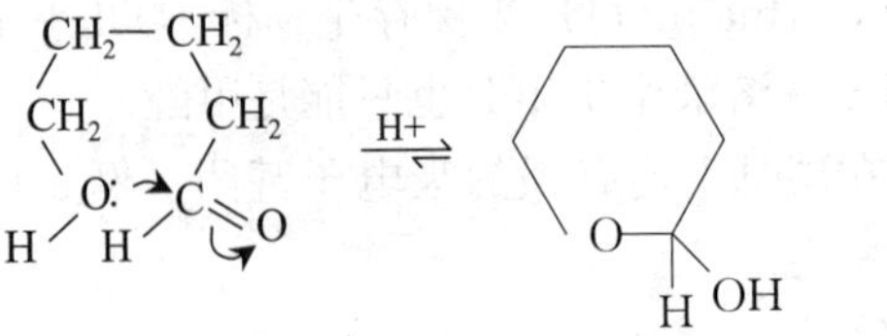

（稳定的半缩醛）

环状半缩醛的稳定性在糖类化学中极为重要,例如葡萄糖含半缩醛基:

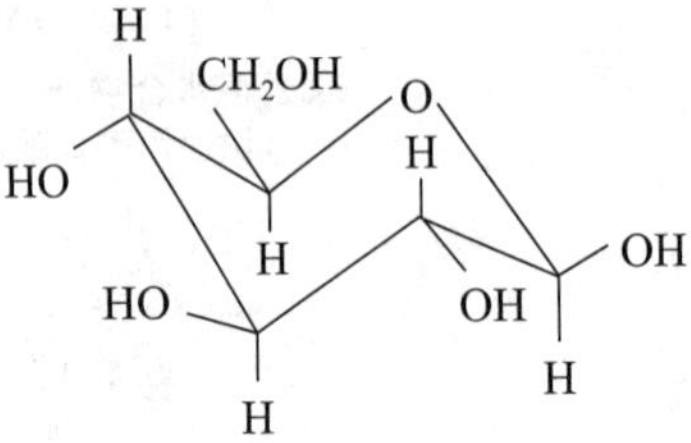

我们将在碳水化合物一章进一步讨论。

半缩醛在无水酸存在下,可以和适量的醇生成缩醛。其反应历程是 S_N1 型,表示如下:

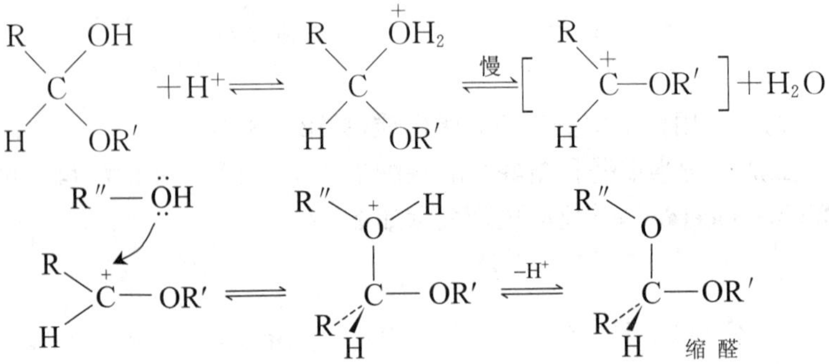

总的反应可以写成:

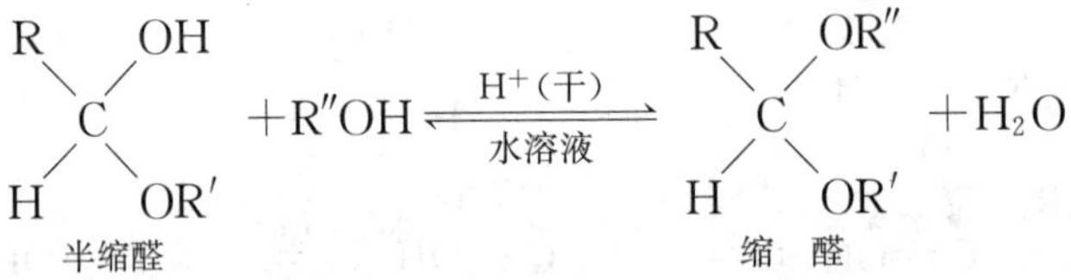

为了使平衡向右移动,必须使用适量的醇或从反应体系中把水蒸出,这样便有利于形成缩醛。相反,若缩醛用酸的水溶液处理,则平衡向左,因此生成半缩醛和醇,半缩醛又立刻转化为醛和醇。即:

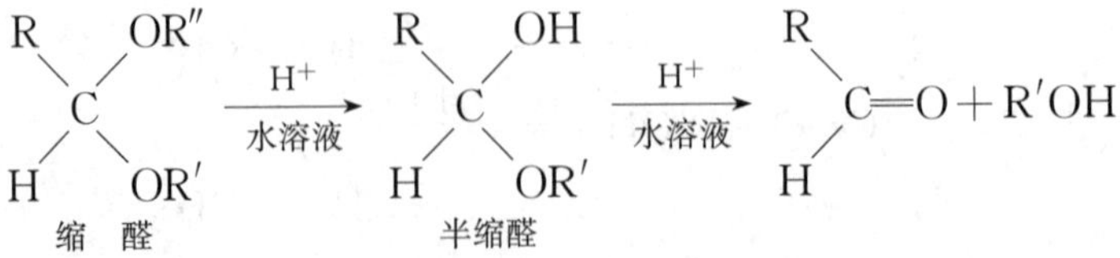

从结构上看,缩醛是两个醚基连接到同一个碳原子上,因此缩醛像醚,是比较稳定的,除了对酸的水溶液比较敏感外,它们对碱、氧化剂和还原剂都十分稳定的,因为这个原因,把分子中含有的醛基和一些其他官能团的化合物常常转化成缩醛以保护醛基。这样,便使分子中其他官能团实现转化而醛基不受影响成为可能。例如,你希望把(1)转化为(2):

342

$$CH_3-CH=CH-\underset{H}{\overset{O}{\underset{|}{C}}}=O \longrightarrow CH_3-\underset{OH}{\underset{|}{CH}}-\underset{OH}{\underset{|}{CH}}-\underset{H}{\overset{O}{\underset{\|}{C}}}$$

(1)   (2)

如果直接加入稀 $KMnO_4$ 氧化,则不但烯键反应,而且醛基也氧化为羧基,即:

$$CH_3-CH=CH-\overset{O}{\overset{\|}{C}}-H \xrightarrow{\text{稀 } KMnO_4} CH_3-\underset{OH}{\underset{|}{CH}}-\underset{OH}{\underset{|}{CH}}-\overset{O}{\overset{\|}{C}}-OH$$

所以不能达到预期的目的。

如果先将醛基转化为缩醛将醛基保护起来,然后用 $KMnO_4$ 将烯键加上两个羟基,最后再用稀酸处理,就可得到预期的产物。即:

$$CH_3-CH=CH-CHO+2C_2H_5OH \rightleftharpoons CH_3-CH=CH-\underset{OC_2H_5}{\overset{OC_2H_5}{\underset{|}{CH}}}$$

$$\xrightarrow{\text{稀 } KMnO_4} CH_3-\underset{OH}{\underset{|}{CH}}-\underset{OH}{\underset{|}{CH}}-\underset{OC_2H_5}{\overset{OC_2H_5}{\underset{|}{CH}}} \xrightarrow{\text{酸水溶液}} CH_3-\underset{OH}{\underset{|}{CH}}-\underset{OH}{\underset{|}{CH}}-\underset{H}{\overset{O}{\underset{\|}{C}}}$$

除了起保护基团作用之外,缩醛结构也存在于许多天然产物中,例如淀粉和纤维素,这将在碳水化合物一章中讨论。

酮在无水 HCl 存在下也可以和醇反应生成半缩酮,但加成速度要慢得多。

$$\underset{R}{\overset{R}{\underset{|}{C}}}=O+R-OH \rightleftharpoons \underset{R}{\overset{R}{\underset{|}{C}}}\underset{OH}{\overset{OR'}{}}$$

平衡大大移向左方,这说明半缩酮比半缩醛更不稳定。在同样的条件下,酮不与醇生成缩酮。

醛、酮和某些二元醇可以顺利地生成环状缩酮。例如:

$$\text{环己酮} + \underset{OH}{\underset{|}{CH_2}}-\underset{OH}{\underset{|}{CH_2}} \xrightarrow[\Delta]{\text{对甲苯磺酸}} \text{缩酮} +H_2O$$

(80%~85%)

不论醛或酮,如难于转变为缩醛(酮)时,可用原甲酸酯代替醇而获得转变。例如:

$$\underset{R}{\overset{R}{\underset{|}{C}}}=O +\underset{\text{原甲酸三乙酯}}{HC(OC_2H_5)_3} \xrightarrow{NH_4Cl} \underset{R}{\overset{R}{\underset{|}{C}}}\underset{OC_2H_5}{\overset{OC_2H_5}{}} +HCOOC_2H_5$$

4. 与含硫亲核试剂的加成

与亚硫酸氢钠的加成。亚硫酸氢钠和醛或脂肪族甲基酮及八个碳以下的环酮的羰基加成产生的加成产物通称亚硫酸氢钠加成物,例如 $NaHSO_3$ 与醛的反应表示如下:

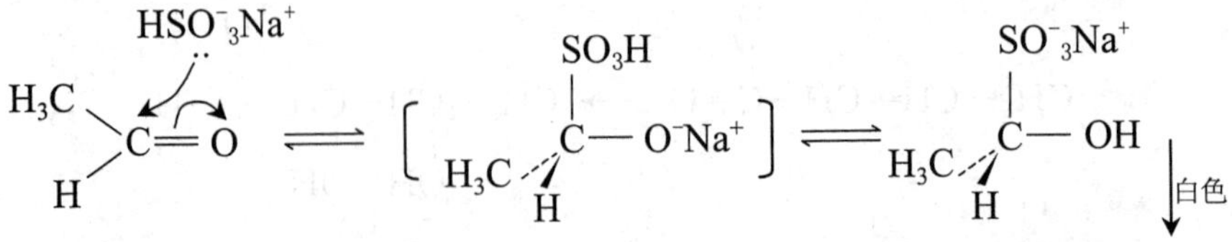

开始形成的中间体含有一个强酸性基团（SO₃H）和一个强碱性烷氧基团（ $\overset{\diagdown}{\underset{\diagup}{C}}-O^-$ ），因此发生分子内的酸碱反应，产生亚硫酸氢钠的加成物，反应是可逆的。亚硫酸氢钠加成物用稀酸或碱处理时，可以再生为原羰基化合物：

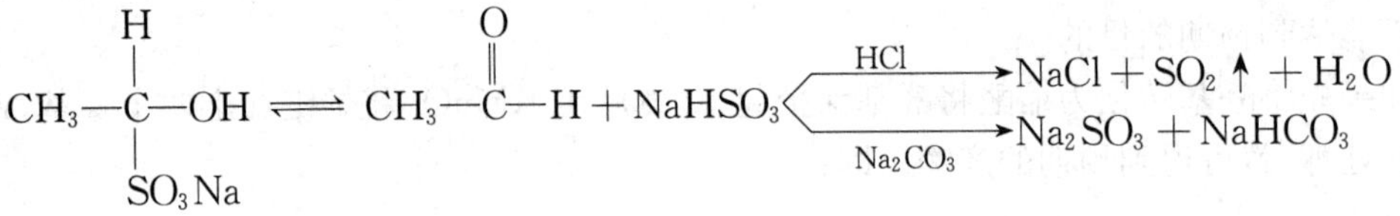

由于和亚硫酸氢钠加成的产品（α-羟基磺酸钠）是一个盐，它易溶于水，但不溶于饱和亚硫酸氢钠溶液中，成沉淀析出，因此，可用来鉴定醛、甲基酮和一些环酮。由于反应的可逆性和稀酸或碱处理，又易分解成原来的醛、酮，因此又可利用此性质来分离提纯这些化合物。

5. 对共轭不饱和醛酮（ $CH_2=CH-\overset{\overset{\textstyle O}{\|}}{C}-H(R)$ ）的亲核加成反应

共轭不饱和醛酮在结构上有一个特点，就是 1、2 之间的碳氧双键和 3、4 之间的碳碳双键形成了一个 1,4-共轭体系。亲核试剂和这类化合物加成时，不仅能通过 1,2-途径与 $\overset{\diagdown}{\underset{\diagup}{C}}=O$

直接加成，也能进行 1,4-共轭加成，这是由于共轭体系中电荷离域的结果，使正电荷部分属于羰基碳和部分属于 β-碳：

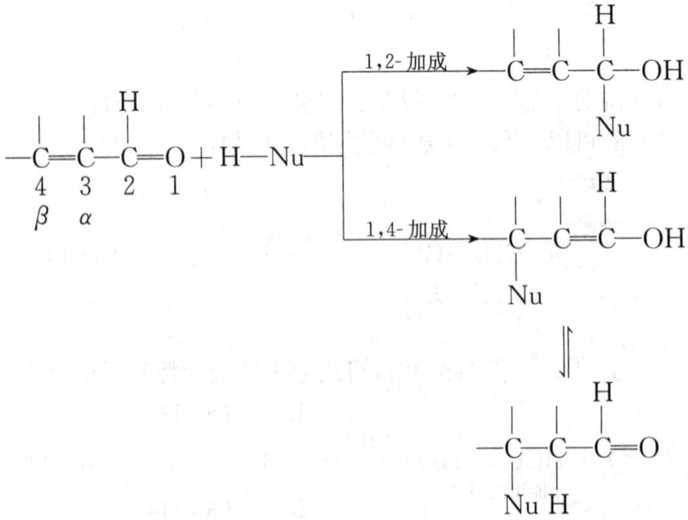

现在的问题是：加成究竟优先发生在 C=C 上还是在 C=O 上？或者发生在总的共轭体系 C=C—C=O 1,4-位上？事实上，1,4-加成正常地是产生与 C=C 加成相同的产物。这是因为最初生成的烯醇经过互变异构化之故。例如，与格氏试剂 PhMgBr 反应后接着酸化：

344

$$R_2C=CH-\overset{\overset{\displaystyle O}{\|}}{C}-R \xrightarrow{PhMgBr} R_2\overset{\overset{\displaystyle |}{Ph}}{C}-CH=\overset{\overset{\displaystyle |}{R}}{C}-\overset{-}{O}\overset{+}{M}gBr \xrightarrow[H_2O]{H^+}$$

$$R_2\overset{\overset{\displaystyle |}{Ph}}{C}-CH=\overset{\overset{\displaystyle |}{R}}{C}-OH \rightleftharpoons R_2\overset{\overset{\displaystyle |}{Ph}}{C}-CH_2-\overset{\overset{\displaystyle |}{R}}{C}=O$$

亲核加成反应究竟是 1,4-共轭占优势,还是 C=O 1,2-占优势? 这要看反应是否为可逆的。假如反应是可逆的,则产物是由热力学控制(即由平衡控制),这有利于 1,4-加成。这是因为从 1,4-加成所得的 C=C 加成产物(i)在热学上比 C=O 的加成产物(ii)为稳定,前者留下了一个 π 键,即这个 π 键要比后者留下的 C=C 中的 π 键为强:

$$R_2\overset{\overset{\displaystyle |}{Nu}}{C}-\overset{\overset{\displaystyle |}{H}}{C}H-\overset{\overset{\displaystyle O}{\|}}{C}-H \qquad\qquad R_2C=CH-\overset{\overset{\displaystyle |}{Nu}}{\underset{\underset{\displaystyle R}{|}}{C}}-OH$$

(i)   (ii)

但在一个位置有空间障碍时,都能很有效地促进另一边的加成。例如:

PhCH=CH—CHO 和 PhMgBr 100% C=O 加成,而 $PhCH=CH-\overset{\overset{\displaystyle O}{\|}}{C}-C(CH_3)_3$ 与同一试剂反应则 100% 为 C=C 加成。这也反映了 $\diagdown C=O$ 基的反应性:醛>酮,从而使 C=C 加成的比例增加,其各种可能影响因素见表 11.3。

表 11.3　影响加成反应的因素

	以 1,2-加成为主	以 1,4-加成为主
反应温度	低　温	高　温
试剂的亲核性	强亲核试剂(如 H^-、$RMgX$)	弱亲核试剂(如 Cl^-、CN^-、$^-CH(COOC_2H_5)_2$)
反应物的结构	羰基上不连有大基团	羰基上连有较大的基团

我们以后还要讨论 C=C—C=O 系统中最重要的反应——Michael 反应,它是稳定的碳负离子与 α,β-不饱和共轭体系发生的亲核加成反应,这在有机合成上有许多用途。

6. 在亲核加成反应中的立体选择性

H—Nu 对 C=O 的亲核加成没有顺式或反式的立体选择性问题,因为对 C=O 的加成产物由于 C—O 键的自由旋转,它们是没有区别的。例如:

345

H—Nu 对 RR′C=O 的加成,虽然产物中引入一个手性中心,由于 Nu 从羰基平面的上面或下面进攻机会是均等的,因此,其产物总是外消旋的:

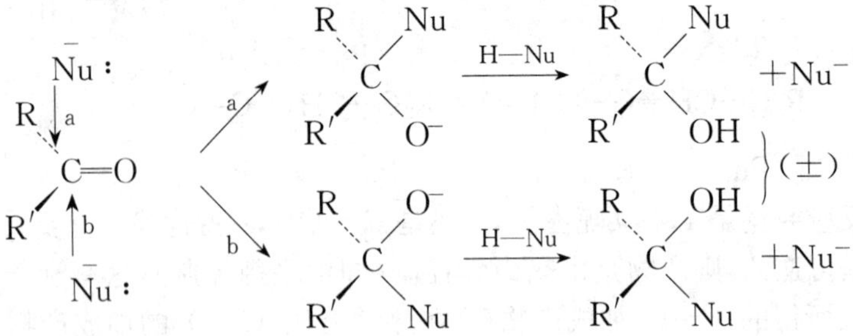

但假如 R′ 或 R 是手性的话——尤其 α-碳原子为手性时,Nu⁻ 进攻羰基化合物的两面机会便不再是相等的,如反应是可逆的,则生成的两个产物中在热力学上更为稳定的一个将在反应混合物中占较大的比例。若为不可逆反应,例如与 RMgX、LiAlH₄ 等反应,则生成较快的产物占优势(动力学控制),这可从格拉穆(D. J. Cram)规律预测到:一个酮将由这样的构象,即在 C=O 中 O 与 α-碳原子上三个取代基中最大的取代基处于反式地位者进行反应。这是由于羰基化合物中羰基氧络合上进攻试剂中的路易士酸部分,使之具有巨大的有效体积。因此,优先的亲核进攻(例如 RMgBr 的进攻)将发生在羰基碳原子阻碍最小的一面。即 a,这最好用 Newman 投影式来观察(式中,L 代表在圆圈手性碳上的大基团,M 代表中基团,S 代表小基团):

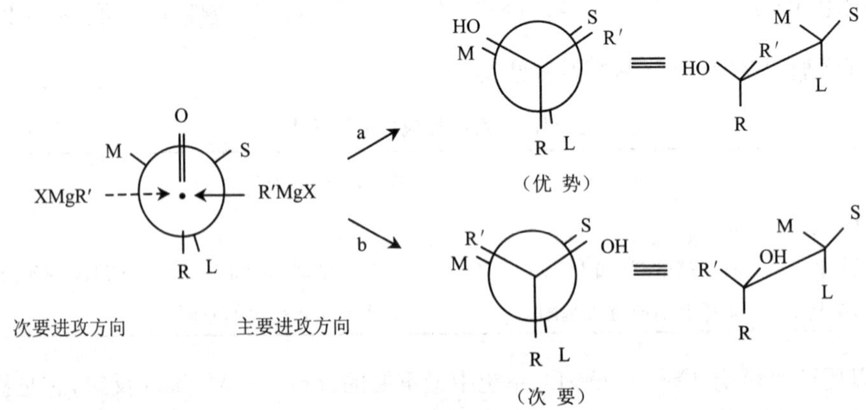

Cram 规则成功地预测了许多加成反应的结果,但它不适合构象变化有局限性的环化体系,如环己酮的加成,就受进攻试剂的空间控制和产物稳定性两个因素的影响。例如:

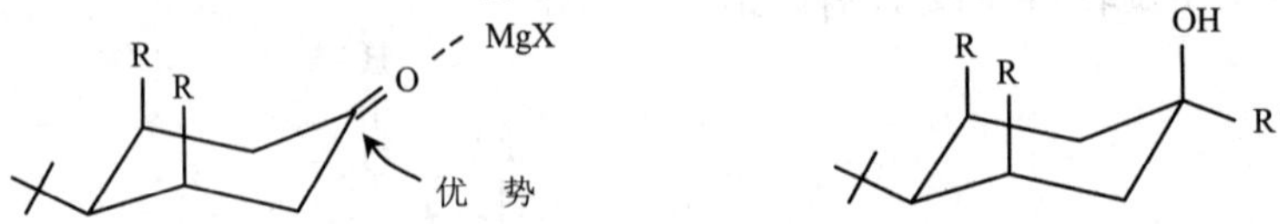

346

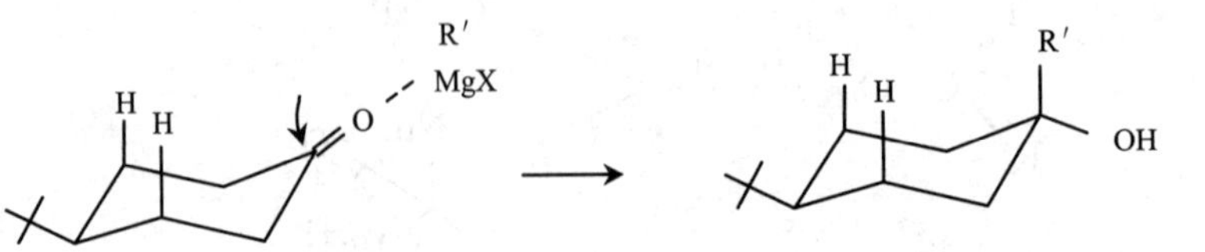

在(Ⅰ)中,羰基的间位有两个处于 a 键的 R,进攻试剂则选择从横向位置的进攻,而如果没有间位的 R,则试剂进攻选择从竖向进攻羰基,从而使羟基处于 e 键的较稳定的构象(Ⅱ)。

这个规律也只适用于动力学控制的反应。

11.3.2 羰基化合物 α-碳上活性氢的反应

羰基旁边相邻的碳原子叫 α-碳原子,连结在 α-碳上的氢原子叫 α-氢。我们知道,断裂普通的 C—H 键是困难的,可是醛、酮 α-氢有一些特殊,容易被强碱除去。即它们具有一定酸性。这是由于醛、酮的 α-氢被碱除去所形成的碳负离子(共轭碱)的负电荷通过共轭效应可以分散到羰基上去,因而这样的碳负离子比一般碳负离子(如 $\overset{-}{C}H_3CH_2$)更加稳定。

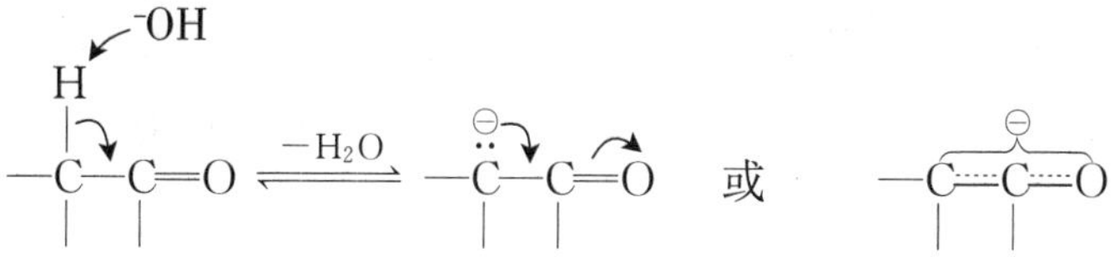

由于碳负离子的 α-碳具有一定的负电荷,因此,它是一个良好的亲核试剂,这可从下面的反应得到证实。

1. 醇醛缩合反应

凡是通过新的 C—C 键的生成,使两个或多个分子结合为较大分子的反应(这时可失去一些小分子,如 H_2O,也可以不失去)都叫缩合反应。醛在稀碱(或酸)的催化下,形成的碳负离子作为亲核试剂进攻另一分子醛的羰基,加成产物是 β-羟基醛。例如,乙醛在稀碱催化下的反应历程表示如下:

(1) 首先碱夺取一部分醛分子的 α-氢形成碳负离子:

(2) 形成的碳负离子作为亲核试剂,与另一部分未离子化的乙醛分子的羰基加成:

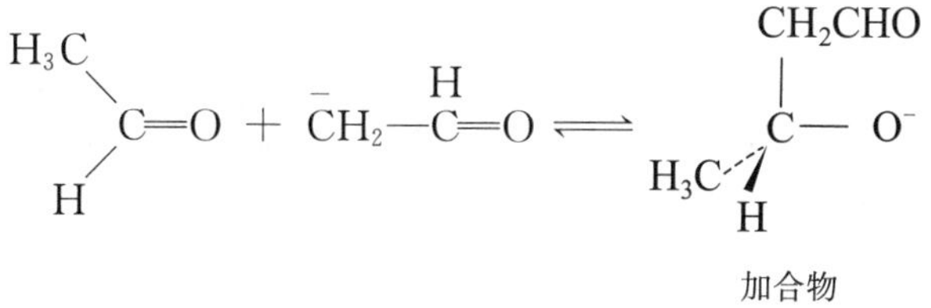

(3) 在氧上带负电荷的加合物从水中得到一个质子,产生最后产物——3-羟基丁醛:

$$CH_3-\overset{}{\underset{O^-}{CH}}-CH_2-CHO + H_2O \Longleftrightarrow CH_3-\overset{}{\underset{OH}{CH}}-CH_2-CHO + HO^-$$

由于最后加成产物中含有羟基和醛基,因此叫醇醛缩合(或羟醛缩合)。

总的反应可表示为:

$$2CH_3CHO + HO^- \Longleftrightarrow CH_3-\overset{\beta}{CH}-\overset{\alpha}{CH_2}-CHO$$
$$\underset{OH}{}$$

β-羟基丁醛

347

在醇醛缩合反应的产物中,由于一分子醛的 α-碳和另一分子醛的羰基碳之间生成新的 C—C 键,因此醇醛缩合反应也是增长碳链的方法之一。同时,分子中含有两个官能团——一个羰基和一个 β-羟基,可进一步转化成其他产物,如醇醛在加热时(或用稀酸处理),很容易脱水变成 α,β-不饱和醛。例如:

$$CH_3-\underset{\underset{OH}{|}}{CH}-CH_2-CHO \xrightarrow[\text{或稀 } H^+]{\Delta} CH_3-CH=CH-CHO$$

2-丁烯醛(α,β-不饱和醛)

上述反应容易脱水是因为生成的产品中含有 C=C 双键和羰基发生共轭而得到稳定的结构。β-羟基醛的脱水可能是通过其共轭碱进行的:

$$R-CH_2-\underset{\underset{OH}{|}}{CH}-\underset{\underset{R}{|}}{CH}-CHO + HO^- \rightleftharpoons R-CH_2-\underset{\underset{OH}{|}}{CH}\cdots\underset{\underset{R}{|}}{C}-CHO + H_2O$$

$$\rightleftharpoons RCH_2CH=\underset{\underset{R}{|}}{C}-CHO + HO^-$$

稀酸也能使醛转变为羟醛,这时与羰基加成的是醛的烯醇式。

$$H-CH_2-CHO + H^+ \rightleftharpoons H-CH_2-\overset{\overset{H}{|}}{\underset{}{C}}\overset{+}{O}H \rightleftharpoons H^+ + CH_2=\overset{\overset{H}{|}}{C}-OH$$

$$CH_3-\overset{\overset{+}{O}H}{\underset{}{\|}}{CH} + CH_2=CH-\overset{\cdot\cdot}{O}-H \rightleftharpoons CH_3-\underset{\underset{OH}{|}}{CH}-CH_2-CH=\overset{+}{O}H$$

$$\rightleftharpoons H^+ + CH_3-\underset{\underset{OH}{|}}{CH}-CH_2-\overset{\overset{O}{\|}}{C}-H$$

酸的作用是增强 C=O 双键的极化,使它更快地变为烯醇式和更容易起反应,在酸性溶液中羟醛易脱水生成 α,β-不饱和醛:

$$CH_3-\underset{\underset{OH}{|}}{CH}-CH_2-CHO + H^+ \rightleftharpoons CH_3-\underset{\underset{\overset{+}{O}H_2}{|}}{CH}-CH_2-CHO$$

$$\rightleftharpoons CH_3\overset{+}{C}H-CH_2CHO + H_2O$$

$$CH_3-\overset{+}{C}H-\overset{\overset{H}{|}}{C}H-CHO \rightleftharpoons CH_3CH=CH-CHO + H^+$$

又例如,醇醛可被氧化成 β-羟基酸或 β-羰基酸,这将由氧化剂的性质来决定:

$$CH_3-CH-CH_2-CHO \xrightarrow[\text{只氧化醛基}]{\text{吐仑试剂}} CH_3-CH-CH_2-\overset{\overset{\displaystyle O}{\|}}{C}-OH$$

（左侧有 OH 基团）

β-羟基丁酸

$$\bigg| \xrightarrow{K_2Cr_2O_7,H^+} CH_3-\overset{\overset{\displaystyle O}{\|}}{C}-CH_2-\overset{\overset{\displaystyle O}{\|}}{C}-OH$$

β-羰基酸,乙酰乙酸

乙酰乙酸和 β-羟基丁酸都可在糖尿病患者的血液中发现。

如果用正丁醛在稀碱中进行醇醛缩合,得到的产物再催化加氢,便得到驱蚊剂——2-乙基-1,3-己二醇:

$$2CH_3CH_2CH_2CHO \xrightleftharpoons{\text{稀 } HO^-} CH_3CH_2-CH_2-\underset{\underset{\displaystyle OH}{|}}{CH}-\underset{\underset{\displaystyle CH_2CH_3}{|}}{CH}-CHO$$

$$\xrightarrow{H_2,Ni} CH_3-CH_2-CH_2-\underset{\underset{\displaystyle OH}{|}}{CH}-\underset{\underset{\displaystyle CH_3}{\underset{\displaystyle |}{\underset{\displaystyle CH_2}{|}}}}{CH}-CH_2OH$$

2-乙基-1,3-己二醇

因此,醇醛缩合反应在合成上是十分有用的一个反应。

酮在同样的条件下,也可得到 β-羟基酮,但反应的平衡大大偏向于反应物一方的:

$$2CH_3-\overset{\overset{\displaystyle O}{\|}}{C}-CH_3 \xrightleftharpoons{\text{稀 } HO^-} CH_3-\underset{\underset{\displaystyle OH}{|}}{\overset{\overset{\displaystyle CH_3}{|}}{C}}-CH_2-\overset{\overset{\displaystyle O}{\|}}{C}-CH_3$$

如将生成的缩合产物-β-羟基酮不断由平衡体系中移去,则可使丙酮大部分转化为 β-羟基酮,后者在少量碘催化下,蒸馏、脱水生成 α,β-不饱和酮:

$$CH_3-\underset{\underset{\displaystyle OH}{|}}{\overset{\overset{\displaystyle CH_3}{|}}{C}}-CH_2-\overset{\overset{\displaystyle O}{\|}}{C}-CH_3 \xrightarrow[\text{蒸馏}]{I_2} CH_3-\overset{\overset{\displaystyle CH_3}{|}}{C}=CH-\overset{\overset{\displaystyle O}{\|}}{C}-CH_3$$

二酮分子内的羟醛缩合是合成环状化合物的重要方法。例如:

83%

2. 交叉醇醛缩合反应

如果醇醛缩合发生在不同的醛或酮之间,且彼此都有 α-氢原子,则可得到四种缩合产物,因而没有制备价值。但是在某些条件下,从交叉的醇醛缩合也能得到高产率的单一产物。这些条件是:①有一个反应物不含 α-氢,因此它不能自相缩合(如甲醛或芳醛)。②不含 α-H 的

349

反应物先和催化剂混合,然后③慢慢地把含有 α-氢的羰基化合物加到这个混合物中去。这样在任何时刻,可电离的羰基化合物的浓度都很低,从它生成的碳负离子几乎全部和另一大量存在的羰基化合物作用,而得到单一的产物。例如:

$$Ph-CHO \xrightarrow{OH^-} \begin{cases} \xrightarrow[CH_3CHO]{20℃} Ph-CH=CH-CHO \quad \text{肉桂醛} \\ \xrightarrow[\underset{CH_3CCH_3}{O}]{100℃} Ph-CH=CH-\overset{O}{\underset{\|}{C}}-CH_3 \quad \text{苄叉丙酮} \end{cases}$$

这反应叫克莱森-斯密特(Claisen-Schmidt)反应。

有机化学中许多缩合反应都和羟醛缩合有密切关系,都涉及到一个碳负离子对羰基的进攻,而碳负离子都是由碱夺取 α-位的氢而产生。例如:

(1)普尔金(Perkin)缩合反应。芳醛和酸酐在相应羧酸盐存在下反应,最终得到 α,β-不饱和芳香酸:

$$PhCHO+CH_3-\overset{O}{\underset{\|}{C}}-O-\overset{O}{\underset{\|}{C}}-CH_3 \xrightarrow{CH_3COONa} Ph-\overset{OH}{\underset{\|}{CH}}-CH_2COOH$$
$$\xrightarrow{-H_2O} Ph-CH=CH-COOH$$

(2)克脑文盖尔(Knoevenagel)反应。醛、酮在弱碱(胺、吡啶等)催化下与具有活泼 α-H 的化合物缩合反应,最终得到 α,β-不饱和化合物:

$$PhCHO+CH_2(COOEt)_2 \xrightarrow{\text{二级胺}} Ph-CH=C(COOEt)_2$$

$$\bigcirc=O + \underset{CN}{\overset{COOC_2H_5}{CH_2}} \xrightarrow{CH_3COONa} \bigcirc=\underset{CN}{\overset{}{C}}-COOC_2H_5$$

$$PhCHO+CH_3NO_2 \xrightarrow{NaOH} Ph-CH=CHNO_2$$

(3)达尔森(Darzen)反应。醛酮与 α-卤代酸酯在强碱(如 RONa、NaNH$_2$ 等)作用下反应,生成 α,β-环氧酸酯:

$$R-\overset{O}{\underset{\|}{C}}-R'(H)+ClCHCO_2C_2H_5 \xrightarrow{NaOC_2H_5} \underset{R'(H)\quad R''}{\overset{R\quad O}{C-C}}-CO_2C_2H_5$$

环氧酸酯水解后酸化加热脱羧生成醛、酮,因此达尔森反应有时可用来合成醛、酮。在生产维生素 A 时,用 β-紫罗兰酮和氯乙酸甲酯进行达尔森反应,得到一个 14 碳醛。

β-紫罗兰酮 $\xrightarrow[CH_3ONa,吡啶,-20℃]{ClCH_2CO_2CH_3}$ (环氧酸酯) $\xrightarrow[0℃\sim5℃]{NaOH}$ (14碳醛) 78%

3. 安息香(Benzoin)缩合反应

苯甲醛在氰离子的催化下加热,发生双分子缩合,生成 α-羟酮(二苯羟乙酮)。二苯羟乙酮

又叫安息香,所以这反应又称安息香缩合反应:

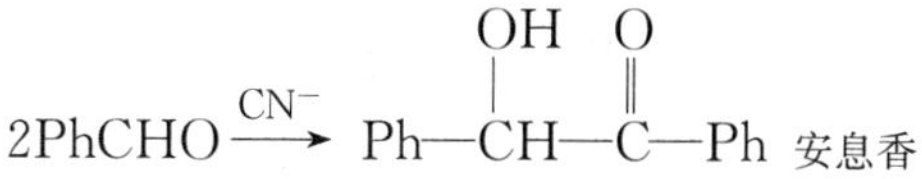

$$2PhCHO \xrightarrow{CN^-} \underset{安息香}{Ph-\overset{OH}{\underset{}{CH}}-\overset{O}{\underset{}{C}}-Ph}$$

其反应机理如下:

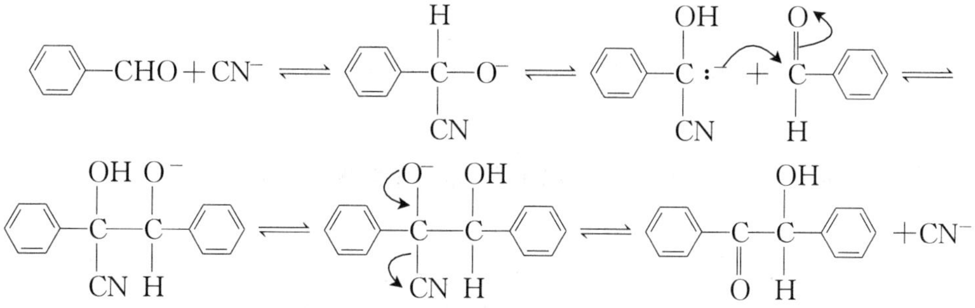

CN^- 是这一反应的特殊催化剂。

4. 卤代反应

醛、酮在碱催化下,其 α-碳上的氢可以被卤素取代,生成卤代醛(酮)。例如:

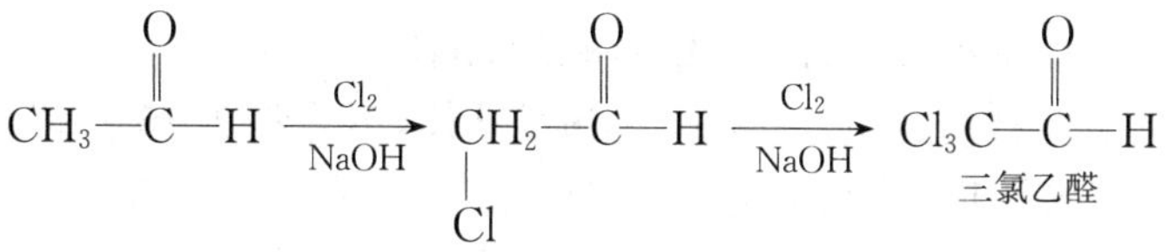

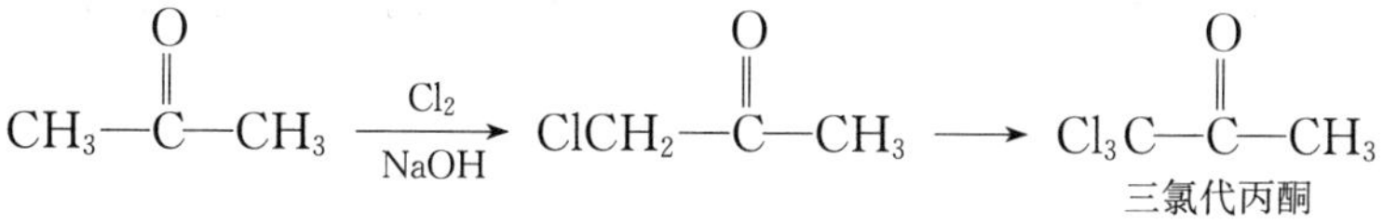

其反应机理如下:

(1) 碱和 α-氢结合生成碳负离子,这是一个慢的过程(动力学研究指出:$v = k[醛][HO^-]$),反应速度与 Cl 的浓度无关:

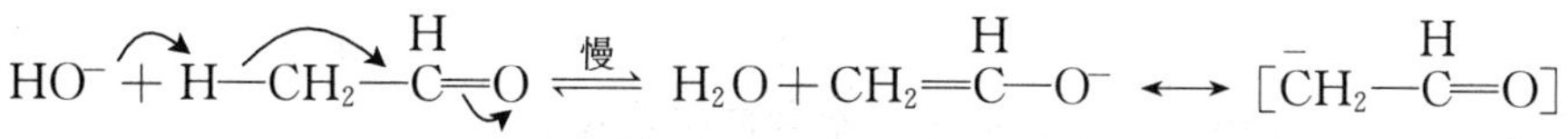

(2) 生成的烯醇负离子很快和 Cl_2 起反应,得到 α-氯代乙醛:

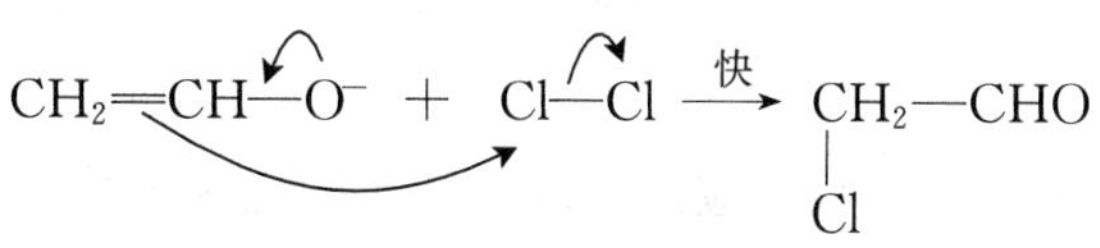

重复上述过程便可得到二氯、三氯乙醛。不过,这里要指出的是,由于氯原子的吸电子性,氯乙醛上的 α-氢原子比乙醛的 α-氢更加偏酸性,因此第二个氢更容易被 OH^- 夺取并进行氯代。同理,第三个氢比第二个氢更易被 OH^- 夺取而被氯代。

所得的 α-三氯乙醛由于卤素的强吸电子效应,使羰基碳原子的正电性大大加强,在碱性条件下,容易使 C—C 键断裂,生成三卤甲烷(又称卤仿)和羧酸盐。其反应机理表示如下:

(i) 亲核试剂 HO^- 加到羰基碳上,形成一个氧负离子中间体:

$$\underset{R-C-CX_3}{\overset{O}{\|}} \xrightarrow{OH^-} \underset{\underset{OH}{|}}{\overset{O^-}{\underset{|}{R-C-CX_3}}}$$

(ii) 氧负离子失去三卤甲基负离子得到:

$$\underset{\underset{OH}{|}}{\overset{O^-}{\underset{|}{R-C-CX_3}}} \longrightarrow \underset{}{\overset{O}{\|}}{R-C-OH} + {}^-CX_3$$

(iii) 羧酸的质子迁移到三卤甲基负离子上,是一个酸碱反应:

$${}^-CX_3 + \underset{}{\overset{O}{\|}}{R-C-OH} \longrightarrow HCX_3 + R-COO^-$$
　　强　碱　　　强　酸　　　　卤　仿　　羧酸负离子(较弱的碱)

由于反应生成卤仿,所以又称为卤仿反应,总的反应可写为:

$$\underset{}{\overset{O}{\|}}{R-C-CH_3} + 3X_2 + 4HO^- \longrightarrow CHX_3 + \underset{}{\overset{O}{\|}}{R-C-O^-} + 3H_2O + 3X^-$$

最常用的试剂是碘的碱溶液,所以产物是碘仿(CHI_3)。碘仿是亮黄色的结晶,具有特殊气味,便于发觉,因此又叫碘仿试验。(氯仿、溴仿是液体,不易鉴别)碘仿试验可用来区别甲基酮和其他的酮,前者给出正反应,后者是负反应。醛类只有乙醛给出正的碘仿试验。具有 $\underset{\underset{OH}{|}}{CH_3-CH-R}$ 结构的醇,能被次碘酸钠($I_2 + NaOH$)氧化为羰基化合物:

$$\underset{\underset{OH}{|}}{CH_3-CH-R} \xrightarrow{NaOI} CH_3-\underset{}{\overset{O}{\|}}{C}-R$$

所以,碘仿试验不但可鉴别乙醛、甲基酮,还可以鉴别 $\underset{\underset{OH}{|}}{CH_3-CH-R}$ 类型的醇。除此之外,卤仿反应还可以用来由甲基酮合成少一个碳原子的羧酸:

$$\underset{\underset{O}{\|}}{R-C-CH_3} + 3NaOCl \xrightarrow{\Delta} RCOONa + CHCl_3$$

醛、酮在酸催化下也可进行卤代反应。动力学实验证明,酸催化下卤化反应的速度与卤素的浓度无关,仅与醛、酮和酸的浓度有关,$v = k[酮][H^+]$。

反应是首先羰基质子化,然后通过烯醇式进行卤代的。机理如下:

(i) $\underset{}{\overset{O}{\|}}{R-C-CH_3} + H^+ \underset{}{\overset{快}{\rightleftharpoons}} \underset{}{\overset{\overset{+}{OH}}{\|}}{R-C-CH_3}$

(ii) $\underset{}{\overset{\overset{+}{OH}}{\|}}{R-C-CH_3} \underset{}{\overset{慢}{\rightleftharpoons}} \underset{}{\overset{OH}{\|}}{R-C=CH_2} + H^+$

$$(iii) \quad R{-}\overset{\overset{\displaystyle :O{-}H}{|}}{C}{=}CH_2 \ + \ X{-}X \ \underset{\text{快}}{\xrightleftharpoons} \ R{-}\overset{\overset{\displaystyle +OH}{|}}{C}{-}CH_2X + X^-$$

$$(iv) \quad R{-}\overset{\overset{\displaystyle +OH}{|}}{C}{-}CH_2X \ \underset{\text{快}}{\xrightleftharpoons} \ R{-}\overset{\overset{\displaystyle O}{\|}}{C}{-}CH_2X + H^+$$

因此,醛、酮在酸性条件下的卤代其本质是卤素与烯醇式 C=C 双键的亲电加成。卤素电负性大,在酮 α-位引入卤原子后,使羰基氧上对应的电子云密度下降。实验证明,在 α-位导入一个卤原子,羰基氧接受质子的能力下降 $10^2 \sim 10^3$ 倍,而羰基氧接受质子是醛酮转变为烯醇式的必要条件。因此在酸性条件下,未取代的醛酮卤代的速度要快于 α-卤代醛酮。因此与碱性条件下卤代不同的是,反应可停留在一卤化物的阶段。

11.3.3 维蒂希(Wittig)反应

卤代烷和三苯基膦反应,通过 S_N2 历程得到黄色的结晶鳞盐:

$$Ph_3\overset{..}{P} \ + \ \underset{\overset{|}{CH_3}}{CH_2}{-}Br \ \longrightarrow \ Ph_3\overset{+}{P}CH_2CH_3Br^-$$

溴化乙基三苯基鳞

因为三苯基膦是一个好的亲核试剂和弱碱,比起 S_N2 反应来讲竞争的消除反应在这里是次要的。因此,多数一级和二级卤代烷可以得到很好产率的鳞盐:

$$\bigcirc{-}I \ + Ph_3P \ \longrightarrow \ \bigcirc{-}\overset{+}{P}Ph_3 I^-$$

72%
碘化环己基三苯基鳞盐

鳞盐在强碱(如 $n\text{-}C_4H_9Li$ 或 NaH)作用下,除去磷原子 α-位的氢,得到一个中性的磷化物叫膦内鎓盐(或叫膦叶立德 phosphorus ylide):

$$Ph_3\overset{+}{P}CH_2CH_3\overset{-}{Br} + n\text{-}C_4H_9Li \ \xrightarrow{\text{乙醚}} \ Ph_3\overset{+}{P}{-}\overset{-}{C}HCH_3 \ \rightleftharpoons \ Ph_3P{=}CHCH_3$$

膦内鎓盐(ylide)   亚乙基膦烷

膦内鎓盐作为强烈的亲核试剂与醛、酮迅速反应,直接合成烯烃的反应叫 Wittig 反应。一般表示如下:

$$Ph_3P{=}\overset{\overset{\displaystyle R}{|}}{\underset{\underset{\displaystyle R'}{|}}{C}} \ + \ \overset{\overset{\displaystyle R''}{|}}{\underset{\underset{\displaystyle R'''}{|}}{C}}{=}O \ \longrightarrow \ \overset{\overset{\displaystyle R}{|}}{\underset{\underset{\displaystyle R'}{|}}{C}}{=}\overset{\overset{\displaystyle R''}{|}}{\underset{\underset{\displaystyle R'''}{|}}{C}} \ + \ Ph_3P{=}O$$

Wittig 反应机理认为是,首先是 Wittig 试剂的碳负离子进攻羰基碳,形成内鳞盐,后者不稳定,往往自动地进行消除 $Ph_3P{=}O$ 而生成产物:

$$Ph_3\overset{+}{P}{-}\overset{-}{C}RR' \ + \ \overset{|}{\underset{|}{C}}{=}O \ \longrightarrow \ \left[\ \overset{|}{\underset{\underset{\displaystyle O}{|}}{C}}{-}\overset{\displaystyle CRR'}{\underset{\underset{\displaystyle PPh_3}{+}}{|}} \ \right] \ \longrightarrow \ \left[\ \overset{|}{\underset{\underset{\displaystyle O}{|}}{C}}{-}\overset{\displaystyle CRR'}{\underset{\underset{\displaystyle PPh_3}{|}}{|}} \ \right]$$

$$\xrightarrow{0℃} \ \overset{|}{\underset{|}{C}}{=}CRR' + Ph_3P{=}O$$

Wittig 反应是合成烯烃的一个非常有用的方法。其优点是条件温和,产率高,而且 C=C 双键的位置是肯定的。可以由醛、酮分子中羰基的位置特定下来,控制反应条件并能获得立体选择性的产物(如顺式或反式),不发生重排。因此,应用广泛,尤其在合成某些天然产物(如甾体、萜类、维生素 A、D 等)具有独特的作用。下面举几例说明 Wittig 反应的应用:

$$Ph_2C{=}O + Ph_3P{=}CH_2 \longrightarrow Ph_2C{=}CH_2 + Ph_3P{=}O$$
1,1-二苯基乙烯

$$CH_3\overset{O}{\overset{\|}{C}}{-}H + Ph_3P{=}C(CH_3)_2 \longrightarrow CH_3CH{=}C(CH_3)_2 + Ph_3P{=}O$$

维生素A

11.3.4 醛、酮的氧化和还原

1. 醛、酮的氧化反应

醛、酮的最主要区别是对氧化剂的敏感性。醛极易氧化,甚至与空气中的氧在室温下即可将其氧化为羧酸:$RCHO + O_2 \longrightarrow R\overset{O}{\overset{\|}{C}}{-}OH$ 。而酮则不易氧化。利用醛、酮氧化性能不同,化学上很容易区别它们。常用的有两种碱性的弱氧化剂,叫吐仑(Tollen)试剂和斐林(Fehling)溶液。它们都能把醛氧化成羧酸,而对酮却不能氧化。

吐仑试剂是银氨络离子 $Ag(NH_3)_2^+$(硝酸银的氨水溶液),它与醛的反应如下:

$$R\overset{O}{\overset{\|}{C}}{-}H + 2Ag(NH_3)_2^+ + 2HO^- \overset{\Delta}{\longrightarrow} R\overset{O}{\overset{\|}{C}}{-}O^-NH_4^+ + 2Ag\downarrow + 3NH_3\uparrow + H_2O$$

反应时,醛被氧化成酸,Ag^+ 离子则被还原为 Ag,形成银镜附在管壁上,因此这种反应又叫银镜反应。

斐林溶液是碱性的铜络离子的溶液,硫酸铜的 Cu^{2+} 离子在碱性酒石酸钾钠中成为深蓝色的络离子溶液。在反应时,Cu^{2+} 离子被还原成红色的氧化亚铜沉淀,蓝色消失,而醛则被氧化成酸:

$$R\overset{O}{\overset{\|}{C}}{-}H + Cu^{2+}_{(络离子)} \overset{NaOH}{\underset{\Delta}{\longrightarrow}} R\overset{O}{\overset{\|}{C}}{-}O^-\ Na^+ + Cu_2O\downarrow$$
红色

C=C 双键可被 $KMnO_4$ 氧化,但不受吐仑或斐林溶液的影响,因此,不饱和醛可被它们选择性地氧化为不饱和酸。例如:

$$CH_3{-}CH{=}CH{-}CHO \overset{Ag^+ 或 Cu^{2+}}{\longrightarrow} CH_3{-}CH{=}CH{-}COOH$$
2-丁烯酸

醛与 $KMnO_4$、$K_2Cr_2O_7{-}H_2SO_4$ 等强氧化剂作用,很容易生成羧酸。例如:

$$n\text{-}C_6H_{13}CHO \xrightarrow[\text{H}_2\text{SO}_4 \cdot \text{H}_2\text{O}]{\text{KMnO}_4} n\text{-}C_6H_{13}COOH \text{ (78\%)}$$

其氧化过程为:

$$R{-}CH \overset{O}{\underset{}{\parallel}} + {}^-O{-}Cr{-}OH + H^+ \longrightarrow R{-}C{-}O{-}Cr{-}OH \longrightarrow R{-}C{=}O + HCrO_3^- + H^+$$

酮虽然不被氧化剂氧化,但与强氧化剂(如 $KMnO_4$ 酸性溶液或浓硝酸)作用,发生 C—C 键的断裂,得两分子的酸,断裂方式与酮的结构有关,一般羰基随较小的烷基走,叫波波夫规律。例如:

$$CH_3{-}\overset{O}{\underset{}{\overset{\parallel}{C}}}{-}C_3H_7 \xrightarrow{[O]} CH_3COOH + CH_3CH_2COOH$$

此过程可能是通过烯醇式进行的:

$$CH_3{-}\overset{O}{\underset{}{\overset{\parallel}{C}}}{-}CH_2CH_2CH_3 \Longrightarrow CH_3{-}\underset{\underset{OH}{|}}{C}{=}CH{-}CH_2CH_3 \xrightarrow{[O]} CH_3COOH + CH_3CH_2COOH$$

若对环酮(如环己酮)进行氧化,只得单一的产物,有制备价值:

$$\xrightarrow{\text{浓 HNO}_3} HO{-}\overset{O}{\underset{}{\overset{\parallel}{C}}}{-}(CH_2)_4{-}\overset{O}{\underset{}{\overset{\parallel}{C}}}{-}OH \quad \text{己二酸(制备尼龙-6,6 的原料)}$$

众多的醛置于空气中可自动氧化为羧酸,称为 Baeyer-Villiger 氧化反应,光对该反应有催化作用,最初产物是过氧酸:

$$R{-}\overset{O}{\underset{}{\overset{\parallel}{C}}}H + O_2 \longrightarrow R{-}\overset{O}{\underset{}{\overset{\parallel}{C}}}{-}OOH \xrightarrow{RCHO} R{-}\overset{O}{\underset{}{\overset{\parallel}{C}}}{-}OH$$

氧化是自由基反应,其可能的历程如下:

$$Y\cdot + R{-}\overset{O}{\underset{}{\overset{\parallel}{C}}}{-}H \longrightarrow YH + R{-}\overset{O}{\underset{}{\overset{\parallel}{C}}}\cdot$$

$$R{-}\overset{O}{\underset{}{\overset{\parallel}{C}}}\cdot + O_2 \longrightarrow R{-}\overset{O}{\underset{}{\overset{\parallel}{C}}}{-}O{-}O\cdot \xrightarrow{R{-}CH} R{-}\overset{O}{\underset{}{\overset{\parallel}{C}}}{-}O{-}OH + R{-}\overset{O}{\underset{}{\overset{\parallel}{C}}}\cdot$$

过氧酸继续反应,将醛氧化为羧酸:

$$R{-}\overset{O}{\underset{}{\overset{\parallel}{C}}}{-}O{-}OH + R{-}\overset{O}{\underset{}{\overset{\parallel}{C}}}{-}H \longrightarrow R{-}\overset{:OH}{\underset{\underset{O{-}O{-}C{-}R}{|}}{\overset{|}{C}}}{-}H\, O \longrightarrow R{-}\overset{+OH}{\underset{}{\overset{|}{C}}}{-}OH + {}^-O{-}\overset{O}{\underset{}{\overset{\parallel}{C}}}{-}R$$

$$\longrightarrow 2R{-}\overset{O}{\underset{}{\overset{\parallel}{C}}}{-}OH$$

因而醛必须贮存于棕色瓶内,置于阴暗处。和醛不同的是,酮在过氧酸作用下得到酯,例如:

$$\text{Ph—C—CH}_3 + \text{Ph—C—O—OH} \xrightarrow{\text{CHCl}_3} \text{CH}_3\text{—C—O—O—C—Ph}$$

$$\longrightarrow \text{CH}_3\text{—C—O—Ph} + \text{Ph—C—O}^- \longrightarrow \text{CH}_3\text{—C—O—Ph} + \text{PhCOOH}$$

乙酸苯酯67%

以上反应又称 Baeyer-Villiger 重排。

在重排中,不同烷基迁移到氧原子的顺序为:H>Ph—>三级 R—>二级 R—>一级 R—>CH₃—。在芳基中,芳环上有给电子基团优先迁移。

2. 醛、酮的还原反应

一般可分为两类,一类是将羰基还原为醇羟基($\diagdown$CH—OH),另一类是将羰基还原为亚甲基。

(1) 还原为醇。醛催化加氢生成一级醇,而酮则生成二级醇:

$$\text{R—C—H} + \text{H}_2 \xrightarrow[\triangle,\text{压力}]{\text{Pt}} \text{R—CH}_2\text{—OH}$$

$$\text{R—C—R}' + \text{H}_2 \xrightarrow[\triangle,\text{压力}]{\text{Pt}} \begin{array}{c} \text{R} \\ \text{CH—OH} \\ \text{R} \end{array}$$

与烯烃的双键相比,羰基催化氢化的活性是:

醛羰基>C=C>酮羰基

使用化学还原剂,例如氢化锂铝(LiAlH_4),硼氢化钠(NaBH_4),同样得到上述结果。但化学还原剂特别是 NaBH_4,有其选择性的好处,即它们只还原羰基,不影响分子中的 C=C 双键,例如:

$$\text{CH}_3\text{—CH=CH—CHO} \xrightarrow[\textcircled{2}\text{H}_2\text{O}]{\textcircled{1}\text{NaBH}_4} \text{CH}_3\text{—CH=CH—CH}_2\text{OH}$$

金属氢化物的还原为什么有选择性? 这是因为其还原反应是通过亲核试剂(H^-离子)加到羰基碳上来实现的。一般式表示如下:

$$\begin{array}{ccc} \text{H}^-\text{M}^+ \\ \diagup\text{C=O} \end{array} \longrightarrow \begin{array}{c} \text{H} \\ \text{C—O}^-\text{M}^+ \end{array} \xrightarrow{\text{H}_2\text{O}} \begin{array}{c} \text{H} \\ \text{C—OH} \end{array} + \overset{+}{\text{M}}\overset{-}{\text{O}}\text{H}$$

最初加成产物

H⁻M⁺ 为金属氢化物的简式

金属氢化物不能还原 C=C 双键,因为一般亲核试剂对 C=C 双键不起作用。

另外,还有一个专一性的试剂是异丙醇铝,它亦只还原醛、酮中的羰基而不影响其他原子团。

356

$$R_2C{=}O + (CH_3{-}CH{-}O)_3Al \longrightarrow (R_2CHO)_3Al + CH_3\overset{O}{\overset{\|}{C}}CH_3$$

(with CH₃ group on the second reactant)

$$\downarrow H^+$$

$$\underset{R}{\overset{R}{C}}H{-}OH$$

其可能的历程为:

$$R_2C{=}O + Al[OCH(CH_3)_2]_3 \underset{}{\overset{络合}{\rightleftharpoons}} R_2\overset{\delta^-}{C{=}O}\cdots\overset{\delta^+}{Al}[OCH(CH_2)_2]_3$$

$$\longrightarrow R_2CHOAl\diagup + \underset{H_3C}{\overset{O}{\overset{\|}{C}}}\diagdown CH_3$$

通过六元环过渡态,把 α-H 转移到羰基碳上,同时生成丙酮。这个反应叫做梅尔外英-彭多夫(Meerwein-Poundorf)还原反应。其实际过程相当于 Oppenauer 醇氧化的逆反应。

活泼金属(Na、Mg 等)和酸、碱、水、醇等作用可以顺利地将醛还原成一级醇,但是酮在同样条件下,并不完全得到二级醇,而是发生一种所谓"双分子还原"反应。例如 ,二苯酮用金属钠在液氨中还原生成四苯乙二醇,丙酮在 Mg 作用下,还原为频哪醇:

$$2Ph_2C{=}O \xrightarrow{Na} 2Ph{-}\overset{-O^-Na^+}{\underset{\bullet}{C}}{-}Ph \longrightarrow Ph_2\overset{O^-}{C}{-}\overset{O^-}{C}Ph_2 \xrightarrow{H_2O} Ph_2\overset{OH}{C}{-}\overset{OH}{C}{-}Ph_2$$

$$2(CH_3)_2C{=}O + Mg \longrightarrow \underset{(CH_3)_2\overset{\bullet}{C}{-}O}{\overset{(CH_3)_2\overset{\bullet}{C}{-}O}{}}\diagdown Mg \longrightarrow (频哪醇环状结构) Mg$$

$$\xrightarrow{H^+} \underset{(CH_3)_2C{-}OH}{\overset{(CH_3)_2C{-}OH}{}} \quad (频哪醇)$$

该反应不能看成是金属和溶液反应产生 H_2 进行还原,而是金属在溶剂中产生溶剂化的电子:$Na\cdot \xrightarrow{液NH_3} Na^+ + e^-(NH_3)_n$。这样的电子可以作为亲核体进攻 C═O 上的碳而生成一个自由基负离子,两个自由基再结合生成二醇的盐,水解后就得乙二醇的衍生物:

$$Ar_2C{=}O + e^- + Na^+ \longrightarrow 2Ar\overset{\bullet}{C}{-}O^-Na^+ \longrightarrow \underset{Ar_2C{-}O^-Na^+}{\overset{Ar_2C{-}O^-Na^+}{}} \xrightarrow{H_2O} \underset{Ar_2C{-}OH}{\overset{Ar_2C{-}OH}{}}$$

(2) 还原成烷。一般有两个方法可将羰基还原为亚甲基:克莱门森(Clemmensen)还原法和开息纳尔-武尔夫(Kishner-Wolff)-黄鸣龙法。前者是以 Zn—Hg 及浓盐酸为还原剂。例如:

$$R{-}CHO \xrightarrow{Zn{-}Hg,浓\ HCl} R{-}CH_3 + H_2O$$

后一种是利用醛(酮)与肼先生成腙,再和强碱一起加热放出氮气而生成烃类:

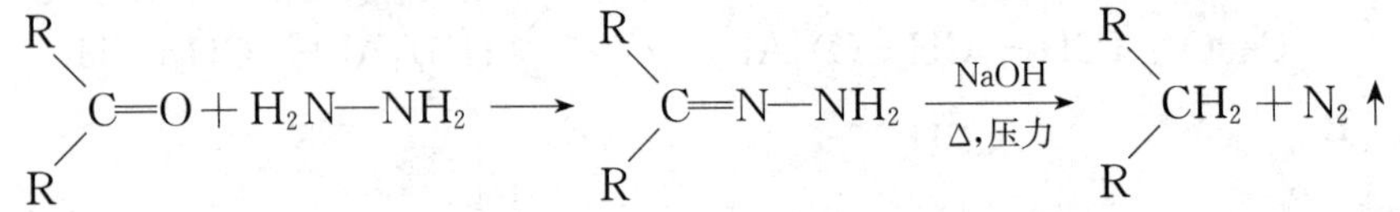

$$\underset{R}{\overset{R}{>}}C{=}O + H_2N{-}NH_2 \longrightarrow \underset{R}{\overset{R}{>}}C{=}N{-}NH_2 \xrightarrow[\Delta,\text{压力}]{NaOH} \underset{R}{\overset{R}{>}}CH_2 + N_2\uparrow$$

1946 年,我国化学家黄鸣龙改进了这个方法,把醛(酮)、氢氧化钠、肼的水溶液(85%)一起放在一个高沸点水溶性溶剂中(如二缩乙二醇或三缩乙二醇)中加热回流即可。后经实验证实,这种高沸点溶剂主要起相转移催化作用。改进的方法效率提高,操作简便,反应时间大大缩短,因而更有实用价值。例如:

$$Ph{-}\overset{O}{\overset{\|}{C}}{-}CH_2CH_2CH_3 \xrightarrow[HO{-}CH_2{-}CH_2{-}O{-}CH_2{-}CH_2{-}OH]{H_2N{-}NH_2(85\%),NaOH(3N)} \underset{82\%}{Ph{-}CH_2{-}CH_2CH_2CH_3}$$

其反应机理如下:

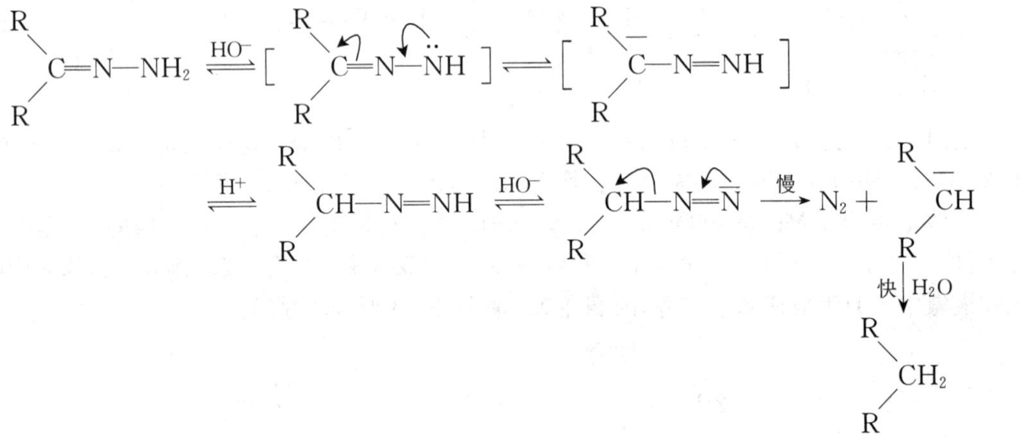

(3) 歧化反应[康尼查罗(Cannizzaro)反应]。芳醛及不含 α-H 的脂肪醛与浓碱(50%)共热,发生自氧化—还原反应,即一分子醛被氧化为酸,另一分子醛还原为醇,这叫歧化反应,这类反应是康尼查罗于 1853 年首先发现的,故称为康尼查罗反应。例如:

$$2HCHO + NaOH \xrightarrow{\Delta} CH_3OH + HCOONa$$
$$2PhCHO + NaOH \longrightarrow PhCH_2OH + PhCOOH$$

上面两个反应的实质仍是羰基的亲核加成,这里包含两个连续的加成反应:

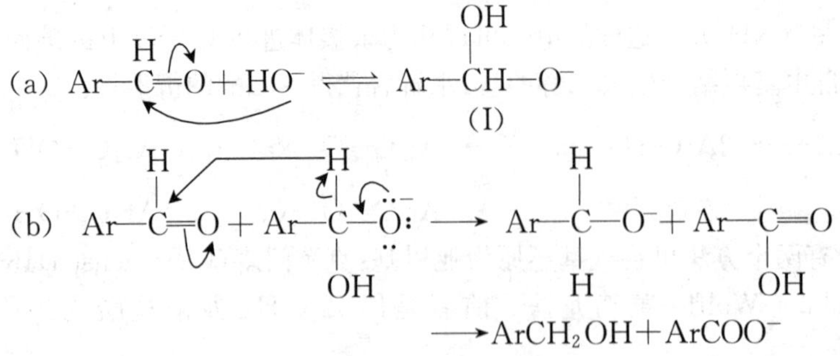

第一步 HO⁻ 加成生成中间体(I),(I)的氢负离子再与第二个醛分子加成,(I)氧上负电荷

的存在,帮助了氢负离子的失去。

当不同的醛发生歧化反应时,一般甲醛被氧化,其他醛被还原。例如:

$$3HC\overset{\overset{\textstyle O}{\|}}{-}H + CH_3\overset{\overset{\textstyle O}{\|}}{C}-H \xrightarrow{\text{羟醛缩合}} (CH_2OH)_3\overset{\overset{\textstyle O}{\|}}{C}-H$$

$$\xrightarrow[\text{浓 NaOH}]{\text{HCHO}} \underset{\text{季戊四醇}}{C(CH_2OH)_4} + HCOONa$$

季戊四醇是涂料工业的重要原料。

(4) 生物的氧化和还原。生物化学反应使用的试剂结构上往往和实验室的试剂不同,但有两个试剂 NAD$^+$—NADH 的反应是类似的。

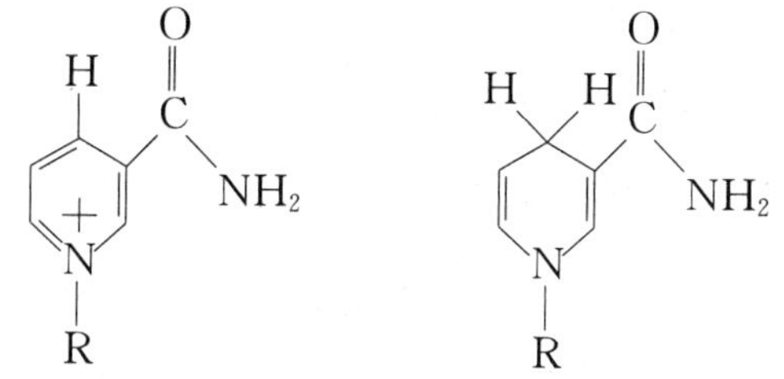

NAD$^+$(氧化型)　　　　　NADH(还原型)

R═ — 核糖—O—PO$_2^-$—O—PO$_2^-$—O—核糖 - 腺嘌呤

它们是最早(1904 年)被人们所认识的辅酶。这个辅酶体系是由氢化的给予体-接受体试剂组成的,辅酶使酮氢化或醇脱氢的反应,要求在酶催化下进行。例如,乙醇被辅酶 NAD$^+$ 氧化为乙醛是在发酵酶的催化下实现的:

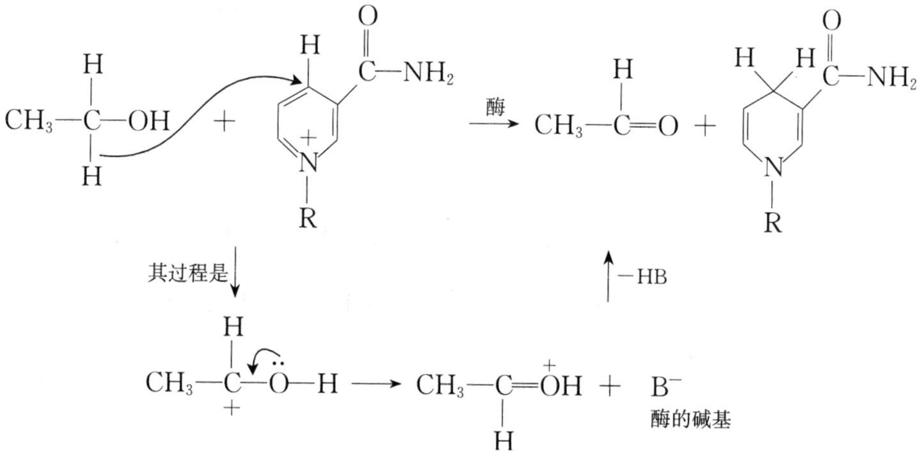

其过程是

11.4　醛、酮的制法

醛、酮是处在醇与羧酸的中间氧化阶段,因此在制备醛、酮时,主要的两个方法就是通过羟基的氧化或羧基的还原。除此外,不饱和烃的氧化或加成也是制备某些醛、酮的重要方法。

(1) 烯烃的氧化。烯烃经臭氧化、还原,生成醛或酮。例如:

$$RCH{=}CH_2 \xrightarrow[\quad]{O_3} \xrightarrow{Zn/HOAc} RCHO + H_2C{=}O$$

乙醛在工业上是由乙烯经空气氧化制备:

$$H_2C{=}CH_2 + O_2 \xrightarrow{CuCl_2{-}PdCl_2} CH_3CHO$$

359

烯烃和 CO、H_2 在高压和催化剂 $[Co(CO)_4]_2$ 的作用下,可在分子中导入醛基,这个反应相当于向双键加上一个醛基和氢原子,所以叫氢甲酰化法(Hydroformylation)(参见 9.6.2 节):

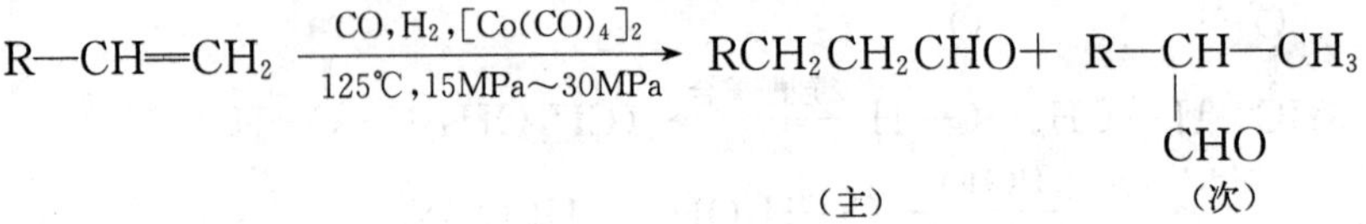

$$R—CH=CH_2 \xrightarrow[125℃,15MPa\sim30MPa]{CO,H_2,[Co(CO)_4]_2} \underset{(主)}{RCH_2CH_2CHO} + \underset{(次)}{R—\underset{\underset{CHO}{|}}{CH}—CH_3}$$

(2) 炔烃的水合。例如:

$$R—C≡C—R' + H_2O \xrightarrow{Hg^{2+}/H_2SO_4} \left[R—\overset{\overset{OH}{|}}{C}=CH—R' \right] \longrightarrow R—\overset{\overset{O}{\|}}{C}—CHR'$$

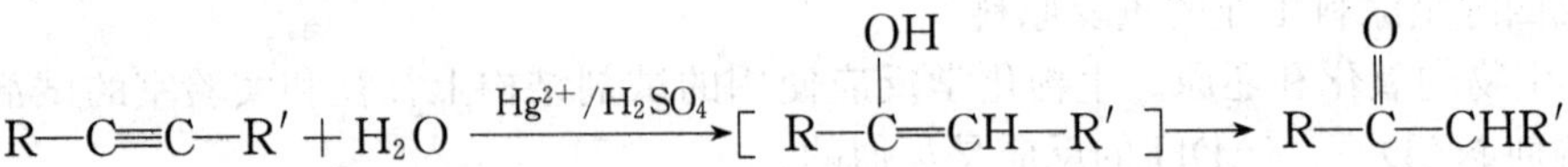

工业上利用乙炔水合来制备乙醛:

$$HC≡CH + H_2O \xrightarrow[H_2SO_4]{HgSO_4} CH_3CHO$$

炔烃用硼氢化-氧化方法也可制得醛、酮。例如:

$$R—C≡CH \xrightarrow{B_2H_6} \xrightarrow[-OH]{H_2O_2} RCH_2CHO$$

(3) 芳烃的氧化。芳烃氧化是制备芳醛、酮的重要方法,例如:

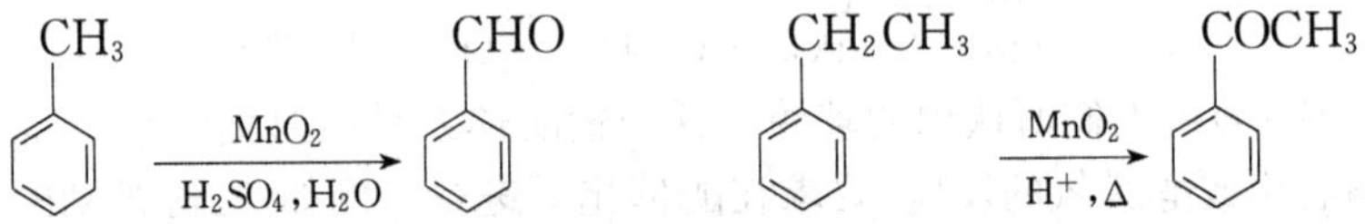

此外,用胞二卤代物水解,也可以得到醛、酮。例如:

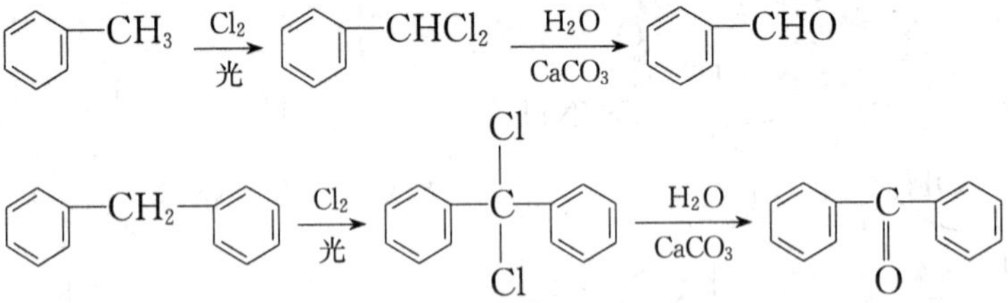

(4) 醇的氧化或脱氢。由伯醇、仲醇氧化或脱氢可以制备醛或酮。例如:

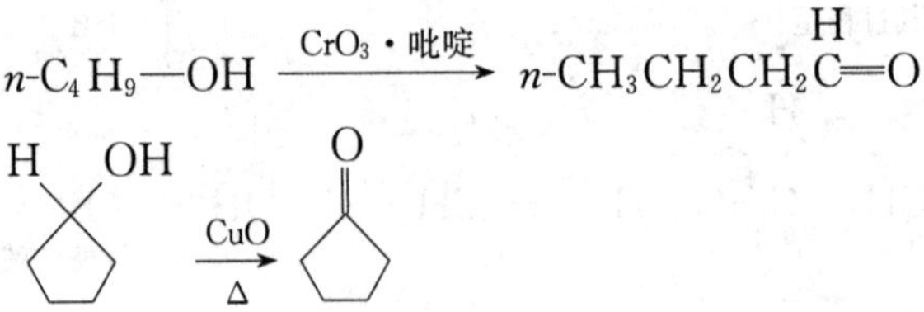

$$n\text{-}C_4H_9—OH \xrightarrow{CrO_3·吡啶} n\text{-}CH_3CH_2CH_2\overset{\overset{H}{|}}{C}{=}O$$

(5) 傅瑞德尔-克拉夫兹(Friedel-Crafts)酰基化。它是制备芳酮的重要方法,该反应的优点是不发生重排、产率高:

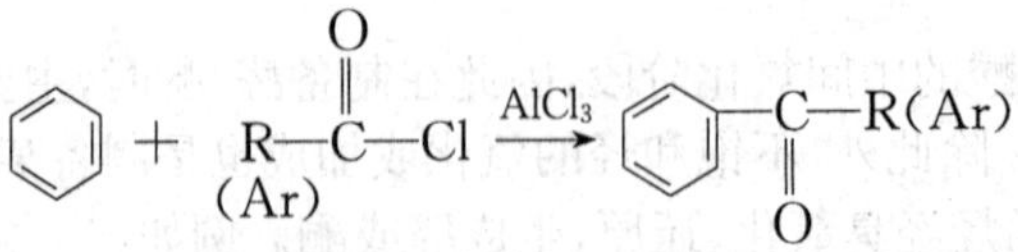

分子内酰基化则可以制备环酮。例如:

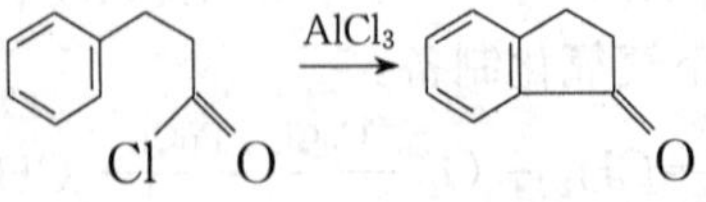

(6)盖特曼-科希(Gattermann-Koch)反应(见 7.4.5 节)：

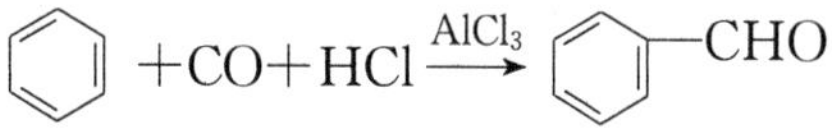

$$\text{苯} + CO + HCl \xrightarrow{AlCl_3} \text{苯甲醛—CHO}$$

(7)瑞穆尔-蒂曼(Reimer-Tiemann)反应(见 10.7.4 节)。苯酚在 NaOH 存在下和 CHCl$_3$ 作用,生成酚醛：

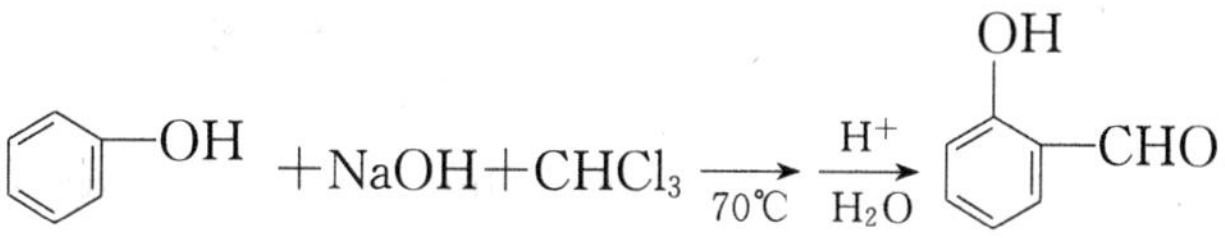

$$\text{苯酚—OH} + NaOH + CHCl_3 \xrightarrow[70℃]{} \xrightarrow[H_2O]{H^+} \text{水杨醛}$$

(8)羧酸衍生物还原。羧酸的衍生物如酰氯、酯、酰胺、腈均可通过各种方法还原成醛或酮。例如：

①用受过毒的 Pd 催化剂可使酰氯氢化还原为醛,不致再进一步还原成醇。这种还原法叫罗森孟德(Rosenmund)还原。

$$R-\overset{O}{\underset{\|}{C}}-Cl + H_2 \xrightarrow[\text{喹啉+硫}]{Pd/BaSO_4} R-\overset{O}{\underset{\|}{C}}-H$$

② 将酰氯转化成醛的另一种选择性还原剂是三叔丁氧基氢化锂铝(LiAlH(t-C$_4$H$_9$O)$_3$)：

$$NC-\text{苯}-\overset{O}{\underset{\|}{C}}-Cl \xrightarrow[\text{乙 醚}]{LiAlH(t-C_4H_9O)_3} \xrightarrow{H_2O} NC-\text{苯}-\overset{O}{\underset{\|}{C}}-H \quad (80\%)$$

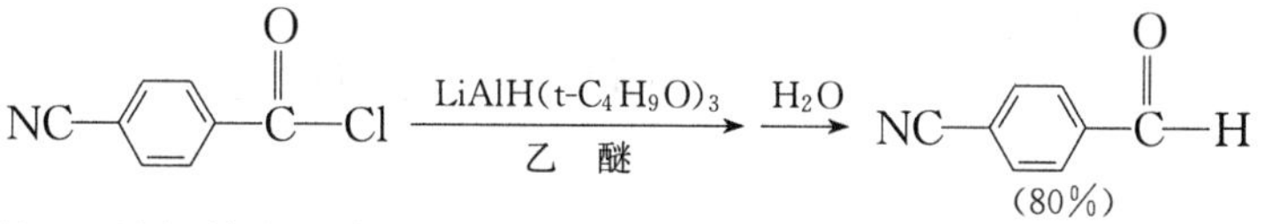

LiAlH$_4$ 是强还原剂,其中的氢被三个叔丁氧基取代成 LiAlH(t-C$_4$H$_9$O)$_3$,则还原能力减弱,以致它只能还原酰氯,而对醛、酮和氰基等不反应。

③ 酰氯用金属有机试剂还原：

$$R-\overset{O}{\underset{\|}{C}}-Cl + R'MgX \text{(或 } R'_2CuLi) \longrightarrow R-\overset{O}{\underset{\|}{C}}-R'$$
$$\text{(或}R'_2Cd)$$

二烃基镉一般是由格氏试剂制备的：

$$2R'MgX + CdCl_2 \longrightarrow R'_2Cd$$

11.5 重 要 的 醛 、酮

自然界存在许多有重要生理活性的羰基化合物,但它们的结构都比较复杂。如：

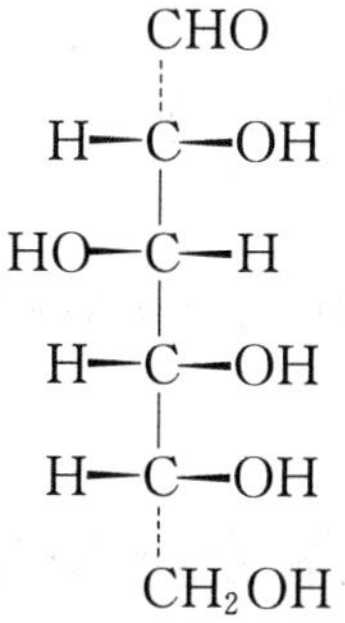

葡萄糖 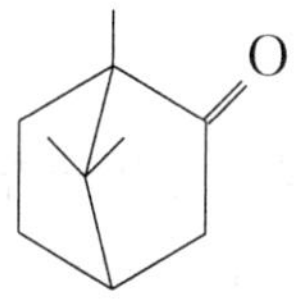   樟 脑 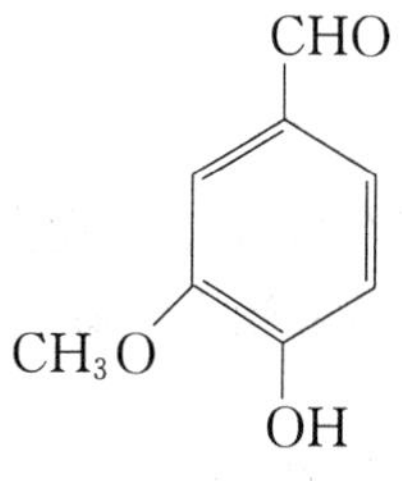   香草醛

361

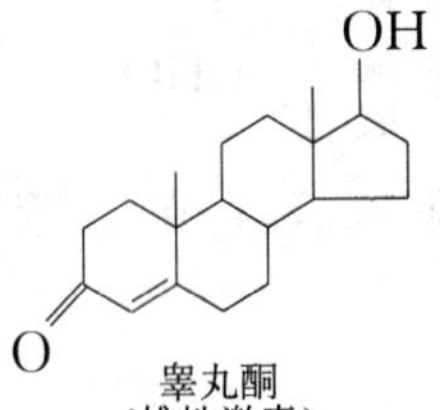

睾丸酮
(雄性激素)

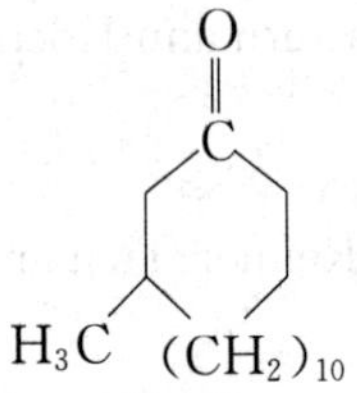

麝香酮
(高级香料的定香剂)

一般较简单的醛、酮,如甲醛、乙醛、三氯乙醛、丙酮、2-丁酮、环己酮,可作为溶剂或作合成中间体。

1. 甲　醛

甲醛是很活泼的气体,b. p. 为 $-19.5℃$,主要用来合成树脂。40％甲醛水溶液叫福尔马林(Formalin),是一种有效的消毒剂,用于医疗器械消毒、农作物种子及动物标本的保存,因为它能使蛋白质凝固。

甲醛很容易发生聚合作用,如将甲醛的水溶液慢慢蒸发,就可以得到白色固体的二聚甲醛和多聚甲醛。福尔马林经久存放所生成的白色沉淀就是多聚甲醛:

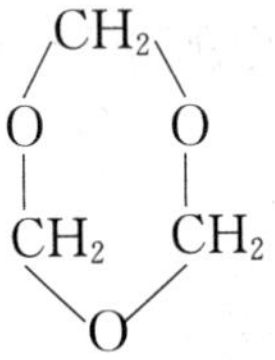

三聚甲醛　　　$nCH_2O \longrightarrow \text{[}CH_2O\text{]}_n$　多聚甲醛

2. 乙　醛

乙醛是合成乙酸、乙酸乙酯、乙酸乙烯酯等的原料。乙醛也是很活泼的,加入少量的浓硫酸,加热,即聚合成三聚乙醛:

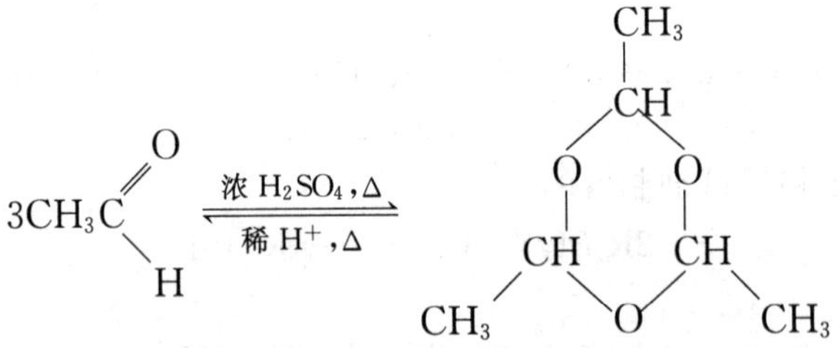

三聚乙醛(b. p. $=124℃$)

三氯乙醛是合成农药、药物的重要原料,例如合成 DDT:

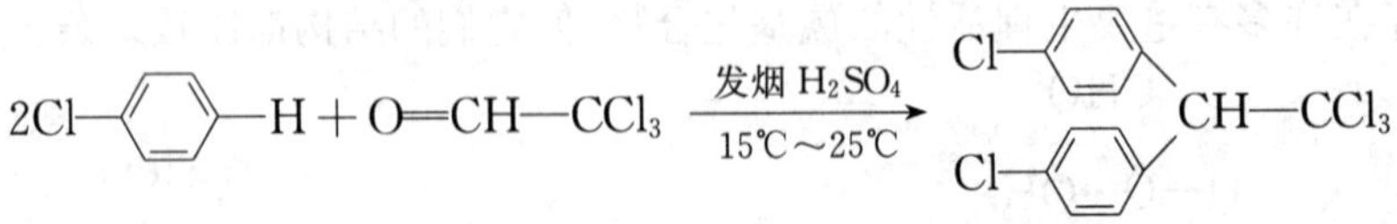

3. 苯甲醛

苯甲醛又叫苦杏仁油,它和糖类物质结合存在于杏仁、桃仁等许多果实的种子中。它多用于合成香料和其他芳香族化合物——药物、染料等。

4. 丙　酮

丙酮是最重要的酮。它可由氧化异丙醇或由异丙基苯的氧化生产苯酚的过程中作为副产物而得到。由于它和水以及非极性溶剂的可溶性,丙酮被大量用作油漆、醋酸纤维素等产品的

362

溶剂。丙酮在人体健康方面起着重要作用,正常情况下,丙酮在血液中浓度很低(少于 1mg/100mL 血),如糖不足或患糖尿病,身体所需的能量不能通过正常的来源——糖加以供应,同时脂肪的代谢作用过多,而引起血液中酮类(如丙酮)含量增多,使尿中含有丙酮。可用鉴别丙酮的试验(如碘仿反应)来确诊糖尿病患者。如果丙酮或其他酮类过多地积累,会引起死亡。

5. 环己酮

它可由环己醇氧化制得。在工业上主要用环己烷氧化得到。

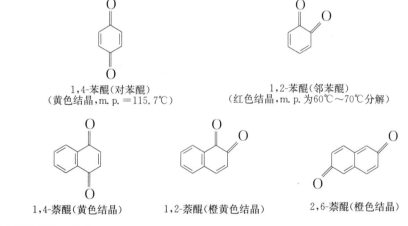

环己酮可用作溶剂,制备己二酸、己内酰胺,后者是合成锦纶的单体。

11.6 醌

含有共轭环己二烯二酮结构的一类化合物叫做醌(quinones)。醌都是有颜色的化合物,这是因为醌类是高度共轭的。

醌类可分为苯醌、萘醌、蒽醌和菲醌等。

苯醌有邻位和对位两种异构体(间位不存在):

1,4-苯醌(对苯醌)
(黄色结晶,m. p. =115.7℃)

1,2-苯醌(邻苯醌)
(红色结晶,m. p. 为60℃~70℃分解)

1,4-萘醌(黄色结晶)　　1,2-萘醌(橙黄色结晶)　　2,6-萘醌(橙色结晶)

蒽醌也有三种异构体:

1,2-蒽醌　　1,4-蒽醌　　9,10-蒽醌　　9,10-菲醌

X 射线晶体分析证明:对苯醌中 C—C 键键长 149 pm 及 132 pm,这与 C—C 单键(154 pm)及 C=C 双键(134 pm)的键长非常接近,这表明醌的结构可以看作是环状的 α,β-不饱和二酮,两个羰基与两个 C=C 双键共轭。因此,它具有烯烃和羰基化合物的典型反应性能,可以进行各种加成反应——既能和亲电试剂加成,又能和亲核试剂加成。例如,亲电加成:

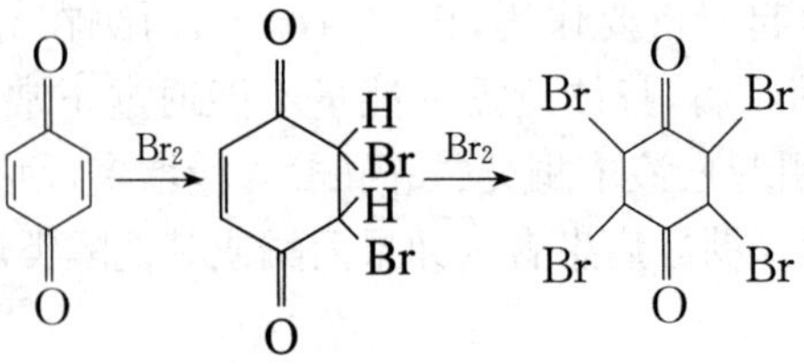

可以起 Diels-Alder 反应：

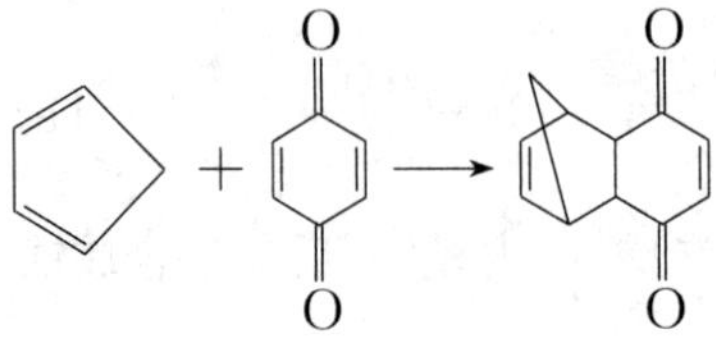

亲核加成：

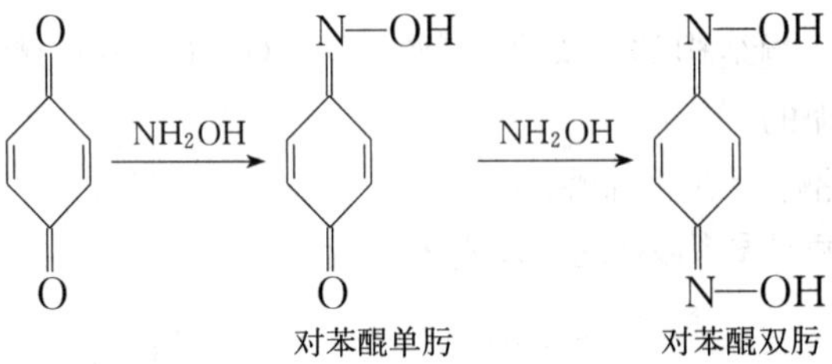

对苯醌单肟　　　　对苯醌双肟

易与醇、胺等起 1,4-加成反应。例如：

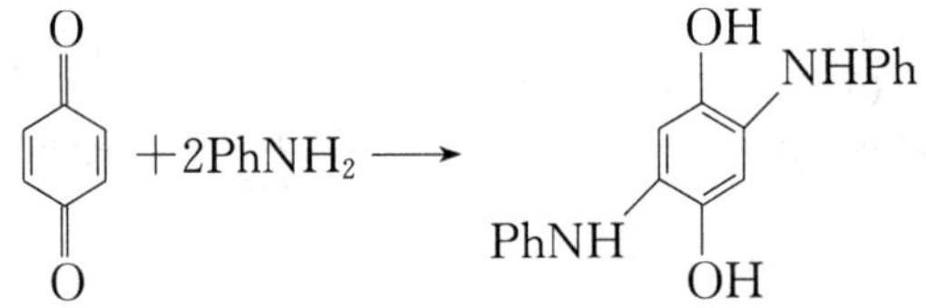

反应历程如下：

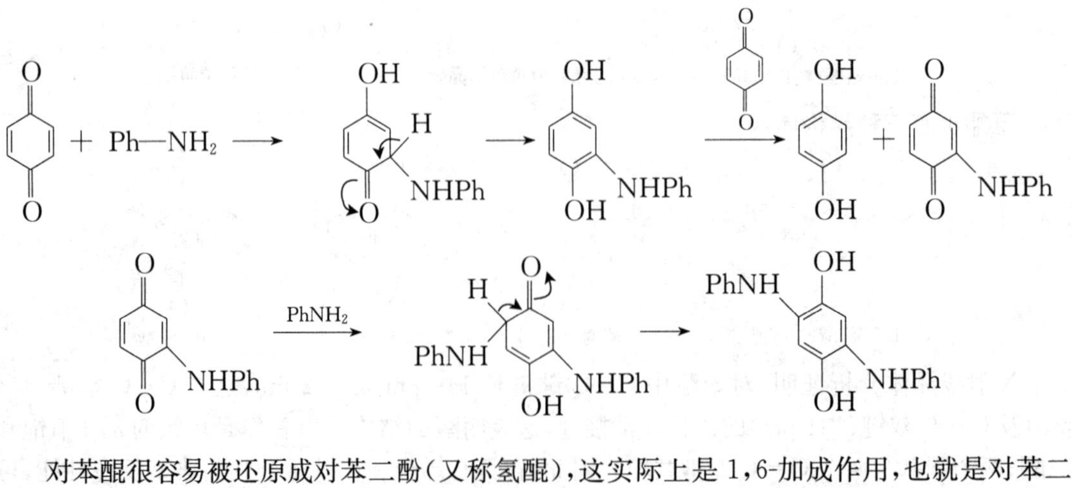

对苯醌很容易被还原成对苯二酚（又称氢醌），这实际上是 1,6-加成作用，也就是对苯二酚氧化的逆反应：

364

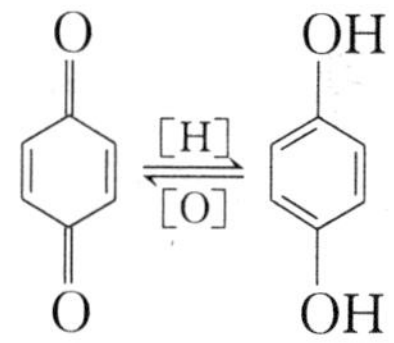

利用醌-氢醌的氧化—还原性质,可以制成氢醌电极,在分析化学中用来测定 H^+ 离子的浓度。

分子化合物的生成:将对苯醌的乙醇溶液和对苯二酚的乙醇溶液混合,立即有深绿色晶体析出,这是分子化合物,又称醌氢醌,如:

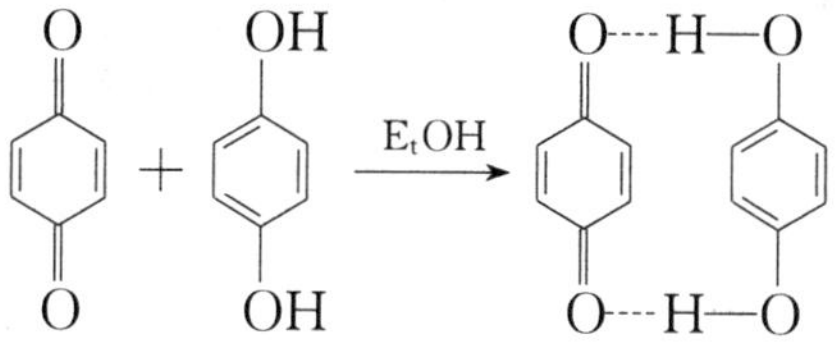

醌氢醌

自然界中含有许多醌的重要衍生物,如苯醌的衍生物——辅酶 Q,在第十章中已谈到,它是在生物体内氧化还原过程中起运输电子的作用,故是非常重要的物质。

α-萘醌的衍生物——维生素 K_1 和 K_2,具有凝血作用:

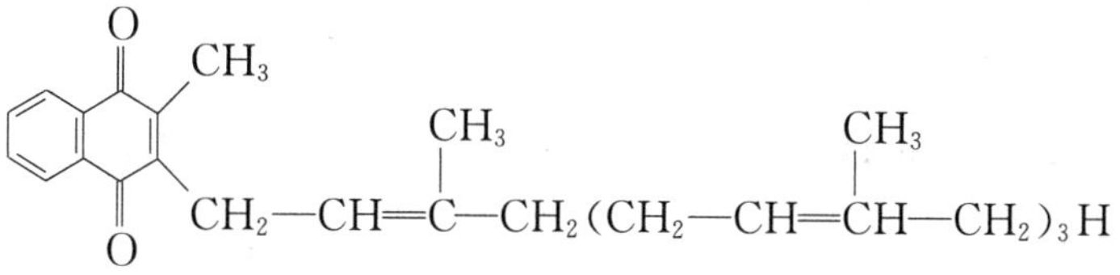

维生素K_1

维生素 K_1 与 K_2 的差别在于 K_2 的侧链比 K_1 多含四个碳原子,其效力比 K_1 稍低。维生素 K_1 和 K_2 广泛存在于自然界中,以猪肝和苜蓿中含量最多,此外一切绿色植物、蛋黄、肝脏等亦含量丰富。在研究 K_1,K_2 及其衍生物的化学结构与凝血作用的关系时,发现 2-甲基-1,4-萘醌具有更大的凝血作用,称维生素 K_3,可由合成得到:

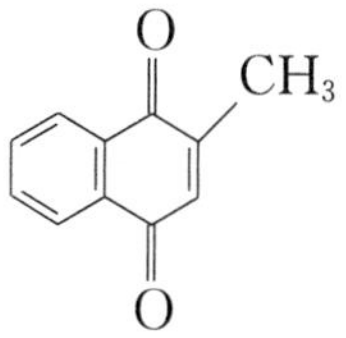

维生素 K_3

9,10-蒽醌(简称蒽醌)是黄色晶体,是合成染料的原料。蒽醌的衍生物在自然界中也很多,如茜草中的茜红,是最早被使用的天然染料之一。阴丹士林蓝也是人们熟悉的蒽醌染料之一:

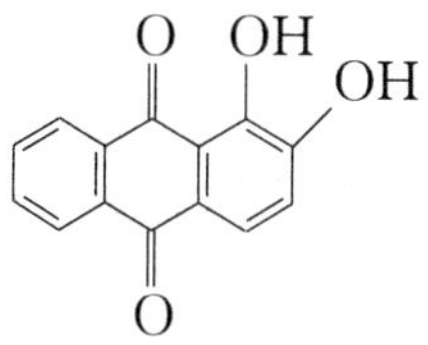

茜 红

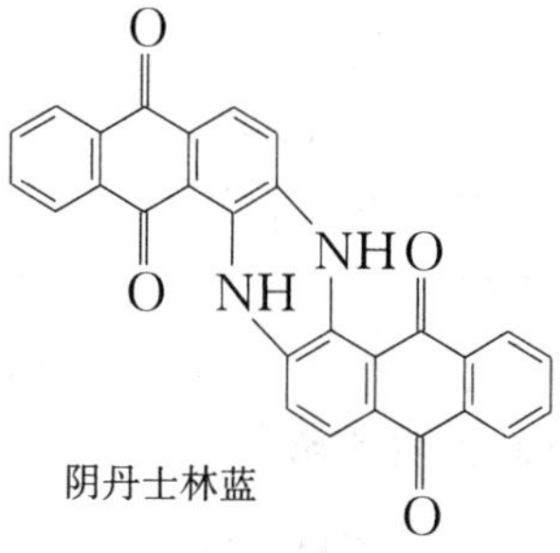

阴丹士林蓝

365

习　　题

1. 用普通命名法和 IUPAC 法命名下列化合物：

(1)　$Ph-\overset{\overset{\displaystyle O}{\|}}{C}-CH_3$

(2) 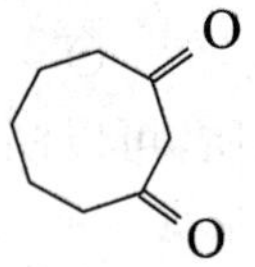　环庚烷-1,3-二酮结构

(3)　$(CH_3)_3C-CHO$

(4) 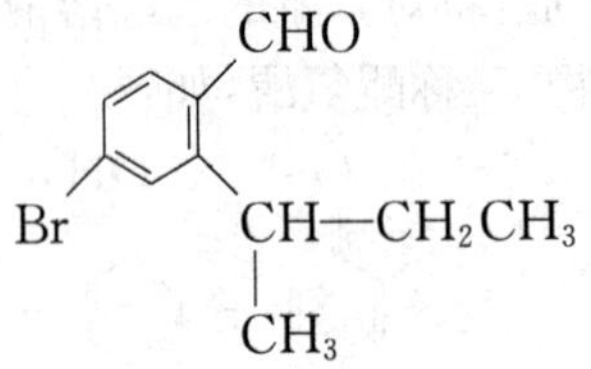　对位含 Br、CHO，邻位含 $CH-CH_2CH_3$ 及 CH_3 的苯环结构

(5)　Cl_3C-CHO

(6) 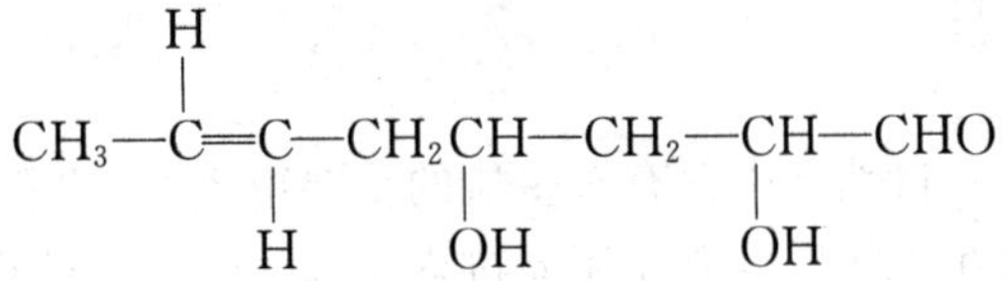　$CH_3-C=C-CH_2-\underset{OH}{CH}-CH_2-\underset{OH}{CH}-CHO$（含两个 H）

(7) 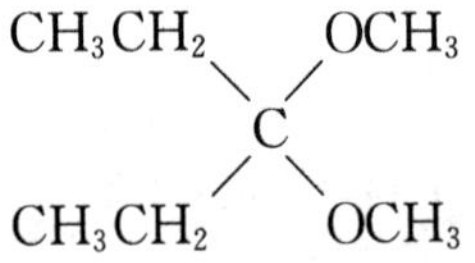　$\underset{CH_3CH_2}{\overset{CH_3CH_2}{\diagdown}}C\underset{OCH_3}{\overset{OCH_3}{\diagup}}$

(8) 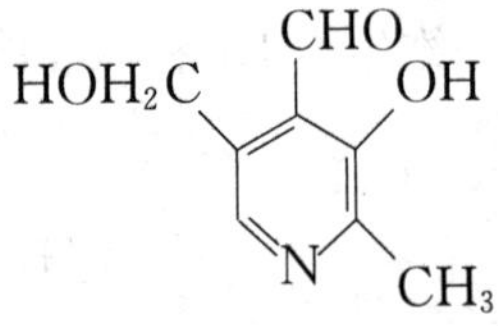　吡啶环含 HOH_2C、CHO、OH、CH_3 结构

(9)　$CH_3-\overset{\overset{\displaystyle O}{\|}}{C}-CH=CH_2$

(10) 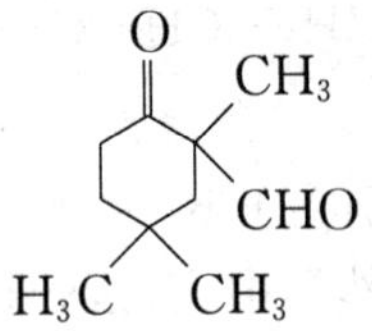　环己酮含 CH_3、CHO、H_3C、CH_3 取代结构

(11) 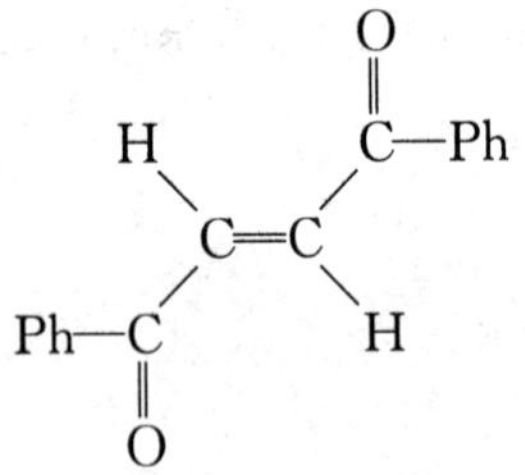　$\underset{\overset{\displaystyle \|}{\displaystyle O}}{\underset{\displaystyle Ph-\overset{\displaystyle }{C}}{}}\overset{\displaystyle H}{\diagdown}C=C\overset{\displaystyle C-Ph}{\underset{\displaystyle H}{}}$（顺反结构）

(12) 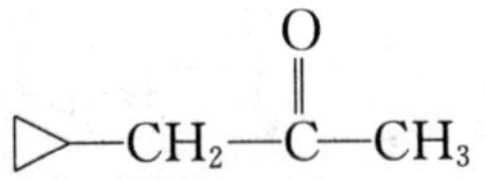　$\triangleright-CH_2-\overset{\overset{\displaystyle O}{\|}}{C}-CH_3$

(13) 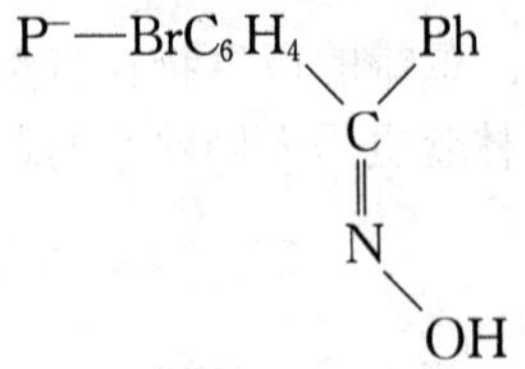　$P^--BrC_6H_4$ 与 Ph、$\underset{\overset{\displaystyle \|}{\displaystyle N-OH}}{C}$ 结构

2. 写出下列化合物的结构式：

　　(1) 水合三氯乙醛　　　　(2) 苯乙醛　　　　(3) 2-三氟甲基-4-异丁基苯甲醛

　　(4) 丙基苯基酮肟　　　　(5) 2-己酮的苯腙

3. 写出下列反应的主要产物：

　　(1)　$CH_3CH=CH-CH_2CH_2-CHO + CH_3OH \xrightarrow{\text{干 HCl}}$

366

（2） ＋H_2O $\xrightarrow{H_2SO_4}$

（3） Ph—CHO＋NaCN＋HCl —→

（4） $\overset{\overset{\displaystyle O}{\displaystyle \|}}{CH_3CCH_2CH_3}$ ＋H_2N—OH —→

（5） $CH_3CH_2CH_2CH_2CHO$ $\xrightarrow{NaOH}$

（6） PhCHO＋PhMgBr —→ $\xrightarrow[H_2O]{H^+}$

（7） CH_3——CHO $\xrightarrow{浓\ NaOH}$

（8） =O $\xrightarrow{NaBH_4}$

（9） Ph—CH_2Br＋Ph_3P —→ $\xrightarrow{RLi}$ $\xrightarrow{(CH_3)_2C=O}$

（10） CH_3I＋Ph_3P —→ $\xrightarrow{RLi}$ $\xrightarrow{\overset{\overset{\displaystyle O}{\displaystyle \|}}{Ph-C-CH_3}}$

4. 如何完成下列转变：

（1） Ph—CHO —→ $\overset{\displaystyle Ph-CH-COO^-}{\underset{\displaystyle +NH_3}{|}}$

（2） CH_3CH_2—CHO —→ $\overset{\displaystyle CH_3CH-CH_2CH_3}{\underset{\displaystyle OH}{|}}$

（3） Ph—C≡CH —→ $\overset{\displaystyle CH_3}{\underset{\displaystyle \overset{\textstyle Ph-C-COOH}{\underset{\textstyle OH}{|}}}{|}}$

（4） —→ O_2N——CHO

（5） —→ —$CH_2CH_2CH_3$

（6） $\overset{\overset{\displaystyle O}{\displaystyle \|}}{Ph-C-CH_3}$ —→ $\overset{\displaystyle Ph-C=CHCH_3}{\underset{\displaystyle CH_3}{|}}$

（7） HC≡CH —→ $\overset{\overset{\displaystyle O}{\displaystyle \|}}{CH_3CH_2CH_2CCH_2CH_2CH_2CH_3}$

（8） $BrCH_2CH_2CH_2CHO$ —→ $\overset{\displaystyle OH}{\underset{\displaystyle (CH_3)_2C-CH_2CH_2CH_2CH_2OH}{|}}$

(9) 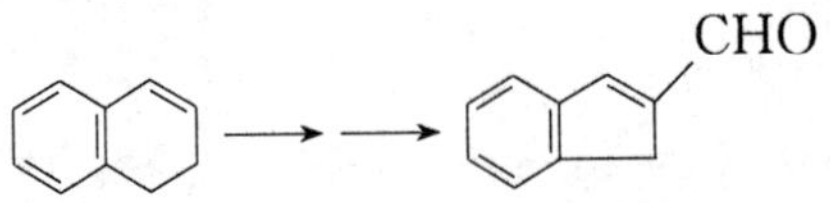 [环结构] → [环结构带 CHO]

(10) 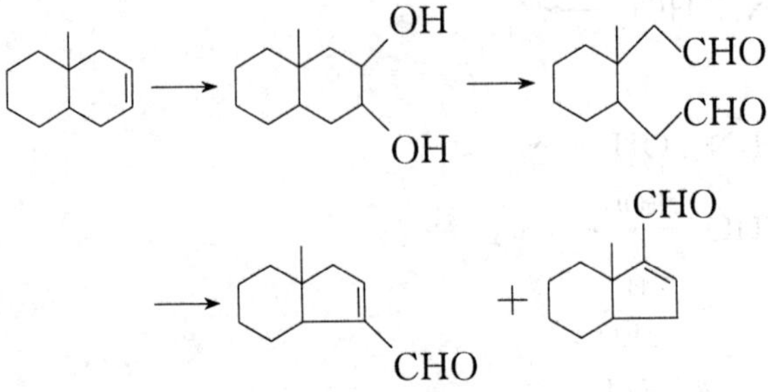 [环结构] → [环带双 OH] → [环带两个 CHO]

→ [环带 CHO] + [环带 CHO]

(11) 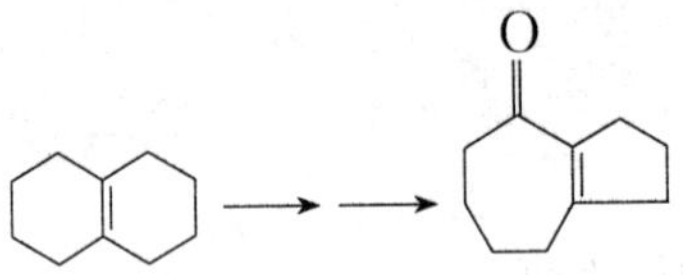 [环结构] → [环带 O 酮]

(12) $CH_3-\overset{O}{\overset{\|}{C}}-CH_3 \longrightarrow \longrightarrow (CH_3)_3C-\overset{O}{\overset{\|}{C}}-CH_3$

5. 由指定原料合成所要求的化合物:

    (1) 由乙醛合成 (a) $CH_2=CH-CH=CH_2$

                      (b) 2,4,6-辛三烯醛

    (2) 由丙酮合成 (a) 3-甲基-2-丁烯酸

                      (b) $(HOCH_2)_3C-\overset{O}{\overset{\|}{C}}-C(CH_2OH)_3$

    (3) 由环己酮制备己二醛

    (4) 由乙酰丙酮合成 [异噁唑结构: $CH_3-C=CH$, N, O, $C-CH_3$]

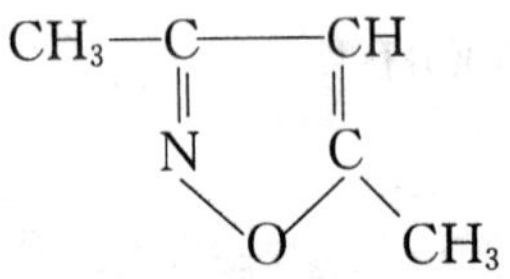

6. 下列反应中哪一个反应的产物是外消旋体? 画出外消旋产物的结构:

    (1) $CH_3-\underset{\underset{CH_3}{|}}{CH}-CH_2-CHO + HCN \xrightarrow{NaOH}$

    (2) $CH_3CH_2CHO + CH_3CH_2CH_2OH \xrightarrow{HCl}$

    (3) $HO-CH_2CH_2CH_2CH_2CHO \xrightarrow{HCl}$

7. (1) 用简单化学方法鉴别下列各组化合物:

        (a) 丙醛、丙酮、丙醇和异丙醇

        (b) 戊醛、2-戊酮,环戊酮和苯甲醛

    (2) 用光谱方法区别下列各异构体,并说明其光谱的主要特征:

8. 我国盛产山茶籽油,其主要成分是柠檬醛,以它为原料可合成具有工业价值的 β-紫罗兰酮,写出反应式,注明反应条件。

柠檬醛　　　　　　　　β-紫罗兰酮

9. 某化合物分子式为 $C_5H_{12}O(A)$,氧化后得 $C_5H_{10}O(B)$,B 能和苯肼反应,也能发生碘仿反应,A 和浓硫酸共热得 $C_5H_{10}(C)$,C 经氧化后得丙酮和乙酸,推测 A 的结构,并用反应式表明推断过程。

10. 某一化合物分子式为 $C_{10}H_{14}O_2(A)$,它不与吐仑试剂、斐林溶液、热的 NaOH 及金属起作用,但稀 HCl 能将其转变成具有分子式为 $C_8H_8O(B)$ 的产物。B 与吐仑试剂作用。强烈氧化时能将 A 和 B 转变为邻-苯二甲酸,试写出 A 的结构式,并用反应式表示转变过程。

11. 有三个化合物,分子式都是 $C_5H_{10}O$,可能是 3-甲基丁醛,3-甲基-2-丁酮,2,2-二甲基丙醛,2-戊酮,3-戊酮,戊醛中的三个化合物,它们的 ^{1}H-NMR 分别是 A $\delta_H=1.05$ ppm 处有一个三重峰,在 $\delta_H=2.47$ ppm 处有一个四重峰,B)在 $\delta_H=1.02$ ppm 处有一个二重峰,在 $\delta_H=2.13$ ppm 处有一个单峰。在 $\delta_H=2.22$ ppm 处有一个七重峰。C 只有两个单峰。试推测 A、B、C 的结构。

12. 化合物 A 和 B 的分子式均为 C_9H_8O,它们的 IR 谱在 $1715\ cm^{-1}$ 附近都呈现一强的吸收峰,它们用热的碱性 $KMnO_4$ 氧化后再酸化都得到邻苯二甲酸。A 的 ^{1}H-NMR 谱为:$\delta_H=7.3$ ppm(多重峰),$\delta_H=3.4$ ppm(单峰)。B 的 ^{1}H-NMR 谱为:$\delta_H=7.5$ ppm(多重峰),$\delta_H=3.1$ ppm(三重峰),$\delta_H=2.5$ ppm(三重峰),提出 A、B 的结构。

13. 化合物 A 的分子式为 $C_6H_{12}O_3$,它的 IR 谱在 $1710\ cm^{-1}$ 处有一强的吸收峰,A 能发生碘仿反应,但不与吐仑试剂发生反应。如果 A 事先用稀酸水溶液处理,然后加入吐仑试剂,则在试管中有银镜生成,化合物的 ^{1}H-NMR 谱如下:
$\delta_H=2.1$(单峰),$\delta_H=2.6$(二重峰),$\delta_H=3.2$(6H)(单峰),$\delta_H=4.7$(三重峰),写出 A 的结构。

14. 写出下列反应的机理:

(1) $HOCH_2CH_2CH_2CHO \xrightarrow[CH_3OH]{H^+}$ $+ H_2O$

(2) $Ph—OH + CH_3\overset{O}{\overset{\|}{C}}CH_3 \xrightarrow{H_2SO_4}$

双酚A

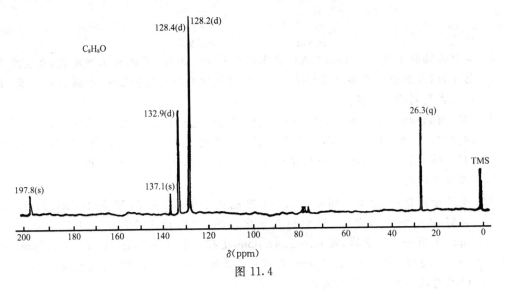

(3) $CH_3CCH_2CH_3$ 系列反应

15. 化合物分子式为 C_8H_8O 的 ^{13}C-NMR 谱如图 11.4 所示，试推出其结构。

图中标注：197.8(s)、137.1(s)、132.9(d)、128.4(d)、128.2(d)、26.3(q)、TMS，C_8H_8O

δ(ppm)

图 11.4

16. 化合物分子式为 C_4H_6O 的 ^{1}H-NMR 和 ^{13}C-NMR 谱图如图 11.5(a)和(b)所示，试推出其结构。

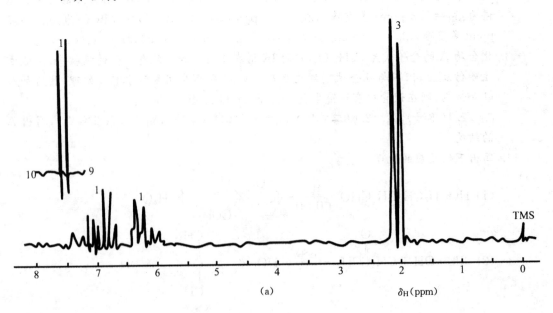

δ_H(ppm)

(a)

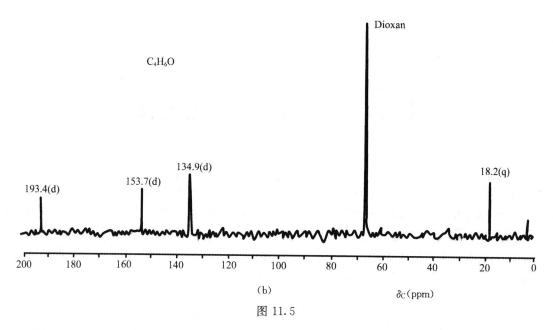

C₄H₆O

Dioxan

193.4(d) 153.7(d) 134.9(d) 18.2(q)

（b） δ_C（ppm）

图 11.5

17. 下面两个质谱 A 与 B(图 11.6),哪一个是 3-甲基-2-戊酮,哪一个是 4-甲基-2-戊酮?

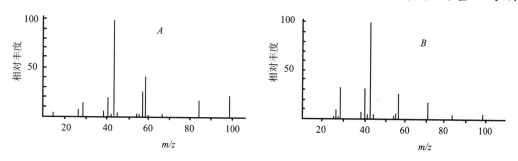

图 11.6

第十二章　羧酸及其衍生物

分子中具有羧基（ $\overset{\text{O}}{\underset{}{-\overset{\|}{\text{C}}-\text{OH}}}$ ）的化合物称为羧酸。羧酸和它的衍生物——酯、酰胺、酰卤和酸酐都与醛、酮一样,在分子中含有 $C=O$ 双键。它们在自然界中广泛存在。天然产物蛋白质、脂肪和碳水化合物的主要官能团也属于此类,生物体内大多数代谢反应都发生在这些官能团上或发生在强烈地受它们影响的相邻位置上。因此,羧酸及其衍生物和醛、酮一样,无论在有机合成上还是在生物合成上都是非常重要的。

12.1　羧酸的结构、分类和命名

12.1.1　结　构

羧基中的碳原子和醛、酮一样,也是 sp^2 杂化,它的三个 sp^2 杂化轨道形成的三个 σ 键在同一平面上,键角大约为 $120°$ 。碳原子还余下一个 p 轨道和羧基氧的一个 p 轨道相互交盖形成 π 键。同时,羧基的 π 键和羟基氧原子上的未共用电子对形成 p-π 共轭体系:

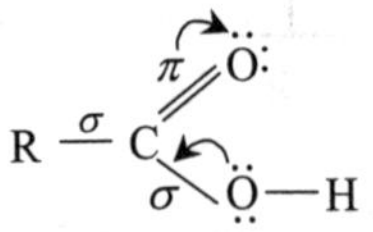

其结果是键长部分平均化。据测定,羧基中 $C=O$ 双键键长为 123 pm(较正常 $C=O$ 键长 120 pm 略长),C—O 单键键长为 136 pm(较醇中的 C—O 单键键长 143 pm 短些):

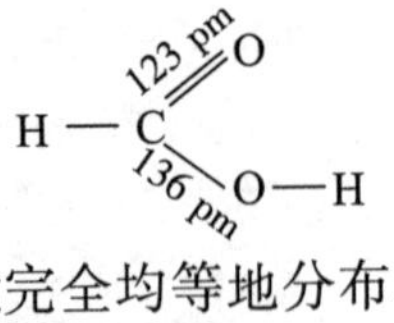

当羧基离解为负离子后,负电荷就完全均等地分布在 O—C—O 链上,即两个 C—O 键键长完全平均化,用 X 射线衍射测定甲酸根负离子的两个 C—O 键键长都是 127 pm,可表示如下:

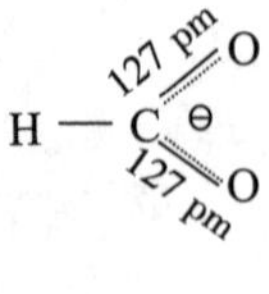

12.1.2　分　类

根据羧基所连接的烃基不同,分为脂肪、脂环及芳香羧酸:

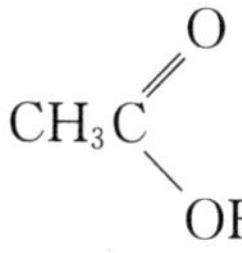

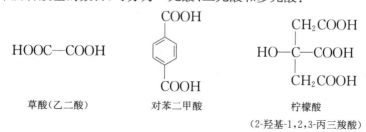

乙 酸　　　　　　苯甲酸　　　　　　环己基甲酸
（脂肪族酸）　　　（芳香族酸）　　　（脂环族酸）

根据分子中所含羧基的数目,可分为一元酸、二元酸和多元酸：

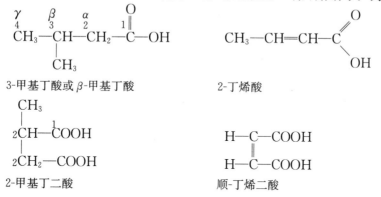

草酸（乙二酸）　　　　对苯二甲酸　　　　　柠檬酸
（2-羟基-1,2,3-丙三羧酸）

12.1.3　命　名

1. 羧酸常用俗名

通常根据天然来源命名。例如,甲酸（HCOOH）叫蚁酸,是因为其最初由蒸馏蚂蚁而得到的。乙酸又叫醋酸,因为它是食醋的主要成分（含约 5％ 的乙酸）。乙二酸又叫草酸,因在大部分植物和草中都含有草酸的盐。

2. IUPAC 命名法

与醛的命名相同,即选含羧基最长碳链为主链,靠近羧基一端开始编号。例如：

$$\overset{\gamma}{\underset{4}{CH_3}}-\overset{\beta}{\underset{3}{CH}}-\overset{\alpha}{\underset{2}{CH_2}}-\overset{1}{C}\overset{O}{\parallel}OH$$
$$\underset{CH_3}{|}$$

3-甲基丁酸或 β-甲基丁酸

$$CH_3-CH=CH-C\overset{O}{\underset{OH}{}}$$

2-丁烯酸

$$\underset{2}{CH}-COOH$$
$$\overset{|}{CH_3}$$
$$\underset{2}{CH_2}-COOH$$

2-甲基丁二酸

$$\begin{matrix}H-C-COOH\\ \parallel \\ H-C-COOH\end{matrix}$$

顺-丁烯二酸

对于脂环酸和芳香酸,则把脂环或芳环看作取代基来命名。例如：

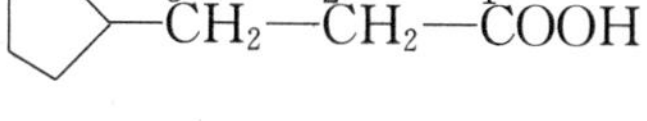

$$\overset{3}{CH_2}-\overset{2}{CH_2}-\overset{1}{COOH}$$　　3-环戊基丙酸（或 β-环戊基丙酸）

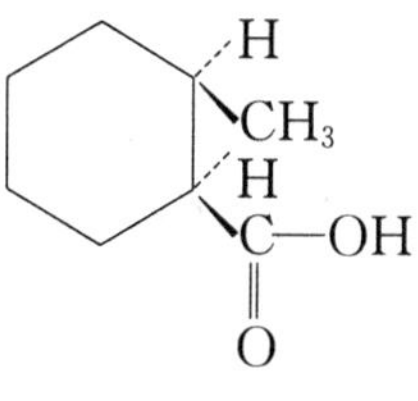

顺-2-甲基环己烷酸

373

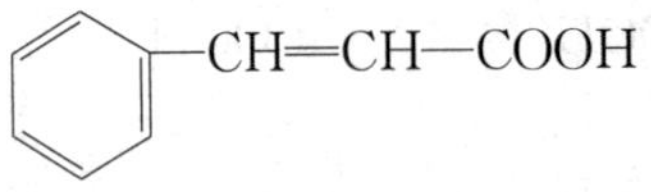

3-苯基丙烯酸(或 β-苯基丙烯酸)

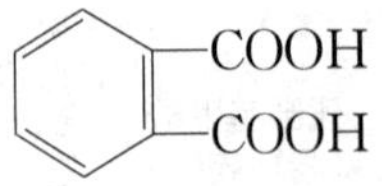

邻苯二甲酸(1,2-苯二甲酸)

12.2　羧酸的物理性质

羧酸由于与水分子形成氢键,因此 1～5 个碳的羧酸均能溶于水中。随着羧酸分子量的增加,溶解度减小很快。

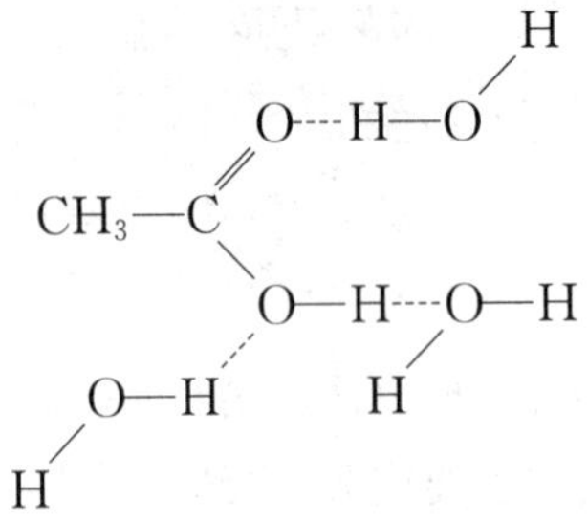

羧酸的沸点比分子量相当的醇还高,这是因为羧酸分子间可以形成两个氢键而把它们缔合成二聚体。据测定,甚至在气态,分子量较小的羧酸仍以双分子缔合状态存在。

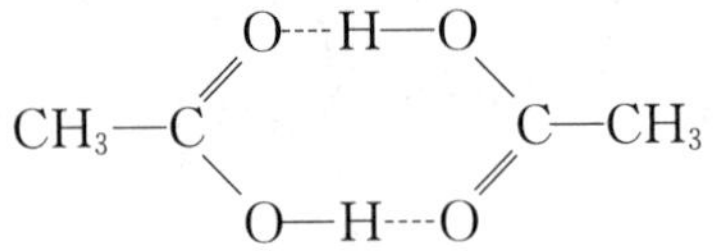

例如:

乙酸 CH_3—$\overset{\text{O}}{\overset{\|}{C}}$—OH　　　分子量 60　　　b. p. 118℃

正丙醇 $CH_3CH_2CH_2OH$　　　分子量 60　　　b. p. 97℃

羧酸的熔点变化特点是锯齿形上升,即含偶数碳原子的熔点比奇数碳原子的要高(这与烷烃相似)。例如:

	甲酸	乙酸	丙酸	丁酸	戊酸
m. p. (℃)	8.4	16.6	—22	—4.7	—34.5

这是因为含偶数碳原子的酸,其链端甲基和羧基分处于链的两侧,对称性较高之故。低级酸的熔点随分子量增加时,先降低后升高,可能是由于分子的缔合所引起。甲酸、乙酸是二聚体,随着分子量增加时,分子间的缔合受到阻碍,二聚体的稳定性减小,因而(丙酸等)熔点降低。一些常见羧酸的物理性质见表 12.1。

表 12.1　一些常见羧酸的物理性质

化合物	英文名称		m. p.(℃)	b. p.(℃)	溶解度(g/100g 水)	pK_{a_1}	pK_{a_2}
	普通命名法	IUPAC命名法					
甲酸 HCO_2H	formic acid 蚁酸	methanoic acid	8.4	100.5	∞	3.75	
乙酸 CH_3CO_2H	acetic acid 醋酸	ethanoic acid	16.6	118	∞	4.76	
丙酸 $CH_3CH_2CO_2H$	propionic acid 初油酸	propanoic acid	−21	141	∞	4.87	
丁酸 $CH_3(CH_2)_2CO_2H$	butyric acid 酪酸	butanoic acid	−6	164	∞	4.81	
戊酸 $CH_3(CH_2)_3CO_2H$	valeric acid 缬草酸	pentanoic acid	−34	187	4.47	4.82	
己酸 $CH_3(CH_2)_4CO_2H$	caproic acid	hexanoic acid	−3	205	1.08	4.84	
辛酸 $CH_3(CH_2)_6CO_2H$	caprylic acid	octanoic acid	16	239	0.07	4.89	
癸酸 $CH_3(CH_2)_8CO_2H$	capric acid	decanoic acid	31	269	0.015	4.84	
十六酸 $CH_3(CH_2)_{14}CO_2H$	palmitic acid 软脂酸	hexadecanoic acid	63	269 (0.01MPa)	不溶	6.46	
十八酸 $CH_3(CH_2)_{16}CO_2H$	stearic acid 硬脂酸	octadecanoic acid	70	383	不溶		
苯甲酸 $C_6H_5CO_2H$	benzoic acid	benzoic acid	122	250	0.34	4.19	
水杨酸 (—COOH, —OH)	salicylic acid	o-hydroxy benzoic acid	159	211 (0.003MPa)	0.22	3.00	
2-甲苯甲酸 (—COOH, —CH₃)	o-methyl benzoic acid	2-methyl benzoic acid	106	259	0.12	3.91	
3-甲苯甲酸 (—COOH, —CH₃)	m-methy benzoic acid	3-methyl benzoic acid	112	263	0.10	4.27	
4-甲苯甲酸 H_3C—CO_2H	p-methyl benzoic acid	4-methyl benzoic acid	180	275	0.03	4.36	
乙二酸 $(CO_2H)_2$	oxalic acid 草酸	ethanedioic acid	189		8.6	1.27	4.27
丙二酸 $CH_2(CO_2H)_2$	malonic acid	propanedioic acid	136		73.5	2.85	5.70
丁二酸 $HO_2C(CH_2)_2CO_2H$	succinic acid 琥珀酸	butanedioic acid	185		5.8	4.21	5.64
戊二酸 $HO_2C(CH_2)_3CO_2H$	glutaric acid	pentanedioic acid	98		63.9	4.34	5.43
己二酸 $HO_2C(CH_2)_4CO_2H$	adipic acid	Hexanedioic acid	151		1.5	4.43	5.40
邻苯二甲酸 (—COOH, —COOH)	phthalic acid	1,2-benzenedicarboxylic acid	213		0.7	3.00	5.39
对苯二甲酸 HO_2C—CO_2H	terephthalic acid	1,4-benzenedicarboxylic acid	300 (升华)		0.002	3.82	4.45

羧酸的光谱性质如下：

红外光谱:羧基的红外光谱反映出 $C=O$ 和 —OH 两个结构单元。羧基中 $C=O$ 的伸缩振动在$1710\ cm^{-1}$～$1760\ cm^{-1}$范围。精确位置取决于测试时羧酸的物理状态。在纯液态或固态(二聚体),其 $\bar{\nu}_{C=O}$ 吸收峰在 1 710 cm^{-1} 左右,是一宽谱带。其 $\bar{\nu}_{O-H}$ 吸收峰在 2 500 cm^{-1}~3 000 cm^{-1} 范围,是一个强宽峰。在稀溶液(CCl$_4$)中,其 $\bar{\nu}_{C=O}$ 吸收峰在 1 760 cm^{-1} 左右,吸收峰较窄。另外,1 210 cm^{-1}~1 320 cm^{-1} 的 C—O 伸缩振动和约为 1 400 cm^{-1} 以及约为 920 cm^{-1} 处强而宽的 O—H 弯曲振动吸收峰也是羧酸的特征吸收。己酸的红外光谱如图 12.1 所示。

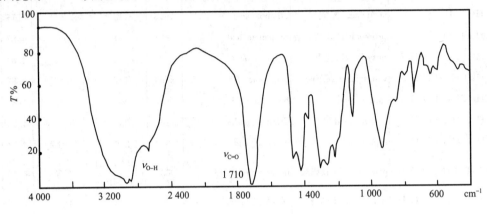

图 12.1　己酸的红外光谱

^{1}H-NMR 谱:羧酸中羧基的质子由于两个氧的诱导作用,屏蔽作用大大降低,化学位移出现在低场。δ_H 在 10 ppm~12 ppm 之间。α-质子的 δ_H 在 2 ppm~2.5 ppm 之间。丙酸的 ^{1}H-NMR谱如图 12.2 所示。

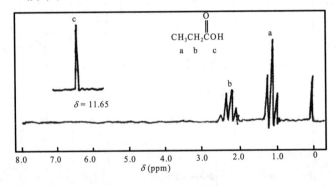

图 12.2　丙酸的核磁共振谱

^{13}C-NMR 谱:羧基碳的化学位移 δ_C 在 165 ppm~182 ppm 之间(比醛、酮的 $\delta_{C=O}$ 向高场位移约 20 ppm~40 ppm)。

12.3　羧　酸　的　反　应

12.3.1　酸　性

羧酸分子中由于羧基中羟基氧上的未共用电子对与羰基的 π 电子共轭,增加了羧基负离子的稳定性,羧基中的氢可以离解为氢离子,而显示酸性。表示如下:

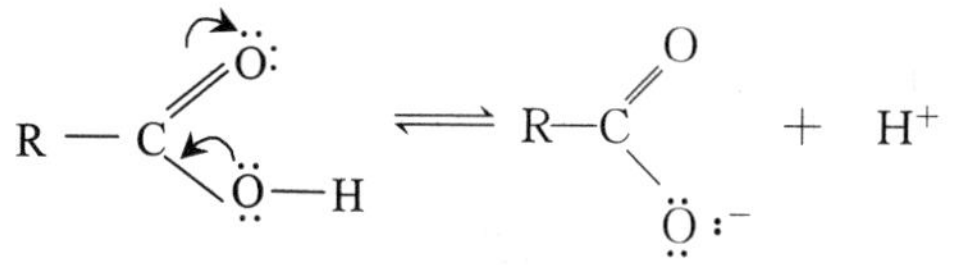

羧酸的酸性强度可用电离常数 K_a 或它的负对数 pK_a 表示。

$$K_a = \frac{[H_3\overset{+}{O}]\left[\,R-\overset{\displaystyle O}{\underset{\|}{C}}-O^-\,\right]}{[RCOOH]}, \quad (pK_a = -\log K_a)$$

因此，K_a 越大（或 pK_a 值越小）酸的电离程度越大，则酸性越强。羧酸的 pK_a 一般在 3.5～5的范围内。因此它们是弱酸，但比碳酸的酸性强。

　　乙酸的 $pK_a=4.76$；　　　　碳酸的 $pK_a=6.3$；　　　　苯酚的 $pK_a=10$。

利用这一性质可用溶解度试验将不溶于水的羧酸、酚类和醇类区别开来：羧酸既溶于氢氧化钠又溶于碳酸氢钠溶液，酚则能溶于氢氧化钠溶液而不溶于碳酸氢钠溶液；醇则在氢氧化钠和碳酸钠溶液中都不溶解。

羧酸虽然是弱酸，但比醇的酸性强得多。例如，醋酸的 $K_a \approx 10^{-5}$ 远远大于乙醇的 $K_a \approx 10^{-16}$。这是因为羧酸根负离子有相当大的共振稳定作用，而乙氧基负离子则没有相应的共振稳定作用：

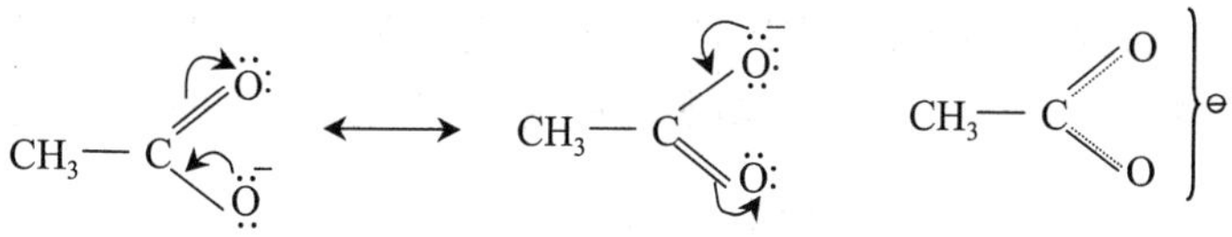

共振结构　　　　　　　　　共振杂化体

羧酸的酸性强弱与分子的结构有关。任何能使羧酸负离子比酸更加稳定的因素应增加其酸性，反之，酸性减弱。吸电子取代基（有－I，－C 效应）可以分散羧酸负离子的负电荷，使其稳定，因此增加酸性。推电子基团（有＋I，＋C 效应）可增强负电荷，使负离子不稳定，因此酸性减弱。一般表示如下：

例如：

$$\text{Cl}\!\leftarrow\!\text{CH}_2\text{COOH} > \text{H}-\text{COOH} > \text{CH}_3\!\rightarrow\!\text{COOH}$$

pK_a　　　　　2.86　　　　3.77　　　　4.76

由于氯原子是较强的－I 效应基团，而—CH_3 基是具有＋I 效应的基团，因此有上列的酸性强弱次序。

又例如：

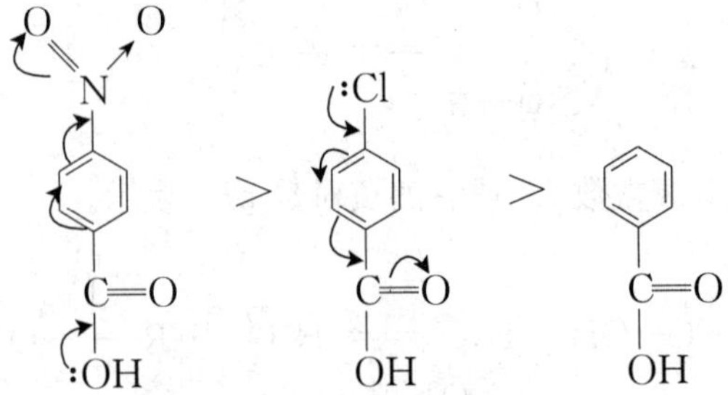

	(i)	(ii)	(iii)
pK_a	3.40	4.03	4.17

这里有取代基的诱导效应和共轭效应,是两种效应影响的结果。(i)中由于—NO_2基的—I和—C效应,酸性最强;(ii)中由于—Cl的—I＞＋C效应,酸性次之;(iii)中由于苯基的＋C＞—I效应,因此酸性最弱。

此外,有的要考虑空间效应的影响。例如:

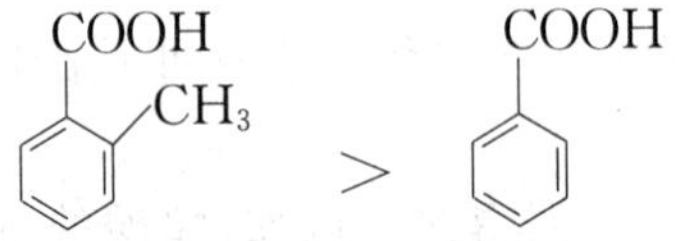

K_a	1.24×10^{-4}	6.3×10^{-5}

这是因为甲基的存在使羧基离开了苯环的平面,削弱了苯环与羧基的＋C效应的结果。空间效应的另一种表现是通过空间的静电作用,这叫场效应。即是取代基在空间可以产生一个电场,对另一头的反应中心有影响。这种影响是与距离平方成反比,距离越远,作用越小。例如:

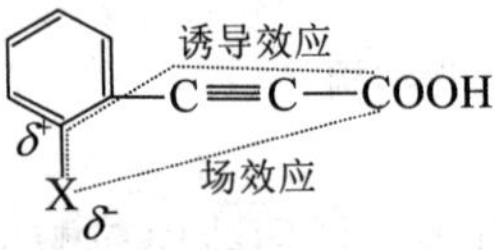

卤素的—I效应使酸性增强,而C—X偶极的场效应将使酸性减弱(即卤原子的负电荷阻止了羧基氢原子变成带正电的质子离去)。实际上,它的酸性比卤原子在间位及对位的酸性弱,这显然是由于场效应所致。

二元羧酸的酸性。二元酸有两个可离解的氢:

$$HOOC(CH_2)_nCOOH \overset{K_{a_1}}{\rightleftharpoons} HOOC(CH_2)_nCOO^- + H^+$$
$$\parallel K_{a_2}$$
$$^-OOC(CH_2)_nCOO^- + H^+$$

例如: 草酸$(COOH)_2$　　　p$K_{a_1}=1.27$　　　p$K_{a_2}=4.27$

　　　丙二酸 $CH_2(COOH)_2$　　p$K_{a_1}=2.85$　　　p$K_{a_2}=5.70$

可见 $K_{a_1}>K_{a_2}$,这是因为羧基(—COOH)有强的—I效应,而使另一个羧基的离解加大。当一个羧基离解后成COO^-,有＋I效应,使第二个羧基离解比较困难,因此,K_{a_2}比 K_{a_1}小得多。若两个羧基离得较远,则 K_{a_1}与 K_{a_2}就相差不大。例如,戊二酸: p$K_{a_1}=4.34$,　p$K_{a_2}=5.41$。

多数生物体的变化过程受到 pH 的影响,如人体的血液 pH 值在 7.35～7.45 之间变化,

378

超过这个范围,将对人的生命有危险,因为血液将失去它输送氧给体内各种细胞的能力(那么人们将会问,当我们饮柠檬汁 pH=2.77 或头痛吃阿斯匹林 pH=4.5,会不会剧烈地影响血液的 pH 值? 回答是不明显,因为血液是一个缓冲体系)。

12.3.2 羧基中羟基被取代的反应

羧酸分子中的羟基可被卤原子(X)、羧酸根($RCOO^-$)、烷氧基(RO^-)及氨基($-NH_2$)取代,分别生成酰卤、酸酐、酯及酰胺。它们统称为羧酸衍生物:

$$\underset{\text{O}}{\overset{\text{O}}{R-C-OH}} + \overset{PCl_3}{\underset{\text{或 }SOCl_2}{\text{或 }PCl_5}} \xrightarrow{\text{回流}} R-\overset{\text{O}}{C}-Cl \quad (\text{酰 氯})$$

$$R-\overset{\text{O}}{C}-OH + HO-\overset{\text{O}}{C}-R' \xrightarrow[\Delta]{P_2O_5} R-\overset{\text{O}}{C}-O-\overset{\text{O}}{C}-R' \quad (\text{酸 酐})$$

$$R-\overset{\text{O}}{C}-OH + H-NH_2 \longrightarrow R-\overset{\text{O}}{C}-O^-\ NH_4^+ \xrightarrow[\Delta]{P_2O_5} R-\overset{\text{O}}{C}-NH_2 \quad (\text{酰 胺})$$

$$R-\overset{\text{O}}{C}-OH + HOR' \underset{}{\overset{H^+}{\rightleftharpoons}} R-\overset{\text{O}}{C}-OR' + H_2O$$
$$(\text{酯})$$

上述反应可以认为是首先由亲核试剂($:X^-$、$:\overset{\text{O}}{\underset{..}{O}}-C-R'$、$:NH_3$、$:\overset{H}{\underset{..}{O}}R$)进攻羧基的 C=O 上的碳原子,即发生亲核加成,接着消除一个 OH 基,最后结果是羟基被亲核试剂取代而得到羧酸衍生物。一般反应过程表示如下:

$$R-\underset{\text{OH}}{C}\overset{\text{O}}{} + :Nu \longrightarrow R-\underset{\text{OH}}{\overset{\text{Nu}}{C}}\overset{..}{\underset{..}{O}}: \longrightarrow R-\overset{\text{Nu}}{C}=O + :\overset{-}{O}H$$

亲核加成　　　　　　—OH的消除　　　　　　取代产物
（羧酸衍生物）

这里值得指出的是:由于羧基中羰基与羟基氧上电子对的共轭,降低了羰基碳的亲电能力,一些很容易与醛、酮反应的亲核试剂,都不易与羧酸反应,需要酸或碱的催化。

羧酸衍生物我们将在下一节中进一步讨论,这里着重讨论酯化反应。

羧酸和醇在酸(盐酸或浓硫酸)催化下生成酯和水,这个反应叫酯化反应。酯化反应是一个可逆的反应(其逆反应叫水解反应)。为了提高酯的产量,有两种办法(根据质量作用定律):加过量的反应物(酸或醇,根据价廉易得到的原则);在反应过程中不断分离出生成的酯或水,使平衡破坏,以促使酯化反应的完成。

当羧酸酯化时,到底羧酸提供氢还是提供羟基? 实验证明:对于含有 ^{18}O 同位素的一级或二级醇与羧基进行酯化时,形成含有 ^{18}O 的酯。这说明羧酸提供羟基,醇提供氢:

$$R-\overset{\text{O}}{C}-OH + HO^{18}-R \underset{}{\overset{H^+}{\rightleftharpoons}} R-\overset{\text{O}}{C}-O^{18}R + H_2O$$

379

其反应历程符合上面所表示的一般历程,即:

$$R-\overset{O}{\overset{\|}{C}}-OH \xrightarrow{H^+} R-\underset{\delta^+}{\overset{+OH}{\overset{\|}{C}}}-OH \underset{\text{慢}}{\overset{R-\overset{18}{O}H}{\rightleftharpoons}} \left[R-\overset{OH}{\underset{\underset{R}{\overset{18}{\overset{|}{O^+-H}}}}{\overset{|}{\underset{|}{C}}}-OH}\right] \longrightarrow R-\overset{OH}{\underset{\overset{18}{O}R}{\overset{|}{\underset{|}{C}}}}-OH \underset{}{\overset{H^+}{\rightleftharpoons}} R-\overset{\ddot{O}H}{\underset{\overset{18}{O}R}{\overset{|}{\underset{|}{C}}}}-\overset{+}{O}H_2$$

$$\underset{-H_2O}{\rightleftharpoons} R-\overset{+OH}{\overset{\|}{C}}-\overset{18}{O}R \underset{-H^+}{\rightleftharpoons} R-\overset{O}{\overset{\|}{C}}-\overset{18}{O}R$$

决定反应速度的一步与酸和醇的浓度有关,因此属于 S_N2 反应。

若是三级醇进行酯化,则醇提供羟基,酸提供氢,即:

$$R-\overset{O}{\overset{\|}{C}}-OH + HO^{18}-CR_3 \rightleftharpoons R-\overset{O}{\overset{\|}{C}}-OCR_3 + H_2O^{18}$$

这是因为其反应历程不同,是属于 S_N1 反应。即:

$$R_3C-^{18}OH \overset{H^+}{\rightleftharpoons} R_3C-^{18}\overset{+}{O}H_2 \underset{\text{慢}}{\rightleftharpoons} R_3\overset{+}{C} + H_2O^{18}$$

$$R-\overset{O}{\overset{\|}{C}}-OH + R_3\overset{+}{C} \overset{\text{快}}{\longrightarrow} R-\overset{O}{\overset{\|}{C}}-\underset{H}{\overset{+}{O}CR_3} \overset{-H^+}{\longrightarrow} R-\overset{O}{\overset{\|}{C}}-OCR_3$$

决定反应速度的第一步只与醇的浓度有关,因此是 S_N1 反应。

酯化的速度与羧酸及醇的结构有关。一般地讲,α-碳上没有支链的脂酸和一级醇的酯化作用最快。例如在酸催化下,不同的羧酸与甲醇酯化的相对速度为(以乙酸为1):

CH_3COOH	CH_3CH_2COOH	$CH_3\underset{CH_3}{\overset{\|}{CH}}COOH$	$(CH_3)_3CCOOH$
1	0.84	0.33	0.037

其原因是由于空间效应,即因为 α-碳上的支链阻碍醇对羧基碳原子的亲核进攻。

用相同的酸与不同的醇酯化时的活性次序为:一级醇＞二级醇＞三级醇。

酯类是重要的羧酸衍生物,因为它们可用来合成香料、纤维和肥皂等。

12.3.3　与有机金属化合物反应

羧酸与格氏试剂生成不溶性的盐 $RCOO^-\overset{+}{Mg}X$,故格氏试剂不能同羧酸盐继续反应。而有机锂试剂可以与溶解性好的羧酸锂盐发生加成,水解后得到酮。所以有机锂试剂是直接转化羧酸为酮的一种试剂。

$$(CH_3)_3CLi + PhCOOH \longrightarrow PhCO_2^-Li^+ + (CH_3)_3CH$$

$$PhCO_2^-Li^+ + (CH_3)_3CLi \longrightarrow Ph-\underset{OLi}{\overset{OLi}{\overset{|}{\underset{|}{C}}}}-C(CH_3)_3 \overset{H_2O}{\longrightarrow} Ph-COC(CH_3)_3$$

羧酸可以与有机锂试剂合成酮,主要原因是因为羧酸与有机锂试剂能形成稳定的中间物

$$R-\underset{\underset{OLi}{|}}{\overset{\overset{OLi}{|}}{C}}-R',它再水解才得到酮。$$

12.3.4 羧基中羰基的还原反应

羧基中羰基由于受羟基的影响,一般不与化学还原剂起作用,但可被强还原剂——氢化铝锂($LiAlH_4$)还原成醇:

$$R-\overset{O}{\overset{\|}{C}}-OH + LiAlH_4 \longrightarrow R-CH_2OH$$

用氢化铝锂还原羧酸,不但产量较高,而且还原不饱和酸时,不会影响双键。

最近由布朗(H. C. Brown)发现的更快而又可定量的还原羧酸的方法是用乙硼烷($(BH_3)_2$)在四氢呋喃中将脂酸和芳酸还原成一级醇,而且其他可还原的基团($-C\equiv N$ 、$-NO_2$、

$-\overset{|}{\underset{|}{C}}=O$ 等)不受影响。

$$R-\overset{O}{\overset{\|}{C}}-OH \xrightarrow[0℃]{(BH_3)_2,四氢呋喃} R-CH_2-OH$$

$$N\equiv C-\!\!\!\!\bigcirc\!\!\!\!-\overset{O}{\overset{\|}{C}}-OH \xrightarrow[0℃]{(BH_3)_2,四氢呋喃} N\equiv C-\!\!\!\!\bigcirc\!\!\!\!-CH_2OH + H_3BO_3$$

12.3.5 α-氢原子的取代反应

羧酸的α-氢不如醛、酮活泼,因此卤代反应需加入少量红磷、碘或硫作催化剂,而且α-氢原子可逐步被取代:

$$R-CH_2-\overset{O}{\overset{\|}{C}}-OH + Cl_2 \xrightarrow{红磷} R-\underset{\underset{Cl}{|}}{CH}-\overset{O}{\overset{\|}{C}}\underset{OH}{} + HCl$$

$$R-CCl_2-\overset{O}{\overset{\|}{C}}-OH + HCl$$

羧酸用红磷催化的卤代反应机理可能是:

$$P + Cl_2 \longrightarrow PCl_3$$

$$R-CH_2-\overset{O}{\overset{\|}{C}}-OH + PCl_3 \longrightarrow RCH_2-\overset{O}{\overset{\|}{C}}-Cl$$

$$\rightleftharpoons R-\overset{:OH}{\overset{|}{CH}}\!=\!\!C-Cl + Cl-Cl \longrightarrow R-\underset{\underset{Cl}{|}}{CH}-\overset{+OH}{\overset{\|}{C}}-Cl \xrightarrow{-H^+} R-\underset{\underset{Cl}{|}}{CH}-\overset{O}{\overset{\|}{C}}-Cl$$

$$\xrightarrow[\text{(或 H}_2\text{O)}]{\text{RCH}_2\text{COOH}} \quad R-\underset{\underset{Cl}{|}}{CH}-\overset{\overset{O}{\|}}{C}-OH + RCH_2\overset{\overset{O}{\|}}{C}-Cl \quad (\text{或 HCl})$$

三氯化磷把羧酸转化为酰氯,后者较羧酸易于卤化,这个总反应称为 Hell-Volhard-Zelinsky 反应,由于这个反应的专一性——只在 α-位卤代并容易发生,在合成上相当重要。

卤代酸是合成其他重要有机化合物的中间体。例如氯乙酸可用于合成农药 $2,4-$D[即 $2,4$-二氯苯氧乙酸],合成氨基酸和羟基酸。它们都是有机化学和生物化学中的重要化合物。

$$\underset{\underset{Cl}{|}}{CH_2}-\overset{\overset{O}{\|}}{C}-OH + :NH_3 \xrightarrow{S_N2} \underset{\underset{NH_2}{|}}{CH_2}-\overset{\overset{O}{\|}}{C}-OH$$

$$\quad\alpha\text{-氯代乙酸} \qquad\qquad \alpha\text{-氨基乙酸(甘氨酸)}$$

12.3.6 羧基的脱羧反应

羧酸中羧基和烃基之间的 C—C 键比醛、酮中羰基和烃基之间的 C—C 键弱,比较容易断裂。因此,在一定条件下羧酸可以失去 CO_2 的反应叫脱羧反应。例如,羧酸钠与碱石灰 (NaOH+CaO)共热,则分解出 CO_2 而生成烃:

$$CH_3COONa + NaOH(CaO) \xrightarrow{\triangle} CH_4 + Na_2CO_3$$

$$C_6H_5COONa + NaOH(CaO) \xrightarrow{\triangle} \text{⬡} + Na_2CO_3$$

电解羧酸盐的浓溶液,则放出 CO_2 得到两个羧酸烃基相偶联的烷烃,叫柯尔柏(Kolbe)法。

$$2RCO_2Na + 2H_2O \xrightarrow{\text{电解}} \underbrace{R-R + 2CO_2}_{\text{阳极}} + \underbrace{2NaOH + H_2}_{\text{阴极}}$$

反应为自由基历程: $RCO_2^- \xrightarrow{-e} R-\overset{\overset{O}{\|}}{C}-O\cdot \xrightarrow{-CO_2} R\cdot$

$$2R\cdot \longrightarrow R-R$$

若用羧酸直接气相催化脱羧,则生成酮:

$$2RCOOH \xrightarrow[400℃\sim500℃]{\text{ThO}_2 \text{ 或 MnO}} R-\underset{\underset{O}{\|}}{\overset{}{C}}-R + CO_2 + H_2O$$

芳香酸脱羧较脂肪酸容易,因为—Ph 基可以作为一个吸电子基团,有利于 C—C 键的断裂:

$$C_6H_5-\overset{\overset{O}{\|}}{C}-O^- \longrightarrow C_6H_5^- + CO_2$$

脱羧反应从机理上讲,可以看作是一个亲电取代反应:

$$R-\overset{\overset{O}{\|}}{C}-O-H \longrightarrow CO_2 + RH$$

一个在合成上非常有用的脱羧反应称为汉斯狄克(H. Hunsdicker)反应。它是用羧酸的银盐,在无水的惰性溶剂(如 CCl_4)中与一分子 Br_2 回流，失去 CO_2 而形成比羧酸少一个碳原子的溴代烷，这一反应广泛地用于制备脂肪族卤代烷。例如：

$$RCOOAg \xrightarrow[CCl_4,\Delta]{Br_2} RBr + CO_2$$

反应按游离基历程进行：

$$RCOOAg \xrightarrow{Br_2} RCOOBr$$
$$RCOOBr \xrightarrow[\Delta]{} RCOO\cdot + Br\cdot$$
$$RCOO\cdot \longrightarrow R\cdot + CO_2$$
$$R\cdot + Br\cdot \longrightarrow RBr$$

柯齐(Kochi)反应是用四乙酸铅、氯化锂和羧酸反应，脱羧生成氯代烃：

$$RCO_2H + Pb(OAc)_4 + LiCl \xrightarrow[\Delta]{苯} R{-}Cl + CO_2 + Pb(OAc)_2 + HOAc$$

反应起始于 $RCO_2Pb(OAc)_3$ 的均裂分解，形成 $RCO_2\cdot$，再生成 $R\cdot$，因此，反应亦为自由基历程。此法便宜，对一级、二级和三级烃基卤代烷产率均很好。

若是二元酸加热，则随着两个羧基间距离的不同而发生脱羧或失水反应。例如 1,2-和 1,3-二羧酸发生脱羧：

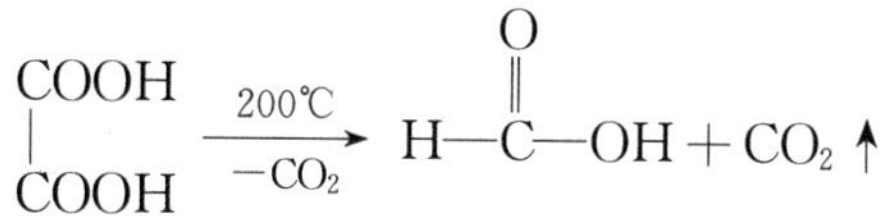

乙二酸　　　　甲　酸

$$CH_2(COOH)_2 \xrightarrow[-CO_2]{\Delta} CH_3COOH + CO_2\uparrow$$

乙　酸

1,4-和 1,5-二羧酸与脱水剂(如乙酸酐、乙酰氯、$POCl_3$、PCl_5 等)一起加热时，则失水而生成环酐：

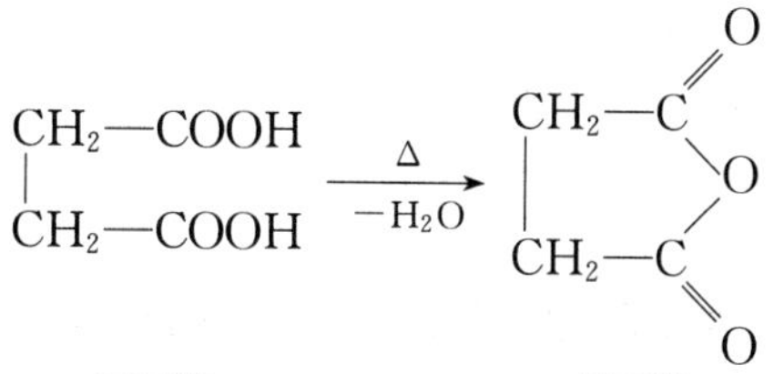

丁二酸　　　　丁二酐

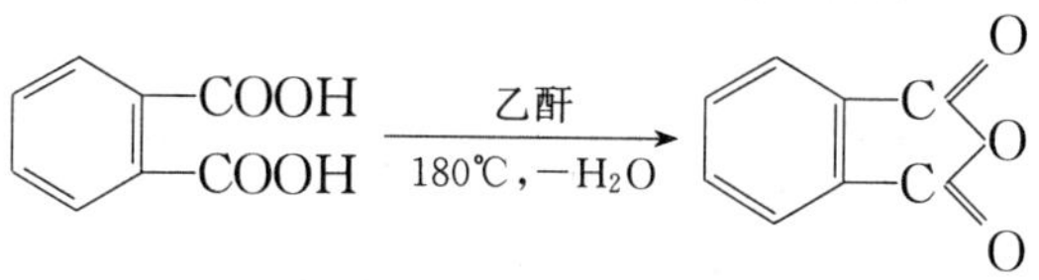

邻苯二甲酸　　　　邻苯二甲酐

1,6-和 1,7-二酸与乙酐共热，则既失水又脱羧而生成环酮：

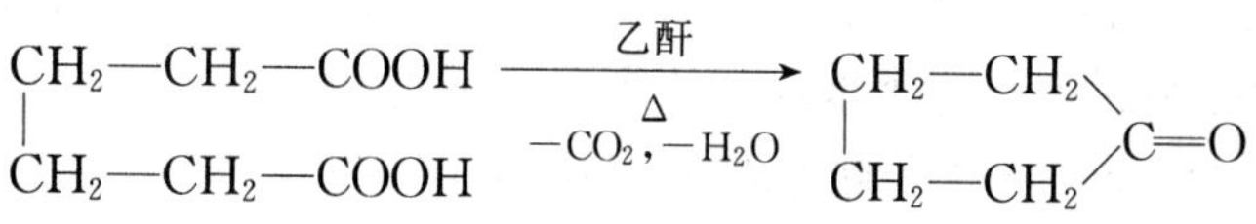

己二酸　　　　环戊酮

$$\text{CH}_2 \!\!\begin{array}{l} \diagup \text{CH}_2\text{—CH}_2\text{—COOH} \\ \diagdown \text{CH}_2\text{—CH}_2\text{—COOH} \end{array} \xrightarrow[\Delta]{\text{乙酐}} \text{CH}_2 \!\!\begin{array}{l} \diagup \text{CH}_2\text{—CH}_2 \\ \diagdown \text{CH}_2\text{—CH}_2 \end{array}\!\! \text{C}\!=\!\text{O}$$

庚二酸   环己酮

如果二元酸分子中两个羧基相距五个碳原子以上,它与乙酐共热,则发生分子间的脱水作用,生成链状聚酐:

$$\text{HOOC(CH}_2)_n\text{COOH} \longrightarrow \left[\!\!\begin{array}{c} \text{OC(CH}_2)_n\text{—CO—O—CO—(CH}_2)_n\text{—CO—O} \end{array}\!\!\right]_n$$

$$(n>5)$$

12.4　一些重要羧酸的来源和应用

一切生物体中都含有各种各样的羧酸,所以羧酸在动、植物体中有着很重要的作用。羧酸在实验室中一般可通过下列方法制得:

(1) 一级醇(或醛)的氧化。

$$\text{RCH}_2\text{OH} \xrightarrow{[O]} \text{RCHO} \xrightarrow{[O]} \text{RCOOH}$$

常用的氧化剂有:$K_2Cr_2O_7 + H_2SO_4$、$CrO_3 +$冰 HAc、$KMnO_4$、HNO_3 等。

(2) 腈的水解。腈由一级或二级卤代烷和 NaCN 作用得到。腈在酸性或碱溶液中水解生成羧酸:

$$\text{R—X} + \text{Na—C}\!\!\equiv\!\!\text{N} \longrightarrow \text{R—C}\!\!\equiv\!\!\text{N} + H_2O \!-\!\!\!\begin{array}{l} \xrightarrow{H^+} \text{R—COOH} \\ \xrightarrow{OH^-} \text{R—COO}^- \end{array}$$

(1°或2°)   腈

(3) 格氏试剂与 CO_2 作用。

$$\text{R—MgX} + \text{O}\!=\!\text{C}\!=\!\text{O} \longrightarrow \text{R—C}\!\!\begin{array}{l}\diagup\text{O} \\ \diagdown \text{OMgX}\end{array} \xrightarrow{H_2O} \text{R—C}\!\!\begin{array}{l}\diagup\text{O} \\ \diagdown \text{OH}\end{array}$$

得到的产物——羧酸比格氏试剂多一个碳原子。

12.4.1　甲　酸

甲酸存在于蜂类、某些蚁类及毛虫的分泌物中,同时也广泛存在于植物界,如荨麻、松叶中等。工业上用一氧化碳和氢氧化钠在加压、加热下反应制得:

$$\text{CO} + \text{NaOH} \xrightarrow[200℃]{0.6\text{MPa}\sim0.8\text{MPa}} \text{H—C}\!\!\begin{array}{l}\diagdown\text{O} \\ \diagup\text{O}^-\text{Na}^+\end{array} \xrightarrow{H^+} \text{H—C}\!\!\begin{array}{l}\diagdown\text{O} \\ \diagup\text{OH}\end{array}$$

甲酸具有强烈的刺激性,能腐蚀皮肤。沸点为 100.7℃。

甲酸是羧酸中最简单的酸,它的结构比较特殊,它的羧基与氢原子直接相连,既有羧基的结构又有醛基的结构。因此,甲酸具有与它的同系物不同的一些特性。它具有还原性,能还原吐仑试剂和斐林试剂,它的酸性显著地比其他饱和一元酸强。

甲酸在工业上用来合成染料及酯类、精制织物和纸张,处理皮革,也用作酸性还原剂及橡胶凝聚剂,在医药上还可以作为消毒剂。

12.4.2 乙　酸

又叫醋酸。最早来自食醋。碳水化合物发酵得到乙醇,乙醇在酶催化下氧化成醋酸。乙酸是生物合成萜类、甾体化合物、长链脂肪酸的原料。但是,乙酸的最重要的应用是制备乙酐。乙酐是为了制备重要的酯类,如醋酸纤维素和三醋酸纤维素。乙酐在合成橡胶中也是重要的。

纯乙酸的沸点为 118℃,熔点为 16.6℃。天冷时,纯乙酸能结成冰状固体,故称为冰醋酸。普通的醋酸是 36%～37% 的醋酸水溶液。

目前工业上大规模生产可用乙烯或乙炔作原料来制取:

$$CaC_2 \xrightarrow{H_2O} HC \equiv CH \xrightarrow{H_2O, Hg^{2+}-H_2SO_4} CH_3CHO$$

$$\xrightarrow[50℃～80℃, 0.2MPa～0.3MPa]{O_2, MnO_2} CH_3COOH$$

12.4.3 丙酸和丁酸

丙酸钙被用来防止面包发霉或发粘。丙酸和丁酸也用来合成丙酸纤维素和丁酸纤维素,用它制造的纤维是不透水的,故可用来制造雨衣和其他防水的衣服。

12.4.4 高级一元羧酸

它们可以从动、植物的油脂中得到。其中有

硬脂酸:十八酸 $CH_3(CH_2)_{16}COOH$,它的钠盐就是肥皂。

亚油酸:(z,z)-9,12-十八碳二烯酸,$CH_3(CH_2)_4CH \equiv CHCH_2CH \equiv CH(CH_2)_7COOH$ 在医学上可以防治血脂过高症。因此,亚油酸的复方制剂益寿宁、脉通等在临床上用来治疗冠心病。

花生四烯酸:二十碳四烯酸 $CH_3(CH_2)_4CH \equiv CHCH_2CH \equiv CHCH_2CH \equiv CHCH_2CH \equiv CH(CH_2)_3COOH$,它在体内氧化,环合成前列腺素,反应如下:

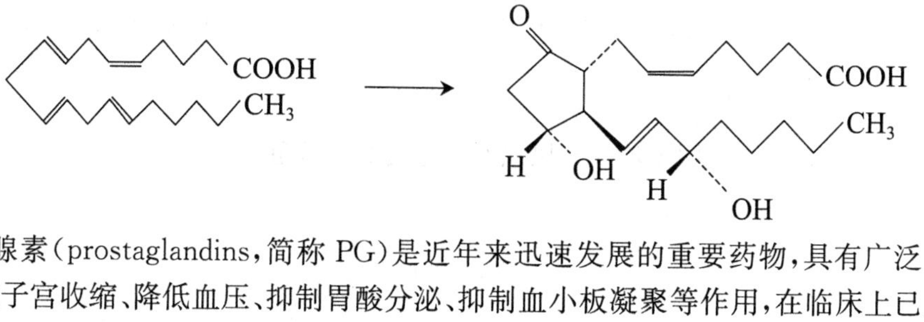

前列腺素(prostaglandins,简称 PG)是近年来迅速发展的重要药物,具有广泛的生理作用,有刺激子宫收缩、降低血压、抑制胃酸分泌、抑制血小板凝聚等作用,在临床上已用于抗早孕和引产,是一种较有发展前途的控制人类生育的药物。

前列腺素有四种型式:

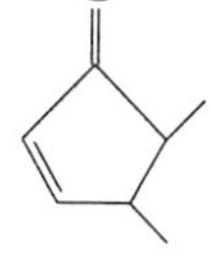

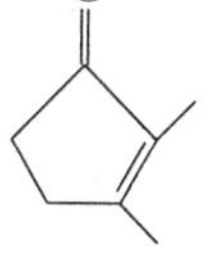

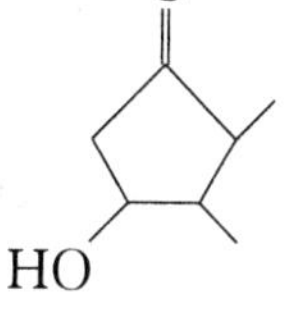

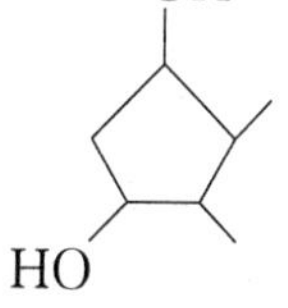

12.4.5 苯甲酸

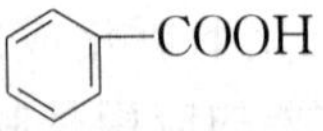

苯甲酸 $\left\langle\bigcirc\right\rangle$—COOH 又叫安息香酸。由于苯甲酸与苄醇以酯的形式存在于安息香胶及其他一些树脂中而得名。工业上是由甲苯催化氧化得到的：

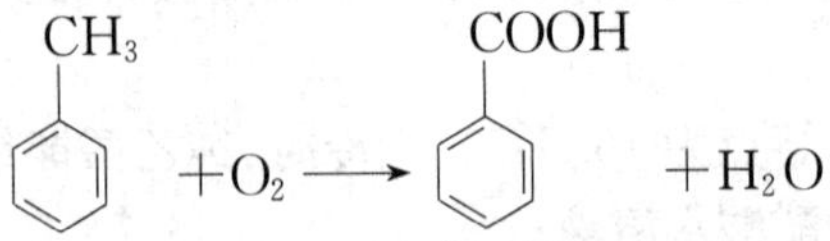

$$\text{甲苯} + O_2 \longrightarrow \text{苯甲酸} + H_2O$$

苯甲酸是白色结晶,熔点为121℃。它是有机合成的原料,可以合成染料、香料、药物等。苯甲酸具有抑菌防腐的能力,同时还具有无味、毒性低的优点,故广泛使用于食品、药剂和日用品中作为防腐剂。

近来澳大利亚南威尔斯(South Wales)大学的研究人员从牛奶中发现一个结晶的杂环化合物——乳清酸(6-羧基尿嘧啶) $\left(\begin{array}{c}\text{乳清酸结构式}\end{array}\right)$,它能通过加速残存肌肉细胞的扩展而促进心脏病发作者心脏的复原,使患病的心脏受到调整,以便继续输送血液到全身。这个化合物能直接产生心脏功能的改善和肌肉较快复原的效果,目前正在对病人进行临床试验。

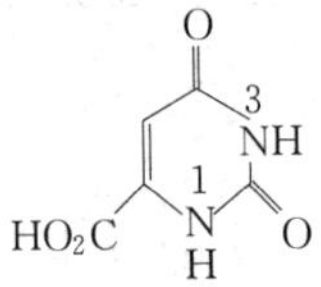

(Z)-3-甲基-2-己烯酸($\begin{array}{c}\text{结构式}\end{array}$),它几乎存在于目前已被检验的每个精神分裂症患者的汗中,因此它能够用作诊断这种病的一种手段。香草扁桃酸,学名叫3-甲氧基-4-羟基苯乙醇酸($\begin{array}{c}\text{结构式}\end{array}$),用于肾上腺癌的临床化学诊断。对氨基水杨酸($\begin{array}{c}\text{结构式}\end{array}$),用于治疗肺结核病。一个环状的脂肪酸大风子酸($\begin{array}{c}\text{结构式}\end{array}$),用于治疗麻风病和其他传染性皮肤病。

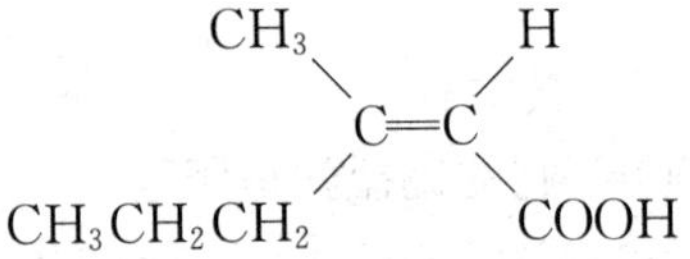

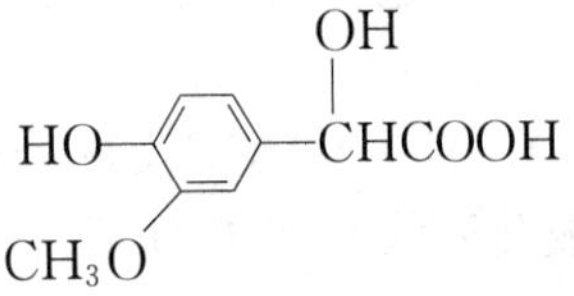

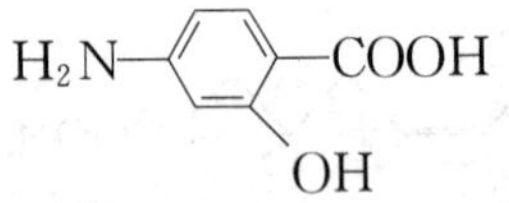

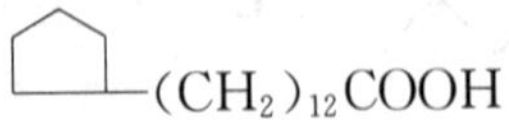

12.5 羧酸衍生物的命名

前面我们已提到羧酸分子中的羟基被不同基团取代所得的产物——酰卤、酸酐、酯和酰胺统称为羧酸的衍生物,由于腈可水解为羧酸,因此把它放在一起讨论。而羧酸分子中烃基的氢原子被置换而生成的化合物(如卤代酸等)称为取代羧酸,取代羧酸将在另一章中讨论。

从结构上看,羧酸的衍生物都含有共同的基团——酰基: $R-\overset{\overset{\displaystyle O}{\|}}{C}-$ 。

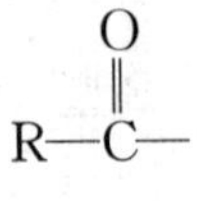

酰卤和酰胺按酰基来命名：

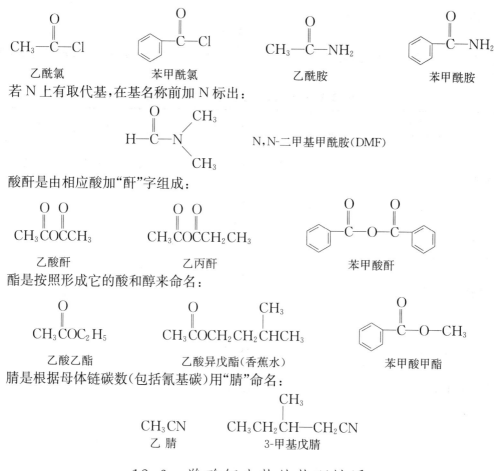

若 N 上有取代基,在基名称前加 N 标出:

N,N-二甲基甲酰胺(DMF)

酸酐是由相应酸加"酐"字组成:

CH_3COCCH_3

乙酸酐

$CH_3COCCH_2CH_3$

乙丙酐

苯甲酸酐

酯是按照形成它的酸和醇来命名:

$CH_3COC_2H_5$

乙酸乙酯

$CH_3COCH_2CH_2CHCH_3$

乙酸异戊酯(香蕉水)

苯甲酸甲酯

腈是根据母体链碳数(包括氰基碳)用"腈"命名:

CH_3CN

乙 腈

$CH_3CH_2CH—CH_2CN$

3-甲基戊腈

12.6 羧酸衍生物的物理性质

低级的酰氯和酸酐是有刺鼻的气味。而酯却具有芳香气味,存在于水果中,可用作香料。大部分酰胺则没有气味。

酰氯、酸酐和酯的沸点因分子间没有缔合作用,比相应的羧酸低。例如:

乙酸	b. p.	118℃	分子量	60
乙酰氯	b. p.	51℃	分子量	78.5
乙酸酐	b. p.	140℃	分子量	102
戊酸	b. p.	187℃	分子量	102
乙酸乙酯	b. p.	77℃	分子量	88
丁酸	b. p.	163℃	分子量	90

酰胺则由于分子间可形成氢键而缔合,因此,酰胺除甲酰胺外,均是固体。它们的沸点比相应的羧酸还高。

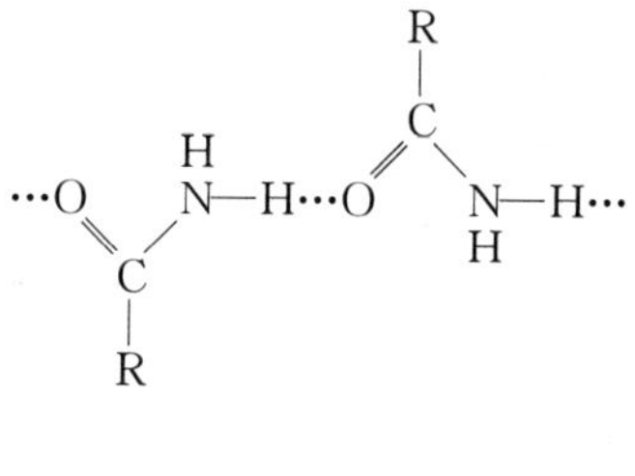

例如： 乙酰胺 b.p. 222 ℃ 分子量 59

乙 酸 b.p. 118 ℃ 分子量 60

腈由于分子间极性相互作用，它的沸点较高。表 12.2 列出某些羧酸衍生物的物理性质。

表 12.2 一些常见羧酸衍生物的物理性质

化 合 物	英 文 名 称	m.p.（℃）	b.p.（℃）
乙酰氯 $CH_3\overset{O}{\overset{\|}{C}}$—Cl	acetyl chloride	−112	51
丙酰氯 $CH_3CH_2\overset{O}{\overset{\|}{C}}$—Cl	propanoyl chloride	−94	80
苯甲酰氯 Ph—$\overset{O}{\overset{\|}{C}}$—Cl	benzoyl chloride	−1	197
乙酰溴 $CH_3\overset{O}{\overset{\|}{C}}$—Br	acetyl bromide	−96	76.7
乙酸酐$(CH_3CO)_2O$	acetic anhydride	−73	140
丁二酸酐 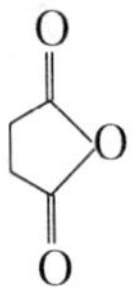	succinic anhydride	119.6	261
丁烯二酸酐 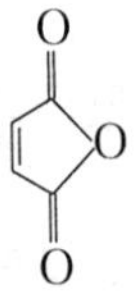	maleic anhydride	53	202
苯甲酸酐$(PhCO)_2O$	benzoic anhydride	42	360
邻苯二甲酸酐 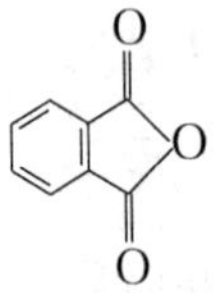	phthalic anhydride	132	284.5
甲酸乙酯 $H\overset{O}{\overset{\|}{C}}$—$OC_2H_5$	ethyl formatc	−80	54
乙酸乙酯 $CH_3\overset{O}{\overset{\|}{C}}$—$OC_2H_5$	ethyl acetate	−83	77

化 合 物	英 文 名 称	m. p. (℃)	b. p. (℃)
乙酸戊酯 $CH_3\overset{O}{\overset{\|}{C}}$—$O(CH_2)_4CH_3$	amyl acetate	−78	142
苯甲酸乙酯 Ph—$\overset{O}{\overset{\|}{C}}$—$OC_2H_5$	ethyl benzoate	−34	213
甲基丙烯酸甲酯 H_2C=$\overset{CH_3}{\overset{\|}{C}}$—$CO_2CH_3$	methyl methacrylate	−50	100
乙酰胺 $CH_3\overset{O}{\overset{\|}{C}}$—$NH_2$	acetamide	81	222
丙酰胺 $CH_3CH_2\overset{O}{\overset{\|}{C}}$—$NH_2$	propanamide	79	213
丁二酰亚胺	succinimide	126	288
N,N-二甲基甲酰胺 HC—$N(CH_3)_2$	N,N-dimethyl formamide		153
乙腈 CH_3—C≡N	aceto nitrile	−45	81
苯甲腈 Ph—C≡N	benzonitrile	−13	190

羧酸衍生物的光谱性质如下:

红外光谱:羧酸衍生物分子中都含有羰基(C=O),因此,它们的 C=O 伸缩振动都在 $1750\ cm^{-1}$ 附近显示出强的吸收峰。确切的吸收位置取决于功能团的性质(见表 12.3)。

表 12.3　羧酸衍生物的红外吸收

化合物功能团	$\bar{\nu}_{C=O}(cm^{-1})$	$\bar{\nu}_{C-X}(cm^{-1})$	$\bar{\nu}_{N-H}(cm^{-1})$
—$\overset{O}{\overset{\|}{C}}Cl$　(酰氯)	1820~1750	1300~900($\bar{\nu}_{C-X}$)	
—$\overset{O}{\overset{\|}{C}}O\overset{O}{\overset{\|}{C}}$—　(酸酐)	1800~1750 和 1860~1800(两个峰)	1310~1045($\bar{\nu}_{asC-O-C}$)	
—$\overset{O}{\overset{\|}{C}}OR$　(酯)	1750~1740	1300~1050($\bar{\nu}_{C-O}$) (两个峰)	
—$\overset{O}{\overset{\|}{C}}$—$NH_2$　(酰胺)	1690~1650	~1400 ($\bar{\nu}_{C-N}$)	3500~3100 1660~1600(δ_{N-H})

由表 12.3 知,由酰氯到酰胺羰基伸振动 $\nu_{C=O}$ 的吸收频率依次减小。

酸酐：在 1750 cm⁻¹～1800 cm⁻¹ 和 1800 cm⁻¹～1860 cm⁻¹ 区域有两个强的 $\bar{\nu}_{C=O}$ 吸收峰，彼此相隔 60 cm⁻¹ 左右。对于线型酸酐，高频峰强于低频峰，而环型酸酐则相反，如图 12.3 所示。

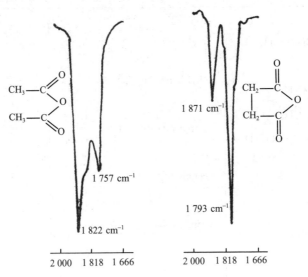

图 12.3　线型酸酐和环型酸酐中一对 C＝O 伸缩振动吸收强度的关系

酯：除了在 1715 cm⁻¹～1740 cm⁻¹ 区域有强吸收峰外，在 1050 cm⁻¹～1300 cm⁻¹ 区域有两个强的 $\bar{\nu}_{C-O}$ 吸收峰，借此可与酮区别。酯没有 O—H 吸收峰，可借此与酸区别开。图 12.4 是乙酸乙酯的红外光谱。

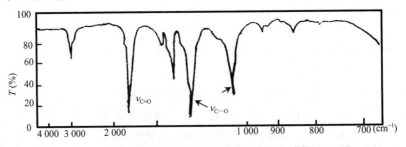

图 12.4　乙酸乙酯的红外光谱

酰胺：除有 $\bar{\nu}_{C=O}$ 在 1650 cm⁻¹～1690 cm⁻¹ 区域有强吸收峰外，还有 N—H 伸缩振动有两个吸收峰约在 3400 cm⁻¹ 和 3500 cm⁻¹ 处。同时，由于 N—H 的弯曲振动而在 1600 cm⁻¹ 和 1640 cm⁻¹ 有两个特征吸收峰。图 12.5 为苯甲酰胺的红外光谱。

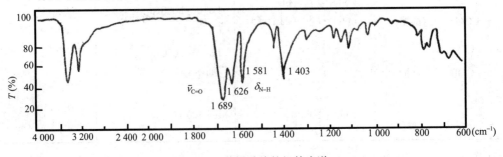

图 12.5　苯甲酰胺的红外光谱

390

腈:腈的 C≡N 伸缩振动在 2 260 cm^{-1}～2 220 cm^{-1} 处有特征吸收峰(中强,尖)。

^{1}H-NMR 谱:羧酸衍生物的羰基附近 α-碳上的质子具有类似的化学位移 δ_H 在 2 ppm～3 ppm 之间。酯中烷基上的质子 RCOOCH 的化学位移比 α-碳上质子在低场吸收。δ_H 在 3.7 ppm～4.1 ppm 之间,酰胺中氮上的质子 RCONH 的化学位移 δ_H 在 5 ppm～8 ppm 范围内,吸收峰很典型,是宽和矮的峰,如图 12.6 所示。

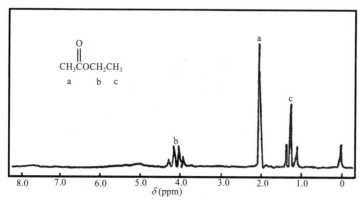

图 12.6　乙酸乙酯的核磁共振氢谱

^{13}C-NMR 谱:酰氯、酸酐、酯、酰胺的羰基碳的化学位移 δ_C 在 155 ppm～185 ppm 范围内(与羧酸相当)。氰基碳的化学位移 $\delta_C \approx 118$ ppm。

12.7　羧酸衍生物的反应

羧酸衍生物分子中都含有羰基,它给亲核试剂进攻提供了一个场所,这是我们了解羧酸衍生物化学性质的关键。羧酸衍生物所起的典型反应是亲核取代反应。

12.7.1　水　解

它们都能水解生成相应的羧酸:

$$
\begin{array}{ll}
RCCl & HCl \\
RCOCR \quad + \ H_2O \longrightarrow RCOH \ + \ HOCR \\
RCOR' & HOR' \\
RCNH_2 \ , \ R{-}C{\equiv}N & NH_3
\end{array}
$$

乙酰氯与水起猛烈的放热反应,乙酐则与热水较易作用,酯的水解在没有催化剂(H$^+$ 或 OH$^-$)存在时进行得很慢,而酰胺或腈的水解则常常要在催化剂(H$^+$ 或 OH$^-$)存在下经长时间的回流才能完成。其原因是羧酸衍生物的水解反应——亲核取代反应与羧酸一样分两步进行。首先是亲核试剂（H_2O）在羰基碳上发生亲核加成，形成一个四面体中间体，然后再消除一个负离子，总的结果是亲核取代。反应历程表示如下：

$$\underset{R-C-Y}{\overset{O}{\|}} + :\overset{H}{\underset{H}{O}}: \longrightarrow R-\underset{\underset{Y}{|}}{\overset{\overset{O^-}{|}}{C}}-\overset{+}{O}H_2 \longrightarrow \underset{R-C-\overset{+}{O}H_2}{\overset{O}{\|}} + :Y^- \longrightarrow \underset{R-C-OH}{\overset{O}{\|}} + HY$$

中间体　　　　　　质子化产物

$$Y=离去基团（—Cl、—O\overset{O}{\overset{\|}{C}}R、—OR'、—NH_2）$$

如果离去基团的吸电子性能越强，则使形成的中间体负离子越稳定，而有利于加成。而在消除时，决定于离去基团离去的难易，这又与离去基团的碱性强弱有关，碱性越弱越容易离去。对酰氯、酸酐、酯和酰胺来说，Y 分别是 Cl^-（非常弱的碱）、RCO^-（中等弱碱）和强碱性的 RO^-

和 NH_2^-。因此，它们离去的难易次序是：$Cl^- > \ ^-O\overset{O}{\overset{\|}{C}}R > \ ^-OR > \ ^-NH_2$。所以羧酸衍生物进行亲核取代反应（水解反应）的活性顺序是：

$$\underset{RCCl}{\overset{O}{\|}} > \underset{RCOCR}{\overset{O\ \ \ O}{\|\ \ \ \|}} > \underset{RCOR'}{\overset{O}{\|}} > R-\underset{NH_2}{\overset{O}{\|}C} \approx R—CN$$

酯的水解反应可以用酸或碱催化，一般常用碱作催化剂，效果比酸更好一些。因为 OH^-

不仅是催化剂，也是较强的亲核试剂，容易与羰基发生亲核反应，而且产生的 $R\overset{O}{\overset{\|}{C}}O^-$ 因共轭而稳定，与 $R'OH$ 不会有什么反应，故这个反应基本上是不可逆的。而酯在酸催化下的水解反应是可逆的，其历程是羧酸催化下酯化反应的逆反应，这里不再叙述。

酯的碱催化水解反应历程如下：

$$\underset{R-C-OR'}{\overset{O}{\|}}{}^{18} + OH^- \rightleftharpoons [R-\underset{\underset{OH}{|}}{\overset{\overset{O^-}{|}}{C}}-OR'{}^{18}] \rightleftharpoons \underset{R-C-OH}{\overset{O}{\|}} + {}^-OR'{}^{18}$$

$$\xrightarrow{\text{质子转移}} \underset{R-C-O^-}{\overset{O}{\|}} + HOR'{}^{18}$$

同位素示踪研究和立体化学方法所研究的结果都表明，酯的水解反应通常是发生酰氧键断裂。

12.7.2　醇　解

酰氯、酸酐和酯都能进行醇解，生成酯。酰胺却难于醇解。

$$
\begin{array}{ccccccc}
\overset{\text{O}}{\underset{\|}{\text{RCCl}}} & & & & & & \text{HCl} \\[6pt]
\overset{\text{O}\ \ \ \text{O}}{\underset{\|\ \ \ \ \|}{\text{RCOCR}}} & + & \text{H---OR}' & \longrightarrow & \overset{\text{O}}{\underset{\|}{\text{RCOR}'}} & + & \text{HOOCR} \\[6pt]
\overset{\text{O}}{\underset{\|}{\text{RCOR}}} & & & & & & \text{HOR}
\end{array}
$$

 酰氯和酸酐可直接与醇作用。酯的醇解需在酸或碱催化下才能进行,反应结果是生成新的酯和醇,因此称为酯交换反应,它是一个可逆的反应。醇解反应历程和水解反应的历程相类似。

 酯交换反应在有机合成上很有用。当一个结构复杂的醇与某种羧酸很难进行直接酯化的情况下,往往先把羧酸制成甲酯或乙酯,然后再与复杂的醇进行酯交换反应,以得到所需的酯。例如:

$$
\text{H}_2\text{N}\!-\!\!\bigcirc\!\!-\!\text{COOH} + \text{C}_2\text{H}_5\text{OH} \underset{}{\overset{\text{H}^+}{\rightleftharpoons}} \text{H}_2\text{N}\!-\!\!\bigcirc\!\!-\!\text{COOC}_2\text{H}_5 + \text{H}_2\text{O}
$$

$$
\Big\updownarrow {\scriptsize +\text{HOCH}_2\text{CH}_2\text{N}(\text{C}_2\text{H}_5)_2 \atop \beta\text{-二乙胺基乙醇}}
$$

$$
\text{H}_2\text{N}\!-\!\!\bigcirc\!\!-\!\text{COOCH}_2\text{CH}_2\text{N}(\text{C}_2\text{H}_5)_2 + \text{C}_2\text{H}_5\text{OH}
$$

普鲁卡因

腈在酸催化条件下可以醇解得到羧酸酯:

$$
\text{R---C}\!\equiv\!\text{N} + \text{R}'\text{OH} \xrightarrow{\text{无水 HCl}} \overset{+\text{NH}_2}{\underset{\|}{\text{R---C---OR}'\text{Cl}^-}} \xrightarrow[\text{H}_2\text{O}]{\text{H}^+} \text{RCO}_2\text{R}'
$$

 中间先生成亚胺酯的盐,如在无水条件下可以分离得到。如有水存在时,则可以直接得到酯。

12.7.3　氨　解

 酰氯、酸酐、酯及酰胺与氨作用都生成酰胺:

$$
\overset{\text{O}}{\underset{\|}{\text{R---C---Cl}}} + \text{HNH}_2 \longrightarrow \overset{\text{O}}{\underset{\|}{\text{R---C---NH}_2}} + \text{HCl}
$$

$$
\overset{\text{O}\ \ \ \ \text{O}}{\underset{\|\ \ \ \ \ \ \|}{\text{R---C---O---C---R}'}} + \text{HNH}_2 \longrightarrow \overset{\text{O}}{\underset{\|}{\text{R---C---NH}_2}} + \overset{\text{O}}{\underset{\|}{\text{HO---C---R}'}}
$$

$$
\overset{\text{O}}{\underset{\|}{\text{R---C---OR}'}} + \text{HNH}_2 \longrightarrow \overset{\text{O}}{\underset{\|}{\text{R---C---NH}_2}} + \text{HOR}'
$$

$$
\overset{\text{O}}{\underset{\|}{\text{R---C---NH}_2}} + \text{CH}_3\text{NH}_2 \cdot \text{HCl} \xrightarrow{\ \Delta\ } \overset{\text{O}}{\underset{\|}{\text{R---C---NHCH}_3}} + \text{NH}_4\text{Cl} \quad \text{(胺的交换反应)}
$$

$$R-C\equiv N + NH_3 \xrightarrow[\Delta, \text{压力}]{NH_4Cl} R-\overset{\overset{\displaystyle NH}{\|}}{\underset{\underset{\displaystyle NH_2}{}}{C}}$$

从上面羧酸衍生物的水解、醇解、氨解来看：

(1) 它们都是水、醇、氨分子中的氢分别被酰基（ $R-\overset{\overset{\displaystyle O}{\|}}{C}-$ ）取代,因此,羧酸衍生物都是酰化剂。它们使其他化合物分子中引入酰基的反应,叫酰化反应。

(2) 由于四种羧酸衍生物中,离去基团的次序是—X＞—OOCR＞—OR＞—NH₂,因此它们的水解、醇解、氨解反应的活性顺序都是酰氯＞酸酐＞酯＞酰胺≈腈。酰氯和酸酐的酰化能力最强,是实验室中常用的酰化剂。

(3) 在羧酸衍生物酰基碳上发生亲核取代反应比在烷基饱和碳上（如卤代烷）要容易得多,这是因为羰基使酰基化合物比烷基化合物更活泼。例如,酰氯比氯代烷更易进行亲核取代。从机理上对比也可以看出：

烷基亲核取代反应：

$$Nu: + \bigcirc-Y \xrightarrow{S_N2} \left[Nu\text{----}\bigcirc\text{----}Y \right] \longrightarrow Nu-\bigcirc + :Y$$

四面体碳进攻受到阻碍　　　　　五价碳不稳定

酰基的亲核取代反应：

$$Nu: + \underset{\underset{\displaystyle O}{\|}}{\overset{\displaystyle R}{\underset{}{\bigcirc}}}Y \longrightarrow Nu-\underset{\underset{\displaystyle O^-}{}}{\overset{\displaystyle R}{\underset{}{\bigcirc}}}Y \longrightarrow \underset{\underset{\displaystyle O}{\|}}{\overset{\displaystyle R\quad Nu}{\underset{}{\bigcirc}}} + :Y$$

三角形碳进攻比较无阻碍　　　　　四面体碳稳定

12.7.4 与格氏试剂的反应

羧酸衍生物都能与格氏试剂发生反应,但反应产物则与格氏试剂用量比有关。例如：

$$R-\overset{\overset{\displaystyle O}{\|}}{C}-Cl + R'MgX \longrightarrow R-\overset{\overset{\displaystyle OMgX}{|}}{\underset{\underset{\displaystyle R'}{|}}{C}}-Cl \xrightarrow{-MgXCl} R-\overset{\overset{\displaystyle O}{\|}}{C}-R' \xrightarrow[H_2O, H^+]{R'MgX} R-\overset{\overset{\displaystyle R'}{|}}{\underset{\underset{\displaystyle OH}{|}}{C}}-R'$$
$$\qquad\qquad\qquad\qquad\qquad\qquad\qquad\qquad\qquad\qquad\qquad\qquad\qquad\text{酮}\qquad\qquad\qquad\qquad\qquad 3°醇$$

可见,1 mol 格氏试剂与 1 mol 酰氯起反应,可使反应停留在酮的一步,若用 2 mol 格氏试剂时,则与酮进一步加成生成三级醇。

若用活性较低的烷基镉,可与酰氯或酸酐反应停留在酮,因为烷基镉不与醛、酮、酯、酰胺反应：

$$2C_6H_5COCl + (CH_3CH_2)_2Cd \xrightarrow{\text{苯}} 2C_6H_5\overset{\overset{\displaystyle O}{\|}}{C}CH_2CH_3 + CdCl_2$$
$$\qquad\qquad\qquad\qquad\qquad\qquad\qquad\qquad 84\%$$

或用酸性较低的二烷基铜锂，可与酰氯反应停留在酮，因为二烷基铜锂可与酰氯、醛反应，与酮反应很慢，与酯、酰胺及胺完全不反应：

$$\underset{CH_3}{\underset{|}{CH_3CHCH_2}}\overset{O}{\underset{\|}{CCl}} + (CH_3C\!\!=\!\!CH)_2CuLi \xrightarrow[-5℃]{乙醚} \underset{CH_3}{\underset{|}{CH_3CHCH_2}}\overset{O}{\underset{\|}{C}}CH\!\!=\!\!C(CH_3)_2$$

$$70\%$$

酯与格氏试剂的反应和酰氯相似，格氏试剂与酯都是 1 mol 时，生产酮，格氏试剂用 2 mol 时，则得到三级醇。

酰胺与格氏试剂起反应时，由于酰胺分子中含有活泼氢，能使格氏试剂分解，因此要使 1 mol 酰胺转变成三级醇需要 4 mol 的格氏试剂：

$$\overset{O}{\underset{\|}{RC}}\!\!-\!\!NH_2 \xrightarrow{2R'MgX} \overset{O}{\underset{\|}{RC}}\!\!-\!\!N(MgX)_2 + 2R'H$$

$$\Big\downarrow R'MgX$$

$$\underset{R'}{\underset{|}{RC}}\overset{OMgX}{\underset{|}{{}}}\!\!-\!\!N(MgX)_2 \longrightarrow \overset{O}{\underset{\|}{RC}}\!\!-\!\!R \xrightarrow[②H_2O,H^+]{①R'MgX} \underset{OH}{\underset{|}{RC}}\overset{R'}{\underset{|}{{}}}\!\!-\!\!R'$$

$$3°醇$$

腈与格氏试剂进行亲核加成反应生成亚胺盐。这个盐虽存在碳氮双键，但氮带有负电荷使 $C\!\!=\!\!N^-$ 中碳无明显电正性，不可能再与格氏试剂加成。亚胺盐水解生成酮：

$$R\!\!-\!\!C\!\!\equiv\!\!N + R'MgX \longrightarrow R\!\!-\!\!\overset{N^-\ \overset{+}{M}gX}{\underset{|}{C}}\!\!-\!\!R' \xrightarrow[H_2O]{H^+} R\!\!-\!\!\overset{O}{\underset{\|}{C}}\!\!-\!\!R'$$

$$亚胺盐$$

12.7.5 还原反应

羧酸衍生物比羧酸容易被还原。

酰氯使用毒化的催化剂进行催化加氢可还原成醛，若使用强还原剂 $LiAlH_4$ 则还原成醇：

$$\overset{O}{\underset{\|}{RCCl}} + H_2 \xrightarrow[喹啉-硫]{Pd/BaSO_4} \overset{O}{\underset{\|}{RCH}} + HCl\uparrow$$

$$醛$$

$$\overset{O}{\underset{\|}{RCCl}} + LiAlH_4 \longrightarrow RCH_2OH \ (1°醇)$$

酰胺也可以用 $LiAlH_4$ 还原生成一级胺：

$$\overset{O}{\underset{\|}{RCNH_2}} + LiAlH_4 \longrightarrow RCH_2NH_2 (1°胺)$$

如果用硼烷（$BH_3)_2$ 做还原剂比 $LiAlH_4$ 更优越。因为反应较快而且具有选择性，如 $-NO_2$、$-CN$ 可以不受影响：

$$NO_2CH_2\overset{O}{\underset{\|}{C}}\!\!-\!\!NH_2 \xrightarrow{(BH_3)_2,THF} NO_2CH_2CH_2NH_2$$

酰胺与碱性次卤酸盐溶液作用，酰胺被还原成少一个碳原子的一级胺。这个反应叫霍夫曼降解反应(Hofmann degradation)：

$$\underset{\substack{\| \\ O}}{RC}-NH_2 \xrightarrow{Br_2+NaOH} RNH_2 \quad (\text{比酰胺少一个碳原子})$$

反应历程表示如下：

$$\underset{\substack{\| \\ O}}{RC}-NH_2 \xrightarrow{NaOBr} \underset{\substack{\| \\ O}}{RC}-\underset{\substack{| \\ H}}{\overset{Br}{N}} \xrightarrow{-HBr} [R-\underset{\substack{\| \\ O}}{C}\cdot\ddot{N}\colon] \longrightarrow RN=C=O$$
$$(\text{异氰酸酯})$$

$$\xrightarrow{H_2O} RN=\underset{\substack{| \\ OH}}{C}-OH \longrightarrow [\underset{\substack{\| \\ O}}{RNHC}-OH] \xrightarrow[\Delta]{-CO_2} RNH_2$$
$$\text{N-烷基氨基甲酸(不稳定)}$$

这个反应过程虽很复杂，但反应产率较好，产物较纯。例如：

$$(CH_3)_3CCH_2\underset{\substack{\| \\ O}}{C}-NH_2 \xrightarrow{NaOBr} (CH_3)_3CCH_2NH_2$$
$$94\%\text{新戊胺}$$

腈可用 $LiAlH_4$、催化氢化还原为胺。如：

$$CH_3CH_2CH_2CN \xrightarrow[\text{② } H_2O]{\text{① } LiAlH_4} CH_3CH_2CH_2CH_2NH_2$$

$$PhCH_2CN \xrightarrow[\Delta,\text{压力}]{H_2,Ni} PhCH_2CH_2NH_2$$

酯可用多种方法还原，其产物为两分子醇，一分子来自酯中酸的部分，另一分子来自酯中醇的部分。例如酯的催化氢解：

$$RCOOR'+H_2 \xrightarrow[200℃\sim300℃,\text{压力}]{CuO\cdot CuCrO_4} RCH_2OH+R'OH$$

铜铬氧化物($CuO\cdot CuCrO_4$)是应用较广较好的催化剂。反应过程中，双键可同时被还原。这个反应大量应用于催化氢解植物油和脂肪，以取得长链醇类(如硬脂醇、软脂醇等)，不饱和脂肪酸的双键同时被饱和。它们可用来合成洗涤剂、化学试剂等。

酯也可用金属钠-醇或 $LiAlH_4$ 还原成一级醇：

$$RCOOR'+Na \xrightarrow{C_2H_5OH} RCH_2OH+R'OH$$

此反应叫鲍维特-勃朗克(Bouveault-Blanc)还原。此法适于大规模制备，它对双键可以不受影响：

$$RCOOR'+LiAlH_4 \longrightarrow RCH_2OH+HOR'$$

这是一个最常用的实验室制备方法。

酯的还原缩合反应。酯和金属钠在乙醚或甲苯中反应，发生双分子还原，得到 α 羟基酮，此反应叫酮醇缩合(acyloin condensation)。如：

$$2CH_3CH_2CH_2-\underset{\substack{\| \\ O}}{C}-OC_2H_5 \xrightarrow[\Delta]{Na,\text{甲苯}} \xrightarrow{H_2O} CH_3CH_2CH_2\underset{\substack{\| \\ O}}{C}-\underset{\substack{| \\ OH}}{CH}CH_2CH_2CH_3$$

反应为单电子转移过程，历程如下：

$$\text{2R} \overset{\overset{\text{O}}{\|}}{\text{C}} -\text{OR}' +2\text{Na} \longrightarrow 2\text{R} \overset{\overset{:\text{O}^-}{\|}}{\underset{\cdot}{\text{C}}} -\text{OR}' \longrightarrow \text{R} -\overset{\overset{:\text{O}^-}{|}}{\underset{\underset{\curvearrowleft}{\text{OR}'}}{\text{C}}} -\overset{\overset{:\text{O}^-}{|}}{\underset{\underset{\curvearrowleft}{\text{OR}'}}{\text{C}}} -\text{R} \longrightarrow$$

$$\text{R}-\overset{\text{O}}{\overset{\|}{\text{C}}}-\overset{\text{O}}{\overset{\|}{\text{C}}}-\text{R} +2\text{Na} \longrightarrow \text{R}-\overset{\text{O}^-}{\overset{|}{\text{C}}}-\overset{\text{O}^-}{\overset{|}{\text{C}}}-\text{R} \xrightarrow{\text{H}_2\text{O}} \left[\text{R}-\overset{\text{OH}}{\overset{|}{\text{C}}}-\overset{\text{OH}}{\overset{|}{\text{C}}}-\text{R} \right] \longrightarrow \text{R}-\overset{\text{O}}{\overset{\|}{\text{C}}}-\overset{\text{OH}}{\overset{|}{\text{CH}}}-\text{R}$$

12.7.6 酯缩合反应

酯分子中 α-碳上的氢极为活泼,在碱(醇钠)的作用下,可与另一分子酯失去一分子醇,得到 β-酮基酯,称为克莱森(Claisen)酯缩合反应。例如:

$$\text{CH}_3\text{CO}\boxed{\text{OC}_2\text{H}_5 + \text{H}}-\text{CH}_2\text{COOC}_2\text{H}_5 \xrightarrow{\text{NaOC}_2\text{H}_5} \text{CH}_3\overset{\text{O}}{\overset{\|}{\text{C}}}\text{CH}_2\overset{\text{O}}{\overset{\|}{\text{C}}}\text{OC}_2\text{H}_5 + \text{C}_2\text{H}_5\text{OH}$$

乙酸乙酯　　　　　　　　　　　　　　　　乙酰乙酸乙酯
　　　　　　　　　　　　　　　　　　　　　(β-酮基酯)

反应历程:乙酸乙酯在乙醇钠作用下,失去一个 α-氢,形成碳负离子 $^-\text{CH}_2\text{COOC}_2\text{H}_5$,它很快与乙酸乙酯的羰基发生亲核加成,再失去一个 $\text{C}_2\text{H}_5\text{O}^-$,即得到乙酰乙酸乙酯:

$$\text{C}_2\text{H}_5\text{O}^- + \text{H}-\text{CH}_2\overset{\text{O}}{\overset{\|}{\text{C}}}\text{OC}_2\text{H}_5 \rightleftharpoons {}^-\text{CH}_2\overset{\text{O}}{\overset{\|}{\text{C}}}\text{OC}_2\text{H}_5 + \text{C}_2\text{H}_5\text{OH}$$

$$\text{CH}_3\overset{\text{O}}{\overset{\|}{\text{C}}}\text{OC}_2\text{H}_5 + {}^-\text{CH}_2\overset{\text{O}}{\overset{\|}{\text{C}}}\text{OC}_2\text{H}_5 \rightleftharpoons \text{CH}_3\overset{:\text{O}^-}{\overset{|}{\underset{\underset{\curvearrowleft}{\text{OC}_2\text{H}_5}}{\text{C}}}}\text{CH}_2\overset{\text{O}}{\overset{\|}{\text{C}}}\text{OC}_2\text{H}_5 \rightleftharpoons \text{CH}_3\overset{\text{O}}{\overset{\|}{\text{C}}}\text{CH}_2\overset{\text{O}}{\overset{\|}{\text{C}}}\text{OC}_2\text{H}_5$$

酯缩合反应相当于一个酯的 α-氢被另一个酯的酰基所取代。凡含有 α-氢的酯都有类似的反应。因此,酯缩合反应本质上是 α-活泼氢的一个反应类型。如果用含有 α-活泼氢的醛、酮代替一部分酯,用酰氯、酸酐代替另一部分提供酰基的酯,结果发生相同的反应,这样,酯缩合反应包括的范围就扩大了。可用通式表示如下:

$$\text{R}-\overset{\text{O}}{\overset{\|}{\text{C}}}-\text{Y} + \text{H}-\overset{\text{O}}{\overset{\|}{\underset{|}{\text{C}}}}-\text{C}- \longrightarrow \text{R}-\overset{\text{O}}{\overset{\|}{\text{C}}}-\overset{\text{O}}{\overset{\|}{\underset{|}{\text{C}}}}-\text{C}- + \text{HY}$$

酯、酰氯或酸酐　　　酯、醛或酮　　　　　　β-二羰基化合物
(提供酰基)　　　　(提供 α-氢)

这个类型的反应统称为 Claisen 酯缩合反应。它用于合成 β-羰基酸酯或 β-二酮类化合物。

当用两种不同的含有 α-氢的酯进行克莱森酯缩合时,可以得到四种缩合产物,由于分离的困难,这样所得的产物没有多大用途。但是若其中一个酯没有 α-氢,所得产物将只有两种,甚至可控制主要只得到一种混合酯的缩合产物。这种交叉酯缩合反应在合成上常是有用的,无 α-氢的酯有甲酸酯、草酸酯、碳酸酯与苯甲酸酯,它们所得酯缩合产物如下:

$$\underset{\text{O}}{\overset{\text{O}}{\text{HC}}}-\text{OC}_2\text{H}_5 + \text{RCH}_2\overset{\text{O}}{\underset{\|}{\text{C}}}\text{OC}_2\text{H}_5 \xrightarrow[\overset{+}{\text{②H}_3\text{O}}]{\text{①NaOC}_2\text{H}_5} \underset{\text{R}}{\overset{\text{O}}{\text{HCCHCOC}_2\text{H}_5}} + \underset{\text{R}}{\text{RCH}_2\overset{\text{O}}{\underset{\|}{\text{C}}}\text{CH}\overset{\text{O}}{\underset{\|}{\text{C}}}\text{OC}_2\text{H}_5}$$

甲酰基取代乙酸酯(主要的)

当将具有 α-氢的酯与酮一起用强碱处理时,所得主要产物是酮的烯醇负离子与酯发生亲核加成消除反应,形成 α-碳酰化的酮——β-二酮。这是由于酮的 α-氢($\text{p}K_a = 20$)比酯的 α-氢酸性($\text{p}K_a = 25$)大,同时生成的 β-二酮也是四种可能产物中酸性最大的($\text{p}K_a \approx 9$),所以在四种可能的缩合方式中按上述方式进行是平衡最有利的。

$$\text{CH}_3\overset{\text{O}}{\underset{\|}{\text{C}}}\text{CH}_3 + \text{CH}_3\text{CO}_2\text{C}_2\text{H}_5 \xrightarrow[\overset{+}{\text{②H}_3\text{O}}]{\text{①NaH}, \text{C}_2\text{H}_5\text{OC}_2\text{H}_5} \underset{85\%}{\text{CH}_3\overset{\text{O}}{\underset{\|}{\text{C}}}\text{CH}_2\overset{\text{O}}{\underset{\|}{\text{C}}}\text{CH}_3}$$

生物体中长链脂肪酸以及一些其他化合物的合成,就是由乙酰辅酶 A 中的乙酰基通过类似于酯缩合的反应而逐渐将碳链加长的:

$$\underset{\text{乙酰辅酶A}}{\text{CH}_3\overset{\text{O}}{\underset{\|}{\text{C}}}\text{S}}-\text{CoA} + ^-\text{CH}_2\overset{\text{O}}{\underset{\|}{\text{C}}}\text{S}-\text{CoA} \longrightarrow \text{CH}_3\overset{\text{O}}{\underset{\|}{\text{C}}}\text{CH}_2\overset{\text{O}}{\underset{\|}{\text{C}}}\text{S}-\text{CoA} \xrightarrow{\text{还原}} \text{CH}_3\overset{\text{OH}}{\underset{|}{\text{C}}}\text{HCH}_2\overset{\text{O}}{\underset{\|}{\text{C}}}\text{S}-\text{CoA} \xrightarrow{\text{脱水}}$$

$$\text{CH}_3\text{CH}=\text{CH}\overset{\text{O}}{\underset{\|}{\text{C}}}\text{S}-\text{CoA} \xrightarrow{\text{还原}} \text{CH}_3\text{CH}_2\text{CH}_2\overset{\text{O}}{\underset{\|}{\text{C}}}\text{S}-\text{CoA} \xrightarrow{\text{水解}} \text{CH}_3\text{CH}_2\text{CH}_2\overset{\text{O}}{\underset{\|}{\text{C}}}-\text{OH (丁酸)}$$

$$\xrightarrow{^-\text{CH}_2\overset{\text{O}}{\underset{\|}{\text{C}}}\text{S}-\text{CoA}} \text{(可得到碳链更长的羧酸)}$$

上述还原、脱水、水解反应都是在不同酶的作用下进行的。

12.7.7 酰胺的失水反应

酰胺对热比较稳定,但与强的脱水剂(P_2O_5)一起加热,则可失水而生成腈:

$$\underset{(\text{Ar})}{\text{R}}-\overset{\text{O}}{\underset{\|}{\text{C}}}-\text{NH}_2 + \text{P}_2\text{O}_5 \xrightarrow{\Delta} \underset{(\text{Ar})}{\text{R}}-\text{C}\equiv\text{N (腈)}$$

这是实验室合成腈的一种方法。反应可能是通过酰胺的互变异构体——烯醇型的脱水而进行的:

$$\text{R}-\overset{\text{O}}{\underset{\|}{\text{C}}}-\text{NH}_2 \rightleftharpoons [\text{R}-\overset{\text{OH}}{\underset{|}{\text{C}}}=\text{NH}] \xrightarrow{-\text{H}_2\text{O}} \text{R}-\text{C}\equiv\text{N}$$

12.7.8 烯 酮

羧酸分子内失水,形成烯酮(ketene):

$$\text{CH}_3-\overset{\text{O}}{\underset{\|}{\text{C}}}-\text{OH} \xrightarrow[\Delta, -\text{H}_2\text{O}]{\text{AlPO}_4} \text{CH}_2=\text{C}=\text{O}$$

因此,烯酮可以看作是羧酸的内酐,烯酮是一类高效的酰化剂,特别是乙烯酮,它迅速与

水、醇、羧酸和氨反应,分别生成羧酸、酯、酐和酰胺:

$$+ \quad H_2O \quad \longrightarrow \quad CH_3CO_2H \qquad 乙酸$$

$$H_2C=C=O \quad + \quad ROH \quad \longrightarrow \quad CH_3CO_2R \qquad 乙酸酯$$

$$+ \quad CH_3CO_2H \quad \longrightarrow \quad (CH_3CO)_2O \qquad 乙酐$$

$$+ \quad NH_3 \quad \longrightarrow \quad CH_3CONH_2 \qquad 乙酰胺$$

以上反应可以用通式表示:

$$CH_2=C=\overset{}{O}+H^+ \longrightarrow CH_2=\overset{+}{C}-OH+Nu^- \longrightarrow H_2\overset{}{C}-\overset{}{C}-\overset{}{O}-H \longrightarrow CH_3-C=O$$
$$\quad\quad\quad\quad\quad\quad\quad\quad\quad\quad\quad\quad\quad\quad\quad\quad\quad Nu \quad\quad\quad\quad\quad\quad\quad Nu$$

烯酮还具有 $C=C$ 双键的性质,能与亲电试剂起加成反应,如:

$$H_2C=C=O \ +HBr \longrightarrow CH_3-\overset{\overset{\textstyle O}{\|}}{C}-Br$$

12.8 重要的羧酸衍生物

酰氯和酸酐在天然界是很少见的,只有一些羧酸和磷酸形成的混合酸酐,如乙酸磷酸酐

($CH_3\overset{\overset{\textstyle O}{\|}}{C}O\overset{\overset{\textstyle O}{\|}}{P}-OH$),是生物体代谢中的重要物质,并且它也可以作为生物体中的乙酰转移剂,

将乙酰基转移给辅酶 A,形成乙酰辅酶 A:

$$CH_3\overset{\overset{\textstyle O}{\|}}{C}-O-\overset{}{P}-O^- \ + \ HS-CoA \longrightarrow CH_3\overset{\overset{\textstyle O}{\|}}{C}-S-CoA \ + \ HO-\overset{\overset{\textstyle O}{\|}}{P}-O^-$$
$$\quad\quad\quad\quad OH \quad\quad\quad 辅酶A \quad\quad\quad\quad 乙酰辅酶A \quad\quad\quad\quad\quad\quad OH$$

酯和酰胺则广泛分布在自然界。例如水果和花的香味是由于酯类和醛类的复杂混合物所引起,其中酯的分子量不太大。由菠萝取得的香精油中含有乙酸乙酯、乙醛、戊酸甲酯、异戊酸甲酯、异己酸甲酯和辛酸甲酯等。因此酯类是香料工业的重要原料。酯类也可用作杀虫剂、合成纤维、溶剂及塑料等。例如,涤纶的合成表示如下:

$$n HO_2C-\bigcirc-CO_2H \ +n \ \overset{}{CH_2}-\overset{}{CH_2} \overset{\Delta}{\longrightarrow} \left[CH_2CH_2O-\overset{\overset{\textstyle O}{\|}}{C}-\bigcirc-\overset{\overset{\textstyle O}{\|}}{C}-OCH_2CH_2 \right]_n$$
$$\quad\quad\quad\quad\quad\quad\quad\quad\quad\quad OH \quad OH \quad\quad\quad\quad\quad\quad 聚对苯二甲酸乙二醇酯$$
$$\quad\quad\quad\quad\quad\quad\quad\quad\quad\quad\quad\quad\quad\quad\quad\quad\quad\quad\quad\quad\quad\quad (的确良,Dacron)$$

涤纶具有十分令人满意的性能——有很大的强度、硬质和显著的抗皱作用。可是涤纶的硬度会刺激皮肤,所以通常是将它们与羊毛或棉花混纺,使它们触之柔软。

动物脂肪和植物油是高级脂肪酸与甘油形成的酯,蜡是高级脂肪酸与高级醇的酯,这将在第二十一章介绍。

在自然界分布最广的酰胺就是蛋白质,严格说它是酰胺的高聚物。除此以外也还有一些有很重要生理作用的较简单酰胺类化合物,如青霉素 G:

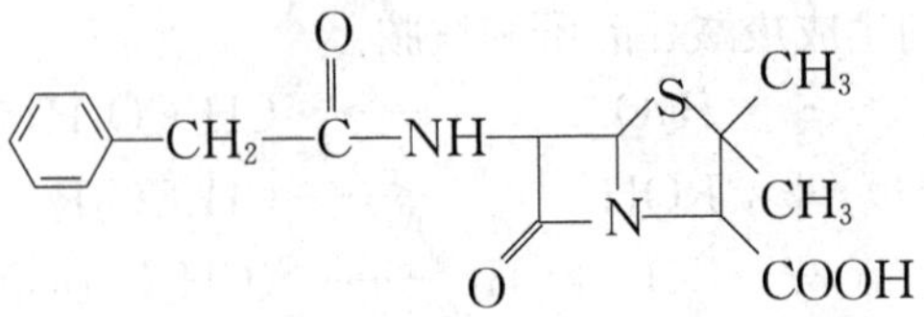

是抗菌素的一种，它能杀死或抑制其他微生物的生长。又如乙酰苯胺和对羟基乙酰苯胺是止痛药。合成纤维——尼龙-6,6是聚酰胺：

$$nH_2N(CH_2)_6NH_2 + nHOOC(CH_2)_4COOH$$

$$\xrightarrow{275℃} \left[HN(CH_2)_6NH\overset{\overset{O}{\|}}{C}(CH_2)_4\overset{\overset{O}{\|}}{C}NH(CH_2)_6NH\overset{\overset{O}{\|}}{C} \right]_n$$

尼龙-6,6(Nylon-6,6)

12.9 碳 酸 衍 生 物

碳酸分子中有两个羟基连在同一个碳原子上，很不稳定，容易分解为 H_2O 及 CO_2，这在动物体中却很重要。血红蛋白和氧结合后酸性增加，释放出的 H^+ 和血液中的 HCO_3^- 结合成碳酸，它迅速分解成 CO_2，向肺泡弥散而排出，同时维持了人体血液的 pH 值保持在 7.35～7.45 之间。

碳酸虽然不稳定，但它们的许多衍生物却很稳定，而且是比较重要的有机物。碳酸与羧酸相似，也可以形成酰卤、酯、酰胺等衍生物。碳酸是二元酸，应有酸性及中性两种衍生物，但酸性的衍生物都不稳定，易分解成 CO_2。例如：

$$\left[RO\overset{\overset{O}{\|}}{C}—OH \right] \longrightarrow CO_2 + ROH$$

碳酸氢烷基酯

$$\left[H_2N\overset{\overset{O}{\|}}{C}—OH \right] \longrightarrow CO_2 + NH_3$$

氨基甲酸

$$\left[Cl\overset{\overset{O}{\|}}{C}—OH \right] \longrightarrow CO_2 + HCl$$

氯代甲酸

因此，我们主要讨论中性的碳酸衍生物。碳酸衍生物的性质与羧酸衍生物极为相似。下面介绍几个有代表性的化合物。

12.9.1 碳酸二酰氯

$Cl—\overset{\overset{O}{\|}}{C}—Cl$，又名光气。这是因为最初光气是由一氧化碳和氯气在日光照射下作用得到的。目前工业上是在活性碳催化下合成：

$$CO + Cl_2 \xrightarrow[200℃]{活性碳} COCl_2$$

光气极毒，它是一个毒性十倍于氯气的肺损害剂，光气具有酰氯的典型性质，容易发生水解、醇解和氨解：

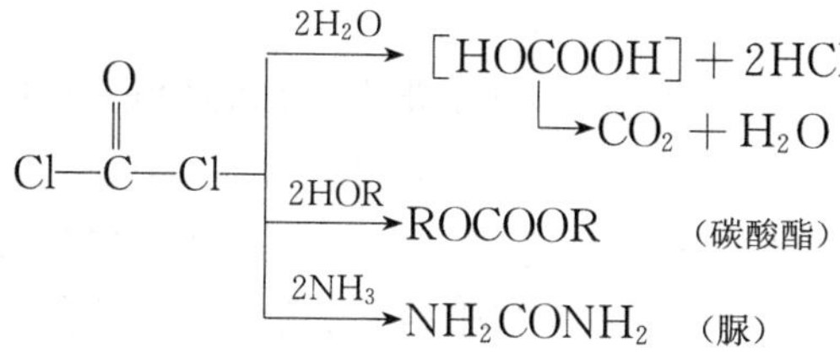

光气是有机合成的重要原料。它和芳烃发生付氏反应，后水解得芳香酸。若形成芳酰氯再和一分子的芳烃反应，则生成二芳基酮：

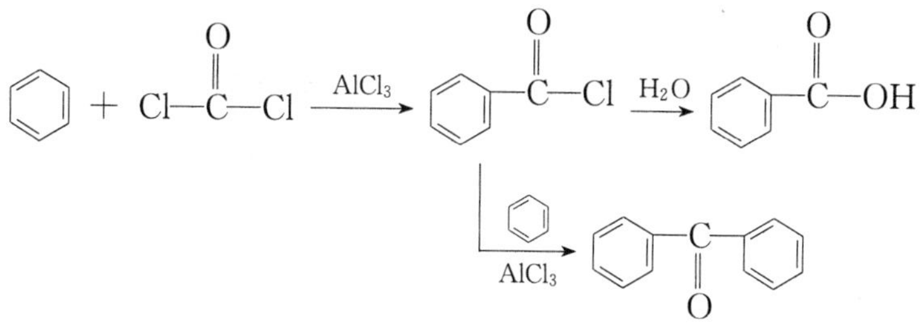

光气与双官能化合物反应，能生成含五元环或六元环的化合物或高聚物。如：

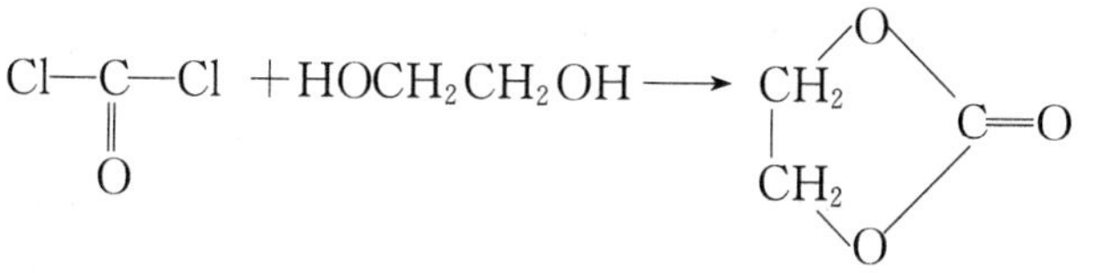
(碳酸乙二醇酯)

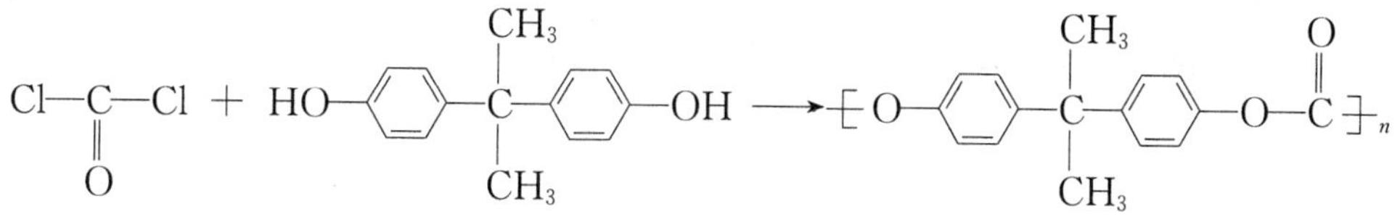
(双酚A)　　　聚碳酸酯

这是光气在工业上的主要用途。

12.9.2 氨基甲酸酯

$H_2N\overset{O}{\overset{\|}{C}}OR$ ，可用氯甲酸酯的氨解来制得：

$$Cl-\overset{O}{\overset{\|}{C}}-OR + NH_3 \longrightarrow NH_2-\overset{O}{\overset{\|}{C}}-OR + HCl$$

它是一类具有镇静和轻度催眠作用的药物。例如，常用的催眠药——眠尔通的结构如下：

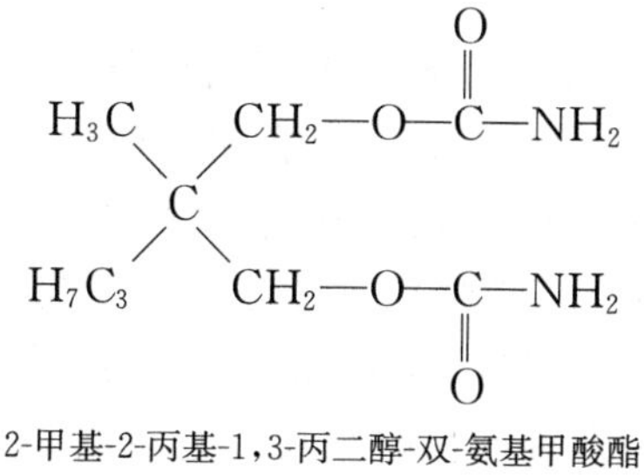
2-甲基-2-丙基-1,3-丙二醇-双-氨基甲酸酯

12.9.3 脲

$CO(NH_2)_2$ 是人类及许多动物生命活动中蛋白质新陈代谢而排泄出来的含氮产物,存在于人和动物的尿中,故又称为尿素。成人每天约排出 28 g~30 g。

尿素的结构还不太清楚,C—N 键长是 137 pm,比正常的(147 pm)短一些,C═O 双键键长是 125 pm,比一般的 C═O 键要长一点,因此有人建议用下式表示:

$$H_2N^+ \!\!=\!\! C \begin{smallmatrix} NH_2 \\ \\ O^- \end{smallmatrix}$$

尿素的碱性比普通酰胺强,这是由于正离子的共轭稳定作用:

$$H_2N-\underset{\underset{O}{\|}}{C}-NH_2 + H^+ \Longrightarrow H_2\overset{+}{\ddot{N}}-\underset{\underset{:OH}{\|}}{C}-\ddot{N}H_2$$

因此它可与酸形成盐,如与硝酸形成盐:

$$H_2N-\underset{\underset{OH}{\|}}{\overset{\overset{NO_3^-}{+}}{C}}-NH_2$$

尿素在尿素酶的作用下,可以分解成 CO_2 和 NH_3。大豆中含有大量的尿素酶,它是首次取得的结晶形酶,在生物化学发展上甚为重要。分解后放出的氨可用酸标定,也可以用奈斯勒(Nessler)试剂通过比色法测定。这是测定脲的一个很重要的方法。

$$O\!\!=\!\!C \begin{smallmatrix} NH_2 \\ \\ NH_2 \end{smallmatrix} + H_2O \xrightarrow{\text{尿素酶}} CO_2 + 2NH_3$$

施于土壤中的尿素就是被植物或许多微生物中含有的脲酶水解而放出氨的。

两分子的尿素加热至 150℃~160℃时,失去一分子氨,而生成缩二脲。其过程是:

$$NH_2-\underset{\underset{O}{\|}}{C}-NH_2 \xrightarrow{\Delta} NH_3 + N\!\!\equiv\!\!C-OH \xrightarrow{H_2N-\underset{\underset{O}{\|}}{C}-NH_2} H_2N-\underset{\underset{O}{\|}}{C}-NH-\underset{\underset{O}{\|}}{C}-NH_2$$

缩二脲

缩二脲在碱性溶液中与硫酸铜呈紫红色,这叫缩二脲反应。凡化合物含有一个以上的酰胺键($-\underset{\underset{O}{\|}}{C}-NH-$)即肽键者均有此反应,因此可用它来鉴定蛋白质。

尿素还具有一个非常特殊的性质,就是它能和一些含有六个碳原子以上的直链化合物——烷烃、醇、卤代烷、醛、酮、酸、酯及胺类等形成一种结晶的分子复合物,而且有侧链的或环状的化合物一般不会形成。利用这个性质,可以把某些直链的烃和叉链的烃分开。

为什么会形成结晶复合物? 根据结晶学的研究发现,脲分子本身是一种六角形的笼状晶格,中间有一柱状 500 pm 管道,直链的化合物可以进入管道形成笼状化合物(即结晶复合物),又链烃不能进入,这是由于受脲结晶管道大小的限制。每一种复合物都有一定的组成,但两个组分的摩尔比例不一定成整数,而且随着直链化合物碳链的增长,所需脲的摩尔数也增大(成正比)。例如:

1 mol 正庚烷和 6.08 mol 脲结合;

1 mol 正癸烷和 8.3 mol 脲结合;

1 mol 正十六烷和 12 mol 脲结合;

由此看来,这种结合不是化学键的结合,而是分子间范德华力的结合。

尿素的主要用途是作肥料,一部分用来合成脲甲醛塑料,少量用来合成重要的安眠药——巴比妥酸:

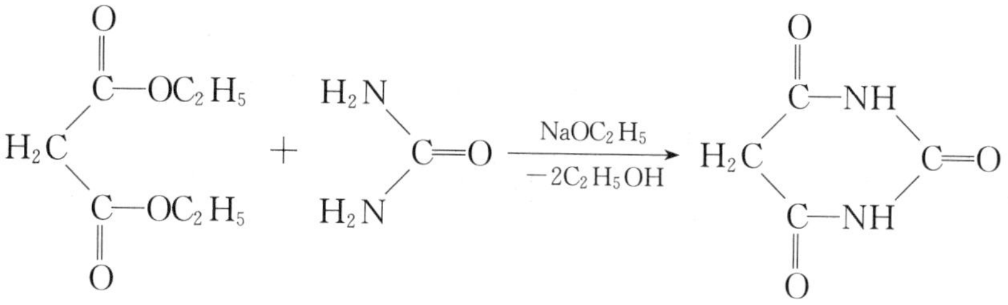

丙二酸酯   丙二酰脲(巴比妥酸)

丙二酰脲的衍生物如二乙基丙二酰脲(巴比妥)、乙基苯基丙二酰脲(苯巴比妥)是两种最常用的安眠药:

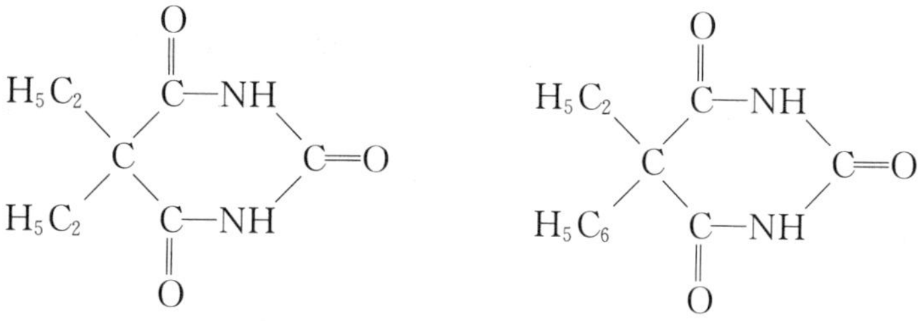

巴比妥   苯巴比妥

工业上大量的尿素是用二氧化碳和氨在压力下合成的:

$$CO_2 + 2NH_3 \xrightarrow[20MPa]{180℃} H_2N-\overset{\displaystyle O}{\overset{\|}{C}}-ONH_4 \xrightarrow{-H_2O} H_2NCONH_2 + H_2O$$

氨基甲酸铵

12.9.4 胍

$H_2N-\overset{\displaystyle NH}{\overset{\|}{C}}-NH_2$ 可以看作是脲分子中氧被亚氨基(=N—H)取代的衍生物,故又称亚氨基脲。

胍是一个有机强碱,碱性($pK_b = 0.52$)与氢氧化钾相当,在空气中能吸收二氧化碳和水,形成稳定的碳酸胍:

$$2H_2N-\overset{\displaystyle NH}{\overset{\|}{C}}-NH_2 + H_2O + CO_2 \longrightarrow (H_2N-\overset{\displaystyle NH}{\overset{\|}{C}}-NH_2)_2 \cdot H_2CO_3$$

403

胍的强碱性不仅由于 $\diagdown\!\!/ C\!=\!NH$ 的碱性比 $\diagdown\!\!/ C\!=\!O$ 强,而且主要由于能形成稳定的胍阳离子:

$$\underset{\text{NH}}{\overset{\text{NH}}{H_2N\!-\!C\!-\!NH_2}} + H^+ \longrightarrow \left[\ \underset{\text{NH}_2}{\overset{\text{NH}_2}{H_2\ddot{N}\!-\!C\!-\!\ddot{N}H_2}}\ \right]^+$$
$$\text{胍阳离子}$$

在胍阳离子中存在着共轭效应,三个 C—N 键完全平均化(键长均为 118 pm),体系能量降低而稳定。

胍容易水解成脲和氨:

$$\underset{\text{NH}}{\overset{\text{NH}}{H_2N\!-\!C\!-\!NH_2}} + H_2O \longrightarrow \underset{\text{O}}{\overset{\text{O}}{H_2N\!-\!C\!-\!NH_2}} + NH_3$$

因此,游离胍是不稳定的,常以盐的形式保存。

胍的衍生物在生理上很重要,如链霉素、精氨酸、肌酸等分子中都含有胍基。特别是肌酸在动物体内分布很广,它的结构如下:

$$\begin{array}{c} CH_3 \\ | \\ N\!-\!CH_2COOH \\ | \\ HN\!=\!C \\ | \\ NH_2 \end{array} \qquad \text{(甲基胍乙酸)}$$

胍也是合成药物的重要原料之一,苯乙双胍可治疗糖尿病,硫酸胍氯酚可降低血压。

$$\underset{\text{NH}}{\overset{}{}}\text{—CH}_2\text{CH}_2\text{—NH—}\underset{\text{NH}}{\overset{}{C}}\text{—NH—}\underset{\text{NH}}{\overset{}{C}}\text{—NH}_2 \cdot \text{HCl} \qquad \text{(苯乙双胍)}$$

$$\left(\ \underset{\text{Cl}}{\overset{\text{Cl}}{}}\text{—OCH}_2\text{CH}_2\text{—NH—}\underset{\text{NH}}{\overset{}{C}}\text{—NH}_2\right)_2 \cdot \text{H}_2\text{SO}_4 \qquad \text{(硫酸胍氯酚)}$$

胍通常是从氰胺与过量氨或氯化铵在乙醇中共热得到:

$$NH_2\!-\!CN + NH_3 \xrightarrow[100℃]{乙醇} \underset{\text{NH}}{\overset{}{NH_2\!-\!C\!-\!NH_2}}$$

$$NH_2\!-\!CN + NH_4Cl \longrightarrow (NH_2)_2C\!=\!NH \cdot HCl$$

习　　题

1. 用系统法命名下列化合物:

(1) $\underset{\text{CH}_3}{\overset{}{CH_3CHCOOH}}$

(2) $\underset{\text{Br}\ \text{CH}_2\text{CH}_3}{\overset{}{CH_3CHCHCOOH}}$

(3) $\underset{CH_3CH_2}{\overset{H}{}}C\!=\!C\underset{H}{\overset{COOH}{}}$

(4) $\underset{}{\overset{H}{}}C\!=\!C\underset{COOH}{\overset{H}{}}$

(5)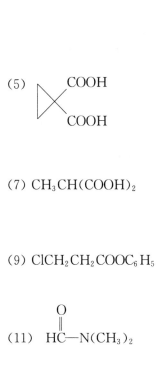

(6)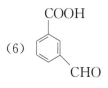

(7) $CH_3CH(COOH)_2$

(8)

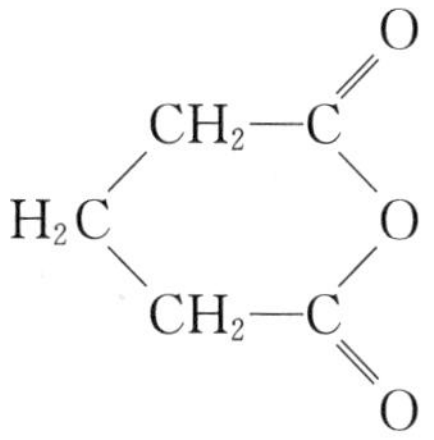

H_2C 结构式（邻苯二甲酸酐类环状酸酐）

(9) $ClCH_2CH_2COOC_6H_5$

(10) 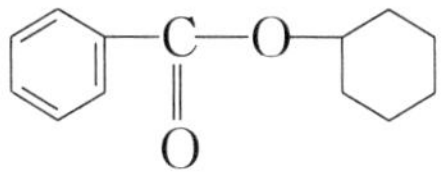 苯甲酸环己酯结构式

(11)

$$HC\!-\!N(CH_3)_2$$
（含C=O）

(12)

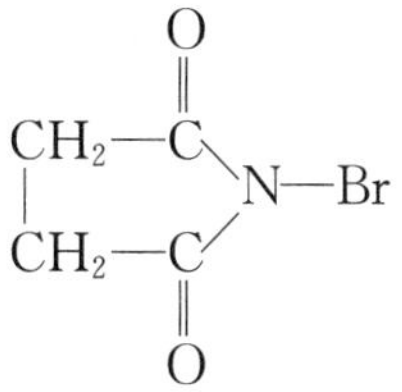

$$CH_2\!-\!C,\ CH_2\!-\!C,\ N\!-\!Br$$
（含两个C=O的琥珀酰亚胺N-溴代物）

(13)

$$CH_3CHCCl$$
$$\quad\ |\qquad\ O$$
$$\quad CH_3$$

(14) $CH_3CH_2CHCH_2CONHCH_3$
$\qquad\qquad\ |$
$\qquad\qquad CH_3$

(15) C_2H_5OCCl（含C=O）

2. 写出下列化合物的结构：

(1) 顺-2-丁烯酸

(2) 3-苯基-2-溴丙酸

(3) 反-4-叔丁基环己烷羧酸

(4) 庚酰氯

(5) 邻苯二甲酸酐

(6) 碳酸二异丙酯

(7) 戊内酰胺

(8) N,3-二乙基己酰胺

(9) α-苯丙酸苯酯

3. 比较下列化合物酸性的强弱：

(1) $CH_3CHCOOH$; $CH_3CHCOOH$; CH_2CH_2COOH
$\quad\ \ |$ $\qquad\qquad\ |$ $\qquad\qquad\ |$
$\quad\ \ F$ $\qquad\qquad Br$ $\qquad\qquad Br$

(2) $CH_2CH_2CH_2COOH$; $HOOCCH_2CH_2COOH$; $HOOCCH=CHCOOH$

(3) CH_3CH_2COOH; $HC\equiv CCOOH$; $CH_2=CHCOOH$; $N\equiv CCOOH$

(4) 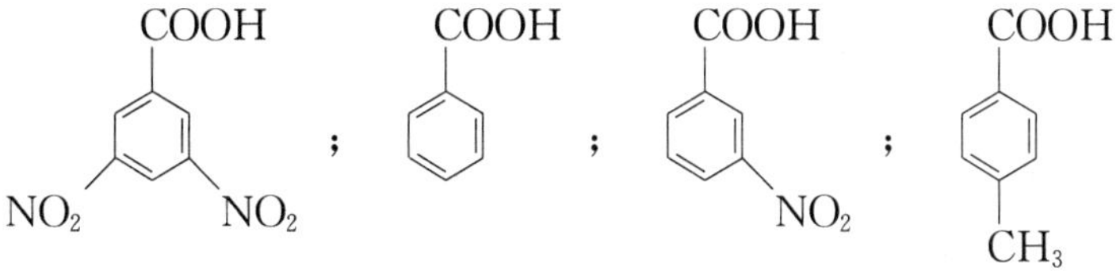 四个取代苯甲酸：3,5-二硝基苯甲酸；苯甲酸；3-硝基苯甲酸；4-甲基苯甲酸

(5) $H_3\overset{+}{N}CH_2COOH$；　$HOCH_2COOH$；　$HSCH_2COOH$

4. 写出下列反应的主要产物：

(1)
$$\underset{\underset{\text{—CH}_2\text{CO}_2\text{H}}{\big|}}{\overset{\text{—CH}_2\text{CO}_2\text{H}}{\bigcirc}} \xrightarrow[\text{Ba(OH)}_2]{\Delta} ?$$

(2) $(CH_3)_2CHOH + CH_3\text{—}\underset{\underset{\text{O}}{\|}}{\bigcirc}\text{—}\overset{\text{O}}{\underset{}{C}}\text{—Cl} \longrightarrow ?$

(3)
$$\begin{array}{c} HC\text{—}C \\ \| \quad\ \ \diagdown O \\ HC\text{—}C \\ \ \ \diagup \\ \end{array} + CH_3CH_2OH \longrightarrow ?$$

(4)
$$\begin{array}{c} CH_2\text{—}C \\ | \qquad \diagdown O \\ CH_2\text{—}C \\ \diagup \end{array} + 2NH_3 \longrightarrow ?$$

(5) $2CH_3CH_2\overset{\overset{\text{O}}{\|}}{C}OC_2H_5 \xrightarrow{\text{NaOC}_2\text{H}_5} ?$

(6) $\bigcirc\text{—OH} + (CH_3CO)_2O \longrightarrow ?$

5. 完成下列反应：

(1) $(CH_3)_3C\text{—Cl} \xrightarrow{\text{Mg,无水乙醚}} ? \xrightarrow{\text{CO}_2} ? \xrightarrow{\text{H}_3\overset{+}{\text{O}}} ?$

(2) $CH_3COOH \xrightarrow{\text{SOCl}_2} ? \xrightarrow{(\text{CH}_3)_2\text{CHNH}_2} ?$

(3) $\bigcirc\text{—COOH} \xrightarrow{\text{PCl}_3} ? \xrightarrow{\text{CH}_3\text{CH}_2\text{OH}} ?$

(4) $CH_3(CH_2)_4CH_2OH \xrightarrow[\Delta]{\text{H}_2\text{SO}_4} ? \xrightarrow{\text{HCl}} ? \xrightarrow{\text{Mg}}_{\text{无水乙醚}} ? \xrightarrow[\text{②H}_3\overset{+}{\text{O}}]{\text{①CO}_2} ?$

(5) $CH_3CH_2CH_2CH_2OH \xrightarrow{\text{KMnO}_4,\text{H}^+} ? \xrightarrow[\text{乙醚}]{\text{CH}_3\text{CH}_2\text{Li}} ? \xrightarrow[\text{②H}_2\text{O}]{\text{①CH}_3\text{CH}_2\text{Li}} ?$

(6) $\bigcirc \xrightarrow{\text{Br}_2}_{\text{Fe}} ? \xrightarrow[\text{无水乙醚}]{\text{Mg}} ? \xrightarrow{\bigcirc\text{=O}} \xrightarrow[\text{H}^+]{\text{H}_2\text{O}} ? \xrightarrow{\text{H}_2\text{SO}_4} ?$

$\xrightarrow[\text{②H}^+]{\text{①KMnO}_4,\Delta} ? \xrightarrow[\text{HCl}]{\text{Zn(Hg)}} ?$

(7) $CH_3CH_2CH_2OH + CH_3\overset{\overset{\text{O}}{\|}}{C}Cl \longrightarrow ? \xrightarrow[\text{500℃}]{\Delta} ?$

(8)
$$\bigcirc\hspace{-0.5em}\bigcirc\text{—CO}_2CH_3 \xrightarrow[\text{乙醚}]{\text{LiAlH}_4} ?$$

(9)

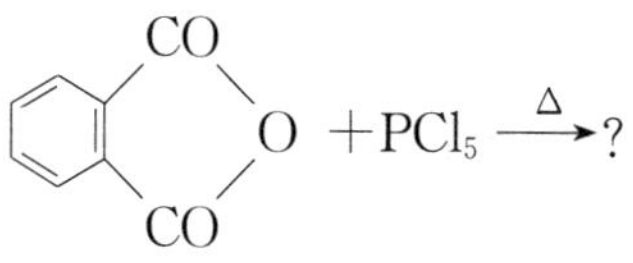

$+PCl_5 \xrightarrow{\Delta}$?

(10)

$\xrightarrow[\text{乙醚}]{Ac_2O}$?

6. 用合适的方法转变下列化合物:

(1) $CH_2=CH_2 \longrightarrow CH_3CH_2COOH$

(2)

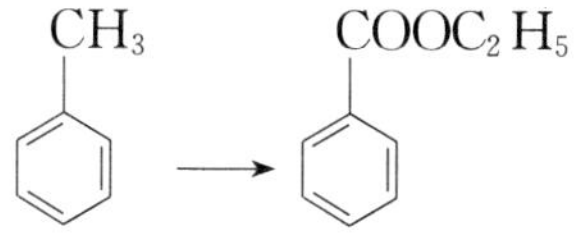

(3) $HOOCCH_2CH_2COOH \longrightarrow (CH_3)_2C=CHCH=C(CH_3)_2$

(4)

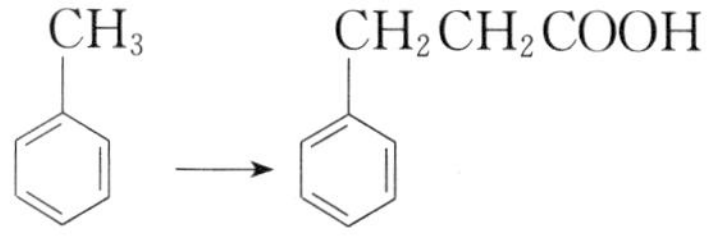

(5) $CH_3CH_2COOH \longrightarrow CH_3CH_2CH_2COOH$

(6) $CH_3CH_2CH_2COOH \longrightarrow CH_3CH_2COOH$

(7)

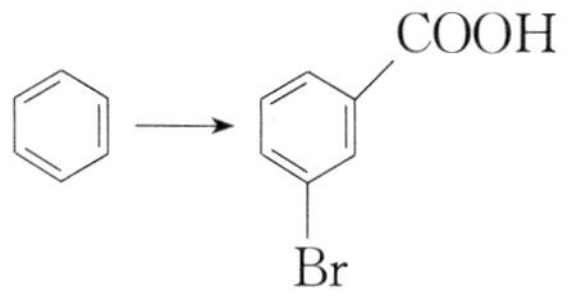

(8) $CH_3CH_2CH_2COOH$

- (a) $\rightarrow CH_3CH_2CH_2COOCH_2CH_2CH_2CH_3$
- (b) $\rightarrow CH_3CH_2CH_2CON(CH_3)_2$
- (c) $\rightarrow CH_3CH_2CH_2C\equiv N$
- (d) $\rightarrow CH_3CH_2CH_2NH_2$

7. 卤代烷可通过氰基取代水解法及相应格氏试剂羧基化两种方法转化为羧酸,下列各种转化中,两方法哪一种好些,为什么?

(1) $(CH_3)_3CCl \longrightarrow (CH_3)_3CCOOH$

(2) $Br—CH_2CH_2—Br \longrightarrow HOOCCH_2CH_2COOH$

(3) $CH_3COCH_2CH_2CH_2Br \longrightarrow CH_3COCH_2CH_2CH_2COOH$

(4) $(CH_3)_3CCH_2Br \longrightarrow (CH_3)_3CCH_2COOH$

(5) $CH_3CH_2CH_2CH_2Br \longrightarrow CH_3CH_2CH_2CH_2COOH$

(6) $HOCH_2CH_2CH_2CH_2Br \longrightarrow HOCH_2CH_2CH_2CH_2COOH$

8. 试总结酸、酰卤、酸酐、酯、酰胺之间的相互转变关系。

9. 排出下列化合物的反应性顺序:

(1) 苯甲酸酯化:用正丙醇、乙醇、甲醇、第二丁醇

(2) 苯甲醇酯化:用2,6-二甲苯甲酸、邻甲苯甲酸、苯甲酸

(3) 用乙醇酯化:乙酸、丙酸、α,α二甲基丙酸、α-甲基丙酸

10. 用简单的化学方法区别下列各组化合物：

    (1) 甲酸、乙酸、乙醛

    (2) 乙酸、草酸、丙二酸

    (3) CH_3COCl 和 $ClCH_2COOH$

    (4) $CH_3COOC_2H_5$ 和 CH_3OCH_2COOH

    (5) $(CH_3CO)_2O$ 和 $H_3CCOOC_2H_5$

    (6) 丙酸乙酯和丙酰胺

11. 根据 Claisen 型缩合反应完成下面的转化：

    (1) 丙酮 $\longrightarrow$ 2,4-戊二酮

    (2) 丙酸乙酯 $\longrightarrow$ α-丙酰丙酸乙酯

12. 化合物甲、乙、丙的分子式都是 $C_3H_6O_2$，甲与 Na_2CO_3 作用放出 CO_2，乙和丙不能，但在 NaOH 溶液中加热后可水解，在乙的水解液蒸馏出的液体有碘仿反应。试推测甲、乙、丙的结构。

13. 甲醇溶液中用 CH_3ONa 催化，乙酸叔丁酯转变成乙酸甲酯的速度只有乙酸乙酯在同样条件下转变成乙酸甲酯的 1/10，请用反应历程来加以解释。

14. 乙酰氯水解很快，而苯甲酰氯水解很慢。用一种方法加以解释。

15. 解释下列反应机理：

    (1) $BrCH_2CH_2CH_2COOH \xrightarrow{\text{NaOH}}$

    (2) $Ph-\overset{\overset{\text{O}}{\|}}{C}-OCPh_3 + C_2H_5OH \longrightarrow PhCOOH + C_2H_5OCPh_3$

16. 某化合物(Ⅰ)的分子式为 $C_5H_6O_3$，它能与乙醇作用得到两个互为异构体的化合物(Ⅱ)和(Ⅲ)，(Ⅱ)和(Ⅲ)分别与 $SOCl_2$ 作用后，再加入乙醇都得到同一化合物(Ⅳ)。试确定(Ⅰ)→(Ⅳ)的结构。

17. 有三个化合物 A、B、C 分子式同为 $C_4H_6O_4$。A 和 B 都能溶于 NaOH 水溶液，和 Na_2CO_3 作用时放出 CO_2。A 加热时失水成酐；B 加热时失羧生成丙酸，C 则不溶于冷的 NaOH 溶液，也不和 Na_2CO_3 作用，但和 NaOH 水溶液共热时，则生成两个化合物 D 和 F，D 具有酸性，F 为中性。在 D 和 F 中加酸和 $KMnO_4$ 再共热时，则都被氧化放出 CO_2。试问 A、B、C 各为何化合物，并写出各步反应式。

18. 给出下列各组 ^1H-NMR 谱及 IR 谱相符的酰基化合物结构：

    (1) $C_{10}H_{12}O_2$ ^1H-NMR   IR

                       δ 1.2(3H)三重峰   1740 cm^{-1}

                       δ 3.5(2H)单峰

                       δ 4.1(2H)四重峰

                       δ 7.3(5H)多重峰

    (2) $C_2H_2Cl_2O_2$ ^1H-NMR   IR

                       δ 6.0 单峰   2500 cm^{-1}～2700 cm^{-1}宽带

$$\delta\ 11.7\ \text{单峰} \qquad\qquad 1705\ cm^{-1}$$

(3) $C_4H_7ClO_2$ $^1H\text{-NMR}$ IR

$$\delta\ 1.3\ \text{三重峰} \qquad\qquad 1745\ cm^{-1}$$

$$\delta\ 4.0\ \text{单峰}$$

$$\delta\ 4.2\ \text{四重峰}$$

19. 化合物 A($C_7H_{12}O_4$)不溶于 NaHCO$_3$ 水溶液。A 的 IR 在 1740 cm^{-1} 有一强吸收峰，A 的 ^{13}C-NMR 谱，如图 12.7 所示，推出 A 的结构。

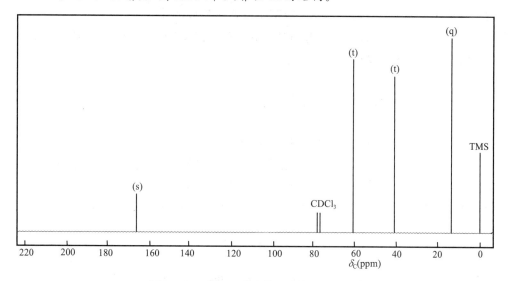

图 12.7 习题 19 化合物 A 的 ^{13}C-NMR 谱

20. 化合物 A($C_8H_4O_3$)与 NaHCO$_3$ 水溶液加热时慢慢溶解。A 的 IR 谱在 1779 cm^{-1} 和 1854 cm^{-1} 有强吸收峰，A 的 ^{13}C-NMR 谱如图 12.8 所示。A 的 NaHCO$_3$ 溶液酸化生成化合物 B，B 的质子宽带去偶谱显示 4 个信号。当 A 在乙醇中加热，生成化合物 C，C 的 ^{13}C-NMR 谱显示 10 个信号。写出 A、B 和 C 的结构。

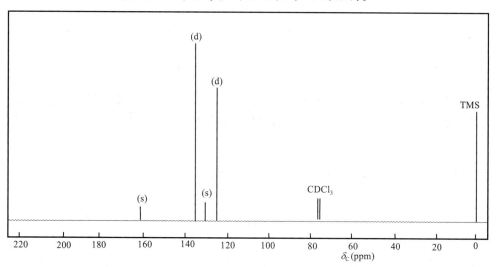

图 12.8 习题 20 化合物 A 的 ^{13}C-NMR 谱

第十三章 取代羧酸

羧酸碳链或碳环上的氢被其他原子或基团取代所生成的化合物,称为取代羧酸。取代羧酸有卤代酸、羟基酸、羰基酸、氨基酸等,它们无论在有机合成或生物代谢中,都是十分重要的。本章主要讨论羟基酸和羰基酸。

13.1 羟基酸的分类、命名和来源

分子中同时含有羟基和羧基的化合物叫做羟基酸。

羟基酸可分为两类,羟基连接在碳链上的叫做醇酸;羟基连在芳环上的叫做酚酸。它们都作为生物化学过程的中间产物而广泛存在于自然界中。

羟基酸的命名常根据它的来源而得名,也可以把它们看成是羧酸的羟基取代物来命名。例如:

$$CH_3-\overset{\displaystyle OH}{\underset{\displaystyle |}{CH}}-COOH \quad \text{2-羟基丙酸}(\alpha\text{-羟基丙酸})(乳酸)$$

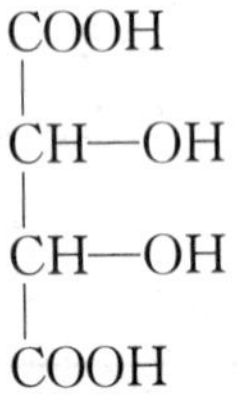

2,3-二羟基丁二酸
(α,β-二羟基丁二酸)
(酒石酸)

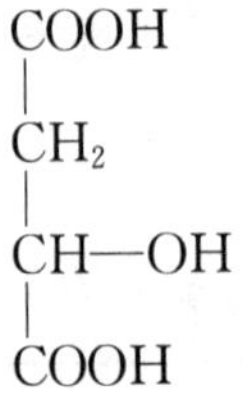

2-羟基丁二酸
(α-羟基丁二酸)
(苹果酸)

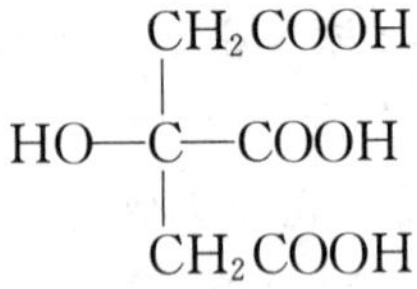

2-羟基-1,2,3-丙三羧酸
(柠檬酸)

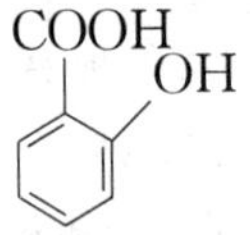

2-羟基苯甲酸
(邻羟基苯甲酸)
(水杨酸)

羟基酸有的可用生物化学法制取,如乳酸一般用乳酪或糖类物质经乳酸杆菌发酵制得。化学方法合成可从含羟基的化合物中引入羧基或含羧基的化合物中引入羟基,或同时引入羟基和羧基。例如:

卤代酸水解: $ClCH_2COOH \xrightarrow{H_2O} HOCH_2COOH$
(α-羟基酸)

氰醇水解: $HOCH_2CH_2Cl \xrightarrow{NaCN} HOCH_2CH_2CN \longrightarrow HOCH_2CH_2COOH$
(氰 醇) (β-羟基酸)

若使 α-卤代酸酯与醛(酮)的混合物在惰性溶剂(醚)中与锌粉作用,反应产物水解后生成 β-羟基酸,这叫瑞佛尔马斯基(Reformatsky)反应:

410

$$R\text{—}CHO+BrCH_2COOC_2H_5+Zn \longrightarrow \underset{\underset{OZnBr}{|}}{R\text{—}CHCH_2COOC_2H_5}$$

$$\xrightarrow[H^+]{H_2O} \underset{\underset{OH}{|}}{R\text{—}CHCH_2COOC_2H_5} \xrightarrow{\text{水解}} \underset{\underset{OH}{|}}{RCHCH_2\text{—}COOH}$$

(β-羟基酸)

反应中,锌与 α-卤代酯生成有机锌化合物,再与醛(酮)的羰基发生加成反应,这和由格氏试剂与醛(酮)作用合成醇的反应相似。由于有机镁化合物容易与酯作用而得到副产物,因此,在这里不宜采用。Reformatsky 反应是制备 β-羟基酸的一个很好的方法。这里要注意的是,只有 α-位上含有溴的酯才能发生上述反应,因此必定产生 β-羟基酸酯。所以选择适当的酯和羰基化合物,能够制备各种较复杂的 β-羟基酸。

一个比较新的方法是用二异丙氨基锂(lithium diisopropylamide,简称 LDA)与酯反应,使其转变为烯醇盐:

$$CH_3\overset{\overset{O}{\|}}{\text{—}C}\text{—}OC_2H_5 + [(CH_3)_2CH]_2\overset{-}{N}\overset{+}{Li} \longrightarrow CH_2\text{=}C\overset{OLi}{\underset{OC_2H_5}{\diagup}} + [(CH_3)_2CH]_2NH$$

LDA   烯醇盐   二异丙胺

酯分子中的 α-H 有很弱的酸性,LDA 是一个体积大而又很强的碱,它可以将酯完全转变为烯醇盐。在反应混合物中加入醛或酮,烯醇盐立即与它们起加成反应,生成 β-醇酸酯:

$$(CH_3)_2C \quad C\text{—}OC_2H_5 \longrightarrow (CH_3)_2\overset{\overset{}{\underset{\underset{OLi}{|}}{C}}}{C}\text{—}CH_2\overset{\overset{O}{\|}}{C}\text{—}OC_2H_5 \longrightarrow (CH_3)_2\overset{\underset{\underset{OH}{|}}{C}}{C}\text{—}CH_2\overset{\overset{O}{\|}}{C}\text{—}OC_2H_5$$

生成的烯醇盐除与醛酮缩合外,还可以与卤代烷反应,在 α-位导入烷基。例如:

$$CH_3(CH_2)_4\overset{\overset{O}{\|}}{C}\text{—}OCH_3 \xrightarrow[\text{② }CH_3I]{\text{① LDA,THF,}-78℃} CH_3(CH_2)_3\underset{\underset{CH_3}{|}}{CH}\overset{\overset{O}{\|}}{C}\text{—}OCH_3$$

己酸甲酯

13.2 羟基酸的性质

羟基酸分子中含有羟基和羧基,两者都能和水形成氢键,所以羟基酸一般比相应的酸易溶于水。羟基酸具有醇与酸的典型反应性能,并且由于羟基和羧基的相互影响,又表现出一些为羟基酸所特有的性质。这些特性又和羟基和羧基的相对位置有关。

13.2.1 酸 性

由于羟基的 -I 效应,醇酸的酸性比相应的羧酸强。增强的程度与羟基在烃基上的位置有关。例如：

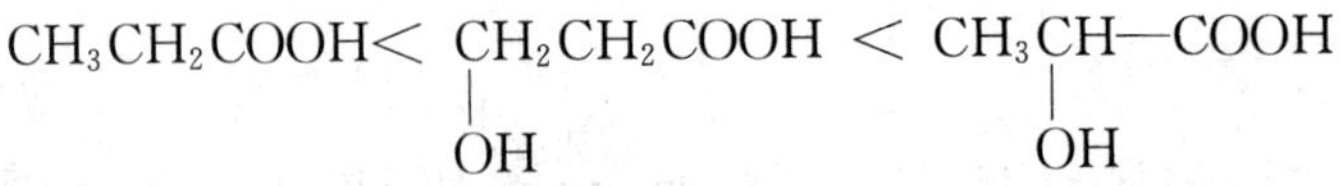

$$CH_3CH_2COOH < \underset{\underset{\text{OH}}{|}}{CH_2CH_2COOH} < \underset{\underset{\text{OH}}{|}}{CH_3CH{-}COOH}$$

丙酸　　　　　　β-羟基丙酸　　　　　α-羟基丙酸

pK_a　　　　　　4.88　　　　　　4.51　　　　　　3.86

可见,醇酸的羟基距离羧基越远,则对于酸性的影响越小。酚酸的三个羟基苯甲酸异构体的酸性大小如下:

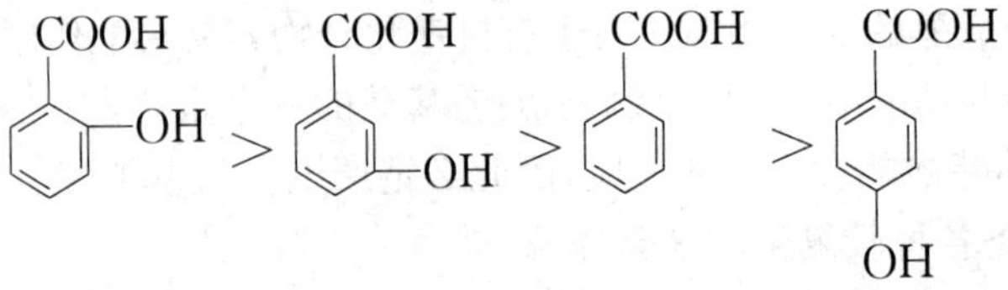

COOH　　　　　　COOH　　　　COOH　　　　COOH

3.00 　＞ 　4.12 　＞ 　4.17 　＞ 　4.54

对羟基苯甲酸的酸性最弱,这是因为羟基的共轭效应(＋C 效应)对羧基显示供电子效应,故使其酸性降低,其酸性比苯甲酸小。间位的羟基对羧基的影响主要是通过诱导效应起作用,这种作用较小,故酸性增强不大。邻位的羟基对羧基的影响比较复杂,主要原因可能是羟基处于邻位,彼此之间能形成氢键之故。

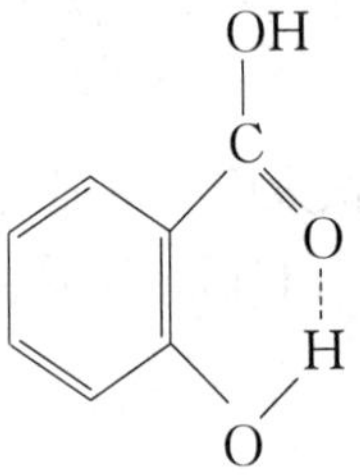

水杨酸 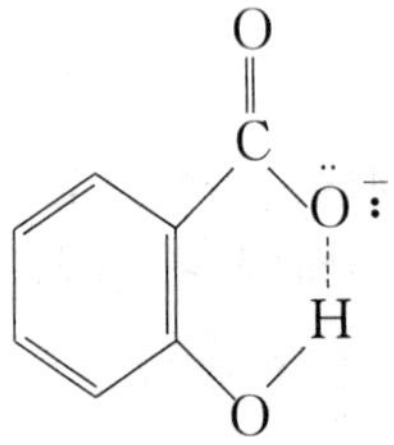　　　　　　　　水杨酸负离子

这样,一方面将降低羧基中羧基氧原子上的电子云密度,有利于氢原子离解成质子,另一方面将减少羧基负离子的负电荷,使离解后的 H^+ 不容易再和羧基负离子结合,因而酸性增强。其次,邻位羟基的位阻效应破坏了苯环与羧基的共平面,使苯环不能供电子给羧基,而表现出吸电子性质。因而也有利于羧基质子的离解。

13.2.2 脱　水

醇酸加热即容易脱水,脱水产物因羟基与羧基的相对位置不同而异。

(1)α-醇酸加热脱水时,两分子相互酯化,生成六元环的交酯(lactide)。例如:

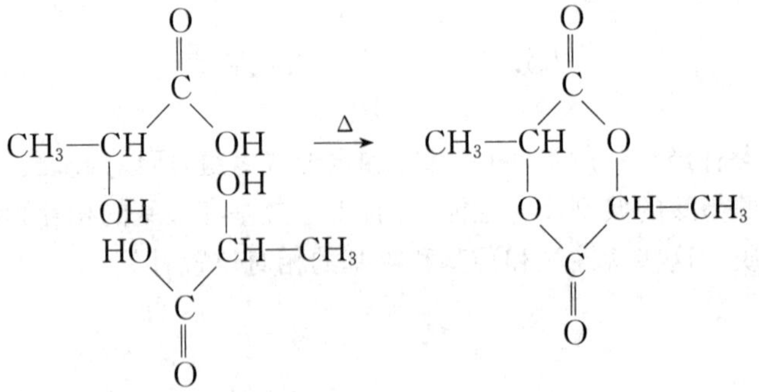

α-羟基丙酸　　　　　　丙交酯

交酯和其他酯类一样，与酸或碱共热时，也易水解为原来的醇酸。

（2）β-醇酸加热时则失水生成 α,β-不饱和酸。例如：

$$\text{HOCH}_2\text{CH}_2\text{COOH} \xrightarrow{\Delta} \text{CH}_2\!\!=\!\!\text{CHCOOH} + \text{H}_2\text{O}$$
$$\beta\text{-羟基丙酸} \qquad\qquad\qquad 丙烯酸$$

这是因为 α-氢同时受羧基和羟基的影响，比较活泼，易与邻近的羟基脱水。

（3）γ-醇酸在室温下就能自动进行分子内酯化，生成五元环的 γ-内酯(lactone)。例如：

$$\text{HOCH}_2\text{CH}_2\text{CH}_2\text{COOH} \xrightarrow{室温} \qquad + \text{H}_2\text{O}$$

$$\gamma\text{-羟基丁酸} \qquad\qquad\qquad \gamma\text{-丁内酯}$$

δ-醇酸也生成六元环的 δ-内酯，但不如 γ-醇酸那样容易：

$$\text{HO(CH}_2)_4\text{COOH} \xrightarrow[\Delta]{-\text{H}_2\text{O}} \qquad + \text{H}_2\text{O}$$

$$\delta\text{-羟基戊酸} \qquad\qquad\qquad \delta\text{-戊内酯}$$

当羟基和羧基相距五个碳原子的醇酸受热后，在分子间进行酯化，生成链状结构的聚酯：

$$m\,\text{HO(CH}_2)_n\text{COOH} \longrightarrow \text{H}[\text{O(CH}_2)_n\text{CO}]_m\!\!-\!\!\text{OH} + (m-1)\text{H}_2\text{O} \qquad n > 5$$

但在适当的条件下，更大的内酯也可以生成，这就要求：①要在酸性条件下将形成的 H_2O 从体系中去掉，使平衡向右移动。②溶液浓度要稀，以减少分子间的酯化形成聚酯。如 15-羟基十五酸：

$$\xrightarrow[苯]{\text{H}^+}$$

0.007 M   100%

某些药物或中草药的有效成分中常含有内酯的结构。例如抗菌消炎药——穿心莲，它的主要成分穿心莲内酯就含有一个 γ-内酯环：

许多抗菌素为大环内酯，因此，近年来对大环内酯的合成进行了较多的研究。

13.2.3 氧 化

醇酸中羟基比醇中的羟基易被氧化，生成醛酸或酮酸。α-及 β-酮酸不稳定，容易失羧变成醛、酮：

$$\text{R}\!-\!\underset{\underset{\text{OH}}{|}}{\text{CH}}\!-\!\text{COOH} \xrightarrow[吐仑试剂]{[\text{O}]} \text{R}\!-\!\underset{\underset{\text{O}}{\|}}{\text{C}}\!-\!\text{COOH} \xrightarrow{-\text{CO}_2} \text{R}\!-\!\underset{\underset{\text{O}}{\|}}{\text{C}}\!-\!\text{H}$$

413

$$R\!-\!\underset{\underset{\textstyle OH}{|}}{CH}CH_2\!-\!COOH \xrightarrow{\ [O]\ } R\!-\!\underset{\underset{\textstyle O}{\|}}{C}CH_2\!-\!COOH \xrightarrow{\ -CO_2\ } R\!-\!\underset{\underset{\textstyle O}{\|}}{C}\!-\!CH_3$$

13.2.4 脱 羧

α-羟基酸与稀硫酸共热,羧基和 α-碳之间的键断裂,生成一分子醛(酮)和一分子甲酸。这是 α-羟基酸的特有反应:

$$R\!-\!\underset{\underset{\textstyle OH}{|}}{CH}\!-\!COOH \xrightarrow[\triangle]{\ \text{稀 } H_2SO_4\ } R\!-\!CHO + HCOOH$$

这个反应可以用来从高级羧酸经过 α-溴代酸制备少一个碳原子的高级醛,例如:

$$R\!-\!CH_2COOH \xrightarrow[P]{Br_2} R\!-\!\underset{\underset{\textstyle Br}{|}}{CH}COOH \xrightarrow[OH^-]{H_2O} R\!-\!\underset{\underset{\textstyle OH}{|}}{CH}COOH \xrightarrow[\triangle]{\ \text{稀 } H_2SO_4\ } R\!-\!CHO + HCOOH$$

用稀 $KMnO_4$ 或浓硫酸氧化 α-羟基酸时,也发生类似的分解反应,失去二氧化碳,生成酸或酮:

$$R\!-\!\underset{\underset{\textstyle OH}{|}}{CH}\!-\!COOH \xrightarrow{KMnO_4} R\!-\!CHO + CO_2 + H_2O$$
$$\downarrow{[O]}$$
$$RCOOH$$

$$R\!-\!\underset{\underset{\textstyle OH}{|}}{\overset{\overset{\textstyle R}{|}}{C}}\!-\!COOH \xrightarrow{KMnO_4} R_2C\!=\!O + CO_2 + H_2O$$

13.3 重要的羟基酸

13.3.1 乳 酸

$CH_3CH(OH)COOH$,又叫 α-羟基丙酸。最初是从酸牛奶中发现的,所以称为乳酸。牛奶中的乳糖经细菌的作用、发酵而生成乳酸。工业上是由糖经乳酸杆菌作用发酵而制得:

$$\underset{\text{葡萄糖}}{C_6H_{12}O_6} \xrightarrow[35℃\sim45℃]{\text{乳酸杆菌}} 2CH_3\!-\!\underset{\underset{\textstyle OH}{|}}{CH}\!-\!COOH$$

在肌肉运动时也产生乳酸,特别是肌肉经过剧烈运动后含乳酸更多,因此肌肉感觉酸胀。乳酸是由肝糖经一连串反应而产生的,同时放出能量供给运动所需。当肌肉恢复时,所成的乳酸 1/5 被氧化为二氧化碳和水,放出的能量供其余 4/5 的乳酸复变为肝糖。

乳酸有消毒防腐作用,常用于空气消毒和食品添加剂,在医药上乳酸钙 $(CH_3CHOHCOO)_2Ca·5H_2O$ 是补充体内钙质的药物,用于治疗佝偻病等一般缺钙症。

13.3.2 酒石酸

$HOOCCH(OH)CH(OH)COOH$,又叫 2,3-二羟基丁二酸,较广分布在植物中,尤以葡萄中含量最多,常以酒石酸氢钾的形式存在。当葡萄发酵制酒时,随着酒精浓度的增加,发酵液中所含的右旋酒石酸氢钾由于溶解度减小而结晶析出,叫做酒石($HOOCCH(OH)CH(OH)COOK$),酒石酸的名称即由此而得来。酒石与无机酸作用就生成游离的酒石酸。

酒石酸钾钠($KOOCCH(OH)CH(OH)COONa$)可作泻药和配制斐林溶液。酒石酸的氧锑钾盐。$[KOOCCH(OH)CH(OH)COOSbO]_2 \cdot H_2O$ 又叫吐酒石,用作催吐剂,也是医治我国南方稻田地区血吸虫病的一种特效药。

13.3.3 柠檬酸

又叫枸橼酸
$$\begin{array}{c} CH_2COOH \\ | \\ HO{-}C{-}COOH \\ | \\ CH_2COOH \end{array}$$
（3-羟基-3-羧基戊二酸),主要存在于柠檬中(含量约7%),工业上是从葡萄糖、麦芽糖、糊精用柠檬酸酶(Citromyces)发酵而得。

柠檬酸是 α-醇酸,也是 β-醇酸,所以它兼有 α- 和 β-醇酸的特性。例如用发烟硫酸处理,则氧化为丙酮二羧酸(α-醇酸的特性):

$$\begin{array}{c} CH_2COOH \\ | \\ HO{-}C{-}COOH \\ | \\ CH_2COOH \end{array} \xrightarrow[60℃以下]{H_2SO_4 \cdot SO_3} \begin{array}{c} CH_2COOH \\ | \\ C{=}O \\ | \\ CH_2COOH \end{array} + CO_2 + H_2O$$

若将柠檬酸加热至150℃,则分子内失水而形成不饱和酸——3-羧基-1,5-戊烯二酸(顺乌头酸),后者水解又可以产生柠檬酸和异柠檬酸两种异构体:

$$\begin{array}{c} CH_2COOH \\ | \\ HO{-}C{-}COOH \\ | \\ CH_2COOH \end{array} \underset{+H_2O}{\overset{-H_2O}{\rightleftharpoons}} \begin{array}{c} CH_2{-}COOH \\ | \\ C{-}COOH \\ \| \\ CHCOOH \end{array} \underset{-H_2O}{\overset{+H_2O}{\rightleftharpoons}} \begin{array}{c} HO{-}CHCOOH \\ | \\ CH{-}COOH \\ | \\ CH_2COOH \end{array}$$

柠檬酸　　　　　　　　　顺乌头酸　　　　　　　　异柠檬酸

生物体中的糖、脂肪及蛋白质代谢过程中,都要通过由柠檬酸经顺乌头酸转化为异柠檬酸的过程。当然,生物体内的这种一系列化学变化是在酶的催化下进行的。

柠檬酸内服有清凉解渴的作用。在食品工业中用作糖果及清凉饮料的调味品,夏天常用以配制汽水和酸性饮料。

在医药中,柠檬酸的镁盐$(C_6H_5O_7)_2Mg_3 \cdot 14H_2O$是温和的泻药。它的钠盐有防止血液凝固和利尿作用。柠檬酸铁铵是常用的补血剂,$(NH_4)_3Fe(C_6H_5O_7)_2$治疗贫血症。

13.3.4 水杨酸

又叫邻羟基苯甲酸,它是羟基苯甲酸三种异构体中最重要的一种。工业合成法是将干燥的苯酚钠与二氧化碳在 0.6 MPa 压力下加热至125℃～140℃,即生成水杨酸钠,再经酸化而得:

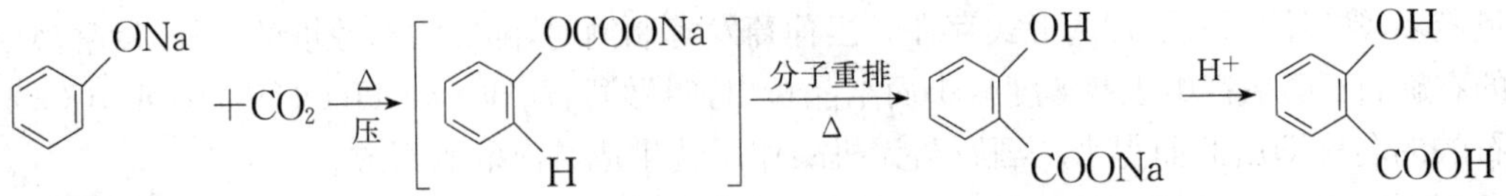

假如温度在 140℃ 以上，则主要产物是对位异构体。这是合成酚酸的一般方法，叫柯尔柏-斯密特(Kolbe-Schmidt)反应。

水杨酸的结构由于同时含有酚羟基和羧基，所以它具有酚和羧酸的一般性质。例如能与三氯化铁起紫颜色反应(酚类特性)，与醇作用成酯(羧酸特性)等等。羟基处于羧基的邻-或对-位的酚酸，加热时易失羧，这是它们的一个特性。

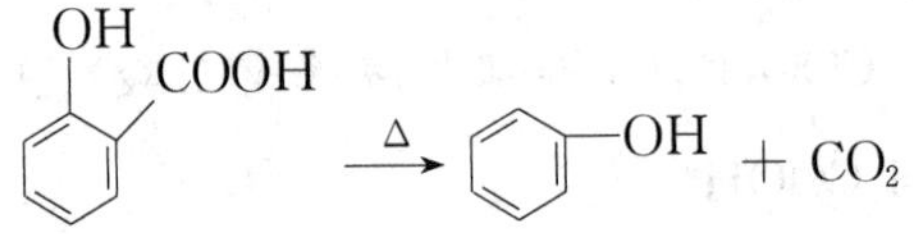

水杨酸为白色针状结晶，熔点为 159℃，微溶于水。它本身具有消毒、防腐、解热、镇痛和抗风湿的作用。医药上外用为防腐剂和杀菌剂，常用于治疗某些皮肤病，也可用来腐蚀鸡眼。因酚羟基对胃有刺激性，故不能内服，但它的钠盐可以内服，常用于风湿病患者，以缓和关节痛。

水杨酸在醋酸溶液中和乙酐共热，则生成乙酰水杨酸，俗称"阿斯匹林"(Aspirin)：

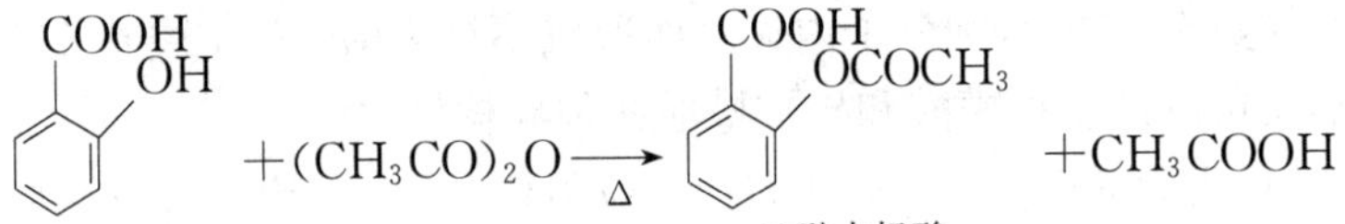

阿斯匹林是从 1899 年以来一直在使用的内服解热、止痛和抗风湿药，常用于治疗发烧、头痛、风湿性关节痛等。据科学家最近发现，阿斯匹林有防止血凝塞形成的能力或防止胆固醇在主要动脉中积聚的作用。因此，每天吃一粒阿斯匹林可以防止心脏病，更可以减少中风的危险。

阿斯匹林与非那西丁(C_2H_5—〇—NH—C(=O)—CH_3)、咖啡因(略)

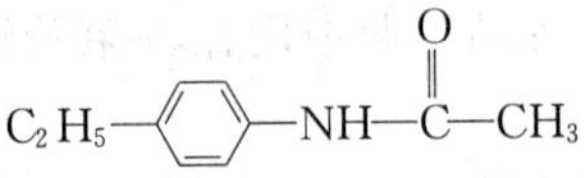

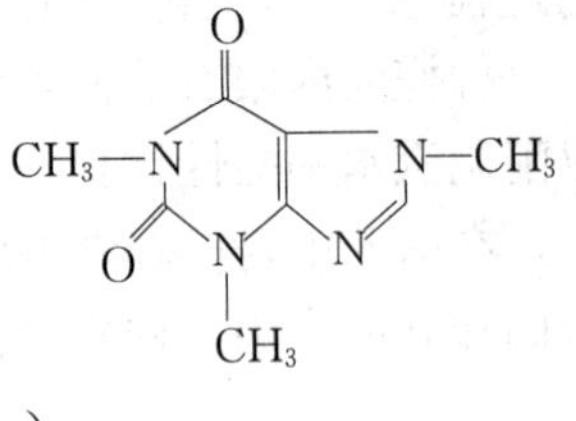

等合用称为复方阿斯匹林，简称 APC(Aspirin，Phenacetine，Caffeine)。

水杨酸与甲醇酯化得到水杨酸甲酯：

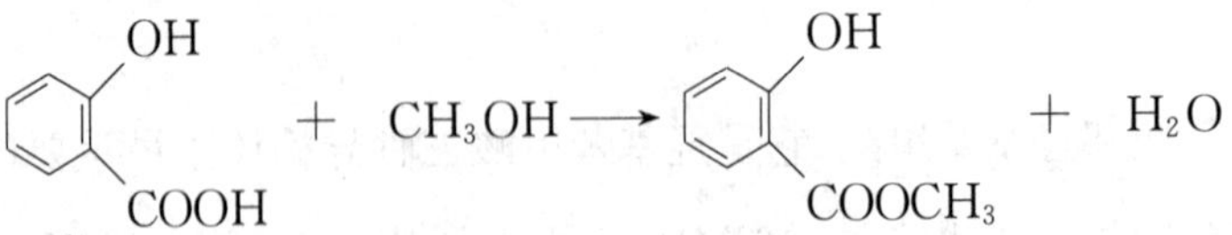

它是由冬青树叶中取得的冬青油的主要成分(含量高达 $96\% \sim 99\%$)，无色液体，沸点为 224℃，有特殊香味，可用作肥皂、牙膏、糖果等中的香料。

416

13.3.5 没食子酸

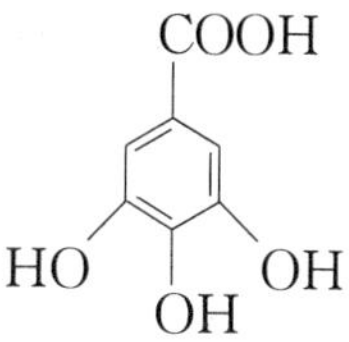

又叫五倍子酸,即 3,4,5-三羟基苯甲酸。它存在于茶叶、栗子、柿子及五

倍子等植物中。将没食子(又称五倍子)所含的没食子鞣酸水解,即可得到没食子酸及葡萄糖:

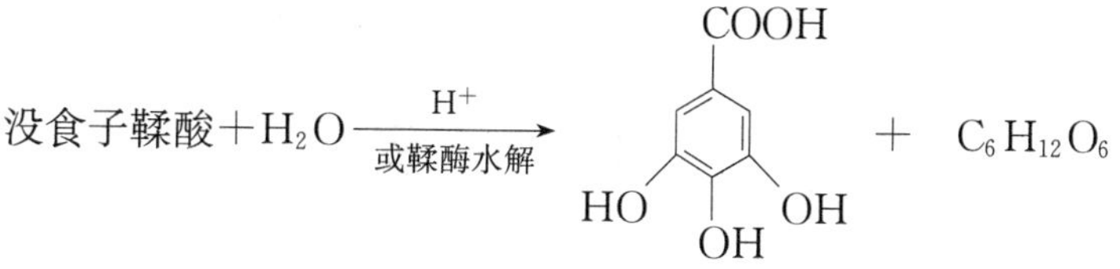

$$没食子鞣酸 + H_2O \xrightarrow[\text{或鞣酶水解}]{H^+} + \quad C_6H_{12}O_6$$

我国的没食子鞣酸的结构是由葡萄糖与不同数目的没食子酸形成的酯的混合物,平均每一分子中含九个五倍子酸和一个葡萄糖,其结构大致如下:

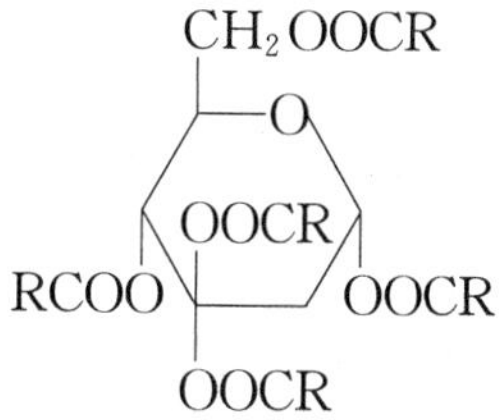

式中的 R 可以是 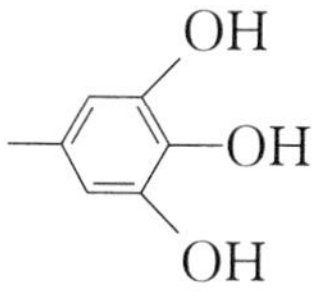 ⸺ 或 ⸺ 等。

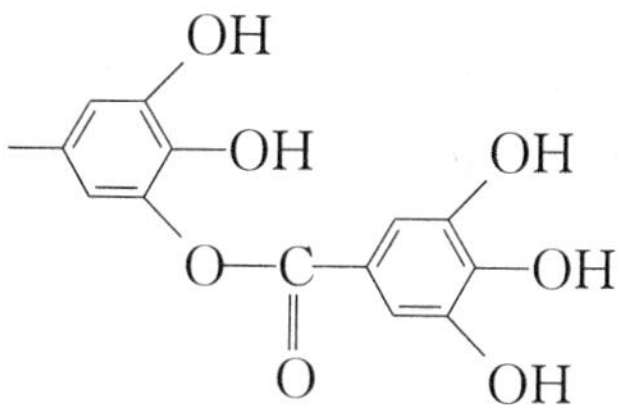

没食子酸具有强还原性,能从银盐溶液中把银沉淀出来,因此可用作照相显影剂。没食子酸水溶液遇三氯化铁能产生蓝色沉淀,所以它是制备蓝墨水的原料。

没食子酸加热至 200℃以上,失去二氧化碳而生成没食子酚(又称焦性没食子酸),即1,2,3-苯三酚:

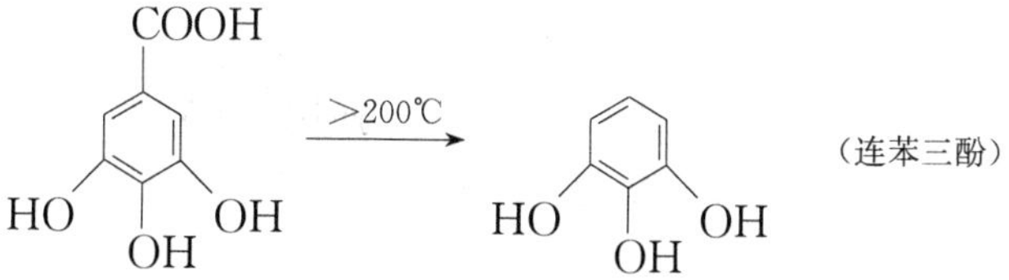

(连苯三酚)

$$\xrightarrow{>200℃}$$

连苯三酚的碱性溶液能很快吸收氧气,气体分析中用作吸氧剂。它也是一个强还原剂,可以用作照相显影剂。

13.4 羰基酸的分类、命名

羰基酸分子中同时含有羰基和羧基。可以分为醛酸(羰基在碳链的一端)和酮酸(羰基在

417

碳链的当中)两类。根据羰基和羧基的相对位置不同,又可以把它们分为 α、β、γ 等醛酸或酮酸。

羰基酸的命名和羟基酸相似,把羧酸看作母体,羰基作为取代基。羰基的位置可用希腊字母或阿拉伯数字标示。例如:

$$H-\overset{\displaystyle O}{\overset{\|}{C}}-COOH \qquad H-\overset{\displaystyle O}{\overset{\|}{C}}-CH_2COOH \qquad CH_3-\overset{\displaystyle O}{\overset{\|}{C}}-COOH \qquad CH_3-\overset{\displaystyle O}{\overset{\|}{C}}-CH_2-COOH$$

乙醛酸 　　　　　β-丙醛酸 　　　　　丙酮酸 　　　　　β-丁酮酸

（3-丙醛酸） 　　　（α-羰基丙酸） 　　（3-丁酮酸或乙酰乙酸）

13.5　重要的羰基酸

13.5.1　乙醛酸

CHOCOOH 是最简单的醛酸。它存在于未成熟的水果和动物组织中,当水果成熟时则渐渐消失。

乙醛酸具有醛和酸的性质。例如它能还原吐仑试剂和生成苯腙,且因乙醛酸上的醛基无 α-氢原子,所以也可以发生康尼查罗反应:

$$2CHOCOOH \xrightarrow{NaOH} HOCH_2COONa + NaOOCCOONa$$

乙醛酸分子由于羧基的 $-I$ 效应,羰基能和一分子水生成稳定的结晶水合物:

$$CHOCOOH \xrightarrow{H_2O} (HO)_2CHCOOH$$

这与三氯乙醛可与水形成稳定的水合物 $[Cl_3CCH(OH)_2]$ 相似。

13.5.2　丙酮酸

$CH_3-\overset{\displaystyle O}{\overset{\|}{C}}-COOH$ 是最简单的 α-酮酸。它是动、植物体内碳水化合物和蛋白质代谢的中间产物,因此是生物化学变化过程中的一个重要中间产物。可由乳酸氧化而得:

$$CH_3-\underset{\underset{\displaystyle OH}{|}}{CH}-COOH \xrightarrow{[O]} CH_3-\underset{\underset{\displaystyle O}{\|}}{C}-COOH$$

丙酮酸除具有一般酮和羧酸的反应外,由于在分子中羧基和羰基直接相连,使它的酸性比丙酸强,且羰基与羧基的 C—C 键容易断裂。例如与稀硫酸共热即发生失羧作用生成乙醛:

$$CH_3-\overset{\displaystyle O}{\overset{\|}{C}}-COOH \xrightarrow[\triangle]{稀\ H_2SO_4} CH_3CHO + CO_2\uparrow$$

13.5.3　乙酰乙酸

$CH_3-\overset{\displaystyle O}{\overset{\|}{C}}-CH_2COOH$ 又叫 β-丁酮酸或 3-丁酮酸。它是有机体内脂肪代谢的中间产

物。糖尿病患者脂肪的新陈代谢不能正常进行,在尿中排泄出丙酮和乙酰乙酸来,在病理学上这叫做丙酮体。

乙酰乙酸很不稳定,稍受热即容易失去二氧化碳而生成丙酮:

$$CH_3-\overset{\overset{\displaystyle O}{\|}}{C}-CH_2COOH \xrightarrow{\Delta} CH_3-\overset{\overset{\displaystyle O}{\|}}{C}-CH_3 +CO_2\uparrow$$

因此,它在实验室内并不重要,但它的酯是稳定的化合物,且在有机合成上是十分重要的化合物。

13.5.4 乙酰乙酸乙酯

$$CH_3\overset{\overset{\displaystyle O}{\|}}{C}CH_2COOC_2H_5$$ 又叫 3-丁酮酸乙酯。它可由 Claisen 酯缩合反应制得(详见第十二章)。工业上它是用乙烯酮的二聚合,通过乙醇醇解得到的:

$$2H_2C=C=O \longrightarrow \underset{\overset{\displaystyle |}{CH_2-C=O}}{H_2C=C-O} \xrightarrow{乙醇} \underset{\overset{\displaystyle |}{CH_2-C=O}}{\underset{\overset{\displaystyle |}{OC_2H_5}}{CH_2=C-OH}}$$

$$\rightleftharpoons CH_3-\overset{\overset{\displaystyle |}{O}}{C}-CH_2-\overset{\overset{\displaystyle |}{O}}{C}-OC_2H_5$$

乙酰乙酸乙酯是一种无色液体,沸点为 181℃,微溶于水,它在有机合成和理论上都有重要意义。

(1) 酮式和烯醇式互变异构。实验表明,乙酰乙酸乙酯的化学性质比较特殊,它除了具有酯和酮的性质外,还具有烯醇的性质,例如,它和亲核试剂(HCN、$NaHSO_3$、2,4-二硝基苯肼等)发生加成作用,表明有羰基存在。另一方面,它可使溴的四氯化碳溶液褪色,表明有双键存在。加入三氯化铁溶液显紫色反应,表明有烯醇式存在。凡具有 $-\overset{\overset{\displaystyle |}{C}}{\underset{\overset{\displaystyle |}{OH}}{}}=CH-$ 结构的化合物都能与三氯化铁显色,而酮和酯都没有这种性质。这是因为乙酰乙酸乙酯通常是一个酮式和烯醇式的混合物所形成的平衡体系:

$$CH_3-\overset{\overset{\displaystyle |}{O}}{C}-CH_2-\overset{\overset{\displaystyle |}{O}}{C}-OC_2H_5 \rightleftharpoons CH_3-\overset{\overset{\displaystyle |}{OH}}{C}=CH-\overset{\overset{\displaystyle |}{O}}{C}-OC_2H_5$$

酮 式(92.5%)　　　　　　　烯醇式(7.5%)

当物质存在着几种不同结构的异构体,相互自行转变而达到动态平衡状态的现象,叫做互变异构现象(tautomerism)。具有这种关系的异构体互称互变异构体(tautomer)。在室温时,乙酰乙酸乙酯的酮式和烯醇式彼此互变迅速,很快达到动态平衡,这时酮式占 92.5%,烯醇式占 7.5%。当平衡破坏时,其中一种异构体即迅速转变成另一种。所以在反应时表现为一个单纯化合物,它可以全部以酮式进行反应,也可以全部烯醇式进行反应。乙酰乙酸乙酯这两种互变异构体在低温时互变速度极慢,可以用低温(−78℃)冷冻的方法进行分离。

一般的烯醇是不稳定的,例如乙炔水合时,第一步生成的乙烯醇由于不稳定立即重排生成乙醛(见第四章),但乙酰乙酸乙酯的烯醇式能比较稳定存在。这是因为分子中的亚甲基(—CH₂—)位于两个羰基之间,通过相互影响而使亚甲基上的氢原子显得特别活泼,可发生下列转移:

$$CH_3-\overset{O}{\overset{\|}{C}}-\overset{H}{\overset{|}{C}}H-\overset{O}{\overset{\|}{C}}-OC_2H_5 \rightleftharpoons CH_3-\overset{O-H}{\overset{|}{C}}=CH-\overset{O}{\overset{\|}{C}}-OC_2H_5$$

酮　式　　　　　　　　　　　　　烯醇式

烯醇式异构体由于形成了共轭体系,发生了电子的离域作用,降低了分子的能量,同时在其分子内还形成氢键(形成一个较稳定的六元环),所以比一般的烯醇要稳定。

一般说来,酮式比烯醇式稳定。而烯醇式的含量则与分子的整个结构有关,它的含量将随着活泼氢活性的增强,分子内氢键的共轭体系的形成而增加(见表 13.1)。

表 13.1　几种化合物中烯醇式的含量

化　合　物	烯醇式含量(%)
丙　　酮	1.5×10^{-4}
乙酰乙酸乙酯	7.5
2,4-戊二酮($CH_3COCH_2COCH_3$)	76.5
苯甲酰丙酮($C_6H_5COCH_2COCH_3$)	89.2

除此之外,烯醇式的含量也与溶剂、浓度、温度的不同而有所不同。

互变异构现象是有机化学中的一种比较普遍的现象,从理论上讲,凡是有上述类似结构的化合物,都应有互变异构,例如:

$$\overset{O}{\overset{\|}{N}}-\overset{H}{\overset{|}{C}}- \rightleftharpoons \overset{OH}{\overset{|}{N}}=C- , \quad -\overset{N}{\overset{\|}{C}}-\overset{H}{\overset{|}{C}}- \rightleftharpoons -\overset{NH}{\overset{|}{C}}=C- \quad \overset{N}{\overset{\|}{C}}-\overset{H}{\overset{|}{C}}- \rightleftharpoons \overset{NH}{\overset{|}{C}}=C-$$

因此,在有机化合物中,特别是复杂的大分子如糖、甾族化合物、生物碱等中是常见的,所以互变异构现象从理论上认识反应过程的本质,或是指导实际工作,都有很重要的意义。

例如,在糖的合成和降解中的一个重要反应是三个碳的酮和醛的相互转化:

二羟基丙酮磷酸酯　　　　　　　　　　(R)-甘油醛-3-磷酸酯

这个酶催化的相互转化反应是通过烯醇(实际上是烯二醇)中间体来进行的:

$$\begin{array}{ccccc}
CH_2OH & & CHOH & & \overset{\displaystyle O}{\underset{\displaystyle }{C}}\text{—}H \\
| & & \| & & | \\
C\text{=}O & \rightleftharpoons & C\text{—}OH & \rightleftharpoons & H\text{—}C\text{—}OH \\
| & & | & & | \\
CH_2OPO_3^{2-} & & CH_2OPO_3^{2-} & & CH_2OPO_3^{2-}
\end{array}$$

烯二醇-3-磷酸酯

如果烯二醇-3-磷酸酯在 C_1 上接受一个质子,则产生二羟基丙酮磷酸酯,若烯二醇-3-磷酸酯在 C_2 上接受一个质子,则产生(R)-甘油醛-3-磷酸酯。这个总的反应是立体选择性的。非手性的二羟基丙酮磷酸酯只和甘油醛-3-磷酸酯的(R)-对映体互相转化。

(2) 酮式分解和酸式分解。乙酰乙酸乙酯分子中羰基与酯基中间的亚甲基碳原子上电子云密度较低,因此,亚甲基与相邻的两个碳原子之间的键容易断裂。乙酰乙酸乙酯在稀碱或稀酸中,则酯基水解,生成的乙酰乙酸不稳定,加热即刻失去二氧化碳生成酮,称为酮式分解:

$$CH_3\text{—}\overset{O}{\overset{\|}{C}}\text{—}CH_2\text{—}COC_2H_5 \xrightarrow{\text{稀碱}(10\%NaOH)} CH_3\text{—}\overset{O}{\overset{\|}{C}}\text{—}CH_2\text{—}\overset{O}{\overset{\|}{C}}\text{—}OH \xrightarrow[\Delta]{-CO_2} CH_3\text{—}\overset{O}{\overset{\|}{C}}\text{—}CH_3$$

β-羰基酸(不稳定)

乙酰乙酸乙酯在浓碱中,带有部分正电荷的羰基碳原子受到强亲核试剂 OH^- 的进攻,发生亲核加成,并引起 C—C 键的断裂,最后生成两分子酸,称酸式分解:

$$CH_3\text{—}\overset{O}{\overset{\|}{C}}\text{—}CH_2\text{—}\overset{O}{\overset{\|}{C}}\text{—}OC_2H_5 \xrightarrow{\text{浓碱}(40\%NaOH)} CH_3\text{—}\underset{OH}{\overset{\ddot{\overset{..}{O}}:}{\underset{|}{C}}}\text{—}CH_2\text{—}\overset{O}{\overset{\|}{C}}\text{—}OC_2H_5$$

$$\longrightarrow CH_3\text{—}\overset{O}{\overset{\|}{C}}\text{—}OH + {}^{\ominus}CH_2\text{—}\overset{O}{\overset{\|}{C}}\text{—}OC_2H_5$$

$$\downarrow OH^- \qquad\qquad \downarrow H_2O,OH^-$$

$$CH_3COO^- \qquad\quad CH_3COO^- + C_2H_5OH$$

(3) 乙酰乙酸乙酯在合成上的应用。乙酰乙酸乙酯中活泼亚甲基上的氢可与醇钠作用,生成乙酰乙酸乙酯钠,它可与卤代烷作用,生成烷基取代的乙酰乙酸乙酯:

$$CH_3\text{—}\overset{O}{\overset{\|}{C}}\text{—}CH_2\text{—}\overset{O}{\overset{\|}{C}}\text{—}OC_2H_5 \xrightarrow{NaOC_2H_5} \left(CH_3\text{—}\overset{O}{\overset{\|}{C}}\text{—}CH\text{—}\overset{O}{\overset{\|}{C}}\text{—}OC_2H_5 \right)^- Na^+$$

$$\xrightarrow{R-X} CH_3\text{—}\overset{O}{\overset{\|}{C}}\text{—}\underset{R}{\underset{|}{CH}}\text{—}\overset{O}{\overset{\|}{C}}\text{—}OC_2H_5 \quad (\text{烷基乙酰乙酸乙酯})$$

然后进行酮式分解或酸式分解而得到的甲基酮或一元酸:

$$CH_3-\overset{\overset{O}{\|}}{C}-\overset{\underset{R}{|}}{CH}-\overset{\overset{O}{\|}}{C}-OC_2H_5 \quad \xrightarrow{酮式分解} \quad CH_3-\overset{\overset{O}{\|}}{C}-CH_2R \; +CO_2+C_2H_5OH$$

甲基酮

$$\xrightarrow{酸式分解} \quad CH_3COOH + R-CH_2-COOH + C_2H_5OH$$

一元酸

一烷基乙酰乙酸乙酯分子式中的亚甲基上剩下的一个氢在 $NaOC_2H_5$ 作用下可继续被 R—X 的 R 所取代:

$$CH_3-\overset{\overset{O}{\|}}{C}-\overset{\underset{R}{|}}{CH}-\overset{\overset{O}{\|}}{C}-OC_2H_5 \quad \xrightarrow{NaOC_2H_5} \quad \left(CH_3-\overset{\overset{O}{\|}}{C}-\overset{\underset{R}{|}}{C}-\overset{\overset{O}{\|}}{C}OC_2H_5 \right)^- Na^+$$

$$\xrightarrow{R'X} \quad CH_3-\overset{\overset{O}{\|}}{C}-\overset{\overset{R'}{|}}{\underset{R}{C}}-\overset{\overset{O}{\|}}{C}-OC_2H_5$$

也可以用 α-卤代酮或卤代酸酯代替卤代烃。因此,用乙酰乙酸乙酯作原料不但可以合成甲基酮、一元酸,还可以合成二酮、酮酸与二酸等化合物。例如:

$$(CH_3\overset{O}{\overset{\|}{C}}CHCOC_2H_5)^- Na^+ \xrightarrow{R-\overset{O}{\overset{\|}{C}}-X} CH_3\overset{O}{\overset{\|}{C}}CHCOC_2H_5$$

$$\xrightarrow{酮式分解} CH_3\overset{O}{\overset{\|}{C}}CH_2\overset{O}{\overset{\|}{C}}R$$

$$\xrightarrow{酸式分解} CH_3COOH + RCCH_2CO_2H$$

$$\xrightarrow{\Delta \; -CO_2} R-\overset{O}{\overset{\|}{C}}-CH_3$$

甲基酮

$$(CH_3\overset{O}{\overset{\|}{C}}CHCOC_2H_5)^- Na^+ \xrightarrow{BrCH_2CO_2C_2H_5} CH_3\overset{O}{\overset{\|}{C}}CHCOC_2H_5$$

$$CH_2COOC_2H_5$$

$$\xrightarrow{酮式分解} CH_3\overset{O}{\overset{\|}{C}}CH_2CH_2\overset{O}{\overset{\|}{C}}-OC_2H_5 \xrightarrow{水解} CH_3\overset{O}{\overset{\|}{C}}CH_2CH_2COOH$$

γ-羰基酸

$$\xrightarrow{酸式分解} CH_3COOH + HOOCCH_2CH_2COOH$$

丁二酸

$$(CH_3\overset{O}{\overset{\|}{C}}CHCOC_2H_5)^- Na^+ \xrightarrow{RC-CH_2X} CH_3\overset{O}{\overset{\|}{C}}CH-\overset{O}{\overset{\|}{C}}OC_2H_5$$

$$CH_2CR$$
$$O$$

$$\begin{array}{c} \xrightarrow{\text{酮式分解}} \underset{\gamma\text{-二酮}}{CH_3\overset{O}{\underset{\parallel}{C}}CH_2CH_2\overset{O}{\underset{\parallel}{C}}R} \\[2mm] \xrightarrow{\text{酸式分解}} CH_3COOH + R\overset{}{\underset{\underset{O}{\parallel}}{C}}CH_2CH_2COOH + C_2H_5OH \\ \gamma\text{-羰基酸} \end{array}$$

从上面例子中我们可以看到,乙酰乙酸乙酯的合成法主要借助于 β-酮酸酯的 α-氢的高度酸性与 β-酮酸的极易脱羧。这个合成法是制备酮的最有价值的方法之一,得到的是一取代或二取代丙酮。设计乙酰乙酸乙酯合成法,问题在于根据所要制备的酮的结构来选择合成的卤代烷。例如,合成 5-甲基-2-己酮 $(CH_3)_2CHCH_2CH_2COCH_3$,我们可以把它看成是异丁基取代了丙酮中的一个氢原子而得到的。因此可以用异丁基溴与乙酰乙酸乙酯的作用而制得。又如要合成 3-甲基-2-戊酮 $CH_3CH_2—CH(CH_3)COCH_3$ 可以看成是丙酮一个甲基上的两个氢原子分别被甲基和乙基取代了,因此可以用溴甲烷和溴乙烷分两步作用而制得。

13.5.5 丙二酸酯的合成和应用

丙二酸二乙酯可用氯乙酸先转化成氰乙酸钠后,再在酸性条件下用乙醇酯化制得:

$$ClCH_2COOH \xrightarrow{Na_2CO_3} ClCH_2COONa \xrightarrow{NaCN} NCCH_2COONa \xrightarrow[H^+]{C_2H_5OH} CH_2(COOC_2H_5)_2$$

丙二酸酯分子结构与乙酰乙酸乙酯相似,亚甲基上的两个氢原子很活泼,也可以成盐和烃基化。不同的是丙二酸酯若与 2 摩尔的乙醇钠和 2 摩尔的卤代烃反应,可以一次导入两个烃基,水解后加热容易失羧而生成烃基取代羧酸,例如:

$$CH_2(COOC_2H_5)_2 \xrightarrow{NaOC_2H_5} [CH(COOC_2H_5)_2]^- Na^+ \xrightarrow{R—X} R—CH(COOC_2H_5)_2$$

$$\xrightarrow[H^+]{\text{水解}} R—CH(COOH)_2 \xrightarrow[\Delta]{-CO_2} \underset{\text{一烃基取代乙酸}}{R—CH_2COOH}$$

$$CH_2(COOC_2H_5)_2 \xrightarrow[\textcircled{2}2R—X]{\textcircled{1}2NaOC_2H_5} R_2C(COOC_2H_5)_2 \xrightarrow[\textcircled{2}\Delta,-CO_2]{\textcircled{1}H_2O,H^+} \underset{\text{二烃基取代乙酸}}{R_2CHCOOH}$$

若丙二酸酯与二卤代烷、卤代酸酯或碘作用,可以合成二元羧酸或环烷酸。例如:

$$2[CH(COOC_2H_5)_2]^- Na^+ + BrCH_2CH_2Br \longrightarrow [CH_2CH(COOC_2H_5)_2]_2$$

$$\xrightarrow[H^+]{H_2O} [CH_2CH(COOH)_2]_2 \xrightarrow[-2CO_2]{\Delta} \begin{array}{l} CH_2—CH_2—COOH \\ | \\ CH_2—CH_2—COOH \end{array}$$

己二酸

$$CH_2(CO_2C_2H_5)_2 \xrightarrow{2NaOC_2H_5} \overset{\ominus}{:}C(CO_2C_2H_5)_2 \xrightarrow{Br(CH_2)_3Br} \underset{CO_2C_2H_5}{\overset{CO_2C_2H_5}{\diagup\!\!\!\!\diagup}} \xrightarrow[\textcircled{2}H^+,\Delta]{\textcircled{1}OH^-/H_2O} \diamond—COOH$$

$$RC^-(COOC_2H_5)_2Na^+ \xrightarrow{ClCH_2COOC_2H_5} \underset{CH_2COOC_2H_5}{R—\overset{}{\underset{|}{C}}(COOC_2H_5)_2}$$

$$\xrightarrow[H^+]{H_2O} \underset{CH_2COOH}{R—\overset{}{\underset{|}{C}}(COOH)_2} \xrightarrow[\Delta]{-CO_2} \underset{CH_2COOH}{R—\overset{}{\underset{|}{C}}HCOOH}$$

合成羧酸时,一般多采用丙二酸酯。因为用乙酰乙酸乙酯合成,当酸式分解时,常有酮式分解的副反应同时发生,使产率降低。

丙二酸酯的碳负离子对 α、β-不饱和羰基化合物的 1,4-加成叫 Michael 反应。它是一个很普遍而又很有用的合成 1,5-二羰基化合物的反应。例如:

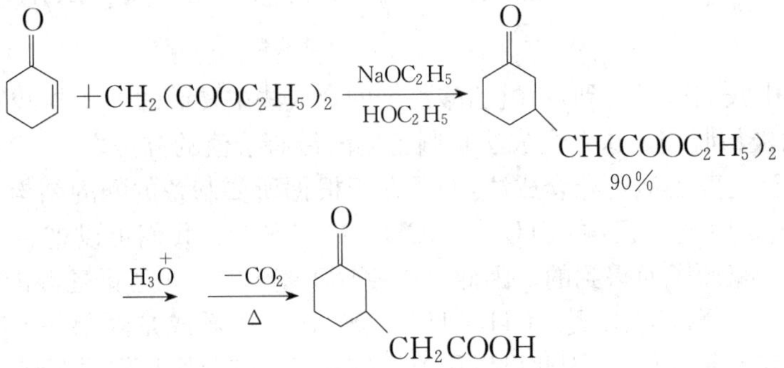

$$\xrightarrow{H_3O^+} \xrightarrow[\Delta]{-CO_2}$$

反应机理如下:

$$CH_2(COOC_2H_5)_2 \xrightarrow{NaOC_2H_5} \overset{\ominus}{C}H(COOC_2H_5)_2 \longrightarrow$$

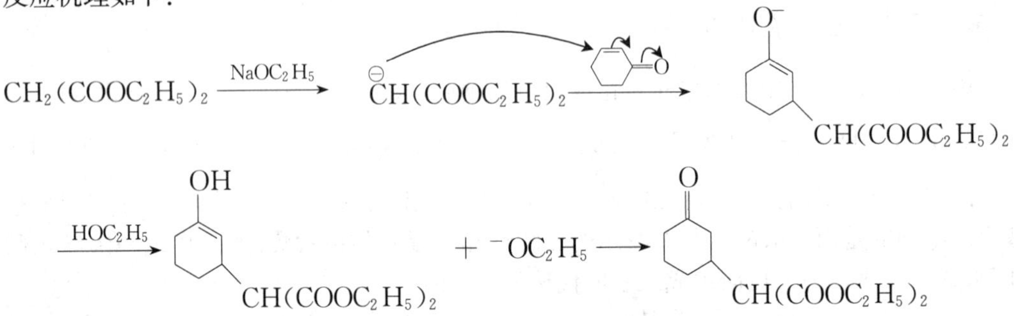

其他有显著酸性氢的化合物(如 2,4-戊二酮)甚至简单的酮也可以与 α,β-不饱和醛酮发生加成。例如:

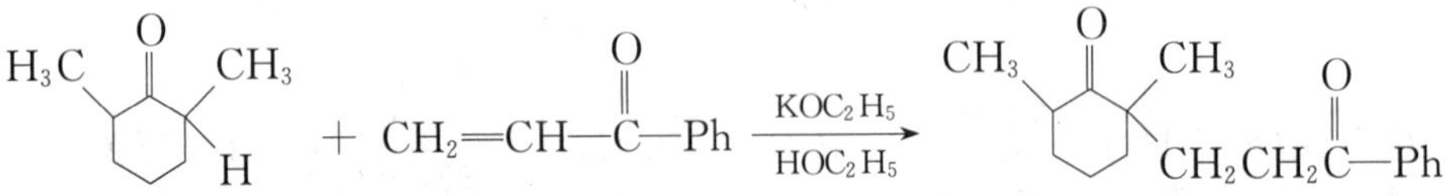

Michael 反应的另一个重要用途是用来合成环状化合物,也称为鲁宾逊(Robinson)关环,往往是在一个六元环上,再加上四个碳原子,形成一个二并六元环。如:

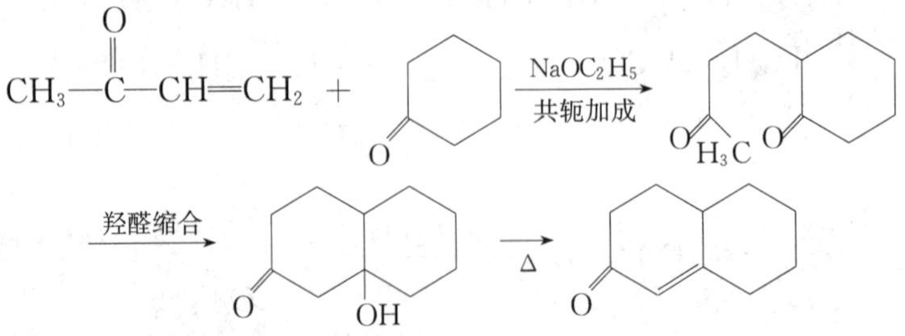

Robinson 提出的合成稠合的环己烯酮的有名方法是利用麦克尔反应和羟醛缩合的组合,曾多次用于甾族化合物的全合成。

这里再用一个简单的合成来看一下,α-甲基环己酮和甲基乙烯基酮之间的共轭加成主要在三级碳原子上发生,从而顺利、有效地引入了甾族体系所特有的角甲基,这是它取得成功的关键:

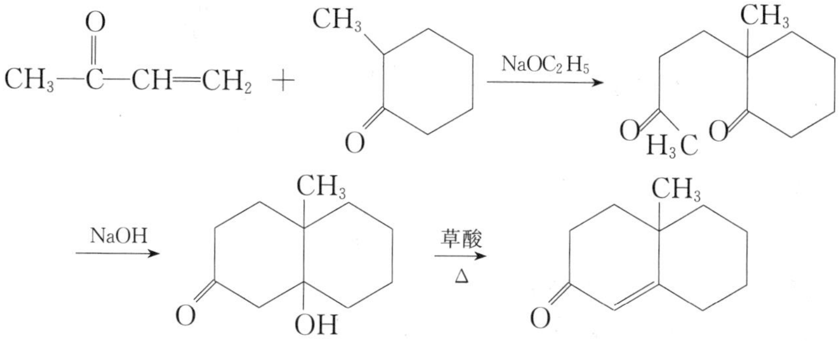

$$NaOC_2H_5$$

我们注意到上面反应中,麦克尔反应总是在取代较多的碳原子上进行,这可能是烯醇负离子和麦氏受体加成时,烷基增加烯醇离子的活性。另一原因是麦氏反应是可逆的,在取代较少的碳原子反应的加成物,通过逆向麦氏反应被破坏掉了。

习　　　题

1. 写出下列反应的主要产物:

(1) $2CH_3CH_2{-}\underset{\underset{OH}{|}}{CH}{-}COOH \xrightarrow{\Delta} ?$

(2) $CH_3CH_2{-}\underset{\underset{OH}{|}}{CH}{-}CH_2CH_2{-}COOH \xrightarrow{\Delta} ?$

(3) $CH_3{-}\underset{\underset{OH}{|}}{CH}{-}CH_2{-}COOH \xrightarrow{\Delta} ?$

(4) $CH_3CH_2{-}\underset{\underset{O}{\|}}{C}{-}COOH \xrightarrow[\Delta]{稀\ H_2SO_4} ?$

(5) $CH_3{-}CO\underset{\underset{CH_3}{|}}{CH}{-}COOC_2H_5 \xrightarrow[②H^+,\Delta]{①稀\ NaOH} ?$

(6) $CH_3{-}CO\underset{\underset{CH_2COOC_2H_5}{|}}{CH}{-}COOC_2H_5 \xrightarrow{浓\ NaOH} ?$

(7) $CH_3\underset{\underset{COOC_2H_5}{|}}{CH}COCOOC_2H_5 \xrightarrow{\Delta} ?$

(8) $CH_3\underset{\underset{OH}{|}}{CH}COOH \xrightarrow{Na} ?$

(9) 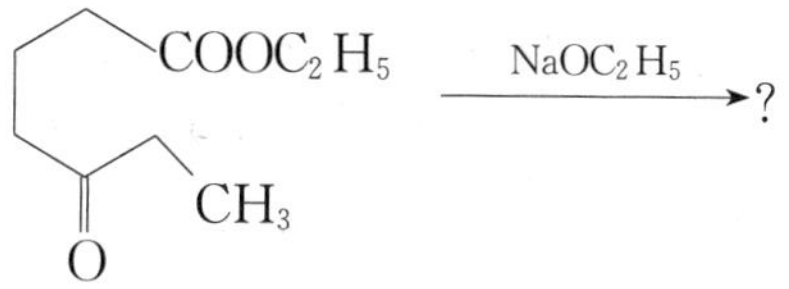 $\xrightarrow{NaOC_2H_5} ?$

2. 用简单的化学方法鉴别:

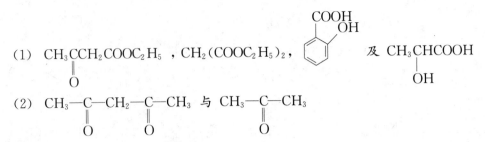

(1) $CH_3CCH_2COOC_2H_5$ ，$CH_2(COOC_2H_5)_2$，及 $CH_3CHCOOH$

(2) $CH_3-C-CH_2-C-CH_3$ 与 CH_3-C-CH_3

3. 解释阿斯匹林(Aspirin)的鉴别方法：

    (1) 加蒸馏水煮沸后放冷,加三氯化铁试液呈紫色。

    (2) 加碳酸钠溶液煮沸2分钟,放冷,加过量稀硫酸析出白色沉淀,并发生醋酸味。

4. 写出下列各对化合物的酮式与烯醇式的互变平衡体系,并指出哪一个烯醇化程度较大：

    (1)

    (2)

    (3) $CH_3COCH_2COCH_3$ 和 $CH_3COC(CH_3)_2COCH_3$

5. 由乙酰乙酸乙酯或丙二酸二乙酯及其他原料合成下列化合物：

    (1) 3-甲基-2-戊酮   (2) 2-甲基丁酸

    (3) α,β-二甲基丁二酸   (4) 环戊烷-1,2-二羧酸

6. 由指定原料合成下列化合物：

    (1) 由环戊酮合成

      (i)   (ii)

    (2) 由 $CH_3(CH_2)_3COOC_2H_5$ 合成 $CH_3(CH_2)_3COCOOH$

    (3) 由环己酮合成

7. 提出一个反应历程以解释下列反应的结果：

8. 化合物 A($C_5H_8O_3$)的 IR 谱在 3 400 cm^{-1}～2 400 cm^{-1}和 1 760 cm^{-1},1 710 cm^{-1}有强吸收峰。A 与 NaOH$+I_2$ 进行反应得化合物 B($C_4H_6O_4$),B 的 ^{1}H—NMR 谱:$\delta_H=2.3$ ppm (单峰,4H),$\delta_H=12$ ppm(单峰,2H)。A 在 HCl 气催化下与过量 CH_3OH 反应得化合物 C($C_8H_{16}O_4$),C 经 LiAlH$_4$ 还原得化合物 D($C_7H_{16}O_3$),D 的 IR 谱在 3 400 cm^{-1}和 1 100 cm^{-1},1 050 cm^{-1}有吸收峰。D 经 HCl 气催化得化合物 E 和甲醇,E 的 IR 谱在 1 120 cm^{-1},1 070 cm^{-1}有吸收峰,MS:$m/z=116(M^{\ddagger})$,主要碎片离子 $m/z=101$。推测化合物 A,B,C,D,E 的结构。

426

第十四章 胺和其他含氮化合物

胺可以看作是氨(NH_3)中的氢被烃基取代的衍生物。胺类和它们的衍生物是十分重要的化合物。在有机反应中是有用的中间体,同时在许多生物体中都发现含有它们。氨基酸构成蛋白质,嘌呤碱和嘧啶碱构成 DNA 和 RNA,遗传密码的分子等都是胺衍生物。所以胺类化合物和生命活动有密切的关系。本章主要介绍胺、重氮化合物及偶氮化合物,其他一些衍生物将在以后的章节中介绍。

14.1 胺的分类和命名

14.1.1 胺的分类

(1) 根据胺分子中氮上连接的烃基不同来分,若氮原子与脂肪烃相连,称为脂肪胺,与芳烃相连的称为芳香胺,例如:

脂肪胺有 $CH_3—\ddot{N}H_2$(甲 胺),$CH_3—CH_2—\ddot{N}H—CH_3$(甲乙胺)

芳香胺有

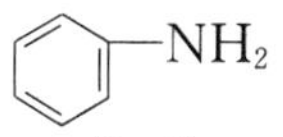

苯 胺

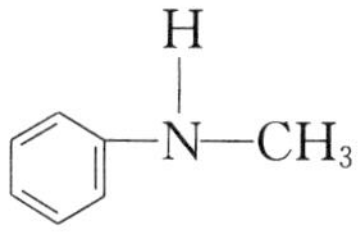

N-甲基苯胺

(2) 根据胺类分子中与氮相连的烃基的数目,又可分为一级、二级或三级胺。例如:

$R—NH_2$ 一级胺(伯胺)　　R_2NH 二级胺(仲胺)　　R_3N 三级胺(叔胺)

注意:一级、二级、三级胺的分类方法与醇不同。例如:

$(CH_3)_3C—OH$ (三级醇)叔丁基醇　　$(CH_3)_3C—NH_2$ (一级胺)叔丁基氨

(3) 根据胺分子中所含氨基的数目,可以有一元、二元或多元胺。例如:

$H_2N—CH_2—CH_2—NH_2$ 乙二胺(二元胺)

胺盐或氢氧化胺中的四个氢原子被四个烃基取代而生成的化合物称为季铵盐或季铵碱。

例如：

$$[R_4N]^+ \, X^- \qquad\qquad [R_4N]^+ \, OH^-$$
季铵盐   季铵碱

14.1.2 胺的命名

简单的胺的命名可以用它们所含的烃基命名。例如：

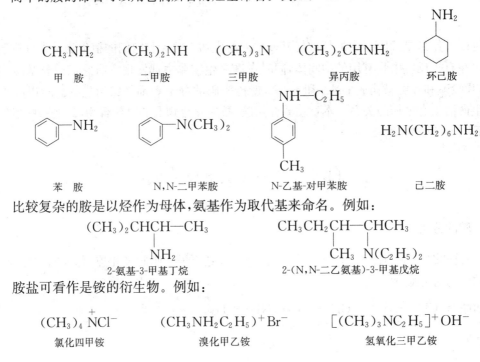

甲 胺　　　　二甲胺　　　　三甲胺　　　　异丙胺　　　　环己胺

苯 胺　　　　N,N-二甲苯胺　　　　N-乙基-对甲苯胺　　　　己二胺

比较复杂的胺是以烃作为母体,氨基作为取代基来命名。例如：

$$(CH_3)_2CHCH\!-\!CH_3 \qquad\qquad CH_3CH_2CH\!-\!CHCH_3$$
$$\qquad\quad NH_2 \qquad\qquad\qquad\qquad CH_3 \; N(C_2H_5)_2$$

2-氨基-3-甲基丁烷 　　　　　 2-(N,N-二乙氨基)-3-甲基戊烷

胺盐可看作是铵的衍生物。例如：

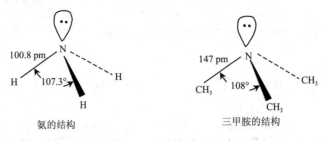

氯化四甲铵 　　　　　溴化甲乙铵 　　　　　氢氧化三甲乙铵

14.2　胺的物理性质

胺与氨的结构相似,氮上的三个 sp^3 轨道与氢的 s 轨道或别的基团的碳的杂化轨道重叠,亦具棱锥形的结构。氮上尚有一对孤电子,占据另一个 sp^3 轨道,这样,胺的空间排布基本上也近似碳的四面体结构,氮在四面体的中心,如图 14.1 所示。

100.8 pm   107.3°   147 pm   108°

氨的结构　　　　　　　　三甲胺的结构

图 14.1　胺的结构

在芳香胺中,氮上的孤对电子所占的轨道比在氨(胺)中有更多的 p 性质,但它们仍保留一些 s 的特性。所以苯胺中的氨基仍然是棱锥体的,它的 H—N—H 键角是 113.9°,较氨中大。H—N—H 平面与苯环平面交叉的角度为 39.4°,所以氮的杂化在 $sp^3\sim sp^2$ 之间,

如图 14.2 所示。

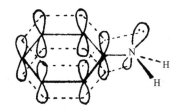

图 14.2 苯胺中部分角锥形的氨基仍能与苯基的 π 体系共轭

下面我们看到氮上未成键的孤电子对对胺的性质起着很重要的作用。

低级胺的气味与氨相似,有的胺(如三甲胺)有鱼腥味,肉腐烂时的臭气主要是丁二胺或戊二胺的气味。因此,它们又分别叫做腐肉胺和尸胺。这是在肉腐烂过程中由于氨基酸的失羧而产生的。

$$H_2N(CH_2)_3CH{-}COOH \xrightarrow{\Delta} H_2N(CH_2)_4{-}NH_2 + CO_2 \uparrow$$
$$\underset{\text{鸟氨酸(Ornithine)}}{\overset{|}{\underset{NH_2}{}}} \qquad\qquad\quad \text{1,4-丁二胺}$$

$$H_2N(CH_2)_4CH{-}COOH \xrightarrow{\Delta} H_2N(CH_2)_5{-}NH_2 + CO_2 \uparrow$$
$$\underset{\text{赖氨酸(Lysine)}}{\overset{|}{\underset{NH_2}{}}} \qquad\qquad\quad \text{1,5-戊二胺}$$

鸟氨酸和赖氨酸是动物蛋白质的组成部分。

芳胺的毒性很大,如苯胺可以通过吸入或透过皮肤吸收而致中毒,β-萘胺与联苯胺是引致恶性肿瘤的物质。

胺和氨一样是极性物质,除三级胺外,一级、二级胺能形成分子间氢键:

$$\overset{\displaystyle H}{\underset{\displaystyle H}{R{-}N{-}H}}{\cdots\cdots}\overset{\displaystyle H}{\underset{\displaystyle H}{N{-}R}}$$

因此,沸点比没有极性的同分子量化合物要高。由于氮的电负性不如氧的强,胺的氢键不如醇的氢键强,故胺的沸点比醇低。由于一级、二级和三级胺都能与水形成氢键,因此低级胺(六个碳原子以下)都能溶于水。一些胺的物理性质见表 14.1。

表 14.1 一些胺的物理性质

化 合 物	英 文 名 称	m. p. (℃)	b. p. (℃)	溶解度 (g/100g 水)	pK_a (铵离子)
一级胺	primary amines				$9.26(\overset{+}{NH_4})$
甲胺 CH_3NH_2	methyl amine	−94	−6	易溶	10.64
乙胺 $CH_3CH_2NH_2$	ethyl amine	−81	17	易溶	10.75
丙胺 $CH_3CH_2CH_2NH_2$	propyl amine	−83	49	易溶	10.67
异丙胺 $(CH_3)_2CH{-}NH_2$	isopropyl amine	−101	33	易溶	10.73

化　合　物	英 文 名 称	m. p. (℃)	b. p. (℃)	溶解度 (g/100g 水)	pK_a (铵离子)
丁胺　$CH_3(CH_2)_3NH_2$	butyl amine	−51	78	易溶	10.61
异丁胺　$(CH_3)_2CHCH_2NH_2$	isobutyl amine	−86	68	易溶	10.49
仲丁胺　$CH_3CH_2CH(CH_3)NH_2$	sec-butyl amine	−104	63	易溶	10.56
叔丁胺　$(CH_3)_3CNH_2$	tert-butyl amine	−68	45	易溶	10.45
环己胺　⬡—NH_2	cyclohexyl amine	−18	134	微溶	10.64
苄胺　⬡—CH_2NH_2	benzyl amine	10	185	微溶	9.30
苯胺　⬡—NH_2	aniline	−6	184	3.7	4.58
对甲苯胺　CH_3—⬡—NH_2	p-methylaniline	44	200	微溶	5.08
对氯苯胺　Cl—⬡—NH_2	p-chloroaniline	73	232	不溶	4.00
对硝基苯胺　NO_2—⬡—NH_2	p-nitroaniline	148	332	不溶	1.00
二级胺	Secondary amines				
二甲胺　$(CH_3)_2NH$	dimethyl amine	−92	7	易溶	10.72
二乙胺　$(CH_3CH_2)_2NH$	diethyl amine	−48	56	易溶	10.98
N-甲基苯胺　⬡—$NHCH_3$	N-methyl aniline	−57	196	微溶	4.70
二苯胺(⬡)$_2NH$	diphenyl amine	53	302	不溶	0.80
三级胺	Tertiary amines				
三甲胺　$(CH_3)_3N$	trimethyl amine	−117	2.9	易溶	9.70
三乙胺　$(CH_3CH_2)_3N$	triethyl amine	−115	90	14	10.76
N,N-二甲苯胺　⬡—$N(CH_3)_2$	N,N-dimethylaniline	3	194	微溶	5.06

胺的光谱性质如下：

红外光谱：一级胺在 3 300 cm^{-1}～3 500 cm^{-1} 区域有两个 N—H 伸缩振动的吸收峰，这是由于氮上两个氢原子成对称和不对称伸缩振动而引起的。二级胺有一个伸缩振动吸收峰，三级胺由于没有 N—H 键，所以在该区域没有伸缩振动吸收峰。

一级胺的 N—H 面内弯曲振动 δ_{N-H}（面内）在 1 560 cm^{-1}～1 650 cm^{-1} 区域（强），可用于鉴定。二级胺的 δ_{N-H}（面内）很弱，不能用于鉴定。一级胺的 N—H 面外弯曲振动吸收 δ_{N-H}（面外）在 650 cm^{-1}～900 cm^{-1}（强宽峰），而二级胺的 δ_{N-H}（面外）在 700 cm^{-1}～750 cm^{-1} 区域有强的吸收。

C—N 伸缩振动：脂肪胺在 1 030 cm^{-1}～1 230 cm^{-1} 区域有弱吸收（三级胺通常是一个双

峰),而芳胺在 $1250\ cm^{-1} \sim 1340\ cm^{-1}$ 区域有强吸收。图 14.3 是正丁胺的红外光谱。

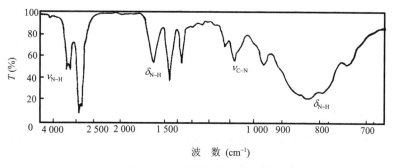

图 14.3 正丁胺的红外光谱

^{1}H-NMR 谱:胺中的 α-碳上的质子（ $\overset{|}{H}C\!-\!N$ ）由于受氮的 $-I$ 效应影响,化学位移 δ_H 在 2.7 ppm～3.1 ppm 之间,β-质子受氮的影响较小,所以化学位移向高场 δ_H 在 1.1 ppm～1.7 ppm 之间。

胺中氮上的质子 N—H 吸收在 δ_H 为 0.6 ppm～5.0 ppm 之间,由于氢键程度不同而改变,一般不容易鉴定。图 14.4 是二乙胺的核磁共振氢谱。

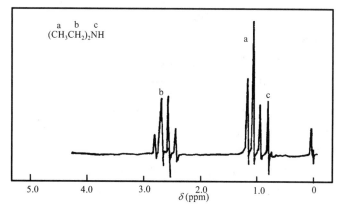

图 14.4 二乙胺的核磁共振氢谱

^{13}C-NMR 谱:由于氮的电负性,与氨基相连的脂肪胺的 α-碳的化学位移向低场位移,δ_C 在 40 ppm～50 ppm 之间,芳胺中氨基直接相连的苯环碳的化学位移移向低场 $\delta_C \approx 147$ ppm。氨基邻、对位的碳的化学位移移向高场,分别约为 115 ppm、118 ppm,间位碳的化学位移变化不大,$\delta_C \approx 129$ ppm。

14.3 胺 的 反 应

14.3.1 碱 性

根据路易斯(Lewis)酸碱定义,碱是电子对的给予体(酸是电子对的接受体)。由于胺的氮原子上有未共用电子对,易与质子反应成盐,因此具有碱性。它的碱性强度可用平衡常数 K_b 来表示。例如,当碱溶于水,发生下列的反应:

$$\overset{..}{R}NH_2 + H_2O \Longleftrightarrow R\overset{+}{N}H_3 + OH^-$$

碱 　　　　　　　　 共轭酸

根据质量作用定律:

$$K_b = \frac{[R\overset{+}{N}H_3][OH^-]}{[RNH_2]}$$

$$pK_b = -\log K_b$$

K_b 越大(或 pK_b,越小)碱越强。

在有机化学中,习惯上胺的碱性强度往往可用它的共轭酸 $R\overset{+}{N}H_3$ 的强度来表示:

$$R\overset{+}{N}H_3 + H_2O \Longleftrightarrow RNH_2 + H_3\overset{+}{O}$$

$$K_a = \frac{[RNH_2][H_3\overset{+}{O}]}{[R\overset{+}{N}H_3]}$$

显然,碱性越强,它的共轭酸越弱,K_a 越小,pK_a 越大。

RNH_2 的离解常数 K_b 与 $R\overset{+}{N}H_3$ 的离解常数 K_a 之间的关系为:

$$K_a \cdot K_b = K_w$$

K_w 为水的离子积,在 25℃时为 1.0×10^{-14}。如用 pK_a 和 pK_b 表示则:

$$pK_a + pK_b = 14$$

一些胺的碱性强度见表 14.1。

从表 14.1 中可以看出,脂肪胺的碱性比氨强,这是由于烷基可以给电子,使氮上的电子云密度增加,即增加了氮对质子的吸引力,形成的铵正离子因电荷分散而稳定:

$$R \rightarrow \overset{..}{N}H_2 + H^+ \longrightarrow R \rightarrow \overset{+}{N}H_3$$

那么,胺中的烷基越多,应该碱性越强,但实际上测定的结果是:二级胺>一级胺>三级胺。

这是因为脂肪胺在水中的碱性强度,不只取决于氮原子上的电负性,同时取决于与质子结合后的铵正离子是否容易溶剂化。如果胺的氮上的氢越多,则与水形成的氢键机会越多,溶剂化的程度也就越大,那么铵正离子就比较稳定,胺的碱性也就越强。

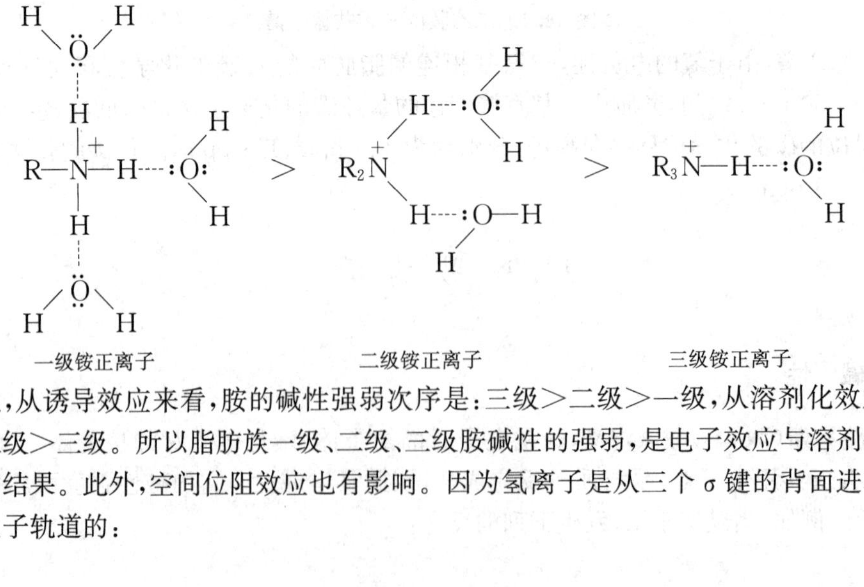

一级铵正离子　　　　　　二级铵正离子　　　　　　三级铵正离子

因此,从诱导效应来看,胺的碱性强弱次序是:三级>二级>一级,从溶剂化效应来看则一级>二级>三级。所以脂肪族一级、二级、三级胺碱性的强弱,是电子效应与溶剂化效应两者综合的结果。此外,空间位阻效应也有影响。因为氢离子是从三个 σ 键的背面进攻氮原子的孤对电子轨道的:

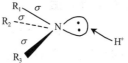

但由于胺分子处于穿梭般的 Walden 转化平衡中：

$$R_2 \overset{R_1}{\underset{R_3}{\diagdown}} N : \quad \overset{快}{\rightleftharpoons} \quad : N \overset{R_1}{\underset{R_3}{\diagup R_2}}$$

在达到氮原子之前，H^+ 离子必须穿过时隐时现的"空隙"。另一方面，甲基比氢的体积大，甲基越多，"空隙"越小，H^+ 越难于接近氮原子。所以，对三甲胺来说，位阻影响超过了诱导效应的影响，因而它的碱性不及二甲胺或甲胺。

芳香胺的碱性比氨弱，这是因为氮上的孤对电子与苯环的 π 电子互相作用，形成一个均匀的共轭体系，氮上的孤对电子部分地转向苯环，因此，氮原子接受质子的能力降低，所以碱性比氨弱。

同理，芳胺的碱性强弱是：一级＞二级＞三级（接近于中性）。

如果苯环上有第一类定位基的存在，使苯胺的碱性增加。而第二类定位基则使其碱性降低：例如，甲基推电子，使氮正离子稳定，碱性增加：

$$\underset{CH_3}{\overset{NH_2}{\bigcirc}} + H^+ \rightleftharpoons \underset{CH_3}{\overset{\overset{+}{N}H_3}{\bigcirc}}$$

—NO_2 吸电子，使氮正离子不稳定，碱性降低：

$$\underset{\underset{O \quad O}{N}}{\overset{NH_2}{\bigcirc}}$$

若硝基在邻位，因距离近，有明显的吸电子诱导效应，同时存在与氨基有空间阻碍及形成氢键等原因，故使其碱性降低更加明显。

由于胺都是弱碱，所以能和酸成盐。胺盐都是结晶体，遇强碱则胺置换出来：

$$R-NH_2 + HCl \longrightarrow R\overset{+}{N}H_3Cl^- \overset{NaOH}{\longrightarrow} R-NH_2 + NaCl + H_2O$$

利用此性质可以将不溶于水的胺与其他有机物分离开来。

14.3.2　烷基化

在第九章卤代烷中已谈到胺作为亲核试剂与卤代烷发生 S_N2 反应，得到二级胺、三级胺和四级铵盐的混合物：

$$\underset{(一级胺)}{R-\ddot{N}H_2} + R-X \longrightarrow [R_2\overset{+}{N}H_2]X^- \overset{OH^-}{\longrightarrow} \underset{(二级胺)}{R-\ddot{N}H-R} \overset{R-X}{\longrightarrow} \underset{(三级胺)}{R-\ddot{N}R_2} \overset{R-X}{\longrightarrow} \underset{(四级胺盐)}{R_4\overset{+}{N}X}$$

433

季铵盐与强碱作用，则生成四级铵碱（季铵碱）：

$$R_4\overset{+}{N}X^- + KOH \rightleftharpoons R_4\overset{+}{N}OH^- + KX$$

上面反应是可逆的，说明四级铵碱是强碱，它的碱性与氢氧化钠、氢氧化钾相当。制备四级铵碱一般是利用弱碱 AgOH 和季铵盐的水溶液作用：

$$R_4\overset{+}{N}X^- + AgOH \longrightarrow R_4\overset{+}{N}OH^- + AgX\downarrow$$

季铵碱加热到 100℃则分解成三级胺和含末端双键的烯烃。例如：

$$R—CH_2CH_2—NH_2 \xrightarrow{3CH_3I} R—CH_2CH_2—\overset{+}{N}(CH_3)_3I^-$$

$$\xrightarrow{AgOH} R—CH_2CH_2—\overset{+}{N}(CH_3)_3OH^- \xrightarrow{\Delta\ 100℃} R—CH{=}CH_2 + N(CH_3)_3 + H_2O$$

这个反应为 E2 消除反应，OH^- 作为进攻的碱：

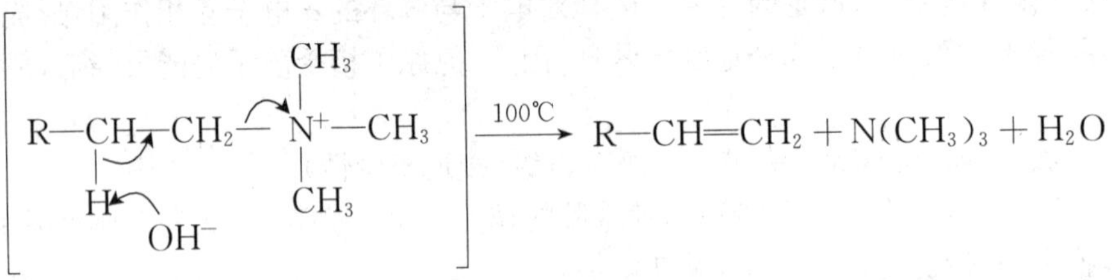

此反应能将一个胺降解为一个烯，常用来测定胺的结构。例如，测定一个未知的胺，可用过量的 CH_3I 与之作用，生成季胺盐，再转化成季铵碱，然后进行热分解。从反应过程中消耗的 CH_3I 的摩尔数和生成烯烃的结构，就可推测原来的胺是几级胺和碳的骨架。这种用过量的 CH_3I 处理，最后把生成的季胺碱降解为烯的反应，叫霍夫曼（Hofmann）彻底甲基化反应。下面两个异构的环状胺所得的产物（Ⅰ）和（Ⅱ）不同：

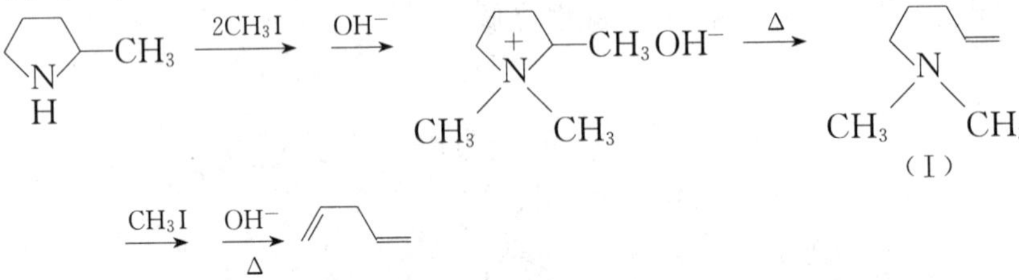

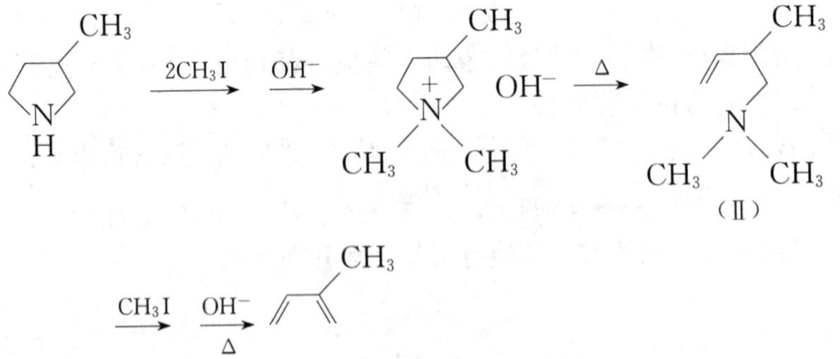

当四级铵化合物存在两个或两个以上的烃基可以进行消除反应时，被消除的 β-氢反应难易次序为：$—CH_3 > RCH_2— > R_2CH—$，这叫霍夫曼规则。生成烯烃的取向与扎依采夫规律相反。

这里我们要进一步讨论一下，在进行 E2 消除反应时，为什么 R—X 与 $R—\overset{+}{N}H_3$ 的消去方向不同。例如：

H(b)
H(a)
CH_3—CHCH—CH_2—
L
(a)OH^-
Δ
CH_3—CH_2—CH═CH_2
(2)
(b)OH^-
Δ
CH_3—CH═CHCH_3
(3)

(1)

L＝	—Br	$-\overset{+}{N}(CH_3)_3$
(2)	19%	95%
(3)	81%	5%

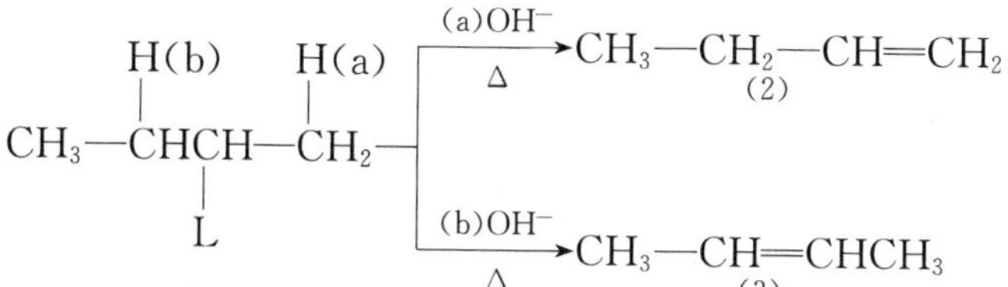

(a)——服从 Hofmann 规则

(b)——服从 Saytzeff 规则

从中我们可以看出：(1)式的消去主要产物受 L(即离去基团)本质的影响。很显然，C—Br 键比 C—N 键易于断裂，即—Br 与$-\overset{+}{N}(CH_3)_3$比较是一个较好的离去基团。这样，对于溴化物来说，当碱(B)进攻 β-氢时，Br 也开始离开，E2 反应的过渡态将具有很多双键特性：

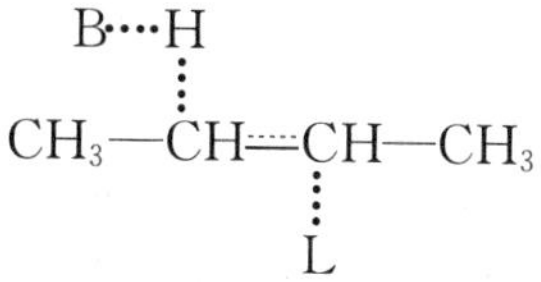

B····H
CH_3—CH═CH—CH_3
L

这样的过渡态将可使产物烯烃稳定的任何因素所稳定。这些因素之一，是在双键碳原子上取代的越多，一般越是稳定。因此，当 L 是一个良好的离去基团(—Br)时，有利于 Saytzeff 消去占优势而导致(3)为主要产物。反之，当 L 是一个不良的离去基团(如$-\overset{+}{N}(CH_3)_3$)时，则在 C—L 键开始断裂之前，进攻碱对 β-氢的移去已进行得相当深入，这样的过渡态便缺少烯烃样的特性，而带有较多碳负离子样的特性，且碳负离子的稳定性是：

$$\overset{\ominus}{C}H_3 > R\overset{\ominus}{C}H_2 > R_2\overset{\ominus}{C}H > R_3\overset{\ominus}{C}$$

进攻碱便将优先移去能导致生成较稳定碳负离子样过渡态的 β-氢，结果导致生成双键碳上取代程度最小的烯烃——服从 Hofmann 规则的产物(2)为主。

另一因素是空间因素的影响。人们发现增加 L 的体积(因$-\overset{+}{N}(CH_3)_3 >$—Br)会导致增加 Hofmann 消去的比例。即使 L 是$-\overset{+}{N}(CH_3)_3$的情况，因为这个反应是 E2 消除反应，要求被消除的氢与$-\overset{+}{N}(CH_3)_3$处于反式共平面。下面(i)是三甲基-2-丁基铵离子：

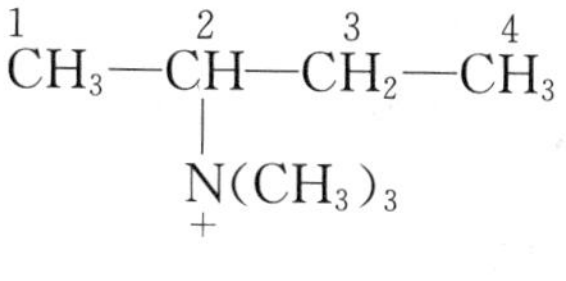

1 2 3 4
CH_3—CH—CH_2—CH_3
$\overset{+}{N}(CH_3)_3$

的 C_1—C_2 的构象

H
H
C_2H_5
H
H
$\overset{+}{N}(CH_3)_3$
H
C_2H_5
H
$\overset{+}{N}(CH_3)_3$
H
H

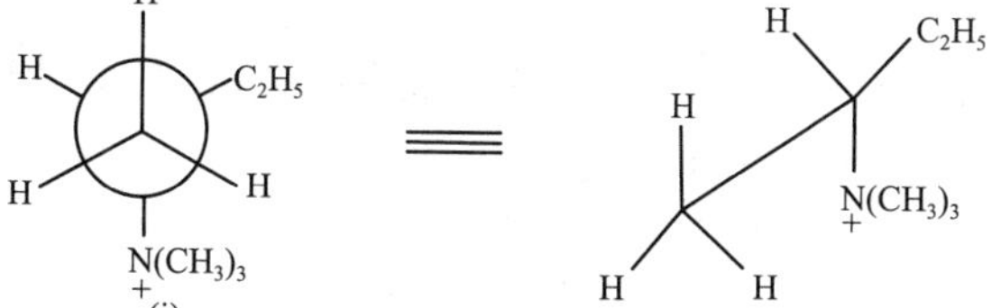

(i)

式(i)C_1 上的三个氢均可与$-\overset{+}{N}(CH_3)_3$处于全交叉反式共平面，因此易发生消除反应得到 1-丁烯，服从 Hofmann 规则。而 C_2—C_3 的构象可以有下列三种：

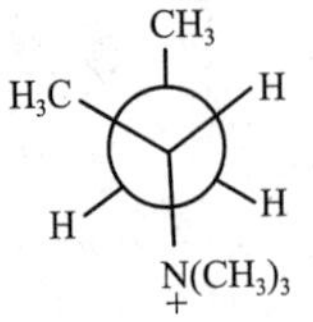

（ii）较稳定 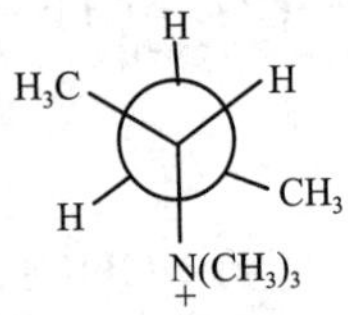　　　　　（iii）不稳定 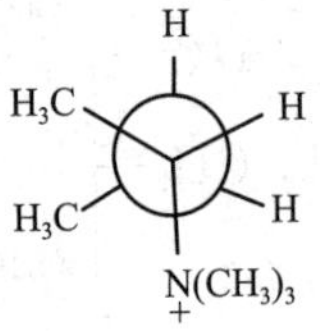　　　　　（iv）更不稳定

式(ii)中 C_2 上体积很大的—$\overset{+}{N}(CH_3)_3$ 与 C_3 上的—CH_3 处于对位交叉式距离远,能量低,较稳定,但没有与—$\overset{+}{N}(CH_3)_3$ 处于反式共平面的氢,因此不易发生消除反应。而式(iii)与式(iv)虽有反式共平面氢,但 C_2 上的—$\overset{+}{N}(CH_3)_3$ 与 C_3 上的—CH_3 处于邻位交叉式,体积大的基团互相排斥,能量高,不稳定。故式(iii)与(iv)的构象很少。因此,不利于得到按 Saytzev 规则消去的产物:2-丁烯。

如果是甲胺的彻底甲基化形成的季铵碱,由于缺少 β-氢,加热时不发生反应。

季铵盐有着重要作用,除可作为阳离子表面活性剂和阴离子交换剂外,近年来发现它可作为相转移催化剂(Phase Transfer Catalyst),常用的有 $(C_2H_5)_3\overset{+}{N}$—CH_2—$C_6H_5Cl^-$(简称 TEBA)和 $(C_4H_9)_4\overset{+}{N}X^-$(简称 TBA)。所谓"相转移",就是像季铵盐能使水相中的反应物转入有机相,从而改变离子溶剂化程度,增大离子的反应活性,加快反应速度。因此,操作简单,收率高,是一种有机合成的新方法。

14.3.3　酰基化

在羧酸衍生物一章中已介绍了酰氯、酸酐可以氨解,产物是酰胺。同样,一级、二级胺作为亲核试剂与酰氯、酸酐作用可生成酰胺。例如:

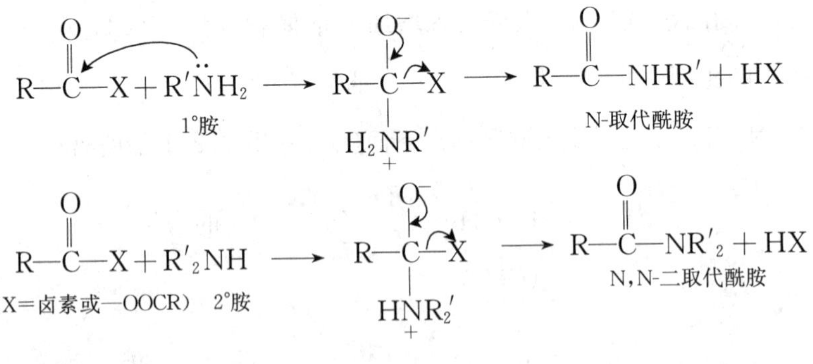

这些反应可以看作是胺分子中氮原子上的氢被酰基取代,所以叫胺的酰基化反应。三级胺氮原子上没有氢原子,所以不能发生反应。

酰化反应常用的酰化剂是乙酰氯和乙酸酐。

胺酰化得到的酰胺是结晶性能好的固体,通过熔点测定可以鉴定一级、二级(三级)胺。生成的酰胺在强酸或强碱的水溶液中加热很容易水解生成胺。因此,在有机合成上往往先把芳胺酰化,使芳胺变成酰胺,将氨基保护起来,再进行其他反应,然后再使酰胺水解变成胺。

若用苯磺酰氯或对-甲苯磺酰氯与胺反应,则类似地生成苯磺酰胺。然而一级胺生成的苯

436

磺酰胺,氮上还有一个氢,因受磺酰基的影响,具有弱酸性,可溶于碱成盐。二级胺形成的苯磺酰胺因氮上无酸性氢,不溶于碱。三级胺不发生此反应。这些性质上的不同,可用于三类胺的分离和鉴定。这个反应称为兴斯堡(O. Hinsberg)反应。

$$RNH_2 + CH_3\text{—}\underset{\text{对甲苯磺酰氯}}{\boxed{}}\text{—}SO_2Cl \xrightarrow{\text{NaOH}} CH_3\text{—}\boxed{}\text{—}SO_2\text{—}NHR + HCl + H_2O$$

一级胺　　　　对甲苯磺酰氯　　　　　　　　　在水中不溶解

过量 NaOH ‖ 过量酸(HCl)

$$CH_3\text{—}\boxed{}\text{—}SO_2\text{—}\underset{Na^+}{\overset{}{N}}\text{—}R + H_2O$$

盐(在水中溶解)

$$R_2NH + CH_3\text{—}\boxed{}\text{—}SO_2Cl \xrightarrow{\text{NaOH}} CH_3\text{—}\boxed{}\text{—}SO_2NR_2 + NaCl + H_2O$$

二级胺　　　　　　　　　　　　　　　　　　在水中不溶解

↓ 过量 NaOH

无反应(在碱中不溶解)

$$R_3N + CH_3\text{—}\boxed{}\text{—}SO_2Cl \xrightarrow{\text{NaOH}} \text{无反应}$$

三级胺

乙酰氯(或乙酐)和苯磺酰氯都可以和一级、二级胺反应,和三级胺不反应,可用来鉴定一级、二级、三级胺。但乙酰氯常用来保护氨基,而苯磺酰氯却不是,而是用来分离一级、二级和三级胺。这是因为苯磺酰胺比(羧酸的)酰胺水解速度慢得多。所以在水汽蒸馏分离一级、二级、三级胺时有好处,酰胺水解得快,则有利于保护氨基后又容易掉下来。

14.3.4　与亚硝酸的反应

脂肪族一级胺与亚硝酸作用生成重氮盐(diazosalt) $R\text{—}\overset{+}{N}\equiv NCl^-$ 极不稳定,在低温下会自动分解成氮气和生成碳正离子(R^+),R^+ 再取代、消除和重排,因而得到的是一个醇、卤代烷和烯的混合物。例如:

$$CH_3CH_2CH_2\text{—}NH_2 + HNO_2 \longrightarrow CH_3CH_2CH_2\overset{+}{N}\equiv NX^- \longrightarrow CH_3CH_2\overset{+}{C}H_2 + N_2\uparrow + X^-$$

$$CH_3CH_2\overset{+}{C}H_2 \begin{cases} \xrightarrow{H_2O} CH_3CH_2CH_2OH \\ \xrightarrow{X^-} CH_3CH_2CH_2X \\ \xrightarrow{-H^+} CH_3CH=CH_2 \\ \xrightarrow{重排} CH_3\text{—}\overset{+}{C}H\text{—}CH_3 \begin{cases} \xrightarrow{H_2O} CH_3\text{—}\underset{OH}{C}H\text{—}CH_3 \\ \xrightarrow{X^-} CH_3\text{—}\underset{X}{C}H\text{—}CH_3 \end{cases} \end{cases}$$

二级胺与亚硝酸作用生成黄色油状或固体的 N-亚硝基化合物。例如:

437

$$R_2NH + HNO_2 \longrightarrow R_2N-N=O + H_2O$$

生成的 N-亚硝基化合物用稀盐酸和 $SnCl_2$ 处理时,亚硝胺可还原成原来的二级胺,因此可利用此性质来精制二级胺。

三级胺在同样条件下与亚硝酸不发生类似的反应。

利用这个反应可以区别一级、二级和三级胺。

亚硝基胺的毒性很强,现已用实验证实是一个很强的致癌物质。

芳香族一级胺与亚硝酸在低温下反应,生成重氮盐。它较脂肪族重氮盐稳定,温度保持在低于 5℃ 时不分解,有着广泛的用途。这个反应叫做重氮化反应(diazo-reaction)。例如:

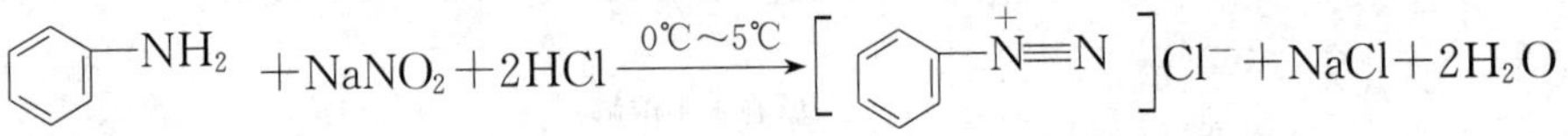

芳族二级胺如二苯胺或 N-甲基苯胺与亚硝酸作用,生成亚硝基胺:

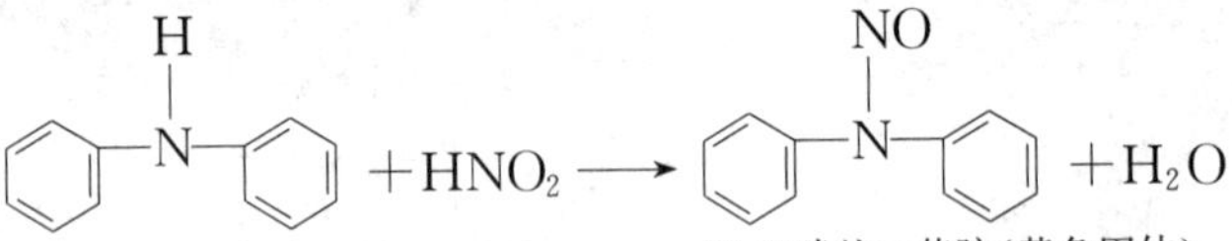

N-亚硝基二苯胺(黄色固体)

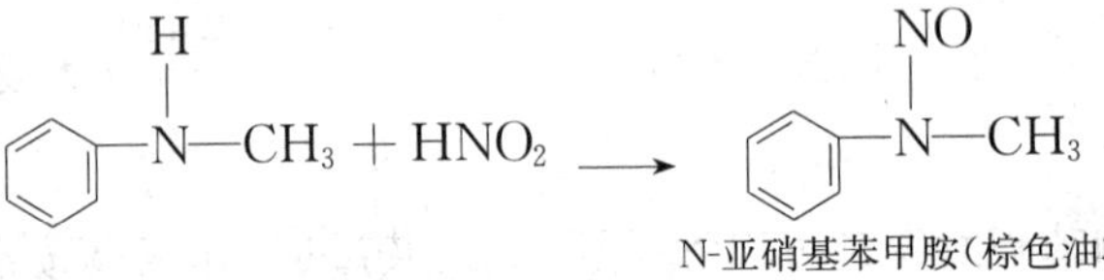

N-亚硝基苯甲胺(棕色油状)

芳族三级胺若对位没有取代基,在同样条件下,则生成对亚硝基胺。例如:

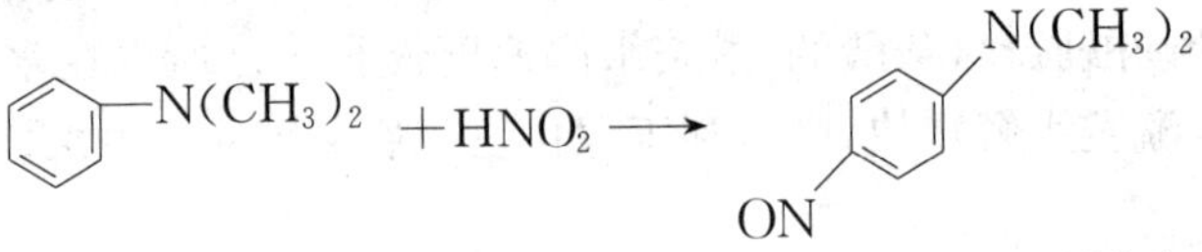

对亚硝基-N,N-二甲苯胺
(绿色叶片状)

利用三类胺与亚硝酸作用生成的产物不同,可以区别芳族一级、二级和三级胺。

14.3.5　胺的氧化

胺容易氧化,特别是芳香胺用不同的氧化剂可以得到多种氧化产物,产率低。故用途不大。

叔胺用过氧化氢或过酸氧化,生成氧化叔胺:

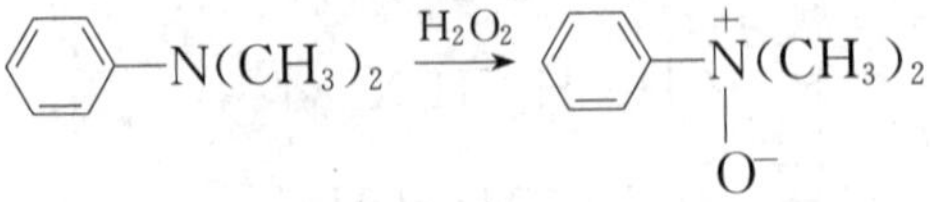

N,N-二甲基苯胺　　　　　N,N-二甲基苯胺-N-氧化物

有 β-氢的叔胺 N-氧化物在加热时,分解成烯烃和 N,N-二烷基羟胺:

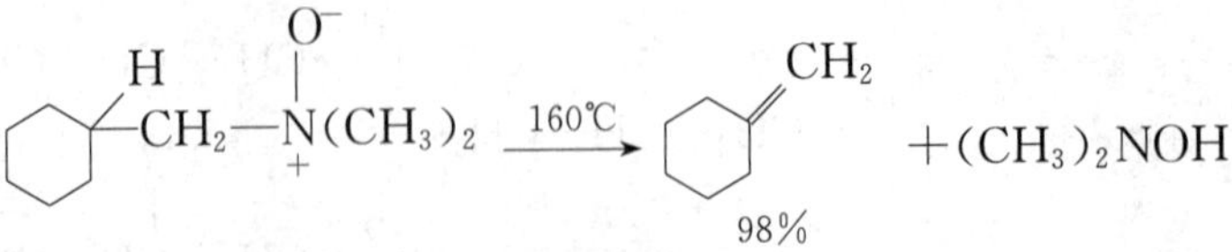

98%

这个反应称为科普(Cope)反应,可用于烯烃的合成和从化合物中除掉氮。实验事实说明这是一种立体选择性很高的 E2 顺式消除反应,反应时形成一个平面的五元环的过渡状态,氧

化胺的氧作为进攻的碱：

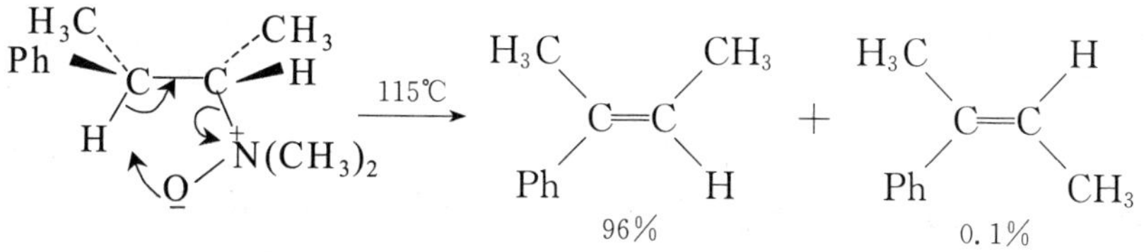

$$\underset{115℃}{\longrightarrow}\ 96\% \quad + \quad 0.1\%$$

芳香胺氧化经过下列阶段：

$$\underset{伯\ 胺}{ArNH_2} \xrightarrow{[O]} \underset{N\text{-}芳基羟胺}{ArNHOH} \xrightarrow{[O]} \underset{亚硝基物}{ArNO} \xrightarrow{[O]} \underset{硝基化合物}{ArNO_2}$$

反应非常复杂,在合成上用途不大。但氨基本身的某些氧化反应,却有制备的重要性。例如：

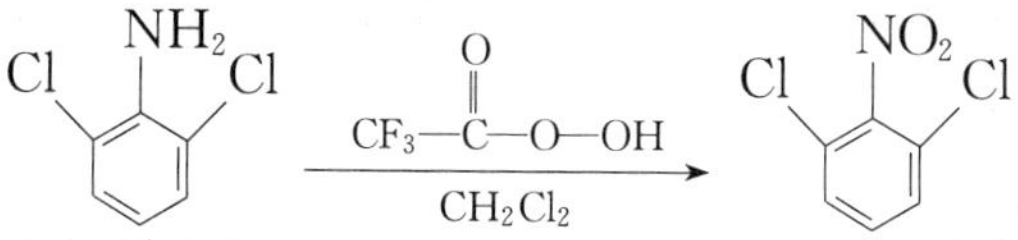

2,6-二氯苯胺 $\xrightarrow[CH_2Cl_2]{CF_3-C(=O)-O-OH}$ 2,6-二氯硝基苯 89%～92%

芳香环上有吸电子基团(—X,—NO₂,—CN 等)的芳胺都能进行得很好。

14.3.6 芳胺的特性

芳胺是氨基直接连在芳环上,氨基和芳环的相互影响,呈现出芳胺的特殊反应。

(1) 氧化反应。在常温下,脂肪胺不能被空气氧化,而芳胺很容易氧化。新合成的芳香胺一般是无色的,被空气氧化后变成黄色或红色,氧化产物非常复杂,这些有色物质大多具有醌型结构。因芳胺易被氧化,应贮存在棕色瓶中。

若用氧化剂(如 $MnO_2 + H_2SO_4$)氧化苯胺,则主要产物为对-苯醌：

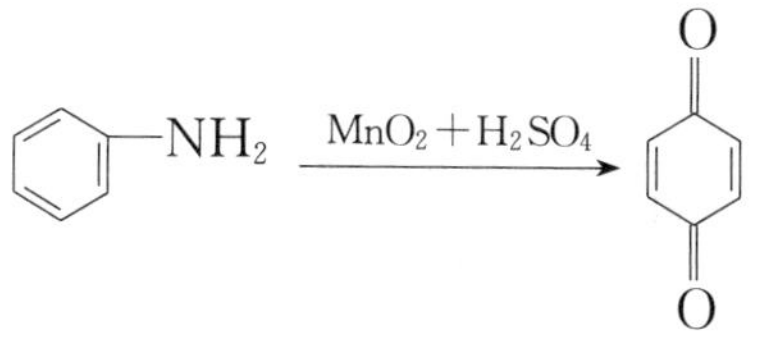

(2) 苯胺的卤代、硝化、磺化反应。芳香胺的氨基与酚的羟基相似。能使邻位和对位上的氢原子非常容易被亲电试剂—X⁺、—$\overset{+}{NO_2}$、—SO₃H 取代。例如,加溴水于苯胺的水溶液中,即产生白色的 2,4,6-三溴苯胺沉淀,此反应用于苯胺的检定。

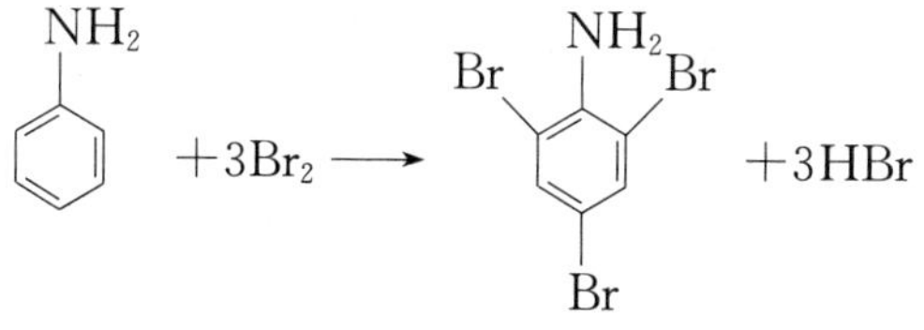

2,4,6-三溴苯胺

为得到一溴代芳胺,应减少氨基的给电子能力,方法是在氨基上导入酰基,溴代反应完成后,水解恢复氨基。

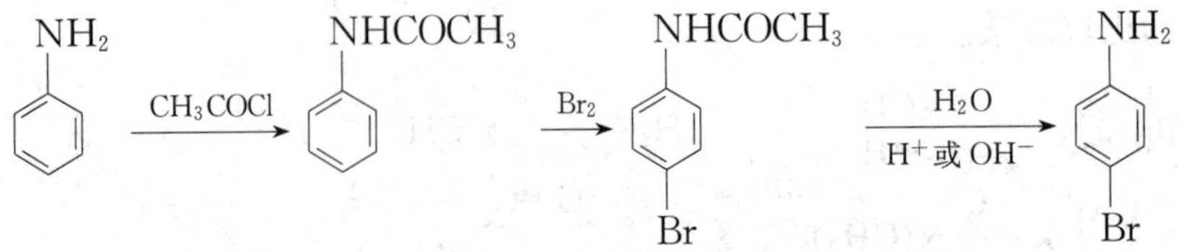

由于苯胺对氧化剂的敏感性,苯胺进行硝化反应必须把氨基保护起来,即先将其乙酰化,然后再进行硝化。乙酰苯胺硝化时,可以得到邻位或对位硝基衍生物:

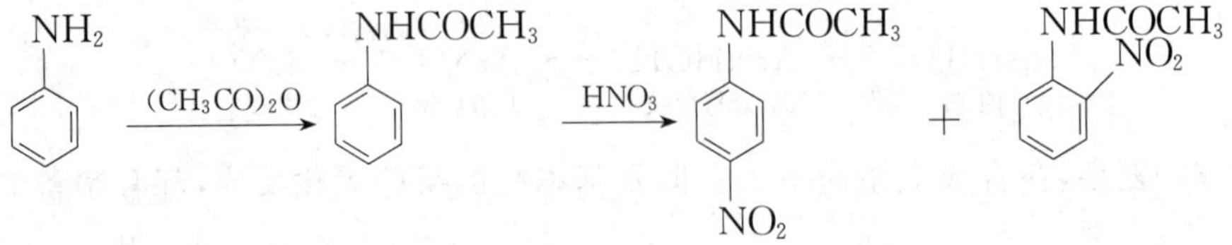

硝基乙酰苯胺很容易用稀碱水解为相应的硝基苯胺。若用浓硝酸和浓硫酸的混酸进行硝化,则产物主要是间硝基苯胺:

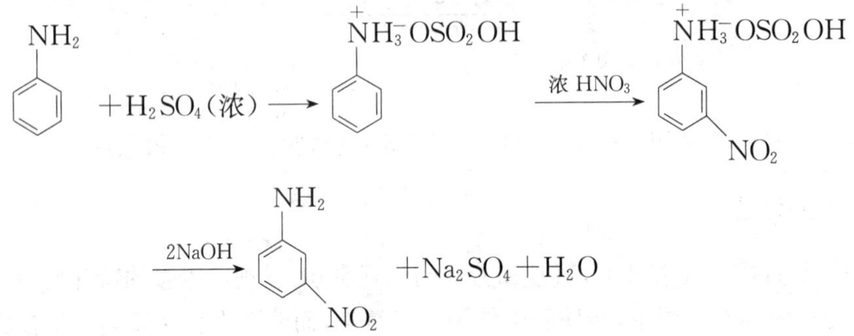

14.3.7　满尼期(Mannich)反应

利用含有活泼亚甲基化合物和甲醛及一级和二级胺反应得到的产物,叫满氏(Mannich)碱,例如:

$$CH_3-\overset{O}{\underset{\|}{C}}-CH_3 + H_2C=O + (C_2H_5)_2NH \xrightarrow{HCl} CH_3-\overset{O}{\underset{\|}{C}}-CH_2CH_2N(C_2H_5)_2 + H_2O$$
满氏碱

反应机理取决于反应物和反应条件,在中性或酸性介质中进行的反应包括:①首先二级胺和甲醛反应产生亚胺离子。②接着亚胺离子和活泼亚甲基化合物的烯醇式反应。

① $R_2\ddot{N}H + \overset{H}{\underset{H}{C}}=O \rightleftharpoons R_2\ddot{N}-\overset{H}{\underset{H}{C}}-\overset{..}{\underset{..}{O}}-H \overset{H^+}{\rightleftharpoons} R_2\ddot{N}-\overset{H}{\underset{H}{C}}-\overset{+}{\underset{}{O}}-H \xrightarrow{-H_2O} R_2\overset{+}{N}=CH_2$

亚胺离子

② $CH_3-\overset{O}{\underset{\|}{C}}-CH_3 \overset{H^+}{\rightleftharpoons} CH_3-\overset{O-H}{\underset{}{C}}=CH_2 \xrightarrow{CH_2=\overset{+}{N}R_2} CH_3-\overset{O}{\underset{\|}{C}}-CH_2CH_2\ddot{N}R_2 + H^+$

这个反应的应用范围很广,不但醛、酮的活泼氢可以进行反应,其他化合物如羧酸、酯、酚或其他含有芳环体系的活泼氢等都可以,特别在生物碱的合成中有重要应用。例如:

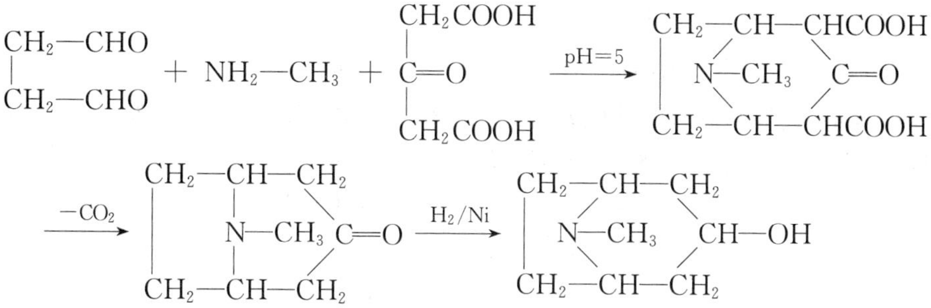

$$\xrightarrow{-CO_2}$$

颠茄醇

14.4 胺 的 制 法

胺的制法有两种:一是氨的烃基化,二是含氮化合物的还原。

14.4.1 氨的烃基化

在一定压力下,卤烃与氨发生亲核取代反应,通常反应的最后产物是一级、二级、三级胺和季铵盐的混合物(参见 14.1.2 节)。当三级胺与伯卤代烷反应时,则可以得到很好的产率。例如:

$$R_3N\colon + RCH_2{-}Br \longrightarrow R_3\overset{+}{N}{-}CH_2RBr^-$$

14.4.2 含氮化合物的还原

(1) 硝基化合物的还原。硝基化合物可通过催化氢化、金属加酸($Fe+HCl$ 或 $Sn+HCl$)或 $LiAlH_4$ 还原成一级胺。例如:

$$CH_3{-}NO_2 + H_2 \xrightarrow[\text{压力}]{Pt} CH_3{-}NH_2 + 2H_2O$$

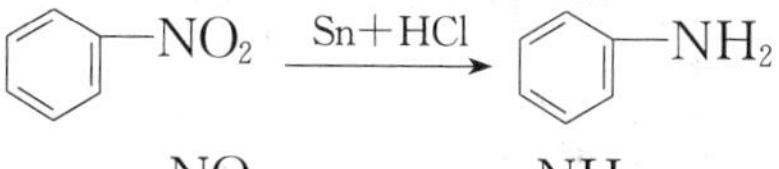

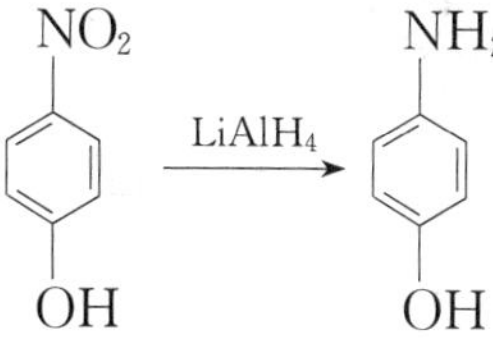

硝基甲烷   甲胺

二硝基化合物可被还原剂如 Na_2S、$NaSH$、$(NH_4)_2S$ 等选择还原,得到只一个硝基被还原的产物。这个方法在实验室和工业上均被采用。例如:

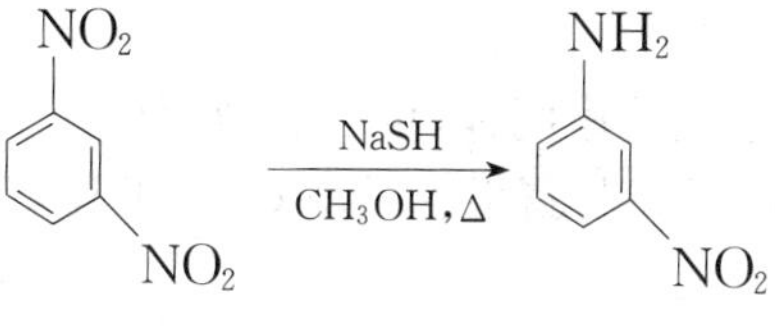

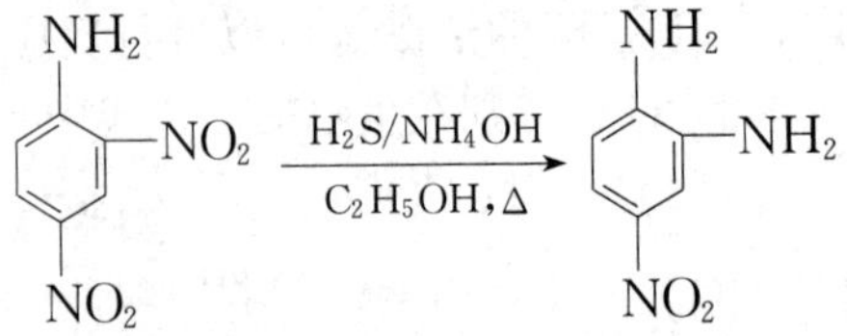

硝基化合物的还原是制取芳胺的较好方法。但若采用不同的还原条件,则硝基苯还原成其他的产物。在中性介质中,还原产物为羟胺:

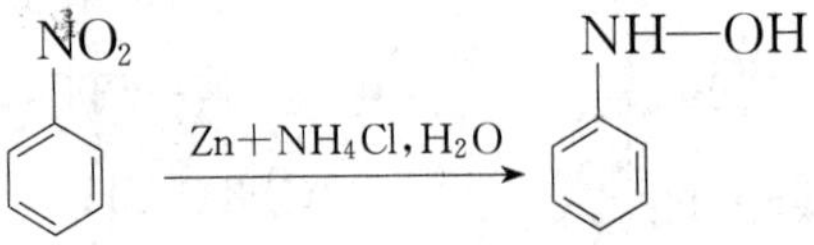

在碱性介质中还原得到双分子还原产物,且它们可以相互转化,如下列反应式表示:

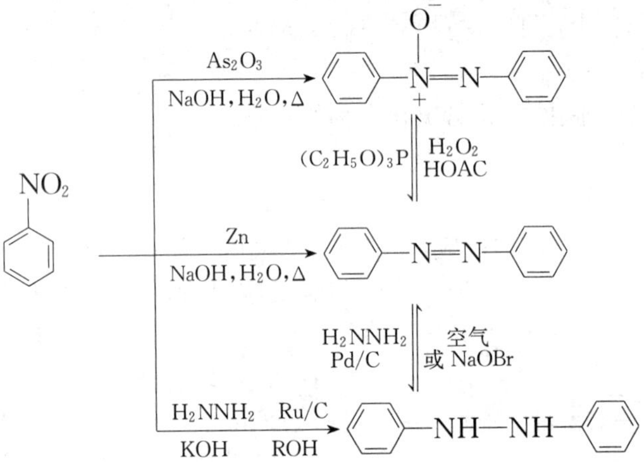

所有这些双分子还原产物在酸性条件下,都可还原成苯胺。

氢化偶氮苯在酸催化下发生重排,生成联苯胺(benzidine),即 4,4′-二氨基联苯:

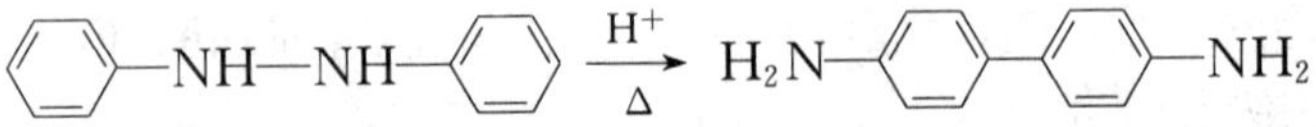

因此叫联苯胺重排。其反应机理一般认为是分子内的重排反应,如下式所示:

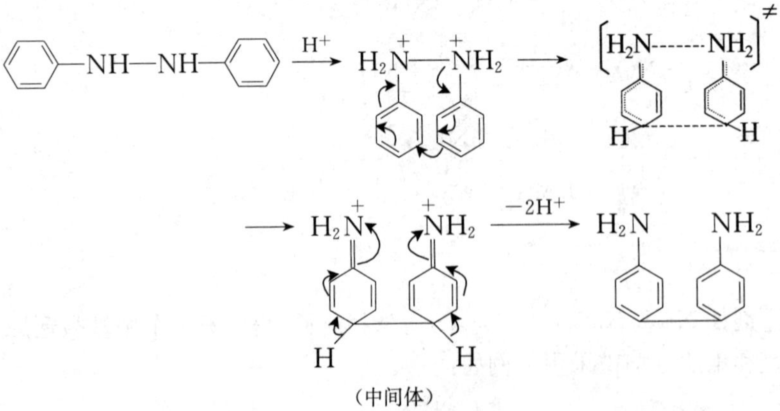

联苯胺是染料制造中的一个重要中间体,但它有致癌性。

(2) 腈、酰胺、肟的还原。由于脂肪腈很容易由 CN^- 和 R—X 进行亲核取代而制得,因此,腈的还原是制取脂肪胺的有用方法。例如:

442

$$NaCN + R-X \xrightarrow{S_N2} RCN + NaX$$

$$R-CN \xrightarrow[\text{或 LiAlH}_4]{H_2/Pt, \Delta} R-CH_2NH_2$$

得到的胺比原料 R—X 多一个碳原子。

　　酰胺在醚中用 LiAlH$_4$ 还原可得到较高产率的胺,氮上无取代基的酰胺可得到伯胺,N-取代酰胺可得到仲、叔胺。例如:

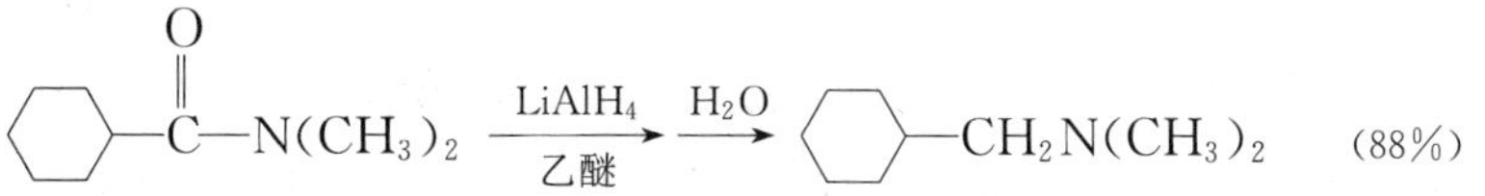

　　肟可通过催化氢化(Ni/H$_2$)、Zn/H$^+$、Na/C$_2$H$_5$OH、LiAlH$_4$ 等还原方法制备伯胺。例如:

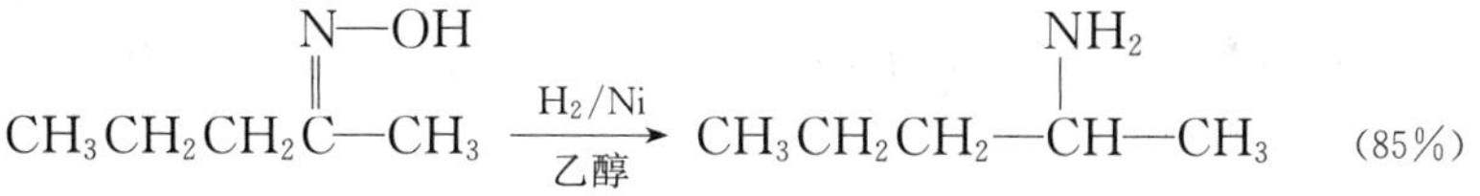

　　脂肪族一级胺还可以通过一些特殊的方法,如酰胺的霍夫曼降解反应(参阅 12.7.5 节)、盖布瑞尔(Gabriel)合成法、羰基化合物还原胺化等得到。盖布瑞尔合成法是卤代烷的卤原子被邻-苯二甲酰亚胺的钾盐进行亲核取代,然后用氢氧化钾处理,即得到纯净的一级胺:

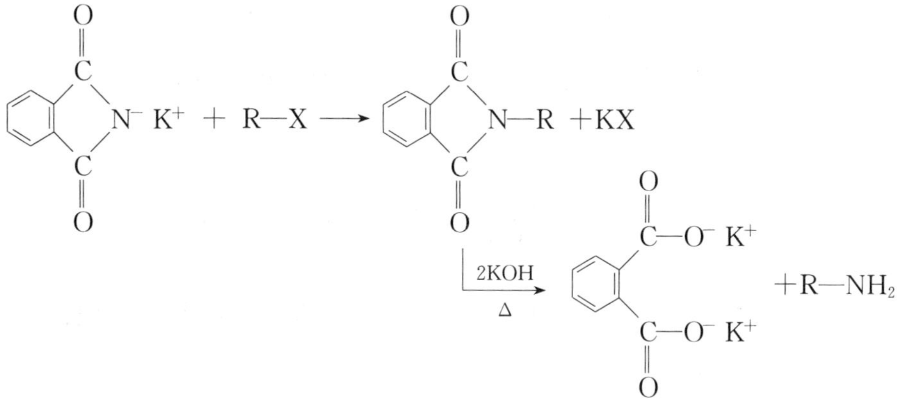

　　邻-苯二甲酰亚胺的钾盐可通过以下方法得到:

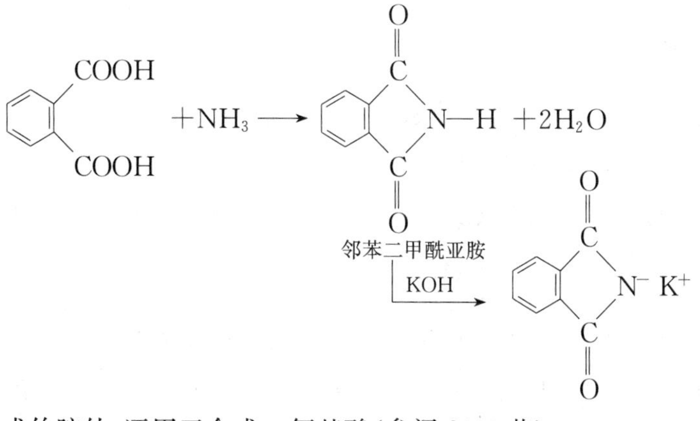

　　盖布瑞尔法除合成伯胺外,还用于合成 α-氨基酸(参阅 20.3 节)。

　　羰基化合物还原胺化:许多醛和酮可通过还原胺化变成胺。还原胺化就是氨或胺与醛或酮缩合,得到亚胺,亚胺很不稳定,如存在氢及催化剂或氢化试剂,C═N 键被还原而生成胺。

这个方法称"还原胺化"(reductive amination)。例如：

$$R-\overset{H(R')}{\underset{}{\overset{|}{C}}}=O+NH_3 \xrightarrow[-H_2O]{两步} \left[R-\overset{H(R')}{\underset{}{\overset{|}{C}}}=NH \right] \xrightarrow{H_2/Ni} R-\overset{H(R')}{\underset{\underset{H}{|}}{\overset{|}{C}}}-NH_2$$

醛或酮　　　　　　　　　　亚胺　　　　　　（一级胺）

还原胺化已成功地应用于多种脂肪族和芳香族醛、酮。例如：

$$\text{〇}-CHO + NH_3 \longrightarrow \left[\text{〇}-CH=NH \right] \xrightarrow[\Delta,压力]{H_2/Ni} \text{〇}-CH_2NH_2$$

（89%）

反应中若有过量的原料羰基化合物存在,则可与已生成的伯胺作用,生成二级胺。这也是一个二级胺的合成方法：

$$\text{〇}-CH_2NH_2 + \text{〇}-CHO \longrightarrow \left[\overset{CH_2N=CH}{\text{〇}\ \ \ \ \text{〇}} \right] \xrightarrow{H_2/Ni} \text{〇}-CH_2NHCH_2-\text{〇}$$

当反应用伯胺、仲胺代替氨可用于制备二级、三级胺。例如：

$$\text{〇}-\overset{H}{\underset{}{\overset{|}{C}}}=O \xrightarrow[LiBH_3CN]{CH_3CH_2NH_2} \text{〇}-CH_2NHCH_2CH_3 \quad (89\%)$$

（二级胺）

$$\text{〇}=O \xrightarrow[NaBH_3CN]{(CH_3)_2NH} \text{〇}-N\overset{CH_3}{\underset{CH_3}{\diagup}} \quad (三级胺)$$

NaBH₃CN 或 LiBH₃CN 类似于 NaBH₄,但在还原胺化反应中是更有效的。

14.5　个别重要的化合物

14.5.1　多巴胺

胺在自然界分布很广,其中大多数是由氨基酸脱羧生成的。例如多巴胺就是由二羟基苯丙氨酸在多巴脱羧酶的作用下生成的：

$$HO-\text{〇}-CH_2\overset{}{\underset{NH_2}{\overset{|}{C}}}H-COOH \xrightarrow{酶} HO-\text{〇}-CH_2CH_2-NH_2$$

二羟基苯丙氨酸(多巴)　　　　　　　　　　多巴胺

多巴胺是很重要的中枢神经传导物质,也是肾上腺素及去甲肾上腺素的前身：

$$HO-\text{〇}-\overset{}{\underset{OH}{\overset{|}{C}}}HCH_2-NH-CH_3 \qquad HO-\text{〇}-\overset{}{\underset{OH}{\overset{|}{C}}}HCH_2-NH_2$$

肾上腺素　　　　　　　　　　　　去甲肾上腺素

在五六十岁的成年人中有时患所谓帕金森氏症,其原因之一就是由于在中枢神经系统中缺少多巴胺。

　　肾上腺素、去甲肾上腺素、多巴胺等胺类化合物都是对维持正常的生命活动十分重要的物质。许多胺可以作为药物。

14.5.2　金刚胺

具有抗感冒病毒的活性及退热作用,但它只对一种病毒——亚洲甲II型流感

病毒有效。金刚胺也是治疗帕金森氏症的药物。

14.5.3　盐酸苯海拉明$(C_6H_5)_2CHOCH_2CH_2N(CH_3)_2 \cdot HCl$

　　盐酸 2-(二苯甲氧基)-N,N-二甲乙胺,为较强的抗过敏性药物,并有一定程度的抗惊厥作用,临床上用于治疗过敏性皮炎等。

14.5.4　胆碱$[(CH_3)_3\overset{+}{N}CH_2CH_2OH]OH^-$

　　它是广泛分布于生物体内的季胺碱。在动物的卵和脑髓中含量较多,最初是由胆汁中发现而得名。胆碱是 B 族维生素之一,能调节肝中脂肪的代谢,有抗脂肪肝的作用。氯化胆碱$[(CH_3)_3\overset{+}{N}CH_2CH_2OH]Cl^-$是治疗脂肪肝及肝硬化的药物。

14.5.5　盐酸普鲁卡因　$H_2N-\!\!\!\!\bigcirc\!\!\!\!-COOCH_2CH_2N(C_2H_5)_2 \cdot HCl$

　　对氨基苯甲酸-β-二乙氨基乙酯盐酸盐,临床上广泛用作局部麻醉药。

14.5.6　己二胺　$H_2N-(CH_2)_6-NH_2$

　　是比较重要的二元胺,为片状结晶,熔点为 42℃。它和己二酸失水形成的长链状酰胺是合成的聚酰胺纤维之一,即尼龙-6,6,　$+NH(CH_2)_6NHCO(CH_2)_4CO]_n$,尼龙-6,6 是目前我国生产的聚酰胺纤维中产量最大的品种之一。

14.5.7　烯　胺

　　烯胺(enamine)的结构类似于烯醇,其中氨基直接连结到 C＝C 双键上:

$$\begin{array}{c}\diagup\\C=C\\\diagdown\end{array}\!\!\!\!\overset{OH}{\diagdown} \qquad \begin{array}{c}\diagup\\C=C\\\diagdown\end{array}\!\!\!\!\overset{NH_2}{\diagdown}$$

烯　醇　　　　烯　胺

类似烯醇,烯胺一般也是不稳定的,迅速地转化为互变异构体——亚胺:

445

当烯胺的氮是三级的,例如 —N(CH₃)₂ 1-(二甲氨基)环己烯,则不能发生互变异构现象,于是这样的烯胺可以离析出来加以利用。

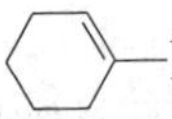

一般三级烯胺是通过二级胺和醛或酮的反应来制备的。例如:

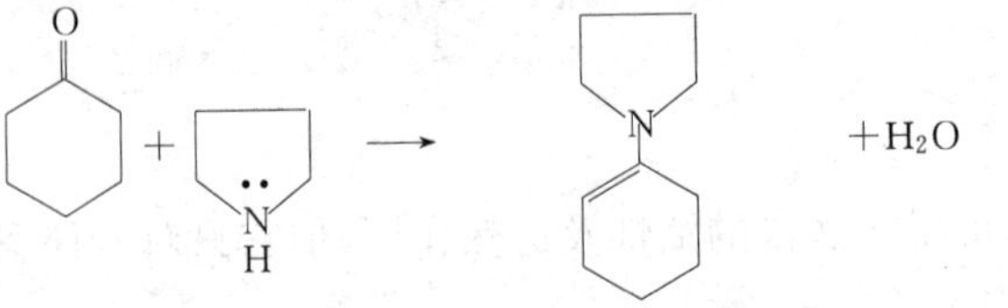

四氢吡咯   N-(1-环己烯基)四氢吡咯

随着反应中生成的水的除去,反应平衡移向右方。烯胺形成的机理类似于亚胺生成的机理,反应可用酸或碱催化。

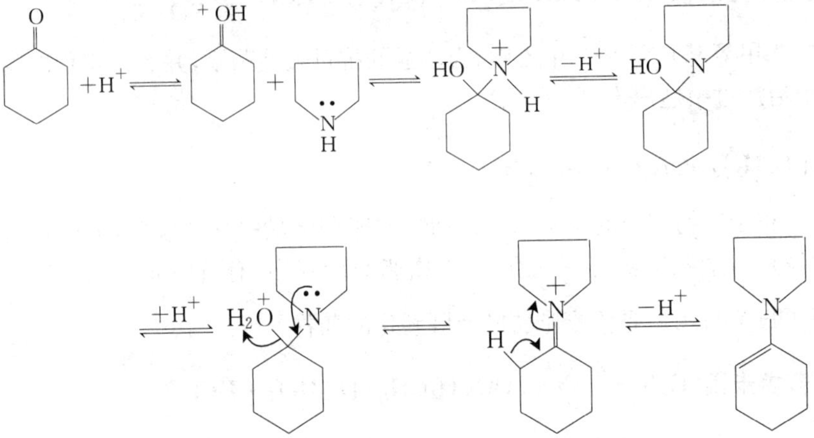

(产品在稀酸中易分解成酮和胺:)

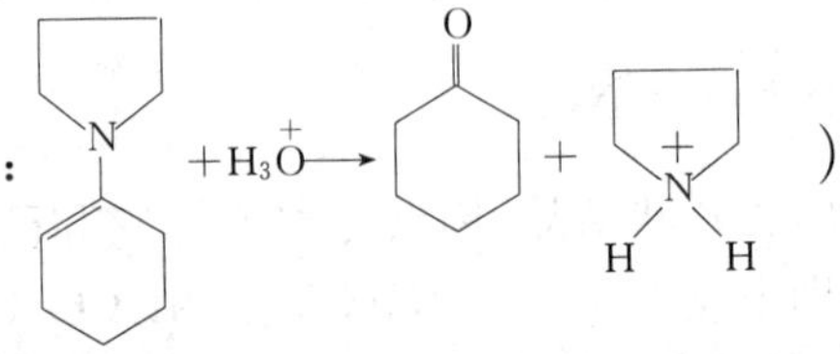

烯胺在一些反应中是一个有用的中间体,因为它的双键的 β-碳有亲核的性质,如下共振结构所示:

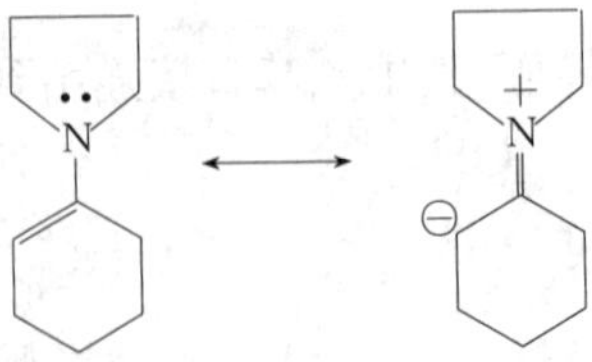

它容易和活泼的卤代烷反应得到烷基化的亚铵化合物,后者容易水解得到 α-烷基化的酮:

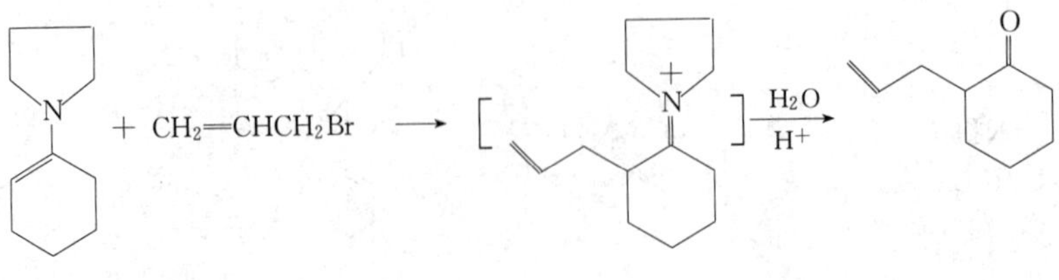

446

烯胺的最大用处是在 Michael 加成反应中与 α,β-不饱和酮、酯及腈的反应。例如：

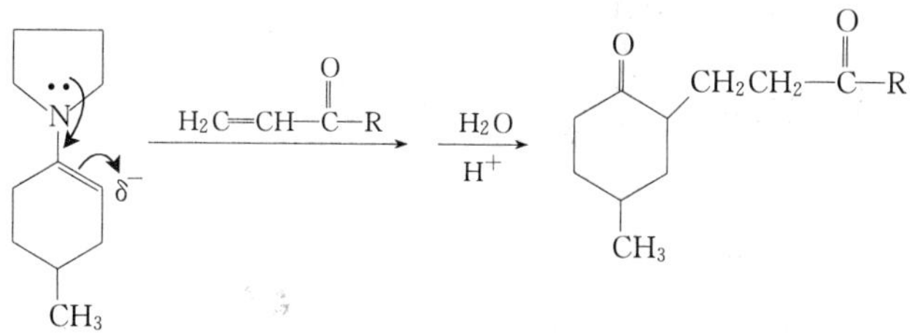

N
δ⁻
CH₃
H₂C═CH—C—R
O
H₂O
H⁺
O
CH₂CH₂—C—R
O
CH₃

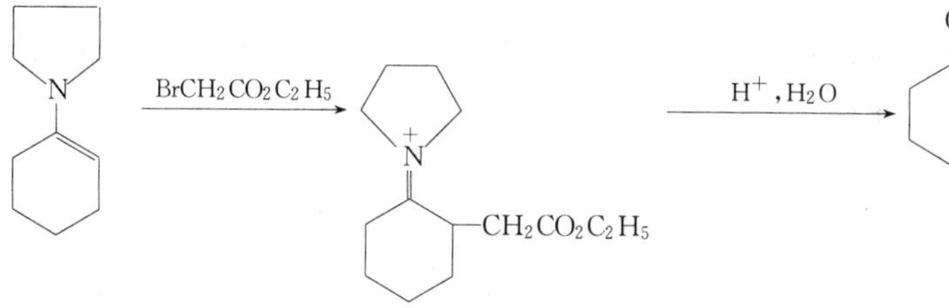

N
BrCH₂CO₂C₂H₅
N
CH₂CO₂C₂H₅
H⁺, H₂O
O
CH₂CO₂C₂H₅

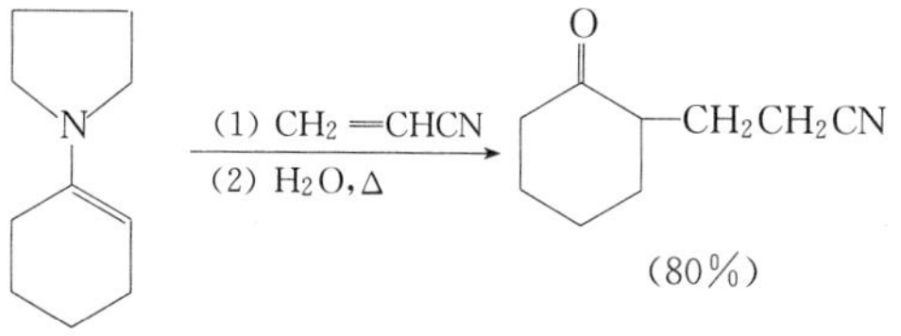

N
(1) CH₂ ═CHCN
(2) H₂O,Δ
O
CH₂CH₂CN

(80%)

14.6 重 氮 化 反 应

前已述及，芳胺与亚硝酸在低温下(0℃～5℃)生成稳定的重氮盐，这反应叫重氮化反应。

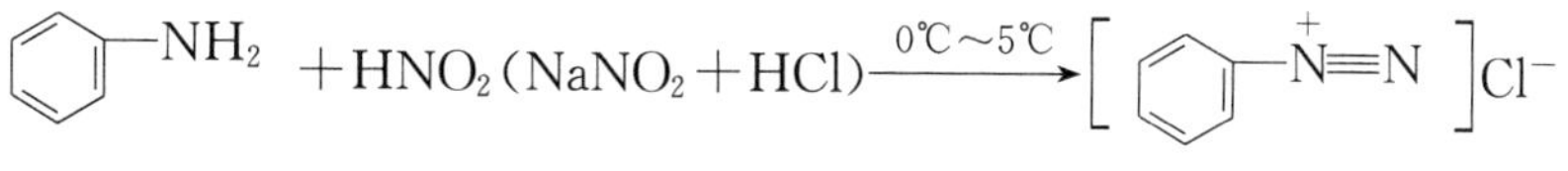

NH₂
+HNO₂(NaNO₂+HCl)
0℃～5℃
N≡N
Cl⁻

氯化重氮盐

重氮化过程如下：胺盐与亚硝酸先生成 N-亚硝基化合物，然后经重排，脱水而生成重氮盐：

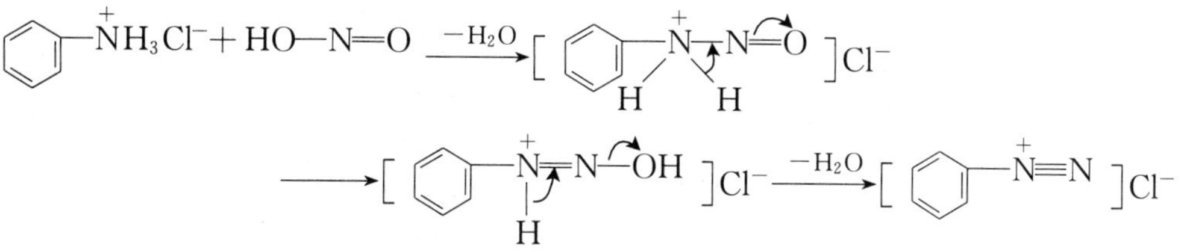

NH₃Cl⁻+HO—N═O
−H₂O
N—N═O
H
H
Cl⁻
N═N—OH
H
Cl⁻
−H₂O
N≡N
Cl⁻

反应温度要控制在 5℃以下进行，超过 5℃则生成的重氮盐会分解。

14.7 重氮盐的性质

重氮盐的性质和铵盐相似，能溶于水，水溶液能导电。在酸性溶液中重氮离子 C—N—N

键是直线型的,苯环的 π 键与重氮离子的 π 键共轭,其结构如图 14.5 所示。

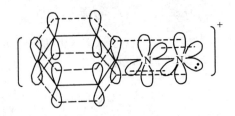

图 14.5　苯重氮盐离子的轨道结构

重氮盐的反应一般可归为两类:一是重氮基($-N_2^+$)被其他原子或官能团所取代并放出氮气,二是反应产物的分子中仍然保留着两个氮原子的反应。

14.7.1　取代反应

重氮基在不同的条件下可被羟基、卤素、氰基、甲氧基、氢原子等取代,生成一般芳香亲电取代反应所不能生成的芳香化合物,所以它是有机合成上极为重要的一类反应。

$$
\text{C}_6\text{H}_5\text{N}_2^+
\begin{cases}
+ \text{H}_2\text{O} \xrightarrow{\text{Cu}_2\text{O},\,\text{Cu}^{2+}} \text{C}_6\text{H}_5\text{OH} + \text{N}_2 \uparrow \\
+ \text{KI} \longrightarrow \text{C}_6\text{H}_5\text{I} + \text{N}_2 \uparrow \\
+ \text{HBF}_4 \text{(氟硼酸)} \xrightarrow{\Delta} \text{C}_6\text{H}_5\text{F} + \text{N}_2 \uparrow \\
+ \text{CuCl} \longrightarrow \text{C}_6\text{H}_5\text{Cl} + \text{N}_2 \uparrow \\
+ \text{CuBr} \longrightarrow \text{C}_6\text{H}_5\text{Br} + \text{N}_2 \uparrow \\
+ \text{CuCN} \longrightarrow \text{C}_6\text{H}_5\text{CN} + \text{N}_2 \uparrow \\
+ \text{CH}_3\text{OH} \longrightarrow \text{C}_6\text{H}_5\text{OCH}_3 + \text{N}_2 \uparrow \\
+ \text{H}_3\text{PO}_2 \text{(次磷酸)} \xrightarrow{\Delta} \text{C}_6\text{H}_6 + \text{N}_2 \uparrow + \text{H}_3\text{PO}_3
\end{cases}
$$

反应可能是通过单分子的芳香亲核取代(S_N1Ar),或者是通过游离基取代反应机制进行的。

例如,重氮盐的水解是一个单分子的芳香亲核取代反应:

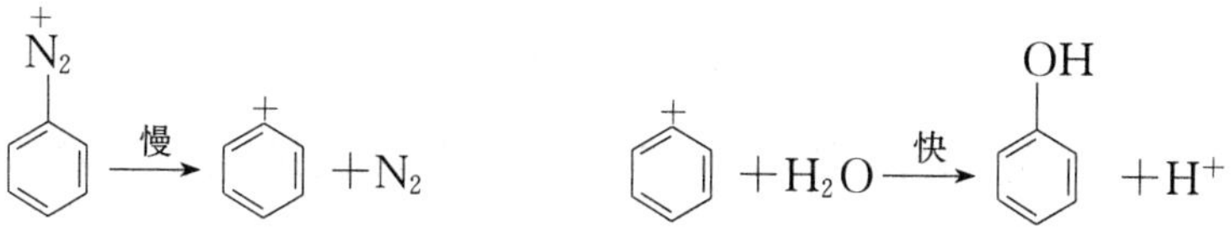

重氮盐溶液在氯化亚铜、溴化亚铜和氰化亚铜存在下分解,分别生成芳基氯、芳基溴和芳腈的反应,称为桑德迈耶(Sandmeyer)反应。其反应机制一般认为是游离基型芳香取代反应。卤化亚铜的催化作用是传递电子:

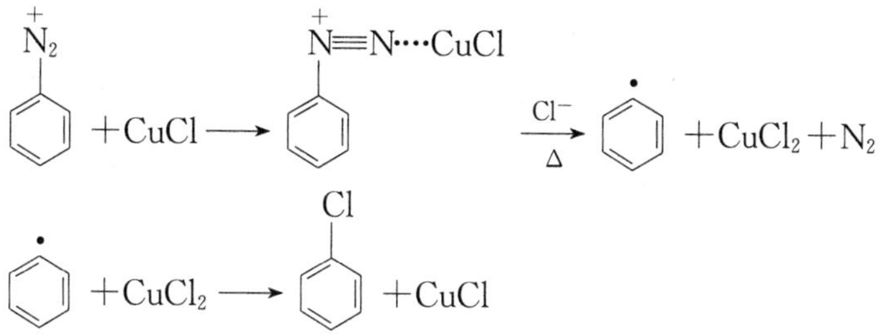

以上取代反应在制备芳族多元取代物中有特殊的重要性,利用它们可以制备一般不能用

直接方法来制取的化合物。例如合成 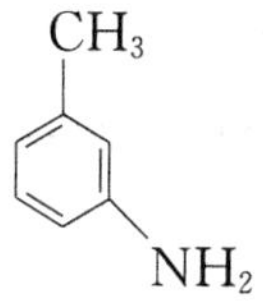 ,两个邻、对位定位基互相处在间位,不可能

直接从甲苯或苯胺为原料来合成,只能通过间接的方法制取:

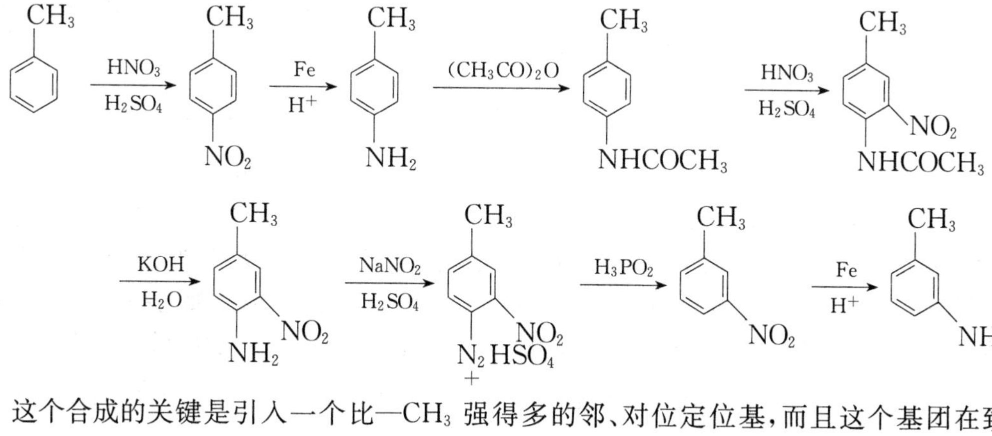

这个合成的关键是引入一个比—CH_3 强得多的邻、对位定位基,而且这个基团在致使—NO_2 进入所要求的位置后能容易除去。

又如制备 1,3,5-三溴苯,若用苯直接溴化是不可能的。但先从苯合成苯胺,然后溴化生成 2,4,6-三溴苯胺,接着重氮化再与 H_3PO_2 共热,就可以顺利地得到 1,3,5-三溴苯:

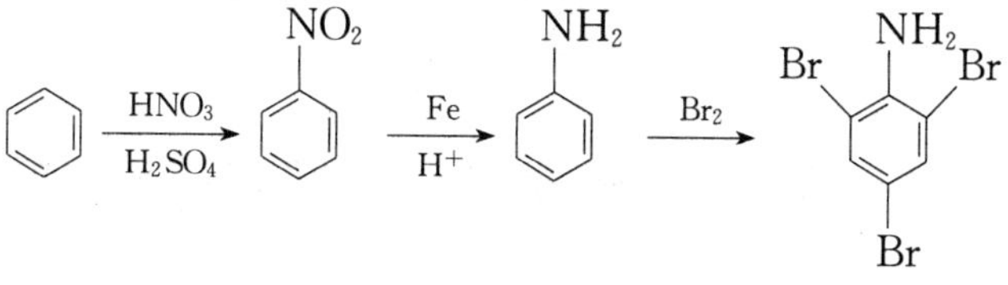

$$\xrightarrow[\text{H}_2\text{SO}_4]{\text{NaNO}_2} \underset{\text{Br}}{\overset{\overset{+}{\text{N}_2}\text{HSO}_4^-}{\underset{}{\text{Br}}\underset{}{\text{Br}}}} \xrightarrow[\Delta]{\text{H}_3\text{PO}_2} \underset{\text{Br}}{\text{Br}}\text{—}\text{Br}$$

重氮盐在碱存在下与芳烃作用,结果重氮基被芳基取代,这是制备不对称联苯的难得的方法。

$$\text{CH}_3\text{—}\langle\!\!\!\!\!\!\bigcirc\!\!\!\!\!\!\rangle\text{—NH}_2 \xrightarrow[\text{HCl}]{\text{NaNO}_2} \text{CH}_3\text{—}\langle\!\!\!\!\!\!\bigcirc\!\!\!\!\!\!\rangle\text{—}\overset{+}{\text{N}}_2\text{Cl}^- \xrightarrow[\text{C}_6\text{H}_6]{\text{OH}^-} \text{CH}_3\text{—}\langle\!\!\!\!\!\!\bigcirc\!\!\!\!\!\!\rangle\text{—}\langle\!\!\!\!\!\!\bigcirc\!\!\!\!\!\!\rangle$$

14.7.2 保留氮的反应

1. 还原反应

重氮盐可以被各种还原剂(如 Zn+HAc,Sn+HCl,SnCl$_2$,Na$_2$S,Na$_2$SO$_3$ 等)还原成苯肼。例如:

$$\langle\!\!\!\!\!\!\bigcirc\!\!\!\!\!\!\rangle\text{—}\overset{+}{\text{N}}_2\text{Cl}^- + \text{Sn} + \text{HCl} \longrightarrow \langle\!\!\!\!\!\!\bigcirc\!\!\!\!\!\!\rangle\text{—NH—NH}_2 \cdot \text{HCl} + \text{SnCl}_4$$

$$\xrightarrow{\text{NaOH}} \underset{\text{苯肼}}{\langle\!\!\!\!\!\!\bigcirc\!\!\!\!\!\!\rangle\text{—NHNH}_2}$$

苯肼为结晶固体,熔点为 19℃。苯肼是常用的羰基试剂,也是合成药物和染料的原料。

2. 偶合反应

重氮离子是较弱的亲电试剂,可以和活泼的芳族化合物(芳胺和酚)作用,发生苯环的亲电取代反应,生成偶氮化合物。这个反应叫偶合反应(cupling reaction)。例如:

$$\langle\!\!\!\!\!\!\bigcirc\!\!\!\!\!\!\rangle\text{—}\overset{+}{\text{N}}_2\text{Cl}^- + \langle\!\!\!\!\!\!\bigcirc\!\!\!\!\!\!\rangle\text{—OH} \xrightarrow[\text{0℃}]{\text{弱碱性}} \underset{\text{4-羟基偶氮苯(橙红色)}}{\langle\!\!\!\!\!\!\bigcirc\!\!\!\!\!\!\rangle\text{—N}=\text{N}\text{—}\langle\!\!\!\!\!\!\bigcirc\!\!\!\!\!\!\rangle\text{—OH}}$$

$$\langle\!\!\!\!\!\!\bigcirc\!\!\!\!\!\!\rangle\text{—}\overset{+}{\text{N}}_2\text{Cl}^- + \overset{\text{NHCH}_3}{\langle\!\!\!\!\!\!\bigcirc\!\!\!\!\!\!\rangle} \xrightarrow[\text{0℃}]{\text{弱酸性}} \underset{\text{4-N-甲氨基偶氮苯(黄色)}}{\langle\!\!\!\!\!\!\bigcirc\!\!\!\!\!\!\rangle\text{—N}=\text{N}\text{—}\langle\!\!\!\!\!\!\bigcirc\!\!\!\!\!\!\rangle\text{—NHCH}_3}$$

偶合反应的难易与反应物的本质及反应条件有关。重氮盐苯环上的邻、对位具有吸电子基的活性大,具有推电子基的重氮盐则活性小。同样,被偶合的芳烃环上必须具有一个强的推电子基团(—OH、—NR$_2$、—NHR、—NH$_2$)才能发生偶合反应,同时也要选择适合的反应条件,以利于偶合反应的进行。一般而言,重氮盐与酚偶合时,在稍带碱性(pH≈8)的溶液中进行最快。因为在碱性溶液中,酚生成酚离子($\langle\!\!\!\!\!\!\bigcirc\!\!\!\!\!\!\rangle\text{—O}^-$),酚离子比游离酚更容易发生环上亲电取代反应,因而有利于偶合反应的进行:

$$\langle\!\!\!\!\!\!\bigcirc\!\!\!\!\!\!\rangle\text{—OH} \underset{\text{H}^+}{\overset{\text{OH}^-}{\rightleftharpoons}} \langle\!\!\!\!\!\!\bigcirc\!\!\!\!\!\!\rangle\text{—}\overset{..}{\overset{..}{\text{O}}}\text{:} + \text{H}^+$$

但溶液的碱性也不能太大(pH>10),否则,重氮盐将与碱作用,生成不能进行偶合反应的重氮碱或重氮酸盐:

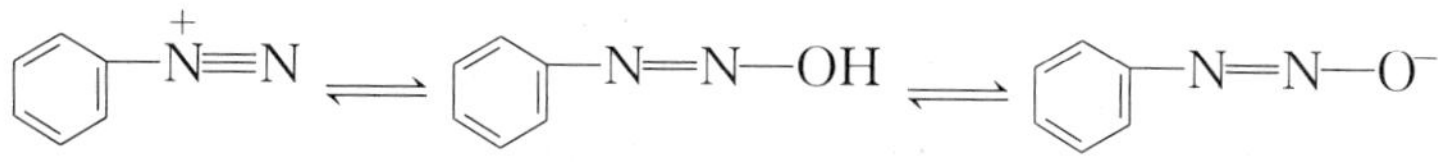

重氮离子　　　　　　　　重氮碱　　　　　　　　　重氮酸离子
（能偶合）　　　　　　　　（不能偶合）　　　　　　　（不能偶合）

重氮盐与芳胺偶合时是在微酸性溶液中（pH 在 5～6 之间）进行最快。因为在这种条件下，重氮盐的浓度最大，有利于偶合。若酸性太强，胺则变成铵盐（—NH_2 变成—$\overset{+}{N}H_3$），后者是吸电子基，使苯环电子云密度降低，这样就不利于偶合反应的进行。

重氮盐与酚或芳胺的偶合反应一般是在羟基或氨基的对位上发生，如果对位上有其他基团占领时，则在邻位上发生，例如：

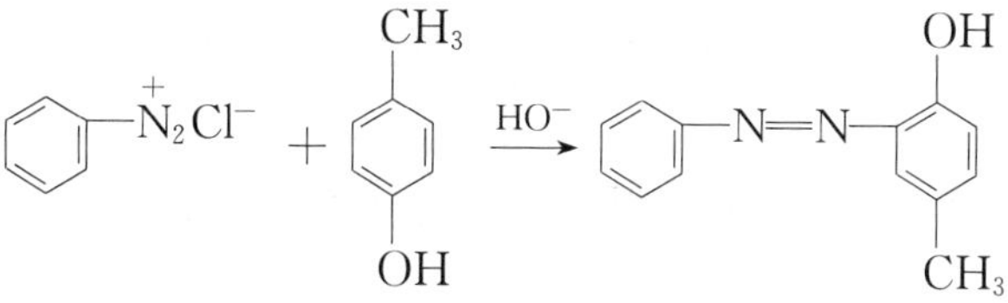

重氮盐与一级芳胺（或二级芳胺）发生偶合反应时，可以在苯环上，也可以在氨基上偶合。例如：

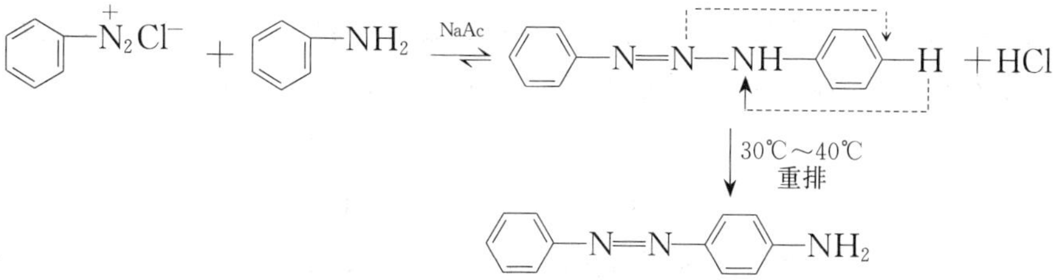

生成的重氮氨基苯在苯胺盐酸盐存在下，加热到 30℃～40℃，则重排成对氨基偶氮苯。

14.8　偶　氮　染　料

偶氮化合物都是有颜色的，它们分子中都含有偶氮基 —N＝N— ，这类化合物所以有颜色与这类基团有关。这类基团称为发色团。发色团都是不饱和的原子团，除偶氮基外还有：对

醌基 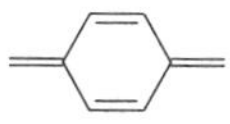 ，邻醌基 ，$\underset{|}{\overset{|}{C}}$＝$\underset{|}{\overset{|}{C}}$，—$\underset{|}{\overset{|}{C}}$＝O，—N＝O，—$N\underset{O}{\overset{O}{\diagup}}$ 等。

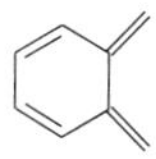

另外，发现某些酸性或碱性基团，如—OH、—NH_2、—NR_2、—SR、—X 等，可以使含有发色团的有机物的颜色加深，这类基团称为助色团。

由于偶氮化合物都具有颜色，因此被广泛用作染料。偶氮染料是一类重要的染料，例如碱性棕 R（Bismark Brown R）染料可用来染羊毛、皮革及生物标本等。奶油黄（Butter Yellow）也是使用多年的染料，它曾用来作奶油和烹调油的着色剂，但不久发现它有致癌性，因此禁止在食物中使用它。

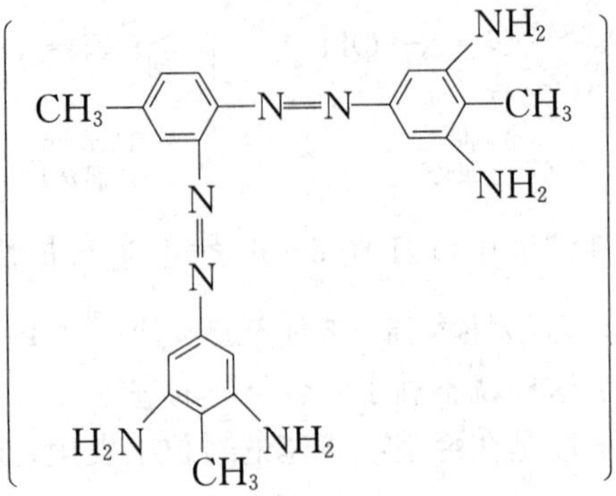

$\cdot$ 2HCl 碱性棕 R

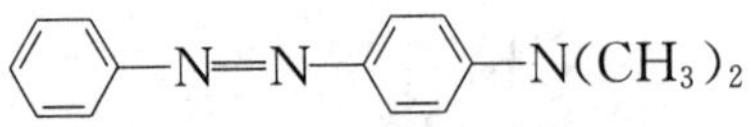

奶油黄

14.9 重要的重氮化合物

14.9.1 重氮甲烷(CH_2N_2)

重氮甲烷是脂肪族最简单也是最重要的重氮化合物。它可以从甲胺盐酸盐和尿素的水溶液中,加入亚硝酸钠得到甲基亚硝基脲,后与碱作用即得重氮甲烷:

$$CH_3NH_2 \cdot HCl + H_2N\overset{O}{\underset{}{C}}NH_2 \xrightarrow{NaNO_2} CH_3N(NO)\overset{O}{\underset{}{C}}NH_2 \xrightarrow{KOH} CH_2N_2 + KNCO + 2H_2O$$

重氮甲烷的结构比较特别,不能用一个 Kekule 或 Lewis 结构完满表示出来,可以看成是下列式子的共振杂化体:

$$:\overset{-}{C}H_2-\overset{+}{N}\equiv N: \longleftrightarrow CH_2=\overset{+}{N}=\overset{\cdot\cdot}{N}\overset{-}{:}$$

这表示 CH_2N_2 的碳有亲核的性质。

重氮甲烷的性质很活泼,能发生多种类型的反应,而且反应条件温和,产量高,副反应少,因此它在有机合成上占有重要地位。

(1) 重氮甲烷与酸性化合物(羧酸、酚、烯醇等)作用,在羟基氧上导入甲基,生成酯和甲基醚:

$$RCOOH + CH_2N_2 \longrightarrow RCOOCH_3 + N_2\uparrow$$

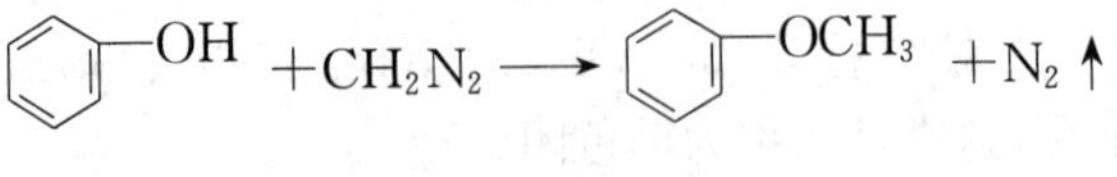

$$CH_3-COCH_2COOC_2H_5 + CH_2N_2 \longrightarrow CH_3-\underset{OCH_3}{\overset{}{C}}=CHCOOC_2H_5 + N_2\uparrow$$

反应历程表示如下:

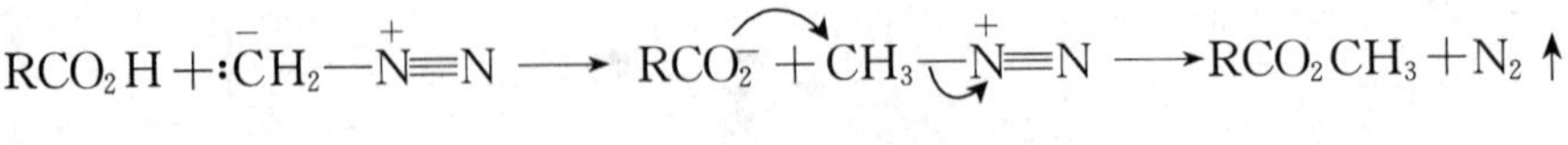

$$RCO_2H + :\overset{-}{C}H_2-\overset{+}{N}\equiv N \longrightarrow RCO_2^- + CH_3-\overset{+}{N}\equiv N \longrightarrow RCO_2CH_3 + N_2\uparrow$$

（2）重氮甲烷与酰氯作用，可生成重氮甲基酮。

$$R-\overset{\overset{O}{\parallel}}{C}-Cl \; + \; \overset{\cdot\cdot}{C}H_2-\overset{+}{N}\!\!\equiv\!\!N: \; \Longrightarrow \; R-\overset{\overset{O^-}{|}}{\underset{Cl}{C}}-CH_2-\overset{+}{N}\!\!\equiv\!\!N:$$

$$\Longrightarrow \; R-\overset{\overset{O}{\parallel}}{C}-CH_2-\overset{+}{N}\!\!\equiv\!\!N \; \xrightarrow{\;CH_2N_2(-H^+)\;} \; R-\overset{\overset{O}{\parallel}}{C}-CHN_2 + CH_3Cl + N_2 \uparrow$$

在 Ag、Pt、Cu 等金属细粉的影响下，重氮甲基酮与水、醇、氨等作用，得到比原来酰氯多一个碳原子的羧酸或其衍生物：

$$R-\overset{\overset{O}{\parallel}}{C}-CHN_2 + H_2O \longrightarrow R-CH_2-\overset{\overset{O}{\parallel}}{C}-OH + N_2 \uparrow$$

$$R-\overset{\overset{O}{\parallel}}{C}-CHN_2 + R'OH \longrightarrow R-CH_2-\overset{\overset{O}{\parallel}}{C}-OR' + N_2 \uparrow$$

$$R-\overset{\overset{O}{\parallel}}{C}-CHN_2 + NH_3 \longrightarrow R-CH_2-\overset{\overset{O}{\parallel}}{C}-NH_2 + N_2 \uparrow$$

重氮甲基酮与水、醇、氨等作用时，可能是重氮甲基酮先分解放出氮气分子，形成一个二价碳的中间体，然后烷基重排到这个碳上，生成烯酮。烯酮很活泼，立即与水、醇、氨作用，生成羧酸、酯和酰胺：

$$R-\overset{\overset{O}{\parallel}}{C}-CHN_2 \; \xrightarrow[-N_2]{Ag} \; \left[R-\overset{\overset{O}{\parallel}}{C}-\overset{\cdot\cdot}{C}H \right] \longrightarrow R-CH\!\!=\!\!C\!\!=\!\!O \xrightarrow{H_2O} R-CH_2-COOH$$

酮碳烯　　　　　　　　　烯酮

这个分子重排称为乌尔夫（Wolff）重排。

（3）重氮甲烷与醛、酮反应。重氮甲烷与醛、酮反应能得到比原来醛、酮多一个碳原子的酮或环氧化物：

$$R-\overset{\overset{O}{\parallel}}{C}-H(R') \; + \; \overset{\cdot\cdot}{C}H_2-\overset{+}{N}\!\!\equiv\!\!N \longrightarrow \underset{(R')H}{\overset{R}{\diagdown}}\!\!\overset{\overset{O^-}{|}}{C}-CH_2-\overset{+}{N}\!\!\equiv\!\!N \; \xrightarrow{-N_2} \; \underset{(R')H}{\overset{R}{\diagdown}}\!\!C\overset{O}{\diagup\!\!\diagdown}CH_2$$

$$\downarrow {-N_2}$$

$$\underset{(R')H}{\overset{R}{\diagdown}}\!\!\overset{\overset{O^-}{|}}{C}-\overset{+}{C}H_2 \longrightarrow R-\overset{\overset{O}{\parallel}}{C}-CH_3(R')$$

反应物若为醛，则往往发生氢的重排得到甲基酮。若为开链酮，则主要生成环氧化合物。

反应物为环酮时,主要发生重排反应,得到扩大的环酮:

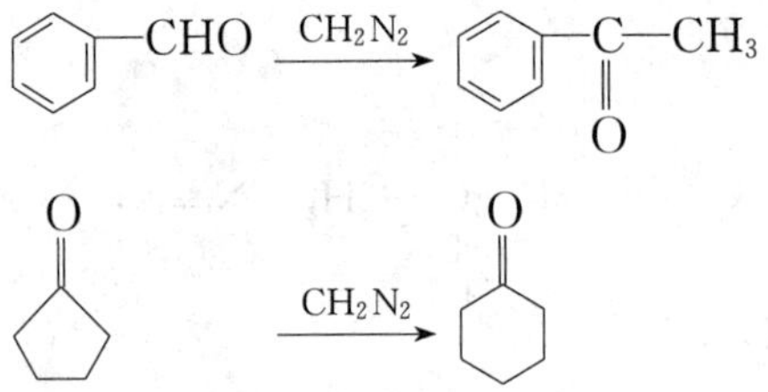

14.9.2 氮 烯

氮烯是和碳烯极相似的一种反应中间体,可用通式 $R-\overset{..}{N}$ 来表示。它含有一个只有 6 个价电子的一价氮原子,它也有两种电子状态:

$$R-\overset{..}{\underset{..}{N}} \quad \text{单线态(未共用电子都配成对)}$$

$$R-\overset{..}{\underset{.}{N}}\cdot \quad \text{三线态(有两个未共用电子未配成对)}$$

产生氮烯的方法通常是将叠氮化合物进行光分解或热分解:

$$R-\overset{..}{\underset{..}{N}}-\overset{+}{N}\equiv N \xrightarrow[\text{或}\triangle]{h\nu} R-\overset{..}{\underset{..}{N}} +N_2\uparrow \quad \text{(R 为烷基、芳基、酰基等)}$$

氮烯的化学性质和碳烯极相似,它可以和 C≡C 双键或 C≡C 叁键发生亲电加成反应,也可以与饱和化合物的 C—H 键发生插入反应,例如叠氮甲酸乙酯在环己烯中光分解时,生成 N,N-(1,2-环己撑)氨基甲酸乙酯,同时有少量 N-环己烯基氨基甲酸乙酯生成。

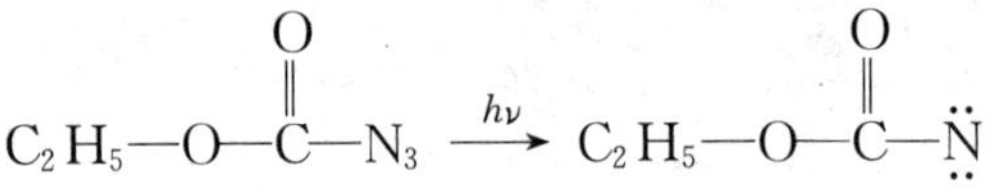

乙氧甲酰基氮烯

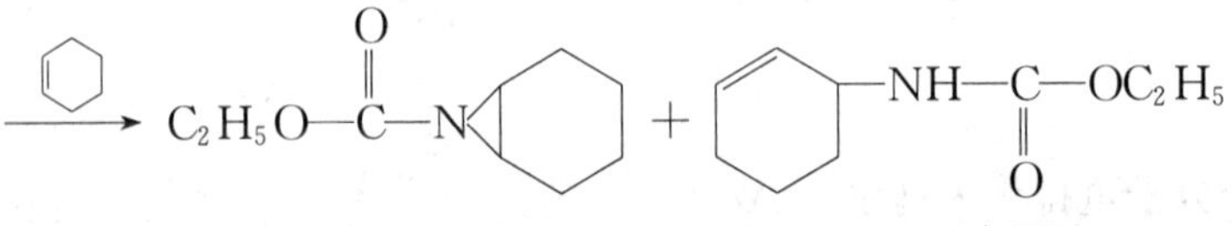

(主要)　　　　　　　　(次要)

又如,叠氮甲酸乙酯在环己烷中分解时,则发生 C—H 键的插入反应,生成 N-环己基氨基甲酸乙酯:

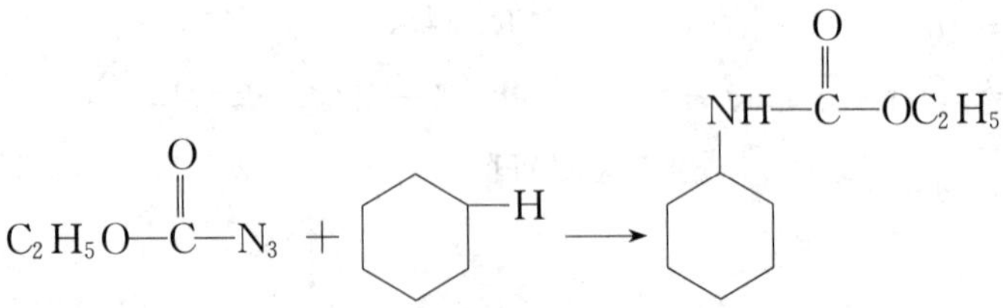

氮烯也可与苯环发生反应,生成氮杂䓬的衍生物。例如:

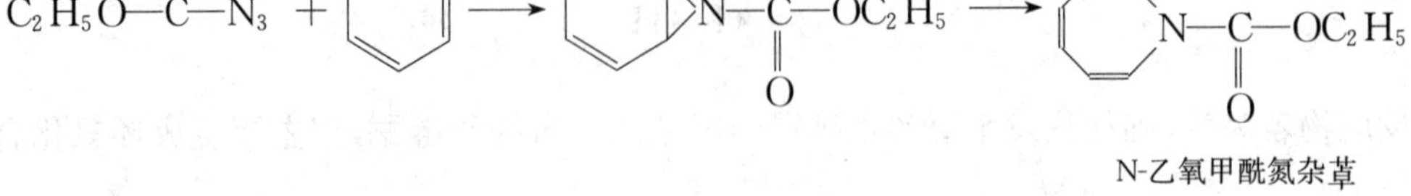

N-乙氧甲酰氮杂䓬

454

14.9.3　叠氮化物(Azides)

它的一般式为 RN_3,叠氮离子 N_3^- 是下面重要的偶极结构的共振杂化体:

$$\left[\ :N\equiv\overset{+}{N}-\overset{..}{\underset{..}{N}}:^{2-}\ \longleftrightarrow\ \overset{-}{\underset{..}{N}}=\overset{+}{N}=\overset{..}{\underset{..}{N}}:\ \longleftrightarrow\ ^{2-}\overset{..}{\underset{..}{N}}-\overset{+}{N}\equiv N\ \right]$$

因此 N_3^- 负离子是一个好的亲核试剂(HN_3 的 pK_a 为 11)。例如:

$$R-X+N_3^- \xrightarrow[H_2O]{CH_3OH} R-N_3+X^-$$
$$\text{(烷基叠氮化物)}$$

$$R-\overset{O}{\overset{\|}{C}}-X+N_3^- \longrightarrow R-\overset{O}{\overset{\|}{C}}-N_3+X^-$$
$$\text{(酰基叠氮化物)}$$

$$CH_3-\overset{O}{\overset{/\diagdown}{CH-CH_2}}+N_3^- \xrightarrow[25℃]{H_2O} CH_3\overset{OH}{\underset{|}{C}}HCH_2N_3$$

烷基叠氮化物可用 $LiAlH_4$ 或催化加氢还原成相应的胺:

$$R-N_3 \xrightarrow{LiAlH_4} RNH_2$$

RN_3 和 $R-\overset{}{\underset{O}{\overset{\|}{C}}}-N_3$ 都是不稳定的,加热时失去 N_2。例如:

$$R-\overset{O}{\overset{\|}{C}}-\overset{..}{N}^--\overset{+}{N}=N \xrightarrow[-N_2,\text{重排}]{\Delta} R-N=C=O \xrightarrow{H_2O} R-NH_2+CO_2$$
$$\qquad\qquad\qquad\qquad\qquad\qquad\text{异氰酸酯}\qquad\qquad\qquad\text{胺}$$

　　酰氯与叠氮化钠作用生成酰叠氮化合物,加热,即放出 N_2 重排成异氰酸酯,水解后生成胺。这种类似霍夫曼重排的反应叫克尔蒂斯(Curtius)重排。

14.10　含氮化合物与人体健康

　　含氮化合物与人体健康有着密切的关系。称之为精神模拟药的苯异丙胺

($Ph-CH_2\overset{}{\underset{CH_3}{\overset{|}{C}}}HNH_2$)、巴比妥类($O=C\overset{\overset{H}{N}}{\underset{NH}{\diagdown}}\overset{}{\underset{CH_2}{\diagup}}C=O$)、巴比妥酸衍生物、吗啡等等都是胺或

胺的衍生物,它们能改变人的精神或感情状态。苯异丙胺类药物能以某种方式作用于交感神经系统而使人们有兴奋、清醒、机灵、减少疲劳、增加精神活力的感觉。当然大剂量或长期服用苯异丙胺,也会引起精神上的不愉快等负作用。巴比妥类药物能降低中枢神经系统的活性,诱发睡眠,是一类常用的镇静剂。因此,它们是"抑制型药",与苯异丙胺是"兴奋型药"正相反。

除此之外,在天然植物中的一些含氮化合物,叫生物碱,如吗啡等,它们对于较高等动物的中枢神经系统的活动等有很大的作用(详见第十六章)。

在我们日常食物中,加入某些含氮化合物可使食物有较好的味道或作为防腐剂。例如糖

精(结构式),可作为糖的代用品。尽管糖精很甜,但吃后遗留一些苦味。因此人们在寻找新的人工合成甜剂。

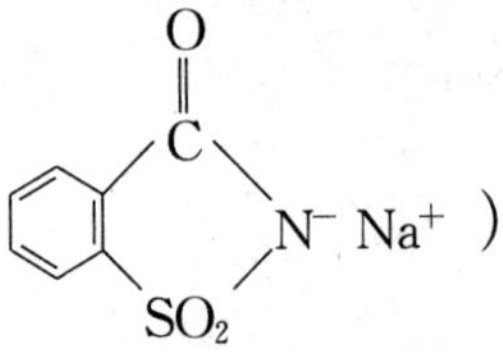

味精——谷氨酸单钠盐已较久地在各种食品中用作鲜味剂。尽管它缺乏营养价值,为了使食物更可口,仍受到人们的欢迎。

习　　题

1. 写出下列化合物的结构式:

   (1) 三丁基胺　　　　　　　　　　　(2) 碘化二甲基二乙基铵

   (3) N-甲基苯胺　　　　　　　　　　(4) 对氨基苯甲酸乙酯

   (5) 肾上腺素

2. 命名下列化合物:

   (1) $(CH_3)_2CHNH_2$

   (2) $CH_3CH_2-\overset{\displaystyle |}{\underset{\displaystyle NH_2}{CH}}-CH_2CH_3$

   (3) 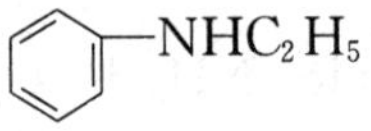 苯基$-NHC_2H_5$

   (4) $(C_2H_5)_2\overset{+}{N}H_2OH^-$

   (5) 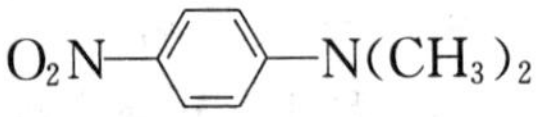 O_2N-苯基$-N(CH_3)_2$

   (6) 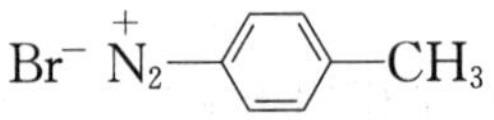 $Br^-\overset{+}{N_2}-$苯基$-CH_3$

   (7)  哌啶(环己-N-H)

   (8) 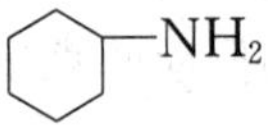 环己基$-NH_2$

   (9) $CH_3-\overset{\displaystyle OCH_3}{\overset{\displaystyle |}{CH}}-CH_2-\overset{\displaystyle |}{\underset{\displaystyle NH_2}{CH}}-CH_2OH$

   (10) $H_2NCH_2-\overset{\displaystyle |}{\underset{\displaystyle CH_3}{CH}}-CH_2NH_2$

3. 比较下列各组化合物的碱性,按碱性增强的次序排列:

   (1) NH_3, CH_3NH_2, 苯基$-NH_2$, $CH_3-\overset{\displaystyle O}{\overset{\displaystyle \|}{C}}-NH_2$, $(CH_3)_4\overset{+}{N}OH^-$

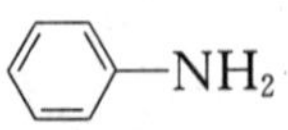

   (2) 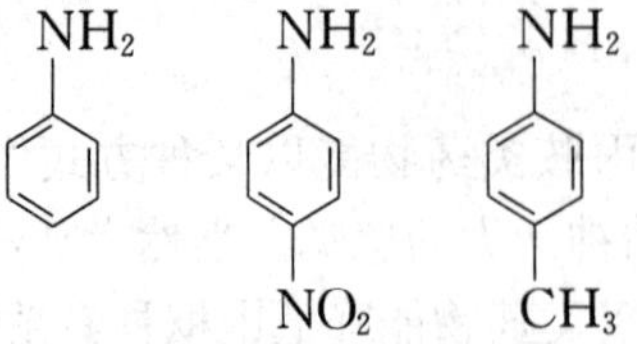 苯胺(NH_2), 对硝基苯胺(NH_2,NO_2), 对甲基苯胺(NH_2,CH_3)

   (3) $CH_3CH_2NH_2$, $CH_3CH_2-O^-$, CH_3COO^-, NH_2^-

4. 如何完成下列反应：

(1) $CH_3CH_2CH_2Br \longrightarrow CH_3CH_2CH_2CH_2NH_2$

(2) $\text{C}_6\text{H}_5\text{—COOH} \longrightarrow \text{C}_6\text{H}_5\text{—NH}_2$

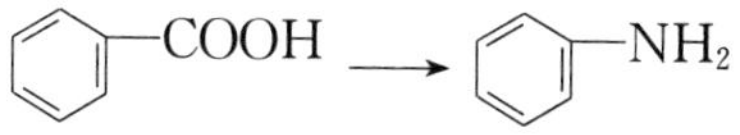

(3) $(CH_3)_3CCH_2Br \longrightarrow (CH_3)_3CCH_2NH_2$

(4) $CH_2\text{=}CHCO_2C_2H_5 \longrightarrow H_2N(CH_2)_4N(CH_3)_2$

(5)

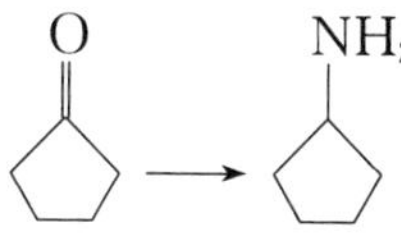

(6)

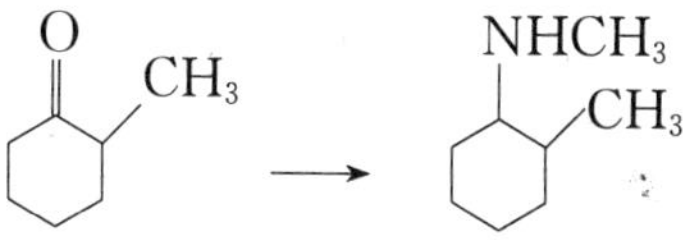

(7) 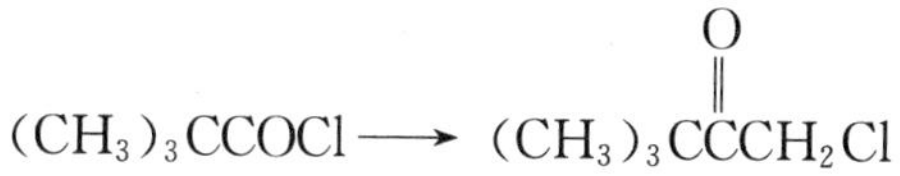 $(CH_3)_3CCOCl \longrightarrow (CH_3)_3CCCH_2Cl$ （分子中含羰基 O）

(8) 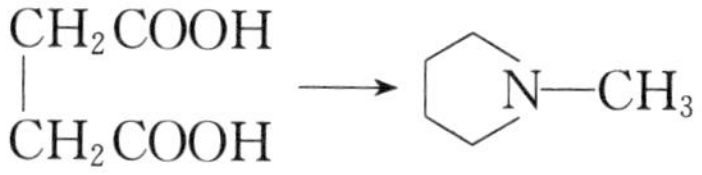 $\begin{matrix} CH_2COOH \\ | \\ CH_2COOH \end{matrix} \longrightarrow \text{N—CH}_3$

(9) 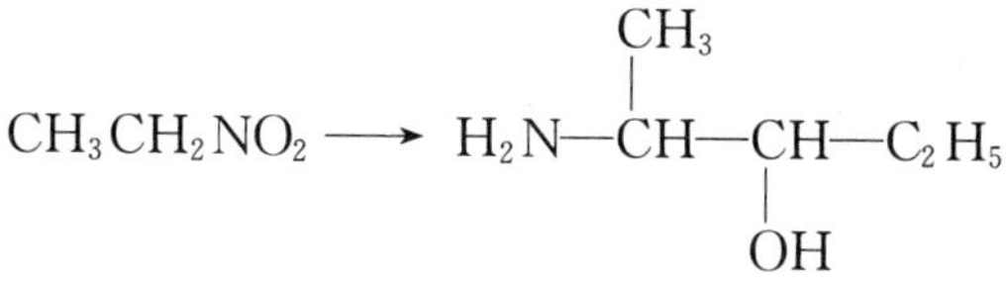 $CH_3CH_2NO_2 \longrightarrow H_2N\text{—}CH\text{—}CH\text{—}C_2H_5$ （含 CH_3 及 OH 取代基）

(10)

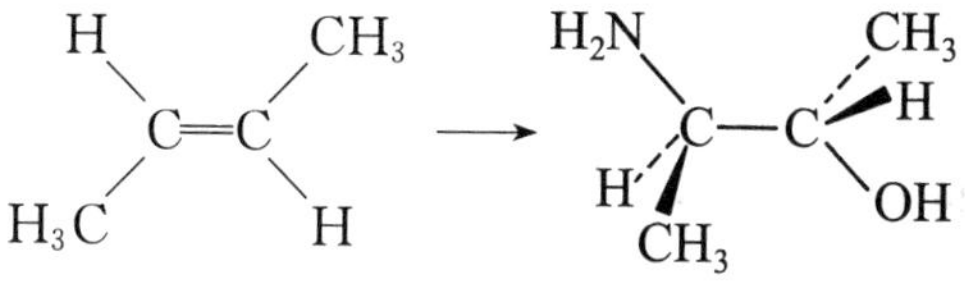

(11)

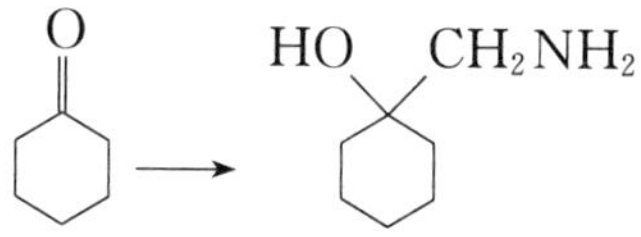

(12) 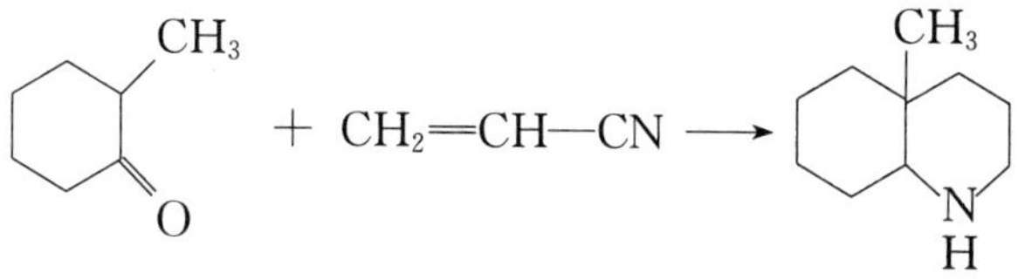 + $CH_2\text{=}CH\text{—}CN \longrightarrow$

(13) 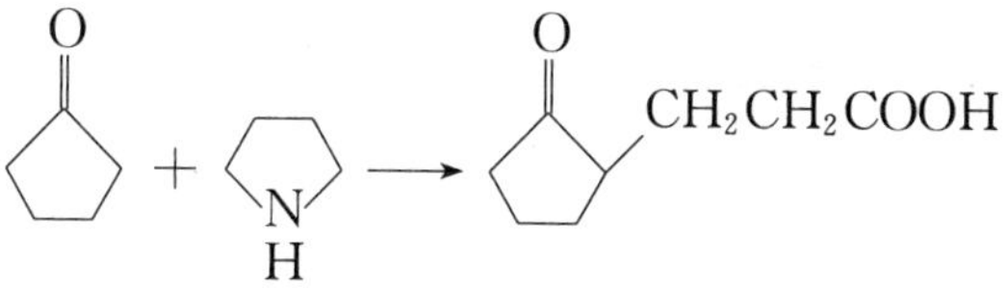 + （吡咯烷）$\longrightarrow$ 含 CH_2CH_2COOH 产物

(14) 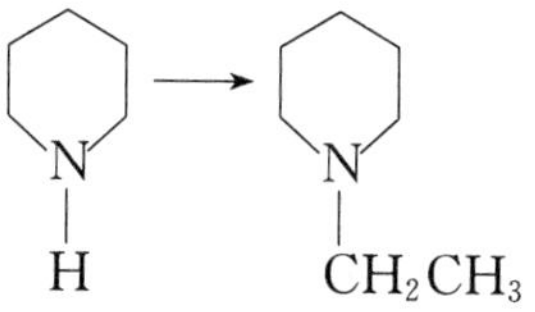 （哌啶 N—H）$\longrightarrow$ （哌啶 N—CH_2CH_3）

457

(15)

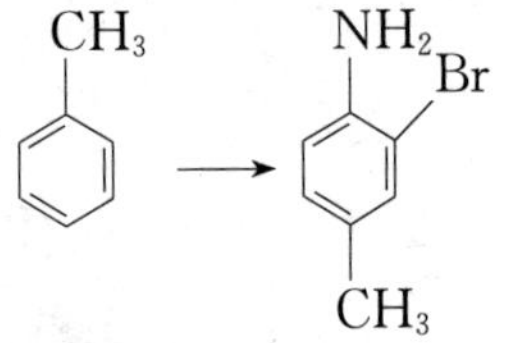

(16) (R)-2-辛醇 $\longrightarrow$ (S)-2-辛胺
                   $\longrightarrow$ (R)-2-辛胺

5. 以乙醇或苯为原料合成下列化合物：

(1) $H_2N—CH_2CH_2—NH_2$

(2) $(CH_3CH_2)_2NH$

(3) 邻硝基苯胺

(4)

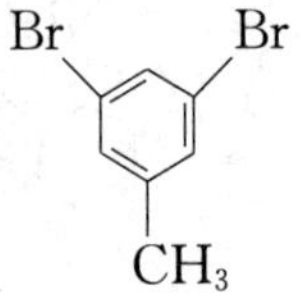

(5)

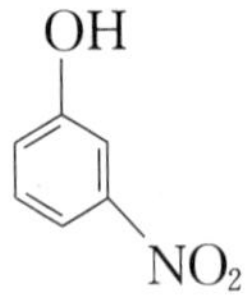

(6) 4-二甲氨基-2′-羧基偶氮苯

6. 写出下列消去反应的主要产物：

(1) $CH_3CH_2\overset{+}{N}(CH_3)_2CH_2CH(CH_3)_2OH^- \overset{\Delta}{\longrightarrow}$

(2) $(CH_3)_2CHCHCH_3 \overset{\Delta}{\longrightarrow}$
           $\underset{\underset{+}{N(CH_3)_3OH^-}}{|}$

(3) $(CH_3CH_2)_3\overset{+}{N}CH_2CH_2\overset{O}{\overset{\|}{C}}CH_3OH^- \overset{\Delta}{\longrightarrow}$

(4)

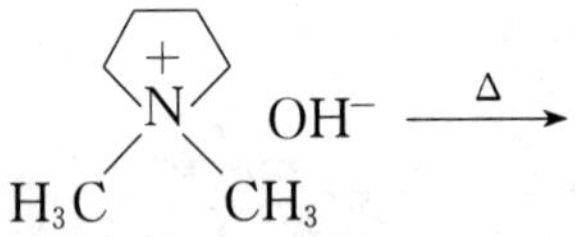

(5)

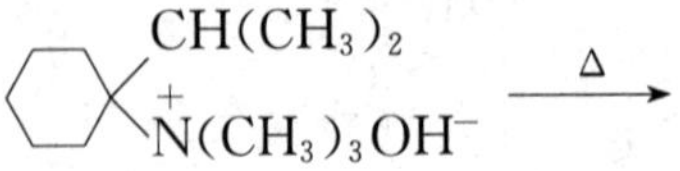

(6)

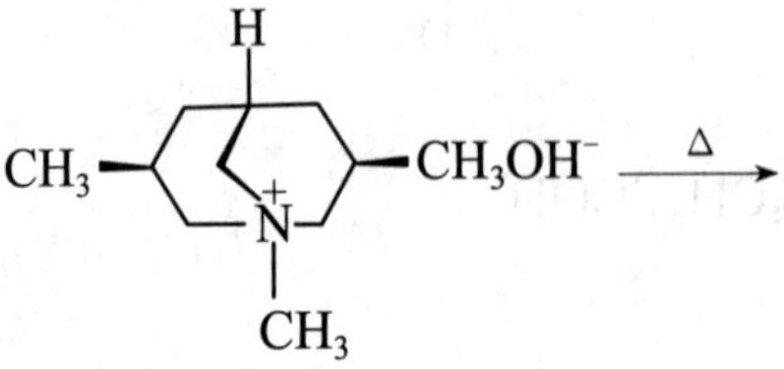

(7)

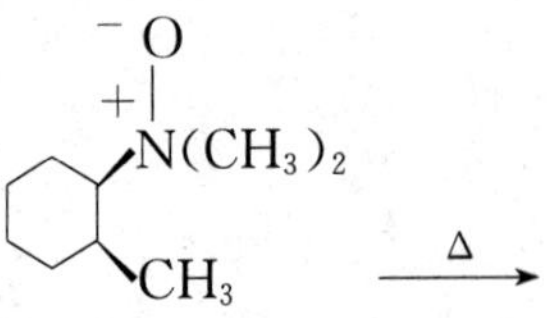

458

7. 指出下列反应的机理：

(1) $R-\overset{O}{\underset{}{C}}CHN_2 \xrightarrow[H_2O]{h\nu \text{ 或 } \Delta} RCH_2CO_2H$

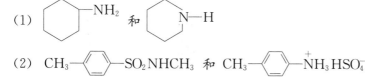

(2) 环己酮 $+CH_2N_2 \longrightarrow$ 环庚酮 $+$ 螺环氧化物

(3) 环戊基 $-CH_2NH_2 + HNO_2 \longrightarrow$ 环戊基 $-CH_2OH +$ 环己醇 $-OH$

8. 现有苯胺、苯甲胺和苯酚三种混合物，如何将它们分离提纯？

9. 用化学方法区别下列各组化合物：

(1) 环己基 $-NH_2$ 和 哌啶 $N-H$

(2) $CH_3-\langle\rangle-SO_2NHCH_3$ 和 $CH_3-\langle\rangle-\overset{+}{N}H_3HSO_4^-$

10. 具有分子式 $C_5H_{15}O_2N$ 的胆碱，可以用环氧乙烷与三甲胺在有水存在下反应制得，请写出胆碱的结构及胆碱的乙酰衍生物——乙酰胆碱的结构。

11. 一化合物分子式为 $C_6H_{15}N$ 甲，能溶于稀盐酸，与亚硝酸在室温作用放出氮气得到乙，乙能进行碘仿反应，乙和浓硫酸共热得到丙(C_6H_{12})，丙能使 $KMnO_4$ 褪色，而且反应后的产物是乙酸和 2-甲基丙酸。推测甲的结构式，并用反应式说明推断过程。

12. 有一化合物 A 的分子式为 $C_7H_{15}N$，与 2 mol CH_3I 作用形成季铵盐，后用 $AgOH$ 处理得季铵碱，加热得到分子式为 $C_9H_{19}N$ 的化合物 B，B 分别与 1 mol CH_3I 和 $AgOH$ 作用，加热得到分子式为 C_7H_{12} 的化合物 C 和 $N(CH_3)_3$，C 用 $KMnO_4$ 氧化可得到化合物 D，D 的结构式为 $(CH_3)_2C(COOH)_2$。试推断(A)的结构式。

13. 化合物 A($C_{15}H_{17}N$)用 $CH_3-\langle\rangle-SO_2Cl$ 和 KOH 水溶液处理时，不发生变化，酸化这一混合物得到清澈的溶液。A 的 ^1H-NMR 谱数据如下：

δ_H 7.2 （5H）（多重峰）， δ_H 6.7 （5H）（多重峰）

δ_H 4.4 （2H）（单 峰）， δ_H 3.3 （2H）（四重峰）

δ_H 1.2 （3H）（三重峰）

推出 A 的结构式。

14. 某生物碱 $C_9H_{17}N$，经两次 Hofmann 彻底甲基化除去 N_2，同时产生一个环辛二烯的混合物，混合物的紫外光谱表明不含共轭的 1,3-环辛二烯，推测此生物碱的结构。

15. 某未知化合物的 IR、^1H-NMR 和 MS 图表示如下，推测其结构。

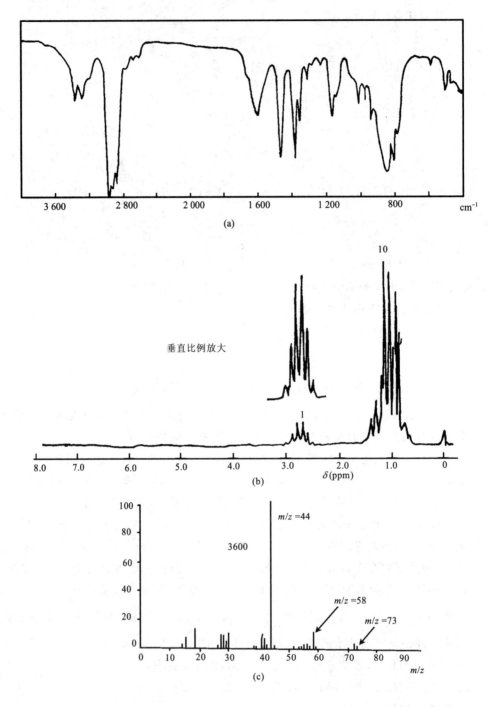

图 14.6

16. 化合物 A($C_9H_{11}NO$) 能与吐仑试剂反应且能溶解在稀 HCl 中。A 的 IR 谱在约 1695 cm^{-1} 有一强吸收峰,但在 3300 cm^{-1}～3500 cm^{-1} 无吸收峰。A 的 ^{13}C-NMR 谱如下图所示,推出 A 的结构。

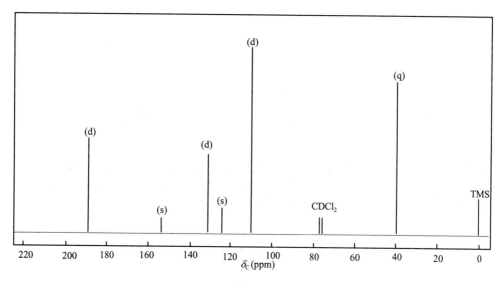

图 14.7

461

第十五章　含硫、磷和硅有机化合物

氧和硫、氮和磷及碳和硅分别在周期表的第Ⅵ、第Ⅴ和第Ⅳ族,氧、氮和碳位于第二周期,而硫、磷和硅位于第三周期,所以它们的化合物既有相似的一面,又有明显差别的一面。例如,硫、磷、硅原子可以形成与氧、氮、碳相类似的共价化合物:

ROH	酚OH	ROR′	ROOR	$R-\overset{H(R')}{\underset{\|}{C}}=O$	$R-\overset{O}{\underset{\|}{C}}-OH$
醇	酚	醚	过氧化物	醛(酮)	羧酸
RSH	酚SH	RSR′	RSSR	$R-\overset{H(R')}{\underset{\|}{C}}=S$	$R-\overset{O}{\underset{\|}{C}}-SH$	$R-\overset{S}{\underset{\|}{C}}-OH$
硫醇	硫酚	硫醚	二硫化物	硫醛(酮)	硫羟酸	硫羰酸
(thiols)	(thiophenols)	(sulfides)	(disulfides)	(thioaldehyde(thione))	(thiolic acid)	(thionic acid)

$R-NH_2$	R_2NH	R_3N	$R_4\overset{+}{N}Cl^-$
一级胺	二级胺	三级胺	季铵盐
$R-PH_2$	R_2PH	R_3P	$R_4\overset{+}{P}Cl^-$
一级膦(phosphine)	二级膦	三级膦	季膦盐　(phosphonium salt)

CH_3CH_3	$(CH_3)_3C-Cl$	$(CH_3)_3C-OH$	$(CH_3)_2C(OCH_3)_2$	$(CH_3)_3C-O-C(CH_3)_3$
乙烷	叔丁基氯	叔丁醇	丙酮缩二甲醇	叔丁醚
H_3SiSiH_3	$(CH_3)_3SiCl$	$(CH_3)_3SiOH$	$(CH_3)_2Si(OCH_3)_2$	$(CH_3)_3Si-O-Si(CH_3)_3$
乙硅烷	三甲基氯硅烷	三甲基硅醇	二甲基二甲氧基硅烷	六甲基二硅氧烷
(ethylsilane)	(trimethylchlorosilane)	(trimethylsilanol)	(dimethyldimethoxysilane)	(hexamethyldisiloxane)

但是,与氧、氮和碳相比,硫、磷和硅原子的体积较大,电负性较小,价电子层离核较远,因此它们受到核的束缚力较小。所以,氧、硫,氮、磷及碳、硅所形成的共价化合物,虽然在形式上相似,但在化学性质上却存在着明显的差别。例如,与醛、酮相对应的硫醛和硫酮,一般是不稳定的,易于聚合:

其原因是 $\diagup\hspace{-0.5em}C=O$ 与 $\diagup\hspace{-0.5em}C=S$ 比较,由于硫原子半径较大,它的 $3p$ 轨道与碳原子的 $2p$ 轨道重叠不如 $2p$ 轨道之间那样有效,所以 $\diagup\hspace{-0.5em}C=S$ 中的 π 键不稳定。同样, $\diagup\hspace{-0.5em}C=Si$ 键也是不稳

定的：

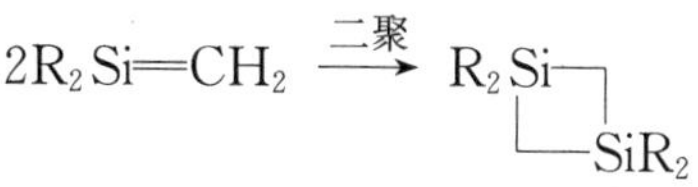

$$2R_2Si\!=\!CH_2 \xrightarrow{\text{二聚}} R_2Si\underset{SiR_2}{\overset{}{\rule{0pt}{0pt}}}$$

另外,硫、磷和硅原子除了利用 $3s$、$3p$ 电子成键外,还可以利用能量上相接近的空 $3d$ 轨道参与成键。因此,硫、磷和硅原子可以形成最高氧化态为 6 或 5 的化合物。例如硫的高价化合物有：

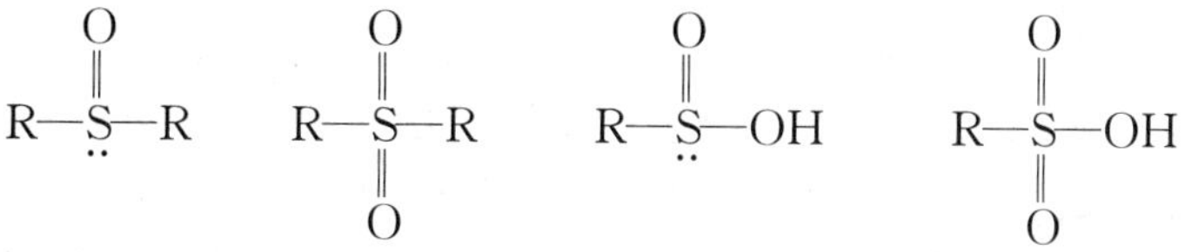

亚砜(sulfoxide)　　砜(sulfones)　　亚磺酸(sulfinic acid)　　磺酸(sulfonic acid)

磷的高价化合物有：

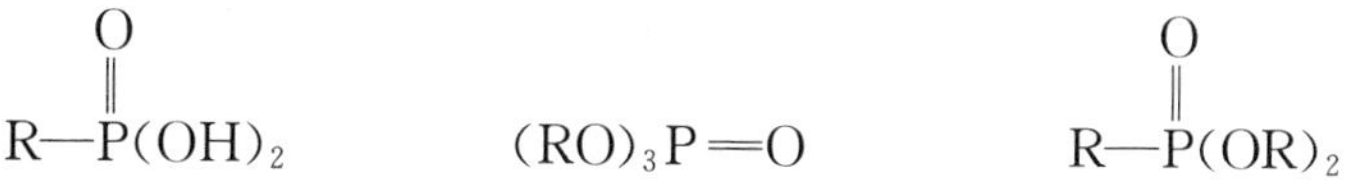

膦酸(phosphonic acid)　　　磷酸酯　　　膦酸酯(phosphonate ester)

我们不仅要知道有机硫、磷和硅化合物与相应的氧、氮和碳化合物之间的共同点及它们之间的差别,而更重要的是前两类化合物是维持生命不可缺少的物质。因此,在基础研究领域中,这两类化合物的重要性日见明显,发现它们在生物体内的合成和代谢等方面起着非常重要的作用。而有机硅化合物近几十年来发现在有机合成中有十分重要的应用。

15.1　硫醇(硫醚)的制备和命名

硫醇(R—SH)可以看作是硫化氢的烷基衍生物。—SH 基叫硫氢基或叫巯(音球)基,是硫醇的官能团。

硫醇(硫醚)的一般制法与醇(醚)相似,可用卤烷与硫氢化钠一起加热、发生亲核取代反应而得到：

$$R\!-\!X+Na\overset{+}{S}H^- \xrightarrow{\Delta} R\!-\!SH+NaX$$

$$R\!-\!SH \xrightarrow{OH^-} RS^- \xrightarrow{R-X} R\!-\!S\!-\!R+X^-$$

在实验室中,用卤代烷与硫脲一起反应制硫醇,也可以避免硫醚的生成,反应过程如下：

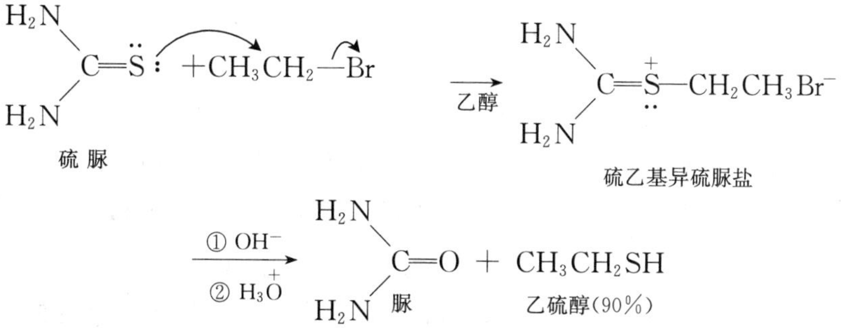

硫　脲　　　　　　　　　　　　　　　　　硫乙基异硫脲盐

硫醇(硫醚、硫酚等)的命名很简单,只需要相应的含氧衍生物类名前加上"硫"字即可。

例如：

$$CH_3SH \qquad\qquad CH_3-S-CH_3 \qquad\qquad$$

甲硫醇   二甲硫醚   苯硫酚

15.2 硫醇的物理性质

分子量较低的硫醇具有极其难闻的臭味,乙硫醇在空气中的浓度达 10^{-11} g/L 时,即能为人所感觉。黄鼠狼当遭到袭击时便分泌出含有正丁硫醇的臭气作为防护剂。

硫醇形成氢键的能力极弱,远不及醇类,所以它们的沸点及在水中的溶解度比相应的醇低得多。例如甲醇的 b. p. 为 65℃,而甲硫醇的 b. p. 为 6℃。一些硫醇的物理性质见表 15.1。

表 15.1　一些硫醇的物理性质

化　合　物	英文名称	m. p. (℃)	b. p. (℃)
甲硫醇　CH_3SH	methanethiol	-123	6
乙硫醇　CH_3CH_2SH	ethanethiol	-144	37
丙硫醇　$CH_3CH_2CH_2SH$	1-propanethiol	-113	67
异丙硫醇　$(CH_3)_2CHSH$	2-propanethiol	-131	58
丁硫醇　$CH_3(CH_2)_2CH_2SH$	1-butanethiol	-116	98

15.3 硫醇的反应

15.3.1 酸性

硫醇的酸性比相应的醇强得多,正如 H_2S 酸性比 H_2O 强得多一样。因此,它能和氢氧化钠形成稳定的盐:

$$CH_3CH_2-SH + NaOH \longrightarrow CH_3CH_2S^- Na^+ + H_2O$$

乙硫醇的酸性($pK_a \approx 10$)比乙醇($pK_a = 18$)强,是因为 S—H 键的键长(182 pm)比 O—H 键长(144 pm)长,易被极化,使氢离子易解离出来。

在许多蛋白质和酶中都发现有巯基(—SH)的存在,例如辅酶 A 是一个硫醇(辅酶 A 的部分结构是: $RCONHCH_2CH_2SH$)。由于它的酸性,许多蛋白质和酶能与汞等许多重金属离子形成盐,从而引起蛋白质沉淀和使酶失去活性:

$$2R-SH + HgCl_2 \longrightarrow (RS)_2Hg \downarrow + 2HCl$$

正因为这样,医疗上利用硫醇的这一性质,把硫醇作为某些重金属(Hg、Pb、As 等)和战争毒气中毒的解毒剂。常用的是二巯基丙醇($\underset{SH\quad SH\quad OH}{CH_2-CH-CH_2}$),医药上叫做巴尔(British Anti-Lewisite)英国抗路易斯剂,简称(BAL),它可以夺取已与有机体内蛋白质或酶结合的重金属,形成稳定的络盐而从尿中排出。

464

$$\begin{array}{ccc}
\text{CH}_2\text{—SH} & & \text{CH}_2\text{—S} \\
| & & | \\
\text{CH—SH} \quad +\text{Hg}^{2+} \longrightarrow & & \text{CH—S} \Big\rangle \text{Hg} \\
| & & | \\
\text{CH}_2\text{—OH} & & \text{CH}_2\text{—OH} \qquad \downarrow
\end{array}$$

15.3.2 氧化反应

硫醇的氧化作用和醇不同,氧化反应发生在硫原子上。例如,在缓和的氧化条件下,稀过氧化氢,甚至在空气中氧的作用下(以 Cu 作催化剂)硫醇都能被氧化成二硫化物:

$$2\text{R—S—H} \xrightarrow{[\text{O}]} \text{R—S—S—R} \qquad \text{二硫化物}$$

二硫化物类似过氧化物,但它是更稳定的。例如在 $C_2H_5\text{—S—S—}C_2H_5$ 中,S—S 键的键能为 305 kJ $\cdot$ mol^{-1},而 $C_2H_5\text{—O—O—}C_2H_5$ 中的 O—O 键的键能仅为 155 kJ $\cdot$ mol^{-1}。二硫化物可用温和的还原剂(如 NaHSO$_3$、Zn+HAc)还原成硫醇:

$$\text{R—S—S—R} \xrightarrow{[\text{H}]} 2\text{R—SH}$$

在生物体中,S—S 键对于保持蛋白质分子的特殊构型具有重要的作用,例如胰岛素就是依靠由胱氨酸所提供的 S—S 键将两个多肽链连结起来的。S—S 键与巯基之间的氧化—还原是一个极为重要的生理过程,例如在酶的作用下,半胱氨酸发生氧化还原而相互转化:

$$2 \begin{array}{c} \text{COOH} \\ | \\ \text{H—C—NH}_2 \\ | \\ \text{CH}_2 \\ | \\ \text{SH} \end{array} \underset{[\text{H}]}{\overset{[\text{O}]}{\rightleftharpoons}} \begin{array}{c} \text{COOH} \\ | \\ \text{H—C—NH}_2 \\ | \\ \text{CH}_2 \\ | \\ \text{S} \end{array} \begin{array}{c} \text{COOH} \\ | \\ \text{H—C—NH}_2 \\ | \\ \text{CH}_2 \\ | \\ \text{S} \end{array}$$

半胱氨酸 　　　　　　　　　　　　胱氨酸

硫辛酸 ⟨S-S⟩—(CH$_2$)$_4$COOH 作氧化剂在细胞的代谢作用中起着相当重要的作用。丙酮酸的失羧(—CO$_2$)是通过硫辛酸的催化作用而完成的:

$$\text{⟨S-S⟩—(CH}_2)_4\text{COOH} + \text{CH}_3\overset{\text{O}}{\overset{\|}{-\text{C}}}-\text{CO}_2\text{H} + \text{H}_2\text{O}$$

$$\xrightarrow{\text{酶}} \text{CH}_3\text{COOH} + \text{CO}_2 + \begin{array}{c} \text{CH}_2 \\ \diagup \quad \diagdown \\ \text{CH}_2 \quad \text{CH—(CH}_2)_4\text{—COOH} \\ | \qquad | \\ \text{SH} \qquad \text{SH} \end{array}$$

二氢硫辛酸

硫醇(和硫酚)在 KMnO$_4$,HNO$_3$ 等强氧化剂作用下,则发生强烈的氧化作用,生成磺酸。例如:

$$5\text{C}_2\text{H}_5\text{SH} + 6\text{MnO}_4^- + 18\text{H}^+ \longrightarrow 5\text{C}_2\text{H}_5\text{SO}_3\text{H} + 6\text{Mn}^{2+} + 9\text{H}_2\text{O}$$

乙磺酸

$$\text{⟨◯⟩—SH} \xrightarrow[\text{浓 HNO}_3]{[\text{O}]} \text{⟨◯⟩—SO}_3\text{H}$$

苯磺酸

硫醚和硫醇一样，也可以被过氧化氢氧化为亚砜或砜：

$$R-\overset{..}{\underset{..}{S}}-R \xrightarrow[H_2O_2]{[O]} R-\overset{O}{\underset{}{\overset{\|}{S}}}-R \text{（亚砜）} \xrightarrow[H_2O_2,\Delta]{[O]} R-\overset{O}{\underset{O}{\overset{\|}{\underset{\|}{S}}}}-R \text{（砜）}$$

亚砜是一个强极性化合物，例如二甲亚砜（dimethyl sulfoxide，简称 DMSO）的偶极矩 $\mu=3.9\,D$，而相应的丙酮的 $\mu=2.88\,D$。由于二甲亚砜的极性强（沸点为 189℃），它可溶于有机试剂，又可溶于无机试剂，是一个优良的极性溶剂。

二甲亚砜作为溶剂的另一优点是由于它的介电常数大（$\varepsilon=45$），而且氧原子上电子云密度高，所以它对阳离子（M^+）呈现强烈的溶剂化作用：

$$M^+Nu^- + n(CH_3)_2SO \Longrightarrow (CH_3)_2S^+—O^-\cdots M^+$$

$$\begin{array}{c} \overset{+}{S}(CH_3)_2 \\ | \\ \overset{-}{O} \\ \vdots \\ \end{array}$$

（$M^+=Na^+$，　$Nu^-=OH^-$、NH_2^-、CN^- 等）

溶剂化的结果，使亲核离子（Nu^-）被离解下来，未被溶剂化，所以显得格外活泼。因此，NaOH、NaNH$_2$、NaCN 等离子型化合物在二甲亚砜溶液中成为异乎寻常的强烈的亲核试剂（与其水溶液或醇溶液相比），而使反应速度大大加快。现在二甲亚砜已广泛地在实验室里作为溶剂使用。

15.3.3　酯化反应

与醇相似，硫醇也可与羧酸作用生成硫酯：

$$R—COOH + R'SH \Longrightarrow RCOSR' + H_2O$$

这个反应也证明了在醇（一级、二级）与羧酸进行酯化时，羧酸分子提供羟基，而醇提供氢。生物体中具有重要作用的硫酯是乙酰辅酶 A。乙酰辅酶 A 是糖、脂肪和蛋白质的代谢作用中所不可缺少的。它是由辅酶 A 和乙酸作用而得：

$$\underset{\text{辅酶A}}{CoA—SH} + HO-\overset{O}{\overset{\|}{C}}-CH_3 \longrightarrow \underset{\substack{\text{乙酰辅酶A} \\ \text{（一个硫酯）}}}{CH_3-\overset{O}{\overset{\|}{C}}-S—CoA} + H_2O$$

15.3.4　亲核取代反应

硫醇在取代反应中作亲核试剂比相应的醇要活泼。亲核取代反应可在温和的条件下发生。例如：

$$CH_3CH_2—Br + H\overset{..}{\underset{..}{S}}—CH_2CH_3 \longrightarrow \underset{\text{乙硫醚}}{CH_3CH_2—S—C_2H_5} + HBr$$

乙硫醇

$$CH_3CH_2-Br \ + \ (CH_3CH_2)_2\overset{..}{\underset{..}{S}} \longrightarrow (CH_3CH_2)_3\overset{+}{S}Br^-$$

锍盐(溴化三乙锍)

同样,锍盐中的烷基可被亲核试剂取代,而二烷基硫化物是离去基团。例如:

$$CH_3CH_2CH_2-\overset{..}{N}H_2 + CH_3-\overset{+}{S}R_2 \longrightarrow CH_3CH_2CH_2\overset{+}{N}H_2CH_3 + R_2S$$

丙 胺   甲基丙基铵盐   硫 醚

这个反应在生物化学反应中用来把甲基从一个化合物转移到另一个化合物中去。当然,这些亲核取代反应是严格地受酶催化控制的。甲基转移作用在许多化合物的生物合成中起着十分重要的作用。

最常见的辅酶——三磷酸腺苷(ATP)参加甲基转移反应。ATP 是一个大分子,它在许多类型化合物的生物合成中起着各种不同的作用。它的结构如下:

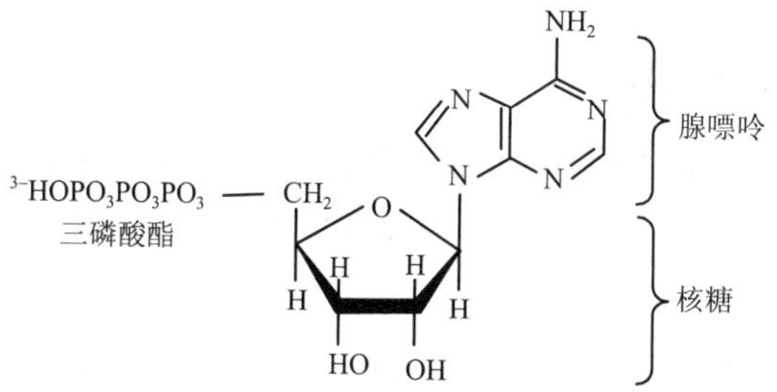

腺嘌呤核苷 (腺苷 Ad−CH₂−)

三磷酸腺苷(ATP)

现在我们把注意力集中在 ATP 的一个特殊官能团——三磷酸烷基酯上。

甲基转移反应实际上包含两个亲核取代过程:第一个反应是 ATP 的三磷酸酯基(它像—SR₃基,是一个好的离去基团)被蛋氨酸的硫醚取代,生成甲基锍离子。第二步反应是氨基作为亲核试剂取代甲基锍离子中的甲基,反应说明如下:

锍离子的形成。蛋氨酸取代 ATP 的三磷酸酯基:

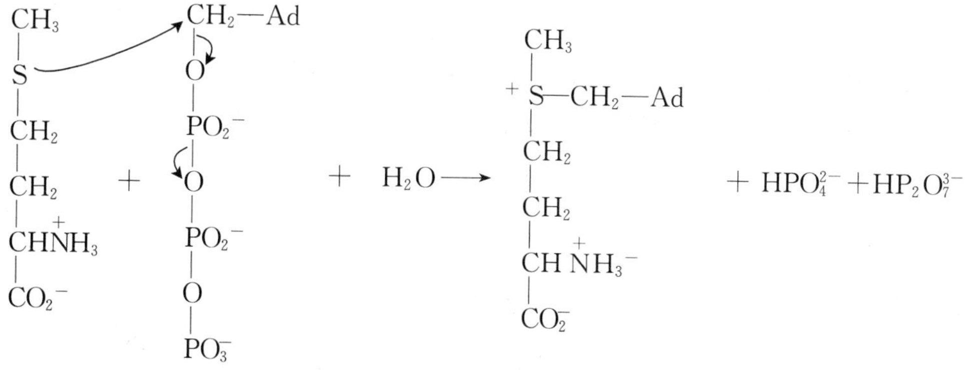

蛋氨酸   ATP   蛋氨酸-S-腺苷酯

甲基转移作用。非肾上腺素(一个肾上腺激素)的氨基取代甲基锍离子的—CH₃:

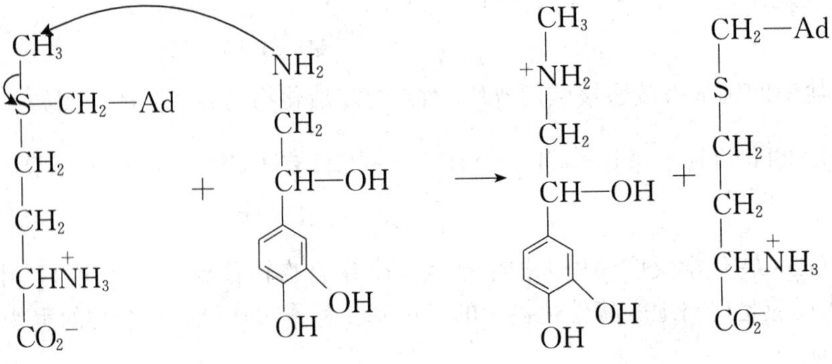

非肾上腺素　　　　　　　肾上腺素

（Ad—CH₂—＝腺苷＝糖—氮碱）

这样便把非肾上腺素转化成有活性的肾上腺激素——肾上腺素。

15.3.5　硫醇与不饱和烃的加成反应

根据不饱和烃的结构和反应条件的不同,反应可按亲电、亲核和游离基三种机理进行。

(1) 亲电加成。在强酸作用下硫醇极易和烯烃发生亲电加成得马氏加成产物,与炔烃不发生亲电加成:

$$R{-}CH{=}CH_2 \ + \ R{-}SH \ \xrightarrow{H^+} \ R{-}\underset{\underset{SR}{|}}{CH}{-}CH_3$$

反应机理和醇在酸催化下与烯烃加成一样。不过,硫醇的亲核性比醇强,所以,它更容易与反应中形成的中间体碳正离子反应。

(2) 亲核加成。硫醇与含吸电子基的烯烃在碱性条件下反应,是按亲核加成机理进行反应,因硫醇在碱作用下,形成下列平衡关系:

$$RSH + \ B\text{:} \ \Longleftrightarrow RS^- +BH$$

生成的烷硫负离子与烯烃进行加成,例如:

$$CH_2{=}CH{-}CN+CH_3CH_2SH \ \xrightarrow{B\text{:}} \ CH_3CH_2S{-}CH_2{-}\overset{\ominus}{C}HCN$$

$$\xrightarrow{BH}CH_3CH_2SCH_2CH_2CN+B\text{:}$$

硫醇与丙烯酸甲酯、丁烯二酸酐等都按这种机理进行加成。

硫醇可与炔烃进行亲核加成反应。例如:

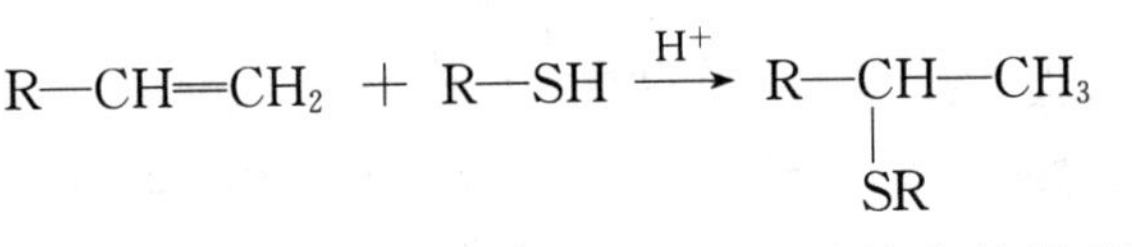

$$R{-}C{\equiv}CH \ + \ R'{-}SH \ \xrightarrow{NaOH} \ \underset{H}{\overset{R}{\diagup}}C{=}C\underset{H}{\overset{SR'}{\diagdown}}$$

产物为反马氏产物且是顺式烯烃衍生物,这表明反应是反式加成,即:

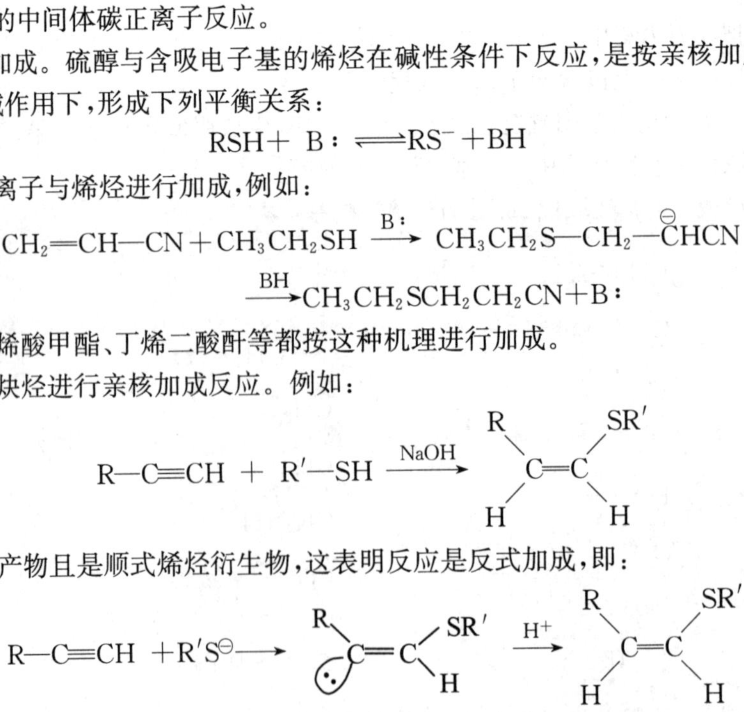

$$R{-}C{\equiv}CH \ +R'S^{\ominus} \longrightarrow \ \underset{H}{\overset{R}{\diagup}}\overset{..}{C}{=}C\underset{H}{\overset{SR'}{\diagdown}} \ \xrightarrow{H^+} \ \underset{H}{\overset{R}{\diagup}}C{=}C\underset{H}{\overset{SR'}{\diagdown}}$$

较稳定的碳负离子中间体

468

(3) 游离基加成。在过氧化物、光照等条件下，硫醇可与烯烃或炔烃进行游离基型加成反应，并得到反马氏产物。加成时，存在下列平衡关系：

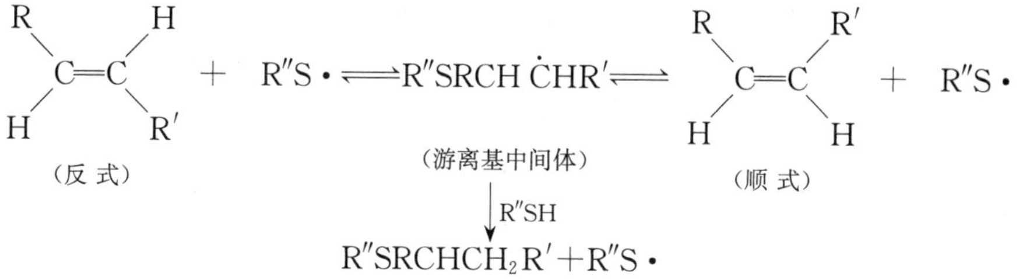

上式表明，硫醇可加速反、顺异构体异构化。

15.3.6 硫叶立德与醛、酮的加成反应

硫叶立德(sulfur ylide)作为亲核试剂与醛、酮的羰基加成，产生环氧乙烷类化合物(而不是烯)，例如：

$$(CH_3)_2S: + CH_3I \longrightarrow (CH_3)_2\overset{+}{S}—CH_3\,I^- \quad \text{碘化三甲锍盐}$$

$$\xrightarrow{[(CH_3)_2CH]_2NLi} [(CH_3)_2\overset{+}{S}—\overset{-}{\ddot{C}}H_2 \longleftrightarrow (CH_3)_2S{=}CH_2]$$

共振稳定的硫叶立德

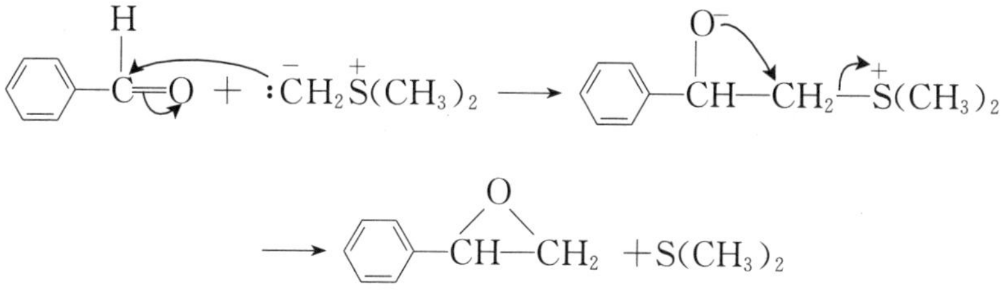

(75%)

15.4 磺酸的分类、命名与制法

磺酸可以被看成为硫酸分子中羟基被取代后的衍生物，其通式为 R—SO_3H。磺酸的命名很简单，只需在磺酸前加上相应的烃基名称就可以了。如：

$C_2H_5—SO_3H$

乙磺酸

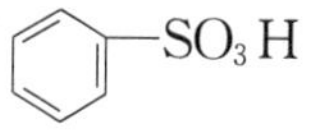

苯磺酸

磺酸可分为脂肪族磺酸和芳香族磺酸，后者在有机合成上和工业生产上比较重要，可由芳烃直接磺化制得。例如，在第七章中已介绍过，若将芳烃与浓硫酸、发烟硫酸或氯磺酸($ClSO_3H$)一起加热即得相应的磺酸：

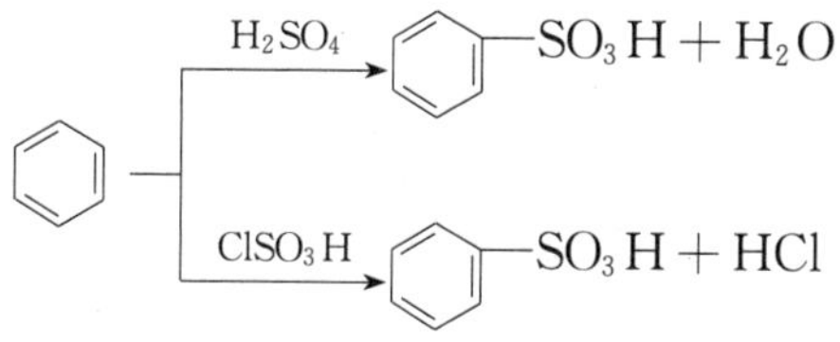

15.5 磺 酸 的 反 应

磺酸与硫酸一样,有极强的吸水性,易溶于水。它的 Ba、Ca、Pb 盐也溶于水,这与相应的硫酸盐不同。由于磺酸易溶于水,所以在染料和制药工业中具有特别重要的意义——引入—SO_3H基可增加产品的水溶性。磺酸是个强酸,但是个很弱的氧化剂,因此,常在有机合成上被用作酸性催化剂。

磺酸的主要反应有:

15.5.1 羟基的取代反应

和羧酸一样,磺酸中的羟基也可以被卤素、氨基、烷氧基取代,生成磺酸的衍生物。例如:

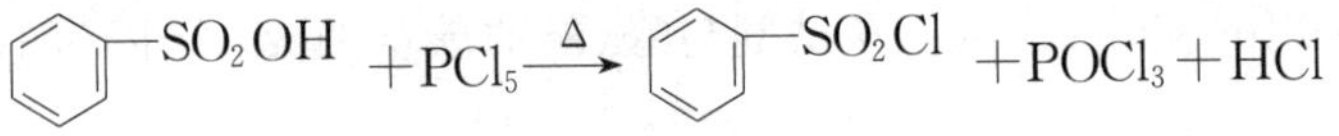

苯磺酰氯

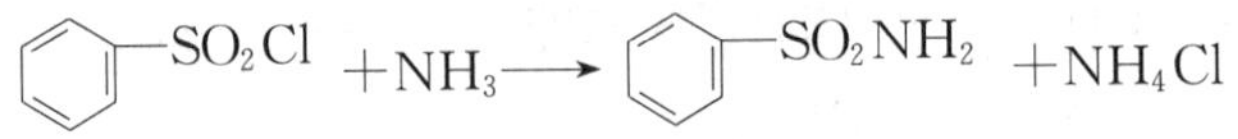

苯磺酰胺

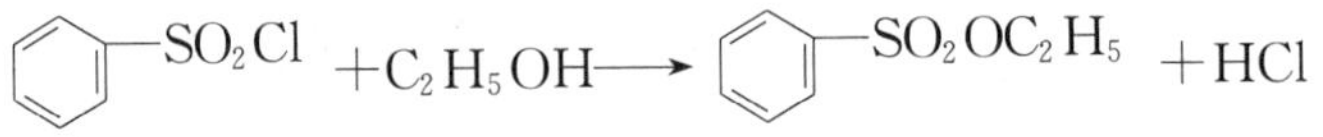

苯磺酸乙酯

糖精是磺酰亚胺的化合物,其学名叫邻磺酰苯甲酰亚胺,约比蔗糖甜 500 倍,难溶于水,商品为其钠盐,以增加其水溶性。结构如下:

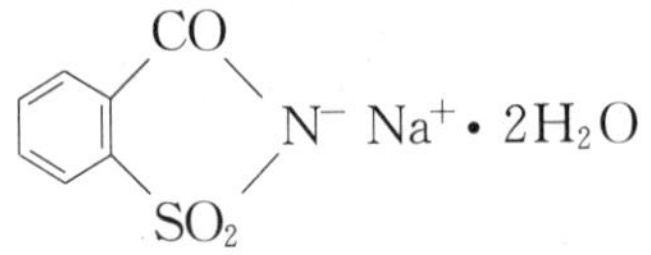

糖精可按下式所示的路线进行合成:

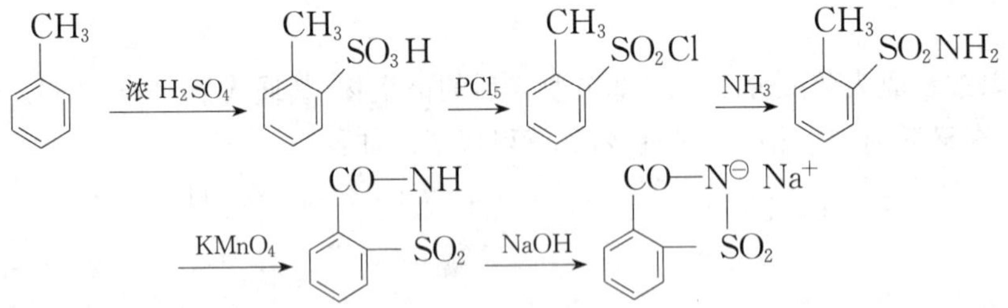

15.5.2 磺酸基的取代反应

芳香磺酸中的—SO_3H 基可以被—H、—OH、—CN 等基团取代,如苯磺酸与水共热,则磺酸基被氢取代:

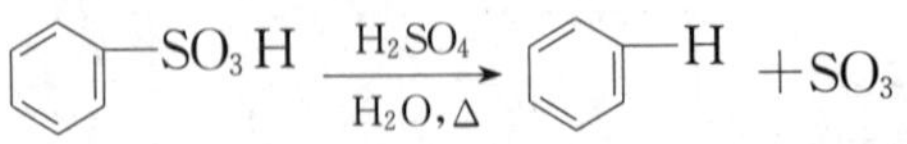

这是磺化反应的逆反应,在有机合成上可以利用此反应来除去化合物中的磺酸基,或者先让磺酸基占据环上的某些位置,待其他反应完成后,再经水解将磺酸基除去。例如由苯酚直接

溴化不易制得邻溴苯酚,但可通过下列反应来制得:

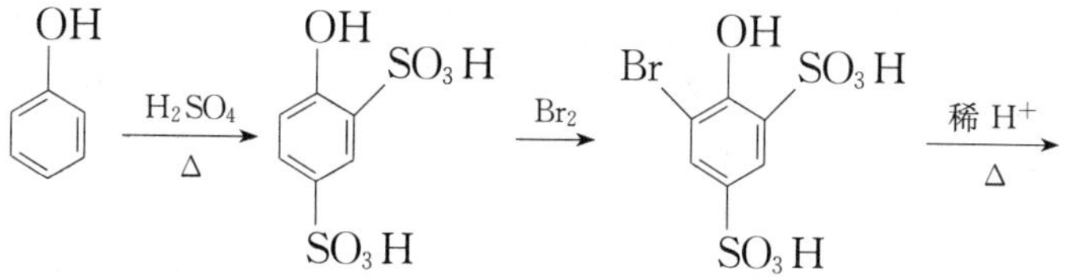

磺酸钠盐与固体氢氧化钠共熔,可制得苯酚:

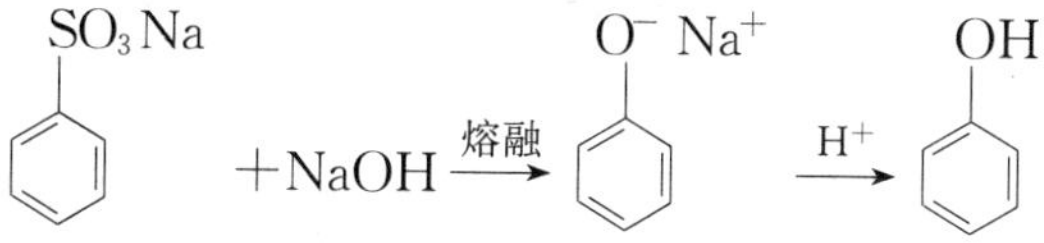

这是一个芳香亲核取代反应,是制取苯酚的古老方法,至今仍有使用。

15.6　磺胺药物

磺胺药物是一类对氨基苯磺酰胺(H_2N—〈 〉—SO_2NH_2)的衍生物,磺胺药物对链球菌和葡萄球菌有很好的抑制作用。

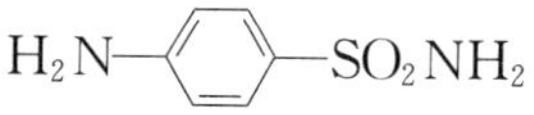

叶酸是某些细菌生长必需的维生素:

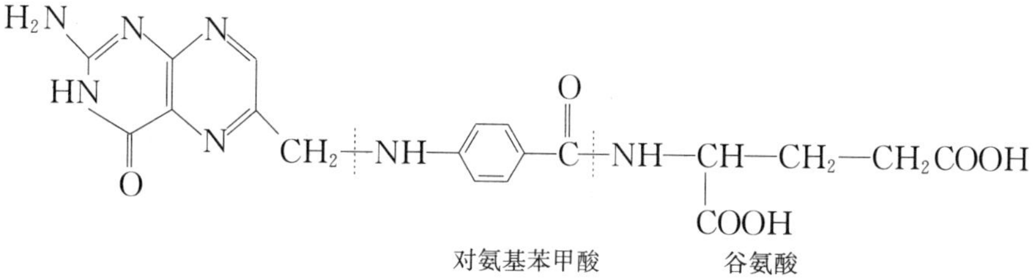

对氨基苯甲酸　　谷氨酸

它是在细菌生长过程中,由谷氨酸与下述焦磷酸酯通过对氨基苯甲酸连接起来的:

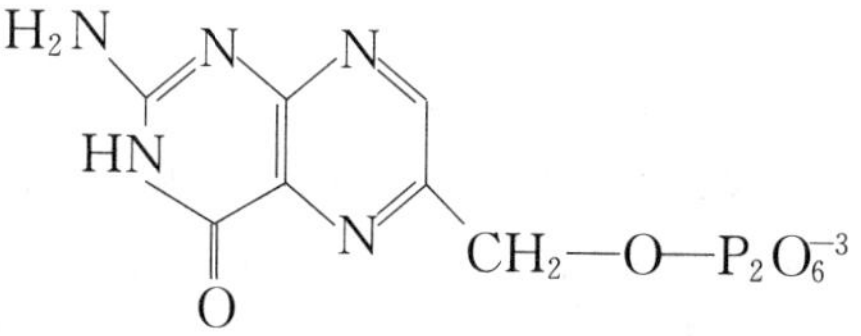

对氨基苯磺酰氨分子大小、形状及电荷分布都与对氨基苯甲酸很相似:

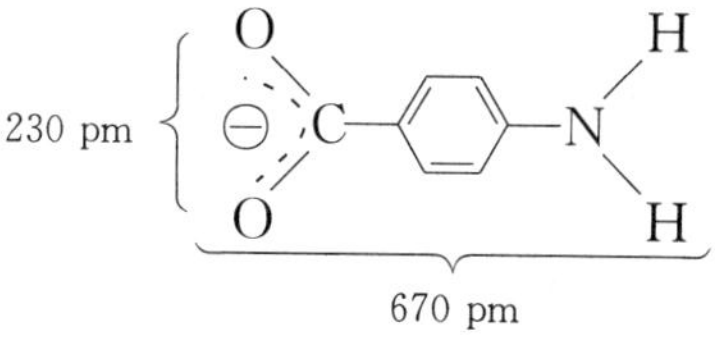

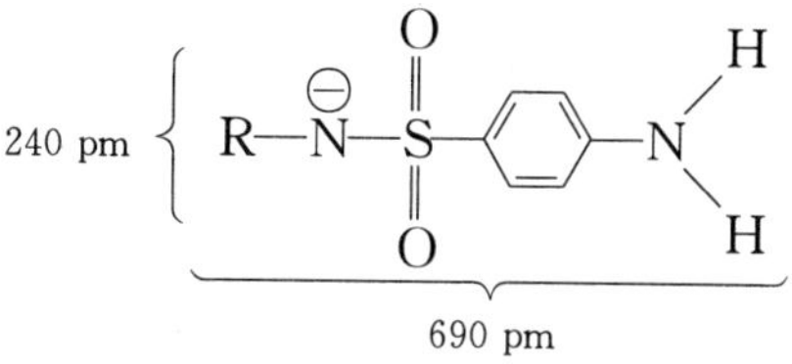

471

而且在化学性质上也很类似。因为磺酰胺中氮原子上的氢显弱酸性,细菌对二者缺乏选择性。当人生病吃进磺胺药物后,它可以代替对氨基苯甲酸被细菌吸收,但是在它的参与下,连接上述焦磷酸酯与谷氨酸形成的物质却不是叶酸。因此,细菌便因缺乏叶酸而死亡。叶酸对于人体也是一种必要的维生素,但它不是在体内合成的,而是由食物中摄取的。所以服用磺胺药物对人不会造成叶酸缺乏症。

继对氨基苯磺酰胺之后,曾合成了数千种磺胺类药物。但经研究发现只有少数几种有较好的疗效,而且副作用较小。这些磺胺类药物分子中,必须有一个基本的结构,即 $-NH-\text{C}_6\text{H}_4-SO_2-NH-$ 。目前常用的磺胺药物有:

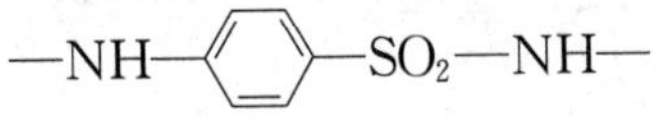

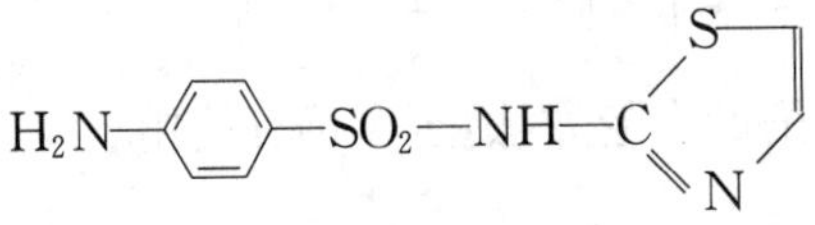

$H_2N-\text{C}_6\text{H}_4-SO_2-NH-C$ (噻唑环)　　　　磺胺噻唑(S. T.)

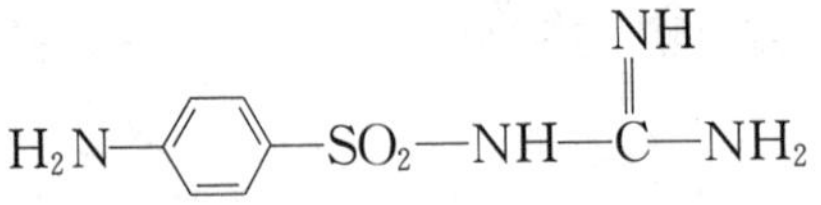

$H_2N-\text{C}_6\text{H}_4-SO_2-NH-C(=NH)-NH_2$　　　　磺胺胍(或磺胺咪)(S. G.)

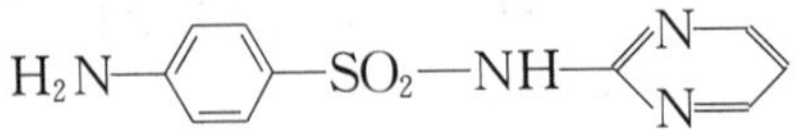

$H_2N-\text{C}_6\text{H}_4-SO_2-NH-$ (嘧啶环)　　　　磺胺嘧啶(S. D.)

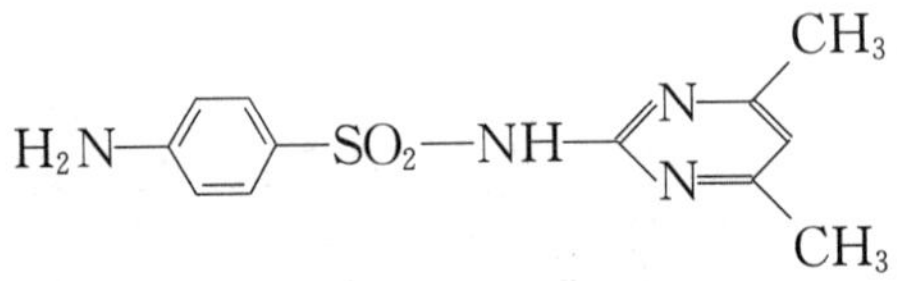

$H_2N-\text{C}_6\text{H}_4-SO_2-NH-$ (二甲基嘧啶环,含两个 CH_3)　　　　磺胺二甲嘧啶(SM$_2$)

由于青霉素、土霉素等抗菌素的应用,目前磺胺药物的使用减少了,但它仍是不可缺少的治疗药物。例如,S. D. 对治疗脑膜炎就特别有效。

15.7　含磷有机化合物的分类、命名和制备

含磷有机化合物的研究开始于 20 世纪 30 年代。近年来有机磷化合物在许多方面显示出它的重要性。在生物体中,某些磷酸衍生物作为核酸、辅酶的组成部分,成为维持生命所不可缺少的物质。由于有机磷化合物具有强烈的生理活性,使有机磷杀虫剂成为最重要的一类农药。此外,某些有机磷化合物在工业上有相当广泛的用途。如磷酸三苯酯可作为增塑剂,亚磷酸三苯酯作为聚氯乙烯稳定剂,氯化四羟甲基磷 $[P(CH_2OH)_4]^+Cl^-$ 是纤维防火剂,磷酸三丁酯是提取铀的萃取剂,等等。

前已述及磷可以形成与胺类相似的三价磷化合物——一级膦、二级膦和三级膦,它可被看作为磷化氢 PH_3 中的氢被烃基取代的衍生物:

$$R-PH_2 \qquad R_2PH \qquad R_3P$$

一级膦　　　　二级膦　　　　三级膦

此外,三价磷化合物还有亚磷酸的衍生物:

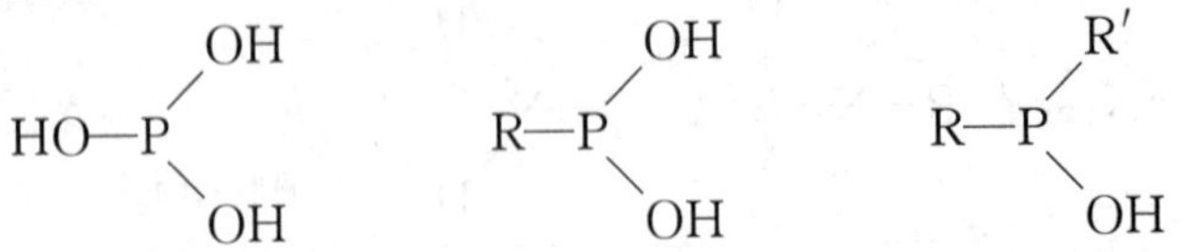

$$HO-P(OH)_2 \qquad R-P(OH)_2 \qquad R-P(R')(OH)$$

亚磷酸　　　　烷基亚膦酸　　　　二烷基亚膦酸

磷酸分子中的羟基被烃基取代的衍生物叫膦酸。如：

$$R{-}\overset{\displaystyle O}{\overset{\|}{P}}(OH)_2 \qquad R_2\overset{\displaystyle O}{\overset{\|}{P}}OH \qquad R_3P{=}O$$

烷基膦酸　　　　　二烷基膦酸　　　　三烷基氧化膦

磷酸分子中的氢被烃基取代的衍生物叫磷酸酯。如：

$$RO{-}\overset{\displaystyle O}{\overset{\|}{P}}(OH)_2 \qquad (RO)_2\overset{\displaystyle O}{\overset{\|}{P}}OH \qquad (RO)_3P{=}O$$

磷酸烷基酯　　　　磷酸二烷基酯　　　磷酸三烷基酯

磷酸酯中与碳原子相连的是氧,而不是磷。

有机磷化合物的命名原则为:

(1) 膦、亚膦酸、膦酸的命名在相应的类名前加上烃基的名称,如:

$$(C_6H_5)_3P \qquad\qquad C_6H_5\overset{\displaystyle O}{\overset{\|}{P}}(OH)_2$$

三苯膦　　　　　　　　　　苯膦酸

(2) 凡是含氧的酯基,都用前缀 O-烷基表示,如:

O,O-二乙基磷酸酯　　　　　　O-乙基二磷酸酯(二磷酸单乙酯)

膦的制法与胺的制法类似,卤代烷是制备取代膦的主要原料,如下式所示:

$$R{-}X + PH_2^-Na^+ \longrightarrow R{-}PH_2 \xrightarrow{Na} R\overset{-}{P}HNa^+ \xrightarrow{R{-}X} R_2PH \xrightarrow[\text{② }R{-}X]{\text{① }Na} R_3P$$

　　　　　　　　　　一级膦　　　　　　　　　　二级膦　　　　　三级膦

而磷化钠通常用下法制得:

$$PCl_3 + LiAlH_4 \xrightarrow{THF} PH_3 \xrightarrow[(C_2H_5)_2O]{Na} \overset{\ominus}{P}H_2\overset{\oplus}{N}a$$

15.8　含磷有机化合物的结构和反应

烷基膦与胺类相似,磷原子为 sp^3 杂化,其中三个杂化轨道分别与烷基(或氢)形成 σ 键,余下一个 sp^3 轨道为一对未成键电子所占据着,具有四面体构型。膦与胺也有一些差别,例如,据测定,在三甲胺分子中的 C—N—C 键角为 108°,而在三甲膦分子中的 C—P—C 键角为100°,比正常的四面体键角小,这种差别可能是由于氮、磷原子上的一个未成键轨道对其余三个基团施加的压缩作用不同所造成的,即在烷基膦分子中,这种压缩效应比较明显。其结果是使磷原子上的孤电子对更加暴露在外面,易于进攻缺电子中心,因此烷基膦是一个强有力的亲核试剂。例如,易与卤代烷进行亲核取代反应,形成膦盐:

$$(C_6H_5)_3P\colon + CH_3{-}Br \longrightarrow (C_6H_5)_3\overset{+}{P}{-}CH_3Br^-$$

三苯膦　　　　　　　　　　　　　溴化甲基三苯膦

而三苯胺则不发生类似的反应。生成的膦盐用强碱(如苯基锂)处理时,被夺去一个 α-氢,而生成亚甲基膦烷(methylene phosporane)：

$$(C_6H_5)_3\overset{+}{P}-CH_3\overset{-}{Br}+C_6H_5Li \longrightarrow (C_5H_5)_2P\!=\!CH_2+C_6H_6+LiBr$$

亚甲基膦烷

亚甲基膦烷是一种极性很强的内膦盐$[(C_6H_5)_3\overset{+}{P}-\overset{-}{C}H_2]$，又叫膦叶立德(phosphorus ylide)。它是德国化学家维蒂希(G. Wittig)发现的，所以又叫做维蒂希试剂。它有着广泛的用途(详见第十一章维蒂希反应)。

三级膦作为强亲核试剂还可与环氧化合物发生反应，生成氧化膦和烯烃。例如：

$$(CH_3)_3P\!:+ \overset{\delta^+}{\underset{\delta^-}{\triangle}}O \longrightarrow (CH_3)_3\overset{+}{P} \longrightarrow (CH_3)_3\overset{+}{P}-O^-+CH_2\!=\!CH_2$$

反应中间体以及产物与 Wittig 反应相同。

与季铵碱不同，季鏻碱加热分解不产生烯烃，而是生成氧化膦和烷烃或取代烷烃。例如：

$$(CH_3CH_2)_2\overset{+}{P}-CH_2CH_2CNOH^- \overset{\Delta}{\longrightarrow} (CH_3CH_2)_2\overset{+}{P}-O^-+CH_3CH_2CN$$
$$\quad\quad\quad\quad\;\;|\;\;\quad\quad\quad\quad\quad\quad\quad\quad\quad\quad\quad\;\;|$$
$$\quad\quad\quad\quad\;CH_3\quad\quad\quad\quad\quad\quad\quad\quad\quad\quad\;CH_3$$

反应过程如下：

$$(CH_3CH_2)_2\overset{+}{P}-CH_2CH_2CNOH^- \rightleftharpoons (CH_3CH_2)_2\overset{\overset{O-H}{|}}{P}-CH_2CH_2CN$$
$$\quad\quad\quad\quad\;|$$
$$\quad\quad\quad\quad CH_3$$

$$\overset{OH^-}{\underset{E2}{\longrightarrow}} (CH_3CH_2)_2\overset{+}{P}-O^- + \underline{H_2O+\overset{\ominus}{C}H_2CH_2CN}$$
$$\quad\quad\quad\quad\quad\quad\quad\quad\quad|\quad\quad\quad\quad\quad\quad\downarrow$$
$$\quad\quad\quad\quad\quad\quad\quad\;CH_3\quad\quad\quad\;CH_3CH_2CN+OH^-$$

烃基膦分子中如果磷原子上连接的基团不相同时，就具有手性，例如下面的化合物可分离出对映异构体：

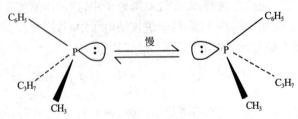

$$[\alpha]_0^{20}=\pm16.8°(甲\;苯)$$

相应的胺在理论上讲应该存在对映体，但至今仍未分离出来，原因是叔胺的构型转化很迅速(势垒约为 21 kJ·mol^{-1}～42 kJ·mol^{-1})，而叔膦的构型转化不容易(势垒约为 125 kJ·mol^{-1})。例如上述的具有光学活性的叔膦分子在甲苯中煮沸 3 小时，仅稍微引起消旋化：

由于磷原子上的未成键电子对具有较强的给电子性,因此,烃基膦与过渡金属形成配位络合物的能力要比胺强得多,如$[(C_6H_5)_3P]_3RhCl$这种配位络合物在有机催化反应中具有很重要的意义。

由于三价膦化物比较活泼,所以它易与电负性大的元素如氧、硫、卤素等成键,如烷基膦及其衍生物易被氧化:

$$(C_6H_5)_3P \xrightarrow[H_2O_2]{[O]} (C_6H_5)_3P{=\!=}O$$

氧化三苯膦

亚磷酸三烷基酯作为亲核试剂与卤代烷作用,生成烷基膦酸二烷基酯和一个新的卤代烷的反应,称为阿尔布佐夫(Arbuzov)反应:

$$(RO)_3P\colon + R'X \longrightarrow (RO)_2\overset{\overset{\textstyle O}{\|}}{P}R' + RX$$

反应机理是一个连续两次的S_N2反应:

$$(RO)_3P\colon + R'{-\!}X \xrightarrow{S_N2} (RO)_3\overset{+}{P}R'X^-$$

$$X^- + R{-\!}O{-\!}\overset{\overset{\textstyle R'}{|}}{\overset{+}{P}}(OR)_2 \xrightarrow{S_N2} X{-\!}R + O{=\!=}\overset{\overset{\textstyle R'}{|}}{P}(OR)_2$$

烷基膦酸二烷基酯

因亚膦酸酯是通过醇制成的$[3ROH+PCl_3 \longrightarrow (RO)_3P]$,因此,Arbuzov反应是由醇制备卤代烷的很好方法。该反应也可合成多种膦酸酯。例如:

$$(C_2H_5O)_3P + BrCH_2CO_2C_2H_5 \xrightarrow{\Delta} CH_3CH_2O_2CCH_2\overset{\overset{\textstyle O}{\|}}{P}(OC_2H_5)_2 + C_2H_5Br$$

膦酰基乙酸三乙酯

类似 Wittig 试剂,膦酰乙酸酯中的亚甲基有一定的酸性,强碱可使它变为碳负离子,后者与 Wittig 试剂一样,可与醛酮反应,生成含烯键的化合物。例如:

$$(CH_3O)_2\overset{\overset{\textstyle O}{\|}}{P}CH_2CO_2CH_3 \xrightarrow{NaH} (CH_3O)_2\overset{\overset{\textstyle O}{\|}}{P}\overset{\ominus}{C}HCO_2CH_3Na^+ \xrightarrow{(CH_3)_2C{=\!=}O}$$

膦酰基乙酸三甲酯

$$(CH_3)_2{-\!}C{-\!}CHCO_2CH_3$$

带 $O^-\ P(OCH_3)_2$ 及 O

$$\longrightarrow (CH_3)_2C{-\!}CHCO_2CH_3 \longrightarrow (CH_3)_2C{=\!=}CHCO_2CH_3 + (CH_3O)_2P\overset{-}{O}\ Na^+$$

3-甲基-2-丁烯酸甲酯
(59%~62%)

一切生物体内都含有磷,但它不是以磷的形式存在,而是以磷酸单酯、二磷酸单酯或三磷酸单酯的形式存在的:

$$\text{RO}-\overset{\displaystyle O}{\underset{}{\text{P}}}(\text{OH})_2 \qquad \text{RO}-\overset{\displaystyle O}{\underset{\text{OH}}{\text{P}}}-\text{O}-\overset{\displaystyle O}{\underset{\text{OH}}{\text{P}}}-\text{OH} \qquad \text{RO}-\overset{\displaystyle O}{\underset{\text{OH}}{\text{P}}}-\text{O}-\overset{\displaystyle O}{\underset{\text{OH}}{\text{P}}}-\text{O}-\overset{\displaystyle O}{\underset{\text{OH}}{\text{P}}}-\text{OH}$$

磷酸单酯　　　　　二磷酸单酯(焦磷酸单酯)　　　　　三磷酸单酯

上述各分子中的 R 多为比较复杂的基团,有的是杂环,有的是糖。三种磷酸酯都有可以解离的氢,所以它们都是酸性的,有相应的三种磷酯的负离子:

$$\text{RO}-\overset{\displaystyle O}{\underset{\displaystyle O^-}{\text{P}}}-\text{OH} \qquad \text{RO}-\overset{\displaystyle O}{\underset{\displaystyle O^-}{\text{P}}}-\text{O}-\overset{\displaystyle O}{\underset{}{\text{P}}}-\text{OH} \qquad \text{RO}-\overset{\displaystyle O}{\underset{\displaystyle O^-}{\text{P}}}-\text{O}-\overset{\displaystyle O}{\underset{}{\text{P}}}-\text{O}-\overset{\displaystyle O}{\underset{}{\text{P}}}-\text{OH}$$

磷酸烷基酯离子　　　二磷酸烷基酯离子　　　　　三磷酸烷基酯离子
　　　　　　　　　　(焦磷酸烷基酯离子)

在生物体内的一些反应中,这些磷酸酯是一个容易被取代的基团(参见上一节中 ATP 参与的甲基转移反应)。此外,这些磷酸酯还有另外的两个好处。第一,由于这些磷酸酯的氧原子上带有许多负电荷,使得它能和水互溶地存在于细胞液中。而羧酸酯和磺酸酯都是在水中不溶解的。第二,在 P—O—P 中的 P—O 键有着巨大的键能,即所谓的"高能键"。

生物体内的有机物在进行生物氧化的过程中要释放出大量的能量。这些能量便以"高能键"的形式贮存于上述一些磷酸酯的分子中,这种"高能键"以"～"表示:

$$\text{腺苷}-\text{O}-\overset{\displaystyle O}{\underset{\text{OH}}{\text{P}}}-\text{O}\sim\overset{\displaystyle O}{\underset{\text{OH}}{\text{P}}}-\text{O}\sim\overset{\displaystyle O}{\underset{\text{OH}}{\text{P}}}-\text{OH} \qquad\qquad \text{腺苷}-\text{O}-\overset{\displaystyle O}{\underset{\text{OH}}{\text{P}}}-\text{O}\sim\overset{\displaystyle O}{\underset{\text{OH}}{\text{P}}}-\text{OH}$$

三磷酸腺苷(ATP)　　　　　　　　　　　　二磷酸腺苷(ADP)

当 P—O—P 链被打断时,便能放出大量的能量以用来生成别的新键。因此,这些磷酸酯可作为"能库"。例如,三磷酸腺苷在水解为二磷酸腺苷的过程中可以放出能量:

$$\text{ATP}+\text{H}_2\text{O} \rightleftharpoons \text{ADP}+\text{H}_3\text{PO}_4+\text{能量}$$

一般磷酸酯水解时放出的能量是 $8.4\ \text{kJ}\cdot\text{mol}^{-1}\sim16.7\ \text{kJ}\cdot\text{mol}^{-1}$,而含"高能键"的磷酸酯水解时可放出 $33.5\ \text{kJ}\cdot\text{mol}^{-1}\sim54.4\ \text{kJ}\cdot\text{mol}^{-1}$。许多生化过程如光合作用、肌肉收缩、蛋白质的合成等都需要依赖这些能量来完成。

15.9　有 机 磷 杀 虫 剂

自从 1944 年德国化学家施拉德尔(G. Schrader)首次发现对硫磷具有强烈的杀虫性能后,推动了有机磷杀虫剂的合成和它们的生理活性的研究工作。在全世界合成数以万计的有机磷化合物中,约有数十种有较好的杀虫效果。有的有机磷化合物还可作为杀菌剂、除草剂。

有机磷杀虫剂的特点是:杀虫力强、残留性低,易被生物体代谢为无害成分(磷酸盐)。而且许多有机磷杀虫剂有内吸性,即可被植物吸收。这样只要害虫吃进含杀虫剂的植物即可被杀死,而不一定要害虫直接与杀虫剂接触。它的缺点是对哺乳动物的毒性大,易造成人畜急性中毒,所以使用时应有预防中毒措施。

有机磷杀虫剂的作用是破坏胆碱酯酶的正常生理功能,从而引起中毒以致死亡。

有机磷杀虫剂的品种繁多,但从结构上来看,绝大多数属于磷酸酯和硫代磷酸酯,少数属于膦酸酯和磷酰胺酯:

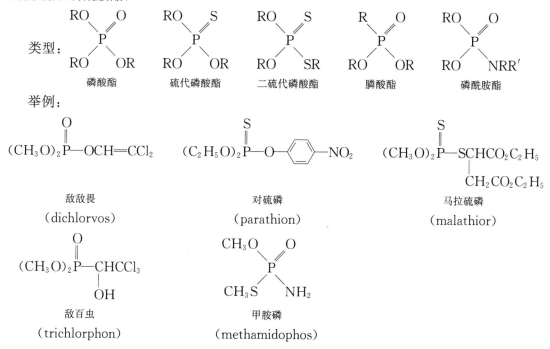

15.10 有机硅化合物的制法

15.10.1 硅烷和卤硅烷

工业上将卤代烷与硅粉在高温及催化剂存在下反应以合成氯硅烷:

$$2RCl + Si \xrightarrow[\Delta]{Cu} R_2SiCl_2$$

产物往往是一混合物。如用 CH_3Cl,则生成 CH_3SiCl_3、$(CH_3)_2SiCl_2$、$(CH_3)_3SiCl$ 等,可以用分馏法分开。也可用氢硅化反应制备氯硅烷:

$$HSiCl_3 + RCH=CH_2 \longrightarrow RCH_2CH_2SiCl_3$$

而三氯硅烷 $HSiCl_3$ 可由硅与盐酸作用制得:

$$Si + 3HCl \longrightarrow HSiCl_3 + H_2$$

实验室中可用格氏试剂或有机锂化合物与 $SiCl_4$ 反应制备氯硅烷:

$$CH_3MgCl + SiCl_4 \longrightarrow CH_3SiCl_3 + MgCl_2$$

$$\xrightarrow{CH_3MgCl} (CH_3)_2SiCl_2 + MgCl_2$$

用过量的格氏试剂与 $SiCl_4$ 反应,可得到四甲基硅烷:

$$4CH_3MgCl + SiCl_4 \longrightarrow (CH_3)_4Si + 4MgCl_2$$

硅烷的卤代也可制备卤硅烷。例如:

$$\text{C}_6\text{H}_5-\text{SiH}_3 + 3\text{Br}_2 \longrightarrow \text{C}_6\text{H}_5-\text{SiBr}_3 + 3\text{HBr}$$

15.10.2 硅醇和硅氧烷

卤硅烷的硅卤键十分活泼,极易水解成硅醇:

$$(\text{CH}_3)_3\text{SiCl} + \text{H}_2\text{O} \longrightarrow (\text{CH}_3)_3\text{SiOH} + \text{HCl}$$
$$(\text{b. p.} = 98.6\,℃)$$

硅醇在酸或碱催化下会发生分子间的脱水反应生成硅醚:

$$2(\text{CH}_3)_3\text{SiOH} \xrightarrow{\text{H}^+ \text{或 OH}^-} (\text{CH}_3)_3\text{SiOSi}(\text{CH}_3)_3$$

因此,要得到硅醇,必须在中性和高度稀释的条件下进行反应。

二卤烃基硅烷水解得到硅二醇,经缩聚反应生成聚硅氧烷。例如:

$$n(\text{CH}_3)_2\text{SiCl}_2 + 2n\text{H}_2\text{O} \xrightarrow{-2n\text{HCl}} n\ \text{HO}-\underset{\underset{\text{CH}_3}{|}}{\overset{\overset{\text{CH}_3}{|}}{\text{Si}}}-\text{OH} \xrightarrow{\text{缩聚}} \text{H}{\left[\text{O}-\underset{\underset{\text{CH}_3}{|}}{\overset{\overset{\text{CH}_3}{|}}{\text{Si}}}\right]}_n\text{OH} + (n-1)\text{H}_2\text{O}$$

三卤烃基硅烷水解得到硅三醇,再经缩聚可得到体型交联结构的高分子:

$$n\ \text{CH}_3\text{SiCl}_3 + 3n\text{H}_2\text{O} \xrightarrow{-3n\text{HCl}} n\ \text{CH}_3-\underset{\underset{\text{OH}}{|}}{\overset{\overset{\text{OH}}{|}}{\text{Si}}}-\text{OH} \xrightarrow{\text{缩聚}}$$

聚硅氧烷(polysiloxanes)是重要的工业产品,如硅油、硅树脂、硅橡胶等可以作为高级润滑剂、织物防水剂、高级绝缘材料等重要用途。

15.11 有机硅化合物的反应及其在合成中的应用

卤硅烷与醇在室温下反应生成硅醚(siloxane):

$$(\text{CH}_3)_3\text{SiCl} + \text{C}_2\text{H}_5\text{OH} \xrightarrow{\text{Et}_3\text{N}} (\text{CH}_3)_3\text{SiOCH}_2\text{CH}_3$$

卤硅烷通过生成硅醚可使烷氧键裂解,例如:

烯醇盐与三甲基氯硅烷反应也生成硅醚:

烯醇硅醚在有机合成中有多种重要用途,它可以烃基化、与羰基化合物缩合、氧化等反应,很多产物都具有高度的区域选择性。例如:

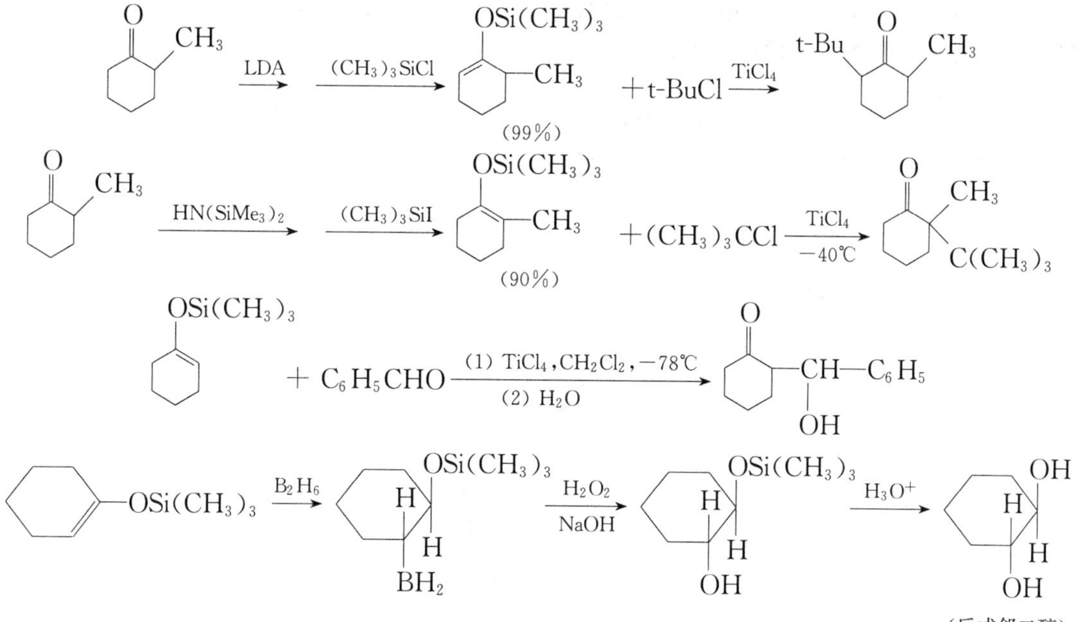

$$\text{（99\%）}$$

$$\text{（90\%）}$$

(反式邻二醇)

芳基或乙烯基硅烷容易在硅原子所在的位置上发生亲电取代反应,例如:

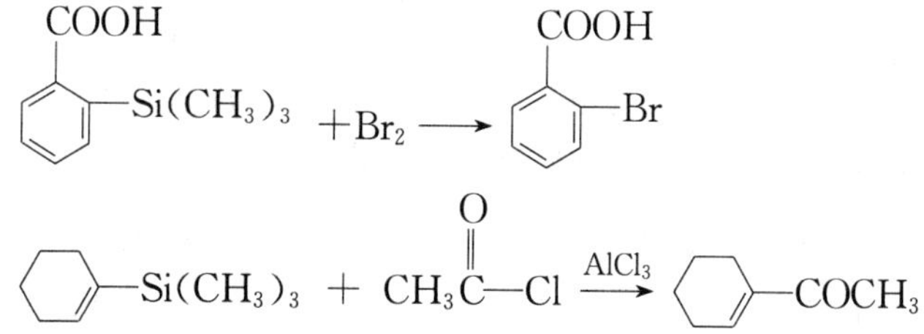

乙烯基硅烷被氧化剂氧化成 α,β-环氧硅烷,后者可顺利地转变成各类化合物。例如,用酸催化,可以在原 α-碳上引入羰基,反应过程如下所示:

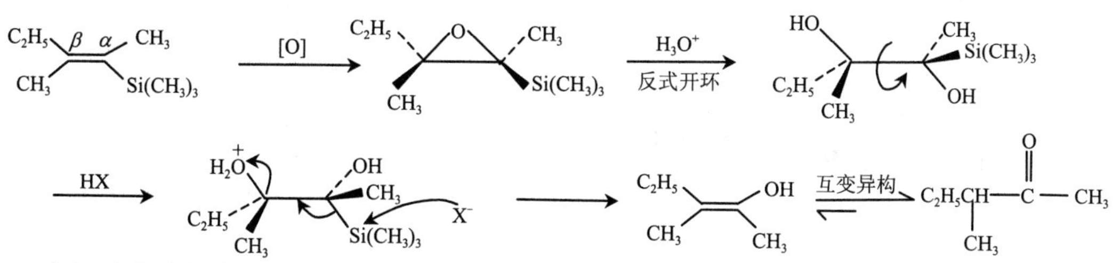

有机硅化合物在有机合成中可作为羟基、氨基、烯、炔基、羰基等的保护试剂。例如:

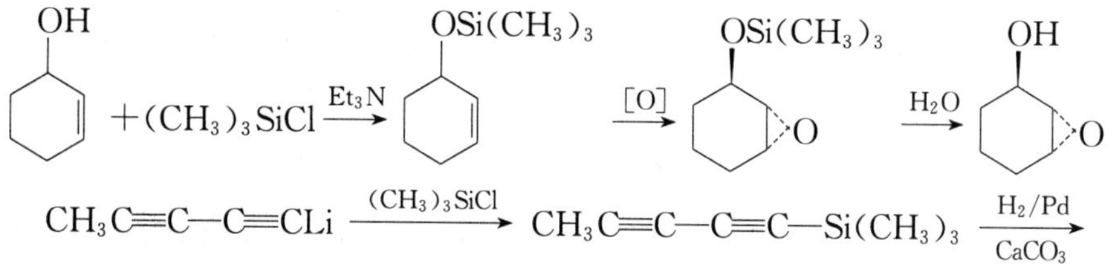

$$CH_3C{\equiv}C—C{\equiv}CLi \xrightarrow{(CH_3)_3SiCl} CH_3C{\equiv}C—C{\equiv}C—Si(CH_3)_3 \xrightarrow[CaCO_3]{H_2/Pd}$$

$$CH_3CH=CH-C\equiv C-Si(CH_3)_3 \xrightarrow[\text{水解}]{OH^-} CH_3CH=CH-C\equiv CH$$

链端的炔基不变,而链中的炔键被氢化。一个实际应用的例子,是在前列腺素的合成中,利用有机氯硅烷作为特定烯键的保护剂:

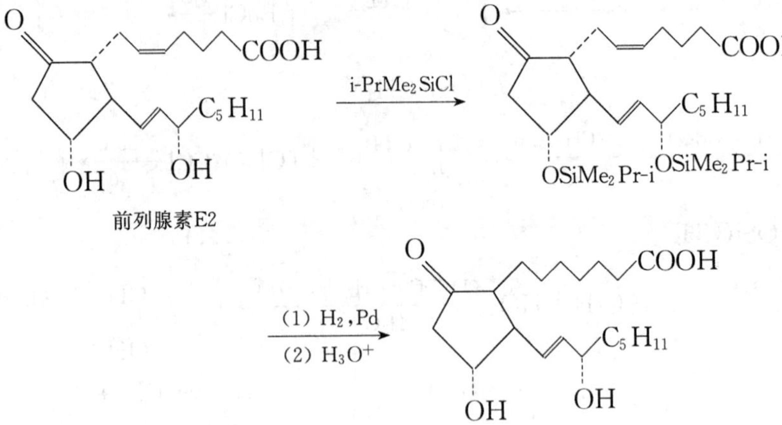

前列腺素 E2

由于 i-PrMe$_2$SiO—基团很大,阻碍了邻位烯键的氢化。

烯醇硅醚对羰基的保护:

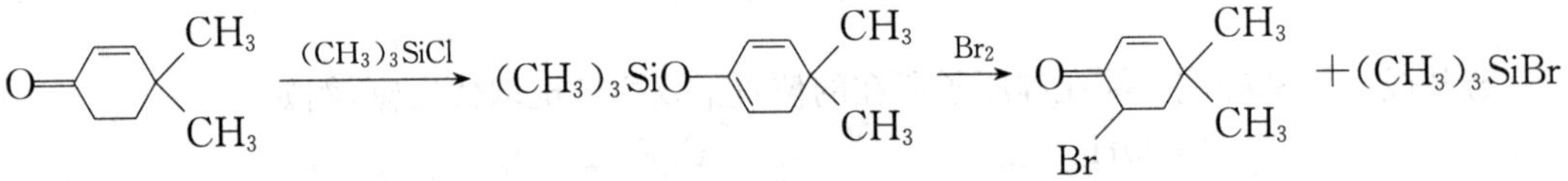

α,β-不饱和酮,如无烯醇硅醚,容易发生共轭双键的 1,4-加成,干扰反应的进行。

当烃基硅烷与 RLi 反应时,便可得到硅叶立德(silyl ylide),如:

$$(CH_3)_3SiCH=CH_2 + RLi \longrightarrow (CH_3)_3Si-\overset{\ominus}{C}HCH_2RLi^{\oplus}$$

硅叶立德与羰基化合物反应生成烯的反应,叫彼得森(Peterson)反应,例如:

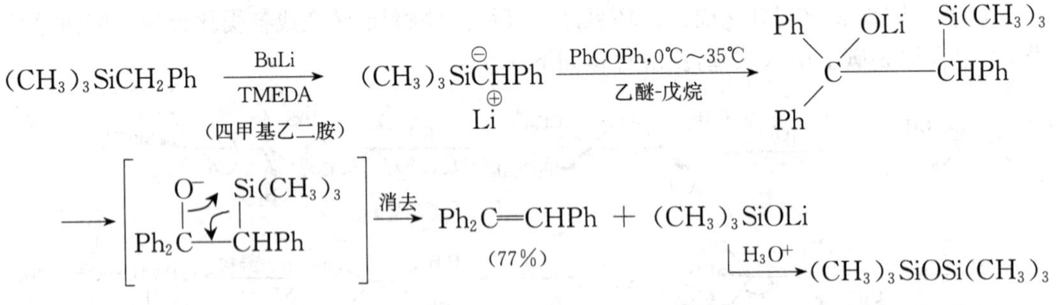

(四甲基乙二胺)

膦叶立德与羰基化合物反应也生成烯,这是两种叶立德相似之处。但硅叶立德的稳定性不如膦叶立德,这是因为膦叶立德 $-\overset{\oplus}{P}-\overset{\ominus}{C}$ 由于有 $\overset{\oplus}{P}$ 的存在,使 $\overset{\ominus}{C}$ 稳定。而硅叶立德 $-\overset{}{Si}-\overset{\ominus}{C}$ 中的硅不带电荷,不能起稳定 $\overset{\ominus}{C}$ 的作用,硅叶立德活泼。这样有时可能由于硅叶立德太活泼,不利于反应,还是用膦叶立德好。但有时,正因为硅叶立德活泼,某些膦叶立德不

能起的反应,用硅叶立德能得以实现。如, 用膦叶立德不能形成 ,但

用硅叶立德能够得到满意的结果。

另外,硅叶立德的立体选择性不如膦叶立德好。如:

$$Ph—CHO + (CH_3)_3Si—\overset{\ominus}{CH}—\overset{O}{\underset{}{S}}—Ph \longrightarrow PhCH=CH—\overset{O}{\underset{}{S}}—Ph$$

反应结果:(Z)-:(E)-=1:1,无立体选择性。

习　　　题

1. 命名下列化合物:

(1) $CH_3CH_2\underset{\underset{SH}{|}}{CH}—CH_3$　　　　(2) $CH_3—S—CH_2CH_2CH_3$

(3) $CH_3—\overset{\overset{CH_3}{|}}{\underset{\underset{CH_3}{|}}{\overset{+}{S}}}I^-$　　　　(4) SO_2

(5) $(C_6H_5O)_3P$　　　　(6) $(C_6H_5O)_3PO$

(7) $(C_6H_5)_3\overset{+}{P}CH_3Br^-$　　　　(8) $(C_2H_5O)_2\underset{\underset{O}{\|}}{P}—C_6H_5$

2. 将下列化合物按酸性增强的顺序排列:

—COOH　　—SO_3H　　—OH　　—SH　　—OH

3. 写出下列各反应的产物,并注明其名称:

(1) $\underset{S—CH_2CH(NH_2)COOH}{\overset{S—CH_2CH(NH_2)COOH}{|}}$ $\xrightarrow{[H]}$?

(2) $CH_3CH_2Br + C_6H_5CH_2SH \longrightarrow$?

(3) $(CH_3)_2S + C_2H_5I \longrightarrow$?

(4) —SH $\xrightarrow{I_2}$?

(5) $CH_3—$$—SO_3H \xrightarrow{PCl_3}$?

(6) $SHCH_2CH_2SH \xrightarrow[H^+]{CH_3CH_2COCH_3}$?

(7) $CH_3—$$—S—CH_2CH_3 \xrightarrow{H_2O_2}$?

(8) $CH_3—$$—SH \xrightarrow{H_2O_2}$?

4. 用化学方法判别各对异构体：

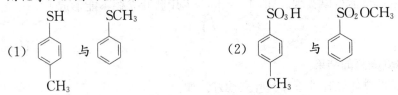

(1) SH 与 SCH₃

(2) SO₃H 与 SO₂OCH₃

5. 通过甲基转移作用的程序可以把乙醇胺（$HOCH_2CH_2NH_2$）转化成胆碱离子 $[HOCH_2CH_2\overset{+}{N}(CH_3)_3]$，写出转移一个甲基到乙醇胺上的一系列反应式。

6. 以合适的氯硅烷为原料制备 $Ph(CH_3)_2SiCl$。

7. 以 ⟨2-甲基环己酮⟩ 为原料，选择适当的硅试剂和其他试剂制备 ⟨2-甲基-6-苯甲酰基环己酮⟩

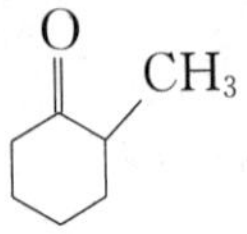

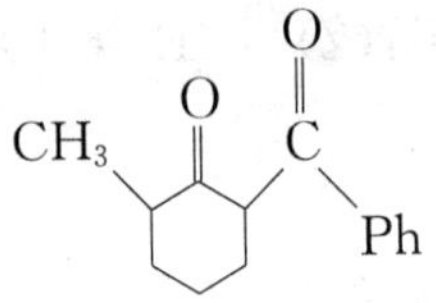

8. 以 ⟨双酯环己烯⟩ $CO_2C_2H_5$／$CO_2C_2H_5$ 为原料，选择适当的硅试剂制备 ⟨双环产物⟩ OH

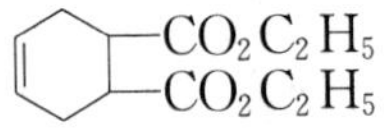

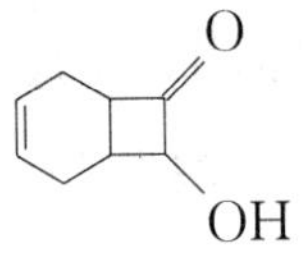

9. 以 $(CH_3)_3SiCH_2SCH_3$ 为原料和选择合适的试剂，利用 Peterson 反应制备

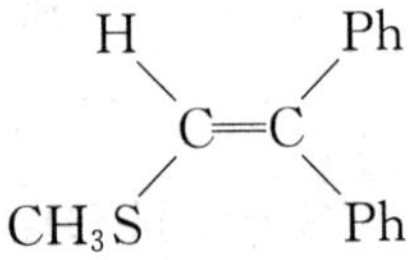

$$CH_3S,H\ C=C\ Ph,Ph$$

482

第十六章 杂环化合物、生物碱

在环状有机化合物中,构成环的原子除碳原子外还含有其他原子,这种环状化合物就叫做杂环化合物(heterocyclic compounds)。除碳以外的其他原子叫做杂原子。常见的杂原子有:氮、氧和硫。

根据上面的定义,内酯、酸酐、内酰胺等都是杂环化合物,但由于它们不稳定,容易开环变成链状化合物,同时在性质上与脂肪族化合物没有本质的区别,所以不把它们包括在杂环化合物中。本章将要讨论的杂环化合物一般都比较稳定,不容易开环,而且它们都具有不同程度的芳香性,常被称为芳杂环,以区别于内酯、酸酐等非芳杂环化合物。

杂环化合物在自然界分布很广,也很重要。例如在动、植物体内起着重要生理作用的血红素、叶绿素、核酸的碱基、中草药的有效成分——生物碱等都是含氮杂环化合物。蛋白质(酶)中含的杂环就是它们起反应的地方。一部分维生素、抗菌素、植物色素不少重要的合成药物及合成染料也含有杂环。近几十年来,杂环化合物在理论和应用方面的研究都有很大的进展,杂环化合物已成为有机化合物的最大一类化合物,据报道,有机化合物中大约有二分之一是杂环化合物。

16.1 杂环化合物的分类和命名

16.1.1 分 类

杂环化合物中杂原子可以含一个、两个或更多个。环的大小可以由五个至十多个原子所组成,环与环之间又可以稠合在一起。因此,杂环化合物的种类很多,一般是按照环的大小和环的数目分为三大类:五元杂环、六元杂环和稠杂环,然后再根据杂原子的数目和种类分类(见表 16.1)。

表 16.1 杂环化合物的分类及名称

		重 要 的 杂 环						
杂环的分类		含有一个杂原子的杂环			含有两个以上杂原子的杂环			
单杂环	五元杂环	 呋喃 (furan) 氧(杂)茂	 噻吩 (thiophene) 硫(杂)茂	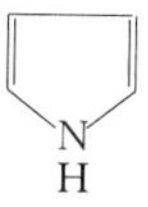 吡咯 (pyrrole) 氮(杂)茂	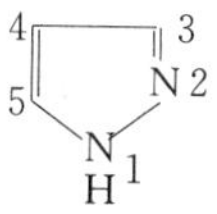 吡唑 (pyrazole) 1,2-二氮(杂)茂	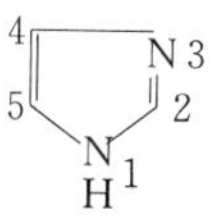 咪唑 (imidazole) 1,3-二氮(杂)茂	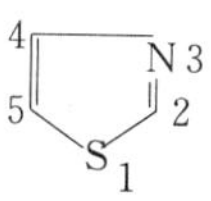 噻唑 (thiazole) 1,3-硫氮(杂)茂	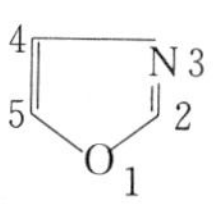 噁唑 (oxazole) 1,3-氧氮(杂)茂

重 要 的 杂 环		
杂环的分类	含有一个杂原子的杂环	含有两个以上杂原子的杂环

单杂环	六元杂环	 吡啶 (pyridine) 氮(杂)苯  吡喃 (pyran) 氧(杂)芑	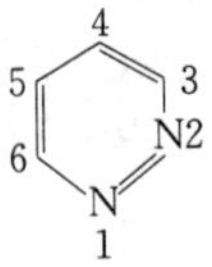 哒嗪 (pyridazine) 1,2-二氮(杂)苯 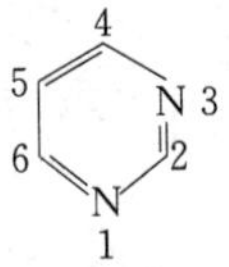 嘧啶 (pyrimidine) 1,3-二氮(杂)苯  吡嗪 (pyrazine) 1,4-二氮(杂)苯
稠杂环		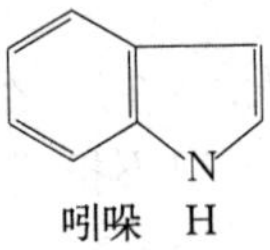 吲哚 H (indole) 氮(杂)茚 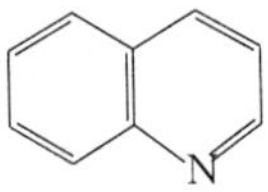 喹啉 (quinoline) 氮(杂)萘 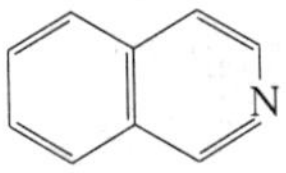 异喹啉 (isoquinoline) 异氮(杂)萘 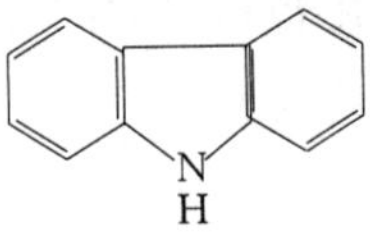 咔唑 (carbazole) 氮(杂)蒽 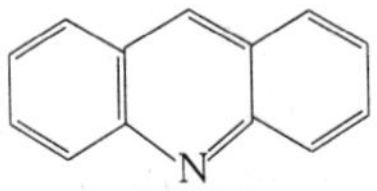 吖啶 (acridine) 氮(杂)蒽	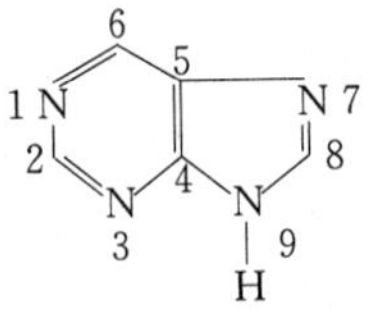 嘌呤 (purine) 1,3,7,9-四氮(杂)茚 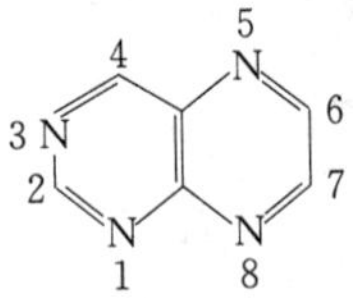 喋啶 (pteridine) 1,3,5,8-四氮(杂)萘

16.1.2 命 名

杂环化合物的命名有两种：

1. 音译法

根据外文译音,选用同音汉字,加上"口"字旁表示杂环。例如：

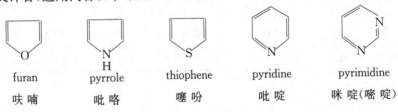

furan	pyrrole	thiophene	pyridine	pyrimidine
呋喃	吡咯	噻吩	吡啶	咪啶(嘧啶)

484

| indole 吲哚 | quinoline 喹啉 | purine 嘌呤 |

如杂环上有取代基,取代基的位次从杂原子算起,依次用 1,2,3,4,5,…(或将杂原子旁的碳原子依次用 $\alpha,\beta,\gamma,\cdots$)编号。如杂环上不止一个杂原子,则按氧、硫、氮顺序编号。编号时杂原子的位次数字之和应最小。例如:

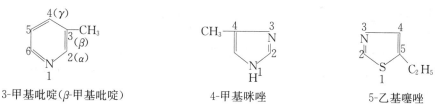

| 3-甲基吡啶(β-甲基吡啶) | 4-甲基咪唑 | 5-乙基噻唑 |

2. 根据结构命名

即根据相应于杂环的碳环来命名,把杂环看作是相应的碳环中的碳原子被杂原子置换而形成的。例如,吡啶可看作是苯环上一个碳原子被氮原子置换而成的,所以叫做氮杂苯(详见表 16.1)。

上面两种命名法各有优缺点。译音命名比较简单,但不能反映其结构特点。结构命名虽然能反映结构特点,但有些名称较长,使用不便。目前一般都习惯用译音的名称。

16.2 一杂五元杂环化合物

含有一个杂原子的典型五元杂环是呋喃、噻吩和吡咯。它们本身虽不算重要,但它们的衍生物却具有重要的生理作用。呋喃、噻吩、吡咯都是无色的液体,其物理性质及光谱数据如表16.2 所示。

表 16.2 一杂五元杂环的物理性质

化 合 物	m. p. (℃)	b. p. (℃)	^{1}H-NMR 谱 δ_H(ppm)	^{13}C-NMR 谱 δ_C(ppm)
呋 喃	−86	31	7.42(α-H), 6.37(β-H)	142.6(α-C), 109.6(β-C)
噻 吩	−38	84	7.30(α-H), 7.10(β-H)	125.4(α-C), 127.2(β-C)
吡 咯	—	131	6.68(α-H), 6.22(β-H)	118.5(α-C), 108.2(β-C)

16.2.1 呋喃、噻吩、吡咯的结构

从这三种杂环的结构式来看,它们似乎应具有高度活泼的共轭二烯烃的性质,但是它们的许多化学性质类似于苯,不具有典型二烯的加成反应,而是发生取代反应。在它们的核磁共振谱中显示环电流效应。总之,这些杂环具有和芳香性有关的特性。

根据近代物理分析方法证明:呋喃、噻吩、吡咯都是一个平面的五元环结构,即成环的四个碳原子和一个杂原子都是 sp^2 杂化。环上每个碳原子的 p 轨道有一个电子,杂原子 p 轨道上有两个电子。p 轨道垂直于五元环的平面,互相侧面重叠而形成一个与苯环相似的闭合共轭体系。这样,五元杂环的六个 π 电子分布在包括环上五个原子在内的分子轨道中,如图 16.1 所示。

吡咯、呋喃及噻吩在结构上都符合休克尔(Hückel)规则($4n+2=6$,$n=1$),具有芳香性。

图 16.1　吡咯、呋喃和噻吩的分子结构

但它们的芳香性都比苯差,这是因为芳香性的大小与环的相对稳定性有关。由于杂原子(氧、氮、硫)的电负性比碳大,因此,它们削弱了未共享电子对与环双键的共轭作用。杂环上的 π 电子云密度不像苯那样均匀,环的稳定性与芳香性也就比苯差。由于杂原子的电负性是:氧＞氮＞硫,因此,这三个杂环的芳香性强弱顺序如下:

(苯)＞噻吩＞吡咯＞呋喃

离域能(kJ・mol^{-1})　150.6, 121.3, 87.8, 66.9

呋喃的芳香性最弱,实际上它可以进行双烯加成反应,表现出共轭二烯烃的性质。它是介于芳香族和脂肪族之间的化合物。

噻吩、吡咯和呋喃的键长数据如下[单位(pm)]:

它们的键长数据表明:它们的键长在一定程度上平均化,因而或多或少具有不饱和化合物的特点。

另外,吡咯、呋喃、噻吩环上杂原子氮、氧、硫的未共用电子对参与环的共轭体系,使环上的电子云密度增大。因此它们都比苯活泼,比苯容易进行亲电取代反应,而且它们进行亲电取代反应的活泼性顺序是:吡咯＞呋喃＞噻吩≫苯。这可以从下面的实验结果看出:

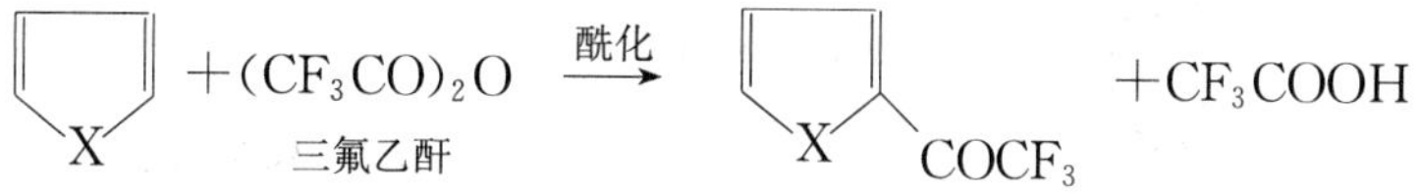

发生亲电取代(酰基化)相对反应速度为：噻吩：1，呋喃：1.4×10^{2}，吡咯：5.3×10^{7}。即使取代反应活性最差的噻吩，也比苯活泼得多。如：

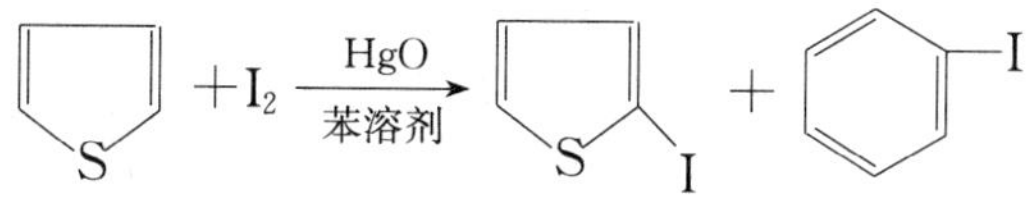

(75%)　　(几乎没有)

2-碘噻吩

16.2.2 呋喃、噻吩、吡咯的性质

1. 亲电取代反应

它是呋喃、吡咯、噻吩的典型反应。由于它们环上电子云密度比苯大，比苯容易发生亲电取代反应。同时环稳定性比苯差，因此反应条件与苯不同，需在较温和的条件下进行反应，以避免氧化、开环或聚合等副反应。例如，呋喃和吡咯在用浓硫酸磺化或用混酸硝化时，得到的是焦油状聚合物，这是因为在强酸的作用下，电负性较大的氧原子和氮原子都有可能与质子酸形成盐类，破坏了芳香六偶体而显示出双烯特性——发生聚合反应：

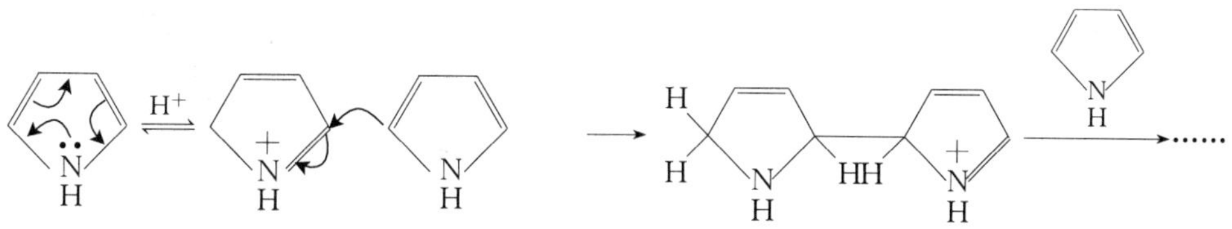

杂环上如有吸电子基团，则使环稳定，不易进行聚合反应。

它们进行卤代、硝化、磺化、乙酰化的反应条件如下列反应式所示：

卤代：

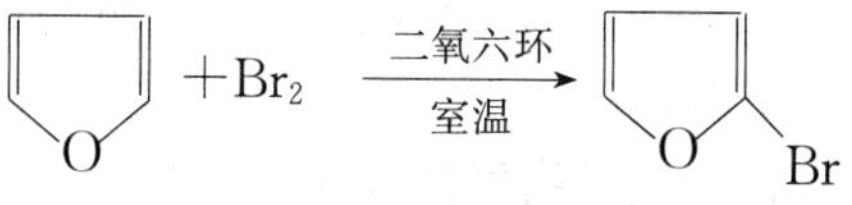

α-溴代呋喃

(75%)

吡咯活性最大，在反应中往往形成四取代物：

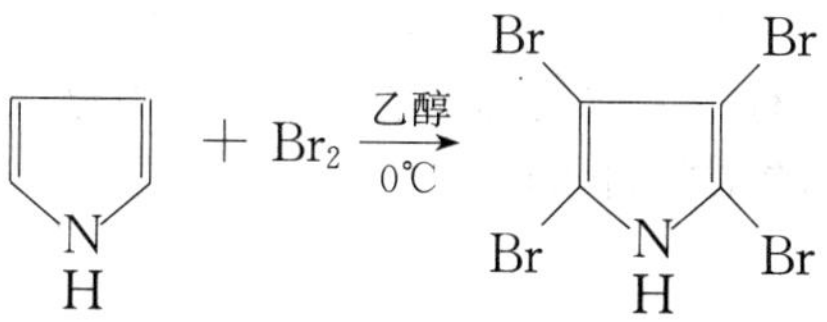

硝化：

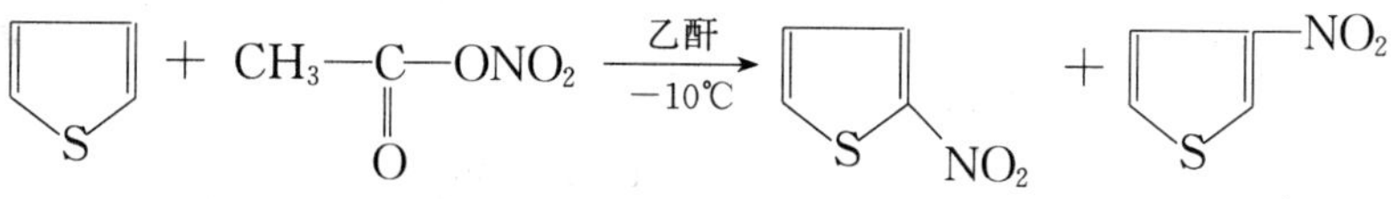

(70%)　　(5%)

硝酸乙酰酯　　2-硝基噻吩

磺化：

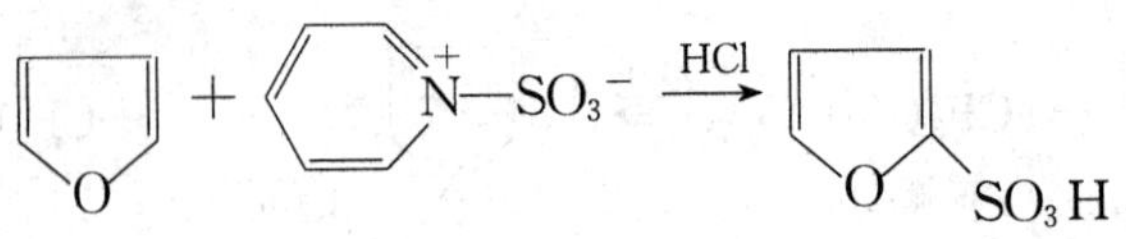

（90%）

吡啶三氧化硫　　　　呋喃-2-磺酸

乙酰化：

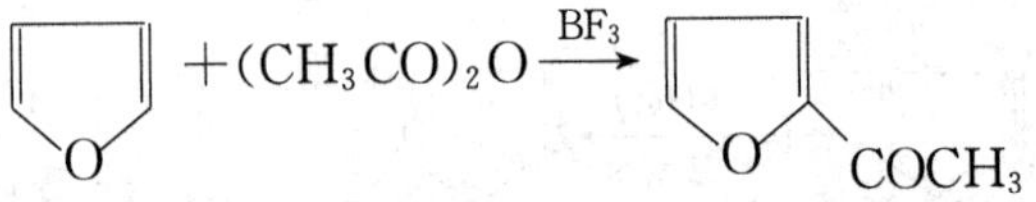

2-乙酰基呋喃

从上面反应中可以看出，反应在较温和的亲电试剂作用下即可进行，而且取代反应主要发生在 α 位（C_2）上。

以上反应的定向同样可以用芳环的亲电取代反应机理——生成中间体正离子的稳定性大小来加以解释。

取代基进攻 α 位：

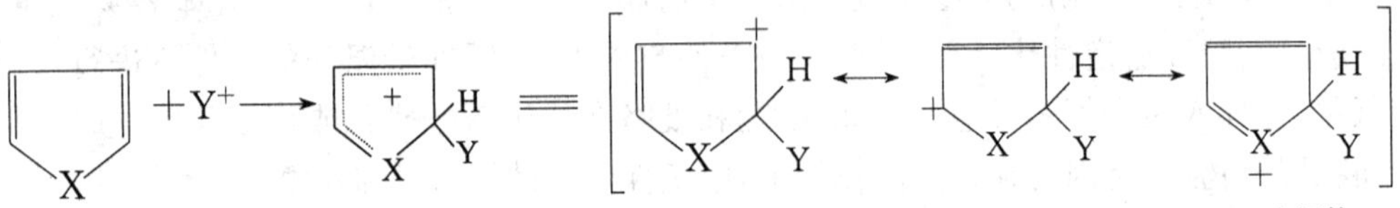

(i) 中间体

取代基进攻 β 位：

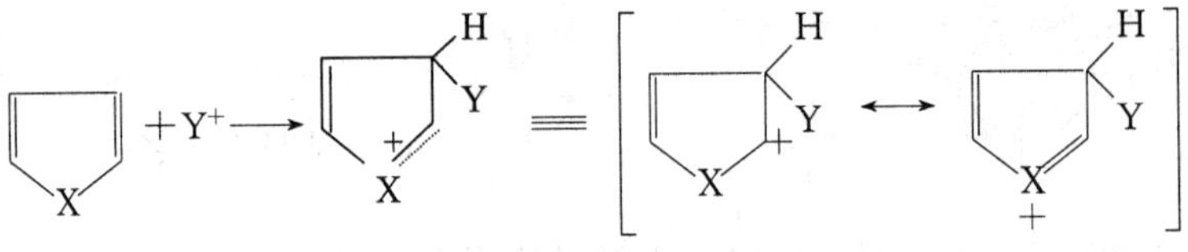

(ii) 中间体

中间体正离子(i)中的正电荷分布在四个原子所组成的共轭体系中，而(ii)中的正电荷只分布在两个原子周围，由于(i)的电荷更分散，因此(i)比(ii)更稳定。故在呋喃、噻吩和吡咯的亲电取代反应中主要产物为 α-异构体。

量子力学计算结果表明 α-位的电子密度比 β-位大，如：

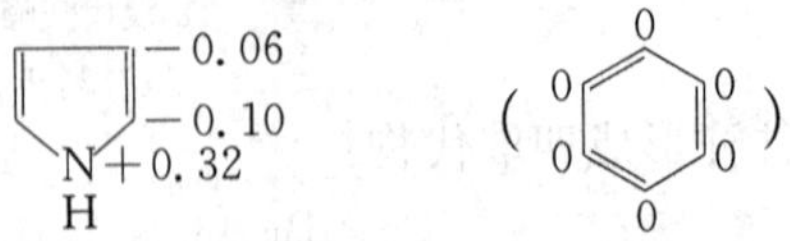

呋喃、噻吩、吡咯环上如已有一个取代基，则第二个基团进入的位置同时受第一基团的定位效应和杂原子的 α-定位效应影响，例如：

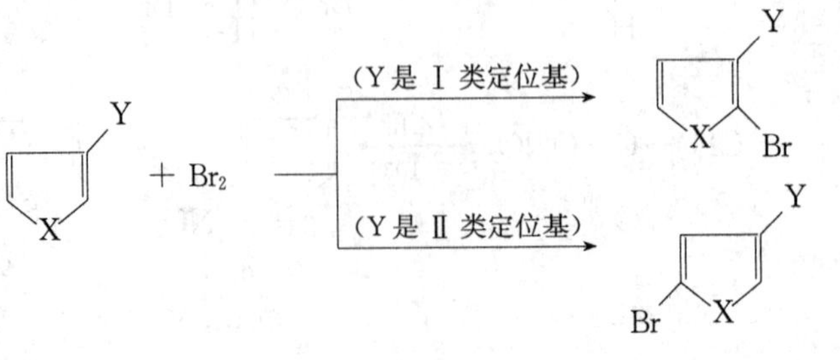

（Y是 Ⅰ 类定位基）

（Y是 Ⅱ 类定位基）

488

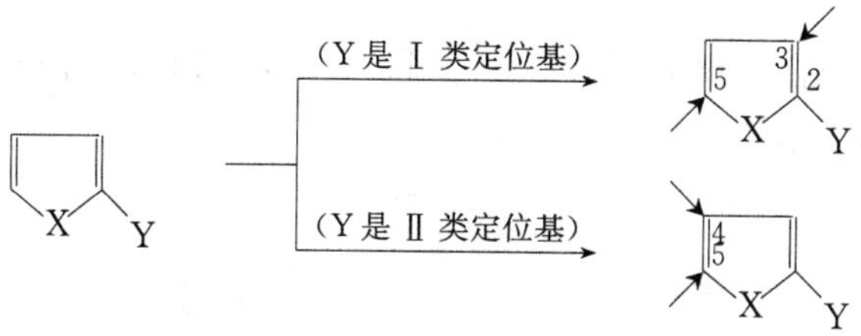

但是 α-取代呋喃实际上只有另一个 α-位,即 C_5 上的取代物: 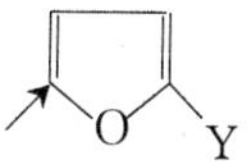 。

若环上已有两个取代基,如 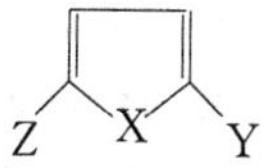 ,则第三个基团进入 β 位,至于上 Y 还是 Z 的邻位,则要看 Y,Z 的定位效应来决定。例如:

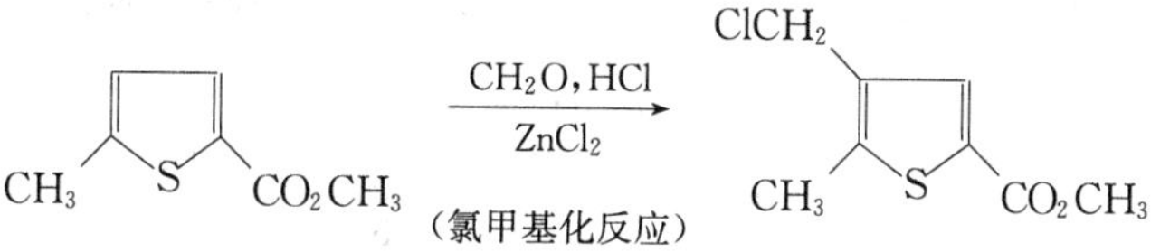

(氯甲基化反应)

2. 加成反应

因呋喃的芳香性最小而显出环状共轭二烯的性质——与活泼的亲双烯试剂发生双烯合成——Diels-Alder 反应。

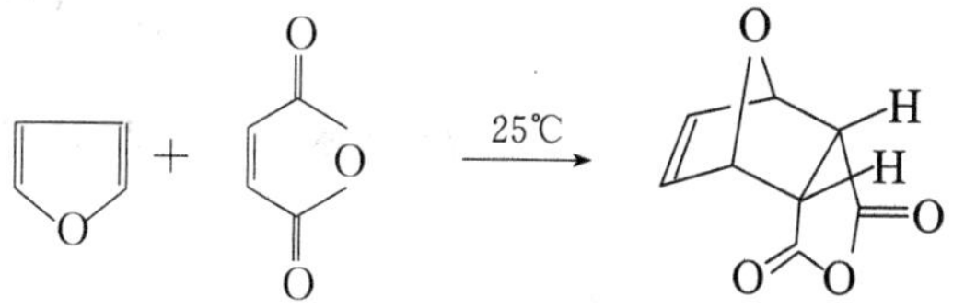

顺丁烯二酸酐

加成产物(90%)

吡咯用更活泼的亲双烯试剂亦可顺利地进行狄尔斯-阿尔德反应:

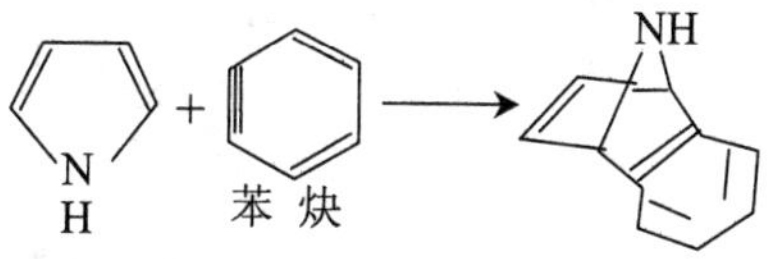

苯炔

呋喃、噻吩、吡咯均可进行催化氢化反应,失去芳香特性而得到饱和的杂环化合物。噻吩中含硫能使催化剂中毒,需使用特殊的催化剂。例如:

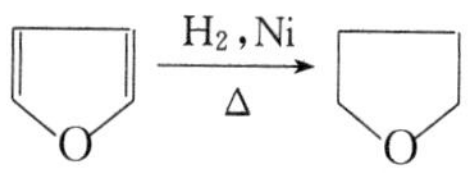

(四氢呋喃,是重要的有机溶剂)

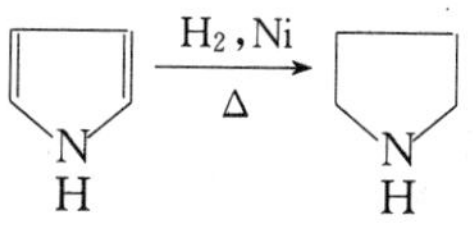

四氢吡咯

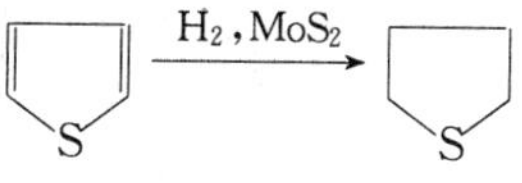

四氢噻吩

3. 噻吩的反应

噻吩的磺化比苯容易,在室温下用浓硫酸即可进行反应,利用这个性质可把粗苯中的少量噻吩除去,这是制取无噻吩苯的一种方法。

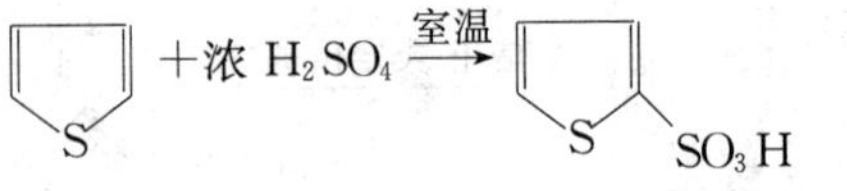

$$\text{(噻吩)} + \text{浓 } H_2SO_4 \xrightarrow{\text{室温}} \text{(噻吩-2-磺酸)}$$

噻吩-2-磺酸

4. 吡咯的酸碱性

从结构上看,吡咯是一个环状的二级胺,但因氮原子上的未共用电子对参与了环的共轭体系,使氮上的电子云密度降低,吸引 H^+ 的能力减弱,故吡咯的碱性极弱($K_b = 2.5 \times 10^{-14}$),比苯胺还要弱得多(苯胺的 $K_b = 3.8 \times 10^{-10}$),不能与酸形成稳定的盐。另一方面,由于这种共轭作用,吡咯氮原子上的氢原子易离解成 H^+ 而显微弱的酸性,其 $K_a = 10^{-15}$,较醇强(乙醇的 $K_a = \sim 10^{-16}$)而较酚弱(苯酚的 $K_a = 1.3 \times 10^{-10}$),故吡咯与固体氢氧化钾加热生成钾盐。

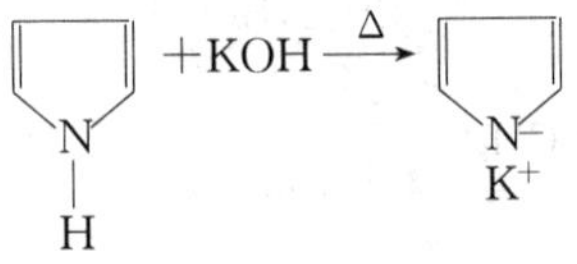

$$\text{(吡咯)} + KOH \xrightarrow{\Delta} \text{(吡咯钾盐)}$$

吡咯钾盐和酚钠一样,可用来合成吡咯的一系列衍生物。例如:

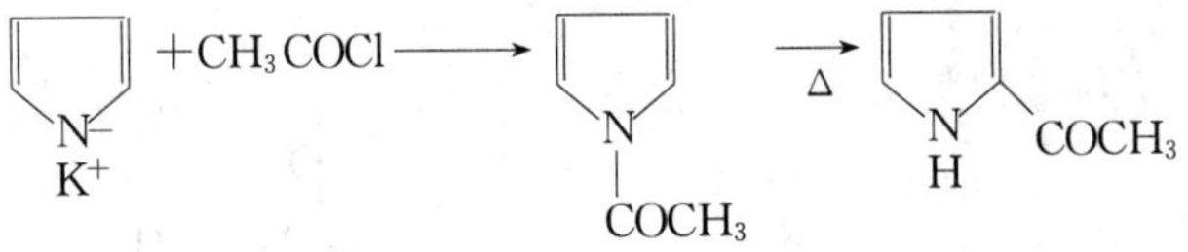

$$\text{(吡咯钾盐)} + CH_3COCl \longrightarrow \text{(N-乙酰基吡咯)} \xrightarrow{\Delta} \text{(α-乙酰基吡咯, COCH}_3)$$

N-乙酰基吡咯   α-乙酰基吡咯

$$\text{(吡咯钾盐)} \xrightarrow[\text{② } H_2O]{\text{① } CO_2} \text{(吡咯-COOH)}$$

$$\text{(吡咯钾盐)} \xrightarrow{CH_3I, \Delta} \text{(N-甲基吡咯, CH}_3) \xrightarrow{\Delta} \text{(α-甲基吡咯, CH}_3)$$

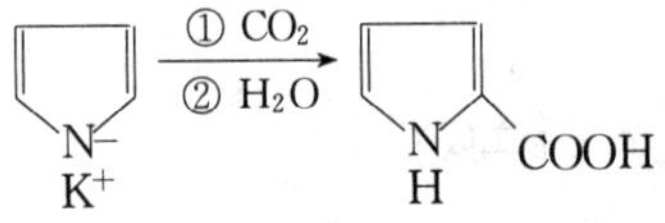

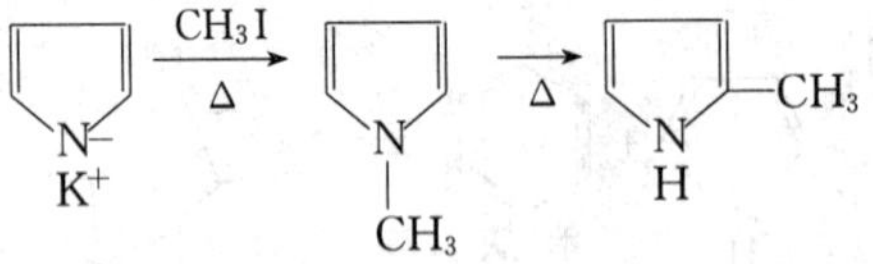

N-甲基吡咯   α-甲基吡咯

吡咯也能与格氏试剂作用放出烃 RH 而成吡咯卤化镁,进一步可以合成多种吡咯的 α 衍生物:

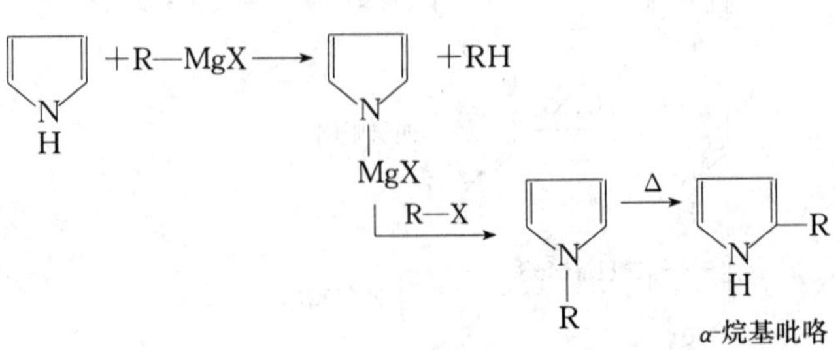

$$\text{(吡咯)} + R-MgX \longrightarrow \text{(吡咯-MgX)} + RH$$

$$\xrightarrow{R-X} \text{(吡咯-R)} \xrightarrow{\Delta} \text{(α-烷基吡咯-R)}$$

α-烷基吡咯

490

吡咯的亲电取代活性类似于苯胺、苯酚,它可进行瑞穆尔-蒂曼反应,并可与重氮盐偶联,呋喃、噻吩却不能发生这类反应。

$$\text{吡咯} + CHCl_3 + KOH \longrightarrow \text{2-吡咯甲醛} \quad \text{2-吡咯甲醛}$$

$$\text{吡咯} + C_6H_5\overset{+}{N_2}Cl^- \xrightarrow{H^+} \text{2-吡咯偶氮苯} \quad \text{2-吡咯偶氮苯}$$

16.2.3 呋喃、噻吩、吡咯的来源

煤焦油中有少量噻吩,因此,分馏煤焦油时,苯中含有大约 0.5% 的噻吩(b. p. 为 84℃)。

工业上制备噻吩是用丁烷、丁烯或丁二烯与硫磺一起加高温反应制得:

$$CH_3CH_2CH_2CH_3 + S \xrightarrow{600℃} \text{噻吩} + H_2S$$

吡咯存在于骨焦油中,它可用下法进行合成:

$$HC\equiv CH + 2CH_2O \xrightarrow{Cu_2C_2} HOCH_2C\equiv CCH_2OH \xrightarrow{NH_3,压力} \text{吡咯}$$

呋喃存在于木焦油中,它很容易由农副产品经下述一系列反应而制得:

玉米芯
花生壳
稻壳
……
$(C_5H_{10}O_5)_n$
聚戊糖

$$\xrightarrow[水解]{HCl} \begin{matrix} CHO \\ (CHOH)_3 \\ CH_2OH \end{matrix} \xrightarrow[\Delta]{-3H_2O} \text{糠醛(α-呋喃甲醛)} \xrightarrow[400℃,-CO]{催化剂(ZnO 或 Cr_2O_3)} \text{呋喃}$$

戊 糖　　　　糠醛(α-呋喃甲醛)

某些取代的吡咯、呋喃和噻吩可从母体杂环经过取代反应而制得。但大多数是从开链化合物通过闭环而制成的。例如:

$$CH_3-\underset{O}{\overset{CH_2-CH_2}{C}}-\underset{O}{\overset{}{C}}-CH_3$$

$$\xrightarrow[\Delta]{P_2O_5} H_3C\text{—呋喃—}CH_3 \quad \text{2,5-二甲基呋喃}$$

$$\xrightarrow[\Delta]{(NH_4)_2CO_3} H_3C\text{—吡咯—}CH_3 \quad \text{2,5-二甲基吡咯}$$

$$\xrightarrow[\Delta]{P_2S_5} H_3C\text{—噻吩—}CH_3 \quad \text{2,5-二甲基噻吩}$$

一个最广泛采用的合成吡咯的方法是在酸或碱催化下,用 α-氨基酮或 α-氨基-β-酮酸酯与

491

酮或酮酸酯缩合,这个反应叫克诺尔(Knorr)合成法。例如:

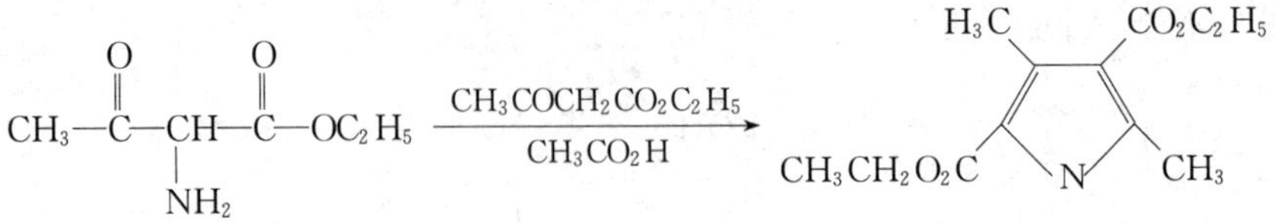

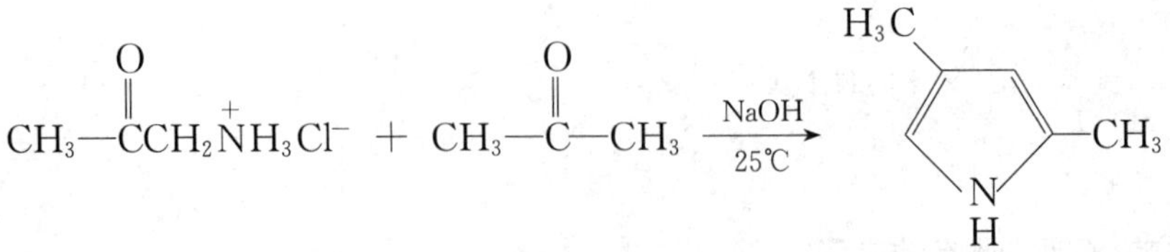

16.2.4 重要衍生物

1. 呋喃衍生物

糠醛(α-呋喃甲醛),前已述及,用稀酸(HCl 或 H_2SO_4)处理米糠、玉米芯、高粱秆或花生壳等农副产品,其中所含多聚戊糖便水解成戊糖。后者在酸的作用下失水而生成糠醛:

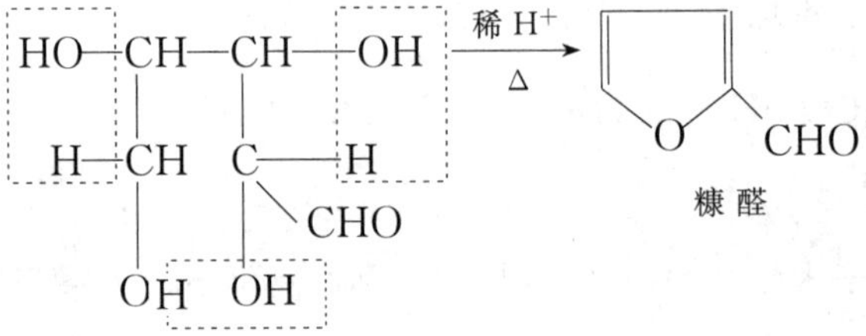

戊 糖

由此可以说明:杂环化合物可由成本低廉的开链化合物来合成。

糠醛是无色液体,沸点为 162℃。糠醛遇苯胺醋酸盐溶液显深红色,这个颜色反应是鉴别糠醛,同时也是鉴别戊糖常用的方法。

糠醛不含 α 氢,其化学活性与苯甲醛相似,能发生康尼查罗反应及一些芳香醛的缩合反应,生成许多有用的化合物。因此,糠醛是有机合成的重要原料。它可以代替甲醛与苯酚缩合成酚醛树脂,性能比酚——甲醛树脂还好,成本低。糠醛也可用来合成药物、农药等。例如,痢特灵(呋喃唑酮)用来治疗肠炎,呋喃坦啶用来治疗膀胱炎、肾盂肾炎等。

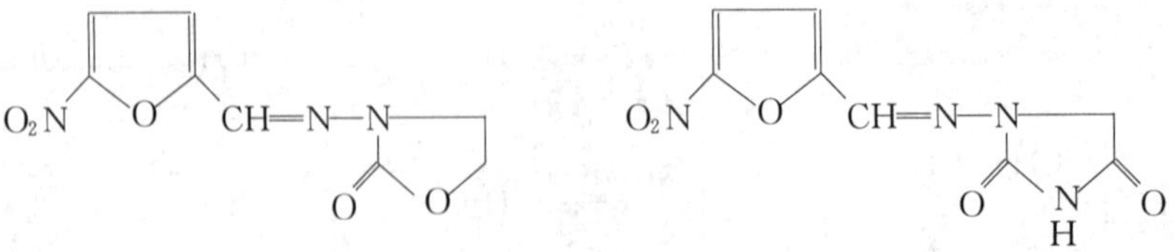

痢特灵   呋喃坦啶

2. 吡咯衍生物——叶绿素、血红素和维生素 B_{12}

叶绿素、血红素和维生素 B_{12} 都是广泛分布于自然界的吡咯的重要衍生物,它们都具有重要的生理作用。

四个吡咯环的 α 碳和四个次甲基（ —CH= ）交替相联而形成十六环的共轭体系,这个环叫做卟吩。

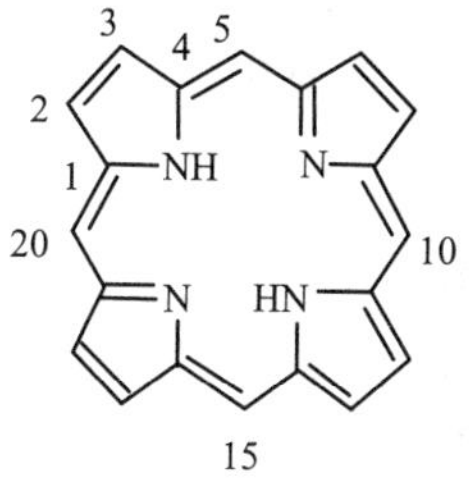

卟吩(porphine)

重要的天然细胞色素血红素、叶绿素和维生素 B_{12} 中都含有卟吩环。卟吩环呈平面型,在四个吡咯环中间的空隙里可以共价键及配位键与不同的金属结合,在血红素中结合的是 Fe^{2+},在叶绿素中结合的是 Mg^{2+}。同时在四个吡咯环的 β 位上各连有不同的取代基。

血红素存在于哺乳动物的红血球中,它与蛋白质结合成为血红蛋白。血红蛋白的功能是运载氧气。在标准温度、压力下 1 克血红蛋白质吸收 1.35 毫升氧气,结合成为氧合血红蛋白。氧被血红蛋白分子中铁结合的量和氧的分压成正比例。在肺部,氧的分压高,血红蛋白与氧结合。当血液流动到各种组织中时,则因氧的分压低,氧合血红蛋白便分解为血红蛋白和氧,氧为组织吸收供新陈代谢。血红蛋白再返回到肺部运载氧气。一氧化碳会使人中毒是因为它和血红蛋白的铁形成牢固的络合物,从而阻止了血红蛋白与氧的结合,这是冬天煤气中毒的原因。

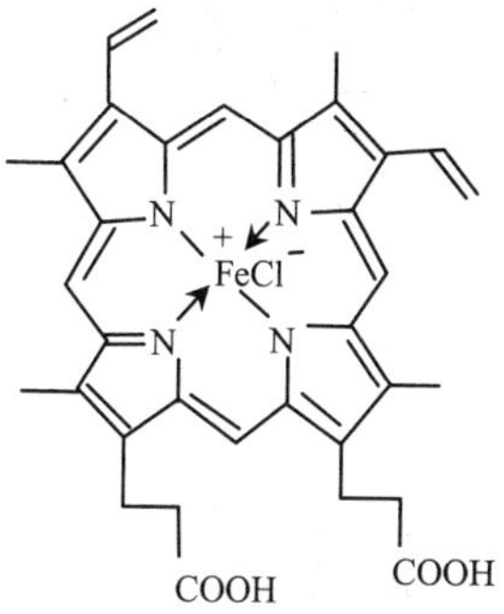

血红素

红血素已于 1929 年由汉斯-费歇尔(Hans-Fischer)合成。

叶绿素与蛋白质结合存在于植物的绿色叶子和茎中,它是植物进行光合作用所必需的催化剂。植物在进行光合作用时,通过叶绿素将太阳能转变为化学能。自然界的叶绿素是由叶绿素 a 和叶绿素 b 组成的混合物。前者为蓝黑色结晶,熔点在 117℃～120℃ 之间,后者为深绿色结晶,熔点在 120℃～130℃ 之间。二者的比例约为 3∶1,二者的区别在于 C_3 上的 R 基团不同:

$$C_3 \text{ 上的 } R = —CH_3 \quad\text{——叶绿素 a}$$
$$C_3 \text{ 上的 } R = —CHO \quad\text{——叶绿素 b}$$

叶绿素 a 的结构是 1940 年由汉斯-费歇尔所提出的,并于 1960 年由武德华德(R. B. Woodward)完成了全合成。叶绿素 a 的结构如下:

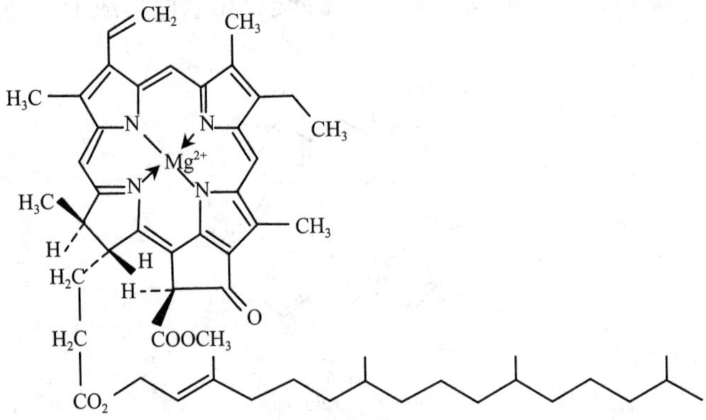

叶绿素 a 的结构

维生素 B₁₂ 也是含有卟吩环复杂结构的天然产物之一。早在 1926 年就发现动物肝脏的提取液可以治疗恶性贫血症。经过生物化学家的努力,终于在 1948 年从肝中分离出来了一种红色结晶,即维生素 B₁₂。直至 1954 年用 X 射线衍射的方法才确定了 B₁₂ 的下列结构式:

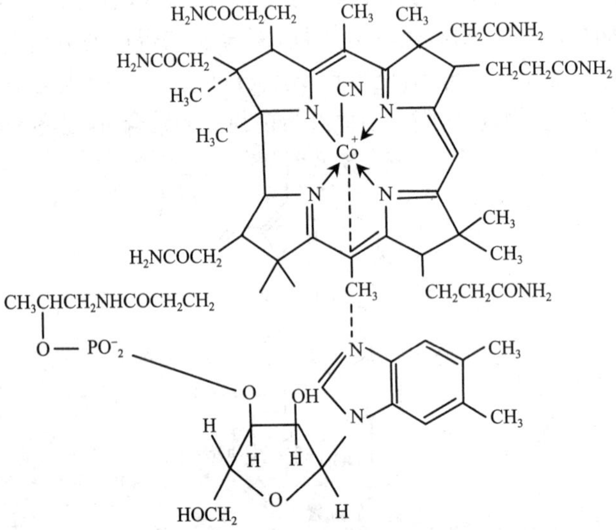

B₁₂ 的结构式可以分为两大部分:第一部分是以 Co 原子为中心的卟吩环化合物,另一部分是由苯骈咪唑和核糖磷酸酯结合而成的。这样的复杂有机化合物于 1973 年在实验室中完成了全合成,是由美国 Haward 大学 R. B. Woodward 教授以及瑞士联合技术协会的 Albert Eschenmoser 教授为首的一组有机化学家共同努力的结果。

B₁₂ 有很强的生血作用,是造血过程中的生物催化剂,因此只要几个微克(百分之一克)就能对恶性贫血患者产生良好的疗效。

16.3 一杂六元杂环化合物

一杂六元杂环化合物最重要的是吡啶,吡啶存在于煤焦油和骨焦油中,它的衍生物广泛存在于自然界。如生物碱、维生素 pp、维生素 B₆、合成药物等都含有吡啶环。最重要的吡啶同系物的合成方法是韩奇（Hantzsch）合成法，是用两分子 β 羰基酸酯和一分子醛和氨发生缩合生成二氢吡啶，再氧化而成取代的吡啶。例如：

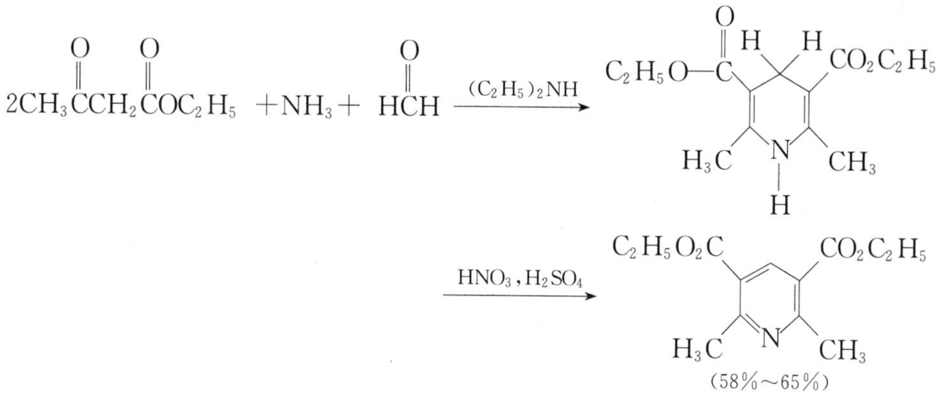

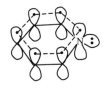

$$2CH_3CCH_2COC_2H_5 + NH_3 + HCH \xrightarrow{(C_2H_5)_2NH}$$

（58%～65%）

16.3.1　吡啶的结构

将苯环的次甲基（—CH＝）用叔胺氮（—N＝）置换即得吡啶。吡啶分子中的键合情形和苯相似，它的五个碳原子和一个氮原子都认为是 sp^2 杂化的，彼此以 sp^2 杂化轨道相互重叠形成 σ 键。六个原子都在一个平面上。同时每个原子各提供一个 p 电子。它们的 p 轨道与环平面垂直，互相重叠成闭合共轭体系，如图 16.2 所示。

图 16.2　吡啶的分子结构

因此，吡啶的结构与苯相似，也符合休克尔规则，具有芳香性，但它又与苯有所不同。由于氮的电负性较碳强，吡啶环上的电子密度不像苯那样均匀分布，其键长数据如下：

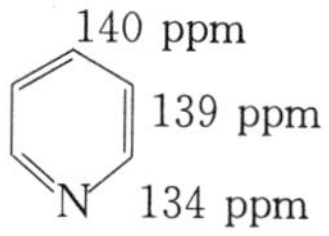

140 ppm
139 ppm
134 ppm

这表明吡啶的各个键长并不是完全平均化。吡啶是一个极性分子，偶极矩 $\mu=2.2$ D。

16.3.2　吡啶的性质

吡啶是具有特殊臭味的无色液体，沸点为 115.5℃，比重为 0.982，可与水、乙醇、乙醚等任意混溶。吡啶的 ^{1}H-NMR 谱：$\delta_H 8.50(\alpha\text{-}H)$，$7.06(\beta\text{-}H)$，$7.46(\gamma\text{-}H)$；^{13}C-NMR 谱：$\delta_C 171(\alpha\text{-}C)$，$163(\beta\text{-}C)$，$162(\gamma\text{-}C)$。

1. 碱　性

吡啶是一个弱碱（$pK_b=8.8$）。从图 16.2 可以看出，吡啶环上的氮原子存在一对未共用电子对，它们在 sp^2 杂化轨道上，其对称轴与环共平面，未参与形成环上的共轭体系。这与吡

495

咯不同。它能接受一个质子,因此吡啶的碱性比吡咯强得多。从结构上看,吡啶属于环状三级胺,但其碱性则比脂肪族三级胺弱得多(三甲胺的 $pK_b=4.2$),这是由于氮原子上的未共用电子对具有较多的 s 成分($sp^2>sp^3$),降低了与 H^+ 结合的能力,但仍比苯胺($pK_b=9.4$)强。因此,吡啶能与强酸成盐。如:

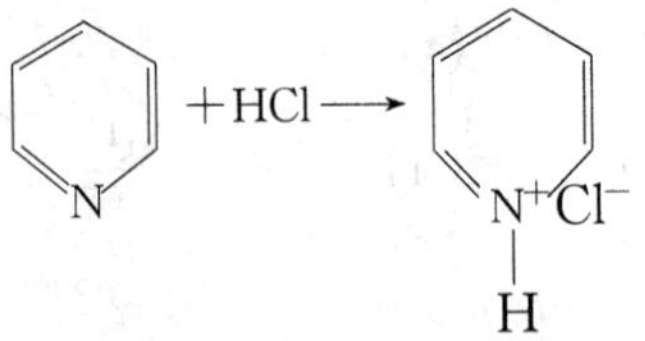

吡啶氮上的孤电子对也表现出其亲核性:如吡啶易与酸酐(SO_3)结合成无水吡啶的三氧化硫加合物:

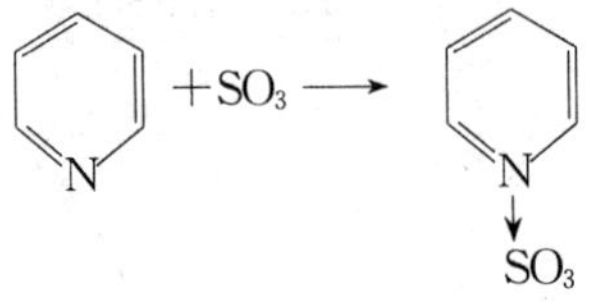

吡啶三氧化硫

吡啶的三氧化硫加合物是一个很好的磺化剂,可用来磺化在硫酸内不稳定的有机化合物,如呋喃、吡咯等。

吡啶也易与 CH_3I 作用生成季铵盐,后者加热至 290℃～300℃则重排为甲基吡啶的盐。

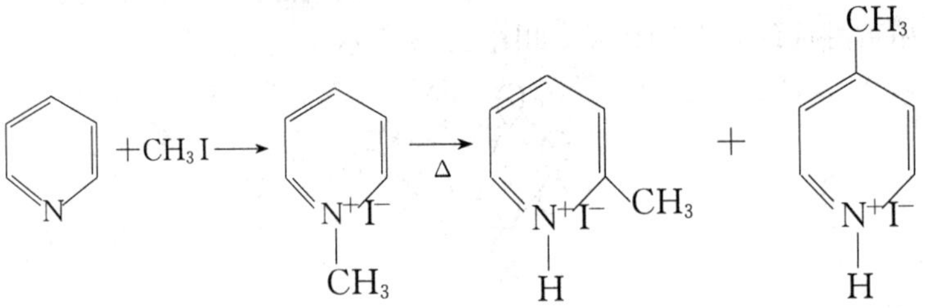

2. 亲电取代与亲核取代反应

吡啶环由于氮原子的电负性大,环上的 π 电子云向氮转移,而使环上碳原子的 π 电子云密度降低,而且一般在进行亲电取代的酸性条件下,氮上的孤电子对被质子化或和路易斯酸形成络合物,使氮原子带正电。由于诱导效应,进一步使环上电子云密度降低。因此,吡啶很难发生亲电取代反应(比苯难得多),其反应条件要求很高。它和硝基苯相似,不起付-克烷基化和酰基化反应。例如:

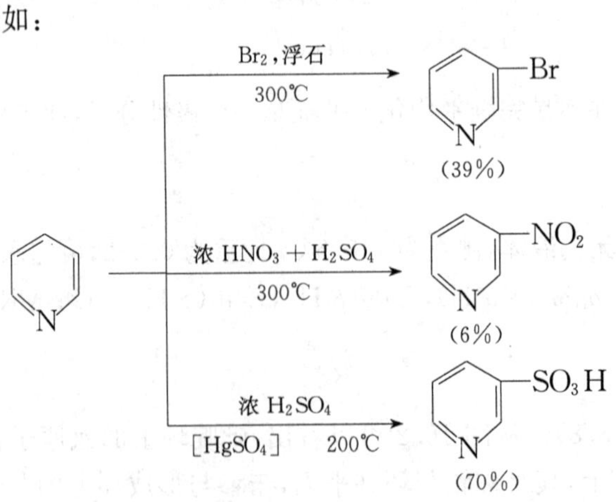

3-溴吡啶

3-硝基吡啶

吡啶-3-磺酸

可见,吡啶必须在强烈的条件下才能进行亲电取代反应,而且主要发生在 β 位。这是由于取代在 β 位上生成的中间体正离子(i)比在 α 位或 γ 位上生成的(ii)和(iii)要稳定些。

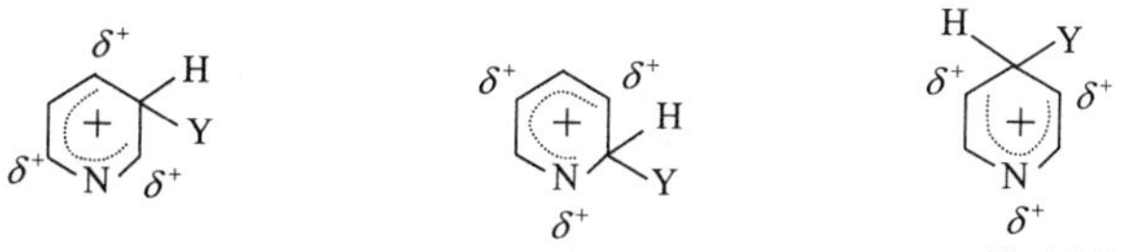

(i) 较稳定   (ii) 较不稳定   (iii) 较不稳定

量子力学计算表明:α 位和 γ 位的电子密度比 β 位上的电子密度减少更多。

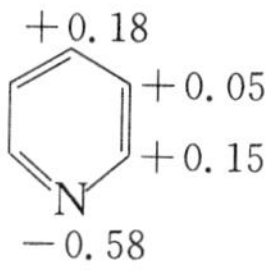

相反,吡啶环由于电子密度降低,比苯易进行亲核取代,而且发生在 α 位。如果两个 α 位被基团占领,则发生在 γ 位。例如,与氨基钠在 N,N-二甲基苯胺中回流加热,即生成 α-氨基吡啶:

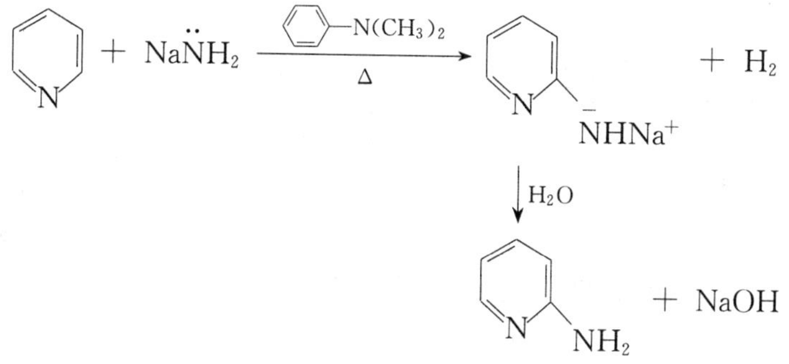

α-氨基吡啶
(70%~80%)

其反应过程为

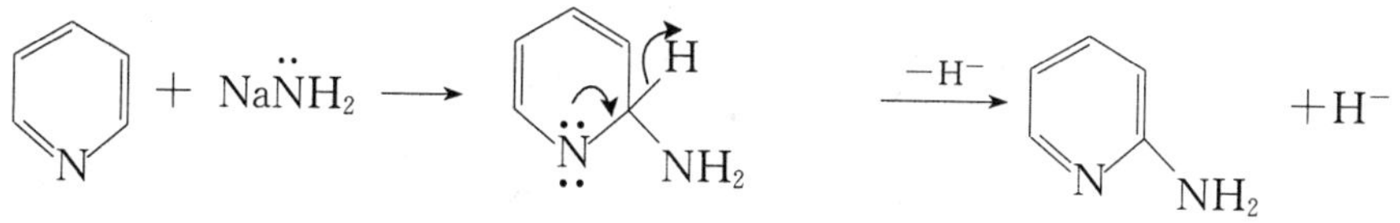

吡啶和强碱性的苯基锂或烷基锂反应,发生类似的亲核取代反应。例如:

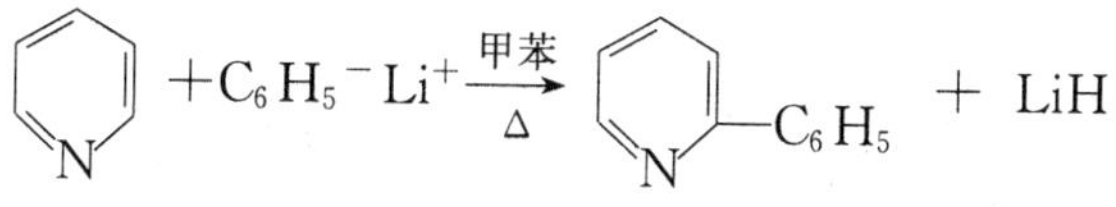

2-苯基吡啶

2-氯吡啶和 $NaOCH_3$ 反应,生成 2-甲氧基吡啶:

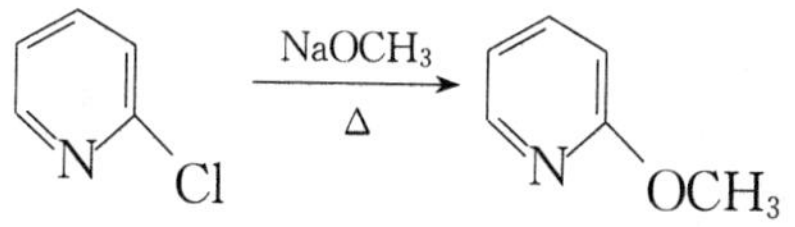

(95%)

3. 氧化还原反应

吡啶环由于电子云密度低,对氧化剂一般比苯环稳定,而对还原剂则比苯环活泼。这可从下列反应得到说明:

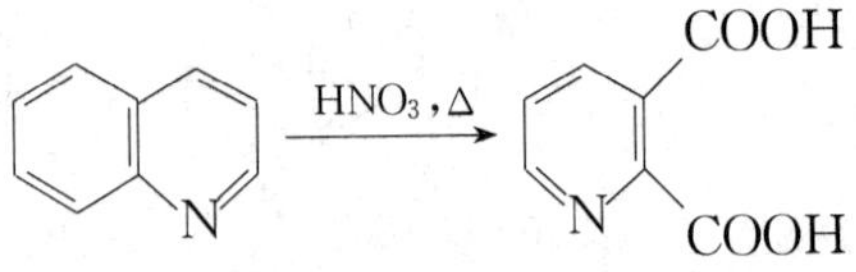

喹啉 $\xrightarrow{HNO_3,\Delta}$ α,β 吡啶二甲酸

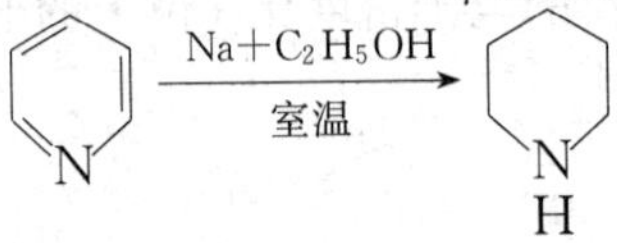

吡啶 $\xrightarrow[\text{室温}]{Na+C_2H_5OH}$ 六氢吡啶

而在同样条件下,苯不受还原剂作用。

4. 吡啶鎓离子的亲核加成反应

吡啶鎓离子容易在 2 或 4 位与亲核试剂发生加成,例如,卤代 N-烷基吡啶鎓和 OH^- 在 2-位上反应,形成的加成产物叫假碱(pseudo base)。它被氰铁酸钾氧化得 N-烷基吡啶酮。

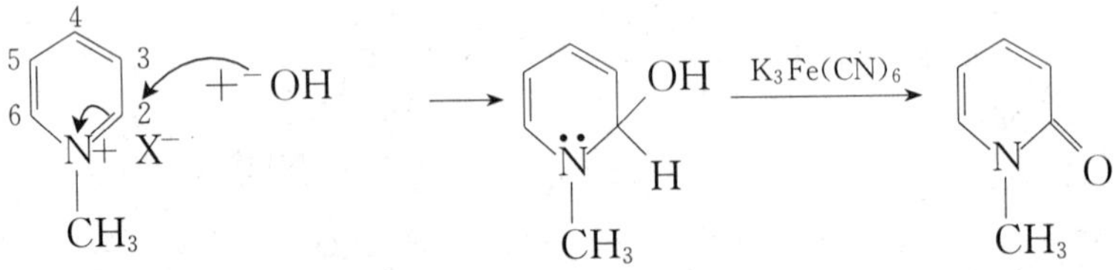

假碱　　　N-甲基-2-吡啶酮

吡啶鎓离子尤其是氢化物离子的亲核加成对化学家颇有兴趣,因为这些反应类似重要辅酶烟酰胺腺嘌呤二核苷酸(nicotinamide adenine dinucleotide, NAD^+)的生物还原作用。和这些研究相关的许多类似反应也已实现。

例如,吡啶鎓离子用连二亚硫酸钠进行还原,则加成在 4-位上:

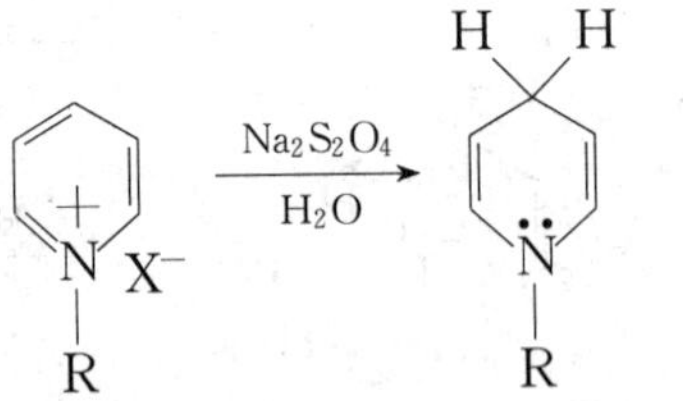

$\xrightarrow[H_2O]{Na_2S_2O_4}$

连二亚硫酸钠在碱性条件下也还原 NAD^+ 成 NADH,形成有生物活性的 NADH 又可被氰铁酸钾氧化为 NAD^+:

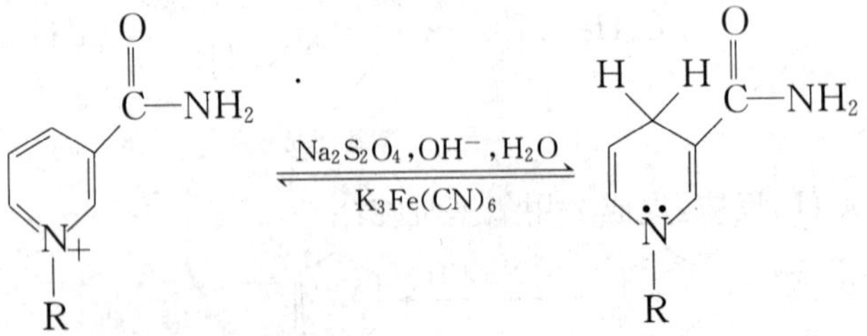

$\underset{K_3Fe(CN)_6}{\overset{Na_2S_2O_4,OH^-,H_2O}{\rightleftharpoons}}$

NAD$^+$　　　　　　　NADH
(氧化型)　　　　　　(还原型)

498

上式中 $R = $

核糖 | 焦磷酸 | 核糖

腺嘌呤

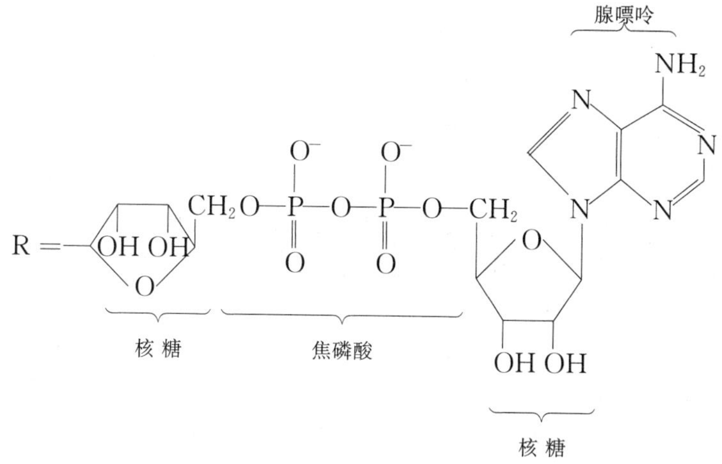

16.3.3 吡啶的重要衍生物

1. 雷米丰(remifonum)

学名叫异烟酰肼,是一种白色固体,熔点在 170℃～173℃ 之间,易溶于水,γ-吡啶甲酸(异烟酸)与肼缩合即得异烟酰肼:

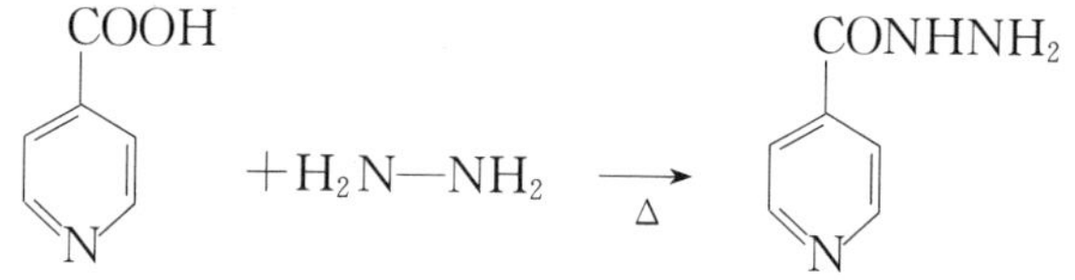

雷米丰是治疗结核病(肺结核、肠结核等)的良好药物。

2. 维生素 B_6

自然界存在的维生素 B_6 是由下列三种物质组成的:

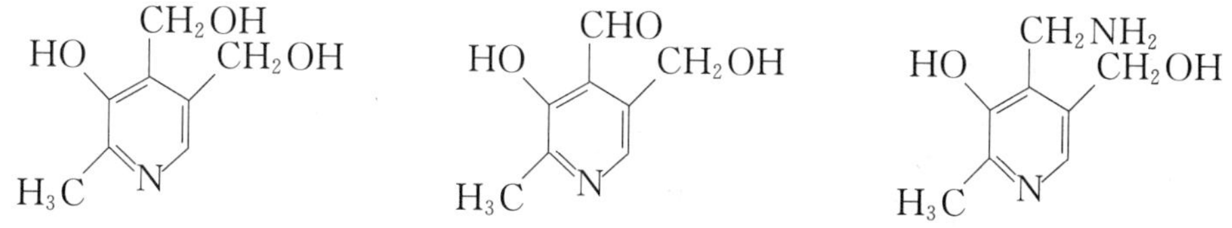

吡多醇 吡多醛 吡多胺

维生素 B_6 广泛存在于动、植物界,如肝、鱼肉、谷物、马铃薯、白菜、香蕉和干酵母等含量丰富。动物体内缺乏维生素 B_6 时,蛋白质代谢就不能正常进行。

3. 维生素 pp

维生素 pp 包括两种物质,即 β-吡啶甲酸和 β-吡啶甲酰胺:

β-吡啶甲酸(烟酸) β-吡啶甲酰胺(烟酰胺)

β-吡啶甲酸(烟酸)可由烟碱(尼古丁)氧化得到:

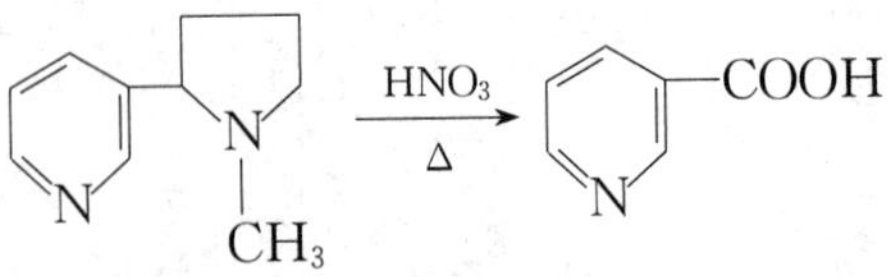

烟 碱

维生素 pp 是 B 族维生素之一,能促进人体细胞的新陈代谢。它存在于肉类、谷物、花生及酵母中。体内缺乏维生素 pp 时,能引起皮炎、消化道炎以至神经紊乱等症状,叫做癞皮病。所以维生素 pp 又叫抗癞皮病维生素。

4. 吡啶的锰络合物

1999 年由美国耶鲁大学化学教授 Robert H. Grabtree 等和特拉华(Delaware)大学 Amold L. Rheingold 等设计合成的吡啶的锰络合物是一种由 O_2 为桥含锰的二聚体,它能使水中的氧氧化生成分子氧,类似于由水通过光合作用生成氧。因此,这种新的络合物是光合作用生成 O_2 络合物的一种实用模型。

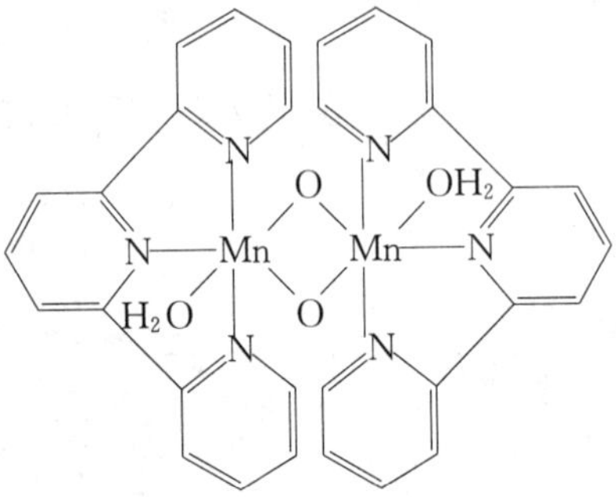

16.4 二杂五元杂环化合物

五元杂环中含有两个杂原子,其中一个必须是氮原子的体系叫做唑(azole)。

二杂五元杂环化合物主要有:

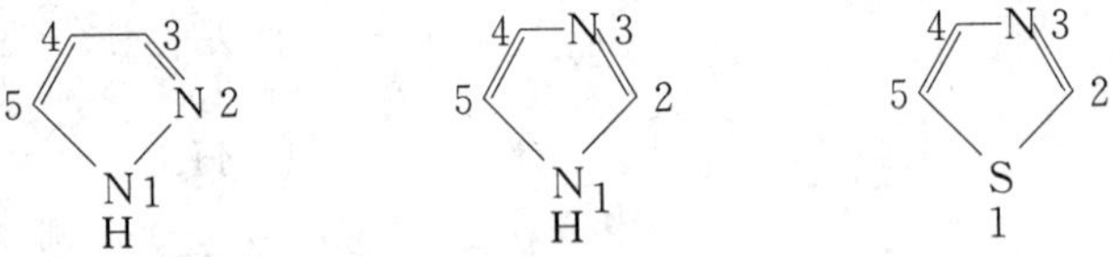

吡唑　　　　　　咪唑　　　　　　噻唑

它们可以看作是吡咯和噻吩环上一个次甲基(—CH═)被一个叔胺氮(—N═)取代而成的杂环化合物。由于这个叔胺氮的引入,使环的芳香性和碱性都增加。这是它们的共性。但由于原杂环中的杂原子不同,引入氮原子的位置也不一样,因而显示出不同的个性。

16.4.1 碱 性

吡唑、咪唑和噻唑都具有弱碱性(pK_b 分别为 11.5,6.8 和 11.5),其碱性都比吡咯(pK_b 13.6)强。可见在环中引入一个氮原子碱性即大大增强。这是由于引入的氮原子的未共用电子对没有参加共轭体系而较易与 H^+ 结合之故。吡唑和咪唑都含有两个氮原子,可是吡唑的碱性比咪唑弱得多,这是因为吡唑分子间发生的氢键比咪唑强,降低了氮原子与 H^+ 结合的能力。

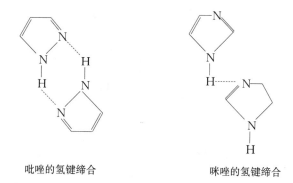

吡唑的氢键缔合　　　　　　咪唑的氢键缔合

咪唑的碱性在生化的过程中起着重要的作用——在组氨酸中的咪唑环常常在酶的活性中心中作为质子接受体,从而使酶能催化细胞中的酯和酰胺的水解。

16.4.2　环稳定性

吡唑、咪唑和噻唑都比相应的一元杂环稳定,它们对氧化剂不敏感,对酸也比较稳定,不易开环聚合。例如,4-甲基吡唑用 $KMnO_4$ 处理时,甲基即被氧化,而吡唑环不变:

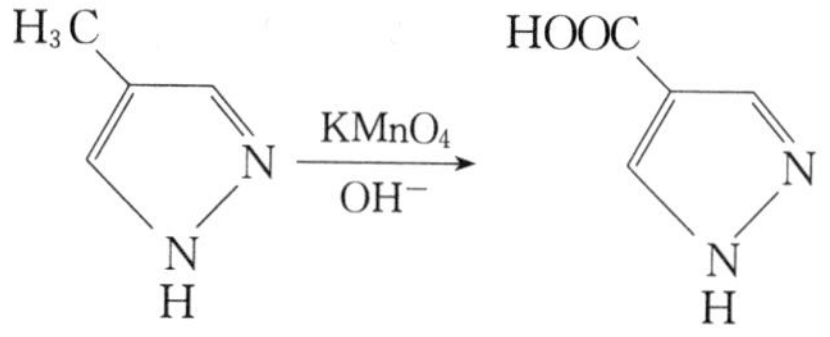

$\xrightarrow[OH^-]{KMnO_4}$

4-甲基吡唑　　　　　　　吡唑-4-羧酸

16.4.3　亲电取代反应

吡唑和噻唑都能进行亲电取代反应,但它们的活性都比一杂五元杂环低得多。因此,反应条件要求较剧烈,而且吡唑进行亲电取代,取代基主要进入 4 位,而咪唑和噻唑则主要进入 5 位。例如:

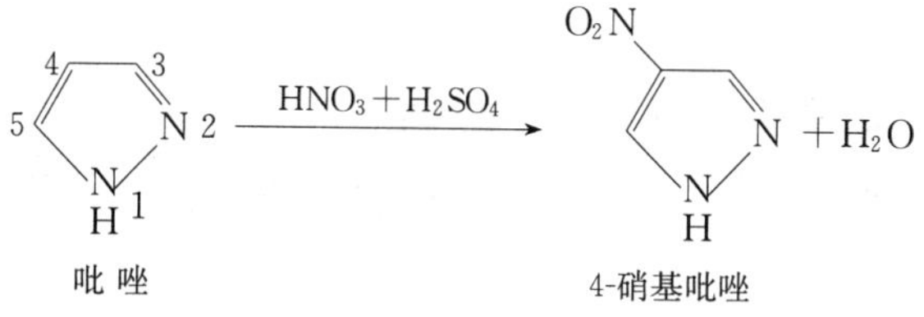

吡　唑　$\xrightarrow{HNO_3+H_2SO_4}$　4-硝基吡唑　$+H_2O$

$\xrightarrow[200℃]{H_2SO_4}$　$+H_2O$

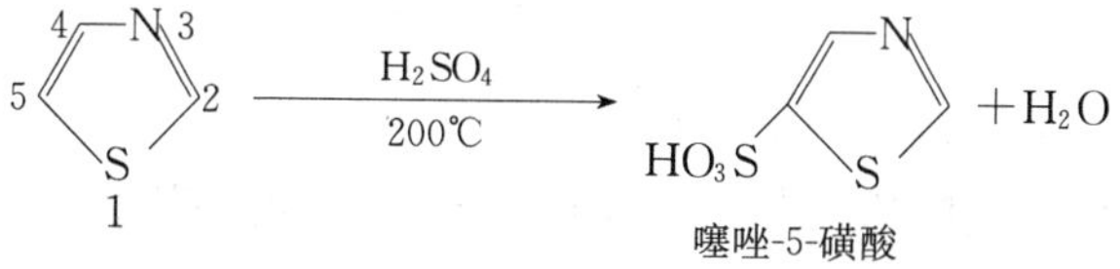

噻唑-5-磺酸

16.4.4　互变异构现象

吡唑和咪唑都能发生互变异构现象。例如甲基吡唑和甲基咪唑:

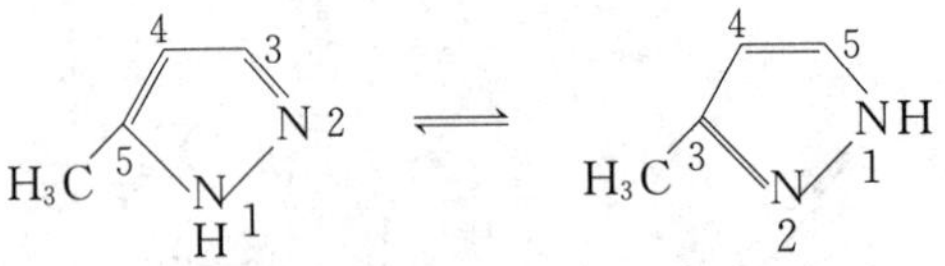

5-甲基吡唑　　　　　　　　　3-甲基吡唑

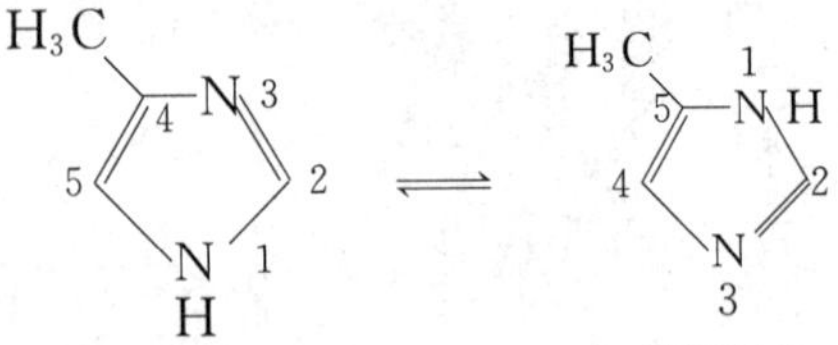

4-甲基咪唑　　　　　　　　　5-甲基咪唑

5-甲基吡唑和 3-甲基吡唑以及 4-甲基咪唑和 5-甲基咪唑分别是同一个化合物。如果吡唑和咪唑氮上的氢被其他的原子或基团取代,就不可能发生这种互变异构现象。

16.4.5　重要衍生物

吡唑、咪唑和噻唑的衍生物主要是一些常用的药物,如吡唑酮是安替匹林、氨基比林和安乃进等解热镇痛药物的基本结构:

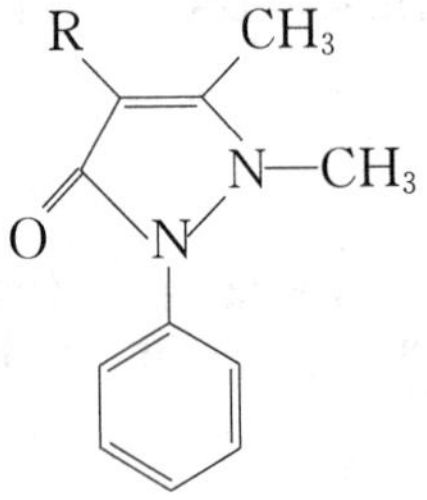

安替匹林：　R = —H

氨基比林：　R = —N(CH$_3$)$_2$

安乃进：　　R = —N—CH$_2$SO$_3$Na
　　　　　　　　　|
　　　　　　　　　CH$_3$

咪唑的衍生物有组成蛋白质的组氨酸,它经细菌的腐败作用在人体内分解、脱羧成组织胺:

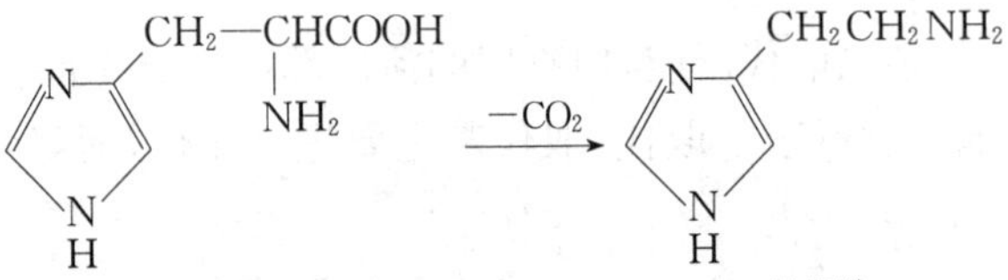

组氨酸　　　　　　　　　　组织胺

人体中的组织胺含量过多时,可发生过敏反应。

由于含咪唑环的化合物具有突出的生理活性,有的已被用作杀菌剂。如多菌灵是我国推广的高效、广普性杀菌剂:

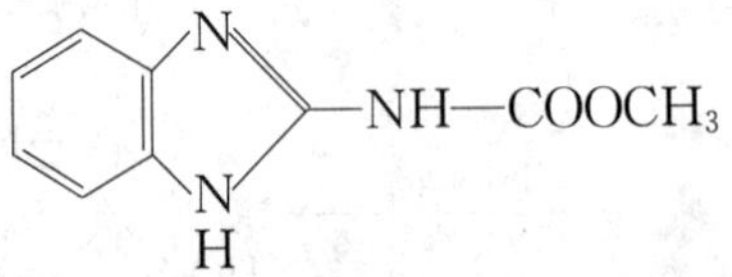

噻唑的重要衍生物有磺胺噻唑(ST)、维生素 B$_1$、青霉素等药物:

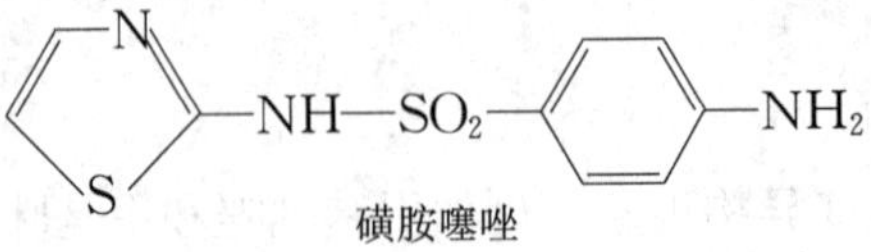

磺胺噻唑

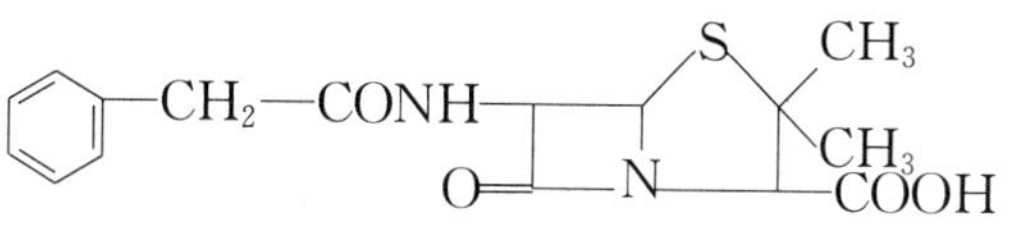

青霉素G

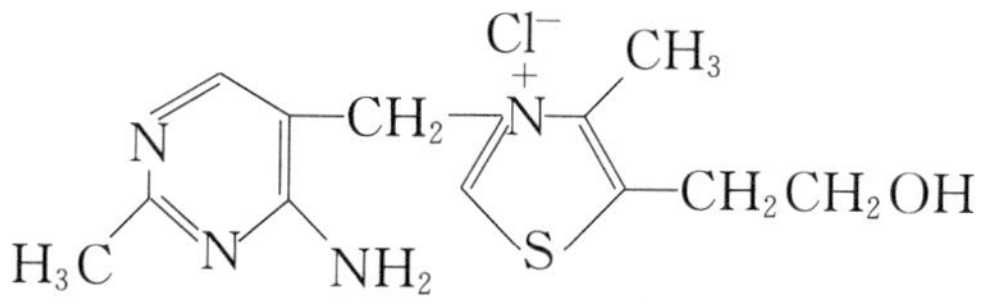

维生素B₁

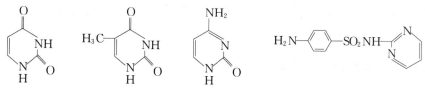

磺胺噻唑和青霉素 G 是比较常用的消炎药物,尤其是青霉素 G 对治疗细菌性传染病(如肺炎)特别有效。从青霉素培养液中分离出来的青霉素不止一种,现在已经知道有一百多种,但主要有七种。它们的结构非常相似,都具有稠合在一起的四氢噻唑环和 β 内酰胺环,差别在于酰胺基上 R 的不同。R＝ —CH₂— ⬡ ,则是青霉素 G 或叫苄青霉素,其抗菌力最强(抗菌力为 1667 单位/毫克)。

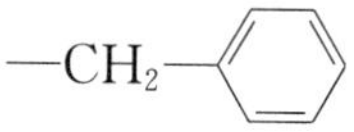

维生素 B₁ 是由噻唑环的 N₃ 与嘧啶环上的 C₅ 通过亚甲基(—CH₂—)联结成的化合物。维生素 B₁ 在体内被磷酸化成一种辅(酸)酶,即焦磷酸硫胺素,它是参与糖代谢过程中 α 酮酸的氧化脱羧反应。当维生素 B₁ 缺乏时,糖代谢便受阻,神经组织的能量供应便成问题,而且伴有丙酮酸及乳酸等在神经组织中堆积。因此,患者初期出现健忘,继而发生多发性神经炎,表现为四肢无力、肌肉疼痛。缺乏维生素 B₁ 还可引起脚气病(水肿)、食欲不振等。

维生素 B₁ 主要存在于种子外皮——米糠、麦麸、花生、豆类、瘦肉、酵母等食物中。

16.5 二杂六元杂环化合物

在吡啶分子中引入第二个氮原子,有三种可能的位置:1,2 位、1,3 位和 1,4 位。

哒嗪
(pyridazine)

嘧啶
(pyrimidine)

吡嗪
(pyrazine)

其中以嘧啶最重要,它的衍生物广泛存在于自然界。例如上面提到的维生素 B₁ 含有嘧啶环,核酸的含氮碱基中的尿嘧啶、胞嘧啶及胸腺嘧啶都含有嘧啶环。合成药物中的磺胺嘧啶也含有嘧啶环。

尿嘧啶(uracil) 胸腺嘧啶(thymine) 胞嘧啶(cytosine) 磺胺嘧啶(SD)

嘧啶环可方便地由 1,3-二羰基化合物与含有 N—C—N 结构的原料(如脲)缩合制备。

503

例如：

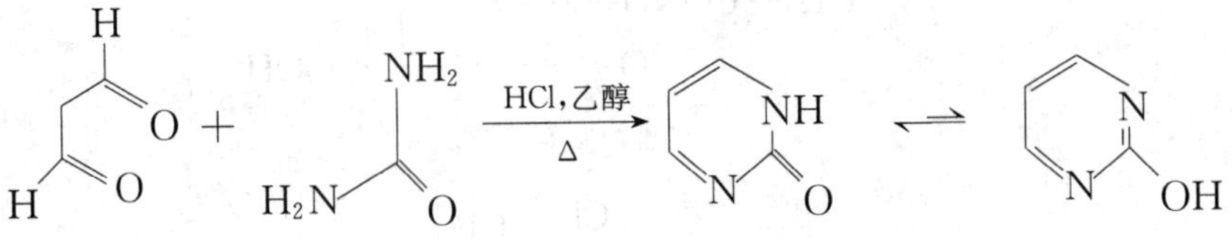

（73%）
2-嘧啶酮

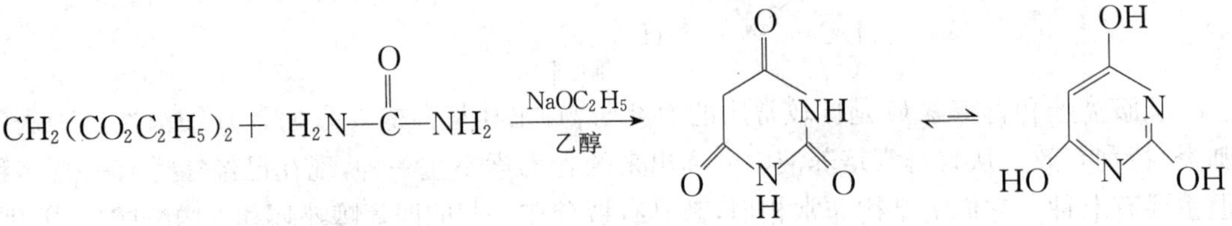

巴比妥酸(72%～78%)

将巴比妥酸用三氯氧磷处理，再用 HI 还原，即得嘧啶本身：

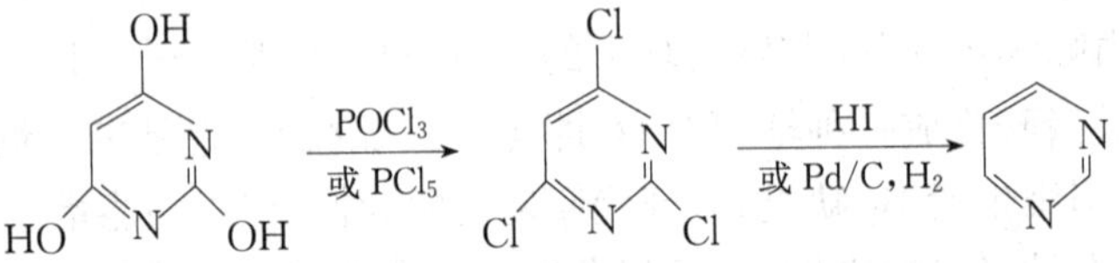

苹果酸在浓 H_2SO_4 作用下失去 CO 和 H_2O 得 α 甲酰基乙酸，并立即与尿素缩合得尿嘧啶：

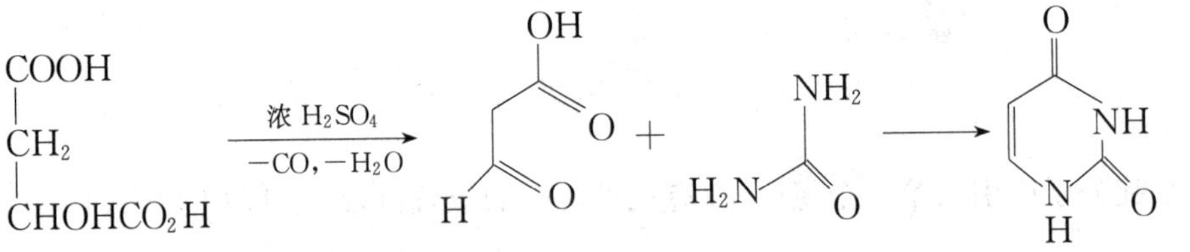

（55%）
尿嘧啶

16.5.1　嘧啶的酸碱性

嘧啶具有弱碱性($pK_b=11.30$)，碱性比吡啶还弱。这是由于往吡啶环上再引入一个氮原子相当于一个硝基的吸电子效应，能使另一氮原子上的电子密度减低，其碱性也随着降低。

16.5.2　环的稳定性

嘧啶比吡啶要稳定些，表现在嘧啶对冷的碱溶液、氧化剂有一定的稳定性。如吡啶在长期放置时会变黄(被氧化)，而嘧啶则不变色。

16.5.3　亲电取代和亲核取代反应

嘧啶更难发生亲电取代反应，一般不发生硝化和磺化反应，只能进行卤代，反应发生在 5 位上：

504

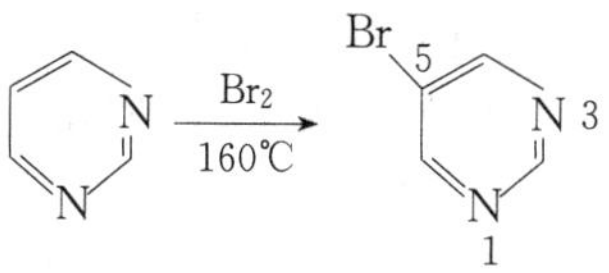

而嘧啶进行亲核取代则比吡啶容易,反应主要发生在氮的邻对位,即 2,4,6 位。如:

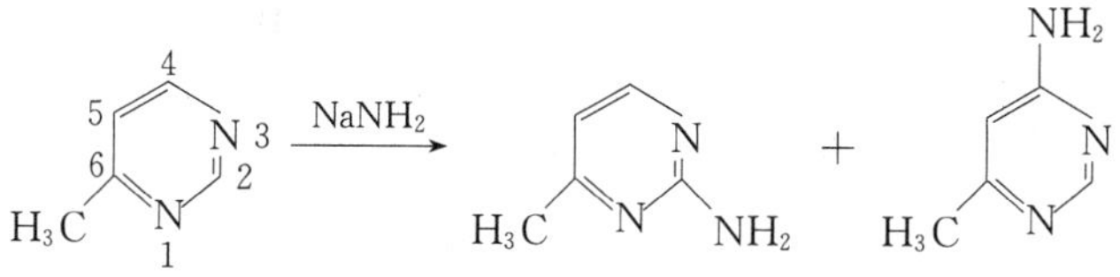

6-甲基嘧啶

16.6　稠环杂环化合物

从结构上看,苯环与杂环或杂环与杂环都可以共用两个碳原子,稠合成稠环杂环化合物。重要的稠环杂环化合物有吲哚、喹啉、嘌呤等。

16.6.1　吲哚及其衍生物

吲哚存在于煤焦油中。蛋白质降解时,其中色氨酸组分变成吲哚和 3-甲基吲哚残留于粪便中,是粪便的臭气成分。但纯粹的吲哚在浓度极稀时有素馨花的香气,故在香料工业中用来制造茉莉花型香精。吲哚为白色结晶,熔点为 52.5℃。

吲哚分子中含有吡咯环,故其性质与吡咯相似。但因吡咯环与苯环的共轭效应,使其电子密度有所减小。因此,吲哚的化学稳定性比吡咯强。可是吲哚遇光和空气时仍易被氧化:

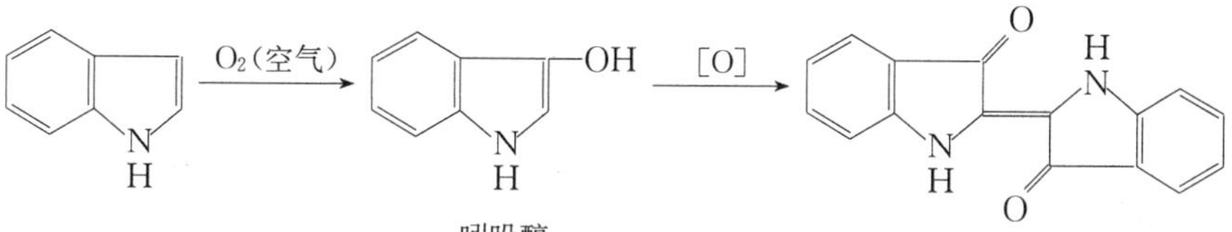

吲哚醇　　　　靛蓝(植物染料)

经 X 光测定证明靛蓝是反式构型。

吲哚也容易进行亲电取代,取代基进入 3 位(即 β-位),与吡咯不同,例如:

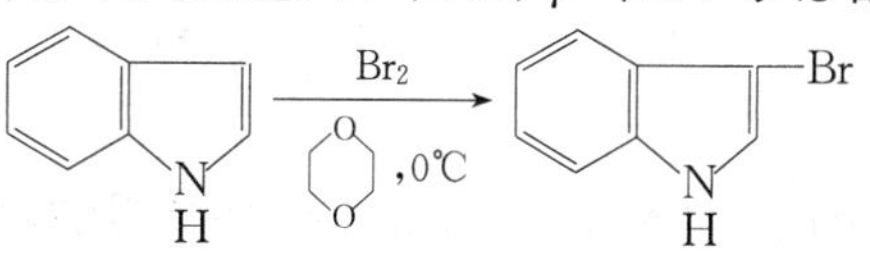

3-溴吲哚(70%)

这显然是受苯环影响的结果。取代基进入 β-位所形成的中间体——3H-吲哚正离子比进入 α 位所形成的 2H-吲哚正离子要稳定些。

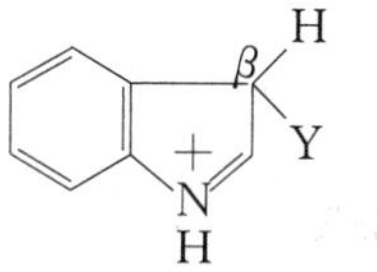

较稳定(苯环保持不变) 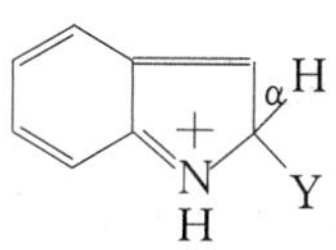　　　　较不稳定(苯环破坏)

吲哚的衍生物在自然界中分布很广,例如蛋白质的分解产物色氨酸,哺乳动物和人脑中思

505

维活动的重要物质 5-羟基色胺(它是由色氨酸在体内经过一系列生物化学反应而形成的);许多生物碱如马钱子碱、利血平等和植物生长激素如 β-吲哚乙酸等都是吲哚的衍生物。

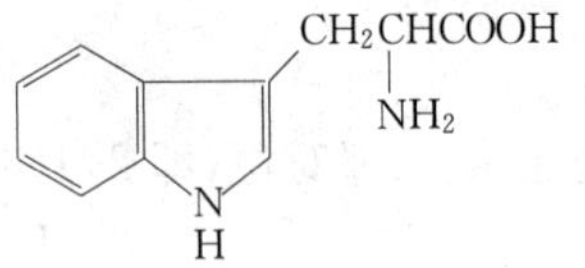

色氨酸

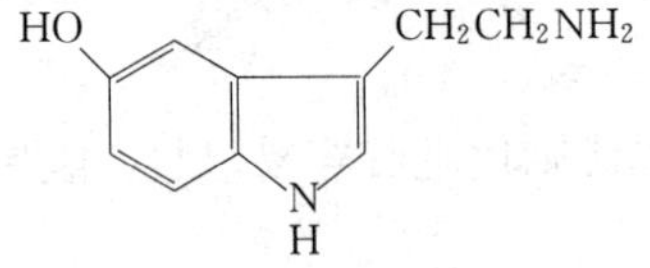

5-羟基色胺

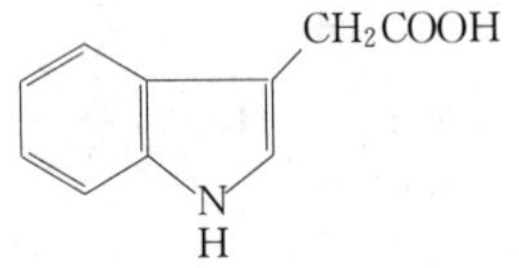

β-吲哚乙酸

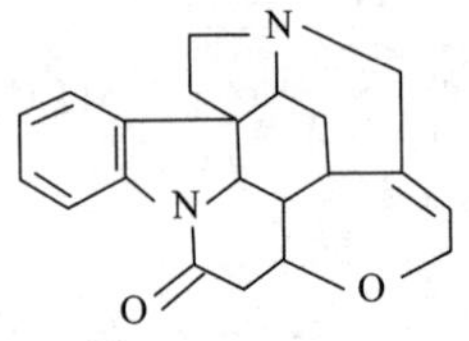

马钱子碱(strychnine)

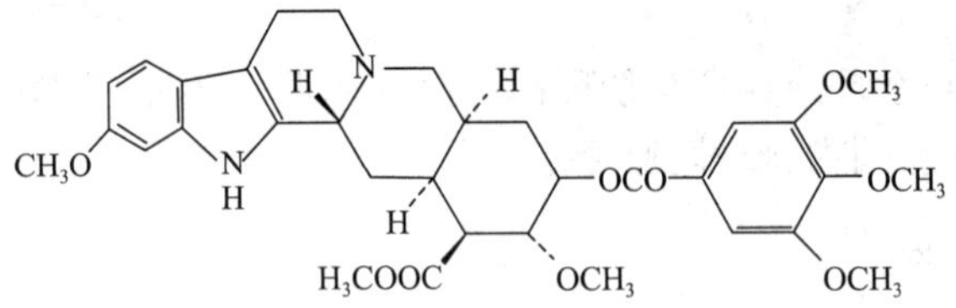

利血平(有镇静和降血压作用)
(Reserpine)

吲哚衍生物的一个重要合成方法是用苯腙在酸催化下加热,重排消除一分子氨得到 2-取代或 3-取代吲哚衍生物。这个方法叫费歇尔(Fischer)吲哚合成法:

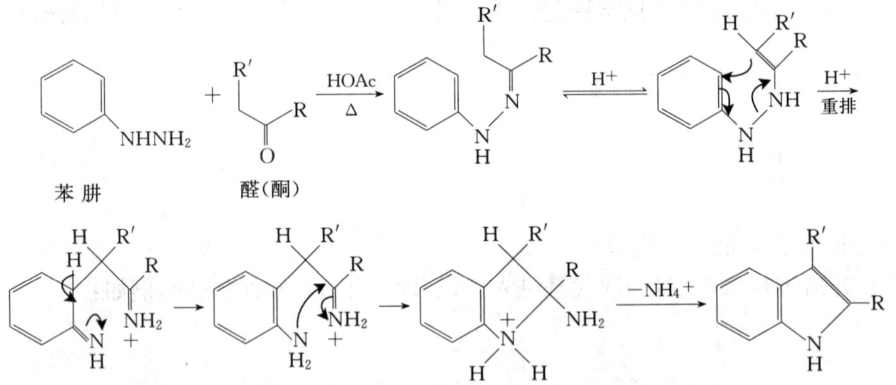

苯肼 　　　　醛(酮)

要制备吲哚本身,需用丙酮酸的苯腙反应,形成吲哚-2-甲酸,然后失羧得到吲哚。

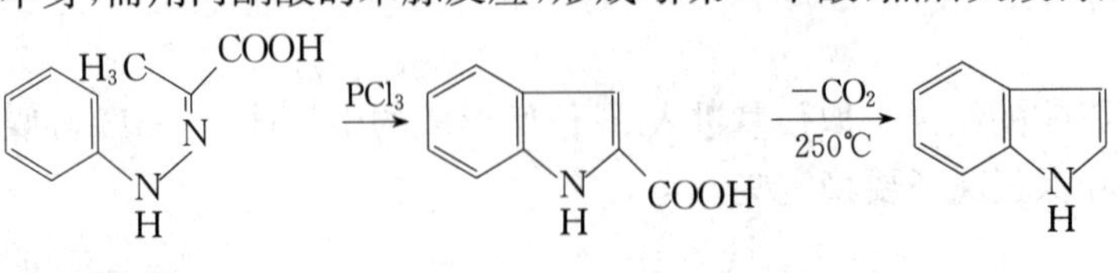

16.6.2　喹啉及其衍生物

喹啉存在于煤焦油中,为无色油状液体,沸点为 238℃。

喹啉与吡啶相似,也具有弱碱性($pK_b=9.06$),碱性比吡啶($pK_b=8.8$)弱。它对酸和氧化剂都较稳定。用 $KMnO_4$ 氧化时苯环破裂,得到吡啶-2,3-二羧酸:

506

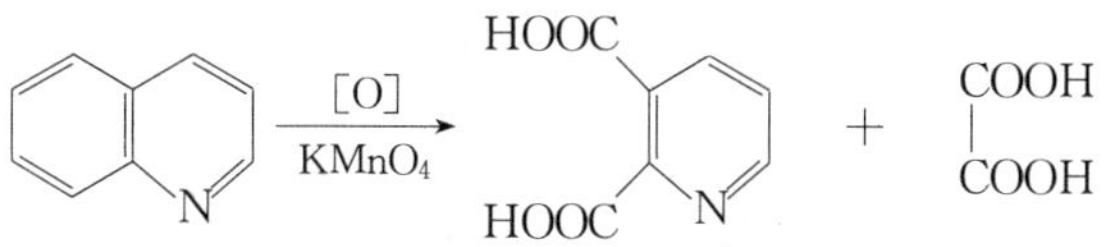

喹啉因为在强酸作用下,杂环氮上能接受质子而带正电荷,故在发生亲电取代时,取代基主要进入苯环(5 位或 8 位)且反应比苯及萘慢,而亲核取代则主要发生在吡啶环(2 位或 4 位)。

亲电取代反应:

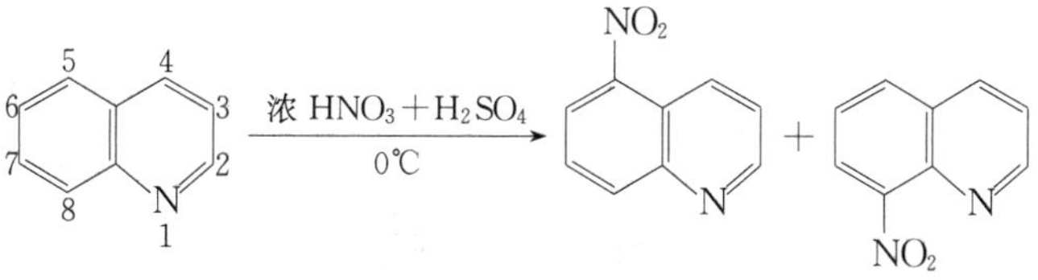

5-硝基喹啉　　8-硝基喹啉

亲核取代反应:

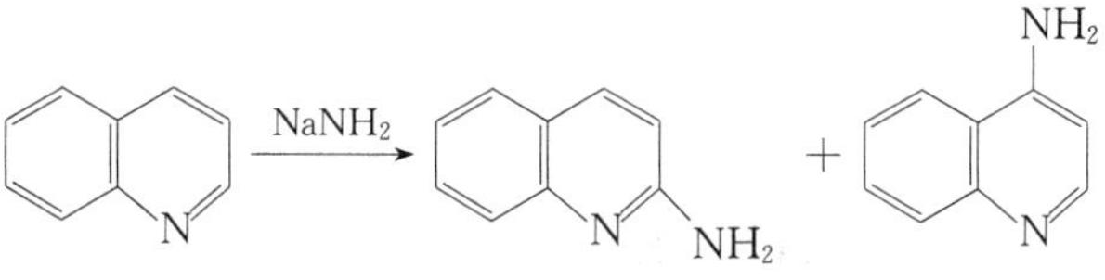

2-氨基喹啉　　4-氨基喹啉

喹啉的衍生物在医药上很重要,许多天然或合成的抗疟药物如奎宁(又称金鸡纳碱)、氯喹啉等含有喹啉环的结构。

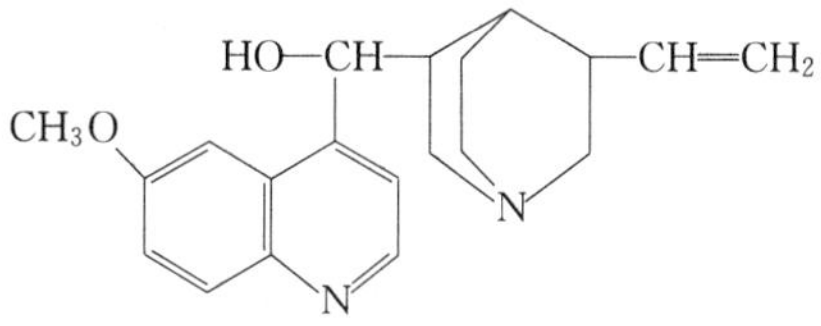

奎　宁 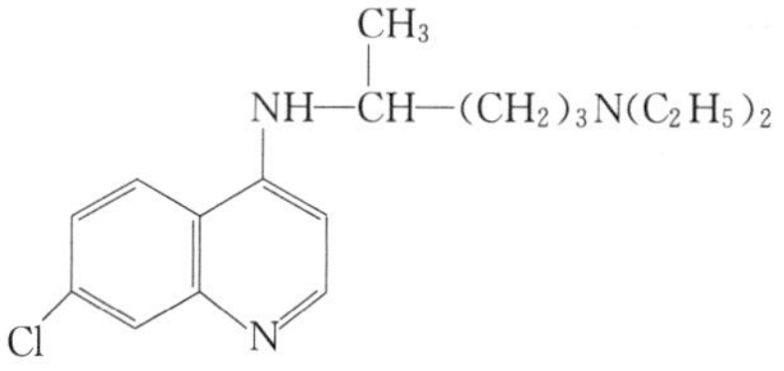　　　　氯喹啉

由于多种抗疟药物含有喹啉环,故合成这种杂环很重要。常用的方法叫斯克洛浦(Skraup)合成法:将苯胺与甘油、浓硫酸及一个氧化剂(如硝基苯)共热即得喹啉:

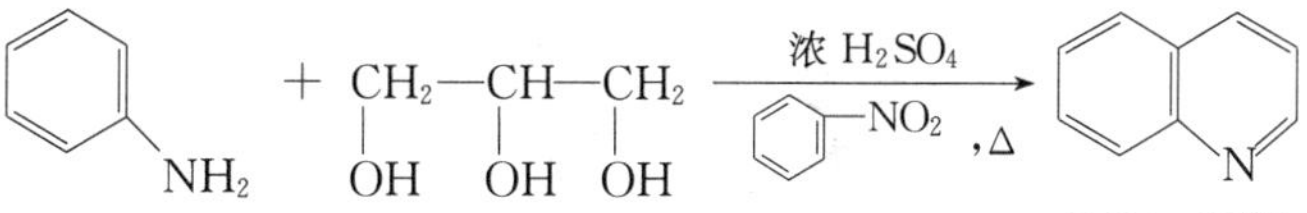

(84%~91%)

其反应历程是:

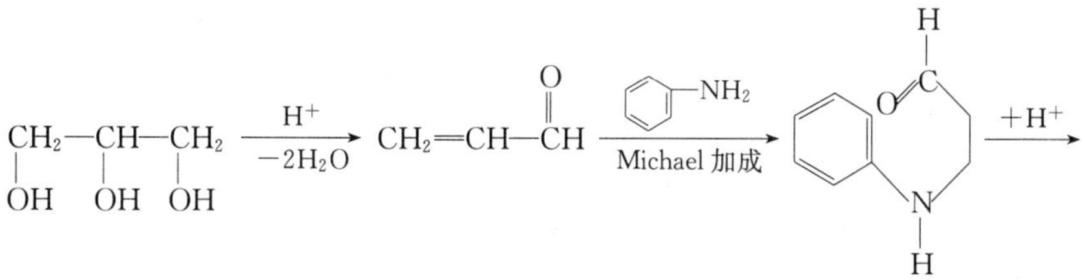

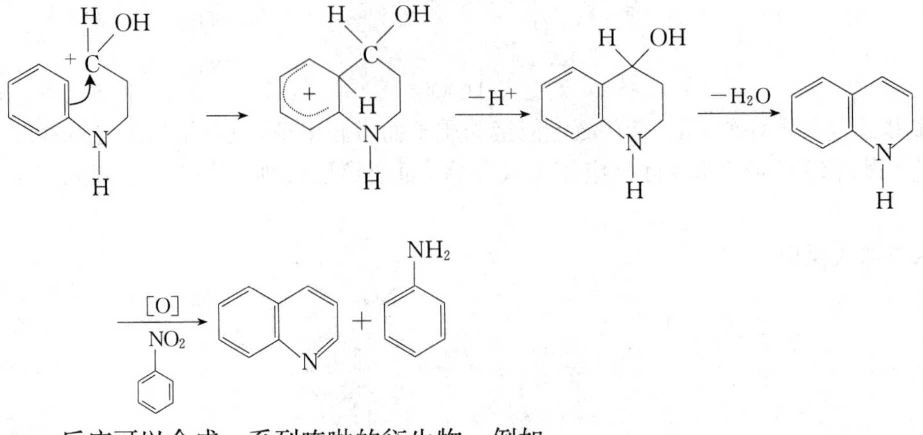

利用 Skraup 反应可以合成一系列喹啉的衍生物。例如：

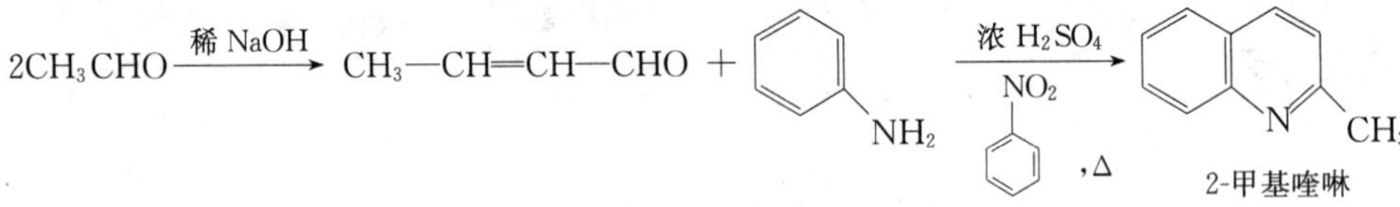

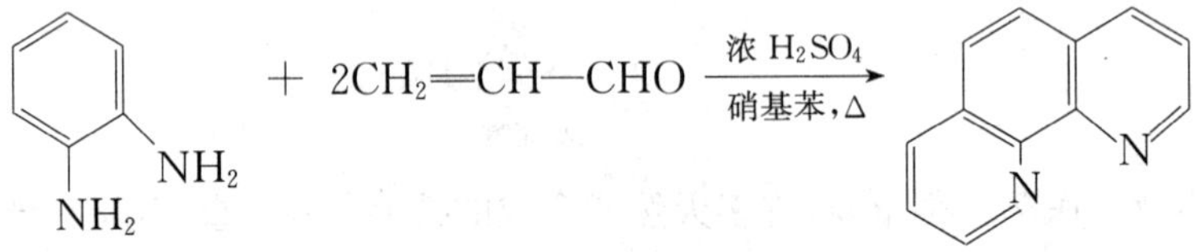

$$2CH_3CHO \xrightarrow{\text{稀 NaOH}} CH_3-CH=CH-CHO$$

2-甲基喹啉

16.6.3　苯骈吡喃的衍生物

1. 花色素

苯骈吡喃 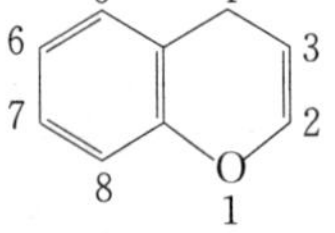 本身并不重要，但许多天然色素是它的衍生物。2-苯基苯骈吡喃是花色素的母体：

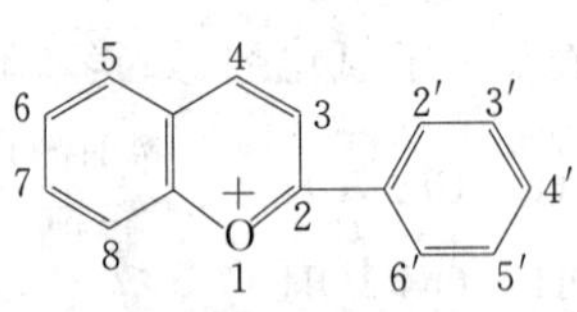

各种植物的花和果实的颜色主要是由花色素所引起的，而各种花色素的区别就在于苯环上所带的羟基的位置、数目以及与其成苷的糖不同。植物体内花色素是以糖苷的形式存在：

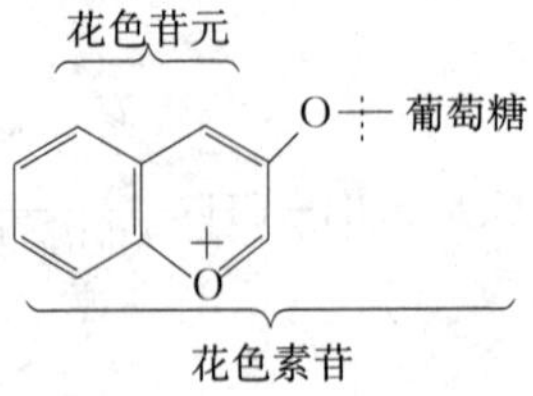

用稀盐酸与花色苷一起加热、水解而生成花色素的盐酸盐和糖。研究各种植物中的花色素，发现它们主要由三种花色素形成：

508

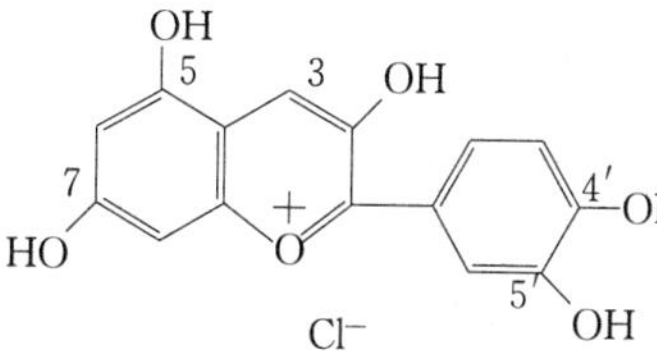

氯化玉蜀黍素 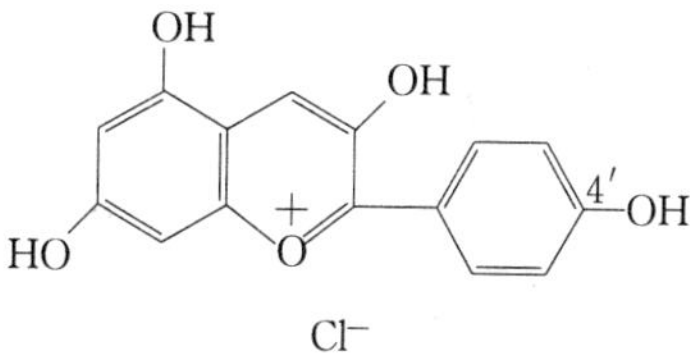 氯化绣球素 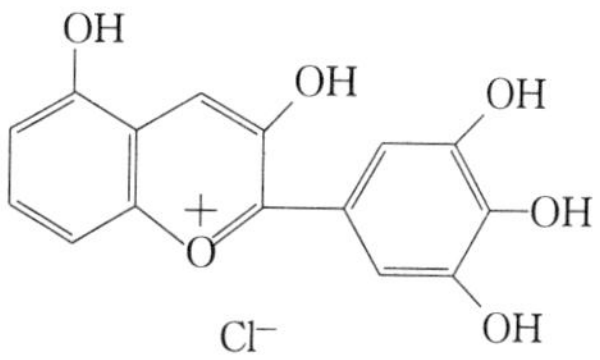 氯化翠雀素

花色素在不同的 pH 中显示不同的颜色。这是因为在不同的 pH 中结构发生了变化所致。例如,氯化玉蜀黍素是红色的(阳离子)遇碱后变为蓝色(阴离子),结构如下:

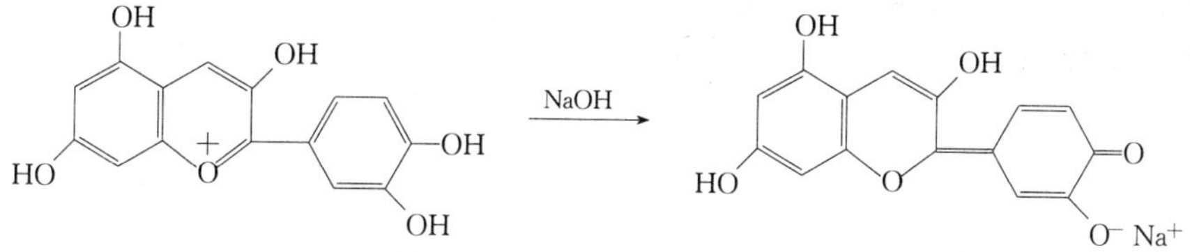

因此,同样一种花色苷在不同的花中,或同一种花由于种植的土壤不同,都能显示出不同的颜色。

各种花色素 3 位上的羟基一般都和一个糖相连成苷,而其他碳上的羟基则不一定和糖相连。玉蜀黍素则 C_3 和 C_5 上的羟基都各和一个糖相连,是一个二糖苷。

2. 维生素 E

是一个苯骈二氢吡喃的衍生物,存在于植物的绿叶、蔬菜、豆类、谷类中。在麦胚油中含量较多。维生素 E 像维生素 A 和 D 一样,在自然界中也不止一种。其基本结构如下:

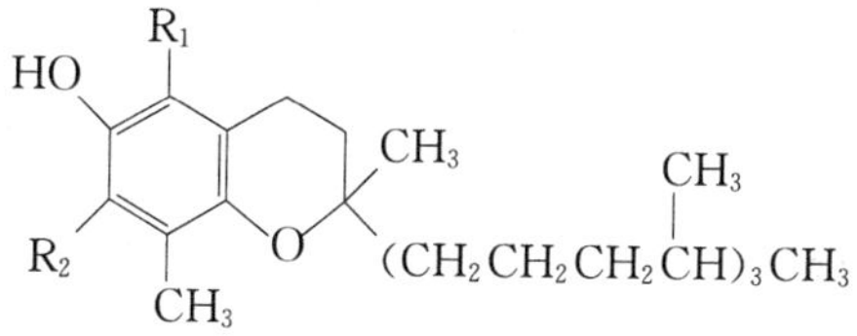

R_1	R_2	名 称
—CH_3	—CH_3	α-生育酚
—CH_3	—H	β-生育酚
—H	—CH_3	γ-生育酚
—H	—H	δ-生育酚

其中 α-生育酚的生理活性最高。

由于维生素 E 的生理功能可治疗妇女的不育症和习惯性流产,因此维生素 E 又叫做生育酚。生物实验证实:雄性动物缺乏维生素 E 时,睾丸萎缩,不产生精子。雌性动物缺乏维生素 E 时,胚胎及胎盘萎缩而被吸收,引起流产。可见维生素 E 对于维持动物的生殖器功能的正常作用是很重要的。

维生素 E 都是强氧化剂,它有捕捉游离基的能力,因此,它在体内可以抑制游离基反应,防止细胞受损害。

16.6.4 嘌呤及其衍生物

嘌呤可看作是由一个嘧啶环和一个咪唑环相稠合而成的,它有(Ⅰ)和(Ⅱ)两种互变异构体:

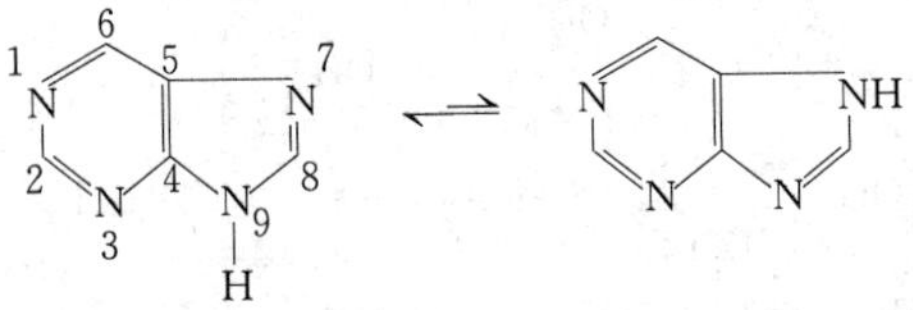

9H-嘌呤（Ⅰ）　　　　　7H-嘌呤（Ⅱ）

　　嘌呤为无色晶体，易溶于水，水溶液呈中性，但它却能与酸或碱生成盐。嘌呤本身不存在于自然界，但它的衍生物却广泛存在于动、植物体中。

　　1. 尿酸(2,6,8-三羟基嘌呤)

　　它也有互变异构体：

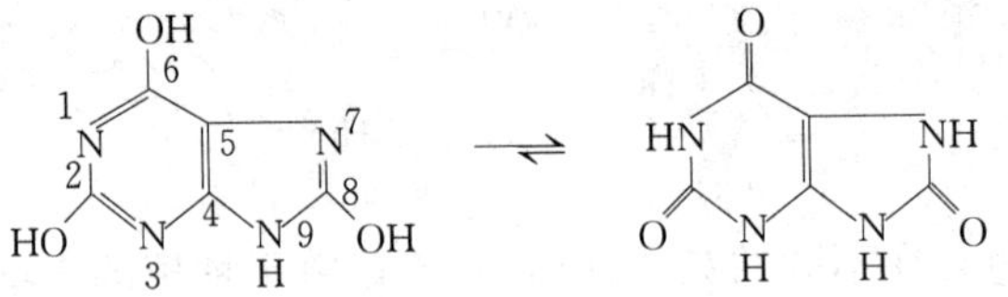

（烯醇式）　　　　　　　（酮式）

　　尿酸是核蛋白的代谢产物，存在于鸟类和爬虫类动物的排泄物中，鸟粪中含尿酸 25%，蛇的排泄物中约有 90% 是尿酸的铵盐。人尿中含有少量的尿酸。

　　尿酸是无色结晶，难溶于水，酸性很弱，可与强碱(NaOH)成盐。尿酸在体内以盐的形式存在，所以它的溶解度较高：

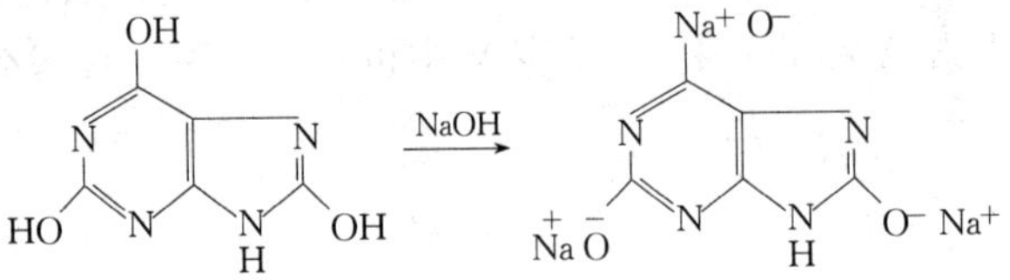

　　尿酸最重要的合成法是陶贝(Traube)合成法。是用尿素和氰乙酸酯缩合得氰乙酰脲，后经下列步骤合成尿酸：

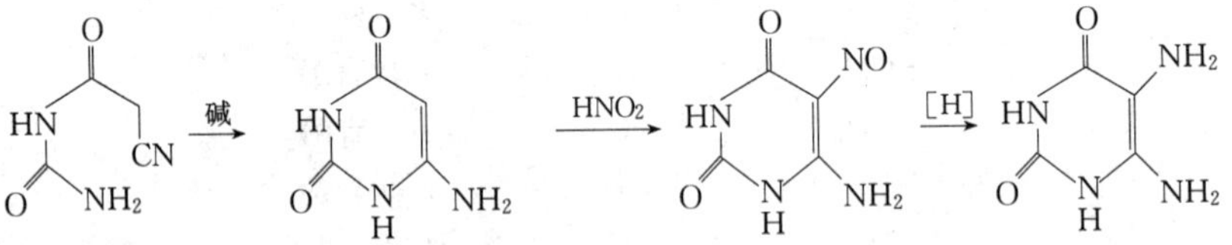

4-氨基-2,6-二羟基嘧啶

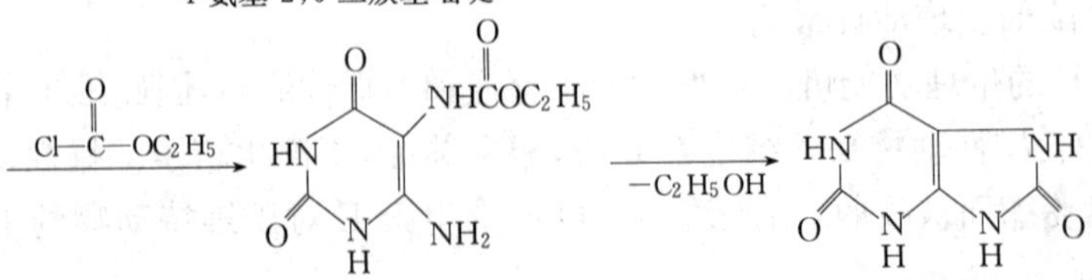

尿酸

　　2. 黄嘌呤(2,6-二羟基嘌呤)

　　存在于动物的肝脏、血和尿中，茶叶、大豆和米胚芽中也有少量存在。

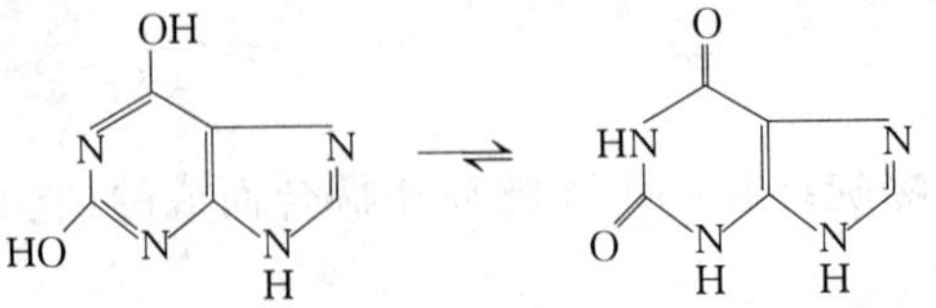

黄嘌呤可用 4,5-二氨基-2,6-二羰基嘧啶与甲酸一起加热制备：

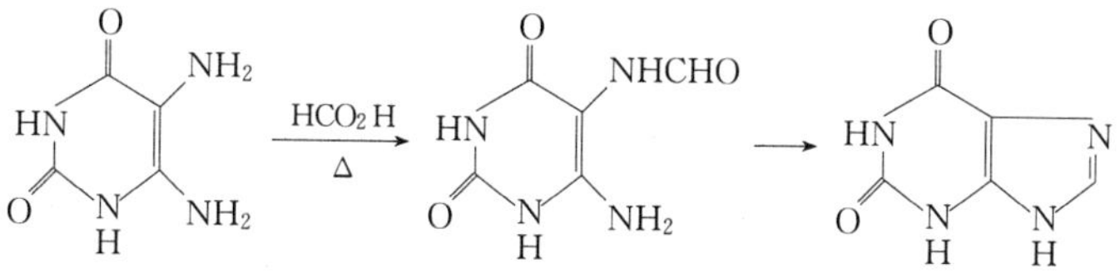

3. 咖啡碱、茶碱和可可碱

它们都是黄嘌呤的甲基衍生物,存在于茶叶、咖啡和可可中,都有利尿和兴奋中枢神经的作用。

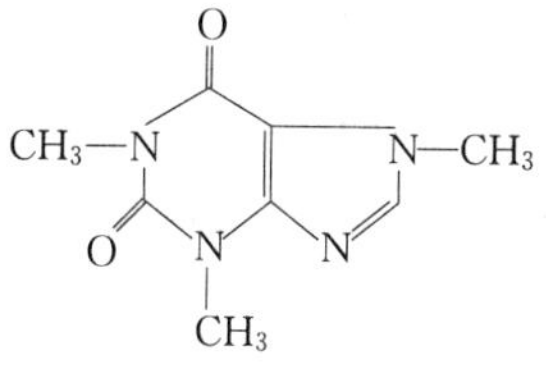

咖啡碱 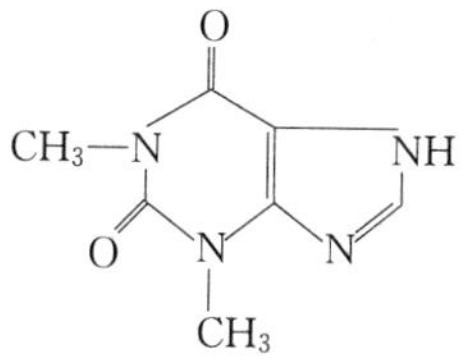　　　　　　　　茶　碱 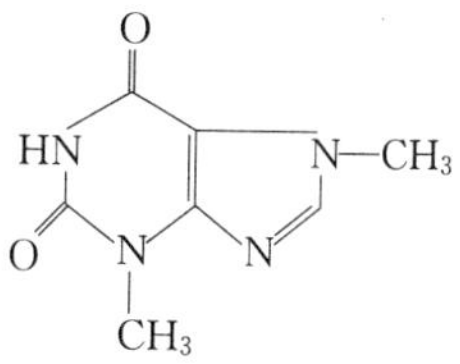　　　　　　　　可可碱

4. 腺嘌呤和鸟嘌呤

这是广泛存在于生物体的核蛋白中的两种嘌呤衍生物：

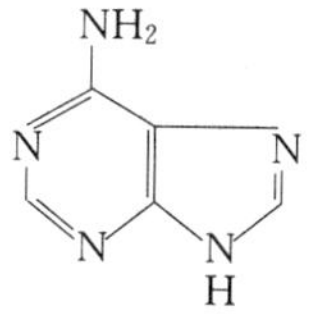

腺嘌呤 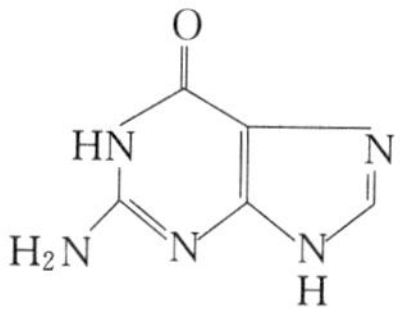　　　　　　　鸟嘌呤

腺嘌呤与鸟嘌呤可用 2,6,8-三氯嘌呤为原料合成：

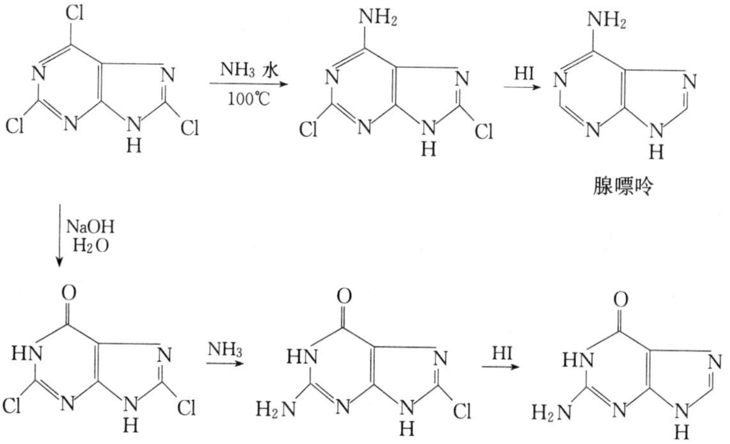

腺嘌呤

鸟嘌呤

腺嘌呤也可用甲脒和丙二腈的偶氮苯经下列步骤来制备：

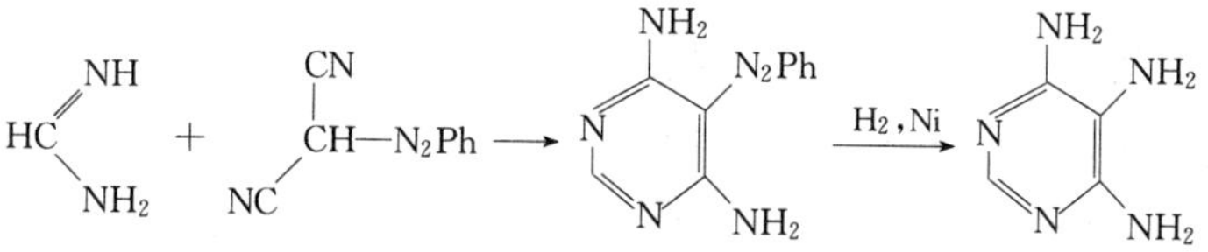

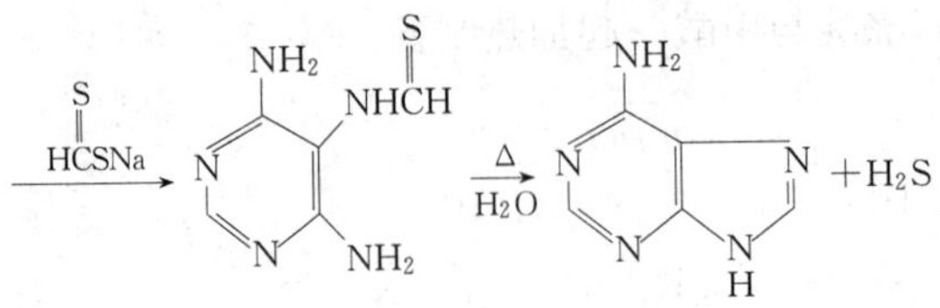

嘌呤衍生物在医药上有重要应用。例如,6-巯基嘌呤 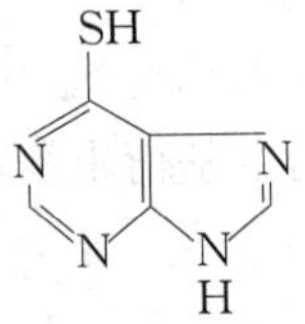 是具有一定疗效的抗

癌药物,尤其是治疗儿童的急性白血病疗效更好。又如,别嘌呤醇(Allopurinol)

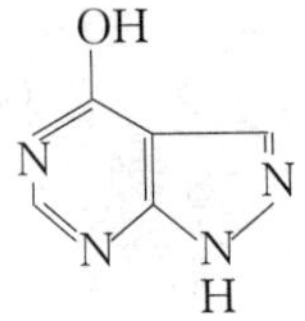

是治疗痛风的标准疗法。

16.6.5 喋啶及其衍生物

喋啶是由嘧啶环和吡嗪环稠合而成的 ,维生素 B_2 和叶酸属于喋啶的衍生物。

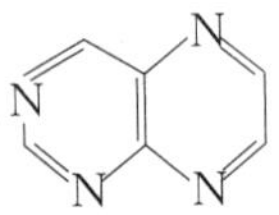

1. 维生素 B_2

又名核黄素,结构如下:

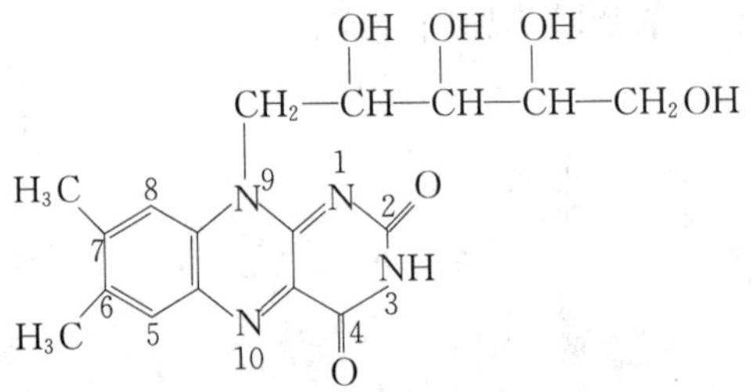

维生素 B_2 是生物体内氧化还原过程中传递氢的物质。这是因为在环上的第1及第10位氮原子与活泼的双键相连,能接受氢而被还原成无色产物,还原产物又很容易再脱氢,因此具有可逆的氧化还原特性。

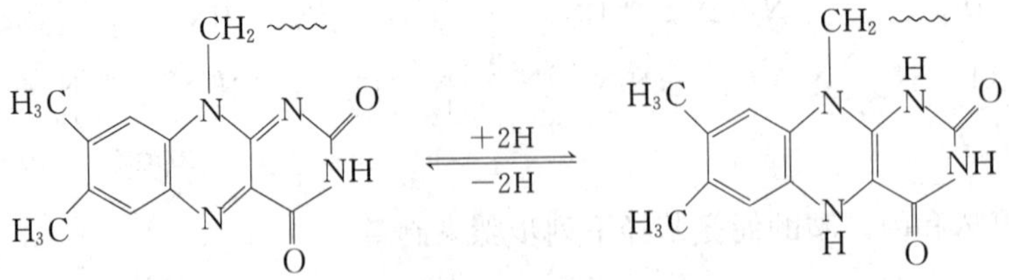

维生素 B_2 在天然界分布很广,青菜、黄豆、小麦及牛乳、蛋黄、酵母等中含量较多。体内缺乏维生素 B_2,则患口腔炎、角膜炎、结膜炎等症。

祖国医学中有用醋浸鸡蛋治疗口疮的记载,说明当时人们已从实践中知道用富于维生素 B_2 的鸡蛋来治疗维生素 B_2 缺乏症。

512

2. 叶 酸

$$\text{OH}\quad\text{CH}_2\text{—NH—}\underset{}{\bigcirc}\text{—}\underset{\text{O}}{\overset{\text{O}}{\text{C}}}\text{—NH—CH—CH}_2\text{CH}_2\text{COOH}$$

叶酸也是 B 族维生素之一,最初是由肝脏分离出来的,后来发现绿叶中含量十分丰富,因此命名为叶酸,叶酸还广泛存在于蔬菜、肾、酵母等中,叶酸参与体内嘌呤及嘧啶环的生物合成。体内缺乏叶酸时,血红细胞的发育与成熟受到影响,造成恶性贫血症。

16.7 生 物 碱

生物碱(alkaloids)是一类存在于植物体内(偶尔也在动物体内发现)、对人和动物有强烈生理作用的含氮碱性有机化合物。其碱性大多数是因为含有氮杂环,但也有少数非杂环的含有氨基官能团的生物碱。一种植物中如含有生物碱的话,往往含有多种结构相近的一系列生物碱。例如,金鸡纳树皮中含有二十多种生物碱,烟草中含有 10 种以上生物碱。生物碱在植物体内常与有机酸(柠檬酸、苹果酸、草酸等)或无机酸(硫酸、磷酸等)结合成盐而存在。也有少数以游离碱、苷或酯的形式存在。

生物碱的发现始于 19 世纪初叶,最早发现的是吗啡(1803 年),随后不断地报道了各种生物碱的发现,例如奎宁(1920 年)、颠茄碱(1831 年)、古柯碱(1860 年)、麻黄碱(1887 年)……19世纪兴起了对生物碱的研究和结构测定,它对杂环化学、立体化学和合成新药物提供了大量的资料和新的研究方法。到目前为止人们已经从植物中分离出的生物碱有几千种。

很多生物碱是很有价值的药物,它们都有很强的生理作用。例如,吗啡碱有镇痛的作用,麻黄碱有止咳平喘的效用等。许多中草药如当归、甘草、贝母、常山、麻黄、黄莲等,其中的有效成分都是生物碱。我国使用中草药医治疾病的历史已有数千年之久,积累了非常丰富的经验。解放后我国中草药的研究受到很大重视,生物碱的研究取得显著的成果。这对于开发我国的自然资源和提高人民的健康水平起着十分重要的作用。

16.7.1 生物碱的一般性质

生物碱除具有碱性能与酸生成盐外,一般游离的生物碱是无色固体,味苦而辛辣,极少数是液体(如烟碱),不溶于水,易溶于有机溶剂——氯仿、乙醇、乙醚、苯等。

生物碱大多有旋光性,自然界中存在的一般是左旋体。

许多试剂能与生物碱生成不溶性的沉淀或产生颜色反应。这些试剂叫做生物碱试剂,可利用它们来析出中草药中的生物碱。能与生物碱生成沉淀的试剂有碘化汞钾 K_2HgI_4(Mayer 试剂)、丹宁酸、苦味酸、磷钼酸、硅钨酸等。能与生物碱产生颜色反应的有浓 H_2SO_4、HNO_3、HCHO、氨水等。

16.7.2 生物碱的提取方法

根据生物碱在植物中绝大多数是与有机酸成盐的形式存在,因此,提取生物碱的一般方法是:先将植物细粉放入稀盐酸或稀硫酸中浸泡或加热,于是把有机酸置换出来。生物碱与 HCl

或 H_2SO_4 则形成盐而溶于水中,然后可用两种办法处理:

(1) 加 NaOH 或 $Ca(OH)_2$ 处理,于是生物碱被置换出来,再用有机溶剂把析出的游离生物碱提取出来,经过重结晶等手段而得到纯的生物碱。

(2) 将生物碱与酸形成盐的水溶液流过阳离子交换树脂层,则生物碱阳离子与离子交换树脂的阴离子结合留在树脂上(其他非离子性杂质则随溶液流去),后用 NaOH 溶液先脱,再用有机溶剂萃取生物碱。

有些游离的生物碱(液体)也可以通过水蒸汽蒸馏的方法来提取。

16.7.3 生物碱的分类、命名

生物碱常根据它所含杂环来分类,而根据它的来源的植物来命名。例如,烟碱是由烟草中取得的,麻黄碱是由麻黄中取得的。生物碱的名称也可采用国际通用名称的译音。如:烟碱又叫尼古丁(Nicotine)。

现将几种重要的生物碱列于表 16.3。

表 16.3 几种重要生物碱

名 称	结 构 式	所含杂环	熔点(℃)	比旋光度 $[\alpha]_D^{20}$	来 源	生理作用及疗效
麻黄碱 (麻黄素)		非杂环苯乙胺衍生物	38	−6.8℃ (醇)	麻黄	收缩血管,扩张支气管,发汗、止喘。用于治疗支气管哮喘症
颠茄碱 (阿托平)		哌啶环	114～116		茄科植物颠茄等	抑制汗腺、唾液、泪腺、胃液等的分泌,能扩散瞳孔。用于治疗胃痛、肠绞痛、缓解痉挛
烟 碱 (尼古丁)		吡啶氢化吡咯	液 体 b.p.(℃) 246.1	−169°	烟 草	少量使中枢神经兴奋,增高血压、大量则抑制中枢神经心脏中毒。农业杀虫剂
奎 宁 (金鸡纳碱)		喹 啉			金鸡纳树皮	抗疟疾,退热
喜树碱		喹 啉	254～267 (分解)	+31.3° 氯仿:乙醇 =8:2	喜树	抗癌药(治疗胃、肠癌、白血病等)(毒性大)
吗啡碱		异喹啉	264～256	−130.9° (甲醇)	罂粟 (鸦片)	镇痛、止痉、止咳、催眠、麻醉中枢神经(易成瘾)

名　　称	结　构　式	所含杂环	熔点(℃)	比旋光度 $[\alpha]_D^{20}$	来　　源	生理作用及疗效
黄连素 (小蘗碱)	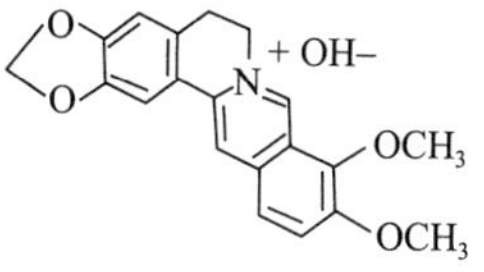	两个异喹啉环稠合	145	/	黄　莲	治疗肠胃炎及细菌性痢疾
番木鳖碱	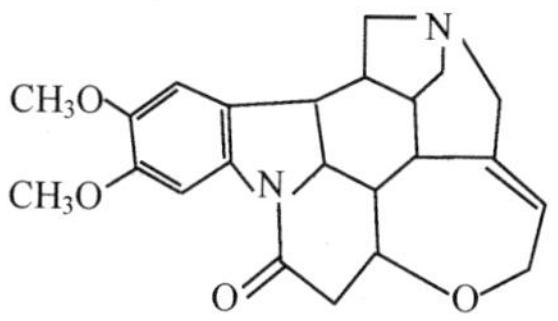	吲　哚	268~290	−139.5℃	马钱子	中枢神经的兴奋剂
咖啡碱	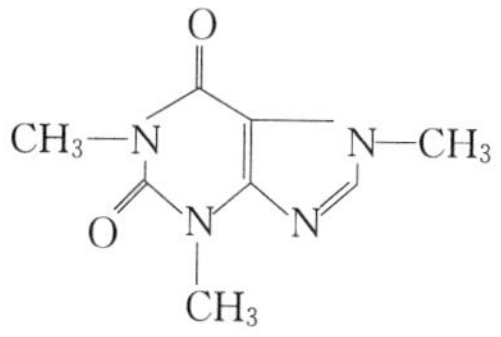	嘌　呤	/	/	咖　啡 茶　叶	兴奋中枢神经、止痛、利尿

习　　题

1. 命名下列化合物：

（1）

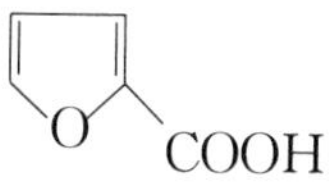

（2）

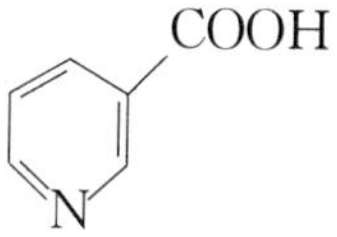

（3）

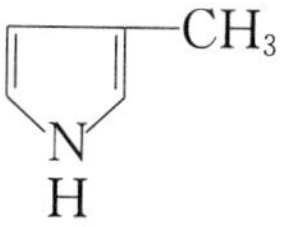

（4）

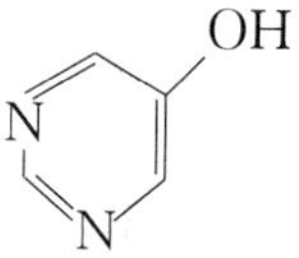

（5）

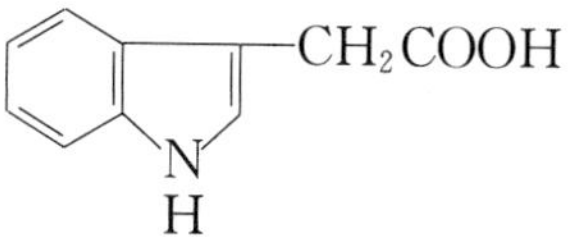

（6）

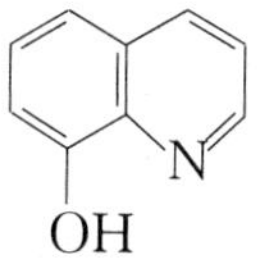

（7）

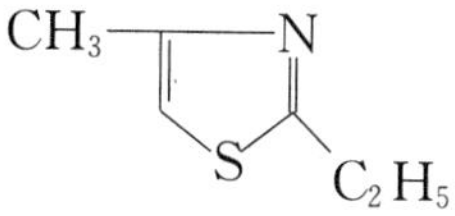

（8）

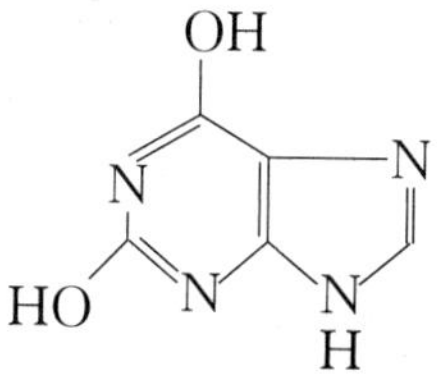

2. 下列化合物哪个可溶于酸,哪个可溶于碱? 或既可溶于酸又可溶于碱?

（1）

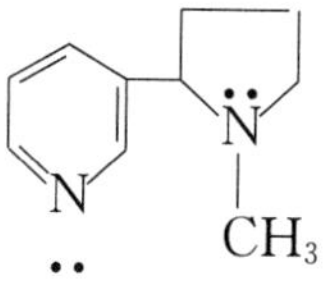

（2）

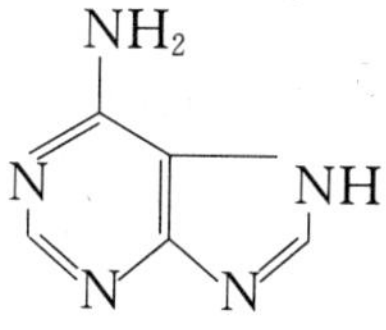

515

(3) 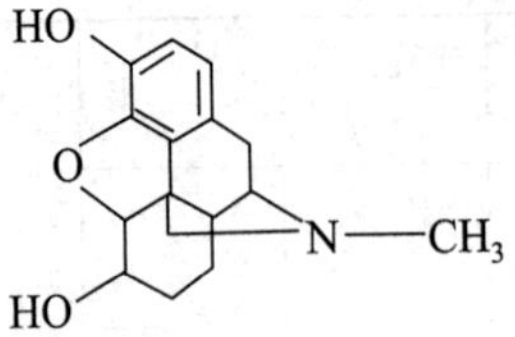 　　　(4)

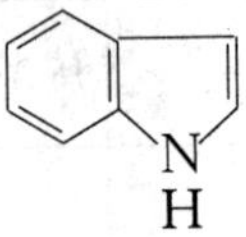

3. 写出下列反应的产物：

(1) 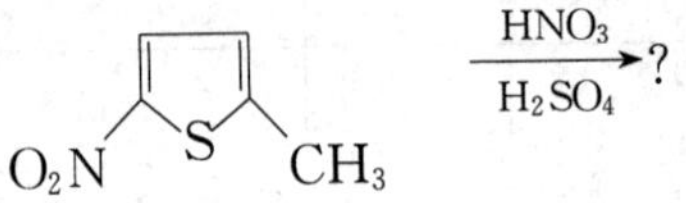 $\xrightarrow[\text{H}_2\text{SO}_4]{\text{HNO}_3}$?

(2) $+\text{CH}_3\text{MgI} \longrightarrow$? $\xrightarrow[\text{②　}\Delta]{\text{①CH}_3\text{I}}$?

(3) $+\text{C}_2\text{H}_5\text{I} \longrightarrow$? $\xrightarrow{\Delta}$?

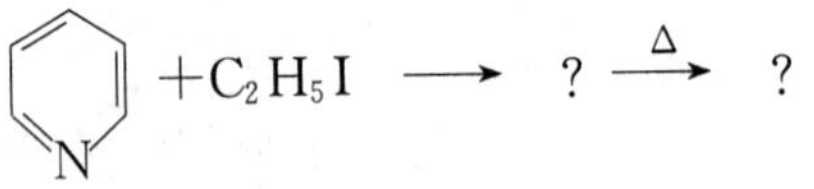

(4) $\xrightarrow{\text{HNO}_3+\text{H}_2\text{SO}_4}$ 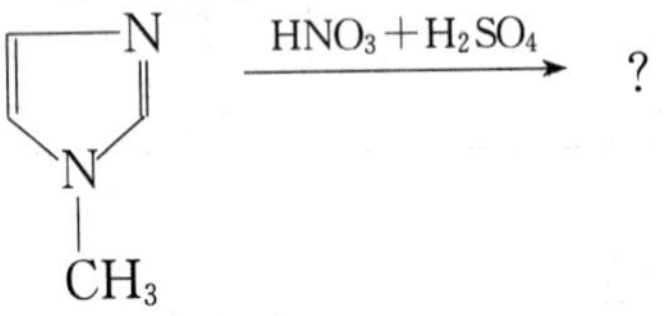 ?

(5) 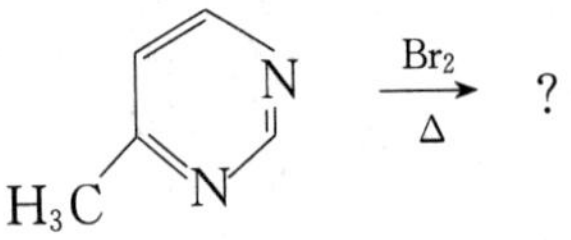 $\xrightarrow[\Delta]{\text{Br}_2}$?

(6) 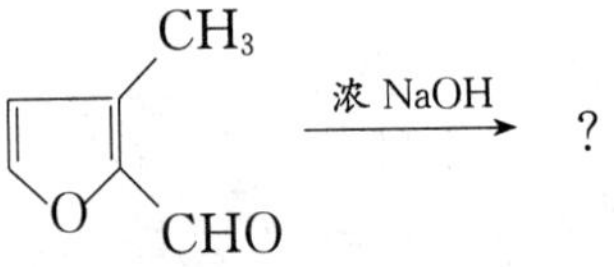 $\xrightarrow{\text{浓 NaOH}}$?

(7) 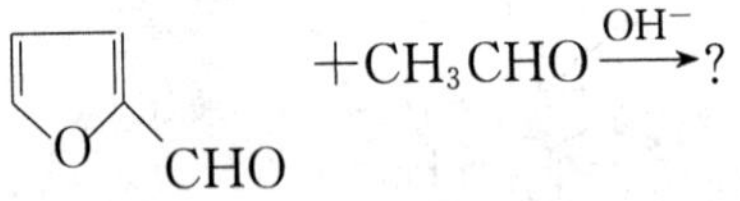 $+\text{CH}_3\text{CHO} \xrightarrow{\text{OH}^-}$?

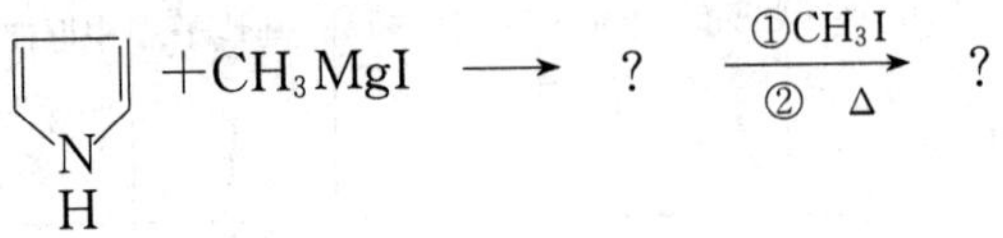

(8) 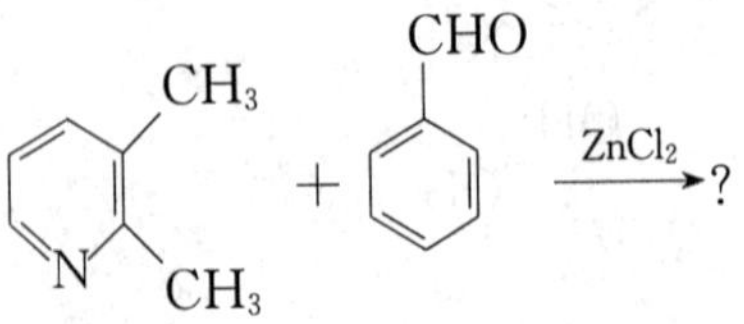 $+$ $\xrightarrow{\text{ZnCl}_2}$?

(9) 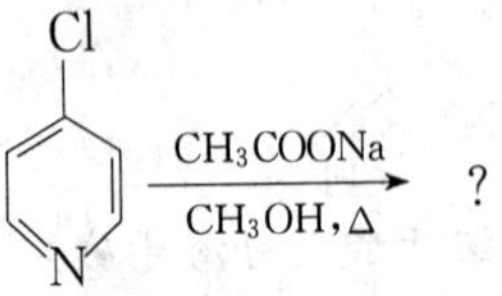 $\xrightarrow[\text{CH}_3\text{OH},\Delta]{\text{CH}_3\text{COONa}}$?

(10) 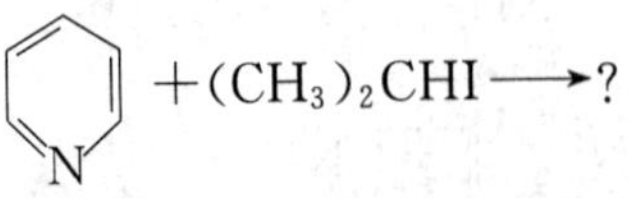 $+(\text{CH}_3)_2\text{CHI} \longrightarrow$?

516

(11) 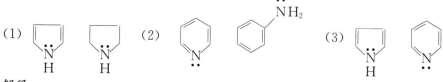

$$\overset{CH_3}{\underset{N}{\bigcirc}} \xrightarrow{KMnO_4} ? \xrightarrow[\textcircled{2}H_2NNH_2]{\textcircled{1}SOCl_2} ?$$

(12) 吲哚 $+CH_2O+HN(CH_3)_2 \longrightarrow ?$

(13) 呋喃 $\xrightarrow[\text{压力}]{H_2/Ni} ? \xrightarrow[\Delta]{HCl} ? \xrightarrow{KCN} ? \begin{cases} \xrightarrow{H_2/Ni} ? \\ \xrightarrow{H^+,\Delta} ? \end{cases}$

4. 应用 Skraup 合成法,以最简单的原料合成下列化合物:
   (1) 6-甲基喹啉　　　　　　　(2) 8-羟基喹啉

5. 由杂环化合物或易得的取代杂环化合物为原料合成下列化合物:

(1) $O_2N-\underset{O}{\bigcirc}-CO_2H$

(2) 呋喃基环己醇

(3) 3-溴吲哚

(4) 2-(2-呋喃乙烯基)吡啶 （由 2-甲基吡啶 开始）

(5) $H_2N-\bigcirc-SO_2NH-\underset{N}{\bigcirc}$

(6) 含 CH_3, $CO_2C_2H_5$, $CO_2C_2H_5$ 的桥环化合物

6. 比较下列各组化合物的碱性强弱,并解释之。

(1) 吡咯　吡咯　(2) 吡啶　苯胺 $\overset{\cdot\cdot}{NH_2}$　(3) 吡咯　吡啶

7. 解释:
   (1) 吡啶的亲电取代反应发生在 3 位,而亲核取代发生在 2 和 6 位。
   (2) 咪唑的碱性和酸性都大于吡咯。
   (3) 为什么呋喃、噻吩及吡咯比苯容易进行亲电取代? 而吡啶却比苯难发生亲电取代?

8. 生物碱一般具有什么结构特征和用途?

9. 用浓 H_2SO_4 在 220℃～230℃ 左右将喹啉磺化,得到一磺酸衍生物。为了测定结构,将这个磺酸和碱共熔,所得的产物和从邻氨基苯酚按照 Skraup 合成法所得的喹啉衍生物相同。试推测该磺酸衍生物的结构,并写出各步反应式。

10. 罂粟碱 $C_{20}H_{21}O_4N$ 是一个生物碱,存在于鸦片中。它与过量的 HI 酸作用产生 4 mol 的 CH_3I,表示有 4 个 $-OCH_3$ 基存在(zeisel)。用 $KMnO_4$ 氧化首先得到一个酮 $C_{20}H_{19}O_5N$,它继续氧化得到一个混合物。经分离鉴定它们的结构式如下,试推断罂

粟碱的结构,并解释所发生的反应。

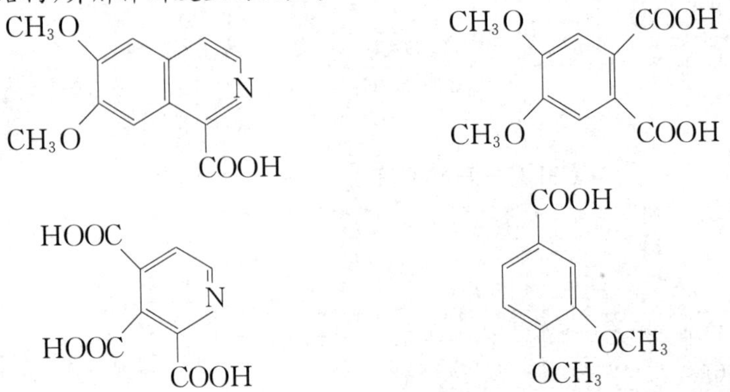

11. 下面是尼古丁(Nicotine)的全合成路线,请填写各步反应所需要的试剂。

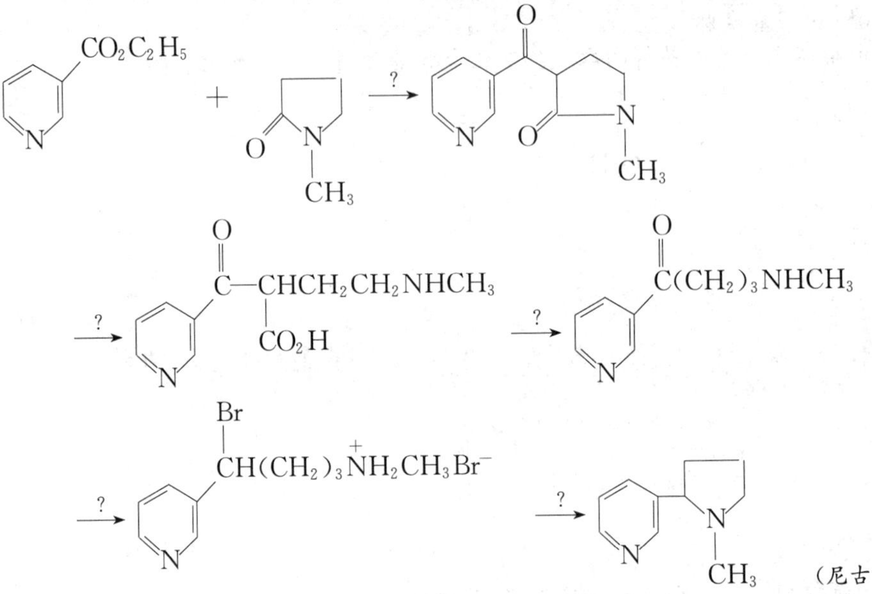

（尼古丁）

第十七章　周环反应

　　以前各章所讨论的有机反应历程大多属于离子反应或自由基反应。本章所讨论的周环反应不属于上述的历程。周环反应的特点是：它们不受试剂极性、溶剂变化、自由基引发剂或其他催化剂的影响，只有加热或光照才能对它们施加影响。反应过程中无离子或自由基中间体生成，而是生成环状过渡态，因而叫周环反应(pericyclic reactions)。事实上，任何使这些反应的中间体分离、检出或捕集的企图都未成功。这些反应明显是协同的，即旧键的断裂和新键的形成是同时进行的。因此，周环反应是一类通过环状过渡态进行的协同反应(concerted reactions)。我们以前学过的 Diels-Alder 反应就属于此类反应，它们都具有高度的立体选择性。

　　周环反应可以分为三种类型，简述如下：

　　1. 电环化反应(electrocyclic reactions)

　　在光照或加热的影响下，共轭烯烃转变成环烯烃，或它的逆反应——环烯烃开环变成共轭烯烃，这类反应称为电环化反应。例如(Z,E)-2,4-己二烯在热或光的作用下分别得到顺-3,4-二甲基环丁烯或反-3,4-二甲基环丁烯：

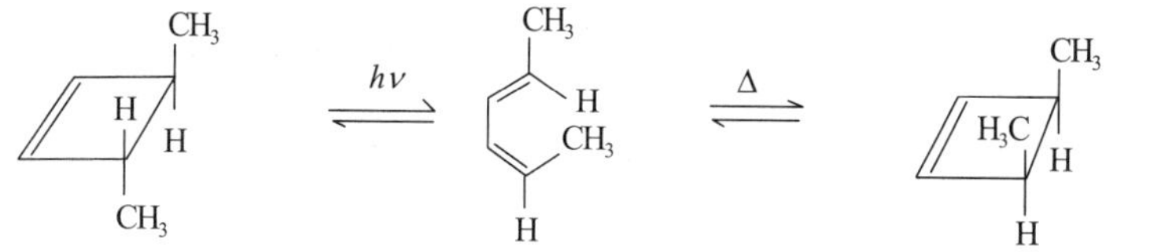

反-3,4-二甲基环丁烯　　　　　　　　　　　　　　顺-3,4-二甲基环丁烯

　　从这个例子中我们可以看出：反应是立体专一性的，而且热和光的作用对产物的立体构型起相反的作用。

　　2. 环加成反应(cycloaddition reactions)

　　在光或热的影响下，烯烃与烯烃或与共轭烯烃加成，产生环状化合物的反应，称为环加成反应。例如，两分子乙烯在光的作用下，彼此加成形成环丁烷：

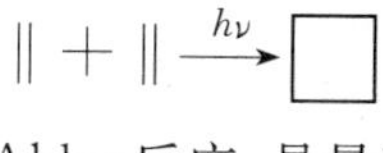

　　［2+2］环加成反应

　　双烯合成也称为 Diels-Alder 反应，是最重要的一类环加成反应，也是制备六元环最重要的一种方法。例如，丁二烯与乙烯加成为环己烯：

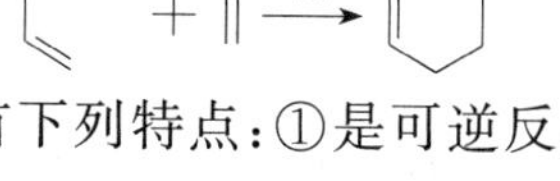

　　［4+2］环加成反应

　　环加成反应一般具有下列特点：① 是可逆反应。② 反应是立体专一的，总是顺式加成。例如：

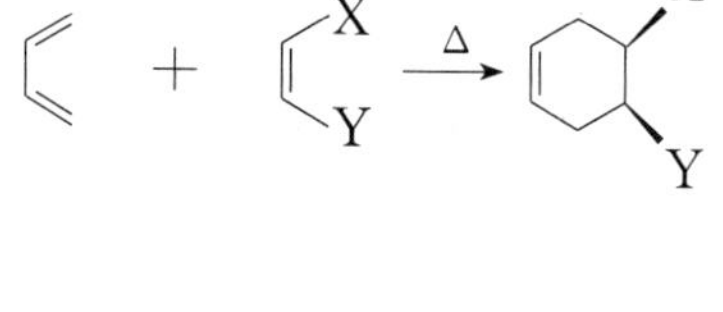

③如亲双烯体的双键上有其他的不饱和基团(如—CHO、—COOH、—CN 等)时,后者在加成产物中主要是靠近于新产生的双键的一面。例如两分子的环戊二烯发生双烯合成反应时,理论上应有两种取向:一种是外向(exo)的,即不饱和取代基和新产生的双键处在离得较远的位置。另一种是内向(endo)的,即不饱和取代基与新产生的双键处于离得较近的位置。在这种情况下,反应总是产生内向化合物,如下式所示:

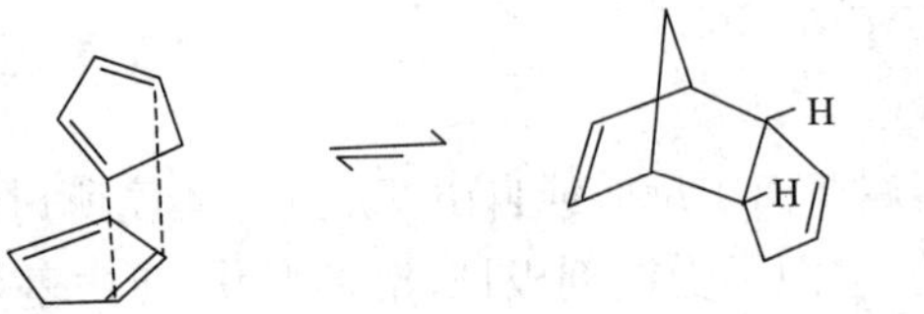

内 向 (endo) （主要产物）

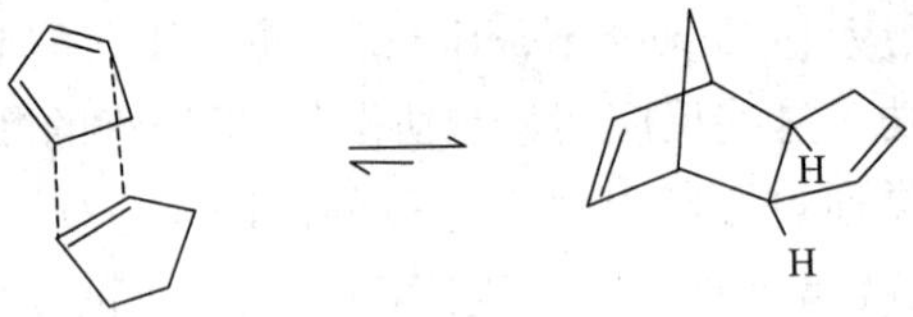

外 向 (exo)

3. σ键迁移反应(sigmatropic rearrangement)

在加热或光照条件下,π 体系中的一个碳原子上的 σ 键迁移到另一个碳原子上,随之共轭链发生转移的反应称为 σ 键迁移反应。例如:

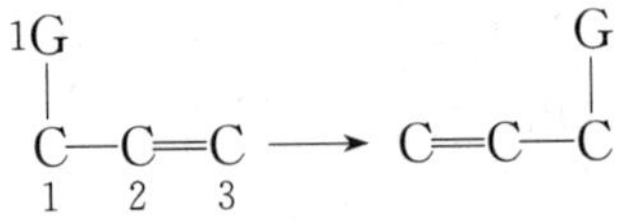

[1,3] σ迁移反应

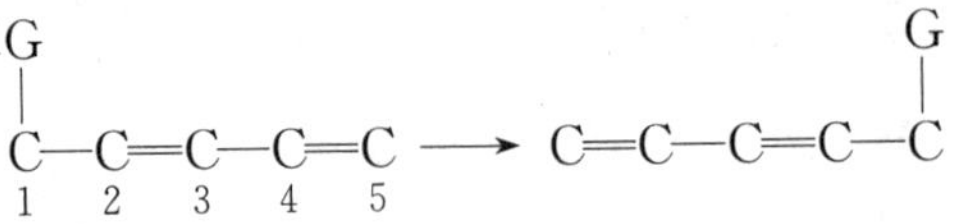

[1,5] σ迁移反应

方括号中的数字[1,3]和[1,5]表示迁移后 σ 键所联结的两个原子的位置。

一个重要的具体例子是1,5-己二烯的 Cope 重排反应,这是一个在热作用下发生的[3,3] σ迁移反应:

[3,3] σ迁移反应

已经学过的 Claisen 重排反应也是一个[3,3] σ 迁移重排反应,和 Cope 重排不同的是一个氧原子代替了体系中的碳原子:

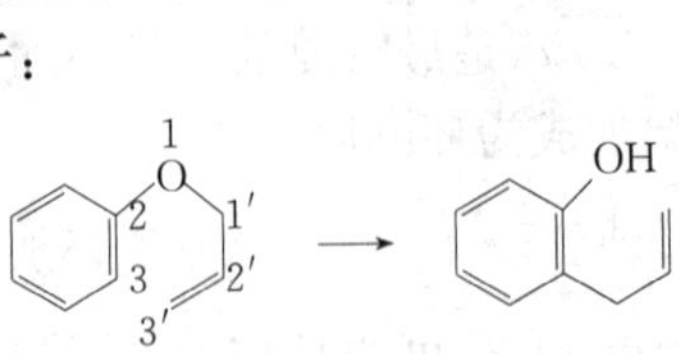

上面三种类型的反应都是通过环状过渡态进行的协同反应,如下面式子所示:

电环化反应:

环加成反应:

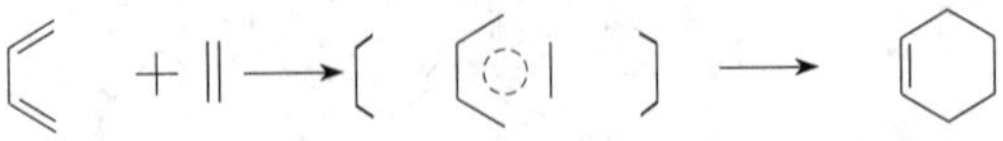

520

σ迁移反应：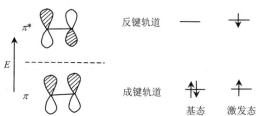

为什么在协同反应中光和热所起的作用恰恰相反？为什么碳原子的数目不同，进行反应的条件亦不同？为什么周环反应一定是协同反应？这些问题如何从理论上加以解释？

关于协同反应的机理多年来一直是不清楚的。有人称之为有机化学的"朦胧区"，也有人称之为"没有机理"的反应。一个化学反应涉及到爬越一个能垒，起反应的分子需要寻找能垒最低的历程。显然，协同反应历程有其优点，部分由于键的断裂所需要的能量可以同时从键的生成所放出的能量中得到补偿。因此，可以认为，为了通过最低能垒的历程，在反应的整个过程中，不管在哪一阶段，必须保持最高度的残余键合，在过渡态时尤其是这样。键的保持意味着轨道重叠的保持（因为成键是轨道交叠的结果），因此，我们就要建立必要的条件来保证轨道的重叠，这就要求我们考虑原子和分子轨道的一个性质，即"相"（Phase）的问题。

我们知道，对轨道的相的考虑其重要性在于：只有同相的轨道才能重叠成键，反相的轨道导致相拒，构成反键。我们将乙烯的两个 p 轨道线性组合得到的两个分子轨道（π 和 π^*）用图描绘，如图 17.1 所示。

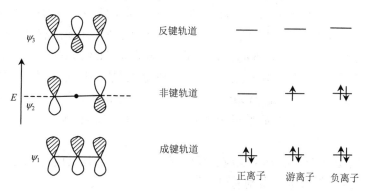

图 17.1　乙烯的 π 分子轨道

接着我们来看一下烯丙基（烯丙基正离子、烯丙基游离基和烯丙基负离子）的三个 p 原子轨道线性组合成三个分子轨道即 ψ_1，ψ_2 和 ψ_3，如图 17.2 所示。

图 17.2　烯丙基型体系的 π 分子轨道

521

同样可将"s-顺式"构象["s-顺式" 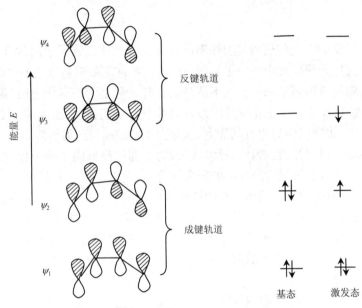 是指以一个单键(用"s"代表)所连接的两个双键处于顺位的构象,而 则为"s-反式"]的丁二烯四个 p 原子轨道引起的四个分子轨道 (ψ_1,ψ_2,ψ_3 和 ψ_4)用图 17.3 描绘出来。

图 17.3 1,3-丁二烯的 π 分子轨道

1965 年,伍德华德(R. B. Woodward)和霍夫曼(R. Hoffmann)根据大量实验事实,在系统地研究了协同反应的基础上,考虑到轨道相对的相,即对称性,从而提出了分子轨道对称守恒原理。其基本思想认为:当反应物与产物的分子轨道对称性一致时,反应易于发生;不一致时,反应难于发生。也就是说,在一步反应中,分子总是倾向于循着保持其轨道对称性不变的方式发生反应,并得到轨道对称性不变的产物。对称性一致而易于发生的反应,是对称允许(symmetry allowed)反应;对称性不一致而不易发生的反应,是对称禁阻(symmetry forbidden)反应。运用这一原理,不仅能解释有机反应中某些电环化、环加成和 σ 迁移等反应的难易以及这些反应的高度立体专一性,并且可以正确地预见某些反应的行为——需用热诱发或用光化学诱发,和由这些诱发而导致的详细的立体化学。因此,它是近代理论有机化学的重大进展之一。参与这一概念发展的还有日本的福井(Fukui)、英国的 H. C. Longuet Higgins。

目前,分子轨道对称守恒原理主要有三种理论处理方法:能量相关理论(correlation diagram method)、前线轨道理论(frontier orbital method)和休克尔-莫比斯(Hückel-Möbius)理论。其中前线轨道理论简单易懂,可用来解释常见的周环反应,所以本章只简单介绍前线轨道理论。

前线轨道理论认为分子在化学反应过程中,起决定作用的是反应物的前线轨道。因此,在考虑对称性时,只考虑前线轨道的对称性。

所谓前线轨道是指能量最高、有电子占据着的轨道——最高占有轨道 HOMO(Highest Occupied Molecular Orbital)和能量最低的、空着的轨道——最低空轨道 LUMO(Lowest Unoccupied Molecular Orbital)。例如,丁二烯分子有四个 π 轨道 ψ_1、ψ_2、ψ_3 和 ψ_4,按能级高低

排列顺序如图 17.3 所示。根据能量最低原理和保里原理，丁二烯处于基态时，ψ_1 和 ψ_2 两个成键轨道各有两个电子占据着，它们是占有轨道。其中 ψ_2 能量较高，所以 ψ_2 是最高占有轨道（HOMO），ψ_3 和 ψ_4 两个反键轨道中没有电子，它们是空轨道，其中 ψ_3 能量较低，所以 ψ_3 是最低空轨道（LUMO）。ψ_2 和 ψ_3 就是丁二烯基态时的前线轨道。

在 HOMO 中能量较高的电子离核最远，受核的"束缚"最小，最容易离去；LUMO 是空轨道中能量最低的，最容易接受电子。因此，在分子发生化学反应时，前线轨道起关键作用。当两个反应物分子相互接近，电子从一个分子的 HOMO"流入"另一分子的 LUMO，引起有关化学键的断裂或形成，从而发生化学反应。只有当 HOMO 和 LUMO 的对称性守恒时，反应才是允许的，否则是禁阻的。这里所指的对称性守恒主要是指 HOMO 的 p 轨道的两瓣与 LUMO 的 p 轨道的两瓣的位相一致，也就是 HOMO 正的一瓣与 LUMO 正的一瓣相互作用，或 HOMO 负的一瓣与 LUMO 负的一瓣相互作用，反应才可能发生。当参加反应的分子只有一个型体时，例如，电环化反应，则只需考虑 HOMO 就可以了。下面我们将用前线轨道理论来讨论各种周环反应。

17.1 电环化反应

前已述及(Z,E)-2,4-己二烯在热的作用下生成顺-3,4-二甲基环丁烯，而在光的作用下则生成反-3,4-二甲基环丁烯。为什么? 我们知道，电环化时，多烯烃的两个 π 电子形成环烯烃的一个新 σ 键。但是哪两个电子呢? 按前线轨道法，只要考虑 HOMO，对于(Z,E)-2,4-己二烯的热环化反应来说，基态时的 HOMO 是 ψ_2，正是这个轨道中的电子将形成键而闭环。成键时需要交叠，这时是二烯烃的 C_2 和 C_5 两个碳的瓣的交叠。为使这些瓣达到能交叠的位置，就必须把 C_2—C_3 和 C_4—C_5 这两个键绕着各自键轴旋转，这种转动有两种方式：一种是绕着两根键作同一方向旋转，叫顺旋(conrotatory)，另一种是两根键作相反方向旋转，叫对旋(disrotatory)，如图 17.4 所示。

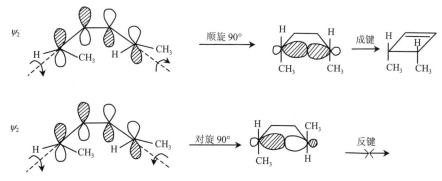

图 17.4　取代丁二烯的热环化反应

从图 17.4 中可以看出，顺旋时，共轭二烯的 C_2 和 C_5 上 p 轨道变成 3,4-二甲基环丁烯的 sp^3 轨道，其对称性保持不变，正正（或负负）可以重叠成键，因此，顺旋是轨道对称性允许的途径。而对旋时将使反相的两瓣在一起，正负不能重叠成键，因此，对旋是轨道对称性禁阻的。

在光的作用下，2,4-己二烯分子被激发，其中有一个电子从 ψ_2 上升到了 ψ_3，这样，HOMO 是 ψ_3。但是，在 ψ_3 中，C_2 与 C_5 原子的相对对称性与 ψ_2 中的相反，因此顺旋是禁阻的，对旋是允许的,如图 17.5 所示。

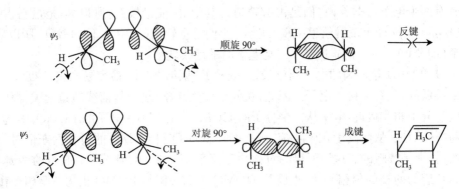

图 17.5　取代丁二烯的光环化反应

　　其他含有 π 电子数为 $4n$ 的共轭多烯电环化反应的方式基本上与此相似,例如,2,4,6,8-癸四烯:

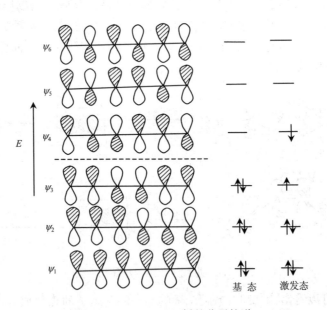

　　根据同样的处理方法,二取代己三烯的电环化反应,则有相反的结果。按线性组合己三烯的六个分子轨道 ψ_1、ψ_2、ψ_3、ψ_4、ψ_5、ψ_6,如图 17.6 所示。

图 17.6　1,3,5-己三烯的分子轨道

　　基态时的 HOMO 是 ψ_3,激发态时的 HOMO 是 ψ_4,在热反应中,ψ_3 为 HOMO,对旋是轨道对称性允许的,C_2 和 C_7 间可以生成 σ 键,顺旋是轨道对称性禁阻的,C_2 和 C_7 间不可能生成 σ 键,如图 17.7 所示。

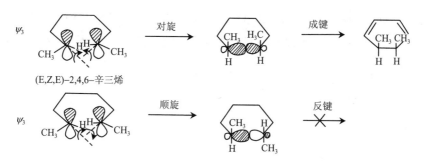

图 17.7　取代己三烯的热环化反应

在光反应中,原来的 LUMO 变成 HOMO,对旋是禁阻的,顺旋是允许的,如图 17.8 所示。

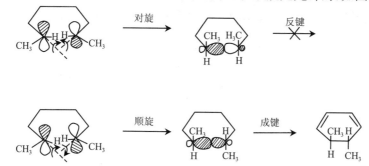

图 17.8　取代己三烯的光环化反应

其他含有 π 电子数为 $4n+2$ 的共轭多烯电环化反应的方式也与此相似。例如环-1,3,5,7,9-癸五烯:

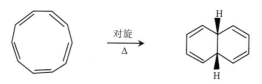

从以上看出电环化反应的立体化学取决于多烯烃中双键的数目与反应是加热的还是光化学的。由于当多烯烃中 π 电子对的数目增加时,HOMO 中两个末端碳原子的相对对称性有规则地变换,而且基态的 HOMO 中的对称性常常与激发态中的相反,因此,$4n$ 个 π 电子的共轭体系,其热化学反应按顺旋方式进行,光化学反应按对旋方式进行。对于 $4n+2$ 个 π 电子的共轭体系,则进行的方式正好与上述相反。一般称这为 Woodward-Hoffmann 规则,见表 17.1。

表 17.1　电环化反应规则

π 电子数	反应条件	旋转方式
$4n$	热	顺旋
	光	对旋
$4n+2$	热	对旋
	光	顺旋

要得到预期的产物,除了主要注意对称性外,也要注意次要因素——主要是位阻的影响。

对于每个反应有两种顺旋和两种对旋方式,它们导致的产物可以有区别也可能没有区别。例如顺-3,4-二甲基环丁烯开环,两种顺旋方式给出相同的产物——(Z,E)-2,4-己二烯。

(Z,E)–2,4-己二烯

而反-3,4-二甲基环丁烯的两种不同顺旋方式导致两种不同的异构体(Z,Z)和(E,E)-2,4-己二烯:

(Z,Z)–2,4-己二烯

(E,E)–2,4-己二烯

由于位阻的影响,实际上只得到(E,E)-2,4-己二烯。

17.2　环加成反应

我们以前学过 Diels-Alder 反应,1,3-丁二烯和乙烯生成环己烯的反应是[4+2]环加成反应的一个例子,反应很容易进行,常常是自发的,最多也只需要温热。而两分子乙烯结合成环丁烷是[2+2]环加成反应的一个例子,但该反应在一般加热的条件下是不容易发生的。为什么?

环加成反应一般包括两个组分,它们能否发生协同加成反应,按前线轨道理论,取决于一个组分的 HOMO 与另一组分的 LUMO 是否能发生重叠。当一分子丁二烯与一分子乙烯进行双烯合成时,不管哪一个分子参与的是 HOMO 或 LUMO,它们的轨道对称性都是相匹配的,是一个成键情况。所以,丁二烯和乙烯的环加成反应是热允许的反应,很容易进行,如图17.9所示。

图 17.9　对称—允许的[4+2]热环化加成反应

但是,如果两个分子都是乙烯进行加成,HOMO 和 LUMO 的轨道对称性不匹配,电子不能从 HOMO"流向"LUMO,故反应是对称禁阻的,不能成键,即乙烯在加热条件下不能聚合,如图 17.10 所示。

图 17.10　对称—禁阻的[2+2]热环化加成反应

若在光照条件下,一个乙烯分子受光激发,π 轨道中的一个电子跃迁到 π^* 轨道,这时它的 LUMO(π^*)变成了 HOMO,它与基态乙烯分子 LUMO 相匹配,于是在激发的乙烯分子和基态乙烯分子之间,可以进行反应,即两分子乙烯的环加成是光允许的反应,如图 17.11 所示。

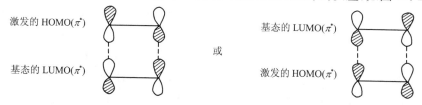

图 17.11　对称—允许的[2+2]光环化加成反应

实验事实与理论推测完全符合。例如(Z)-2-丁烯在光照下生成 1,2,3,4-四甲基环丁烷的两种异构体:

到现在为止,我们对环加成反应的讨论是假定反应对于两个组分来说都是同面的。所谓同面加成,是指反应中键的生成或断裂是在双键的同一面(异面加成是指反应中键的生成或断裂是在双键的异面)。

（同面）　　　　　（异面）

对于[4+2]环加成来说,立体化学证明情况确实是如此。现在,就考虑轨道对称性来说,如果对一个组分是同面的,而对另一个组分是异面的,那么[2+2]热环化加成是能够发生的,如图 17.12 所示。

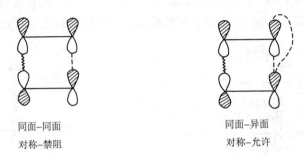

同面－同面　　　　　　　　　　　同面－异面

对称－禁阻　　　　　　　　　　　对称－允许

图 17.12　[2+2]环加成

同面—同面:几何上是可能的,但是对称禁阻的

同面—异面:几何上是困难的,但是对称允许的

几乎可以肯定,这种同面—异面过程从几何的观点来看是不可能的,这是由于反应过渡态形成过程产生键的扭曲。但是如果待生成的环足够大,同面—同面与同面—异面的两种过程在几何上都是可能的,此时轨道对称性能决定的不是环加成反应是否会发生,而是它如何发生。

综上所述,环加成反应有两种类型,一种是[2+2]环加成,其 π 电子总数为 $4n(n=1,2,3,\cdots)$,在加热条件下,同面—异面加成对称允许;在光照条件下,同面—同面加成对称允许,另一种是[4+2]环加成,其 π 电子总数为 $4n+2$。在加热条件下,同面—同面加成对称允许,在光照条件下,同面—异面加成对称允许。因此,环加成的 Woodward-Hoffmann 规则见表 17.2。

表 17.2　环加成反应规则

π 电子数	加　　热	光　　照
$4n$	同面—同面加成——对称禁阻	同面—同面加成——对称允许
	同面—异面加成——对称允许	同面—异面加成——对称禁阻
$4n+2$	同面—同面加成——对称允许	同面—同面加成——对称禁阻
	同面—异面加成——对称禁阻	同面—异面加成——对称允许

环加成反应的应用举例:

1. [4+2]环加成

(1)

从上可见,当双烯体带有给电子基团,亲双烯体带有拉电子基团时,不仅会使反应变得容易进行,而且主要生成邻对位产物,这叫邻对位加成规律,这可用前线轨道理论对双烯和亲双烯体各部位"轨道系数"加以说明[参阅 J. Am. Chem. Soc,95,4092(1973)]。

(2)其他双烯和亲双烯体的环加成反应。除碳原子体系外,含有杂原子并可以发生环加

成反应的双烯体和亲双烯体也很多,如:

双烯体:

$$\underset{O}{\overset{|}{C}}-\underset{O}{\overset{|}{C}} \quad , \quad \underset{O}{\overset{|}{C}}-\overset{|}{C}=\overset{|}{C} \quad , \quad -N=\overset{|}{C}-\underset{|}{\overset{|}{C}} \quad , \quad \overset{|}{C}-N=N-\overset{|}{C} \quad 等。$$

亲双烯体:$\underset{|}{\overset{|}{C}}=N- \quad , \quad -C\equiv N \quad , \quad \underset{|}{\overset{|}{C}}=O \quad , \quad -N=O \quad , \quad -N=N- \quad$ 等。

下面是一些反应实例,从中可看到这个反应可有多种用法:

（图：环己二烯 + N=N(CO₂C₂H₅)₂ →Δ→ 产物） (100%)

（图：2-甲基-1,3-丁二烯 + O=C(CN)₂ →Δ→ 产物） (92%)

（图：1,3-丁二烯基醛 + 丙烯醛 →Δ→ 产物） (45%)

烯丙型正离子有两个 π 电子,也可以作为亲双烯体与双烯加成,这个反应可制备七元环化合物。

$$CH_2=\underset{CH_2I}{\overset{CH_3}{\underset{|}{C}}} \quad \xrightarrow[Cl_3CCO_2Ag]{CH_2Cl_2/SO_2} \quad CH_2=\underset{\overset{|}{C}H_2}{\overset{CH_3}{\underset{|}{C}}} \quad \equiv \quad （烯丙型正离子结构）$$

（图：环戊二烯 →Δ→ 桥环正离子-CH₃ →-H⁺→ 产物 + 产物）

（3）1,3-偶极环加成。分子中含有 $\overset{+}{a}=\overset{}{b}-\overset{-}{\underset{..}{c}}$ 或 $\overset{+}{a}-\overset{}{b}=\overset{-}{\underset{..}{c}}$ 型结构的化合物称为 1,3-偶极分子,常见的有重氮化物（ $R_2\underset{..}{\overset{-}{C}}-\overset{+}{N}=\underset{..}{N}:$ ）、叠氮化物（ $R-\underset{..}{\overset{-}{N}}-\overset{+}{N}=\underset{..}{N}:$ ）等,这类化合物具有 4 个 π 电子的三轨道体系（相当于烯丙基负离子）,它们很容易在加热条件下与亲双烯体进行 [4+2] 环加成反应,生成五元杂环化合物。例如:

$$\underset{..}{\overset{-}{C}}H_2-\overset{+}{N}=\underset{..}{N}: \quad + \quad （CH_2=CH-CO_2C_2H_5） \quad \xrightarrow{\Delta} \quad （五元杂环产物-CO_2C_2H_5）$$

2. [2＋2]环加成

$$PhCH\!=\!CHCO_2H \xrightarrow{h\nu}$$

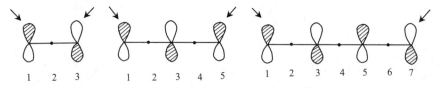

17.3　σ键迁移反应

前已述及σ键迁移反应是原子或基团把一个碳原子上的σ键迁移到另一个碳原子上随之共轭链发生转移的反应。它和一般重排反应不同,σ键迁移过程中不存在任何通常的正离子、负离子等中间体,它是通过协同反应即环状过渡态来实现的。因此,就需要像通常那样考虑有关轨道的对称性。我们可认为σ迁移反应过渡态中的成键,是由一个原子或游离基轨道和一个烯丙基型游离基(π骨架)轨道之间交叠而成的。在过渡态中,一个组分的 HOMO 与另一组分的 HOMO 发生交叠,每一个 HOMO 都只被一个电子所占据,交叠在一起后,就有一对电子。

烯丙基型游离基的 HOMO 与 π 骨架中碳的数目有关。迁移基团是从烯丙基型游离基的一端转移到另一端,因此,我们要注意的是两个末端轨道的对称性。可以看到,从 C_3 到 C_5 到 C_7 等等时,这些末端碳的对称性有规则地更替着,如图 17.13 所示。

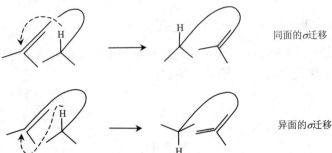

图 17.13　烯丙基型游离基的 HOMO

我们先考虑最简单的情况:氢的迁移。从立体化学上看,这种σ键迁移反应可分为两种类型:一种叫同面迁移(suprafacial shift)反应,迁移前后的σ键在共轭平面的同一侧。另一种叫异面迁移(antarafacial shift)反应,迁移前后的σ键在共轭平面的两侧。

同面的σ迁移

异面的σ迁移

在过渡态中,需要形成一个三中心键,这就必须涉及氢的 s 轨道和两个端点碳的 p 轨道瓣之间的交叠,究竟允许同面迁移还是允许异面迁移,取决于这些端点碳轨道的对称性。在加热

530

条件下,氢原子发生在[1,3]σ键迁移时,有两种迁移方式,如图17.14所示。

图 17.14 [1,3]σ键氢迁移(加热)

可见,[1,3]σ迁移同面是对称禁阻的,而异面是对称允许的。在光照条件下,烯丙基自由基的HOMO为ψ_3,此时,氢原子的同面[1,3]σ迁移是对称允许的,异面[1,3]σ迁移是对称禁阻的,如图17.15所示。

图 17.15 [1,3]σ键氢迁移(光照)

下面的反应为氢原子的同面[1,3]σ迁移,在光照下容易进行:

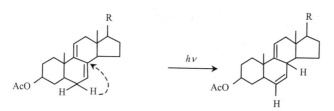

不难看出,若体系多一个π键,氢原子迁移变为[1,5]σ迁移,情形与[1,3]σ迁移恰恰相反,在加热条件下,同面迁移是对称允许的,异面迁移是对称禁阻的。而在光照条件下,戊二烯游离基π体系的HOMO为ψ_4分子轨道,异面迁移是对称允许的,如图17.16所示。

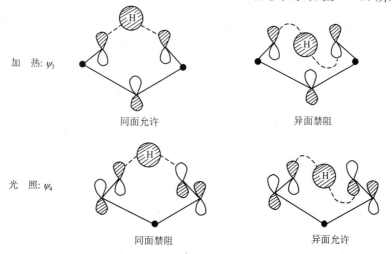

图 17.16 [1,5]σ键氢迁移

然而,σ迁移后的重排反应是否发生,不仅取决于对称性的要求,也取决于体系的几何形状。特别是[1,3]异面迁移非常困难。因为它要求π骨架扭曲成远非一个平面,而这平面是电子离域作用所需要的,因此所需能量较高。实际上也很少观察到这样的[1,3]异面迁移。对于较大的π骨架来说,同面和异面两种迁移从几何观点来看都是可能的。这时立体化学预料只与轨道的对称性有关。例如[1,7]氢迁移应该是异面的,[1,9]氢迁移应该是同面的,等等。

上面我们讨论了氢的迁移,它是必须受到一个s轨道的交叠这一限制的。但是碳原子参加的迁移,情况就比较复杂一点。除了涉及到氢迁移时的同面或异面成键问题外,还有碳原子轨道以原有的一瓣去成键,还是以不成键的另一瓣去形成新键的问题。和碳上原有的一瓣成键意味着连接发生在同一面,这样,迁移基团中的构型保持不变,如图17.17所示。

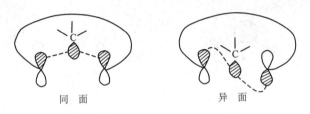

图 17.17　碳原子 σ 迁移(构型保留)

若碳原子以不成键的另一瓣去成键,即碳原子 p 轨道的两个位相不同的瓣与 π 骨架的两端成键,结果使迁移基团中的构型发生转化,如图 17.18 所示。

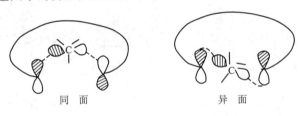

图 17.18　碳原子 σ 迁移(构型翻转)

对于[1,3]和[1,5]迁移来说,几何形状有效地阻止了异面迁移,于是只限于讨论同面迁移。这样我们可以作出预测:[1,3]迁移伴有构型转化,[1,5]迁移构型保持不变,如图 17.19 所示:

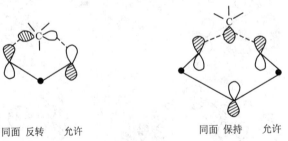

图 17.19　碳原子[1,3]σ迁移(构型反转),[1,5]σ迁移(构型保留)

这些预测都已为实验所证实。1968 年 Jerome Berson 报道了氘标记的二环[3,2,0]-2-庚烯(i)加热时立体专一地转变成外-降冰片烯(ii),如图 17.20 所示。

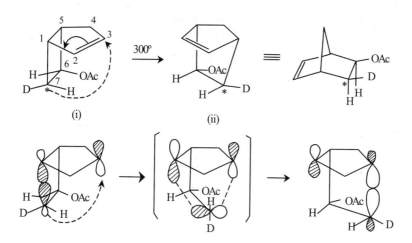

图 17.20　氘标记的二环[3,2,0]-2-庚烯(i)通过[1,3]碳迁移重排成降冰片烯(ii)

这个反应是通过[1,3]迁移而进行的,迁移基团中的构型完全转化了,C_7 构型从 R 转化成 S。

1970 年,H. Kloosterziel 报道了非对映的 6,9-二甲基螺环[4,4]-1,3-壬二烯重排成二甲基二环[4,3,0]-壬二烯(i),(ii)和(iii)的研究。这些反应完全是立体专一的,是通过[1,5]迁移而进行的,迁移基团中的构型完全保持不变:

CH₃ ... [1,5]-C 迁移 Δ ... CH₃ ... [1,5]-H ... CH₃ ... [1,5]-H ... CH₃

(i) (ii) (iii)

C_6 从 C_5 到 C_4 迁移是一个[1,5]碳迁移(按 5,1,2,3,4 计数),C_6 处的构型保持不变,这可通过它与 C_9 构型的关系上看出来。

前已述及,[3,3]σ 迁移是比较重要而常见的一种类型,是科普(Cope)重排的基本形式。

内消旋

3,4-二甲基-1,5-己二烯　　　　(Z,E)-2,6-辛二烯

从轨道对称性来看,3,3′两个碳原子上的 p 轨道最靠近的一瓣是对称的,可以重叠成键。1,1′间的 σ 键开始断裂,3,3′碳间就开始形成 σ 键。同时双键从 2—3,2′—3′位移到 1—2,1′—2′之间,如图 17.21 所示。

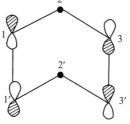

图 17.21　[3,3]σ 迁移

533

科普重排和其他周环反应的特点一样,具有高度的立体选择性。例如,内消旋-3,4-二甲基-1,5-己二烯重排后可能得到产物的顺反异构体有三种:(Z,Z),(Z,E),(E,E),而实际上仅得到其中的(Z,E)异构体一种(99.7%),这说明反应的过渡态为椅式。

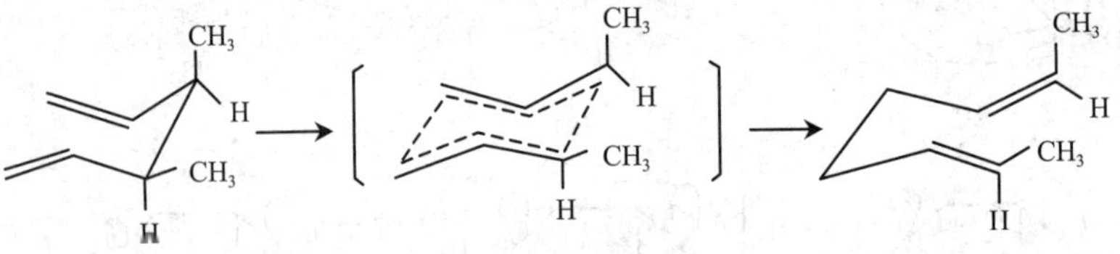

meso　　　　　　　　　　　　　　　　　　　　　　　　　(Z,E)-2,6-辛二烯

如过渡态为船式,应生成(Z,Z)-或(E,E)-2,6-辛二烯:

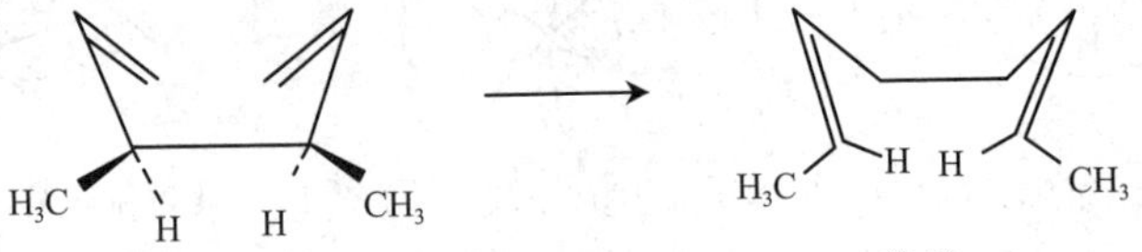

meso　　　　　　　　　　　　(E,E)-

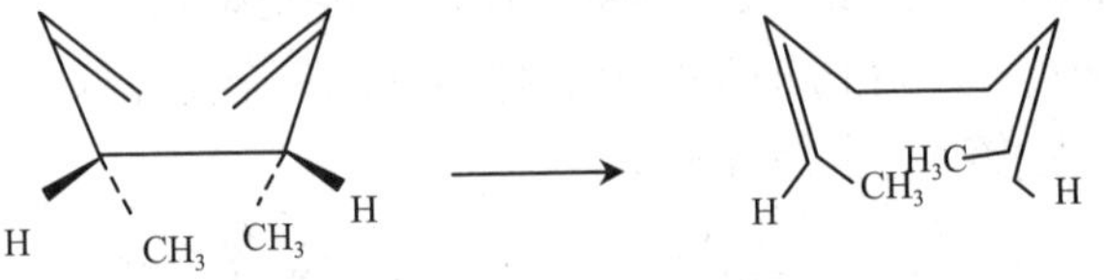

meso　　　　　　　　　　　　(Z,Z)-

克莱森(Claisen)重排也是通过[3,3]σ迁移实现的:

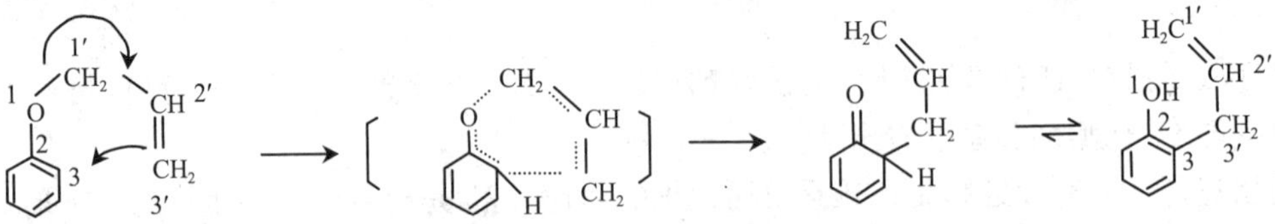

在克莱森重排中,若苯酚烯丙醚的邻位被取代基占据,则烯丙基迁移到对位上。此产物不是由烯丙基直接迁移所生成,而是由两个连续的迁移所生成的。烯丙基先迁移至邻位,再迁移至对位。第二步相当于 Cope 重排。这一点可由烯丙基[14]C 标记位置出现两次反转的现象而得到启发:

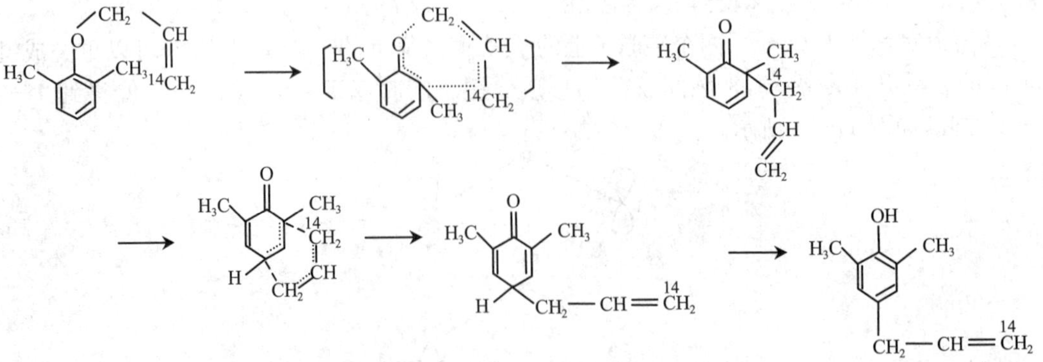

另一标记[14]C 的位置两次反转和两度迁移的证明,可由在反应中加入顺丁烯二酸酐通过

534

Diels-Alder 反应"捕获"其第一个二烯酮中间体来提供。如下式所示：

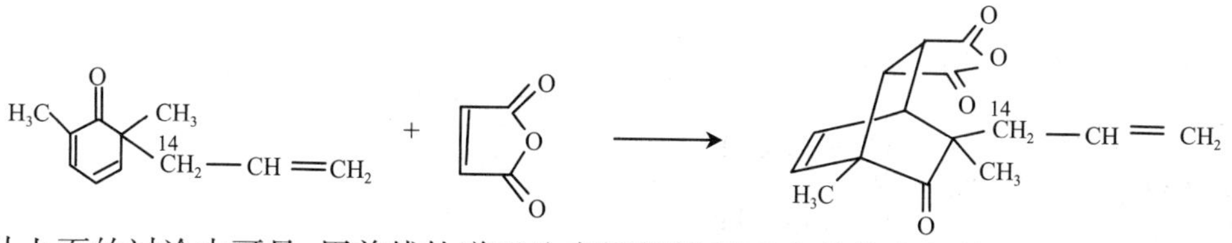

从上面的讨论中可见，用前线轨道理论来解释周环反应的优点是简单、直观，但也有一定的局限性，因为它只考虑前线轨道，而且只考虑前线轨道两端的对称性，显然这是不全面的。实际在反应过程中，整个分子轨道都在发生变化。

最后，必须强调的是，轨道对称效应是在协同反应中观察到的。Woodward 和 Hoffmann 制定的一些"规则"，并将某些反应途径称为对称—允许的，另一些途径称为对称—禁阻的。所以这些只适用于协同反应，并且是指它们进行时的相对难易程度。一个对称禁阻的反应只是一个很难发生协同机理的反应，只要在能量的变化上看来是可行的，它也可能通过非协同的机理进行，例如通过两性离子或双自由基中间体等。

习　　题

1. 完成下列反应：

（1）

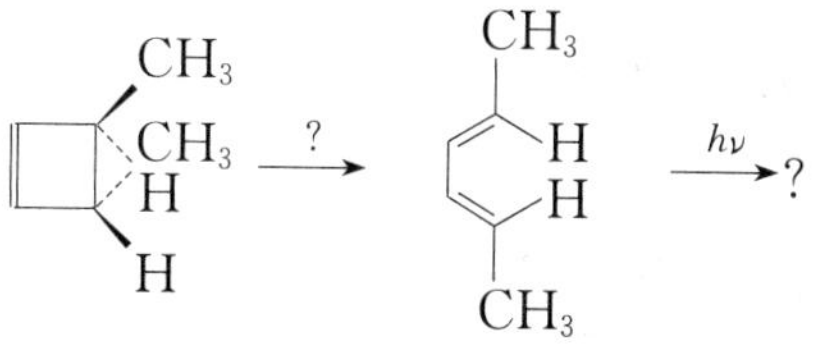

（2）

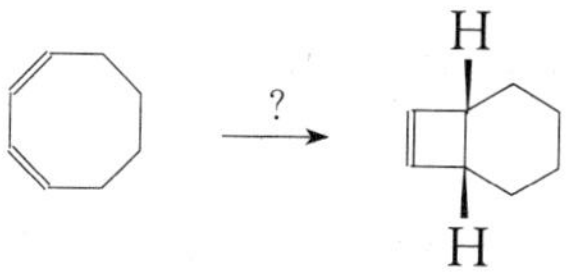

（3）

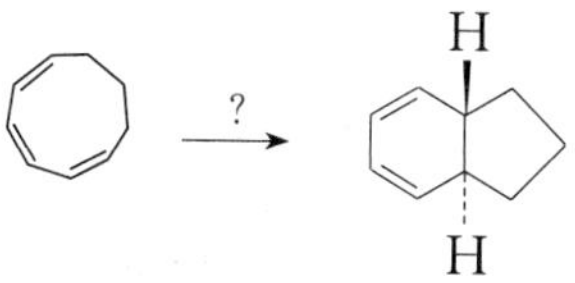

（4）2

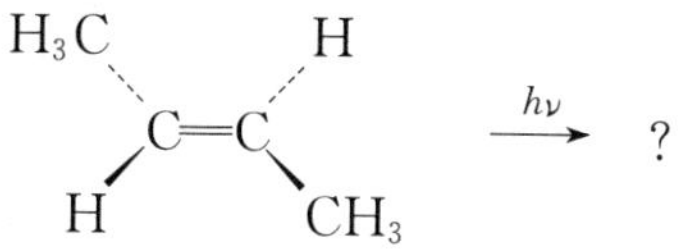

（5）

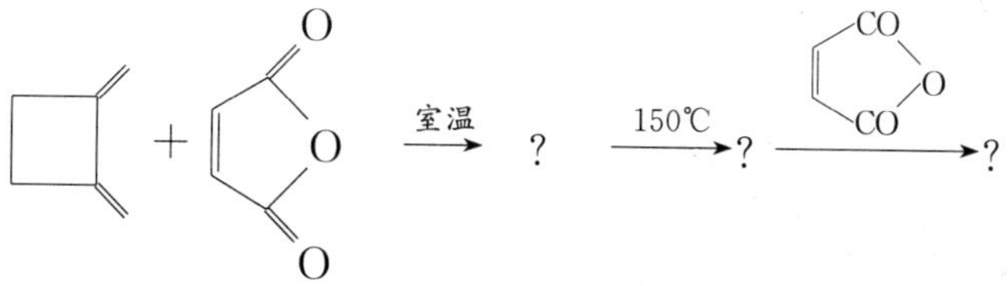

（6）

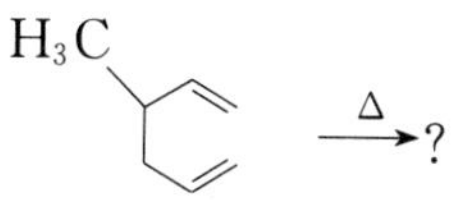

535

(7) 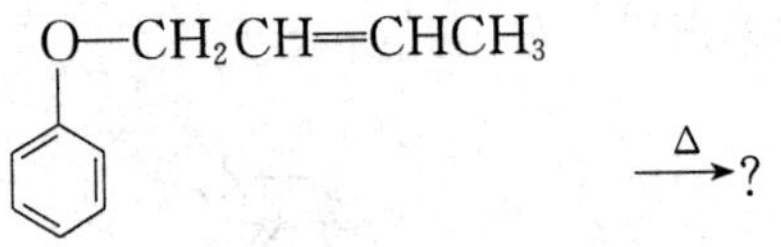
O—CH$_2$CH═CHCH$_3$
Δ
?

(8) 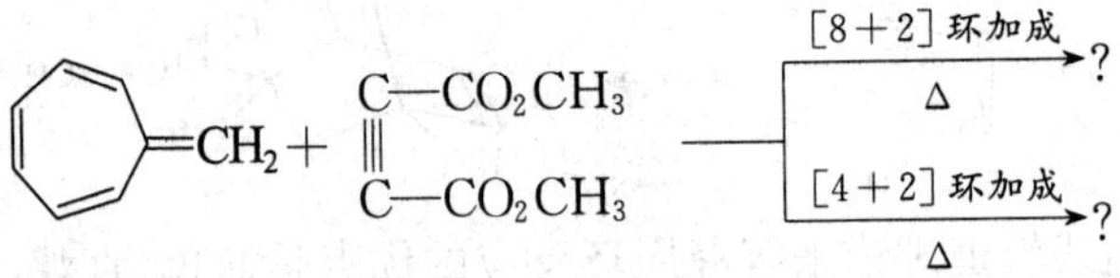
═CH$_2$ +
C—CO$_2$CH$_3$
C—CO$_2$CH$_3$
[8＋2] 环加成
Δ
?
[4＋2] 环加成
Δ
?

2. 用前线轨道理论解释下列反应在加热条件下(1)是可以发生的，(2)是不能发生的。

(1) 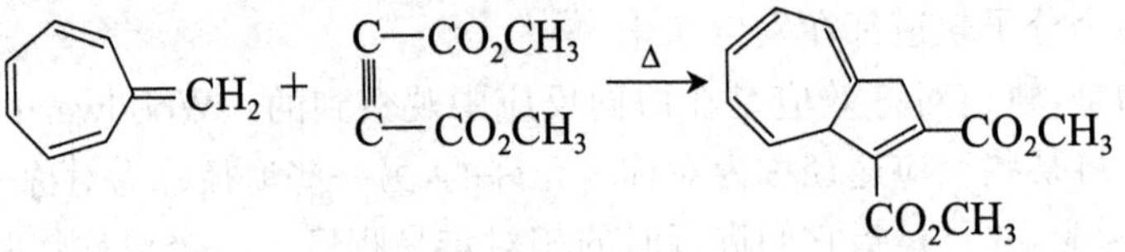
═CH$_2$ +
C—CO$_2$CH$_3$
C—CO$_2$CH$_3$
Δ
CO$_2$CH$_3$
CO$_2$CH$_3$

(2) 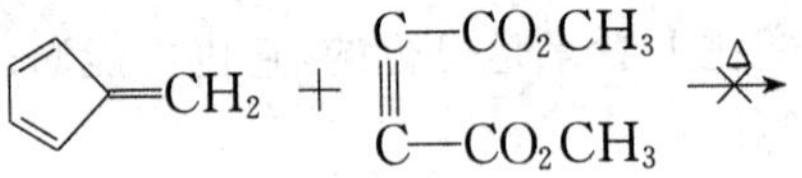
═CH$_2$ +
C—CO$_2$CH$_3$
C—CO$_2$CH$_3$
Δ

3. 乙烯与丁二烯在 175℃及高压下反应，得到以下产物：环己烯(85%)，4-乙烯基-1-环己烯(12%)及乙烯基环丁烷(0.02%)。写出反应式，并指出为何乙烯基环丁烷产率极低。

4. 为何双环庚二烯在光照和加热条件下的产物不同？

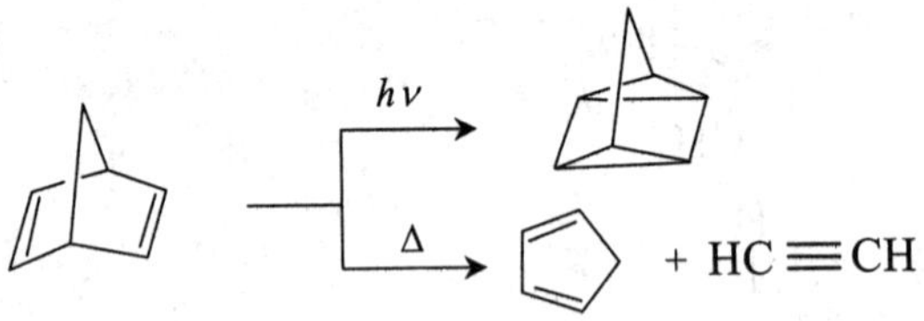
$h\nu$
Δ
+ HC≡CH

5. 下列重排得到产物(A)和(B)，它们是如何产生的？画出分子轨道的变化。

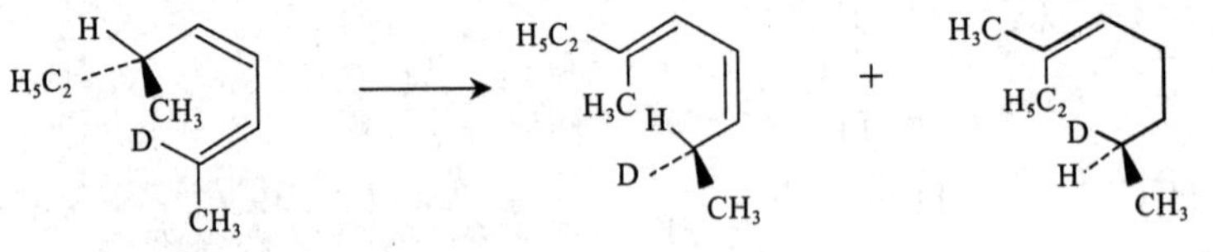
H
H$_5$C$_2$
CH$_3$
D
CH$_3$
H$_5$C$_2$
H$_3$C
H
D
CH$_3$
+
H$_3$C
H$_5$C$_2$
D
H
CH$_3$

(A) (B)

6. 解释下列的重排反应：

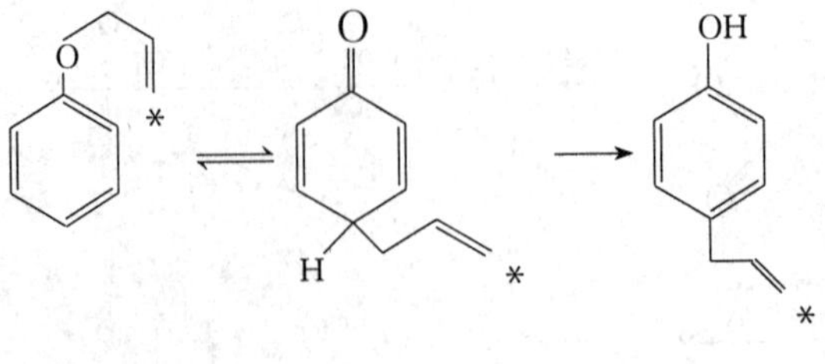
O
*
O
H
*
OH
*

7. 解释下列反应机理：

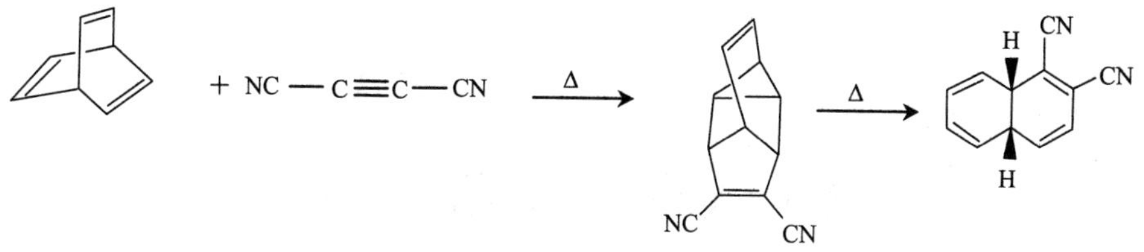

8. 2,3-二甲基-1,3-丁二烯和乙炔二羧酸加热后,得到一个产物,其分子式为 $C_{16}H_{20}O_3$ (A),含有两个双键。(A)在丙酮中经光照后得出一个(A)的异构体(B),但不含双键,探讨(A)及(B)的结构。

$$CH_2=\overset{\overset{CH_3}{|}}{C}-\overset{\overset{CH_3}{|}}{C}=CH_2 + HOOC-C\equiv C-COOH \overset{\Delta}{\longrightarrow} \underset{(A)}{C_{16}H_{20}O_3} \overset{h\nu}{\underset{丙酮}{\longrightarrow}} \underset{(B)}{C_{16}H_{20}O_3}$$

9. 你能否设计实验证实下列的分子确实已发生了重排?

第十八章 有机合成

18.1 有机合成的重要性与基本要求

我们知道,有机化学是研究有机化合物的结构、性能与合成的科学。因此,有机合成是有机化学的重要组成部分。一般说来,有机合成(organic synthesis)是从原料经由一系列化学反应制备成我们所希望的结构较为复杂的有机化合物的过程。

据美国化学文摘(简称 C. A.)近期的登记数,化学工作者所研究过的化合物已超过 1 800 万种。其中只有一小部分是天然存在的,绝大部分是人们在实验室或工厂内人工合成的。如此庞大数目的化合物中已成为商品的毕竟是极少数,因此在科学研究中离不开有机合成工作。在天然有机化学的研究工作中,为了解有机化合物的结构与生物活性的关系,确证天然产物的结构,都需要人工进行合成特定的有机化合物。一个具体的例子是:据"中国土农药志"中报道,毛茛科植物的提取液具有很好的杀虫活性。经我们进一步研究,找到了毛茛科植物中的生物活性物质——原白头翁素(结构式)。它不仅具有一定的杀虫活性,而且具有很好的杀菌活性,对鱼低毒。然而原白头翁素因结构不稳定而易失去其生物活性,人们无法加以利用。为此我们合成了原白头翁素及其类似物:

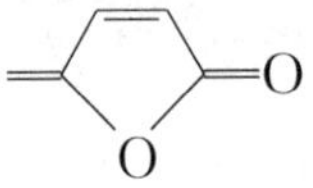

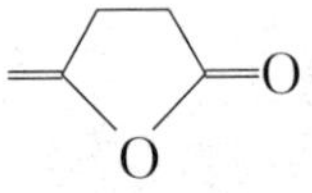

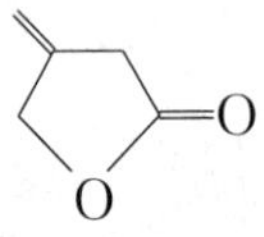

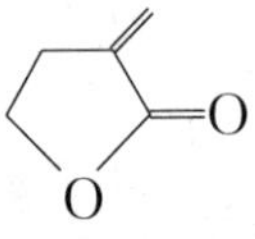

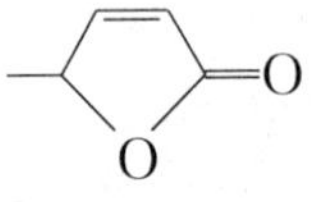

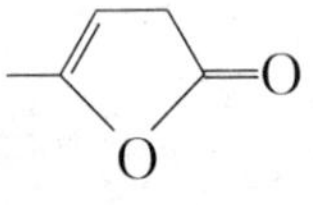

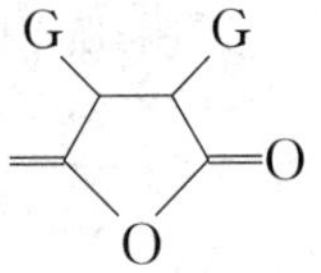

(G 代表不同的取代基),……从它们的结构与生物活性关系的研究中,发现具有结构为(R 为烷基)的化合物,不但结构稳定,而且杀菌活性最高,为寻找高效、安全的杀菌剂新品种奠定了良好的基础。由此可见,有机合成对新农药、医药等的研究起着非常重要的作用。近年来有机合成的领域迅猛发展,新的合成试剂、新的合成反应层出不穷,并相继合成了一系列结构十分复杂的化合物,有些还具有抗癌等非常重要的生理活性。现在人类已可以模仿某些生物合成的过程,用化学合成手段探讨生命过程的奥秘。这标志着有机合成水平已发展到了崭新的阶段,它将对理论有机化学、生命科学的发展起着积极的推动

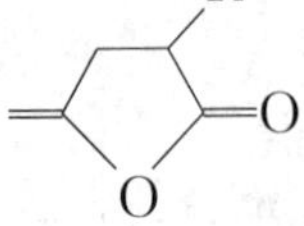

作用。

有机合成的另一个重要任务是为有机化学工业不断提供各种性能的有机化合物新产品,以满足人们各方面新的需要。

我们在学习有机化学的过程中已经看到,合成一种有机化合物往往可由相同(或不同)的原料经由多种反应途径(即合成路线)得到。任何一条合成路线,只要能合成出所要的化合物,应该说都是合理的。然而,在同样被认为是合理的路线之间,却有着有效程度大小的差别。如颠茄酮的合成有下列两条路线:一是维尔斯泰特(R. Willstätter)于 1896 年以环庚酮为原料合成颠茄酮的路线,前后经历 17 步反应:

尽管这一路线的每一步收率都较高,但由于合成步骤太多而使总收率大大降低,只有 0.75%。然而在当时的情况下能够人工合成出来,确是对有机合成的一大贡献。它不仅证明了麻醉剂——颠茄碱的结构,而且从结构上讲它是一个新型环状化合物。1917 年鲁滨逊(R. Robinson)设计出了第二条合成路线,仅用两步,总收率达 90%,反应如下:

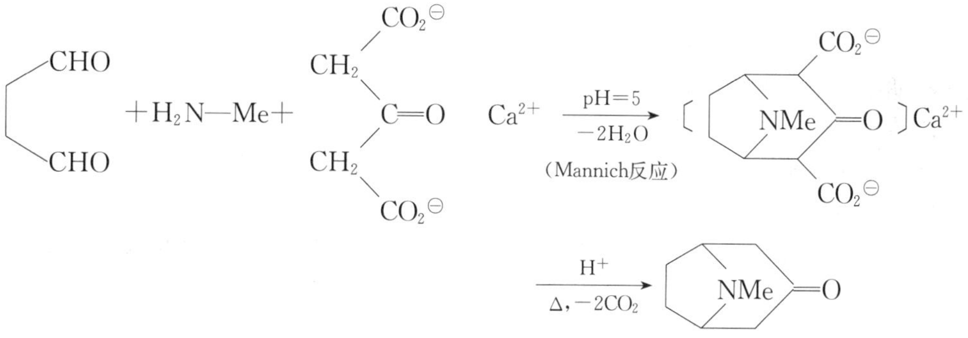

比较以上两条合成路线,第二条比第一条要优越得多,因为步骤少节省了很多原材料和设备,且总收率高。

由此看出,维尔斯泰特是着眼于选择一个合适的分子骨架,靠变换官能团达到目的,而鲁滨逊却是剖析分子的整体,注意到颠茄酮分子中含有 $N—C—C—C=O$ 结构单元,创造性地运用 Mannich 反应,在合成分子骨架的同时引入官能团。显而易见,后者的合成设计思路更优越。

由此可见,对任何一个化合物都可设计出多条不同的合成路线。而合成路线是由一些具体的反应按照一定的逻辑思维组合起来的。因此对有机合成工作者来说,要想做好合成路线的设计,就必须熟练掌握大量的有机反应,这是不难理解的。那么在设计较好的有机合成路线时应该符合哪些要求呢?

一般说来,一个好的有机合成路线应该符合下列三个基本要求:

(1) 合成的步骤要尽可能少。这不仅可节省反应时间,而且可使合成总收率大大提高。例如,对于一个需要十步才能完成的合成,即使每步反应产率都达到 90%,最后的总收率也只有 35%。若合成步骤仅三步时,其总收率就可提高到 73%。

（2）副反应少，产率高。由于有机化合物分子结构的复杂性，导致有机反应在发生主反应的同时，一些副反应常相伴而生，使主要产物的收率降低，这就要求应尽力选择较少副反应的合成路线，以提高产品的收率。

（3）原料便宜、易得，并需尽可能使用毒性较小者。一般含五个碳以下的单官能团化合物往往都有商品供应，因而合成时常被采用。有些复杂化合物的合成也可利用已知结构、来源丰富的天然产物作为原料。

此外，一项优秀的合成路线设计还应该包括：力求采用易于实现的反应条件和反应设备，如室温（或略高于室温）、常压（或略高于常压）等，以及三废的治理与综合利用，这对于维护人类的生存环境有十分重要的意义。

18.2　合成设计中几个彼此相关的因素

有机化合物的结构包括碳骨架、官能团的种类和位置以及分子的构型。在合成指定结构的目标化合物时，这三个相关因素都要考虑达到预定目标。

18.2.1　合成合适的碳骨架

有机化合物都有其特定的碳骨架，因而在合成中需要通过碳链的增长、缩短、成环或重排来生成所期望的碳骨架结构。

1. 碳链的增长

碳链的增长可采用不同的含碳试剂通过取代、加成等反应来完成。生成 C—C 链的反应主要有以下几类：

（1）含碳亲核试剂取代。伯卤代烷很容易与含碳亲核试剂发生取代反应形成新的 C—C 键。例如：

$$R-X + {}^-CN \longrightarrow RCN$$

$$R-X + {}^-C\equiv C-R' \longrightarrow R-C\equiv C-R'$$

$$R-X + LiCuR'_2 \longrightarrow R-R'$$

$$R-X + Na^+ \overset{-}{C}H(CO_2Et)_2 \longrightarrow RCH(CO_2Et)_2$$

$$R-MgX + \underset{\underset{O}{\diagdown}}{CH_2-CH_2} \longrightarrow RCH_2CH_2OH$$
（来自R—X）

$$2R-X + Na \longrightarrow R-R$$

在有机合成中，卤代烷与上述试剂的亲核取代应用十分广泛。

（2）碳负离子对羰基的亲核加成，这是有机合成中非常重要的一大类反应。例如：

$$RMgX + R'_2C=O \underset{\text{（醛、酮）}}{\longrightarrow} \overset{H^+}{\longrightarrow} \underset{\underset{R'}{|}}{\overset{\overset{R'}{|}}{R-C-OH}}$$

$$HCN + R_2C=O \underset{\text{（醛、酮）}}{\longrightarrow} \underset{R \diagdown \diagup CN}{\overset{R \diagup \diagdown OH}{C}}$$

$$\overset{+}{Na}\overset{-}{C}\!\!\equiv\!CR' + R_2C\!=\!O \xrightarrow[]{H^+} \underset{R}{\overset{R}{\underset{|}{\overset{|}{C}}}}\!\!\begin{smallmatrix}OH\\|\\C\equiv CR'\end{smallmatrix}$$
（醛、酮）

$$2RMgX + R'COOR'' \xrightarrow[]{H^+} R\!-\!\underset{R'}{\overset{OH}{\underset{|}{\overset{|}{C}}}}\!\!-\!R$$

$$RMgX + R'COCl \longrightarrow R\!-\!\overset{O}{\overset{\|}{C}}\!\!-\!R'$$

$$2RCH_2CHO \xrightarrow[]{OH^-} R\!-\!CH_2\!-\!\underset{}{\overset{OH}{\underset{|}{\overset{|}{CH}}}}\!-\!\underset{}{\overset{R}{\underset{|}{\overset{|}{CH}}}}CHO \longrightarrow RCH_2CH\!=\!\overset{R}{\overset{|}{C}}CHO \quad 羟醛缩合$$

$$\underset{Br}{\overset{}{\underset{|}{RCHCO_2Et}}} + \underset{H}{\overset{R}{\underset{|}{\overset{|}{C}}}}\!=\!O \xrightarrow[]{Zn} R\!-\!\underset{H}{\overset{OH}{\underset{|}{\overset{|}{C}}}}\!-\!\underset{R}{\overset{}{\underset{|}{CHCO_2Et}}} \quad Reformatsky\ 反应$$
（或酮）

$$RCOOEt + R'CH_2COOEt \xrightarrow[]{EtO^-} R'\overset{CO_2Et}{\overset{|}{CH}}COR$$

$$RCHO + CH_2(COOH)_2 \xrightarrow[]{胺} RCH\!=\!C(COOH)_2 \quad Knoevenagel\ 反应$$

$$ArCHO + (RCH_2CO)_2O \xrightarrow[]{RCH_2CO_2^{\ominus}} ArCH\!=\!\overset{R}{\overset{|}{C}}\!-\!COOH$$

$$-\!\overset{O}{\overset{\|}{C}}\!-\!\overset{H}{\overset{|}{C}}\!-\! + -\!\overset{\beta}{\overset{|}{C}}\!=\!\overset{\alpha}{\overset{|}{C}}\!-\!\overset{}{\overset{|}{C}}\!=\!O \longrightarrow -\!\overset{O}{\overset{\|}{C}}\!-\!\overset{|}{C}\!-\!\overset{|}{C}\!-\!CH\!-\!\overset{}{C}\!=\!O \quad Michael\ 反应$$

$$PH_3P\!=\!CHR + R'_2C\!=\!O \longrightarrow R'_2C\!=\!CHR \quad Wittig\ 反应$$

（3）芳环上的亲电取代，例如：

$$PhH + RX \xrightarrow[]{AlCl_3} Ph\!-\!R$$

$$PhH + CH_2\!=\!CH\!-\!CH_3 \xrightarrow[]{AlCl_3} Ph\!-\!CH(CH_3)_2$$

$$PhH + R\!-\!\overset{O}{\overset{\|}{C}}\!-\!Cl \xrightarrow[]{AlCl_3} Ph\!-\!\overset{O}{\overset{\|}{C}}\!-\!R$$
或(RCO)$_2$O

$$PhH + CH_2O + HCl \xrightarrow[]{ZnCl_2} PhCH_2Cl$$

$$PhOH + CH_3\overset{O}{\overset{\|}{C}}CH_3 \xrightarrow[]{H^+} HO\!-\!\!\bigcirc\!\!-\!\overset{CH_3}{\underset{CH_3}{\overset{|}{\underset{|}{C}}}}\!-\!\!\bigcirc\!\!-\!OH$$

2. 碳链的缩短

在有机合成中,有时需要缩短碳链以满足目标化合物的结构要求。常见缩短碳链的反应如下:

(1) 脱羧反应。羧酸及其衍生物的脱羧反应是使碳链减少一个碳原子的常用方法。在乙酰乙酸乙酯和丙二酸酯合成法中都有脱羧步骤:

$$CH_2(CO_2Et)_2 \xrightarrow[RX]{NaOEt} RCH(CO_2Et)_2 \xrightarrow[\Delta,-CO_2]{H_3O^+} RCH_2COOH$$

$$RCOOAg + X_2 \longrightarrow RX + AgX + CO_2 \quad \text{Hunsdiecker 反应}$$

$$RCONH_2 \xrightarrow{Br_2,OH^-} RNH_2 + CO_2 \quad \text{Hofmann 降解反应}$$

(2) 卤仿反应。如:

$$RCOCH_3 \xrightarrow{I_2,NaOH} RCOONa + CHI_3 \quad \text{碘仿反应}$$

(3) 烯烃的氧化。当原料分子中有 C=C 双键存在时,C=C 双键是切断碳链的有利部位,如用臭氧解或合适的氧化剂使碳链发生氧化裂解:

$$RCH=CHR' \xrightarrow[②Zn,H_2O]{①O_3} RCHO + R'CHO$$

$$RCH=CHR' \xrightarrow[H^+]{KMnO_4} RCOOH + R'COOH$$

(4) 酮的氧化。酮在过氧酸作用下发生 C—C 键断裂:

$$\underset{R-C-R'}{\overset{O}{\parallel}} \xrightarrow{\overset{O}{\overset{\parallel}{CH_3-C-OOH}}} \underset{R-C-OR'}{\overset{O}{\parallel}} \quad (-R' > -R) \quad \text{Baeyer-Villiger 反应}$$

3. 碳链的成环

在有机合成中,当所要合成的目标化合物的分子结构中含有碳环时,需要应用链状化合物的成环反应。

(1) 三元环、四元环。三四元环可用分子内的取代反应或用途较广的碳烯与烯键的加成反应来合成。例如:

$$Cl(CH_2)_3COOCH_3 \xrightarrow{OH^-} \triangleright\!\!-COOCH_3$$

$$CH_3CH=CHCH_3 + CH_2I_2 \xrightarrow{Zn-Cu} CH_3-CH\overset{CH_2}{\underset{}{\diagup\diagdown}}CH-CH_3$$

$$Br(CH_2)_3Br + CH_2(CO_2Et)_2 \xrightarrow{EtO^-} \diamondsuit\!\!\begin{smallmatrix}COOEt\\COOEt\end{smallmatrix} \xrightarrow[②H^+,\Delta,-CO_2]{①OH^-,H_2O,\Delta} \diamondsuit\!\!-COOH$$

四元环除用丙二酸酯法合成外,还可以由[2+2]环加成反应合成:

$$CH_2=CHCN \xrightarrow{\Delta} \square + \square$$

(2) 五元环。五元环容易由分子内缩合反应得到:

542

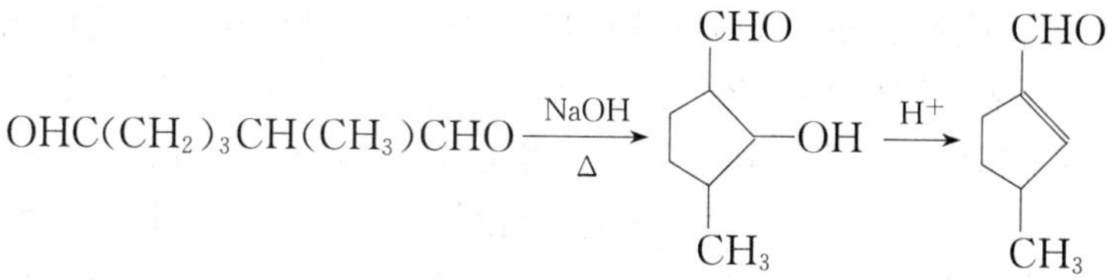

$$OHC(CH_2)_3CH(CH_3)CHO \xrightarrow[\Delta]{NaOH} \text{（环戊醇醛）} \xrightarrow{H^+} \text{（环戊烯醛）} \qquad \text{分子内羟醛缩合反应}$$

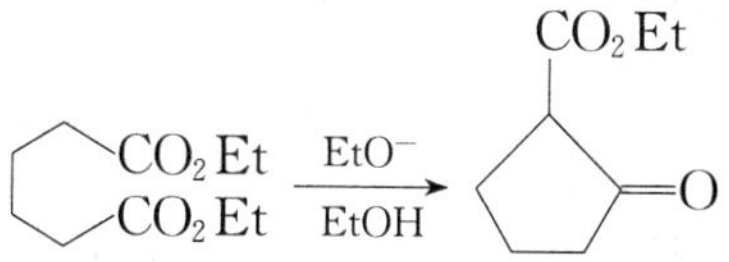

分子内酯缩合反应（Dieckmann 反应）

（3）六元环。六元环除可由分子内酯缩合（Dieckmann）反应合成外，也可由芳香族化合物的还原得到，例如：

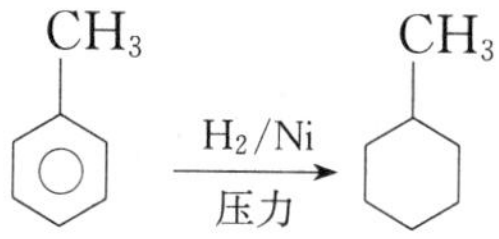

而更广泛应用的方法是[4+2]环加成：

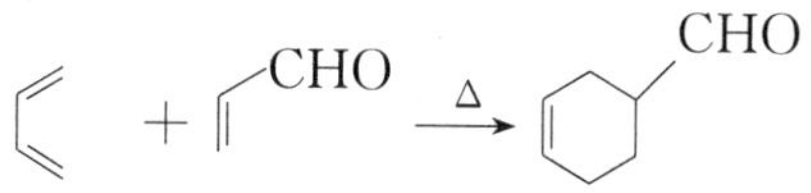

Diels-Alder 反应

Michael 反应与羟醛缩合相结合是在一个六元环化合物上并合另一个六元环的常用方法，这叫 Robinson 增环反应。例如：

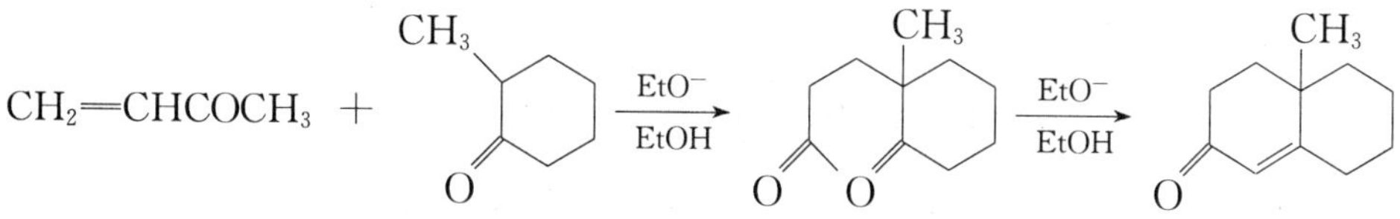

4. 碳链重排

重排是在不改变碳链中含碳原子总数的情况下使原料的碳骨架发生改变，以满足合成目标分子碳链骨架的要求。常遇到的重排反应有：

（1）Wagner-Meerwein 重排。例如：

$$(CH_3)_3CCH(OH)CH_3 \xrightarrow[-H_2O]{H^+} (CH_3)_2C{=}C(CH_3)_2$$

（2）Pinacol 重排。例如：

$$(CH_3)_2\underset{\underset{OH}{|}}{C}-\underset{\underset{OH}{|}}{C}(CH_3)_2 \xrightarrow[-H_2O]{H^+} (CH_3)_3C-\underset{\underset{}{\overset{O}{\parallel}}}{C}-CH_3$$

（3）Beckmann 重排。例如：

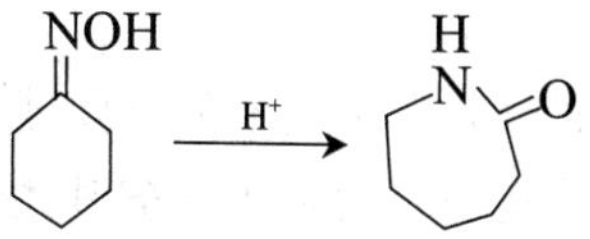

18.2.2　在分子骨架所需要的位置上引入官能团

在有机合成中除了考虑满足目标分子碳链骨架的结构要求外，在适当部位引入所需要的官能团也是最基本的步骤之一。从鲁滨逊合成颠茄酮的实例中可以看出，在合成目标化合物时，最理想的情况是在组成碳骨架的过程中就能把官能团放在指定的位置上。在多数情况下则必须进行官能团的引入、消去和相互转变。利用多官能团化合物作原料时，往往需要把一个官能团保护起来，经过一步或几步反应后，再去掉保护基。此外，在有机合成的过程中也常预先引入一导向基团，使分子中某一位置活化或钝化来增加反应的选择性，反应完后再将该基团除去。

1. 官能团的引入

$$R-\underset{\overset{|}{R'}}{CH}-R'' + Br_2 \xrightarrow{h\nu} R-\underset{\overset{|}{R'}}{\overset{|}{C}}-R''$$

$$\underset{}{\bigodot} + Br_2 \xrightarrow{FeBr_3} \underset{}{\bigodot}-Br$$

2. 官能团的去除

$$RCOOH \xrightarrow{LiAlH_4} R'-OH \xrightarrow{HX} R'-X \xrightarrow[Et_2O]{Mg} R'MgX \xrightarrow{H_3O^+} R'H$$

$$R-\overset{O}{\overset{\|}{C}}-R' + H_2NNH_2 \xrightarrow[(HOCH_2CH_2)_2O, \Delta]{NaOH} R-CH_2-R'$$

$$\underset{}{\overset{H\ OH}{\underset{|\ |}{-C-C-}}} \xrightarrow[-H_2O]{H^+} C=C \xrightarrow[Pd]{H_2} \underset{}{\overset{H\ H}{\underset{|\ |}{-C-C-}}}$$

$$ArNH_2 \xrightarrow{HNO_2} ArN_2^+ \xrightarrow{H_3PO_2} ArH$$

3. 官能团的相互转化

烷、烯、炔、卤代烷、醇、醛、酮、酸、腈、酯、胺等都可以互相转化，我们应该熟悉这些反应。在不改变碳链结构及官能团位置的情况下，氧化程度相同的官能团可以通过取代反应互相转变。氧化程度不同的官能团则通过氧化和还原互相转变。烯键、炔键和有些官能团则利用消去与加成反应互相转变。

$$-CH_2Br \underset{PBr_3}{\overset{OH^-}{\rightleftharpoons}} -CH_2OH \qquad -C-OH \underset{OH^-}{\overset{RCOCl}{\rightleftharpoons}} -C-O-\overset{O}{\overset{\|}{C}}-R$$

$$CH-OH \underset{还原}{\overset{氧化}{\rightleftharpoons}} C=O \qquad \underset{}{\overset{H\ X}{\underset{|\ |}{-C-C-}}} \underset{+HX}{\overset{-HX}{\rightleftharpoons}} C=C$$

4. 官能团的保护

在进行有机合成时，若某一试剂对分子中其他的基团或部位也能同时反应，则需要将保留的基团用一个试剂先保护起来，待反应完成后再将保护基团去掉，得回原来的官能团。一般说来，保护基应满足下列三点要求：①它容易引入所要保护的分子中，且引入时不致影响分子的其他部位。②形成的保护基在后来的反应过程中保持稳定。③在保持分子的其他部分结构不损坏的条件下易除去。

544

一些常见官能团的保护方法如下：

（1）氨基的保护。胺容易氧化、酰化和烃基化，因此常用的保护法有：

①变成盐：

$$\ddot{N}-H \xrightarrow{H^+} \overset{H}{\underset{\oplus}{N}}-H \xrightarrow[\text{（去除）}]{OH^-} \ddot{N}H$$

（对$KMnO_4$等稳定）

②变成酰胺、磺酰胺或酰亚胺：

$$NH \xrightarrow[\text{或}(CH_3CO)_2O]{CH_3COCl} N-C(=O)-CH_3 \quad \text{（乙酰胺）}$$

（对氧化剂、烃基化剂均稳定）

$$\downarrow H_3O^+ \text{ 或 } OH^-$$

$$NH$$

③变成氨基甲酸酯：

$$NH + Cl-C(=O)-OCH_2CCl_3 \xrightarrow{-HCl} N-C(=O)-O-CH_2CCl_3 \xrightarrow{Zn, HOCH_3} NH$$

（对酸、碱、氧化剂稳定）

（2）羟基的保护。醇、酚易氧化，易烷化成醚，易酰化成酯。常用的保护法有：

① 变成醚：

$$-OH + ClCPh_3 \xrightarrow[-HCl]{\text{吡啶}} -O-CPh_3 \xrightarrow{H_2O, HOAc} -OH$$

（对格氏试剂、$LiAlH_4$、CrO_3、碱稳定）

②变成混合型缩醛：

$$-OH + \text{（二氢吡喃）} \xrightarrow{TsOH, Et_2O} -O\text{（四氢吡喃基）} \xrightarrow{H_3O^+} -OH$$

四氢吡喃基醚

（对碱、格氏试剂、$LiAlH_4$、CrO_3稳定）

③ 变成酯：

$$-OH + ClCO_2CH_2CCl_3 \xrightarrow{\text{吡啶}} -O-CO_2CH_2CCl_3 \xrightarrow{Zn, HOAc} -OH$$

（对CrO_3、酸稳定）

（3）羰基的保护。醛、酮的羰基与多种试剂发生反应，其保护的方法很多，常用制成缩醛、缩酮的办法：

$$C=O + 2CH_3OH(C_2H_5OH) \xrightarrow{H^+} C\overset{OCH_3(C_2H_5)}{\underset{OCH_3(C_2H_5)}{}} \xrightarrow[\Delta]{H_3O^+} C=O$$

（对所有氧化剂、还原剂、强碱都稳定）

环状的缩醛酮比开链的缩醛酮更稳定，因此，对于酮的保护尤其宜用乙二醇：

$$C=O + HO\text{（乙二醇）}OH \xrightarrow[\text{苯}]{TsOH} C\text{（二氧戊环）} \xrightarrow{H_3PO_4, H_2O} C=O$$

545

(4)羧基的保护。羧酸羧基一般转变为甲酯或乙酯来保护。其作用对于脱羧、成盐等反应稳定。

$$\text{—}\overset{O}{\overset{\|}{C}}\text{—OH} + \text{ROH} \xrightarrow{H^+} \text{—COOR} \xrightarrow[\text{②酸化}]{\text{①}OH^-, H_2O, \Delta} \text{—COOH}$$

下面举几个实例说明保护基的应用：

例1 从 $HOCH_2C\equiv CH \rightarrow HOCH_2C\equiv CCO_2H$ 的转化过程因 Grignard 试剂，也将与反应物中的羟基发生此合成所不需要的反应，因而应先将其保护起来再进行 Grignard 反应。

解 $HOCH_2C\equiv CH$ 经吡喃环醚保护生成 $\underset{O}{\bigcirc}OCH_2C\equiv CH \xrightarrow{C_2H_5MgBr} \underset{O}{\bigcirc}OCH_2C\equiv CMgBr$

$$\xrightarrow{CO_2} \xrightarrow{H_3\overset{+}{O}} HOCH_2C\equiv CCO_2H$$

例2 从 $CH_3CH_2COCH(CH_3)CO_2CH_2CH_3$ 到 $CH_3CH_2COCH(CH_3)C(CH_3)_2OH$ 的转变过程，因底物中有酮羰基，它比酯羰基易于与 Grignard 试剂作用，因此必须先将酮羰基用乙二醇保护起来，再用 CH_3MgI 与酯基进行加成，酸化，即可得到目标物。

解 $CH_3CH_2COCH(CH_3)CO_2CH_2CH_3 +$ 乙二醇 $HOCH_2CH_2OH$

$$\xrightarrow{H^+} CH_3CH_2\text{—}\underset{\underset{O\quad O}{\diagdown\diagup}}{C}\text{—}CH(CH_3)CO_2CH_2CH_3$$

$$\xrightarrow[\text{②}H_3O^+, \Delta]{\text{①}2CH_3MgI} CH_3CH_2COCH(CH_3)C(CH_3)_2OH$$

例3 从 到 的转变过程也需要将醛基保护起来，然后再将羟基氧化成酮基，酸化，即可得到目标物。

解

$$\xrightarrow{H_3\overset{+}{O}}$$

官能团的保护使合成步骤增加，在有些情况下可以用特殊的选择性试剂，例如，分子中同时含有 $C\!=\!C$ 和 $\text{—}\overset{H}{\underset{}{C}}\!=\!O$，要使醛基氧化而 $C\!=\!C$ 保持不变，选弱氧化剂 $Ag(NH_3)_2^+$ 便可以达到目的：

$$CH_2\!=\!CHCH_2CHO \xrightarrow{Ag(NH_3)_2^+} CH_2\!=\!CHCH_2COOH$$

同样,在分子中若含有 $C=C$ 和 $\diagup C=O$,只要使其中一个官能团被还原,则可选用性能不同的还原剂来实现:

$$CH_2=CH-CH_2-\overset{O}{\underset{\|}{C}}-CH_3 \begin{cases} \xrightarrow{NaBH_4} CH_2=CHCH_2-\underset{\underset{OH}{|}}{CH}-CH_3 \\[2ex] \xrightarrow[\text{室温}]{H_2/Pd} CH_3CH_2CH_2-\overset{O}{\underset{\|}{C}}-CH_3 \end{cases}$$

5. 导向基的应用

在有机合成过程中,常在分子中预先引入一基团,使某一位置活化或钝化来增加反应的选择性,待反应完成后又被去掉的基团称为导向基。显然,对导向基的要求和保护基一样,既便于引入且引入后有利于合成的顺利进行;又便于去掉,以恢复分子的本来面目。

在合成中常用的导向办法有三种:活化导向、钝化导向、封闭特定位置导向。

(1) 活化导向。它常是导向的主要手段。芳烃的取代常利用引入氨基导向。例如,合成1,3,5-三溴苯,直接用苯溴化是得不到的,但在苯环上引入—NH_2基,然后溴化,由于氨基使邻、对位高度活化,很容易就得到2,4,6-三溴苯胺,然后去掉氨基就可得到1,3,5-三溴苯:

脂肪族羰基化合物涉及 α-氢的反应常引入酯基导向。例如,合成1-苯基-3-戊酮,由2-丁酮与溴化苄进行烃基化。由于酮羰基两边的 α 碳都可反应,得到的将是一混合物,产率低,且不好分离:

$$CH_3CH_2-\overset{O}{\underset{\|}{C}}-CH_3 \xrightarrow[\text{②PhCH}_2\text{Br}]{\text{①NaNH}_2,-78℃} CH_3\underset{\underset{CH_2Ph}{|}}{CH}-\overset{O}{\underset{\|}{C}}-CH_3 \; + \; CH_3-CH_2-\overset{O}{\underset{\|}{C}}-CH_2CH_2Ph$$

若在2-丁酮的甲基上引入一个酯基,则使该 α-H 活性大为增加,使烃基化在此位置上进行,然后再将酯水解,酸化脱羧,即得到所要的产物:

$$CH_3CH_2-\overset{O}{\underset{\|}{C}}-CH_2CO_2C_2H_5 \xrightarrow[\text{②PhCH}_2\text{Br}]{\text{①NaOC}_2\text{H}_5} CH_3-CH_2-\overset{O}{\underset{\|}{C}}-\underset{\underset{CH_2-Ph}{|}}{CH}CO_2C_2H_5$$

$$\xrightarrow[\text{②H}^+,\Delta]{\text{①OH}^-,\text{H}_2\text{O}} CH_3CH_2\overset{O}{\underset{\|}{C}}CH_2CH_2Ph$$

（2）钝化导向。例如合成对溴苯胺。苯胺溴化得到三溴苯胺,若只想使苯环中氨基的对位进入一个溴原子,就需对氨基引入一个钝化基团——酰基,以降低氨基的活化能力,同时增加了氨基对邻位的空间位阻,因此溴化可以得到对溴苯胺。

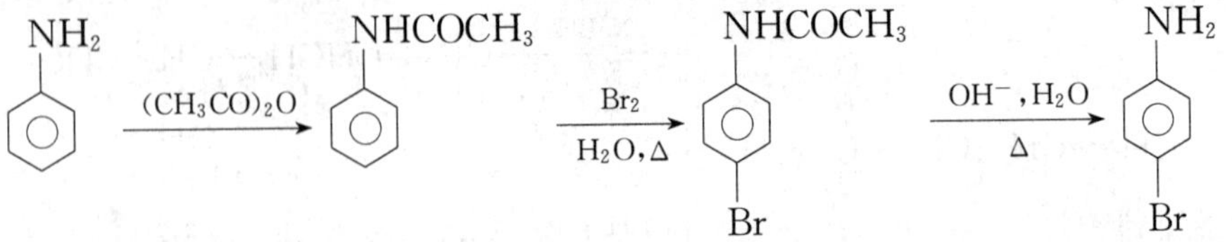

（3）封闭特定位置导向。此法就是利用"闭塞基"（blocking group）将反应分子中无需反应而特别活泼有可能优先反应的位置占据住（亦称封闭住）,从而使欲进入分子的基进入不太活泼而确是需要进入的位置。此类导向基常用到的有三种：—SO_3H、—COOH 和—$C(CH_3)_3$。

例如合成邻氯甲苯,直接由甲苯氯化得到邻与对氯甲苯,但如将甲苯对位磺化再氯化,后经水汽蒸馏处理即可得到邻氯甲苯：

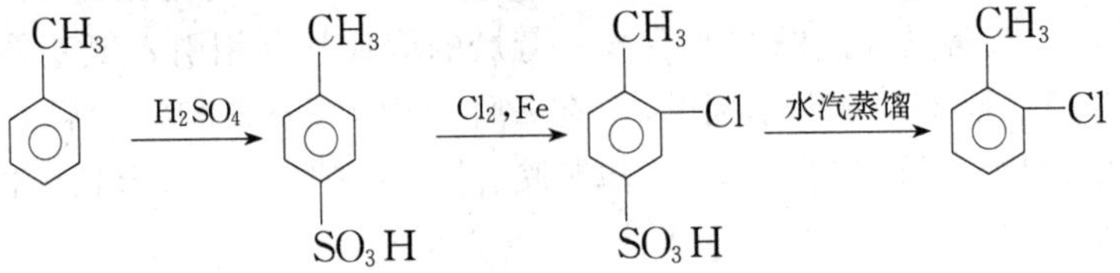

又如合成 2,6-二氯苯酚,直接用苯酚氯化是得不到的,但可用叔丁基将对位封闭,再进行氯化。由于叔丁基是弱供电子基,同时对邻位空间位阻很大,可以顺利在 2,6 位氯化,再利用烷基化的可逆性,在酸催化下进行水汽蒸馏得到 2,6-二氯苯酚：

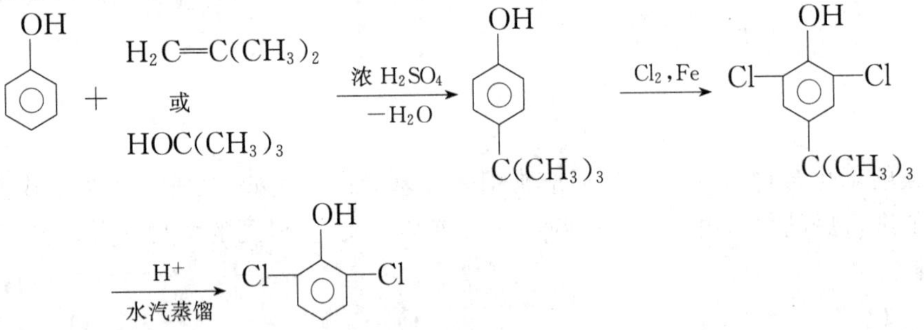

18.2.3 立体化学的控制

当所需合成的目标化合物具有一定的构型要求时,则需利用立体专一的反应进行合成。我们学过的立体专一反应可归纳如下：

（1）加成反应。烯烃与卤素、次卤酸和过氧酸氧化水解成二醇等是反式加成。例如：

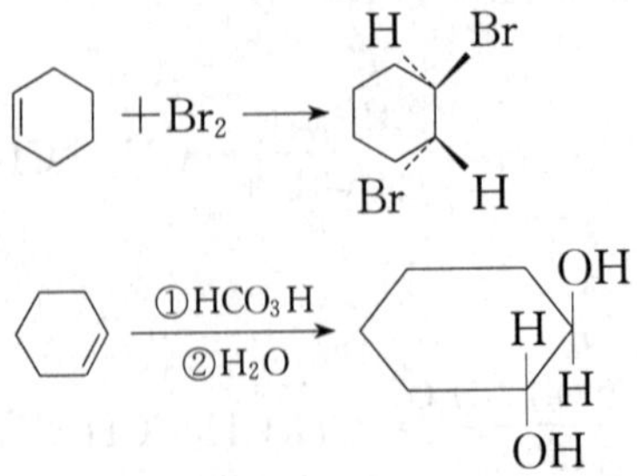

548

烯烃的催化加氢、$KMnO_4$ 氧化成二醇、过氧酸氧化成环氧化物、二硼烷加成与氧化成醇、OsO_4 存在下 H_2O_2 氧化成二醇、以及与碳烯或类碳烯加成生成三元碳环等是顺式加成。例如：

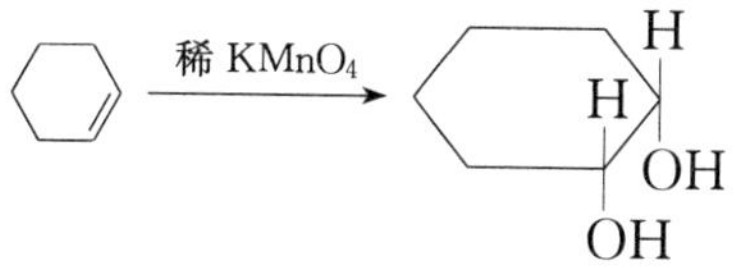

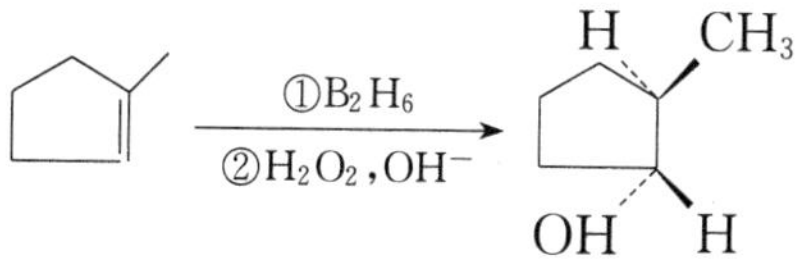

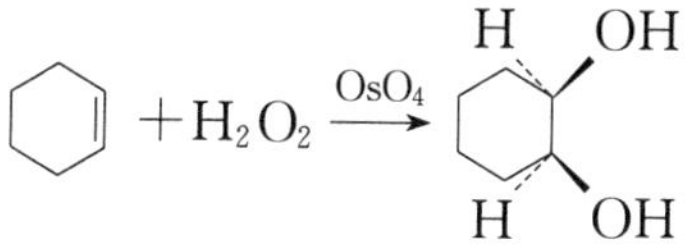

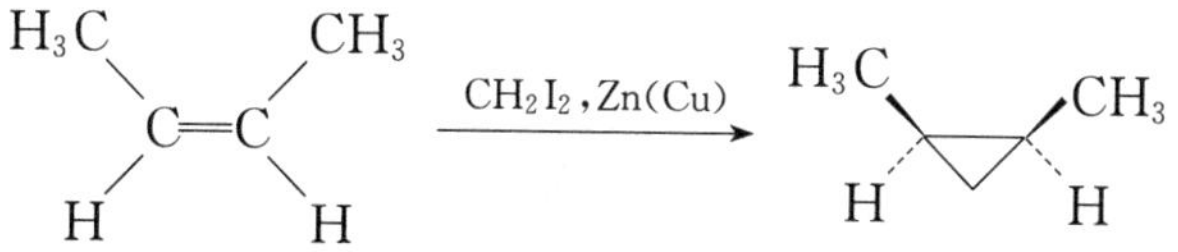

炔烃用 Lindlar 催化剂进行部分催化加氢是顺式加成：

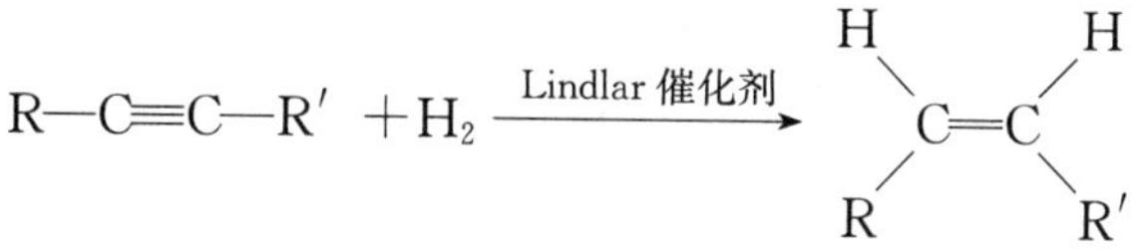

炔烃加卤素、加 HBr、在液氨中用 Na 还原成烯等是反式加成。例如：

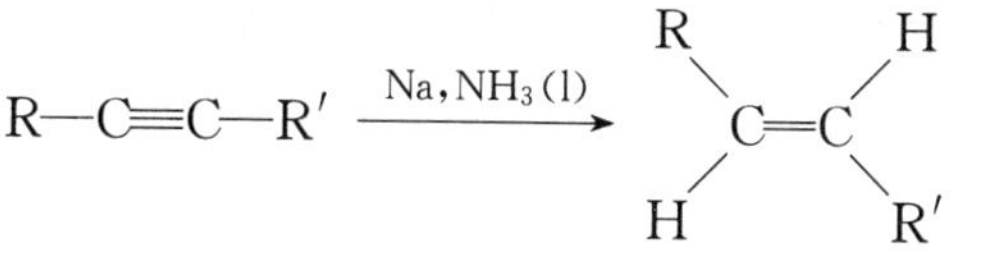

还有，[4+2]环加成为顺式加成：

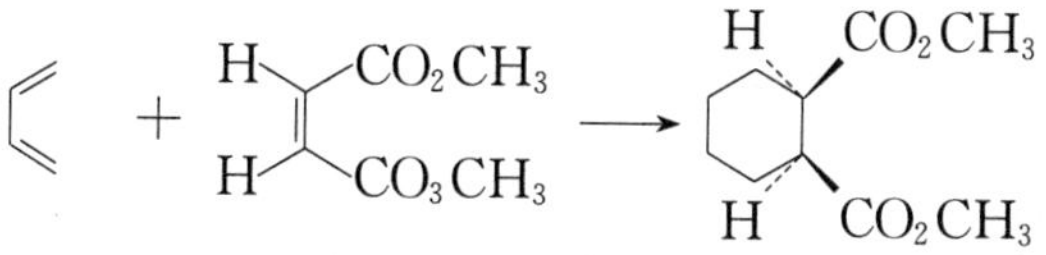

（2）取代反应。在 S_N2 反应中碳原子发生构型转化。

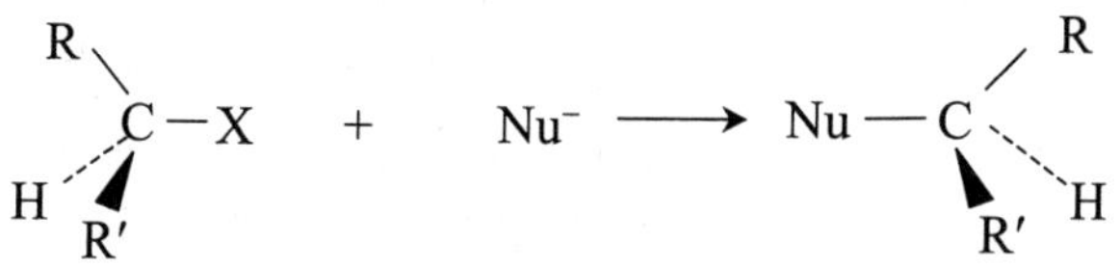

（3）消除反应。卤代烃的 E2 反应为反式消除。

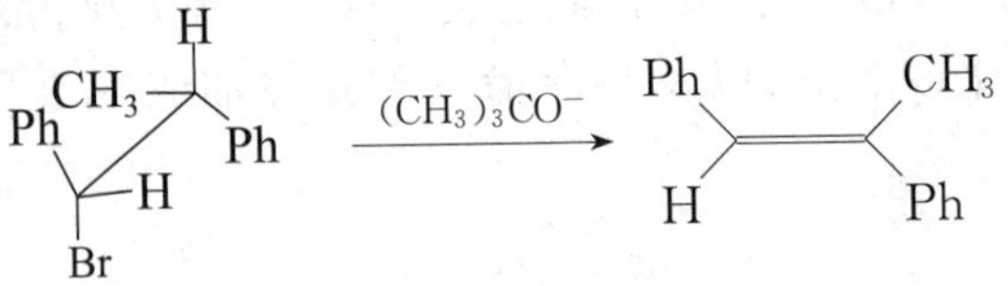

乙酸酯热解生成烯烃的反应为顺式消除：

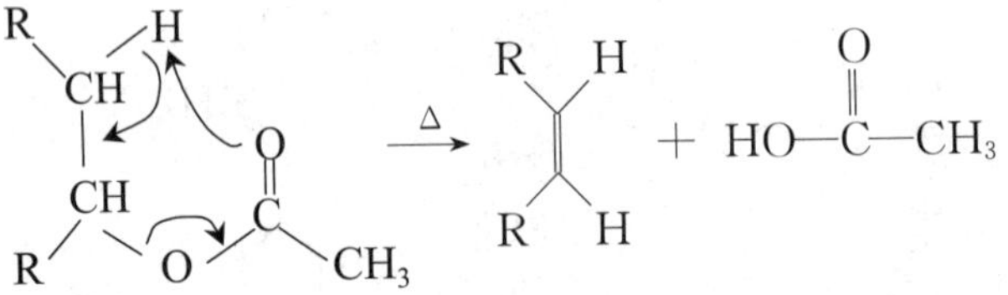

（4）环氧化合物的开环。环氧化合物的酸、碱催化均是反式开环。

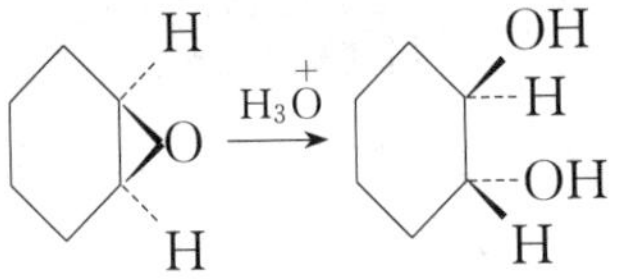

（5）手性合成。我们知道，在一个非手性分子中引入一个手性中心时，通常得到等量的对映体，即外消旋体。手性合成即采用适当条件，使所产生的对映体的数量不等。许多具有生理活性的重要物质是有旋光活性的化合物，因而手性合成无论在理论或实践上都非常重要。手性合成的程度常用对映体过量百分数% e. e. （enantiomeric excess）来表示：

$$\% e. e. = \frac{[R]-[S]}{[R]+[S]} \times 100\%$$

其中，[R]和[S]分别是相应的构型异构体的量。对于外消旋体，[R]＝[S]，%e. e. ＝0，而光学纯的手性对映体，%e. e. ＝100%。通常进行手性合成的情况是只有一种对映体部分过量。

进行手性合成可采用手性试剂、手性催化剂或手性溶剂对无手性的底物作用来实现。例如异丙醇铝存在下，一个手性醇对一个非手性酮进行的 Meerwein-Porondorf 还原：

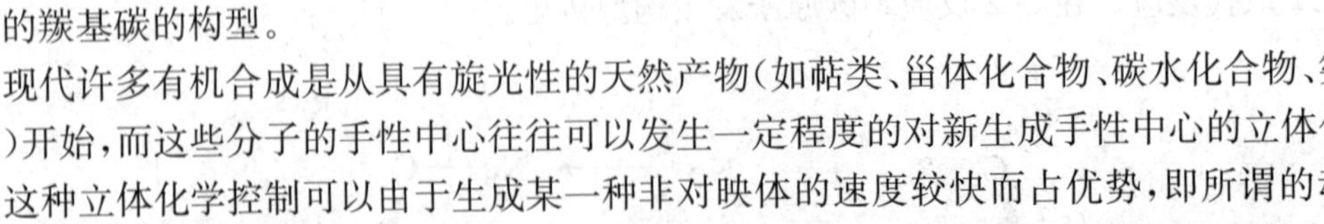

%e. e. ＝22%

这一还原反应是通过一个环状过渡态进行的（详见 11.3.4 节）。手性醇试剂影响到所要还原的羰基碳的构型。

现代许多有机合成是从具有旋光性的天然产物（如萜类、甾体化合物、碳水化合物、氨基酸……）开始，而这些分子的手性中心往往可以发生一定程度的对新生成手性中心的立体化学控制。这种立体化学控制可以由于生成某一种非对映体的速度较快而占优势，即所谓的动力学控制；也可以由于生成的某一非对映体比较稳定，因而平衡上有利，即所谓的热力学控制。如，反-10-甲基-3-＋氢化萘酮用 NaBH$_4$ 氢化得到的是比较稳定的平伏键羟基异构体；但以 R$_3$BH$^-$Li$^+$ 氢化得到的是比较不稳定的直立键羟基异构体。这是由于 R$_3$BH$^-$Li$^+$ 体积较大，从直立键方向进攻羰基空间位阻大，从平伏键方向进攻位阻较小，因而得到直立键羟基。

550

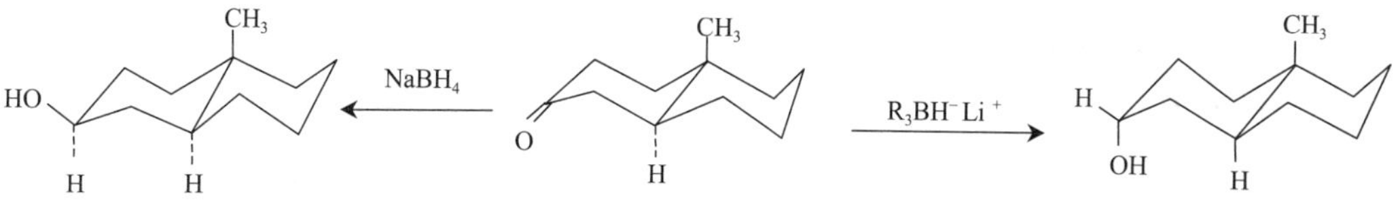

反-10-甲基-3-+氢化萘酮

（较稳定）   （较不稳定）

因此了解新生成的手性中心究竟哪一种构型稳定,这对于控制立体化学是很重要的。如果要求新生成的手性中心是稳定的,则可以采取热力学控制的方法使反应达到平衡而得到;若要求新生成的手性中心是不稳定的,则只有用生成速度较快的或动力学控制的立体专一反应来得到。

手性合成是近年来有机合成领域中发展最快的重要课题之一。一些新的手性试剂的出现可使某些反应中产物对映体过量达 90% 以上。

18.3　设计合成路线的方法

18.3.1　概　要

通常在有机合成中,设计合成路线的方法有两种。一种是从原料出发,选择适当的反应,逐步转变下去达到所要合成的目标化合物。这种方法对于合成结构复杂的目标化合物,由于所需反应步骤较多,要想一下子设计出较合理的合成路线往往会感到不知从何着手。另一种较常用的方法是从目标化合物出发,把它分割成两部分,找出可能的前体(possible precursers),这些前体可以用可靠的反应结合成目标化合物。如前体中的一种或几种仍较复杂,则把它们当作新的目标化合物,继续推导其可能的前体,直至推至可以得到的起始原料。这种从所要合成的目标化合物开始,逐步回推到简单原料的方法叫逆合成法(retrosynthesis),也叫反向合成(antithetic synthesis)。由于逆合成法是采用结构分析的方法,能够在回推的过程中,将复杂的目标分子结构逐步简化,只要每一步回推得合理,联系起来就必然得出合理的合成路线。熟练地运用逆合成法将有助于人们迅速、准确地设计出理想的合成路线,而这又是建立在设计者具有全面的有机化合物结构、化学反应以及反应机理方面知识的基础上的。

18.3.2　分子结构的剖析——切断

利用逆合成法从目标分子"逆推"的过程中,可以想象在目标分子中某些价键逐一被"切断"(disconnection)。切断符号用"┊"表示,意思是在合成过程中可以在这一切断部位生成新键,所切断的分子碎片(molecular fragment)可以想象为不同的合成前体,因而能够推断出合成目标分子所需的原料来。结构简单的目标分子经过一次切断即可导出所需的原料,结构复杂的分子则需要经过多次切断才能奏效。显然,从同一个目标分子出发,经不同的部位"切断"可以导致不同的合成原料和合成路线。究竟哪些"切断"比较合理? 一般说来,对目标分子的"切断"需注意两点:

(1) 尝试在不同部分将目标分子切断,经过认真分析、比较,从中选出最合理的合成路线。

例 1　试设计二甲基环己基甲醇 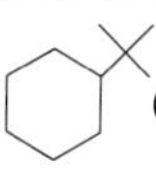 OH 的合成路线。

解　这个目标分子有两个甲基要引入,环己基没有要求,所以可有两种切断法:

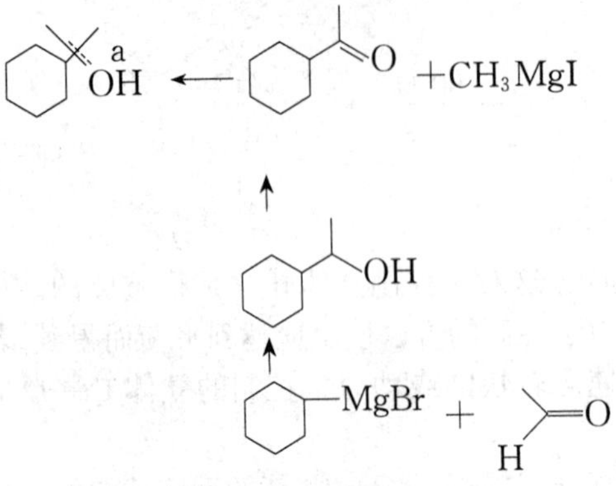

路线（b）

路线（a）

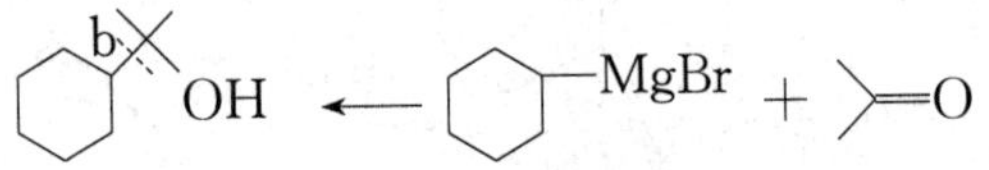

$+CH_3MgI$

$+$ ⌬=O

$-MgBr$ $+$

两条路线相比，路线（b）较路线（a）短，且按（b）切断生成的前体结构较（a）的更为简单，因此路线（b）更优越。

例 2 试设计 $PhCH_2CH(CO_2Et)_2$ 的合成路线。

解
$$Ph\overset{a}{\dashv}CH_2\overset{b}{\dashv}CH(CO_2Et)_2 \overset{a}{\longleftarrow} Ph^{\oplus}+{}^{\ominus}CH_2CH(CO_2Et)_2$$

$$\uparrow b$$

$$PhCH_2{}^{\oplus}+{}^{\ominus}CH(CO_2Et)_2$$

由于按（b）切断形成的碎片 $PhCH_2^+$ 与 ${}^{\ominus}CH(CO_2Et)_2$ 较按（a）切断形成的碎片 $Ph^{\oplus}$ 与 ${}^{\ominus}CH_2CH(CO_2Et)_2$ 要稳定得多，况且（b）的切断较（a）的切断，机理更具合理性，显然应采用（b）的切断。

故上述目标分子则可由下列反应合成：

$$CH_2(CO_2Et)_2 \xrightarrow{NaOEt} {}^{\ominus}CH(CO_2Et)_2 + PhCH_2Br \longrightarrow PhCH_2CH(CO_2Et)_2$$

例 3 试设计 $4'$-硝基苯基-2-甲氧基-5-甲基苯基酮的合成路线。

解 把该目标分子切断为两大部分，有两种可能性：

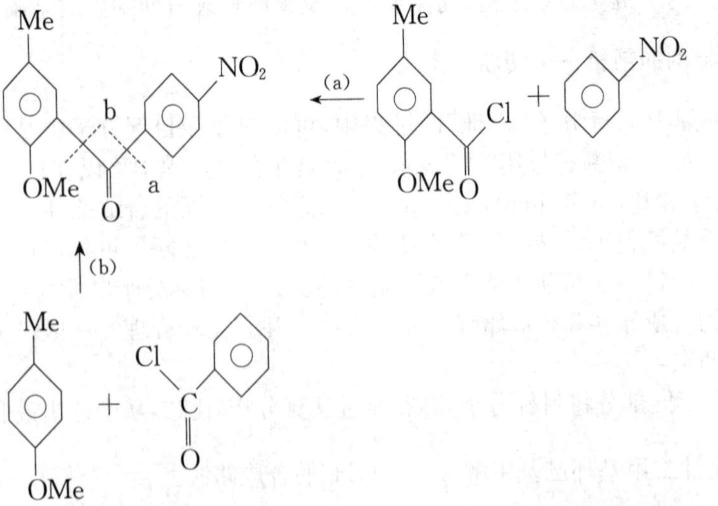

因为路线（a）中硝基苯不能起 Friedel-Crafts 反应，因此（a）路线不通，切断是失败的。而

552

按路线(b)切断,Friedel-Crafts酰化反应是可行的,且甲氧基是比甲基更强的邻、对位定位基,故酰化取代反应发生在甲氧基的邻位。所以路线(b)是正确的。

从上面这些例子中我们可以看到,目标分子的切断不是随心所欲的,它应遵从合理的反应机理、合成简化而又具有最易得到的原料的原则。

（2）在判断目标分子的切断部位时,考虑问题要全面,要考虑如何减少甚至避免可能发生的副反应以及立体化学的控制等。

例4 试用Williamson法合成异丙基正丁基醚。

解 Williamson合成醚的反应通式为:$RONa+R'X \longrightarrow R\text{—}OR'+NaX$,所以目标分子有两种切断法:

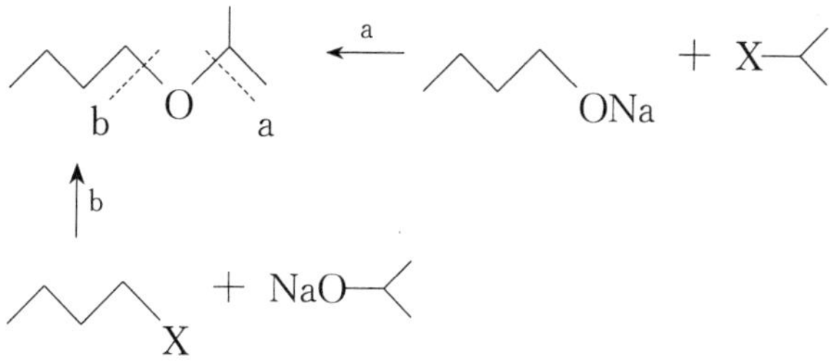

由于醇钠RONa是一种强碱,在其存在时,卤代烷除了生成醚以外,还可能发生消除反应（消去HX）,生成烯烃,且消去HX的速率是$2°R\text{—}X>1°R\text{—}X$,因此,为减少副反应,宜选择在(b)处切断。

例5 试设计 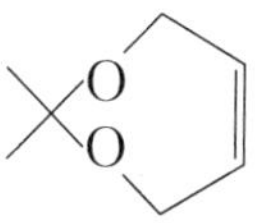 （顺-2-丁烯-1,4-二醇缩丙酮）的合成路线。

解 乍一看,样子古怪,无从下手。解决方法是抓住它的结构特征。它是丙酮与丁烯二醇形成的缩酮,故作如下的切断:

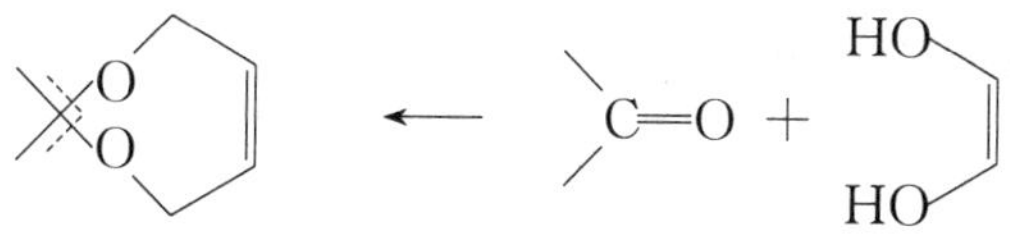

关键是如何合成丁烯二醇,并且具有顺式构型。我们以前已学过:

$$炔烃 \xrightarrow[\text{Lindlar 催化剂}]{H_2, Pd\text{—}C/BaSO_4} 顺式烯烃$$

故有

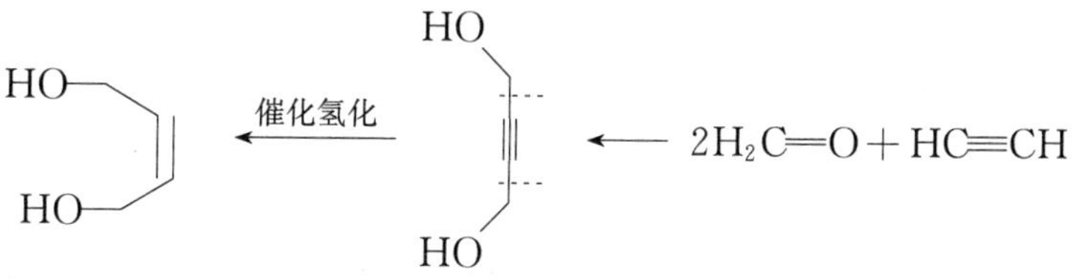

所以合成路线为:

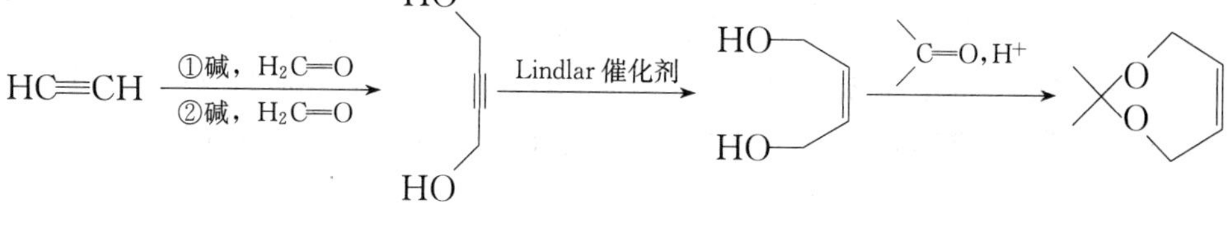

553

下面讨论一些重要类型化合物的具体切断法。

(1) β-羟基羰基化合物的切断。羟醛(酮)缩合反应如：

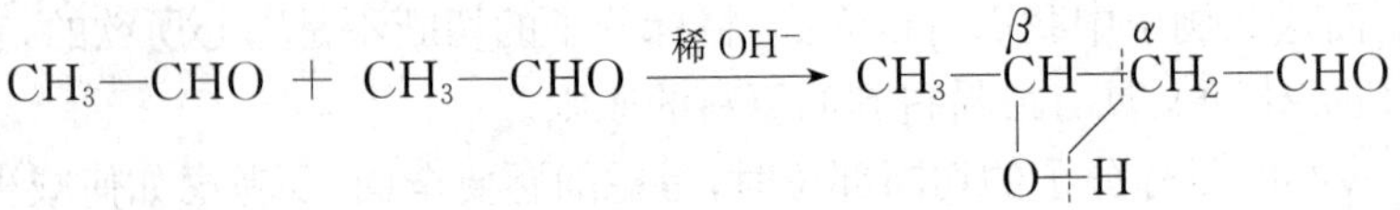

$$CH_3—CHO + CH_3—CHO \xrightarrow{\text{稀 OH}^-} CH_3—\overset{\beta}{C}H—\overset{\alpha}{C}H_2—CHO$$
$$\underset{O\text{—}H}{\quad}$$

抓住合成时结构的变化可知,从羰基起,将 α,β 碳碳键打开,β-羟基 H 回到 α 碳上,β-碳恢复为原来的羰基。故有如下切断法：

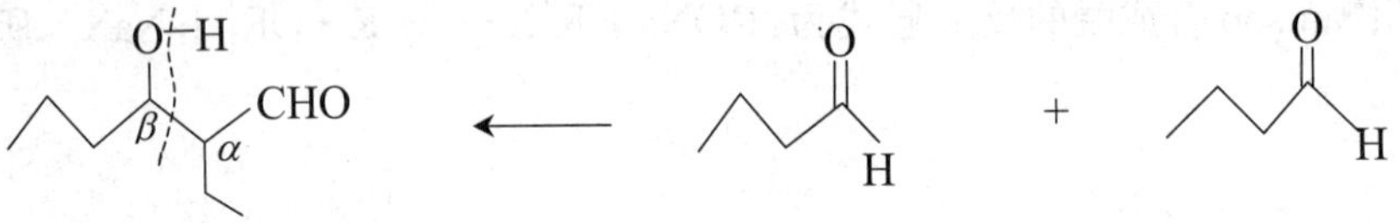

例 设计

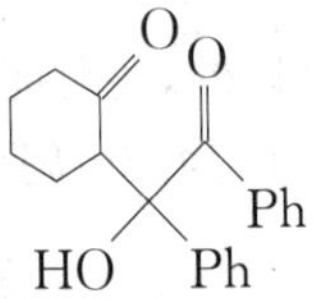

[羟基-(2-氧代环己基)-苯基苯乙酮]的合成路线。

解 分析：从羰基着眼,向外推移,找到 β-位有羟基的羰基,按上法切断：

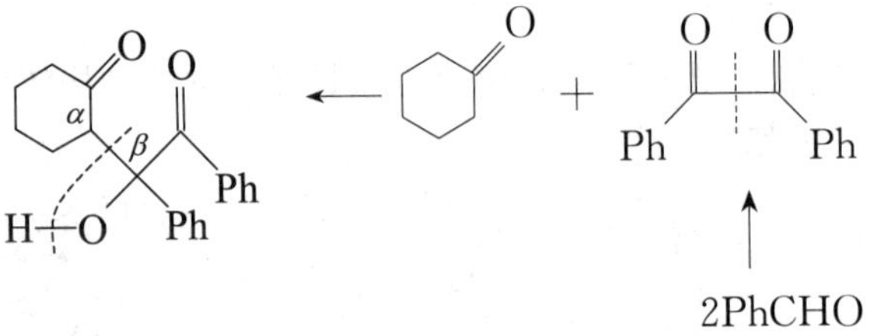

2PhCHO

合成： $2PhCHO \xrightarrow[\text{H}_2\text{O/EtOH}]{\text{KCN}} PhCHOHCOPh \xrightarrow{\text{稀 HNO}_3 \text{ 氧化}} Ph\text{—}\overset{O}{\underset{}{C}}\text{—}\overset{O}{\underset{}{C}}\text{—}Ph +$

(安息香缩合)

$\xrightarrow{\text{稀 OH}^-}$

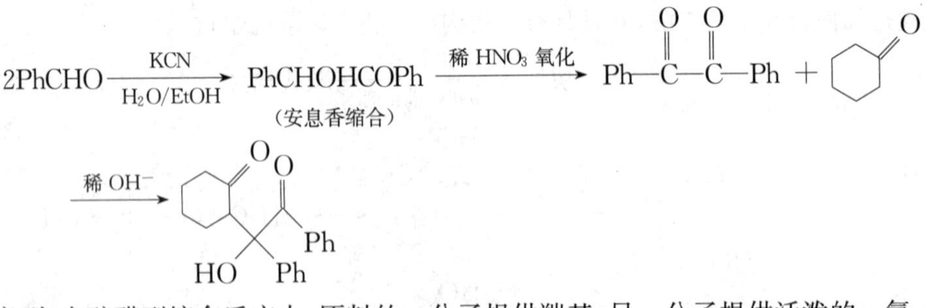

我们注意到,在醇醛型缩合反应中,原料的一分子提供羰基,另一分子提供活泼的 α 氢,但能使 α 氢活化的基团,除了醛酮的羰基外,其他的强吸电子基如—NO_2、—CN,—CO_2R 等也有致活作用,因此这种类型的反应内容很丰富,在有机合成中非常重要。

(2) α,β 不饱和羰基化合物的切断。在醇醛型缩合反应中,若用酸催化,得到的 β 羟基羰基化合物就容易进一步发生不可逆的脱水反应,得到 α,β 不饱和羰基化合物。

类羟醛缩合脱水反应具有下列的共同结构特点：

554

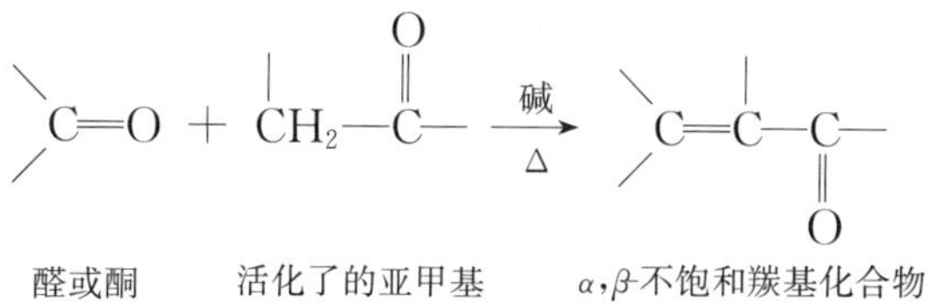

$$\diagdown C=O + CH_2-C \xrightarrow[\triangle]{\text{碱}} \diagdown C=C-C$$

醛或酮　　活化了的亚甲基　　α,β-不饱和羰基化合物

因而 α,β-不饱和羰基化合物的切断如下：

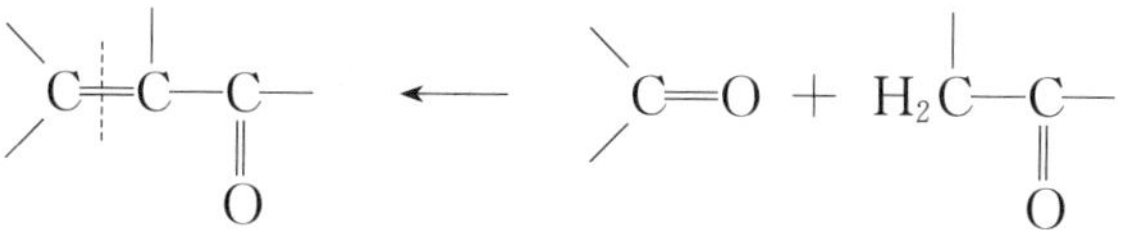

例　设计对硝基肉桂醛的合成路线。

解　分析：

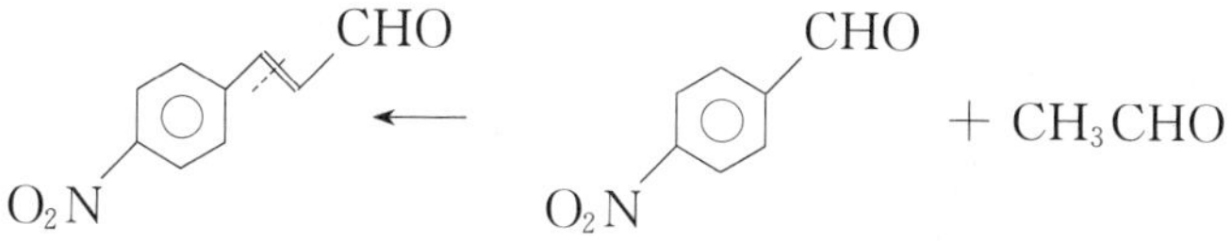

合成：

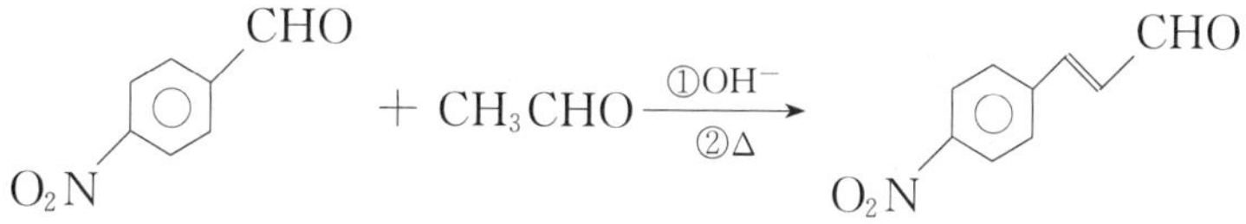

（3）1,3-二羰基化合物的切断。对 1,3-二羰基化合物 $R-\overset{O}{\underset{}{C}}-CH(R')-\overset{O}{\underset{}{C}}-Y$ 的结构分析，可把 1,3-二羰基骨架看作两部分构成：α 碳和右边的羰基看作母体；左边的羰基看作酰基。1,3-二羰基骨架是酰基取代了 α 氢形成的。切断的方法应当是从酰基和 α-碳之间的键断开，分成酰化试剂和带有活泼 α-氢的羰基衍生物，即：

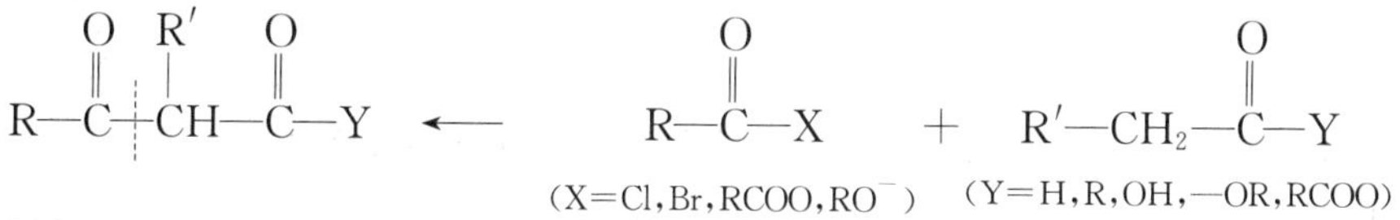

(X=Cl,Br,RCOO,RO⁻)　　(Y=H,R,OH,—OR,RCOO)

例　设计 2,4-壬二酮的合成路线。

解　分析：

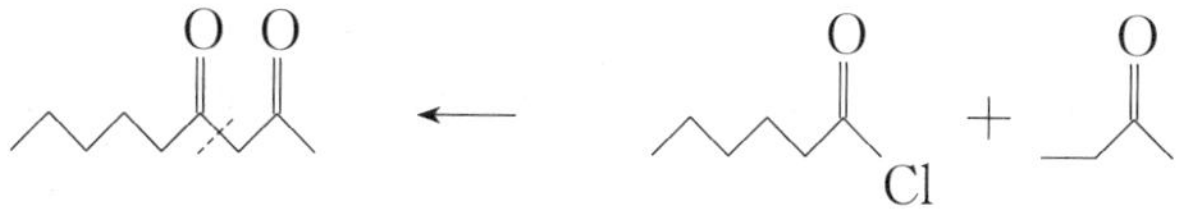

合成：

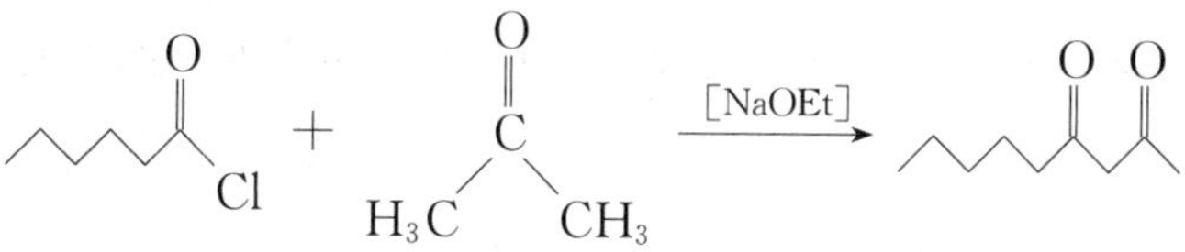

（4）1,4-二羰基化合物的切断。1,4-二酮常由乙酰乙酸乙酯的羰基衍生物的酮式分解来制得。因此，1,4-二羰基化合物的切断通式可表示如下：

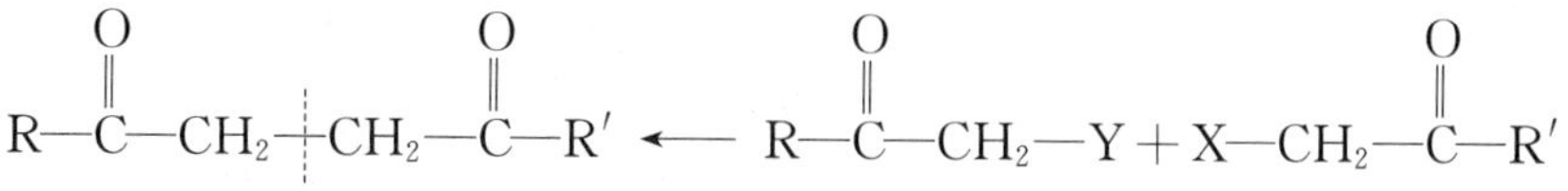

其中，Y=H，—CO₂R，X=卤原子。

例　设计 6,6-二甲基-2,5-庚二酮的合成路线。

解　分析：比较 1,4-二羰基化合物的切断通式可知

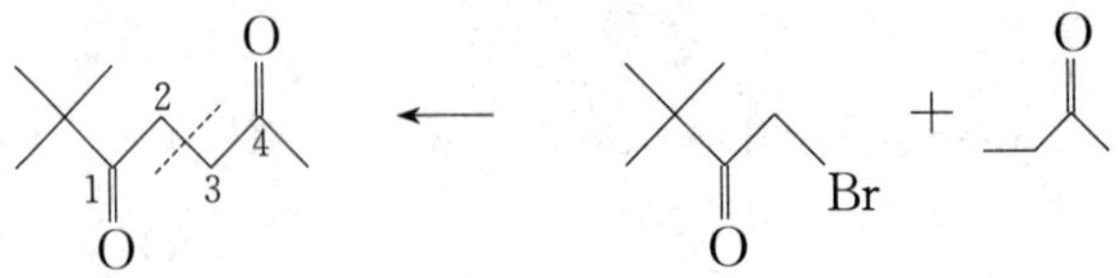

丙酮的烯醇盐可用乙酰乙酸乙酯的烯醇盐(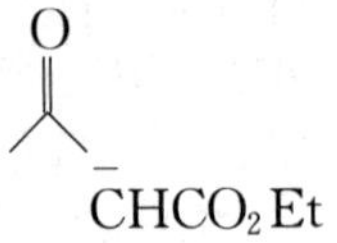)代替。

合成：

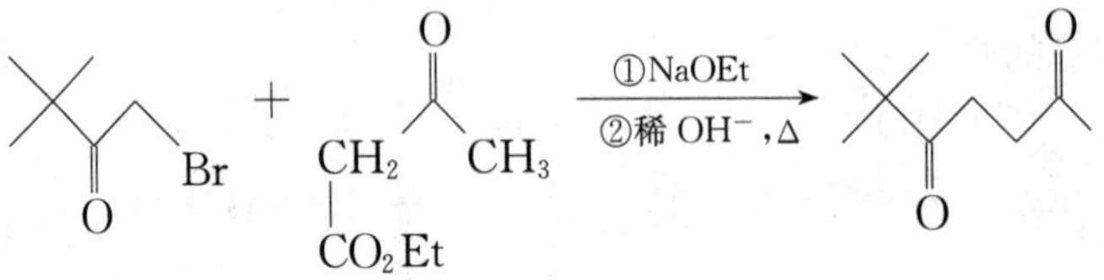

所需要的 α-溴代酮可以由丙酮合成：

$$2CH_3COCH_3 \longrightarrow (CH_3)_2C-C(CH_3)_2 \longrightarrow (CH_3)_3C-COCH_3 \longrightarrow (CH_3)_3CCOCH_2Br$$
$$\quad\quad\quad\quad\quad\quad\quad\quad OH\,OH$$

(5) 1,5-二羰基化合物的切断。1,5-二羰基化合物的合成——迈克尔(A. Mickael)加成反应适用范围非常广泛。

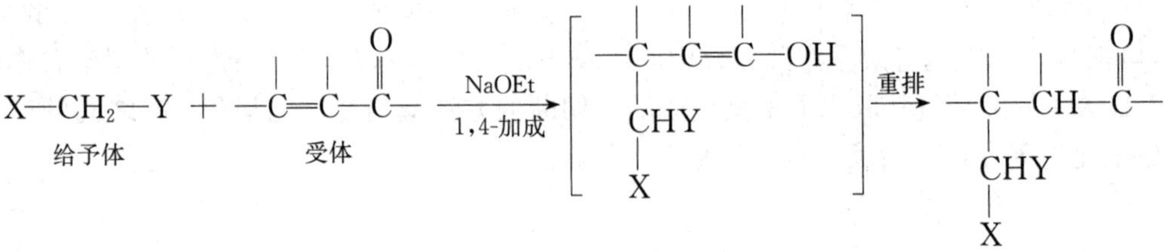

当给予体 X 或 Y 为 $-COOR, -COR, CHO$ 或 $-CONH_2$,受体为 α,β-不饱和羰基化合物,则 Mickael 反应产物为 1,5-二羰基化合物。例如:

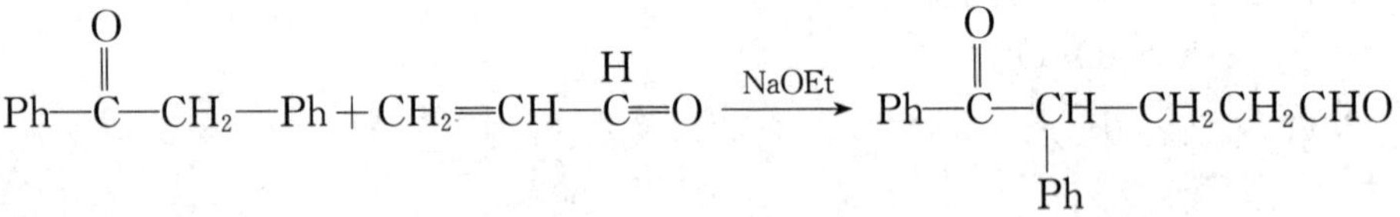

从 1,5-二羰基化合物的合成方法可知,1,5-二羰基是相对的,故有两个部位的切断法:

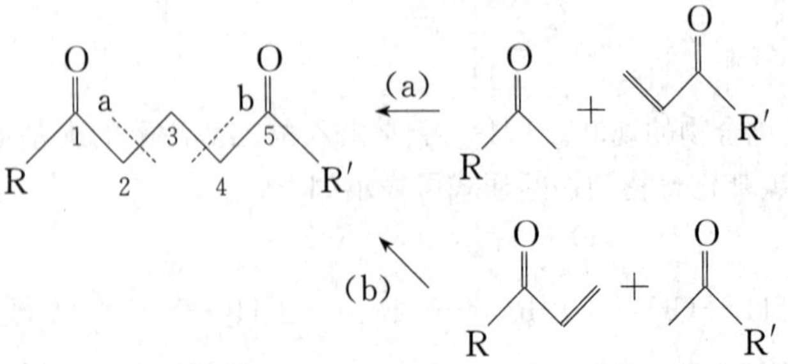

例 设计 5,5-二甲基-1,3-环己二酮的合成路线。

解 分析：

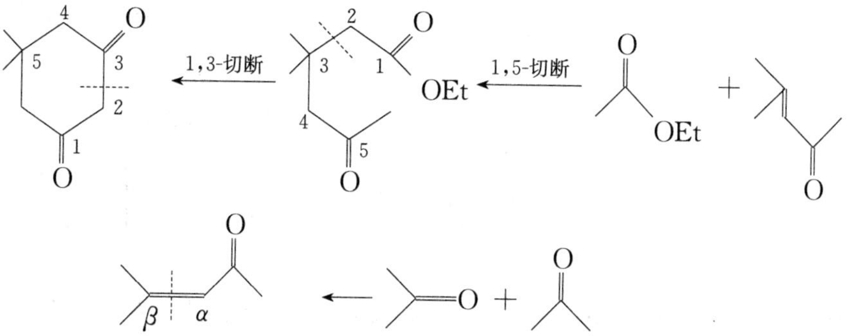

合成：

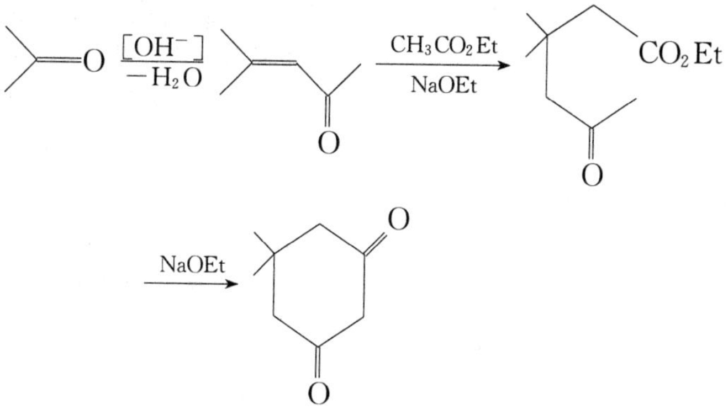

习　　题

试用"逆合成法"设计下列化合物的合成路线：

1.

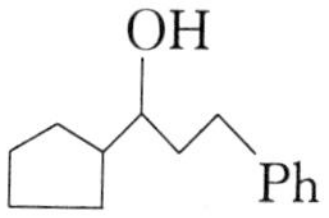

2. 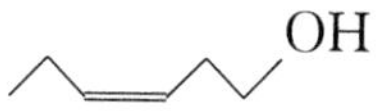 （叶醇）

3.

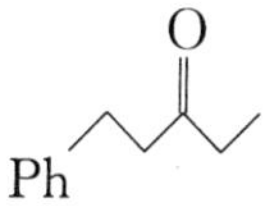

4.

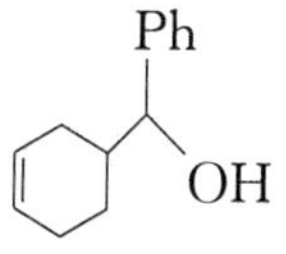

5. PhCH＝CH—COC(CH₃)₃

6. PhCH＝CH—CH＝CH—COOH

7.

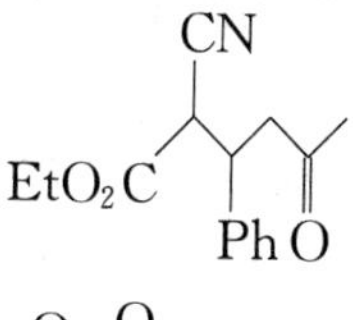

8. 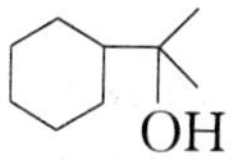 （用四个碳以下的原料）

9.

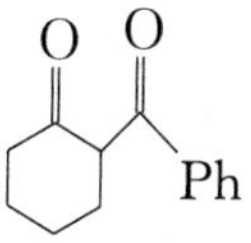

10.

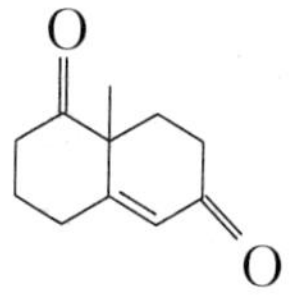

第十九章　碳水化合物

碳水化合物（carbohydrates）亦称糖（saccharides），是自然界存在最多而又重要的一类有机化合物。人们所熟悉的碳水化合物有糖类（葡萄糖、果糖、蔗糖）、淀粉、纤维素等。最早法国人把符合通式 $C_n(H_2O)_m$ 的化合物叫做碳水化合物，例如葡萄糖（$C_6H_{12}O_6$）的分子式看作是碳的水合物，即 $C_6H_{12}O_6 = (C \cdot H_2O)_6$。后来发现有些化合物，如鼠李糖（$C_6H_{12}O_5$），它的组成并不符合上面的通式，但根据它的结构和性质应该属于碳水化合物。而有些化合物如醋酸（$C_2H_4O_2$）、乳酸（$C_3H_6O_3$）等的组成虽然符合上面的通式，但从结构及其性质上讲，则与碳水化合物完全不同。因此"碳水化合物"这一名词并不恰当，但因沿用已久，所以至今仍然使用。现在从化学结构的特点来说，碳水化合物是多羟基醛、酮或经水解后容易转化成多羟基醛、酮的化合物：

$$
\begin{array}{cc}
\begin{array}{c}
H\diagdown\ /O \\
C \\
| \\
(CHOH)_n \\
| \\
CH_2OH \\
\text{多羟基醛}
\end{array}
&
\begin{array}{c}
CH_2OH \\
| \\
C=O \\
| \\
(CHOH)_n \\
| \\
CH_2OH \\
\text{多羟基酮}
\end{array}
\end{array}
$$

多羟基醛也通称作醛糖（aldoses），多羟基酮通称作酮糖（ketoses）。

碳水化合物是一切生物体维持生命活动所必需的能量的主要来源。它可以由绿色植物经过光合作用而得到：

$$
xCO_2 + yH_2O + \text{太阳能} \xrightarrow[\text{光合作用}]{[\text{叶绿素}]} \underset{(\text{糖})}{C_x(H_2O)_y} + xO_2
$$

绿色植物的叶子和某些微生物在太阳光提供能量的情况下，可以将空气中的二氧化碳和水结合转化成碳水化合物（葡萄糖），这叫光合作用。叶绿素是光合作用的催化剂，光合作用一旦生成葡萄糖便被植物进一步合成淀粉和纤维素。

当动物吃进绿色植物后，植物中的淀粉被分解成葡萄糖，由血液带到肝脏，转化成肝糖（又叫动物淀粉）而储存在肝脏和肌肉组织中。当动物需要能量时，肝糖再一次分解成葡萄糖分子，葡萄糖在体内各种组织（如肌肉等）中被动物从空气中吸收的氧经过一系列反应，逐步氧化为二氧化碳和水，同时放出能量供机体活动所需要。动物和植物就是这样互相依存的有机体。它们通过如下的循环维持了二氧化碳与氧的平衡：

$$
\underset{\text{能量}}{Q} + 6CO_2 + 6H_2O \xrightarrow[\text{动物呼吸作用}]{\text{植物光合作用}} C_6H_{12}O_6 + O_2
$$

碳水化合物除作为能量的来源外，还有许多其他的生理作用。例如纤维素构成植物的支撑组织、作为某些动物（如牛等反刍动物）的营养物。棉花、亚麻纤维基本上都是纯的纤维素。碳水化合物还可以作为机体中其他有机物（如脂肪、氨基酸等）的合成原料，等等。

近十几年来,生理化学家首先认识到糖的新的重要性——寡糖及糖缀合物(以糖肽或糖脂的形式存在)是构成细胞膜的重要组成部分,因而它具有细胞识别的重要功能。例如,肝癌细胞与正常细胞,其细胞膜上的寡糖就不同……因此,"新"的糖化学重点就是研究寡糖及其缀合物。

碳水化合物常根据它能否水解和水解后生成醛、酮糖的单位数目分为以下三类:

1. 单　糖

单糖(monosaccharides)是不能水解成更小单位的醛糖或酮糖。例如葡萄糖、果糖等。

2. 双糖、低聚糖

能水解成几个分子单糖的碳水化合物叫低聚糖(oligosaccharides),也称寡糖。其中以双糖(disaccharide)最重要。例如蔗糖和麦芽糖:

$$蔗糖 \xrightarrow{水解} 葡萄糖 + 果糖$$

$$麦芽糖 \xrightarrow{水解} 2\ 葡萄糖$$

3. 多糖(高聚糖)

能水解成几百个以上单糖分子的碳水化合物叫多糖(polysaccharides)。例如淀粉、纤维素。天然的多糖一般是由 $100 \sim 3\ 000$ 单糖单位构成的。

碳水化合物是一类多官能团的化合物。它既有单独官能团的性质,也有官能团之间相互影响的表现。碳水化合物分子中含有多个手性碳原子,必然具有旋光性和旋光异构体。因此研究它的特性,就是运用前面所学的官能团反应和立体化学基本概念来分析问题和解决问题的一个很好的结合点。鉴于单糖是构成碳水化合物的基本结构单位,因此研究单糖的结构是研究碳水化合物的基础。

19.1　单　　糖

单糖根据它所含的羰基分为醛糖和酮糖两大类。按分子中所含碳原子的数目叫做某醛糖或某酮糖。由于糖的定义是多羟基醛或酮,所以,最简单的醛糖是丙醛糖,最简单的酮糖是丙酮糖:

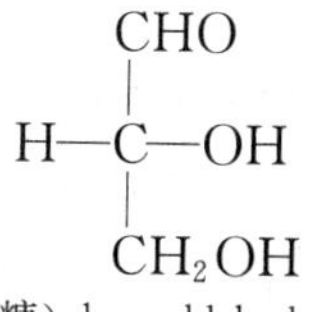

甘油醛(丙醛糖)glyceraldehyde (aldotriose)
(α,β-二羟基丙醛)

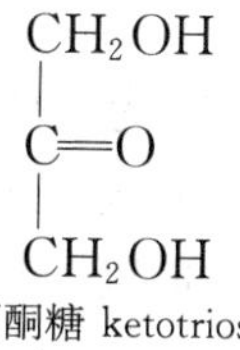

丙酮糖 ketotriose
(α,α'-二羟基丙酮)

相应的醛糖和酮糖是同分异构体。

丙醛糖有一个手性碳原子,因而有两个旋光异构体(一对对映体),而丙酮糖则没有:

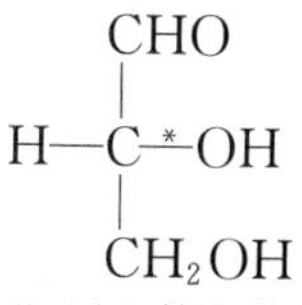

D-(＋)-甘油醛
（Ⅰ）

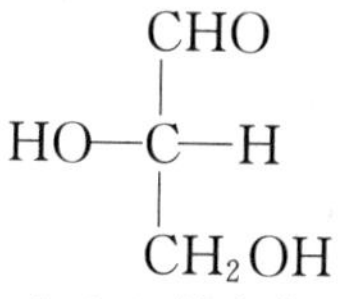

L-(－)-甘油醛
（Ⅱ）

在(Ⅰ)中,甘油醛的羟基在右边,叫做 D-型;在(Ⅱ)中,甘油醛的羟基在左边,叫做 L-型(见第八章立体化学)。

丁醛糖有两个不相同的手性碳原子,所以有四个旋光异构体。而丁酮糖只有一个手性碳原子,所以只有两个旋光异构体。可见,酮糖的旋光异构体比相应的醛糖少。戊醛糖有八个旋光异构体,己醛糖则有 16 个旋光异构体。这些醛糖都可以由甘油醛以逐步增加碳原子的方法导出。例如,从 D(+)-甘油醛出发,经与 HCN 加成,即可增加一个碳原子。按下列步骤即可转变为两个丁醛糖:

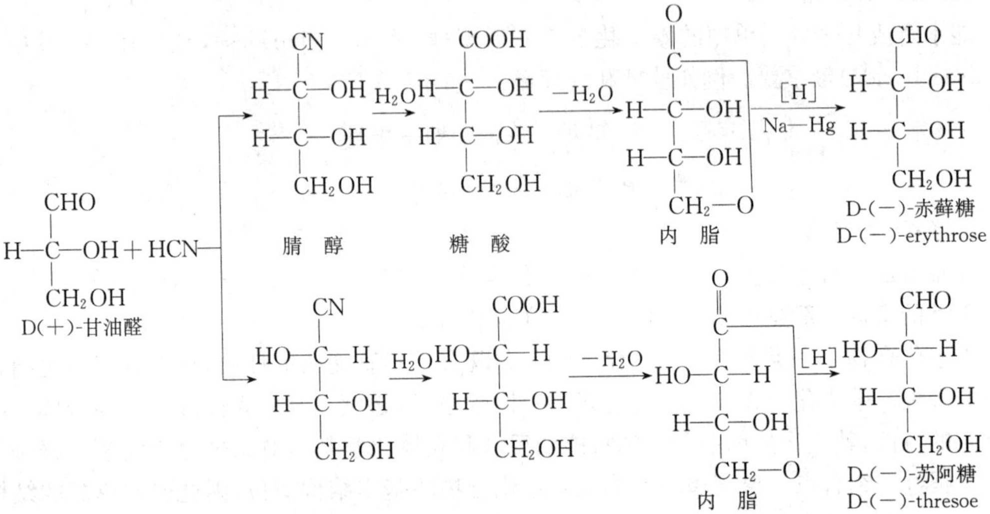

这叫克利安尼(Kiliani)-费歇尔(Fischer)合成法。

同样,由 D-赤藓糖或 D-苏阿糖用上述的增长碳链的方法,可分别导出两个 D-戊醛糖,由它们再可分别导出八个 D-己醛糖。

单糖的构型是以甘油醛为标准的。凡由 D-(+)-甘油醛经过碳链增长反应转变成的醛糖,都属 D-型,而由 L-(−)-甘油醛衍生的醛糖都属于 L-型。醛糖的 D-型异构体见表 19.1(它们均用简化结构式表示:用一直线表示碳链,手性碳原子上的氢省略,用一短横线表示手性碳原子上的羟基)。

表 19.1 中各 D-型异构体都各有一个 L-型的对映异构体。从表 19.1 中可以看出,凡单糖分子中距羰基最远的手性碳原子与 D-(+)-甘油醛分子中的手性碳原子构型相同时,均属 D-型(同样,与 L-(−)-甘油醛构型相同时均属 L-型)。例如,下面各糖括出的碳原子的构型是相同的,它们都是 D-型糖:

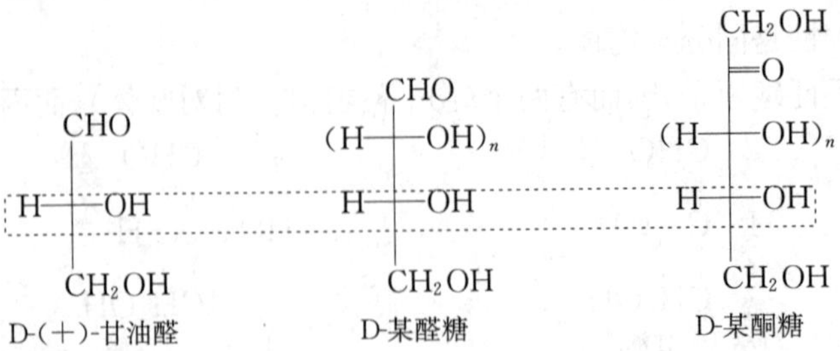

560

自然界存在的糖类大多数是 D-型的,其中又以葡萄糖、果糖和核糖为最重要。这一节中我们重点介绍葡萄糖的结构与性质,这样便可以对低聚糖和多糖的结构和性质更易于理解。

表 19.1　醛糖的 D-型异构体

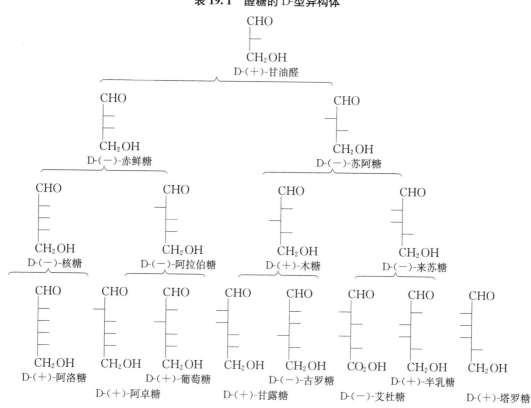

19.2　葡萄糖的结构

19.2.1　开链式

葡萄糖(glucose)的分子式是 $C_6H_{12}O_6$,这是由元素分析和分子量测定证实的。葡萄糖经 Na—Hg 齐还原后,得到己六醇,进一步用强还原剂(氢碘酸和红磷)还原时,则可得到正己烷。这说明葡萄糖分子的碳架是一个直链,没有支链存在。

$$C_6H_{12}O_6 \xrightarrow{\text{Na—Hg}} \underset{\text{己六醇}}{HOCH_2—(CHOH)_4—CH_2OH} \xrightarrow{\text{HI+P}} \underset{\text{正己烷}}{CH_3—(CH_2)_4—CH_3}$$

葡萄糖与过量的乙酐作用生成五乙酸酯,这说明分子中有五个羟基。由于同一个碳上连接两个羟基一般是不稳定的,而葡萄糖很稳定,所以说这五个羟基应分别连接在五个碳原子上:

$$C_6H_7O(OH)_5 \xrightarrow{\text{过量乙酐}} C_6H_7O(OCOCH_3)_5+5CH_3COOH$$

葡萄糖能与羟胺缩合生成肟,能与 HCN 起加成反应,能还原吐仑试剂,这些都说明它有一个羰基,而且是醛基。葡萄糖与 HCN 加成水解生成六羟基酸,后者被 HI＋P 还原,得到正庚酸,这进一步证明了葡萄糖是醛糖。

$$(C_6H_{11}O_5)\overset{H}{C}{=}O + HCN \longrightarrow (C_5H_{11}O_5){-}\underset{OH}{\overset{H}{\underset{|}{\overset{|}{C}}}}{-}CN \xrightarrow{H_2O} (C_5H_{11}O_5){-}\underset{OH}{\overset{H}{\underset{|}{\overset{|}{C}}}}{-}COOH$$

$$\xrightarrow{HI+P} CH_3(CH_2)_5COOH$$
$$\text{正庚酸}$$

从以上实验事实可以推测出葡萄糖应该是一个含有六个碳原子的直链的五羟基醛,表示如下:

$$\begin{array}{c} CHO \\ *CH{-}OH \\ *CH{-}OH \\ *CH{-}OH \\ *CH{-}OH \\ CH_2OH \end{array}$$

糖的一般写法是将羰基写在上端,碳链的编号从醛基或靠近酮基的一端开始。

葡萄糖是一个己醛糖,己醛糖含有四个手性碳原子,应该有 $2^4=16$ 个旋光异构体,葡萄糖不过是 16 个异构体中的一个。哪一个是葡萄糖的构型呢? 它的构型可用化学方法来加以确定。是 Emil Fishcher 于 1891 年宣告完成这一确定。Fischer 当时假定(＋)-葡萄糖为 D 型(1954 年 Bijvoet 的工作证明他实际上做了正确的选择),因此下列八个化合物有一个是(＋)-葡萄糖:

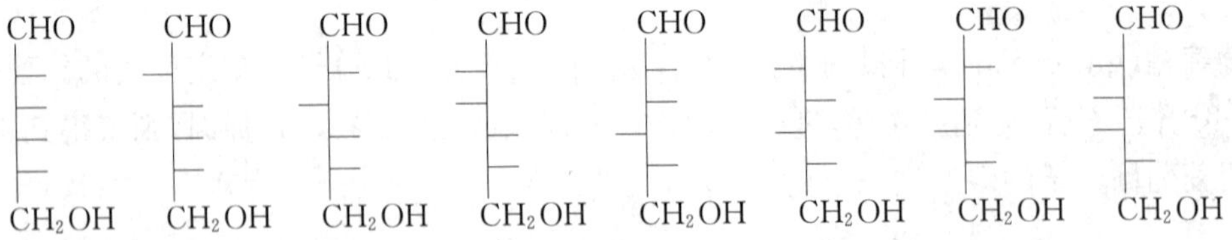

下面是 Fischer 确定葡萄糖结构的大致步骤:

①用硝酸氧化葡萄糖,产生葡萄糖二酸,它有旋光性,因此葡萄糖的构型不可能是(1)和(7),因为这两个构型式相对应的二酸分子中有一个对称面,是不旋光的。

②葡萄糖降解后得到(—)阿拉伯糖(arabinose),后者用硝酸氧化时生成旋光的二酸,因此葡萄糖不可能是(2)、(5)或(6),只可能是(3)、(4)或(8)中的一个。

③(—)-阿拉伯糖递升后得(＋)-葡萄糖和(＋)-甘露糖(mannose),这两个差向异构体(见

立体化学一章)氧化后,得到旋光的糖二酸,即:

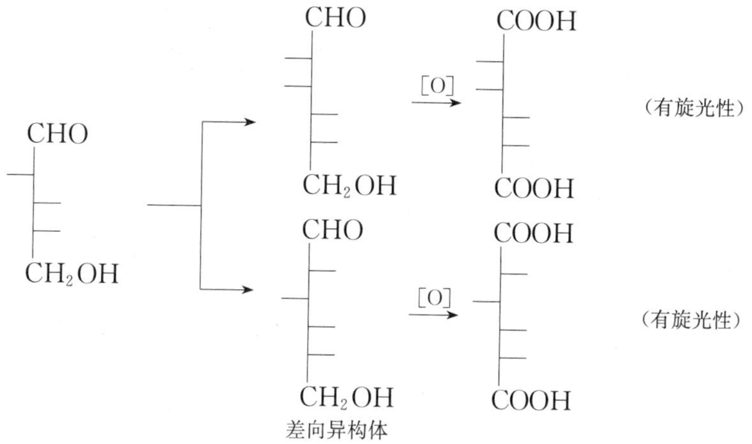

（有旋光性）

（有旋光性）

差向异构体

而(8)的差向异构体是(7),(7)氧化后得到不旋光的二酸,因此葡萄糖不可能是(8),只能是(3)或(4)。

④将(3)中的—CHO与—CH₂OH互换后,得到另一种糖,它们氧化后得到同一种糖二酸:

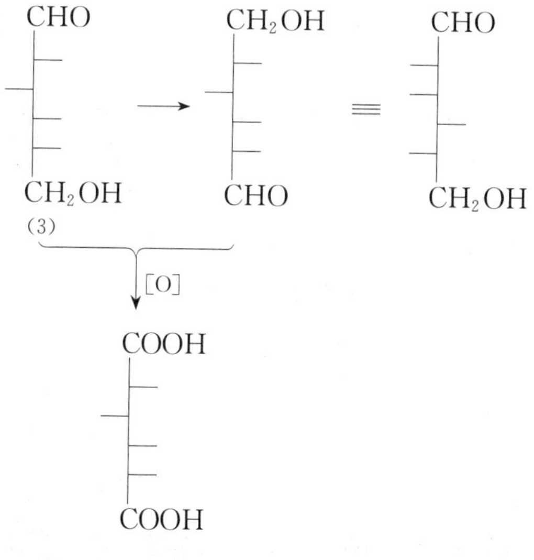

(3)

[O]

将(4)中的—CHO与—CH₂OH互换后,仍为原来的化合物:

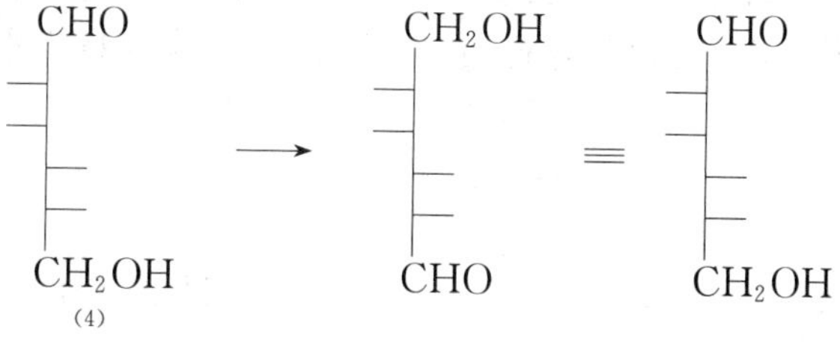

(4)

因此,如果有另一种己醛糖也可以氧化成葡萄糖二酸,(＋)-葡萄糖就应当是(3)。

Fischer用下面的方法合成了L-(＋)-古罗糖(gulose),它氧化时也生成葡萄糖二酸,所以(＋)-葡萄糖的构型为(3)。

563

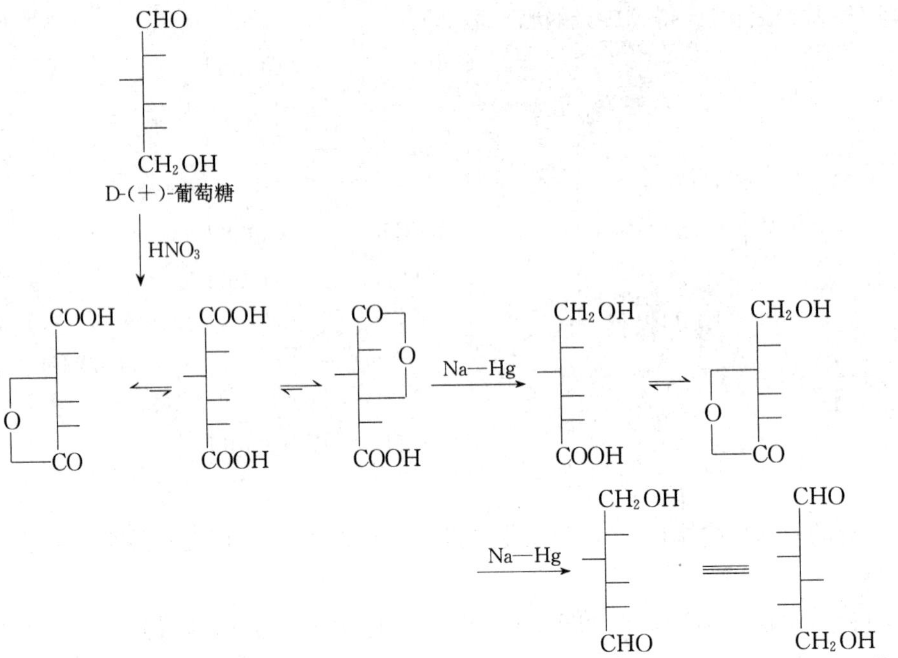

CHO

CH₂OH

D-(+)-葡萄糖

↓ HNO₃

COOH COOH CO CH₂OH CH₂OH

⇌   ⇌ $\xrightarrow{Na-Hg}$ ⇌

CO   COOH COOH COOH CO

$\xrightarrow{Na-Hg}$

CH₂OH   CHO

⫶

CHO   CH₂OH

L-(+)-古罗糖

19.2.2 环氧式

根据葡萄糖的一些性质推断出来的开链式结构对它的另一些性质和现象则不能得到解释。例如,D-(+)-葡萄糖有两种异构体:一种熔点为 146℃,比旋光度为+112°,称为 α-D-(+)-葡萄糖。另一种的熔点为 150℃,比旋光度为+19°,称为 β-D-(+)-葡萄糖。两者溶于水后,它们的比旋光度都逐渐地改变为+52.7°,这种现象称为变旋光现象(mutarotation)。变旋光现象是糖的较普遍现象,它是糖的内在结构的反映。

根据葡萄糖开链式结构应有一个醛基,理应和两分子的醇形成缩醛:

$$-\overset{H}{\underset{}{C}}=O + 2ROH \longrightarrow -\overset{H}{\underset{OR}{\overset{|}{\underset{|}{C}}}}-OR$$

但实验的结果是葡萄糖只能和一分子醇起反应生成缩醛。这是为什么? 经过研究并从醇和醛的相互作用可以先生成半缩醛的反应受到启发,得知葡萄糖分子中的醛基可以先与它自己分子中的羟基形成一个环状的半缩醛。这样,它自然只能和一分子醇失水而生成缩醛了:

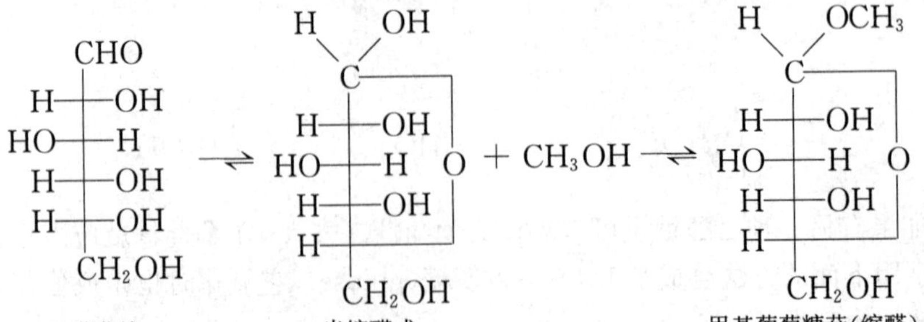

CHO   H   OH   H   OCH₃
H——OH   C   C
HO——H   ⇌   H——OH + CH₃OH ⇌ H——OH
H——OH   HO——H O   HO——H O
H——OH   H——OH   H——OH
CH₂OH   H——   H——
              CH₂OH   CH₂OH

D-葡萄糖   半缩醛式   甲基葡萄糖苷(缩醛)

凡糖的半缩醛式羟基与另一羟基化合物失水而生成的缩醛均叫“配糖物”,或简称为“甙”(音代),或“苷”(音甘)。苷在稀酸中容易分解,分解后生成糖和非糖部分(羟基化合物),后者叫配基或配质。苷是糖类在自然界普遍存在的形式。

D-葡萄糖形成了半缩醛的环状结构以后,原来醛基的碳原子变成了手性碳原子,所以就有两种异构体存在,如下式(Ⅳ)和(Ⅴ)所示。这个手性碳原子称为苷原子,它所连的羟基称为苷羟基。

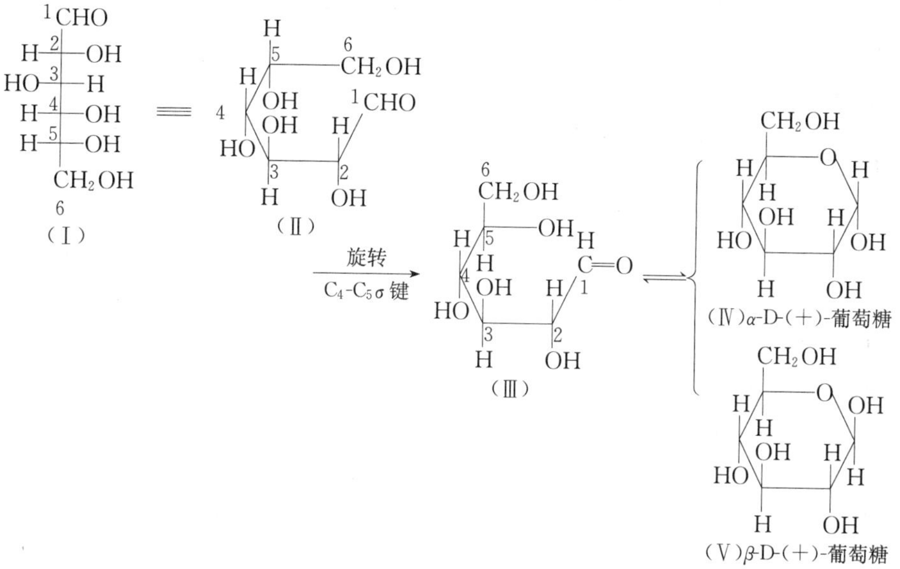

在(Ⅳ)式中,苷羟基与—CH_2OH 在异侧的异构体为 α 型,处于同侧的称为 β 型,如(Ⅴ),它们是非对映异构体。在糖类中,这种差向异构体称为“异头物”(anomers)。近来 IR 光谱也证明羰基的伸缩振动谱带并不存在。此外,在低场的醛基质子(—CHO)的核磁共振吸收峰也不存在。

因为氧环式和开链式在水溶液中互变并处于动态平衡,所以有变旋光现象。经测定它们的比例大致如下:

α-D-(+)-葡萄糖 ~37% [α]=+112°　　D-(+)-葡萄糖 0.01%　　β-D-(+)-葡萄糖 ~63% [α]=+19°

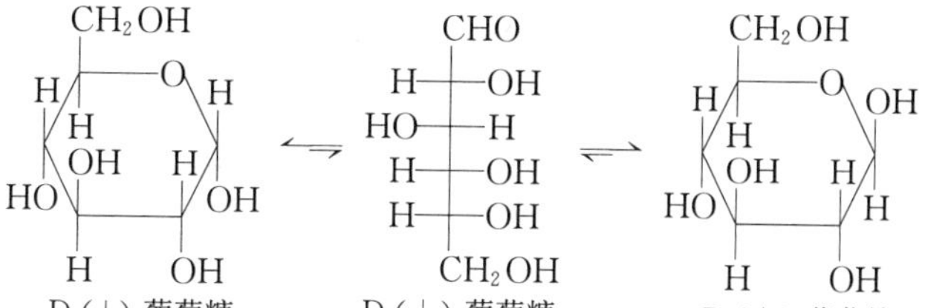

可见氧环式结构占绝对优势。

上述氧环式(Ⅳ与Ⅴ)称为哈武斯式(Haworth),由费歇尔投影式转变为哈武斯透视式时必须遵循两个简单的规定:①费歇尔式中连在各手性中心右边的羟基应在哈武斯式环平面的下边,左边的羟基在环平面的上边。②端基—CH_2OH 也应在哈武斯式环平面的上边,表示 D

型(—CH₂OH 在环的下边则表示 L 型)。

$\quad$葡萄糖的氧环式是六元环,这最早是由哈武斯用化学反应(用 HIO_4 断裂邻二醇的反应)证实的。近代物理方法(如 X 射线衍射法)也证明了 D-(+)-葡萄糖具有六元环的结构。六元环的骨架与吡喃环相似,因此,把具有六元环结构的糖类称为吡喃糖,如 α-D-(+)-吡喃葡萄糖(glucopyranose)。大自然中的葡萄糖大多数是吡喃糖。

$\quad$哈武斯式仍不能确切地表示葡萄糖的空间排布,因为它并不是一个平面,稳定的六元环应是椅式的,所以较确切的 D-(+)-葡萄糖的结构应为下式所示:

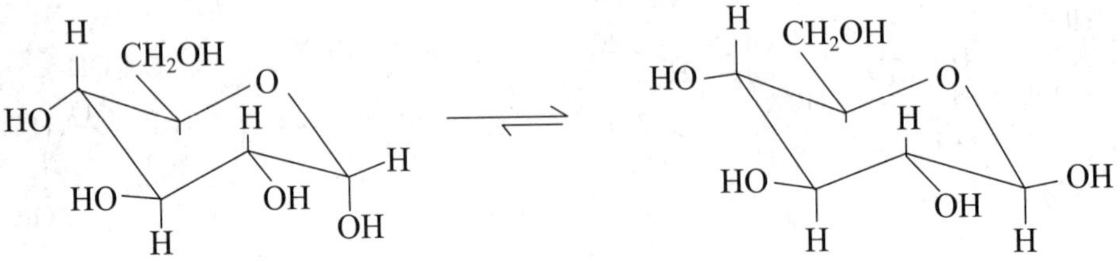

$\quad$在 β-型中,所有的大基因(—OH 和—CH₂OH)都处在 e 键上,而在 α 型中,则有一个苷羟基处在 a 键上。因此,β-D-(+)-葡萄糖要比 α-D-(+)-葡萄糖稳定,从它的水溶液中 α 和 β 两种异构体互变达到平衡时的含量百分数也可以看出。

$\quad$在天然界的糖中,葡萄糖存在最丰富的原因之一也许是因为它所有较大的基团都处在 e 键上的缘故。

19.3　果　糖　的　结　构

$\quad$果糖(fructose)是一个己酮糖,分子式也是 $C_6H_{12}O_6$,果糖的羰基在 C_2 上。在己酮糖的分子中有三个手性碳原子,因此有 $2^3=8$ 个立体异构体,果糖是其中之一。它的开链式可表示如下:

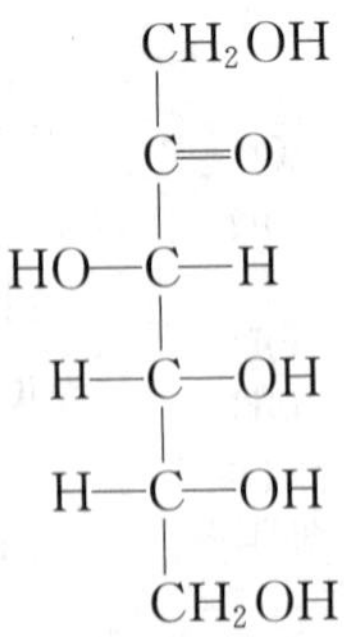

D-(−)-果糖

$\quad$D-(−)-果糖也具有氧环式结构,也有变旋光现象。果糖的 α 型和 β 型也都是六元环的,称为 D-(−)-吡喃果糖。但当它形成糖苷时常变成五环的衍生物。因此,果糖在溶液中可能有五种构型,即酮式、六环的 α 型和 β 型、五环的 α 型和 β 型。

566

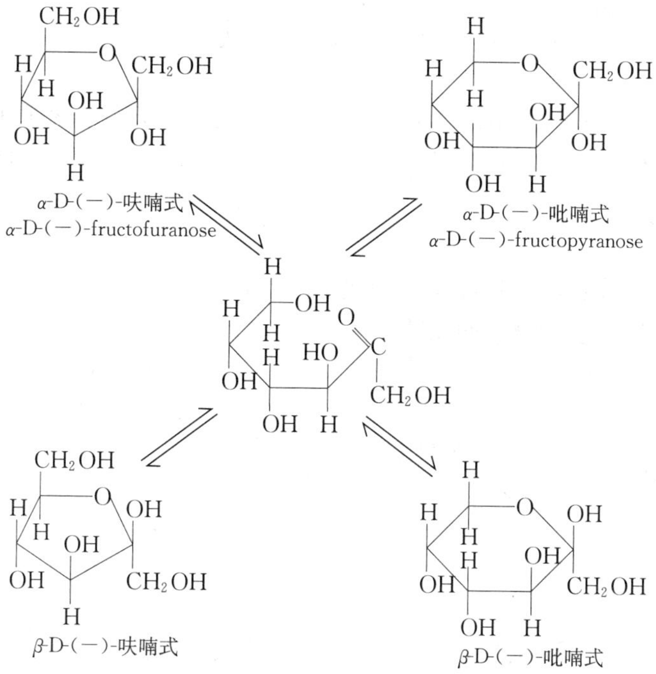

α-D-(−)-呋喃式
α-D-(−)-fructofuranose

α-D-(−)-吡喃式
α-D-(−)-fructopyranose

β-D-(−)-呋喃式

β-D-(−)-吡喃式

由于五环的糖可以看作是呋喃的衍生物,所以叫做呋喃式。

D-(−)-吡喃果糖的椅式构象如下式所示:

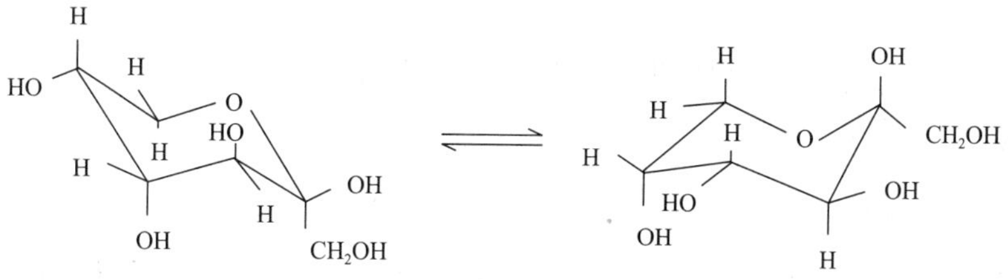

β-D-(−)-吡喃果糖

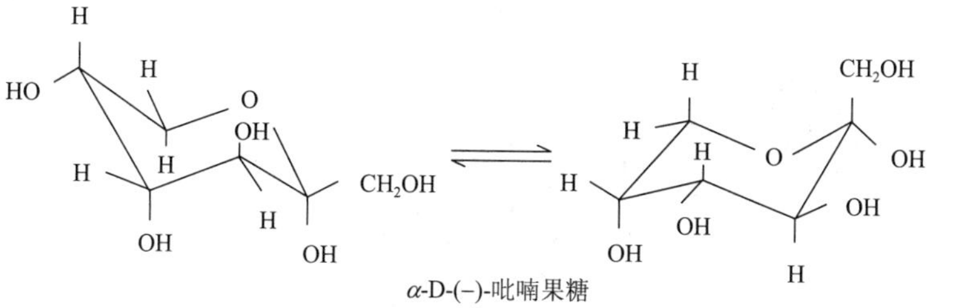

α-D-(−)-吡喃果糖

19.4 单糖的物理性质

由于单糖分子中有多个羟基,因此,在水中的溶解度很大,常能形成过饱和溶液——糖浆。同时,由于分子间的氢键存在而使糖的沸点很高。例如在 107 Pa 压力下,甘油醛的沸点大约为 150℃,在常压下(0.1 MPa)则在未到沸点之前分子便发生分解。所有的单糖都有甜味,都是白色固体。

19.5 单糖的反应

由于单糖分子中含有羟基和羰基,所以,凡能和羟基、羰基反应的试剂,也应该可以和糖发生反应。但在糖分子中由于羟基羰基共存,彼此相互影响,而又表现出糖和醛、酮不同的反应。

19.5.1 糖苷的生成

前面已提到,两分子醇与醛形成缩醛,单糖的半缩醛羟基(称为苷羟基)和一分子羟基化合物(如醇)反应也可生成糖的缩醛,叫做苷。例如:

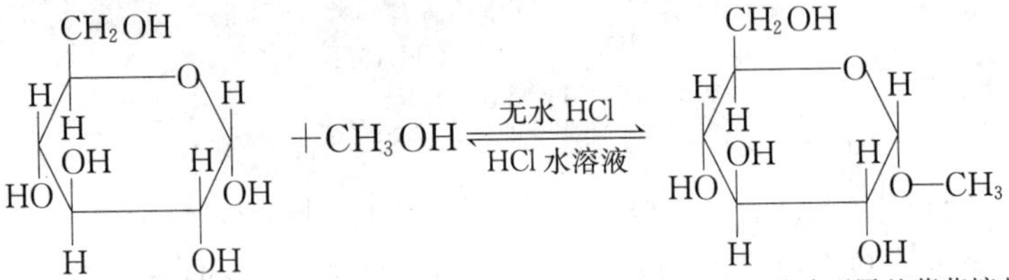

α-D-(+)-吡喃型葡萄糖　　　　　　　α-D-(+)-吡喃型甲基葡萄糖苷
(α-D-(+)-葡萄糖)　　　　　　　　　(α-D-(+)-甲基葡萄糖苷)

苷类广泛存在于自然界中的植物和动物体中。苷类和缩醛一样,性质比较稳定,不和苯肼、吐仑或裴林试剂作用,也不发生变旋光现象,与稀酸共热或动、植物体内的立体专属性的酶能水解它。例如存在于蔓越桔或梨树叶中的杨梅苷是由 β-葡萄糖和对苯二酚缩合而成的。

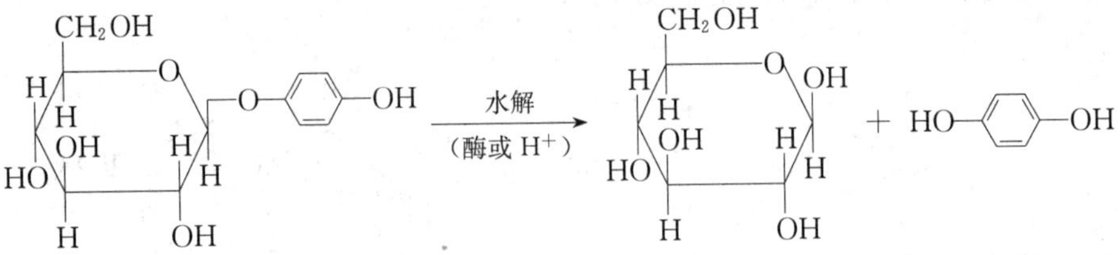

又如某些中草药中的有效成分也是糖的苷类化合物,苦杏仁及桃树根中的苦杏仁苷是由 β-葡萄糖与苦杏仁腈(羟基苯乙腈 $C_6H_5CH(OH)CN$)缩合而成的:

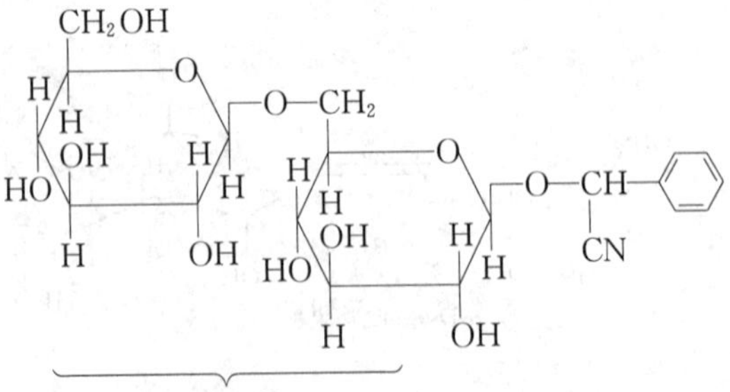

龙胆二糖

人吃了苦杏仁会中毒,是因为在消化道中可被水解而放出 HCN 酸。木薯也含有能产生 HCN 的糖苷,因此,木薯在作食用前,必须经过处理以除去 HCN。有一种蜈蚣虫的反应腺中也含有能放出 HCN 的糖苷,当它受到袭击时,便分泌出一种酶来水解这种糖苷,它放出的 HCN 量足以杀死一只老鼠,因此,人被蜈蚣咬伤也是很危险的。

上述各种糖苷中连接糖与非糖体的原子是氧,所以叫含氧糖苷。自然界中还存在一类很

568

重要的物质叫含氮糖苷，就是连接糖和非糖体的是氮原子。自然界极为重要的单糖——D-核糖与多种含氮碱基形成(含氮糖)苷的形式而存在。例如，生物体内能量的主要来源物质三磷酸腺苷(adenosine triphosphate，ATP)和烟酰胺-腺嘌呤二核苷酸(NAD^+)。

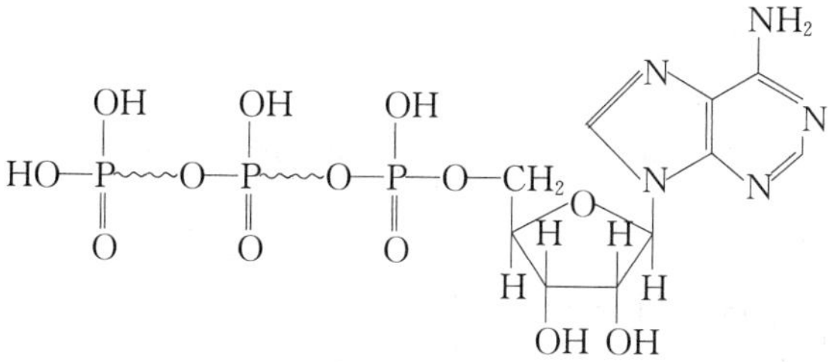

三磷酸腺苷(ATP)

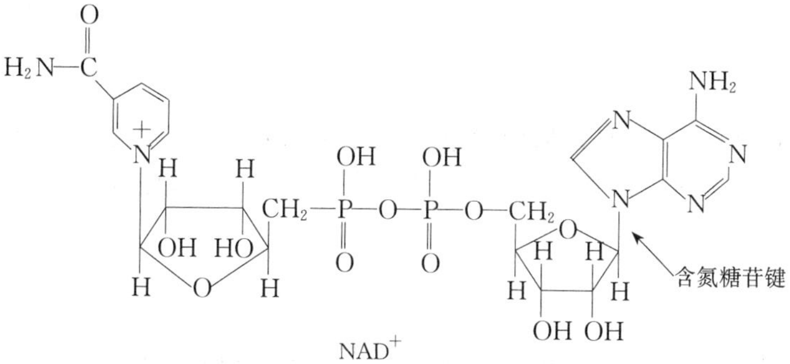

NAD^+

19.5.2 还　原

醛糖和酮糖的羰基都可以通过催化加氢或用 $NaBH_4$ 还原成相应的醇。例如：

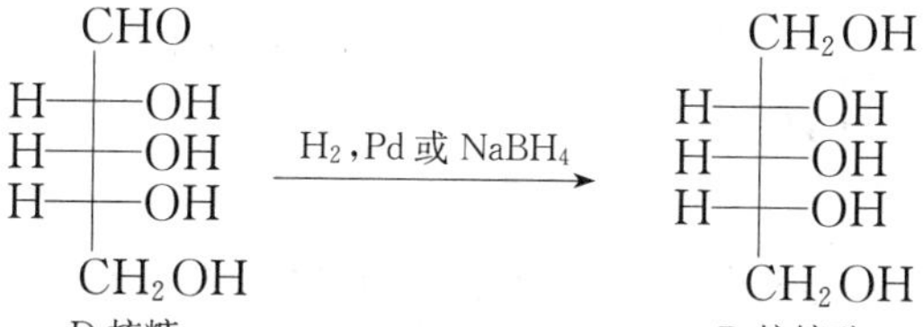

D-核糖　　　　D-核糖醇

D-核糖醇是维生素 B_2 的组成部分。D-甘油醛还原成甘油是脂肪和油类的主要成分。葡萄糖的还原产物——山梨糖醇在苹果、桃等水果中存在相当丰富。它常用作食品的添加剂，以增加食品的甜度，同时它含的热量与蔗糖相同(16.7 kJ/g)，因此在食品中它常用来代替蔗糖。

一个手性化合物经化学反应后，往往产生内消旋(meso)产物，例如：

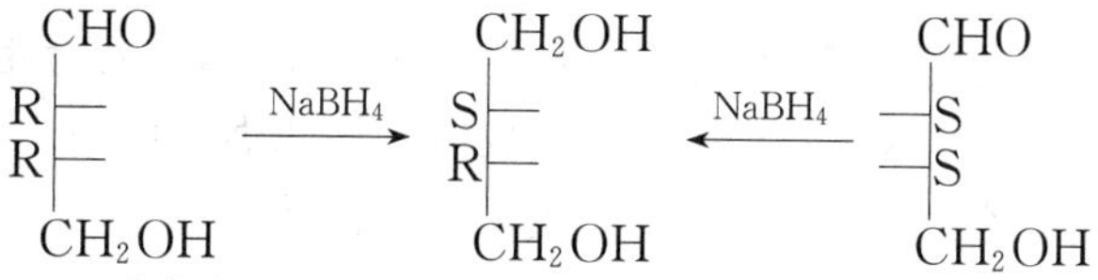

D-(－)-赤藓糖　　赤藓糖醇(meso)　　L-(＋)-赤藓糖

但是

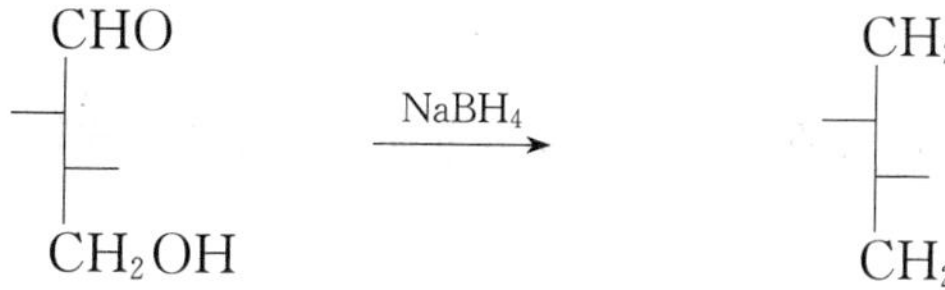

D-(－)-苏阿糖　　D-(＋)-苏阿糖醇(有光学活性)

因此,内消旋化合物的形成在测定化合物的相应立体化学方面是一个很重要的资料。如上例,赤藓糖还原得到内消旋四醇,证明两个手性碳原子是(R.R.)或(S.S.)。反之,苏阿糖还原得到的四醇有光学活性,它一定有(R.S.)或(S.R.)构型。

19.5.3 成 酯

糖中有多个羟基,因此可以和酸反应生成酯。磷酸酯是生物体内最重要的酯,如:

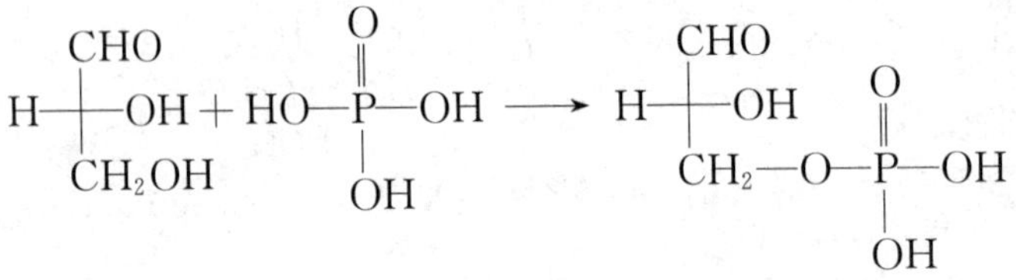

D-甘油醛-3-磷酸酯

它和二羟基丙酮磷酸酯一样,是葡萄糖代谢的中间体。糖的磷酸酯也是构成更复杂分子的不可缺少的组成部分。例如 ATP、NAD^+、乙酰辅酶 A、核酸等都是对人体生命有重要功能的物质。

19.5.4 脱 水

它和醇一样,单糖和无机酸一起加热、脱水生成糠醛或其衍生物。例如:

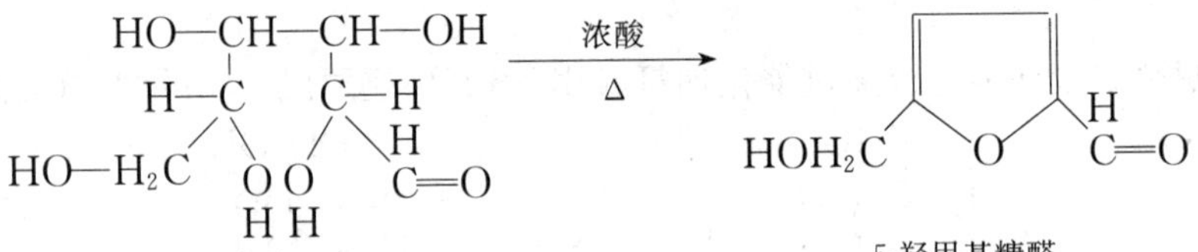

葡萄糖 　　　　　　　　　　　　　　5-羟甲基糠醛

糠醛或糠醛衍生物与酚类缩合产生有色化合物,这些染料常用作糖的鉴定。例如糖的水溶液在浓硫酸存在下与 α-萘酚产生紫色,这叫莫利施(Molisch)反应。

下面我们介绍单糖特有的反应。

19.5.5 氧 化

醛和酮的主要区别在于酮不易被氧化。醛可以被吐仑试剂或裴林试剂氧化,而酮则不能。可是单糖(醛糖或酮糖)与吐仑试剂、裴林试剂都给出正的反应,使后者相应地还原成银沉淀和氧化亚铜沉淀。能与吐仑、裴林试剂起氧化还原反应的糖叫做还原糖。

为什么酮糖也能与吐仑、裴林试剂起反应呢? 这是因为羰基和羟基彼此处于相邻位置的缘故。实验证明,葡萄糖用稀碱溶液处理时,有一部分变成果糖和甘露糖,形成一个混合物的平衡体系,这可能是通过碱催化下的酮式和烯醇式的互变异构来实现的。这种异构化叫做差向异构化(epimerization)。

这里,D-葡萄糖和D-甘露糖仅仅在 C_2 位构型不同(C_3、C_4、C_5 的构型都相同),它们互称为 C_2-差向异构体。

果糖和吐仑(或裴林)试剂起反应,可以认为是试剂的碱催化了互变异构,产生了烯二醇中间体,它是真正的还原剂。经实验测定:果糖的烯醇化速率比葡萄糖大 10 倍以上,因此果糖在还原糖试验中比葡萄糖更为活泼。

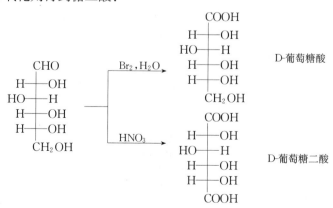

另一个原因可能是在碱性溶液中,酮糖可以发生醇醛缩合的逆反应:

反应中也产生醛基,因而酮糖也可以还原吐仑(或裴林)试剂。

单糖在不同条件下的氧化产物不同,用缓和的氧化剂(如溴水)氧化生成一元酸。如用较强的氧化剂(硝酸)氧化则得到糖二酸:

糖类用 HIO_4 氧化时,碳链发生断裂:

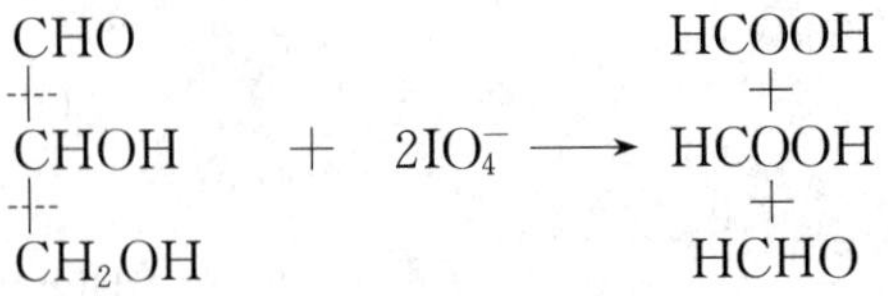

$$\begin{array}{c} CHO \\ | \\ CHOH \\ | \\ CH_2OH \end{array} + 2IO_4^- \longrightarrow \begin{array}{c} HCOOH \\ + \\ HCOOH \\ + \\ HCHO \end{array}$$

相邻两个碳原子上都带有羟基,或一个带有羟基另一个带有羰基,C—C 键都发生断裂。反应常是定量的。每一个 C—C 键消耗 1 摩尔 HIO_4。这个反应在研究碳水化合物的结构上极为有用。

单糖也可以被微生物和酶进行选择性地氧化,许多生物氧化反应都是在细胞中发生的。这些反应一般都包括复杂的一系列反应,其中的每一步几乎都是在酶催化下进行的。例如我们吃进去的葡萄糖在我们呼吸的氧的帮助下,最终被氧化成二氧化碳和水,同时放出能量:

$$C_6H_{12}O_6 + 6O_2 \xrightarrow[\text{糖代谢}]{\text{生物氧化}} 6CO_2 + 6H_2O + 能量$$

这个反应对我们是极为重要的,它是提供人体作功所需要的能量的主要来源之一。总的反应叫做葡萄糖的代谢作用。其中包括的许多反应,一般可分为两个阶段,如下式所示:

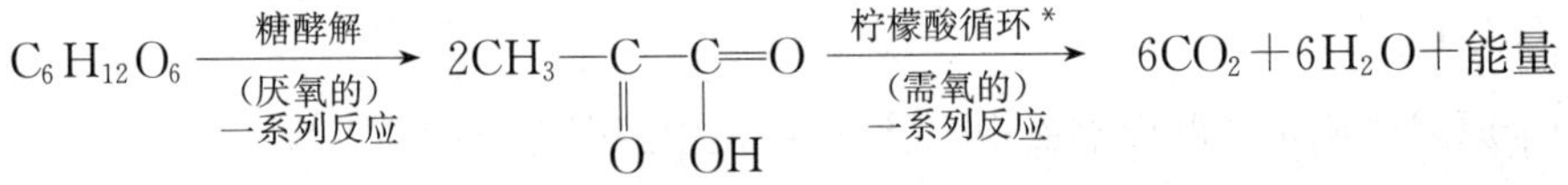

$$C_6H_{12}O_6 \xrightarrow[\substack{(\text{厌氧的}) \\ \text{一系列反应}}]{\text{糖酵解}} 2CH_3-\underset{\substack{| \\ O}}{C}-\underset{\substack{| \\ OH}}{C}=O \xrightarrow[\substack{(\text{需氧的}) \\ \text{一系列反应}}]{\text{柠檬酸循环}^*} 6CO_2 + 6H_2O + 能量$$

丙酮酸

又如葡萄糖可通过生物氧化成维生素 C。葡萄糖可还原成山梨醇(葡萄糖醇),它是制备维生素 C 的中间体。这个合成反应的关键一步是通过生物氧化 D-山梨醇(sorditol)成为 L-山梨糖(sorbose)。反应式如下:

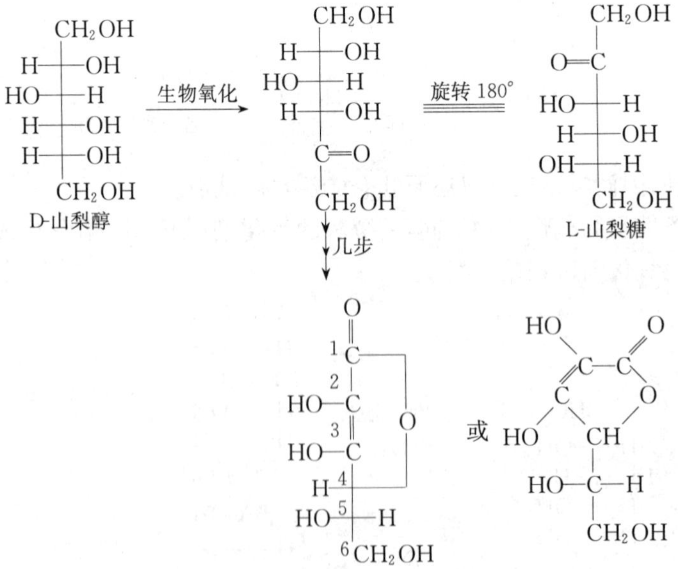

抗坏血酸(维生素C)
ascorbic acid(vitamin C)

---

* 柠檬酸循环是经过一系列反应,将乙酰辅酶 A 的乙酰基转化成二氧化碳和水。

这个反应的一个显著特征是它的专一性,微生物氧化山梨醇 C_5 上的二级羟基成为酮基。这是一般化学方法几乎不可能实现的。一旦生成山梨糖后,便可经过几步简单的有机反应转化成抗坏血酸(维生素 C)。

19.5.6 成脎反应

单糖和苯肼作用与醛、酮一样可以生成苯腙,但在过量苯肼的存在下,它们则转化成不溶于水的结晶化合物,叫做脎(osazone)。例如:

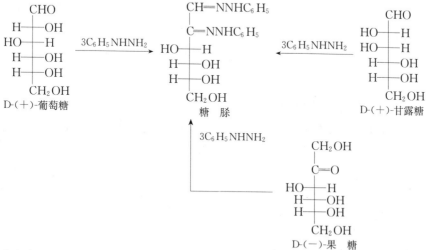

以上反应中可以看出,成脎反应只发生在 C_1 和 C_2 上。D-(+)-葡萄糖、D-(+)-甘露糖和 D-(—)-果糖都生成同样的脎,说明它们分子中 C_3、C_4、C_5 的构型相同,只是首先两个碳原子的构型不同。

糖脎都是不溶于水的黄色晶体,不同的糖脎晶形不同,在反应中生成的速度也不相同。因此可以根据脎的晶形及生成所需的时间来鉴定糖。由于糖的差向异构体可生成同一个脎,只要知道其中的一种构型,其他一种也就可以知道了。

19.5.7 醛糖的递升和递降

前已述及,Kiliani-Fischer 合成法可将醛糖与 HCN 加成后水解,生成糖酸,失水而成内酯,内酯用 Na(Hg)齐和水还原后,即得到多一个碳原子的醛糖,这过程叫递升。相反,若变为减少一个碳原子的醛糖的过程,叫递降。这个过程可以通过 Ruff 降解法来实现。反应如下式所示:

$$D-(+)-葡萄糖 \xrightarrow[(2)Ca(OH)_2]{(1)[O] \quad Br_2, H_2O} [\quad]_2 \xrightarrow[[O]]{Ca^{2+}, H_2O_2, Fe^{3+}} \xrightarrow{-CO_2} D-(—)-阿拉伯糖$$

糖的递升或递降在测定糖的构型方面有重要意义。

19.6 葡萄糖的生物合成

己糖的生物合成可以简单地通过两个丙糖的醇醛缩合反应而得到,如下式所示:

573

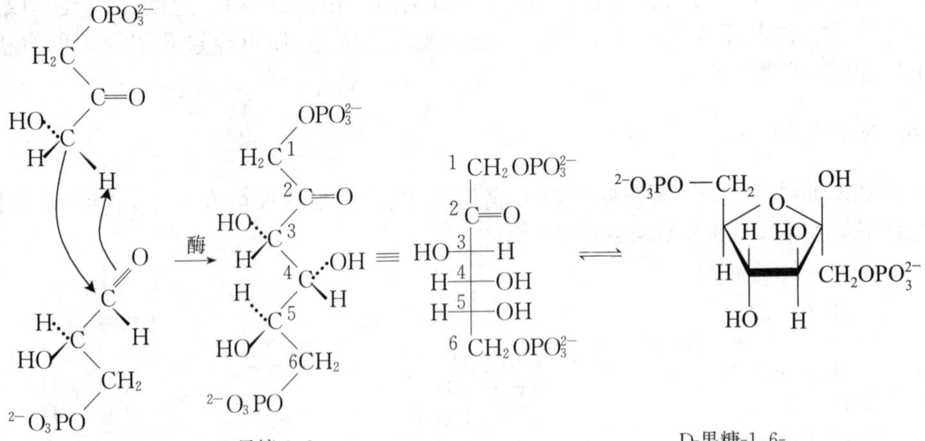

D-甘油醛-3-磷酸酯　　D-果糖-1,6-二磷酸酯(酮式)　　Fischer投影式　　D-果糖-1,6-二磷酸酯(半缩醛式)

二羟基丙酮磷酸酯的 α 碳负离子作为一个亲核试剂进攻在 D-甘油醛-3-磷酸酯的羰基碳上,便生成 D-果糖-1,6-二磷酸酯。在这个酶催化的反应中,原料——两个丙糖之间只有一个不对称碳原子,在果糖中的其他的两个不对称碳原子是在形成新的 C—C 键的反应中产生的。这两个新的手性中心是由酶决定的。酶使两个分子定向并从二羟基丙酮磷酸酯中除去适当的 α 氢(质子的除去是立体专一性的,而且只除去 α 碳上两个质子中的一个)。

以上反应中生成的 D-果糖-1,6-二磷酸酯在失去 C_1 上的磷酸酯基以后,D-果糖-6-磷酸酯通过烯醇式异构化为葡萄糖-6-磷酸酯:

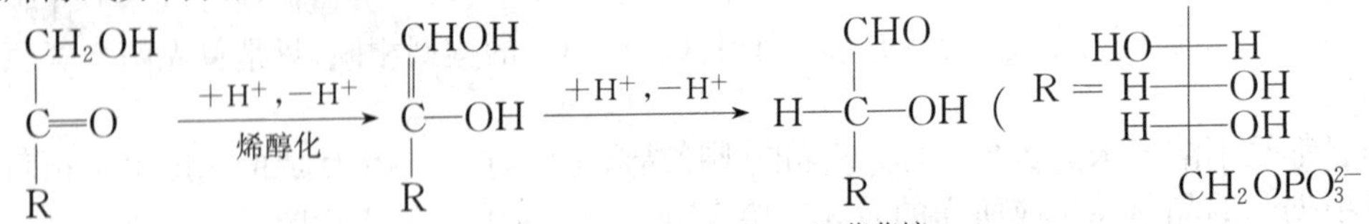

D-果糖　　　　　　　烯醇式　　　　　　　D-葡萄糖

通过这些反应可把体内各种食物代谢作用中产生的过量丙糖转化成葡萄糖,葡萄糖再依次聚合成肝糖(多聚葡萄糖)而储存在肝脏中。

丙糖醇醛缩合成己糖的反应是可逆的。当人体急需能量并由血液中的葡萄糖降解来提供时,便发生可逆反应——葡萄糖异构化成果糖,果糖按逆向的醇醛缩合再降解成二羟基丙酮和甘油醛。它们也转化成丙酮酸酯离子(pyruvate ion),后者最终变成乙酸盐和二氧化碳。

19.7　重要的戊糖和己糖

19.7.1　D-核糖和 D-2-脱氧核糖

它们是极重要的戊醛糖,虽然它们在自然界中不以游离状态存在,但它们在新陈代谢中起着非常重要的作用。脱氧核糖是脱氧核糖核酸(DNA)的组成部分。DNA 存在于细胞核中,它对于遗传特性的传递来说是不可缺少的物质。核糖是三磷酸腺苷(ATP)和核糖核酸(RNA)的组成部分。RNA 在蛋白质的生物合成和酶的生产中起着十分重要的作用。

D-核糖和 D-2-脱氧核糖的环式和链式异构体结构如下式所示:

574

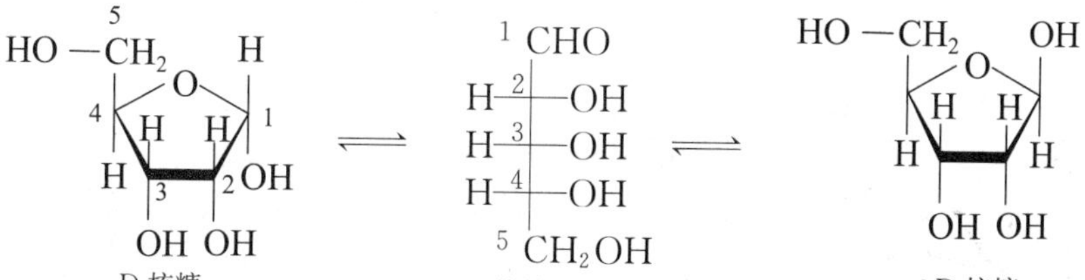

α-D-核糖　　　　　　　D-核糖(ribose)　　　　　　　β-D-核糖

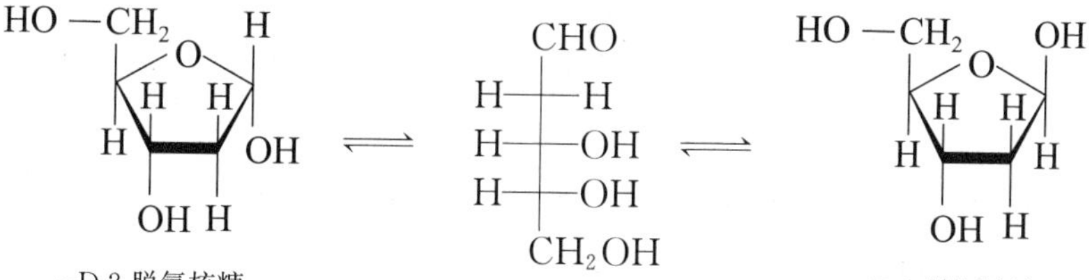

α-D-2-脱氧核糖　　　　　D-2-脱氧核糖　　　　　　β-D-2-脱氧核糖

19.7.2　D-葡萄糖

它是自然界分布最广的己醛糖,并以游离状态存在于葡萄(熟葡萄中含 $20\% \sim 30\%$)等甜水果和蜂蜜中。动物及人类的血液中也含有葡萄糖($80\text{mg}/100\text{mL} \sim 100\ \text{mg}/100\ \text{mL}$ 血),所以,有时也叫做血糖。葡萄糖还以双糖或多糖的组分(以糖苷的形式)存在于自然界中。自然界的葡萄糖是右旋的,故又称为右旋糖。由于葡萄糖容易吸收和运送到各种组织中以提供给它们能量,所以 5% 的葡萄糖溶液常用来给病人作静脉注射液。血糖的浓度比正常情况下低,则引起低血糖病,它的症状是一般感到虚弱、头晕等。葡萄糖的浓度在血液中比正常值高或在尿中存在葡萄糖可以指示糖尿病。

19.7.3　半乳糖

半乳糖(galactose)的结构式是 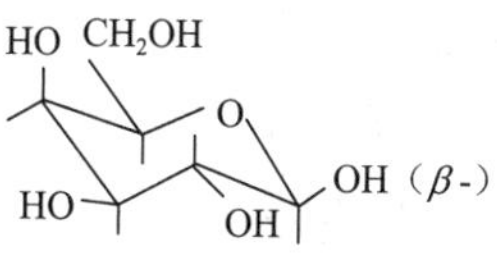 ,是许多低聚糖如乳糖、棉子糖的组

分。它也是组成脑苷和神经中枢苷的重要物质。它们是复杂的类脂化合物,存在于脑和神经中枢组织中。半乳糖具有右旋光性。

19.7.4　D-果糖

广布于植物界中,是最丰富的己酮糖。甜的水果及蜂蜜中含量最多。蔗糖中有一半是果糖,一半是葡萄糖。果糖最甜。天然的果糖是左旋($-92°$)的,所以又称为左旋糖。果糖也能还原吐仑、裴林试剂,因此它也是还原糖。

19.7.5　氨基己糖

现在所知道的有 2-氨基葡萄糖。它的乙酰衍生物——2-乙酰氨基-D-葡萄糖是昆虫甲壳质的基本组成单位。甲壳质是 2-乙酰氨基-D-葡萄糖的高聚体,所以水解甲壳质即得 D-2-氨基葡萄糖。

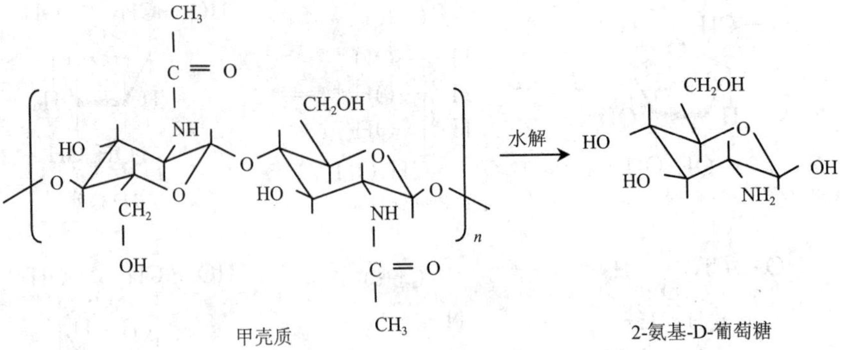

甲壳质   水解 →   2-氨基-D-葡萄糖

链霉素是由一种放射细菌内取得的一个抗结核效能很高的抗菌素。它实际上是 2-甲氨基-L-葡萄糖、L-链霉糖和环己六醇衍生物所形成的糖苷：

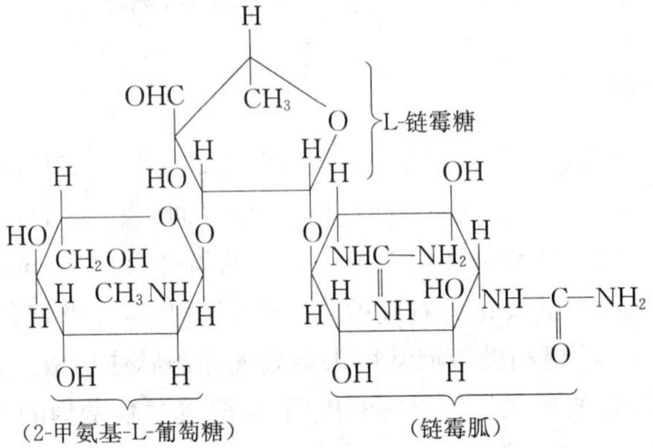

L-链霉糖

（2-甲氨基-L-葡萄糖）　（链霉胍）

链霉素

19.7.6 庚 糖

近几年来发现景天庚酮糖在植物进行光合作用时，承担了把二氧化碳变成碳水化合物的任务。因此，现在对于庚糖的研究是目前碳水化合物化学中的重要问题之一。它的结构如下：

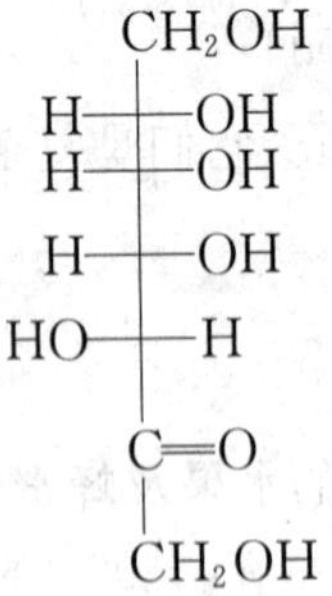

景天庚酮糖

19.8 二糖的结构和性质

在低聚糖中以二糖最重要。二糖可以通过酸或酶的作用而水解成两分子单糖，它们可以相同也可不同。问题是两分子如何连接起来的？实验表明，二糖是由两分子单糖通过失水以糖苷键的形式结合而成的化合物。两分子单糖失水的方式可以有两种：

（1）一分子单糖的苷羟基(即半缩醛羟基)和另一分子单糖的醇羟基失水。例如麦芽糖：

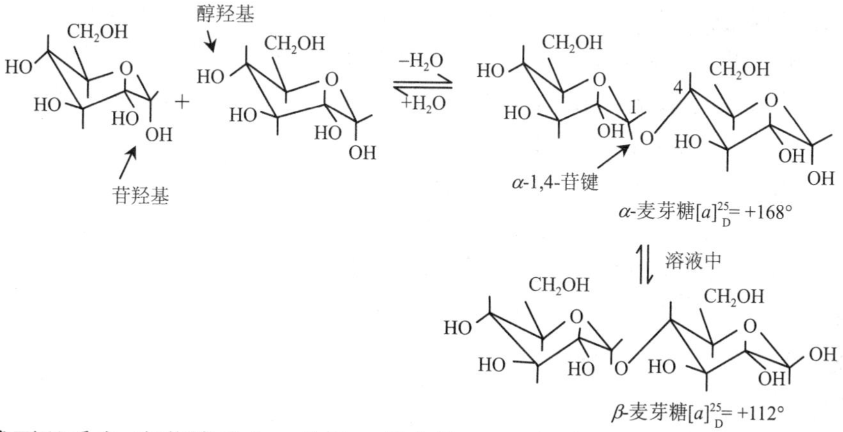

醇羟基

$-H_2O$
$+H_2O$

苷羟基

α-1,4-苷键

α-麦芽糖 $[a]_D^{25} = +168°$

溶液中

β-麦芽糖 $[a]_D^{25} = +112°$

从上式可以看出：麦芽糖是由一分子 α-葡萄糖 C_1 上的苷羟基和另一分子葡萄糖 C_4 上的醇羟基缩水而成的。一般把这样形成的键叫 α-1,4-苷键。在麦芽糖分子中右边的葡萄糖单位还存在一个苷羟基，所以它在水溶液中有开链式的结构存在，而具有羰基的还原性——还原吐仑、裴林试剂，所以它是一个还原糖。在结晶状态下麦芽糖右边的苷羟基是 β 式的，在溶液中由于变旋作用，因此存在着 α 和 β 式的平衡(如上式所示)。

如果在左边的葡萄糖单位不是 α 构型而是 β 构型，即形成 β-1,4-苷键，那就不是麦芽糖的结构，而是纤维二糖的结构。纤维二糖的性质与麦芽糖相似，也保留着一个苷羟基，具有单糖的还原性，它也是一个还原糖。它们的结构如下：

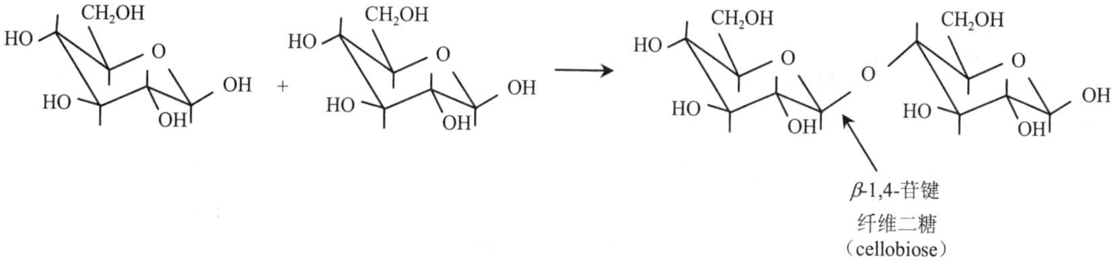

β-1,4-苷键
纤维二糖
（cellobiose）

（2）两分子单糖都是以苷羟基失水，则所形成的二糖分子中不再有苷羟基存在。因此它在水溶液中不能变成开链式，也就没有单糖的还原性，叫做非还原糖。例如蔗糖：

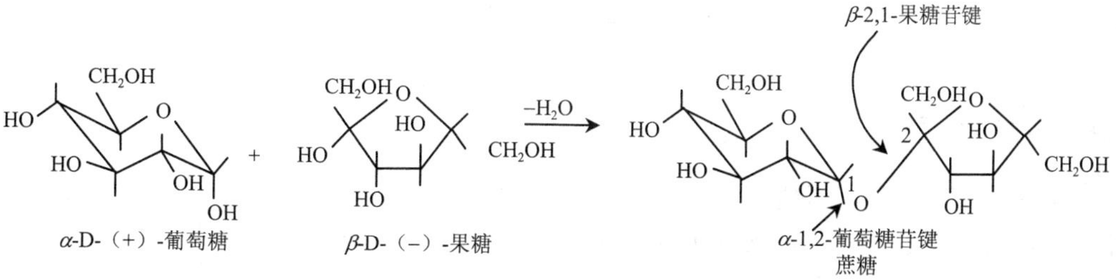

β-2,1-果糖苷键

$-H_2O$

α-D-(＋)-葡萄糖

β-D-(－)-果糖

α-1,2-葡萄糖苷键
蔗糖

它可看作是 α-D-(＋)-葡萄糖的苷羟基和 β-D-(－)-果糖的苷羟基间脱水的产物。它既是 α-葡萄糖苷，也是一个 β-果糖苷。

为了测定二糖的结构，可先从它的水解产物来确定组成这个二糖的单糖组分。如果它是一个非还原糖，那就是说明这个二糖分子没有苷羟基存在，它是由两个单糖的两个苷羟基缩合而成的。如果它是一个还原糖,那就说明这个二糖分子是由一个单糖分子的苷羟基和另一个分子单糖的醇羟基(它可以在 C_1 之外的 C_2、C_3、C_4、C_5 或 C_6 上)缩水而成的。但究竟是哪一个碳上的羟基呢? 可先把这个还原性的二糖用溴水氧化,使苷羟基转变为羧基,再将全部羟基甲基化,最后水解。由于苷键易水解,而醚键不易水解,所以可从水解出来的单糖衍生物分子中的羟基位置来断定这个苷键是在第几个碳原子上。例如麦芽糖经氧化后,转变为 D-麦芽糖酸,它与硫酸二甲酯和氢氧化钠作用后,即生成八-O-甲基-D-麦芽糖酸,后者在酸性溶液中水解即可得到 2,3,5,6-四-O-甲基-葡萄糖酸和 2,3,4,6-四-O-甲基-D-葡萄糖。这就说明在麦芽糖分子中,两个葡萄糖单位是以 1,4-苷键相连结的。

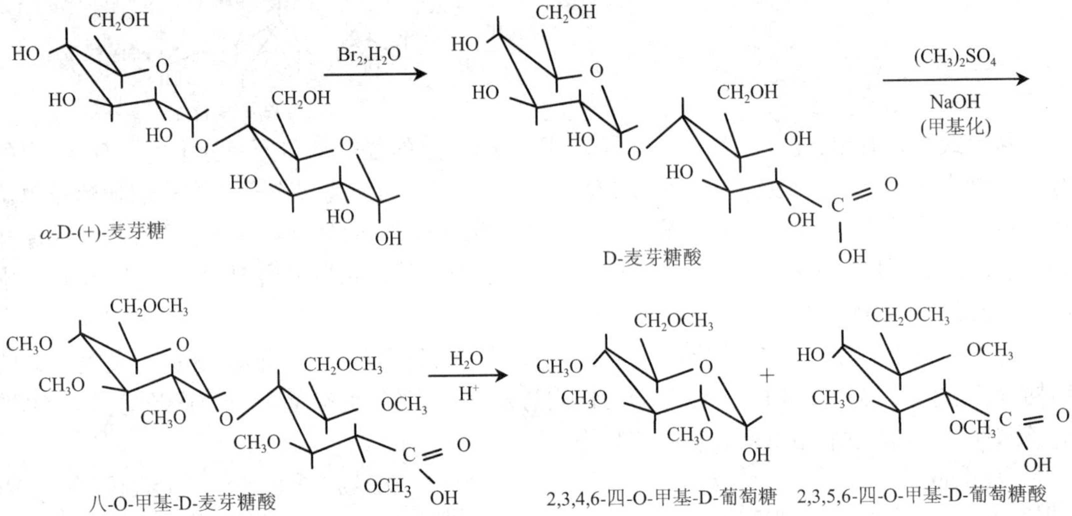

α-D-(+)-麦芽糖   D-麦芽糖酸

八-O-甲基-D-麦芽糖酸   2,3,4,6-四-O-甲基-D-葡萄糖   2,3,5,6-四-O-甲基-D-葡萄糖酸

至于麦芽糖中苷键的构型是 α 型还是 β 型,可用酶来确定。因为酶对糖类的水解是有选择性的。如麦芽糖酶只能使 α-葡萄糖苷键水解,而对 β-葡萄糖苷键无效;苦杏仁酶只能使 β-葡萄糖苷键水解,而对 α-葡萄糖苷键则无效。由于麦芽糖能被麦芽糖酶水解成两分子 D-葡萄糖,故它是 α 型的。同样,用苦杏仁酶可确定纤维二糖是 β-葡萄糖苷。又如,蔗糖能用麦芽糖酶水解,这说明它是一个 α-葡萄糖苷,但蔗糖也能用转化糖酶(使 β-果糖苷水解)进行水解,这说明它也是一个 β-果糖苷。

19.9 重 要 的 二 糖

19.9.1 乳糖和蔗糖

乳糖和蔗糖是自然界中最重要的二糖。这是因为它们对动物有营养价值,它们都属于异二糖(heterogeneous disaccharide),即它们水解后彼此都产生两个不同的单糖单位。

1. 乳 糖

存在于哺乳动物及人的乳汁中,人的乳汁中含有 6%～8% 的乳糖,牛乳及羊乳中含 4%～6%。乳糖在酸或苦杏仁酶存在下水解,得到一分子的半乳糖(它与葡萄糖在 C_4 上的构型相反)和一分子的葡萄糖。所以它是通过 β-1,4-苷键把半乳糖和葡萄糖缩水而连结起来的。乳糖用溴水氧化生成乳糖酸,乳糖酸水解生成半乳糖与葡萄糖酸,因此乳糖是一个 β-半乳糖苷,它的结构式如下：

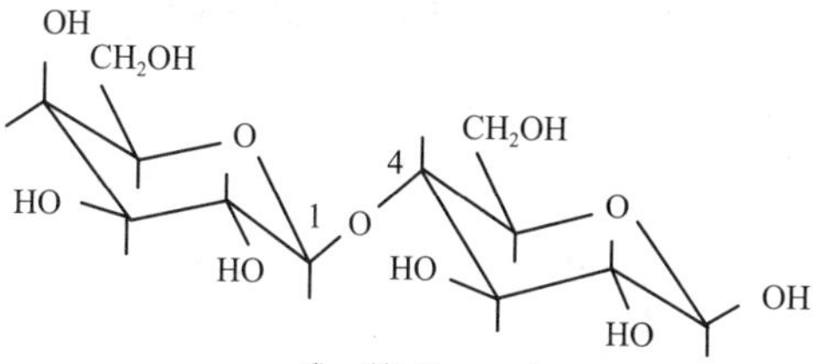

乳 糖（lactose）

乳糖分子中的葡萄糖单位仍有一个半缩醛羟基，因此，乳糖也是一种还原二糖，乳糖在体内消化水解成 D-葡萄糖和 D-半乳糖，半乳糖通常在酶催化下异构化成葡萄糖，经过代谢作用而提供婴儿以能量。

2. 蔗 糖

蔗糖（sucrose）是自然界中分布最广的二糖。甘蔗中含蔗糖 $16\% \sim 26\%$，甜菜中含 $12\% \sim 15\%$，它们是工业上制取蔗糖的原料。蔗糖的甜味超过葡萄糖，但不及果糖，它们的相对甜度是葡萄糖∶蔗糖∶果糖＝1∶1.45∶1.65。蔗糖是右旋糖，比旋光度 $[\alpha]_D^{20} = +66.5°$；熔点为 $186℃$，易溶于水，水解后生成一分子的葡萄糖和一分子果糖。果糖是左旋的，比旋光度 $[\alpha]_D^{20} = -92°$；而葡萄糖是右旋的，$[\alpha]_D^{20} = +52°$。因为果糖的比旋光度绝对值比葡萄糖的大，所以蔗糖水解后的混合物是左旋的。在蔗糖水解过程中，比旋光度由右旋逐渐变到左旋，所以蔗糖的水解也称为转化反应，生成的葡萄糖和果糖的混合物就称为转化糖。

$$C_{12}H_{22}O_{12} + H_2O \xrightarrow{H^+} C_6H_{12}O_6 + C_6H_{12}O_6$$

（＋)-蔗糖　　　　　　　D-(＋)-葡萄糖　D-(－)-果糖
$[\alpha]_D^{20}: +66.5°$ 　　　　　$+52°$　　　$-92°$
　　　　　　　　　　　　　转化糖$[\alpha]_D^{20} = -20°$

蜜蜂中包含有使蔗糖水解的酶——转化糖酶，所以，蜂蜜主要是 D-葡萄糖、D-果糖和蔗糖的混合物。

19.9.2 麦芽糖和纤维二糖

它们相应地由淀粉和纤维素部分地水解而获得，都是由两分子葡萄糖彼此以 C_1 的苷羟基和 C_4 的醇羟基失水而成的。它们的区别在于：麦芽糖具有 α-葡萄糖苷键，而纤维二糖却是 β-葡萄糖苷键。因此，它们的化学性质尽管相同（都能水解成为两分子的葡萄糖，都具有还原性），但它们在生理活性上有很大的区别，人体内的酶只能水解 α-葡萄糖苷键，而不能水解 β-葡萄糖苷键。

19.10 环 糊 精

淀粉用杆菌发酵可得到一组环状低聚糖，称为环糊精（cyclodextrins）。它们一般是由六七个或八个 α-D-吡喃葡萄糖单位以 α-1,4-糖苷键连接起来的闭环结构。根据所含葡萄糖单位的数目不同分别称为环六糊精、环七糊精和环八糊精。环六糊精的结构和形状如图 19.1 所示。

从图 19.1 可见环糊精形状像无底的水桶，上端大，下端小。上端是葡萄糖 C_2 和 C_3 上的两个羟基，下端是羟甲基。C_3 和 C_5 上的氢及糖苷键的氧伸向内侧。

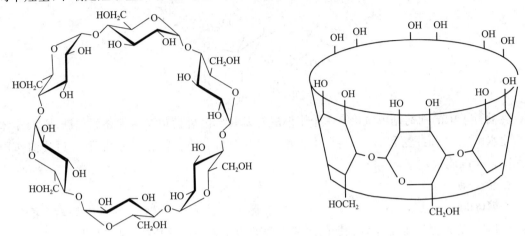

图 19.1　环六糊精的结构和形状

环糊精为晶体，具有旋光活性。分子中不含半缩醛羟基，因此无还原性。不易反应，对碱溶液稳定，在酸中可慢慢水解。对淀粉酶有很大的阻抗性。

环糊精在有机化合物的反应、分离等方面有重要应用。由于环糊精中间有一空穴，像冠醚一样可选择性地和一些适当大小的有机化合物形成包合物，它与被包合的化合物的关系常称为主-客体关系。与冠醚相比，它具有极性的外侧和非极性的内侧，所以它可包合非极性分子，而形成的包合物却能溶于极性溶剂，因此它可用作相转移催化剂，催化酯的水解等反应。环糊精因具有手性，对包合物能起一定手性影响，这样使客体分子进行反应具备立体选择性，常用于立体有择合成中。也可使某些 D,L 化合物发生选择性沉淀，达到分离 D,L 异构体的目的。环糊精还可包含客体分子的一部分，使另一部分暴露于反应环境中，这就提供了反应中的区域选择性。例如，用与不用环六糊精对甲氧基苯的氯化结果如下：

环糊精可作为稳定剂、乳化剂、抗氧剂、增大材料溶解性等，可用于食品、医药、农业及轻工业等方面，环糊精最重要的应用是作为研究酶作用的模型。

19.11　多　　糖

多糖(polysaccharides)是由几百乃至几千个单糖分子通过 α-或 β-糖苷键连起来的高分子化合物。多糖广泛地存在于自然界中，其中最重要的有淀粉、肝糖和纤维素。它们都是葡萄糖的高聚物，即它们用无机酸水解后都可以得到很多分子的 D-葡萄糖。这种只含有一种单糖的多糖，又叫均多糖(homopolysaccharides)(菊粉则是异多糖 heteropolysaccharides，它水解后产生多个葡萄糖和果糖)。从结构上看，淀粉、肝糖和纤维素彼此的不同仅在于葡萄糖分子相互连接起来的苷键的类型不同。

多糖的理化性质和单糖、二糖不同。多糖一般没有甜味,不溶于水,个别的能与水形成胶体溶液。某些多糖分子的末端虽含有苷羟基,但因分子量很大,其还原性也极不显著,没有变旋光现象。

19.11.1 淀 粉

淀粉(starch)是我们食物中糖的主要贡献者。它广泛存在于植物的种子或根中,作为贮备的养料。例如,大米含淀粉57%～75%,玉米含淀粉65%,马铃薯含20%的淀粉。

淀粉是一种混合物,它由两种不同类型的分子组成:一是可溶性淀粉,称为直链淀粉(amylose)。另一种是不溶性淀粉,称为支链淀粉(amylopectin),一般淀粉中含直链淀粉大约有20%和支链淀粉约80%。两种分子在结构上和性质上也有一定的不同。

用酸处理淀粉,则可使它逐步水解,先生成分子量较小的糖叫糊精(dextrin),糊精再继续水解为麦芽糖和异麦芽糖,最后水解为D-(+)-葡萄糖:

$$(C_6H_{10}O_5)_n \xrightarrow[H^+]{H_2O} (C_6H_{10}O_5)_m \xrightarrow[H^+]{H_2O} C_{12}H_{22}O_{11} \xrightarrow[H^+]{H_2O} C_6H_{12}O_6 \qquad (n>m)$$

如果把直链淀粉在稀酸中水解,可得到一种二糖(即麦芽糖)和一种单糖 D-(+)-葡萄糖。这证明直链淀粉分子中的葡萄糖单位是通过 α-1,4-糖苷键而不是通过 β-1,4-糖苷键连接起来的。因为在酸中水解并没有立体选择性,α 或 β-1,4-苷键都能水解,如果直链淀粉分子中有 β-1,4-苷键,则水解产物中必有纤维二糖存在。直链淀粉的部分结构可表示如下:

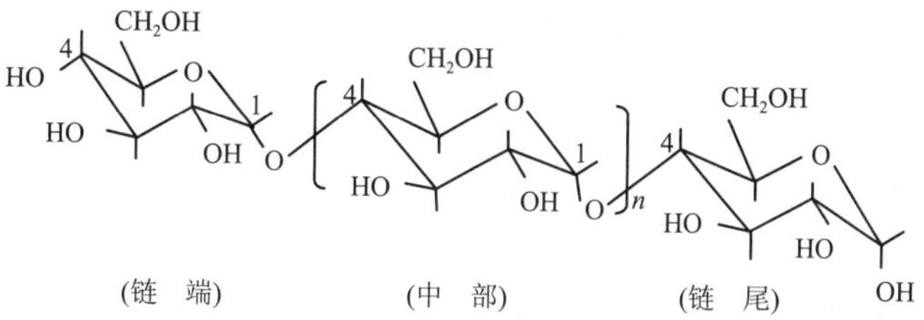

(链 端)　　　　(中 部)　　　　(链 尾)

在每个直链淀粉的分子中,有一个在 C_4 上带醇羟基的葡萄糖单位和一个带苷羟基的葡萄糖单位分别处在链端和链尾,在它经过完全的甲基化和再水解后,可得到两种产物,一种是2,3,6-三-O-甲基-D-(+)-葡萄糖,一种是2,3,4,6-四-O-甲基-D-(+)-葡萄糖。前者来自分子的中间部分和链尾,后者来自链端。它们的比例为(200～300)∶1,这就是说在上面的结构式中,n 约为200～300,它的分子量约为30 000～50 000。

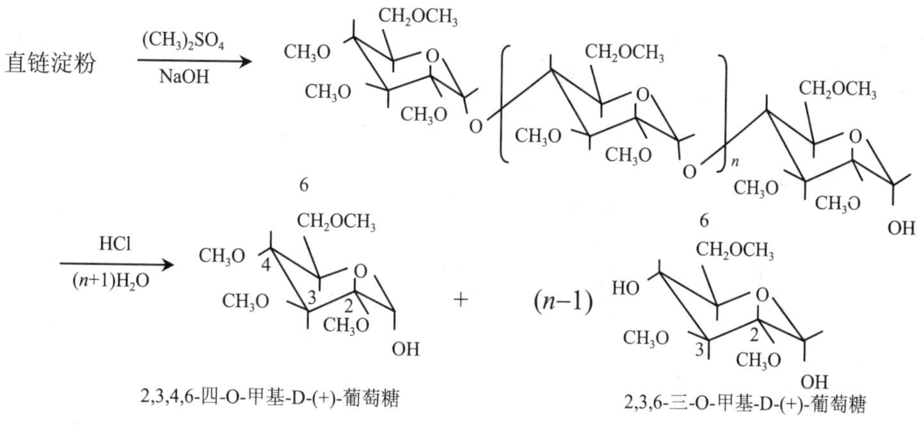

2,3,4,6-四-O-甲基-D-(+)-葡萄糖　　　　　　2,3,6-三-O-甲基-D-(+)-葡萄糖

用物理方法测定直链淀粉的分子量为 150 000～600 000,这表明每个分子中有 1 000～4 000个葡萄糖单元,这显然是在甲基化步骤中发生了链的降解。在碱性介质中,只要有少数几个糖苷键水解,就会把链断裂成更短的碎片。

直链淀粉并不是直线型分子,而是螺旋形状,每一圈大约含有 6 个葡萄糖单位,螺旋状线圈的中心大小刚好能容纳碘分子(实际上,碘是以 I_3^- 离子存在)钻进去,碘分子与直链淀粉之间借助于范德华力吸引而形成一种深蓝色络合物,如图 19.2 所示。

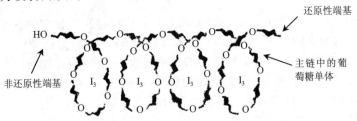

图 19.2　直链淀粉的螺旋形状

支链淀粉在酸的作用下,和直链淀粉一样,最终都水解成 D-(＋)-葡萄糖,但经部分水解时,则在水解产物中除 D-(＋)-葡萄糖和麦芽糖外,还产生异麦芽糖。异麦芽糖是两个 D-(＋)-葡萄糖单位通过 α-1,6-苷键连接在一起的。支链淀粉经过完全的甲基化和再水解,可得到三种产物,即 2,3,4,6-四-O-甲基-D-(＋)-葡萄糖、2,3,6-三-O-甲基-D-(＋)-葡萄糖和 2,3-二-O-甲基-D-(＋)-葡萄糖。它们的比例为 1∶(25～30)∶1,因此可以推断:四甲基衍生物来自链端,三甲基衍生物来自链的中部和链尾,二甲基衍生物则是来自这样的葡萄糖单位:它有三个碳原子(C_1、C_4、C_6)通过苷键分别与另外三个葡萄糖单位相连接,其结构简单表示如下:

因此,支链淀粉是有支链的,约隔 20～25 个由 α-1,4-苷键相连接的葡萄糖单位就有一个由 α-1,6-苷键接出的支链,可形象表示如图 19.3 所示。

用物理方法测定支链淀粉的平均分子量为 100 万～600 万,因此,它是由几百个每条链有约 20～25 个葡萄糖单位的互相连接的链组成的。

(每个圆圈代表一个葡萄糖单位,∞表示麦芽糖单位,箭头所指处为可被淀粉酶水解的部分。)

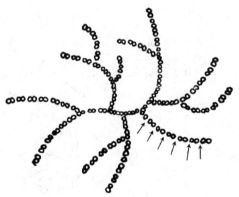

图 19.3　支链淀粉结构示意图

19.11.2　糖　元

　　糖元(glycogen)是动物储备的多糖,就像淀粉是植物储备的多糖一样,所以又叫动物淀粉。主要存在于肝脏(占肝重量的 18%)的细胞和肌肉里。从结构上看,它与支链淀粉相似,但它的分支程度更高,大约每隔 8～10 个葡萄糖单位就有一个分支。

　　糖元有很高的分子量,对离析的糖元进行研究指出其分子量约一亿。由于糖元的高度分支,当血液中含糖量低时,它在细胞内能在酶催化下很快地分解为葡萄糖,而当血液中葡萄糖浓度高时,它又能很快地将葡萄糖合成糖元。所以糖元是动物体能量的主要来源,它的功用是调节血液中的含糖量。

19.11.3　纤维素

　　纤维素(cellulose)是自然界分布最广的多糖,它是构成植物细胞膜的主要成分,是构成植物骨骼的物质基础。棉花含纤维素高达 90%,木材含有 50% 的纤维素(另外 50% 为半纤维素、木质素、脂肪、无机盐、糖、树脂等)。

　　纤维素和淀粉一样是不显示还原性的。它不溶于水和有机溶剂,水解比淀粉困难,一般在浓酸或用稀酸加压下进行。在水解过程中,可得到纤维四糖、纤维三糖和纤维二糖等。最后的水解产物是 D-(+)-葡萄糖:

$$(C_6H_{10}O_5)_n \xrightarrow[H^+]{H_2O} (C_6H_{10}O_5)_4 \xrightarrow{H_2O} (C_6H_{10}O_5)_3 \xrightarrow{H_2O} C_{12}H_{22}O_{11} \xrightarrow{H_2O} C_6H_{12}O_6$$

　　因为水解产物中的二糖只有纤维二糖没有麦芽糖,可以推断纤维素的分子是由多个 D-(+)-葡萄糖通过 β-1,4-糖苷键连接起来的。纤维素链的部分结构如下:

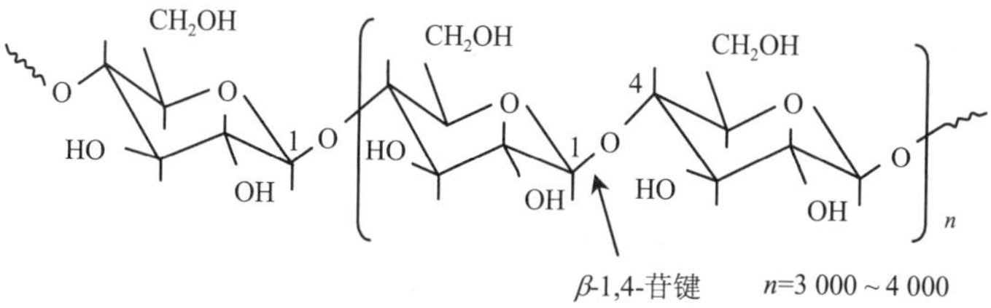

β-1,4-苷键　　n=3 000～4 000

　　可见纤维素的分子量比淀粉大得多,约一百万至一百二十万。纤维素和直链淀粉一样是没有分支的链状分子。通过 X 射线分析和电子显微镜分析,这些长链是并排成束的。木材的强度无疑主要是通过大量邻近链上羟基之间的氢键而聚集在一起的。这些链束缠绕形成像绳索一样的结构,后者再聚集起来,形成我们所能看到的纤维,如图 19.4 所示。

图 19.4　扭在一起的纤维素链

　　淀粉酶或人体内的酶(如唾液酶)只能水解 α-1,4-苷键而不能水解 β-1,4-苷键,因此,纤维素虽然和淀粉一样由葡萄糖组成,但不能作为人的营养物质。而吃草动物(如牛、马等)的消化道中存在一些可以水解 β-1,4-苷键连接的多糖的纤维素酶或微生物,所以它们可以消化纤维素而取得营养。

　　纤维素是很重要的工业原料,它在工业上有广泛的应用。纤维素本身可直接用于造纸和纺织品。将植物用碱溶液在 $120℃\sim160℃$ 温度下处理,溶解掉木质素、半纤维素(即多缩戊糖)等,剩下纯的木纤维素,可做滤纸。加入其他填充剂可作为书写用纸张。

纤维素分子是由排列规则的微小结晶区域(约占分子组成的 85%)和排列不规则的无定形区域(约占 15%)组成的。利用 15% 左右的氢氧化钠(或强酸)处理棉纤维,则水解去掉杂乱的无定形区,保留规则的微小结晶区。因此,经过这样处理的纤维有光泽,粘合力强,且易染色。这种处理方法称为丝光处理。

纤维素分子中含有多个羟基,因此能与一些试剂作用,生成纤维素的衍生物,使纤维素改性而得到更广泛的应用:

1. 纤维素酯

纤维素和酸作用生成酯。纤维素酯不像纤维素本身,可以溶解在各种溶剂中,因而使得它们在各方面获得应用。

(1)硝酸纤维素酯。当纤维素在硫酸存在下用硝酸处理生成的酯叫硝酸纤维素酯。根据其酯化程度的不同,其产物的性质也各不相同。纤维素分子的每个葡萄糖单元含有三个羟基,全部被酯化则得三硝酸纤维素,俗称火棉或硝棉(cordite)。

$$[C_6H_7O_2(OH)_3]_x + 3xHNO_3 \xrightarrow{H_2SO_4} [C_6H_7O_2(ONO_2)_3]_x + 3xH_2O$$

火棉具有爆炸性,是制造无烟火药的原料。

若只有两个羟基被硝酸酯化的叫胶棉。它易燃烧,但无爆炸性。将胶棉溶于乙醇和乙醚的混合液中,胶棉含量为 $3\%\sim5\%$ 的溶液叫火棉胶(或叫珂罗酊),可作封瓶口用。胶棉在微碱性溶液中加热后,再加颜料一起溶于乙酸丁酯或乙酸戊酯内,就成为喷漆。胶棉和樟脑及醇一起加热就得赛璐珞,它是一种坚韧的塑料,有热塑性,可制成玩具、乒乓球等各种用品。

(2)醋酸纤维素酯。纤维素与醋酸酐在少量浓硫酸存在下,即可制得醋酸纤维素酯:

$$2[C_6H_7O_2(OH)_3]_x + 3(CH_3CO)_2O \longrightarrow 2[C_6H_7O_2(OCOCH_3)_3]_x + 3H_2O$$

三醋酸纤维素酯不溶于丙酮,若将它部分水解成二醋酸酯,则可溶于丙酮。将这种丙酮溶液经过细孔或狭缝压入热空气中,分别得到人造丝和胶片。与硝酸纤维素比较,它具有不易燃烧、不易变色的优点,但制造成本较高。

2. 纤维素醚

(1)乙基纤维素。纤维素用浓氢氧化钠处理,接着与卤代烷(如 C_2H_5Cl)反应,而得到纤维素醚。这个反应类似威廉逊(Williamson)合成醚的方法。用氯乙烷和纤维素进行醚化得到的乙基纤维素醚能生成坚韧的薄膜,在低温仍保持其曲挠性,可用于制塑料、涂料、胶粘剂、橡胶代用品等。

(2)羧甲基纤维素。纤维素和氯乙酸钠反应生成羧甲基纤维素(简称 CMC):

$$[C_6H_7O_2(OH)_2OH]_n + nClCH_2COOH + 2nNaOH$$
$$\longrightarrow [C_6H_7O_2(OH)_2OCH_2COONa]_n + nNaCl + 2nH_2O$$

羧甲基纤维素的钠盐是一种水溶性高分子化合物,它可用作一般清洁剂的成分、纺织工业中的上胶剂(sizing agent)以及食品工业中的乳化剂。CMC 也是天然的离子交换剂,常用于蛋白质、核酸等复杂的天然高分子化合物的分离。

(3)黄原酸纤维素。纤维素与氢氧化钠及二硫化碳作用,得纤维素黄原酸盐:

584

$$[C_6H_7O_2(OH)_3]_2 + nNaOH \longrightarrow [C_6H_9O_4ONa]_n + nH_2O$$

碱纤维素

$$\downarrow nCS_2$$

$$[C_6H_9O_4\overset{O}{\underset{\parallel}{OC}}\text{—}SNa]_n$$

$$\parallel$$
$$S$$

黄原酸纤维素钠盐

将此钠盐加水,使之成为粘稠溶液,再通过细孔,压入稀硫酸中即水解而得粘胶纤维,若将它通过狭缝压入稀酸中,则可制成玻璃纸:

$$[C_6H_9O_4\overset{S}{\underset{\parallel}{OC}}\text{—}SNa]_n \xrightarrow[\text{H}_2\text{SO}_4]{\text{H}_2\text{O}} [C_6H_9O_4(OH)]_n + nCS_2 + nNaHSO_4$$

粘胶纤维(再生)

粘胶纤维的结构与未经化学处理前的纤维结构相同。但经化学处理后制得的粘胶纤维则纤维较长而均匀,因此又叫再生纤维或人造纤维。

纤维素和淀粉的作用在不久的将来会更加重要,它可以代替石油为原料来制造塑料。有一种塑料叫 Pollulan,它是从淀粉生物降解得到的,它已经在日本人的实验室中制得。Pollulan 能形成透明的生物降解一类的物质,它具有类似聚苯乙烯的物理性质,也能制成不透氧的但可溶于水的包装膜。

最近来自美国路易斯安那州大学的科学家报告了一个发现——可将纤维素转化成蛋白质的制法。这具有相当大的重要性。这个新方法依赖于使用特殊的微生物——Genus Cellulomonas。它分泌出两种酶,一种可降解纤维素成为二糖,另一种酶可进攻二糖并使其易被微生物消化。蛋白质便在这样的发酵过程中得到的。

习 题

1. 写出 D-核糖与下列试剂的反应式:
   (1) CH₃OH(干燥 HCl)　　　　　　　(2) 苯肼
   (3) 溴水　　　　(4) 稀 HNO₃　　　(5) HIO₄
   (6) 苯甲酰氯、吡啶　　　　　　　　(7) NaBH₄

2. (1) 写出下列各六碳糖的吡喃环式及链式异构体的互变平衡体系:
   　　① 甘露糖　　　　　　　　② 半乳糖
   (2) 写出下列各五碳糖的呋喃环式及链式异构体的互变平衡体系:
   　　① 核糖　　　　　　　　②脱氧核糖

3. 用简单化学方法鉴别下列各组化合物:
   (1) 葡萄糖和蔗糖
   (2) 葡萄糖和果糖
   (3) 麦芽糖、淀粉和纤维素
   (4) D-葡萄糖和 D-葡萄糖苷
   (5)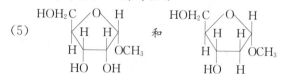

4. 在下列二糖中,哪一部分是成苷的,提出苷键的类型(α 或 β 型):

5. 完成下列反应:

(1) D-甘油醛 $\xrightarrow[\text{HCl}]{(CH_3)_2CO}$? $\xrightarrow{CH_2=CHMgCl}$? $\xrightarrow{O_3}$?

(2) D-葡萄糖 $\xrightarrow[C_2H_5ONa]{CH_3NO_2}$? $\xrightarrow{H_2SO_4}$? $\xrightarrow{H_2/Ni}$?

6. 画出 D-吡喃半乳糖 α 和 β 型的构象,说明哪种构象比较稳定?

7. HIO_4 在 1,2-键上氧化 α-吡喃葡萄糖比氧化 β-吡喃葡萄糖快,说明理由。

8. 完成反应式,并加以评论。

9. 分别把 D-葡萄糖的 C_2、C_3、C_4 进行差向异构化可得到什么糖?

10. 以丁醛糖为原料合成 D-核糖,应该选择哪一个丁醛糖? 并简要写出其合成步骤。

11. 2-庚酮糖——景天庚糖-1,7-二磷酸酯可通过赤藓糖-4-磷酸酯和二羟基丙酮磷酸酯的醇醛缩合反应进行生物合成。用反应物的结构式指出醇醛缩合的过程及写出缩合产品的结构式(不必指出两个新手性中心的构象)。

12. 写出下列化合物用酸进行完全水解得到的产物:

 (1) 蔗糖　　　　　(2) α-D-吡喃型甲基葡萄糖苷　　　　　(3) ATP

13. 一个己醛糖 A 被氧化时生成己糖酸 B 和己糖酸 C。A 经递降作用先转变成戊醛糖 D,再转变为丁醛糖 E。E 经氧化生成左旋酒石酸。B 具有旋光性,而 C 不具有旋光性。试写出 A、B、C、D 及 E 的构型和它们的名称,并以反应式表示上述各变化过程。

14. 在甜菜糖蜜中有一个三糖称为棉子糖。棉子糖部分水解后得到双糖叫做蜜二糖。蜜二糖是个还原性双糖,是(+)-乳糖的异构物,能被麦芽糖酶水解但不能为苦杏仁酶水解。蜜二糖经溴水氧化后彻底甲基化再酸催化水解,得 2,3,4,5-四-O-甲基-D-葡萄糖酸和 2,3,4,6-四-O-甲基-D-半乳糖。写出二糖的结构式、名称及其反应。

15. 脱氧核糖核酸(DNA)水解后得一单糖,分子式为 $C_5H_{10}O_4$(Ⅰ)。(Ⅰ)能还原吐仑试剂,并有变旋现象,但不能生成脎。(Ⅰ)被溴水氧化后得一具有光学活性的一元酸(Ⅱ);被硝酸氧化则得一具有光学活性的二元酸(Ⅲ)。Ⅰ被 CH_3OH—HCl 处理得 α 和 β 型苷的混合物(Ⅳ),彻底甲基化得(Ⅴ),分子式 $C_8H_{16}O_4$。(Ⅴ)催化水解后用硝酸氧化得两种二元酸,其一是无光学活性的(Ⅵ),分子式为 $C_3H_4O_4$,另一是光学活性的(Ⅶ),分子式$C_5H_8O_5$。此外还生成副产物甲氧基乙酸和CO_2。测证(Ⅰ)的构型是属于 D-系列的。(Ⅱ)甲基化后得三甲基醚,再与磷和溴反应后水解得 2,3,4,5-四羟基正戊酸。(Ⅱ)的钙盐用勒夫降解法($H_2O_2+Fe^{3+}$)降解后,硝酸氧化得内消旋酒石酸。写出(Ⅰ)~(Ⅶ)的结构式(立体构型)。

第二十章 氨基酸、多肽、蛋白质和核酸

蛋白质的名称来自希腊语"Proteios",意思是"最重要的"。蛋白质是生命的物质基础,有机体中所含的化学成分及其所进行的生物化学变化,都离不开蛋白质,生命的基本特征就是蛋白质的不断自我更新。各种蛋白质有其不同的功能,如酶,在有机体内起着催化各种生物化学反应的作用;激素用以调节体内各种器官的活性;抗体起着免疫作用,以防御外来生物侵袭机体所引起的疾病;血红蛋白在呼吸作用中起着运输氧气和二氧化碳的作用⋯⋯最近分子生物学的研究已表明蛋白质不仅在遗传的信息与控制方面,而且对细胞膜的通透性及高等动物的记忆活动等方面,都起着重要的作用。

蛋白质是生物高分子,化学结构极其复杂,种类繁多。据估计,人体内约有几万种蛋白质,但其组成元素主要是碳、氢、氧和氮四种。许多蛋白质也含有硫、磷和痕量的其他元素,如铜、锰、锌等。不论哪一类蛋白质,受碱、酸或酶的作用时,都水解而生成 α-氨基酸的混合物。因此 α-氨基酸是构成蛋白质的"基石"。而要了解蛋白质的结构和性质,首先要了解 α-氨基酸的结构与性质。

在生物体内,肽链是在核糖体中合成的,肽链中各种 α-氨基酸的排列次序决定于核酸中的遗传密码。因此,本章把氨基酸、蛋白质和核酸放在一起讨论。

20.1 氨基酸的结构、分类和命名

分子中同时含有氨基和羧基的化合物叫氨基酸。在自然界存在的氨基酸有 200 种以上(在蛋白质中发现的仅有 20 种),其中绝大部分是 α-氨基酸,即氨基处在羧基的邻位 α-碳原子上。可用下式表示:

$$H_2N-\overset{\displaystyle COOH}{\underset{\displaystyle R}{\overset{|}{\underset{|}{C}}}}-H$$

所以天然产的 α-氨基酸只是 R 基不同而已。现将蛋白质中存在的 α-氨基酸列在表 20.1 中。

表 20.1 在蛋白质中存在的 α-氨基酸

名　　　　称	缩写符号	结　　构　　式	性　　质	等电点	功用与附注
甘　氨　酸 Glycine	Gly	CH$_2$—COOH | NH$_2$	～中性	5.97	治疗肌肉萎缩

588

续表 20.1

名　　称	缩写符号	结　构　式	性　质	等电点	功用与附注
丙氨酸 Alanine	Ala	$CH_3-\underset{NH_2}{CH}-COOH$	中性	6.00	
* 缬氨酸 Valine	Val	$(CH_3)_2CH-\underset{NH_2}{CH}-COOH$	中性	5.96	
* 亮氨酸 Leucine	Leu	$CH_3-CH(CH_3)CH_2\underset{NH_2}{CH}-COOH$	中性	6.02	
* 异亮氨酸 Isoleucine	Ile	$CH_3CH_2\underset{*}{CH}(CH_3)-\underset{NH_2}{CH}-COOH$	中性	5.98	
丝氨酸 Serine	Ser	$\underset{OH}{CH_2}-\underset{NH_2}{CH}-COOH$	中性	5.68	含羟基
* 苏氨酸 Threonine	Thr	$CH_3-\underset{*}{CH}(OH)-\underset{NH_2}{CH}-COOH$	中性	/	含羟基
* 胱氨酸 Cystine	Cys-Cys	$S-CH_2-CH(NH_2)COOH$ | $S-CH_2-CH(NH_2)COOH$	中性	4.8	治肝炎、脱发
* 半胱氨酸 Cysteine	Cys	$\underset{SH}{CH_2}-CH(NH_2)COOH$	中性	5.05	含硫抗放射，解毒
* 蛋氨酸 Methionine	Met	$CH_3-S-CH_3CH_2CH(NH_2)COOH$	中性	5.74	治肝炎、肝硬变
* 苯丙氨酸 Phenylalanine	Phe	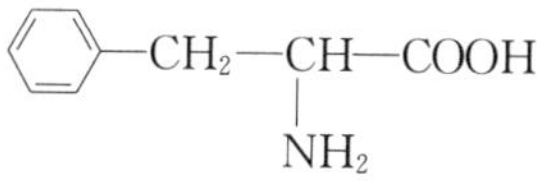	中性	5.48	含芳环
酪氨酸 Tyrosine	Tyr	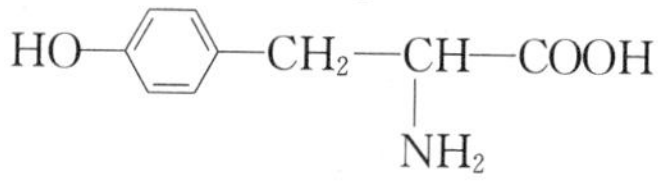	中性	5.66	治肝昏迷
脯氨酸 Proline	Pro	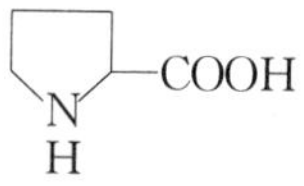	中性	6.30	含杂环
羟基脯氨酸 Hydroxyproline	Hyp	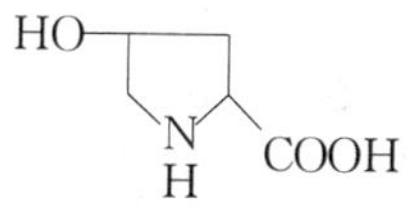	中性	5.83	含杂环
* 色氨酸 Tryptophan	Trp	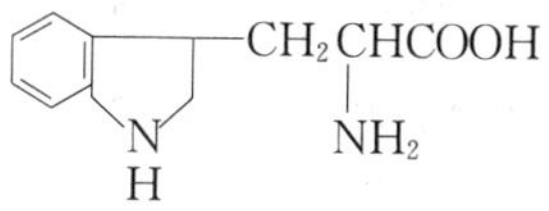	中性	5.89	含杂环
天门冬氨酸 Aspartic acid	Asp	$HOOC-CH_2-CH(NH_2)-COOH$	酸性	2.77	
谷氨酸 Glutamic acid	Glu	$HOOC-CH_2CH_2-CH(NH_2)-COOH$	酸性	3.22	治肝昏迷
* 精氨酸 Arginine	Arg	$H_2N-\underset{NH}{\overset{\Vert}{C}}-NH-CH_2CH_2CH_2CH(NH_2)-COOH$	碱性	10.98	

名　　　　称	缩写符号	结　　构　　式	性　质	等电点	功用与附注
* 赖 氨 酸 Lysine	Lys	H_2N—$CH_2CH_2CH_2CH_2CH(NH_2)COOH$	碱性	9.74	
* 组 氨 酸 Histidine	His	（咪唑环）—$CH_2CHCOOH$ 　　　　　　　NH_2	碱性	7.59	

* 表示为人类必需的氨基酸(除精氨酸和组氨酸外),人体内不能合成,由食物供给。

从表中可以看出,根据氨基酸的性质来分,有中性氨基酸(氨基酸分子中氨基和羧基的数目相等)、酸性氨基酸(氨基酸分子中氨基的数目少于羧基)和碱性氨基酸(氨基酸分子中氨基数目多于羧基)。

氨基酸的系统命名法是把氨基作为羧酸的取代基来命名,但通常是根据它们的来源和性质而命名。例如:

$$CH_2—COOH \qquad 2\text{-氨基乙酸,又叫甘氨酸(因它具有甜味)}$$
$$|$$
$$NH_2$$

$$S—CH_2—\overset{NH_2}{\underset{}{CH}}—COOH \qquad 双\text{-}3\text{-硫代-}2\text{-氨基丙酸(又叫胱氨酸)}$$
$$S—CH_2—\underset{NH_2}{CH}—COOH$$

20.2　氨基酸的性质及反应

由于氨基酸分子中含有氨基和羧基,所以它们既是酸又是碱,是两性化合物。事实上,在固态时它们是以两性离子或内盐的形式存在。例如最简单的氨基酸——甘氨酸可表示如下:

$$\overset{+}{H_3}NCH_2CO_2^- \rightleftharpoons H_2\overset{..}{N}CH_2COOH$$
$$\text{偶极离子式(内盐)} \qquad \text{氨基酸式}$$

由于氨基酸的内盐性质,它具有高度的极性,分子间的静电吸引力导致其晶格结构较强,使其溶点较高。但多数氨基酸往往加热到熔点温度时,就分解生成胺和二氧化碳。因此,一般记录的是它们的分解温度(在 200℃~300℃ 之间)。一般 α-氨基酸都是无色的结晶固体,在水中的溶解度不大,见表 20.2。只有甘氨酸、丙氨酸、赖氨酸和精氨酸是易溶于水的。

表 20.2　部分氨基酸的物理性质

氨基酸	分解点(℃)	水中的溶解度(g/100mL)	$[\alpha]_D^{25}$	pK_{a1} $\alpha\text{-}CO_2H$	pK_{a2} $\alpha\text{-}\overset{+}{N}H_3$	pK_{a3} R 基
甘氨酸	233	25		2.35	9.78	
丙氨酸	297	16.7	+8.5	2.35	9.87	
缬氨酸	315	8.9	+13.9	2.29	9.72	
亮氨酸	293	2.4	−10.8	2.33	9.74	
谷氨酸	247	0.86	+31.4	2.13	4.32	9.95

除了甘氨酸外,所有的氨基酸都是手性分子,其手性碳原子的构型都是 L-构型(即 S-构型)的。它们都具有旋光性。例如:

$$
\begin{array}{c}
CO_2^- \\
| \\
H_3N^+ \!\!-\!\! C \!\!-\!\! H \\
| \\
CH_3
\end{array}
\qquad\qquad
\begin{array}{c}
CO_2^- \\
| \\
H_2N^+ \!\!-\!\! C \!\!-\!\! H \\
\diagup \quad\quad | \\
H_2C \qquad\quad CH_2 \\
\diagdown \quad\quad \diagup \\
CH_2
\end{array}
$$

L-丙氨酸   L-脯氨酸

20.2.1 氨基酸的酸、碱性

由于氨基酸分子中氨基的碱性和羧基的酸性,因此除本身能形成内盐外,同样可与强碱成盐。例如:

$$
\begin{array}{c}
R \!-\! CH \!-\! COO^- \\
| \\
NH_2 \\
\text{阴离子}
\end{array}
\underset{OH^-}{\overset{H^+}{\rightleftharpoons}}
\begin{array}{c}
R \!-\! CH \!-\! COO^- \\
| \\
NH_3 \\
\text{偶极离子}
\end{array}
\underset{OH^-}{\overset{H^+}{\rightleftharpoons}}
\begin{array}{c}
R \!-\! CH \!-\! COOH \\
| \\
NH_3 \\
+ \\
\text{阳离子}
\end{array}
$$

在水溶液中,上面平衡式的移动和溶液的 pH 值有关。在强酸性溶液中,氨基酸以阳离子状态存在,当电解时,它移向阴极。在强碱溶液中,氨基酸以阴离子状态存在,电解时,它移向阳极。若调节电解池的 pH 值,使氨基酸既不向阴极移动也不移向阳极,这个 pH 值称为该氨基酸的等电点(isoelectric point,简写 PI)。等电点并不是中性点。不同的氨基酸具有不同的等电点,如表 20.1 中所示。一般中性氨基酸的等电点在 pH≈6,酸性氨基酸的等电点 pH≈3,碱性氨基酸的等电点 pH≈10。

在等电点时,氨基酸主要以偶极离子存在,所以氨基酸的溶解度最小。因此用调节等电点的方法,可以从氨基酸的混合物中分离出某些氨基酸。

20.2.2 与亚硝酸的反应

回顾一级脂肪胺和亚硝酸反应放出氮气和生成醇、卤代烷、烯的混合物,可知具有一级氨基的 α-氨基酸也能与亚硝酸作用,产物是 α-羟基酸、氮气和水:

$$
\begin{array}{c}
R \!-\! CH \!-\! COOH + HNO_2 \\
| \\
NH_2
\end{array}
\longrightarrow
\begin{array}{c}
R \!-\! CH \!-\! COOH + H_2O + N_2\uparrow \\
| \\
OH
\end{array}
$$

反应是定量进行的,根据放出氮气的体积可计算出氨基酸、多肽和蛋白质中一级 α-氨基的数目。

20.2.3 与茚三酮反应

茚三酮和氨或一级胺($-CH_2NH_2$)产生紫红色染料(络合物),α-氨基酸与茚三酮也得到正的试验结果。紫红色产物的形成包括两个连续的反应:

首先,氨基酸被转化成 α-酮酸和氨,α-酮酸不稳定,脱羧成相应的醛和二氧化碳:

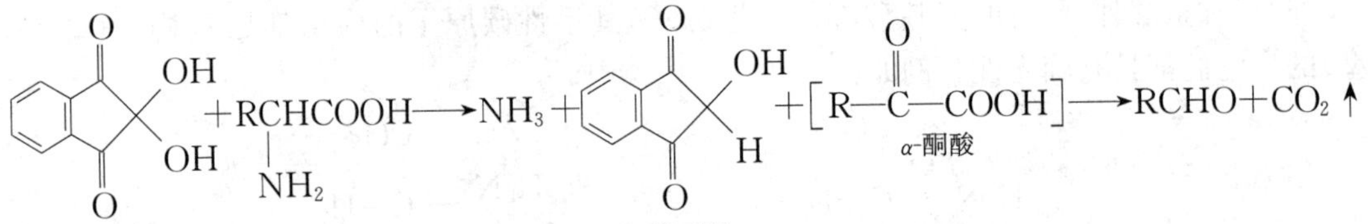

OH
OH
+RCHCOOH
NH2
NH3+
H
+[R—C—COOH]
α-酮酸
RCHO+CO2

茚三酮（水合物,氧化型）　　茚三酮（还原型）

然后,茚三酮水合物、还原型茚三酮和氨形成紫红色化合物：

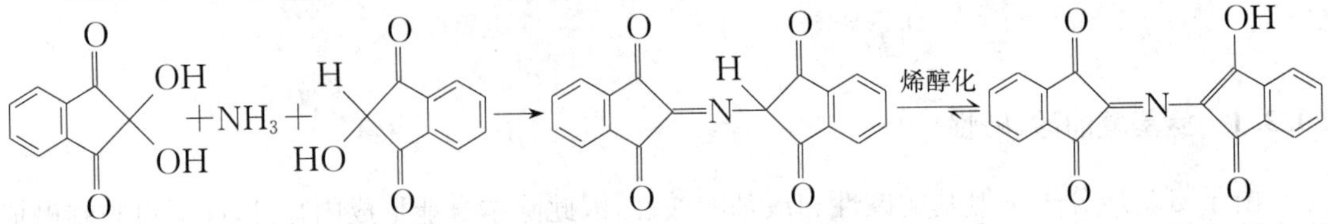

OH
OH
+NH3+
H
HO
N
烯醇化

这个显色反应非常灵敏,不但可用于定性检出在电泳现象、纸层析和薄板层析中各种氨基酸的位置,而且可以根据颜色的强度定量地估计各种氨基酸的浓度。

20.2.4　与2,4-二硝基氟苯反应——桑格(Sanger's)试剂

氨基酸的一级氨基与2,4-二硝基氟苯(2,4-dinitrofluorobenzene,DNFB)作用产生黄色的产物为2,4-二硝基苯基衍生物或DNP-氨基酸：

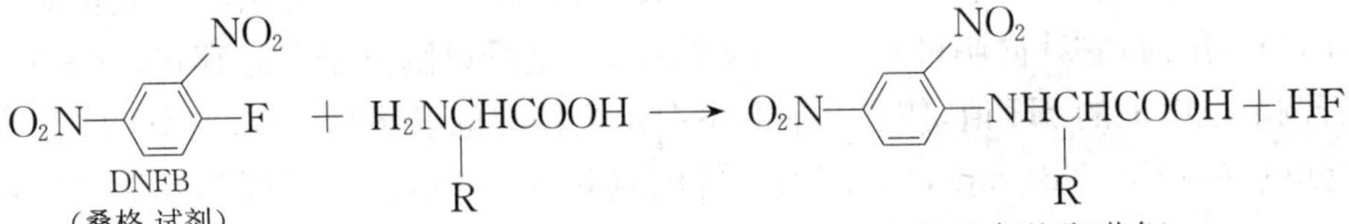

NO2
O2N
F
+ H2NCHCOOH
R
NO2
O2N
NHCHCOOH + HF
R

DNFB（桑格 试剂）　　DNP-氨基酸(黄色)

多肽和蛋白质具有游离的氨基($-NH_2$),也能与DNFB反应产生黄色的DNP-衍生物。DNFB也称为桑格试剂,是测定多肽、蛋白质N端的试剂。此试剂被发现后首先用来确立胰岛素的结构。此后,常被用来测定其他多肽的结构。

20.2.5　羧基的反应——脱羧反应

与α-羟基酸类似,某些氨基酸在一定条件下,如高沸点溶剂中回流,或在动物体内受细菌作用,则可脱去二氧化碳而生成相应的胺。这个反应也是人体代谢的一种过程。例如：

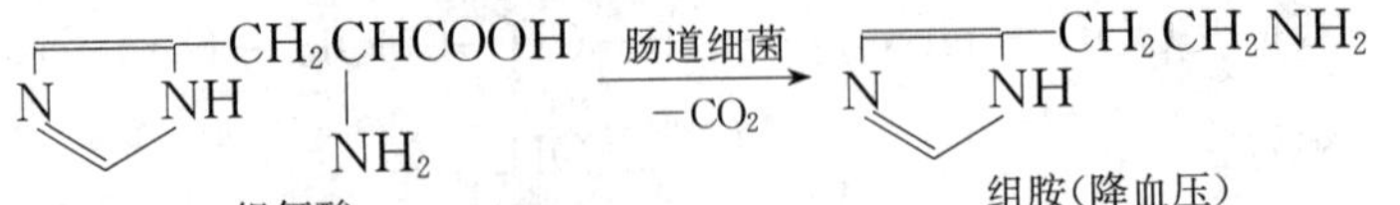

CH2CHCOOH
N
NH
NH2
肠道细菌
−CO2
CH2CH2NH2
N
NH

组氨酸　　组胺(降血压)

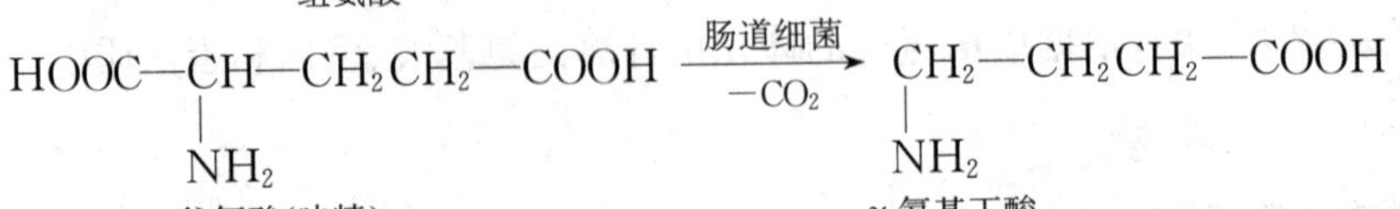

HOOC—CH—CH2CH2—COOH
NH2
肠道细菌
−CO2
CH2—CH2CH2—COOH
NH2

谷氨酸(味精)　　γ-氨基丁酸

20.2.6　加热脱水、脱氨反应

氨基酸受热时可发生与羟基酸相似的脱水或脱氨反应,产物随氨基与羧基的距离不同而异。例如,α-氨基酸加热时,可发生分子间的相互脱水,形成六元环的交酰胺——二酮吡嗪：

$$2R{-}CH{-}COOH \xrightarrow[\Delta]{-2H_2O} \begin{array}{c} RCH \quad NH \\ HN \quad CHR \end{array}$$

(with the ring structure showing C=O groups)

加热时,两分子 α-氨基酸也可以只脱去一分子水而生成二肽(dipeptide):

$$H_2N{-}CH{-}C{-}OH + H_2N{-}CH{-}C{-}OH \xrightarrow[\Delta]{-H_2O} H_2N{-}CH{-}C{-}NH{-}CH{-}C{-}OH$$

(R groups on the α-carbons; 肽键 = peptide bond; 二肽 = dipeptide)

一分子氨基酸的羧基与另一分子氨基酸的氨基失水形成的酰胺键($-C{-}NH-$)叫肽键(peptide bond)。氨基酸通过肽键连接起来的化合物叫肽,两个氨基酸形成的肽叫二肽,三个氨基酸形成的肽叫三肽,多个氨基酸形成的肽叫多肽(polypeptides)。如:

$$\overset{+}{H_3}N{-}CH{-}CO{-}\left[NH{-}CH{-}CO\right]_n NH{-}CH{-}COO^-$$

(R groups on each α-carbon)

天然多肽是由不同的氨基酸所组成的,这是它与多糖不同的地方。

20.3 氨基酸的来源与合成

氨基酸主要由蛋白质水解、有机合成和发酵法途径获得。氨基酸的合成主要有以下几种方法:

1. α-卤代酸的氨解

α-卤代酸与氨反应,用一般式表示如下:

$$R{-}\overset{H}{\underset{X}{C}}{-}COOH + 2NH_3 \longrightarrow R{-}\overset{H}{\underset{NH_2}{C}}{-}COOH + NH_4^+X^-$$

α-氨基酸

这里卤素被氨的取代是一个典型的亲核取代反应。α-卤代酸可由羧酸与卤素(在红磷催化下)制得(见第十二章羧酸的性质(4))。

2. 由醛或酮制备——斯垂克(Strecker)合成

用醛和酮的氰羟化物和氨作用得氰氨化合物,再经水解即成氨基酸:

$$R{-}CH{=}O + HCN \longrightarrow R{-}\underset{OH}{CH}{-}CN \xrightarrow{NH_3} R{-}\underset{NH_2}{CH}{-}CN \xrightarrow[\Delta]{\substack{H_2O \\ H^+}} R{-}\underset{NH_2}{CH}{-}COOH$$

α-羟基腈 　　　 α-氨基腈 　　　 α-氨基酸

3. 由丙二酸酯合成

由丙二酸酯合成 α-氨基酸是最重要的方法,应用有多种多样,现只举一例说明,即邻苯二甲酰亚胺丙二酸酯合成法:

$$CH_2(CO_2C_2H_5)_2 \xrightarrow[CCl_4]{Br_2} CH(CO_2C_2H_5)_2 + \text{(邻苯二甲酰亚胺)} N^-K^+ \longrightarrow N-CH(CO_2C_2H_5)_2$$

N-邻苯二甲酰亚胺丙二酸酯

$$\xrightarrow[R-X]{NaOC_2H_5} N-\overset{R}{\underset{}{C}}(CO_2C_2H_5)_2 \xrightarrow[\Delta,-CO_2]{H_3\overset{+}{O}} R-CH-COO^-$$
$$\underset{\overset{+}{N}H_3}{|}$$

α-氨基酸

其中 R 可以不同,因而可合成各种不同的 α-氨基酸。

4. DL-氨基酸的拆分

一般合成方法得到的氨基酸是外消旋体,拆分后才能得到 D-和 L-氨基酸。一个特别有趣的拆分氨基酸的方法是用脱酰酶(deacylases),它只脱去 L-乙酰氨基酸的乙酰基,结果 L-氨基酸便容易与 D-乙酰氨基酸分开。

$$\text{DL-RCHCO}_2^- \xrightarrow{(CH_3CO)_2O} \text{DL-RCHCO}_2^- \xrightarrow{\text{脱酰酶}} \text{L-RCHCO}_2^- + \text{D-RCHCO}_2^-$$
$$\underset{\overset{+}{N}H_3}{|} \qquad\qquad \underset{NHCOCH_3}{|} \qquad\qquad \underset{\overset{+}{N}H_3}{|} \qquad\qquad \underset{NHCOCH_3}{|}$$

两者容易分开

5. 氨基酸的立体有择合成

目前人们用过渡金属衍生得到的多种手性氢化催化剂已可以实现只合成一种天然存在的 L-氨基酸的理想。一种由多伦多(Toronto)大学 B. Bosnich 研制的铑的手性络合氢化催化剂 [Rh((R)-L)(H$_2$)$_2$(溶剂)$_2$]$^+$ 对 2-乙酰氨基丙烯酸进行氢化时,可得到对映体过量 90% 的 L-丙氨酸的 N-乙酰衍生物,后水解即产生 L-丙氨酸。因为氢化催化剂有手性,它以立体有择的方式转移它的氢原子,这类反应常常叫做不对称合成或对映有择合成(enantioselective synthesis):

$$CH_2=\overset{|}{C}-CO_2H \xrightarrow[H_2]{[Rh((R)\text{-}L)(H_2)_2(溶剂)_2]^+} H_3C-\overset{H}{\underset{NHCOCH_3}{C}}-CO_2H \xrightarrow[(2)\ H_3\overset{+}{O}]{(1)OH^-,H_2O,\Delta} H_3C-\overset{H}{\underset{\overset{+}{N}H_3}{C}}-CO_2^-$$
$$\underset{NHCOCH_3}{|}$$

2-乙酰氨基丙烯酸   N-乙酰-L-丙氨酸   L-丙氨酸

这种方法可用以合成各种不同的 L-氨基酸。例如:

$$\underset{R}{\overset{H}{\diagdown}}C=C\overset{CO_2H}{\diagdown NHCOCH_3} \xrightarrow[\substack{(2)\ OH^-,H_2O,\Delta \\ (3)\ H_3\overset{+}{O}}]{(1)\ [Rh((R)\text{-}L)(H_2)_2(溶剂)_2]^+,H_2} R-\overset{H}{\underset{\overset{+}{N}H_3}{C}}-CO_2^-$$

(Z)-3-取代的2-乙酰氨基丙烯酸   (% e.e. 在87%~93%之间)

铑的手性氢化催化剂的制法如下：

当铑的降冰片二烯(norbornadiene(NBD))络合物与(R)-1,2-二(二苯膦基)丙烷作用时，后者取代铑原子周围的一个降冰片二烯产生一个手性的铑络合物：

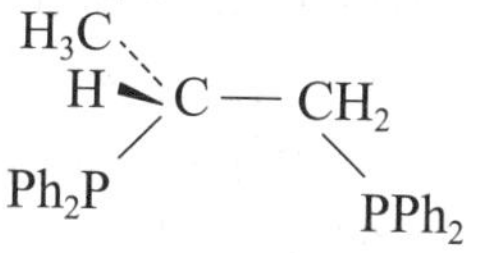

$$
\begin{array}{c}
H_3C\diagdown \\
H \diagup C-CH_2 \\
Ph_2P \qquad\quad PPh_2
\end{array}
$$

(R)-1,2-二(二苯膦基)丙烷 $\equiv$ (R)-L

(R)-1,2-bis(diphenyl phosphino)propane

$[Rh(NBD)_2]ClO_4+(R)\text{-}L \longrightarrow [Rh((R)\text{-}L)(NBD)]ClO_4+NBD$

当在溶剂(如乙醇)中用氢处理铑络合物时，则产生有旋光活性的手性氢化催化剂：$[Rh((R)\text{-}L)(H_2)_2(溶剂)_2]^+$。

20.4 多肽结构的测定

由多个 α-氨基酸通过肽键相连而成的化合物叫做多肽。蛋白质也是多肽，大多数蛋白质含有 100 个或更多的氨基酸残基(因为组成肽键的氨基酸单位已不是完整的氨基酸分子，而是 —NH—CH—CO— 单位，所以叫做氨基酸残基)。所以多肽和蛋白质之间没有严格的分界
$\qquad\qquad\qquad\quad |$
$\qquad\qquad\qquad\quad R$
线。例如胰岛素，虽然它只含有 51 个氨基酸单位，但一般也认为它是一个小蛋白质。

除了环状的多肽外，大多数链状的多肽都在链的一端含有一个游离的氨基(N-端)和在链的另一端含有一个游离的羧基(C-端)，多肽的一般结构式如下所示：

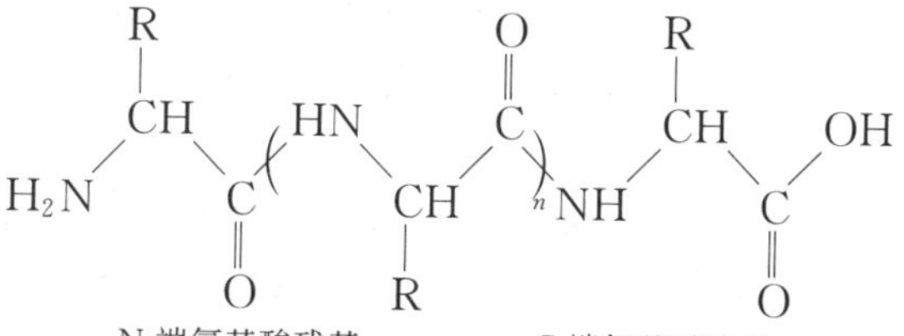

N-端氨基酸残基　　　　　C-端氨基酸残基

多肽的命名是以结构中保持含有完整羧基(—COOH)的氨基酸的原来名称作为母体，参加形成肽键的氨基酸作为酰基化剂将其依次放在母体名称的前面，并按照惯例，N-端氨基酸残基写在左边，C-端氨基酸残基写在右边。例如：

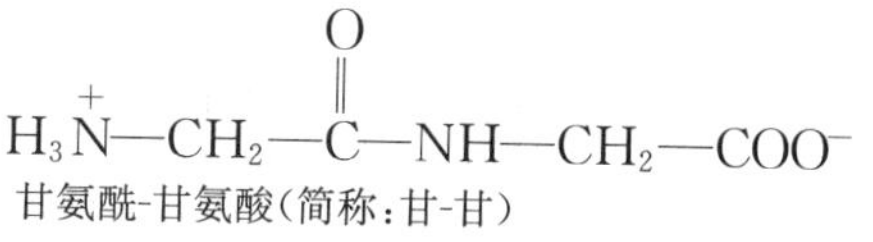

$$
\overset{+}{H_3N}-CH_2-\overset{\overset{\displaystyle O}{\|}}{C}-NH-CH_2-COO^-
$$

甘氨酰-甘氨酸(简称:甘-甘)

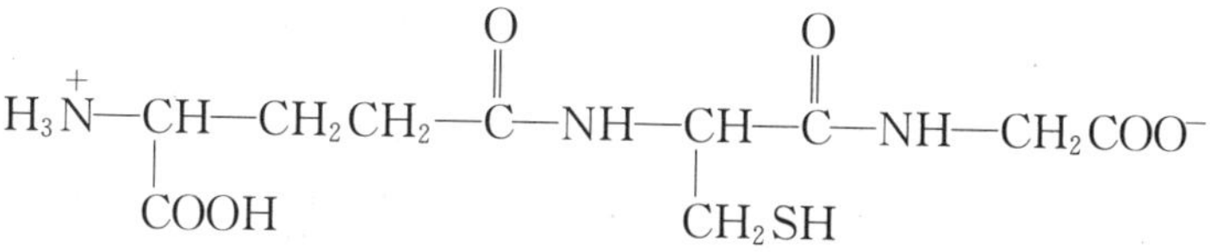

$$
\overset{+}{H_3N}-\underset{\underset{\displaystyle COOH}{|}}{CH}-CH_2CH_2-\overset{\overset{\displaystyle O}{\|}}{C}-NH-\underset{\underset{\displaystyle CH_2SH}{|}}{CH}-\overset{\overset{\displaystyle O}{\|}}{C}-NH-CH_2COO^-
$$

谷氨酰-半胱氨酰-甘氨酸(简称:谷-半胱-甘)

对多肽的研究目的主要是作为了解更复杂的蛋白质的阶梯。当然,多肽本身也是极重要的化合物,它们有重要的生理作用。例如上面的谷-半胱-甘三肽存在于大多数细胞中,参加细胞的氧化还原过程。九肽(后叶催产素)是一个能使子宫收缩的垂体后叶激素。胰脏中分泌的胰岛素是 51 肽,是碳水化合物正常代谢所必需的一种激素。

研究多肽的主要课题之一是化学家或生物化学家如何测定一个多肽的结构。其理由很简单,因为多肽的结构和它的生理功能之间有着极密切的关系,一旦肽的结构被人们知道,便可以合成它,以满足人体的需要,或者人们可以去改造天然的肽,以提高或降低它们的正常的生理功能。为了更好地明白测定肽结构的重要性,我们举一二个例子加以说明。催产素的结构如下:

$$\underset{\underset{\displaystyle S}{|}}{半胱}—酪—异亮—谷—天冬—\underset{\underset{\displaystyle S}{|}}{半胱}—脯—亮—甘—NH_2$$

(NH_2 位于半胱与酪之间上方,S—S 相连)

如果将催产素 8 位上的亮氨酸换成异亮氨酸,我们发现所形成的多肽对于刺激乳汁分泌和引产的能力大大降低。各种遗传的失调也是由于在肽的结构中有少数氨基酸单位的调换而引起的。一个典型的例子是镰状血球贫血症,它使血红蛋白输送氧到各种组织中去的能力大大地下降,其结果是使人的寿命缩短。镰状血球贫血症出现的原因之一是因为血红蛋白 β 链上的第六位上的谷氨酸被缬氨酸代替的缘故。从中我们可以看到肽的结构对其生理功能的影响之大。

下面我们将介绍如何用化学方法测定肽的结构。为了推定某一个肽的结构,我们必须测定:(1)组成肽的氨基酸的种类;(2)各种类型氨基酸的数目;(3)这些氨基酸在肽链中的排列顺序。为此,我们可以通过下列三个步骤来实现:

(1)肽的完全水解:肽键可用酸、碱化学试剂以及用一定的酶水解来打断,在酸或碱的作用下,水解是完全的(一般是用酸水解,因为在碱性中水解会引起所得氨基酸的外消旋化)。而酶水解是有选择性的和不完全的。因此酸水解通常用在结构测定中的第一步,而酶水解是在第三步中加以运用。

(2)分解产物的分析:由酸水解多肽得到的各种氨基酸,可用电泳、离子交换色谱或用氨基酸分析仪进行分离和测定其含量,然后用渗透法、X 射线衍射等方法测定多肽的分子量,便可以算出其中所含各种氨基酸分子的数目。现在这个工作都是在氨基酸自动分析仪内完成的。

(3)多肽分子中各种氨基酸排列顺序的测定:这一步比起前两步来是较为复杂的步骤。

我们可以考虑由两个不同的氨基酸组成二肽时,有两种不同的连接方式。例如:

$$NH_2—CH_2COOH + \underset{\underset{\displaystyle CH_3}{|}}{H_2N—CH—COOH} \longrightarrow \overset{+}{N}H_3—CH_2\overset{\displaystyle O}{\overset{\|}{C}}—NH—\underset{\underset{\displaystyle CH_3}{|}}{CH—COO^-}$$

甘氨酸　　　　　丙氨酸　　　　　　　　　甘-丙(二肽)

$$\underset{\underset{\displaystyle CH_3}{|}}{NH_2—CH—COOH} + H_2N—CH_2COOH \longrightarrow H_3\overset{+}{N}—\underset{\underset{\displaystyle CH_3}{|}}{CH}—\overset{\displaystyle O}{\overset{\|}{C}}—NH—CH_2COO^-$$

丙-甘(二肽)

甘-丙二肽和丙-甘二肽结构不同,它们的性质也就不同。如果由三种不同的氨基酸组成三肽,则可能有六种不同的连接方式,随着组成氨基酸的数目增多,则理论上的连接方式也随之增加很快,六肽可有 720 种。现在已知含有 51 个氨基酸(分子量约为 6500)的胰岛素,它可能结合的方式的数目显然是极大的。因此要确定这些氨基酸在多肽分子中的排列顺序是一个相当复杂的工作。然而,1952 年英国化学家 Sanger 所领导的一个小组把胰岛素 51 个氨基酸残基的顺序一个个排列出来了,并于 1958 年获得 Nobel 奖金。此后,许多更大蛋白质中的氨基酸的顺序也被搞清了。例如由 124 个氨基酸残基组成的核糖核酸酶以及人类生长激素——由 188 个氨基酸单位组成的蛋白质。

用来测定多肽中氨基酸顺序的方法可以分为两部分,一是用某一种酶使多肽链进行部分水解生成较小的碎片——二肽、三肽等,这叫"部分水解法"。另一部分是对多肽的 N-端和 C-端的氨基酸以及由酶水解得到的碎片分子中的 N-端及 C-端氨基酸进行测定,叫做"端基分析"。然后由各碎片合适地放在一起以推测出多肽链中各种氨基酸单位的排列顺序。

1. 部分水解法

多肽的部分水解是在酶,通常称为蛋白酶催化下进行的。每一种蛋白酶只能水解一定类型的多肽键。胰蛋白酶只能使羧基属于赖氨酸或精氨酸的肽键水解。糜蛋白酶主要使羧基属于色氨酸、苯丙氨酸或酪氨酸的肽键水解。而胃蛋白酶主要使氨基属于色氨酸、苯丙氨酸或酪氨酸的肽键水解。例如由半胱氨酸、酪氨酸和色氨酸组成的三肽,应有六种不同的连接方式。如果将这样一个未知三肽用胃蛋白酶进行部分水解,结果产生游离的色氨酸和一个二肽,这样,三肽的结构便只能有下面两种可能性:

(a) H$_2$N-半胱-酪-色-COOH; (b) H$_2$N-酪-半胱-色-COOH。

至于(a)、(b)哪一种排列顺序是正确的,那就必须进行第二部分的工作——端基分析。

2. 端基分析

多肽链中一端具有游离的氨基(—NH$_2$),一端具有游离的羧基(—COOH)。如果选择一个适当的试剂与 N-端或 C-端作用,然后将肽链水解,则含有此试剂的氨基酸一定是链端的氨基酸,这就是端基分析。

(1) 2,4-二硝基氟苯法。它是鉴定 N-端残基最成功的方法,于 1945 年由英国剑桥大学桑格(Sanger)所提出。2,4-二硝基氟苯在极和缓的条件下就可以与多肽 N-端的游离氨基作用。将得到的取代多肽在酸中水解,肽键断开,而 2,4-二硝基苯基和 N-端氨基相连的键保持不变。因为,水解产物中含有各种氨基酸和 N-(2,4-二硝基苯基)氨基酸的混合物,后者是黄色的,容易与其他的氨基酸分开,从而可以进行鉴定:

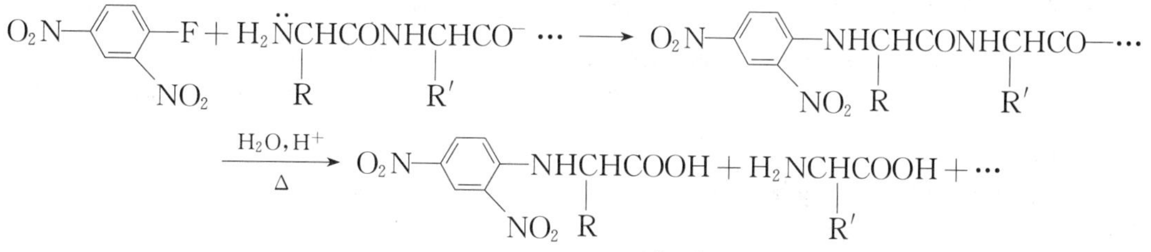

桑格法的主要缺点是当水解分离 N-(2,4-二硝基苯基)氨基酸的同时,剩下的多肽链也都分解成氨基酸了。

（2）爱德曼（Edman）降解法（瑞典 Lund 大学，1950 年）。异硫氰酸苯酯 $C_6H_5N=C=S$ ，能与多肽 N-端氨基作用，产物在有机溶剂中用无水氯化氢处理，N-端的氨基酸从肽链上断裂下来，变成烃基取代的乙内酰苯基硫脲，用层析法分离后，与标准样品对照，即可确定 N-端氨基酸的结构，这种方法叫做 Edman 降解。

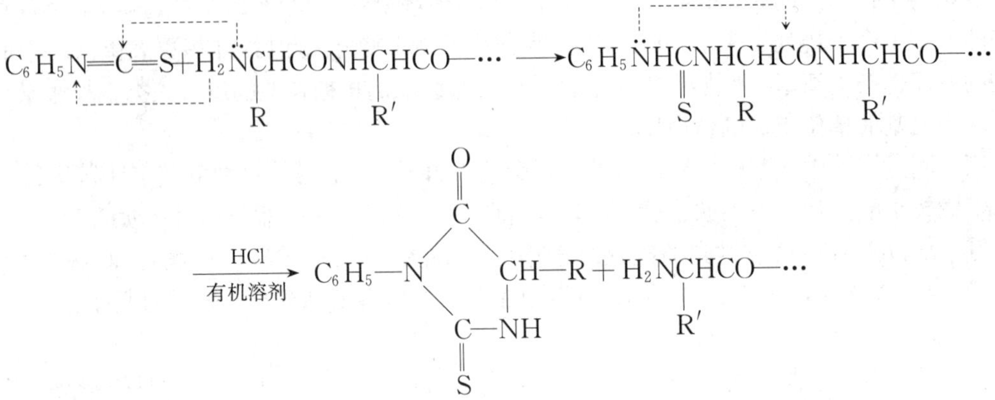

$$C_6H_5\ddot{N}=C=S+H_2\ddot{N}CHCONHCHCO-\cdots \longrightarrow C_6H_5\ddot{N}HC\ddot{N}HCHCONHCHCO-\cdots$$

$$\xrightarrow[\text{有机溶剂}]{HCl} \quad + H_2NCHCO-\cdots$$

这个方法的特点是，除多肽 N-端的氨基酸外，其余的多肽链会保留下来。这样就可以继续不断地测定其 N-端。1967 年 Edman 报道说，这种分析方法可以在他的"蛋白质顺序测定仪"中自动地进行。这个测定仪已有商品出售，但目前只能用来测定几十个氨基酸的顺序。重复降解太多，通常就不十分可靠了，这是由于生成的氨基酸的积累对进一步鉴定有干扰。

（3）羧基多肽酶法。目前测定多肽 C-端氨基酸较有效的方法，是用羧肽酶（carboxypeptidases）来使多肽水解。羧肽酶有选择地只催化水解多肽链中与游离 α-羧基相邻的肽链：

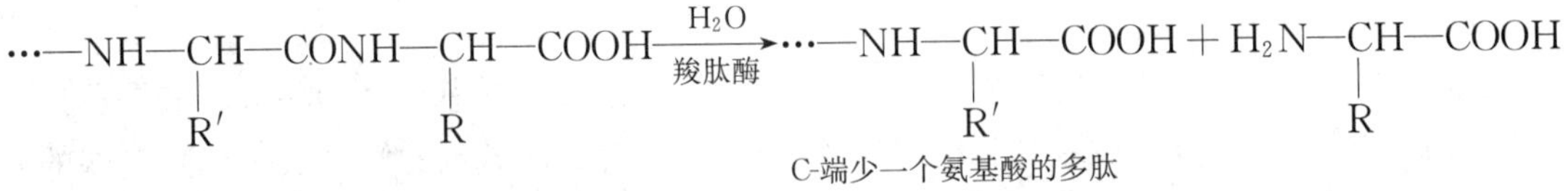

$$\cdots-NH-CH-CONH-CH-COOH \xrightarrow[\text{羧肽酶}]{H_2O} \cdots-NH-CH-COOH + H_2N-CH-COOH$$

C-端少一个氨基酸的多肽

水解得到的 C-端少一个氨基酸的多肽可以继续水解，从 C-端去掉第二个氨基酸。这样可以使 C-端的氨基酸一个个地渐次断裂下来，加以分离鉴定。一般可以测定五六个肽键的氨基酸顺序，重复降解次数太多就不成了。

因此，要测定整个多肽链氨基酸顺序，必须将端基分析法和酶的部分水解法相结合才比较有效。例如假定有一个多肽，它在酸中完全水解得 8 种氨基酸，经分离、鉴定为：丙、亮、赖、苯丙、脯、丝、酪、缬，其含量比都是 1∶1。经分子量测定也证明它是八肽，经端基分析知道 N-端为丙，C-端为亮。八肽用糜蛋白酶水解时生成酪氨酸、一个三肽和一个四肽。三肽经端基分析得知 N-端为丙，C-端为苯丙。四肽的 N-端为赖，C-端为亮。三肽经酸水解得到两种肽：丙-脯十脯-苯丙；四肽经酸水解得到三种二肽：赖-丝十丝-缬十缬-亮。

根据二肽的组成，可以推测三肽中氨基酸可能的排列次序为：

丙-脯

脯-苯丙

————————

丙-脯-苯丙

四肽中氨基酸可能排列的次序为：

赖-丝

丝-缬

缬-亮

———————

赖-丝-缬-亮

根据三肽和四肽的结构可以推出八肽中氨基酸单位的排列顺序为：

丙-脯-苯丙-酪-赖-丝-缬-亮

其他多肽链中氨基酸单位的顺序都可用上述类似的方法加以测定。对多肽中各种氨基酸单位互相结合顺序的确定,也就为蛋白质的一级结构的确定开辟了一个里程碑。

20.5 多 肽 的 合 成

一旦多肽的结构被人们所知,接着要解决的问题便是如何从氨基酸合成多肽(或蛋白质)。

大多数多肽合成的目的是制备与天然产物一样的化合物,以验证按上述方法所推测出来的多肽结构的正确性。同时,也可以对天然的多肽结构进行改性或合成一些容易制造而又短缺的多肽,特别是在世界人口日益增长而食物短缺的情况下,合成蛋白质的生产可以从本质上解决这个问题。而多肽的合成是走向蛋白质合成的一个重要步骤。

用来合成多肽的方法必须满足许多严格的要求。例如它要求各种氨基酸必须按一定的顺序连接起来,并达到相当高的分子量。由于天然多肽中的氨基酸是旋光的,因此,反应必须在比较和缓的条件下进行,以避免外消旋化。所以,多肽合成的根本问题是氨基保护和羧基的活化问题。如两种氨基酸可以生成四种肽：

$$\text{甘氨酸＋丙氨酸} \xrightarrow{-H_2O} \text{甘-甘＋丙-丙＋甘-丙＋丙-甘}$$

如果要使甘氨酸中的羧基和丙氨酸中的氨基生成肽键,必须把甘氨酸的氨基或丙氨酸中的羧基保护起来,同时要注意,如氨基酸中还有别的官能团,也要保护起来,而且在去掉保护基团时,不能使生成的肽键受到破坏。

保护氨基和羧基的方法很多,常用来保护氨基的试剂之一是氯甲酸苄酯(它的合成方法如下)：

$$CO+Cl_2 \xrightarrow[200℃]{活性碳} Cl-\underset{\underset{O}{\|}}{C}-Cl \xrightarrow{苄醇} C_6H_5CH_2O-\underset{\underset{O}{\|}}{C}-Cl$$

氯甲酸苄酯和其他酰氯一样与氨基酸作用,使氨基酰化而把氨基保护起来：

$$C_6H_5-CH_2O-\underset{\underset{O}{\|}}{C}-Cl + H_2N-\underset{\underset{R}{|}}{C}H-COOH \longrightarrow C_6H_5-CH_2O-\underset{\underset{O}{\|}}{C}-NH-\underset{\underset{R}{|}}{C}H-COOH$$

保护基团容易用氢解或酸液水解而去掉：

$$C_6H_5CH_2OCONHCHCO_2H \xrightarrow{H_2/Pd} C_6H_5CH_3 + CO_2 + \overset{+}{H_3N}CHCO_2^-$$

（R 在 CHCO 下方）

$$\underset{R}{|} \xrightarrow{HBr/HOAc} C_6H_5CH_2Br + CO_2 + \overset{+}{H_3N}CHCO_2^-$$

另一种保护氨基的基团是叔丁氧羰基 $(CH_3)_3C-O-CO-$ ，如果用的是叔丁氧甲酰氯，在 0℃时即能顺利地反应,如用叔丁氧羰基叠氮与氨基酸作用,在稍高的温度下也易反应:

$$(CH_3)_3C-O-\underset{\underset{O}{\|}}{C}-X + H_2N-\underset{R}{\underset{|}{C}H}-COOH \xrightarrow[\text{室温}]{\text{碱}} (CH_3)_3C-O-\underset{\underset{O}{\|}}{C}-NH-\underset{R}{\underset{|}{C}H}-COOH$$

$$\xrightarrow{HCl} (CH_3)_2C=CH_2 + CO_2 + H_2N-\underset{R}{\underset{|}{C}H}-COOH$$

$$(X= -Cl, -N_3)$$

叔丁氧羰基不能用氢解法去掉,但易被稀酸液水解而去掉。

羧基一般可与醇作用变成酯来保护。酯比酰胺容易水解,保护基团可以通过碱性水解去掉,苄酯还可以通过氢解去掉:

$$H_2N-\underset{R'}{\underset{|}{C}H}-COOH + CH_3OH \longrightarrow H_2N-\underset{R'}{\underset{|}{C}H}-COOCH_3$$

$$\xrightarrow{OH^-, H_2O \quad H^+} H_2N-\underset{R'}{\underset{|}{C}H}-COOH + CH_3OH$$

$$H_2N-\underset{R'}{\underset{|}{C}H}-COOH + C_6H_5CH_2OH \longrightarrow C_6H_5CH_2-OCOCHNH_2 \quad (R' \text{ 在 CH 下方})$$

$$\xrightarrow{H_2, Pd/C} H_2N-\underset{R'}{\underset{|}{C}H}-COOH + C_6H_5CH_3$$

两种不同氨基酸的氨基和羧基分别被保护起来后,再把氨基被保护的氨基酸的羧基活化,便可容易地与另一分子氨基酸(它的羧基被保护的)作用。例如:

$$C_6H_5CH_2OCONH-\underset{R}{\underset{|}{C}H}-COOH + H_2N-\underset{R'}{\underset{|}{C}H}-COOCH_2C_6H_5$$

$$\xrightarrow{DCC} C_6H_5CH_2OCONH-\underset{R}{\underset{|}{C}H}-CONH-\underset{R'}{\underset{|}{C}H}-COOCH_2C_6H_5$$

试剂 DCC(二环己基碳化二亚胺(dicyclohexylcarbodiimide), $\langle \rangle-N=C=N-\langle \rangle$)所起的作用是使羧基活化。这是因为 DCC 与氨基酸的羧基所形成的衍生物(中间体(i))像酰化剂一样,具有高度的活泼性,使其能顺利地与另一个氨基酸形成肽键:

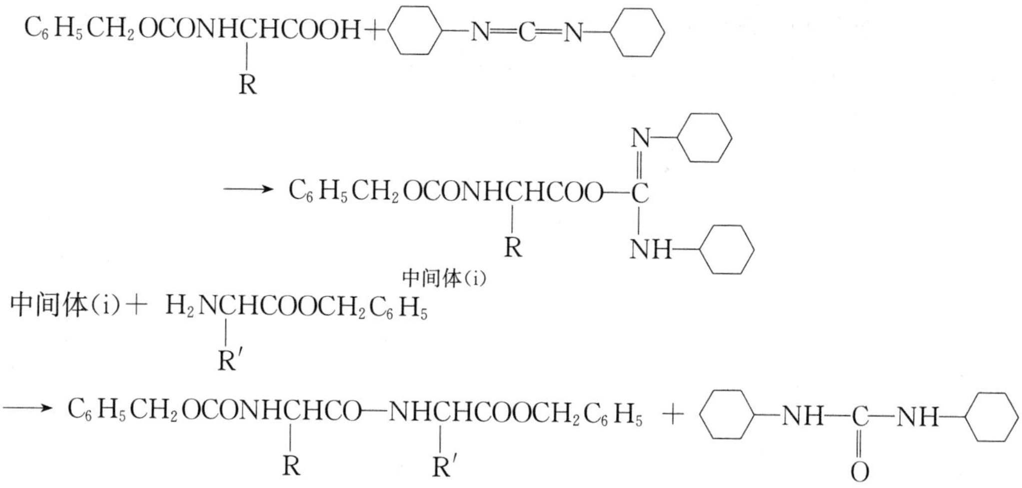

$$C_6H_5CH_2OCONHCHCOOH + \text{cyclohexyl}-N=C=N-\text{cyclohexyl}$$

下有 R

$$\longrightarrow C_6H_5CH_2OCONHCHCOO-C(=N\text{-cyclohexyl})(NH\text{-cyclohexyl})$$

下有 R

中间体(i)

中间体(i) ＋ $H_2NCHCOOCH_2C_6H_5$

下有 R′

$$\longrightarrow C_6H_5CH_2OCONHCHCO-NHCHCOOCH_2C_6H_5 + \text{cyclohexyl}-NH-C(=O)-NH-\text{cyclohexyl}$$

下有 R 下有 R′

去掉保护基团($C_6H_5CH_2OCO-$)即可得到二肽:

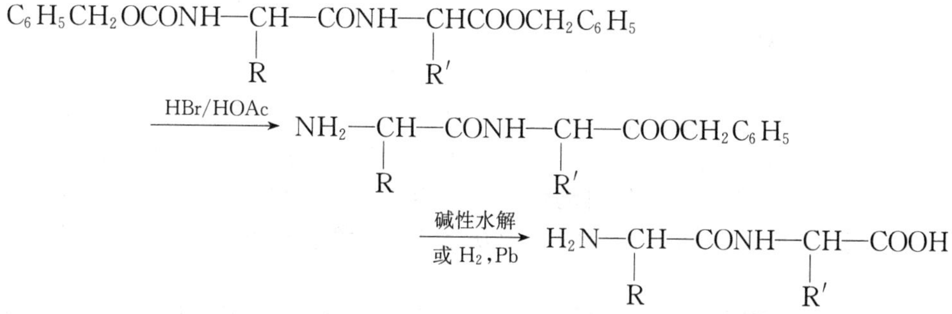

$$C_6H_5CH_2OCONH-CH-CONH-CHCOOCH_2C_6H_5$$

下有 R 下有 R′

$$\xrightarrow{\text{HBr/HOAc}} NH_2-CH-CONH-CH-COOCH_2C_6H_5$$

下有 R 下有 R′

$$\xrightarrow[\text{或 } H_2,Pb]{\text{碱性水解}} H_2N-CH-CONH-CH-COOH$$

下有 R 下有 R′

如果要进一步加长肽链,则需脱去一个保护基后,就可以在 DCC 的作用下继续与另一分子氨基酸作用合成三肽,这样下去,便可以合成肽链很长的多肽。合成多肽的一般式表示如下:

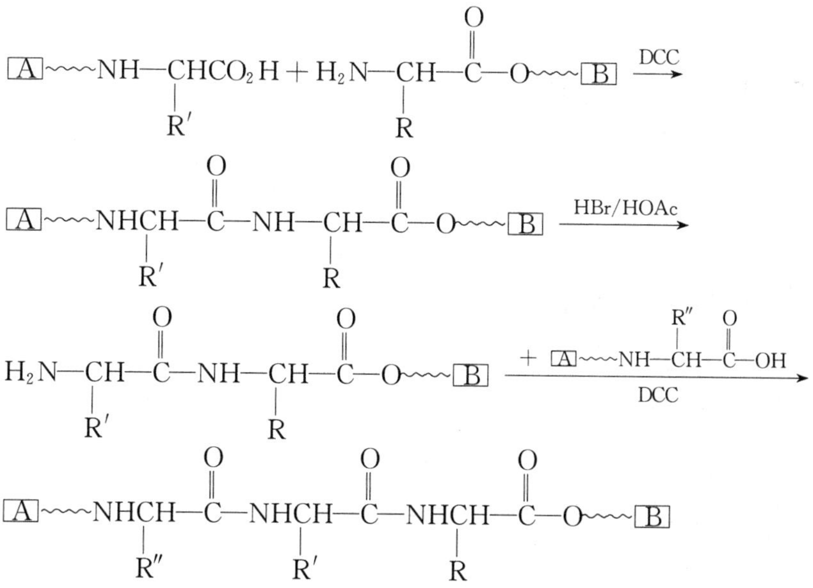

$$\boxed{A}\sim NH-CHCO_2H + H_2N-CH-C(=O)-O\sim\boxed{B} \xrightarrow{DCC}$$

下有 R′ 下有 R

$$\boxed{A}\sim NHCH-C(=O)-NH-CH-C(=O)-O\sim\boxed{B} \xrightarrow{\text{HBr/HOAc}}$$

下有 R′ 下有 R

$$H_2N-CH-C(=O)-NH-CH-C(=O)-O\sim\boxed{B} \xrightarrow[DCC]{+\boxed{A}\sim NH-CH(R'')-C-OH}$$

下有 R′ 下有 R

$$\boxed{A}\sim NHCH-C(=O)-NHCH-C(=O)-NHCH-C(=O)-O\sim\boxed{B}$$

下有 R″ 下有 R′ 下有 R

$\boxed{A}$、$\boxed{B}$＝保护基团

催产素(九肽)是由 Vigneaud 合成的,由于这项工作和其他工作,他于 1955 年获得 Nobel 奖。1965 年,我国化学工作者首次合成了具有生物活力的牛胰岛素(bovine insulin),它是一

种 51 肽,含有两个肽链,A 链由 21 个氨基酸单位组成,B 链由 30 个氨基酸单位组成,A 链和 B 链由—S—S—键联结起来,用示意图 20.1 表示如下:

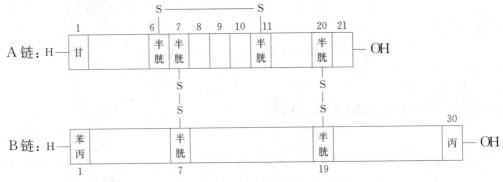

图 20.1 牛胰岛素结构示意图

若 A 链上的 8、9、10(丙、丝、缬)换上酥-丝-异亮,则是猪的胰岛素。

上述合成法的困难是:分离和纯化每一步合成的新肽花费时间很多,产物的产率一次比一次减少。麦里费尔德(Merrifield)所发展的固相多肽合成法使肽的合成有了较大的突破。该法是把增长中的肽化学地连结在聚苯乙烯颗粒上(C-端连在聚苯乙烯颗粒上,作为羧基的保护基团),当每一个新的氨基酸单元加入后,只要洗去试剂和副产物,留下的就是增长中的肽,以待进入另一个循环。这个方法已经自动化。1969 年 Merrifield 宣称,他用他的"蛋白质制造仪"在六个星期中合成了由 124 个氨基酸残基所组成的核糖核酸酶。可是在细胞中的生物合成只需要 20 分钟!

目前已有计算机控制的多肽合成仪商品,每步反应的产率在 99% 以上,并已合成了上千种多肽。1984 年,Merrifield 以多肽合成的出色成就获得诺贝尔化学奖。Merrifield 自动多肽合成的步骤表示如下:

602

$$\bigcirc CH_2O-\overset{\displaystyle O}{\overset{\|}{C}}-\underset{R}{\overset{\displaystyle}{CH}}-NH-\overset{\displaystyle O}{\overset{\|}{C}}-\underset{R'}{\overset{\displaystyle}{CH}}-NH-\boxed{B}$$

$$\downarrow \overset{CF_3CO_2H,}{CH_2Cl_2} \quad -\boxed{B}$$

$$\bigcirc CH_2O-\overset{\displaystyle O}{\overset{\|}{C}}-\underset{R}{\overset{\displaystyle}{CH}}-NH-\overset{\displaystyle O}{\overset{\|}{C}}-\underset{R'}{\overset{\displaystyle}{CH}}-\ddot{N}H_2$$

$$\boxed{B}-NH-\underset{R''}{\overset{\displaystyle}{CH}}-\overset{\displaystyle O}{\overset{\|}{C}}-\boxed{A}$$

$$\downarrow \overset{CF_3CO_2H,}{CH_2Cl_2} \quad -\boxed{B}$$

$$\downarrow HBr, CF_3CO_2H$$

$$\bigcirc CH_2Br + HO-\overset{\displaystyle O}{\overset{\|}{C}}-\underset{R}{\overset{\displaystyle}{CH}}-NH-\overset{\displaystyle O}{\overset{\|}{C}}-\underset{R'}{\overset{\displaystyle}{CH}}-NH-\overset{\displaystyle O}{\overset{\|}{C}}-\underset{R''}{\overset{\displaystyle}{CH}}-NH_2 \quad 等等$$

20.6　蛋白质的性质

蛋白质(proteins)和多肽一样,是由许多氨基酸残基组成的,因此,蛋白质应具有多肽、氨基酸的一些共同性质。如蛋白质也是光学活性的分子,带有电荷。由于蛋白质都含有一些酸性和碱性的氨基酸,因而有负的和正的电荷。因此,蛋白质像氨基酸一样,也是两性的,可作为生物的缓冲溶液。各种蛋白质也具有其特定的等电点。例如:

胃蛋白酶的等电点是 1.1;酪蛋白是 3.7;蛋蛋白是 4.7;核糖核酸酶是 9.5;溶菌酶是 11.0。

在等电点时蛋白质最易于沉淀。蛋白质的两性性质和等电点在科学实验和生化工业中提取、分离蛋白质具有极其重要的意义。

蛋白质也产生与氨基酸类似的颜色反应。

测定多肽中氨基酸顺序的技术应用到蛋白质中便得到蛋白质的一级结构。许多蛋白质的一级结构都已通过化学方法和酶催化方法的综合运用而加以阐明。不仅胰岛素、核糖核酸酶、肌红蛋白的一级结构,甚至更复杂的蛋白质的一级结构也已阐明。如抗体,它由 1 320 个氨基酸所组成。

蛋白质和多肽更重要的一个共同点是它们都可以在实验室中用前面所提到的相同方法进行合成。

但是,蛋白质和较小的多肽也在几方面表现出不同。例如,许多蛋白质中的多肽链是与别的基团相联,非蛋白质的部分叫做辅基(prosthetic group)。辅基可以是糖类、类脂化合物、核酸或磷酸酯,在血红蛋白中的辅基是亚铁血红素分子。

与小的多肽——结晶化合物——相反,许多蛋白质是无定形的固体。蛋白质的溶解度也变化很大。有一些蛋白质是水溶解的,另一些是不溶解在水中;有些需要低浓度的盐以促使它们溶解,另一些仅在稀酸或稀碱中才溶解;某些蛋白质在纯水或无水乙醇中不溶解,但在含水的醇溶液中都能溶解。

所有的蛋白质,当它们溶解的时候,都形成胶体溶液。这时蛋白质的分子颗粒的直径在胶粒幅度之内($0.1~\mu m \sim 0.001~\mu m$),同时由于蛋白质表面都带有电荷,在酸性溶液中带正电荷,在碱性溶液中带负电荷。蛋白质带有同性电荷就与周围电性相反的离子构成稳定的双电层。由于同性电荷相互排斥,颗粒互相隔开而不粘合,形成稳定的胶体体系。蛋白质与水所形成的胶体和其他胶体一样是不十分稳定的,在各种因素的影响下(如加入某些中性盐:$(NH_4)_2SO_4$、Na_2SO_4 等),蛋白质容易析出沉淀,这种作用称为盐析。

蛋白质会发生变性作用。变性作用是蛋白质受物理或化学因素的影响(如受热、紫外光、pH 值的变化、有机溶剂、重金属等等)而激烈地改变其物理性质和生理性质的一个过程(但它的化学组成保持不变)。蛋白质变性的最显著表现是溶解度的降低,同时变性蛋白质的粘度增高,减低对水解酶的抵抗力(如变性蛋白质易消化),丧失生物活性(如蛋白质是酶或抗体)。在有些情况下,变性作用是一个可逆的现象,即当引起蛋白质变性的试剂被除去后,蛋白质的原有性质可以得到恢复。但是常常变性作用是一个不可逆的过程。例如 70% 乙醇溶液是一个很有效的消毒剂,因为它能破坏微生物,而微生物在性质上就像蛋白质。酒精透过微生物而使它们发生不可逆的变性作用。又如尿中若含有异体蛋白质,通过加热,尿便会产生沉淀,这也是由于不可逆变性作用的结果。这种症状可能是糖尿病引起的。

我们如何说明蛋白质和较小的多肽之间在性质上的不同呢? 这一点是肯定的,即蛋白质的分子更大。这可以说明蛋白质能形成胶体溶液的事实。为了明白蛋白质的变性作用的过程,我们必须考虑到蛋白质的空间结构。

20.7 蛋白质的空间结构

根据一定的氨基酸顺序合成的多肽链,对蛋白质来说,只是它的一级结构。蛋白质的某些性质所以和多肽不同,看来主要不在于含氨基酸单位的多少,而在于蛋白质除了氨基酸的排列顺序之外,还有其特殊的空间结构。为了测定蛋白质的空间结构,必须有一个纯的蛋白质晶体,用 X 光衍射法进行照像,然后对其底片进行分析。用 X 光衍射法测定蛋白质晶体的空间结构是近年来分子生物学的一项重大突破(为此已颁发了四次 Noble 奖金)。1960 年肌红蛋白 200 pm 分辨率的研究结果,使人们第一次看到了一个蛋白质分子内部的立体结构图像。1971~1973年我国科学工作者也成功地先后完成了分辨率为 180 pm 的胰岛素晶体结构的测定工作。

蛋白质的空间结构一般分为二级、三级和四级结构。

20.7.1 蛋白质的二级结构

二级结构是指蛋白质分子的长肽链或肽链之间邻近基团的空间关系。蛋白质的二级结构

形成的原因是由于肽键之间存在着氢键,氢键发生在 C＝O 和 NH 基团之间:

在蛋白质中发现有两种类型的二级结构:α-螺旋状和褶片状(α-螺旋的概念及 X 光衍射的证实,都是由鲍林(Pauling)提出的)。α-螺旋状是在同一分子内肽基团之间形成氢键的结果。多肽链这样的螺旋状的骨架可用图 20.2 表示。

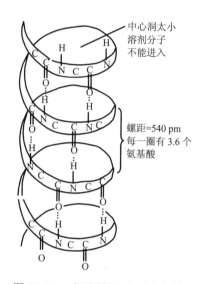

图 20.2　α-螺旋结构(分子内氢键)

人们已知道溶解的蛋白质在分子中的不同部分都有 α-螺旋状结构。它有几个有趣的特性:每一螺圈有3.6个氨基酸单位,螺圈之间的距离(螺距)是540 pm,螺圈的直径是1 000 pm～1 100 pm。这样的直径太小,以至于不能让溶剂分子进入其空间。

蛋白质第二个类型的二级结构是折叠状(pleated-sheet)排列。它是由于不同的多肽链之间的肽基团之间的氢键作用而产生的。具有这样结构的蛋白质在水溶剂中是难溶解的,如图20.3 所示。

蛋白质的折叠状有两种可能的排列。一种是平行的排列,其中各链的所有基团的走向都是在相同的方向。另一种是反平行排列,其中一条链的—COOH 端接近另一条链的—NH₂端,以交替的方式进行。

二级结构在纤维蛋白质中特别明显,在球蛋白的一部分肽链中也存在二级结构。例如,羊毛是一个具有 α-右螺旋结构的纤维蛋白分子,它具有柔韧性和弹性,但缺乏纤维的强度,这是由于螺旋结构的各条链之间具有极少数的共价键之故。

蚕丝形成反平行折叠状结构,其中各条链得到充分地伸长(叫 β-构象),各条链之间的酰胺基通过氢键联系在一起,可形象地描绘在图 20.4 中。

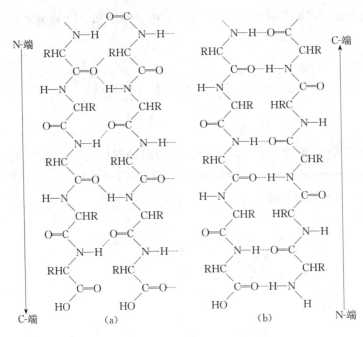

图 20.3　折叠结构(分子间氢键)

(a) 平行排列　　(b) 反平行排列

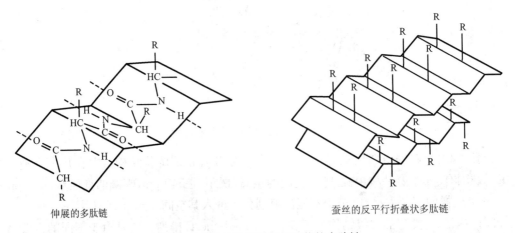

伸展的多肽链　　　　　　　　蚕丝的反平行折叠状多肽链

图 20.4　蚕丝的反平行折叠状的多肽链

20.7.2　蛋白质的三级结构

大多数溶解的蛋白质并不是以任意盘卷的分子存在,通常它们以紧密而结实的结构存在,并具有一定的形状,如图 20.5 所示的肌红蛋白。

因此,蛋白质的三级结构是指一根多肽链的总的折叠成的形态。其所以具有如图 20.5 中那样的稳定构象,是由于组成肽链的氨基酸单元的侧链(R 基团)的相互作用力所决定的。这些相互作用力包括共价(二硫)键、离子键、氢键、疏水键。与支链有关的四种相互作用力在图 20.6 中说明。

图 20.5　呼吸色素肌红蛋白的三维结构

（一级结构是一系列的节点，它代表氨基酸。在氨基酸长链上的螺旋排列代表二级结构。三级结构是由链的折叠和缠绕成它的实际构象。）

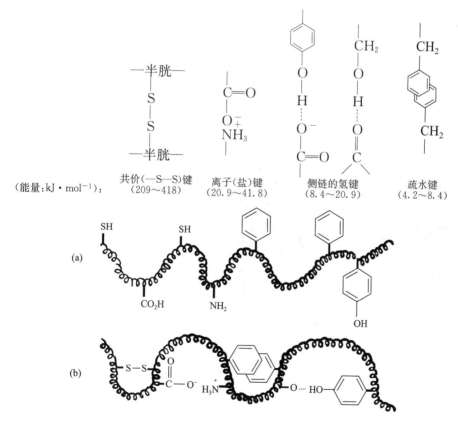

（能量:kJ·mol^{-1}）:　共价（—S—S)键　　离子(盐)键　　侧链的氢键　　　疏水键
　　　　　　　　　　　（209～418)　　（20.9～41.8)　　（8.4～20.9)　　　（4.2～8.4)

图 20.6　与蛋白质三级结构有关的相互作用力

（a)无三级结构的蛋白质　　（b)有三级结构的蛋白质

二硫键(—S—S—)是蛋白质三级结构中涉及的惟一共价键,破坏它约需209 kJ·mol^{-1}∼418 kJ·mol^{-1}能量。其他三种键要弱得多。它们可因温度、溶剂、pH 值、盐浓度等的改变而受到影响。因此我们可以解释蛋白质的变性是由于蛋白质的二级和三级结构被破坏所造成的结果。鸡蛋白加热时变硬就是一例。

当蛋白质作为一个酶时,它的三级结构对其生理功能起着十分重要的作用。这是因为酶(有活性的)必须和作用物(底物)相结合,而且只有当酶的形状和作用物(底物)分子的形状相适合时,彼此之间的结合才能发生。这和一把钥匙开一把锁的关系一样,如图 20.7 所示。

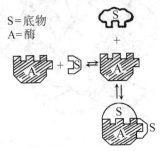

图 20.7　酶和底物之间的结构关系

20.7.3　蛋白质的四级结构

在有些蛋白质中,作为一个分子的整体含有不止一条多肽链,而是由几条多肽链靠静电性质的力(不包括共价键)互相结合而紧密地保持在一起。这种聚集状态就叫四级结构。例如血红蛋白由 4 条多肽链组成的:一对多肽链(α 链)各含有 141 个氨基酸和一对 β-链各含有 146 个氨基酸。每条链和一个血红素(heme)分子相连。辅基负责输送氧到各种组织中去。血红蛋白的立体模型如图 20.8 所示。

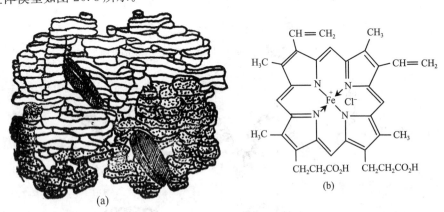

图 20.8　血红蛋白的立体模型

(a) 血红蛋白的三维模型,白色的为 α-链带阴影的为 β-链;(b) 血红素结构,辅基
负责运输氧到组织中:血红素存在于血红蛋白、肌红蛋白及大多数细胞色素中。

许多其他的蛋白质都含有不止一条多肽链,例如,骨胶原是由三股多肽链缠绕在一起像一条绳子。还有据报道,属于烟草嵌花病毒含有2 130条多肽链成群地围绕在一个核酸分子周围。

四级结构的破坏不一定影响蛋白质的生理功能,当酶分裂成更小的单位时常常失去活性。

20.8　蛋白质的代谢作用

蛋白质在人体内是如何新陈代谢的？人体每天从食物中摄取蛋白质的量大约为 50 克～100 克,开始在胃里,然后在小肠里进行消化。消化是一个包括肽键被一系列蛋白酶水解成氨基酸的过程,氨基酸被肠壁吸收并经过门静脉输送到肝脏,以便为身体的其他组织所利用。组织蛋白质不断地被分解和再合成。各种组织蛋白质分解的氨基酸不断地和从食中吸收的蛋白质的氨基酸保持平衡,形成细胞和体液中的氨基酸池(amino acid pool)。动态平衡状态的存在,使氨基酸池可以用来再合成新的体蛋白(合成代谢)或代谢成其他的最终产物(分解代谢)。

在氨基酸池中,氨基酸的多少取决于身体的需要。多数吸收的氨基酸是用来合成新的蛋白质,尤其是在成长中的青年人体内。过量的氨基酸可被利用来合成非蛋白质的含氮化合物,如嘌呤和嘧啶。大部分过量的氨基酸经过分解来提供人体所需的能量。其中一个主要的途径是转化氨基酸成酮酸,同时释放出氨。可用反应式表示如下:

$$R-\underset{\underset{NH_2}{|}}{CH}-COOH \xrightarrow{\text{酶(氧化酶)}} R-\underset{\underset{O}{\|}}{C}-COOH + NH_3$$

另一个分解代谢的一般反应是氨基转移作用。该反应是氨基由一个氨基酸转移到 α-酮酸上,生成一个新的氨基酸和一个新的 α-酮酸,用反应式说明如下:

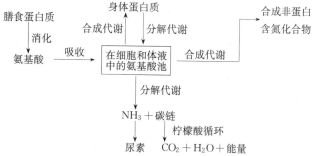

谷氨酸　　　　　　α-酮酸　　　　　　α-酮基戊二酸　　　新的氨基酸

因此,形成的 α-酮酸可以进入柠檬酸循环提供能量。其方式与葡萄糖的代谢作用相同(参见第十九章糖的氧化部分)。

在脱氨反应中释放出的氨是相当毒的,NH_3 通过转化成尿素而维持低的浓度。尿素是人体中主要的含氮排泄物。

以上蛋白质的代谢作用可用图 20.9 说明。

图 20.9　来自膳食及身体蛋白质的氨基酸池,池中氨基酸可以用
以合成新蛋白质或非蛋白质含氮化合物,或降解及排泄

20.9　核　酸　的　组　成

核酸(nucleic acid)是最先由瑞士生理学家米歇尔(F. Miescher)于1869年从细胞核中分离出来的酸性物质。我们今天已经知道核酸以游离状态或与蛋白质结合成核蛋白的形式存在于细胞核和细胞的其他部分。我们也知道核酸像多糖和蛋白质一样,是生物高分子化合物。构成核酸的单体是核苷酸,其数目可以由几十到几百万,这取决于核酸的种类,因此,核酸也叫做多核苷酸。核酸可以根据其组成中糖的结构不同,而分为两类:含脱氧核糖的称为脱氧核糖核酸(deoxyribonucleic acid,DNA);含核糖的称为核糖核酸(ribonucleic acid,RNA),DNA仅存在于细胞核中,而RNA主要存在于细胞质中。

现在已经证实,核酸不仅决定了生物体的遗传特性,而且核酸也参加生物体内蛋白质的合成。因此,对于核酸的研究也许是现今所有化学领域中最令人感兴趣的一个领域。事实上,在科学的历史上两个最重要的突破要算是DNA的双螺旋结构的发现和遗传密码的揭开。而这两个成就又主要与根据核酸的分子结构来解释核酸的性质有关。因此,我们必须首先考虑核酸的结构成分。

核酸(DNA和RNA)在酸、碱或核酸酶催化下水解时,水解的程度不同,得到不同的产物,可简单表示如下:

$$核酸(DNA 和 RNA) \xrightarrow[催化剂]{H_2O} 低聚核苷酸 \xrightarrow[催化剂]{H_2O} 单核苷酸 \xrightarrow[催化剂]{H_2O} 核苷 + 磷酸$$

$$\downarrow H_2O, 催化剂$$

$$杂环碱 + 五碳单糖$$

可见,核酸的最终水解产物是由三部分组成的:H_3PO_4、五碳单糖和含氮的杂环碱,如表20.3所示:

表 20.3　DNA 和 RNA 完全水解的产物

水 解 产 物	DNA	RNA
酸	磷　酸	磷　酸
糖	D-2-脱氧核糖	D-核糖
含氮杂环碱	腺嘌呤	腺嘌呤
	鸟嘌呤	鸟嘌呤
	胞嘧啶	胞嘧啶
	胸腺嘧啶	尿嘧啶

从表20.3可以看出,DNA水解后得到的戊糖是D-2-脱氧核糖,而RNA水解得到的是D-核糖,这种结构上的差别是区别DNA和RNA分析方法的依据。

从表20.3也可以看出,无论DNA或RNA水解得到的含氮碱主要是两大类:嘌呤环系碱(有2个)和嘧啶环系碱(有3个),它们的结构如下:

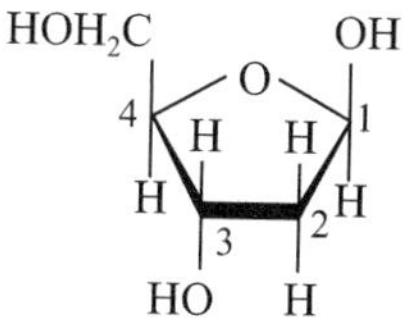

β-D-2-脱氧核糖 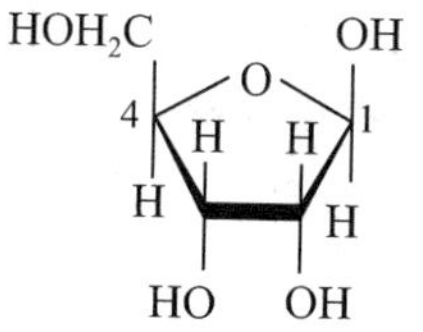　　　　　　β-D-核糖

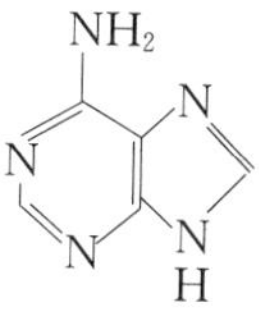

腺嘌呤(A) 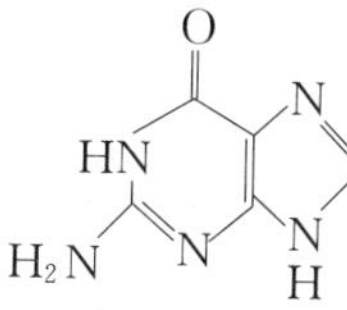　　　鸟嘌呤(G) 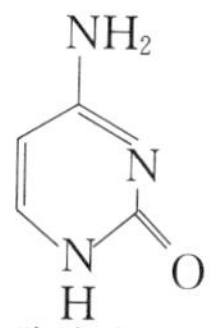　　　胞嘧啶(C) 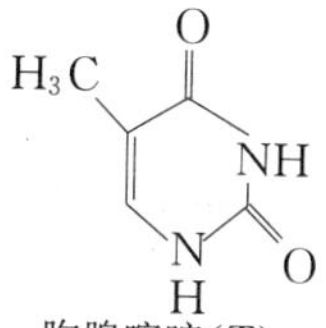　　　胸腺嘧啶(T) 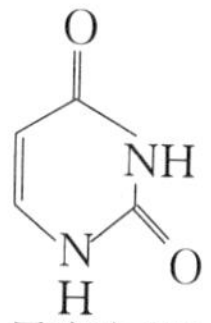　　　尿嘧啶(U)

DNA 中含的碱为腺嘌呤、鸟嘌呤、胞嘧啶和胸腺嘧啶。而 RNA 中含的碱为腺嘌呤、鸟嘌呤、胞嘧啶和尿嘧啶。与 DNA 的区别只是胸腺嘧啶换成了尿嘧啶。

这五种含氮碱都有互变异构体,在生物体内 pH≈7±2 的条件下,则以酮式为主。以胞嘧啶为例:

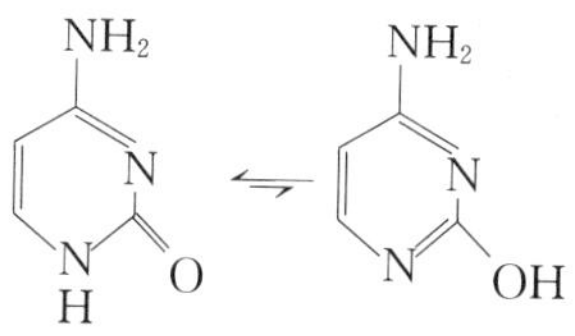

酮　式　　　　烯醇式

这样的酮式—烯醇式互变平衡的重要性在于使特定的含氮碱之间可以形成氢键,而氢键对于稳定核酸分子的构象是极其重要的。

我们在碳水化合物一章中已提到过,糖的半缩醛羟基可与含氮碱基形成含氮糖苷。核酸中两种核糖与上述五种碱基形成的糖苷统称为核苷。例如,尿嘧啶与 D-核糖形成的核苷叫做尿苷,腺嘌呤与 D-2-脱氧核糖形成的核苷叫做 2-脱氧腺苷,而且在糖和碱之间的键合总是发生在糖的 C_1 和嘌呤碱的 N_9 或嘧啶碱的 N_1 之间。如下式所示:

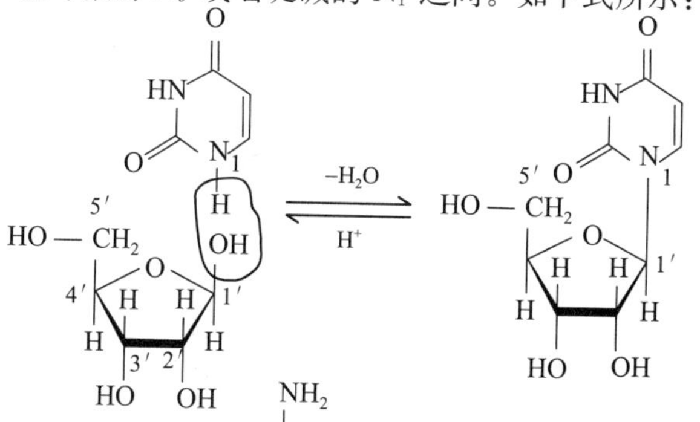

$-H_2O$　H^+

尿　苷

$-H_2O$　H^+

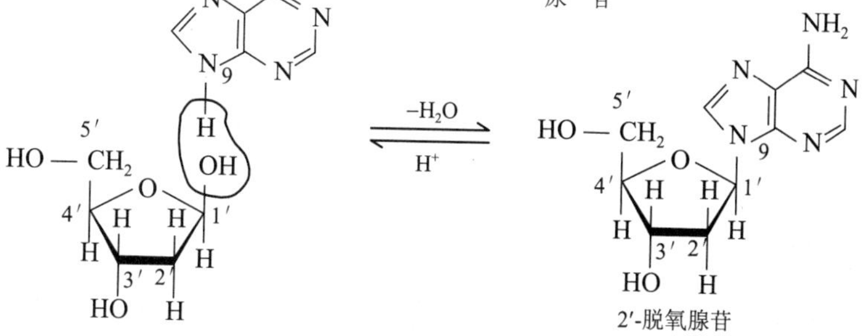

2′-脱氧腺苷

核苷的结构已用 X 射线分析法加以证实。同时像所有的糖苷一样,核苷对碱也是稳定的,但在酸中容易水解成核糖和氮碱。

由核酸水解产生的核苷酸是核苷的磷酸酯,可用下面的简式表示如下:

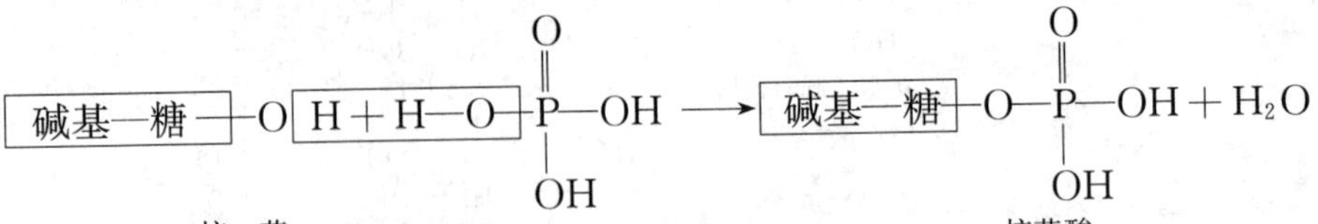

核苷酸也可以根据所含核糖的类别分为核糖核苷酸及脱氧核糖核苷酸两种,它们的结构表示如下:

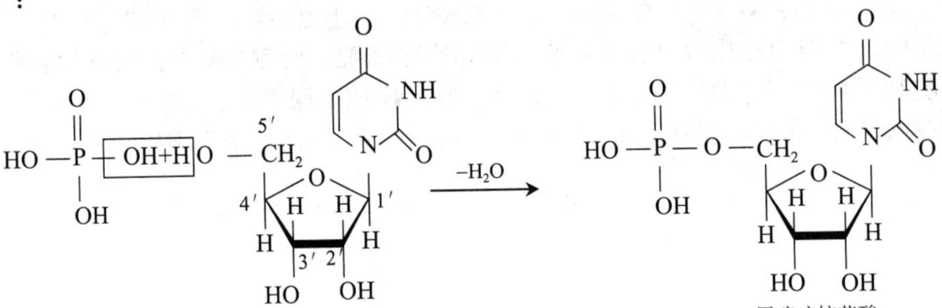

尿嘧啶核苷酸

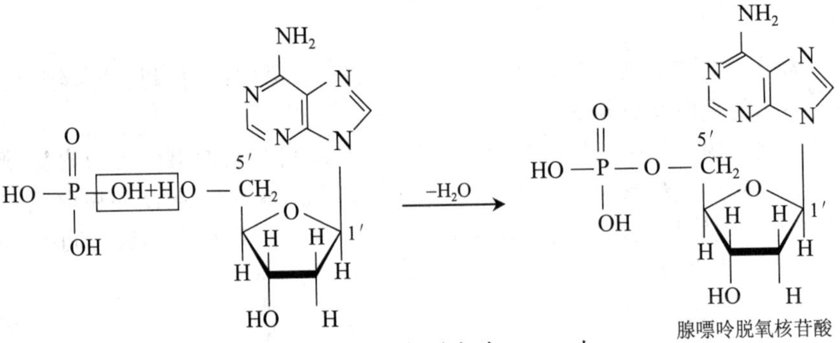

腺嘌呤脱氧核苷酸

来自 RNA 和 DNA 的核苷酸单体的名称列在表 20.4 中。

表 20.4　RNA 和 DNA 中的核苷酸单体

RNA	DNA
腺嘌呤核苷酸(AMP)	腺嘌呤脱氧核苷酸(d-AMP)
鸟嘌呤核苷酸(GMP)	鸟嘌呤脱氧核苷酸(d-GMP)
胞嘧啶核苷酸(CMP)	胞嘧啶脱氧核苷酸(d-CMP)
尿嘧啶核苷酸(UMP)	胸腺嘧啶脱氧核苷酸(d-TMP)

20.10　核酸的结构

20.10.1　一级结构

和 α-氨基酸是蛋白质的单体一样,核苷酸则是核酸的单体。蛋白质是通过酰胺键(肽键)

把各个氨基酸连接起来,而核酸则是通过磷酸根以双酯的形式把各个核苷酸的糖基连接起来的。RNA 用蛇毒磷酸二酯酶水解获得核苷-5′-磷酸,而用脾二酯酶水解,获得核苷-3′-磷酸。因此,得知在 RNA 中,核苷酸间键是一个核苷酸中 $C_{5'}$ 磷酸根与另一核苷酸的核糖中 $C_{3'}$ 羟基连接而成的磷酸二酯基团,如图 20.10 所示。DNA 有类似的结构,不过其中的核糖单位换成2-脱氧-D-核糖单位,尿嘧啶换成胸腺嘧啶,如图 20.11 所示。

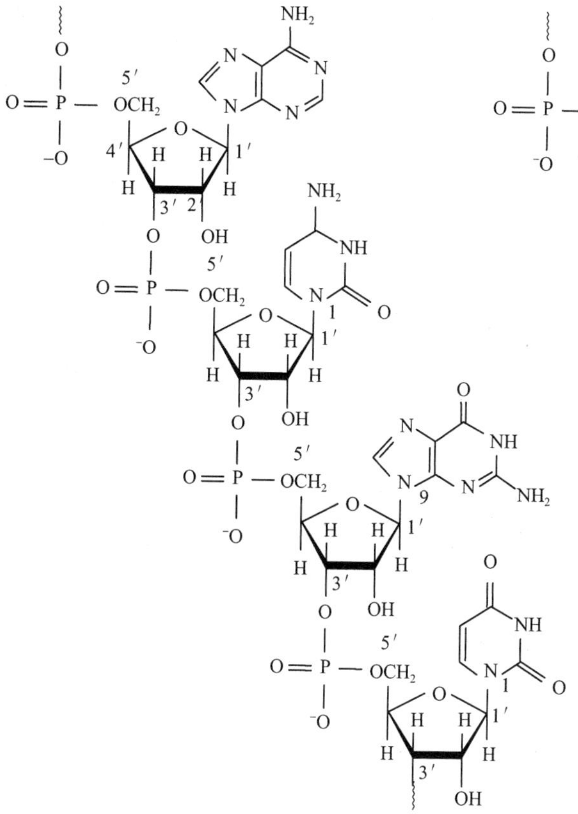

图 20.10　RNA 的部分一级结构

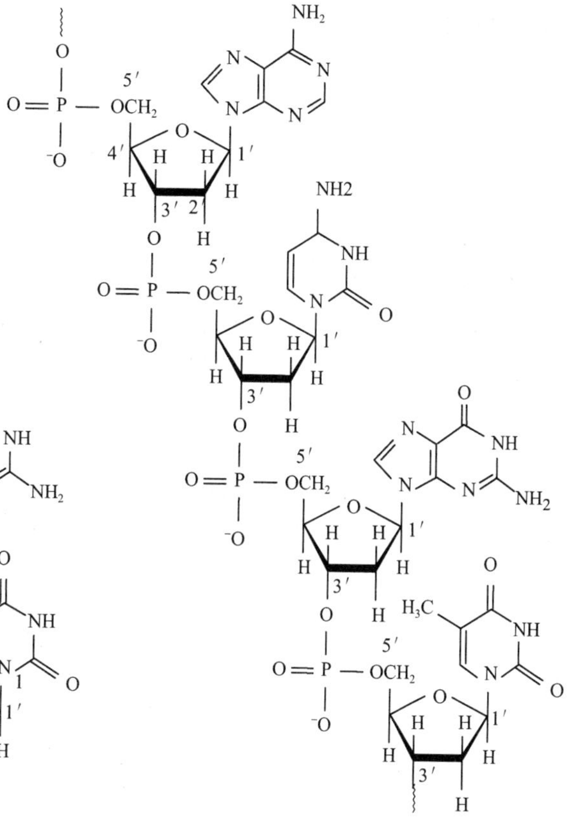

图 20.11　DNA 的部分一级结构

在 RNA 和 DNA 的链上按一定的顺序连有杂环碱,这些碱的性质和在核酸链上的排列顺序,决定了每一个核酸的特征及其生理作用。

按照图 20.10 和图 20.11 所示 RNA 和 DNA 的多核苷酸链,画起来很不方便,因此,可用简化式来表示,如图 20.12 所示。

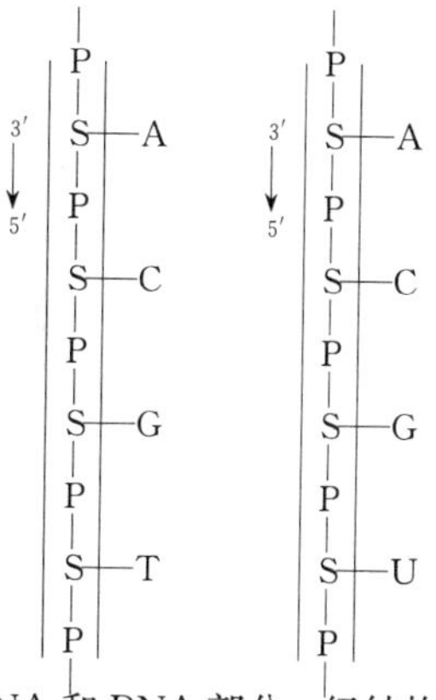

从 Miescher 于 1869 年发现 DNA 到多核苷酸结构的确定花了近七十年的时间,为什么进展那么

图 20.12　DNA 和 RNA 部分一级结构的简化式

其中:P＝磷酸基;S＝糖;A、C、G、T 分别代表碱基的第一个字母;
S—A、S—C…的短线表示 β 糖苷键;3′→5′代表磷酸二酯键的走向

慢? 原因有多种,首要的是当时只有少数科学家对核酸有兴趣,而且直到1940年初多数科学家认为遗传物质是染色体中的蛋白质,而不是染色体中的DNA。直到1944年以Rockefeller大学的阿弗雷(O. T. Avery)为首的生物化学家发表一篇论文宣告:从一代到另一代传递遗传特性的物质是DNA,而不是染色体的蛋白质部分。那么,如何用DNA的结构来说明它的遗传作用呢? 或者更加确切地说,如何用DNA的结构来解释自我复制的过程? 要回答这一问题,必须阐明DNA的立体形状。

20.10.2 DNA的立体形状——双螺旋结构

核酸和蛋白质一样,也有一个核苷酸单体的排列顺序(又叫碱基序列)问题,即一级结构。同时,在核酸分子的核苷酸链与链之间的碱基之间也存在着氢键,这对于确定核酸的立体形状是极其重要的。威尔金斯(M. H. F. Wilkins)用X射线衍射实验证明:无论哪里取得的DNA分子都有相同的宽度(~2 000 pm),而且沿着分子的长度每隔3 400 pm的距离有一相同的图案重现。同时,根据查伽夫(Chargaff)等人的化学分析发现,从不同来源的DNA,它们的四种碱基之间,腺嘌呤和胸腺嘧啶的比数总是1,即A:T=1:1,鸟嘌呤和胞嘧啶的分子比数也是1,即G:C=1:1。但是A+T和G+C的数量就有不同的数值,不同生物中的DNA,其中A+T与G+C的数值不同。

瓦特生(Watson)和克利克(Crick)根据DNA的X射线实验和化学分析结果,同时联想到鲍林宣布蛋白质的 α-螺旋结构,他们提出了关于DNA著名的双螺旋模型,如图20.13所示。

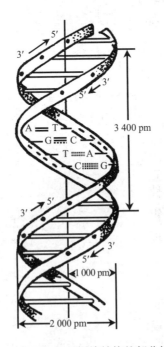

图 20.13　DNA的双螺旋结构的部分模型图

根据这一模型设想的分子是由两条互补的右螺旋链以相反的走向交织起来形成一个好像螺旋式的梯子。这样,核酸中的磷酸—糖链靠在梯子的外边,碱基朝向里面。一条链的碱基与另一

614

条链的碱基通过氢键结合成对(如图 20.14 所示)，而且碱基之间的氢键配对不是随意进行的，而是通过 A 与另一链的 T 及 G 与另一链的 C 之间互相配对(这叫做"互补原则")，紧密地结合在一起，形成相当稳定的构象，这样的双螺旋每转一周约相当于十个核苷酸(螺距为 3 400 pm)，直径为 2 000 pm 左右。

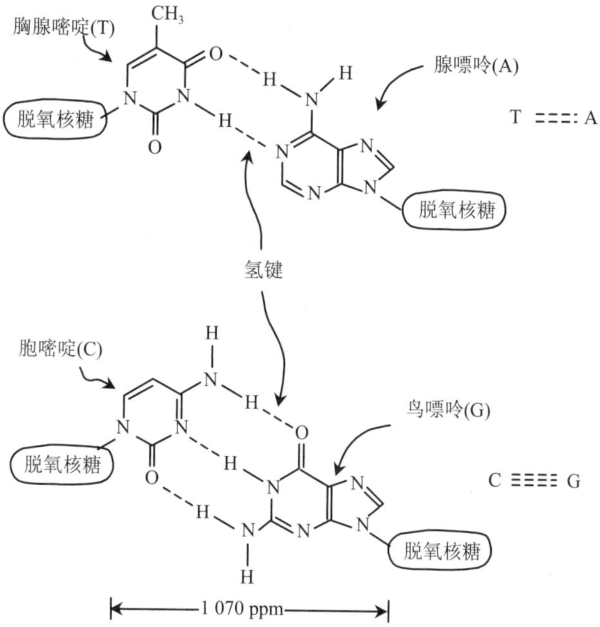

图 20.14　胸腺嘧啶和腺嘌呤之间的氢键(T $\cdots\cdots$ A)以及胞嘧啶和
鸟嘌呤之间的氢键(C $\cdots\cdots$ G)，它们的直径都相同

　　DNA 两条链之间的空间恰好能容纳一个嘌呤碱和一个嘧啶碱与它配对，如两个嘌呤碱互相配对，则体积太大无法容纳，如两个嘧啶碱互相配对，则由于两链之间距离太远，不能形成氢键。

　　RNA 的空间结构与 DNA 不同，RNA 的分子是由一条弯曲的多核苷酸链所构成，其中具有间隔着的双股螺旋与单股螺旋体结构部分。但 RNA 分子的结构也是靠由许多嘌呤碱与嘧啶碱之间的氢键保持着相当稳定的构象。

　　可见，氢键不仅对化合物的沸点和溶解度有深远的影响，而且在决定大分子如蛋白质和核酸的形状方面也起着很关键的作用，而分子的形状又直接决定它们的生物学性质。正是氢键，它使 DNA 双链成为双螺旋体——因而使 DNA 分子能自我复制，这是遗传的基础。

20.11　核酸的生物功能

　　核酸的生物功能主要有两个方面：一是 DNA 分子的自我复制，二是由 DNA 分子通过 RNA 控制生物体内蛋白质的合成。那么，核酸的这两个功能如何与核酸的结构联系起来的呢？这个问题将在生物化学课程中详细讨论，这里只作简单的介绍。

20.11.1　DNA 分子的自我复制问题

DNA 分子具有按照自己的结构精确复制成另一个 DNA 分子的功能。DNA 的复制机制可用 DNA 的双螺旋结构加以解释。在细胞分裂的复制过程中，双螺旋从一端解开，分别到两个子细胞里，每条链根据碱基的配对规律（即 A—T，G—C），各自与细胞中已经制造好了的适合的核苷酸元件相连结而复制出一条与自己互补的新链，并结合在一起，最后形成两个新的DNA 双螺旋。每一个新的 DNA 双螺旋包含有一条新链和旧链，如图 20.15 所示。因此，在两个子细胞里所形成的 DNA 分子，必然是和母细胞的 DNA 分子一样的，遗传信息也就由母代传到子代了。

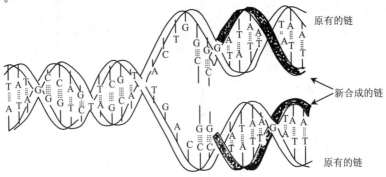

图 20.15　DNA 的复制图

20.11.2　核酸控制蛋白质的合成

目前认为生物体内蛋白质的合成是经过下述途径进行的：

$$\text{DNA 遗传信息} \xrightarrow{\text{转录}} \text{mRNA 合成模板} \xrightarrow{\text{翻译}} \text{蛋白质}$$

我们知道 DNA 中惟一的结构变化是它的四种碱基。因此，我们可以断定，DNA 分子中不同部分所携带的信息不同在于它的碱基的顺序。例如，眼睛和鼻子相对应的 DNA 中那部分的碱基次序是不同的。那么问题是 DNA 分子如何用它的四种不同的碱基（A、G、C 和 T）序列的编码来指挥蛋白质合成所需的信息呢？蛋白质通常含有二十多种不同的氨基酸。显然，如果 DNA 中的一个碱基密码指定代表一种氨基酸是不够的，两个碱基密码怎么样？一对碱基提供 $4^2 = 16$ 种可能的排列组合，这还不足以指明二十多种不同的氨基酸。若三个碱基的组合密码则有 $4^3 = 64$ 种不同的可能性，超过了蛋白质中所有氨基酸编码的需要。这种假设由三个碱基组成一个密码子来指明某一种氨基酸的有效性，已被尼伦堡（M. Nirenberg）从实验上通过遗传密码的翻译得到证明。在考虑遗传密码之前，我们先讨论核酸如何指导蛋白质的合成。

将 DNA 所含信息翻译为蛋白质的过程需要三种 RNA：信使 RNA（mRNA），核糖体RNA（rRNA）和转移 RNA（tRNA）。它们的组成相同，但它们的分子大小和功能上有所不同。

mRNA：其分子量为 20 万～5 千万之间，由 DNA 首先在细胞核内合成，其机制很像 DNA自我复制。不同之处是 DNA 只用其双螺旋解开的一股作为复制 mRNA 的模板，生成的mRNA 为单股分子。其碱基顺序由 DNA 模板中的碱基序列通过互补原则加以控制，只有一个例外：在 mRNA 中，尿嘧啶代替胸腺嘧啶与腺嘌呤互补。mRNA 的合成由 DNA 中碱基顺

616

序控制称为转录,转录的净结果如图 20.16 所示。

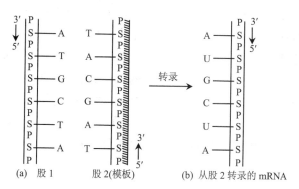

(a)　股 1　　　股 2(模板)　　　(b) 从股 2 转录的 mRNA

图 20.16　RNA 的转录示意图

(a)双股 DNA 一段的图解,股 2 充当转录过程的模板;(b) 从 DNA 股
2 转录的 mRNA(注意其碱基除 T 被 U 代替外,其他与股 1 的相同)

　　mRNA 一旦合成便离开细胞核,透过核膜迁移至细胞质中,故 mRNA 的功能是把核中 DNA 的信息带到真正合成蛋白质的地方——存在于细胞质中的核糖核蛋白体处。

　　rRNA:在细胞质中含有高分子量的颗粒状体,叫核糖核蛋白体(ribosomes),它是由约 40% 蛋白质和 60% 的核糖体 RNA(rRNA)组成的,形状如图 20.17 所示。它由两个亚单位组成,我们可以把它看作是蛋白质制造厂。其中较小的亚单位下面的槽沟与 mRNA 结合,较大的亚单位连至涉及蛋白质合成的第三种 RNA(tRNA)上。

图 20.17　完全的活性的核糖体的两个亚单位

　　tRNA:存在于细胞质中,它是 RNA 中最小的,其分子量约为 25 000,溶于水。从结构上来看,它们与 mRNA 一样,也是单股分子。每个 tRNA 在链的一端有三个相同顺序的碱基(C,C,A),如图 20.18 所示。

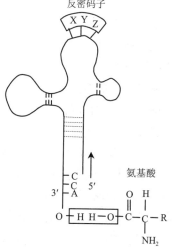

图 20.18　tRNA 分子的图解

实线代表骨架,虚线代表内部碱基对间的氢键,反密码子用字母 X、Y、Z 表示

　　tRNA 的功能是运载指定的氨基酸到核糖体上,这是由氨基酸通过其 α-羧基与连至 tRNA 末端腺嘌呤上核糖的 $3'$-羟基生成酯键而被运到核糖体。tRNA 所运载的特定氨基酸是受 mRNA 控制的。这可以由 mRNA 通过其碱基三联体密码子与 tRNA 上的碱基三联体反密码子的互补来实现。既然一个 tRNA 运载一指定的氨基酸,因此,tRNA 分子的次序也就是把氨基酸装入蛋白质链上的顺序。下面简单介绍蛋白质的合成过程。

　　当 DNA 在细胞核内印记其密码的一部分于一条 mRNA 上(转录)时,建造蛋白质的过程便开始。然后 mRNA 条移动至细胞质中,并被核糖体拾起,然后嵌进核糖体的两个亚单位的槽沟中,像一磁带录音机一样。核糖体进行逐字(逐个密码子)读译编在 mRNA 中的信息。在 mRNA 上的每一个密码子指明一特定的氨基酸,当一核糖体沿着 mRNA 移动并读译一个密码子,指明的氨基酸被其 tRNA 拾起,并带至核糖体处,这样依次地随着 mRNA 指令的正确顺序,适当的氨基酸被排列成线并结合生成多肽。当一个 tRNA 转移其氨基酸至生长着的多肽链上,它离开核糖体并可从细胞液中的氨基酸池再拾起另一个氨基酸。

当核糖体继续沿着 mRNA 条移动,它最后到达一"无意义"密码子,不再去取氨基酸,这"无意义"密码子命令其停止。此时,核糖体两个亚单位分开并离开 mRNA,蛋白质的全合成即告完成。按 mRNA 指令的信息制造蛋白质的过程称为翻译。mRNA 上五个密码子的翻译如图 20.19 所示。

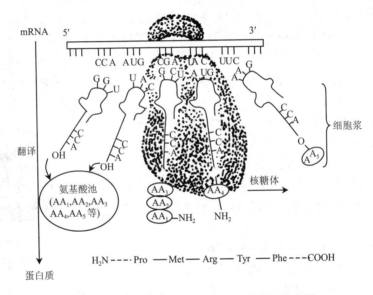

图 20.19　在 mRNA 一片断中五个密码子的翻译

翻译的真正历程是比较复杂的,它需要几种酶、高能化合物及其他因子。此处不再讨论。

遗传密码的翻译:上面学习了在 DNA 中的密码子顺序最后如何指令合成蛋白质中氨基酸的顺序,那么,碱基三联体密码子哪一个代表哪一种氨基酸呢?

如果分离一个基因,测定其碱基顺序,并比较碱基顺序与在该基因指令下所合成蛋白质中氨基酸的顺序,人们便可明了不同密码所代表的氨基酸的种类。然而,因为没有人能够测定一个 DNA 分子中碱基的顺序,所以工作无法进行。需要找到解释遗传密码的其他方法。

M. Nirenberg 的一系列巧妙的实验带来了突破。在 Nirenberg 的实验中,先制一肉汤,其中含有核糖体、tRNA、氨基酸及酶,然后将混合物进行培养,未发现有蛋白质的形成。事后Nirenberg 重复类似的实验,并加入一合成的 mRNA、多尿苷酸(Polyu)至肉汤中,结果发现在肉汤中生成一个只含有一种氨基酸——苯丙氨酸的高分子量多肽。于是遗传密码的第一个字被译解了:UUU 密码子代表苯丙氨酸。用同样方法发现碱基顺序 UGU 代表半胱氨酸,GUG 代表缬氨酸。应用并扩展同样的战略,译解了全部遗传字典,见表 20.5。Nirenberg 测定遗传密码的不朽贡献使他获得 1968 年度医学与生理学 Nobel 奖金。

表 20.5　遗传密码(RNA 密码子及它们编码代表的氨基酸)

Ala	GCA	Gln	CAG		CUU		UCC
	GCC		CAA		UUA		UCU
	GCG	Glu	GAA		UUA	Thr	ACA
	GCU		GAG	Lys	AAA		ACG
Arg	AGA	Gly	GGA		AAG		ACC
	AGG		GGC	Met	AUG*		ACU
	CGA		GGG	Phe	UUU	Try	UGG
	CGG		GGU		UUC	Tyr	UAC
	CGC	His	CAC	Pro	CCA		UAU
	CGU		CAU		CCC	Val	GUA
Asn	AAC	Ile	AUA		CCG		GUG
	AAU		AUC		CCU		GUC
Asp	GAC		AUU	Ser	AGC		GUU
	GAU	Leu	CUA		AGU	UAA	停止
Cys	UGC		CUC		UCA	UAG	信号
	UGU		CUG		UCG		

*AUG 编码代表蛋氨酸,也是链开始密码子(开始信号)

遗传密码有几点值得说明的:(i)密码看来适用于所有生物。(ii)密码说成是简并的,意为不止一个密码子可以指定一种氨基酸。例如,甘氨酸被四个密码子 GGA,GGC,GGG 及 GGU 指定。(iii)简并不是随便的,而是有条不紊的。在绝大多数情况中,头两个碱基是相同的,只有第三个碱基有变化。(iv)密码含有几个"无意义"密码子,它们不要求任何氨基酸,这些密码子被认为是多肽合成开始及停止的信号。

从上面的讨论,我们知道由于蛋白质是在核酸指导下制造的。因此,DNA 中的碱基正常顺序只要有一个碱基发生偏离或"读"错一个密码,都会引起蛋白质中氨基酸顺序的变化。例如,当血红蛋白 β-链中第六位的密码子 GAG(谷氨酸)错"读"成 GUG 而被转录在 mRNA 中,则缬氨酸将并入蛋白质,人们已证实这是发生一种叫镰刀细胞贫血病的原因。一般碱基正常顺序的改变称为突变,人们已经知道很多因素能够与核酸中碱基作用而引起突变。它们包括:X 射线、紫外线、放射线辐射及许多化学试剂。例如,HNO₂ 的突变效应如下式所示:

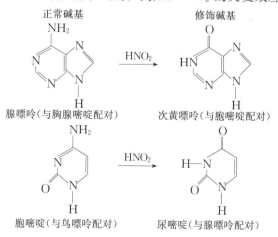

619

亚硝酸促使腺嘌呤及胞嘧啶化学转变为次黄嘌呤及尿嘧啶,腺嘌呤和胞嘧啶中的 C—NH$_2$ 基团被 C═O 基团代替。由于每一修饰碱基的互补碱基与原碱基的不同,当复制及蛋白质合成时,就发生了信息的错误,即发生了突变。

HNO$_2$ 的可能来源包括 NaNO$_2$(用作食物防腐剂,例如在香肠、火腿中(NaNO$_2$＋HCl(来自胃)$\longrightarrow$NaCl＋HNO$_2$)及存在于烟雾及汽车废气中的二氧化氮(2NO$_2$＋H$_2$O$\longrightarrow$HNO$_2$＋HNO$_3$)。

突变并不总是有害的。例如,在农业中修饰了某些小麦及大米品种的遗传结构,以产生更富于蛋白质的突变植物。在工业中,突变微生物有益地用以提高产物的收率及发展最强有力的抗菌素。

由于核酸在生物体内的重要性,核酸化学和生物化学的研究进展,必将逐步揭开生命的奥秘,为科学技术开拓宏伟的前景并造福于人类!

习　　题

1. 写出下列氨基酸的 Fischer 投影式,注明其 R 或 S:

(1) L-丙氨酸　　　　　　　　　(2) 甘氨酸

(3) L-丝氨酸　　　　　　　　　(4) L-组氨酸

(5) L-半胱氨酸

2. 写出下列反应产物的结构式:

(1) $\overset{+}{N}H_3$—CH$_2$—COO$^-$＋HCl $\longrightarrow$?

(2) CH$_3$—CH—COO$^-$＋NaOH $\longrightarrow$?
　　　　　|
　　　　$\overset{+}{N}H_3$

(3) （环己基）—N═C═N—（环己基）＋C$_6$H$_5$CH$_2$NH$_2$＋CH$_3$CH$_2$COOH $\longrightarrow$?

(4) CH$_3$CH—CONH—CH—CONHCH$_2$COOH $\xrightarrow{H^+, H_2O}$?
　　　　|　　　　　　|
　　　NH$_2$　　　　CH$_2$CH(CH$_3$)$_2$

(5) CH$_3$—CH—COOH＋C$_6$H$_5$CH$_2$O—C—Cl $\longrightarrow$?
　　　　　|　　　　　　　　　　　‖
　　　　NH$_2$　　　　　　　　　　O

(6) 　　　　　　　CH$_3$
　　　　　　　　　|
　　H$_2$NCHCONHCH—（咪唑基 NH, N）　$\xrightarrow{C_6H_5—N═C═S}$? $\xrightarrow[\text{有机溶剂}]{\text{无水 HCl}}$?
　　|
C$_6$H$_5$CH$_2$CHNHCO
　　　　　|
　　　　CONHCHCOOH
　　　　　　|
　　　　　CH(CH$_3$)$_2$

3. 写出赖氨酸在强酸溶液和强碱溶液中占优势的结构式。说明为什么在等电点时,赖氨酸偶极离子的结构为 $\overset{+}{N}H_3CH_2CH_2CH_2CH_2$ CHCO$_2^-$,而不是 CH$_2$CH$_2$CH$_2$CH$_2$CHCO$_2^-$。
　　　　　　　　　　　　　　　　　　　　　|　　　　　　　　|　　　　　　　|
　　　　　　　　　　　　　　　　　　　　NH$_2$　　　　　NH$_2$　　　$\overset{+}{N}H_3$

4. 合成下列氨基酸：

    (1)（±）-苯丙氨酸

    (2)（±）-天门冬氨酸

    (3)（±）-亮氨酸

    (4)（±）-

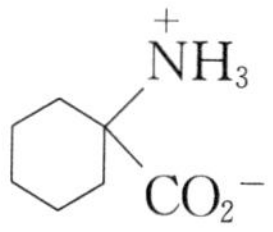

    (5)（±）-$CH_3CH_2\overset{\overset{+}{N}H_3}{\underset{CH_3}{C}}CO_2^-$

    (6)

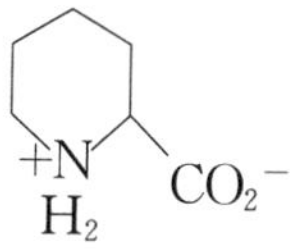

5. 由指定的标记化合物及必要的试剂合成下列标记氨基酸：

    (1) $^*CO_2 \longrightarrow {^*}CH_3SCH_2CH_2\overset{\underset{NH_3}{|}}{C}HCO_2^-$

    (2) $^*CO_2 \longrightarrow HO\overset{*}{O}CCH_2\overset{\underset{\overset{+}{N}H_3}{|}}{C}H-CO_2^-$

    (3) $D_2O \longrightarrow (CD_3)_2CH-\overset{\underset{\overset{+}{N}H_3}{|}}{C}HCO_2^-$

6. 一个三肽与2,4-二硝基氟苯作用后水解,得到下列化合物:N-(2,4-二硝基苯基)甘酸氨、N-(2,4-二硝基苯基)甘氨酰丙氨酸、丙氨酰亮氨酸、丙氨酸及亮氨酸,推测此三肽结构。

7. 一个多肽由12个氨基酸组成:2个甘氨酸、2个丝氨酸、1个精氨酸、1个色氨酸、1个组氨酸、1个赖氨酸、1个苯丙氨酸、3个丙氨酸。N-端单元是丝氨酸,C-端是甘氨酸。胰蛋白酶水解得到三个肽碎片(假定总产率是100%):

	N-端	C-端	每个碎片含有未知次序的氨基酸
碎片 A	丝	精	苯丙、丙、组
碎片 B	丙	甘	色、甘
碎片 C	丝	赖	丙

糜蛋白酶水解得到三个肽碎片为:

	N-端	C-端	还含有
碎片 D	丝	苯丙	丝、赖、丙、组
碎片 E	丙	色	丙、甘、精
碎片 F		甘	

此十二肽中氨基酸的顺序是什么?

8. 如何用蛋氨酸甲酯和其他必要的化合物合成甘-丙-蛋三肽？

9. α-角蛋白纤维(例如头发)当遭受湿热时,能伸长到它原来长度的二倍。在伸长的情况下,它们的 X 射线图型类似丝,冷却的纤维回复到它的原有长度,同时再次产生 α-螺旋的 X 射线图型。问：

   (1) 当纤维加热和伸长时,蛋白质结构发生什么变化？

   (2) 当冷却时,纤维自发地回复到它的原有的 α-螺旋结构,为什么？

10. 假定一个二肽缬-丝由光学纯的 L-缬氨酸和外消旋的丝氨酸为原料来制备。写出所产生的异构体的立体结构式。异构体之间的构型关系是什么？注明每个异构体构型的符号(R 或 S)。

11. 用简单的化学方法鉴别：

    (1) CH_3—CH—COOH、$H_2NCH_2CH_2COOH$ 和 $C_6H_5NH_2$。

    $\qquad\qquad$ |

    $\qquad\qquad$ NH_2

    (2) 天门冬氨酸和顺丁烯二酸

    (3) 谷氨酸和 β-氨基戊二酸

12. 写出亮氨酸与下列试剂作用所得到的反应产物：

    (1) 水合茚三酮 $\qquad\qquad$ (2) DNFB,$NaHCO_3$ 水溶液

    (3) 异硫氰酸苯酯 $\qquad\qquad$ (4) CH_3OH,HCl

    (5) $(CH_3)_3C$—O—COCl $\qquad\qquad$ (6) 邻苯二甲酸酐

13. 信使 RNA 上丝氨酸密码的碱基排列顺序是：尿嘧啶(U)、胞嘧啶(C)和腺嘌呤(A)。画出此信使 RNA 的部分结构式(5'-磷酸酯端在左边,3'-OH 端在右边)。

第二十一章 类 脂 化 合 物

类脂(lipids)化合物包括许多不同类型的天然产物,如油脂、蜡、磷酯、天然的烃类等等,因此它没有简明的定义。但我们可以认为类脂化合物有两个共同的特点:①它不溶于水中而溶于低极性的有机溶剂中,如氯仿、乙醚和苯。②它是组成细胞的成分。碳水化合物、蛋白质虽然是细胞的成分,但它们在非极性的有机溶剂中是不溶解的,因此它们不包括在此范围内。类脂化合物中以油脂和磷脂为最重要。

21.1 油 脂 的 组 成

油脂普遍存在于动物脂肪组织和植物的种子中。我们常见的油脂有:猪油、牛油、花生油、大豆油、菜籽油、棉籽油、蓖麻油、桐油等等。习惯上把室温下呈固态的叫脂肪(fat),呈液态的叫油(oil)。油和脂肪合称为油脂。

从化学结构上来看,油脂是各种长链脂肪酸与甘油形成的酯,其通式如下:

$$
\begin{array}{l}
CH_2-O-\overset{\displaystyle O}{\underset{\displaystyle \|}{C}}-R \\[2mm]
CH-O-\overset{\displaystyle O}{\underset{\displaystyle \|}{C}}-R' \\[2mm]
CH_2-O-\overset{\displaystyle O}{\underset{\displaystyle \|}{C}}-R''
\end{array}
$$

油脂(triacylglycerols)

如果 R、R′、R″相同,称为单纯甘油酯;R、R′、R″不同,则称为混合甘油酯。例如:

$$
\begin{array}{l}
CH_2-O-\overset{O}{\underset{\|}{C}}-C_{15}H_{31} \\[2mm]
CH-O-\overset{O}{\underset{\|}{C}}-C_{15}H_{31} \\[2mm]
CH_2-O-\overset{O}{\underset{\|}{C}}-C_{15}H_{31}
\end{array}
\qquad
\begin{array}{l}
{}_\alpha CH_2-O-\overset{O}{\underset{\|}{C}}-(CH_2)_{16}CH_3 \\[2mm]
{}_\beta CH-O-\overset{O}{\underset{\|}{C}}-(CH_2)_{14}CH_3 \\[2mm]
{}_{\alpha'} CH_2-O-\overset{O}{\underset{\|}{C}}-(CH_2)_7CH=CH(CH_2)_7CH_3
\end{array}
$$

甘油三软脂酸酯　　　　　　甘油α-硬脂酸-β-软脂酸-α′-油酸酯
（单纯甘油酯）　　　　　　　　　（混合甘油酯）

天然油脂多为混合甘油酯,而且它们都是多种物质的混合物,除主要成分是甘油三脂肪酸酯外,还含有少量游离脂肪酸、高级醇、高级烃、维生素和色素等。

组成油脂的脂肪酸的种类很多,可以是饱和的,也可以是不饱和的。但有一个共同的特点,即它们绝大多数都是含偶数碳原子的直链羧酸。现已从油脂水解得到有 $C_4 \sim C_{26}$ 范围的

各种饱和脂肪酸和 $C_{10} \sim C_{24}$ 的各种不饱和酸。一些常见的油脂和重要的脂肪酸见表 21.1 和表 21.2。

表 21.1　几种重要的脂肪酸

名　称		结　构　式	m. p. (℃)
普通名	系统名		
饱和脂肪酸 月桂酸 (lauric acid)	十二碳酸 (dodecanoic acid)	$CH_3(CH_2)_{10}CO_2H$	44
肉豆蔻酸 (myristic acid)	十四碳酸 (tetradecanoic acid)	$CH_3(CH_2)_{12}CO_2H$	54
软脂酸 (palmitic acid)	十六碳酸 (hexadecanoic acid)	$CH_3(CH_2)_{14}CO_2H$	63
硬脂酸 (stearic acid)	十八碳酸 (octadecanoic acid)	$CH_3(CH_2)_{16}CO_2H$	70
不饱和脂肪酸 棕榈油酸 (palmitoleic acid)	(Z)-9-十六碳烯酸 ((Z)-9-hexadecenoic acid)		0.5
油酸 (oleic acid)	(Z)-9-十八碳烯酸 ((Z)-9-octadecenoic acid)		13
亚油酸 (linoleic acid)	(Z,Z)-9,12-十八碳二烯酸 ((Z, Z)-9, 12-octadecadienoic acid)		−5
亚麻酸 (linolenic acid)	(Z,Z,Z)-9,12,15-十八碳三烯酸 ((Z,Z,Z)-9,12,15-octadecatrienoic acid)		−11
桐酸 (eleostearic acid)	(Z,E,E)-9,11,13-十八碳三烯酸 ((Z,E,E)-9,11,13-octadecatrienoic acid)		49
花生四烯酸 (arachidonic acid)	(Z,Z,Z,Z)-5,8,11,14-二十碳四烯酸 ((Z, Z, Z, Z)-5,8,11, 14-eicosatetradenoic acid)		−49.5

表 21.2　一些常见油脂的性能及其脂肪酸的含量

油脂名称	皂化值	碘　值	软脂酸(%)	硬脂酸(%)	油酸(%)	亚油酸(%)	*其他(%)
大豆油 (soybean oil)	189~194	124~136	6~10	2~4	21~29	50~59	
花生油 (peanut oil)	185~195	93~9	6~9	2~6	50~70	13~26	

油脂名称	皂化值	碘 值	软脂酸(%)	硬脂酸(%)	油酸(%)	亚油酸(%)	其他(%)
棉子油 (cottonseed oil)	191~196	103~115	19~24	1~2	23~33	40~48	
蓖麻油 (castor oil)	176~187	81~90	0~2	/	0~9	3~7	蓖麻油酸 80~92
桐 油 (tung oil)	190~197	160~180	/	2~6	4~16	0~1	桐油酸 74~91
亚麻油 (linseed oil)	189~196	170~204	4~7	2~5	9~38	3~13	亚麻油酸 25~58
猪 油 (lard oil)	193~200	46~66	28~30	12~18	41~48	6~7	
牛 油 (beef tallow oil)	190~200	31~47	24~32	14~32	35~48	2~4	

从表 21.1 中我们可以看出,不饱和脂肪酸的熔点比饱和的脂肪酸要低,而且随着不饱和度的增加而降低,这些不饱和脂肪酸的构型几乎全部是顺式(Z 型)的,而不是较为稳定的反式。顺式的不饱和键有降低熔点的作用。这是因为在固态中,脂肪酸的分子要尽可能紧密地贴在一起,它们贴得越紧密,则分子间的范德华作用力就越强,熔点也越高,饱和脂肪酸的链呈锯齿形,所以紧密地贴得很好,熔点较高(如图 21.1(a))。反式不饱和酸的链可以同样伸展成线型的链,但顺式的链在双键处呈弯弓状(如图 21.1(b)、(c)),因此相互之间贴得很差,总的结果是:顺式的不饱和结构降低了油脂的熔点。这种作用看起来很小,但却有极其重要的生理作用。例如,磷脂存在于细胞膜中,因为磷脂的不饱和酸链也是顺式的,因而使细胞膜在生理温度下是半液态的,使细胞膜有半透膜作用。

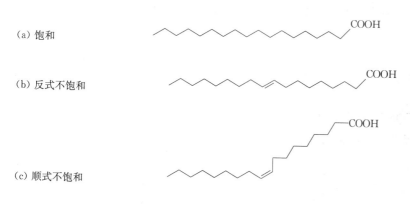

(a) 饱和

(b) 反式不饱和

(c) 顺式不饱和

图 21.1 脂肪酸的伸展链

油脂和蛋白质、碳水化合物一样,是动、植物体的重要成分,也是人类生命活动所必需的物质。油脂通过氧化可以供给人类及动、植物生命过程所需的热能。1g 脂肪在人体内氧化时,放出 39.3 kJ 热能,而每克蛋白质或碳水化合物只能放出热能 16.7 kJ 左右。此外,人及动物体内的油脂,一般都储存在皮下结缔组织,因此,在皮下构成柔软隔离层,可以保持内脏免受震动、撞击及抗寒冷。油脂还可用来制作肥皂、油漆、润滑油,等等。

21.2 油脂的性质

油脂一般不溶于水,比重都小于 1(0.9～0.95 之间)。脂肪和油之间的不同在于熔点。脂肪(R 是饱和脂肪酸残基)的熔点比油(R 是不饱和脂肪酸残基)要高。脂肪和油在其他性质上的差别也是由于彼此所含的 R 基团不同而引起的。

从表 21.2 中可以看出,脂肪含饱和脂肪酸的百分数较高,而油则含较高百分数的不饱和脂肪酸。各种脂肪和油所含的脂肪酸组成(百分数)范围较大,这与它的来源有关,而来源又与动物的食物和植物的生长气候条件有关。

21.2.1 水 解

像羧酸酯一样,油脂可以在酸性或碱性介质中进行水解,前者可逆的,后者是不可逆的。当油脂用碱(NaOH 或 KOH)水解,就得到甘油和脂肪酸钠盐的混合物。高级脂肪酸钠盐就是肥皂,所以又叫皂化反应。反应式如下:

$$
\begin{array}{l}
CH_2{-}O{-}\overset{\displaystyle O}{\overset{\|}{C}}{-}R \\
CH{-}O{-}\overset{\displaystyle O}{\overset{\|}{C}}{-}R' \\
CH_2{-}O{-}\overset{\displaystyle O}{\overset{\|}{C}}{-}R''
\end{array}
+ 3NaOH \xrightarrow{\Delta}
\begin{array}{l}
CH_2OH \\
CHOH \\
CH_2OH
\end{array}
+
\begin{array}{l}
RCOO^-Na^+ \\
R'COO^-Na^+ \\
R''COO^-Na^+
\end{array}
$$

羧酸钠
"肥皂"

油脂在人体内消化时,在脂肪酶的催化作用下,也可以被水解。

使 1 克油脂完全皂化所需要的氢氧化钾毫克数叫做皂化值。根据皂化值的大小,可以判断油脂中所含脂肪酸的平均分子量。皂化值越大,脂肪酸的平均分子量越小。

21.2.2 加 成

有两个加成反应比较重要。

1. 加 氢

含不饱和脂肪酸的油脂,在催化加氢后,可以转化为饱和程度较高的固态或半固态的油脂,所以,这个氢化过程又称为油脂的"硬化"。

$$
\begin{array}{l}
CH_2{-}O{-}\overset{\displaystyle O}{\overset{\|}{C}}{-}(CH_2)_7{-}CH{=}CH{-}(CH_2)_7CH_3 \\
CH{-}O{-}\cdots \\
CH_2{-}O{-}\cdots
\end{array}
\xrightarrow[\Delta]{Ni, H_2}
\begin{array}{l}
CH_2{-}O{-}\overset{\displaystyle O}{\overset{\|}{C}}{-}(CH_2)_{16}{-}CH_3 \\
CH{-}O{-}\cdots \\
CH_2{-}O{-}\cdots
\end{array}
$$

氢化的产物取决于反应进行的条件。目前我国油脂氢化的原料是以棉籽油、菜油等植物油为主。氢化程度较高的油脂常作为制造肥皂和高级脂肪酸的原料。氢化程度低的油脂适用于生产人造奶油,亦可作猪油的代用品。油脂的硬化产物也便于储存和运输。因此油脂的氢化是工业上的一个重要反应。

626

2. 加　碘

不饱和脂肪酸甘油酯也可以与碘发生加成反应。工业上把 100 克油脂所吸收的碘的克数叫做碘值。碘值越大,油脂的不饱和程度也越大,据此,可以检查油脂的不饱和程度。油酸含有一个 C═C 键,碘值为 90,亚油酸有两个 C═C 键,碘值为 181。天然脂肪以饱和脂肪酸残基占优势的,其碘值较低(10～70),油因含有较大比例的不饱和脂肪酸残基,因此,有着较高的碘值(棉籽油为 103～114,亚麻子油为 170～204)。

21.2.3　干　性

某些不饱和油类(如桐油)暴露在空气中便逐渐变成韧性的固态薄膜。油的这种结膜特性,叫做干性(或干化)。

油的干化是一个很复杂的反应,一般认为是一系列聚合反应的结果。氧化聚合物的结构尚不清楚,但实践证明,油的干性强弱(即干结成膜的快慢)与油分子中所含双键数目及双键结构体系有关,含双键数目多的,结膜快,数目少,结膜慢。有共轭双键结构体系的比孤立双键结构体系的结膜快。因此,油的干性有人认为是由于双键旁的亚甲基容易和空气中的氧发生自动氧化,形成一个游离基,游离基可以自行结合成高分子化合物。共轭双键两边的亚甲基因同时受两个或三个双键的影响,更为活泼,因此更容易和氧结合:

$$—CH_2—CH═CH—CH═CH—CH_2—+ \cdot O—O \cdot$$

$$\longrightarrow —CH_2—CH═CH—CH═CH—CH— \\ \qquad\qquad\qquad\qquad\qquad\qquad\quad \underset{\underset{O \cdot}{|}}{\overset{\overset{O}{|}}{}}$$

产生的过氧化游离基取得一个氢变为稳定的过氧化物,或者两个游离基结合,然后再进行氧化,得到高分子聚合物。桐油的干性最好,是因为桐油酸的三个双键是共轭的缘故。但也有人认为油的干性氧化过程是由于破坏 C═C 键引起聚合的结果。

油的干性使油成为油漆工业中的一种重要原料。一般根据干性的好坏(根据结膜的速度和膜的韧性来衡量)情况(或碘值的大小)把油分成三类:

干性油(碘值为 180～200):如桐油、亚麻子油;

半干性油(碘值为 100～130):如棉籽油;

不干性油(碘值为<100):如花生油、蓖麻油。

桐油是最理想的干性油,不仅结膜速度快,而且漆膜坚韧、耐光、耐冷热变化、耐潮湿、耐腐蚀。桐油是我国的特产,产量占世界总产量的 90％以上。

21.3　蜡

蜡(waxes)广泛分布在自然界,通常以混合物的形式存在。从化学结构上看,蜡也是酯,但与油脂不同,它们主要成分是高级脂肪酸与高级一元醇所形成的酯。用一般式表示为

$$R—\overset{\overset{O}{\|}}{C}—OR'$$(此处 R 和 R′ 是长的烃链),最常见的酸是软脂酸(C_{16})和二十六酸,最常见的醇是十六醇、二十六醇和三十醇。可见,组成蜡的高级脂肪酸和醇都是含偶数碳原子。

627

几种常见的重要蜡,按其来源分为动、植物蜡两类。动物蜡有蜂蜡、虫蜡、鲸蜡、羊毛蜡。蜂蜡的主要成分是软脂酸蜂蜡酯($C_{15}H_{31}COOC_{30}H_{61}$),它是由工蜂腹部的蜡腺分泌出来的,是建造蜂窝的主要物质。虫蜡($C_{25}H_{51}COOC_{26}H_{53}$)是白蜡虫分泌的产物,所以又叫白蜡。鲸蜡($C_{15}H_{31}COOC_{16}H_{33}$)是从巨头鲸脑部的油中冷却分离得到的。羊毛蜡是由硬脂酸、软脂酸或油酸与胆甾醇形成的酯,存在于羊毛中。

　　植物蜡有巴西蜡($C_{25}H_{51}COOC_{30}H_{61}$),存在于巴西棕榈叶中。

　　蜡都是具有低熔点的固体,不溶于水,可溶于有机溶剂,在体内也不能被脂肪酶所水解,故无营养价值。植物的果实、幼枝和叶的表面常有一层蜡,起保护作用,以减少水分的蒸发,也可以避免外伤和传染病。此外,蜡对鸟和动物的表面防水方面也起着重要作用。蜡还可以用来制蜡纸、软膏、润滑油等。

　　注意! 蜡和石蜡不能混淆。石蜡是石油中得到的含有 26～30 个碳原子的直链烷烃的混合物,与蜡的化学组成完全不同。

21.4 磷　　脂

　　磷脂(phosphatids)是一类含有磷、氮元素的类脂化合物。它们广泛存在于动、植物的各种细胞的外膜中,尤其是在动物的脑和神经组织中以及蛋黄中含量较多。已知的磷脂多为甘油酯,以卵磷脂和脑磷脂最为重要,其结构为:

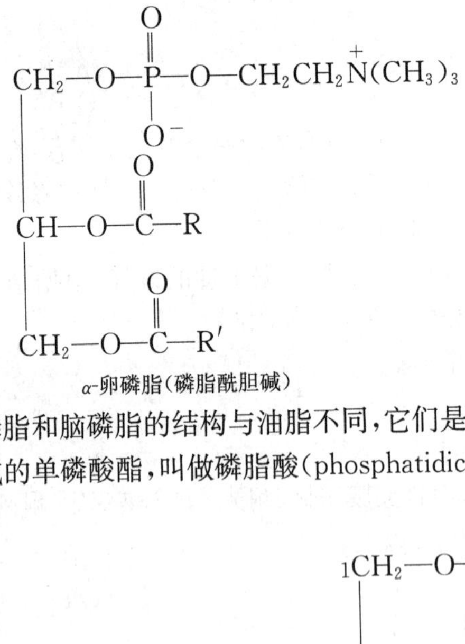

α-卵磷脂(磷脂酰胆碱) 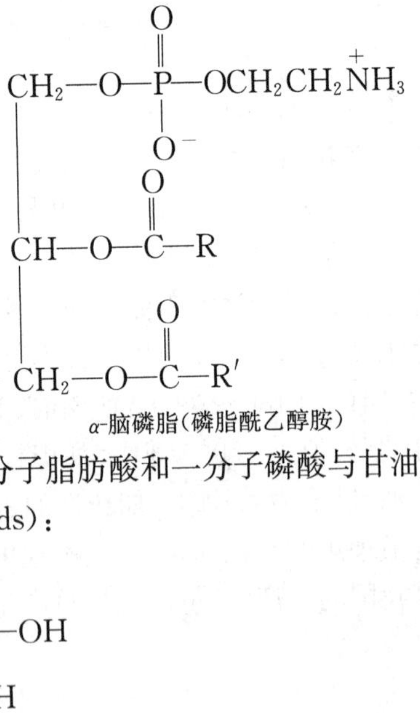　　　　　　　　　α-脑磷脂(磷脂酰乙醇胺)

　　卵磷脂和脑磷脂的结构与油脂不同,它们是两分子脂肪酸和一分子磷酸与甘油形成的酯,这样形成的单磷酸酯,叫做磷脂酸(phosphatidic acids):

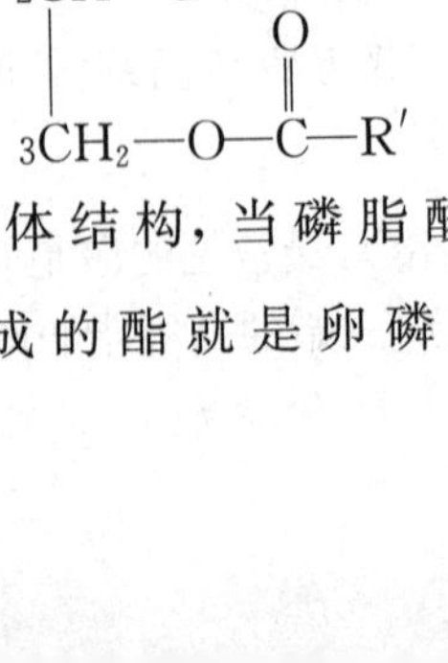

　　这是卵磷脂和脑磷脂的母体结构,当磷脂酸中磷酸上的一个羟基与胆碱 $[HO\!-\!CH_2CH_2\overset{+}{N}(CH_3)_3OH^-]$ 形成的酯就是卵磷脂。如果与胆胺(也叫乙醇胺

628

$HO—CH_2CH_2NH_2$)、丝氨酸（ $HO—CH_2\overset{\underset{\displaystyle NH_2}{|}}{C}HCOOH$ ）或肌醇（ 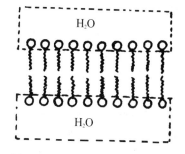 ）生成的酯

则是脑磷脂。

磷脂中的高级脂肪酸常见的有软脂酸、硬脂酸、油酸、亚油酸等,在同一磷脂中往往含有一分子饱和的而另一分子为不饱和的脂肪酸。由于甘油的 C_1 和 C_3 羟基被不同酸所酯化,因此,磷脂(酸)是手性分子。

磷脂分子可分为两个部分,一部分是具有长链脂肪酸的非极性端,是憎水部分,另一部分是带有正电荷和负电荷的取代磷酸酯基团(偶极离子

$$-O\overset{\underset{\displaystyle O^-}{|}}{\overset{\displaystyle O}{\overset{\|}{P}}}—OCH_2CH_2\overset{+}{N}H_3 \text{)的极性端,是亲水部分。因此,磷}$$

脂和油脂不同,但与肥皂的结构类似。如果将磷脂放在水中,可以排成两列,它的极性基团指向水,而憎水性基团因对水的排斥而聚集在一起,尾尾相连,与水隔开,形成脂双分子层,如图 21.2 所示。

图 21.2 磷脂双分子层横切面

因而非极性分子能溶解于这个主要是烃构成的壁,并且能够通过它,但是对于极性分子或离子,它是一个有效的壁垒。

人们认为磷脂在细胞膜中是以双分子层的形式存在的。它们构成的壁不仅包住了细胞,而且非常有选择地控制着各种物质—营养物、激素、废物等的进入。那么为什么碳水化合物、氨基酸、Na^+、K^+ 等高度极性的分子或离子又能通过细胞膜呢? 而且为什么渗透会有如此高度的选择性呢? 这是因为细胞膜和所有生物膜一样,都是由脂类(磷脂)和蛋白质两大类物质组成。蛋白质嵌于双分子层中(非极性的憎水部分),并伸展出双分子层以外(极性亲水部分)。这样,极性分子或离子可以通过蛋白质极性部分的作用扩散进入细胞。所以细胞膜在细胞吸收外界物质和分泌代谢产物的过程中起着重要的作用。

磷脂的另一类化合物叫(神经)鞘类脂,它含有一个长链的不饱和醇——鞘氨醇,但没有甘油。鞘类脂完全水解时,产生各一分子的鞘氨醇、脂肪酸、磷酸和胆碱。含量最丰富的鞘类脂——鞘磷脂和鞘氨醇的结构表示如下:

$$\begin{array}{l} HO—CH—CH=CH—(CH_2)_{12}—CH_3 \\ \quad\quad | \\ H_2N—CH \\ \quad\quad | \\ \quad\quad CH_2OH \end{array}$$

(神经)鞘氨醇
(sphingosine)

$$\begin{array}{l} \quad\quad\quad\quad HO—CH—CH=CH—(CH_2)_{12}—CH_3 \\ \quad\quad\quad\quad\quad\quad | \\ R—\overset{\underset{\displaystyle O}{\|}}{C}—NH—CH \\ \quad\quad\quad\quad\quad\quad | \\ \quad\quad\quad\quad\quad\quad CH_2—O—\overset{\displaystyle O}{\underset{\underset{\displaystyle OH}{|}}{\overset{\|}{P}}}—O—CH_2—CH_2—\overset{+}{N}(CH_3)_3 \end{array}$$

(神经)鞘磷脂

鞘磷脂在分子的大小、形状、极性性质等方面都类似于卵磷脂,因为鞘氨醇的烃基链相当于卵磷脂的第二个脂肪酸。鞘磷脂是围绕神经纤维"似鞘一样结构组织"的组分之一。这种"似鞘结构组织"像绝缘体围绕着电线一样,可以防止在神经控制传送信息时发生短路。

21.5 肥皂和合成洗涤剂

21.5.1 肥 皂

肥皂(soaps)就是长链脂肪酸的钠盐或钾盐,它可以由天然油脂在碱性中水解得到。日常所用的肥皂为脂肪酸钠盐。因为是固体,质较硬,所以又叫硬肥皂。其中含约70%的脂肪酸钠、0.2%~0.5%盐及约30%的水分。加入香料及颜料就成为家庭用的香皂,加入甲苯酚或其他防腐剂就成为药皂。洗涤肥皂通常加入松香酸钠来增加泡沫。

长链脂肪酸的钾盐叫钾肥皂,因为质软,所以又叫软肥皂,它多用作洗发水。

肥皂为什么能去污?

长链脂肪酸钠盐(或钾盐)结构上一头是羧酸离子,具有极性,是亲水的,另一头是链状的烃基,非极性的,是憎水的。

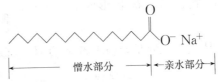

脂肪酸钠的亲水基团倾向于进入水分子中,而憎水的烃基则被排斥在水的外面,排列在水表面的脂肪酸钠分子削弱了水表面上水分子之间的引力。所以肥皂可以强烈地降低水的表面张力(纯水的表面张力为 $7.3 \times 10^{-4} \, \text{N/cm}^2$,而肥皂溶液为 $2.5 \times 10^{-4} \, \text{N/cm}^2 \sim 3.0 \times 10^{-4} \, \text{N/cm}^2$),它是一种表面活性剂。

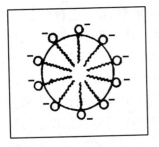

图 21.3 肥皂胶囊的横切面

若肥皂分子在水溶液中(不在水表面上),则其长链憎水的烃基依靠相互间的范德华引力聚集在一起,似球状。而在球状物的表面为亲水基团羧酸离子所占据,与水相连接(这些羧酸离子可以被水溶剂化或和正离子成对)。这样形成的球状物称为胶囊,它的横切面如图21.3所示。

这样形成的一粒粒很小的胶囊,由于外面带有相同的电荷,彼此排斥,使胶囊保持着稳定的分散状态。如果遇到衣服上的油迹,胶囊的烃基部分即投入油中,羧酸离子部分伸在油的外面而投入水中,这样油就被肥皂分子包围起来,降低水的表面张力,使油迹较易被润湿,在受到机械摩擦时,脱离附着物,分散成细小的乳浊液(即形成很多细小的油珠受肥皂分子包围而分散的稳定体系)随水漂洗而去。这就是肥皂的去污原理。

肥皂具有优良的洗涤作用,但也有一些缺点,例如肥皂不宜在硬水或酸性水中使用。因为在硬水中使用时,能生成不溶于水的脂肪酸钙和镁盐,而使肥皂失效。在酸性水中肥皂能游离出难溶于水的脂肪酸,也使其去污力降低。此外,制造肥皂需要消耗大量的食用油脂。用合成洗涤剂代替它,基本上克服了上述缺点。

21.5.2 合成洗涤剂

人们认识了肥皂分子的结构与去污原理后,合成了一系列与肥皂分子相类似结构——同时具有亲水基团和憎水基团的所谓合成洗涤剂。按其分子结构起作用部分的特点,分为阴离子型、阳离子型和非离子型三类。现简介如下:

1. 阴离子型洗涤剂

起作用的有效部分都是阴离子(与肥皂分子一样),是目前用的最多的一类合成洗涤剂。其中最重要的品种是烷基硫酸钠和烷基苯磺酸钠。

烷基硫酸钠:　　　　　$R-O-SO_3^- Na^+$

烷基苯磺酸钠:

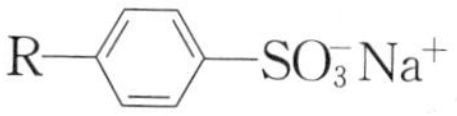

R一般在C_{12}左右为好。过大使油溶性太强,水溶性相应减弱。太小又使油溶性减弱,水溶性增强。过大过小都直接影响洗涤剂的去污效果。

现在国内外最广泛使用的洗涤剂是十二烷基苯磺酸钠盐:$C_{12}H_{25}$—〇—$SO_3^- Na^+$,其合成方法和过程用简单反应式表示如下:

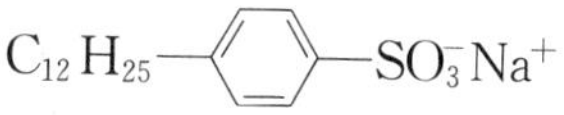

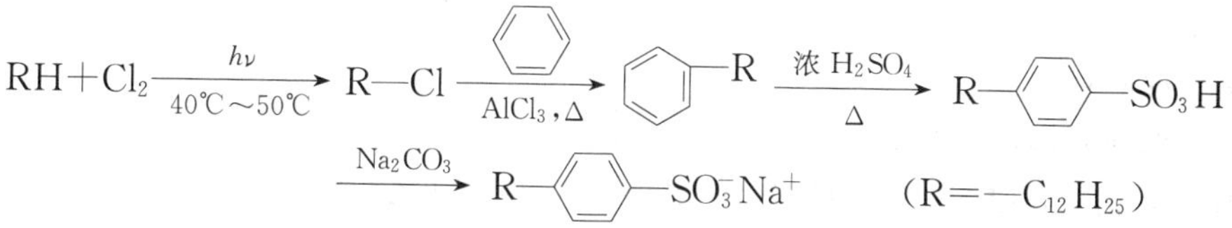

$$RH + Cl_2 \xrightarrow[40℃～50℃]{h\nu} R-Cl \xrightarrow[AlCl_3, \triangle]{} R \xrightarrow[\triangle]{浓\ H_2SO_4} R-SO_3H$$

$$\xrightarrow{Na_2CO_3} R-SO_3^- Na^+ \qquad (R=-C_{12}H_{25})$$

2. 阳离子洗涤剂

它与阴离子洗涤剂相反,溶于水时其起作用的有效部分是阳离子。属于这一类的主要是季铵盐,其中必定含有一个长链烷基,其他可以是甲基或乙基或苄基。这类洗涤剂的典型代表物结构式如下:

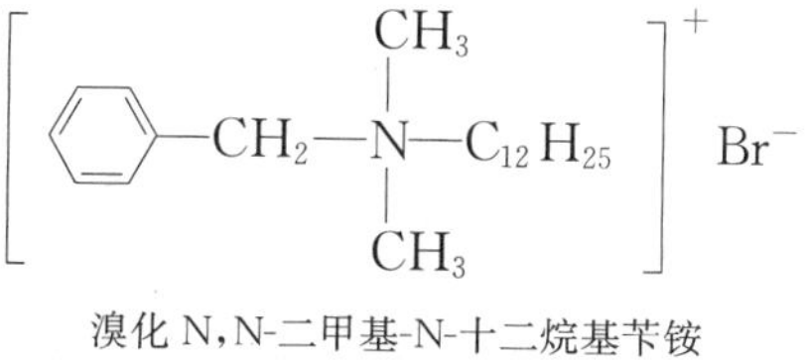

$$\left[\begin{array}{c} CH_3 \\ | \\ CH_2-N-C_{12}H_{25} \\ | \\ CH_3 \end{array} \right]^+ Br^-$$

溴化 N,N-二甲基-N-十二烷基苄铵

商品名"新洁尔灭"

阳离子洗涤剂去污能力较差,但它们都具有显著的杀菌活性,所以一般多用作杀菌剂及消毒剂。

3. 非离子型洗涤剂

它们在水溶液中不离解,是中性化合物,其中羟基和聚醚部分$\cdot(OCH_2CH_2)_n$是亲水基团。它可由醇或酚与环氧乙烷反应而得。例如:

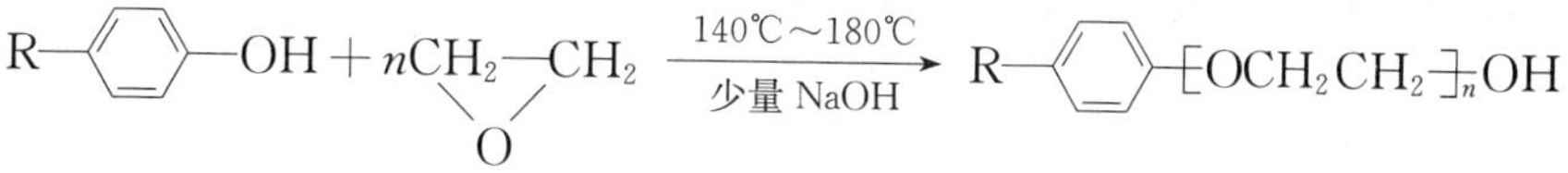

$$R-OH + nCH_2-CH_2 \xrightarrow[少量\ NaOH]{140℃～180℃} R-(OCH_2CH_2)_n OH$$

$$(R=C_8-C_{10}, n=6～12)$$

"海鸥"洗涤剂的主要成分就是类似上述结构的非离子型洗涤剂。

非离子型洗涤剂在工业上常用作乳化剂、润湿剂、洗涤剂。

自然界的细菌可以使肥皂发生降解作用。这是因为天然存在的脂肪酸都是直链的化合物。后来人们在早期(20 世纪 30 年代)使用合成洗涤剂的过程中,发现 R 基团带叉链的烷基苯磺酸钠不能被细菌所降解,容易聚集在下水道中或飘浮在河流中,引起环境污染。这是因为细菌对有机物的生物氧化降解有选择性,它对直链的有机物可以作用,每次氧化降解两个碳。而有叉链存在时破坏其作用,故从 20 世纪 60 年代中期起,国际上采用线型的 C_{12} 以上的烷基制洗涤剂。

习　　题

1. 解释下列名词:
   (1) 皂化值　　　(2) 碘值　　　(3) 干性油

2. 列出下列化合物完全水解时所得到的产物:
   (1) 蜡　　　(2) 磷酸甘油酯(卵磷脂)　　　(3) 鞘磷脂

3. 写出甘油和软脂酸、油酸以及亚麻酸形成的混合甘油酯的
   (1) 结构式　　　(2) 皂化反应式　　　(3) 在体内消化反应式
   (4) 计算混合甘油酯的碘值　　　(5) 在室温下它可能是液体还是固体?

4. 用化学方法鉴别:
   (1) 硬脂酸和蜡
   (2) 甘油三油酸酯和甘油三硬脂酸酯

5. 虽然甘油无光学活性,但是当 C_1 和 C_3 连有不同的酯取代基时,则 C_2 成为手性的。天然的磷酸甘油酯或磷脂酸是以对映体形式存在的。下面这个天然的对映体——磷脂酸是 R 还是 S?

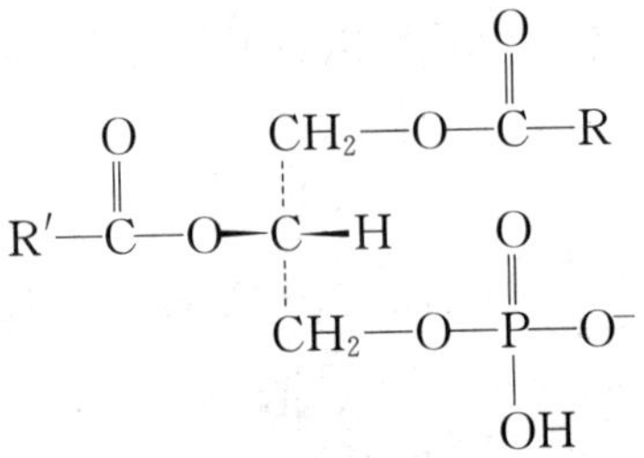

6. 卵磷脂、脑磷脂、硬脂酸钠和对十二烷基苯磺酸钠共同具有什么样的一般结构特征和一般的物理性质?

7. 解释下列事实:
   (1) 某些生活在地球两极的海生哺乳动物的脂肪比栖居于地球赤道地区的哺乳动物的脂肪所含的不饱和脂肪酸更丰富。
   (2) 硬脂酸在结晶中以及在膜中都倾向于直线地排列,而亚油酸则不能。
   (3) 卵磷脂比脂肪在水中的溶解度更大。

第二十二章　萜类和甾族化合物

　　萜类(terpenoids)和甾(音灾)族化合物(steroids)广泛存在于动、植物界,也是相当重要的两类天然产物。萜类和甾体化合物在结构上看来完全不同,但它们在生物体内都是由同样的原始物质——醋酸通过乙酰辅酶 A 的类似途径生物合成的。由于这些物质在生物合成上的共同点,所以把它们都归为"乙酰构成物"或"醋源化合物"(acetogenins)。

22.1　萜　类

　　萜类多存在于植物体内,许多植物的花、叶、皮、种子和茎等经水蒸气蒸馏或溶剂提取,可得到挥发性较大的芳香物质,如薄荷油、松节油等,称为香精油(essential oils),其主要成分是萜类及其含氧衍生物。自古以来人们对它们有着广泛的需求,如用玫瑰、薰衣草制造香料,用柠檬、薄荷来作调味品,还有许多其他植物的挥发油如桉树油、松节油、樟脑等被用作各种药物——防腐剂和滑肤剂。因此,很早人们就要求有机化学家去确定香精油组分的结构以及由人工合成这些化合物。通过对香精油的研究,科学家发现其中的许多化合物分子式的共同点是:分子中含碳原子数都是 5 的整数倍,它们的碳骨架大都是由异戊二烯单位组成的。我们把由异戊二烯单位组成的化合物叫做萜类化合物(terpenes)。如:

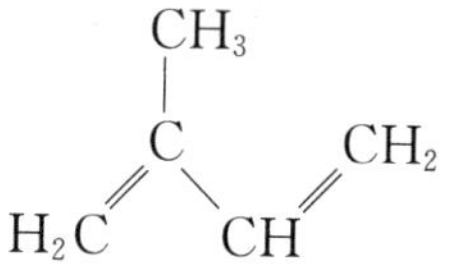

异戊二稀 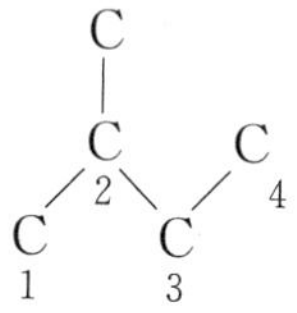　　　　　异戊二烯单位

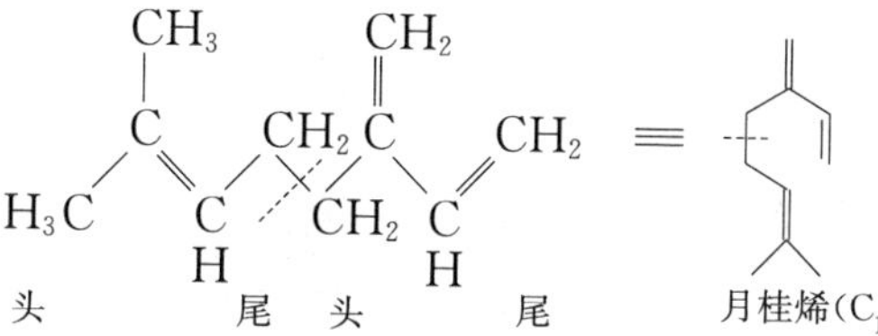

月桂烯(C_{10})(Myrcene)
(存在于月桂油中)

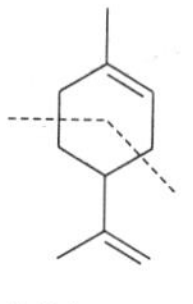

苧烯(C_{10})(Limonene)
(存在于柠檬、桔子中)

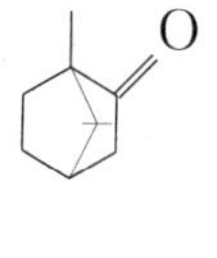

樟脑(C_{10})(Camphor)
(存在于樟树中)

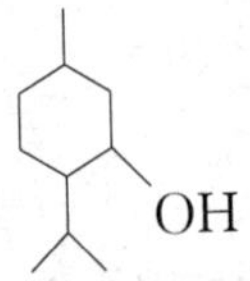

薄荷醇(存在于薄荷油中)　　松香酸(存在于松香中)
　　(menthol)　　　　　　　(rosin acid)

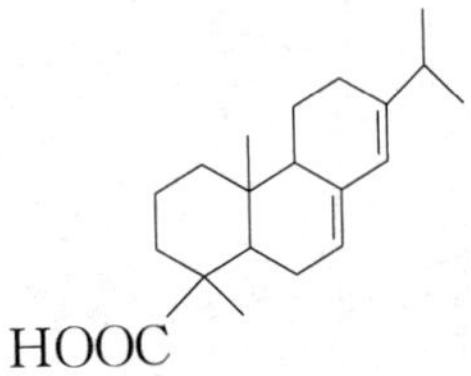

这些萜类化合物可以看成是由若干个异戊二烯主要以头尾相连结而成的(当然也有个别例外)。这种结构特点叫做萜类化合物的异戊二烯规律。若干个异戊二烯单位可以相连成链状,也可以连接成环。根据萜类化合物分子中的异戊二烯单位的数目,可以分为:

单萜:C_{10},含有两个异戊二烯单位;

倍半萜:C_{15},含有三个异戊二烯单位;

双萜:C_{20},含有四个异戊二烯单位;

三萜:C_{30},含有六个异戊二烯单位;

四萜:C_{40},含有八个异戊二烯单位。

天然橡胶虽然也是异戊二烯的聚合体,但不属于萜类化合物,因为它是异戊二烯的高聚体。

22.1.1　单　萜

单萜(monoterpenes)是植物香精油的主要成分,松节油(pine cone oil)是自然界存在最多的一种香精油。将松树干割开,就有粘稠的松脂流出,松脂是松香和松节油构成的混合物,通过水蒸气蒸馏可把松节油蒸出,残留物即是松香。松节油是多种单萜的混合物,是常用的溶剂。因为松节油有局部止痛的作用,在医药上用作擦剂。

根据单萜分子碳架的特点,可分为开链萜、单环萜和双环萜三类。

1. 开链单萜

较重要的有:

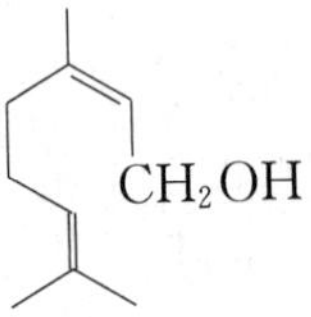

橙花醇　　　　　香叶醇　　　　香叶醛(geranial)　　橙花醛(neral)
(nerol)　　　　(geraniol)　　柠檬醛a(反式)　　　柠檬醛b(顺式)
　　　　　　　　　　　　　　　(citral a)　　　　　(citral b)

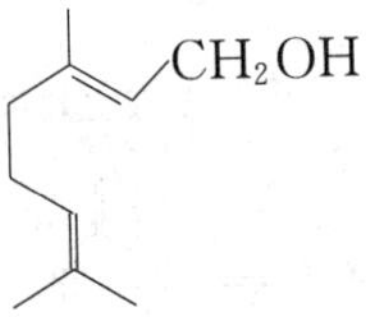

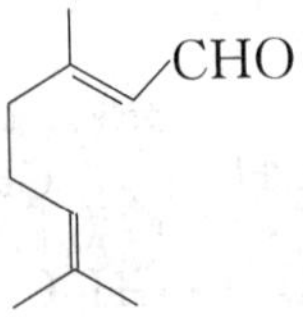

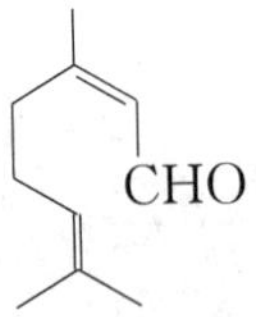

橙花醇和香叶醇互为几何异构体,它们存在于玫瑰油、橙花油、香茅油等中,为无色有玫瑰香气的液体,都用来制造香料。香叶醇也是一种昆虫的性外激素,如当蜜蜂发现了食物时,它便分泌出香叶醇以吸引其他蜜蜂。可见,外激素是同种动物之间借以传递信息而分泌的化学物质。

柠檬醛是柠檬醛a和柠檬醛b两个几何异构体的混合物,它们存在于由新鲜柠檬果皮压榨而得的柠檬油中,含量约为3%～5%,柠檬油主要从蒸馏香茅植物——柠檬草得到的柠檬草油中获得,柠檬草油中含柠檬醛达85%。柠檬醛除用制造香料外,也是合成维生素A的原料。

从上述开链单萜中,我们可以看到它们含有 C═C 双键、羟基、羰基等,因此它们应具有这些官能团的一般化学反应。但是萜类化合物反映在化学性质上的最大特点是对酸的敏感性。当它们在酸性条件下,容易发生闭环、开环、重排等一系列异构化反应。例如:

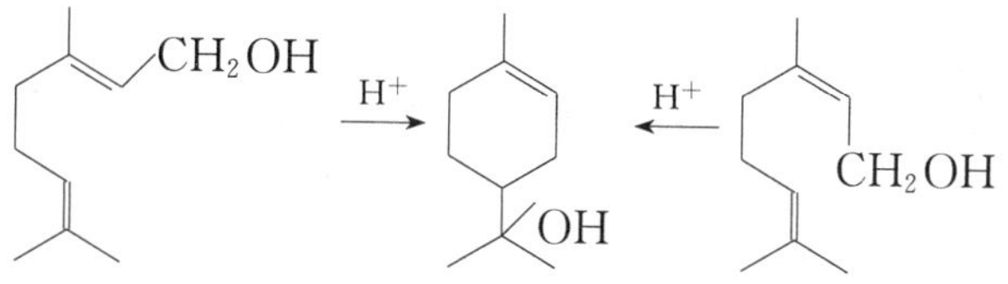

香叶醇　　　　　　　　橙花醇

橙花醇的反应速度比香叶醇快十倍,由此可进一步证明香叶醇是反式,而橙花醇是顺式结构。

又如,在碱存在下柠檬醛可以与丙酮缩合,变成假紫罗兰酮,后者在酸存在下环化,生成 α-紫罗兰酮和 β-紫罗兰酮的混合物:

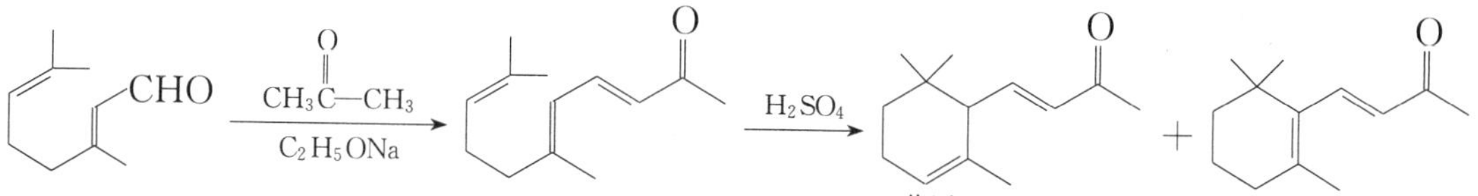

α-紫罗兰酮(α-irisone)　　　　　　β-紫罗兰酮(α-irisone)

如在 BF_3 及乙酸存在下成环,则只得到 β-紫罗兰酮,它是合成维生素 A 的原料。

2. 单环单萜

单环单萜的基本碳架是由两个异戊二烯单位聚合成的六元环化合物。多数可以看成是苧烷的衍生物,较重要的有苧烯及薄荷醇:

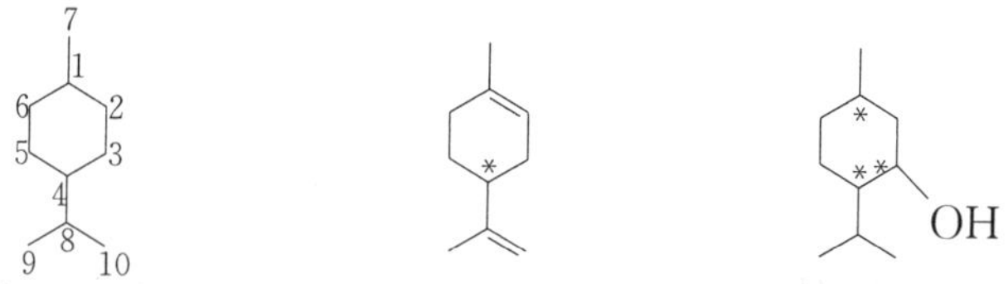

苧烷(menthane)　　　　苧烯(limonene)　　　　薄荷醇(menthol)

苧烯含有一个手性碳原子,有一对对映体,主要存在于柠檬油和橙皮油中,其含苧烯量可达 $80\% \sim 90\%$,有柠檬香味,可用作香料、溶剂及合成橡胶的原料。

薄荷醇分子中有三个手性碳原子,有四对对映体。分别叫做(±)-薄荷醇、(±)-新薄荷醇、(±)-异薄荷醇和(±)-新异薄荷醇:

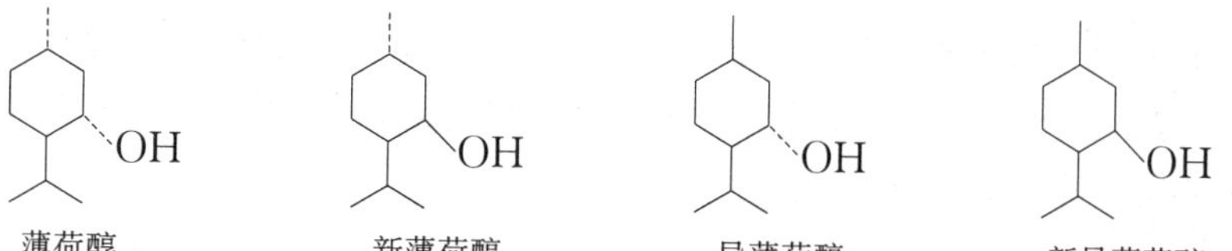

薄荷醇　　　　　新薄荷醇　　　　　异薄荷醇　　　　　新异薄荷醇
　　　　　　　　(neomenthol)　　　(isomenthol)　　　(neoisomenthol)

天然存在的薄荷醇为左旋薄荷醇,存在于薄荷油中。薄荷醇的构象式为:

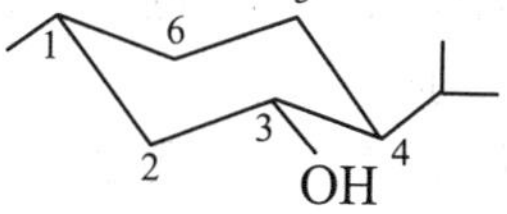

(一)-薄荷醇

即三个取代基都以 e 键与环相连,比较稳定。

薄荷醇具有清凉愉快的芳香气味,有杀菌和防腐作用,是医药、食品、香料工业不可缺少的重要原料,用于制造清凉油、人丹、牙膏、糖果等。

3. 双环单萜

双环单萜的骨架是由一个六元环分别和五元、四元或三元环共用两个碳原子构成的。因此,根据它们分子中两个环的连结方式不同分为莰烷、蒎烷、蒈烷三种:

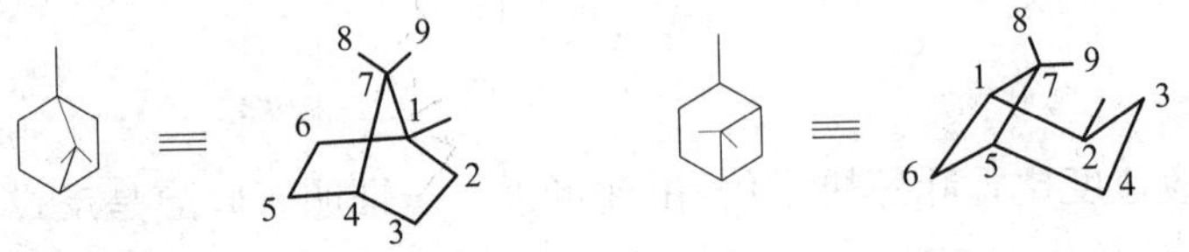

莰 烷　　　　1,7,7-三甲基双环　　　蒎 烷　　　2,7,7-三甲基双环
(bornane)　　〔2.2.1〕庚 烷　　　(pinane)　　〔3.1.1〕庚 烷

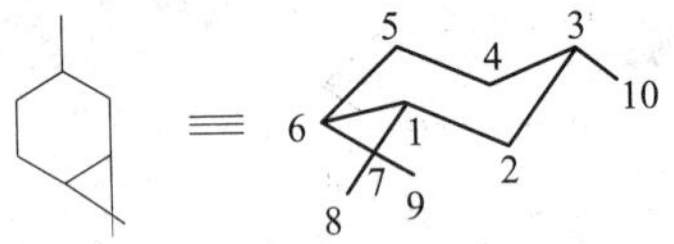

蒈 烷　　　3,7,7-三甲基双环
(carane)　　〔4.1.0^{1,6}〕庚 烷

从上面的构象式可看出,由于形成的桥不同,因此考虑到有利于桥环的形成,一般莰以船式构象存在,而蒎、蒈则多以稳定的椅式构象存在。

双环单萜类化合物自然界存在较多的,也最重要的是蒎和莰的衍生物。

(1) 蒎类衍生物。蒎烯是蒎的不饱和衍生物,有 α、β 两种异构体,它们的结构式表示如下:

α-蒎烯(沸点:156℃)　　　　β-蒎烯(沸点:164℃)
(α-pinene)

α、β-蒎烯共存于松节油中(占松节油重量的 80%～90%),以 α-蒎烯为主,它的含量可达 60%左右,是天然存在最多的一个萜类化合物。

α-蒎烯是工业上用来合成莰类化合物——莰醇(冰片)、莰酮(樟脑)等的原料。

(2) 莰类衍生物。2-莰醇,又名冰片或龙脑(borneol)　　，熔点为 206℃～208℃,为透明六角形的片状结晶,嗅似薄荷,产于印尼、南洋一带的龙脑树,从我国广西等地出产的植物大艾中提制的左旋龙脑(又称艾片)畅销国外。龙脑具有发汗、镇痉、止痛作用,在医药上用作制人丹,冰硼散,冰樟醑(牙痛药水)等。

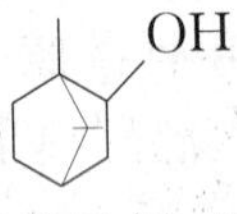

2-莰酮,欲称樟脑 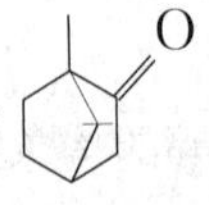　　，熔点为 179℃,无色闪光结晶,易升华。

樟脑主要存在于樟树中。把樟树的枝叶切碎进行水蒸气蒸馏即得到樟脑。天然存在的樟脑为右旋体。我国台湾、福建、江西等地均有出产,尤以台湾的樟脑产量、质量均闻名世界。樟脑有强心效能和愉快香味,为医药、化妆工业的重要原料。樟脑也是硝化纤维素的增塑剂。樟脑分布不广,现在工业上以 α-蒎烯为原料经下列反应合成樟脑:

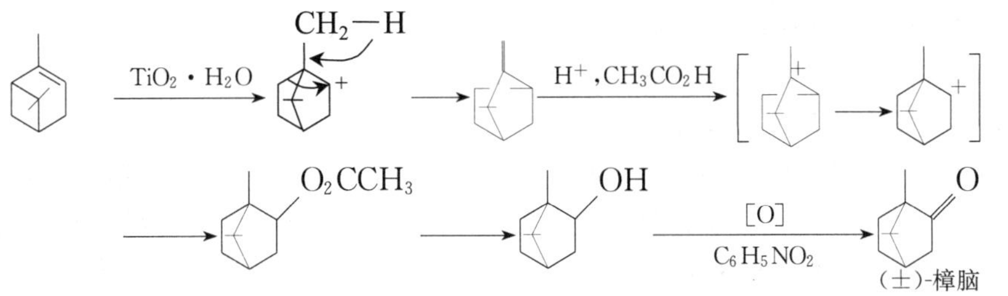

樟脑分子中有两个手性碳原子,应有两对对映体,但实际上只得到一对对映体,这是因为碳桥只可能在环的一边:

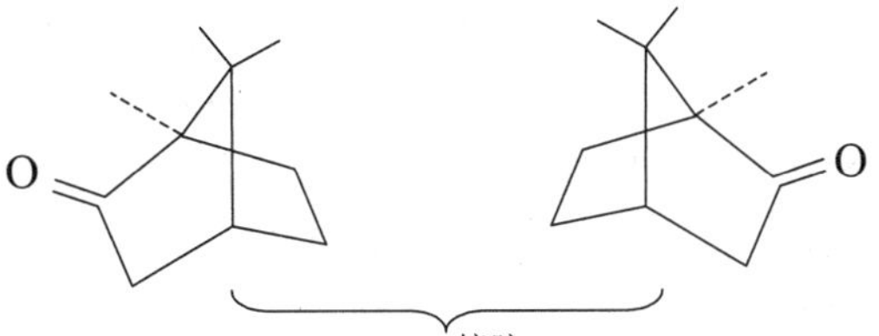

D,L-樟脑

22.1.2 倍半萜

倍半萜(sesquiterpenes)是由三个异戊二烯单位聚合而成的。其结构同样可以是链状或环状结构的烃类、醇类、酮类或内酯等。环可以是单环、双环或三环等。例如:

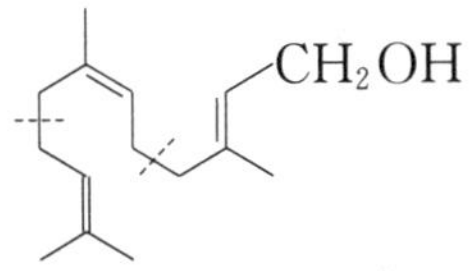

法尼醇
(farnesol)

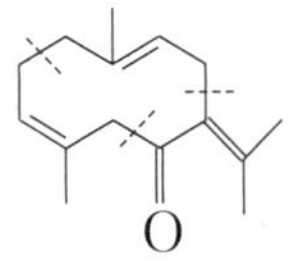

牻牛儿酮(杜鹃酮)
(germacrone)

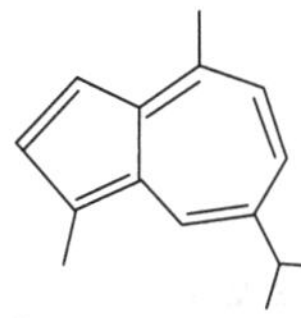

牻牛儿奥(愈创薁)
(guaiazulene)

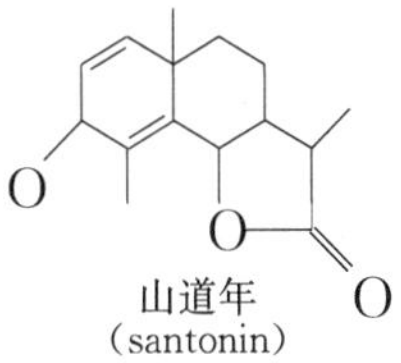

山道年
(santonin)

法尼醇为无色粘稠液体,沸点 125℃/66.7 Pa,有铃兰气味,存在于玫瑰油、茉莉油、橙花油及金合欢油等中,但含量都较低,是一种珍贵的香料,用于配制高级香精。20 世纪 60 年代,人们曾对法尼醇引起很大的兴趣,其原因是它具有保幼激素活性。昆虫的生长都有从幼虫蜕皮成蛹、从蛹再蜕皮成虫的变态过程。但幼虫通常需要经几次蜕皮后达到成熟期才蜕皮成蛹,蜕皮是在"蜕皮激素"的作用下进行的。而幼虫最初几次蜕皮仍能保持幼虫特征的是"保幼激素"的作用。保幼激素过量,就抑制昆虫的变态和性成熟,即,使幼虫不能成蛹,蛹不能成虫,成虫不产卵。1960 年曾从天蚕中分离出保幼激素,并确证其结构为:

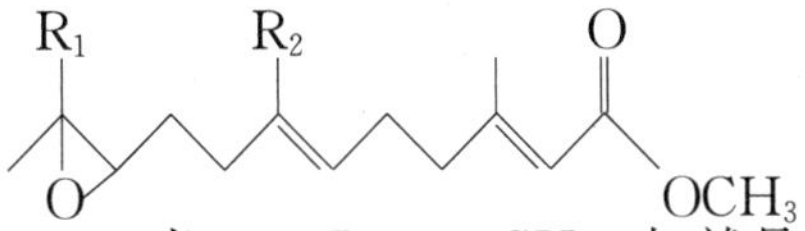

R_1,R_2 可以是—CH_3,—C_2H_5,当 $R_1=R_2=$—CH_3 时,就是倍半萜,是法尼酸的酯:

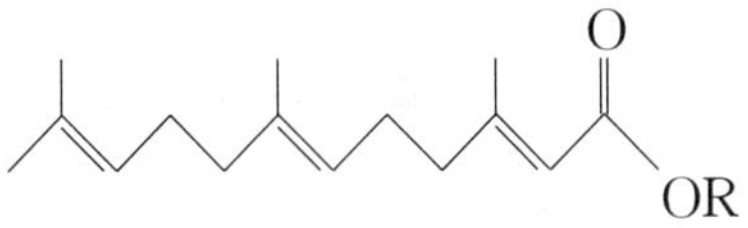

无怪乎有人合成了一个至少有六个异构体的法尼酸的混合物,其十万分之一浓度的水溶液即可阻止蚊的成虫出现,对虱子也有致死作用。

杜鹃酮存在于一种植物——兴安杜鹃的挥发油中,有止咳祛痰等疗效。

愈创薁也可以从兴安杜鹃或桉叶等的挥发油中分离提出,具有消炎、促进烫伤或烧伤愈合的效能,是国内烫伤膏的主要成分。

山道年是山道年花蕾中提取出来的无色结晶,熔点 170℃～172℃,不溶于水,易溶于有机溶剂中。提取方法是:山道年在石灰水碱性溶液中,内酯环破裂变成可溶性山道年酸的钙盐,用热水提取。提取液再用盐酸酸化,钙盐又变成山道年酸并环合成山道年而游离析出:

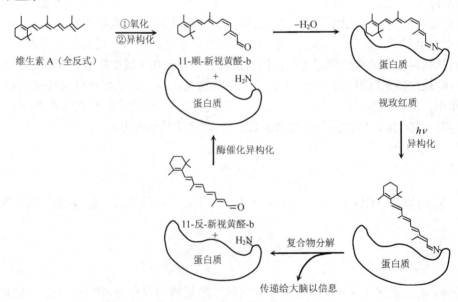

山道年虽于 1954 年合成成功,但目前它的来源仍是靠从植物中提取。

医药上,山道年用作驱蛔虫药,是宝塔糖的主要成分。其作用是使蛔虫麻痹,不能吸附肠壁,故常与泻药并用,使蛔虫排出体外。

22.1.3 二 萜

二萜(diterpenes)是四个异戊二烯单位的聚合体,广泛分布于动、植物界。重要的代表物是维生素 A,还有叶绿醇、松香酸和穿心莲素。

维生素 A 主要存在于奶油、蛋黄及鱼肝油中。维生素 A 有 A_1 和 A_2 两种,它们的结构相似,烯键都是全反式构型,生理作用也相同。但 A_2 的生理活性较低,只有 A_1 的 40%,通常将 A_1 称为维生素 A。

图 22.1　视网膜杆状体中视玫红质的视觉循环

638

维生素 A 在生物体内氧化成相应的醛,在酶作用下,C_{11} 处双键从反式异构化为顺式,即形成新视黄醛-b,后者与视蛋白质中的赖氨酸,以西佛碱(亚胺)的形式结合形成视网膜杆状细胞中的光敏色素——"视玫红质"。视玫红质受光的作用又从顺式异构化为反式的"光视玫红质",并经视神经把景象反映到大脑中去。因此,眼睛对光的反应实际上是视玫红质的光化学变化过程。然后在体内酶的催化下,反式的 C_{11} 又异构化为顺式,后者再以视蛋白质重新生成视玫红质。这就是视网膜杆状体中的视觉循环,如图 22.1 所示。

体内缺少维生素 A 则引起眼角膜硬化症,初期的症状就是夜盲,此外会引起生殖功能衰退、骨骼成长不良及生长发育受阻等症状。

叶绿醇(phytol): 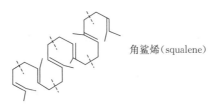 OH 是叶绿素的一个组成部分,用碱水解叶绿

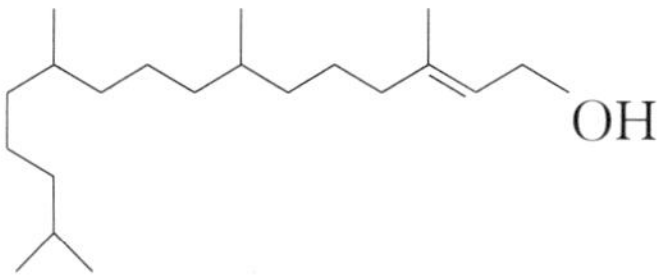

素可得叶绿醇。叶绿醇是合成维生素 K 及维生素 E 的原料。

松香酸(rosin acid): 是松香的主要成分,为黄色结晶。松香酸的钠盐或

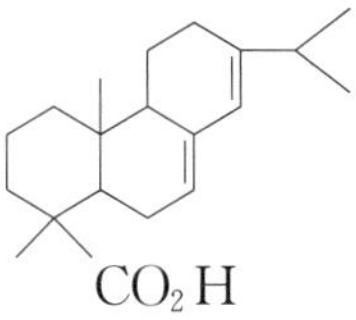

钾盐有乳化剂的作用,常把它加在肥皂中以增加肥皂的泡沫。松香酸可用于造纸上胶、制清漆、制药等。

22.1.4 三萜

角鲨烯是很重要的三萜(triterpenes),在自然界中分布很广,如酵母、麦芽、橄榄油、鲨鱼的肝中都含有角鲨烯。它的结构特点是中心对称的。法尼醇的焦磷酸酯尾—尾缩合时即形成角鲨烯(详见本章第三节)。

角鲨烯(squalene)

角鲨烯是羊毛甾醇生物合成的前身,而羊毛甾醇已是甾族化合物,在生物体内可转化成胆甾醇(胆固醇)。

22.1.5 四萜

四萜(tetraterpenes)在自然界分布很广,这一类化合物的分子中都含有一个长的 C=C 双键共轭体系,所以它们多带有黄至红的颜色,常被叫做多烯色素。

这类化合物中最早发现的一个是由胡萝卜中取得的,定名为胡萝卜素(carotene)。以后又发现了许多结构与胡萝卜素类似的色素,所以这一类物质又叫胡萝卜色素类化合物。它们是我们食物中的重要组成部分。

胡萝卜素不仅存在于胡萝卜中,也广泛存在于植物的叶、花、果实以及动物的肝脏、乳汁中。它有三种异构体(α-、β-、γ-),其中 β-异构体含量最高,也最重要。

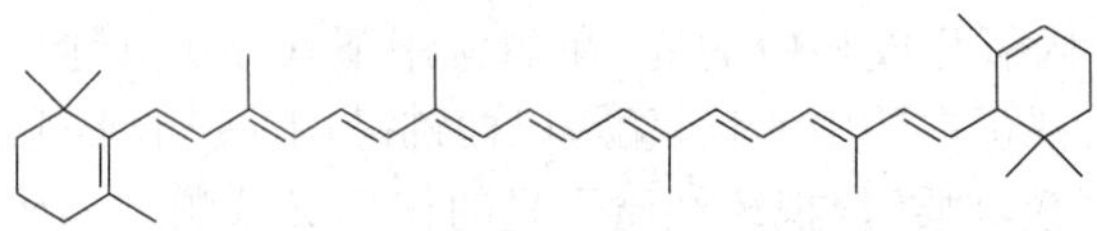

α-胡萝卜素(熔点:188℃)

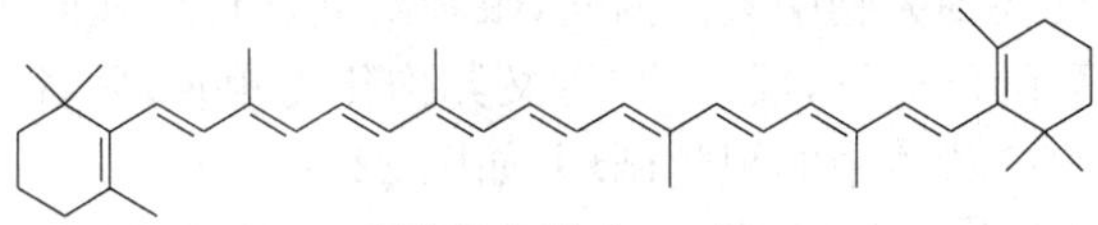

β-胡萝卜素(熔点:184℃)

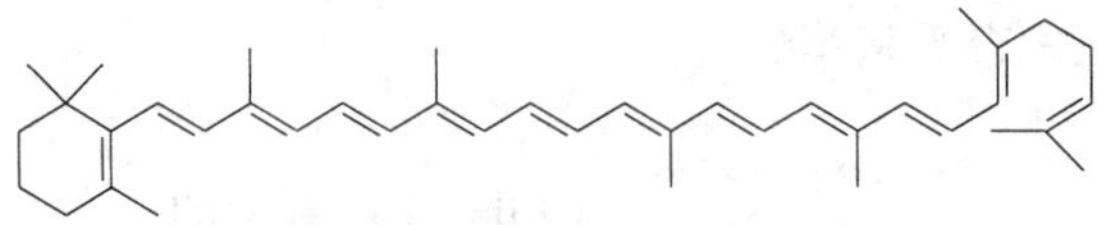

γ-胡萝卜素(熔点:178℃)

它们的结构特点是:在分子中间部分的两个异戊二烯单位是以尾—尾相连的,而且都是以全反式的构型存在,因为全反式构型最稳定。三种异构体在结构上的差别在于分子的末端,α-与β-异构体的区别是末端双键的位置不同,而γ-异构体的末端没有环。

我们鼓励大家吃含有黄、红、橙色的食物,如胡萝卜、西红柿、玉米等,因为它们含有类似胡萝卜素的类胡萝卜素,它们在体内的肝脏中被转化为维生素 A。所以不难理解为什么多吃胡萝卜之类的食物可以医治夜盲症。

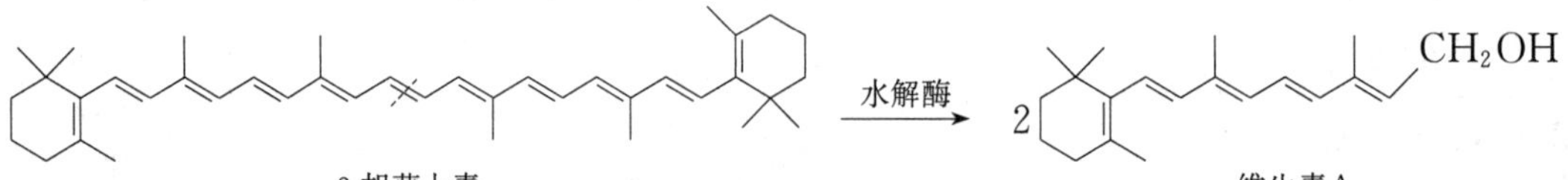

β-胡萝卜素 $\xrightarrow{\text{水解酶}}$ 维生素A$_1$

22.2 甾族化合物

甾族化合物也叫类固醇化合物,它们广泛存在于动、植物体内,对动、植物的生命活动起着极其重要的调节作用。甾族化合物虽然有种种的结构形式存在,它们可以带有醇或酚的羟基、羰基、羧基,但它们都共同是具有一个四环的结构——由三个六元环和一个五元环稠合而成的1,2-环戊稠全氢化菲母核,并且一般含有三个支链,如下式所示:

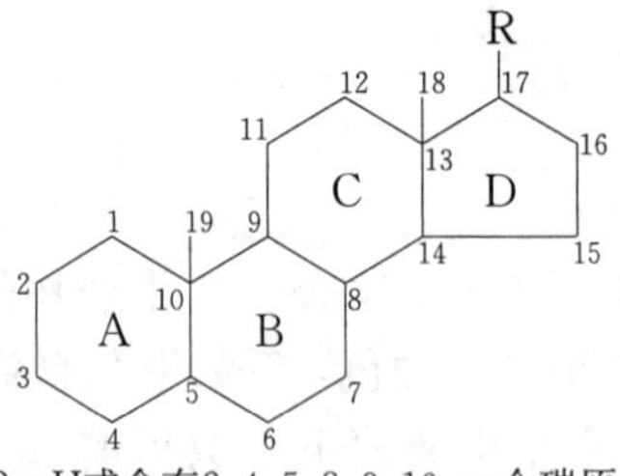

C_{17}上的R═H或含有2、4、5、8、9、10、…个碳原子的碳链

几乎所有这类化合物在 C_{10} 及 C_{13} 处的侧链都是甲基,又叫角甲基。这一类化合物中各成员之间的区别就在于环上其他位置所连的基团不同。

常见的甾族化合物,多以其来源或生理作用来命名。例如:

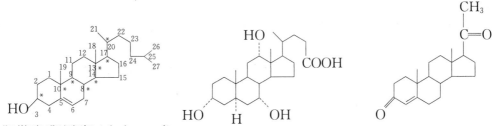

胆甾醇（胆固醇）(cholesterol)
（是胆结石病人体内胆石的主要成分）

胆甾酸(cholic acid)
（存在于人和动物的胆汁中）

黄体酮(progesterone)
（雌性动物卵巢中的黄体所分泌的一种激素）

  甾族化合物具有四个环系及多个取代基,从理论上讲应有多种立体异构体。例如:胆固醇有 8 个手性碳原子(如上式中用 * 标出),应有 $2^8=256$ 个立体异构体,但在自然界只有胆固醇一种。其原因是由于在甾族化合物中多环稠合在一起而互相牵制。其中的四个环,两两之间并不是都像十氢化萘那样有顺式或反式两种稠合方式。到目前为止,所有已知的甾族化合物的四个环中,只有环 A 和环 B 可以有顺式或反式稠合方式,而环 B 与环 C 及环 C 与环 D 之间都是以反式稠合的。例如,胆甾烷和粪甾烷的构型可以表示如下:

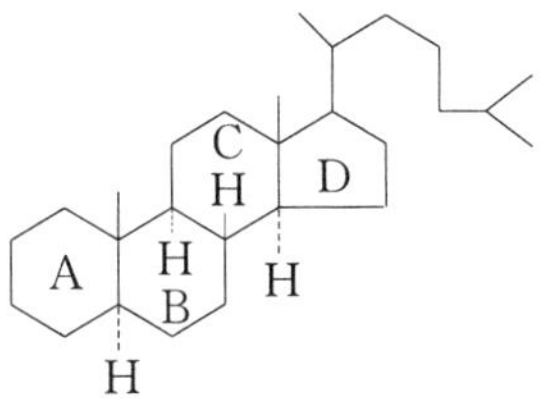

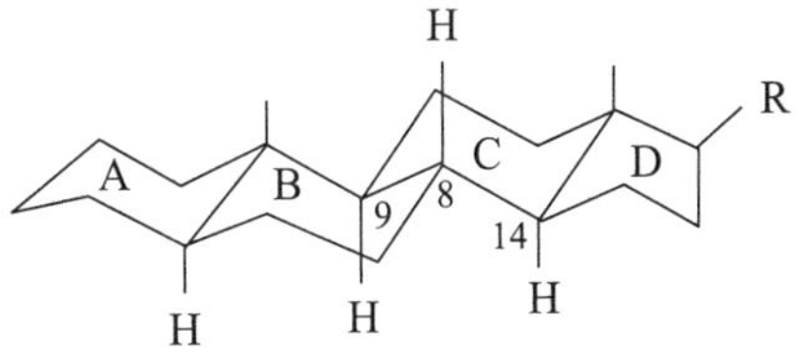

胆甾烷（A/B 反式稠合）
（cholestane）

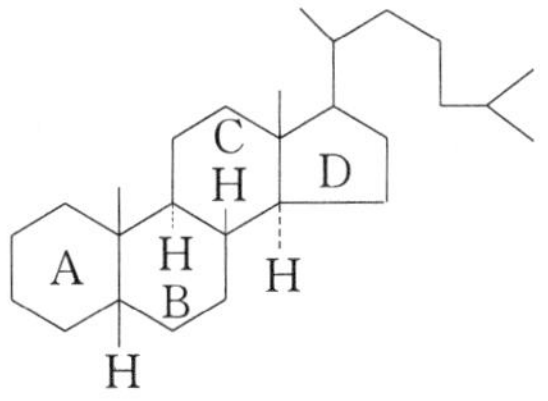

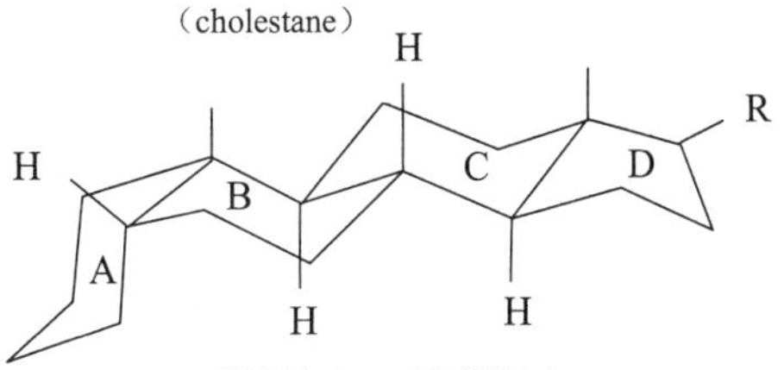

粪甾烷（A/B 顺式稠合）
（coprostane）

  而在胆固醇的结构中,由于 C_5—C_6 处有双键,这样区分 A/B 环稠合时构型的因素就不存在,因此,它的四个环稠合后,构型是相同的。

  在表示甾族化合物的构型时,是以 A、B 环之间的角甲基为标准,把它安排在环系平面的前面,并用实线与环相连。其他的原子团,凡与这个角甲基的环平面同一边的,都用实线表示（又称 β 型）,不在同一边的,则用虚线表示（又称 α 型）。

  根据甾族化合物的化学结构,可以分为甾醇类、胆酸类、甾体激素和强心苷等。现分别介绍如下:

22.2.1 甾醇类(Sterols)

  甾醇是一类饱和或不饱和的二级醇。天然甾醇中 C_3 处醇羟基都是 β 型的,大部分甾醇在 5 位上有双键。它们广泛分布于自然界中,有的以游离状态或与脂肪酸形成酯存在于动物体内,有的以苷的形式存在于植物组织中。通常根据其来源可分为动物甾醇和植物甾醇两类。动物甾醇 C_{17} 上都连有一个含八个碳原子的侧链,而植物甾醇的侧链则为 9～10 个碳原子。

1. 胆甾醇

存在于人及动物的脊髓、脑、神经组织及血液中，是最早发现的甾族化合物之一，由胆石中发现的固体状醇，所以又叫胆固醇(熔点为 148℃)。

在人体中胆固醇的总量(即游离的胆固醇和胆固醇酯)占体重的 0.2%，血液中的含量一般为 200 mg/100 mL。

胆固醇是动物体内最重要的甾醇，它在体内可以转变为多种类固醇的物质。如维生素 D、胆酸、甾体激素等，是人体不可缺少的物质。但若人体内胆固醇代谢发生障碍，或从食物中吸收的胆固醇太多，血液中胆固醇的含量就会增加而从血液中沉积出来，使血管收缩而减少血液流动量，造成高血压。所以血液中胆固醇含量过高往往是动脉粥样硬化的病因之一。此外，胆固醇在胆汁中沉淀形成胆石，而堵塞正常胆汁流动，引起黄胆。因为这些原因，胆固醇的生物合成以及调节胆固醇的输送与沉淀是一个广泛研究的课题。

1951 年，武德华德(R. B. Woodward)完成了胆固醇的全合成。关于胆固醇的生物合成也已基本上清楚了(详见第三节)。

2. 7-去氢胆固醇、麦角固醇和维生素 D

7-去氢胆固醇：胆固醇分子中 C_7 和 C_8 两个碳原子上各去掉一个氢原子，就变成 7-去氢胆固醇。它存在于人体皮肤中，当受太阳的紫外线照射时，B 环打开而转化成维生素 D_3：

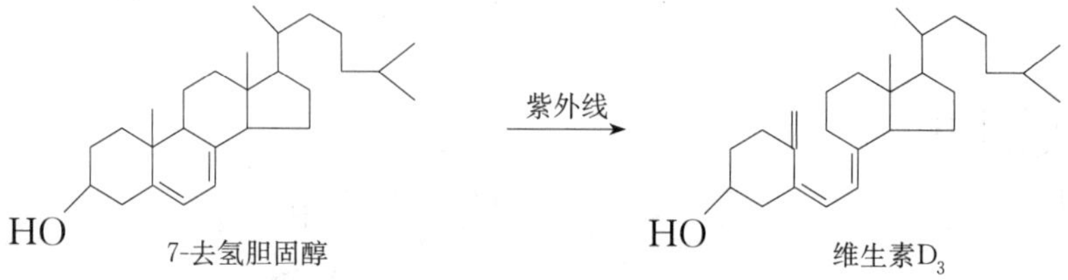

7-去氢胆固醇　　维生素 D_3

麦角固醇：是一种重要的植物甾醇，它存在于酵母、麦角等中。它较 7-去氢胆固醇在 C_{17} 处的侧链上多一个甲基和一个双键。在紫外线照射下麦角固醇也能变成维生素 D_2：

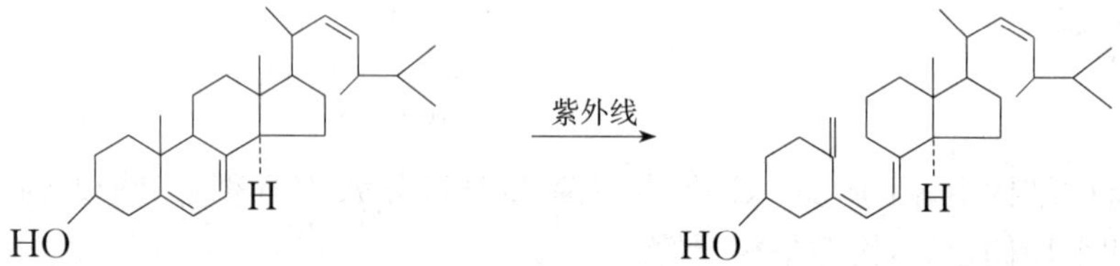

麦角固醇(ergosterol)　　维生素 D_2

维生素 D 也叫抗佝偻病维生素，因为人体缺乏它时，便患软骨病(佝偻病)。因此，儿童必须服用一些维生素 D，并且需要多晒太阳。

根据文献上记载，从维生素 D_1 到 D_7 都有，但实际上维生素 D_1 是不存在的，因为最初从麦角固醇经紫外光照射分离出来的是一种混合物，当时误认为是纯维生素，定名为 D_1，后于 1932 年才从照射过的麦角固醇中真正分离出纯品，叫它是维生素 D_2。具有抗佝偻病功效的维生素 D 中，以 D_2 和 D_3 的生理活性最强。

维生素 D 广泛存在于动物体中，含量最多的是鱼的肝脏，在牛奶、蛋黄中也有存在。

22.2.2 胆酸类

在动物的胆汁中含有几种结构与胆甾醇类似的酸，叫胆汁酸(bile acid)。胆汁酸在胆汁中都是和甘氨酸（ $H_2N—CH_2—COOH$ ）或牛磺酸（ $H_2N—CH_2CH_2—SO_3H$ ）中的氨基通过形成酰胺的形式而存在的：

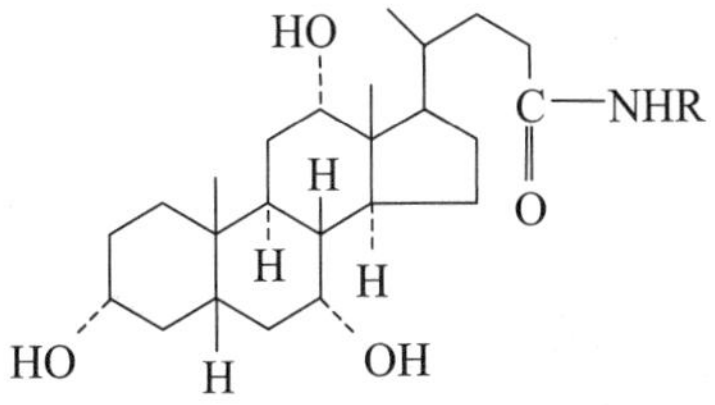

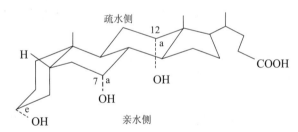

HO
C—NHR
O
H
H
H
HO
H
OH

（R=—CH_2COOH 时为甘氨胆酸）(glycocholic acid)
（R=—$CH_2CH_2SO_3H$ 时为牛磺胆酸）(taurocholic acid)

因此，胆汁经水解后除去氨基酸，便可以得到游离胆酸。动物胆汁中含量最多的是胆酸，其次是去氧胆酸：

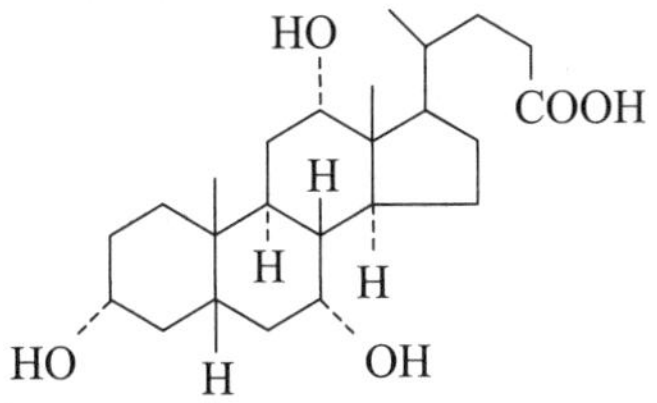

HO
COOH
H
H
H
HO
H
OH

胆酸(cholic acid)

HO
COOH
H
H
H
HO
H

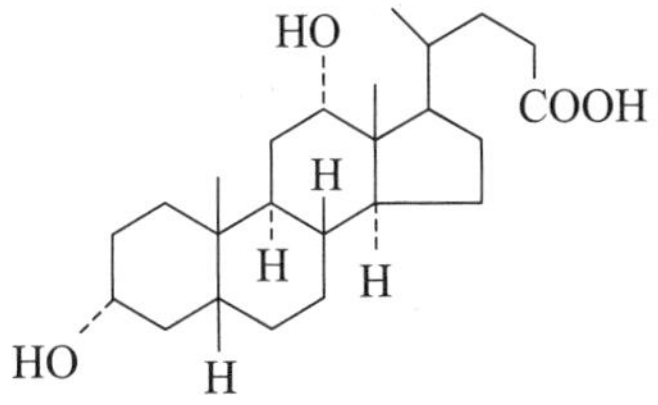

去氧胆酸(desoxycholic acid)

它们的结构特征是：C_{17}上支链较短，末端有一个羧基，核上含有两个或三个羟基，而且都是 α-型。A/B 环都是以顺式稠合。胆酸的构象式表示如下：

疏水侧
12
a
H
COOH
7
a
OH
OH
e
OH
亲水侧

胆酸分子中既有大的疏水侧（两个甲基和烃核）又有亲水侧（三个羟基和一个羧基），故胆酸（胆汁酸也一样）在肠道中的功能是作乳化剂，以促进脂肪的吸收。

22.2.3 甾体激素

激素(hormonum)一词来源于希腊语，有刺激、兴奋的意义。激素是由动物体内各种内分泌腺所分泌的一类微量的但具有重要生理活性的化合物，它们被血液或淋巴液带入体内不同组织或器官，能控制重要生理过程，是维持正常代谢所必需的。按照化学结构，激素可分为两大类：一类是含氮激素，如肾上腺素、甲状腺素、催产素和胰岛素等，它们分别具有胺、氨基酸、多肽及蛋白质的结构。另一类是甾体激素，根据其来源及生理功能的不同，又分为性激素和肾上腺皮质激素两类。

1. 性激素

性激素有雄性激素和雌性激素之分，它们是分别由睾丸和卵巢的性腺所分泌的物质，对生育功能及第二性特征如声音、体形等的改变，都有决定性的作用。

雄性激素如睾丸酮(testosterone)，雌性激素如雌酮(estrone)、黄体酮(progesterone)与雌二醇(estradiol)：

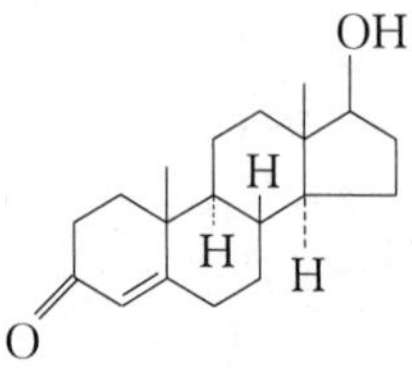

睾丸酮
m. p. :155℃
$[\alpha]_D^{20} +109°$

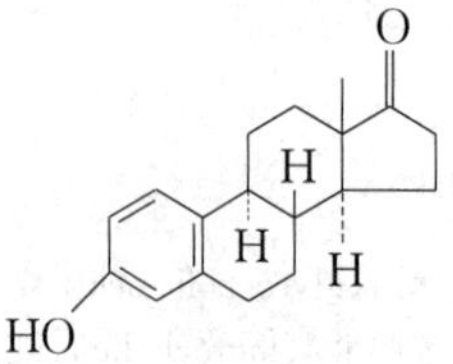

(±)雌酮
m. p. :251℃~254℃

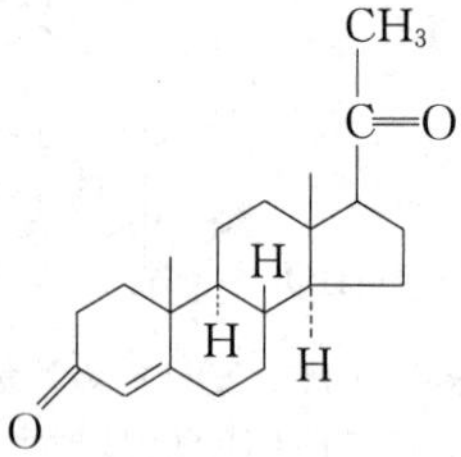

黄体酮
m. p. 127℃
$[\alpha]_D^{20} +172°$

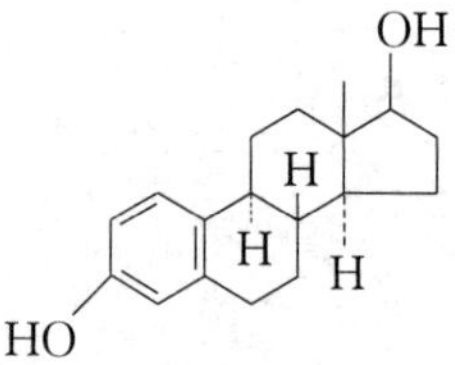

雌二醇
m. p. 220℃
$[\alpha]_D^{20} +54°$

由于睾丸酮在体内不稳定，作用不能持久。现在临床上多用它的较稳定的衍生物，如甲基睾丸酮(供口服用)和丙酸睾丸酮(供肌肉注射用)。它们的结构如下：

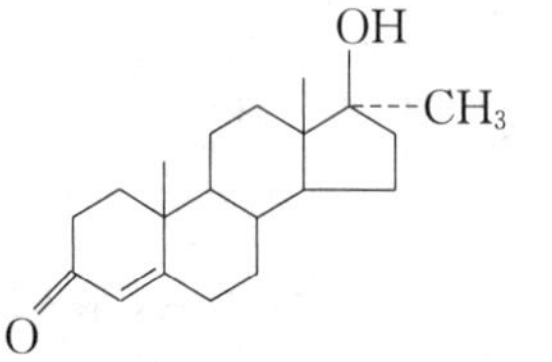

甲基睾丸酮(m. p. 162℃~167℃) 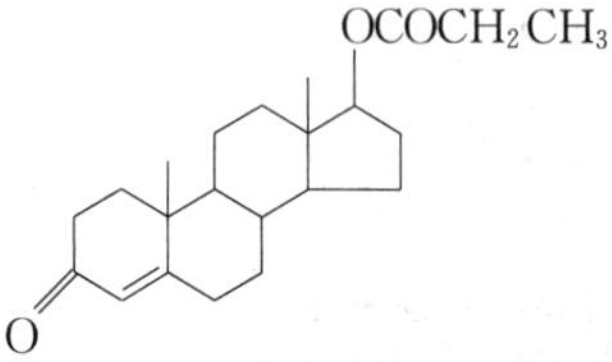　丙酸睾丸酮(m. p. 118℃~122℃)

黄体酮(又叫孕甾酮)是卵巢中黄体的分泌物。黄体酮的生理作用是使受精卵在子宫中发育，临床上用于治疗习惯性流产。同时黄体酮也具有抑制脑垂体促进性腺素的分泌，卵巢得不到促性腺素的作用，阻止了排卵，因而可用来避孕。

睾丸酮和黄体酮的结构很相似，两者的结构差别只在于 C_{17} 上连的基团不同，前者是羟基，后者是乙酰基。但是它们的生理作用却完全不同。

合成有机化学最激动人心的显著成就之一是合成许多口服避孕药，在人类历史和社会中产生意义深远的影响。这些口服避孕药主要是甾体化合物，它们可以阻碍或干扰女性的排卵周期。目前研究出效果比较好而作用时间又较长的避孕药有炔雌醇、炔诺酮、甲地孕酮。它们的结构表示如下：

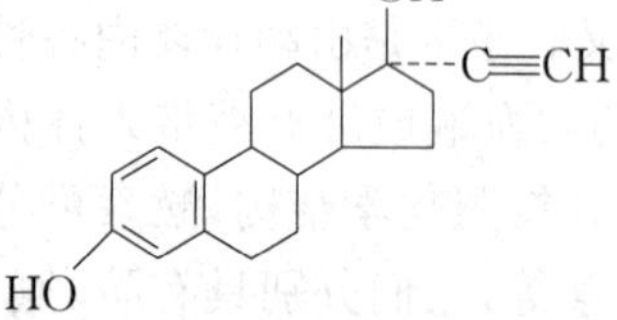

炔雌醇(ethynylestradiol) 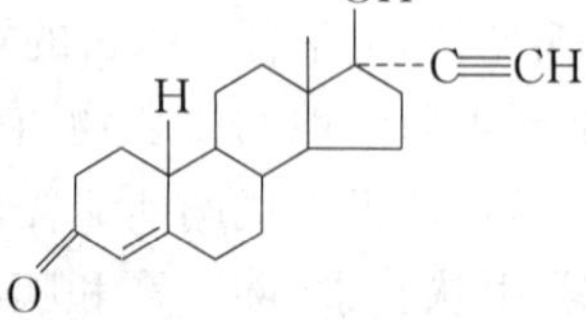　炔诺酮(norethindrone) 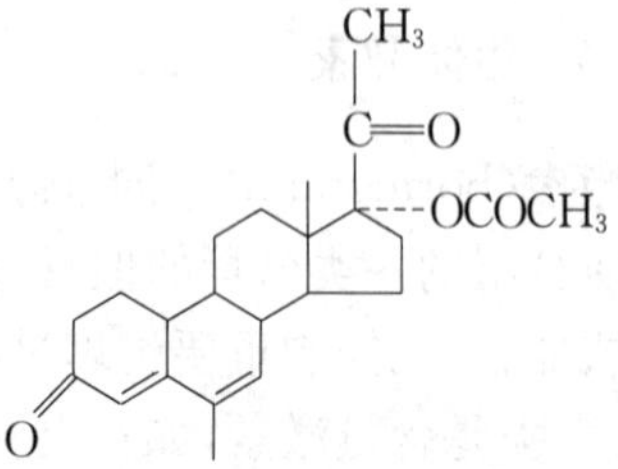　甲地孕酮

2. 肾上腺皮质激素

它是哺乳动物肾上腺皮质的分泌物。到目前为止，用人工方法已从动物肾上腺皮质中提取出三十多种甾体化合物，但具有显著生理活性的只有下列七种：

644

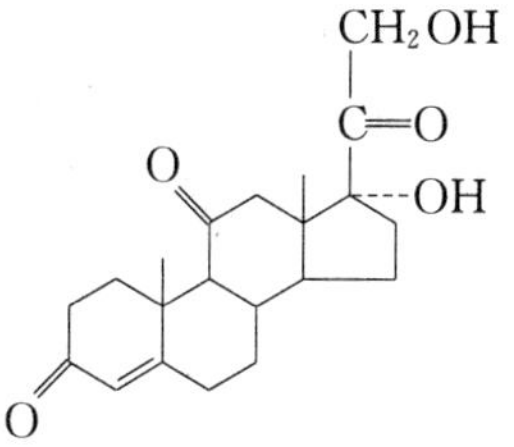

CH_2OH

可的松(cortisone) 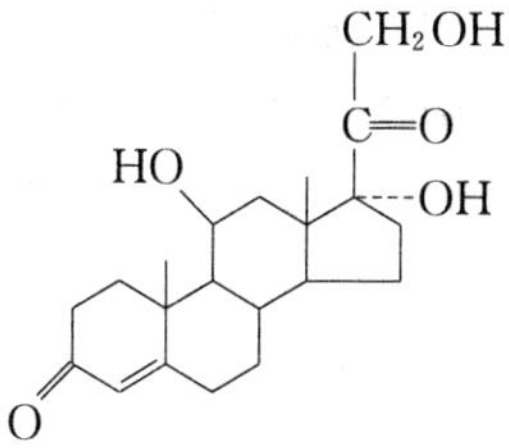　　氢化可的松(cortisol) 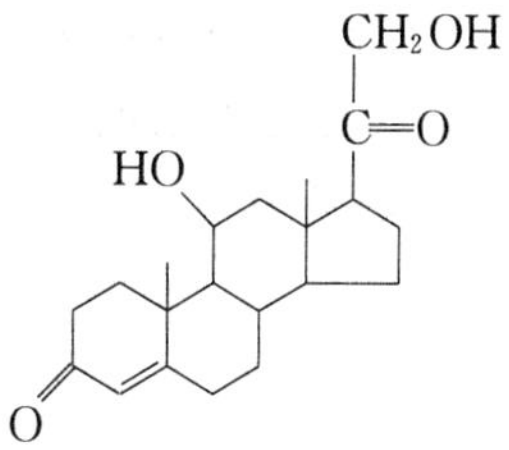　　皮质酮(corticosterone)

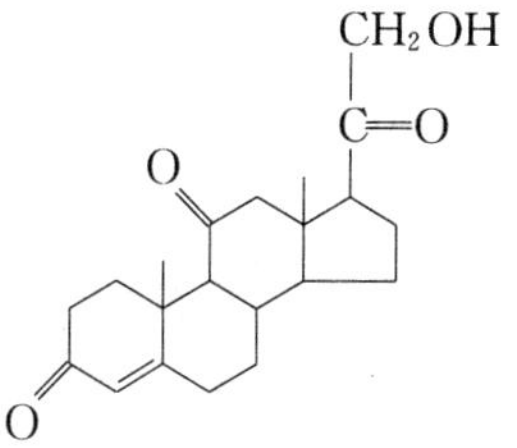

11-去氢皮质酮　　17α-羟基11-去氧皮质酮 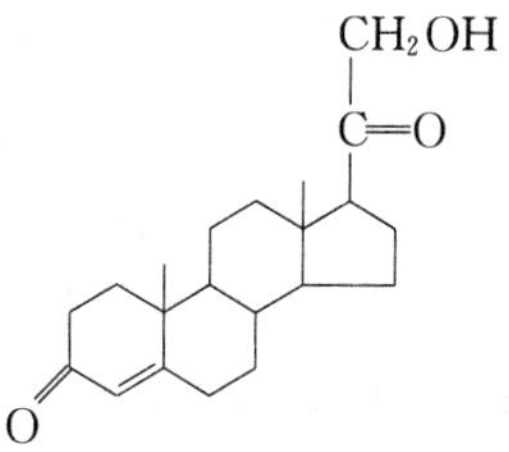　　11-去氧皮质酮

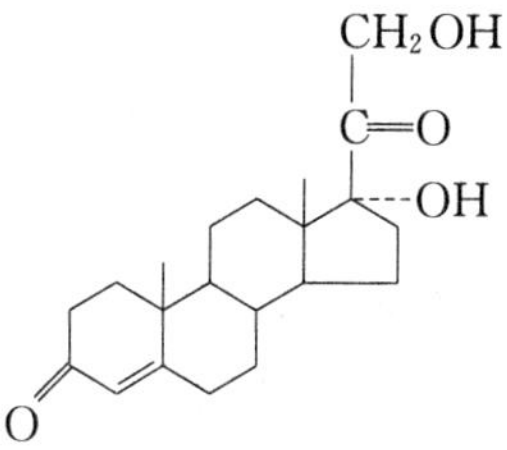

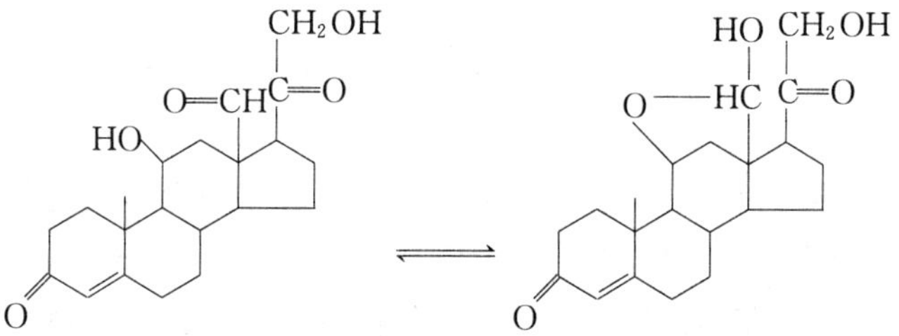

甲醛皮质酮(醛式)　　⇌　　(半缩醛式)

它们的结构特征是：环 A 上都含有 C_3—酮基和 C_4—C_5 双键，C_{17} 处均有 β-醇酮基（—$COCH_2OH$）。彼此的不同点在于 C_{11} 处有无含氧官能团（羟基或羰基）以及 C_{17} 处有无 α-羟基。

C_{11} 处有含氧官能团的（如可的松、氢化可的松）对促进糖代谢有强大的作用，临床上多用于控制严重中毒感染和风湿病等。C_{11} 处无含氧官能团（如去氧皮质酮等）则具有很强的促电解质代谢作用，即促进钠储留及钾排出，以维持机体内电解质的平衡。C_{17} 处有 α-羟基存在时则能增加上述的生理作用。

近年来人工合成了一大批疗效强而副作用较小的肾上腺皮质激素新药物，如：

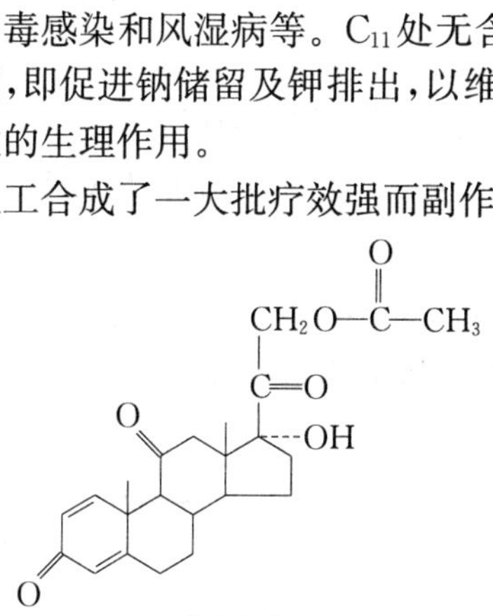

醋酸强的松 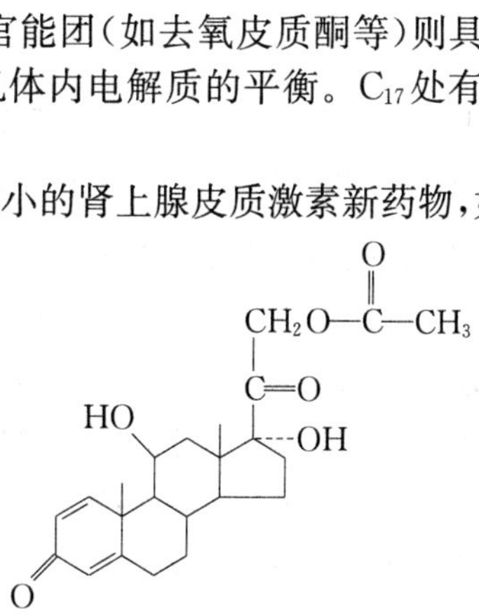　　醋酸强的松龙

它们的抗炎作用比其母体（可的松和氢化可的松）均强四倍左右。

22.2.4　强心苷

在玄参科或百合科植物中，含有一些与糖结合成苷的甾族化合物，它们都能使心跳减慢，强度增加,所以叫做强心苷,在医药上用作强心剂。但用量大时易使人体中毒。

最重要的强心苷是由毛地黄的叶中得到的毛地黄毒苷(digitoxin),它经水解后,可得到糖(如毛地黄毒糖、葡萄糖等)和几种甾醇类化合物。后者是配基,毛地黄毒配基就是其中的一种:

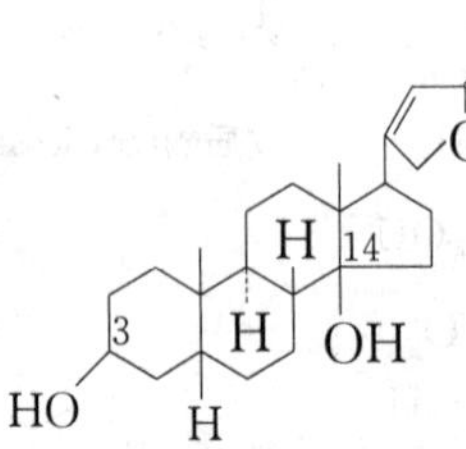

毛地黄毒苷配基(digitoxigenin)

毛地黄毒配基 C_3 和 C_{14} 上连有两个羟基,它们都是 β 型的,C_{17} 上连接着一个五元的 α、β-不饱和内酯环。环 A 和环 B 是顺式稠合,环 C 和环 D 也为顺式稠合,这点是与所有其他天然甾族化合物相反的。

22.3 萜类和甾族化合物的生物合成

所谓生物合成,是指有机小分子在生物体内经过酶的作用而形成复杂的有机分子的过程。阐明生物体内生物合成天然产物(如糖、蛋白质、脂肪、萜类、甾体、核酸、生物碱等)的路线是当前研究的主要领域,其中所获得的知识主要是依靠同位素追踪技术。例如,用 $^{14}CH_3COOH$ 注入柠檬桉中,在桉树内生成了香茅醛,其分子中 ^{14}C 和 ^{12}C 是间隔着排列的:

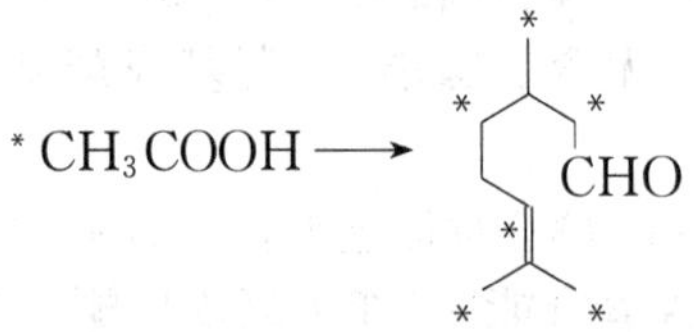

$$* CH_3COOH \longrightarrow$$ 香茅醛(*C 代表^{14}C)

如果把 $^{14}CH_3COOH$ 注入生物体内,所得的油酯(如软脂酸)为:

$* CH_3CH_2^* CH_2CH_2^* CH_2CH_2^* CH_2CH_2^* CH_2CH_2^* CH_2CH_2^* CH_2CH_2^* CH_2CO_2H$

如果用 $CH_3^* COOH$,则 ^{14}C 在羧基上,则为

$CH_3^* CH_2CH_2^* CH_2CH_2^* CH_2CH_2^* CH_2CH_2^* CH_2CH_2^* CH_2CH_2^* CH_2CH_2^* CO_2H$

这样就证明了香茅醛(萜类)、油脂等天然产物在生物体内确是由醋酸合成的。下面我们将简单地描述萜类和甾族化合物的生物合成过程。

已知植物的光合作用和动物体内葡萄糖的代谢作用过程中,都生成中间产物——丙酮酸,而丙酮酸被氧化脱羧便生成醋酸:

$$CO_2 \xrightarrow[\text{叶绿素酶}]{\text{植物光合作用}} CH_3-\overset{O}{\overset{\|}{C}}-COOH \xleftarrow[\text{酶}]{\text{代谢}} 葡萄糖(动物体内)$$

$$\downarrow -CO_2 [O]$$

$$CH_3COOH \quad (醋\quad 酸)$$

生成的醋酸和辅酶 A 的—SH 缩合得到乙酰辅酶 A:

$$CH_3COOH + HS-CH_2CH_2NH-\overset{\displaystyle O}{\overset{\|}{C}}-CH_2CH_2NH-\overset{\displaystyle O}{\overset{\|}{C}}-\overset{OH}{\overset{|}{CH}}-\overset{CH_3}{\underset{CH_3}{\overset{|}{C}}}-CH_2-O-(P)_2OCH_2 \cdots$$

辅酶A(缩写为HS—CoA)

$$\longrightarrow CH_3-\overset{\displaystyle O}{\overset{\|}{C}}-SCoA$$

乙酰辅酶A

在用示踪原子追踪的方法研究萜类和甾体化合物的形成过程时发现:异戊二烯单位是由三分子的乙酰辅酶 A 通过类似于羟醛缩合的反应形成 3-甲基-3,5-二羟基戊酸,后者在酶的作用下,经磷酸化形成焦磷酸酯,再脱去一分子磷酸和脱羧形成焦磷酸异戊烯酯,两分子焦磷酸异戊烯酯缩合成单萜,再逐个与焦磷酸异戊烯酯缩合可得到倍半萜和双萜,再由两分子倍半萜或两分子双萜以尾—尾相连缩合而成三萜或四萜。其主要过程如下:

$$2CH_3\overset{\displaystyle O}{\overset{\|}{C}}-SCoA \longrightarrow CH_3-\overset{\displaystyle O}{\overset{\|}{C}}-CH_2-\overset{\displaystyle O}{\overset{\|}{C}}-SCoA \xrightarrow[\text{辅酶A乙酰乙酸酯}]{CH_3\overset{\displaystyle O}{\overset{\|}{C}}-SCoA} CH_3-\overset{OH}{\underset{CH_2-\overset{\displaystyle O}{\overset{\|}{C}}-SCoA}{\overset{|}{C}}}-CH_2-\overset{\displaystyle O}{\overset{\|}{C}}-SCoA$$

$$\xrightarrow[NADPH \searrow NADP^+]{} CH_3-\overset{OH}{\underset{CH_2-COOH}{\overset{|}{\overset{3}{C}}}}-\overset{4}{CH_2}\overset{5}{CH_2}-OH \xrightarrow[ATP\quad ADP]{\text{磷酸化(三分子)}} HOOCCH_2-\overset{CH_3}{\underset{OP}{\overset{|}{C}}}-CH_2CH_2-OPP$$

3-甲基-3,5-二羟基戊酸

$$(-OP = \overset{\displaystyle O}{\underset{OH}{\overset{\|}{P}}}-OH, \quad -OPP = \overset{\displaystyle O}{\underset{OH}{\overset{\|}{P}}}-O-\overset{\displaystyle O}{\underset{OH}{\overset{\|}{P}}}-OH)$$

$$\xrightarrow[②-CO_2]{①-HOP} H_2C=\overset{CH_3}{\overset{|}{C}}-CH_2CH_2-OPP \equiv \underset{OPP}{\diagup} \xrightleftharpoons[\text{酶}]{\text{异构化}} \underset{OPP}{\diagdown} + \underset{OPP}{\diagdown}$$

$$\longrightarrow \underset{\text{焦磷酸牻牛儿酯}}{OPP} \xrightarrow{-H^+} \underset{OPP}{} \xrightarrow{H_2O} \underset{\text{牻牛儿醇(单萜)}}{OH}$$

$$\Big\downarrow + \underset{OPP}{\diagup}$$

647

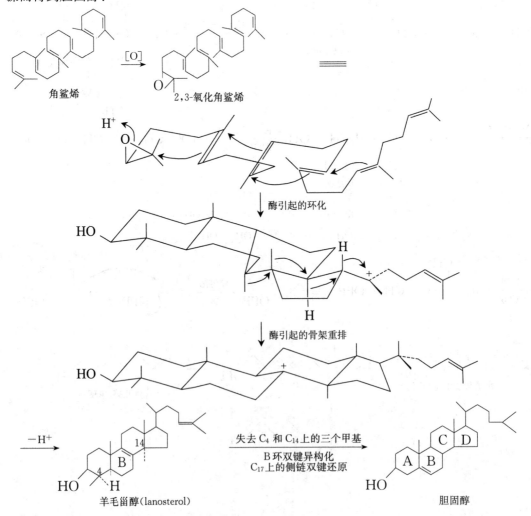

角鲨烯的一个双键氧化生成氧化角鲨烯，然后在酶的作用下环化、异构化，经过一系列步骤而得到胆固醇：

用示踪元素的实验技术证明上面所描绘的合成路线是正确的。例如,用标有^{14}C的乙酰辅酶 A 进行一系列反应,则得到的角鲨烯和胆固醇分子中,均有按黑点指示的^{14}C存在。这与生物合成所预期的位置完全符合:

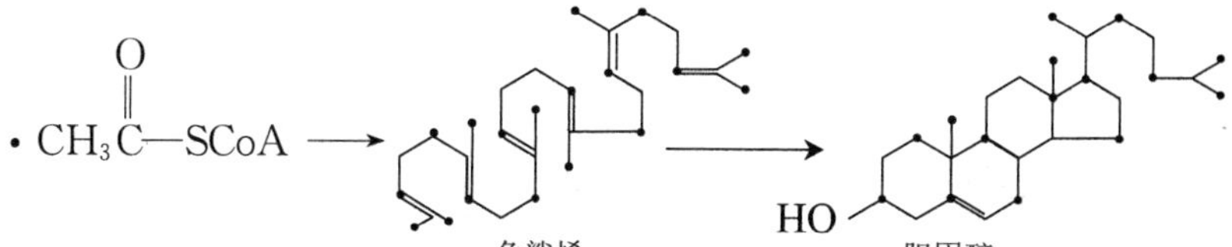

角鲨烯　　　　胆固醇

虽然用示踪的实验技术已基本上解决了生物体内由CO_2合成各种萜类和甾体化合物的整个代谢路线,然而在许多情况下仍存在着空白。例如,我们还不清楚由羊毛甾醇转变成胆固醇的明确步骤,有待于人们去解决。

习　　　　题

1. 划分出下列各化合物中的异戊二烯单位:

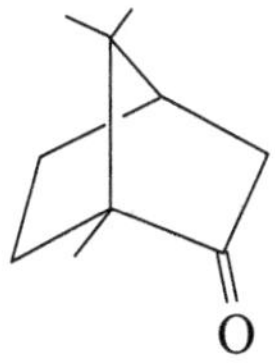

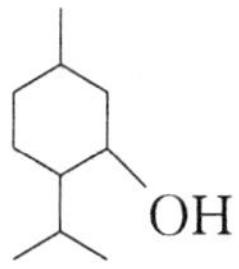

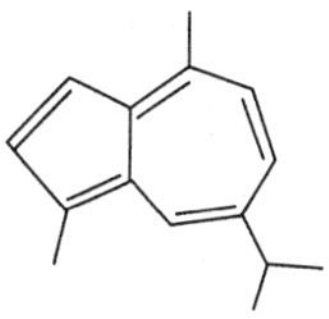

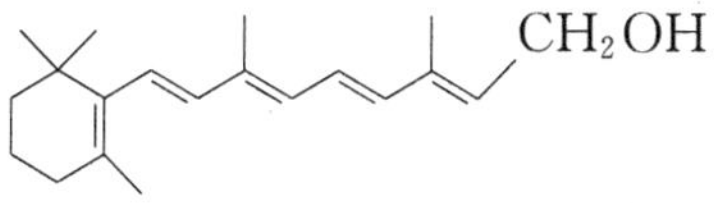

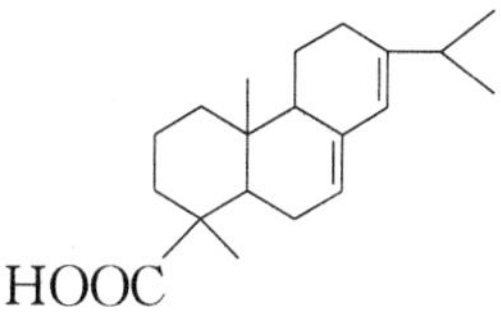

2. 写出香叶醇和下列每种试剂作用生成产物的结构式:
   (1) 干溴化氢　　　　　　　　　　(2) 过乙酸

3. 如何区别下列各组化合物?
   (1) 角鲨烯、法尼醇、柠檬醛和樟脑
   (2) 胆甾醇、胆酸、睾丸酮和黄体酮

4. 试写出由 α-蒎烯合成樟脑的反应机理($TiO_2 \cdot H_2O$ 是酸性催化剂)。

5. 由指定原料合成下列化合物:

   (1) 由　　　　合成

   (苧烯)　　　　　　　　　(薄荷醇)

   (2) 由 β-胡萝卜素合成维生素 A
   (3) 由柠檬醛合成 β-紫罗兰酮

6. 写出由焦磷酸牻牛儿酯(C_{10} 化合物)和焦磷酸异戊烯酯进行生物合成法尼醇的简要步骤。

7. 写出下列反应产物的结构式：

(1) 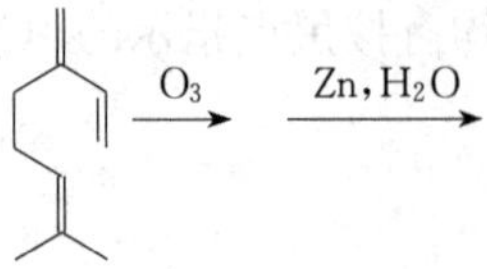 $\xrightarrow{O_3}$ $\xrightarrow{Zn,\,H_2O}$

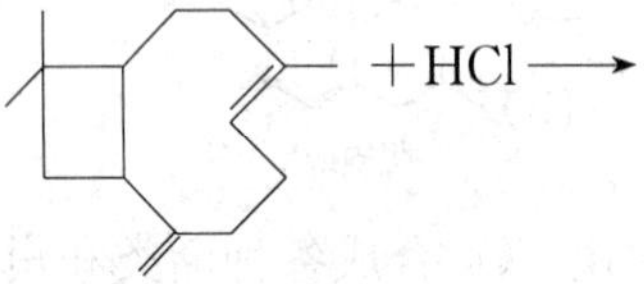

(2) $\xrightarrow{\text{热 } KMnO_4}$

(3) $+HCl \longrightarrow$

(4) $+2(BH_3)_2 \xrightarrow{H_2O_2,\,OH^-}$

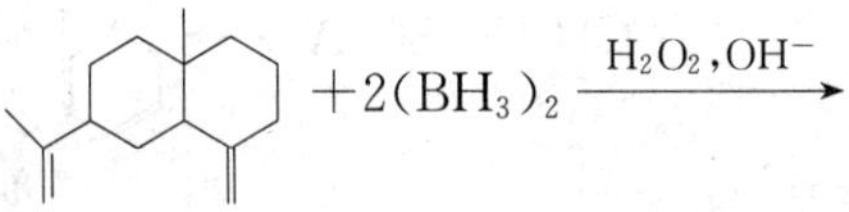

8. 写出下列反应可能的机理：

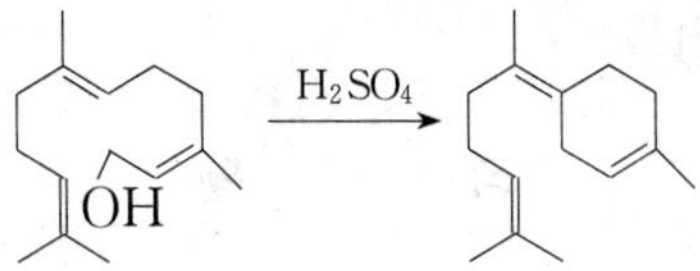

9. α-水芹烯和 β-水芹烯是异构体，它们的分子式是 $C_{10}H_{16}$。它们在紫外光谱的230nm～270nm 范围有最大吸收，催化、氢化都得到 1-甲基-4-异丙基环己烷。当用 $KMnO_4$ 激烈氧化时，α-水芹烯产生 CH_3CCOOH（其中 C 上连 =O）和 $CH_3CHCH(COOH)CH_2COOH$（其中 CH 上连 CH_3），而 β-水芹烯产生惟一的产品：$CH_3CHCH(COOH)CH_2CH_2COCOOH$（其中 CH 上连 CH_3），推测 α-和 β-水芹烯的结构。

10. 维生素 A 的双键都是反式构型（如下图所示），它的异构体叫新维生素 A（存在于鲨鱼肝油中），具有 13-顺式双键。这两个化合物与马来酐在 11,13-二烯单位处反应时，新维生素 A 的反应慢得多。（它们反应性的差别是如此之大，以致 Diels-Alder 反应可用来鉴定它们。）如何解释维生素 A 和新维生素 A 反应性的不同？

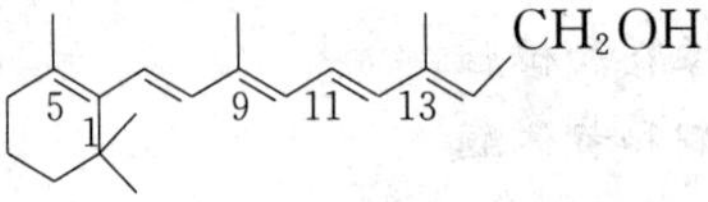

维生素A